Heinrich Frohne, Karl-Heinz Löcherer, Hans Müller

Moeller
Grundlagen der Elektrotechnik

Leitfaden der Elektrotechnik

Begründet von Professor Dr.-Ing. Franz Moeller

Herausgegeben von

Professor Dr.-Ing. Hans Fricke, Braunschweig
Professor Dr.-Ing. Heinrich Frohne, Hannover
Professor Dr.-Ing. Karl-Heinz Löcherer, Hannover
Professor Dr.-Ing. Jürgen Meins, Braunschweig
Professor Dr.-Ing. Rainer Scheithauer, Furtwangen
Professor Dr.-Ing. Hermann Weidenfeller

Grundlagen der elektrischen Nachrichtentechnik
von H. Fricke, K. Lamberts und E. Patzelt

Elektrische Netzwerke
von H. Fricke und P. Vaske

Grundlagen der Regelungstechnik
von F. Dörrscheidt und W. Latzel

Moeller Grundlagen der Elektrotechnik
von H. Frohne und K.-H. Löcherer

Hochspannungstechnik
von G. Hilgarth

Elektrische Energietechnik
von D. Nelles und C. Tuttas

Signale und Systeme
von R. Scheithauer

B. G. Teubner Stuttgart · Leipzig · Wiesbaden

Heinrich Frohne, Karl-Heinz Löcherer,
Hans Müller

Moeller
Grundlagen der Elektrotechnik

19., korrigierte und durchgesehene Auflage

Mit 383 teils mehrfarbigen Abbildungen, 36 Tafeln
und 172 Beispielen

B. G. Teubner Stuttgart · Leipzig · Wiesbaden

Die Deutsche Bibliothek – CIP-Einheitsaufnahme
Ein Titeldatensatz für diese Publikation ist bei
der Deutschen Bibliothek erhältlich.

Begründet von **Prof. Dr.-Ing. Franz Moeller,** Universität Hannover

Prof. Dr.-Ing. Hans Müller lehrt an der FH Aachen/Jülich.

Prof. Dr.-Ing. Heinrich Frohne und **Prof. Dr.-Ing. Karl-Heinz Löcherer** lehrten an der Universität Hannover.

17. Auflage 1991
18. Auflage 1996
19., korrigierte und durchgesehene Auflage April 2002

Der Verlag B. G. Teubner ist ein Unternehmen der Fachverlagsgruppe BertelsmannSpringer.
www.teubner.de

Umschlaggestaltung: Ulrike Weigel, www.CorporateDesignGroup.de
Druck und buchbinderische Verarbeitung: Těšinská Tiskárna, Cesky Tesin
Gedruckt auf säurefreiem und chlorfrei gebleichtem Papier.

ISBN 3-519-56400-9

Vorwort zur 18. Auflage

Länger als ein halbes Jahrhundert besteht nun schon der „Moeller, Grundlagen der Elektrotechnik", ein Lehrbuch, das viele Studenten während ihres Studiums begleitete, sie in das notwendige Grundwissen einführte und das – den Fortschritten der Lehre jeweils angepaßt – in siebzehn Auflagen Anerkennung fand. Es wurde zu einem Standardwerk für die Ausbildung von Elektroingenieuren und zum Fundament für die Teubner-Lehrbuchreihe „Leitfaden der Elektrotechnik".

In der Grundlagenausbildung, der der vorliegende Band gewidmet ist, hat sich infolge der Reformen im Hoch- und Fachhochschulbereich über die unterschiedlichen Ausbildungsinstitutionen ein breites Feld differenzierter Forderungen entwickelt, das sich zwischen den Extremen einer mathematisch abstrakten, aber auch verbal anschaulichen, einer theoretisch physikalischen, aber auch anwendungsbezogenen Darstellung erstreckt. Um nun dieser Entwicklung mit einer auf die individuellen Ansprüche der Leser abgestimmten, also für den Käufer effektiven Darstellung zu genügen, wurde in der Leitfadenreihe der klassische Grundlagenstoff bereits vor Jahren auch in einer dreibändigen Ausgabe „Elektrische Netzwerke", „Elektrische und magnetische Felder" und „Elektrische und magnetische Eigenschaften der Materie" dargestellt. Daneben wurde die einbändige Ausgabe der „Grundlagen der Elektrotechnik" in der bewährten Konzeption der an dem Schwierigkeitsgrad des Stoffes orientierten, aufeinander aufbauenden Reihung der Einzelthemen weitergeführt.

In diesem Buch wird der Studienanfänger mit den von der Schulzeit her geläufigen Begriffen zunächst in die Grundlagen der auf Gleichstromvorgänge eingeschränkten Netzwerklehre und erst danach in die abstraktere Lehre des elektromagnetischen Feldes eingeführt. So vorbereitet kann dann die Netzwerklehre mit der Erweiterung auf die zeitveränderlichen Vorgänge fortgesetzt werden. In der vorliegenden, vollständig überarbeiteten Auflage sind also weiterhin die unabdingbaren Grundkenntnisse über elektrische Netzwerke, elektromagnetische Felder und das elektrische Verhalten der Materie mit zahlreichen Beispielen praxisnah und anschaulich erläutert. Um dem Bedürfnis nach einer erweiterten, gegebenenfalls auch über das aktuelle Studienanliegen hinausgehenden, vertiefenden Auseinandersetzung mit dem Stoff nachkommen zu können, sind entsprechende Hinweise auf die parallel zur einbändigen Ausgabe konzipierte dreibändige Darstellung eingefügt.

Der Leitfadentradition entsprechend wird auch in der vorliegenden Ausgabe großer Wert auf eine gute physikalische Erklärung der betrachteten Phänomene, eine möglichst einfache mathematische Behandlung der vorliegenden Aufgaben und eine didaktisch aufbereitete Anleitung zur selbständigen Anwendung der dargestellten Verfahren gelegt. Auf diese Weise soll die Motivation zum Lernen gefördert, dem Anfänger ein Gefühl für praktische Gegebenheiten vermittelt und die Anwendung der

Theorie erleichtert werden. Daher eignet sich dieses Buch auch für das Selbststudium und für den in der Praxis tätigen Ingenieur als Nachschlagewerk.

Die Grundlagen der Elektrotechnik beginnen mit dem neu gestalteten Kapitel 1, in dem die für die nachfolgenden Kapitel benötigten Grundbegriffe erläutert werden. Hierzu gehören die physikalischen Größen und Einheiten ebenso wie die Begriffe Strom und Spannung sowie Richtung und Polarität dieser Größen und ihre Darstellung mit Hilfe von Zählpfeilen. Kapitel 2 behandelt die wesentlichen Gesetze und Berechnungsverfahren für Gleichstrom-Netzwerke sowie die mit der elektrischen Strömung verbundenen Energieumwandlungen.

Kapitel 3 ist gegenüber der 17. Auflage erweitert um die am Beginn eingefügten Abschnitte, in denen die elektrische Ladung in ihren Erscheinungsformen, in ihrer Definition, in der formalen Beschreibung ihrer räumlichen Verteilung und in den von ihr ausgehenden Wirkungen erläutert ist. Dabei werden mit der allgemeinen Beschreibung der zwischen zwei Punktladungen auftretenden Kraftwirkung, d.h. mit dem Coulombschen Gesetz bereits am Anfang die fundamentalen Feldbegriffe anschaulich hergeleitet, auf denen die dann weiter ausführlich behandelte elektromagnetische Feldlehre beruht. Weiter folgt in Kapitel 3 wie bereits in der 17. Auflage zunächst das elektrische Strömungsfeld, da dieses noch in Analogie zu den körperlich realen hydromechanischen Modellvorstellungen erläutert werden kann. Erst danach sind in Kapitel 3 mit nur geringfügigen Änderungen gegenüber der 17. Auflage das elektrische Feld in Nichtleitern und im Kapitel 4 das magnetische Feld dargestellt.

Kapitel 5 führt in die Sinusstromtechnik und ihre Behandlung mit der komplexen Rechnung ein und legt so die Grundlagen für die in Kapitel 6 erläuterten Berechnungsverfahren für Sinusstrom-Netzwerke.

In Kapitel 7 sind die durch Ortskurven ermöglichte, übersichtliche Darstellung parameterabhängiger Schaltungseigenschaften sowie die charakteristischen Eigenschaften von Schwingkreisen behandelt.

Aufbau und Eigenschaften von Mehrphasensystemen, insbesondere des symmetrischen Dreiphasensystems werden in Kapitel 8 erläutert. Kapitel 9 ist völlig neu geschrieben worden; es ersetzt die beiden in der 17. Auflage noch separat geführten Kapitel über allgemeine periodische Ströme und Spannungen sowie über Schaltvorgänge.

Der elektrische Leitungsmechanismus in Gasen, Flüssigkeiten und festen Körpern wird anders als in der 17. Auflage erst gegen Ende des Buches in Kapitel 10 dargestellt; dadurch stehen die zum Verständnis erforderlichen elektrotechnischen Grundlagenkenntnisse bereits zur Verfügung. Kapitel 11 ist eigens den Halbleiterbauelementen gewidmet, um ihrer in allen Bereichen der Elektrotechnik herausragenden Bedeutung gerecht zu werden.

Die Verfasser danken den Fachkollegen für viele kritische Bemerkungen, die bis heute die Entwicklung dieses Lehrbuchs begleiteten und unterstützten, und bitten auch um weitere konstruktive Hinweise. Dem Verlag danken sie wieder vielmals für seine verständnisvolle Mithilfe zum Gelingen des Werkes.

Hannover, Jülich,
im Januar 1996

Heinrich Frohne, Karl-Heinz Löcherer, Hans Müller

Inhalt

1 **Grundbegriffe** (Hans Müller)

2 **Elektrischer Gleichstromkreis** (Hans Müller)

10 Elektrische Leitungsmechanismen (Karl-Heinz Löcherer)

11 Halbleiterbauelemente (Karl-Heinz Löcherer)

Anhang

1 Grundbegriffe

Die Elektrotechnik beschäftigt sich mit allen Arten der technischen Anwendung elektrischer und magnetischer Phänomene. Zur Beschreibung der Zusammenhänge wird eine Vielzahl von Begriffen, Größen und Einheiten benötigt, deren Charakter und Darstellungsformen im folgenden zunächst beschrieben werden. Danach werden die Größen Strom und Spannung eingeführt und die zu ihrer Darstellung verwendeten Zählpfeilsysteme erläutert. Damit wird die formale Grundlage für die Vermittlung des Lehrstoffes der nachfolgenden Kapitel gelegt.

1.1 Physikalische Größen und Einheiten

1.1.1 Physikalische Größen

Wenn man sich bemüht, physikalische oder technische Gegebenheiten präzise zu beschreiben, so stellt man sehr schnell fest, daß dies nur dann möglich ist, wenn hierfür klar definierte Begriffe zur Verfügung stehen. Insbesondere dann, wenn mehrere Zustände oder Ereignisse gleicher Art miteinander verglichen werden sollen, benötigt man Begriffe, die sowohl die Art (die Qualität) der untersuchten Eigenschaft als auch ihr Ausmaß (die Quantität) eindeutig beschreiben.

Die meisten Aussagen unserer Umgangssprache erfüllen diese strengen Anforderungen nicht, obwohl sie ansonsten durchaus aussagekräftig sein können. Beispielsweise gibt die Feststellung, eine elektrische Entladung sei furchterregend gewesen, wohl einen sinnlichen Eindruck des Geschehens wieder; sie ist aber nicht geeignet, den beschriebenen Vorgang hinsichtlich seiner Art und seiner Intensität mit anderen elektrischen Entladungen vergleichbar zu machen. Eine Vergleichbarkeit wird erst durch die Verwendung physikalischer Größen erreicht, indem beispielsweise angegeben wird, wie hoch die elektrische Spannung vor der Entladung gewesen ist, wie lang der Entladungskanal war, wie groß der maximale Entladestrom war und wie lange die Entladung gedauert hat. Erst durch die Angabe derartiger physikalischer Größen gelingt es allgemein, Qualität und Quantität physikalischer Eigenschaften und Vorgänge zu beschreiben.

1.1.1.1 Charakter der physikalischen Größen. Formal stellt eine physikalische Größe das Produkt aus einem Zahlenwert und einer Einheit dar. In DIN 1313 ist allerdings festgelegt, daß zwischen Zahlenwert und Einheit kein Multiplikationszeichen gesetzt wird. Man schreibt also beispielsweise $I=5{,}7$ kA. Die Einheit gibt – mit dem Zahlenwert 1 – die Teilung des Maßstabs an, in dem die Größe gemessen wird, während durch den Zahlenwert die genaue Intensität ausgedrückt wird. Größe und Einheit haben dieselbe Dimension; in dem genannten Beispiel macht die Einheit kA (Kiloampere) deutlich, daß es sich bei der Größe I der Dimension nach um eine elektrische Stromstärke handelt.

Wie bei jedem Produkt ändert sich der Wert einer physikalischen Größe nicht, wenn man den Zahlenwert mit einer beliebigen Zahl multipliziert und die Einheit durch dieselbe Zahl dividiert. Offensichtlich ist beispielsweise die folgende Umformung möglich:

$$I=5{,}7\ \text{kA}=5{,}7\cdot 1000\cdot\frac{1\ \text{kA}}{1000}=5700\ \text{A}\,.$$

Man erkennt hieran, daß die Einheit ein wesentlicher Bestandteil jeder physikalischen Größe ist, den man nicht nach Belieben weglassen und wieder hinzufügen darf. Will man ausnahmsweise einmal nur den Zahlenwert einer Größe G darstellen, so geschieht dies in der Form $\{G\}$, indem man das Formelzeichen G in geschweifte Klammern setzt. Weitaus häufiger kommt es vor, daß man die Einheit einer Größe G angeben möchte. Für diesen Fall ist die Formulierung $[G]$ genormt; das Formelzeichen G wird hier also in eckige Klammern gesetzt. Allgemein gilt

$$G=\{G\}\cdot[G]$$

und speziell für das oben genannte Beispiel

$$\begin{aligned} I&=5{,}7\ \text{kA}\\ \{I\}&=5{,}7\\ [I]&=1\ \text{kA}\,. \end{aligned}$$

1.1.1.2 Formelzeichen und ihre Darstellung. Eine physikalische Größe wird symbolisch durch ein Formelzeichen dargestellt. Dabei besteht das Formelzeichen immer aus einem lateinischen oder griechischen Buchstaben als Grundzeichen, dem noch verschiedene Nebenzeichen hinzugefügt werden können. Die Nebenzeichen stehen meist tiefgestellt als Indizes hinter den Grundzeichen. Es kommen aber auch hochgestellte Nebenzeichen sowie Nebenzeichen oberhalb und unterhalb des Grundzeichens vor, auf deren Bedeutung im folgenden noch näher eingegangen wird. Als Nebenzeichen sind auch Buchstabenkombinationen und Zahlen sowie eine Reihe von Sonderzeichen zugelassen.

Beispiele: $\hat{u}$, μ_{rev}, Φ_{12}, $C_{\triangle}$, I^*, $\vec{F}_{\text{L}}$.

Um die Formelzeichen deutlicher hervorzuheben und um Verwechslungen zu vermeiden, werden die Grundzeichen in Drucktexten immer *in kursiver Schrift* wiedergegeben.

1.1.1.3 Gerichtete Größen, Vektoren. Physikalische Größen, denen nicht nur ein Betrag, sondern auch eine Richtung zugeordnet wird (z. B. Kraft, Beschleunigung, elektrische und magnetische Feldstärke), werden in dem vorliegenden Buch durch einen Pfeil über dem Formelzeichen als Vektoren gekennzeichnet. Wenn der Pfeil fehlt, dann handelt es sich um den Betrag. Es gilt also

$$F = |\vec{F}|\,.$$

1.1.1.4 Zeitabhängige Größen. Physikalische Größen, die sich in Abhängigkeit von der Zeit ändern, brauchen i. allg. nicht besonders gekennzeichnet zu werden. Häufig ist es aber zweckmäßig, die Zeitabhängigkeit deutlich hervorzuheben. Dies geschieht in der Regel dadurch, daß man die Größe als Funktion der Zeit darstellt, indem man das Formelzeichen t für die Zeit in runden Klammern hinter die Größe schreibt, also z. B. $\varphi(t)$ für ein zeitlich veränderliches elektrisches Potential und $B(t)$ für eine zeitlich veränderliche magnetische Flußdichte[1]).
Bei den für die Elektrotechnik wichtigen Größen Stromstärke und elektrische Spannung gibt es darüber hinaus die Festlegung, daß zeitlich konstante Ströme und Spannungen mit Großbuchstaben, zeitlich veränderliche Ströme und Spannungen hingegen mit Kleinbuchstaben gekennzeichnet werden. Diese Festlegung wird in dem vorliegenden Buch der Einfachheit halber auch auf die Leistung übertragen. Durch die Verwendung der Kleinbuchstaben i, u und p[1]) wird dabei eindeutig zum Ausdruck gebracht, daß es sich um zeitlich veränderliche Ströme, Spannungen und Leistungen handelt. Wenn hingegen die Großbuchstaben I, U und P verwendet werden, so ergibt sich aus dem Zusammenhang, ob damit zeitlich konstante Größen gemeint sind. Die Großbuchstaben I und U werden nämlich auch zur Kennzeichnung der Effektivwerte periodisch veränderlicher Ströme und Spannungen verwendet (vgl. Abschn. 5.1.2.3), und P steht auch als Symbol für die Wirkleistung in Wechselstromkreisen (vgl. Abschn. 5.1.3.1).

1.1.1.5 Komplexe Größen. Bei der Behandlung sinusförmig zeitabhängiger Größen bedient man sich der komplexen Rechnung (vgl. Abschn. 5.3). Die hierbei auftretenden komplexen Größen werden in dem vorliegenden Buch in Übereinstimmung mit DIN 5483 immer durch Unterstreichen des Grundzeichens ge-

[1]) Verzeichnis der verwendeten Formelzeichen im Anhang 8

kennzeichnet, z.B. $\underline{U}$, $\underline{I}$, $\underline{Z}$, $\underline{Y}$ etc. Wenn der Unterstrich fehlt, dann handelt es sich um den Betrag der komplexen Größe. Es gilt also

$$Z = |\underline{Z}|\,.$$

Ein hochgestellter Stern hinter einer komplexen Größe bedeutet, daß das konjugiert Komplexe dieser Größe gemeint ist. Beispielsweise bedeutet $\underline{Z}^* = Z\mathrm{e}^{-j\varphi}$, wenn $\underline{Z} = Z\mathrm{e}^{j\varphi}$ ist. Näheres hierzu findet sich in Abschn. 5.3.1.1.

1.1.2 Einheiten

Der Umgang mit physikalischen Größen wird wesentlich erleichtert, wenn man sich bei der Angabe dieser Größen eines kohärenten Einheitensystems bedient. Kennzeichnend für ein solches System ist, daß bei der Umrechnung kohärenter Einheiten nie ein anderer Zahlenfaktor als eins auftritt. Man kann dann alle Größen mitsamt ihren Einheiten in die jeweils gültige Gleichung (vgl. Abschn. 1.1.3) einsetzen und erhält automatisch für die Ergebnisgröße nicht nur den richtigen Zahlenwert, sondern auch eine Einheit, die für die Ergebnisgröße unmittelbar brauchbar ist. Meistens besteht diese Einheit aus einem Produkt, einem Quotienten oder einem Potenzprodukt mehrerer anderer Einheiten, und man kann hierfür gegebenenfalls abkürzend einen anderen Einheitennamen setzen.

□ **Beispiel 1.1**

Die kinetische Energie W einer Masse m, die sich mit der Geschwindigkeit v fortbewegt, errechnet sich nach der Gleichung

$$W = \frac{1}{2} m v^2.$$

Die Masse sei $m = 100$ kg und die Geschwindigkeit $v = 2$ m/s. Für die kinetische Energie ergibt sich

$$W = \frac{1}{2} \cdot 100\ \mathrm{kg} \cdot \left(2\,\frac{\mathrm{m}}{\mathrm{s}}\right)^2 = 200\,\frac{\mathrm{kg\,m^2}}{\mathrm{s^2}} = 200\ \mathrm{J}\,.$$

Das Meter, die Sekunde, das Kilogramm und das Joule sind kohärente Einheiten, und das Potenzprodukt $\mathrm{kg\,m^2\,s^{-2}}$ kann ohne weiteren Umrechnungsfaktor durch die Einheit J ersetzt werden. □

Weniger einfach gestaltet sich die Rechnung, wenn man nicht kohärente Einheiten verwendet.

□ **Beispiel 1.2**

Die Größen aus Beispiel 1 werden mit $m = 0{,}1$ t und $v = 7{,}2$ km/h angegeben. Man erhält für die kinetische Energie

$$W = \frac{1}{2} \cdot 0{,}1\ \mathrm{t} \cdot \left(7{,}2\ \frac{\mathrm{km}}{\mathrm{h}}\right)^2 = 2{,}592\ \frac{\mathrm{t\ km}^2}{\mathrm{h}^2}.$$

Die Einheiten Kilometer, Stunde und Tonne sind nicht kohärent. Das Potenzprodukt $\mathrm{t\ km^2\ h^{-2}}$ kann nicht ohne weiteres in eine gebräuchliche Energieeinheit umgesetzt werden. □

Das gesetzlich vorgeschriebene Einheitensystem, das heute in Wissenschaft und Technik verwendet wird, besteht in seinem Kern aus einem System kohärenter Einheiten, die man als SI-Einheiten bezeichnet. Die Buchstaben SI stehen hierbei als Abkürzung für „Système International d'Unités" (Internationales Einheitensystem). Neben den kohärenten SI-Einheiten gibt es aber noch eine Anzahl anderer gesetzlicher Einheiten, die über bestimmte Umrechnungsfaktoren (überwiegend Zehnerpotenzen) in SI-Einheiten umgerechnet werden können, die aber selber nicht kohärent sind (vgl. Beispiel 1.2).

1.1.2.1 SI-Basiseinheiten. Das internationale Einheitensystem kommt mit insgesamt sieben unabhängig definierten SI-Basiseinheiten aus. Die Definitionen dieser Basiseinheiten sind von der Generalkonferenz für Maß und Gewicht unter dem Gesichtspunkt zuverlässiger Reproduzierbarkeit festgelegt worden und können dem Anhang A der DIN 1301, Teil 1 entnommen werden.

In Tafel **1.**1 sind die SI-Basiseinheiten und die physikalischen Größen, zu denen sie gehören, zusammengestellt.

Tafel **1.**1 SI-Basiseinheiten

Größe	SI-Basiseinheit	
	Name	Zeichen
Länge	Meter	m
Masse	Kilogramm	kg
Zeit	Sekunde	s
elektrische Stromstärke	Ampere	A
thermodynamische Temperatur	Kelvin	K
Stoffmenge	Mol	mol
Lichtstärke	Candela	cd

1.1.2.2 Abgeleitete SI-Einheiten. Alle weiteren SI-Einheiten lassen sich als Produkte, Quotienten oder Potenzprodukte der in Tafel **1.**1 aufgeführten Basiseinheiten darstellen[1]). Für wichtige abgeleitete SI-Einheiten werden häufig besondere Namen festgelegt; z.B. gilt für die Krafteinheit Newton

$$1\,\mathrm{N} = 1\,\frac{\mathrm{kg\,m}}{\mathrm{s}^2}\,. \tag{1.1}$$

Oft ist es auch zweckmäßig, die Zusammenhänge zwischen abgeleiteten Einheiten direkt anzugeben; z.B. besteht zwischen der Leistungseinheit Watt (W) und der Spannungseinheit Volt (V) über die SI-Basiseinheit Ampere (A) der Zusammenhang

$$1\,\mathrm{W} = 1\,\mathrm{V\,A}\,, \tag{1.2}$$

und die Arbeits- und Energieeinheit Joule (J) läßt sich über

$$1\,\mathrm{J} = 1\,\mathrm{N\,m} = 1\,\mathrm{W\,s} \tag{1.3}$$

sowohl mit Hilfe der Krafteinheit Newton (N) als auch durch die Leistungseinheit Watt (W) ausdrücken.

Für den praktischen Umgang mit den Einheiten sind solche Zusammenhänge von großem Nutzen. Offensichtlich ist es auch möglich, mit Hilfe von Gl. (1.1) bis (1.3) die Einheiten Watt (W) und Volt (V) als Potenzprodukte der SI-Basiseinheiten darzustellen. Man erhält $1\,\mathrm{W} = 1\,\mathrm{kg\,m^2/s^3}$ und $1\,\mathrm{V} = 1\,\mathrm{kg\,m^2/(A\,s^3)}$. In den meisten Fällen ist es aber nicht empfehlenswert, bei der Einheitenarithmetik bis auf die Basiseinheiten zurückzugehen. Geschickter ist es, Zusammenhänge wie Gl. (1.2) und (1.3) je nach Bedarf direkt zur Einheitenumrechnung zu nutzen.

Eine scheinbare Sonderstellung nehmen die Einheiten mancher bezogener Größen, z.B. die Winkeleinheit Radiant (rad) ein. Die Regel, daß man bei der Angabe einer Größe niemals die Einheit weglassen darf, scheint hier durchbrochen. Beispielsweise sind die Angaben $\varphi = 0{,}78\,\mathrm{rad}$ und $\varphi = 0{,}78$ gleichwertig. Der Grund hierfür ist aber in der Definition des ebenen Winkels zu suchen. Man gibt die Größe eines Winkels nämlich an, indem man das Verhältnis der Kreisbogenlänge zum Radius bildet. Dabei werden zwei Längen durcheinander dividiert; und man erhält im Sinne des kohärenten Einheitensystems für die Winkeleinheit Radiant

$$1\,\mathrm{rad} = 1\,\frac{\mathrm{m}}{\mathrm{m}} = 1\,.$$

[1]) Eine Auswahl der wichtigsten SI-Einheiten findet sich im Anhang 3

1.1.2.3 Gesetzliche Einheiten außerhalb des SI. Trotz der offensichtlichen Vorteile, die ein kohärentes Einheitensystem bietet, ist es nicht gelungen, die ausschließliche Verwendung von SI-Einheiten verbindlich zu vereinbaren. In Tafel **1.**2 sind die außerhalb des SI-Einheitensystems stehenden gesetzlichen Einheiten aufgelistet, soweit sie die Elektrotechnik berühren.

Tafel **1.**2 Gesetzliche Einheiten außerhalb des SI

Größe	Einheit außerhalb des SI Name	Zeichen	Umrechnung in SI-Einheiten
ebener Winkel	Grad	°	$1° = \frac{\pi}{180}$ rad
Zeit	Minute	min	1 min = 60 s
	Stunde	h	1 h = 3600 s
	Tag	d	1 d = 86400 s
Volumen	Liter	l	1 l = 10^{-3} m^3
Masse	Tonne	t	1 t = 10^3 kg
Druck	Bar	bar	1 bar = 10^5 Pa
Energie	Elektronvolt	eV	1 eV = $0{,}1602 \cdot 10^{-18}$ J
Blindleistung	Var	var	1 var = 1 VA

Zum Teil werden diese Einheiten auch zur Bildung weiterer abgeleiteter Einheiten verwendet (min^{-1}, km/h, Ah, kWh etc.). Außerdem können von den meisten von ihnen durch die Verwendung geeigneter Vorsätze dezimale Vielfache gebildet werden. Darüber hinaus sind aber keine weiteren Einheiten zugelassen, die außerhalb des SI stehen. Dies trifft insbesondere für die früher häufig verwendeten Einheiten Å, kp, Torr, at, PS und cal zu. Diese Einheiten sind seit dem 1. 1. 1978 im Geschäftsverkehr nicht mehr zugelassen, werden aber außerhalb des technisch-wissenschaftlichen Bereichs gelegentlich noch benutzt.

1.1.2.4 Dezimale Vielfache von Einheiten. Es läßt sich grundsätzlich nicht verhindern, daß die vereinbarten Einheiten je nach Anwendungsfall gelegentlich unpraktisch klein oder unhandlich groß erscheinen. Damit man in solchen Fällen nicht mit übermäßig großen oder kleinen Zahlenwerten operieren muß, hat man Vorsätze und Vorsatzzeichen[1]) vereinbart, durch deren Verwendung die jeweilige Einheit um eine bestimmte Zehnerpotenz vergrößert oder verkleinert wird. Bevorzugt werden hierbei Potenzen von 1000, also Zehnerpotenzen mit durch 3 teilbarem Exponenten; von dieser Regel gibt es allerdings Ausnahmen, wie die Beispiele cm, dt, hl, hPa zeigen. Wenn man sich bei der Betrachtung der Vorsatzzeichen dennoch auf Potenzen von 10^3 beschränkt, so ist festzustellen, daß die Vorsätze, die die Einheit vergrößern, durch Großbuchstaben und die Vorsätze,

[1]) Vorsätze für dezimale Vielfache von Einheiten im Anhang 3

die die Einheit verkleinern, durch Kleinbuchstaben abgekürzt werden. Einzige (historisch bedingte) Ausnahme von dieser Regel ist der Kleinbuchstabe k für den Vorsatz Kilo-. Daß der Vorsatz Mikro- für das 10^{-6}-fache durch den griechischen Buchstaben μ abgekürzt wird, hat seinen Grund darin, daß der lateinische Buchstabe m schon für den Vorsatz Milli- vergeben ist.

Ein Vorsatzzeichen bildet zusammen mit dem Einheitenzeichen, vor dem es unmittelbar steht, das Zeichen einer neuen Einheit. Es kann aber nicht – sozusagen als Faktor – vor eine Einheitenkombination gesetzt werden. Des weiteren ist es unzulässig, mehrere Vorsätze hintereinander zu verwenden, was insbesondere bei den Masseeinheiten zu berücksichtigen ist, wo schon die Basiseinheit kg den Vorsatz Kilo- enthält. Die folgenden Beispiele machen den Sachverhalt deutlich:

Falsch sind die Angaben $10\,\mathrm{k}\,\frac{\mathrm{m}}{\mathrm{s}}$ oder $10\,\mathrm{k}\left(\frac{\mathrm{m}}{\mathrm{s}}\right)$, $2\,\mu(\mathrm{m}^2)$, 0,3 μkg, 5 mμm oder 5 mμ.

Richtig muß es heißen $10\,\frac{\mathrm{km}}{\mathrm{s}}$ oder $10\,\frac{\mathrm{m}}{\mathrm{ms}}$, $2\,\mathrm{mm}^2$, 0,3 mg, 5 nm.

1.1.3 Physikalische Gleichungen

1.1.3.1 Größengleichungen. In früheren Zeiten hat man häufig Gleichungen aufgestellt, in denen nur die Zahlenwerte der beteiligten Größen berücksichtigt wurden. Diese sogenannten Zahlenwertgleichungen waren nur brauchbar, wenn zwingend vorgeschrieben wurde, in welchen Einheiten die jeweiligen Größen anzugeben waren. Wegen dieses Nachteils werden Zahlenwertgleichungen heute nicht mehr verwendet. Statt dessen drückt man physikalische und technische Zusammenhänge mit Hilfe von Größengleichungen aus, in denen die Formelzeichen physikalische Größen im Sinne von Abschn. 1.1.1 darstellen. Größengleichungen behalten ihre Gültigkeit unabhängig von den verwendeten Einheiten. Wie Beispiel 1.2 zeigt, kann es bei der Auswertung einer Größengleichung allerdings notwendig werden, für die sich ergebende Größe eine Einheitenumrechnung vorzunehmen, um ein Ergebnis in einer gebräuchlichen Einheit zu bekommen.

1.1.3.2 Zugeschnittene Größengleichungen. Wenn vorab bekannt ist, welche Einheiten bei der Auswertung einer Größengleichung vorzugsweise verwendet werden, ist es oftmals lohnend, die Gleichung speziell auf diese Einheiten zuzuschneiden. Dieser Fall tritt beispielsweise bei der Auswertung von Meßreihen und bei der Erstellung von Wertetabellen für graphische Darstellungen auf.

□ **Beispiel 1.3**

Ein einfaches Beispiel dieser Art ist die Berechnung der Fahrzeuggeschwindigkeit v in km/h, wenn die Zeit t, die für eine Radumdrehung benötigt wird, in ms gemessen wird und der Radumfang $l = 1{,}75$ m beträgt. Man setzt den vorgegebenen Wert $l = 1{,}75$ m in die Grundgleichung ein und erhält

$$v = \frac{l}{t} = \frac{1{,}75\ \mathrm{m}}{t}.$$

In dieser Gleichung werden nun die Größen v und t mit den geforderten Einheiten km/h und ms erweitert. Die Gleichung lautet jetzt

$$\frac{v}{\frac{\mathrm{km}}{\mathrm{h}}} \cdot \frac{\mathrm{km}}{\mathrm{h}} = \frac{1{,}75\ \mathrm{m}}{\frac{t}{\mathrm{ms}} \cdot \mathrm{ms}}.$$

Nach weiterer Umformung

$$\frac{v}{\frac{\mathrm{km}}{\mathrm{h}}} = \frac{\mathrm{h}}{\mathrm{km}} \cdot \frac{1{,}75\ \mathrm{m}}{\mathrm{ms}} \cdot \frac{1}{\frac{t}{\mathrm{ms}}} = \frac{3600\ \mathrm{s} \cdot 1{,}75\ \mathrm{m}}{10^3\ \mathrm{m} \cdot 10^{-3}\ \mathrm{s}} \cdot \frac{1}{\frac{t}{\mathrm{ms}}}$$

erhält man die zugeschnittene Größengleichung

$$\frac{v}{\frac{\mathrm{km}}{\mathrm{h}}} = \frac{6300}{\frac{t}{\mathrm{ms}}}.$$

□

Bei der Umwandlung einer Größengleichung in eine zugeschnittene Größengleichung unterscheidet man zweckmäßigerweise zwischen den konstanten Größen, die im konkreten Fall feste, unveränderliche Werte haben (im Beispiel der Radumfang l), und den sich ändernden Größen, die in bestimmten bevorzugten Einheiten angegeben werden sollen (im Beispiel die Zeit t und die Geschwindigkeit v). Als erstes werden die konstanten Größen mit Zahlenwert und Einheit in die Gleichung eingesetzt. Jede der verbleibenden Größen wird sodann durch die jeweils bevorzugte Einheit dividiert und wieder mit dieser Einheit multipliziert. Diese einfache Umformung ist aus der Bruchrechnung als Erweitern bekannt und dient dem Zweck, für die veränderlichen Größen Quotienten aus Größe und bevorzugter Einheit zu bilden und in die Gleichung einzuführen. Bei der weiteren Umformung der Gleichung ist darauf zu achten, daß diese mit voller Absicht eingeführten Quotienten (im Beispiel $v/(\mathrm{km/h})$ und t/ms) bestehen bleiben. Die anderen in der Gleichung noch vorkommenden Einheiten werden nach den Regeln der Algebra zusammengefaßt und mit den konstanten Größen zu neuen Konstanten verschmolzen.

In den zugeschnittenen Größengleichungen treten alle wertmäßig noch nicht festgelegten Größen in der Form eines Quotienten aus Größe und zugeordneter Einheit auf. Diese Quotienten haben alle die Dimension 1. Hieraus ergibt sich, daß es immer möglich sein muß, auch die Konstanten in einer zugeschnittenen Größengleichung so zusammenzufassen, daß sie die Dimension 1 haben. In einer zugeschnittenen Größengleichung kommen daher außer den jeweiligen Quotienten aus Größe und zugeordneter Einheit keine weiteren Einheiten vor, sondern nur noch Zahlen.

□ **Beispiel 1.4**

Der Zusammenhang zwischen Geschwindigkeit und kinetischer Energie aus Beispiel 1.1 soll für eine Masse $m = 100$ t so als zugeschnittene Größengleichung dargestellt werden, daß sich die Energie in kWh ergibt, wenn man die Geschwindigkeit in km/h einsetzt.

Zunächst wird der konstante Wert $m = 100$ t in die Gleichung eingesetzt. Man erhält

$$W = \frac{1}{2} \cdot 100\,\mathrm{t} \cdot v^2$$

und nach Erweitern mit den geforderten Einheiten

$$\frac{W}{\mathrm{kWh}} \cdot \mathrm{kWh} = \frac{1}{2} \cdot 100\,\mathrm{t} \cdot \left(\frac{v}{\frac{\mathrm{km}}{\mathrm{h}}} \cdot \frac{\mathrm{km}}{\mathrm{h}} \right)^2 .$$

Nun werden alle Konstanten und alle Einheiten außerhalb der Quotienten (Größe/Einheit) zusammengefaßt. Die Gleichung erscheint dann in der Form

$$\frac{W}{\mathrm{kWh}} = \frac{100\,\mathrm{t\,km}^2}{2\,\mathrm{kWh\,h}^2} \left(\frac{v}{\frac{\mathrm{km}}{\mathrm{h}}} \right)^2 = \frac{100 \cdot 10^3\,\mathrm{kg} \cdot 10^6\,\mathrm{m}^2}{2 \cdot 10^3\,\mathrm{W} \cdot 3600^3\,\mathrm{s}^3} \left(\frac{v}{\frac{\mathrm{km}}{\mathrm{h}}} \right)^2 .$$

Für die Einheiten gilt $1\,\frac{\mathrm{kg\,m}^2}{\mathrm{W\,s}^3} = 1\,\frac{\mathrm{kg\,m}}{\mathrm{s}^2} \cdot \mathrm{m} \cdot \frac{1}{\mathrm{Ws}} = 1\,\mathrm{N\,m} \cdot \frac{1}{\mathrm{N\,m}} = 1$; und man erhält schließlich die zugeschnittene Größengleichung

$$\frac{W}{\mathrm{kWh}} = 1{,}072 \cdot 10^{-3} \left(\frac{v}{\frac{\mathrm{km}}{\mathrm{h}}} \right)^2 .$$ □

1.2 Strom und Spannung

1.2.1 Elektrische Ladung und elektrischer Strom

1.2.1.1 Elektrische Ladung. Die elektrische Ladung ist eine Größe, die sich der direkten sinnlichen Wahrnehmung entzieht. Man kann auf das Vorhandensein elektrischer Ladungen lediglich mittelbar schließen, wenn man die Kraftwirkung beobachtet, die offenbar von ihnen ausgeht. Alltägliche Erscheinungen dieser Art sind beispielsweise das Aneinanderhaften von Papierbögen oder Kunststofffolien. Experimentelle Untersuchungen zeigen, daß man viele Stoffe durch Reiben der Oberfläche in einen geladenen Zustand versetzen kann [10]. In diesem Zustand stoßen sie Gegenstände ab, die aus demselben Material bestehen und zuvor in gleicher Weise behandelt wurden wie sie selbst. Andere Gegenstände werden je nach Material entweder angezogen oder ebenfalls abgestoßen; oder es tritt überhaupt keine Kraftwirkung auf. Hieraus wird der Schluß gezogen, daß es zwei verschiedene Arten von Ladungen mit entgegengesetzter Polarität gibt.

Die genannten Effekte treten hauptsächlich bei künstlich hergestellten Stoffen auf, können aber auch an einigen Naturprodukten beobachtet werden. Beispielsweise übt ein Stück Bernstein, das zuvor an einem trockenen Fell gerieben wurde, eine anziehende Kraft auf leichte Vogelfedern aus. Es wird vermutet, daß dieser Effekt schon in der Antike bekannt war. Man hat sich deshalb entschlossen, derartige Phänomene nach dem griechischen Wort ἤλεκτρον (=Bernstein) „elektrisch" zu nennen und die Ladungen entgegengesetzter Polarität als positive und negative elektrische Ladungen zu bezeichnen [10].

Die Definition, welche Ladung positiv und welche Ladung negativ genannt werden soll, erfolgte dabei völlig willkürlich. Dennoch ist diese Festlegung bis auf den heutigen Tag gültig und zum Beispiel die Ursache dafür, daß den Protonen im Atomkern eine positive und den Elektronen eine negative Ladung zugeordnet werden muß. Diese Zusammenhänge werden in Kapitel 10 im einzelnen dargelegt und brauchen hier nicht weiter erörtert zu werden. Die gegenseitige Kraftwirkung elektrischer Ladungen ist Gegenstand von Abschn. 3.1.2.1 und muß an dieser Stelle ebenfalls nicht weiter verfolgt werden. Für die jetzige Betrachtung ist es lediglich wichtig, daß die Existenz elektrischer Ladungen vorausgesetzt werden darf.

Als Symbol für die elektrische Ladung wird der Buchstabe Q und als Einheit

$$[Q]=1\,\mathrm{C}\ (\text{Coulomb}) \tag{1.4}$$

eingeführt. Trotz der grundlegenden Bedeutung der Ladung Q als elementarer Naturgröße gilt ihre Einheit Coulomb nicht als Basiseinheit. Vielmehr ist das Coulomb als Produkt der Basiseinheiten Ampere und Sekunde definiert, wie weiter unten in Abschn. 1.2.1.2 noch gezeigt wird.

1.2.1.2 Elektrische Stromstärke. Unter einem Strom versteht man allgemein den Transport einer Substanz. Diese Definition entspricht recht genau dem allgemeinen Sprachgebrauch, wie die Beispiele Massestrom, Wärmestrom, Warenstrom etc. zeigen. Im Falle des elektrischen Stromes ist die transportierte Substanz die elektrische Ladung. Ob es sich hierbei um positive oder um negative Ladung handelt, ist von untergeordneter Bedeutung, wie in Abschn. 1.2.3 noch gezeigt wird. Der Einfachheit halber ordnet man deshalb dem Strom die Richtung zu, in der sich positive elektrische Ladungen bewegen würden. Da die elektrische Ladung sich mit keinem menschlichen Sinn unmittelbar wahrnehmen läßt, verwundert es nicht, daß auch der elektrische Strom mit keinem Sinnesorgan direkt erfaßt werden kann. Daß in einem Leiter elektrische Ladungen in Bewegung sind, ist nur aus den Veränderungen zu folgern, die im Leiter selbst oder in seiner Umgebung hervorgerufen werden. Die wichtigsten Wirkungen des elektrischen Stromes sind das Erzeugen von Wärme und Licht in der Strombahn, das Entstehen von magnetischen Feldern innerhalb und außerhalb des Leiters sowie gegebenenfalls die chemische Zersetzung des Leitermaterials. Außerdem treten im menschlichen und tierischen Körper bei Stromdurchgang physiologische Wirkungen auf, die sich in Muskel- und Nervenreaktionen, möglicherweise auch in größeren organischen Störungen äußern, die im Extremfall sogar zum Tode führen können.

Wenn man die Absicht verfolgt, das Ausmaß eines beliebigen Stromes zu beschreiben, so tut man dies, indem man angibt, wieviel von der betreffenden Substanz während einer bestimmten Zeit transportiert wird. Im Falle des elektrischen Stromes gibt man daher an, wieviel Ladung Q an einer bestimmten Stelle des Leiters während der Zeit t durch den gesamten Leiterquerschnitt hindurchströmt. Bezieht man die Ladung auf die Zeit, so erhält man die elektrische Stromstärke

$$I = \frac{Q}{t}. \tag{1.5}$$

Einschränkend muß allerdings gesagt werden, daß Gl. (1.5) nur dann brauchbare Werte liefert, wenn die Stromstärke zeitlich konstant ist. Andernfalls erhält man nur den Mittelwert der Stromstärke während der Zeit t, was insbesondere dann wenig hilfreich ist, wenn die Ladung ständig hin und her transportiert wird, wie dies bei Wechselströmen der Fall ist. Zufriedenstellende Ergebnisse sind in solchen Fällen nur dadurch zu erzielen, daß man die Bezugszeit t extrem kurz wählt. Genau genommen muß die Zeit so kurz bemessen werden, daß die Stromstärke sich während dieser Zeit nicht ändert. Bei einer sich kontinuierlich ändernden Stromstärke i bedeutet das, daß die Bezugszeit unendlich kurz und die während der Bezugszeit transportierte Ladung ebenfalls unendlich klein wird. Das heißt, daß der Quotient in Gl. (1.5) in den Differentialquotienten

$$i = \frac{dQ}{dt} \tag{1.6}$$

übergeht. Mit Gl. (1.6) liegt nunmehr die allgemeine Definitionsgleichung für die Stromstärke i vor. Gl. (1.5) ist hierin als Spezialfall enthalten.

Die Einheit der elektrischen Stromstärke ist die SI-Basiseinheit Ampere (A), s. Tafel **1**.1. Sie ist über die Kraftwirkung zwischen zwei stromdurchflossenen Leitern definiert. Für die Ladungseinheit Coulomb folgt aus Gl. (1.6)

$$[Q] = 1\ \text{C} = 1\ \text{As}. \tag{1.7}$$

1.2.1.3 Stromarten. Man unterscheidet hauptsächlich zwei Stromarten: Gleichstrom mit stets gleicher Stromrichtung und Wechselstrom mit wechselnder Stromrichtung. Trägt man die Stromstärke über der Zeit t auf, so erhält man beim Gleichstrom konstanter Stärke die in Bild **1**.3a wiedergegebene waagerechte Gerade; ein Gleichstrom kann sich aber auch zeitlich ändern. Wechselgrößen verlaufen nach periodischen Zeitfunktionen, deren linearer Mittelwert null ist (s. Abschn. 5.1.2.1). Eine Wechselgröße kann wie in Bild **1**.3c sinusförmig sein oder einen anderen periodischen Verlauf etwa nach Bild **1**.3b haben. Die Überlagerung von Gleich- und Wechselstrom ergibt den Mischstrom $i = i_{-} + i_{\sim}$ (Bild **1**.3d); dabei kann die Wechselstromkomponente auch andere Formen als die hier gewählte Sinusform haben. Ein Sonderfall des Mischstroms, bei dem der Strom im Minimum der Kurve jedesmal bis auf null heruntergeht, gelegentlich auch eine Zeitlang beim Wert null verbleibt, ist der intermittierende Gleichstrom.

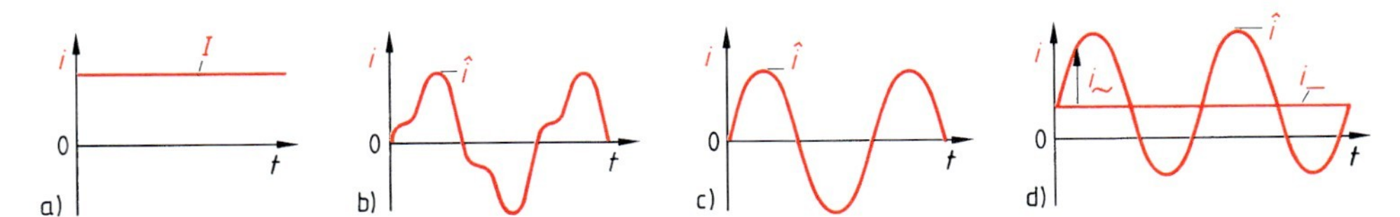

1.3 Stromarten. a) Gleichstrom I, b) allgemeiner periodischer Wechselstrom i, c) Sinusstrom i mit Scheitelwert $\hat{i}$, d) Mischstrom $i = i_{-} + i_{\sim}$ mit Gleichstromkomponente i_{-} und überlagertem Sinusstrom $i_{\sim}$

1.2.2 Elektrisches Potential und elektrische Spannung

Wenn man nach den Ursachen für das Zustandekommen eines elektrischen Stromes sucht, so stößt man auf den Begriff der elektrischen Spannung. In Abschn. 2.1.3 wird gezeigt, daß die Spannung als Quotient aus Leistung und Stromstärke aufgefaßt werden kann. Häufig ist es zweckmäßig, Spannungen gegenüber einem festen Bezugspunkt anzugeben. Man nennt diese Spannungen dann Potentiale und ordnet dem Bezugspunkt das Potential null zu. Eine Spannung zwischen zwei beliebigen Punkten kann dann als die Differenz zweier Potentiale beschrieben werden, was eine anschauliche Deutung der Vorgänge in Gleichstromkreisen und bis zu einem gewissen Grade auch in Wechselstromkreisen ermöglicht. Bei der Betrachtung des Induktionsvorganges (s. Abschn. 4.3.1) muß man sich jedoch von dieser anschaulichen Interpretation wieder lösen, weil man in diesem Zusammenhang zwar Spannungen, nicht aber Potentiale definieren kann.

1.2.2.1 Elektrisches Potential. Zur Veranschaulichung des Potentialbegriffs betrachte man ein Gebiet, in dem ein Überschuß an positiver elektrischer Ladung besteht, und ein anderes Gebiet, in dem Mangel an positiver elektrischer Ladung herrscht. Würde man eine leitende Verbindung zwischen beiden Gebieten herstellen, so käme es zu einem Ladungsausgleich, also zu einem elektrischen Strom von dem Überschußgebiet in das Mangelgebiet hinein. Zur Beschreibung dieser Situation ordnet man dem Überschußgebiet ein hohes und dem Mangelgebiet ein niederes elektrisches Potential zu. Ferner stellt man fest, daß positive elektrische Ladungen, solange auf sie keine zusätzlichen äußeren Kräfte einwirken, von Orten höheren Potentials zu Orten niederen Potentials fließen. Als Symbol für das Potential wird der Buchstabe φ verwendet. Für die Einheit in der es gemessen wird, gilt

$$[\varphi] = 1\ \mathrm{V}\ (\mathrm{Volt}). \tag{1.8}$$

Das Volt ist eine abgeleitete Einheit, die sich nach Gl. (1.2) auf die Einheiten Watt (W) und Ampere (A) zurückführen läßt (s. Abschn. 2.1.3).

1.2.2.2 Elektrische Spannung. In einem elektrischen Leiter, der zwei Punkte unterschiedlichen Potentials miteinander verbindet, fließt ein Strom, der umso größer ist, je stärker sich die Potentiale in den beiden Punkten unterscheiden. Der Potentialdifferenz kommt daher eine hohe Bedeutung zu; sie wird elektrische Spannung genannt und mit dem Symbol U (Gleichspannung) oder u (zeitabhängige Spannung) gekennzeichnet. Manchmal werden die Buchstaben U und u mit zwei Indizes versehen, um die Orte kenntlich zu machen, zwischen denen die Spannung besteht. In diesem Falle bedeutet

$$u_{\mu\nu} = \varphi_\mu - \varphi_\nu; \tag{1.9}$$

d. h. die Reihenfolge der Indizes gibt eindeutig Auskunft darüber, welches Potential bei der Differenzbildung zugrunde gelegt (erster Index μ) und welches davon abgezogen wird (zweiter Index ν). Darüber hinaus gibt es aber auch elektrische Spannungen, die nicht als Differenz zweier Potentiale dargestellt werden können. Auf diese induzierten Spannungen, die durch zeitlich veränderliche Magnetfelder hervorgerufen werden, wird in Abschn. 4.3.1 ausführlich eingegangen.

Da die elektrische Spannung in vielen Fällen als die Differenz zweier Potentiale dargestellt werden kann, ist ihre Einheit wie die des Potentials

$$[u]=1\ \mathrm{V}\ (\mathrm{Volt}). \tag{1.10}$$

Die Frage, wie eine elektrische Spannung erzeugt wird, kann an dieser Stelle noch nicht befriedigend beantwortet werden; hier wird auf die Abschnitte 4.3.1 und 10.3.3 verwiesen. Die Existenz technischer Anordnungen, mit deren Hilfe man elektrische Spannungen erzeugen kann, darf aber vorausgesetzt werden. Derartige Spannungsquellen besitzen zwei Anschlußpunkte, sogenannte Pole, zwischen denen eine Spannung besteht. Im Normalfall verschwindet diese Spannung auch dann nicht vollständig, wenn zwischen den beiden Polen eine äußere leitende Verbindung hergestellt wird. Dies wird dadurch ermöglicht daß im Inneren der Spannungsquelle eine Kraft – meist magnetischer oder chemischer Natur – auf die Ladungen einwirkt, die positive Ladungen von dem Minus-Pol abzieht und zum Plus-Pol hin transportiert, so daß zwischen den beiden Polen ständig eine elektrische Spannung aufrechterhalten wird.

1.2.3 Technische Stromrichtung

1.2.3.1 Stromkreis. Wenn man zwischen den beiden Polen einer Spannungsquelle über einen sogenannten Verbraucher eine äußere leitende Verbindung herstellt, so verursacht die Spannung, die die Spannungsquelle zwischen ihren beiden Polen aufbaut, in der äußeren leitenden Verbindung einen Strom. Man erhält somit einen Stromkreis, wie er z.B. in Bild **1**.4 dargestellt ist: Innerhalb der Spannungsquelle *E* wirken auf die vereinbarungsgemäß als positiv angenommenen Ladungen Kräfte ein, die sie vom Minus-Pol zum Plus-Pol treiben; außerhalb der Spannungsquelle, im Verbraucher *V* folgen sie der Spannung *U* und fließen vom Plus-Pol zum Minus-Pol.

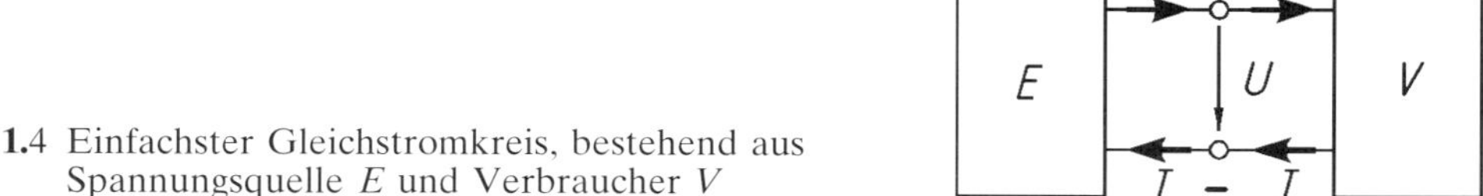

1.4 Einfachster Gleichstromkreis, bestehend aus Spannungsquelle *E* und Verbraucher *V*

Die Geschwindigkeit, mit der sich die Ladungen durch den Leiter bewegen, hängt wegen der unterschiedlichen Ladungsträgerkonzentration stark von dem verwendeten Leitermaterial ab (vgl. Abschn. 10.4). In metallischen Leitern ist sie aber sehr klein: In den Kupferleitungen, die in der elektrischen Energietechnik verwendet werden, liegt die Driftgeschwindigkeit der Ladungsträger etwa zwischen 0,1 mm/s und 10 mm/s. Hingegen pflanzt sich das den Strom bewirkende Signal, das nach dem Schließen oder Öffnen eines Schalters den Leiter durcheilt, mit Lichtgeschwindigkeit fort. Diese ist in den Leitermaterialien nur unwesentlich kleiner als im Vakuum ($c_0=3\cdot10^8$ m/s). Solange man sich nicht mit dem Bereich extrem kurzer Zeiten befaßt, kann man daher davon ausgehen, daß sich die Ladungen in einem Stromkreis unmittelbar nach Schließen des Schalters überall praktisch gleichzeitig in Bewegung setzen. Das bedeutet allerdings nicht, daß der Strom unmittelbar nach dem Einschalten sofort seine endgültige Stärke erreicht (s. Abschn. 9.3).

1.2.3.2 Strömung positiver und negativer Ladungen. In Abschn. 1.2.1.1 wurde dargelegt, daß man von der Existenz sowohl positiver als auch negativer elektrischer Ladungen ausgehen muß. Alle bisher angestellten Überlegungen bezüglich der elektrischen Strömung sind aber von der Vorstellung ausgegangen, daß es sich bei der transportierten Ladung um positive elektrische Ladung handele. Eine genauere Untersuchung der Leitungsmechanismen (s. Kapitel 10) ergibt, daß diese Annahme in den meisten Fällen physikalisch nicht zutrifft: Bei metallischen Leitern wird der Strom ausschließlich von negativen Elektronen getragen; bei ionisierten Gasen, Elektrolyten und Halbleitern kommen sowohl positive Ladungsträger (Kationen, Defektelektronen) als auch negative Ladungsträger (Anionen, Elektronen) vor.

Trotz dieser offensichtlichen Diskrepanz zwischen modellhafter Vorstellung und physikalischer Realität besteht jedoch keine Veranlassung, von der bisher verwendeten Darstellungsweise abzugehen. Z.B. ist es im materieerfüllten Raum offenbar gleichgültig, ob man ein positiv geladenes Gebiet dadurch charakterisiert, daß man sagt, hier herrsche ein Überschuß an positiver Ladung, oder ob man von einem Mangel an negativer Ladung spricht. In Bild **1.**5 sind schematisch ein positiv und ein negativ geladenes Gebiet dargestellt. Zwischen beiden besteht die Spannung U. Eine einfache leitende Verbindung zwischen den beiden Gebieten führt zu einem Strom I, der einen Ausgleich zwischen Überschuß und Mangel zum Ziel hat. Je nachdem, ob es in der leitenden Verbindung bewegliche positive oder bewegliche negative Ladungen gibt, kommt es zu einer Strömung positiver Ladungen in das negativ geladene Gebiet (Bild **1.**5a) oder zu einer Strömung negativer Ladungen in das positiv geladene Gebiet (Bild **1.**5c). Falls in der Verbindungsleitung beide Arten von Ladungen vorhanden sind, treten beide Strömungen gleichzeitig auf (Bild **1.**5b); dabei ist es nicht unbedingt erforderlich, daß die Ladungsträger ihr jeweiliges Zielgebiet auch tatsächlich erreichen. Es ist auch möglich, daß Ladungsträger unterwegs auf Ladungsträger der entgegengesetzten Art treffen und sich mit ihnen zu elektrisch neutralen Gebilden vereinigen (vgl. Abschn. 10.2.2, 10.4.4). Auch diese Ladungsträgerpaare tragen bis zu ihrer Wiedervereinigung zu dem Strom bei, da ja jeweils der eine Ladungsträger positive Ladung aus dem positiven und der andere negative Ladung aus dem negativen Gebiet abtransportiert hat.

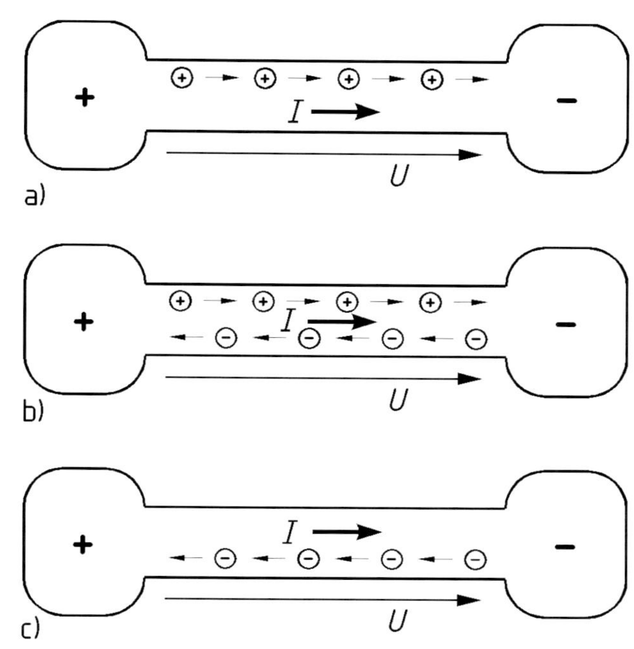

1.5 Ladungsträgerbewegung und technische Stromrichtung. a) nur positive Ladungsträger, b) sowohl positive als auch negative Ladungsträger, c) nur negative Ladungsträger
+ Überschuß an positiver und Mangel an negativer Ladung
− Überschuß an negativer und Mangel an positiver Ladung

1.2.3.3 Festlegung der Stromrichtung. Unabhängig davon, welcher der in Bild **1.**5 vorgestellten Leitungsmechanismen in einem konkreten Fall wirklich vorliegt, ist festzustellen, daß ein elektrischer Strom fließt. Dieser Strom bewirkt auf der einen Seite (in Bild **1.**5 links) einen Abbau positiver Ladung und auf der anderen Seite (in Bild **1.**5 rechts) eine Zufuhr positiver Ladung. Insofern ist es für die Gesamtbetrachtung unerheblich, ob der Strom von positiven oder von negativen Ladungen getragen wird. Im Endergebnis beschreibt man also den Vorgang richtig, wenn man zu der einfachen Modellvorstellung nach Bild **1.**5a zurückkehrt, wonach positive elektrische Ladung durch den Leiter transportiert wird.

Diese Überlegung trifft für jeden Fall zu, wo elektrische Ladung sich durch einen Leiter bewegt. Dabei bezeichnet man die Bewegungsrichtung der positiven Ladung als die technische Stromrichtung. Gekennzeichnet wird die technische Stromrichtung durch den Stromzählpfeil (siehe Abschn. 1.2.4.1), dem man entweder das Symbol für den Strom (I oder i) oder eine zahlenmäßige Angabe der Stromstärke beifügt. Die Stromzählpfeile in Bild **1.**4 entsprechen dieser Definition der technischen Stromrichtung; und man findet die allgemein geläufige Regel bestätigt, daß der elektrische Strom innerhalb des Verbrauchers vom Pluspol zum Minuspol fließt. Gleichzeitig gilt aber umgekehrt auch die häufig weniger beachtete Feststellung, daß der Strom innerhalb der Spannungsquelle vom Minuspol zum Pluspol fließt.

1.2.4 Zählpfeile

1.2.4.1 Strom- und Spannungszählpfeile. Trotz der in Abschn. 1.2.3.3 vorgenommenen klaren Definition der technischen Stromrichtung darf nicht erwartet werden, daß die innerhalb einer Schaltung verwendeten Stromzählpfeile immer in diese technische Stromrichtung weisen. Man stelle sich zum Beispiel in Bild **1.**4 unter der Spannungsquelle E die Batterie eines Kraftfahrzeuges und unter dem Verbraucher V die gesamte elektrische Installation dieses Kraftfahrzeuges einschließlich Anlasser und Lichtmaschine vor. Bei Stillstand des Motors, insbesondere beim Starten, fließt ein Strom aus der Batterie E in der eingezeichneten Richtung zu dem angeschlossenen Verbraucher V. Während des Fahrbetriebes aber kehrt der Strom seine Richtung um, weil die Lichtmaschine jetzt die Funktion einer Spannungquelle übernimmt; die Batterie hingegen wird jetzt geladen und verhält sich wie ein Verbraucher, indem sie an ihrem Pluspol einen Strom aufnimmt und an ihrem Minuspol wieder abgibt. Natürlich könnte man der veränderten Situation dadurch Rechnung tragen, daß man mit einem entgegengesetzten Stromzählpfeil arbeitet; aber dieser wäre dann wieder unzutreffend, sobald sich die Stromrichtung erneut ändert.

Vor einem ganz ähnlichen Problem steht man, wenn man die Richtung eines Wechselstromes oder eines Mischstromes (Bild **1.**3b–d) angeben will: Wenn der Strom ständig seine Richtung ändert, ist es offensichtlich unmöglich, ihm einen Zählpfeil zuzuordnen, der zu jedem Zeitpunkt seine Richtung zutreffend wiedergibt. Andererseits zeigt sich bei einer erneuten Betrachtung der Stromverläufe in Bild **1.**3b–d, daß die Darstellung der Richtungsumkehr eines Stromes problemlos dadurch möglich ist, daß man der Stromstärke i zeitweise ein positives und zeitweise ein negatives Vorzeichen zuordnet. Es fehlt dort lediglich die Angabe, in welcher Richtung der Strom fließt, wenn er mit positivem Vorzeichen angegeben wird. Daß er in die entgegengesetzte Richtung fließt, wenn er als negativ bezeichnet wird, versteht sich dann von selbst.

Hier nun liegt die eigentliche Bedeutung der Stromzählpfeile: Sie geben die technische Stromrichtung der jeweiligen Ströme für den Fall an, daß diese positiv sind. Hieraus ergibt sich, daß man zur eindeutigen Beschreibung der Stromrichtung stets zwei Angaben benötigt, nämlich den Stromzählpfeil in der betrachteten Schaltung und das Vorzeichen des zugehörigen Stromes. Andererseits folgt hieraus, daß die Richtungswahl für einen Stromzählpfeil willkürlich vorgenommen werden darf und daher – für sich genommen – niemals falsch sein kann. Es kommt vielmehr darauf an, daß zu dem einmal gewählten Stromzählpfeil der Strom mit dem richtigen Vorzeichen angegeben wird.

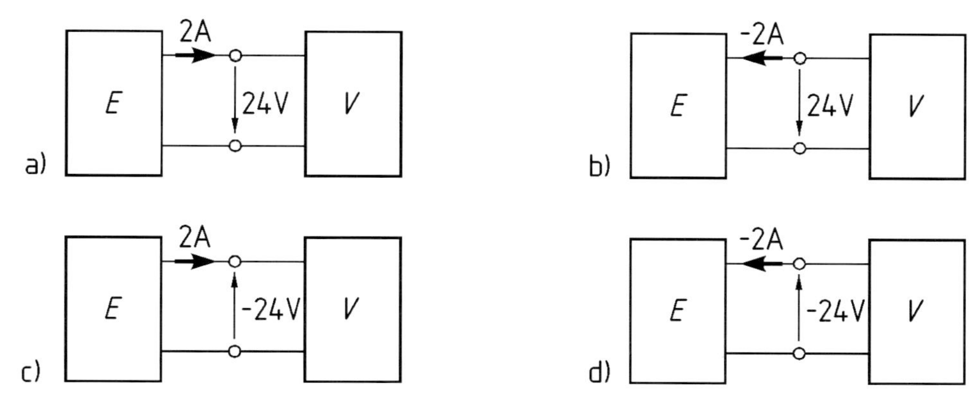

1.6 Strom und Spannung an einem Klemmenpaar. Vier verschiedene Darstellungen für denselben Zustand

Beispielsweise bedeutet die Angabe 2 A zu dem nach rechts gerichteten Stromzählpfeil in Bild **1.**6a und c genau dasselbe wie die Angabe −2 A zu dem nach links gerichteten Stromzählpfeil in Bild **1.**6b und d.

Ähnlich wie mit den Stromzählpfeilen verhält es sich auch mit den Spannungszählpfeilen: Der Spannungszählpfeil in Bild **1.**4 ist vom Pluspol zum Minuspol gerichtet. Damit soll verdeutlicht werden, daß die Spannung U angibt, um wieviel das Potential am Pluspol höher ist als am Minuspol. Verallgemeinert läßt sich hieraus die Regel herleiten, daß man die zu dem Spannungszählpfeil gehörende Spannung dann erhält, wenn man von dem Potential am Pfeilende das Potential an der Pfeilspitze abzieht. Wenn das Potential am Pfeilende höher ist als dasjenige an der Pfeilspitze, erhält man wie in Bild **1.**6a und b eine positive Spannung; im umgekehrten Falle wie in Bild **1.**6c und d ist die Spannung negativ.

Spannungszählpfeile können in den Darstellungen gerade oder gebogen sein; sie müssen aber eindeutig erkennen lassen, zwischen welchen Punkten die Potentialdifferenz gebildet wird. Stromzählpfeile werden bevorzugt in die Linie gezeichnet, die den Stromleiter darstellt. Sie dürfen nach DIN 5489 aber auch neben die Linie gesetzt werden; von dieser Möglichkeit wird in dem vorliegenden Buch dann Gebrauch gemacht, wenn die Darstellungen mehrfarbig sind.

1.2.4.2 Zählpfeilsysteme an Zweipolen und Zweitoren. Anordnungen, die nur über zwei Klemmen elektrisch zugänglich sind, werden in der Elektrotechnik als Zweipole bezeichnet. Wenn man zwei derartige Zweipole zusammenschaltet, kann man, wie Bild **1.**6 zeigt, zwischen vier verschiedenen Kombinationen von Strom- und Spannungszählpfeilen wählen. Bei dem in Bild **1.**6 gezeigten Beispiel wird man in der Regel der Version a den Vorzug geben, weil hier die Zählpfeile mit den tatsächlichen Gegebenheiten übereinstimmen, so daß sowohl die Stromstärke als auch die Spannung mit positivem Vorzeichen angegeben werden dürfen. Dies hängt damit zusammen, daß es sich bei dem Zweipol *E* um eine Spannungsquelle (einen Erzeuger) und bei dem Zweipol *V* um einen Verbraucher handelt. Offensichtlich führt nämlich die obere Klemme hohes Potential (Pluspol) und die untere Klemme niederes Potential (Minuspol); und der Strom fließt innerhalb der Spannungsquelle *E* vom Minuspol zum Pluspol, innerhalb des Verbrauchers *V* aber vom Pluspol zum Minuspol.

Aus der Betrachtung des Beispiels in Bild **1.**6 läßt sich der allgemeingültige Schluß ziehen, daß sowohl für einen Erzeuger *E* als auch für einen Verbraucher *V* die Wahl der Zählpfeile gemäß Bild **1.**6a die zweckmäßigste ist. Diese Feststellung behält auch dann ihre Gültigkeit wenn Strom und Spannung sich in Abhängigkeit von der Zeit ändern, wobei auch die Möglichkeit eines Vorzeichenwechsels gemäß Bild **1.**3 mit eingeschlossen wird. Wenn man die ausgewählten Zählpfeile nur in bezug auf den Erzeuger *E* sieht, so erhält man aus Bild **1.**6a das sogenannte Erzeugerzählpfeilsystem, das in Bild **1.**7 dargestellt ist. Entsprechend ergibt sich das Verbraucherzählpfeilsystem nach Bild **1.**8, wenn man dieselben Zählpfeile dem Verbraucher *V* zuordnet. Es besteht aber kein Zwang, an einem Erzeuger das Erzeuger- und an einem Verbraucher das Verbraucherzählpfeilsystem anzuwenden. Die Bilder **1.**6b und c zeigen, daß das entgegengesetzte Vorgehen genauso gut möglich ist.

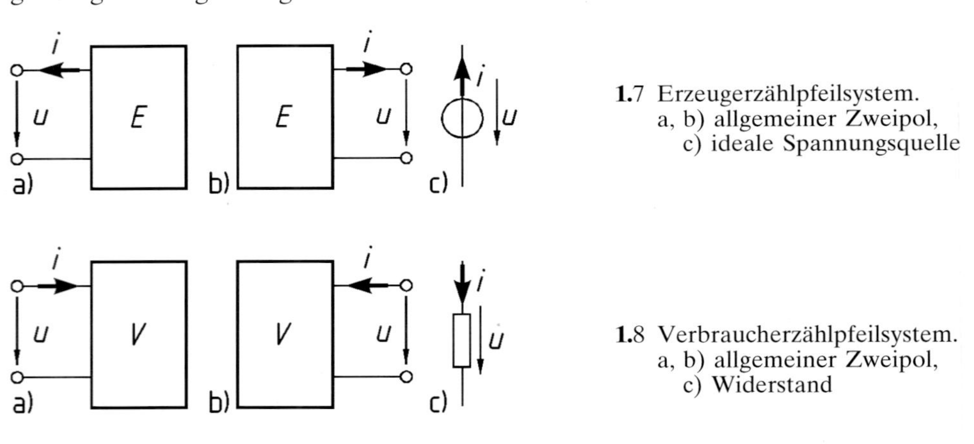

1.7 Erzeugerzählpfeilsystem.
a, b) allgemeiner Zweipol,
c) ideale Spannungsquelle

1.8 Verbraucherzählpfeilsystem.
a, b) allgemeiner Zweipol,
c) Widerstand

Außer den Zweipolen kommen in der Elektrotechnik häufig auch vier- oder mehrpolige Anordnungen vor, bei denen jeweils zwei Pole begrifflich zu einem sogenannten Tor zusammengefaßt werden. Konsequenterweise nennt man derartige Anordnungen dann Zweitore bzw. Mehrtore. Praktische Beispiele für Zweitore sind Transformatoren, Übertrager, Verstärker, Filter und elektrische Leitungen. Hier ist für jedes Tor gesondert festzulegen, ob das Verbraucher- oder das Erzeugerzählpfeilsystem verwendet werden soll. Meist entscheidet man sich einheitlich an allen Toren für das Verbraucherzählpfeilsystem und erhält so

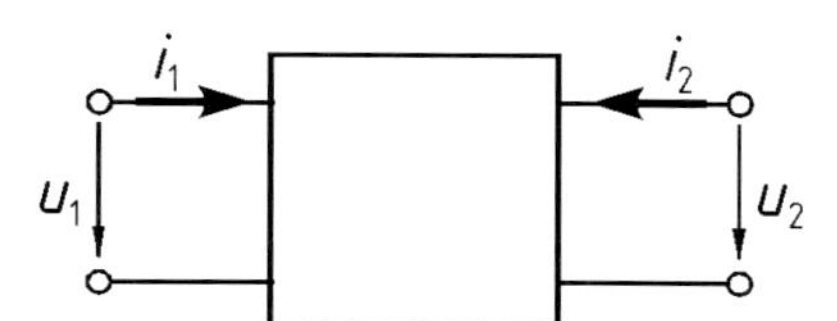

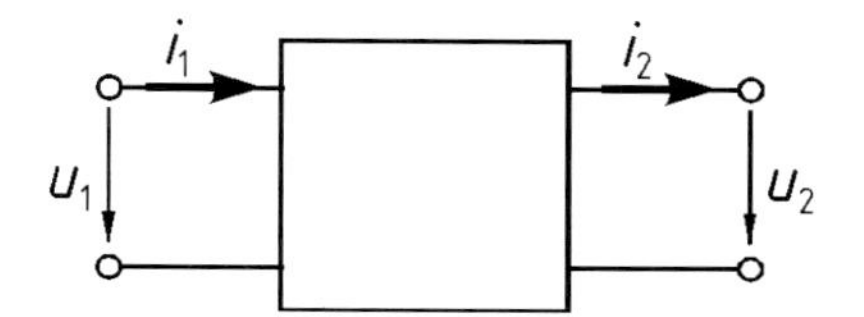

1.9 Zählpfeilsysteme für Zweitore.
a) symmetrisches Zählpfeilsystem, b) Kettenzählpfeilsystem

das symmetrische Zählpfeilsystem nach Bild **1.**9 a. Speziell bei Zweitoren arbeitet man aber auch häufig mit dem Kettenzählpfeilsystem nach Bild **1.**9 b; dieses ergibt sich, wenn man für das Eingangstor das Verbraucherzählpfeilsystem und für das Ausgangstor das Erzeugerzählpfeilsystem verwendet.

2 Elektrischer Gleichstromkreis

2.1 Strömungsgesetze im einfachen Stromkreis

2.1.1 Ohmsches Gesetz

Zweipole, die im zeitlichen Mittel an ihren Klemmen keine Energie abgeben können und daher nicht imstande sind, zwischen ihren Klemmen von sich aus eine Spannung aufzubauen, werden als passive Zweipole bezeichnet. Im folgenden wird untersucht, wie sich das elektrische Verhalten passiver Zweipole im Gleichstromkreis beschreiben läßt. Dabei wird stets das Verbraucherzählpfeilsystem gemäß Bild **1.**8 bzw. Bild **2.**1 zugrunde gelegt.

2.1.1.1 Zusammenhang zwischen Strom und Spannung. Nach Abschn. 1.2.2 und 1.2.3 ist ein Gleichstrom durch einen passiven Zweipol die Folge der Spannung, die zwischen seine beiden Anschlußklemmen gelegt wird. Man wird deshalb erwarten, daß die Stromstärke I stets mit der angelegten Spannung U anwächst. Anhand von Messungen findet man diese Annahme für fast alle passiven Zweipole bestätigt; von den Ausnahmen wird später (z.B. in Abschn. 2.1.2.5, 10.2.3 und 11.1.7) noch die Rede sein. In vielen Fällen (z.B. bei metallischen Leitern) besteht sogar Proportionalität zwischen Strom und Spannung; dieser Sachverhalt wird durch das Ohmsche Gesetz beschrieben:

$$I = G\,U. \tag{2.1}$$

Diese strenge Proportionalilät zwischen Strom und Spannung setzt bei konstant bleibender Anzahl der Ladungsträger voraus, daß die Bereitschaft des Zweipols, diese passieren zu lassen, nicht von der Stromstärke abhängig ist. In diesem Falle hat beispielsweise die Verdopplung der angelegten Spannung eine Verdopplung der Ladungsträgergeschwindigkeit zur Folge, so daß während der gleichen Zeit eine doppelt so große Ladung durch den Leiter transportiert wird und somit ein doppelt so großer Strom fließt.

Wenn sich die Durchlässigkeit für Ladungsträger in Abhängigkeit von der Stromstärke ändert und dieser Effekt nicht durch eine gegenläufige Veränderung der Ladungsträgerzahl genau kompensiert wird, muß mit einer mehr oder weniger starken Abweichung von der Proportionalität gerechnet werden; in diesem Falle ist die Größe G in Gl. (2.1) keine Konstante mehr.

2.1.1.2 Definition von Widerstand und Leitwert. Wenn man die gleiche Spannung U an die Klemmen verschiedener Zweipole legt, so werden i. allg. unterschiedliche Ströme durch diese Zweipole fließen. Dies ist nicht weiter verwunderlich, weil man ja davon ausgehen muß, daß die Zweipole eine unterschiedlich große Bereitschaft zeigen, einen elektrischen Strom durchzulassen. Als Maß, wie gut ein Zweipol den elektrischen Strom leitet, eignet sich offensichtlich die Größe G in Gl. (2.1); sie wird deshalb als der elektrische Leitwert des Zweipols bezeichnet. Die Definition des Leitwertes ergibt sich aus Gl. (2.1) zu

$$G = \frac{I}{U}. \tag{2.2}$$

Der Leitwert gibt an, wie gut der betreffende Zweipol den Strom leitet; in der elektrotechnischen Praxis zieht man jedoch meist die Angabe vor, wie schlecht der Zweipol den Strom leitet, indem man zum Ausdruck bringt, wie groß der Widerstand ist, den er dem Strom entgegensetzt. Man definiert diesen elektrischen Widerstand R als Reziprokwert des Leitwertes und erhält

$$R = \frac{1}{G} = \frac{U}{I}. \tag{2.3}$$

Wenn es sich bei dem betrachteten Zweipol um einen ohmschen Zweipol handelt, bei dem Strom und Spannung einander proportional sind, dann erhält man nach Gl. (2.2) bzw. Gl. (2.3) jeweils einen konstanten Wert für G bzw. für R. In allen anderen Fällen ändern sich Leitwert und Widerstand in Abhängigkeit von der Stromstärke.

Eine einfache Umstellung von Gl. (2.3) führt auf die Gleichung

$$U = RI. \tag{2.4}$$

Dies ist die übliche Formulierung des Ohmschen Gesetzes. Es muß jedoch darauf hingewiesen werden, daß Gl. (2.4) nur dann das Ohmsche Gesetz im engeren Sinne beschreibt, wenn R unabhängig von Strom und Spannung ist.

In der Darstellung elektrischer Schaltungen werden elektrische Widerstände und Leitwerte durch das Schaltzeichen[1]) nach Bild **2.**1 wiedergegeben.

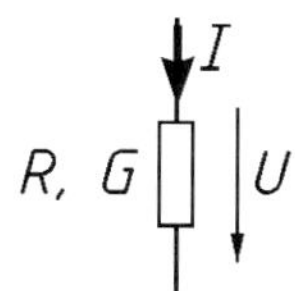

2.1 Elektrischer Widerstand bzw. Leitwert, Verbraucherzählpfeilsystem

[1]) Verzeichnis der wichtigsten Schaltzeichen im Anhang 5

Strom- und Spannungszählpfeil in Bild **2.**1 bilden gemeinsam das Verbraucherzählpfeilsystem, wie es den Gleichungen Gl. (2.1) bis Gl. (2.4) zugrunde liegt.

Die Einheiten von Widerstand und Leitwert ergeben sich unmittelbar aus den Definitionsgleichungen Gl. (2.2) und Gl. (2.3)

$$[R] = \frac{[U]}{[I]} = \frac{1\ \mathrm{V}}{1\ \mathrm{A}} = 1\ \Omega\ (\mathrm{Ohm}), \tag{2.5}$$

$$[G] = \frac{[I]}{[U]} = \frac{1\ \mathrm{A}}{1\ \mathrm{V}} = \frac{1}{\Omega} = 1\ \mathrm{S}\ (\mathrm{Siemens}). \tag{2.6}$$

□ **Beispiel 2.1**

Eine Taschenlampenbatterie hat bei Anschluß eines Verbrauchers (z.B. Glühlampe) mit dem Widerstand $R = 7{,}5\ \Omega$ die Klemmenspannung $U = 3{,}9$ V. Wie groß ist der Strom I?

Aus Gl. (2.4) ergibt sich der Strom zu $I = \frac{U}{R} = \frac{3{,}9\ \mathrm{V}}{7{,}5\ \mathrm{V}} = 0{,}52\ \mathrm{A}$. □

□ **Beispiel 2.2**

An die konstante Klemmenspannung $U = 24$ V ist ein zwischen 0 und 6 kΩ veränderbarer Widerstand R angeschlossen. Es ist der Stromverlauf I abhängig vom Widerstand R zu berechnen und kurvenmäßig darzustellen.

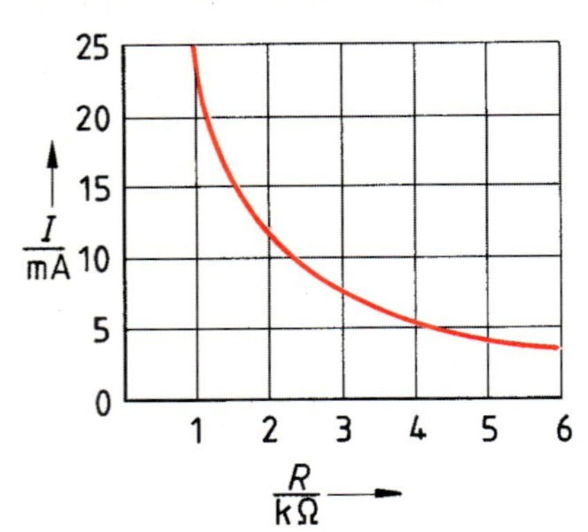

2.2 Stromverlauf $I(R)$ für Beispiel 2.2

Aus Gl. (2.4) folgt $I = U/R = 24\ \mathrm{V}/R$. Hieraus erhält man die zugeschnittene Größengleichung

$$\frac{I}{\mathrm{mA}} = \frac{24\ \mathrm{V}}{\mathrm{mA} \cdot \mathrm{k}\Omega \cdot \frac{R}{\mathrm{k}\Omega}} = \frac{24}{\frac{R}{\mathrm{k}\Omega}}$$

und die Wertetabelle

R/kΩ	1	2	3	4	5	6
I/mA	24	12	8	6	4,8	4

□

2.1.2 Elektrische Widerstände

In Abschn. 2.1.1.2 ist der elektrische Widerstand als eine physikalische Größe definiert worden, die das elektrische Verhalten eines passiven Zweipols bei Anlegen einer Gleichpannung beschreibt. Bei festgelegten Betriebsbedingungen kann man jedem passiven Zweipol einen eindeutigen Wert für seinen Widerstand zuordnen. Vielfach werden Zweipole einzig zu dem Zweck hergestellt, einen bestimmten Widerstandswert zu realisieren. In einem solchen Fall bezeichnet man den ganzen Zweipol als elektrischen Widerstand. Man muß daher zwischen der physikalischen Größe elektrischer Widerstand und dem Bauelement elektrischer Widerstand unterscheiden; welches von beiden gemeint ist, geht in der Regel zweifelsfrei aus dem Zusammenhang hervor. Nähere Einzelheiten über den Aufbau und die sonstigen Eigenschaften des Bauelementes Widerstand finden sich in [4].

2.1.2.1 Spezifischer Widerstand und Leitfähigkeit. Gegenstand der Betrachtung ist zunächst der lange, gerade, homogene elektrische Leiter konstanten Querschnitts. Verständlicherweise ist der Widerstand eines solchen Leiters umso größer, je länger der Weg l ist, den die Ladungen durchlaufen müssen, und umso kleiner, je größer der Querschnitt A ist, der ihnen zur Verfügung steht. Bei genauerer Betrachtung kommt man zu dem Ergebnis, daß der Widerstand R proportional mit dem Quotienten l/A anwächst und andererseits der Leitwert G proportional mit dem Quotienten A/l zunimmt. Als Proportionalitätsfaktoren werden – passend zu den Symbolen R und G – die griechischen Buchstaben ϱ und γ eingeführt. Genau wie die Größen R und G (vgl. Gl. (2.3)) sind auch die Größen ϱ und γ zueinander reziprok

$$\varrho = \frac{1}{\gamma}. \tag{2.7}$$

Damit lassen sich Widerstand und Leitwert des Leiters in folgender Weise darstellen:

$$R = \varrho \frac{l}{A} = \frac{1}{\gamma} \cdot \frac{l}{A}, \tag{2.8}$$

$$G = \gamma \frac{A}{l} = \frac{1}{\varrho} \cdot \frac{A}{l}. \tag{2.9}$$

Die Werte der Proportionalitätsfaktoren ϱ und γ sind von dem verwendeten Leitermaterial abhängig. Je größer die Materialkonstante ϱ ist, desto größer ist gemäß Gl. (2.8) auch der Leiterwiderstand R; man bezeichnet deswegen die Größe ϱ als den spezifischen Widerstand des Leitermaterials. Umgekehrt ist nach Gl. (2.9) der Leitwert G umso größer, je größer die Materialkonstante γ ist; aus diesem Grunde trägt die Größe γ den Namen Leitfähigkeit.

Die Einheiten, in denen der spezifische Widerstand ϱ und die Leitfähigkeit γ gemessen werden, lassen sich aus Gl. (2.8) und Gl. (2.9) herleiten. Bei Leitungsdrähten ist es üblich, die Länge in Metern und den Querschnitt in mm^2 anzugeben; mit $[l]=1$ m und $[A]=1$ mm² ergibt sich deshalb aus Gl. (2.8) bzw. Gl. (2.9) die für ϱ bzw. γ zweckmäßige Einheit Ω mm²/m bzw. S m/mm². In anderen Fällen, wie zum Beispiel bei der Berechnung von Isolationswiderständen oder von Halbleiteranordnungen, arbeitet man dagegen meist mit den Einheiten Ω m und S/m bzw. Ω cm und S/cm. Die Umrechnungsfaktoren zwischen diesen Einheiten sind Gl. (2.10) und Gl. (2.11) zu entnehmen.

$$[\varrho]=1\,\frac{\Omega\,\mathrm{mm}^2}{\mathrm{m}}=10^{-6}\,\Omega\,\mathrm{m}=10^{-4}\,\Omega\,\mathrm{cm}, \tag{2.10}$$

$$[\gamma]=1\,\frac{\mathrm{S\,m}}{\mathrm{mm}^2}=10^6\,\frac{\mathrm{S}}{\mathrm{m}}=10^4\,\frac{\mathrm{S}}{\mathrm{cm}}. \tag{2.11}$$

Die Werte für die Größen ϱ und γ der wichtigsten elektrotechnischen Leiter sind im Anhang 4 zusammengestellt; sie gelten bei der Normaltemperatur $\vartheta=20°$C. Über die elektrischen und mechanischen Eigenschaften von Leitern aus Kupfer und Aluminium sind nähere Angaben in den VDE-Bestimmungen enthalten, so z.B. in VDE 0210 (Starkstrom-Freileitungen), VDE 0250 (isolierte Starkstromleitungen), VDE 0274 (isolierte Freileitungsseile) und VDE 0812 (Schaltdrähte und Schaltlitzen).

Entsprechend ihrem spezifischen Widerstand ϱ lassen sich die Festkörper wie in Bild **2.**3 in Leiter, Halbleiter und Isolierstoffe unterteilen.

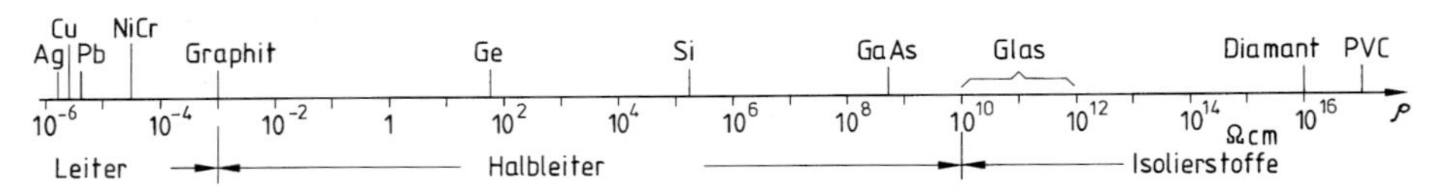

2.3 Spezifischer Widerstand ϱ von Leitern, Halbleitern und Isolatoren

Bei einer leitenden Verbindung zwischen zwei Geräten muß man beachten, daß wegen der erforderlichen zwei Leitungen die Leiterlänge l doppelt so groß ist wie die Entfernung zwischen Erzeuger und Verbraucher.

□ **Beispiel 2.3**

Eine Leitung zu einem 1 km entfernten Verbraucher hat den Kupferquerschnitt $A=70$ mm². Wie groß ist der Leiterwiderstand R bei 20°C?

Kupfer hat die Leitfähigkeit $\gamma=56$ S m/mm². Mit der Leiterlänge $l=2\cdot 1$ km erhält man nach Gl. (2.8) den Leitungswiderstand

$$R=\frac{l}{\gamma A}=\frac{2000\,\mathrm{m}}{56\,\frac{\mathrm{S\,m}}{\mathrm{mm}^2}\cdot 70\,\mathrm{mm}^2}=0{,}5102\,\Omega. \qquad \square$$

□ **Beispiel 2.4**

Welche Länge muß der Heizdraht eines Kochgerätes haben, der aus Chromnickel mit der Leitfähigkeit $\gamma = 0{,}91\ \text{S m/mm}^2$ besteht und den Durchmesser $d = 0{,}45$ mm hat, wenn er den Widerstand $R = 55\ \Omega$ aufweisen soll?

Bei dem Durchmesser $d = 0{,}45$ mm ist der Querschnitt $A = \pi d^2/4 = 0{,}159\ \text{mm}^2$. Nach Gl. (2.8) wird dann die Leiterlänge

$$l = R\,\gamma A = 55\ \Omega \cdot 0{,}91\ \frac{\text{S m}}{\text{mm}^2} \cdot 0{,}159\ \text{mm}^2 = 7{,}96\ \text{m}\,. \qquad \square$$

□ **Beispiel 2.5**

Eine Kupferleitung mit der Leitfähigkeit $\gamma_{\text{Cu}} = 56\ \text{S m/mm}^2$ und dem Querschnitt $A = 10\ \text{mm}^2$ soll durch eine widerstandsgleiche Aluminiumleitung mit der Leitfähigkeit $\gamma_{\text{Al}} = 35\ \text{S m/mm}^2$ ersetzt werden. Welchen Querschnitt muß die Aluminiumleitung erhalten? Wie verhalten sich die Leitungsmassen zueinander, wenn die Dichte von Kupfer $\varrho_{\text{Cu}} = 8{,}9\ \text{g/cm}^3$ und die Dichte von Aluminium $\varrho_{\text{Al}} = 2{,}7\ \text{g/cm}^3$ betragen?

Da beide Leitungen bei gleicher Länge den gleichen Widerstand haben sollen, gilt:

$$R = \frac{l}{\gamma_{\text{Cu}} A_{\text{Cu}}} = \frac{l}{\gamma_{\text{Al}} A_{\text{Al}}}\,,$$

d.h.

$$\gamma_{\text{Cu}} A_{\text{Cu}} = \gamma_{\text{Al}} A_{\text{Al}}\,,$$

$$A_{\text{Al}} = \frac{\gamma_{\text{Cu}}}{\gamma_{\text{Al}}} A_{\text{Cu}} = \frac{56\ \text{S m/mm}^2}{35\ \text{S m/mm}^2}\, 10\ \text{mm}^2 = 16\ \text{mm}^2\,.$$

Für das Verhältnis der beiden Massen ergibt sich:

$$\frac{m_{\text{Al}}}{m_{\text{Cu}}} = \frac{\varrho_{\text{Al}} A_{\text{Al}} l}{\varrho_{\text{Cu}} A_{\text{Cu}} l} = \frac{\varrho_{\text{Al}} \dfrac{\gamma_{\text{Cu}}}{\gamma_{\text{Al}}} A_{\text{Cu}} l}{\varrho_{\text{Cu}} A_{\text{Cu}} l} = \frac{\varrho_{\text{Al}}\, \gamma_{\text{Cu}}}{\varrho_{\text{Cu}}\, \gamma_{\text{Al}}} = \frac{(2{,}7\ \text{g/cm}^3) \cdot 56\ \text{S m/mm}^2}{(8{,}9\ \text{g/cm}^3) \cdot 35\ \text{S m/mm}^2} = 0{,}4854\,.$$

Trotz seiner geringeren Leitfähigkeit ist das Aluminium in der Masse günstiger. Verglichen mit der Kupferleitung wird nur die 0,485-fache Masse Leitermaterial benötigt. □

□ **Beispiel 2.6**

Auf den beiden Seiten einer 6 mm dicken Glasplatte befinde sich je eine $2\ \text{m}^2$ große Metallbelegung. Das Glas habe den spezifischen Widerstand $\varrho = 10\ \text{G}\Omega\text{m}$. Welcher Strom I fließt durch das Glas, wenn zwischen den Belägen die Spannung $U = 3$ kV herrscht?

Die Leiterlänge l ist hier durch die Dicke der Glasplatte gegeben; der Leitungsquerschnitt kann mit guter Näherung gleich der Größe der Beläge angesetzt werden. Der Widerstand beträgt daher nach Gl. (2.8)

$$R = \frac{\varrho l}{A} = \frac{10 \cdot 10^9\ \Omega\text{m} \cdot 6 \cdot 10^{-3}\ \text{m}}{2\ \text{m}^2} = 30\ \text{M}\Omega\,.$$

Mit Gl. (2.4) erhält man den Strom

$$I = \frac{U}{R} = \frac{3\ \text{kV}}{30\ \text{M}\Omega} = 0{,}1\ \text{mA}.$$

Wegen des geringen Abstandes l der beiden Metallbeläge und der großen Durchtrittsfläche A fließt durch den Isolator der durchaus meßbare Strom $I = 0{,}1$ mA! □

2.1.2.2 Mechanisch beeinflußbare Widerstände. Die bisherigen Betrachtungen haben gezeigt, daß der Widerstand eines elektrischen Leiters einerseits von dem spezifischen Widerstand ϱ des Leitermaterials, andererseits aber auch von den Abmessungen des Leiters abhängt. Demzufolge muß man davon ausgehen, daß sich der Leiterwiderstand bei jeder Verformung des Leiters verändert. Häufig sind diese Widerstandsänderungen jedoch so gering, daß man sie ohne weiteres vernachlässigen kann; dies ist zum Beispiel bei Krümmungen und bei leichten Verquetschungen von Drähten der Fall. Von größerem Einfluß sind hingegen Verformungen, die zu einer spürbaren Verkleinerung des Leiterquerschnittes führen, wie sie beispielsweise beim Bruch mehrerer Drähte einer flexiblen (geflochtenen) Leitung auftreten. Auch das Dehnen und Stauchen von Leitungsdrähten führt zu einer meßbaren Widerstandsänderung. Hierbei ist zu beachten, daß beim Dehnen eines Drahtes sich nicht nur seine Länge vergrößert, sondern auch sein Querschnitt verringert.

□ **Beispiel 2.7**

Wie groß ist die relative Widerstandsänderung eines kreisrunden Kupferdrahtes mit dem Radius r und der Länge l, der um die Länge Δl gedehnt wird? Die Dehnung soll weniger als 1% betragen.

Die Schrumpfung des Drahtradius steht zu der Längsdehnung in einem bestimmten Verhältnis, das durch die Poisson-Zahl angegeben wird [10]; für Kupfer hat diese den Wert $\mu = 0{,}35$. Die Längsdehnung $\Delta l/l$ hat also die Querkontraktion

$$\frac{\Delta r}{r} = \mu \frac{\Delta l}{l}$$

zur Folge. Durch die Dehnung erhöht sich nach Gl. (2.8) der Drahtwiderstand R um ΔR auf

$$R + \Delta r = \frac{\rho(l+\Delta l)}{\pi(r-\Delta r)^2} = \frac{\rho\, l}{\pi\, r^2} \frac{1+\frac{\Delta l}{l}}{(1-\frac{\Delta r}{r})^2} = R \frac{1+\frac{\Delta l}{l}}{(1-\mu\frac{\Delta l}{l})^2}.$$

Weil die Dehnung $\Delta l/l < 1\%$ ist, gilt näherungsweise

$$R + \Delta R \approx R\left(1+\frac{\Delta l}{1}\right)\left(1+\mu\frac{\Delta l}{l}\right)^2 \approx R\left(1+\frac{\Delta l}{1}\right)\left(1+2\mu\frac{\Delta l}{l}\right)$$

$$R + \Delta R \approx R + (1+2\mu)\frac{\Delta l}{1} R.$$

Für die relative Widerstandsänderung erhält man schließlich

$$\frac{\Delta R}{R} \approx (1+2\mu)\frac{\Delta l}{l} = 1{,}7\frac{\Delta l}{l}$$

□

Dehnungsmeßstreifen. Von dem im Beispiel 2.7 behandelten Effekt macht man Gebrauch, wenn man die Verformung von Werkstücken aufgrund mechanischer Spannungen messen will. Die zu diesem Zweck hergestellten Dehnungsmeßstreifen bestehen im wesentlichen jeweils aus einem metallischen Leiter, der – wie in Bild 2.4 dargestellt – mäanderförmig auf ein isolierendes Trägermaterial aufgebracht worden ist. Daneben gibt es auch Halbleiter-Dehnungsmeßstreifen; ihre Widerstandsänderung $\Delta R/R$ ist um etwa zwei Zehnerpotenzen größer als die der metallischen Dehnungsmeßstreifen. Mit Hilfe geeigneter Kleber werden die Dehnungsmeßstreifen auf dem zu untersuchenden Werkstück befestigt. Aus der Änderung des elektrischen Widerstandes kann man dann auf die Dehnung des Werkstückes an der untersuchten Stelle schließen [3], [48].

Dehnungsmeßstreifen werden zur Messung kleiner Dehnungen $\Delta l/l < 10^{-2}$ eingesetzt. In diesem Bereich sind die Verformungen noch reversibel, d.h. nach Wegfall der mechanischen Beanspruchung nimmt der Leiter wieder seine ursprüngliche Länge l an.

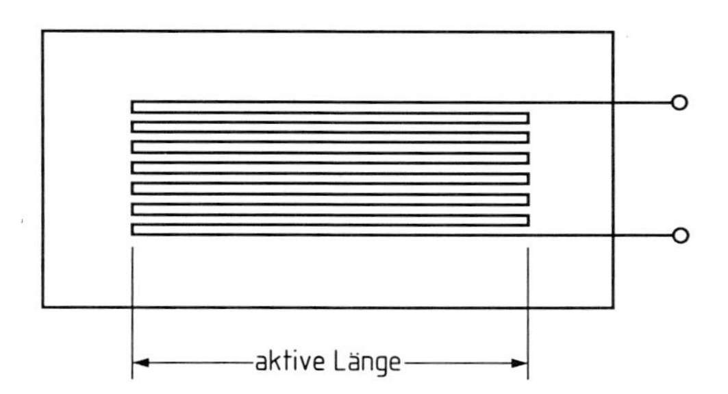

2.4 Dehnungsmeßstreifen

2.1.2.3 Temperatureinfluß. Der spezifische Widerstand ϱ und damit auch der Widerstand R sind abhängig von der Temperatur ϑ. Je nach Material und Temperaturbereich kann der Widerstand mit wachsender Temperatur zunehmen oder abnehmen; eine Widerstandserhöhung, wie sie in Bild **2.**5 dargestellt ist, tritt insbesondere bei den metallischen Leitern auf.

Der Zusammenhang $R(\vartheta)$ zwischen Widerstand und Temperatur ist nichtlinear. Für praktische Anwendungsfälle ist es ausreichend, wenn man den gemessenen Verlauf in dem interessierenden Temperaturbereich durch eine Parabel annähert. Als Bezugstemperatur wählt man üblicherweise den Wert $\vartheta = 20°\,\mathrm{C}$ und bezeichnet den bei dieser Temperatur vorliegenden Widerstand mit R_{20}. Innerhalb des Gültigkeitsbereiches der Näherung erhält man dann für den Widerstand

$$R = R_{20}(1 + \alpha_{20}\Delta\vartheta + \beta_{20}\Delta\vartheta^2)\,. \tag{2.12}$$

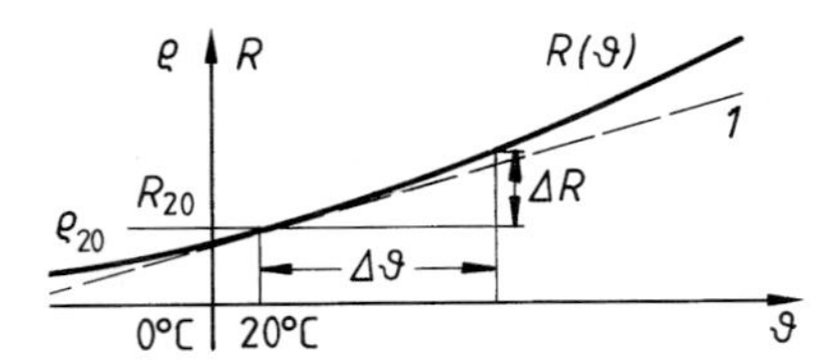

2.5 Abhängigkeit des Widerstandes R und des spezifischen Widerstandes ϱ von der Temperatur ϑ. *1* Näherungsgerade

Hierin steht $\Delta\vartheta = \vartheta - 20°\text{C}$ für die Temperaturdifferenz zwischen der jeweiligen Temperatur ϑ und der Bezugstemperatur 20° C; α_{20} und β_{20} sind die Koeffizienten, wie sie sich nach Abschn. 9.1.1.2 bei einer optimalen Näherung des gemessenen Verlaufs durch eine Parabel ergeben. Sie werden als Temperaturkoeffizienten bezeichnet und haben, da die Einheit der Temperaturdifferenz $[\Delta\vartheta] = 1\text{ K}$ ist, die Einheiten

$$[\alpha_{20}] = 1\text{ K}^{-1}, \qquad [\beta_{20}] = 1\text{ K}^{-2}. \tag{2.13}$$

In Tafel **4.**1 im Anhang sind die Temperaturkoeffizienten α_{20} und β_{20} für einige wichtige Werkstoffe angegeben.

Da die Werte für β_{20} nach Tafel **A4.**1 klein sind, brauchen sie erst für größere Temperaturänderungen berücksichtigt zu werden. Wenn nicht besonders hohe Genauigkeitsanforderungen gestellt werden, genügt es, für übliche Temperaturen bis etwa 200° C, den Widerstand mit den Kennwerten aus Tafel **A4.**1 über

$$R = \frac{l}{\gamma_{20}\text{A}}(1 + \alpha_{20}\Delta\vartheta) \tag{2.14}$$

zu berechnen. Statt mit der Näherungsparabel arbeitet man in diesem Falle unter Vernachlässigung der Kurvenkrümmung mit der Näherungsgeraden *1* in Bild **2.**5. Die meisten in der Elektrotechnik zu Leitungszwecken eingesetzten Metalle haben einen Temperaturkoeffizienten in der Nähe von $\alpha_{20} = 0{,}004\text{ K}^{-1}$. Man sollte sich daher merken, daß gewöhnliche elektrische Leitungen bei einer Temperaturänderung um je 1 K ihren Widerstand gleichsinnig um etwa 0,4% ändern.

Meßwiderstände [47] sollen ihre Widerstandswerte möglichst unabhängig von Temperaturschwankungen beibehalten, so daß für sie nur Werkstoffe mit sehr kleinen Temperaturkoeffizienten in Frage kommen (z. B. Manganin, Konstantan, Novikonstant).

□ **Beispiel 2.8**

Eine Glühlampe enthält einen Wolframdraht mit dem Durchmesser $d = 24\ \mu\text{m}$ und der Länge $l = 62\text{ cm}$. Es soll der Widerstand des Drahtes zwischen dem kalten Einschaltzustand und der Betriebstemperatur $\vartheta = 2200°\text{C}$ ermittelt und in einem Diagramm $R(\vartheta)$ dargestellt werden.

Die für Gl. (2.12) benötigten Temperaturkoeffizienten $\alpha_{20}=4{,}1\cdot10^{-3}\,\mathrm{K}^{-1}$ und $\beta_{20}=1\cdot10^{-6}\,\mathrm{K}^{-2}$ sowie die Leitfähigkeit $\gamma_{20}=18{,}2\,\mathrm{Sm/mm^2}$ werden der Tafel **A 4.**1 im Anhang entnommen. Mit $d=0{,}024$ mm ergibt sich der Leiterquerschnitt zu $A=\pi d^2/4=0{,}4524\cdot10^{-3}\,\mathrm{mm}^2$. Nach Gl. (2.8) erhält man den Kaltwiderstand R_{20} für 20°C

$$R_{20}=\frac{l}{\gamma_{20}A}=\frac{0{,}62\ \mathrm{m}}{18{,}2\,\dfrac{\mathrm{S\,m}}{\mathrm{mm}^2}\cdot 0{,}4524\cdot10^{-3}\,\mathrm{mm}^2}=75{,}3\ \Omega\,.$$

Mit $\Delta\vartheta=\vartheta-20°\mathrm{C}$ liefert Gl. (2.12) die gesuchte Temperaturabhängigkeit des Widerstandes

$$R=R_{20}\,[1+\alpha_{20}(\vartheta-20°\mathrm{C})+\beta_{20}(\vartheta-20°\mathrm{C})^2]$$

$$R=75{,}3\ \Omega\,[1+4{,}1\cdot10^{-3}\,\mathrm{K}^{-1}(\vartheta-20°\mathrm{C})+10^{-6}\,\mathrm{K}^{-2}(\vartheta-20°\mathrm{C})^2]\,.$$

Mit dieser Gleichung sind einige Werte zwischen den Temperaturen $\vartheta=20°$C und $\vartheta=2200°$C berechnet und in Bild **2.**6 aufgetragen worden. Bei der Betriebstemperatur $\vartheta=2200°$C beträgt der Widerstand $R=1106\ \Omega$. □

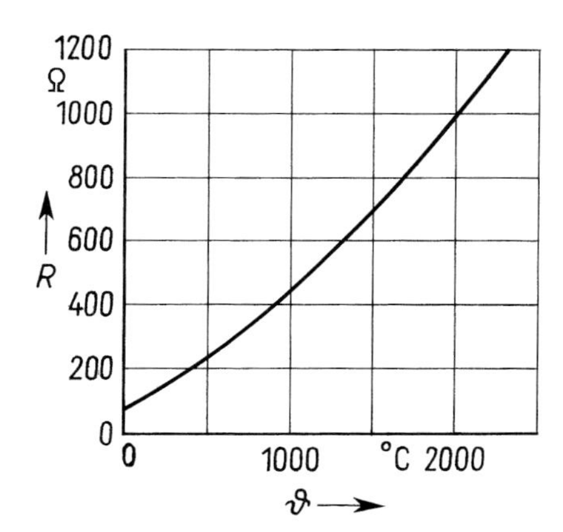

2.6 Widerstand R einer Glühlampe in Abhängigkeit von der Temperatur ϑ

□ **Beispiel 2.9**

Welche Ströme werden von der Glühlampe nach Beispiel 2.8 im warmen und im kalten Zustand an der Spannung $U=230$ V aufgenommen?

Mit Gl. (2.4) erhält man für die Ströme bei $\vartheta=20°$C und bei $\vartheta=2200°$C

$$\vartheta=20°\mathrm{C}:\quad I=\frac{U}{R}=\frac{230\ \mathrm{V}}{75{,}3\ \Omega}=3{,}054\ \mathrm{A}$$

$$\vartheta=2200°\mathrm{C}:\quad I=\frac{U}{R}=\frac{230\ \mathrm{V}}{1106\ \Omega}=0{,}2079\ \mathrm{A}\,.$$

Wenn eine Metalldrahtlampe eingeschaltet wird, ist ihr Wolframdraht i.allg. noch kalt, und es fließt rund das 15fache des normalen Betriebsstromes. Solche Einschaltstromstöße sind u.U. für andere Verbraucher schädlich. Außerdem rüttelt jedes Einschalten durch den starken Stromstoß wegen der dabei auftretenden magnetischen Kräfte (siehe Abschn. 4.3.2) an dem dünnen Wolframdraht. Glühlampen brennen daher i.allg. beim Einschalten durch. □

2.1.2.4 Weitere Einflüsse. Außer der Temperatur und der mechanischen Spannung haben noch weitere Einflußgrößen technische Bedeutung erlangt. So hängt der Widerstand mancher Stoffe von der Lichtbestrahlung ab. Aus derartigen Materialien gefertigte Halbleiterbauelemente werden als Photowiderstände bezeichnet [4] (siehe Abschn. 11.6.1). Bei anderen Stoffen kommt es aufgrund des Hall-Effekts (siehe Abschn. 4.1.2.1) zu einer spürbaren Widerstandserhöhung unter dem Einfluß magnetischer Felder. Hierdurch ist es möglich, magnetfeldabhängige Widerstände, sogenannte Feldplatten (siehe Abschn. 11.7), herzustellen.

Oft muß man den Widerstand berücksichtigen, der beim Übergang von einem Leiter zum anderen auftritt, wie dies bei Kontakten der Fall ist. Dieser Übergangswiderstand hängt besonders von den Kontakt-Werkstoffen und dem Druck auf die Kontakte ab. Die durch den Übergangswiderstand verursachte Erwärmung muß z.B. bei der Bemessung von Schaltern berücksichtigt werden.

2.1.2.5 Lineare und nichtlineare Widerstände. Wie in den Abschnitten 2.1.1.1 und 2.1.1.2 erläutert wurde, beschreibt das Ohmsche Gesetz die Proportionalität von Strom und Spannung an einem passiven Zweipol. Wenn man diesen Zusammenhang in einem U,I-Diagramm grafisch darstellt, erhält man folglich eine Gerade gemäß Kennlinie *1* in Bild **2.**7. Daß die Kurve durch den Nullpunkt geht, ist selbstverständlich, da es sich ja um einen passiven Zweipol handelt. Das Besondere aber ist ihre Linearität; aus diesem Grunde bezeichnet man Widerstände, die eine solche Kennlinie aufweisen, als lineare Widerstände. Im folgenden wird stets vorausgesetzt, daß die betrachteten Widerstände linear sind; wo das nicht der Fall ist, wird dies ausdrücklich vermerkt.

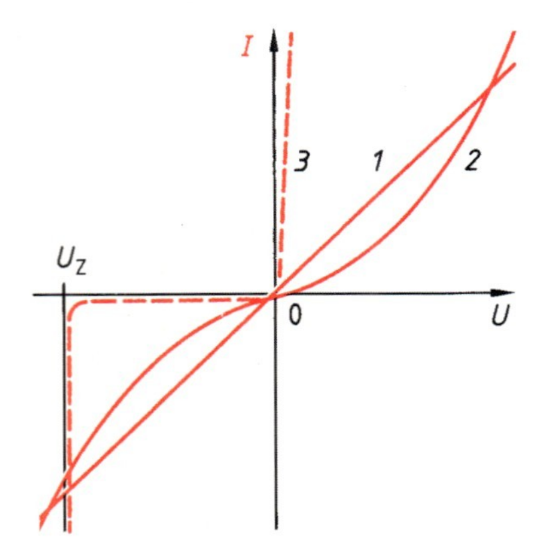

2.7 Widerstandskennlinien.
1 linearer, *2* nichtlinearer Widerstand,
3 zusätzlich richtungsabhängig

Kennzeichnend für einen linearen Widerstand ist, wie sich direkt aus Gl. (2.4) ergibt, daß sich sein Widerstandswert R nicht in Abhängigkeit vom Strom I bzw. von der Spannung U ändert. Dabei muß vorausgesetzt werden, daß während der Aufnahme der Kennlinie die Temperatur konstant gehalten wird, da sich sonst gemäß Gl. (2.12) temperaturbedingte Änderungen des Widerstandes einstellen.

Neben den linearen Widerständen gibt es eine Vielzahl von technisch interessanten Zweipolen, bei denen keine Proportionalität zwischen Strom und Spannung besteht. Für zwei solcher nichtlinearer Widerstände sind in Bild **2.**7 die Kennlinien dargestellt. Kennlinie *2* gibt das Strom-Spannungs-Verhalten eines Varistors (=Variable Resistor) oder VDR (=Voltage Dependent Resistor) [33] wieder. Diese Kennlinie läßt sich näherungsweise für $U \geq 0$ durch die Funktion $I = k\,U^n$ und für $U \leq 0$ durch die Funktion $I = -k\,|U|^n$ beschreiben. Der Varistor verhält sich für beide Stromrichtungen gleich. Kennlinie *3* in Bild **2.**7 zeigt dagegen die Kennlinie einer Diode als Beispiel für einen nichtlinearen Zweipol, dessen Widerstand zusätzlich auch noch von der Stromrichtung abhängt (vgl. Abschn. 11.1).

□ **Beispiel 2.10**

An einem Widerstand R wird bei der Spannung $U_1 = 30$ V der Strom $I_1 = 20$ mA und bei der Spannung $U_2 = 50$ V der Strom $I_2 = 25$ mA gemessen. Handelt es sich hier um einen linearen oder um einen nichtlinearen Widerstand?

Mit Gl. (2.3) erhält man die Widerstandswerte

$$R_1 = U_1/I_1 = 30\ \text{V}/(20\ \text{mA}) = 1{,}5\ \text{k}\Omega$$

und

$$R_2 = U_2/I_2 = 50\ \text{V}/(25\ \text{mA}) = 2\ \text{k}\Omega\,.$$

Es liegt also ein nichtlineares Bauelement vor, dessen Widerstandswert R mit wachsender Spannung U zunimmt. □

□ **Beispiel 2.11**

Für einen Varistor ist der Widerstand in Abhängigkeit von der Spannung gesucht. Die U, I-Kennlinie verlaufe nach der Funktion

$$\frac{I}{\text{A}} = \left(\frac{U}{6\ \text{kV}}\right)^5 .$$

Aus Gl. (2.3) ergibt sich der Widerstand

$$R = \frac{U}{I} = \frac{U}{\left(\dfrac{U}{6\ \text{kV}}\right)^5 \text{A}} = 6^5\,\frac{\dfrac{U}{\text{kV}}}{\left(\dfrac{U}{\text{kV}}\right)^5} \cdot \frac{\text{kV}}{\text{A}}$$

$$\frac{R}{\text{k}\Omega} = 7776\left(\frac{U}{\text{kV}}\right)^{-4} .$$

Der Widerstand ist stark spannungsabhängig: Bei $U = 1$ kV beträgt er beispielsweise $R = 7776$ kΩ, bei $U = 3$ kV aber nur noch $R = 96$ kΩ! □

Heißleiter und Kaltleiter. Eine gewisse Sonderstellung unter den nichtlinearen Widerständen nehmen der NTC-Widerstand und der PTC-Widerstand ein. Im Gegensatz zu den sonst üblichen Darstellungen wird hier bei der Aufnahme der Kennlinien die Temperatur ϑ nicht konstant gehalten, weil gerade die Eigenerwärmung durch den Strom (vgl. Abschn. 2.1.2.3) das charakteristische Verhalten dieser Bauelemente verursacht.

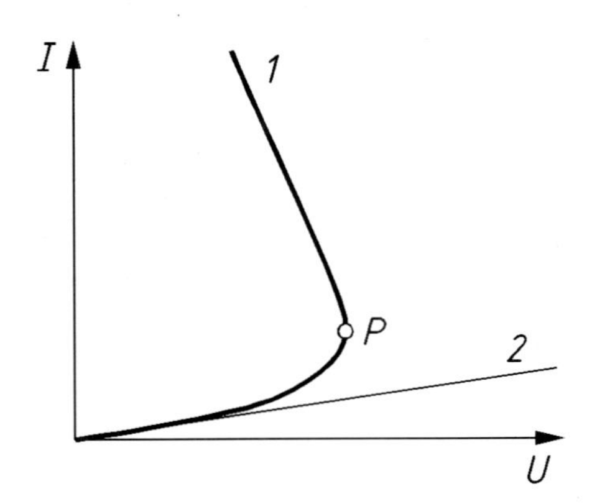

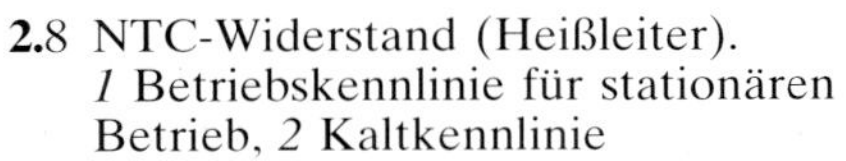
2.8 NTC-Widerstand (Heißleiter).
1 Betriebskennlinie für stationären Betrieb, *2* Kaltkennlinie

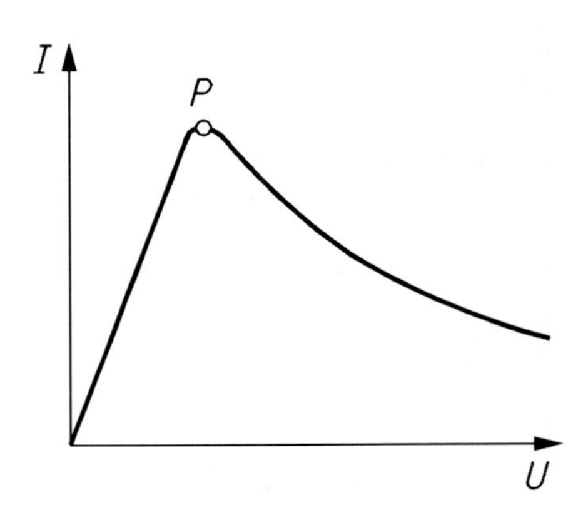

2.9 PTC-Widerstand (Kaltleiter).
Betriebskennlinie

Nach herkömmlicher Betrachtungsweise müßte man den NTC-Widerstand eigentlich zu den linearen Widerständen zählen, da Proportionalität zwischen Spannung U und Strom I besteht, solange die Betriebstemperatur ϑ konstant gehalten wird (Kennlinie *2* in Bild **2.**8). Die besondere Eigenschaft des NTC-Widerstandes, der er auch seinen Namen verdankt (NTC = Negative Temperature Coefficient), besteht aber in seinem recht hohen negativen Temperaturkoeffizienten in der Größenordnung von $(-3\%)/\mathrm{K}$. Aufgrund der Eigenerwärmung nimmt der Widerstand R immer stärker ab, so daß der Strom $I = U/R$ höhere Werte annimmt als im kalten Zustand bei gleicher Spannung. Deshalb löst sich die Betriebskennlinie *1* in Bild **2.**8 mit wachsendem Strom (und damit zunehmender Erwärmung) immer mehr von der Kaltkennlinie *2*. Wenn der Punkt P erreicht ist, tritt sogar der Fall ein, daß der Widerstand R stärker abnimmt, als der Strom I zunimmt, so daß das Produkt $U = R\,I$ von diesem Punkt an trotz steigenden Stromes geringer wird.

Das Anschwellen des Stromes bei absinkender Spannung und gleichzeitiger Temperaturerhöhung führt natürlich unweigerlich zur Zerstörung des Bauelementes, wenn man nicht geeignete Maßnahmen ergreift, den Strom zu begrenzen (siehe Abschn. 2.3.8.2). Weil NTC-Widerstände den Strom im heißen Zustand erheblich besser leiten als im kalten Zustand, tragen sie auch den Namen Heißleiter.

Im Gegensatz zum NTC-Widerstand weist der PTC-Widerstand schon bei gleichbleibender Temperatur eine gewisse Nichtlinearität auf. Entscheidend für sein Betriebsverhalten ist aber der hohe positive Temperaturkoeffizient (PTC = Positive Temperature Coefficient), der in bestimmten Temperaturbereichen mehr als $(10\%)/\mathrm{K}$ betragen kann und dazu führt, daß der Widerstand R mit wachsender Spannung aufgrund der Eigenerwärmung stark zunimmt. Der PTC-Widerstand leitet den Strom demnach im kalten Zustand am besten und wird deshalb auch als Kaltleiter bezeichnet. Nach Durchlaufen des Punktes P wird die temperaturbedingte Erhöhung des Widerstandes R größer als die Zunahme der Spannung. Deshalb nimmt der Quotient $I = U/R$ von diesem Punkt an trotz steigender Spannung wieder ab, und die Kennlinie nimmt den in Bild **2.**9 dargestellten fallenden Verlauf. Näheres über Heißleiter und Kaltleiter findet sich in [4].

2.1.3 Arbeit und Leistung

2.1.3.1 Arbeitsvermögen von Strom und Spannung. Wenn ein Widerstand von einem elektrischen Strom durchflossen wird, dann ist dies mit einem Umsatz von Energie verbunden, d.h. es wird Arbeit verrichtet. Ein sicheres Zeichen hierfür ist die schon in Abschn. 2.1.2.5 erwähnte Tatsache, daß Widerstände sich bei Stromdurchfluß erwärmen.

Zur Berechnung der verrichteten Arbeit steht die aus der Mechanik bekannte Definitionsgleichung

$$W = \int_l \vec{F}\,\mathrm{d}\vec{l} \tag{2.15}$$

zur Verfügung. Um einen ersten Überblick zu bekommen, soll hier der einfache Fall des homogenen stromdurchflossenen Leiters konstanten Querschnitts nach Bild **2.**10 untersucht werden. Die Größe $\vec{F}$ in Gl. (2.15) steht für die Kraft auf die Ladung Q, die durch den Leiter bewegt wird. In einem homogenen Leiter ist diese Kraft überall gleich, so daß Gl. (2.15) sich vereinfacht zu

$$W = F l. \tag{2.16}$$

Wenn man hierin für l die Leiterlänge einsetzt, so beschreibt W die Arbeit, die verrichtet wird, bis die gesamte Ladungssäule Q in Bild **2.**10 durch den Leiterquerschnitt an der Stelle *2* hindurchgeschoben worden ist.

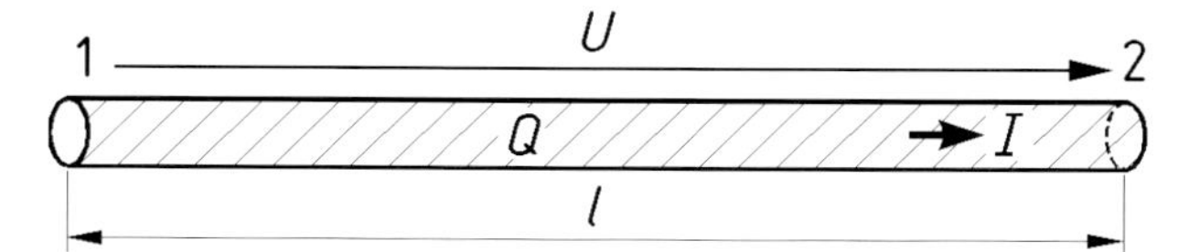

2.10 Homogener Leiter. l Leiterlänge, Q bewegliche Ladung

Für die Kraft F gelten die folgenden Proportionalitäten: Die Kraft F ist umso größer,

1. je mehr bewegliche Ladung Q vorhanden ist, $F \sim Q$,
2. je höher die angelegte Spannung U ist, $F \sim U$,
3. je näher die beiden Punkte *1* und *2* beieinander sind, zwischen denen die Spannung U besteht, d.h. je kürzer der Leiter ist, $F \sim \frac{1}{l}$.

Die drei Aussagen führen zusammengenommen zu dem Ergebnis $F \sim QU/l$. Diese Proportionalbeziehung läßt sich in Form einer Gleichung formulieren, wenn man den Proportionalitätsfaktor zwischen der Kraft F und dem Ausdruck QU/l angeben kann. In dieser Situation erweist es sich als vorteilhaft, daß in Abschn. 1.2.2 die Definition der Spannung U offen geblieben ist. So ist es nämlich jetzt möglich, die Spannung nachträglich so zu definieren, daß der gesuchte Proportionalitätsfaktor den Wert 1 annimmt. Welche Konsequenzen dies für die Dimension der Spannung und für die Spannungseinheit Volt hat, wird in Abschn. 2.1.3.2 untersucht. Jedenfalls erhält man jetzt für die Kraft auf die im Leiter bewegte Ladung

$$F = Q\,\frac{U}{l} \tag{2.17}$$

und, wenn man Gl. (2.17) in Gl. (2.16) einsetzt, für die verrichtete Arbeit

$$W = Q\,U. \tag{2.18}$$

Wie in Abschn. 3.3.6.1 gezeigt wird, gilt Gl. (2.18) nicht nur für homogene Leiter, sondern allgemein, vgl. Gl. (3.93). Für Gleichstrom erhält man somit unter Berücksichtigung von Gl. (1.5) den Zusammenhang

$$W = U\,I\,t. \tag{2.19}$$

Die in einem Gleichstromverbraucher umgesetzte Energie ergibt sich demnach aus dem Produkt aus der angelegten Spannung U, dem fließenden Strom I und der Zeit t. Die Einheit für Arbeit und Energie ist das Joule, das auch als Newtonmeter oder Wattsekunde bezeichnet wird, vgl. Gl. (1.3). Für die Energietechnik erweist sich diese Einheit aber meist als zu klein; deshalb mißt man elektrische Energien üblicherweise in Kilowattstunden:

$$[W] = 1\ \text{kWh} = 3{,}6 \cdot 10^6\ \text{Ws}. \tag{2.20}$$

□ **Beispiel 2.12**

Ein elektrischer Heizlüfter wird an einer Gleichspannung $U = 230$ V betrieben und nimmt einen Strom $I = 5{,}5$ A auf. Wie groß ist nach einer Einschaltdauer von 8 Stunden die in Wärme umgesetzte Energie?

Mit Gl. (2.19) erhält man

$$W = 230\ \text{V} \cdot 5{,}5\ \text{A} \cdot 8\ \text{h} = 10{,}12\ \text{kWh}.$$ □

2.1.3.2 Leistung. Verbraucher (z.B. Maschinen) werden meist weniger danach beurteilt, welche Arbeit W sie innerhalb irgendeiner Zeit t vollbringen, sondern danach, was sie augenblicklich leisten. Die Leistung P ist als auf die Zeit bezogene Arbeit definiert; wenn Strom und Spannung zeitlich konstant sind, ist die Leistung ebenfalls konstant und ergibt sich mit Gl. (2.19) zu

$$P = \frac{W}{t} = U\,I. \tag{2.21}$$

An einem Widerstand R kann man nach Gl. (2.4) die Spannung U durch den Ausdruck RI ersetzen oder umgekehrt auch statt des Stromes I den Ausdruck U/R einführen. Man erhält dann

$$P = RI^2 = \frac{U^2}{R}. \tag{2.22}$$

Daß in Gl. (2.21) und Gl. (2.22) kein zusätzlicher Proportionalitätsfaktor auftritt, ist Folge der im Zusammenhang mit Gl. (2.17) vorgenommenen Festlegung der elektrischen Spannung U. Da die Einheit der Leistung

$$[P] = 1\ \mathrm{W} \tag{2.23}$$

ist, ergibt sich jetzt aus Gl. (2.21) die Spannungseinheit

$$[U] = \frac{[P]}{[I]} = 1\,\frac{\mathrm{W}}{\mathrm{A}} = 1\ \mathrm{V}. \tag{2.24}$$

Damit ist die Einheit 1 V als die Spannung definiert, die an einem Zweipol anliegt, wenn er von dem Strom $I = 1$ A durchflossen wird und in ihm die Leistung $P = 1$ W umgesetzt wird.

□ **Beispiel 2.13**

Ein Widerstand ist mit den Angaben 20 kΩ und 0,5 W gekennzeichnet. An welche Spannung darf er höchstens angeschlossen werden?

Nach Gl. (2.22) ist diese Spannung

$$U = \sqrt{PR} = \sqrt{0{,}5\ \mathrm{W} \cdot 20\ \mathrm{k\Omega}} = 100\ \mathrm{V}. \tag{2.25}$$ □

□ **Beispiel 2.14**

Ein Widerstand soll nur 50% seiner Nennleistung aufnehmen. In welchem Verhältnis muß die Spannung verringert werden?

Da die Leistung P quadratisch von der Spannung U abhängt, muß diese nach Gl. (2.25) entsprechend $U = \sqrt{PR}$ auf das $\sqrt{0{,}5} = 0{,}7071$fache herabgesetzt werden. □

2.1.3.3 Verluste und Wirkungsgrad. Die umgesetzte Energie erzeugt in jedem Zweipol und in jeder Leitung Wärme, und zwar in den Wärmegeräten als erwünschte Nutzwärme, in allen anderen Geräten und in den Leitungen aber als unerwünschte Verlustwärme. Diese Verluste vermindern einerseits die Wirksamkeit der Energieumwandlung oder -übertragung, ergeben also wirtschaftliche Nachteile, und erwärmen andererseits die betroffenen Bauteile, deren Isolierstoffe meist nur bestimmten Grenztemperaturen standhalten und deren Lebensdauer durch hohe Temperaturen beeinträchtigt wird [35].

Die Temperaturen, die sich aufgrund der Verlustwärme einstellen, sind abhängig von der Verlustleistung P_v, dem Zeitpunkt der Betrachtung (Temperaturen ändern sich nicht sprungartig, sondern allmählich [10]) und der Güte der Wärmeabführung. Die Wärme selbst wird durch Wärmeleitung, durch Wärmestrahlung und durch natürliche oder künstliche Konvektion an die Umgebung abgegeben. Je wirkungsvoller die Kühlungsmaßnahmen sind, desto geringer ist die Erwärmung. Verlustwärme tritt nicht nur in elektrischen Maschinen, in Freileitungen und Kabeln auf, sondern überall dort, wo elektrische Ströme Widerstände zu überwinden haben. Sie kann auch an Schalterkontakten, an schlechten Lötstellen und in den auf engem Raum untergebrachten elektronischen Bauelementen und integrierten Schaltungen ernste Probleme schaffen und verlangt daher sorgfältige Beachtung.

Da die Verluste die Erwärmung und somit die Lebensdauer der Geräte bestimmen, dürfen wegen Gl. (2.21) Strom I und Spannung U bestimmte, durch die Wärmeabgabe festgelegte Werte nicht übersteigen. Elektrische Anlagen und Geräte werden daher von vornherein für bestimmte Nenn- oder Bemessungswerte ausgelegt, die auf dem Leistungsschild angegeben sind. Die zugesicherten Betriebseigenschaften eines Gerätes gelten nur, wenn Nennspannung, Nennstrom und Nennleistung eingehalten werden.

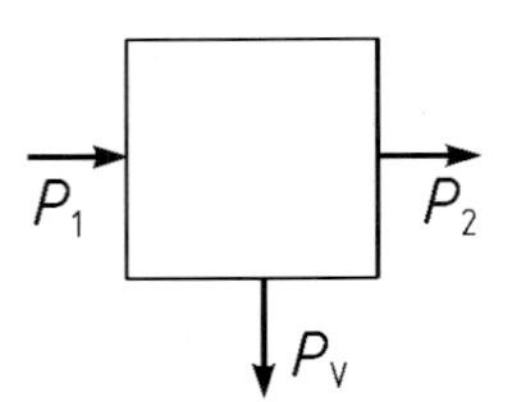

2.11 Leistungsbilanz mit Leistungsaufnahme P_1, Leistungsabgabe P_2 und Verlusten P_v

An einem Verbraucher mit der Leistungsaufnahme P_1 und der Leistungsabgabe P_2 sind entsprechend dem Schema in Bild **2.**11 die auftretenden Verluste

$$P_v = P_1 - P_2. \tag{2.26}$$

Als Wirkungsgrad η bezeichnet man das Verhältnis

$$\eta = \frac{P_2}{P_1} = \frac{P_1 - P_v}{P_1} = 1 - \frac{P_v}{P_1} = 1 - \frac{P_v}{P_2 + P_v}. \tag{2.27}$$

Gelegentlich (z.B. bei Akkumulatoren) arbeitet man auch, wenn W_1 die aufgewendete und W_2 die wiedergewonnene Energie ist, mit dem Energiewirkungsgrad

$$\eta_W = \frac{W_2}{W_1}. \tag{2.28}$$

Während der Wirkungsgrad einer Rundfunkübertragung, also das Verhältnis der Empfangsleistung an der Antenne zu der im Sender erzeugten elektrischen Leistung bei Werten von 10^{-14} oder noch darunter liegt und kleine Haushaltsgeräte gelegentlich nur geringe Wirkungsgrade von etwa 10% haben, ist es ein besonderer Vorteil der größeren elektrischen Maschinen, daß ihr Wirkungsgrad fast immer weit größer ist als der vergleichbarer anderer Kraftmaschinen. So haben Generatoren Wirkungsgrade bis über 98% und große Transformatoren bis über 99%. Auch bei der Energieübertragung ist die elektrische Energie den meisten anderen Möglichkeiten eines Energietransports und der anschließenden Energieumwandlung bezüglich der geringen Verluste überlegen.

□ **Beispiel 2.15**

Welche elektrische Leistung P_1 muß ein Elektromotor aufnehmen, der den Wirkungsgrad $\eta = 88\%$ hat und eine Kreiselpumpe mit der Leistungsaufnahme $P_2 = 3$ kW antreiben soll?

Da der Elektromotor $P_2 = 3{,}0$ kW mechanisch abgeben muß, ergibt sich nach Gl. (2.27) die notwendige Leistungsaufnahme zu

$$P_1 = \frac{P_2}{\eta} = \frac{3{,}0\ \text{kW}}{0{,}88} = 3{,}409\ \text{kW}.$$

Die im Motor anfallende Verlustleistung beträgt $P_v = P_1 - P_2 = 3{,}409\ \text{kW} - 3{,}0\ \text{kW} = 409\ \text{W}$. □

□ **Beispiel 2.16**

Ein Heißwassergerät mit der Leistung $P = 2$ kW soll 50 l Wasser von 12° C auf 85° C erwärmen. Wie lange muß dieses Gerät eingeschaltet sein, wenn die gesamte Leistung zur Erwärmung des Wassers genutzt wird? Die spezifische Wärmekapazität des Wassers hat den Wert $c = 1{,}163$ W h/(kg K).

Da Wasser die Dichte $\varrho = 1000\ \text{kg/m}^3$ hat, ist die Masse $m = \varrho V = 1000\ (\text{kg/m}^3) \cdot 0{,}05\ \text{m}^3 = 50$ kg zu erwärmen, und die erforderliche thermische Energie beträgt

$$W = c\, m\, \Delta\vartheta = 1{,}163\ \frac{\text{W h}}{\text{kg K}}\ 50\ \text{kg}\,(85 - 12)\ \text{K} = 4{,}245\ \text{kWh}.$$

Nach Gl. (2.21) wird daher die Zeit

$$t = \frac{W}{P} = \frac{4{,}245\ \text{kWh}}{2\ \text{kW}} = 2{,}122\ \text{h}$$

benötigt. □

□ **Beispiel 2.17**

Es soll angenommen werden, daß das Heißwassergerät aus Beispiel 2.16 nur 90% seiner elektrischen Energieaufnahme in Nutzwärme umwandeln kann und daß die Zuleitung zum Gerät einen Widerstand $R_L = 0{,}6\ \Omega$ hat. Die Spannung am Gerät ist $U = 220$ V; seine Leistungsaufnahme beträgt weiterhin $P = 2$ kW. Wie lange muß jetzt das Gerät eingeschaltet sein, wenn die Bedingungen von Beispiel 2.16 weiterhin erfüllt werden sollen, und welcher Wirkungsgrad ergibt sich insgesamt?

Nach Gl. (2.27) ist die Nutzleistung $P_2 = \eta P$. Aus Gl. (2.21) ergibt sich damit die Einschaltdauer

$$t = \frac{W_2}{P_2} = \frac{W_2}{\eta P} = \frac{4{,}245\ \text{kWh}}{0{,}9 \cdot 2\ \text{kW}} = 2{,}358\ \text{h}.$$

Mit Gl. (2.21) erhält man den Strom

$$I=\frac{P}{U}=\frac{2000\ \mathrm{W}}{220\ \mathrm{V}}=9{,}091\ \mathrm{A}\,.$$

Er verursacht nach Gl. (2.22) in der Zuleitung die Verlustleistung

$$P_{\mathrm{v}}=R_{\mathrm{L}}I^2=0{,}6\ \Omega\cdot 9{,}091^2\ \mathrm{A}^2=49{,}59\ \mathrm{W}\,.$$

Die gesamte Leistungsaufnahme beträgt somit $P_1=P+P_{\mathrm{v}}=2\ \mathrm{kW}\ +49{,}59\ \mathrm{W}=2{,}05\ \mathrm{kW}$. Die in Nutzwärme überführte Leistung ist $P_2=\eta P=0{,}9\cdot 2\ \mathrm{kW}=1{,}8\ \mathrm{kW}$. Man erhält also nach Gl. (2.27) den Gesamtwirkungsgrad

$$\eta_{\mathrm{ges}}=\frac{P_2}{P_1}=\frac{1{,}8\ \mathrm{kW}}{2{,}05\ \mathrm{kW}}=0{,}878\,.$$ □

2.1.4 Elektrische Quellen

Im Gegensatz zu den in Abschn. 2.1.2 behandelten passiven Zweipolen können aktive Zweipole an ihren Klemmen von sich aus eine Spannung aufrecht erhalten und durch einen angeschlossenen passiven Zweipol (Verbraucher) einen Strom treiben. Man bezeichnet derartige aktiven Zweipole als Spannungs- bzw. Stromquellen. Wenn eine solche Quelle gleichzeitig eine Spannung U und einen Strom I liefert, so wird nach Gl. (2.21) eine Leistung $P=UI$ von der Quelle an den Verbraucher abgegeben. Bei der Darstellung elektrischer Quellen verwendet man üblicherweise das Erzeugerzählpfeilsystem nach Bild **1**.7. Allen hier folgenden Aussagen über elektrische Quellen liegt dieses Erzeugerzählpfeilsystem zugrunde.

Es soll nun untersucht werden, in welcher Weise die Größen U, I und P einer Quelle von dem Widerstand R_{a} des angeschlossenen Verbrauchers abhängen und welche die Kenngrößen sind, durch die sich unterschiedliche Quellen voneinander unterscheiden. Zu diesem Zweck bedient man sich einer Methode, die in der Elektrotechnik vielfältige Anwendung findet. Diese Methode besteht darin, daß man Bauelemente mit idealen Eigenschaften definiert, aus denen man dann Schaltungen (sog. Ersatzschaltungen) zusammensetzt, die sich nach außen hin möglichst genauso verhalten wie die tatsächlich vorliegende Anordnung. Dabei besteht nicht die Absicht, diese Ersatzschaltungen wirklich aufzubauen; vielmehr dient das zeichnerisch dargestellte Ersatzschaltbild lediglich der Erklärung des Verhaltens der Original-Anordnung. Deshalb ist auch die Frage, inwieweit es möglich ist, Bauelemente mit den definierten idealen Eigenschaften wirklich herzustellen, von untergeordneter Bedeutung.

Für die Ersatzschaltungen elektrischer Quellen benötigt man neben dem ohmschen Widerstand als Elemente die ideale Spannungsquelle und die ideale Stromquelle, die hier jetzt vorgestellt werden sollen.

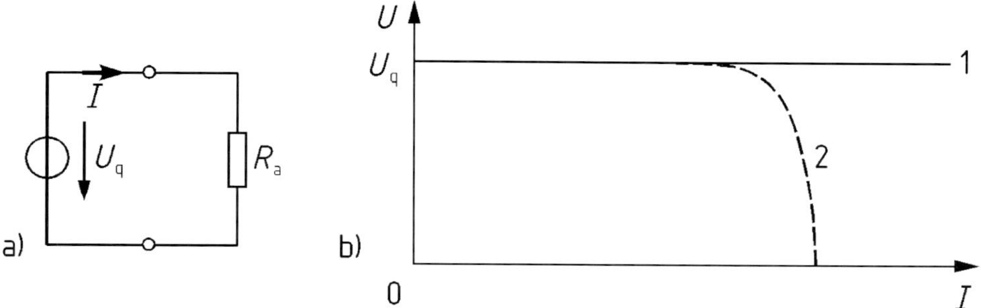

2.12 Ideale Spannungsquelle.
a) Schaltung mit Lastwiderstand R_a,
b) Strom-Spannungs-Kennlinien einer idealen Spannungsquelle (*1*) und der technischen Realisierung einer Konstantspannungsquelle (*2*)

2.1.4.1 Ideale Spannungsquelle. In Bild **2.**12a ist eine ideale Spannungsquelle dargestellt, an die ein Lastwiderstand R_a angeschlossen ist. Die besondere Eigenschaft einer idealen Spannungsquelle besteht darin, daß die von ihr erzeugte Quellspannung U_q in der Weise konstant ist, daß sie sich nicht in Abhängigkeit von dem abgegebenen Strom I ändert. Bild **2.**12b gibt die zugehörige I, U-Kennlinie wieder (Kennlinie *1*). Eine ideale Spannungsquelle hält demnach an ihren Klemmen die Spannung U_q auch dann aufrecht, wenn der angeschlossene Lastwiderstand beliebig klein und der abgegebene Strom $I = U_q/R_a$ beliebig groß wird. Es ist offensichtlich, daß ein solches Bauelement in Wirklichkeit nicht existieren kann. Eine näherungsweise Realisierung gelingt mit Hilfe von elektronisch stabilisierten Konstantspannungsquellen, die bis zu einer bestimmten Maximalstromstärke eine nahezu konstante Spannung abgeben, die bei weiterer Stromerhöhung aber bis auf null absinkt (Kennlinie *2* in Bild **2.**12).

2.1.4.2 Ideale Stromquelle. In Bild **2.**13a ist eine ideale Stromquelle dargestellt, an die ein Lastwiderstand R_a angeschlossen ist. Die besondere Eigenschaft einer idealen Stromquelle besteht darin, daß der von ihr erzeugte Quellstrom I_q in der Weise konstant ist, daß er sich nicht in Abhängigkeit von der Klemmenspannung U ändert. Bild **2.**13b gibt die zugehörige I, U-Kennlinie wieder (Kennlinie *1*). Eine ideale Stromquelle hält demnach an ihren Klemmen den Strom I_q auch dann aufrecht, wenn der angeschlossene Lastwiderstand R_a und damit auch die Klemmenspannung $U = R_a I_q$ beliebig groß werden. Ein solches Bauelement ist ebensowenig realisierbar wie eine ideale Spannungsquelle; es gibt jedoch elektronisch stabilisierte Konstantstromquellen, die bis zu einer bestimmten Maximalspannung einen nahezu konstanten Strom liefern (Kennlinie *2* in Bild **2.**13).

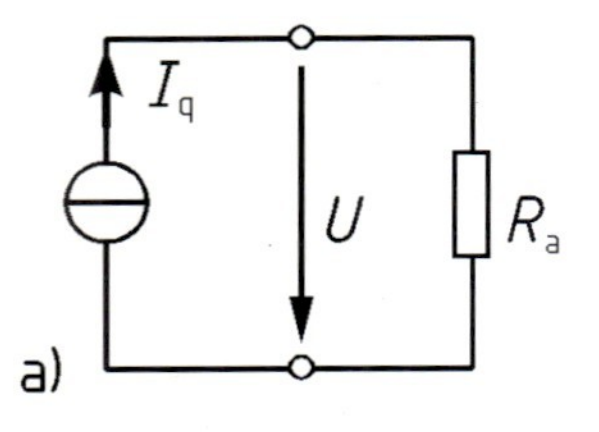

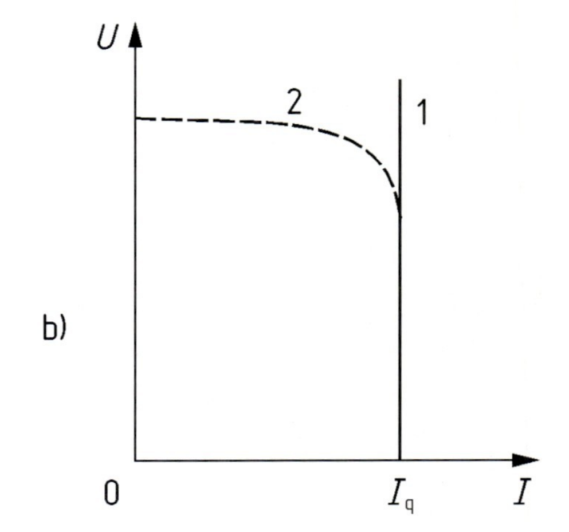

2.13 Ideale Stromquelle.
a) Schaltung mit Lastwiderstand,
b) Strom-Spannungs-Kennlinien einer idealen Stromquelle (*1*) und der technischen Realisierung einer Konstantstromquelle (*2*)

2.1.4.3 Technische Quellen. Wie bei den gestrichelt fortgesetzten Kennlinien der Konstantspannungsquelle in Bild **2.**12b und der Konstantstromquelle in Bild **2.**13b gezeigt, sind die *I*, *U*-Kennlinien technischer Quellen, wenn man ihren gesamten Verlauf betrachtet, häufig nichtlinear. Es kann sogar vorkommen, daß von einem bestimmten Punkt an mit weiter wachsender Belastung (d.h. mit abnehmendem Lastwiderstand R_a) nicht nur die Spannung *U* abnimmt, sondern auch der Strom *I* wieder kleiner wird. Ein Beispiel hierfür ist der selbsterregte Gleichstrom-Nebenschlußgenerator [35], dessen Kennlinie in Bild **2.**14 dargestellt ist. Wenn man sich bei der Betrachtung des Betriebsverhaltens aber auf den Bereich beschränkt, in dem die jeweilige Quelle normalerweise tatsächlich betrieben wird, so findet man häufig einen Kurvenverlauf, der zumindest näherungsweise linear ist und in diesem Teilabschnitt (s. Bild **2.**14) durch eine lineare Kennlinie wie in Bild **2.**15b angenähert werden kann.

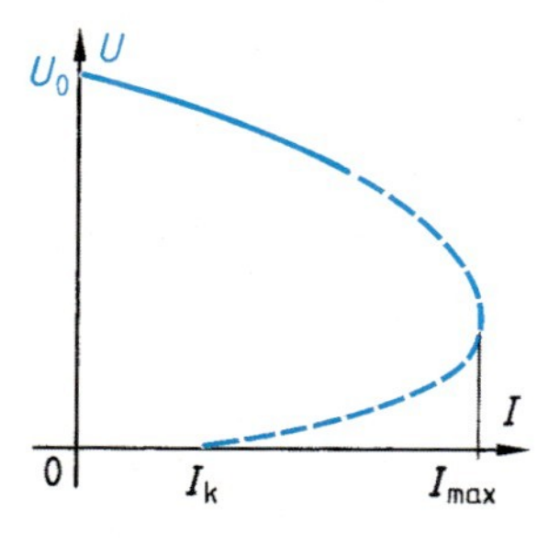

2.14 Nichtlineare *I*, *U*-Kennlinie eines selbsterregten Gleichstrom-Nebenschlußgenerators, (—) näherungsweise linearer Bereich

Quellen mit linearer *I*, *U*-Kennlinie werden als lineare Quellen bezeichnet. In Bild **2.**15a ist die Schaltung einer solchen linearen Quelle mit einem Lastwiderstand R_a dargestellt; Bild **2.**15b zeigt die zugehörige *I*, *U*-Kennlinie. Zwei extreme Betriebszustände werden durch die Punkte *L* (Leerlauf) und *K* (Kurzschluß)

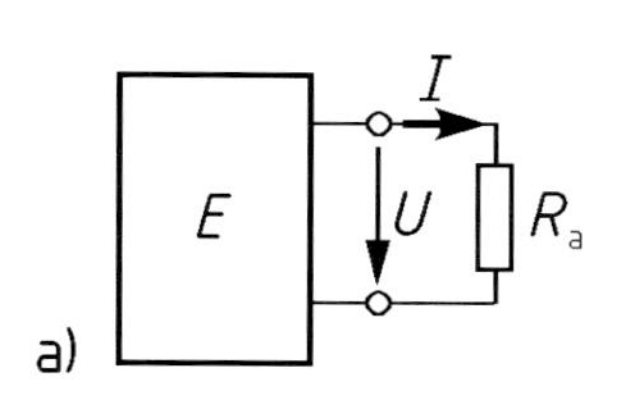

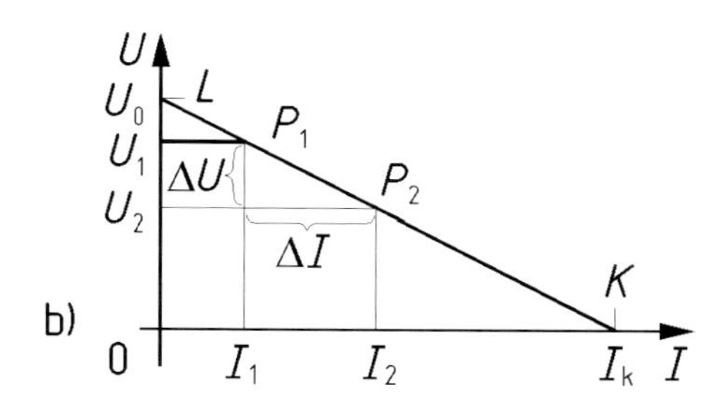

2.15 Lineare Quelle.
a) Schaltung mit Lastwiderstand R_a, b) Kennlinie

gekennzeichnet. Zwischen beiden Punkten verläuft die Kennlinie linear. Im Leerlauffall hat der Lastwiderstand R_a einen unendlich hohen Wert, so daß der Strom $I=0$ wird; die Klemmenspannung erreicht dann mit der Leerlaufspannung U_0 ihren größtmöglichen Wert (Punkt L). Im Kurzschlußfall wird der Lastwiderstand $R_a=0$; der dann fließende Kurzschlußstrom I_k ist der größtmögliche Strom, den die Quelle abgeben kann; wegen $R_a=0$ geht gemäß Gl. (2.4) auch die Klemmenspannung auf den Wert $U=0$ zurück (Punkt K).

Der in Bild **2.**15b dargestellte lineare Zusammenhang läßt sich offensichtlich durch die Gleichung

$$U=U_0-R_i I \tag{2.29}$$

beschreiben; hierin steht R_i für das Negative der Steigung (also das Gefälle) der Geraden. Für den Punkt K gelten die Werte $U=0$ und $I=I_k$. Da K auf der Geraden liegt, müssen diese Werte Gl. (2.29) erfüllen. Durch Einsetzen erhält man $0=U_0-R_i I_k$. Hieraus folgt für das Gefälle der Geraden

$$R_i=\frac{U_0}{I_k}\,. \tag{2.30}$$

Die Konstante R_i hat demnach die Dimension eines Widerstandes und wird als Innenwiderstand der Quelle bezeichnet. Daß dies eine sinnvolle Bezeichnung ist, wird sich noch zeigen, wenn die Ersatzschaltbilder für die lineare Quelle entworfen werden.

Zur Beschreibung des Verhaltens einer linearen Quelle stehen insgesamt drei Kenngrößen zur Verfügung. Es sind dies die Leerlaufspannung U_0, der Kurzschlußstrom I_k und der Innenwiderstand R_i. Dabei genügt es, zwei dieser Kenngrößen zu kennen; die dritte läßt sich mit Gl. (2.30) ausrechnen. Bei der meßtechnischen Ermittlung der Kenngrößen ist die Messung der Leerlaufspannung U_0 meist unproblematisch; hingegen ist die Messung des Kurzschlußstromes I_k häufig nicht möglich, weil dieser weit jenseits des maximal zulässigen Stromes liegt oder die Quelle nicht bis zum Kurzschlußpunkt hin lineares Verhalten zeigt (z. B. Konstantspannungsquelle, Bild **2.**12b). In der Regel ist man nicht in der Lage, sowohl die Leerlaufspannung U_0 als auch den Kurzschlußstrom I_k einer elektrischen Quelle direkt zu messen. Dies ist aber auch nicht erforderlich; denn da vorausgesetzt wird, daß die Kennlinie eine Gerade ist, genügt es, auf ihr zwei Punkte zu kennen, um den Verlauf eindeutig zu bestimmen. Man erhält diese beiden Punkte P_1 und P_2, indem man für den Lastwiderstand R_a in Bild **2.**15a nacheinander zwei verschiedene Werte R_{a1} und R_{a2} wählt und jeweils die sich einstellende Spannung U_1 bzw. U_2 und den fließenden Strom I_1 bzw. I_2 mißt. Wie aus Bild **2.**15b unmittelbar hervorgeht, ergibt sich das Gefälle der Kennlinie zu

$$R_i = \frac{\Delta U}{\Delta I} = \frac{U_1 - U_2}{I_2 - I_1}. \tag{2.31}$$

Die Leerlaufspannung U_0 erhält man dann aus Gl. (2.29), indem man für U und I eines der Wertepaare U_1, I_1 und U_2, I_2 einsetzt:

$$U_0 = U_1 + R_i I_1 = U_2 + R_i I_2. \tag{2.32}$$

Es kommt nur selten vor, daß man die Kennlinie einer linearen elektrischen Quelle nach Bild **2.**15b tatsächlich vom Leerlauf- (L) bis zum Kurzschlußpunkt (K) praktisch nutzen kann. Oft ist nur ein Betriebsbereich in der Nähe des Leerlaufpunktes z. B. zwischen den Punkten L und P_1 in Bild **2.**15b zulässig. Weil sich in diesem Bereich die Klemmenspannung U nicht sehr stark ändert, bezeichnet man solche Quellen üblicherweise als technische Spannungsquellen. Es gibt aber auch Quellen, die nur in der Nähe des Kurzschlußpunktes K betrieben werden (s. Kennlinie (*2*) der Konstantstromquelle in Bild **2.**13b). Wegen der geringen Änderung der Stromstärke I in diesem Betriebsbereich bezeichnet man derartige Quellen als technische Stromquellen.

□ **Beispiel 2.18**

Eine Akkumulatorbatterie zeigt im Leerlauf die Spannung $U_0 = 24{,}5$ V und bei Belastung mit dem Nennstrom $I_N = 80$ A die Nennspannung $U_N = 23{,}6$ V. Der Innenwiderstand R_i und der Kurzschlußstrom I_k sind zu bestimmen.

Nach Gl. (2.31) beträgt der Innenwiderstand

$$R_i = \frac{\Delta U}{\Delta I} = \frac{U_0 - U_N}{I_N - 0} = \frac{24{,}5\ \text{V} - 23{,}6\ \text{V}}{80\ \text{A}} = 11{,}25\ \text{m}\Omega.$$

Der theoretische Kurzschlußstrom ergibt sich mit Gl. (2.30) zu

$$I_k = \frac{U_0}{R_i} = \frac{24{,}5\ \text{V}}{11{,}25\ \text{m}\Omega} = 2178\ \text{A}.$$

Dieser Wert ist um den Faktor 27,22 größer als der Nennstrom. Tatsächlich ist der Kurzschlußstrom kleiner; dennoch muß ein Kurzschluß unbedingt verhindert werden. □

□ **Beispiel 2.19**

Eine Konstantstromquelle gibt bei einer Klemmenspannung $U_1 = 2$ V den Strom $I_1 = 60$ mA ab. Wenn sie an ihren Klemmen die Spannung $U_2 = 8$ V aufbauen muß, sinkt der Strom auf $I_2 = 57$ mA ab. Beide Meßpunkte liegen im linearen Bereich der Kennlinie. Die Kenngrößen U_0, I_k und R_i sind gesucht.

Gl. (2.31) liefert den Innenwiderstand

$$R_i = \frac{\Delta U}{\Delta I} = \frac{U_2 - U_1}{I_1 - I_2} = \frac{8\text{ V} - 2\text{ V}}{60\text{ mA} - 57\text{ mA}} = 2\text{ k}\Omega$$

und Gl. (2.32) die Leerlaufspannung

$$U_0 = U_1 + R_i I_i = 2\text{ V} + 2\text{ k}\Omega \cdot 60\text{ mA} = 122\text{ V},$$

die hier nur theoretischen Wert hat, weil die Kennlinie einer Konstantstromquelle nur in der Nähe des Kurzschlußpunktes linear verläuft (vgl. Bild **2.**13b). Der Kurzschlußstrom ergibt sich schließlich aus Gl. (2.30) zu

$$I_k = \frac{U_0}{R_i} = \frac{122\text{ V}}{2\text{ k}\Omega} = 61\text{ mA}.$$ □

Wenn die Kenngrößen einer linearen Quelle bekannt sind, kann man ihr Strom-Spannungs-Verhalten auf zwei verschiedene Arten durch Ersatzschaltungen nachbilden. Beide Ersatzschaltungen sind äquivalent; d.h. sie zeigen an ihren Klemmen das gleiche Strom-Spannungs-Verhalten, und es ist unmöglich, aufgrund ihres elektrischen Verhaltens an den Anschlußklemmen herauszufinden, welche der beiden Schaltungen der Realität am nächsten liegt. Die beiden Ersatzschaltungen werden im folgenden vorgestellt.

2.1.4.4 Spannungsquellen-Ersatzschaltung. In Bild **2.**16 wird eine Reihenschaltung aus einer idealen Spannungsquelle und einem ohmschen Widerstand dargestellt. Diese Ersatzschaltung zeigt an ihren Klemmen das gleiche Strom-Spannungs-Verhalten wie eine beliebige lineare Spannungsquelle. Um völlige Übereinstimmung zu erzielen, müssen zwei Bedingungen eingehalten werden: Die Quellspannung U_q der idealen Spannungsquelle muß den Wert der Leerlaufspannung U_0 annehmen; und der ohmsche Widerstand muß denselben Wert haben wie das Gefälle R_i der linearen Kennlinie (dies ist der Grund, weshalb man die Größe R_i als Innenwiderstand bezeichnet). In diesem Fall stellt sich an den Klemmen eine Spannung U ein, die wesentlich von der Quellspannung $U_q = U_0$ bestimmt wird; allerdings wird ein Teil der Spannung, die von der idealen Spannungsquelle aufgebaut wird, dazu benötigt, den Strom I durch den Innenwiderstand R_i zu treiben, an dem nach Gl. (2.4) die Spannung $R_i I$ auftritt. Die an den Klemmen zu beobachtende Spannung beträgt daher nur noch

$$U = U_0 - R_i I.$$

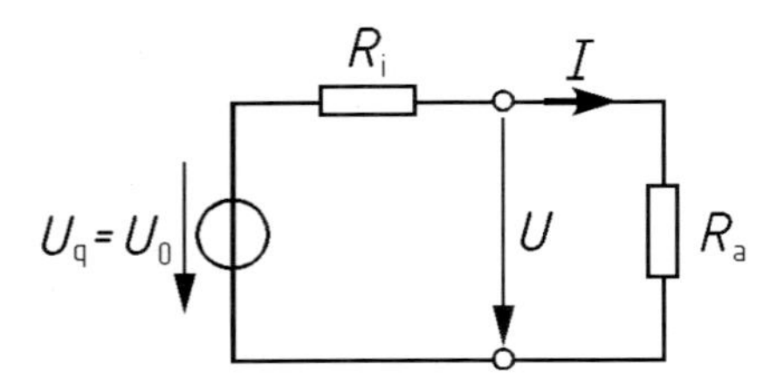

2.16 Spannungsquellen-Ersatzschaltung mit Lastwiderstand R_a

Dieser Zusammenhang ist vollkommen identisch mit der in Gl. (2.29) gefundenen Beschreibung für das Strom-Spannungs-Verhalten einer linearen Quelle. Es ist daher zulässig, zur Erörterung des Verhaltens einer linearen Spannungsquelle eine Spannungsquellen-Ersatzschaltung nach Bild **2.**16 zu verwenden. Hierbei ist aber stets zu bedenken, daß die Ersatzschaltung mit ihren idealen Elementen nicht tatsächlich in der Quelle realisiert sein kann. Vielmehr gibt die Ersatzschaltung nur Aufschluß über Strom und Spannung an den Klemmen der Quelle, nicht jedoch über Ströme und Spannungen im Innern der tatsächlich vorhandenen technischen Spannungsquelle.

Anhand der Spannungsquellen-Ersatzschaltung in Bild **2.**16 wird auch deutlich, worin die ideale Eigenschaft einer idealen Spannungsquelle besteht. Offensichtlich wird nämlich die Spannungsquellen-Ersatzschaltung dann zur idealen Spannungsquelle, wenn der Innenwiderstand verschwindet, d.h. wenn $R_i = 0$ wird. Es ist deshalb zutreffend, wenn man eine ideale Spannungsquelle als eine lineare Spannungsquelle mit dem Innenwiderstand $R_i = 0$ beschreibt. Die in Stromflußrichtung durch den Kreis durchgezogene Linie in dem Schaltsymbol (Bild **2.**12a) soll diese besondere Eigenschaft der idealen Spannungsquelle andeuten.

2.1.4.5 Stromquellen-Ersatzschaltung. Eine andere Ersatzschaltung, die an ihren Klemmen das gleiche Strom-Spannungs-Verhalten zeigt wie eine lineare elektrische Quelle, ist in Bild **2.**17 dargestellt. Parallel zu einer idealen Stromquelle, deren Quellstrom I_q denselben Wert hat wie der Kurzschlußstrom I_k der nachzubildenden Quelle, liegt ein ohmscher Zweipol mit dem Widerstand R_i, der aber genausogut auch durch seinen Leitwert $G_i = 1/R_i$ beschrieben werden kann. Der über die Klemmen fließende Strom I ist ein Teil des Quellstromes $I_q = I_k$; der andere Teil dieses Quellstromes fließt über den Innenleitwert G_i ab. Da an

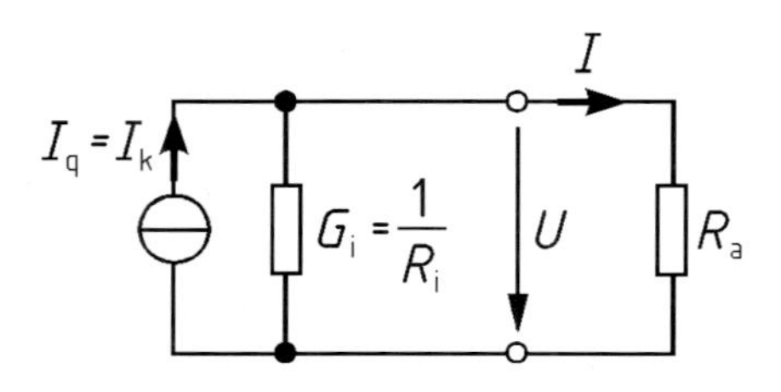

2.17 Stromquellen-Ersatzschaltung mit Lastwiderstand R_a

G_i (ebenso wie an dem Lastwiderstand R_a) die Klemmenspannung U anliegt, läßt sich der Strom durch den Innenleitwert nach Gl. (2.3) mit $G_i U$ angeben. Der über die Klemmen fließende Strom ist demnach

$$I = I_k - G_i U. \tag{2.33}$$

Nach Gl. (2.30) gilt $I_k = U_0/R_i$. Wenn man diesen Ausdruck in Gl. (2.33) einsetzt, erhält man

$$I = \frac{U_0}{R_i} - \frac{U}{R_i} = \frac{U_0 - U}{R_i},$$

was nach Auflösen nach der Klemmenspannung U wieder auf Gl. (2.29) führt. Damit ist nachgewiesen, daß auch die Stromquellen-Ersatzschaltung nach Bild **2.**17 an ihren Klemmen das gleiche Strom-Spannungs-Verhalten zeigt wie eine lineare Quelle. Genauso wie die Spannungsquellen-Ersatzschaltung ist auch die Stromquellen-Ersatzschaltung mit ihren idealen Elementen in der Quelle nicht tatsächlich realisiert; Aussagen über Vorgänge im Innern linearer Quellen sind mit Hilfe der Stromquellen-Ersatzschaltung nicht möglich.

Die Stromquellen-Ersatzschaltung in Bild **2.**17 wird zur idealen Stromquelle, wenn der Innenwiderstand R_i wegfällt. Dies ist dann der Fall, wenn R_i einen unendlich großen Wert annimmt, d.h. wenn $G_i = 0$ wird. Eine ideale Stromquelle kann demnach als lineare Stromquelle mit dem Innenwiderstand $R_i = \infty$ aufgefaßt werden. In dem Schaltsymbol (Bild **2.**13a) wird diese besondere Eigenschaft der idealen Stromquelle dadurch zum Ausdruck gebracht, daß die Linie durch den Kreis quer zur Stromflußrichtung verläuft.

2.1.4.6 Äquivalenz der Quellen-Ersatzschaltungen. Eine lineare Quelle kann hinsichtlich ihres Strom-Spannungs-Verhaltens an ihren Klemmen sowohl durch eine Spannungsquellen-Ersatzschaltung nach Bild **2.**16 als auch durch eine Stromquellen-Ersatzschaltung nach Bild **2.**17 nachgebildet werden. Bei geeigneter Bemessung der in ihnen enthaltenen Elemente sind die beiden Ersatzschaltungen bezüglich des Verhaltens an ihren Klemmen äquivalent; d.h. man kann die eine Ersatzschaltung durch die andere ersetzen bzw. die eine Ersatzschaltung in die andere umformen.

In Tafel **2.**18 sind die Spannungsquellen- und die Stromquellen-Ersatzschaltung nebeneinander dargestellt. Man beachte, daß die Zählpfeile für die Quellspannung U_q und den Quellstrom I_q entgegengesetzte Richtung haben. Außerdem werden die Gleichungen zur wechselseitigen Umformung der Ersatzschaltungen angegeben. Sie folgen aus der Tatsache, daß beide Ersatzschaltungen den gleichen Innenwiderstand $R_i = 1/G_i$ haben, sowie mit $U_0 = U_q$ und $I_k = I_q$ aus Gl. (2.30).

Tafel **2.**18 Äquivalente Quellen-Ersatzschaltungen

Spannungsquellen-Ersatzschaltung	Stromquellen-Ersatzschaltung
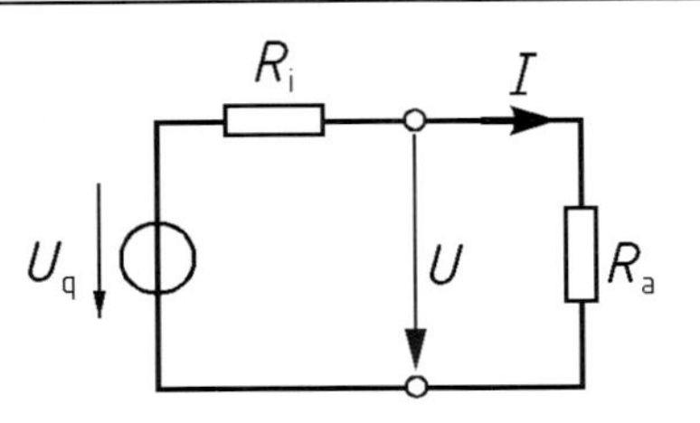	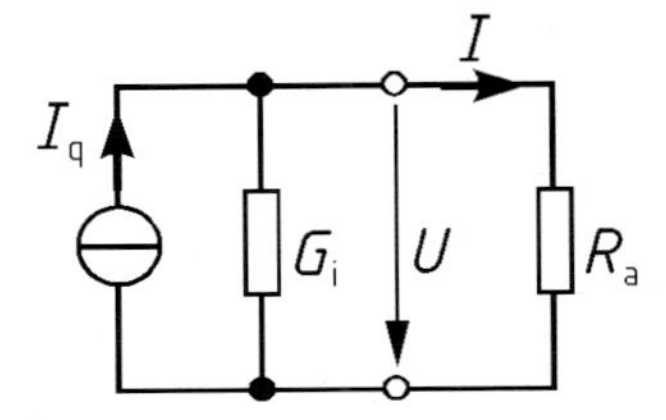
Spannungsquellen-Ersatzschaltung	Stromquellen-Ersatzschaltung
$R_i = \frac{1}{G_i}$	$G_i = \frac{1}{R_i}$
$U_q = R_i I_q = \frac{I_q}{G_i}$	$I_q = G_i U_q = \frac{U_q}{R_i}$

Wenn der Innenwiderstand oder der Innenleitwert null sind, ist eine Umformung nicht möglich. Eine ideale Stromquelle ($G_i = 0$) kann nicht in eine Spannungsquellen-Ersatzschaltung und eine ideale Spannungsquelle ($R_i = 0$) nicht in eine Stromquellen-Ersatzschaltung umgeformt werden. In beiden Fällen liefern die Gleichungen in Tafel **2.**18 unendlich große, also unbrauchbare Werte.

Außer ihrer Äquivalenz weisen die beiden Quellen-Ersatzschaltungen nach Tafel **2.**18 noch eine weitere strukturelle Ähnlichkeit auf, die als Dualität bezeichnet wird. Dieses Phänomen wird in Abschn. 2.2.5.2 ausführlich beschrieben.

2.1.4.7 Leistungsanpassung. Bei einer linearen Quelle besteht zwischen den Größen U und I eine lineare Beziehung, die entweder mit Gl. (2.29) als $U = U_0 - R_i I$ oder mit Gl. (2.33) als $I = I_k - G_i U$ beschrieben werden kann. Die I, U-Kennlinie (*1*) in Bild **2.**19c gibt diesen Zusammenhang wieder. Die von der Quelle über ihre Klemmen abgegebene Leistung P ergibt sich gemäß Gl. (2.21) aus der Klemmenspannung U und dem Klemmenstrom I zu $P = UI$.

Es ist offensichtlich, daß weder im Leerlauffall mit $I = 0$ noch im Kurzschlußfall mit $U = 0$ elektrische Leistung P über die Klemmen abgegeben wird. Zum Verständnis dieser Aussage ist es wichtig darauf hinzuweisen, daß hier nicht der Leistungsumsatz innerhalb der Quelle diskutiert wird (der insbesondere im Kurzschlußfall erheblich sein kann), sondern ausschließlich die elektrische Leistung, die über die Klemmen an den angeschlossenen Verbraucher R_a abgegeben wird.

Die abgegebene Leistung ergibt sich aus Gl. (2.21) und Gl. (2.29) zu

$$P = UI = (U_0 - R_i I) I = U_0 I - R_i I^2. \qquad (2.34)$$

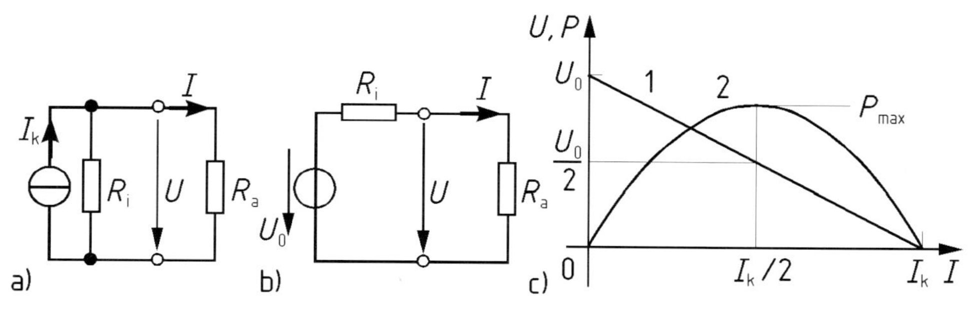

2.19 Lineare elektrische Quelle.
a) Stromquellen-Ersatzschaltung mit Lastwiderstand R_a,
b) Spannungsquellen-Ersatzschaltung mit Lastwiderstand R_a,
c) *1* Strom-Spannungs-Kennlinie $U(I)$, *2* Strom-Leistungs-Kennlinie $P(I)$

Diese Funktion $P(I)$ (Kurve *2* in Bild **2.**19c) durchläuft bei $I=0{,}5\,I_k$ ein Maximum, wie sich leicht nachweisen läßt, wenn man Gl. (2.34) nach I ableitet und den Differentialquotienten

$$\frac{\mathrm{d}P}{\mathrm{d}I}=U_0-2\,R_i\,I=0 \qquad (2.35)$$

setzt. Aus Gl. (2.35) folgt dann unter Berücksichtigung von Gl. (2.30)

$$I=\frac{U_0}{2\,R_i}=\frac{I_k}{2}\,. \qquad (2.36)$$

Für $I=U_0/(2\,R_i)$ hat nach Gl. (2.29) die Klemmenspannung U den Wert

$$U=U_0-R_i\,I=U_0-R_i\,\frac{U_0}{2\,R_i}=\frac{U_0}{2}\,. \qquad (2.37)$$

Damit erhält man für den Höchstwert der Leistung, die eine lineare Quelle abzugeben imstande ist,

$$P_{max}=(U\,I)\Big|_{max}=\frac{U_0}{2}\cdot\frac{I_k}{2}=\frac{U_0^2}{4\,R_i}\,. \qquad (2.38)$$

Die maximal mögliche Leistung wird nach Gl. (2.36) dann abgegeben, wenn über die Klemmen der halbe Kurzschlußstrom fließt. Dies ist, wie sich aus der Stromquellen-Ersatzschaltung Bild **2.**19a unmittelbar ergibt, dann der Fall, wenn der Lastwiderstand R_a genauso groß ist wie der Innenwiderstand R_i. Zu dem gleichen

Resultat kommt man bei der Betrachtung der Spannungsquellen-Ersatzschaltung Bild **2.**19b; auch hier ist sofort zu erkennen, daß die halbe Leerlaufspannung dann, wie in Gl. (2.37) verlangt, an den Klemmen liegt, wenn der Lastwiderstand R_a denselben Wert hat wie der Innenwiderstand R_i.

Ein Verbraucher entnimmt also dann einer linearen Quelle die maximal abgebbare Leistung P_{max}, wenn sein Widerstand R_a dem Innenwiderstand R_i angepaßt ist, so daß

$$R_a = R_i \tag{2.39}$$

ist. Dieser Zustand der Leistungsanpassung wird häufig in der Nachrichtentechnik angestrebt, wenn es darauf ankommt, das Signal eines Senders möglichst leistungsstark und unverfälscht zum Empfänger zu übertragen.

In der Energietechnik stellt die Leistungsanpassung meist keinen sinnvollen Betriebszustand dar, weil der Wirkungsgrad zu schlecht ist. Eine allgemeingültige Aussage über den Wirkungsgrad η einer beliebigen angepaßt betriebenen Quelle ist allerdings nicht möglich; hierzu muß im Einzelfall untersucht werden, inwieweit die Quellen-Ersatzschaltungen Bild **2.**19a oder b eine zutreffende Darstellung auch von den Vorgängen im Innern der jeweils betrachteten Quelle geben. Bemerkenswert ist aber doch, daß beide Ersatzschaltungen in Bild **2.**19 hinsichtlich des Wirkungsgrades bei Leistungsanpassung trotz ihrer sehr unterschiedlichen Darstellung des inneren Aufbaus der Quelle dasselbe Ergebnis liefern. In Bild **2.**19a liegen die beiden Widerstände R_i und R_a an derselben Spannung U; in Bild **2.**19b werden sie von demselben Strom I durchflossen. Wegen $R_a = R_i$ ist die in beiden Widerständen umgesetzte Leistung jeweils gleich; aber nur die in R_a umgesetzte Leistung P wird von der Quelle über die Klemmen elektrisch abgegeben. Der Wirkungsgrad, also das Verhältnis der an R_a abgegebenen Leistung zu der Gesamtleistung, ergibt sich somit zu $\eta = 50\%$, was für die meisten Bereiche der elektrischen Energietechnik völlig unzureichend ist. Außerdem lassen die meisten in der Energietechnik verwendeten Spannungsquellen eine derart hohe thermische Belastung gar nicht zu.

Wenn eine elektrische Quelle, der man ein Maximum an Leistung entnehmen möchte, eine nichtlineare I, U-Kennlinie aufweist, wie dies z.B. bei einem Solargenerator der Fall ist, dann ergibt die Anpassungsbedingung $R_a = R_i$ keinen Sinn mehr, weil man der nichtlinearen Quelle keinen festen Innenwiderstand zuordnen kann. In diesem Falle verfährt man ebenso, wie dies in Gl. (2.34) mit dem linearen Zusammenhang $U = U_0 - R_i I$ geschehen ist: Die z.B. in grafischer Form vorliegende Funktion $U(I)$ wird mit I multipliziert und die sich ergebende Funktion $P(I)$ in einem Diagramm ähnlich Bild **2.**19c dargestellt. Hieraus lassen sich dann die maximal abgebbare Leistung P_{max} sowie die zugehörigen Werte für den Strom I und die Spannung U ablesen. Für weitere Einzelheiten siehe [20].

□ **Beispiel 2.20**

Die Starterbatterie eines Kraftfahrzeuges habe die Leerlaufspannung $U_0 = 13{,}8$ V und den Innenwiderstand $R_i = 40$ mΩ. Welche Leistung kann der Akkumulator maximal an einen Verbraucher abgeben? Wie groß muß für diesen Fall der Widerstand des Verbrauchers sein?

Die maximal abgebbare Leistung beträgt nach Gl. (2.38)

$$P_{max} = \frac{U_0^2}{4R_i} = \frac{13{,}8^2\ \mathrm{V}^2}{4 \cdot 40\ \mathrm{m\Omega}} = 1{,}19\ \mathrm{kW}.$$

Diese Leistung wird tatsächlich abgegeben, wenn die Anpassungsbedingung Gl. (2.39) erfüllt ist.

$$R_a = R_i = 40\ \mathrm{m\Omega}.$$

□

2.2 Verzweigter Stromkreis

Die bisherigen Betrachtungen beziehen sich auf den einfachen Stromkreis, der nach Bild **2.**15a entsteht, wenn man an eine elektrische Quelle einen Lastwiderstand R_a anschließt. Dem Strom steht hier nur ein einziger Weg zur Verfügung, der sowohl über die Quelle als auch über den Lastwiderstand führt. Mit Einführung der Stromquellen-Ersatzschaltung nach Bild **2.**17 ergibt sich aber bereits die Situation, daß der Quellstrom I_q sich in der Ersatzschaltung auf die beiden parallelen Wege über den Widerstand R_i und über den Widerstand R_a aufteilt. Dies ist die einfachste Form eines verzweigten Stromkreises.

Umfangreichere verzweigte Stromkreise bezeichnet man als elektrische Netzwerke. Im folgenden sollen einige Gesetzmäßigkeiten für elektrische Netzwerke hergeleitet werden.

2.2.1 Begriffe

2.2.1.1 Gleichstromnetzwerke. Elektrische Netzwerke bestehen aus Zweipolen oder Zweitoren, wie sie in Abschn. 1.2.4.2 allgemein beschrieben werden. Um das Verhalten der realen Schaltelemente besser verdeutlichen zu können, zeichnet man meist an deren Stelle äquivalente Ersatzschaltungen in den Schaltplan ein, die aus idealen Elementen zusammengesetzt sind (siehe Abschn. 2.1.4).

Das in Bild **2.**20 dargestellte Beispiel für ein Gleichstromnetzwerk enthält auch nichtlineare Schaltelemente (D_1, R_3), es handelt sich demzufolge um ein nichtlineares Netzwerk. Für die Darstellung linearer Gleichstromnetzwerke benötigt man hingegen keine anderen Elemente als ohmsche Widerstände und Leitwerte sowie ideale Strom- und Spannungsquellen.

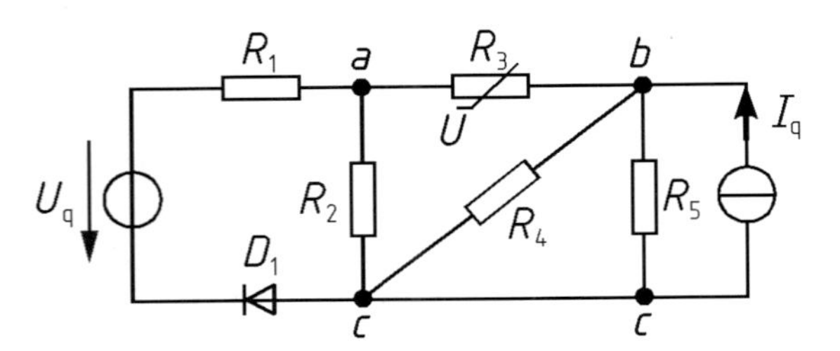

2.20 Gleichstromnetzwerk

Im Schaltplan sind die einzelnen Schaltelemente durch Linien miteinander verbunden. Diese Verbindungslinien werden als widerstandslos und ohne jede weitere Wirkung des elektrischen Stromes angesehen. Zeigt die in der tatsächlichen Schaltung benutzte Verbindungsleitung irgendwelche Wirkungen, müssen sie in der Ersatzschaltung durch das Einführen entsprechender Schaltzeichen berücksichtigt werden.

2.2.1.2 Knoten, Zweige und Maschen. Innerhalb eines Netzwerkes gibt es normalerweise mehrere Punkte, an denen sich die Ströme verzweigen können. Bedingung hierfür ist, daß an diesen Punkten mindestens drei Verbindungslinien zusammentreffen. Derartige Punkte bezeichnet man als Knoten. Knoten, die ohne einen zwischengeschalteten Zweipol, also nur mit einer widerstandslos gedachten Leitung miteinander verbunden sind, werden zu einem Knoten zusammengefaßt (z.B. Knoten c in Bild **2.**20). Die Schaltung in Bild **2.**20 enthält also die drei Knoten a, b und c.

Ein Zweig verbindet zwei Knoten durch eine Reihenschaltung von Zweipolen und Verbindungsleitungen, die alle vom selben Zweigstrom durchflossen werden. Im linken Zweig von Bild **2.**20 sind beispielsweise die Zweipole Widerstand R_1, Spannungsquelle U_q und Diode D_1 in Reihe geschaltet und bilden so nur einen Zweig. Dagegen gehören die Widerstände R_4 und R_5 zu zwei parallelen Zweigen. Bild **2.**20 enthält insgesamt 6 Zweige.

Unter einer Masche versteht man einen in sich geschlossenen Kettenzug (also eine Ringschaltung) von mehreren Zweigen. Geht man von irgendeinem Knoten aus, so durchläuft man eine Masche, wenn man, ohne einen weiteren Knoten zweimal zu berühren, wieder zum Ausgangspunkt zurückkehrt. In der Schaltung von Bild **2.**20 kann man viele Maschen bilden, z.B. die Masche aus den Elementen R_2, R_3, R_4, aber auch eine Masche aus R_2, R_3, R_5 oder ebenso aus U_q, R_1, R_3, R_5, D_1 etc.

2.2.2 Kirchhoffsche Gesetze

2.2.2.1 Knotensatz. Wie in Kap. 10 im einzelnen dargelegt wird, ist der elektrische Strom ein Trägerstrom, d.h. Elektronen oder Ionen befördern elektrische Ladungen. Elektrische Ladungen können nicht verloren gehen oder gewonnen werden; sie können nur nach Polarität getrennt, d.h. in einer Kapazität C gespeichert werden (s. Abschn. 3.1.1.2). Es gilt somit das Gesetz von der Erhaltung der elektrischen Ladung, welches besagt, daß in einem abgeschlossenen System die Summe der elektrischen Ladung konstant ist. Die hier zu betrachtenden Schaltungen sind abgeschlossene Systeme, für die der Ladungserhaltungssatz gilt.

In einem Knotenpunkt muß demnach die in einem bestimmten Zeitpunkt zugeführte Ladung auch sofort wieder abfließen. Die auf die Zeit t bezogenen Ladungen Q sind nach Gl. (1.5) die zu- und abfließenden Ströme. Daher muß die Summe der Ströme, die dem Knoten zufließen, in jedem Augenblick ebenso groß sein wie die Summe der abfließenden Ströme. Dies ist die Aussage des 1. Kirchhoffschen Gesetzes, das auch als Knotensatz oder als Gesetz von der Stromsumme bezeichnet wird.

Zu einer besonders einfachen Formulierung des Knotensatzes kommt man, wenn man sämtlichen Strömen am Knoten Zählpfeile zuordnet, die in bezug auf den Knoten dieselbe Richtung haben. Hierfür gibt es zwei Möglichkeiten: Entweder man wählt die Stromzählpfeile nach Bild **2.**21 a so, daß sie alle vom Knoten weg weisen; oder man wählt für alle Stromzählpfeile die entgegengesetzte Richtung, wie in Bild **2.**21 b dargestellt. Für beide Fälle gilt unmittelbar

$$\sum_{\nu=1}^{n} I_\nu = 0. \tag{2.40}$$

Meistens liegen allerdings die Stromzählpfeile schon vor der Anwendung des Knotensatzes fest. Wenn diese dann wie in Bild **2.**21 c unterschiedliche Richtungen in bezug auf den Knoten haben, muß entschieden werden, welche der beiden Zählpfeilrichtungen für den betreffenden Knoten positiv gezählt wird. Ströme, deren Zählpfeile diese Richtung haben, werden dann mit positivem Vorzeichen,

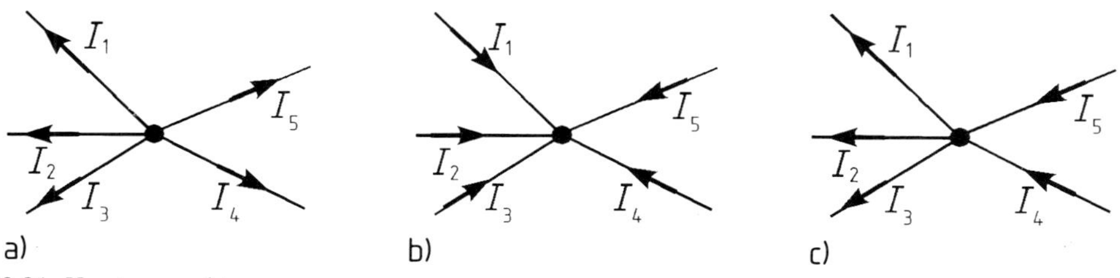

2.21 Knotenpunkt.
a) alle Stromzählpfeile vom Knoten weg weisend,
b) alle Stromzählpfeile zum Knoten hin weisend,
c) Stromzählpfeile unterschiedlicher Richtung

Ströme, deren Zählpfeile in die entgegengesetzte Richtung weisen, dagegen mit negativem Vorzeichen in Gl. (2.40) eingesetzt.

Wenn man in Bild **2.**21 c die vom Knoten weg weisende Zählpfeilrichtung positiv zählt, erhält man

$$I_1+I_2+I_3-I_4-I_5=0. \tag{2.41}$$

Zählt man die zum Knoten hin weisende Zählpfeilrichtung positiv, so ergibt sich

$$-I_1-I_2-I_3+I_4+I_5=0. \tag{2.42}$$

Beide Gleichungen liefern offensichtlich identische Aussagen.

□ **Beispiel 2.21**

An dem Knotenpunkt in Bild **2.**21 c werden die Ströme $I_1=4$ A, $I_2=-5$ A, $I_4=7$ A, $I_5=-10$ A gemessen. Der Strom I_3 ist zu bestimmen.

Sowohl nach Gl. (2.41) als auch nach Gl. (2.42) ergibt sich für den gesuchten Strom

$$I_3=-I_1-I_2+I_4+I_5=-4\text{ A}-(-5\text{ A})+7\text{ A}+(-10\text{ A})=-2\text{ A}. \qquad \square$$

Wie Beispiel 2.21 zeigt, ist bei der Anwendung des Knotensatzes streng zwischen den Vorzeichen der Zahlenwerte der Ströme und den aus den Zählpfeilrichtungen folgenden mathematischen Operationszeichen + und − zu unterscheiden.

2.2.2.2 Maschensatz. In der allgemeinen Masche von Bild **2.**22 sollen die Potentiale der 4 Knoten *a*, *b*, *c* und d mit (φ_a, φ_b, φ_c und φ_d gegeben sein. Dann gilt nach Gl. (1.9) für die Spannungen der 4 Zweige

$$\begin{aligned}
U_{ab}&=\varphi_a-\varphi_b\\
U_{bc}&=\varphi_b-\varphi_c\\
U_{cd}&=\varphi_c-\varphi_d\\
\text{und für}\qquad U_{da}&=\varphi_d-\varphi_a\\
\hline
\text{ihre Summe}\qquad U_{ab}+U_{bc}+U_{cd}+U_{da}&=0
\end{aligned}$$

In diesem allgemeinen Fall wird also die Summe der Teilspannungen einer Masche, die man auch Umlaufspannung nennt, null. Diese Tatsache wird durch das 2. Kirchhoffsche Gesetz, das auch Maschensatz oder Gesetz von der Spannungssumme genannt wird, beschrieben. Ordnet man allen Teilspannungen – auch den Quellspannungen – Zählpfeile zu und läßt man gleichzeitig für die Spannungswerte beliebige Vorzeichen zu, so gilt bei *n* Teilspannungen in der Masche für die durchnumerierten Spannungen U_ν, also für die Spannungsbilanz ganz allgemein

$$\sum_{\nu=1}^{n} U_\nu=0. \tag{2.43}$$

Es ist also die Summe der Teilspannungen stets null.

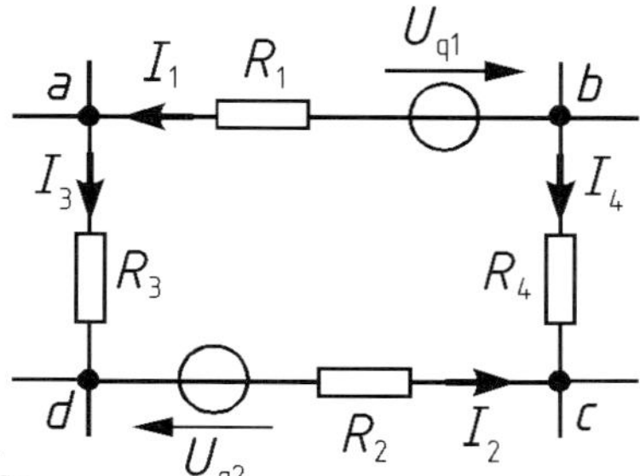

2.22 Masche mit Strömen I_ν und Quellspannungen $U_{q\nu}$

Beim Aufstellen der Maschengleichungen nach Gl. (2.43) hat man streng auf die Vorzeichen zu achten. Man muß deshalb zunächst festlegen, in welchem Umlaufsinn die Masche durchlaufen werden soll; hierbei ist für jede Masche frei wählbar, ob der Umlauf im Uhrzeigersinn oder im Gegenuhrzeigersinn erfolgen soll. Spannungen, deren Zählpfeile in der Masche dem gewählten Umlaufsinn folgen, werden mit dem Pluszeichen und Spannungen, deren Zählpfeile dem Umlaufsinn entgegengerichtet sind, mit einem Minuszeichen in die Maschengleichung (2.43) eingeführt. Für die in Bild **2.**22 dargestellte Masche findet man bei einem Umlauf im Uhrzeigersinn unter Anwendung des Ohmschen Gesetzes Gl. (2.4) die Maschengleichung

$$-R_1 I_1 + U_{q1} + R_4 I_4 - R_2 I_2 + U_{q2} - R_3 I_3 = 0. \tag{2.44}$$

□ **Beispiel 2.22**

Die Masche in Bild **2.**22 enthält die Widerstände $R_1 = 2\ \Omega$, $R_2 = 5\ \Omega$, $R_3 = 30\ \Omega$, $R_4 = 20\ \Omega$; es herrschen die Quellspannungen $U_{q1} = 24$ V, $U_{q2} = 12$ V, und es fließen die Ströme $I_1 = 5$ A, $I_2 = 4$ A, $I_3 = 0{,}2$ A. Der Strom I_4 soll bestimmt werden.

Nach Gl. (2.44) erhält man den Strom

$$I_4 = \frac{1}{R_4}(R_1 I_1 - U_{q1} + R_2 I_2 - U_{q2} + R_3 I_3)$$
$$= \frac{1}{20\ \Omega}(2\ \Omega \cdot 5\ \text{A} - 24\ \text{V} + 5\ \Omega \cdot 4\ \text{A} - 12\ \text{V} + 30\ \Omega \cdot 0{,}2\ \text{A}) = 0.$$

Im betrachteten Fall fließt also über den Widerstand R_4 kein Strom. Dies braucht nicht zu verwundern; denn die Knoten b und c haben das gleiche Potential $\varphi_b = \varphi_c$, und die übrigen Ströme finden den notwendigen Rückschluß über andere Zweige des in Bild **2.**22 nicht dargestellten, sondern nur mit Abgängen angedeuteten übrigen Netzwerks. □

2.2.3 Parallelschaltung

Man kann die Bestimmungsgleichungen für eine Parallelschaltung meist in einfacherer Form angeben, wenn man nicht mit den Widerständen R, sondern mit ihren Kehrwerten, den Leitwerten $G = 1/R$ arbeitet. Im folgenden wird die Zusammenfassung parallel geschalteter Leitwerte zu Gesamtleitwerten sowie das durch die Stromteilerregel beschriebene Verhalten der beteiligten Ströme behandelt.

2.2.3.1 Gesamtleitwert von parallel geschalteten Leitwerten. Die Parallelschaltung von Bild **2.**23a liegt mit ihren Leitwerten G_1, G_2 und G_3 an der Klemmenspannung U, und es fließt der Gesamtstrom I. Für die 3 parallel geschalteten Leitwerte soll ein äquivalenter Gesamtleitwert G nach Bild **2.**23b gefunden werden.

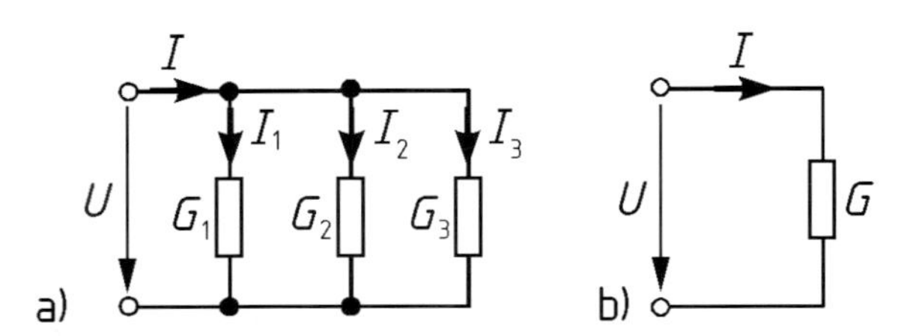

2.23 Parallelschaltung (a) von drei Leitwerten G_1, G_2 und G_3 mit Gesamtleitwert G der Ersatzschaltung (b)

Der Knotensatz Gl. (2.40) liefert für die Schaltung in Bild **2.**23a mit den Teilströmen I_1, I_2 und I_3 die Stromgleichung

$$I = I_1 + I_2 + I_3. \tag{2.45}$$

Sowohl die Teilströme I_ν in Bild **2.**23a als auch der Gesamtstrom I in Bild **2.**23b lassen sich mit Hilfe von Gl. (2.1) als Produkte des jeweiligen Leitwertes G_ν und der anliegenden Spannung U ausdrücken. Man erhält dann

$$G\,U = G_1\,U + G_2\,U + G_3\,U. \tag{2.46}$$

Wenn Gl. (2.46) durch die Spannung U dividiert wird, ergibt sich der Gesamtleitwert

$$G = G_1 + G_2 + G_3. \tag{2.47}$$

Für die Parallelschaltung einer beliebigen Anzahl n von Leitwerten G_ν darf man Gl. (2.47) allgemein erweitern auf

$$G = \sum_{\nu=1}^{n} G_\nu. \tag{2.48}$$

Bei n gleichen Leitwerten G_ν gilt dann für den Gesamtleitwert

$$G = n\,G_\nu\,. \tag{2.49}$$

Wenn man denselben Sachverhalt mit Hilfe der Widerstände ausdrücken will, erhält man analog zu Gl. (2.48) für den Kehrwert des Gesamtwiderstandes

$$\frac{1}{R} = \sum_{\nu=1}^{n} \frac{1}{R_\nu} \tag{2.50}$$

und für den Gesamtwiderstand selbst

$$R = \frac{1}{\dfrac{1}{R_1} + \dfrac{1}{R_2} + \dfrac{1}{R_3} + \cdots + \dfrac{1}{R_\mathrm{n}}}\,. \tag{2.51}$$

Bei Verwendung eines Taschenrechners läßt sich Gl. (2.51) durch mehrfaches Bilden der Kehrwerte leicht auswerten. Für den Fall, daß nur 2 Widerstände nach Bild **2.**24 parallel geschaltet sind, bevorzugt man dennoch häufig eine andere Darstellung, die sich aus Gl. (2.50) ergibt. Über

$$\frac{1}{R} = \frac{1}{R_1} + \frac{1}{R_2} = \frac{R_1 + R_2}{R_1\,R_2} \tag{2.52}$$

erhält man für den Gesamtwiderstand

$$R = \frac{R_1\,R_2}{R_1 + R_2}\,. \tag{2.53}$$

□ **Beispiel 2.23**

Die Schaltung in Bild **2.**23a enthält die parallel geschalteten Widerstände $R_1 = 10\ \Omega$, $R_2 = 20\ \Omega$, $R_3 = 30\ \Omega$ und liegt an der Spannung $U = 60$ V. Gesucht sind der Gesamtwiderstand R und der Strom I.

Mit Gl. (2.51) ergibt sich der Gesamtwiderstand

$$R = \frac{1}{\dfrac{1}{R_1} + \dfrac{1}{R_2} + \dfrac{1}{R_3}} = \frac{1}{\dfrac{1}{10\ \Omega} + \dfrac{1}{20\ \Omega} + \dfrac{1}{30\ \Omega}} = 5{,}455\ \Omega\,,$$

und es fließt gemäß Gl. (2.4) der Strom

$$I = \frac{U}{R} = \frac{60\ \mathrm{V}}{5{,}455\ \Omega} = 11\ \mathrm{A}\,.$$

□

□ **Beispiel 2.24**

Zwei parallele Widerstände nach Bild **2.**24 nehmen an der Spannung $U = 100$ V den Gesamtstrom $I = 10$ mA auf. Der eine Widerstand $R_1 = 40$ kΩ ist bekannt; der zweite Widerstand R_2 soll bestimmt werden.

Nach dem Ohmschen Gesetz ist der Gesamtwiderstand $R = U/I = 100\ \text{V}/(10\ \text{mA}) = 10$ kΩ. Nach Gl. (2.51) gilt daher

$$R_2 = \frac{1}{\dfrac{1}{R} - \dfrac{1}{R_1}} = \frac{1}{\dfrac{1}{10\ \text{k}\Omega} - \dfrac{1}{40\ \text{k}\Omega}} = 13{,}33\ \text{k}\Omega . \qquad \square$$

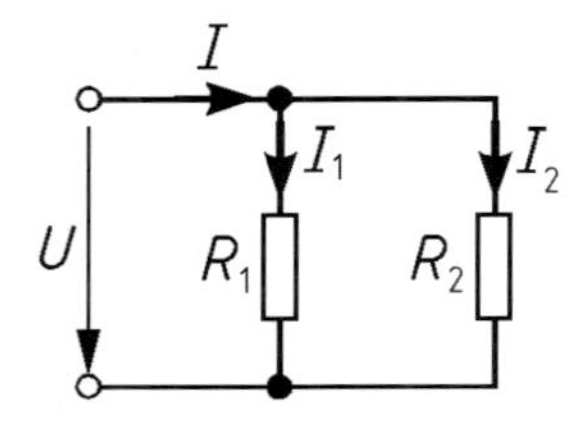

2.24 Parallelschaltung von zwei Widerständen R_1 und R_2

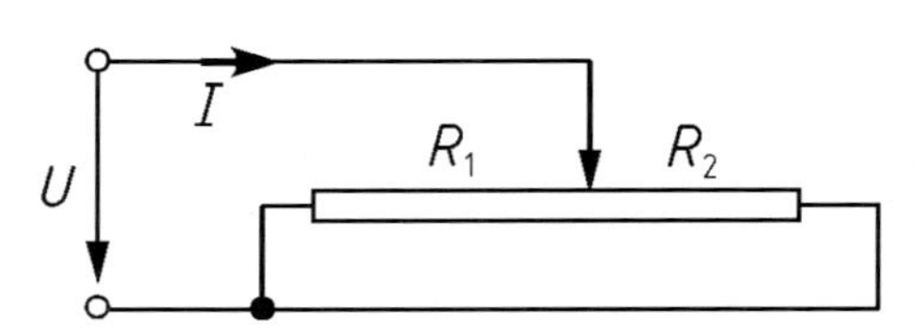

2.25 Schiebewiderstand

□ **Beispiel 2.25**

Ein Schiebewiderstand nach Bild **2.**25 hat den Gesamtwiderstand $R_1 + R_2 = 570\ \Omega$. Diese Schaltung eignet sich zum Einstellen des Stromes. Die an der Spannung $U = 210$ V liegende Schaltung soll den Strom $I = 1{,}5$ A führen. Bei welchen Werten von R_1 und R_2 muß der Abgriff stehen?

Die Parallelschaltung hat nach Gl. (2.53) den Widerstand

$$R_\text{p} = \frac{R_1 R_2}{R_1 + R_2} = \frac{R_1 (570\ \Omega - R_1)}{570\ \Omega} = \frac{U}{I} = \frac{210\ \text{V}}{1{,}5\ \text{A}} = 140\ \Omega .$$

Hieraus ergibt sich für den Widerstand R_1 die quadratische Gleichung

$$570\ \Omega\ R_1 - R_1^2 = 140\ \Omega \cdot 570\ \Omega$$
$$R_1^2 - 570\ \Omega\ R_1 + 140\ \Omega \cdot 570\ \Omega = 0$$

mit der Lösung

$$R_1 = 285\ \Omega \pm \sqrt{285^2\ \Omega^2 - 140\ \Omega \cdot 570\ \Omega} = 285\ \Omega \pm 37{,}75\ \Omega .$$

Wegen der Symmetrie der Schaltung sind die beiden Lösungen $R_1 = 322{,}75\ \Omega$, $R_2 = 247{,}25\ \Omega$ und $R_1 = 247{,}25\ \Omega$, $R_2 = 322{,}75\ \Omega$ möglich. □

2.2.3.2 Stromteilerregel. In einer Parallelschaltung nach Bild **2.**23a wird der Strom I in die Teilströme I_ν aufgeteilt. Da in einer solchen Stromteilerschaltung alle Leitwerte G_ν an derselben Spannung U liegen, lassen sich die Teilströme nach Gl. (2.1) als

$$I_\nu = G_\nu U \tag{2.54}$$

beschreiben. Entsprechend gilt für den Gesamtstrom

$$I = G U. \tag{2.55}$$

Aus Gl. (2.54) folgt für das Verhältnis zweier Teilströme

$$\frac{I_\mu}{I_\nu} = \frac{G_\mu}{G_\nu}. \tag{2.56}$$

Aus Gl. (2.54) und Gl. (2.55) ergibt sich für das Verhältnis eines Teilstromes I_ν zum Gesamtstrom I

$$\frac{I_\nu}{I} = \frac{G_\nu}{G}. \tag{2.57}$$

Gl. (2.56) und Gl. (2.57) beschreiben die Stromteilerregel. Sie besagt, daß sich in einem Stromteiler die Ströme so zueinander verhalten wie die Leitwerte, die von ihnen durchflossen werden.

□ **Beispiel 2.26**

Einer Parallelschaltung von drei Widerständen $R_1 = 10\ \text{k}\Omega$, $R_2 = R_3 = 40\ \text{k}\Omega$ nach Bild **2.**23a wird der Strom $I = 60$ mA zugeführt. Der Teilstrom I_1 ist zu berechnen.

Gl. (2.57) liefert unter Berücksichtigung von Gl. (2.48)

$$\frac{I_1}{I} = \frac{G_1}{G} = \frac{G_1}{G_1 + G_2 + G_3}.$$

Mit (Gl. (2.3) erhält man hieraus

$$I_1 = \frac{\frac{1}{R_1} I}{\frac{1}{R_1} + \frac{1}{R_2} + \frac{1}{R_3}} = \frac{\frac{1}{10\ \text{k}\Omega} 60\ \text{mA}}{\frac{1}{10\ \text{k}\Omega} + \frac{1}{40\ \text{k}\Omega} + \frac{1}{40\ \text{k}\Omega}} = 40\ \text{mA}.$$ □

2.2.4 Reihenschaltung

Im folgenden wird die Zusammenfassung von in Reihe geschalteten Widerständen zu Gesamtwiderständen sowie die durch die Spannungsteilerregel beschriebene Spannungsverteilung über die Widerstände behandelt.

2.2.4.1 Gesamtwiderstand von in Reihe geschalteten Widerständen. In Bild **2.**26 a ist die Reihenschaltung der Widerstände R_1, R_2 und R_3 dargestellt, die an der Gesamtspannung U liegt; alle Widerstände werden von demselben Strom I durchflossen. Für die drei in Reihe geschalteten Widerstände soll ein äquivalenter Gesamtwiderstand R nach Bild **2.**26 b gefunden werden.

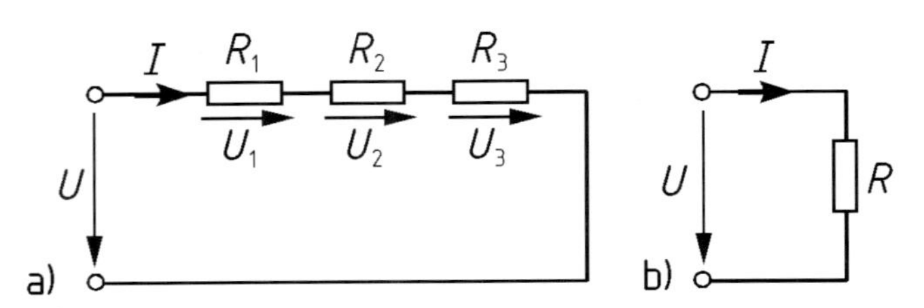

2.26 Reihenschaltung (a) von drei Widerständen R_1, R_2 und R_3 mit Gesamtwiderstand R der Ersatzschaltung (b)

Der Maschensatz Gl. (2.43) liefert für die Schaltung in Bild **2.**26 a mit den Teilspannungen U_1, U_2 und U_3 die Spannungsgleichung

$$U = U_1 + U_2 + U_3. \tag{2.58}$$

Sowohl die Teilspannungen U_ν in Bild **2.**26 a als auch die Gesamtspannung U in Bild **2.**26 b lassen sich mit Hilfe von Gl. (2.4) als Produkte des jeweiligen Widerstandes R_ν und des Stromes I ausdrücken. Man erhält dann

$$R I = R_1 I + R_2 I + R_3 I. \tag{2.59}$$

Wenn Gl. (2.59) durch den Strom I dividiert wird, ergibt sich der Gesamtwiderstand

$$R = R_1 + R_2 + R_3. \tag{2.60}$$

Für die Reihenschaltung einer beliebigen Anzahl n von Widerständen R_ν darf man Gl. (2.60) allgemein erweitern auf

$$R = \sum_{\nu=1}^{n} R_\nu. \tag{2.61}$$

Bei n gleichen Widerständen R_ν gilt dann für den Gesamtwiderstand

$$R = n R_\nu. \tag{2.62}$$

□ **Beispiel 2.27**

Die Schaltung in Bild **2.**26a enthält die in Reihe geschalteten Widerstände $R_1 = 10\ \Omega$, $R_2 = 20\ \Omega$, $R_3 = 30\ \Omega$ und liegt an der Spannung $U = 60$ V. Gesucht sind der Gesamtwiderstand R und der Strom I.

Mit Gl. (2.60) ergibt sich der Gesamtwiderstand

$$R = R_1 + R_2 + R_3 = 10\ \Omega + 20\ \Omega + 30\ \Omega = 60\ \Omega,$$

und es fließt gemäß Gl. (2.4) der Strom

$$I = \frac{U}{R} = \frac{60\ \text{V}}{60\ \Omega} = 1\ \text{A}.$$ □

2.2.4.2 Spannungsteilerregel. In einer Reihenschaltung nach Bild **2.**26a wird die Spannung U in die Teilspannungen U_ν aufgeteilt. Da in einer solchen Spannungsteilerschaltung alle Widerstände R_ν von demselben Strom I durchflossen werden, lassen sich die Teilspannungen nach Gl. (2.4) als

$$U_\nu = R_\nu I \tag{2.63}$$

beschreiben. Entsprechend gilt für die Gesamtspannung

$$U = RI. \tag{2.64}$$

Aus Gl. (2.63) folgt für das Verhältnis zweier Teilspannungen

$$\frac{U_\mu}{U_\nu} = \frac{R_\mu}{R_\nu}. \tag{2.65}$$

Aus Gl. (2.63) und Gl. (2.64) ergibt sich für das Verhältnis einer Teilspannung U_ν zur Gesamtspannung U

$$\frac{U_\nu}{U} = \frac{R_\nu}{R}. \tag{2.66}$$

Gl. (2.65) und Gl. (2.66) beschreiben die Spannungsteilerregel. Sie besagt, daß sich in einem Spannungsteiler die Spannungen so zueinander verhalten wie die Widerstände, an denen sie abfallen.

Die technische Realisierung eines verstellbaren Spannungsteilers, auch Potentiometer genannt, ist in Bild **2.**27a dargestellt. An die beiden festen Anschlüsse, zwischen denen der Gesamtwiderstand R liegt, wird die Eingangsspannung U_1 gelegt. Eine dritte Klemme führt zu einem verstellbaren Schleifer, mit dessen Hilfe man an dem veränderbaren Teilwiderstand R_2 die Teilspannung U_2 abgreifen kann. Bild **2.**27b zeigt das Ersatzschaltbild dieser Schaltung.

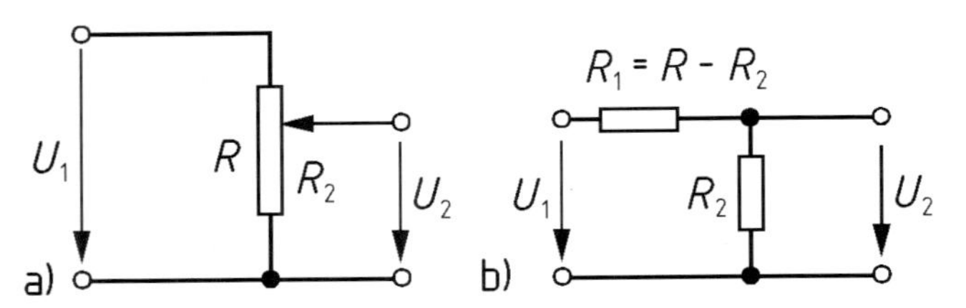

2.27 Unbelasteter verstellbarer Spannungsteiler (a) mit Ersatzschaltung (b)

Bei vielen Potentiometern wird die Stellung des Schleifers auf einer Skala angezeigt, auf der man entweder den Wert des eingestellten Widerstandes R_2 oder das Widerstandsverhältnis $k = R_2/R$ ablesen kann. Im letzteren Falle reicht die Skala von $k = 0$ bis $k = 1$, und für die beteiligten Widerstände gilt

$$R_2 = kR, \tag{2.67}$$

$$R_1 = (1-k)R, \tag{2.68}$$

$$R_1 + R_2 = R. \tag{2.69}$$

Solange über die Ausgangsklemmen kein Strom fließt, der Spannungsteiler also unbelastet bleibt, gilt nach Gl. (2.66)

$$\frac{U_2}{U_1} = \frac{R_2}{R_1 + R_2} = \frac{R_2}{R} = k. \tag{2.70}$$

Das eingestellte Spannungsteilungsverhältnis kann also beim unbelasteten Spannungsteiler direkt von der Skala abgelesen werden.

2.2.4.3 Belasteter Spannungsteiler. Für die Schaltung nach Bild **2.**28a muß der Lastwiderstand R_a bei der Ermittlung des Spannungsteilungsverhältnisses mit berücksichtigt werden. In Bild **2.**28b sind die parallel geschalteten Widerstände $R_2 = kR$ und R_a zu einem Ersatzwiderstand R_p zusammengefaßt, der sich nach

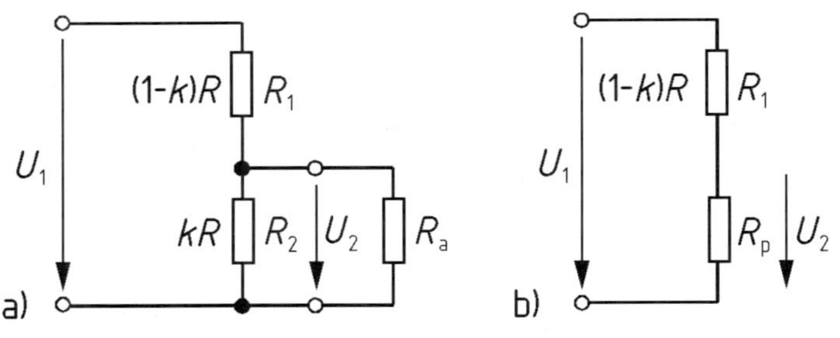

2.28 Belasteter Spannungsteiler (a), Schaltung mit Ersatzwiderstand R_p (b)

Gl. (2.53) als

$$R_{\mathrm{p}}=\frac{R_{\mathrm{a}} R_{2}}{R_{\mathrm{a}}+R_{2}} \tag{2.71}$$

darstellen läßt. Hiermit erhält man nach Gl. (2.66) für das Spannungsteilungsverhältnis des belasteten Spannungsteilers

$$\frac{U_{2}}{U_{1}}=\frac{R_{\mathrm{p}}}{R_{\mathrm{p}}+R_{1}}=\frac{\dfrac{R_{\mathrm{a}} R_{2}}{R_{\mathrm{a}}+R_{2}}}{\dfrac{R_{\mathrm{a}} R_{2}}{R_{\mathrm{a}}+R_{2}}+R_{1}}=\frac{R_{\mathrm{a}} R_{2}}{R_{\mathrm{a}} R_{2}+R_{\mathrm{a}} R_{1}+R_{2} R_{1}} .$$

Wenn man jetzt noch Zähler und Nenner durch R_{a} dividiert und die Gleichungen (2.67) bis (2.69) berücksichtigt, folgt hieraus nach erneutem Kürzen durch R

$$\frac{U_{2}}{U_{1}}=\frac{R_{2}}{R_{1}+R_{2}+\dfrac{R_{1} R_{2}}{R_{\mathrm{a}}}}=\frac{k}{1+(1-k) k \dfrac{R}{R_{\mathrm{a}}}} . \tag{2.72}$$

Gl. (2.72) zeigt, daß beim belasteten Spannungsteiler ein nichtlinearer Zusammenhang zwischen dem eingestellten Widerstandsverhältnis k und dem tatsächlichen Spannungsteilungsverhältnis U_2/U_1 besteht. Wie aus Bild **2.**29 hervorgeht, ist diese Nichtlinearität umso deutlicher, je stärker der Spannungsteiler belastet wird, d.h. je kleiner der Lastwiderstand R_{a} ist.

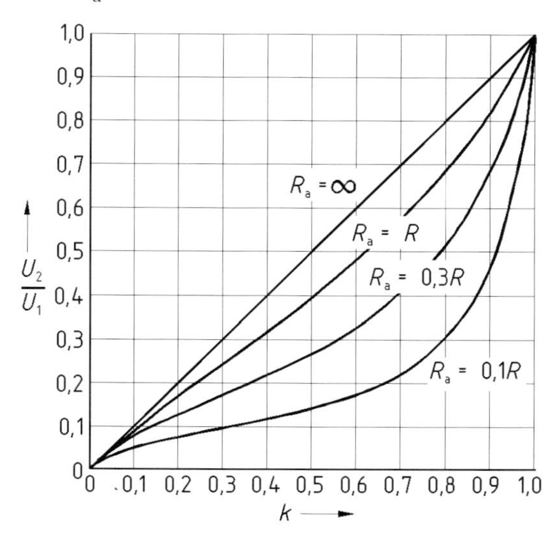

2.29 Spannungsteilungsverhältnis U_2/U_1 eines belasteten Spannungsteilers in Abhängigkeit von dem eingestellten Widerstandsverhältnis k bei verschiedenen Lastwiderständen R_{a}

2.2.5 Duale Schaltungen

In den Abschnitten 2.2.3 und 2.2.4 wird gezeigt, daß man sowohl für die Parallelschaltung als auch für die Reihenschaltung linearer passiver Zweipole auf einfache Weise äquivalente Ersatzzweipole angeben kann. Mit Hilfe der dort hergeleiteten Beziehungen ist es möglich, auch für einfache Widerstandsnetzwerke, die sich als Kombinationen von Reihen- und Parallelschaltungen darstellen lassen, äquivalente Ersatzwiderstände zu finden, so daß sich die für Reihen- und Parallelschaltungen hergeleiteten Beziehungen auch auf derartige Widerstandsnetzwerke übertragen lassen.

Dabei stellt sich heraus, daß es zu jeder Schaltung stets eine zweite, andere Schaltung gibt, deren beschreibende Gleichungen eine deutliche strukturelle Ähnlichkeit mit den entsprechenden Gleichungen der ersten Schaltung aufweisen. Die Beziehung, in der zwei solche Schaltungen zueinander stehen, nennt man Dualität; die Schaltungen selbst bezeichnet man als duale Schaltungen. Im folgenden wird gezeigt, wie sich einfache Widerstandsnetzwerke berechnen lassen und welcher Art die Beziehungen zwischen dualen Schaltungen sind.

2.2.5.1 Kombinierte Reihen- und Parallelschaltungen. Die in Abschn. 2.2.3 für die Parallelschaltung und in Abschn. 2.2.4 für die Reihenschaltung hergeleiteten Zusammmenhänge behalten auch dann ihre Gültigkeit, wenn die beteiligten Teilzweipole ihrerseits wieder Reihenschaltungen oder Parallelschaltungen darstellen. Dies soll anhand von zwei Beispielen verdeutlicht werden:

□ **Beispiel 2.28**

Die Schaltung Bild **2.**30 liegt an der vorgegebenen Quellspannung U_q; die Schaltelemente G_1, G_2, G_3 und R_4 sind gegeben. Der Gesamtwiderstand R, der Gesamtstrom I, der Teilstrom I_1 und die Teilspannung U_1 sollen berechnet werden.

Der Leitwert der aus den Teilleitwerten G_1, G_2 und G_3 gebildeten Parallelschaltung ergibt sich gemäß Gl. (2.48) zu

$$G_{123} = G_1 + G_2 + G_3 . \tag{2.73}$$

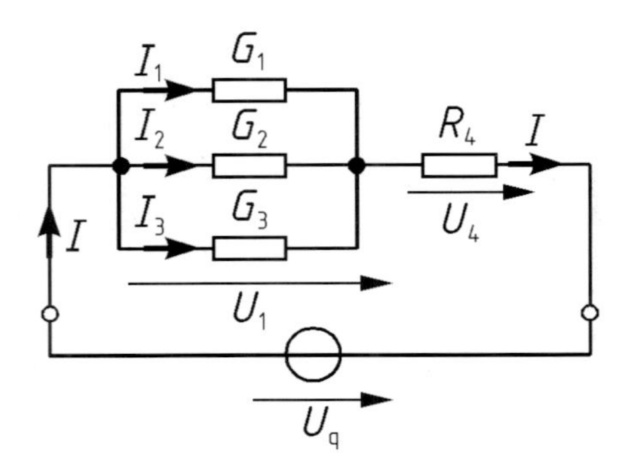

2.30 Widerstandsnetzwerk an eingeprägter Spannung U_q

Entsprechend gilt für den Widerstand dieser Parallelschaltung

$$R_{123} = \frac{1}{G_{123}} = \frac{1}{G_1 + G_2 + G_3}. \tag{2.74}$$

Da der Widerstand R_4 zu der Parallelschaltung in Reihe liegt, folgt mit Gl. (2.61) für den Gesamtwiderstand

$$R = R_{123} + R_4 = \frac{1}{G_1 + G_2 + G_3} + R_4. \tag{2.75}$$

Der Gesamtstrom I ergibt sich aus Gl. (2.4) zu

$$I = \frac{U_\mathrm{q}}{R} = \frac{U_\mathrm{q}}{\dfrac{1}{G_1 + G_2 + G_3} + R_4}. \tag{2.76}$$

Der Teilstrom I_1 läßt sich mit Hilfe der Stromteilerregel Gl. (2.57) ermitteln. Unter Verwendung von Gl. (2.76) erhält man

$$I_1 = \frac{G_1}{G_{123}} I = \frac{G_1}{G_1 + G_2 + G_3} I = \frac{G_1 U_\mathrm{q}}{1 + (G_1 + G_2 + G_3) R_4}. \tag{2.77}$$

Hieraus ergibt sich mit Gl. (2.2) die Teilspannung

$$U_1 = \frac{I_1}{G_1} = \frac{U_\mathrm{q}}{1 + (G_1 + G_2 + G_3) R_4}. \tag{2.78}$$

Man kann die Spannung U_1 auch direkt über die Spannungsteilerregel Gl. (2.66) ermitteln. Unter Berücksichtigung von Gl. (2.74) erhält man dann

$$U_1 = \frac{R_{123}}{R} U_\mathrm{q} = \frac{R_{123}}{R_{123} + R_4} U_\mathrm{q} = \frac{\dfrac{1}{G_1 + G_2 + G_3}}{\dfrac{1}{G_1 + G_2 + G_3} + R_4} U_1,$$

was nach Erweitern mit $G_1 + G_2 + G_3$ wieder auf Gl. (2.78) führt. □

□ **Beispiel 2.29**

In Bild **2.**31 ist ein anderes Widerstandsnetzwerk dargestellt. Es wird von dem vorgegebenen Quellstrom I_q durchflossen; die Schaltelemente R_1, R_2, R_3 und G_4 sind gegeben. Der Gesamtleitwert G, die Gesamtspannung U, die Teilspannung U_1 und der Teilstrom I_1 sollen berechnet werden.

Der Widerstand der aus den Teilwiderständen R_1, R_2 und R_3 gebildeten Reihenschaltung ergibt sich gemäß Gl. (2.61) zu

$$R_{123} = R_1 + R_2 + R_3. \tag{2.79}$$

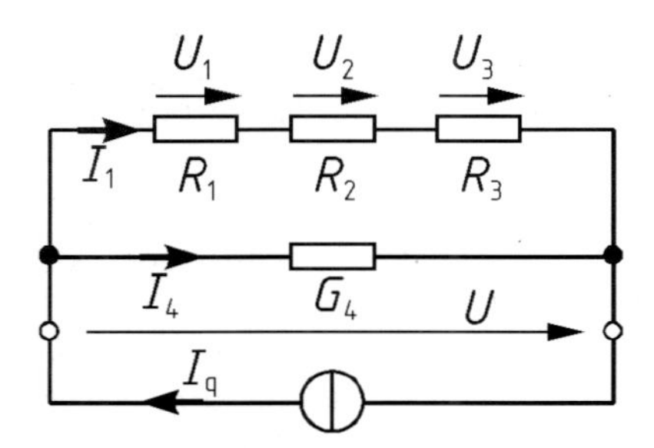

2.31 Widerstandsnetzwerk mit eingeprägtem Strom I_q

Entsprechend gilt für den Leitwert dieser Reihenschaltung

$$G_{123} = \frac{1}{R_{123}} = \frac{1}{R_1 + R_2 + R_3}. \tag{2.80}$$

Da der Leitwert G_4 zu der Reihenschaltung parallel liegt, folgt mit Gl. (2.48) für den Gesamtleitwert

$$G = G_{123} + G_4 = \frac{1}{R_1 + R_2 + R_3} + G_4. \tag{2.81}$$

Die Gesamtspannung U ergibt sich aus Gl. (2.2) zu

$$U = \frac{I_q}{G} = \frac{I_q}{\dfrac{1}{R_1 + R_2 + R_3} + G_4}. \tag{2.82}$$

Die Teilspannung U_1 läßt sich mit Hilfe der Spannungsteilerregel Gl. (2.66) ermitteln. Unter Verwendung von Gl. (2.82) erhält man

$$U_1 = \frac{R_1}{R_{123}} U = \frac{R_1}{R_1 + R_2 + R_3} U = \frac{R_1 I_q}{1 + (R_1 + R_2 + R_3) G_4}. \tag{2.83}$$

Hieraus ergibt sich mit Gl. (2.4) der Teilstrom

$$I_1 = \frac{U_1}{R_1} = \frac{I_q}{1 + (R_1 + R_2 + R_3) G_4}. \tag{2.84}$$

Man kann den Strom I_1 auch direkt über die Stromteilerregel Gl. (2.57) ermitteln. Unter Berücksichtigung von Gl. (2.80) erhält man dann

$$I_1 = \frac{G_{123}}{G} I_q = \frac{G_{123}}{G_{123} + G_4} I_q = \frac{\dfrac{1}{R_1 + R_2 + R_3}}{\dfrac{1}{R_1 + R_2 + R_3} + G_4} I_q,$$

was nach Erweitern mit $R_1 + R_2 + R_3$ wieder auf Gl. (2.84) führt. □

2.2.5.2 Dualitätsbeziehungen. Wenn man die rechnerische Behandlung der Schaltungen in Bild **2.**30 und in Bild **2.**31 miteinander vergleicht, dann fällt auf, daß beide Berechnungen genau demselben strukturellen Schema folgen. Die Gleichungen (2.73) bis (2.78) zur Berechnung der Schaltung Bild **2.**30 lassen sich direkt in die entsprechenden Gleichungen (2.79) bis (2.84) zur Berechnung der Schaltung Bild **2.**31 überführen, wenn man nur konsequent die Formelzeichen U und I sowie R und G gegeneinander austauscht. Dies ist deswegen möglich, weil Bild **2.**30 und Bild **2.**31 duale Schaltungen darstellen. Die Entsprechungen, die es zwischen dualen Schaltungen gibt, sind in Tafel **2.**32 zusammengestellt. Anhand dieser Tabelle läßt sich die Dualität der beiden soeben betrachteten Schaltungen leicht überprüfen: An der idealen Spannungsquelle von Bild **2.**30 ist eine

Tafel **2.**32 Duale Entsprechungen

Größen	Spannung U	Strom I
	Widerstand R	Leitwert G
Schaltungen und Schaltungs-elemente	Ringschaltung (Masche)	Sternschaltung (Knoten)
	Reihenschaltung	Parallelschaltung
	Leerlauf	Kurzschluß
	ideale Spannungsquelle	ideale Stromquelle
Grundlegende Zusammen-hänge	Ohmsches Gesetz $U = RI$ (2.4)	Ohmsches Gesetz $I = GU$ (2.2)
	Maschensatz $\sum_{\nu=1}^{n} U_\nu = 0$ (2.43) Reihenschaltung von Widerständen $R = \sum_{\nu=1}^{n} R_\nu$ (2.61)	Knotensatz $\sum_{\nu=1}^{n} I_\nu = 0$ (2.40) Parallelschaltung von Leitwerten $G = \sum_{\nu=1}^{n} G_\nu$ (2.48)
	Spannungsteilerregel $\frac{U_\mu}{U_\nu} = \frac{R_\mu}{R_\nu}$ (2.65)	Stromteilerregel $\frac{I_\mu}{I_\nu} = \frac{G_\mu}{G_\nu}$ (2.56)
	Spannungsquellen-Ersatzschaltung $U = U_0 - R_i I$ (2.29)	Stromquellen-Ersatzschaltung $I = I_k - G_i U$ (2.33)

Reihenschaltung angeschlossen, die aus dem Widerstand R_4 und der Parallelschaltung dreier Leitwerte besteht. Entsprechend ist an der idealen Stromquelle von Bild **2.**31 eine Parallelschaltung angeschlossen, die aus dem Leitwert G_4 und der Reihenschaltung dreier Widerstände besteht.

Man findet die Gültigkeit dieser dualen Entsprechungen auch bei den Spannungsquellen- und Stromquellen-Ersatzschaltungen nach Bild **2.**16 und **2.**17 bestätigt. Auch diese sind duale Schaltungen, wie sich aus Tafel **2.**32 ergibt, so daß nach Austausch der entsprechenden Größen Gl. (2.29) und Gl. (2.33) ineinander überführt werden können.

Ein Vorteil, den die Dualität bietet, besteht offenbar darin, daß man die einmal für eine Schaltung hergeleiteten Formelergebnisse ohne weitere Rechnung rein formal auf die hierzu duale Schaltung übertragen kann. Außer ihrer Dualität weisen duale Schaltungen meist keine weiteren Gemeinsamkeiten auf. Es gibt jedoch auch Fälle, in denen duale Schaltungen bei geeigneter Dimensionierung der Schaltelemente darüber hinaus auch noch äquivalent sein können. Beispiele hierfür sind die Spannungsquellen-Ersatzschaltung und die Stromquellen-Ersatzschaltung (vgl. Abschn. 2.1.4) sowie die Sternschaltung und die Dreieckschaltung (vgl. Abschn. 2.3.1.4).

Die Ursache für das Zustandekommen der Dualität ist der gleichartige Aufbau der grundlegenden Gleichungen, insbesondere von Knoten- und Maschengleichung. Im unteren Teil von Tafel **2.**32 sind diese grundlegenden Zusammenhänge einander gegenübergestellt. Für das unumgängliche Einprägen und Anwenden dieser Gleichungen stellt deren gleichartige Struktur eine große Hilfe dar. Tafel **2.**32 beschränkt sich auf die dualen Entsprechungen, die in Gleichstromnetzwerken vorkommen. Die weitergehenden dualen Entsprechungen in Wechselstromnetzwerken sind in Tafel **6.**15 zusammengestellt.

2.2.6 Strom- und Spannungsmessung

Für die Messung von Strom und Spannung hat man die Wahl zwischen dem Einsatz von direkt anzeigenden Meßgeräten und der Anwendung von Kompensationsmeßverfahren, bei denen eine zu messende Größe mit einer bekannten Größe verglichen wird. Nähere Einzelheiten über die verschiedenen Meßverfahren finden sich in [3] und [47].

2.2.6.1 Grundschaltungen. Bei anzeigenden Meßgeräten nach dem Ausschlagverfahren zur Ermittlung von Strom und Spannung steuert die Eingangsgröße (U oder I) unmittelbar die Ausgangsgröße (Anzeige α). Sie sind in bezug auf ihre Eingangsklemmen passive Zweipole. Ein Strom kann durch ein solches Meßgerät nur fließen, wenn zwischen seinen Anschlußklemmen gleichzeitig eine Spannung besteht; dabei ist der Strom umso größer, je größer die anliegende Spannung ist. Der Zeigerausschlag α ist daher ein Maß sowohl für die Stärke des

Stromes, der durch das Meßgerät fließt, als auch für die Spannung, die an seinen Klemmen anliegt. Im Prinzip kann man also dasselbe Meßgerät zur Strommessung wie auch zur Spannungsmessung verwenden. Allerdings ergeben sich, wie im folgenden gezeigt wird, gegensätzliche Anforderungen an den Widerstand des Meßgerätes je nach dem, ob es als Strommesser oder als Spannungsmesser eingesetzt werden soll.

Zur Messung des Stromes muß das Meßgerät wie in Bild **2**.33 gezeigt, in die Leitung eingeschaltet werden, in der der Strom I fließt. Man bezeichnet das Meßgerät dann als Strommesser oder als Amperemeter und kennzeichnet es durch den Buchstaben A. Selbstverständlich darf der elektrische Zustand einer Schaltung durch das zusätzliche Einbringen eines Meßgerätes nicht merklich verändert werden. Im Falle des Strommessers in Bild **2**.33 bedeutet das, daß für den Widerstand des Meßgerätes

$$R_{\mathrm{A}} \ll R_{\mathrm{i}} + R_{\mathrm{a}} \tag{2.85}$$

gelten muß, damit die jetzt zusätzlich auftretende Spannung U_{A} an den Klemmen des Amperemeters vernachlässigbar klein gegenüber der Quellspannung U_{q} bleibt (vgl. Gl. (2.66), Spannungsteilerregel). Hieraus ergibt sich die allgemeine Forderung, Strommesser mit einem möglichst kleinen Widerstand R_{A} auszustatten.

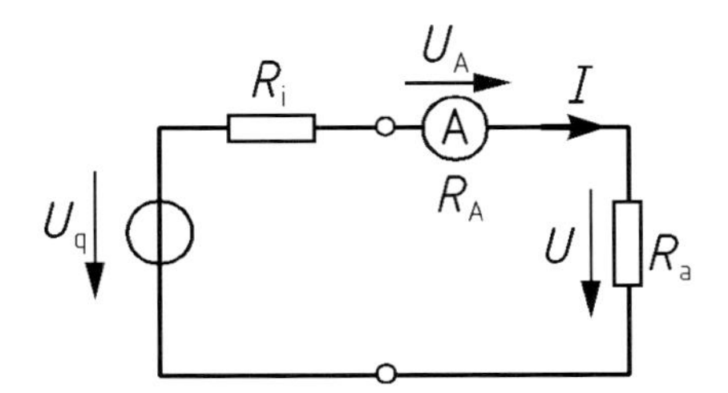

2.33 Stromkreis mit Strommesser (Amperemeter)

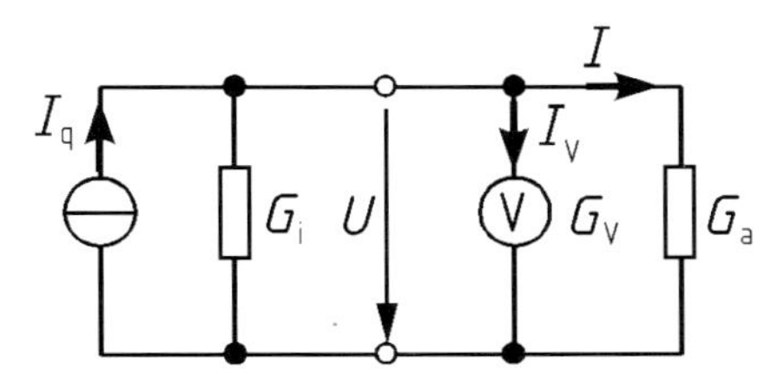

2.34 Stromkreis mit Spannungsmesser (Voltmeter)

Meßgeräte, die zur Spannungsmessung verwendet werden, heißen Spannungsmesser oder Voltmeter und werden durch den Buchstaben V gekennzeichnet. Spannungsmesser müssen stets an die beiden Punkte angeschlossen werden, zwischen denen die zu messende Spannung besteht. Um in der Schaltung Bild **2**.34 die Spannung U an dem Leitwert G_{a} zu messen, muß das Voltmeter deshalb zu diesem Leitwert parallel gelegt werden. Damit die Schaltung durch das Einbringen des Meßgerätes nicht merklich verändert wird, muß für den Leitwert des Spannungsmessers

$$G_{\mathrm{V}} \ll G_{\mathrm{i}} + G_{\mathrm{a}} \tag{2.86}$$

gelten. Nur so kann erreicht werden, daß der jetzt zusätzlich auftretende Strom I_V durch das Voltmeter vernachlässigbar klein gegenüber dem Quellstrom I_q bleibt (vgl. Gl. (2.57), Stromteilerregel). Allgemein folgt hieraus, daß Spannungsmesser einen möglichst kleinen Leitwert G_V, also einen großen Widerstand R_V haben sollten.

2.2.6.2 Stromrichtiges und spannungsrichtiges Messen. Es kommt häufig vor, daß man Strom und Spannung an einem Verbraucher gleichzeitig messen möchte. In diesem Fall muß man die Schaltungen nach Bild **2.**33 und **2.**34 miteinander kombinieren. Dabei stellt sich heraus, daß es zwei verschiedene Möglichkeiten gibt die beiden Meßgeräte in die Schaltung einzubringen. In Bild **2.**35 und Bild **2.**36 sind die beiden Versionen dargestellt.

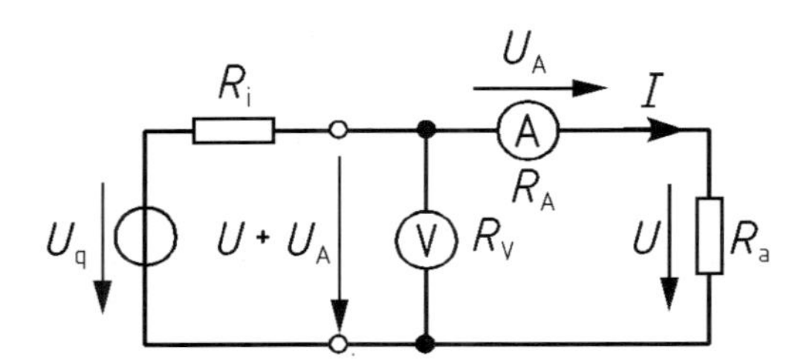

2.35 Schaltung für stromrichtiges Messen

In Bild **2.**35 wird die Forderung, daß der Strommesser in die Leitung eingeschaltet werden soll, in der der zu messende Strom I fließt, strikt eingehalten. Es handelt sich daher um eine Schaltung für stromrichtiges Messen. Bei der Spannungsmessung tritt in Bild **2.**35 hingegen ein unvermeidlicher Meßfehler auf, weil das Voltmeter nicht wirklich an die beiden Punkte angeschlossen ist, zwischen denen die Spannung U besteht. Vielmehr liegt an seinen Anschlußklemmen die Summe der zu messenden Spannung U und der Spannung U_A, die am Strommesser entsteht. Diesen Fehler kann man hinnehmen, wenn

$$R_A \ll R_a \tag{2.87}$$

ist; denn wenn der Amperemeterwiderstand R_A gegenüber dem Lastwiderstand R_a vernachlässigbar klein ist, dann ist nach der Spannungsteilerregel Gl. (2.65) auch die Spannung U_A gegenüber der Spannung U vernachlässigbar klein. Da die Bedingung (2.87) offensichtlich dann am leichtesten zu erfüllen ist, wenn der Lastwiderstand R_a groß ist, sollte man die Schaltung für stromrichtiges Messen nach Bild **2.**35 immer dann verwenden, wenn ein hochohmiger Lastwiderstand R_a vorliegt.

In Bild **2.**36 wird die Forderung, daß der Spannungsmesser an die beiden Punkte angeschlossen werden soll, zwischen denen die zu messende Spannung U besteht, strikt eingehalten. Es handelt sich daher um eine Schaltung für spannungsrichtiges Messen. Bei der Strommessung tritt in Bild **2.**36 hingegen ein unvermeidlicher Meßfehler auf, weil das Amperemeter in Wirklichkeit nicht von dem zu messenden Strom I, sondern von der Summe der Ströme I und I_V durchflossen wird. Diesen Fehler kann man hinnehmen, wenn

$$R_V \gg R_a \tag{2.88}$$

ist; denn wenn der Voltmeterwiderstand R_V sehr viel größer ist als der Lastwiderstand R_a, dann ist nach der Stromteilerregel Gl. (2.56) der Strom I_V sehr viel kleiner als der zu messende Strom I. Da die Bedingung (2.88) offensichtlich dann am leichtesten zu erfüllen ist, wenn der Lastwiderstand R_a klein ist, sollte man die Schaltung für spannungsrichtiges Messen nach Bild **2.**36 immer dann verwenden, wenn ein niederohmiger Lastwiderstand R_a vorliegt.

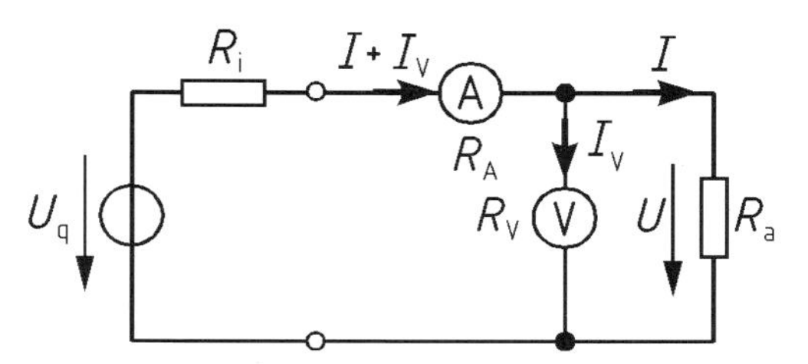

2.36 Schaltung für spannungsrichtiges Messen

Ob ein Lastwiderstand als hoch- oder niederohmig einzustufen ist, ergibt sich im Einzelfall daraus, welche der beiden Bedingungen (2.87) und (2.88) besser erfüllt ist. Man sollte daher die Schaltung für spannungsrichtiges Messen nach Bild **2.**36 anwenden, solange $R_a < \sqrt{R_A R_V}$ ist; andernfalls ist die Schaltung für stromrichtiges Messen nach Bild **2.**35 günstiger.

Zur Ermittlung der von den Verbrauchern aufgenommenen Leistung verwendet man Leistungsmesser. Diese werden auch Wattmeter genannt und mit dem Buchstaben W gekennzeichnet. Sie besitzen jeweils einen niederohmigen Strompfad mit dem Widerstand R_A, über den der zu messende Strom I geführt wird, und einen hochohmigen Spannungspfad mit dem Widerstand R_V, an dessen Anschlußklemmen die zu messende Spannung U angelegt wird. Ein multiplizierendes Meßwerk bildet dann das Produkt aus Strom I und Spannung U, so daß der angezeigte Meßwert direkt der Leistung P des Verbrauchers entspricht.

Wie bei der separaten Strom- und Spannungsmessung muß man auch bei der Leistungsmessung zwischen stromrichtigem und spannungsrichtigem Messen unterscheiden (Bild **2.**37). Die für die Schaltungen in Bild **2.**35 und Bild **2.**36 angestellten Überlegungen gelten in gleichem Maße auch für die Leistungsmesserschaltungen in Bild **2.**37. Man sollte daher bei $R_a > \sqrt{R_A R_V}$ die Meßschaltung für stromrichtiges Messen nach Bild **2.**37a und bei $R_a < \sqrt{R_A R_V}$ die Meßschaltung für spannungsrichtiges Messen nach Bild **2.**37b verwenden.

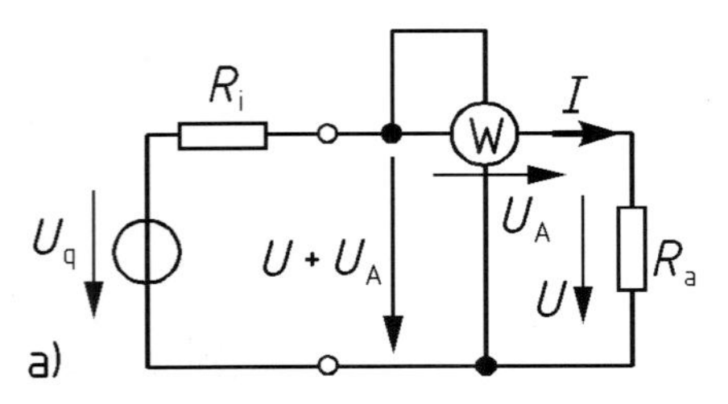

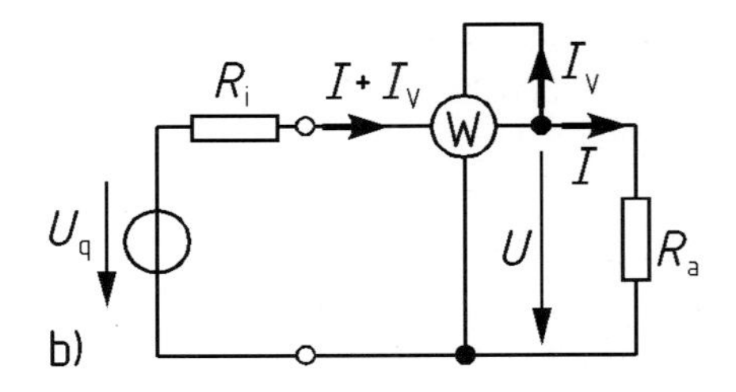

2.37 Leistungsmesserschaltungen
a) stromrichtig, b) spannungsrichtig. U_A Spannung am Strompfad, I_V Strom durch den Spannungspfad des Leistungsmessers

2.2.6.3 Kompensationsmeßverfahren. Der Einsatz direkt anzeigender Meßgeräte führt dann zu Problemen, wenn die Bedingungen (2.85) und (2.86) nicht eingehalten werden können. Dies ist im Hinblick auf die Bedingung (2.86) vor allem dann der Fall, wenn die Leerlaufspannung (in Bild **2.**34 gilt dann $G_a = 0$) einer Quelle mit sehr hohem Innenwiderstand R_i (d.h. sehr kleinem Innenleitwert G_i) gemessen werden soll. In diesem Fall ist es vorteilhaft, sich einer Kompensationsschaltung zu bedienen. Hierzu benötigt man eine Vorrichtung, mit deren Hilfe man eine veränderbare, jeweils bekannte Spannung erzeugen kann, die dann mit der zu messenden Spannung verglichen wird, ohne daß die auszumessende Quelle einen Strom liefern muß.

□ **Beispiel 2.30**

Mit Hilfe der Kompensationsschaltung in Bild **2.**38 soll die Quellspannung U_q der in dem unteren Zweig befindlichen Quelle bestimmt werden. Die Versorgungsspannung U_1 sei bekannt.

Durch Verschieben des Abgriffs wird das Potentiometer in eine solche Position gebracht, daß das Nullinstrument (Galvanometer) keinen Ausschlag mehr zeigt, d.h. daß der Strom $I = 0$ wird.

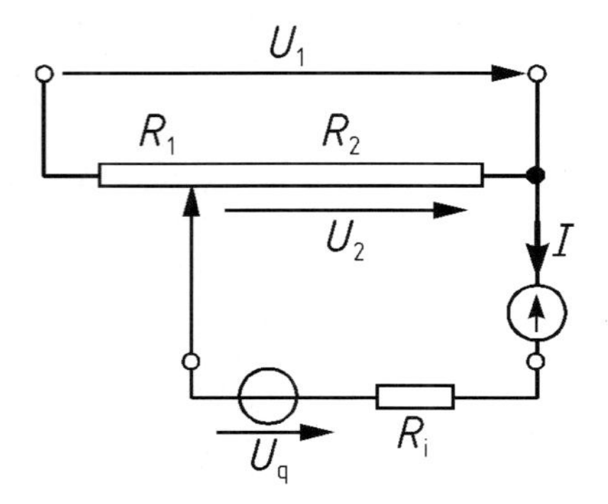

2.38 Kompensationsschaltung zur Spannungsmessung

Wegen $I = 0$ tritt in der unteren Masche weder am Galvanometer noch an dem Innenwiderstand R_i der auszumessenden Quelle eine Spannung auf. Die Maschengleichung (2.43) reduziert sich für diese Masche damit auf $U_2 - U_q = 0$. Andererseits ist wegen $I = 0$ der aus den beiden Teilwiderständen R_1 und R_2 des Potentiometers gebildete Spannungsteiler unbelastet. Man erhält daher nach Gl. (2.70)

$$U_q = U_2 = \frac{R_2}{R_1 + R_2} U_1 = k\,U_1 . \qquad (2.89) \quad \square$$

2.2.6.4 Brückenmeßverfahren. Ein Verfahren zur genauen Messung von Widerständen besteht darin, daß man den zu messenden Widerstand mit einem bekannten Widerstand in Reihe schaltet und das sich einstellende Spannungsteilungsverhältnis über ein Nullinstrument mit dem eines kalibrierten Potentiometers vergleicht. Diese Schaltung nennt man Brückenschaltung.

□ **Beispiel 2.31**

Mit Hilfe der Wheatstone-Brückenschaltung in Bild **2.**39 soll der Widerstand R_3 bestimmt werden; der Widerstand R_4 sei bekannt.

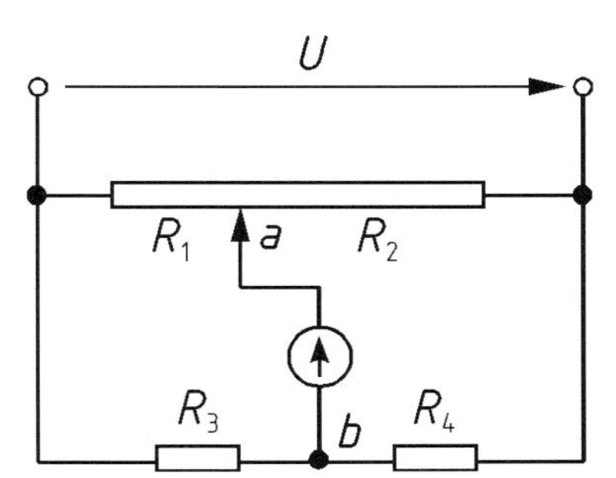

2.39 Wheatstone-Meßbrücke

Man stellt den Abgriff des Potentiometers so ein, daß durch das Galvanometer kein Strom fließt. Man spricht dann von einer abgeglichenen Brückenschaltung. In diesem Zustand kann wegen Gl. (2.4) am Galvanometer auch keine Spannung anliegen; das bedeutet, daß die Punkte a und b gleiches Potential haben. Die Versorgungsspannung U wird demnach von dem Spannungsteiler aus R_1 und R_2 in demselben Verhältnis geteilt wie von dem aus den Widerständen R_3 und R_4 gebildeten Spannungsteiler. Mit Gl. (2.65) erhält man daher als Abgleichbedingung für eine solche Brückenschaltung

$$\frac{R_1}{R_2} = \frac{R_3}{R_4} . \qquad (2.90)$$

Mit dem bekannten Widerstand R_4 und den am Potentiometer abzulesenden Werten für R_1 und R_2 ergibt sich schließlich der gesuchte Widerstand

$$R_3 = \frac{R_1}{R_2} R_4 . \qquad \square$$

2.3 Berechnung elektrischer Netzwerke

Die Kirchhoffschen Gesetze müssen in jeder elektrischen Schaltung erfüllt sein. Daher kann man grundsätzlich auch jedes Netzwerk mit ihrer Hilfe berechnen, also z.B. alle Ströme und Spannungen und die zugehörigen Leistungen bestimmen, wenn alle Widerstände und Quellen bekannt sind. In umfangreichen linearen Netzwerken sind dann lineare Gleichungssysteme höherer Ordnung zu lösen, was einigen Aufwand erfordert, grundsätzlich aber exakt möglich ist; nichtlineare Netzwerke verlangen i.allg. iterative Verfahren.

In vielen Fällen brauchen die umfangreichen Gleichungssysteme, die sich mit den Kirchhoffschen Gesetzen ergeben, nicht vollständig aufgestellt zu werden, da man mit Hilfssätzen einfachere Berechnungsverfahren angeben kann, die im folgenden hergeleitet und mit ihren Vor- und Nachteilen dargestellt werden sollen. Sie eignen sich für unterschiedliche Anordnungen und Fragestellungen unterschiedlich gut. Dies wird aus dem Vergleich deutlich, wenn man die verschiedenen Berechnungsverfahren für gleiche Aufgaben anwendet.

Dieser Abschnitt stellt im folgenden ausführlich dar, was man beim Aufstellen der Strom- und Spannungsgleichungen für lineare Netzwerke zu beachten hat, wie man lineare Netzwerke zweckmäßig vereinfachen kann, was man beim Anwenden des Überlagerungssatzes zu beachten hat und wie man die mit den Kirchhoffschen Gesetzen sich ergebenden umfangreichen Gleichungssysteme durch Maschenstrom- und Knotenpotentialverfahren entscheidend verkleinern kann. Schließlich wird gezeigt, welch große Bedeutung dem Satz von den Ersatz-Zweipolquellen zukommt und welche Verfahren angewendet werden können, wenn ein überwiegend lineares Netzwerk lediglich einige nichtlineare Elemente enthält.

2.3.1 Netzumformung

Das in Abschn. 2.2 behandelte Zusammenfassen von in Reihe oder parallel liegenden Widerständen zu Gesamtwiderständen stellt bereits eine Netzumformung dar. Weitere teilweise für bestimmte Berechnungsverfahren vorgenommene Netzumformungen werden in den Abschn. 2.3.4 bis 2.3.7 besprochen.

Netzumformungen sollen ein der Berechnung nur schwer zugängliches, umfangreiches Netzwerk in eine äquivalente, einfachere Schaltung umwandeln. Da das Anwenden der Kirchhoffschen Gesetze u.U. zu umfangreichen Gleichungssystemen führt, kann eine solche Vereinfachung den Rechenaufwand erheblich vermindern. Es kann allerdings auch leicht der Fall eintreten, daß infolge der Netzumformung die hauptsächlich interessierenden Bestandteile eines Netzwerkes explizit nicht mehr erscheinen, so daß die an der vereinfachten Schaltung erzielten Ergebnisse hinterher wieder auf die Original-Schaltung übertragen und weiterverarbeitet werden müssen.

Im folgenden sollen die für die Umformung notwendigen Voraussetzungen sowie die geltenden Regeln und Gesichtspunkte zusammengestellt und an Beispielen erläutert werden. Insbesondere sollen Sternschaltungen in äquivalente Dreieckschaltungen umgeformt werden und umgekehrt.

2.3.1.1 Notwendige Voraussetzungen. Die betrachteten Netzwerke müssen linear sein (s. Abschn. 2.2.1.1). In den zugehörigen Gleichungen kommen die Unbekannten Ströme und Spannungen dann nur mit ihrer 1. Potenz vor. Nach [6] dürfen die Gleichungen solcher linearer Systeme addiert, subtrahiert oder mit konstanten Faktoren multipliziert werden, ohne daß sich dadurch das Ergebnis ändert. Für die Netzwerkanalyse bedeutet dies, daß es zulässig ist, eine Unbekannte zu Beginn der Rechnung in mehrere Teilgrößen zu zerlegen und erst am Ende wieder zusammenzufassen (s. Abschn. 2.3.4). Umgekehrt darf man mehrere Unbekannte zu einer Gesamtgröße vereinigen; dies wird in der Schaltung nachvollzogen, indem in einer Netzumformung mehrere Schaltungselemente zu einem einzigen zusammengefaßt werden.

2.3.1.2 Regeln. Für die Netzumformungen sind folgende Regeln zu beachten:

a) Nach Bild **2.**23 parallel liegende Leitwerte können nach Gl. (2.48) zu einem Ersatzleitwert zusammengefaßt werden.

b) Nach Bild **2.**26 in Reihe geschaltete Widerstände können nach Gl. (2.61) zu einem Ersatzwiderstand zusammengefaßt werden.

c) In Reihe oder parallel geschaltete Quellen darf man durch Gesamtquellen ersetzen.

d) Widerstände, die unmittelbar parallel zu einer idealen Spannungsquelle oder unmittelbar in Reihe zu einer idealen Stromquelle liegen, beeinflussen die Teilspannungen und Teilströme der übrigen Schaltung nicht und dürfen daher für deren Betrachtung unberücksichtigt bleiben.

e) Punkte gleichen Potentials darf man durch Leitungen verbinden, ohne daß sich an der Strom- und Spannungsverteilung etwas ändert.

f) Häufig kann schon ein Umzeichnen der vorliegenden Schaltung den Überblick verbessern, eine Ähnlichkeit mit anderen schon behandelten Schaltungen erkennen lassen oder eine einfache Lösung nahelegen.

2.3.1.3 Vereinfachung der Schaltung. Auf den ersten Blick führt das Netzwerk in Bild **2.**40a, wenn alle Widerstände sowie die Quellspannung U_{q1} und der Quellstrom I_{q2} bekannt sind, sechs unbekannte Zweigströme, erfordert also ein Gleichungssystem mit 6 Unbekannten. Nach Abschn. 2.2.1.2 können jedoch die beiden unteren Knotenpunkte zu dem echten Knoten c zusammengefaßt werden. Die parallelen Widerstände R_5 und R_6 dürfen durch den Widerstand R_{56} ersetzt und die beiden in Reihe liegenden Widerstände R_1 und R_2 zum Widerstand R_{12} zusammengefaßt werden. Der Widerstand R_7 liegt mit dem unendlich großen

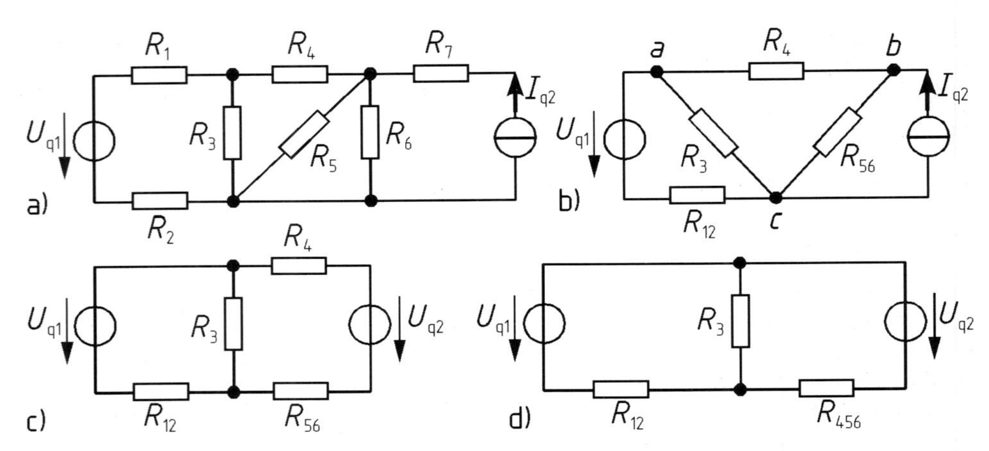

2.40 Netzwerk (a) mit zusammengefaßten Widerständen (b), nach Umwandlung der Stromquellen-Ersatzschaltung in eine Spannungsquellen-Ersatzschaltung (c) und vereinfachte Schaltung (d)

Widerstand der idealen Stromquelle in Reihe und bleibt daher ohne Wirkung. Auf diese Weise findet man die Ersatzschaltung in Bild **2.**40b.

Man kann weiterhin die Stromquelle mit dem parallelen Innenwiderstand R_{56} nach Tafel **2.**18 in eine Spannungsquellen-Ersatzschaltung umwandeln und erhält so die Schaltung in Bild **2.**40c. Das Zusammenfassen der Widerstände R_4 und R_{56} zu R_{456} ergibt schließlich die sehr viel einfachere Schaltung in Bild **2.**40d, die nur noch drei unbekannte Ströme enthält. Wenn diese drei Ströme berechnet sind, kann man durch Anwenden der Strom- und Spannungsteilerregel von Tafel **2.**32 bzw. des Ohmschen Gesetzes die übrigen Ströme und Spannungen leicht ermitteln.

□ **Beispiel 2.32**

Für das Netzwerk in Bild **2.**41a soll der Strom I_1 berechnet werden. Die Zahlenwerte sind $U_{q1} = 16$ V; $I_{q2} = 4{,}8$ A; $U_{q3} = 10$ V; $I_{q4} = 7{,}5$ A; $R_1 = 2{,}1\ \Omega$; $R_2 = 5\ \Omega$; $R_3 = 0{,}4\ \Omega$.

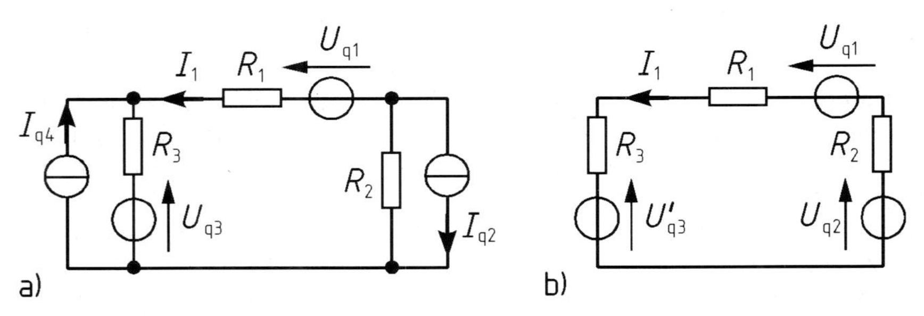

2.41 Netzwerk original (a) und nach Umformung (b)

Man kann die Stromquellen in Spannungsquellen umwandeln. Um die Größen der Ersatzschaltung in Bild **2.**41 b zu erhalten, wird zunächst die Spannungsquelle mit der Quellspannung U_{q3} nach Tafel **2.**18 in eine Stromquelle mit dem Quellstrom $I_{q3} = U_{q3}/R_3 = 10\ \text{V}/(0{,}4\ \Omega) = 25\ \text{A}$ (mit dem Zählpfeil in Gegenrichtung zu U_{q3}) umgewandelt, so daß die Quellströme zu $I'_{q3} = I_{q3} - I_{q4} = 25\ \text{A} - 7{,}5\ \text{A} = 17{,}5\ \text{A}$ zusammengefaßt werden können. Gl. (2.30) liefert dann die Quellspannungen $U'_{q3} = R_3 I'_{q3} = 0{,}4\ \Omega \cdot 17{,}5\ \text{A} = 7\ \text{V}$ und $U_{q2} = R_2 I_{q2} = 5\ \Omega \cdot 4{,}8\ \text{A} = 24\ \text{V}$. Daher findet man den Strom

$$I_1 = \frac{U'_{q3} - U_{q1} - U_{q2}}{R_1 + R_2 + R_3} = \frac{7\ \text{V} - 16\ \text{V} - 24\ \text{V}}{2{,}1\ \Omega + 5\ \Omega + 0{,}4\ \Omega} = -4{,}4\ \text{A}. \qquad \square$$

2.3.1.4 Stern-Dreieck-Umwandlung. In Bild **2.**42 läßt sich der Gesamtwiderstand des Netzwerkes zwischen den Klemmen *a* und *b* nicht mehr einfach mit den in Abschn. 2.2 für Reihen- und Parallelschaltungen hergeleiteten Gleichungen bestimmen. (Mit den Kirchhoffschen Gesetzen ist auch diese Aufgabe grundsätzlich lösbar; die Lösung ist jedoch recht aufwendig.)

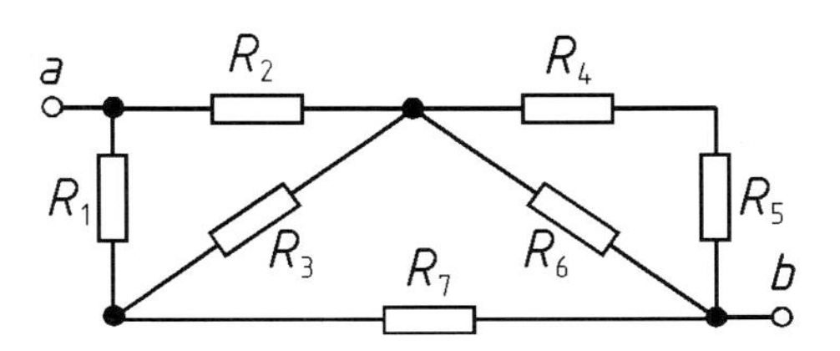

2.42 Netzwerk

Das Netzwerk in Bild **2.**42 ist aus mehreren Stern- und Dreieckschaltungen nach Bild **2.**43 zusammengesetzt, die ineinander überführt werden können, wie nun nachgewiesen werden soll. (Die Bezeichnungen Stern und Dreieck ergeben sich aus der Form der Schaltungen; die Dreieckschaltung ist eine einfache Form der Ringschaltung.)

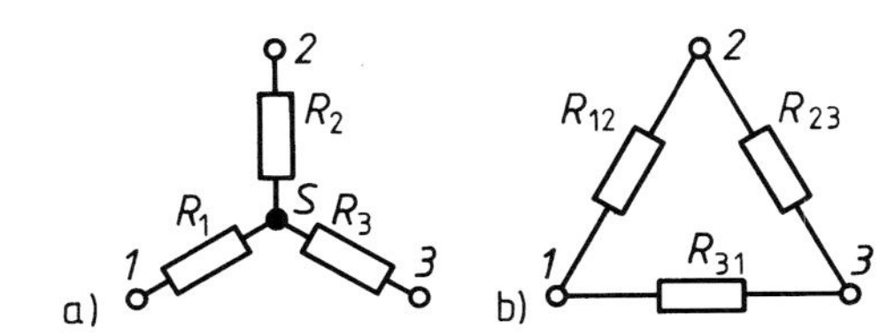

2.43 Sternschaltung (a) und Dreieckschaltung (b)

Zwei Schaltungen sind dann äquivalent und können ineinander überführt werden, wenn das Strom-Spannungs-Verhalten an jeder Klemmenkombination der einen Schaltung das gleiche ist wie an der entsprechenden Klemmenkombination der anderen Schaltung. Zwischen den Anschlußpunkten *1*, *2* und *3* und dem Sternpunkt *S* der Sternschaltung liegen nach Bild **2.**43a die Widerstände R_1, R_2, R_3 und zwischen den Anschlußpunkten *1*, *2* und *3* der Dreieckschaltung nach Bild **2.**43b die Widerstände R_{12}, R_{23}, R_{31}. Die Äquivalenz beider Schaltungen verlangt gleiche Widerstände zwischen den Anschlußpunkten

$$\mathit{1} \text{ und } \mathit{2}: \quad R_1 + R_2 = \frac{R_{12}(R_{23}+R_{31})}{R_{12}+R_{23}+R_{31}},$$

$$\mathit{2} \text{ und } \mathit{3}: \quad R_2 + R_3 = \frac{R_{23}(R_{31}+R_{12})}{R_{23}+R_{31}+R_{12}},$$

$$\mathit{3} \text{ und } \mathit{1}: \quad R_3 + R_1 = \frac{R_{31}(R_{12}+R_{23})}{R_{31}+R_{12}+R_{23}}.$$

Wenn man jeweils zwei dieser Gleichungen addiert und die verbleibende Gleichung subtrahiert, so erhält man für die Widerstände der äquivalenten Sternschaltung

$$R_1 = \frac{R_{31}R_{12}}{R_{12}+R_{23}+R_{31}}, \; R_2 = \frac{R_{12}R_{23}}{R_{23}+R_{31}+R_{12}}, \; R_3 = \frac{R_{23}R_{31}}{R_{31}+R_{12}+R_{23}}. \tag{2.91}$$

Zur Ermittlung eines Widerstandes der Sternschaltung ist also stets das Produkt der am jeweiligen Knoten liegenden Widerstände durch die Summe aller Widerstände der Dreieckschaltung zu dividieren. Wegen der Symmetrie beider Schaltungen und der konsequenten Bezeichnung der Widerstände läßt sich in Gl. (2.91) jede Gleichung aus der vorherigen durch zyklisches Vertauschen aller Indizes ($1 \to 2$; $2 \to 3$; $3 \to 1$) gewinnen.

Durch Kehrwertbildung von Gl. (2.91) erhält man die Leitwerte der äquivalenten Sternschaltung

$$G_1 = G_{31} + G_{12} + \frac{G_{31}G_{12}}{G_{23}}, \quad G_2 = G_{12} + G_{23} + \frac{G_{12}G_{23}}{G_{31}},$$

$$G_3 = G_{23} + G_{31} + \frac{G_{23}G_{31}}{G_{12}}. \tag{2.92}$$

Aus den Ansatzgleichungen oder aus Gl. (2.91) erhält man nach entsprechender Auflösung die Widerstände der äquivalenten Dreieckschaltung

$$R_{12} = R_1 + R_2 + \frac{R_1 R_2}{R_3}, \quad R_{23} = R_2 + R_3 + \frac{R_2 R_3}{R_1},$$

$$R_{31} = R_3 + R_1 + \frac{R_3 R_1}{R_2} \tag{2.93}$$

und die zugehörigen Leitwerte

$$G_{12} = \frac{G_1 G_2}{G_1+G_2+G_3}, \; G_{23} = \frac{G_2 G_3}{G_2+G_3+G_1}, \; G_{31} = \frac{G_3 G_1}{G_3+G_1+G_2}. \tag{2.94}$$

Wenn man den zwischen zwei Anschlußklemmen liegenden Leitwert der äquivalenten Dreieckschaltung ermitteln will, muß man also das Produkt der an diesen Anschlußklemmen liegenden Leitwerte durch die Summe aller Leitwerte der Sternschaltung dividieren.

Sternschaltung und Dreieckschaltung sind duale Schaltungen. Deshalb weisen die Gleichungen (2.92) und (2.93) ebenso wie die Gleichungen (2.91) und (2.94) jeweils eine völlig gleichartige Struktur auf. So gelangt man von Gl. (2.92) zu Gl. (2.93) und von Gl. (2.94) zu Gl. (2.91), indem man gemäß Tafel **2.**32 die Leitwerte der Dreieckschaltung durch die Widerstände der Sternschaltung und die Leitwerte der Sternschaltung durch die Widerstände der Dreieckschaltung ersetzt.

In der Schaltungstechnik treten Stern- und Dreieckschaltungen häufig auf – insbesondere in Dreiphasensystemen, s. Kap. 8. Dort sind dann oft alle im Stern geschalteten Widerstände $R_{\curlywedge}$ bzw. die im Dreieck geschalteten Widerstände $R_{\triangle}$ jeweils untereinander gleich (d.i. eine symmetrische Widerstandsschaltung). Wenn für diesen Fall äquivalente Schaltungen gefordert werden, muß nach Gl. (2.91) bis (2.94) gefordert werden

$$R_{\triangle}=3\,R_{\curlywedge} \quad \text{oder} \quad G_{\curlywedge}=3\,G_{\triangle}. \tag{2.95}$$

□ **Beispiel 2.33**

Die Schaltung in Bild **2.**42 enthält die Widerstände $R_1=R_2=R_3=90\ \Omega$, $R_4=20\ \Omega$, $R_5=40\ \Omega$, $R_6=60\ \Omega$, $R_7=10\ \Omega$. Der Widerstand R zwischen den Klemmen a und b soll berechnet werden.

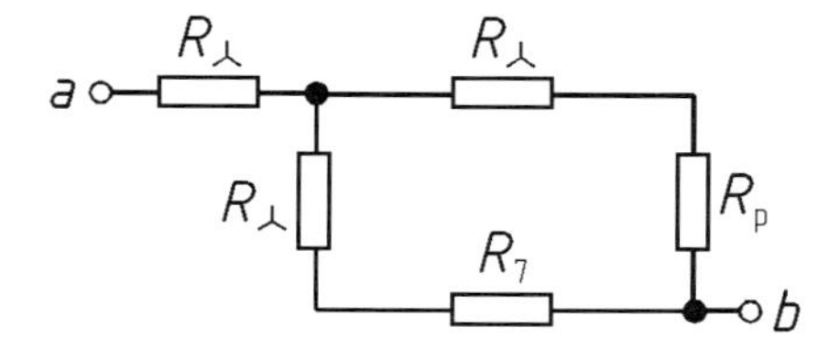

2.44 Das Netzwerk von Bild **2.**42 nach Dreieck-Stern-Umwandlung

Die linke obere Dreieckschaltung in Bild **2.**42 wird in eine äquivalente Sternschaltung umgeformt, deren Widerstände nach Gl. (2.95) $R_{\curlywedge}=R/3=90\ \Omega/3=30\ \Omega$ betragen (s. Bild **2.**44). Das rechte obere Dreieck wird nach Gl. (2.51) und (2.61) zusammengefaßt zu dem Widerstand

$$R_p=\frac{1}{\dfrac{1}{R_6}+\dfrac{1}{R_4+R_5}}=\frac{1}{\dfrac{1}{60\ \Omega}+\dfrac{1}{20\ \Omega+40\ \Omega}}=30\ \Omega.$$

Daher beträgt der Gesamtwiderstand

$$R=R_{\curlywedge}+\frac{1}{\dfrac{1}{R_{\curlywedge}+R_p}+\dfrac{1}{R_{\curlywedge}+R_7}}=30\ \Omega+\frac{1}{\dfrac{1}{30\ \Omega+30\ \Omega}+\dfrac{1}{30\ \Omega+10\ \Omega}}=54\ \Omega.$$ □

□ **Beispiel 2.34**
Die Brückenschaltung in Bild **2.**45a besteht aus den Widerständen $R_1=6\ \Omega$, $R_2=4\ \Omega$, $R_3=6\ \Omega$, $R_4=10\ \Omega$, $R_5=10\ \Omega$, $R_6=5\ \Omega$ und liegt an der Quellspannung $U_q=6$ V. Wie groß ist der Strom I_1?

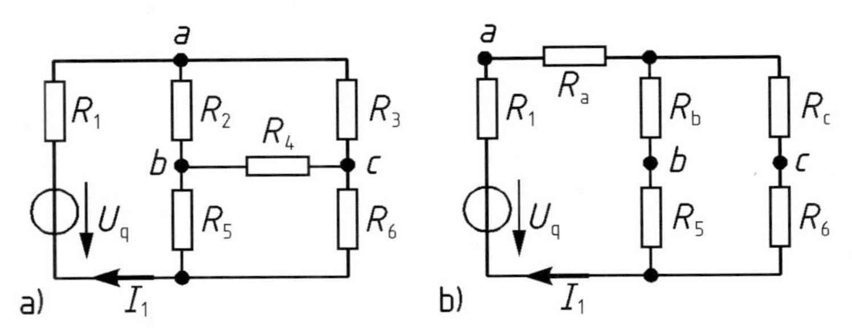

2.45 Brückenschaltung original (a) und nach Umformung (b)

Die Dreieckschaltung zwischen den Punkten *a*, *b* und *c* wird, wie in Bild **2.**45b dargestellt, in eine äquivalente Sternschaltung umgewandelt. Mit Gl. (2.91) erhält man die Widerstände

$$R_a = \frac{R_2 R_3}{R_2+R_3+R_4} = \frac{4\ \Omega \cdot 6\ \Omega}{4\ \Omega+6\ \Omega+10\ \Omega} = 1{,}2\ \Omega,$$

$$R_b = \frac{R_2 R_4}{R_2+R_3+R_4} = \frac{4\ \Omega \cdot 10\ \Omega}{4\ \Omega+6\ \Omega+10\ \Omega} = 2\ \Omega,$$

$$R_c = \frac{R_3 R_4}{R_2+R_3+R_4} = \frac{6\ \Omega \cdot 10\ \Omega}{4\ \Omega+6\ \Omega+10\ \Omega} = 3\ \Omega.$$

Somit ist nach Gl. (2.60) und (2.52) der Gesamtwiderstand

$$R=R_1+R_a+\frac{(R_b+R_5)(R_c+R_6)}{R_b+R_5+R_c+R_6} = 6\ \Omega+1{,}2\ \Omega+\frac{(2\ \Omega+10\ \Omega)(3\ \Omega+5\ \Omega)}{2\Omega+10\ \Omega+3\ \Omega+5\ \Omega} = 12\ \Omega,$$

und es fließt nach Gl. (2.4) der Strom $I_1=U_q/R=6\ \text{V}/(12\ \Omega)=0{,}5$ A. □

2.3.2 Rekursive Berechnung

In umfangreichen linearen Netzwerken, die nur eine Quelle enthalten, kann man sich das umständliche Zusammenfassen von Einzelwiderständen häufig ersparen, wenn man die Aufgabenstellung umkehrt, indem man für die Ergebnisgröße (oder auch für eine andere Größe innerhalb des Netzwerkes) einen glatten Wert annimmt und hieraus zu der vorgegebenen Eingangsgröße zurückrechnet. Die errechnete Eingangsgröße stimmt dann im allgemeinen natürlich nicht mit der vorgegebenen überein, sondern unterscheidet sich von ihr um einen bestimmten Faktor. Da aber lineare Verhältnisse vorliegen, kann man anschließend alle Zwi-

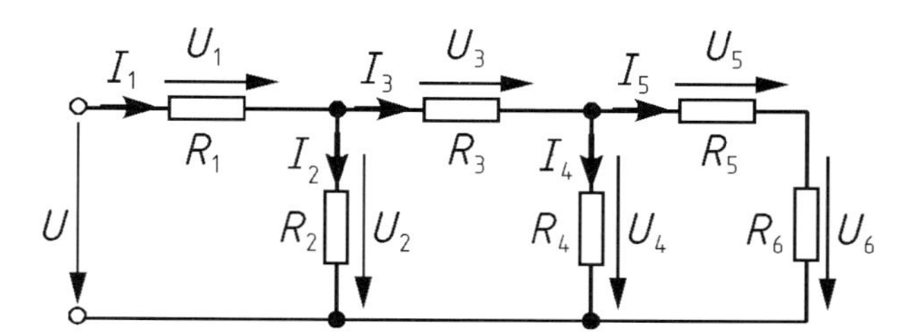

2.46 Abzweigschaltung

schenwerte und auch das probeweise angenommene Ergebnis durch diesen Faktor teilen und erhält so das tatsächliche Ergebnis. Dieses rekursive Verfahren ist besonders bei Abzweigschaltungen wie in Bild **2.**46 vorteilhaft.

□ **Beispiel 2.35**

Die Abzweigschaltung in Bild **2.**46 liegt an der Spannung $U = 100$ V. Die Widerstände haben die Werte $R_1 = 10\ \Omega$, $R_2 = 12\ \Omega$, $R_3 = 25\ \Omega$, $R_4 = 40\ \Omega$, $R_5 = 40\ \Omega$, $R_6 = 60\ \Omega$. Die Spannung U_6 ist zu berechnen.

Für die gesuchte Spannung wird ein willkürlich gewählter Wert $U_6' = 60$ V angesetzt. Hieraus ergibt sich über mehrere Zwischenwerte schließlich ein Wert U' für die Eingangsspannung:

$$
\begin{aligned}
I_5' &= U_6'/R_6 = 60\ \text{V}/(60\ \Omega) = 1\ \text{A}\\
U_5' &= R_5 I_5' = 40\ \Omega \cdot 1\ \text{A} = 40\ \text{V}\\
U_4' &= U_5' + U_6' = 40\ \text{V} + 60\ \text{V} = 100\ \text{V}\\
I_4' &= U_4'/R_4 = 100\ \text{V}/(40\ \Omega) = 2{,}5\ \text{A}\\
I_3' &= I_4' + I_5' = 2{,}5\ \text{A} + 1\ \text{A} = 3{,}5\ \text{A}\\
U_3' &= R_3 I_3' = 25\ \Omega \cdot 3{,}5\ \text{A} = 87{,}5\ \text{V}\\
U_2' &= U_3' + U_4' = 87{,}5\ \text{V} + 100\ \text{V} = 187{,}5\ \text{V}\\
I_2' &= U_2'/R_2 = 187{,}5\ \text{V}/(12\ \Omega) = 15{,}625\ \text{A}\\
I_1' &= I_2' + I_3' = 15{,}625\ \text{A} + 3{,}5\ \text{A} = 19{,}125\ \text{A}\\
U_1' &= R_1 I_1' = 10\ \Omega \cdot 19{,}125\ \text{A} = 191{,}25\ \text{V}\\
U' &= U_1' + U_2' = 191{,}25\ \text{V} + 187{,}5\ \text{V} = 378{,}75\ \text{V}
\end{aligned}
$$

Nun wird noch proportional umgerechnet, und man erhält schließlich die tatsächliche Spannung

$$U_6 = \frac{U}{U'} U_6' = \frac{100\ \text{V}}{378{,}75\ \text{V}}\ 60\ \text{V} = 15{,}84\ \text{V}.$$ □

2.3.3 Knoten- und Maschenanalyse

Für lineare Netzwerke ist es möglich, mit Hilfe des Knotensatzes nach Abschn. 2.2.2.1 und des Maschensatzes nach Abschn. 2.2.2.2 lineare Gleichungssysteme zur Bestimmung der unbekannten Zweigströme aufzustellen. Um eine hinreichende Anzahl voneinander unabhängiger Gleichungen zu erhalten, müssen dabei einige Regeln beachtet werden, die im folgenden erläutert werden.

2.3.3.1 Topologie. Mit dem Begriff Topologie bezeichnet man die Lehre von der Anordnung geometrischer Gebilde im Raum. Elektrische Netzwerke, die sich aus Zweipolen zusammensetzen, werden meist zweidimensional betrachtet und dargestellt. Es soll vorausgesetzt werden, daß die Widerstände R_ν, die Quellspannungen $U_{q\nu}$ und die Quellströme $I_{q\nu}$ des jeweiligen Netzwerkes bekannt sind.

Tafel **2.**47 Kenngrößen zur Topologie eines Netzwerkes und Anzahl der benötigten Gleichungen

k	Anzahl der Knoten
z	Anzahl der Zweige
z	Gesamtzahl der Gleichungen für die Knoten- und Maschenanalyse
$k-1$	Anzahl der Knotengleichungen
$z-k+1$	Anzahl der Maschengleichungen

Wie in Tafel **2.**47 aufgeführt, soll die Anzahl der Knoten, die ein Netzwerk enthält, mit k und die Anzahl seiner Zweige mit z bezeichnet werden. Das Netzwerk in Bild **2.**48 enthält z. B. insgesamt $k=3$ Knotenpunkte und $z=5$ Zweige. Im allgemeinen Fall fließt in jedem Zweig ein anderer Strom I_ν, und es liegt an jedem Zweig eine andere Spannung U_ν. Wenn ein Netzwerk z Zweige enthält, sind daher auch z Zweigströme vorhanden, zu deren Bestimmung man z voneinander unabhängige Gleichungen benötigt. Wenn es gelingt, dieses Gleichungssystem aufzustellen und zu lösen, kann man aus den nunmehr bekannten Zweigstömen I_ν mit Hilfe von Gl. (2.4) auch die Zweigspannungen U_ν bestimmen.

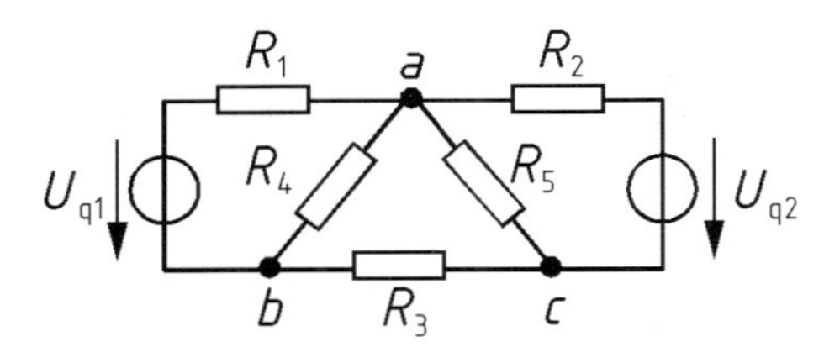

2.48 Netzwerk

Auf den ersten Blick scheint es möglich zu sein, bei k Knotenpunkten auch k Stromgleichungen gemäß Abschn. 2.2.2.1 aufzustellen. Die k-te Gleichung ergibt sich aber stets auch, wenn man die übrigen Stromgleichungen addiert oder subtrahiert; sie ist daher nicht unabhängig und somit für die Lösung nicht brauchbar. Ganz allgemein liefern k Knotenpunkte nur $k-1$ voneinander unabhängige Knotengleichungen für die z Zweigströme. Die übrigen $z-(k-1)=z-k+1$ Gleichungen müssen in Form von Maschengleichungen aufgestellt werden, s. Tafel **2.**47.

Während es gleichgültig ist, welchen der k Knotenpunkte man bei der Aufstellung der Knotengleichungen ausläßt, ist es ratsam, bei der Auswahl der Maschen einer bestimmten Strategie zu folgen.

2.3.3.2 Verfahren des vollständigen Baumes. Um sicherzustellen, daß die ausgewählten Maschen Gleichungen liefern, die voneinander unabhängig sind, bedient man sich des folgenden Verfahrens: Man wählt aus den Zweigen des Netzwerkes einige aus, die gemeinsam eine Verbindung zwischen allen Knoten des Netzwerkes herstellen; ein solches Gebilde nennt man dann einen vollständigen Baum. Dabei ist strikt darauf zu achten, daß die ausgewählten Zweige an keiner Stelle eine in sich geschlossene Masche bilden; ansonsten ist die Auswahl der Zweige für den vollständigen Baum beliebig. Für ein umfangreiches Netzwerk gibt es sehr viele Möglichkeiten, einen vollständigen Baum zu vereinbaren (bei dem einfachen Netzwerk in Bild **2.**48 sind es schon 8); allen Varianten aber ist gemeinsam, daß sie bei k miteinander zu verbindenden Knoten aus genau $k-1$ Zweigen bestehen. Es bleiben daher stets $z-(k-1)=z-k+1$ Zweige übrig, die nicht Bestandteil des vollständigen Baumes sind; diese Zweige heißen Verbindungszweige. Ihre Anzahl entspricht exakt der in Abschn. 2.3.3.1 gefundenen Zahl der benötigten Maschengleichungen.

Die Festlegung der Maschen muß so vorgenommen werden, daß jede Masche genau einen Verbindungszweig enthält und ansonsten nur aus Zweigen des vollständigen Baumes besteht. Wenn man sich einmal für einen bestimmten vollständigen Baum entschieden hat, hat man bei der Maschenfestlegung keine Wahl mehr. Es lohnt sich daher, schon bei der Vereinbarung des vollständigen Baumes vorausschauend die Konsequenzen hinsichtlich der Maschenauswahl zu bedenken.

In Bild **2.**49 ist das Schaltungsschema des Netzwerkes Bild **2.**48 dargestellt. Die Zweige sind nur noch durch Linien angedeutet; die eigentlichen Bauelemente sind weggelassen worden. Für den vollständigen Baum wurden die Zweige *4* und *5* ausgewählt. Mit den Verbindungszweigen *1*, *2* und *3* erhält man dann die Maschen *I*, *II* und *III*. Maschen, die nach dem Verfahren des vollständigen Baumes festgelegt worden sind, liefern mit Sicherheit Maschengleichungen, die voneinander unabhängig sind. Bei kleineren Netzwerken kann man aber häufig auf dieses Verfahren verzichten, wenn überschaubar ist, daß die frei gewählten Maschen keine linearen Abhängigkeiten voneinander aufweisen.

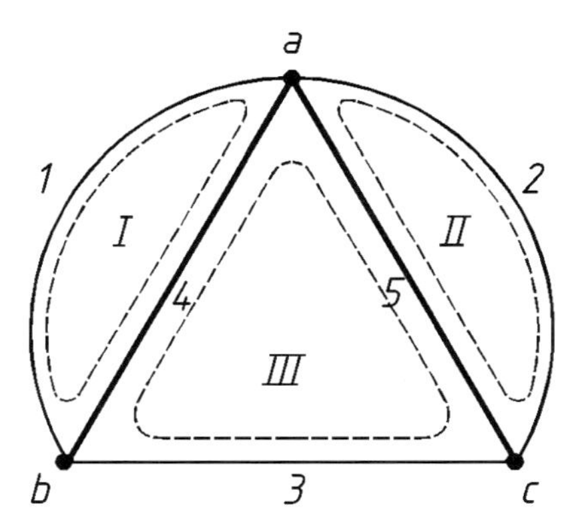

2.49 Schaltungsschema für Bild **2.**48 mit vollständigem Baum (stark ausgezogene Linien *4* und *5*), Verbindungszweigen (*1*, *2* und *3*) und Maschen *I*, *II* und *III*

2.3.3.3 Regeln. Um Vorzeichenfehler bei der Anwendung der Kirchhoffschen Gesetze auf die Berechnung von Netzwerken zu vermeiden, müssen folgende Regeln beachtet werden:

a) Das Netzwerk muß übersichtlich als Schaltung aus Zweipolen, Zweigen und Knoten dargestellt werden. Die in Abschn. 2.3.1.3 angegebenen Richtlinien zum Vereinfachen der Schaltung sollten hierbei beachtet werden.

b) Alle Strom- und Spannungsquellen werden mit Zählpfeilen in der jeweils vorgegebenen Richtung sowie mit durchnumerierten Formelzeichen versehen.

c) In alle Zweige, die noch keinen Stromzählpfeil aufweisen, sind Stromzählpfeile (Richtung frei wählbar) einzutragen; die zugehörigen Formelzeichen werden durchnumeriert.

d) Für $k-1$ Knoten werden die Knotengleichungen aufgestellt; für einen beliebig wählbaren Knoten wird keine Stromgleichung angegeben. An jedem der $k-1$ verwendeten Knoten wird gemäß Abschn. 2.2.2.1 die positive Zählpfeilrichtung festgelegt. Ströme, deren Zählpfeile mit dieser Zählpfeilrichung übereinstimmen, werden mit ihrem originalen Vorzeichen eingesetzt, Ströme mit entgegengesetzter Zählpfeilrichung mit einem zusätzlichen negativen Vorzeichen.

e) Es werden – gegebenenfalls nach dem Verfahren des vollständigen Baumes – $z-k+1$ geeignete Maschen ausgewählt. Für jede dieser Maschen legt man gemäß Abschn. 2.2.2.2 einen Umlaufsinn (im Uhrzeigersinn oder im Gegenuhrzeigersinn) fest.

f) Für jede der $z-k+1$ Maschen wird die Maschengleichung aufgestellt. Die Formelzeichen der Quellspannungen $U_{q\nu}$ und der Teilspannungen $U_\nu = R_\nu I_\nu$, deren Spannungszählpfeile dem gewählten Umlaufsinn folgen, werden mit positivem, die der Spannungen mit entgegengesetzter Zählpfeilrichtung dagegen mit negativem Vorzeichen eingeführt.

g) Wenn alle Widerstände R_ν, Quellspannungen $U_{q\nu}$ und Quellströme $I_{q\nu}$ bekannt sind, erhält man auf diese Weise für die z unbekannten Zweigströme I_ν ein System von z linearen Gleichungen, das mit den bekannten Verfahren [6] gelöst werden kann. Alle Ströme, die sich mit positivem Vorzeichen ergeben, fließen in Richtung der in die Schaltung eingetragenen Stromzählpfeile; die Ströme, für die man negative Vorzeichen findet, fließen hingegen gemäß Abschn. 1.2.4.1 entgegengesetzt zum gewählten Stromzählpfeil.

h) Nachdem Größe und Richtung der Ströme bestimmt sind, lassen sich auch die zugehörigen Spannungen $U_\nu = R_\nu I_\nu$ und Leistungen $P_\nu = U_\nu I_\nu = R_\nu I_\nu^2$ berechnen.

□ **Beispiel 2.36**

Für die 8 unbekannten Ströme des Netzwerkes in Bild **2.**50a soll mit Hilfe der Knoten- und Maschenanalyse ein Gleichungssystem aufgestellt und als Matrizengleichung dargestellt werden.

Das Netzwerk enthält $z=8$ Zweige und $k=5$ Knoten. Daher werden $k-1=4$ Knotengleichungen und $z-k+1=4$ Maschengleichungen benötigt. Die Stromzählpfeile sind in Bild **2.**50a eingetragen.

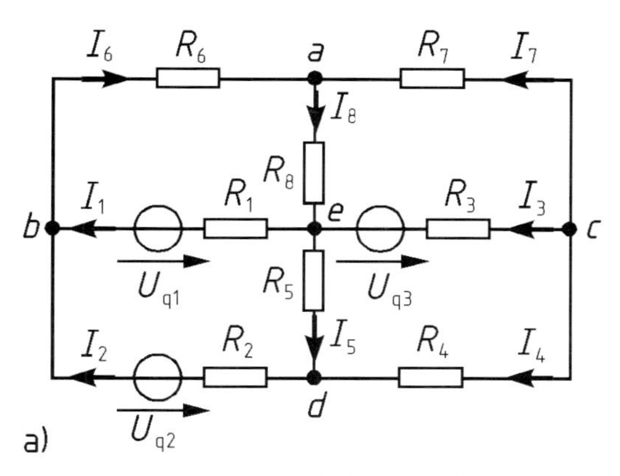

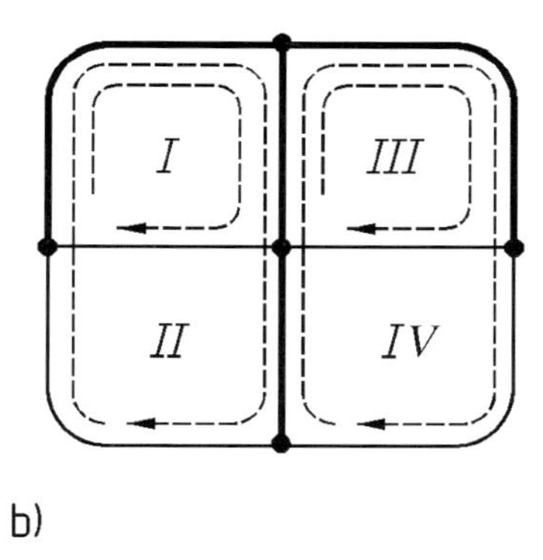

2.50 Netzwerk mit 8 unbekannten Strömen.
a) Schaltung mit Stromzählpfeilen,
b) Schaltungsschema mit vollständigem Baum und Maschen *I*, *II*, *III* und *IV*

Die Knotengleichungen werden für die Knoten a, b, c und d angegeben; Knoten e wird nicht verwendet. Für den Knoten c soll die Zählpfeilrichtung vom Knoten weg als positiv gelten; bei den Knoten a, b und d wird die Zählpfeilrichtung zum Knoten hin als positiv festgelegt. Man erhält dann die Kotengleichungen

$$
\begin{aligned}
&a) \quad I_6+I_7-I_8=0,\\
&b) \quad I_1+I_2-I_6=0,\\
&c) \quad I_3+I_4+I_7=0,\\
&d) \quad -I_2+I_4+I_5=0.
\end{aligned}
$$

Bei Wahl des vollständigen Baumes wie in Bild **2.**50b ergeben sich die ebenfalls in Bild **2.**50b dargestellten Maschen *I*, *II*, *III* und *IV*. Wenn man für alle Maschen den Uhrzeigersinn als Umlaufsinn festlegt, erhält man die Maschengleichungen

$$
\begin{aligned}
&I) \quad R_6 I_6+R_8 I_8+R_1 I_1-U_{q1}=0,\\
&II) \quad R_6 I_6+R_8 I_8+R_5 I_5+R_2 I_2-U_{q2}=0,\\
&III) \quad -R_8 I_8-R_7 I_7+R_3 I_3-U_{q3}=0,\\
&IV) \quad -R_5 I_5-R_8 I_8-R_7 I_7+R_4 I_4=0.
\end{aligned}
$$

Das aus 4 Knoten- und 4 Maschengleichungen bestehende Gleichungssystem wird jetzt noch geordnet und in Form einer Matrizengleichung [6] angegeben.

$$
\begin{bmatrix}
0 & 0 & 0 & 0 & 0 & 1 & 1 & -1\\
1 & 1 & 0 & 0 & 0 & -1 & 0 & 0\\
0 & 0 & 1 & 1 & 0 & 0 & 1 & 0\\
0 & -1 & 0 & 1 & 1 & 0 & 0 & 0\\
R_1 & 0 & 0 & 0 & 0 & R_6 & 0 & R_8\\
0 & R_2 & 0 & 0 & R_5 & R_6 & 0 & R_8\\
0 & 0 & R_3 & 0 & 0 & 0 & -R_7 & -R_8\\
0 & 0 & 0 & R_4 & -R_5 & 0 & -R_7 & -R_8
\end{bmatrix}
\cdot
\begin{bmatrix} I_1\\ I_2\\ I_3\\ I_4\\ I_5\\ I_6\\ I_7\\ I_8 \end{bmatrix}
=
\begin{bmatrix} 0\\ 0\\ 0\\ 0\\ U_{q1}\\ U_{q2}\\ U_{q3}\\ 0 \end{bmatrix}
$$

Wenn die Widerstände R_1, R_2, ... R_8 und die Quellspannungen U_{q1}, U_{q2}, U_{q3} zahlenmäßig bekannt sind, läßt sich diese Matrizengleichung direkt mit dem Taschenrechner lösen. □

□ **Beispiel 2.37**

Ein Generator mit der Quellspannung $U_{q1}=300$ V und dem Innenwiderstand $R_{i1}=0{,}25\ \Omega$ arbeitet mit einer Akkumulatorbatterie mit der Quellspannung $U_{q2}=270$ V und dem Innenwiderstand $R_{i2}=0{,}12\ \Omega$ nach Bild **2.**51 parallel auf einen Verbraucher R_a. Wie verteilt sich der insgesamt abgegebene Strom I auf die beiden Quellen, wenn sich der Verbraucherwiderstand im Bereich $0<R_a<10\ \Omega$ ändert? Die Einzelströme sind abhängig vom Verbraucherwiderstand darzustellen.

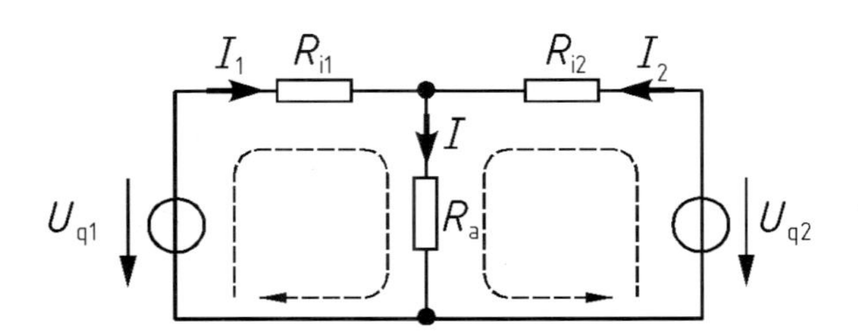

2.51 Parallele Spannungsquellen mit Verbraucher R_a

Das Netzwerk enthält $k=2$ Knoten und $z=3$ Zweige. Die Zählpfeile für die gesuchten 3 Ströme sind in Bild **2.**51 eingetragen. Es ist nur $k-1=1$ Knotengleichung aufzustellen; sie ergibt sich für jeden der beiden Knoten zu

$$I_1+I_2-I=0. \tag{2.96}$$

Die $z-k+1=2$ Maschen werden so gewählt, wie in Bild **2.**51 gezeigt (der vollständige Baum besteht hier nur aus dem Zweig mit dem Widerstand R_a). Für die linke Masche wird der Uhrzeigersinn, für die rechte Masche der Gegenuhrzeigersinn als Umlaufsinn gewählt. Die Maschengleichungen lauten dann

$$R_{i1}I_1+R_aI-U_{q1}=0,$$

$$R_{i2}I_2+R_aI-U_{q2}=0$$

oder, wenn man nach den Teilströmen I_1 und I_2 auflöst,

$$I_1=\frac{U_{q1}-R_aI}{R_{i1}}, \tag{2.97}$$

$$I_2=\frac{U_{q2}-R_aI}{R_{i2}}. \tag{2.98}$$

Nach Einsetzen von Gl. (2.97) und Gl. (2.98) in die Knotengleichung Gl. (2.96) erhält man

$$I=I_1+I_2=\frac{U_{q1}-R_aI}{R_{i1}}+\frac{U_{q2}-R_aI}{R_{i2}}=\frac{U_{q1}}{R_{i1}}+\frac{U_{q2}}{R_{i2}}-\left(\frac{R_a}{R_{i1}}+\frac{R_a}{R_{i2}}\right)I.$$

Damit ergibt sich für den Verbraucherstrom

$$I = \frac{\dfrac{U_{q1}}{R_{i1}} + \dfrac{U_{q2}}{R_{i2}}}{1 + \dfrac{R_a}{R_{i1}} + \dfrac{R_a}{R_{i2}}} = \frac{R_{i2}\,U_{q1} + R_{i1}\,U_{q2}}{R_{i1}\,R_{i2} + R_{i2}\,R_a + R_{i1}\,R_a}$$

und mit Gl. (2.97) und (2.98) für die beiden Teilströme

$$I_1 = \frac{U_{q1}}{R_{i1}} - \frac{\dfrac{R_{i2}}{R_{i1}}\,U_{q1} + U_{q2}}{\dfrac{R_{i1}\,R_{i2}}{R_a} + R_{i2} + R_{i1}},$$

$$I_2 = \frac{U_{q2}}{R_{i2}} - \frac{U_{q1} + \dfrac{R_{i1}}{R_{i2}}\,U_{q2}}{\dfrac{R_{i1}\,R_{i2}}{R_a} + R_{i2} + R_{i1}}.$$

Nach Einsetzen der Zahlenwerte erhält man hieraus die zugeschnittenen Größengleichungen

$$\frac{I_1}{\mathrm{A}} = 1200 - \frac{13\,800}{\dfrac{1}{R_a/\Omega} + 12{,}333},$$

$$\frac{I_2}{\mathrm{A}} = 2250 - \frac{28\,750}{\dfrac{1}{R_a/\Omega} + 12{,}333}$$

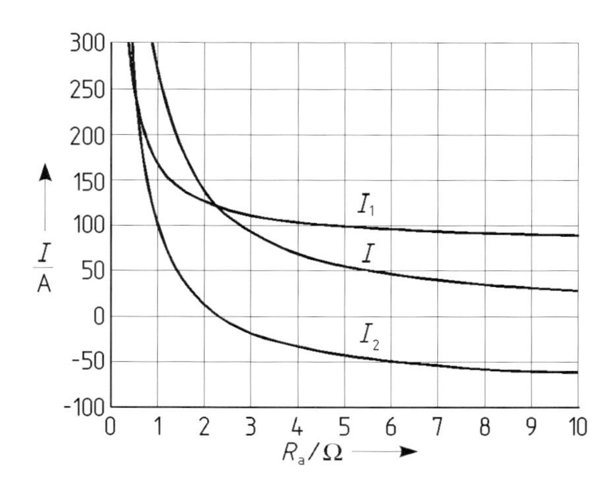

2.52 Teilströme I_1 und I_2 sowie Verbraucherstrom I für Beispiel 2.37 in Abhängigkeit vom Verbraucherwiderstand R_a

und unter erneuter Verwendung von Gl. (2.96)

$$\frac{I}{\text{A}} = 3450 - \frac{42\,550}{\dfrac{1}{R_\text{a}/\Omega} + 12{,}333}.$$

Die Ströme sind in Abhängigkeit vom Lastwiderstand R_a in Bild **2.**52 dargestellt. Die Batterie ist bei $R_\text{a}=2{,}25\ \Omega$ mit $I_2=0$ stromlos, da hierbei die Klemmenspannung $U=R_\text{a}I$ mit 270 V gerade gleich der Quellspannung $U_{\text{q}2}$ und ferner der Strom $I=I_1=120$ A ist. Bei $R_\text{a}>2{,}25\ \Omega$ wird die Batterie geladen und bei $R_\text{a}<2{,}25\ \Omega$ entladen.

Dieser Übergang vom Lade- in den Entladezustand tritt z.B. in den elektrischen Anlagen von Kraftfahrzeugen auf. Während der Fahrt wird die Batterie aus der Lichtmaschine geladen, und gleichzeitig werden die Verbraucher gespeist. Die Verteilung der Ströme richtet sich nach dem Verbraucherwiderstand R_a sowie der Generator- und der Akkumulator-Quellspannung, die wiederum von der Motordrehzahl bzw. dem Ladezustand abhängen. □

2.3.4 Überlagerungssatz

Das in Abschn. 2.3.3 erklärte Aufstellen von Strom- und Spannungsgleichungen liefert für umfangreiche Netzwerke Gleichungssysteme mit vielen Unbekannten, und ihre Lösung erfordert einigen Aufwand. Bei linearen, zeitinvarianten Netzwerken, die mehrere Quellen enthalten, kann man diesen Aufwand oftmals verringern, indem man den Überlagerungssatz anwendet: Man läßt jede Quelle einzeln auf das Netzwerk einwirken, berechnet die jeweilige Wirkung (Spannung oder Strom an der interessierenden Stelle) und überlagert alle Teilergebnisse zu der Gesamtwirkung. Dieses Verfahren wird als Überlagerungsverfahren oder Superpositionsverfahren bezeichnet.

Die Elektrotechnik kennt vielerlei Netzwerke mit mehreren Quellen, beispielsweise in der Energietechnik bei der Parallelschaltung von Generatoren oder in vermaschten Verteilungsnetzen [18] sowie in der Elektronik in Netzwerken mit mehreren aktiven Zweitoren (z.B. Transistoren).

Der Überlagerungssatz gilt nur für lineare Netzwerke, also für solche Netzwerke, deren Elemente ausnahmslos lineare Zusammenhänge zwischen Strom und Spannung aufweisen (s. Bild **2.**7(*1*) und Bild **2.**15b). Da die Leistung nach Gl. (2.22) nicht linear, sondern quadratisch vom Strom bzw. von der Spannung abhängt, darf das Überlagerungsverfahren nicht auf Leistungen, sondern nur auf Spannungen und Ströme angewendet werden. Dies geschieht auf folgende Weise:

a) Analog zu Abschn. 2.3.1.2, Punkt a) bis c) wird die Schaltung übersichtlich dargestellt und so weit wie möglich vereinfacht; alle Schaltungselemente erhalten Strom- oder Spannungszählpfeile mit durchnumerierten Formelzeichen.

b) Alle im Netzwerk befindlichen Quellen werden bis auf eine als energiemäßig nicht vorhanden angesehen. Bei Spannungsquellen nach Abschn. 2.1.4.4 bedeutet dies, daß ihre Quellspannungen $U_{q\nu}=0$ gesetzt werden; bei Stromquellen nach Abschn. 2.1.4.5 werden die Quellströme $I_{q\nu}=0$ gesetzt. In jedem Falle bleiben die Innenwiderstände $R_{i\nu}$ bzw. die Innenleitwerte $G_{i\nu}$ weiterhin wirksam, so daß ideale Spannungsquellen ($R_i=0$, s. Abschn. 2.1.4.4) durch Kurzschlüsse und ideale Stromquellen ($R_i=\infty$, s. Abschn. 2.1.4.5) durch Leitungsunterbrechungen zu ersetzen sind.

c) Für die Schaltung werden unter der Voraussetzung, daß jeweils nur eine einzige Quelle und alle Quellen nacheinander wirksam sind, die Teilströme (oder Teilspannungen) in den Zweigen des Netzwerkes berechnet.

d) Die Teilströme (oder Teilspannungen) der jeweiligen Zweige werden unter Beachtung der durch die Zählpfeile festgelegten Vorzeichen addiert und liefern so die wirklichen Ströme (oder Spannungen).

Im folgenden wird dieses Überlagerungsverfahren vielfach angewendet; hierbei werden die erreichbaren Vorteile für Rechnung und Anschauung deutlich. Für die numerische Berechnung von Schaltungen hat es nach der Einführung programmierbarer Taschenrechner an Bedeutung verloren, ist aber als Grundlage für viele Betrachtungen von linearen Netzwerken und für die Formulierung allgemeiner Gleichungen weiterhin sehr wichtig.

□ **Beispiel 2.38**

Die in Beispiel 2.37 behandelte Schaltung, die in Bild **2.**53a noch einmal dargestellt ist, soll mit Hilfe des Überlagerungsverfahrens nachgerechnet werden. Gesucht ist der Strom I_2, den der Akkumulator abgibt, wenn der Verbraucherwiderstand den Wert $R_a=6\ \Omega$ hat.

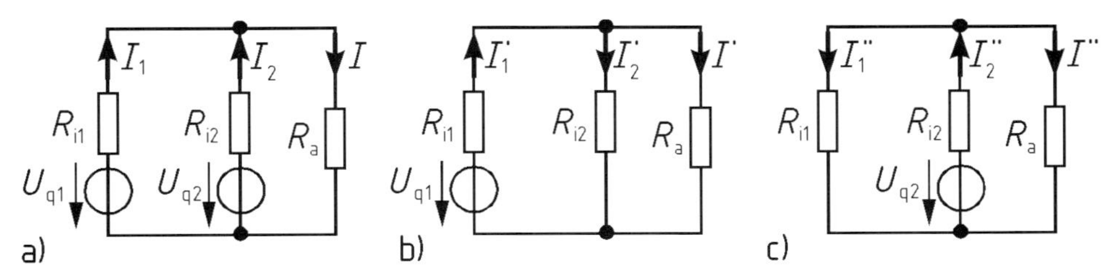

2.53 Auflösung einer Schaltung (a) in zwei Teilschaltungen (b, c) mit je einer wirksamen Spannungsquelle zur Anwendung des Überlagerungssatzes

Wie in Bild **2.**53b gezeigt, wird zunächst die Spannungsquelle U_{q2} widerstandslos überbrückt. Mit dem Gesamtwiderstand nach Gl. (2.50) und (2.61)

$$R'=R_{i1}+\frac{1}{\dfrac{1}{R_a}+\dfrac{1}{R_{i2}}}=0{,}25\ \Omega+\frac{1}{\dfrac{1}{6\ \Omega}+\dfrac{1}{0{,}12\ \Omega}}=0{,}3676\ \Omega$$

erhält man nach dem Ohmschen Gesetz den Strom

$$I_1'=\frac{U_{q1}}{R'}=\frac{300\ \text{V}}{0{,}3676\ \Omega}=816\ \text{A}$$

und mit der Stromteilerregel Gl. (2.57) den Teilstrom

$$I_2' = \frac{I_1'}{1+\dfrac{R_{i2}}{R_a}} = \frac{816\ \text{A}}{1+\dfrac{0{,}12\ \Omega}{6\ \Omega}} = 800\ \text{A}.$$

In entsprechender Weise ergibt sich in Bild **2.**53c der Gesamtwiderstand

$$R'' = R_{i2} + \frac{1}{\dfrac{1}{R_a}+\dfrac{1}{R_{i1}}} = 0{,}12\ \Omega + \frac{1}{\dfrac{1}{6\ \Omega}+\dfrac{1}{0{,}25\ \Omega}} = 0{,}36\ \Omega$$

und der Strom

$$I_2'' = \frac{U_{q2}}{R''} = \frac{270\ \text{V}}{0{,}36\ \Omega} = 750\ \text{A}.$$

Unter Berücksichtigung der Zählpfeile werden die Ströme I_2' und I_2'' überlagert, und man erhält den wahren Strom

$$I_2 = -I_2' + I_2'' = -800\ \text{A} + 750\ \text{A} = -50\ \text{A}.$$

Das negative Vorzeichen im Ergebnis zeigt in Verbindung mit dem Stromzählpfeil für I_2 in Bild **2.**25a, daß der Akkumulator keinen Strom abgibt, sondern einen Strom von 50 A aufnimmt. □

□ **Beispiel 2.39**

Für die Schaltung in Bild **2.**54a soll mit dem Überlagerungsverfahren der Strom I ermittelt werden.

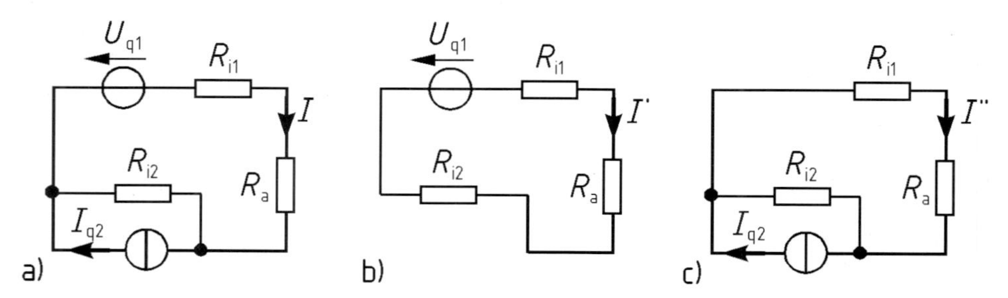

2.54 Schaltung mit einer Strom- und einer Spannungsquelle (a) und Teilschaltungen (b, c) mit jeweils nur einer wirksamen Quelle

Die ideale Stromquelle I_{q2} wird gemäß Bild **2.**54b durch eine Leitungsunterbrechung ersetzt. Man erhält dann für den Strom

$$I' = \frac{U_{q1}}{R_{i1}+R_{i2}+R_a}.$$

Dann wird die ideale Spannungsquelle U_{q1} gemäß Bild **2.**54c durch einen Kurzschluß ersetzt. Jetzt erhält man nach der Stromteilerregel Gl. (2.57) den Strom

$$I'' = \frac{\dfrac{1}{R_{i1}+R_a} I_{q2}}{\dfrac{1}{R_{i1}+R_a} + \dfrac{1}{R_{i2}}} = \frac{R_{i2} I_{q2}}{R_{i2}+R_{i1}+R_a}\,.$$

Insgesamt fließt durch den Verbraucher R_a der Strom

$$I = I' + I'' = \frac{U_{q1} + R_{i2} I_{q2}}{R_{i1}+R_{i2}+R_a}\,.$$

□

2.3.5 Maschenstromverfahren

Wenn die z Zweigströme eines linearen Netzwerkes durch Knoten- und Maschenanalyse nach Abschn. 2.3.3 bestimmt werden sollen, benötigt man nach Abschn. 2.3.3.1 bei k Knotenpunkten $k-1$ Stromgleichungen und $z-k+1$ Spannungsgleichungen, also ein System von z Gleichungen, dessen Lösung bei $z>3$ einigen Aufwand erfordert. Es soll nun ein Verfahren vorgestellt werden, das nur $z-k+1$ Gleichungen erfordert und daher schneller zur Lösung führt. Es kann auch in ein Schema gebracht werden, das Fehler vermeiden hilft.

2.3.5.1 Vorgehen. Für das Netzwerk von Bild **2.**48 sollen die Zweigströme bestimmt werden. Deshalb ist das Netzwerk nochmals in Bild **2.**55 a dargestellt. Die Knoten- und Maschenanalyse nach Abschn. 2.3.3 würde das Aufstellen von insgesamt $z=5$ Gleichungen verlangen. Das Maschenstromverfahren ermöglicht es, von vornherein auf die $k-1=2$ Knotengleichungen zu verzichten, und führt zu einem auf $z-k+1=3$ Maschengleichungen reduzierten Gleichungssystem. Die Maschen werden, wie in Abschn. 2.3.3.2 beschrieben, mit Hilfe des vollständigen Baumes festgelegt. Die in den Verbindungszweigen (s. Bild **2.**49) fließenden Ströme I_ν werden als Maschenströme (oder Kreisströme) aufgefaßt, die alle Elemente ihrer jeweiligen Masche durchfließen. Bei dieser Betrachtungsweise werden die Zweige, die zum vollständigen Baum gehören, von mehreren Maschenströmen gleichzeitig durchflossen; die tatsächlichen Ströme in diesen Zweigen ergeben sich durch die Überlagerung der Maschenströme (s. Abschn. 2.3.4).

Für das Aufstellen der Maschengleichungen und das Bestimmen der Maschenströme empfiehlt sich analog zu Abschn. 2.3.3.3 das folgende Vorgehen:

a) Die zu untersuchende Schaltung soll, wie in Abschn. 2.3.1.3 erläutert, vereinfacht sein und nur Widerstände R_ν und Quellspannungen $U_{q\nu}$ enthalten; Stromquellen-Ersatzschaltungen sind entsprechend Tafel **2.**18 in Spannungsquellen-Ersatzschaltungen umzuwandeln. In die Schaltung werden die Zählpfeile für die gegebenen Quellspannungen $U_{q\nu}$ eingetragen.

b) Durch Markierung eines vollständigen Baumes werden die verbleibenden $z-k+1$ Zweige als Verbindungszweige definiert. In diesen Verbindungszweigen werden die Zählpfeile für die dort fließenden Maschenströme I_ν (Richtung frei wählbar) eingetragen.

c) Es werden $z-k+1$ Maschen gebildet, die jeweils aus genau einem Verbindungszweig und ansonsten nur aus Zweigen des vollständigen Baumes bestehen. Der Umlaufsinn jeder Masche wird zweckmäßigerweise so gewählt, daß er mit der Zählpfeilrichtung des jeweiligen Maschenstromes übereinstimmt.

d) Für jede der $z-k+1$ Maschen wird die Maschengleichung nach Abschn. 2.2.2.2 aufgestellt. Die Widerstände, die zum vollständigen Baum gehören, werden von mehreren Maschenströmen gleichzeitig durchflossen; die hierdurch verursachten Teilspannungen müssen vorzeichenrichtig überlagert werden. Teilspannungen $R_{\mu} I_{\nu}$, deren Spannungszählpfeile dem gewählten Umlaufsinn folgen, werden mit positivem, Teilspannungen mit entgegengesetzter Zählpfeilrichtung dagegen mit negativem Vorzeichen eingeführt.

e) Man kann das Aufstellen des Gleichungssystems auch schematisieren; dies wird in Abschn. 2.3.5.2 erklärt.

f) Es empfiehlt sich stets, das erhaltene Gleichungssystem als Matrizengleichung aufzuschreiben. Wenn die Maschen nach dem Verfahren des vollständigen Baumes festgelegt wurden und in allen Maschen der Umlaufsinn mit der Zählpfeilrichtung des jeweiligen Maschenstromes übereinstimmt, erhält man eine Widerstandsmatrix, die symmetrisch zur Hauptdiagonalen ist. Für die Matrixelemente gilt dann die Bedingung $R_{\mu\nu} = R_{\nu\mu}$ (s. Abschn. 2.3.5.2).

g) Das Gleichungssystem wird mit Hilfe eines der bekannten Verfahren gelöst [6]. Wenn alle Elemente R_{ν} und $U_{q\nu}$ der Schaltung zahlenmäßig bekannt sind, empfiehlt sich die Matrizen- und Determinantenrechnung. Man braucht dann nur noch die ermittelten Koeffizienten in den Taschenrechner einzugeben und die Resultate für die gesuchten Maschenströme I_{ν} abzurufen.

h) Die Ströme in den Zweigen des vollständigen Baumes ergeben sich durch vorzeichenrichtiges Überlagern der Maschenströme.

□ **Beispiel 2.40**

Das Netzwerk in Bild **2.**55a enthält die Widerstände $R_1 = 1\ \Omega$, $R_2 = 2\ \Omega$, $R_3 = 5\ \Omega$, $R_4 = 25\ \Omega$, $R_5 = 40\ \Omega$ und die Quellspannungen $U_{q1} = 16{,}2$ V, $U_{q2} = 11{,}4$ V. Die drei Zweigströme I_1, I_2 und I_3 sollen bestimmt werden.

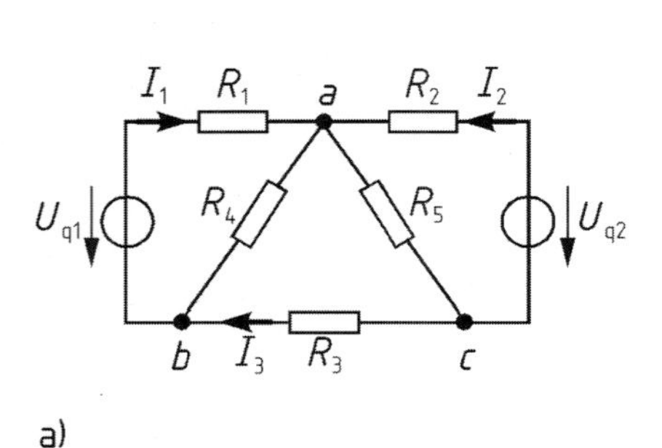

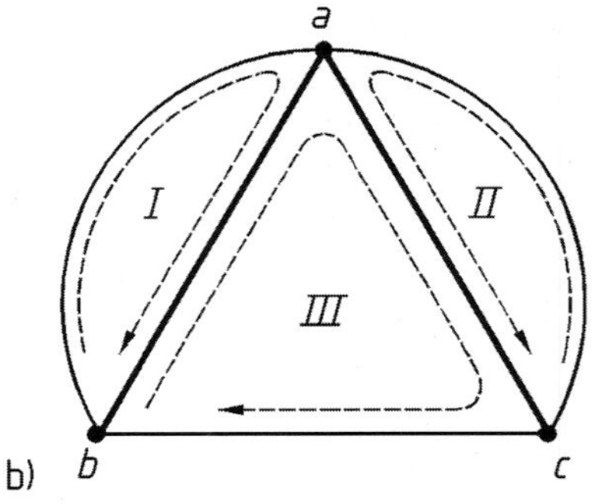

2.55 Netzwerk mit den Maschenströmen I_1, I_2, I_3 (a) und Schaltungsschema mit vollständigem Baum und den Maschen *I*, *II*, *III* (b)

Die unter a) bis c) beschriebenen Schritte sind in Bild **2.**55 schon verwirklicht. Jetzt werden die Maschengleichungen aufgestellt.

Die Masche *I* mit dem Maschenstrom I_1 wird im Uhrzeigersinn durchlaufen:

$$R_1 I_1 + R_4 I_1 - R_4 I_3 - U_{q1} = 0 .$$

Die Masche *II* mit dem Maschenstrom I_2 wird im Gegenuhrzeigersinn durchlaufen:

$$R_2 I_2 + R_5 I_2 + R_5 I_3 - U_{q2} = 0 .$$

Die Masche *III* mit dem Maschenstrom I_3 wird im Uhrzeigersinn durchlaufen:

$$R_3 I_3 + R_4 I_3 + R_5 I_3 - R_4 I_1 + R_5 I_2 = 0 .$$

Nach Ordnen des Gleichungssystems erhält man die Matrizengleichung

$$\begin{bmatrix} (R_1+R_4) & 0 & -R_4 \\ 0 & (R_2+R_5) & R_5 \\ -R_4 & R_5 & (R_3+R_4+R_5) \end{bmatrix} \cdot \begin{bmatrix} I_1 \\ I_2 \\ I_3 \end{bmatrix} = \begin{bmatrix} U_{q1} \\ U_{q2} \\ 0 \end{bmatrix}$$

mit einer zur Hauptdiagonalen symmetrischen Matrix, in die jetzt die Zahlenwerte eingesetzt werden.

$$\begin{bmatrix} 26\,\Omega & 0 & -25\,\Omega \\ 0 & 42\,\Omega & 40\,\Omega \\ -25\,\Omega & 40\,\Omega & 70\,\Omega \end{bmatrix} \cdot \begin{bmatrix} I_1 \\ I_2 \\ I_3 \end{bmatrix} = \begin{bmatrix} 16{,}2\text{ V} \\ 11{,}4\text{ V} \\ 0 \end{bmatrix} .$$

Der Taschenrechner liefert die Lösungen

$$I_1 = 1{,}2\text{ A}, \; I_2 = -0{,}3\text{ A}, \; I_3 = 0{,}6\text{ A} .$$

Durch Überlagerung lassen sich hieraus auch die Ströme durch die Widerstände R_4 und R_5 gewinnen. Wenn man beiden Strömen, wie in Bild **2.**56a dargestellt, Zählpfeile zuordnet, die vom Knoten *a* wegweisen, erhält man

$$I_4 = I_1 - I_3 = 1{,}2\text{ A} - 0{,}6\text{ A} = 0{,}6\text{ A} ,$$

$$I_5 = I_2 + I_3 = -0{,}3\text{ A} + 0{,}6\text{ A} = 0{,}3\text{ A} .$$

□

2.3.5.2 Aufstellen der Matrizengleichung. Wenn man die Matrizengleichung in Beispiel 2.40 betrachtet, erkennt man, daß der Aufbau der Matrix einem bestimmten Schema folgt, das man für das Aufstellen der Gleichung nutzen kann. Die Matrizengleichung lautet ganz allgemein

$$\begin{bmatrix} R_{11} & R_{12} \ldots R_{1n} \\ R_{21} & R_{22} \ldots R_{2n} \\ \vdots & \vdots \qquad \vdots \\ R_{n1} & R_{n2} \ldots R_{nn} \end{bmatrix} \cdot \begin{bmatrix} I_1 \\ I_2 \\ \vdots \\ I_n \end{bmatrix} = \begin{bmatrix} U_{qg1} \\ U_{qg2} \\ \vdots \\ U_{qgn} \end{bmatrix} . \tag{2.99}$$

Dabei ergibt sich ein symmetrischer Aufbau der Widerstandsmatrix. Jeder Maschenstrom I_ν ist in seiner Masche mit allen Widerständen, die er durchfließt, verknüpft. Die Hauptdiagonale der Matrix ist mit diesen Summenwiderständen R_{11}, R_{22} ... R_{nn} der Maschen besetzt. Die anderen Elemente der Widerstandsmatrix bestehen aus den Widerständen $R_{\mu\nu}$, die von den Maschenströmen I_μ und I_ν gemeinsam durchflossen werden. Sind die Zählpfeile für die Maschenströme I_μ und I_ν an diesen Koppelwiderständen $R_{\mu\nu}$ gleichsinnig, so erhält dieser Widerstandswert das positive, andernfalls das negative Vorzeichen. Spiegelbildlich zur Hauptdiagonalen liegende Koppelwiderstände sind gleich, was eine einfache Überprüfung der Widerstandsmatrix ermöglicht.

Die Spannungen $U_{qg\nu}$ stellen die Summen der Quellspannungen in den jeweiligen Maschen dar. Da sie auf die rechte Seite des Gleichheitszeichens gebracht wurden, was mit einem Vorzeichenwechsel verbunden ist, sind in diesem Falle die Zahlenwerte der einzelnen Quellspannungen mit (-1) multipliziert einzusetzen, wenn ihre Zählpfeile mit dem Maschenumlaufsinn übereinstimmen; hingegen sind sie mit dem gegebenen Vorzeichen zu übernehmen, wenn die Zählpfeile der Quellspannungen dem Maschenumlaufsinn entgegen gerichtet sind.

Bei Beachtung dieser Gesetzmäßigkeiten ist es möglich, für ein Netzwerk sofort die Matrizengleichung für die Maschenströme anzugeben, nachdem man seine Wahl für den vollständigen Baum getroffen und für jede Masche den Umlaufsinn festgelegt hat.

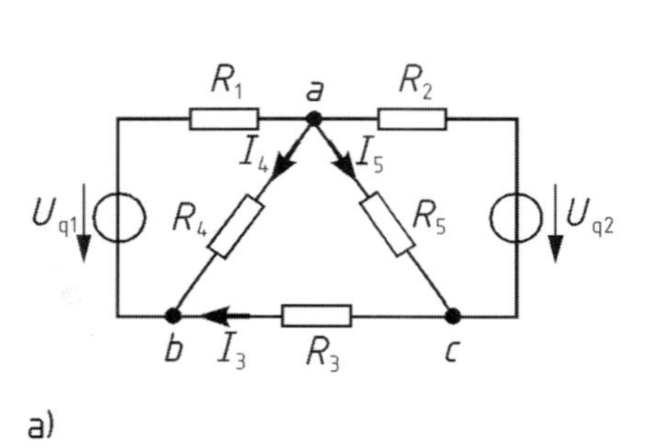

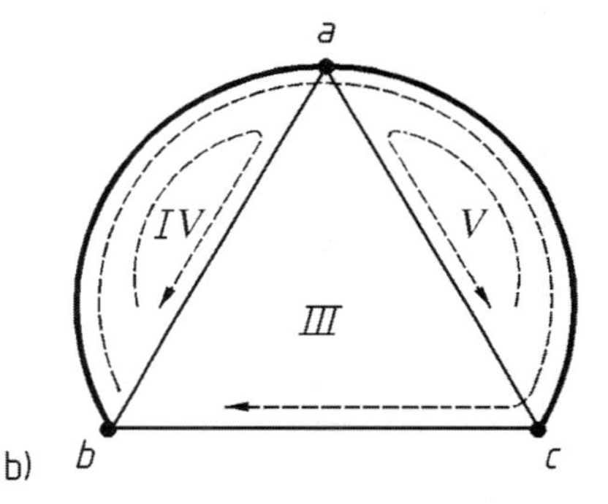

2.56 Netzwerk mit den Maschenströmen I_3, I_4, I_5 (a) und Schaltungsschema mit vollständigem Baum und den Maschen *III*, *IV*, *V* (b)

□ **Beispiel 2.41**

Für die Schaltung nach Bild **2.**55a, die in Bild **2.**56a noch einmal dargestellt ist, soll die Matrizengleichung für die Ströme I_3, I_4 und I_5 aufgestellt werden.

Damit die Zweige mit den Strömen I_3, I_4 und I_5 zu Verbindungszweigen werden, wird der vollständige Baum aus den verbleibenden beiden Zweigen gebildet. Der vollständige Baum, die sich ergebenden Maschen und der jeweilige Umlaufsinn sind Bild **2.**56b zu entnehmen. Mit diesen Festlegungen erhält man die Matrizengleichung

$$\begin{bmatrix} (R_1+R_2+R_3) & R_1 & -R_2 \\ R_1 & (R_1+R_4) & 0 \\ -R_2 & 0 & (R_2+R_5) \end{bmatrix} \cdot \begin{bmatrix} I_3 \\ I_4 \\ I_5 \end{bmatrix} = \begin{bmatrix} U_{q1}-U_{q2} \\ U_{q1} \\ U_{q2} \end{bmatrix}$$

und mit den Zahlenwerten von Beispiel 2.40

$$\begin{bmatrix} 8\,\Omega & 1\,\Omega & -2\,\Omega \\ 1\,\Omega & 26\,\Omega & 0 \\ -2\,\Omega & 0 & 42\,\Omega \end{bmatrix} \cdot \begin{bmatrix} I_3 \\ I_4 \\ I_5 \end{bmatrix} = \begin{bmatrix} 4{,}8\,\mathrm{V} \\ 16{,}2\,\mathrm{V} \\ 11{,}4\,\mathrm{V} \end{bmatrix}.$$

Als Lösung der Matrizengleichung ergeben sich dieselben Werte für die Ströme I_3, I_4 und I_5 wie in Beispiel 2.40. □

2.3.6 Knotenpotentialverfahren

Zur Bestimmung der z unbekannten Zweigströme eines linearen Netzwerkes muß man bei Anwendung der Knoten- und Maschenanalyse nach Abschn. 2.3.3 insgesamt z Gleichungen aufstellen. Beim Maschenstromverfahren nach Abschn. 2.3.5 reduziert sich der Aufwand auf die $z-k+1$ Maschengleichungen zur Bestimmung der Maschenströme; Knotengleichungen werden beim Maschenstromverfahren nicht aufgestellt. Beim hier zu erläuternden Knotenpotentialverfahren wird der umgekehrte Weg beschritten, indem nur noch die $k-1$ Knotengleichungen, aber keine Maschengleichungen mehr aufgestellt werden. Offenbar ist dieses Verfahren dann von Vorteil, wenn die Anzahl $k-1$ der Knotengleichungen kleiner ist als die Anzahl $z-k+1$ der für das Maschenstromverfahren benötigten Maschengleichungen.

Das Netzwerk in Bild **2.**56 enthält $z=5$ Zweige und $k=3$ Knoten. Es kann daher, wie in den Beispielen 2.40 und 2.41 gezeigt, mit Hilfe des Maschenstromverfahrens durch das Aufstellen von $z-k+1=3$ Maschengleichungen berechnet werden. Bei Anwendung des Knotenpotentialverfahrens werden hingegen nur noch $k-1=2$ Knotengleichungen benötigt, was eine weitere Verringerung des Aufwandes bedeutet. Allerdings werden beim Knotenpotentialverfahren keine Ströme, sondern die Spannungen zwischen den Knoten als Unbekannte in die Rechnung eingeführt[1]). In dem Netzwerk von Bild **2.**56 kann man einem der $k=3$ Knoten, z.B. dem Knoten a, willkürlich das Potential $\varphi_a=0$ zuordnen. Wenn es gelingt, die Potentiale φ_b und φ_c der beiden übrigen Knoten b und c zu bestimmen, dann erhält man unmittelbar auch die zwischen den Knoten b und c bestehende Spannung U_{bc}, und schließlich können auch die Zweigströme leicht berechnet werden.

2.3.6.1 Vorgehen. Für das Aufstellen der Knotengleichungen und das Bestimmen der Knotenpotentiale empfiehlt sich analog zu Abschn. 2.3.5.1 das folgende systematische Vorgehen:

---

[1]) Man beachte die Dualität (s. Tafel **2.**32) zwischen dem Maschenstromverfahren (Quellen als Spannungsquellen-Ersatzschaltungen, Berechnung von Strömen in Maschen) und dem Knotenpotentialverfahren (Quellen als Stromquellen-Ersatzschaltungen, Berechnung von Spannungen zwischen Knoten).

a) Die zu untersuchende Schaltung soll, wie in Abschn. 2.3.1.3 erläutert, vereinfacht sein und nur Leitwerte G_ν und Quellströme $I_{q\nu}$ enthalten; Spannungsquellen-Ersatzschaltungen sind entsprechend Tafel **2.**18 in Stromquellen-Ersatzschaltungen umzuwandeln. In die Schaltung werden die Zählpfeile für die Quellströme $I_{q\nu}$ eingetragen[1]).

b) Für einen beliebig wählbaren Bezugsknoten wird das Potential $\varphi=0$ festgelegt. Die Potentiale der übrigen Knoten werden als Spannungen gegenüber dem Bezugsknoten in die Rechnung eingeführt und durch entsprechende Zählpfeile (zum Bezugsknoten hin gerichtet) gekennzeichnet.

c) An jedem Zweig, der nicht an den Bezugsknoten angrenzt, wird ein Spannungszählpfeil eingetragen, dessen Richtung frei wählbar ist. Der Zählpfeil wird gemäß Abschn. 1.2.4.1 mit der Potentialdifferenz gekennzeichnet, die sich ergibt, wenn man von dem Potential am Ende des Zählpfeiles das Potential an der Pfeilspitze abzieht.

d) Für $k-1$ Knoten werden die Knotengleichungen aufgestellt; für einen beliebig wählbaren Knoten [zweckmäßigerweise den Bezugsknoten, s. f)] wird keine Stromgleichung angegeben. Soweit es sich nicht um Quellströme handelt, ergeben sich die zu berücksichtigenden Ströme nach Gl. (2.1) aus Leitwert und Spannung des jeweiligen Zweiges. Spannungs- und Stromzählpfeil müssen dann dieselbe Richtung haben. An jedem der $k-1$ verwendeten Knoten wird gemäß Abschn. 2.2.2.1 die positive Zählpfeilrichtung [zweckmäßigerweise vom Knoten weg, s. f)] festgelegt. Ströme, deren Zählpfeile mit dieser Zählpfeilrichung übereinstimmen, werden mit positivem Vorzeichen eingesetzt, Ströme mit entgegengesetzter Zählpfeilrichung dagegen mit negativem Vorzeichen.

e) Man kann das Aufstellen des Gleichungssystems auch schematisieren; dies wird in Abschn. 2.3.6.2 erklärt.

f) Es empfiehlt sich stets, das erhaltene Gleichungssystem als Matrizengleichung aufzuschreiben. Wenn die Stromgleichungen für alle Knoten außer dem Bezugsknoten aufgestellt und stets die Stromzählpfeilrichtungen vom Knoten weg positiv gezählt wurden, erhält man eine Leitwertmatrix, die symmetrisch zur Hauptdiagonalen ist. Für die Matrixelemente gilt dann $G_{\mu\nu}=G_{\nu\mu}$ (s. Abschn. 2.3.6.2).

g) Das Gleichungssystem wird mit Hilfe eines der bekannten Verfahren gelöst [6]. Wenn alle Elemente G_ν und $I_{q\nu}$ der Schaltung zahlenmäßig bekannt sind, empfiehlt sich die Matrizen- und Determinantenrechnung. Man braucht dann nur noch die ermittelten Koeffizienten in den Taschenrechner einzugeben und die Resultate für die gesuchten Knotenpotentiale φ_ν (meist als Spannungen U_ν gegen den Bezugsknoten bezeichnet) abzurufen. Weitere Zweigspannungen sind gegebenenfalls durch Differenzbildung, wie unter c) beschrieben, zu ermitteln.

h) Nachdem Größe und Polarität der Spannungen bestimmt sind, lassen sich auch die Zweigströme $I_\nu=G_\nu U_\nu$ berechnen.

---

[1]) siehe Fußnote Seite 95.

□ **Beispiel 2.42**

Das Netzwerk, das in Bild **2.**55a und Bild **2.**56a dargestellt ist, soll mit Hilfe des Knotenpotentialverfahrens analysiert werden. Die Zahlenwerte von Beispiel 2.40 sollen weiterhin gelten.

Zunächst werden die beiden Spannungsquellen-Ersatzschaltungen in Stromquellen-Ersatzschaltungen umgewandelt und alle Widerstände in Leitwerte umgerechnet. Man erhält dann die Schaltung Bild **2.**57. Auf die mögliche Zusammenfassung der parallel liegenden Leitwerte G_1 und G_4 bzw. G_2 und G_5 wird hier verzichtet.

Mit den Zahlenwerten von Beispiel 2.40 erhält man für die Elemente dieser Schaltung

$$I_{q1} = \frac{U_{q1}}{R_1} = 16{,}2\ \mathrm{A}, \quad I_{q2} = \frac{U_{q2}}{R_2} = 5{,}7\ \mathrm{A}, \quad G_1 = \frac{1}{R_1} = 1\ \mathrm{S}, \quad G_2 = \frac{1}{R_2} = 0{,}5\ \mathrm{S},$$

$$G_3 = \frac{1}{R_3} = 0{,}2\ \mathrm{S}, \quad G_4 = \frac{1}{R_4} = 40\ \mathrm{mS}, \quad G_5 = \frac{1}{R_5} = 25\ \mathrm{mS}.$$

Dem Knoten a wird als Bezugsknoten das Potential $\varphi_a = 0$ zugeordnet. Die Potentiale der Knoten b und c sind als die Spannungen $U_{ba} = \varphi_b$ und $U_{ca} = \varphi_c$ der jeweiligen Knoten gegenüber dem Bezugsknoten a in die Schaltung Bild **2.**57 eingetragen. Für die Spannung an dem Leitwert G_3 wird willkürlich ein von rechts nach links gerichteter Zählpfeil gewählt, dem dann nach erfolgter Richtungsfestlegung die Spannung $\varphi_c - \varphi_b = U_{ca} - U_{ba}$ zugeordnet werden muß.

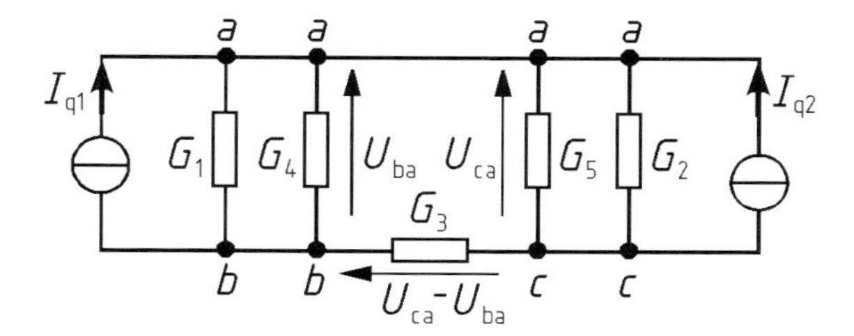

2.57 Netzwerk aus Bild **2.**56a, zur Anwendung des Knotenpotentialverfahrens umgeformt

Die $k - 1 = 2$ Knotengleichungen werden für die Knoten b und c aufgestellt; für den Bezugsknoten a wird keine Gleichung aufgestellt. Für beide Knoten b und c wird die Zählpfeilrichtung vom Knoten weg als positiv festgelegt. Man erhält dann die Kotengleichungen

$$b)\quad G_1 U_{ba} + G_4 U_{ba} - G_3 (U_{ca} - U_{ba}) + I_{q1} = 0,$$

$$c)\quad G_2 U_{ca} + G_5 U_{ca} + G_3 (U_{ca} - U_{ba}) + I_{q2} = 0.$$

Nach Ordnen des Gleichungssystems erhält man die Matrizengleichung

$$\begin{bmatrix} G_1 + G_4 + G_3 & -G_3 \\ -G_3 & G_2 + G_5 + G_3 \end{bmatrix} \cdot \begin{bmatrix} U_{ba} \\ U_{ca} \end{bmatrix} = \begin{bmatrix} -I_{q1} \\ -I_{q2} \end{bmatrix}$$

mit einer zur Hauptdiagonalen symmetrischen Matrix, in die jetzt die Zahlenwerte eingesetzt werden.

$$\begin{bmatrix} 1{,}24\ \mathrm{S} & -0{,}2\ \mathrm{S} \\ -0{,}2\ \mathrm{S} & 0{,}725\ \mathrm{S} \end{bmatrix} \cdot \begin{bmatrix} U_{ba} \\ U_{ca} \end{bmatrix} = \begin{bmatrix} -16{,}2\ \mathrm{A} \\ -5{,}7\ \mathrm{A} \end{bmatrix}.$$

Der Taschenrechner liefert die Lösungen

$$U_{ba} = -15\ \text{V}, \quad U_{ca} = -12\ \text{V}.$$

An dem Leitwert G_3 liegt die Spannung

$$U_{cb} = U_{ca} - U_{ba} = (-12\ \text{V}) - (-15\ \text{V}) = 3\ \text{V}.$$

Die Ströme I_3, I_4 und I_5 (Zählpfeilrichtungen s. Bild **2.**56) ergeben sich zu

$$I_3 = G_3 U_{cb} = 0{,}2\ \text{S} \cdot 3\ \text{V} = 0{,}6\ \text{A},$$

$$I_4 = -G_4 U_{ba} = -40\ \text{mS} \cdot (-15\ \text{V}) = 0{,}6\ \text{A},$$

$$I_5 = -G_5 U_{ca} = -25\ \text{mS} \cdot (-12\ \text{V}) = 0{,}3\ \text{A}.$$

□

2.3.6.2 Aufstellen der Matrizengleichung. Ebenso wie in Abschn. 2.3.5.2 für die Spannungsgleichungen kann man auch das Aufstellen der Stromgleichungen für das Knotenpotentialverfahren in ein einfaches Schema bringen. Hierzu soll ganz allgemein die Matrizengleichung

$$\begin{bmatrix} G_{11} & G_{12} \ldots & G_{1n} \\ G_{21} & G_{22} \ldots & G_{2n} \\ \vdots & \vdots \quad \vdots & \vdots \\ G_{n1} & G_{n2} \ldots & G_{nn} \end{bmatrix} \cdot \begin{bmatrix} U_1 \\ U_2 \\ \vdots \\ U_n \end{bmatrix} = \begin{bmatrix} I_{qg1} \\ I_{qg2} \\ \vdots \\ I_{qgn} \end{bmatrix} \tag{2.100}$$

betrachtet werden. Die Symbole U_1, U_2, ... U_n in dem ersten Spaltenvektor stehen für die Spannungen der einzelnen Knoten gegenüber dem Bezugsknoten. Auf der Hauptdiagonalen der Leitwertmatrix findet man die Summenleitwerte G_{11}, G_{22}, ... G_{nn}. Hierbei handelt es sich jeweils um die Summe aller Leitwerte, die mit dem betrachteten Knoten unmittelbar verbunden sind.

Die anderen Elemente $G_{\mu\nu}$ der Leitwertmatrix ergeben sich aus den Koppelleitwerten, die jeweils zwischen den Knoten μ und ν liegen. Diese Koppelleitwerte sind stets mit einem negativen Vorzeichen zu versehen und als $G_{\mu\nu} = G_{\nu\mu}$ in die Leitwertmatrix einzusetzen. Befindet sich zwischen zwei Knoten unmittelbar kein Leitwert, so wird an die beiden entsprechenden Stellen der Matrix eine Null gesetzt. Damit ergibt sich eine Leitwertmatrix, die symmetrisch zur Hauptdiagonalen ist, wodurch eine einfache Überprüfung der Matrix möglich wird.

Die Ströme $I_{qg\nu}$ stellen die Summen der den Knoten aufgeprägten Quellströme dar. Dabei sind in diesen Summen die einzelnen Quellströme mit ihren gegebenen Vorzeichen einzusetzen, wenn ihre Zählpfeile auf den Knoten hin gerichtet sind; hingegen sind sie mit (-1) multipliziert einzuführen, wenn ihre Zählpfeile vom Knoten weg weisen.

Bei Beachtung dieser Gesetzmäßigkeiten ist es ähnlich wie beim Maschenstromverfahren möglich, für ein Netzwerk unmittelbar die Matrizengleichung für die Knotenpotentiale anzugeben, nachdem der Bezugsknoten festgelegt worden ist.

□ **Beispiel 2.43**

Für das Netzwerk in Bild **2.**57, das in Bild **2.**58 noch einmal dargestellt ist, sollen die Spannungen zwischen den Knoten mit Hilfe des Knotenpotentialverfahrens berechnet werden; dabei soll der Knoten *b* der Bezugsknoten sein. Die Zahlenwerte von Beispiel 2.42 sollen weiterhin gelten.

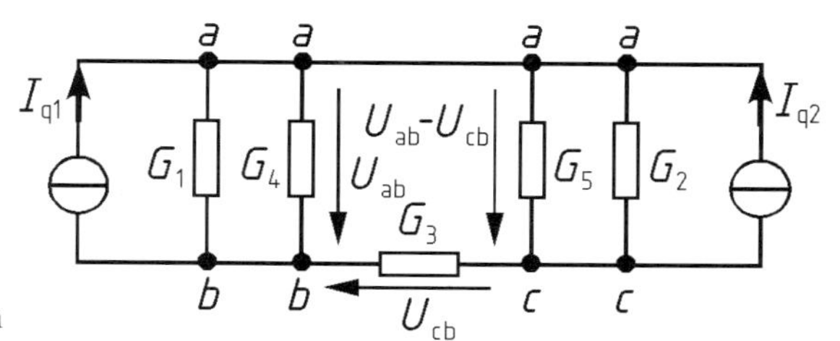

2.58 Netzwerk aus Bild **2.**57 mit Knoten *b* als Bezugsknoten

Die Potentiale der Knoten *a* und *c* werden als $\varphi_a = U_{ab}$ und $\varphi_c = U_{cb}$ in die Rechnung eingeführt. Mit dem Knoten *a* sind die Leitwerte G_1, G_4, G_5 und G_2 unmittelbar verbunden. Für die Matrix in Gl. (2.100) erhält man daher für den ersten Summenleitwert auf der Hauptdiagonalen

$$G_{11} = G_1 + G_4 + G_5 + G_2 = 1\ \text{S} + 40\ \text{mS} + 25\ \text{mS} + 0{,}5\ \text{S} = 1{,}565\ \text{S}.$$

Mit dem Knoten *c* sind die Leitwerte G_3, G_5 und G_2 unmittelbar verbunden, so daß sich für den zweiten Summenleitwert auf der Hauptdiagonalen

$$G_{22} = G_3 + G_5 + G_2 = 0{,}2\ \text{S} + 25\ \text{mS} + 0{,}5\ \text{S} = 0{,}725\ \text{S}$$

ergibt. Die Leitwerte G_5 und G_2 bilden gemeinsam den Koppelleitwert zwischen den Knoten *a* und *c* und liefern, mit einem negativen Vorzeichen versehen, die beiden übrigen Matrixelemente

$$G_{12} = G_{21} = -(G_5 + G_2) = -(25\ \text{mS} + 0{,}5\ \text{S}) = -0{,}525\ \text{S}.$$

Die Zählpfeile der Quellströme I_{q1} und I_{q2}, die dem Knoten *a* aufgeprägt werden, sind beide zum Knoten *a* hin gerichtet. Diese Quellströme werden also mit positivem Vorzeichen zu

$$I_{qg1} = I_{q1} + I_{q2} = 16{,}2\ \text{A} + 5{,}7\ \text{A} = 21{,}9\ \text{A}$$

zusammengefaßt. Der dem Knoten *c* aufgeprägte Quellstrom I_{q2} hat einen Zählpfeil, der vom Knoten *c* weg weist, und muß deshalb mit negativem Vorzeichen versehen als

$$I_{qg2} = -I_{q2} = -5{,}7\ \text{A}$$

in Gl. (2.100) eingesetzt werden. Die Matrizengleichung zur Bestimmung der beiden Spannungen U_{ab} und U_{cb} lautet somit

$$\begin{bmatrix} 1{,}565\ \text{S} & -0{,}525\ \text{S} \\ -0{,}525\ \text{S} & 0{,}725\ \text{S} \end{bmatrix} \cdot \begin{bmatrix} U_{ab} \\ U_{cb} \end{bmatrix} = \begin{bmatrix} 21{,}9\ \text{A} \\ -5{,}7\ \text{A} \end{bmatrix}.$$

Der Taschenrechner liefert die Lösungen

$$U_{ab} = 15\ \text{V}, \quad U_{cb} = 3\ \text{V}.$$

An dem Leitwert G_5 liegt die Spannung

$$U_{ac} = U_{ab} - U_{cb} = 15\ \text{V} - 3\ \text{V} = 12\ \text{V}.$$ □

2.3.7 Ersatz-Zweipolquellen

Es kommt häufig vor, daß innerhalb eines linearen Netzwerkes die elektrischen Größen an einem bestimmten Schaltungselement von besonderem Interesse sind, wie dies z.B. bei einem Widerstand R_a der Fall sein kann, der an mehreren parallel liegenden Quellen angeschlossen ist. In einem solchen Fall ist es von Vorteil, wenn man die übrigen Schaltungsteile in eine Schaltung umwandeln kann, die eine insgesamt einfachere Betrachtung ermöglicht.

Es wird weiterhin vorausgesetzt daß die Netzwerke linear sind. Auf den speziellen Fall, daß ein ansonsten lineares Netzwerk auch ein nichtlineares Bauelement enthält, wird in Abschn. 2.3.8.2 eingegangen. Im folgenden wird zunächst gezeigt, daß es möglich ist, jedes lineare Netzwerk, das über zwei Ausgangsklemmen verfügt, durch eine äquivalente Ersatz-Zweipolquelle zu ersetzen; die Ersatz-Zweipolquelle besteht dabei entweder aus einer Spannungsquellen-Ersatzschaltung nach Abschn 2.1.4.4 oder aus einer Stromquellen-Ersatzschaltung nach Abschn. 2.1.4.5. Danach wird beschrieben, wie man die Kenngrößen einer äquivalenten Ersatz-Zweipolquelle ermittelt und wie man diese zum Zwecke der Netzwerkanalyse einsetzen kann.

2.3.7.1 Ersatz-Spannungsquelle. Als Beispiel für ein beliebiges Netzwerk mit zwei Ausgangsklemmen soll die Schaltung in Bild **2.**59a betrachtet werden. Mit der Quellspannung U_{q1}, dem Quellstrom I_{q2} und den Widerständen R_1, R_2, R_3, R_4 stellt sie einen aktiven Zweipol mit den Klemmen a und b dar. Dieser aktive Zweipol soll in die äquivalente Ersatz-Spannungsquelle nach Bild **2.**59c umgewandelt werden.

Wenn an den Klemmen a und b kein Verbraucher angeschlossen ist, besteht zwischen ihnen die Leerlaufspannung U_0. Dies läßt sich vereinfachend auch wie in Bild **2.**59b darstellen, indem man die ursprünglichen idealen Quellen mit der Quellspannung U_{q1} und dem Quellstrom I_{q2} fortläßt und statt dessen eine neue ideale Spannungsquelle mit der Quellspannung U_0 einführt. Von den ursprünglichen Quellen bleiben nur die Innenwiderstände übrig, so daß die ideale Spannungsquelle ($R_i = 0$, s. Abschn. 2.1.4.4) durch einen Kurzschluß und die ideale Stromquelle ($R_i = \infty$, s. Abschn. 2.1.4.5) durch eine Leitungsunterbrechung zu ersetzen ist. Auf diese Weise kann man die Quellspannung U_{q1} und den Quellstrom I_{q2} durch eine Ersatz-Quellspannung U_0 voll wirksam ablösen.

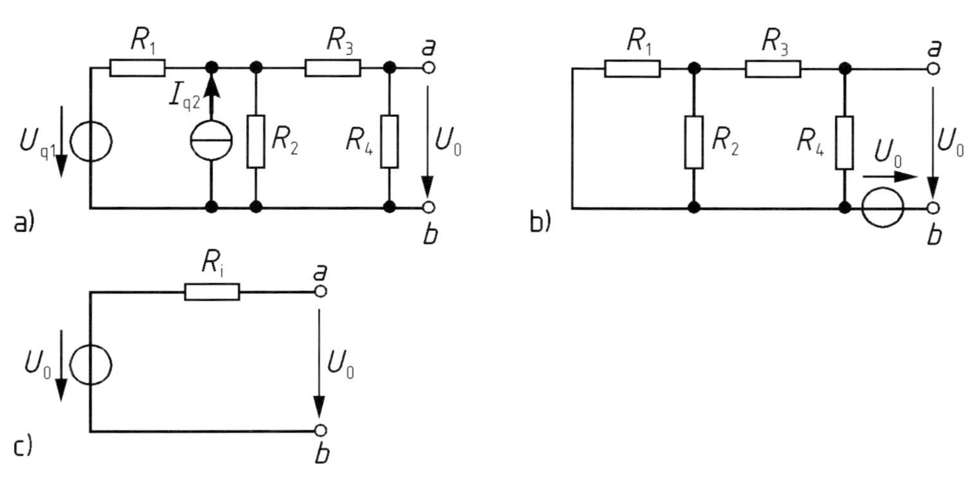

2.59 Leerlaufender aktiver Zweipol (a) mit den Ausgangsklemmen *a* und *b* nach dem Ersetzen der idealen Quellen durch eine Ersatz-Quellspannung U_0 (b) und endgültige Ersatz-Spannungsquelle (c) mit Innenwiderstand R_i

Um auch die Widerstände R_1, R_2, R_3, R_4 wie in Bild **2.**59c durch einen einzigen Innenwiderstand R_i wiedergeben zu können, braucht man nur den Gesamtwiderstand dieser zusammengesetzten Schaltung zu kennen. Für die Schaltung in Bild **2.**59b gilt beispielsweise mit Gl. (2.52), (2.53) und (2.61)

$$\frac{1}{R_i} = \frac{1}{R_4} + \frac{1}{R_3 + \dfrac{R_1 R_2}{R_1 + R_2}} .$$

Die Bestimmung des Innenwiderstandes R_i ist so auf einfache Weise möglich.

Nach Abschn. 2.1.4.3 ist das Verhalten einer linearen Quelle eindeutig beschrieben, wenn man zwei der drei Kenngrößen Leerlaufspannung U_0, Kurzschlußstrom I_k und Innenwiderstand R_i angeben kann. Da die Ersatz-Spannungsquelle nach Bild **2.**59c bei jeder Belastung an ihren Klemmen *a* und *b* die gleiche Spannung und den gleichen Strom wie die Original-Schaltung liefert, muß diese Bedingung auch für die extremen Betriebszustände Leerlauf und Kurzschluß erfüllt sein. Zur Bestimmung der Kenngrößen U_0 und I_k genügt es daher, für die Original-Schaltung wie in Bild **2.**59a die Spannung U_0 an den leerlaufenden Klemmen *a* und *b* bzw. den Strom I_k zwischen den kurzgeschlossenen Klemmen *a* und *b* zu berechnen.

Zur Ermittlung der Kenngrößen stehen damit die folgenden Verfahren zur Verfügung:

a) Man erhält den Innenwiderstand R_i der Ersatz-Spannungsquelle, indem man in der Original-Schaltung alle idealen Spannungsquellen ($R_i = 0$, s. Abschn.

2.1.4.4) durch Kurzschlüsse und alle idealen Stromquellen ($R_i = \infty$, s. Abschn. 2.1.4.5) durch Leitungsunterbrechungen ersetzt und den dann zwischen den Klemmen *a* und *b* noch wirksamen Widerstand ermittelt.

b) Man erhält die Quellspannung U_0 der Ersatz-Spannungsquelle, indem man für die Original-Schaltung die Spannung zwischen den leerlaufenden Klemmen *a* und *b* berechnet.

c) Man erhält den Kurzschlußstrom I_k der Ersatz-Spannungsquelle, indem man für die Original-Schaltung den Strom zwischen den kurzgeschlossenen Klemmen *a* und *b* berechnet.

Aus diesen drei Berechnungsverfahren wählt man jeweils die beiden aus, die den geringsten Rechenaufwand erfordern. Die dann noch fehlende dritte Kenngröße ist über den aus Gl. (2.30) bekannten Zusammenhang

$$U_0 = R_i I_k \tag{2.101}$$

leicht zu ermitteln.

Für die gefundene Ersatz-Spannungsquelle gelten alle in Abschn. 2.1.4 hergeleiteten Zusammenhänge für lineare elektrische Quellen. Die Quellenkennlinie wird daher durch Gl. (2.29) beschrieben; die über die Klemmen *a* und *b* abgegebene elektrische Leistung ergibt sich aus Gl. (2.34); und auch die Anpassungsbedingung Gl. (2.39) behält ihre Gültigkeit.

□ **Beispiel 2.44**

Die Schaltung in Bild **2.**60a zeigt eine Spannungsquelle mit der Quellspannung $U_{q1} = 18$ V und dem Innenwiderstand $R_{i1} = 5\ \Omega$, die über einen Widerstand $R = 7\ \Omega$ zu einer Stromquelle mit dem Quellstrom $I_{q2} = 2$ A und dem Innenwiderstand $R_{i2} = 8\ \Omega$ parallelgeschaltet ist. Für diese Schaltung soll die Ersatz-Spannungsquelle nach Bild **2.**60b angegeben werden. Gesucht sind die Leerlaufspannung U_0 und der Innenwiderstand R_i.

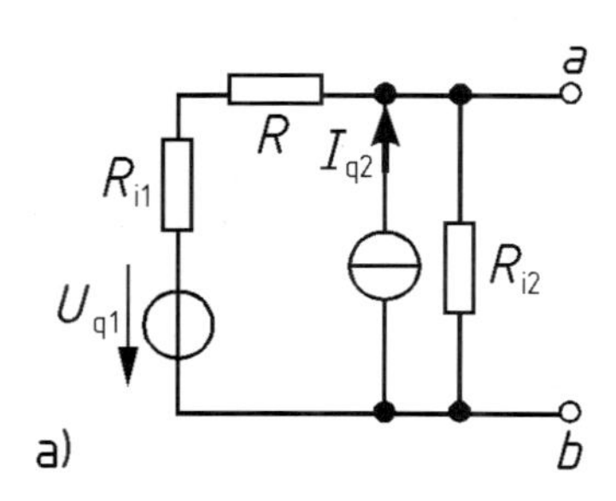

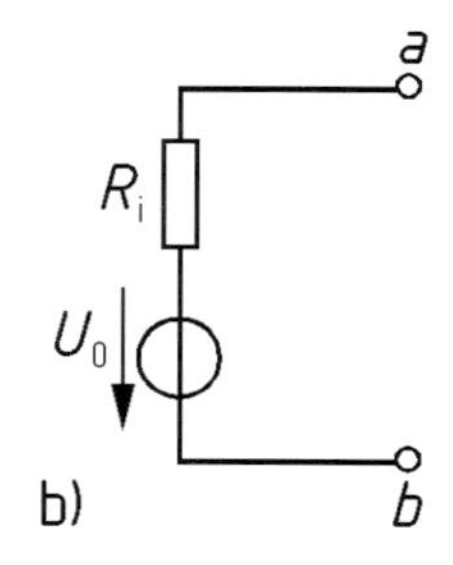

2.60 Umwandlung eines aktiven Zweipols (a) in eine Ersatz-Spannungsquelle (b)

Zur Ermittlung des Innenwiderstandes R_i wird in Bild **2.**60a die ideale Spannungsquelle durch einen Kurzschluß und die ideale Stromquelle durch eine Leitungsunterbrechung ersetzt. Zwischen den Klemmen *a* und *b* liegt dann der Leitwert

$$\frac{1}{R_i} = \frac{1}{R_{i1} + R} + \frac{1}{R_{i2}} = \frac{1}{5\ \Omega + 7\ \Omega} + \frac{1}{8\ \Omega} = \frac{1}{4{,}8\ \Omega}\,.$$

Die Berechnung des Kurzschlußstromes ist mit geringerem Rechenaufwand verbunden als die Ermittlung der Leerlaufspannung. Deshalb werden die Klemmen *a* und *b* in Bild **2.**60a kurzgeschlossen. Unter Verwendung des Überlagerungssatzes nach Abschn. 2.3.4 erhält man den Kurzschlußstrom von der Klemme *a* zur Klemme *b*

$$I_k = \frac{U_{q1}}{R_{i1}+R} + I_{q2} = \frac{18\ \mathrm{V}}{5\ \Omega+7\ \Omega} + 2\ \mathrm{A} = 3{,}5\ \mathrm{A}.$$

Gl. (2.101) liefert die Leerlaufspannung der Klemme *a* gegenüber der Klemme *b*

$$U_0 = R_i I_k = 4{,}8\ \Omega \cdot 3{,}5\ \mathrm{A} = 16{,}8\ \mathrm{V}.$$

Die Ersatz-Spannungsquelle in Bild **2.**60b hat also die Leerlaufspannung $U_0 = 16{,}8$ V und den Innenwiderstand $R_i = 4{,}8\ \Omega$. □

2.3.7.2 Ersatz-Stromquelle. Wie in Abschn. 2.1.4 gezeigt, kann man jede lineare Quelle sowohl durch eine Spannungsquellen-Ersatzschaltung als auch durch eine Stromquellen-Ersatzschaltung nachbilden. Die nach Abschn. 2.3.7.1 berechneten Kenngrößen für eine Ersatz-Spannungsquelle können daher ebensogut auch einer Ersatz-Stromquelle zugeordnet werden. Auch für diese gelten alle in Abschn. 2.1.4 hergeleiteten Zusammenhänge für lineare elektrische Quellen.

□ **Beispiel 2.45**

Für die Schaltung in Bild **2.**61a, die aus der idealen Spannungsquelle mit der Quellspannung $U_q = 20$ V und den Widerständen $R_1 = 3\ \Omega$, $R_2 = 7\ \Omega$ und $R_3 = 17{,}9\ \Omega$ besteht, sollen die Kenngrößen der Ersatz-Stromquelle nach Bild **2.**61b bestimmt werden.

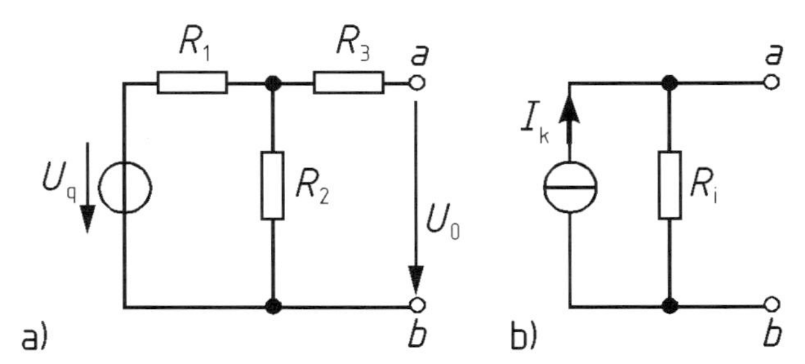

2.61 Umwandlung eines aktiven Zweipols (a) in eine Ersatz-Stromquelle (b)

Nachdem man die ideale Spannungsquelle in Bild **2.**61a durch einen Kurzschluß ersetzt hat, liegt zwischen den Klemmen *a* und *b* der Innenwiderstand

$$R_i = R_3 + \frac{R_1 R_2}{R_1 + R_2} = 17{,}9\ \Omega + \frac{3\ \Omega \cdot 7\ \Omega}{3\ \Omega + 7\ \Omega} = 20\ \Omega.$$

Die Berechnung der Leerlaufspannung ist mit geringerem Rechenaufwand verbunden als die Ermittlung des Kurzschlußstromes. Über die Spannungsteilerregel Gl. (2.66) erhält man für die Spannung an den leerlaufenden Klemmen *a* und *b* in Bild **2.**61a sofort

$$U_0 = \frac{R_2}{R_1 + R_2} U_q = \frac{7\ \Omega}{3\ \Omega + 7\ \Omega} 20\ \mathrm{V} = 14\ \mathrm{V}.$$

Aus Gl. (2.101) ergibt sich dann der Kurzschlußstrom

$$I_\text{k} = \frac{U_0}{R_\text{i}} = \frac{14\,\text{V}}{20\,\Omega} = 700\,\text{mA}\,.$$ □

2.3.7.3 Netzwerkanalyse mit Ersatz-Zweipolquellen. Wenn man innerhalb eines linearen Netzwerkes zunächst den Strom durch einen bestimmten Zweig ermitteln will, so kann man dies tun, indem man das gesamte Netzwerk um den interessierenden Zweig herum als einen aktiven Zweipol auffaßt (z.B. in Bild **2.**62a den gestrichelt eingerahmten Teil), an dessen Klemmen *a* und *b* der interessierende Zweig angeschlossen ist. Diesen aktiven Zweipol ersetzt man, wie in Abschn. 2.3.7.1 und 2.3.7.2 beschrieben, durch eine äquivalente Ersatz-Zweipolquelle. Da diese an ihren Klemmen *a* und *b* dasselbe elektrische Verhalten zeigt wie der tatsächlich vorliegende aktive Zweipol, kann man den interessierenden Zweig ersatzweise an die Klemmen *a* und *b* dieser Ersatz-Zweipolquelle anschließen und den gesuchten Strom anhand der erheblich einfacheren Schaltung nach Bild **2.**62b berechnen.

□ **Beispiel 2.46**

Das Netzwerk in Bild **2.**62a enthält die Widerstände $R_1 = 1\,\Omega$, $R_2 = 2\,\Omega$, $R_4 = 25\,\Omega$, $R_5 = 40\,\Omega$ und die Quellspannungen $U_{q1} = 16{,}2\,\text{V}$, $U_{q2} = 11{,}4\,\text{V}$. Mit Hilfe des Verfahrens der Ersatz-Zweipolquelle soll der Verlauf des Stromes $I_3(R_3)$ bestimmt werden.

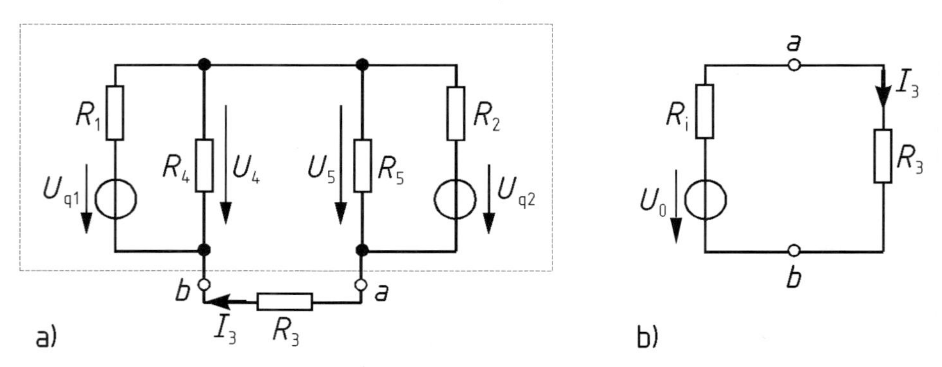

2.62 Netzwerk (a) mit unbekanntem Strom I_3 und Ersatz-Spannungsquelle (b) zur Bestimmung dieses Stromes

Man erhält den Innenwiderstand R_i des gestrichelt eingerahmten aktiven Zweipols in Bild **2.**62a, indem man die beiden idealen Spannungsquellen durch Kurzschlüsse ersetzt und den Widerstand zwischen den beiden offenen Klemmen *a* und *b*

$$R_\text{i} = \frac{R_1 R_4}{R_1 + R_4} + \frac{R_2 R_5}{R_2 + R_5} = \frac{1\,\Omega \cdot 25\,\Omega}{1\,\Omega + 25\,\Omega} + \frac{2\,\Omega \cdot 40\,\Omega}{2\,\Omega + 40\,\Omega} = 2{,}866\,\Omega$$

ermittelt. Mit der Maschenregel Gl. (2.43) findet man für die Spannung zwischen den Klemmen *a* und *b*

$$U_{ab} = U_4 - U_5 .$$

Bei Leerlauf an den Klemmen *a* und *b* ergeben sich die Spannungen an den Widerständen R_4 und R_5 aus der Spannungsteilerregel Gl. (2.66) zu

$$U_{40} = \frac{R_4}{R_1 + R_4} U_{q1} = \frac{25\ \Omega}{1\ \Omega + 25\ \Omega} 16{,}2\ \mathrm{V} = 15{,}577\ \mathrm{V},$$

$$U_{50} = \frac{R_5}{R_2 + R_5} U_{q2} = \frac{40\ \Omega}{2\ \Omega + 40\ \Omega} 11{,}4\ \mathrm{V} = 10{,}857\ \mathrm{V}.$$

Daraus folgt für die Leerlaufspannung

$$U_0 = U_{40} - U_{50} = 15{,}577\ \mathrm{V} - 10{,}857\ \mathrm{V} = 4{,}720\ \mathrm{V}.$$

Innenwiderstand und Leerlaufspannung der Ersatz-Spannungsquelle in Bild **2.**62b sind nun bekannt; und man erhält für den Strom durch den Widerstand R_3

$$I_3 = \frac{U_0}{R_i + R_3} = \frac{4{,}720\ \mathrm{V}}{2{,}866\ \Omega + R_3}.$$

Dieser Zusammenhang zwischen dem Widerstand R_3 und dem Strom I_3 ist in Bild **2.**63 graphisch dargestellt. □

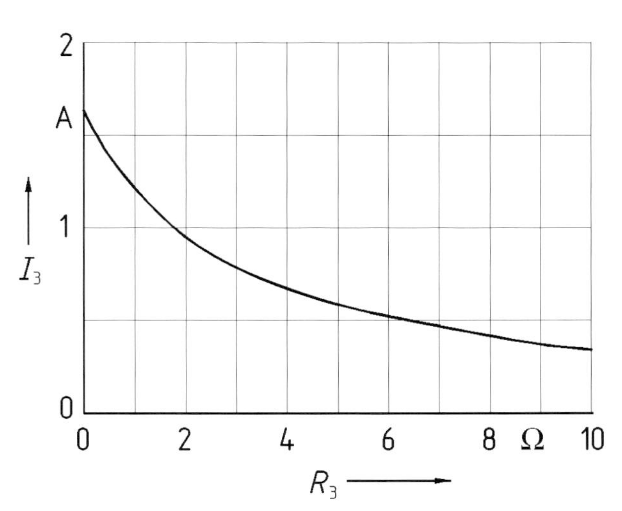

2.63 Stromverlauf $I_3(R_3)$ für Beispiel 2.46

2.3.8 Netzwerke mit nichtlinearen Bauelementen

Die in Abschn. 2.3.1 bis 2.3.7 beschriebenen Verfahren zur Netzwerkanalyse setzen lineare Netzwerke voraus, also Netzwerke, die ausschließlich aus linearen Bauelementen bestehen. Tatsächlich enthalten elektrische Schaltungen aber häufig Bauelemente mit nichtlinearen Kennlinien (s. Kap. 11), so daß die angegebenen Verfahren nicht ohne weiteres anwendbar sind. In diesem Falle bieten sich drei Lösungsmöglichkeiten an:

a) Für jedes nichtlineare Bauelement wird der Kennlinienverlauf durch eine geeignete mathematische Funktion angenähert und in die Rechnung zur Knoten- und Maschenanalyse (s. Abschn. 2.3.3) eingeführt. Auf diese Weise entstehen nichtlineare Gleichungssysteme, die meist nicht mehr mit elementaren Mitteln gelöst werden können. Es gibt aber Rechnerprogramme, mit deren Hilfe Netzwerke mit nichtlinearen Bauelementen simuliert und berechnet werden können [11], [12], [30].

b) Für jedes nichtlineare Bauelement wird der Kennlinienverlauf in der Umgebung des vermuteten Arbeitspunktes durch eine Gerade angenähert. Dieses Linearisierungsverfahren wird in Abschn. 2.3.8.1 beschrieben.

c) Wenn ein Netzwerk nur ein nichtlineares Bauelement enthält, ist eine graphische Arbeitspunktbestimmung mit Hilfe des Verfahrens der Ersatz-Zweipolquelle (s. Abschn. 2.3.7) möglich. Hierauf wird in Abschn. 2.3.8.2 näher eingegangen.

2.3.8.1 Linearisierung. Wenn in einem elektrischen Netzwerk ein Bauelement mit nichtlinearer Kennlinie eingesetzt wird, so besteht i. allg. die Absicht, einen bestimmten Teil dieser Kennlinie zu nutzen; d.h. die ungefähre Lage des Arbeitspunktes liegt von vornherein fest. In diesem Fall besteht die Möglichkeit, zum Zwecke der Netzwerkberechnung die nichtlineare Kennlinie im Bereich des vermuteten Arbeitspunktes durch eine Gerade anzunähern und den nichtlinearen Zweipol für diesen Bereich durch einen linearen Zweipol zu ersetzen. Wenn man mit allen im Netzwerk enthaltenen nichtlinearen Zweipolen so verfährt, erhält man wieder ein lineares Netzwerk, das mit den in Abschn. 2.3.1 bis 2.3.7 beschriebenen Verfahren berechnet werden kann. Am Ende der Rechnung ist dann zu überprüfen, ob die für die einzelnen nichtlinearen Bauelemente ermittelten Arbeitspunkte tatsächlich im Gültigkeitsbereich der jeweiligen linearen Näherung liegen. Wo dies nicht der Fall ist, muß der Linearisierungsbereich entsprechend verschoben und die Rechnung mit den neuen Näherungswerten wiederholt werden.

Am besten anwendbar ist das Linearisierungsverfahren für Bauelemente, deren Kennlinien in dem technisch interessierenden Bereich nur schwach gekrümmt sind, wie dies z. B. bei einer Diodenkennlinie nach Bild **2.**64c der Fall ist.

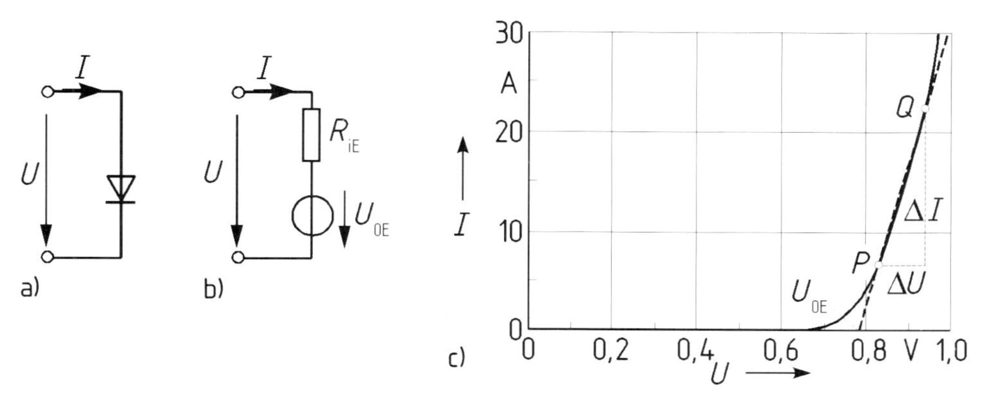

2.64 Diode (a), lineare Ersatzschaltung (b) und Kennlinie (c) mit Näherungsgerade (gestrichelt)

Es gibt dann einen großen Bereich (in Bild **2.**64c zwischen den Punkten P und Q), in dem eine hinreichend gute Übereinstimmung zwischen der Kennlinie und der Näherungsgeraden besteht.

Da die Näherungsgerade i. allg. nicht durch den Nullpunkt geht, kann man sie als die Betriebskennlinie einer linearen Quelle nach Bild **2.**15 auffassen. Allerdings beschreibt die Näherungsgerade in Bild **2.**64c das Verhalten einer linearen Quelle, deren Spannung (im Gegensatz zu Bild **2.**15b) mit wachsendem Strom zunimmt. Solches Verhalten beobachtet man bei Quellen, die keinen Strom abgeben, sondern – wie beim Laden eines Akkus – einen Strom aufnehmen. Man kann die Näherungsgerade daher als die Strom-Spannungs-Kennlinie der Ersatzschaltung Bild **2.**64b auffassen. Sie folgt der Gleichung

$$U = U_{0E} + R_{iE} I. \tag{2.102}$$

Unter Berücksichtigung der Tatsache, daß der Zählpfeil für den Strom I in Bild **2.**64b anders gerichtet ist als in Bild **2.**16 (Verbraucherzählpfeilsystem, s. Abschn. 1.2.4.2), befindet sich Gl. (2.102) in voller Übereinstimmung mit Gl. (2.29). Die Kenngrößen U_{0E} und R_{iE} lassen sich auf die in Abschn. 2.1.4.3 beschriebene Weise aus der Näherungsgeraden ermitteln. Die Leerlaufspannung U_{0E} läßt sich meist wie in Bild **2.**64c direkt dem Diagramm entnehmen; der Innenwiderstand ergibt sich nach Gl. (2.31) zu

$$R_{iE} = \frac{\Delta U}{\Delta I}. \tag{2.103}$$

□ **Beispiel 2.47**

Die Diode in Bild **2.**64a soll durch die lineare Ersatzschaltung in Bild **2.**64b ersetzt werden. Leerlaufspannung U_{0E} und Innenwiderstand R_{iE} der Ersatzschaltung sind aus der Diodenkennlinie Bild **2.**64c zu ermitteln.

Die Näherungsgerade in Bild **2.**64c schneidet die Abszisse bei $U_{0E} = 0{,}78$ V. Aus der Steigung der Näherungsgeraden erhält man

$$R_{iE} = \frac{\Delta U}{\Delta I} = \frac{0{,}115\ \text{V}}{15{,}5\ \text{A}} = 7{,}4\ \text{m}\Omega\,.$$

Die Ersatzschaltung ist brauchbar, solange der Arbeitspunkt zwischen den Punkten P und Q liegt, d.h. für den Bereich

$$7{,}5\ \text{A} < I < 23\ \text{A}\,.$$

Wird dieser Bereich verlassen, weicht die Näherungsgerade zu stark von der Original-Kennlinie ab. □

□ **Beispiel 2.48**

Zur Spannungsstabilisierung wird zu den beiden Spannungsquellen in Bild **2.**65a mit den Quellspannungen $U_{q1} = 6{,}5$ V, $U_{q2} = 11{,}7$ V und den Innenwiderständen $R_{i1} = 52\ \Omega$, $R_{i2} = 117\ \Omega$ die Z-Diode *ZPD6* parallelgeschaltet. Die Z-Dioden-Kennlinie (s. Abschn. 11.1.3) ist in Bild **2.**65d dargestellt. Gesucht ist die Strom-Spannungs-Kennlinie der Gesamtschaltung.

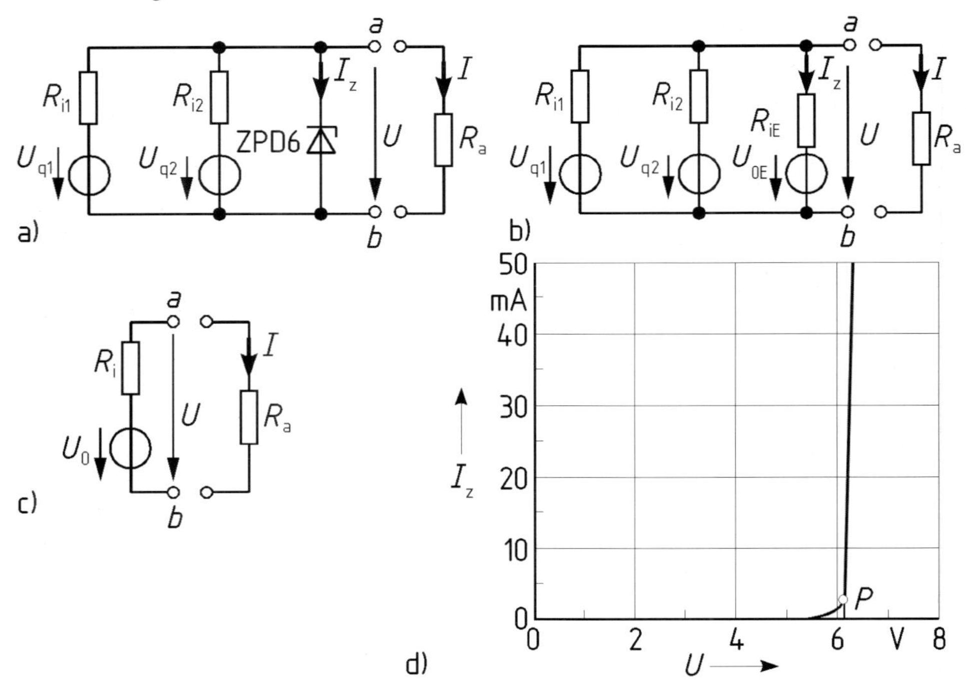

2.65 Schaltung mit Z-Diode (a), linearisierte Schaltung (b) und Ersatz-Spannungsquelle (c) sowie Kennlinie der Z-Diode (d)

Der Näherungsgeraden in Bild **2.**65 d können die Leerlaufspannung $U_{0E} = 6{,}1$ V und mit Gl. (2.103) der Innenwiderstand $R_{iE} = \Delta U / \Delta I_z = 0{,}2\ \text{V}/50\ \text{mA} = 4\ \Omega$ entnommen werden. Gl. (2.102) beschreibt den Verlauf der Näherungsgeraden als

$$U = U_{0E} + R_{iE} I_z = 6{,}1\ \text{V} + 4\ \Omega\ I_z .$$

Gute Übereinstimmung zwischen Näherungsgerade und Original-Kennlinie besteht oberhalb des Punktes P im Bereich $I_z > 3$ mA, d.h. im Bereich

$$U > 6{,}1\ \text{V} + 4\ \Omega \cdot 3\ \text{mA} = 6{,}112\ \text{V} .$$

In Bild **2.**65 b ist die Z-Diode durch die lineare Ersatzschaltung ersetzt worden. Nach dem Verfahren der Ersatz-Spannungsquelle (s. Abschn. 2.3.7.1) ermittelt man für diese linearisierte Schaltung mit Gl. (2.51) den Innenwiderstand

$$R_i = \frac{1}{\dfrac{1}{R_{i1}} + \dfrac{1}{R_{i2}} + \dfrac{1}{R_{iE}}} = \frac{1}{\dfrac{1}{52\ \Omega} + \dfrac{1}{117\ \Omega} + \dfrac{1}{4\ \Omega}} = 3{,}6\ \Omega$$

und mit dem Überlagerungssatz nach Abschn. 2.3.4 den Kurzschlußstrom

$$I_k = \frac{U_{q1}}{R_{i1}} + \frac{U_{q2}}{R_{i2}} + \frac{U_{0E}}{R_{iE}} = \frac{6{,}5\ \text{V}}{52\ \Omega} + \frac{11{,}7\ \text{V}}{117\ \Omega} + \frac{6{,}1\ \text{V}}{4\ \Omega} = 1{,}75\ \text{A}$$

sowie mit Gl. (2.101) die Leerlaufspannung

$$U_0 = R_i I_k = 3{,}6\ \Omega \cdot 1{,}75\ \text{A} = 6{,}3\ \text{V} .$$

Damit sind die Elemente der Ersatz-Spannungsquelle Bild **2.**65 c bekannt. Die U, I-Kennlinie folgt der Funktion Gl. (2.29)

$$U = U_0 - R_i I = 6{,}3\ \text{V} - 3{,}6\ \Omega \cdot I$$

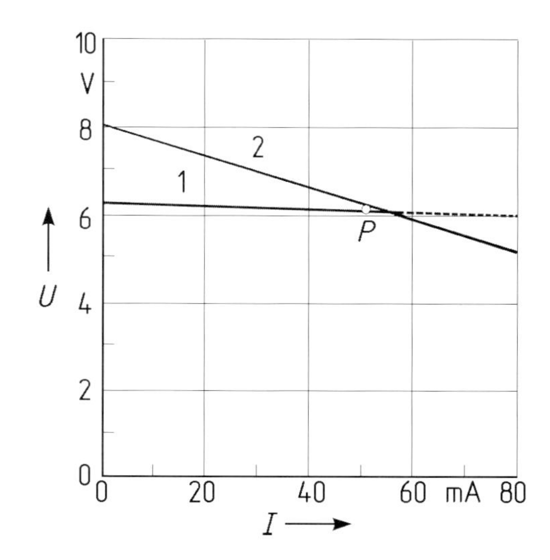

2.66 Strom-Spannungskennlinie (*1*) der stabilisierten Schaltung nach Bild **2.**65 a und Kennlinie derselben Schaltung ohne Z-Diode (2)

und hat den in Bild **2.**66 dargestellten nahezu waagerechten Verlauf (1). Die Kennlinie ist gültig, solange die Bedingung $U > 6{,}112\ \text{V}$ eingehalten wird. Dies trifft für Lastströme

$$I < \frac{U_0 - 6{,}112\ \text{V}}{R_\text{i}} = \frac{6{,}3\ \text{V} - 6{,}112\ \text{V}}{3{,}6\ \Omega} \approx 52\ \text{mA}$$

zu. Wird der Laststrom $I > 52$ mA, sinkt die Spannung U an der Z-Diode auf Werte ab, bei denen nach Bild **2.**65 d keine Übereinstimmung mehr zwischen der Original-Kennlinie und der Näherungsgeraden besteht. Bei weiter steigender Belastung wandert der Arbeitspunkt der Z-Diode in den horizontalen Teil der Kennlinie (links von P in Bild **2.**65 d). In diesem Betriebszustand stellt die Z-Diode einen sehr hohen Widerstand dar und ist in der Schaltung Bild **2.**65 a praktisch unwirksam. Deshalb geht die U, I-Kennlinie in Bild **2.**66 für Ströme $I > 58$ mA in die Kennlinie über, die für die Schaltung ohne Z-Diode mit dem Innenwiderstand $(R_{\text{i}1} R_{\text{i}2} / R_{\text{i}1} + R_{\text{i}2}) = 36\ \Omega$ gilt. □

2.3.8.2 Graphische Arbeitspunktbestimmung. In einem ansonsten linearen Netzwerk mit nur einem nichtlinearen Zweipol kann dessen Arbeitspunkt auf graphischem Wege ermittelt werden. Zu diesem Zweck trennt man den nichtlinearen Zweipol von dem Netzwerk ab und faßt das übrigbleibende lineare Netzwerk als aktiven Zweipol auf, für den man eine Ersatz-Zweipolquelle angeben kann, wie in Abschn. 2.3.7 beschrieben. An die so gefundene Ersatz-Zweipolquelle schließt man dann, wie in Bild **2.**67 b gezeigt, den nichtlinearen Zweipol wieder an.

Es stellt sich jetzt die Aufgabe, mit Hilfe der Kennlinie des nichtlinearen Zweipols sowie der Kenngrößen U_0 und R_i der Ersatz-Zweipolquelle den Arbeitspunkt zu bestimmen. Dies ist leicht möglich, wenn man bedenkt, daß an den Klemmen a und b in Bild **2.**67 b zwei Zweipole aneinander angeschlossen sind, deren Betriebszustände (Arbeitspunkte) durch dieselben U-I-Werte an den Klemmen a und b bestimmt sind. Für den nichtlinearen Zweipol werden diese Betriebszustände durch seine I, U-Kennlinie und für die Ersatz-Spannungsquelle durch Gl. (2.29) beschrieben. In Bild **2.**68 sind beide Zusammenhänge, die sich auf Strom I und Spannung U an denselben Klemmen a und b beziehen, graphisch dargestellt. Da beide Zusammenhänge gleichermaßen erfüllt sein müssen, liefert der Schnittpunkt (Arbeitspunkt) A die Lösung.

□ **Beispiel 2.49**

Die Schaltung in Bild **2.**67 a enthält neben den linearen Widerständen $R_1 = 7\ \text{k}\Omega$ und $R_2 = 13\ \text{k}\Omega$ einen spannungsabhängigen Widerstand, dessen Kennlinie in Bild **2.**68 dargestellt ist. Die Quellspannung hat den Wert $U_\text{q} = 280$ V. Gesucht sind der Strom I und die Spannung U an den Klemmen a und b.

Bei Leerlauf an den Klemmen a und b liefert die Spannungsteilerregel Gl. (2.66) die Leerlaufspannung

$$U_0 = \frac{R_2}{R_1 + R_2} U_\text{q} = \frac{13\ \text{k}\Omega}{7\ \text{k}\Omega + 13\ \text{k}\Omega} 280\ \text{V} = 182\ \text{V}.$$

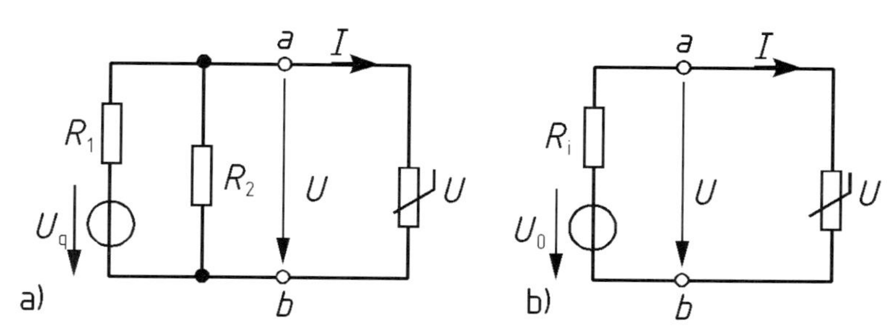

2.67 Netzwerk mit genau einem nichtlinearen Zweipol (a) nach Umwandlung des linearen Teils in eine äquivalente Ersatz-Spannungsquelle (b)

Der Innenwiderstand ergibt sich mit Gl. (2.53) zu

$$R_i = \frac{R_1 R_2}{R_1 + R_2} = \frac{7\ \text{k}\Omega \cdot 13\ \text{k}\Omega}{7\ \text{k}\Omega + 13\ \text{k}\Omega} = 4{,}55\ \text{k}\Omega\,.$$

Damit sind die Kenngrößen der Ersatz-Spannungsquelle in Bild **2.**67b bekannt. Ihre I,U-Kennlinie wird mit Gl. (2.29) als

$$U = U_0 - R_i I = 182\ \text{V} - 4{,}55\ \text{k}\Omega \cdot I$$

beschrieben und in das Diagramm Bild **2.**68 eingetragen. Als Lösung erhält man die Koordinaten des Schnittpunktes A

$$U = 107\ \text{V}\,, \quad I = 16{,}5\ \text{mA}\,.$$

□

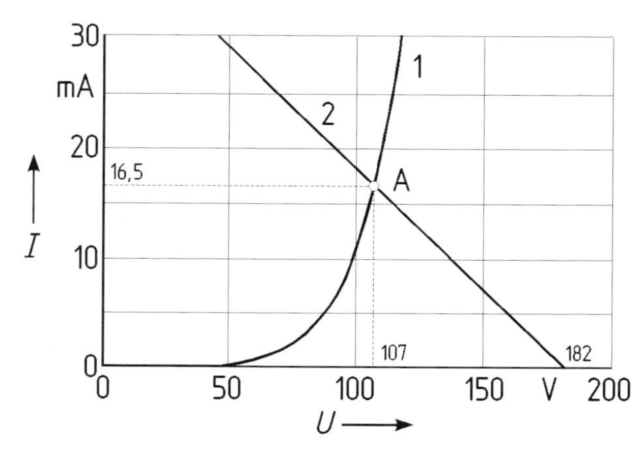

2.68 Für die Schaltung in Bild **2.**67b Kennlinie des nichtlinearen Zweipols (*1*) und Kennlinie $U = U_0 - R_i I$ der Ersatz-Spannungsquelle (2)

2.3.8.3 Stabilität des Arbeitspunktes. Die Strom-Spannungs-Kennlinien mancher Zweipole – z.B. Gasentladungsstrecken (s. Abschn. 10.2.3), Tunneldioden (s. Abschn. 11.1.7.3), Thyristor-Dioden (s. Abschn. 11.4.1) – weisen Abschnitte auf, in denen die Spannung U trotz steigenden Stromes I abnimmt. Wenn ein Bauelement mit einer solchen Kennlinie an einem aktiven Zweipol angeschlossen ist, so kann die graphische Arbeitspunktbestimmung nach Abschn. 2.3.8.2 zu mehreren Lösungen führen, wie in Bild **2.**69 gezeigt wird. Welcher dieser Zustände sich tatsächlich einstellt, hängt von der Frage ab, ob der jeweilige Arbeitspunkt stabil oder instabil ist. Stabilität liegt dann vor, wenn zufallsbedingte geringfügige Stromänderungen von selbst wieder zu dem vorherigen Zustand zurück führen. Dies soll im folgenden für die beiden Arbeitspunkte A und B in Bild **2.**69b untersucht werden, die sich als Schnittpunkte der Kennlinien des passiven (*1*) und des aktiven Zweipols (*2*) ergeben.

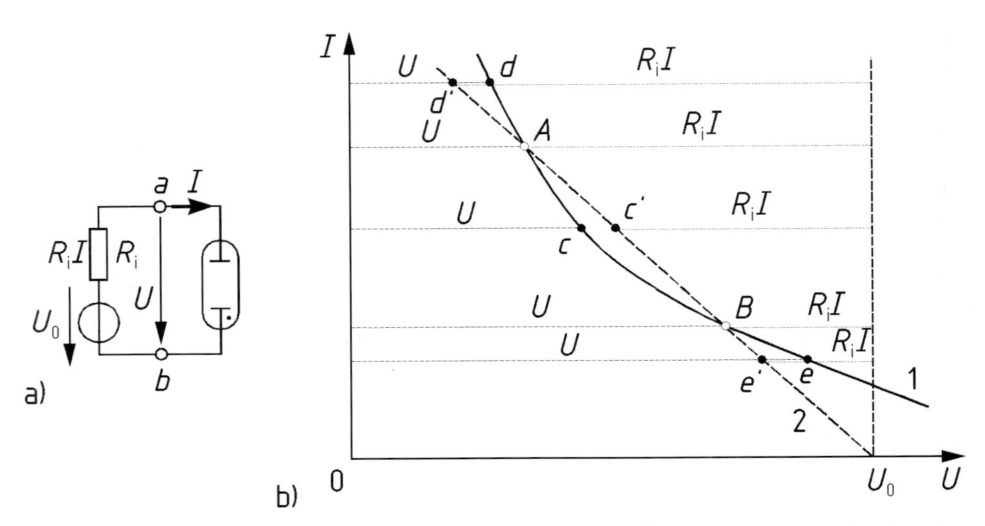

2.69 Aktiver Zweipol mit Gasentladungsstrecke (a), graphische Arbeitspunktbestimmung (b) mit dem fallenden Kennlinienabschnitt der Gasentladungsstrecke (*1*) und der Kennlinie $U = U_0 - R_iI$ des aktiven Zweipols (*2*). A stabiler, B instabiler Arbeitspunkt

Nach dem Maschensatz Gl. (2.43) gilt für die Schaltung Bild **2.**69a

$$U_0 = U + R_iI. \tag{2.104}$$

Man findet dies für beide Punkte A und B in Bild **2.**69b bestätigt, wenn man die horizontal liegenden Strecken zwischen der Strom-Achse und der nichtlinearen Kennlinie als Maß für die Spannung U nimmt und die zwischen der Quellen-Kennlinie und der vertikalen Geraden $U = U_0$ als die Spannung R_iI am Innenwiderstand der Quelle interpretiert.

Wenn sich nun der Strom I ausgehend vom Punkt A verringert oder ausgehend vom Punkt B erhöht, ergibt sich eine Situation, wie sie durch die Punkte c und c' markiert ist: Die Spannung U an dem nichtlinearen Zweipol und die Spannung $R_i I$ an dem Innenwiderstand der Quelle sind zusammengenommen kleiner als die Quellspannung U_0. Die Tatsache, daß die Quelle eine höhere Spannung U_0 aufbaut, als von den passiven Bauelementen aufgenommen werden kann, führt zwangsläufig zu einer Erhöhung des Stromes I. Die Überlegung zeigt, daß sowohl eine Verringerung des Stromes I im Punkt A als auch eine Erhöhung des Stromes I im Punkt B dazu führt, daß sich der Arbeitspunkt auf den Punkt A zu bewegt. Damit ist klar, daß der Punkt B nicht stabil sein kann.

Wenn sich ausgehend vom Punkt A der Strom I erhöht, ergibt sich ein Zustand, der durch die Punkte d und d' gekennzeichnet ist. Die Spannung U an dem nichtlinearen Zweipol und die Spannung $R_i I$ am Innenwiderstand der Quelle sind jetzt zusammengenommen größer als die Quellspannung U_0. Die von der Quelle aufgebaute Spannung U_0 reicht also nicht aus, um den erhöhten Strom I durch die passiven Bauelemente zu treiben, was dazu führt, daß der Strom I wieder abnimmt. Es zeigt sich also, daß im Punkt A sowohl eine zufällige Verringerung als auch eine zufällige Vergrößerung des Stromes I zu einer Rückkehr zum ursprünglichen Arbeitspunkt führt. Damit ist nachgewiesen, daß der Punkt A ein stabiler Arbeitspunkt ist.

Im Gegensatz dazu ist der Punkt B instabil. Wie schon gezeigt, führt eine geringfügige Erhöhung des Stromes I zu einem weiteren Anwachsen des Stromes, bis der Punkt A erreicht ist. Bei einer Verringerung des Stromes (Punkte e und e') liegt hingegen wieder die gleiche Situation wie bei den Punkten d und d' vor. D.h. der Strom nimmt weiter ab, bis entweder ein neuer stabiler Arbeitspunkt oder der Wert $I=0$ erreicht wird.

Entscheidend für die Stabilität des Arbeitspunktes A ist offensichtlich die Tatsache, daß die Summe der Spannungen U und $R_i I$ bei Anwachsen des Stromes größer und bei Abnehmen des Stromes kleiner wird. Wenn diese Bedingung erfüllt ist, führt jede infinitesimal kleine Stromänderung $\mathrm{d}I$ zu einer Änderung $\mathrm{d}(U+R_i I)$ der Spannungssumme, die das gleiche Vorzeichen hat wie die Stromänderung $\mathrm{d}I$. Dies läßt sich allgemein durch die Stabiltätsbedingung

$$\frac{\mathrm{d}(U+R_i I)}{\mathrm{d}I} > 0 \tag{2.105}$$

oder auch in der Form

$$-\frac{\mathrm{d}I}{\mathrm{d}U} > \frac{1}{R_i} \tag{2.106}$$

formulieren; d.h. die Zweipolkennlinie muß im Arbeitspunkt steiler sein als die Kennlinie des aktiven Zweipols.

Bei der Überprüfung der Stabilität von Arbeitspunkten muß darauf geachtet werden, daß den Betrachtungen stets die isothermen Kennlinien zugrunde gelegt werden, da ja eine kurzzeitige geringfügige Stromänderung keine spürbare Temperaturänderung bewirken kann. Die Verwendung nichtisothermer Kennlinien wie etwa in Bild **2.**8(*1*) und Bild **2.**9 kann daher nicht zu verläßlichen Ergebnissen führen.

2.3.9 Vergleich der Berechnungsverfahren

Die Kirchhoffschen Gesetze sind die Grundlage eines jeden Berechnungsverfahrens für elektrische Netzwerke. Deshalb kann man mit Hilfe der Knoten- und Maschenanalyse nach Aufstellen einer hinreichenden Anzahl unabhängiger Strom- und Spannungsgleichungen jede Netzwerkaufgabe lösen – nicht nur für lineare, sondern mit den entsprechenden Rechenverfahren grundsätzlich auch für nichtlineare Schaltungen. Abschn. 2.3.3.3 beschreibt die zu beachtenden Regeln. Da z unbekannte Zweigströme ein System von z Gleichungen erfordern, ist der Rechenaufwand für umfangreiche Netzwerke groß.

Es lohnt sich immer, die vorliegenden Netzwerke, wie in Abschn. 2.3.1 dargestellt, so weit wie möglich zu vereinfachen; ohne größeren Aufwand ist dies aber nur für lineare Schaltungsteile möglich. Die für solche Netzumformungen zu beachtenden Regeln findet man in Abschn. 2.3.1.2. Wenn sich die Widerstände nicht nach den in Abschn. 2.2.3.1 und 2.2.4.1 behandelten Regeln für Parallel- und Reihenschaltungen zusammenfassen lassen, kann eine Stern-Dreieck- oder Dreieck-Stern-Umwandlung nach Abschn. 2.3.1.4 zweckmäßig sein.

Das Überlagerungsverfahren nach Abschn. 2.3.4 ist nur für lineare Netzwerke anwendbar. Es eignet sich besonders für die Berechnung von Netzwerken mit mehreren (nicht gesteuerten) Quellen, wenn die Wirkungen der einzelnen Quellen einfach zu bestimmen sind. Auf diese Weise können einzelne Zweigströme in einfachen Netzwerken ermittelt werden. Darüber hinaus hat der Überlagerungssatz eine große allgemeine Bedeutung in der (linearen) Elektrotechnik und wird auch bei anderen Netzwerkanalyseverfahren (z.B. Maschenstromverfahren in Abschn. 2.3.5, Kurzschlußstrombestimmung in den Beispielen 2.44 und 2.48) angewandt.

Maschenstrom- und Knotenpotentialverfahren ermöglichen eine Analyse linearer Netzwerke mit deutlich geringerem Aufwand als die Knoten- und Maschenanalyse. Für das Maschenstromverfahren werden $z-k+1$ Maschengleichungen benötigt; vor Beginn der Rechnung müssen allerdings alle Stromquellen-Ersatzschaltungen in Spannungsquellen-Ersatzschaltungen umgewandelt werden; als Rechenergebnis erhält man $z-k+1$ Maschenströme. Für das Knotenpotentialverfahren werden $k-1$ Knotengleichungen benötigt, hier sind alle Spannungsquellen-Ersatzschaltungen vor Beginn der Rechnung in Stromquellen-Ersatzschaltungen umzuwandeln; als Rechenergebnis erhält man $k-1$ Knotenpotentiale. Welches der beiden Verfahren man bevorzugt, hängt in erster Linie von der Anzahl der benötigten Gleichungen ab, dann aber auch davon, ob die Quellen als Spannungsquellen- oder als Stromquellen-Ersatzschaltungen vorliegen und ob als Ergebnis der Rechnung Zweigströme oder -spannungen gefordert sind.

Ersatz-Zweipolquellen nach Abschn. 2.3.7 können vorteilhaft eingeführt werden, wenn innerhalb eines linearen Netzwerkes der Strom in einem bestimmten Zweig ermittelt werden soll; dies gilt insbesondere für den Fall, daß der Zweigwiderstand veränderlich ist. Besonders zweckmäßig sind die Ersatz-Zweipolquellen dann, wenn die Leistungsanpassung eines äußeren Widerstands entsprechend Abschn. 2.1.4.7 untersucht werden muß oder wenn dieser äußere Widerstand nichtlinear ist (s. Abschn. 2.3.8).

3 Elektrisches Potentialfeld

Zwischen elektrischen Ladungen treten ähnlich wie zwischen Massen Kräfte auf, die allerdings je nach Polarität anziehend oder abstoßend wirken können. Man erklärt dieses Phänomen der zwischen Körpern über den Raum hinweg wirkenden Kräfte über die Modellvorstellung eines Feldes, bei Massen als Gravitationsfeld und bei elektrischen Ladungen als elektrisches bzw. magnetisches Feld bezeichnet. Mit Hilfe des in Kapitel 4 behandelten magnetischen Feldes werden die Komponenten der Kraftwirkungen zwischen elektrischen Ladungen beschrieben, die ausschließlich auf deren Bewegungszustand zurückzuführen sind.

Hinsichtlich der Ursache unterscheidet man zwischen elektrischen Wirbelfeldern, welche durch die zeitliche Änderung eines Magnetfeldes erzeugt werden (s. Abschn. 4.3.1.2 und 4.3.1.3), und elektrischen Potentialfeldern, welche allein von den elektrischen Ladungen ausgehen, unabhängig von ihrem Bewegungszustand (s. Abschn. 3.3).

Hinsichtlich der Wirkung des elektrischen Feldes wird unterschieden, ob dieses in leitenden Räumen auftritt, in denen die Kraftwirkung eine Ladungsströmung zur Folge hat (s. Abschn. 3.2), oder in nichtleitenden Räumen, in denen zwar auch die Kraftwirkung, naturgemäß aber keine Ladungsströmung auftreten kann (s. Abschn. 3.3).

Hinsichtlich der Zeitabhängigkeit unterscheidet man zwischen elektrostatischen Feldern, die die zeitlich konstante Wechselwirkung zwischen ruhenden Ladungen beschreiben, den stationären elektrischen Strömungsfeldern, in denen Ladungsströmungen mit konstanten Geschwindigkeiten (Gleichströme) auftreten, und den zeitlich veränderlichen Feldern, in denen die Feldgrößen als Zeitfunktionen beschrieben werden müssen.

In diesem Kapitel 3 werden die in elektrischen Leitern und Nichtleitern auftretenden wirbelfreien elektrischen Felder (Potentialfelder) erläutert. Das in elektrischen Leitern auftretende elektrische Strömungsfeld läßt sich über die modellmäßige Vorstellung strömender Ladungsträger relativ anschaulich beschreiben. Dagegen erfordert die Betrachtung des in Nichtleitern auftretenden elektrischen Feldes abstraktere Vorstellungen, die grundsätzlich nicht mehr an Materie gebunden sind. Dies folgt schon daraus, daß solche elektrischen Felder auch im Vakuum erklärt sind. Daher wird in Kapitel 3 zunächst das elektrische Strömungsfeld und erst danach das elektrische Feld in Nichtleitern erläutert.

3.1 Definiton und Wirkung der elektrischen Ladung

In Abschn. 1.2.1.1 ist bereits verbal beschrieben, wie man elektrische Ladungen wahrnehmen kann, und in Gl. (1.4) ist ihre SI-Einheit angegeben. Weiter wird in Kapitel 10 bei der Erläuterung der elektrischen Eigenschaften der Materie die elektrische Ladung aus elektronentheoretischer Sicht betrachtet. In diesem Abschn. 3.1 erfolgt nun die auf die makroskopische, d.h. feldtheoretische Sicht zugeschnittene, abstraktere Erläuterung der elektrischen Ladung, ihrer räumlichen Verteilung und ihrer davon abhängigen Wirkungen.

3.1.1 Definition der elektrischen Ladung

Die elektrische Ladung kann in ihrer physikalischen Natur zwar nicht erklärt, wohl aber über ihre physikalischen Wirkungen und Eigenschaften unmißverständlich als physikalische Zustandsgröße mit folgenden Merkmalen beschrieben werden.

Ladung ist ein Elementarzustand, der bestimmten Elementarteilchen des Mikrokosmos eigen ist.

Diese nur bestimmten Elementarteilchen eigene Ladung hat immer den gleichen Betrag, der als Elementarladung

$$e = 1{,}602 \cdot 10^{-19}\,\mathrm{C} \tag{3.1}$$

bezeichnet wird.

Man kennt nur zwei unterschiedliche Arten des Ladungszustandes, die als positive oder negative elektrische Ladung bezeichnet werden.

Die elektrische Ladung Q ist somit naturgemäß eine wertdiskrete Größe, deren Betrag immer ein ganzzahliges Vielfaches der Elementarladung e ist.

Elektrische Ladung kann als ein an Elementarteilchen gebundener, unveränderbarer Zustand weder erzeugt noch vernichtet werden.

Gemessen an den Gegebenheiten praktisch üblicher Anordnungen sind die Abstände zwischen den Ladungsträgern im atomaren Bereich und der Betrag der Elementarladungen so klein, daß man in der makrokosmischen Betrachtung die elektrische Ladung – genau wie in der Mechanik die Masse – als eine beliebig fein unterteilbare Größe mit räumlich kontinuierlicher Verteilung auffassen kann. Daher kann auch das – nicht ionisierte – Atom ungeachtet der mikrokosmisch diskreten Ladungsverteilung als elektrisch neutral wirkend, d.h. als ungeladen betrachtet werden. Hinsichtlich der äußeren elektrischen Wirkung kann also z.B. nicht unterschieden werden zwischen einem Neutron, das keine Ladungen trägt, und einem Wasserstoffatom, das mikrokosmisch gesehen zwei ungleichnamige Elementarladungen trägt, deren Wirkungen sich makroskopisch gesehen aber gegenseitig kompensieren.

Ähnliche Betrachtungen gelten auch für größere Raumgebiete; befinden sich in einem Raumgebiet positive und negative Ladungen in gleichen Mengen und gleicher räumlicher Verteilung, d.h. ideal ineinander vermischt, so ist es elektrisch neutral. Maßgebend für die elektrische Wirkung ist also nicht die Anzahl der in einem Raum vorhandenen elektrischen Elementarladungen schlechthin, sondern die resultierende Ladungsmenge als Summe dieser Elementarladungen unter Beachtung ihres Vorzeichens

$$Q = e n_+ - e n_-, \tag{3.2}$$

die kurz auch als Ladung eines Körpers bezeichnet wird. Darin sind n_+ die Anzahl der positiven, n_- die Anzahl der negativen Elementarladungsträger und e der Betrag der Elementarladung. Entsprechend dieser Definition unterscheidet man zwischen positiv und negativ geladenen Räumen bzw. positiven und negativen Ladungen.

Elektrische Wirkungen können nun aber auch von Körpern ausgehen, deren positive und negative Ladungen zwar gleich groß sind, jedoch eine räumlich ungleichmäßige Verteilung aufweisen [22]. Im einfachsten Fall sind in einem Körper die gleich großen positiven und negativen Ladungsmengen nicht gleichmäßig verteilt (ineinander „verschachtelt"), sondern in unterschiedlichen Teilgebieten dieses Körpers konzentriert, so daß ihre Ladungsschwerpunkte einen endlichen Abstand l voneinander haben (s. Bild **3.1**). Von einem solchen als Dipol bezeichneten Körper gehen trotz seiner resultierenden Ladungsmenge Null auch elektrische Wirkungen aus.

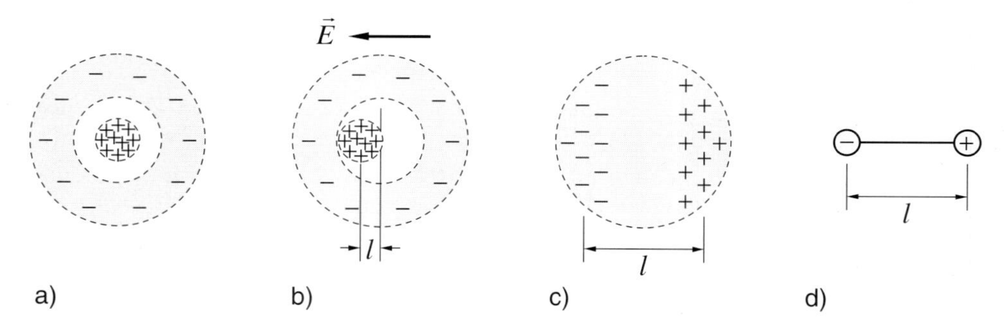

3.1 Schematisch skizzierte, räumliche Ladungsverteilungen
a) und b) in einem Atom (mikrokosmisch betrachtet),
c) auf einer Kugel (makroskopisch gesehen) und
d) auf zwei durch einen Abstand getrennten Kugeln.
Makroskopische elektrische Wirkung: a) neutral, b) elektronische Polarisation ($\varepsilon_r > 1$), c) und d) elektrischer Dipol

3.1.1.1 Reale Ladungsverteilung und deren Beschreibung. Für die Beschreibung der elektrischen Wirkung eines Raumgebietes aus makroskopischer Sicht kann der mikrokosmisch diskrete Charakter der Ladung außer acht gelassen werden. Man stellt sich also vor, die „körnig" (punktuell, diskret) über den Raum verteilten Elementarladungen (Elektronen, Protonen) seien kontinuierlich über den Raum „verschmiert" (über ihre Zwischenräume hinweg verteilt). Die Ladung wird also als ein Kontinuum betrachtet und läßt sich somit als eine raumdifferentielle Größe, d.h. als eine im Raumpunkt (Ausdehnung gleich Null) eindeutig definierte Größe darstellen, die man sich als abstrakten Raumzustand ohne Bindung an Materie vorstellt.

Eine solche in jedem Raumpunkt eindeutig definierte Ladung ist somit eine abstrakte Größe, die man sich aus der mikrokosmischen Sicht als einen räumlichen Mittelwert der diskret verteilten Elementarladungen vorstellen muß. Befindet sich beispielsweise in einem hinreichend kleinen Raumgebiet ΔV die Anzahl Δn_+ Protonen und Δn_- Elektronen (s. Bild 3.2a), so hat dieses Raumgebiet entsprechend Gl. (3.2) die Ladung $\Delta Q = (\Delta n_+ - \Delta n_-)e$ und damit eine mittlere Ladungsdichte

$$\frac{\Delta Q}{\Delta V} = \frac{(\Delta n_+ - \Delta n_-)e}{\Delta V}. \tag{3.3}$$

3.2 Raumgebiet ΔV mit Elementarladungsträgern (a), deren Ladung als kontinuierlich verteilt aufgefaßt durch die Raumladungsdichte ϱ beschrieben wird (b)

Kann man nun die positiven und negativen Elementarladungen aus makroskopischer Sicht als ideal gleichmäßig ineinander verschachtelt über das Raumgebiet ΔV verteilt annehmen, so läßt sich dem ganzen Raumgebiet die gleiche mittlere Ladungsdichte $\Delta Q/\Delta V$ zuordnen. Dieser Mittelwert gilt dann als abstrakte Größe für jeden Raumpunkt sowohl zwischen den Ladungsträgern (wo sich real keine Ladung befindet) als auch innerhalb derselben (wo real eine extrem große Ladungsdichte herrscht) (s. Bild 3.2b). Bildet man mit dieser Vorstellung den Grenzwert für ein gegen Null strebendes Volumen ($\Delta V \to 0$), so bekommt man die Definition der Raumladungsdichte

$$\varrho = \lim_{\Delta V \to 0} \frac{\Delta Q}{\Delta V} = \frac{dQ}{dV}, \tag{3.4}$$

mit der sich beliebige Ladungsverteilungen als Raumfunktion angeben lassen, z.B. $\varrho(x,y,z)$ in kartesischen Koordinaten oder $\varrho(\vec{r})$, wenn $\vec{r}$ der Ortsvektor ist.

Ist die Raumladungsdichte ϱ nach Gl. (3.4) für ein Raumgebiet V als Ortsfunktion $\varrho(x,y,z)$ bekannt, läßt sich die in diesem Raumgebiet befindliche Ladung

$$Q=\int_V \varrho \mathrm{d}V=\iiint_V \varrho(x,y,z)\,\mathrm{d}x\,\mathrm{d}y\,\mathrm{d}z \tag{3.5}$$

durch Integration berechnen. Umgekehrt läßt sich aber aus der für einen Raum gegebenen Ladung Q nicht unbedingt auch deren Verteilung, also die Raumladungsdichte $\varrho(x,y,z)$ berechnen, da diese im Zusammenhang mit dem von ihr verursachten Feld zu bestimmen ist. Nur in Fällen einer homogen über den Raum V verteilten Ladung Q ist die Raumladungsdichte

$$\varrho=Q/V. \tag{3.6}$$

Idealisierte Ladungsverteilungen. Einheitliche Materie und damit einheitliche Ladungsstrukturen erstrecken sich nie über einen unendlich ausgedehnten Raum, sondern immer nur über mehr oder weniger scharf begrenzte Gebiete unterschiedlichster Geometrie und Ausdehnung. Beispiele sind im Luftraum parallel verlaufende Leitungen oder Metallplatten, die durch eine Isolierstoffschicht getrennt sind (s. Bild **3.**29 o. **3.**27). Praktisch stellt sich daher im allgemeinen die Aufgabe, die Ladungsverteilung jeweils in begrenzten Raumgebieten zu beschreiben. Dabei läßt sich häufig der Raum so diskretisiert betrachten, daß einzelne Gebiete mit extrem unterschiedlichen Ladungsverteilungen vorliegen. Weiter ermöglicht es die Art der Raumdiskretisierung auch häufig, daß man für einzelne begrenzte Gebiete, abhängig von ihrer Ausdehnung und dem Betrachtungsabstand, idealisierte Ladungsverteilungen annehmen kann, die sich mit vereinfachten Definitionen relativ leicht wie folgt beschreiben lassen.

Für die Berechnung der idealisierten Ladungsverteilung gilt der Kommentar zu Gl. (3.6) sinngemäß, d.h., ist die Raumfunktion der Ladungsverteilung gegeben, so läßt sich durch deren Integration die Ladung Q berechnen. Umgekehrt läßt sich aber aus einer gegebenen Ladung Q deren Verteilung nur in Sonderfällen bestimmen, beispielsweise besonders einfach bei homogener Verteilung nach Gl. (3.8) o. (3.10).

Flächenladungsdichte. Bei leitenden Elektroden, z.B. einer Metallplatte in Bild **3.**3, befindet sich die Ladung Q im allgemeinen in bzw. auf der Oberfläche A mit einer „Schichtdicke", die vernachlässigbar klein ist, in einer beliebigen gleich- oder ungleichmäßigen Verteilung. In einem Flächenelement ΔA befindet sich dann die Ladung ΔQ, die als homogen über ΔA verteilt aufgefaßt werden kann, wenn ΔA infinitesimal klein ist ($\Delta A \to 0$). Bezieht man nun die mit der Fläche

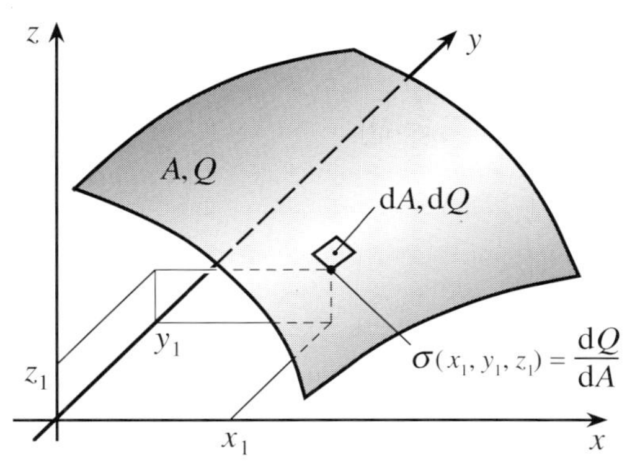

3.3 Flächenladungsdichte σ als Raumfunktion in kartesischen Koordinaten dargestellt

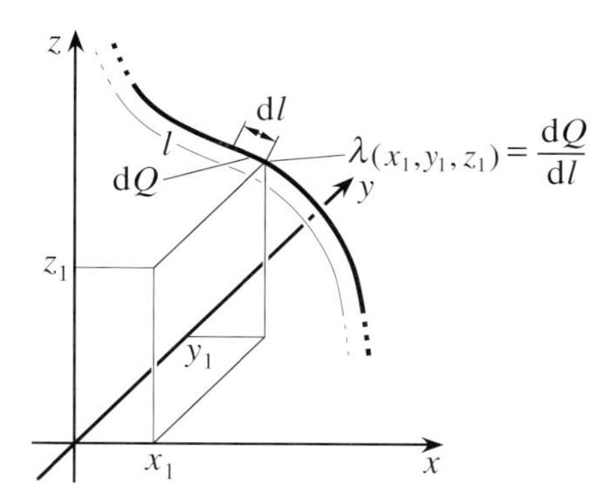

3.4 Linienladungsdichte λ als Raumfunktion in kartesischen Koordinaten dargestellt

$\Delta A \to 0$ gegen Null strebende Ladung $\Delta Q \to 0$ auf die Fläche ΔA, so bekommt man einen Grenzwert, der die Flächenladungsdichte

$$\sigma = \lim_{\Delta A \to 0} \frac{\Delta Q}{\Delta A} = \frac{dQ}{dA} \tag{3.7}$$

definiert. Mit der Flächenladungsdichte σ läßt sich die Verteilung der Ladung – konzentriert in einer Schichtdicke Null angenommen – über eine Fläche beschreiben mit einer der Geometrie der Fläche entsprechenden Ortsfunktion $\sigma(x, y, z)$. In den einfachen Fällen einer homogen über eine Fläche A verteilten Ladung Q läßt sich Gl. (3.7) auch in integraler Form

$$\sigma = \frac{Q}{A} \tag{3.8}$$

schreiben mit σ konstant über A.

Linienladungsdichte. Wird ein Leiter aus einer Entfernung betrachtet, die groß ist gegenüber seinen Querschnittsabmessungen, so können diese als vernachlässigbar klein, also mit Null und damit der Leiter als Linie angenommen werden. Befindet sich auf einem solchen Linienleiter der Länge l die Ladung Q in beliebiger, also auch ungleichmäßiger Verteilung, so stellt man sich diesen, wie in Bild **3.4** skizziert, in Leiterelemente Δl unterteilt vor. Über diese Teillängen Δl können die jeweiligen Ladungen ΔQ als homogen verteilt aufgefaßt werden, wenn Δl gegen Null strebt ($\Delta l \to 0$). Man kann dann die mit der Länge ($\Delta l \to 0$) auch gegen Null strebende Ladung ($\Delta Q \to 0$) auf die Länge Δl beziehen und bekommt so einen Grenzwert, der die Linienladungsdichte

$$\lambda = \lim_{\Delta l \to 0} \frac{\Delta Q}{\Delta l} = \frac{\mathrm{d}Q}{\mathrm{d}l} \tag{3.9}$$

definiert. Ist die Ladung Q über die ganze Linienleiterlänge l homogen verteilt, so läßt sich Gl. (3.9) auch in integraler Form

$$\lambda = \frac{Q}{l} \tag{3.10}$$

schreiben mit λ konstant über l.

Punktladung. Sind die räumlichen Abmessungen eines geladenen Gebietes mit dem Volumen V (s. Bild **3.**5) vernachlässigbar klein gegenüber dem Betrachtungsabstand r, so läßt sich ihre Ladung Q als in einem Punkt (Abmessung Null) konzentriert annehmen. Die so idealisiert angenommene Ladung, als Punktladung Q_p bezeichnet, läßt sich (einfacher, als wenn sie über ein Raumgebiet verteilt ist) mit einer einzigen Ortsangabe, z. B. in Bild **3.**5 mit x_1, y_1, z_1, beschreiben. Die Punktladung ist ein abstrakter Begriff, der die Vorstellung einer gegen unendlich strebenden Raumladungsdichte erfordert ($\varrho \to \infty$).

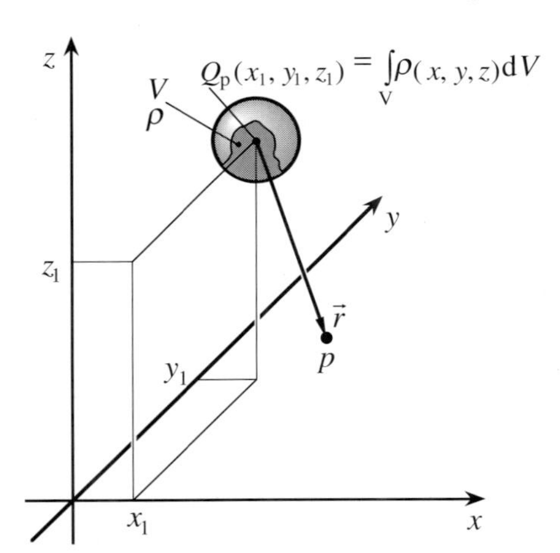

3.5 Ladungsgebiet V als Punktladung Q_p dargestellt

□ **Beispiel 3.1**

Ein Elektron wird häufig als Punktladung mit $-e = -1{,}6 \cdot 10^{-19}\,\mathrm{C}$ aufgefaßt. Das erfordert aber die Vorstellung, daß für ein mit dem Volumen $V \to 0$ aufgefaßtes Elektron eine Raumladungsdichte $\varrho = -e/V \to -\infty$ anzunehmen ist. Da das Elektron zwar unvorstellbar klein ist, aber immer noch räumliche Ausdehnungen hat, ist auch seine Raumladungsdichte endlich. Nimmt man es beispielsweise kugelförmig mit dem Radius $R_e \approx 1{,}4 \cdot 10^{-12}$ mm an, berechnet man entsprechend Gl. (3.6) die Raumladungsdichte $\varrho_e \approx -1{,}6 \cdot 10^{-19}\,\mathrm{C}/[(1{,}4 \cdot 10^{-12}\,\mathrm{mm})^3 4\pi/3] \approx -13{,}9 \cdot 10^{15}\,\mathrm{C/mm^3}$ mit einem unvorstellbar großen, aber endlichen Wert. □

3.1.1.2 Ladungserhaltungs- und Kontinuitätssatz. In einem Gebiet, dessen Grenzen für Materie, d.h. auch für Elektronen oder Protonen, undurchlässig sind, bleibt die Ladung Q entsprechend Gl. (3.2) stets konstant. Man bezeichnet diese bis heute nicht widerlegte Erfahrung als Ladungserhaltungssatz und bezeichnet das Gebiet, in dem er gilt, als ein abgeschlossenes System.

Befinden sich in einem abgeschlossenen System n Ladungen Q_ν, von denen jede für sich in einem beliebigen Teilgebiet dieses Systems beliebig verteilt sein kann, z.B. auf unterschiedlichen Elektroden konzentriert, so lautet die mathematische Formulierung des Ladungserhaltungssatzes

$$\sum_{\nu=1}^{n} Q_\nu = \mathrm{const} \tag{3.11}$$

oder mit der Raumladungsdichte nach Gl. (3.5)

$$\int\limits_{\substack{V \text{ des abgeschlos-}\\ \text{senen Systems}}} \varrho \,\mathrm{d}V = \mathrm{const.} \tag{3.12}$$

Sind idealisierte Ladungsverteilungen gegeben, so kann in Gl. (3.12) das Produkt $\varrho\,\mathrm{d}V = \mathrm{d}Q$ durch das Produkt $\sigma\,\mathrm{d}A$ nach Gl. (3.7) bzw. $\lambda\,\mathrm{d}l$ nach Gl. (3.9) ersetzt werden.

$$\int\limits_{\substack{A \text{ innerhalb des abge-}\\ \text{schlossenen Systems}}} \sigma \,\mathrm{d}A = \mathrm{const}; \qquad \int\limits_{\substack{l \text{ innerhalb des abge-}\\ \text{schlossenen Systems}}} \lambda \,\mathrm{d}l = \mathrm{const} \tag{3.13}$$

Kann durch die ein Raumgebiet V begrenzende Hüllfläche Ladung fließen, so muß sich die Ladung Q in diesem Raumgebiet genau um den durch die Hüllfläche fließenden Ladungsanteil ändern, da Ladung nicht entstehen oder verschwinden kann. Um diesen verbal einleuchtenden Tatbestand auch mathematisch auswertbar zu formulieren, werden die durch die Hüllfläche strömenden Ladungen und die dadurch bedingte Ladungsänderung innerhalb des durch die Hüllfläche begrenzten Raumes auf die Zeit bezogen und gleich gesetzt, wie im folgenden erläutert ist.

In Abschn. 1.2.1.2 ist der elektrische Strom $i = \mathrm{d}Q/\mathrm{d}t$ [s. Gl. (1.6)] in einem Leiter als die pro Zeit t durch seinen Querschnitt fließende Ladung Q erklärt. Weiter ist in Abschn. 3.2.2 hergeleitet, daß der durch eine Fläche A fließende Strom auch als Integral der dort näher erläuterten Stromdichte $\vec{S}$ über diese Fläche A berechnet werden kann [$i = \int_A \vec{S} \cdot \mathrm{d}\vec{A}$, s. Gl. (3.37)].

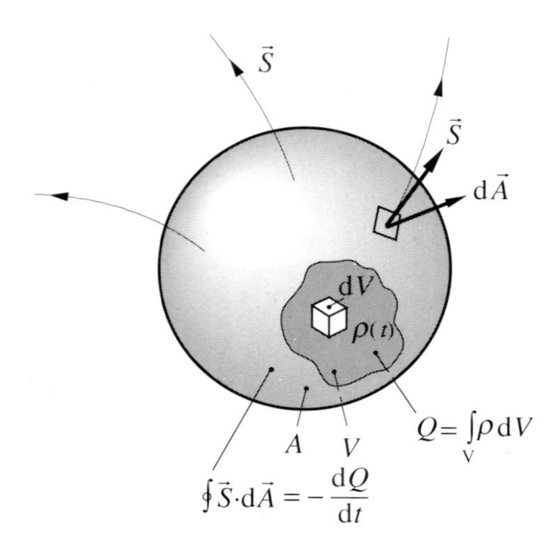

3.6 Änderung der Raumladung Q im Volumen infolge Stromdichte $\vec{S}$ durch die Hüllfläche um V

Betrachtet man ein Raumgebiet, z. B. das in Bild **3.6** skizzierte, so beschreibt das Integral der Stromdichte $\vec{S}$ über die das Raumgebiet V einschließende Hüllfläche A entsprechend Gl. (3.37) den aus dem Raumgebiet V herausfließenden Strom $i = \oint \vec{S}\cdot\mathrm{d}\vec{A}$. Dieser ist nach Gl. (1.6) die pro Zeit durch die Hüllfläche A aus dem Volumen V ausströmende Ladung $\mathrm{d}Q/\mathrm{d}t = \oint \vec{S}\cdot\mathrm{d}\vec{A}$ und damit gleich der zeitlichen Ladungsverminderung $-\mathrm{d}Q/\mathrm{d}t$ in dem eingeschlossenen Raumgebiet V. Bestimmt man über die Raumladungsdichte ϱ die Ladung des Raumgebietes $Q = \int_V \varrho\,\mathrm{d}V$ [s. Gl. (3.5)] und setzt deren zeitliche Verminderung $-\mathrm{d}Q/\mathrm{d}t$ gleich der pro Zeit durch die Hüllfläche ausströmenden Ladung, so ergibt sich die Kontinuitätsgleichung

$$\frac{\mathrm{d}}{\mathrm{d}t}\int_V \varrho\,\mathrm{d}V = -\oint \vec{S}\cdot\mathrm{d}\vec{A}\,. \tag{3.14}$$

Diese Gleichung (3.14) gilt über das Beispiel nach Bild **3.6** hinaus ganz allgemein für beliebige Orientierungen der Stromdichte $\vec{S}$ und der davon abhängigen Zu- oder Abnahme der in dem Volumen V eingeschlossenen Ladung Q, wenn den Regeln der Vektorrechnung entsprechend der Flächenvektor $\mathrm{d}\vec{A}$ immer aus dem eingeschlossenen Volumen herausweisend angetragen wird.

Je nach Aufgabenstellung kann in Gl. (3.14) selbstverständlich $\varrho\,\mathrm{d}V$ durch $\sigma\,\mathrm{d}A$ bzw. $\lambda\,\mathrm{d}l$ ersetzt werden, oder es können die integralen Größen $\sum Q = \int \varrho\,\mathrm{d}V$ [s. Gl. (3.5)] und $\sum I = \oint \vec{S}\cdot\mathrm{d}\vec{A}$ [s. Gl. (3.37)] eingeführt werden.

$$\frac{\mathrm{d}}{\mathrm{d}t}\sum_{\nu=1}^{n} Q_\nu = -\sum_{\mu=1}^{m} I_\mu \tag{3.15}$$

Zu beachten ist auch hier, daß definitionsgemäß die Zählpfeile für die Ströme I_μ wie die Vektoren $\mathrm{d}\vec{A}$ aus der Hülle herausweisend anzutragen sind.

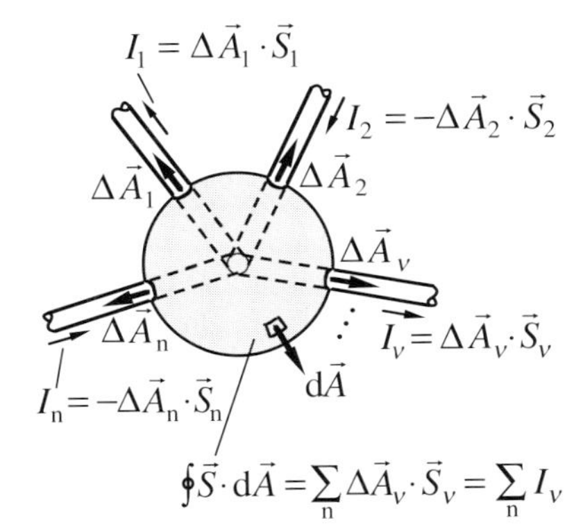

3.7 Graphische Darstellung zum Knotenpunktsatz Gl. (3.16)
$\sum_n I_\nu = I_1 - I_2 + \cdots + I_\nu + \cdots - I_n$

Aus der integralen Form der Kontinuitätsgleichung (3.15) folgt unmittelbar das als Knotensatz (Kirchhoffscher Satz) bezeichnete Grundgesetz der Netzwerklehre (s. Abschn. 2.2.2.1). Da sich in dem Knoten eines Netzwerkes die Ladungen nicht ändern, ist der Differentialquotient $\mathrm{d}Q/\mathrm{d}t$, also die linke Seite der Gl. (3.15) Null. Denkt man sich also den Knoten von einer Hülle eingeschlossen, durch die alle m im Knoten verbundenen Leitungen hindurchgehen, so muß die Summe der m in den Leitungen und damit durch die Hülle fließenden Ströme entsprechend der rechten Seite der Gl. (3.15) Null sein (s. Bild **3.7**).

$$\sum_{\mu=1}^{m} I_\mu = 0 \qquad (3.16)$$

Zu beachten ist, daß die Ströme mit positiven oder negativen Vorzeichen in die Summe einzuführen sind, je nachdem, ob in dem Netzwerk der Stromzählpfeil vom Knoten wegweisend (aus der Hülle heraus) oder zum Knoten hinweisend (in die Hülle hinein) eingetragen ist [s. Regeln zu Gl. (2.40) in Abschn. 2.2.2.1].

3.1.2 Wirkungen der elektrischen Ladung

Die folgenden Abschnitte befassen sich mit den Wirkungen elektrischer Ladungen, die sich relativ zum Beobachter und damit auch relativ zueinander in Ruhe befinden, d.h. mit den Erscheinungen elektrostatischer Felder. Die Beschränkung auf ruhende Ladungen bedeutet keinesfalls, daß alle hier angesprochenen Gesetze ausschließlich im Bereich der Elektrostatik Gültigkeit hätten. Die allgemeineren Grundgesetze des elektromagnetischen Feldes, in denen die der Elektrostatik als ein einfacher und übersichtlich darstellbarer Sonderfall enthalten sind, sollen jedoch zusammenfassend erst in späteren Abschnitten behandelt werden.

3.1.2.1 Coulombsches Gesetz. Die Theorie des elektromagnetischen Feldes basiert letztlich auf der allein experimentell nachgewiesenen Kraftwirkung zwischen Ladungen, wie sie im Coulombschen Gesetz formuliert ist. Es ist daher im folgenden, ausgehend vom Coulombschen Gesetz, die Modellvorstellung des elektrischen Feldes erläutert.

Nach allen Erfahrungen und experimentellen Untersuchungen ist die Kraftwirkung zwischen zwei Ladungen Q_1 und Q_2 (s. Bild **3.**8a) proportional dem Produkt dieser Ladungen, aber umgekehrt proportional dem Quadrat ihres Abstandes r. Die Überführung dieser zunächst nur als Proportion $|\vec{F}| \sim |Q_1 Q_2|/r^2$ zu schreibenden Naturbeobachtung in eine Gleichung $|\vec{F}| = (1/4\pi\varepsilon_0)|Q_1 Q_2|/r^2$ erfordert im SI-Einheitensystem (Vierersystem [21]) mit den Einheiten Newton (N) für die Kraft F, Amperesekunden (As) für die Ladung Q und Meter (m) für die Länge r die Einführung eines dimensionsbehafteten Proportionalitätsfaktors $(1/4\pi\varepsilon_0)$. Die darin enthaltene, als elektrische Feldkonstante

$$\varepsilon_0 = 8{,}854188 \cdot 10^{-12} \frac{\text{As}}{\text{Vm}} \tag{3.17}$$

bezeichnete Größe ist experimentell über Wägeverfahren oder die Ausbreitungsgeschwindigkeit elektromagnetischer Wellen bestimmt.

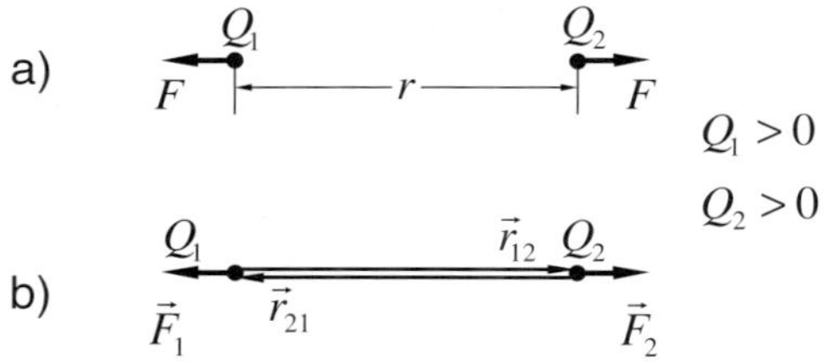

3.8 Kraftwirkung zwischen elektrischen Punktladungen

Entsprechend den zwei Ladungsarten (positive bzw. negative) können anziehende oder abstoßende Kräfte zwischen Ladungen auftreten. Um mit dem Betrag auch Richtung und Orientierung der Kraft gleichungsmäßig formulieren zu können, wird entsprechend Bild **3.**8b der Abstand zwischen den Ladungen als Vektor $\vec{r}$ eingeführt mit folgender Vereinbarung. Der Abstandsvektor $\vec{r}$ wird als auf diejenige Ladung Q weisend angenommen, für die die auf sie wirkende Kraft berechnet werden soll. Zur Berechnung von $\vec{F}_1$ bzw. $\vec{F}_2$ ist also $\vec{r}_{21}$ als von Q_2 nach Q_1 bzw. $\vec{r}_{12}$ als von Q_1 nach Q_2 orientiert anzunehmen. Damit läßt sich das Coulombsche Gesetz

$$\vec{F}_{1/2} = \frac{1}{4\pi\varepsilon_0} \frac{Q_1 Q_2}{r^2} \left(\frac{\vec{r}_{21/12}}{r} \right) \tag{3.18}$$

als Vektorgleichung schreiben, nach der sich unter Beachtung der Vorzeichen der Ladungen Q_1 und Q_2 die Kraft mit Betrag, Richtung und Orientierung ergibt. Für quantitative Auswertungen wird die experimentell bestimmte elektrische Feldkonstante entsprechend Gl. (3.17) eingesetzt. Das Coulombsche Gesetz nach Gl. (3.18) beschreibt vollständig die Eigenheiten der Kraftwirkungen zwischen ruhenden Ladungen:

Gleichnamige Ladungen stoßen sich ab, ungleichnamige ziehen sich an, d.h., ist $Q_1 \cdot Q_2$ positiv, wirkt $\vec{F}_{1/2}$ jeweils in der Orientierung $\vec{r}_{21/12}$ (Abstoßung), ist $Q_1 \cdot Q_2$ negativ, wirkt $\vec{F}_{1/2}$ jeweils entgegen der Orientierung $\vec{r}_{21/12}$ (Anziehung). Es gilt das Reaktionsprinzip, d.h., $\vec{F}_1$ und $\vec{F}_2$ wirken mit gleichen Beträgen, aber entgegengesetzten Orientierungen in der Verbindungsgeraden zwischen Q_1 und Q_2 $(\vec{F}_1 = -\vec{F}_2)$.

Das Coulombsche Gesetz gilt streng nur für Punktladungen, näherungsweise aber auch für geladene Körper, deren Linearabmessungen klein sind gegenüber ihrem Abstand voneinander.

□ **Beispiel 3.2**

Das Coulombsche Gesetz ist formal ähnlich dem die Kraftwirkung zwischen zwei Massen m_1 und m_2 beschreibenden Gravitationsgesetz

$$F_m = \frac{k}{4\pi} \frac{m_1 m_2}{r^2}$$

mit $k = 8{,}38 \cdot 10^{-10}\,\mathrm{Nm^2/kg^2}$. Trotz dieser formalen Ähnlichkeit besteht aber zwischen den beiden fundamentalen Grundgleichungen ein qualitativer wie quantitativer Unterschied. Zwischen Massen können nur anziehende, zwischen Ladungen aber anziehende oder abstoßende Kräfte auftreten. Berechnet man für zwei Elektronen bzw. Protonen mit ihren Ruhemassen $m_e = 9{,}11 \cdot 10^{-31}\,\mathrm{kg}$ bzw. $m_p = 1{,}67 \cdot 10^{-27}\,\mathrm{kg}$ und Ladungen $e = 1{,}6 \cdot 10^{-19}\,\mathrm{As}$ das Verhältnis der Beträge von Coulomb- zu Gravitationskraft

$$\frac{F_c}{F_m} = \frac{Q^2/(4\pi\varepsilon_0 r^2)}{m^2 k/(4\pi r^2)} = \left(\frac{Q}{m}\right)^2 \frac{1}{k\,\varepsilon_0} \quad \begin{cases} \approx 4{,}2 \cdot 10^{42} \text{ für Elektronen} \\ \approx 1{,}3 \cdot 10^{36} \text{ für Protonen,} \end{cases} \tag{3.19}$$

so erkennt man auch den extremen quantitativen Unterschied. □

3.1.2.2 Feldwirkung der elektrischen Ladung. Das Coulombsche Gesetz wird der Fernwirkungstheorie zugeordnet, da eine Ladung Q_1 über beliebige räumliche Entfernungen hinweg die an einer zweiten Ladung Q_2 angreifende Kraft $\vec{F}_2$ bewirkt und umgekehrt. Der Ursache – Ladung – wird also eine in entfernten Raumgebieten auftretende Wirkung – Kraft auf eine zweite Ladung – unmittelbar zugeschrieben. Der die Ladungen umgebende Raum hat nach dieser Auffassung keine die Kraftwirkung vermittelnde Funktion.

Die Nahwirkungs- oder Feldtheorie dagegen erklärt alle zu beobachtenden Wirkungen als besondere physikalische Zustände des Raumes und ordnet konsequenterweise jeder Wirkung, hier der Kraftwirkung, eine in demselben Raumpunkt zur selben Zeit auftretende Feldgröße zu, die Ausdruck der im Raumzustand begründeten Ursache ist.

Elektrische Feldstärke $\vec{E}$. Im folgenden wird diese Vorstellung unmittelbar aus dem Coulombschen Gesetz anhand der in Bild **3.**8b skizzierten zwei Punktladungen Q_1 und Q_2 entwickelt. Auf die im Raumpunkt *1* befindliche Ladung Q_1 wirkt nach Gl. (3.18) die Coulombkraft

$$\vec{F}_1 = Q_1 \underbrace{\left[\frac{Q_2}{4\pi\varepsilon_0 r_{21}^2}\left(\frac{\vec{r}_{21}}{r_{21}}\right)\right]}_{\text{als Raumzustand aufgefaßt}}. \tag{3.20}$$

Nach der Feldtheorie soll nun diese Kraftwirkung über eine mit ihr zusammen an ein und demselben Ort auftretende Feldgröße beschrieben werden. Die Kraft $\vec{F}_1$ selbst darf offensichtlich nicht als Feldgröße im Sinne der Zustandsgröße des Raumes aufgefaßt werden, da sie auch von Betrag und Vorzeichen einer dort – zufällig – auftretenden Ladung Q_1 abhängt. Bezieht man aber die Kraft $\vec{F}_1$ auf die Ladung Q_1, auf die sie wirkt, bekommt man einen Quotienten

$$\frac{\vec{F}_1}{Q_1} = \frac{Q_2}{4\pi\varepsilon_0 r_{21}^2}\left(\frac{\vec{r}_{21}}{r_{21}}\right) = \vec{E}_1, \tag{3.21}$$

der unabhängig von der im Raumpunkt *1* vorhandenen Ladung Q_1 ist. Er kann daher als der allein dem Raumpunkt eigene Zustand angesehen werden, der sozusagen das Vermögen des Raumes beschreibt, in diesem Punkt eine Kraft auf eine Ladung auszuüben.

Über den speziellen Fall der zwei Punktladungen hinaus ist nun der Quotient Kraft pro Ladung als eine allein dem Raum eigene Feldgröße definiert, die als elektrische Feldstärke mit dem Symbol $\vec{E}$ bezeichnet wird. Wirkt also in einem Raumpunkt auf eine Ladung Q eine Kraft $\vec{F}$, so herrscht in diesem Raumpunkt eine elektrische Feldstärke

$$\vec{E} = \frac{\vec{F}}{Q}, \tag{3.22}$$

die wie die Kraft $\vec{F}$ eine Vektorgröße ist. Bei positiver Ladung sind die elektrische Feldstärke und die Kraft gleich orientiert ($\vec{E} \uparrow\uparrow \vec{F}$), bei negativer Ladung entgegengesetzt ($\vec{E} \uparrow\downarrow \vec{F}$).

Diese Definition hat grundsätzliche Bedeutung für das gesamte elektromagnetische Feld. Sie gilt ganz allgemein unabhängig davon, wie die Feldstärke verursacht wurde.

Nach der erläuterten Definition wird das elektrostatische Feld durch eine Kraft auf eine Ladung festgestellt; die Ladung wirkt also als Indikator, man spricht deshalb auch von einer Probeladung. Die dem Raumpunkt eigene elektrische

Feldstärke $\vec{E}$ ist von dem Wert der Probeladung insofern unabhängig, als der Feldzustand auch dann besteht, wenn infolge des Fehlens einer Probeladung keine Kräfte beobachtet werden.

Die SI-Einheit der elektrischen Feldstärke folgt unmittelbar aus Gl. (3.22)

$$[E]=1\,\frac{\mathrm{N}}{\mathrm{C}}=1\,\frac{\mathrm{VAs/m}}{\mathrm{As}}=1\,\frac{\mathrm{V}}{\mathrm{m}}. \tag{3.23}$$

Elektrische Flußdichte $\vec{D}$. Die nach Gl. (3.21) definierte elektrische Feldstärke

$$\vec{E}_1(Q_2) = \frac{\vec{F}_1}{Q_1} = \frac{Q_2}{4\pi\varepsilon_0 r_{21}^2}\left(\frac{\vec{r}_{21}}{r_{21}}\right) \tag{3.24}$$

Elektrische Feldstärke (Wirkungsgröße)	Definition (Meßvorschrift für die Wirkungsgröße)	Abhängigkeit von Ladung im Abstand r und Raumeigenschaft (ε_0) (Rechenvorschrift)

ist zwar unmittelbar im Raumpunkt ihrer Wirkung definiert (Nahwirkungstheorie), sie ist aber über die Rechenanweisung dieser Gleichung immer noch der räumlich entfernt liegenden primären Ursache Q_2 zugeordnet. Der Einfluß der Raumeigenschaften auf die Verknüpfungen zwischen der körperlich existenten Ladung (primäre Ursache) und der von ihr in einem beliebigen Raumpunkt verursachten Feldgröße (Wirkungsgröße des Raumes) kann also in diesem einfachen Beispiel noch nicht aufgezeigt werden, sondern erst im Zuge der in den folgenden Abschnitten erläuterten sukzessiven Ausweitung der Feldtheorie auf kompliziertere Gegebenheiten geklärt werden. Es erweist sich dabei insbesondere für den Materieraum (s. Abschn. 3.4) als zweckmäßig, eine weitere Feldgröße – als elektrische Flußdichte $\vec{D}$ bezeichnet – einzuführen mit der Definitionsgleichung

$$\vec{D}_1(Q_2) = \varepsilon_0\vec{E}_1(Q_2) = \frac{Q_2}{4\pi r^2}\left(\frac{\vec{r}_{21}}{r_{21}}\right), \tag{3.25}$$

elektrische Flußdichte	Definition über Raumeigenschaft	Abhängigkeit von Ladung und Raumgeometrie (Rechenvorschrift)

aus der deutlich wird, daß man die Ladung Q als die körperlich existente primäre Ursache des elektrischen Feldes allein über die Raumgeometrie in die dem Raumpunkt zugeordnete Feldgröße elektrische Flußdichte $\vec{D}(Q)$ umrechnen kann. Dementsprechend wird die elektrische Flußdichte $\vec{D}$ als die Feldgröße der Ursache angesehen (verursachende Feldgröße). Mit ihrer Definition entsprechend Gl. (3.25) bzw. Gl. (3.27) sind der die Wirkung des Feldes beschreibende

3.9 Zur Definition der Feldgrößen aus der Kraftwirkung

Feldvektor Feldstärke $\vec{E}$, der der Ursache des Feldes zugeordnete Feldvektor Flußdichte $\vec{D}$ und die Feldkonstante ε_0 so miteinander verknüpft, daß alle drei Größen in demselben Raumpunkt und zu derselben Zeit auftreten (s. Bild **3.**9). Ähnlich wie nach Gl. (3.21) für die elektrische Feldstärke festgestellt, kommt auch der für den speziellen Fall zweier Punktladungen hergeleiteten Definitionsgleichung (3.25) der elektrischen Flußdichte $\vec{D}$ allgemeinere Bedeutung zu. Man ersetzt dazu in Gl. (3.25) die elektrische Feldkonstante ε_0 durch eine als Permittivität

$$\varepsilon = \varepsilon_0 \varepsilon_r \tag{3.26a}$$

bezeichnete Größe, in der die Permittivitätszahl

$$\varepsilon_r = \frac{\varepsilon}{\varepsilon_0} \tag{3.26b}$$

den Einfluß der Materie auf das elektrische Feld beschreibt. In der so allgemein für Materieräume gültigen Definition der elektrischen Flußdichte

$$\vec{D} = \varepsilon \vec{E} \tag{3.27}$$

wird also auch der Einfluß der Materie auf den Zusammenhang zwischen Ursachen- ($\vec{D}$) und Wirkungsfeldgröße ($\vec{E}$) raumpunktbezogen über die Materialkennziffer ε_r beschrieben. Die Zweckmäßigkeit dieser Definition erkennt man schon hier aus der Vorstellung eines inhomogenen Materieraumes, für den ε nicht als konstante Größe, sondern als Ortsfunktion gegeben ist.

Vorstehende Erläuterungen zeigen, daß der elektrischen Ladung in der Feldtheorie eine doppelte Bedeutung zukommt, einerseits verursacht sie ein elektrisches Feld, andererseits erfährt sie im elektrischen Feld aber auch eine Kraftwirkung. Dabei mag durch das einfache Beispiel hier zunächst der Eindruck erweckt werden, daß die Felddarstellung ein – entbehrlicher – mathematischer Formalismus sei, da nach dem Coulombschen Gesetz Gl. (3.18) die Kraftwirkung des Feldes auch unmittelbar auf die dieses Feld erregenden Ladungen zurückführbar ist. Gerade in der Einführung der Feldvorstellung zeichnet sich jedoch der entscheidende Wandel der physikalischen Auffassung ab, deren Bedeutung erst bei der Behandlung schnell veränderlicher Felder und deren räumlicher Ausbreitung in vollem Umfang erkennbar wird.

3.2 Elektrisches Feld in Leitern (Strömungsfeld)

Im vorliegenden Abschnitt ist das elektrische Strömungsfeld aus der Ladungsströmung in begrenzten Leitergebieten erklärt, für die das Ohmsche Gesetz (s. Abschn. 2.1.1) gilt. Die Spannung U an einem solchen Gebiet ist durch das Ohmsche Gesetz $U=I \cdot R$ unabdingbar mit dem Strom I durch dieses Gebiet verknüpft, so daß man die primäre Ursache für die Ladungsströmung nicht mit in Betracht ziehen muß. Formal kann man also je nach Zweckmäßigkeit den Strom I (Ladungsströmung) als eingeprägt betrachten, der die sich einstellende Spannung (im Sinne des Spannungsabfalles) verursacht (s. Beispiel 3.6), oder auch umgekehrt. Auf das Problem des i. allg. in einem geschlossenen Kreis auftretenden Strömungsfeldes unter Einbeziehung seiner Ursache [22], die lokalisiert in diesem Kreis liegen (z. B. galvanische Quelle) oder nicht lokalisierbar mit diesem verknüpft (zeitlich sich änderndes Magnetfeld) sein kann, wird erst in Abschn. 4 eingegangen.

3.2.1 Wesen und Darstellung des elektrischen Strömungsfeldes

Wie in Abschn. 10.4 erläutert, ist in elektrischen Leitern ein Teil der Elementarladungsträger frei beweglich. Wirkt also in einem solchen Leiter eine elektrische Feldstärke $\vec{E}$, z. B. durch Anlegen einer Spannung, so übt diese einseitig gerichtete Kräfte $\vec{F}=Q\vec{E}$ auf die Elementarladungsträger aus, so daß sich in ihren unregelmäßigen thermischen Bewegungen eine gerichtete Bewegungskomponente ausbildet. Es kommt also zu einer resultierenden Ladungsströmung in Richtung der Kraftwirkung, ein Zustand, der als elektrisches Strömungsfeld bezeichnet wird. Man sagt auch, die frei beweglichen Ladungsträger d r i f t e n in Richtung der Kraftwirkung.

3.2.1.1 Driftladung und Driftgeschwindigkeit. In der Feldlehre wird ähnlich wie in Abschn. 3.1.1.1 für die Ladung Q erläutert, die Elementarladung e der frei beweglichen Ladungsträger als Kontinuum aufgefaßt, wie im folgenden erläutert. Einen langen, geraden Leiter homogenen Materials mit dem Querschnitt A_q stellt man sich, wie in Bild **3.**10 skizziert, in Volumenelemente $\Delta V=A_q \Delta l$ der Länge Δl unterteilt vor, in denen sich Δn_d frei bewegliche Elementarladungsträger mit der Elementarladung e befinden. Die sich damit insgesamt in einem Volumenelement befindliche, frei bewegliche Ladung wird zur Unterscheidung von der allgemeinen Raumladung nach Gl. (3.2) (die in einem solchen Leiter Null ist) als D r i f t l a d u n g $\Delta Q_d=e \Delta n_d$ bezeichnet. Da diese Driftladung als Kontinuum, d. h. über die „Zwischenräume" ihrer Träger hinweg kontinuierlich über das Volumen ΔV „verschmiert" angenommen wird, läßt sich ähnlich Gln. (3.2) bis (3.4)

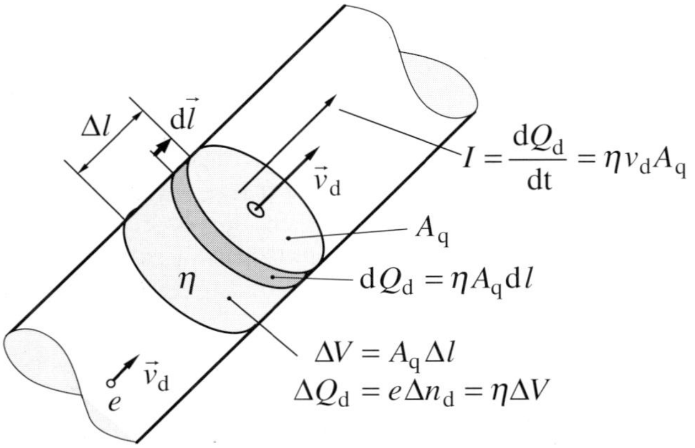

3.10 Zusammenhang zwischen Driftgeschwindigkeit $\vec{v}_d$ einer homogenen Driftladungsströmung und dem diese beschreibenden Strom I

eine Driftladungsdichte

$$\eta = \lim_{\Delta V \to 0} \frac{\Delta Q_d}{\Delta V} = \frac{dQ_d}{dV} \tag{3.28}$$

definieren, die sich als räumlicher Mittelwert der real nur in den Ladungsträgern existierenden Driftladung auch jedem Raumpunkt zuordnen läßt. Mit dieser Driftladungsdichte η läßt sich nun auch für ein (gegen Null strebendes) infinitesimales Volumenelement $dV = A_q dl$ mit der (gegen Null strebenden) infinitesimalen Leiterlänge dl eine infinitesimale Driftladung

$$dQ_d = \eta dV = \eta A_q dl \tag{3.29}$$

bestimmen.

3.2.1.2 Driftgeschwindigkeit und Stromdichte. Betrachtet wird weiter der in Bild 3.10 dargestellte Leiter. Strömt die in dem Volumenelement $dV = A_q dl$ der Länge dl befindliche Driftladung $dQ_d = \eta dV$ in der Zeit dt durch die Stirnfläche A_q dieses Volumens, so entspricht der Quotient dQ_d/dt als Ladung, die pro Zeit durch den Leiterquerschnitt strömt, der Definition des elektrischen Stromes

$$I = \frac{dQ_d}{dt} = \eta A_q \frac{dl}{dt} = \eta v_d A_q, \tag{3.30}$$

wie sie bereits mit Gl. (1.6) angegeben ist. Da sich das „Ladungspaket" $\eta A_q dl$ mit seiner Länge dl in der Zeit dt durch die Fläche A_q schiebt, gibt der Quotient dl/dt die Driftgeschwindigkeit v_d dieser Ladung an. Ist wie im vorliegenden Beispiel eines geraden, langen Leiters die Ladungsströmung gleichmäßig über den Leiterquerschnitt A_q verteilt (also homogen), so stellt sich in allen Punkten der Querschnittsfläche A_q die gleiche Driftgeschwindigkeit $v_d = \text{const}$ ein, die nach Gl. (3.30) proportional dem Quotienten Strom I zu Querschnitt A_q ist ($I/A_q = \eta v_d$). Damit läßt sich also die mechanische Größe der Ladungsgeschwindigkeit $\vec{v}_d$ proportional der elektrischen Größe Strom pro Fläche schreiben, die als Stromdichte

$$S = \frac{I}{A_q} = \eta v_d \tag{3.31}$$

bezeichnet wird. Die Driftladungsdichte η der hier als Kontinuum vorgestellten Driftladung entspricht dem Produkt ne aus Driftladungsträgerkonzentration n und Elementarladung e bei der elektronentheoretischen Erklärung der Ladungsströmung [s. Abschn. 10.4.3.1, Gl. (10.45)].

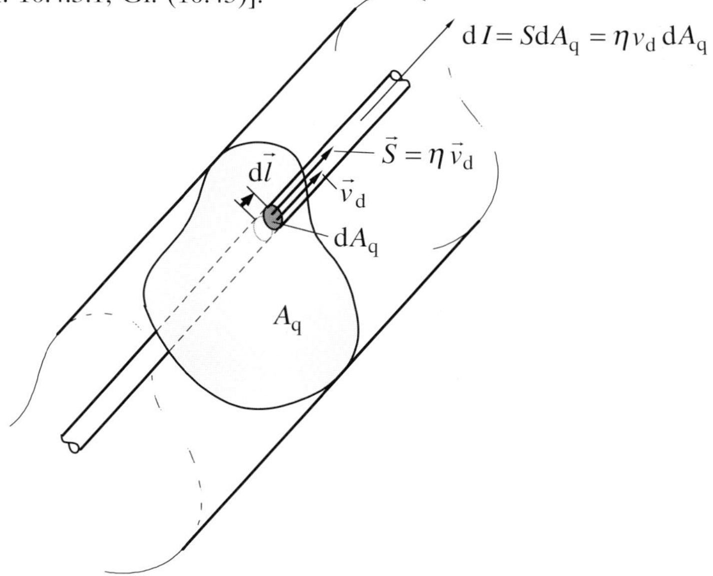

3.11 Zusammenhang zwischen Driftgeschwindigkeit $\vec{v}_d$ einer inhomogenen Driftladungsströmung und der diese beschreibenden Stromdichte $\vec{S}$

Bei inhomogener Ladungsströmung muß man sich, wie in Bild **3.11** skizziert, das Leitungsgebiet in infinitesimale „Stromröhren" des Querschnittes $\mathrm{d}A_q$ unterteilt vorstellen, in denen auch ein infinitesimaler Strom $\mathrm{d}I$ fließt, der dann jeweils wieder als gleichmäßig über den Querschnitt verteilt gilt. Damit gilt auch Gl. (3.31) sinngemäß, d.h. in differentieller Schreibweise

$$S = \frac{\mathrm{d}I}{\mathrm{d}A_q} = \eta v_d, \tag{3.32}$$

die dann – in allgemeingültiger, vektorieller Form geschrieben – der vollständigen Definition der elektrischen Stromdichte

$$\vec{S} = \eta \vec{v}_\mathrm{d} \tag{3.33}$$

entspricht. In jedem Punkt eines homogenen oder inhomogenen Strömungsfeldes ist die Stromdichte $\vec{S}$ proportional der in diesem Punkt auftretenden Driftgeschwindigkeit $\vec{v}_\mathrm{d}$ der Driftladung.

Wie in der Strömungsmechanik üblich, läßt sich auch die Strömungsgeschwindigkeit der Driftladung anschaulich durch „Strömungslinien" darstellen, die als Feldlinien bezeichnet werden. Im Falle eines geraden Leiters mit konstantem Querschnitt verteilt sich die Ladungsströmung gleichmäßig über den Leiterquerschnitt, d. h., an jedem Punkt innerhalb des Leitervolumens tritt die gleiche Driftgeschwindigkeit der Driftladung in Leiterlängsrichtung auf, die durch gleiche Vektoren $\vec{v}_\mathrm{d}$ gekennzeichnet werden kann (s. Bild **3.**12). Zeichnet man in ein solches Richtungsfeld durchgehende Linienzüge, deren Tangentenrichtungen überall mit den Richtungen der Vektoren $\vec{v}_\mathrm{d}$ der Driftgeschwindigkeit übereinstimmen, so vermittelt dieses Linienbild – Feldlinienbild – einen anschaulichen Eindruck von der räumlichen Verteilung der Ladungsströmung (s. Bild **3.**12).

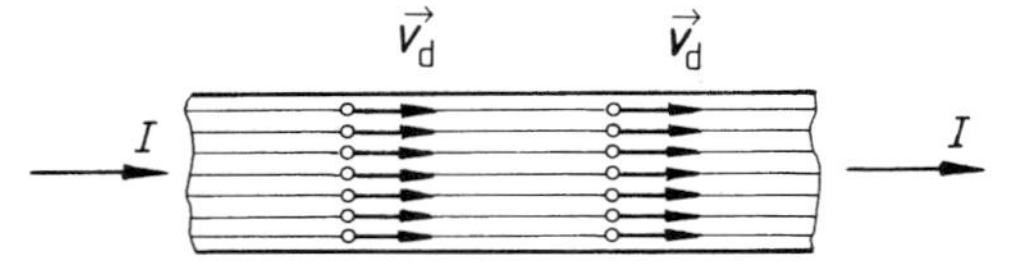

3.12 Feldlinienbild der Driftgeschwindigkeit $\vec{v}_\mathrm{d}$ einer Ladungsströmung in einem geraden Leiter konstanten Querschnitts

Die Zweckmäßigkeit der Feldliniendarstellung wird besonders deutlich, wenn nicht nur lange gerade Leiter konstanten Querschnitts, sondern solche mit gestuften Querschnitten betrachtet werden. In Bild **3.**13 ist beispielsweise eine Leiterschiene der konstanten Dicke d skizziert, deren Breite sich aber an der Stelle x sprungartig von einem Wert $b_1 = b$ auf den doppelten Wert $b_2 = 2b$ ändert.

Damit sind nach Gl. (3.31) die Stromdichte $S = I/A$ und die Driftgeschwindigkeit $v_\mathrm{d} = S/\eta$ in dem breiteren Abschnitt *3* des Leiters halb so groß wie im schmaleren *1*. Mit der Annahme, daß sich die Ladungsströmung ähnlich wie die Strömung von Flüssigkeiten beim unstetigen Übergang vom kleineren auf den größeren Leiterquerschnitt stetig in den größeren Querschnitt ausbreitet, ergibt sich eine Geschwindigkeitsverteilung, wie sie in Bild **3.**13 durch die eingezeichneten Vektoren dargestellt ist.

Auch in dieses durch Vektoren in Richtung und Intensität (Betrag der Vektoren) graphisch dargestellte Feld der Strömungsgeschwindigkeit lassen sich Feldlinien einzeichnen, deren Tangentenrichtungen überall parallel zu den Vektoren $\vec{v}_\mathrm{d}$ der

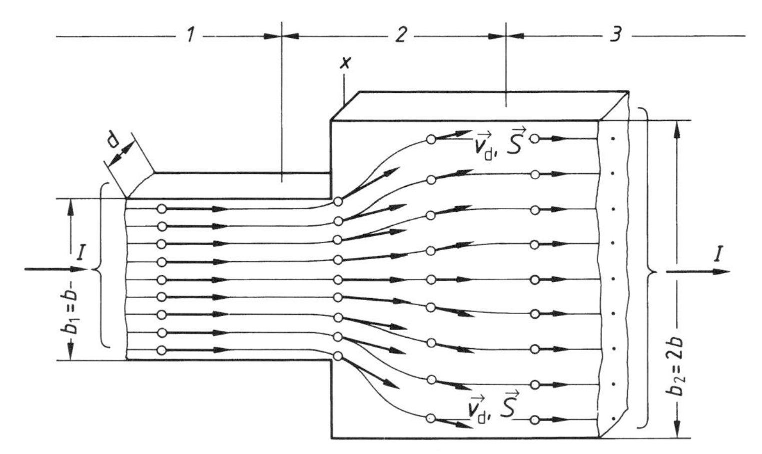

3.13 Feldlinienbild der Driftgeschwindigkeit $\vec{v}_d$ einer Driftladungsströmung bzw. der Stromdichte $\vec{S}$ in einem Leiter mit unstetiger Querschnittsänderung

Strömungsgeschwindigkeit liegen (s. Bild **3.**13). Werden alle Feldlinien durchgehend gezeichnet, so tritt durch jeden Querschnitt des Leiters die gleiche Anzahl von Feldlinien. Kennzeichnet die in allen Querschnitten A gleiche Anzahl n der Feldlinien den in allen Querschnitten gleichen Strom I, so entspricht der Betrag der Stromdichte $S=I/A$ dem Kehrwert des Feldlinienabstandes, der aber wiederum der Feldliniendichte (n/A) proportional ist. Felder wie das nach Bild **3.**13 werden durch das ebene Feldlinienbild vollständig beschrieben, da dieses dem Strömungsfeld in allen Längsschnitten der Leiterschiene entspricht, d.h., der Stromdichtevektor $\vec{S}$ ist in allen Punkten der Längsebene des Leiters jeweils über die Dicke d konstant. Damit sind für die Abschnitte *1* und *3* der Leiterschiene in Bild **3.**13 mit $A_1=b_1 d$ bzw. $A_2=b_2 d$ die Stromdichte $S_1=I/(b_1 d)$ bzw. $S_2=I/(b_2 d)$ und die Feldliniendichte $n/(b_1 d)$ bzw. $n/(b_2 d)$. Mit $d=\text{const}$ ist also der Betrag der Stromdichte umgekehrt proportional dem ebenen Feldlinienabstand $[(b_1/n)^{-1} \sim S_1$ bzw. $(b_2/n)^{-1} \sim S_2]$ und proportional der Feldliniendichte ($n/b_1 \sim S_1$ bzw. $n/b_2 \sim S_2$) in der Ebene. Die geometrische Deutung des ebenen Feldlinienbildes ist also besonders einfach, da sie eindimensional breitenbezogen erfolgen kann.

Allgemein läßt sich feststellen, daß bei der graphischen Darstellung der Ladungsströmung im Leiter, also des Strömungsfeldes, durch Feldlinien die Strömungsgeschwindigkeit in allen Punkten des Gebietes tangential zu den Feldlinien gerichtet ist mit einem Betrag, der sich proportional der Dichte der Feldlinien, also umgekehrt proportional ihrem Abstand ergibt. Die Anzahl der Feldlinien darf willkürlich gewählt werden. Sie können damit i.allg. nicht quantitativ ausgewertet werden – es sei denn, ein Maßstabsfaktor ist festgelegt. Die Feldlinien dürfen auch nicht allgemein als Bahnkurven der tatsächlichen Ladungsträgerbewegung angesehen werden. Trotz dieser Einschränkungen vermitteln sie aber einen anschaulichen Eindruck, wie sich die Strömungsgeschwindigkeit über das Leitungsgebiet verteilt. Insbesondere bei inhomogenen Strömungen werden die Gebiete hoher Strömungsgeschwindigkeit (Stromdichte) durch die sich hier zusammendrängenden Feldlinien (Dichte der Feldlinien ist groß) eindrucksvoll hervorgehoben.

Da die Vektoren der Stromdichte $\vec{S}$ und der Driftgeschwindigkeit $\vec{v}_d$ der Ladung die gleiche Richtung haben und sich nur betragsmäßig um den Faktor η unterscheiden, ergibt sich für die Stromdichte $\vec{S}$ das gleiche Feldlinienbild wie für die Strömungsgeschwindigkeit $\vec{v}_d$ der Ladung. (Dies gilt allerdings nicht mehr für Leitungsgebiete inhomogener Materialverteilung, in denen der spezifische Widerstand ϱ und damit der Faktor η nicht konstant, sondern ortsabhängig ist.) Beispielsweise gilt das in Bild **3.**13 für die vom Strom I durchflossene Leiterschiene skizzierte Feldlinienbild nicht nur für die Strömungsgeschwindigkeit $\vec{v}_d$ der Ladung, sondern entsprechend Gl. (3.33) auch für die in diesem Leiter auftretende Stromdichte $\vec{S}$. Die Richtung der Vektoren $\vec{S}$ wird durch die Tangenten an die Feldlinien bestimmt, und der Betrag S der Vektoren ist umgekehrt proportional dem Abstand zwischen den Feldlinien.

3.2.2 Stromdichte und Strom

In homogenen Strömungsfeldern, wie sie z. B. in langen, geraden Leitern mit konstantem Querschnitt A_q auftreten, wird der Zusammenhang zwischen der Stromdichte S und dem Strom I vollständig durch die Gl. (3.31) beschrieben. Unbedingt zu beachten ist allerdings, daß in der Gleichung für den Strom

$$I = S A_q \tag{3.34}$$

die Fläche A_q der Leiterquerschnitt ist, der rechtwinklig zur Richtung der gleichmäßig über den Querschnitt verteilten Driftgeschwindigkeit $\vec{v}_d$ bzw. der Stromdichte $\vec{S}$ liegt (s. Bild **3.**14). Betrachtet man aber eine Fläche A_α, die, wie in Bild **3.**14 skizziert, um den Winkel $0 < \alpha < \pi/2$ gegenüber der Querschnittsfläche A_q geneigt ist, so ist diese Fläche $A_\alpha = A_q / \cos\alpha$ abhängig vom Neigungswinkel α größer als die Querschnittsfläche A_q. Der Strom I und die Stromdichte $\vec{S}$ sind aber im ganzen Leiter, also auch in der geneigten Fläche A_α die gleichen wie in

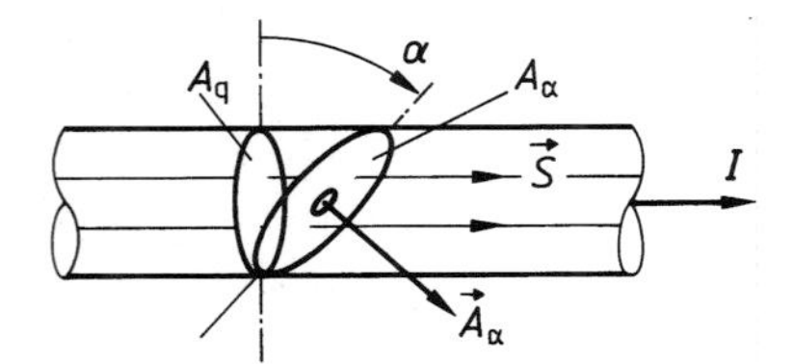

3.14 Strom I und Stromdichte $\vec{S}$ in einem geraden Leiter

der Querschnittsfläche A_q. Man erkennt aus Bild **3.**14, daß für den Zusammenhang zwischen dem Strom I und dem Betrag der Stromdichte S in einer Fläche A_α beliebiger Neigung zum Querschnitt sinngemäß die Gl. (3.34) gilt, wenn nicht die Fläche A_α selbst, sondern deren Projektion in eine Ebene senkrecht zur Leiterlängsachse, d.h. zur Richtung der Stromdichte $\vec{S}$, eingesetzt wird, die also der Querschnittsfläche entspricht $[I=S(A_\alpha \cos\alpha)=SA_q]$.

Die Erläuterungen zu Bild **3.**14 können allgemeingültig auf homogene Strömungsfelder der Stromdichte $\vec{S}$ in einer beliebigen um den Winkel $(\pi/2)-\alpha$ gegenüber dem Stromdichtevektor $\vec{S}$ geneigten ebenen Fläche A übertragen werden. Für den durch diese Fläche A fließenden Strom I gilt (s. Bild **3.**15)

$$I=SA\cos\alpha. \tag{3.35}$$

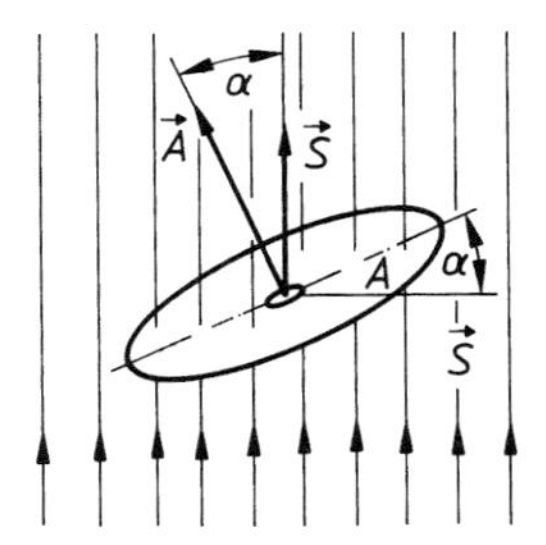

3.15 Beschreibung der Lage einer ebenen Fläche A im homogenen elektrischen Strömungsfeld

Für eine zweckmäßige formale Beschreibung des Zusammenhangs zwischen Strom I und Stromdichte S sind folgende Festlegungen getroffen (s. Bild **3.**16):

a) Die räumliche Lage einer ebenen Fläche A wird durch einen Vektor $\vec{A}$ beschrieben, der senkrecht auf dieser Fläche steht und willkürlich gewählt in eine der beiden möglichen Richtungen weist.

b) Die Größe der ebenen Fläche A wird durch den Betrag des Vektors $\vec{A}$ beschrieben.

c) Der Zählpfeil für den Strom I wird immer in Richtung des Flächenvektors $\vec{A}$ durch die Fläche A weisend angetragen. Dieser Stromzählpfeil beschreibt entsprechend Abschn. 1.2.4.1 im Zusammenhang mit dem Vorzeichen des nach Gl. (3.35) bzw. (3.36) berechneten Zahlenwertes für den Strom I die Richtung der positiven Ladungsströmung durch die Fläche A.

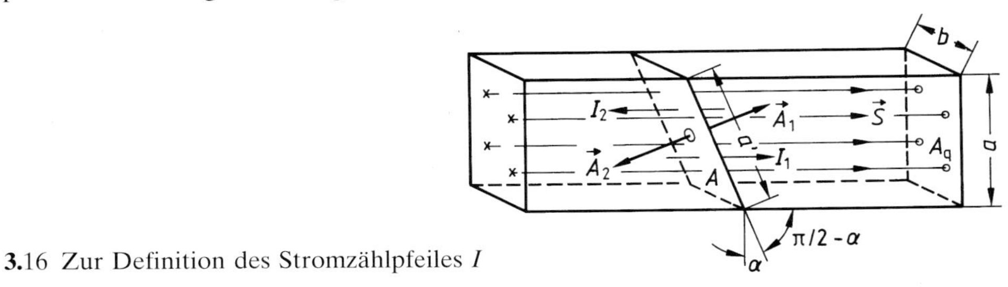

3.16 Zur Definition des Stromzählpfeiles I

Mit diesen Vereinbarungen kann Gl. (3.35) als Vektorgleichung

$$I = \vec{S} \cdot \vec{A} \tag{3.36}$$

geschrieben werden. Die rechte Seite stellt das Skalarprodukt aus Stromdichtevektor $\vec{S}$ und Flächenvektor $\vec{A}$ dar, das nach den Regeln der Vektorrechnung $SA \cos\alpha$ ergibt [6]. Da die durch den Stromdichtevektor $\vec{S}$ gegebene Richtung der Ladungsströmung in dem Skalarprodukt $\vec{S} \cdot \vec{A}$ nicht mehr zum Ausdruck kommt, muß sie mit der Vereinbarung nach c) durch einen Zählpfeil für I beschrieben werden.

□ **Beispiel 3.3**

In dem in Bild **3.**16 skizzierten Leiter mit dem rechteckigen Querschnitt $A_q = ab = 2\,\text{cm} \cdot 1{,}5\,\text{cm}$ tritt ein homogenes elektrisches Strömungsfeld in Leiterlängsrichtung auf mit der gegebenen Stromdichte $S = 5\,\text{A/mm}^2$. Der Strom I durch die um $(\pi/2) - \alpha$ gegenüber der Leiterlängsachse geneigte Schnittfläche $A = a'b = 2{,}15\,\text{cm} \cdot 1{,}5\,\text{cm} = 3{,}22\,\text{cm}^2$ ist zu berechnen.

Mit der gegebenen Länge $a' = 2{,}15\,\text{cm}$ der Schnittfläche $A = a'b$ ergibt sich der Kosinus ihres Neigungswinkels α zur Querschnittsfläche $A_q = ab$ zu $\cos\alpha = a/a' = 2\,\text{cm}/(2{,}15\,\text{cm}) = 0{,}93$ und damit der Winkel $\alpha = 21{,}5°$.

Lösung 1. Der Flächenvektor $\vec{A}_1$ wird rechtwinklig zu der gegebenen Schnittfläche A in Bild **3.**16 willkürlich gewählt nach rechts weisend angetragen. Dieser Flächenvektor $\vec{A}_1$ schließt mit dem Stromdichtevektor $\vec{S}$ des vorhandenen Strömungsfeldes den Winkel $\alpha = 21{,}5°$ ein. Für den Strom I_1 durch die Fläche A ist der Zählpfeil in Richtung des Flächenvektors $\vec{A}_1$, also in Bild **3.**16 von links nach rechts durch die Fläche weisend einzutragen. Der Zahlenwert dieses Stromes $I = \vec{S} \cdot \vec{A}_1 = SA \cos\alpha = (5\,\text{A/mm}^2)\ 3{,}22\,\text{cm}^2 \cdot 0{,}93 = 150\,\text{kA}$ ist nach Gl. (3.36) positiv, d.h., die positive Ladung fließt in Richtung des Zählpfeiles I_1, was auch der Richtung des Stromdichtevektors $\vec{S}$ entspricht.

Lösung 2. Der Flächenvektor $\vec{A}_2$ wird rechtwinklig zur gegebenen Fläche A in Bild **3.**16 willkürlich gewählt nach links weisend angetragen. Damit schließen die Vektoren $\vec{A}_2$ und $\vec{S}$ den Winkel $\pi - \alpha = 158{,}5°$ ein, und entsprechend bekommt man nach Gl. (3.36) für den Strom einen negativen Zahlenwert $I_2 = \vec{S} \cdot \vec{A}_2 = SA \cos(\pi - \alpha) = (5\,\text{A/mm}^2)\ 3{,}22\,\text{cm}^2\ (-0{,}93) = -150\,\text{kA}$. Für diesen Strom I_2 ist der Zählpfeil in Richtung des Flächenvektors A_2, also in Bild **3.**16 von rechts nach links durch die Fläche A weisend anzutragen. Da bei negativem Zahlenwert für den Strom die positive Ladungsströmung entgegen der Zählpfeilrichtung erfolgt, führt Lösung 2 wie Lösung 1 auf eine von links nach rechts strömende positive Ladung, was der gegebenen Stromdichte $\vec{S}$ entspricht. □

In einem inhomogenen Strömungsfeld, wie es z.B. im Bereich *2* der Leiterschiene nach Bild **3.**13 auftritt, sind i.allg. weder der Betrag noch die Richtung der Stromdichte $\vec{S}$ über eine betrachtete Fläche A konstant. Ist eine Fläche nicht eben, kann sie nicht durch einen einzigen Flächenvektor gekennzeichnet werden. Um auch in solchen Fällen den Zusammenhang zwischen Strom I und Stromdichte $\vec{S}$ beschreiben zu können, wird die gegebene Fläche A in infinitesimale Flächenelemente $\mathrm{d}A$ unterteilt, für die dann naturgemäß angenommen werden kann, daß

a) ein solches Flächenelement $\mathrm{d}A$ auch bei gekrümmten Flächen eben und somit durch einen Flächenvektor $\mathrm{d}\vec{A}$ eindeutig beschrieben ist und

b) die Stromdichte $\vec{S}$ über dieses Flächenelement $\mathrm{d}A$ nach Betrag und Richtung konstant ist.

Damit läßt sich entsprechend Gl. (3.36) der durch ein infinitesimales Flächenelement $\mathrm{d}A$ fließende infinitesimale Strom

$$\mathrm{d}I = \vec{S} \cdot \mathrm{d}\vec{A}$$

berechnen. Der gesamte Strom durch eine Fläche A ist die Summe aller Teilströme $\mathrm{d}I$, die als Integral

$$I = \int_A \vec{S} \cdot \mathrm{d}\vec{A} \tag{3.37}$$

geschrieben wird.

Zur näheren Erläuterung der Gl. (3.37) wird die in dem inhomogenen Strömungsfeld des Bereiches *2* der Leiterschiene nach Bild **3.**13 liegende Querschnittsfläche A_2 betrachtet (s. Bild **3.**17). Man stellt sich das Strömungsfeld in einzelne „Strömungsröhren" mit infinitesimal kleinen Querschnitten $\mathrm{d}A_\mathrm{q}$ unterteilt vor, deren Mittellinien parallel zu den Feldlinien der Stromdichte verlaufen. Diese Strömungsröhren durchdringen die betrachtete Fläche A_2 unter dem jeweils bestimmten Winkel α zu den Flächennormalen $\mathrm{d}\vec{A}_2$ und begrenzen dabei die Flächenelemente $\mathrm{d}A_2$. Mit dem Stromdichtevektor $\vec{S}$ in Richtung der Längsachse der „Strömungsröhre", dem Flächenvektor $\mathrm{d}\vec{A}_2$ in Richtung der Flächennormalen und dem Durchdringungswinkel α ergibt sich der Strom $\mathrm{d}I = \vec{S} \cdot \mathrm{d}\vec{A}_2$ in der „Strömungsröhre". Die Summation – Integration – der Ströme aller „Strömungsröhren" durch die Fläche A_2 ergibt den Strom $I = \int_{A_2} \vec{S} \cdot \mathrm{d}\vec{A}_2 = \int_{A_2} S\, \mathrm{d}A_2 \cos\alpha$ durch die Fläche A_2.

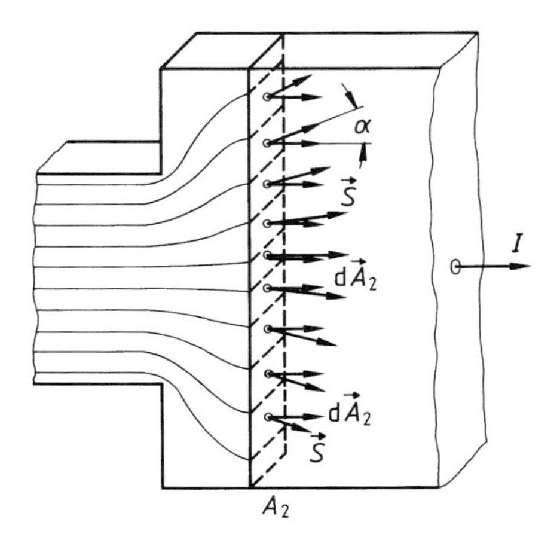

3.17 Stromdichtevektoren $\vec{S}$ und Flächenvektoren $\mathrm{d}\vec{A}_2$ in einer Fläche A_2 im inhomogenen elektrischen Strömungsfeld

Die Berechnung des Stromes I durch eine bekannte Fläche A ist bei bekannter Stromdichte $\vec{S}$ mit Gl. (3.37) ohne Schwierigkeiten möglich. Dagegen kann die Berechnung der Stromdichte $\vec{S}$ aus einem gegebenen Strom I zu erheblichen Schwierigkeiten führen, da die Stromdichte $\vec{S}$ nur implizit in Gl. (3.37) enthalten ist. Eine Berechnung der Stromdichte $\vec{S}$ als Ortsfunktion für inhomogene Strömungsfelder kann mit dem hier vorausgesetzten mathematischen Grundlagenwissen nur durchgeführt werden, wenn sich durch Symmetrieüberlegungen das Problem vereinfachen läßt, wie in Beispiel 3.4 gezeigt ist.

□ **Beispiel 3.4**

In einer galvanischen Zelle (s. Abschn. 10.3.3.1) entsprechend Bild **3.**18a mit zylindrischen Elektroden A und K soll die Stromdichte S in dem Elektrolyt Y für einen Belastungsstrom $I = 1$ A berechnet werden. Der Elektrolyt habe in dem ganzen Raumgebiet zwischen Anode und Kathode den konstanten spezifischen Widerstand ϱ.

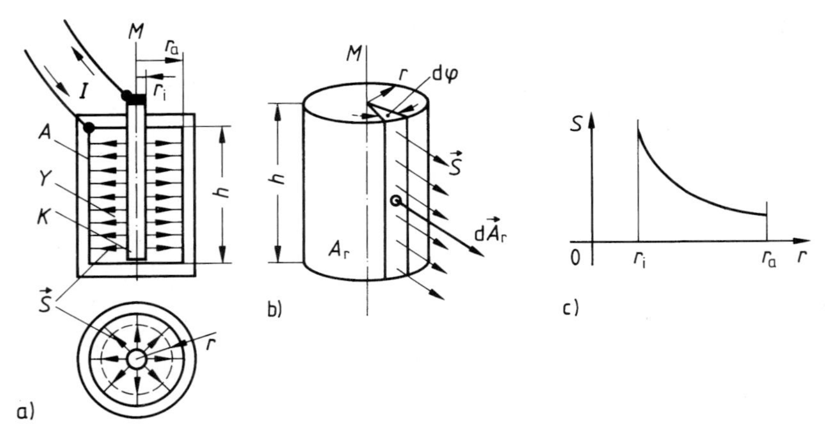

3.18 Elektrisches Strömungsfeld in einer galvanischen Zelle
a) Feldlinienbild der Stromdichte $\vec{S}$ in Längs- und Querschnitt
b) gedachter konzentrischer Zylinder als Integrationsfläche
c) Betrag der Stromdichte S in Abhängigkeit vom Radius r

Bei konstantem spezifischem Widerstand ϱ und konzentrisch zueinander liegenden Elektroden wird sich ein radialsymmetrisches elektrisches Strömungsfeld ausbilden, wie es in Bild **3.**18a skizziert ist (Randverzerrungen des Feldes werden außer acht gelassen). Die Stromdichte $\vec{S}$ ist radial nach außen gerichtet, ihr Betrag ist in allen Punkten mit dem gleichen Abstand r von der Mittellinie M konstant.

Für die Berechnung der Stromdichte nimmt man eine konzentrisch zwischen den Elektroden liegende Zylinderfläche A_r mit dem Radius r an (s. Bild **3.**18b). Da die Stromdichte $\vec{S}$ über die Höhe h der gewählten Zylinderfläche A_r den gleichen Betrag und die gleiche Richtung hat, kann die Unterteilung von A_r in infinitesimal kleine ebene Flächen dA_r als Streifen der Höhe h und der tangentialen Breite $r\,d\varphi$ erfolgen. Die Flächenvektoren $d\vec{A}_r$ dieser Flächenelemente $dA_r = h\,r\,d\varphi$ werden als Normale auf dem Zylindermantel nach außen weisend angetragen und liegen somit parallel zum Stromdichtevektor $\vec{S}$. Entsprechend

Gl. (3.37) kann der durch die Zylinderfläche fließende Strom

$$I = \int_{A_r} \vec{S} \cdot \mathrm{d}\vec{A}_r = \int_{A_r} S(h\,r\,\mathrm{d}\varphi)$$

durch Integration über dem Umfang

$$I = S\,h\,r \int_0^{2\pi} \mathrm{d}\varphi = S\,h\,r \cdot 2\pi$$

berechnet werden. Diese Gleichung kann explizit nach der gesuchten Stromdichte

$$S = \frac{I}{2\pi h r}$$

aufgelöst werden. In Bild **3.**18c ist S als Funktion von r dargestellt. Für eine Zelle mit $h = 55\,\mathrm{mm}$ ergibt die quantitative Auswertung $S = 1\,\mathrm{A}/(2\pi \cdot 55\,\mathrm{mm} \cdot r) = (2{,}9\,\mathrm{mA/mm})/r$. Da die Stromdichte S umgekehrt proportional dem Radius r ist, strebt sie mit $r \to 0$ gegen Unendlich. Die innere Elektrode muß also einen Mindestdurchmesser $2\,r_{\mathrm{min}}$ haben, damit bei einem maximal zugelassenen Belastungsstrom I_{max} eine maximal zulässige Stromdichte S_{zul} in dem Elektrolyt nicht überschritten wird $[2\,r_{\mathrm{i}} > 2\,r_{\mathrm{min}} = I/(\pi\,h\,S_{\mathrm{zul}})]$. □

3.2.3 Elektrische Feldstärke und Spannung

Zur Erklärung des Zusammenhanges zwischen der die Driftgeschwindigkeit $\vec{v}_{\mathrm{d}}$ beschreibenden Feldgröße Stromdichte $\vec{S}$ und der diese verursachenden elektrischen Feldstärke $\vec{E}$ wird das homogene elektrische Strömungsfeld in einem geraden Leiter der Länge l, des konstanten Querschnittes A_{q} und des konstanten spezifischen Widerstandes ϱ entsprechend Bild **3.**19 betrachtet. Durch entsprechende Kontaktierungen K soll sich der Strom I unmittelbar hinter den Stirnflächen des Leiters gleichmäßig über den Leiterquerschnitt A_{q} verteilen, so daß über die ganze Länge l die konstante Stromdichte $S = I/A_{\mathrm{q}}$ parallel zur Leitermittellinie in Richtung des Stromes I auftritt. Dieser Strom I erfordert nach dem Ohmschen Gesetz Gl. (2.4) die Spannung $U = I\,R$ über die Leiterlänge. Setzt man den Widerstand des Leiters $R = \varrho\,l/A_{\mathrm{q}}$ entsprechend Gl. (2.8) in die Gleichung für U ein $(U = I\,\varrho\,l/A_{\mathrm{q}})$, so enthält diese nach Umformung

$$\frac{U}{l} = \frac{\varrho I}{A_q} = \varrho S \tag{3.38}$$

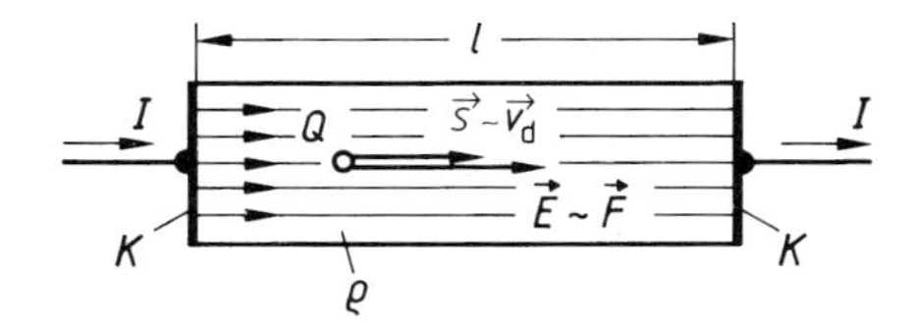

3.19 Feldlinienbild für Stromdichte $\vec{S}$ und elektrische Feldstärke $\vec{E}$ in einem geraden Leiter konstanten Querschnitts mit idealen Kontaktierungsflächen an den Stirnseiten die Feldgröße Stromdichte $S=I/A_q$ und eine längenbezogene Spannung U/l, die nach den Erläuterungen in Abschn. 3.1.2.2 als Kraft pro Ladung, also als elektrische Feldstärke $E=F/Q=U/l$, gedeutet werden kann. Die hier für das homogene Strömungsfeld mögliche skalare Betrachtung der Feldgrößen darf nicht davon ablenken, daß die elektrische Feldstärke $\vec{E}=\vec{F}/Q$ naturgemäß eine Vektorgröße ist, die die gleiche Richtung wie die Stromdichte $\vec{S}$ hat. Ersetzt man in Gl. (3.38) den Quotienten U/l durch die Feldgröße E und schreibt diese ihrer Natur entsprechend ebenso wie die Feldgröße Stromdichte $\vec{S}$ als Vektor $\vec{E}$, so bekommt man die Vektorgleichung

$$\vec{E}=\varrho\vec{S}, \qquad (3.39)$$

die den Zusammenhang zwischen den beiden Feldgrößen $\vec{E}$ und $\vec{S}$ allgemeingültig beschreibt. Man erkennt aus Gl. (3.39), daß ein für die Stromdichte $\vec{S}$ gewonnenes Feldlinienbild auch als ein solches für die elektrische Feldstärke $\vec{E}$ gedeutet werden kann, sofern der spezifische Widerstand ϱ des Strömungsgebietes konstant ist.

Bei homogenen Strömungsfeldern wie in dem Leiter nach Bild **3.**19 verteilen sich der Strom I gleichmäßig über den Querschnitt A_q und die Spannung U gleichmäßig über die Länge l. Damit ist in einfacher Weise der Zusammenhang zwischen Strom und Stromdichte ($I=SA_q$) entsprechend Gl. (3.34) und der zwischen Spannung und elektrischer Feldstärke

$$U=El \qquad (3.40)$$

beschrieben.

In inhomogenen Strömungsfeldern wie z.B. dem in Bild **3.**13 ist die Stromdichte $\vec{S}$ und damit auch die elektrische Feldstärke $\vec{E}=\varrho\vec{S}$ weder in Betrag noch Richtung über die Länge des Leitungsgebietes konstant. Eine mittlere Feldstärke mit dem Betrag $E_{min}=U/l$ hat wenig Bedeutung, zumal es fraglich ist, welcher Längenwert einzusetzen wäre. In inhomogenen Feldern muß die elektrische Feldstärke $\vec{E}$ daher als Ortsfunktion betrachtet werden. Dieses wird anschaulich anhand eines inhomogenen Strömungsfeldes entsprechend Bild **3.**13 erläutert. Bei konstantem spezifischem Widerstand ϱ für die dargestellte Leiterschiene ist mit dem Feldlinienbild für die Stromdichte $\vec{S}$ auch das für die elektrische Feldstärke $\vec{E}=\varrho\vec{S}$ gegeben (s. Bild **3.**20). Man stellt sich nun eine Linie entlang einer Feldlinie der elektrischen Feldstärke $\vec{E}$ in diesem Feld in infinitesimal kleine Strecken $d\vec{l}$ unterteilt vor, über die die Feldstärke $\vec{E}$ jeweils als konstant angenommen werden kann (s. Bild **3.**20, zweite Feldlinie von oben). Über jede dieser Elementarstrecken dl kann dann eine Elementarspannung $dU=E\,dl$ entsprechend Gl. (3.40) als Produkt aus elektrischer Feldstärke E und Weg dl berechnet werden, da jeweils entlang der Strecke dl die elektrische Feldstärke E mit konstantem Betrag parallel zu dl auftritt. Summiert, d.h. integriert man die Teil-

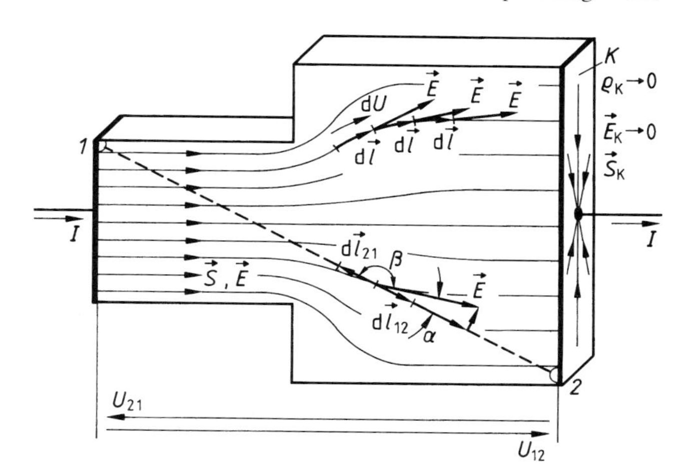

3.20 Zur Berechnung der Spannung $U = \int \vec{E} \cdot d\vec{l}$ als Wegintegral der elektrischen Feldstärke $\vec{E}$

spannungen dU über alle Teilstrecken dl entlang einer Feldlinie, so stellt das Integral die über diese Feldlinie wirkende Spannung

$$U = \int\limits_l dU = \int\limits_l E\,dl \tag{3.41}$$

dar.

Zur Erläuterung allgemeinerer Gesetzmäßigkeiten für die Spannung im elektrischen Strömungsfeld wird angenommen, daß die stirnseitigen Kontaktierungen K der Leiterschiene in Bild **3.**20 einen gegen Null gehenden spezifischen Widerstand haben ($\varrho_K \to 0$). Dann kann sich in diesen Kontaktierungen K der Strom I ausbreiten, ohne einen Spannungsabfall zu bewirken. (Die Stromdichte S_K erfordert in den Kontaktierungen keine elektrische Feldstärke $E_K = \varrho S_K \to 0$, da $\varrho \to 0$.) In der Grenzfläche zwischen Kontaktierung K und Leiter L können keine Spannungsunterschiede (Potentialunterschiede) auftreten; mit $E_K = 0$ ist zwischen allen beliebigen Punkten auch $U = \int E_K\,dl = 0$. Für solche Flächen, auch Äquipotentialflächen genannt, gelten folgende Gesetzmäßigkeiten:

a) Die E-Feldlinien verlaufen rechtwinklig zu den Äquipotentialflächen, da in diesen $E = 0$ gilt, also keine Komponente von E auftreten kann.

b) Entlang allen Feldlinien zwischen zwei Äquipotentialflächen ergibt das Wegintegral der elektrischen Feldstärke nach Gl. (3.41) den gleichen Spannungswert.

c) Zwischen zwei Äquipotentialflächen liefert das Integral

$$U = \int \vec{E} \cdot d\vec{l} = \int \varrho \vec{S} \cdot d\vec{l} \tag{3.42}$$

des Skalarproduktes aus elektrischer Feldstärke $\vec{E} = \varrho \vec{S}$ und Wegvektor $d\vec{l}$ über beliebige Wege immer den gleichen Spannungswert U.

Die unter c) genannte Regel ist im folgenden anhand des Bildes **3.**20 erläutert. In den als Äquipotentialflächen aufzufassenden Grenzflächen zur Kontaktierung treten keine Spannungs- bzw. Potentialunterschiede auf. Wie zwischen Anfangs- und Endpunkt jeder E-Feldlinie muß auch zwischen einem beliebigen Punkt der einen und einem beliebigen Punkt der anderen Grenzfläche die gleiche Spannung U auftreten. Es wird der in Bild **3.**20 gestrichelt eingetragene Weg zwischen den Punkten *1* und *2* betrachtet und, wie für die Feldlinien erläutert, in infinitesimale Wegelemente dl zerlegt. Die über diese Streckenelemente $d\vec{l}_{12}$ auftretende Spannung $dU_{12} = dl_{12} E \cos\alpha$ ergibt sich als Produkt aus dem Wegelement $d\vec{l}_{12}$ und der Komponente von $\vec{E}$ in Richtung dieses Wegelementes $(E \cos\alpha)$. Da dieses Produkt $dl_{12} E \cos\alpha$ auch als Skalarprodukt $\vec{E} \cdot d\vec{l}_{12}$ geschrieben werden kann, führt die Summation, d.h. die Integration, der Teilspannungen dU_{12} über alle Teilstrecken $d\vec{l}_{12}$ der Linie zwischen *1* und *2* auf den Ausdruck $U_{12} = \int_1^2 \vec{E} \cdot d\vec{l}_{12}$, der Gl. (3.42) entspricht.

Bisher sind nur von *1* nach *2* verlaufende Integrationswege in Bild **3.**20 erläutert. Da auch die elektrische Feldstärke $\vec{E}$ von *1* nach *2* gerichtet ist, ergibt das Integral des Skalarproduktes $\int \vec{E} \cdot d\vec{l}_{12}$ mit $-\pi/2 \leqq \alpha \leqq \pi/2$ nur positive Werte, also eine positive Spannung U_{12}. Im Zusammenhang mit dem eingezeichneten Zählpfeil für die Spannung U_{12} bestätigt das Ergebnis die Polarität des in Bild **3.**20 dargestellten Strömungsfeldes. (Ladungsströmung erfolgt von Plus nach Minus.) Wählt man die Integrationsrichtung nun aber entlang der gestrichelten Linie in Bild **3.**20 von *2* nach *1*, ist der Wegvektor $d\vec{l}_{21}$ auch in dieser Richtung von *2* nach *1* anzutragen. Damit wird dann das Skalarprodukt $\vec{S} \cdot d\vec{l}_{21} = S\, dl \cos\beta$ negativ, da $\pi/2 \leqq \beta \leqq 3\pi/2$, so daß auch das Integral, also die Spannung nach Gl. (3.42), mit negativem Zahlenwert berechnet wird. Trägt man aber den Zählpfeil für diese Spannung U_{21} auch in der Integrationsrichtung, also von *2* nach *1* weisend an (s. Bild **3.**20), so gibt dieser mit dem negativen Zahlenwert für U_{21} auch wieder die richtige Polarität des Leitungsgebietes an. Es ist also zu Gl. (3.42) die allgemeine Regel zu beachten:

Der Zählpfeil für die nach Gl. (3.42) berechnete Spannung U ist immer in der Integrationsrichtung $d\vec{l}$ anzutragen.

Die vorstehende anschauliche Erläuterung des Zusammenhanges zwischen der elektrischen Feldstärke $\vec{E}$ und der Spannung U darf nicht darüber hinwegtäuschen, daß eine quantitative Auswertung der Gl. (3.42) bei inhomogenen Feldern schwierig sein kann. Ist die elektrische Feldstärke $\vec{E}$ als Ortsfunktion gegeben, kann zwar grundsätzlich immer die Spannung U berechnet werden, nicht aber umgekehrt aus der gegebenen Spannung die elektrische Feldstärke. Mit elementaren Mathematikkenntnissen lassen sich i. allg. nur Felder berechnen, die gewisse Symmetrien aufweisen, was allerdings bei praktischen Gegebenheiten häufig der Fall ist.

□ **Beispiel 3.5**

Eine Kreisringscheibe entsprechend Bild **3.**21 mit dem spezifischen Widerstand ϱ, dem Innen- bzw. Außenradius r_1 bzw. r_2 und der Höhe h wird vom Innen- zum Außenumfang vom Strom I durchflossen. Innen- und Außenumfang sind so kontaktiert, daß sie Äquipotentialflächen darstellen. Die Spannung, die erforderlich ist, damit der Strom I in der Scheibe fließt, und der Widerstand der Scheibe sind zu berechnen.

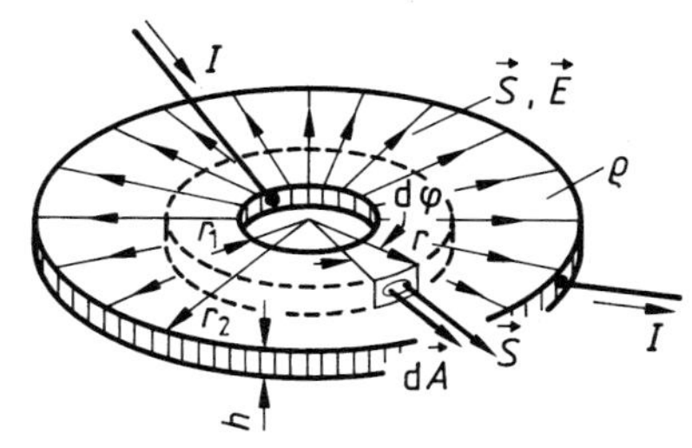

3.21 Elektrisches Strömungsfeld in einer leitenden Scheibe

Der Strom I verteilt sich so in der Scheibe, daß die Stromdichtevektoren senkrecht auf Innen- und Außenumfangsflächen stehen (Äquipotentialflächen). Damit folgt aus Symmetrieüberlegungen, daß die Feldlinien der Stromdichte $\vec{S}$ und damit auch der elektrischen Feldstärke $\vec{E}=\varrho\vec{S}$ Radialstrahlen sind (s. Bild **3.**21). In axialer Richtung ist über die Höhe h bei konstanten Radien r die Stromdichte $\vec{S}$ konstant. Damit gilt für eine konzentrisch in der Scheibe angenommene Zylinderfläche A_r mit dem Radius r (in Bild **3.**21 gestrichelt eingezeichnet) entsprechend Gl. (3.37)

$$I=\int_{A_r}\vec{S}\cdot\mathrm{d}\vec{A}=\int_0^{2\pi}Shr\,\mathrm{d}\varphi=Shr\int_0^{2\pi}\mathrm{d}\varphi=Sh\cdot 2\pi r.$$

Diese Gleichung läßt sich explizit nach dem Betrag der gesuchten Stromdichte

$$S=\frac{I}{h\cdot 2\pi r} \tag{3.43}$$

auflösen. Damit ergibt sich nach Gl. (3.39) der Betrag der elektrischen Feldstärke

$$E=\varrho S=I\frac{\varrho}{h\cdot 2\pi}\cdot\frac{1}{r}. \tag{3.44}$$

Wird diese radial gerichtete elektrische Feldstärke $\vec{E}$ entsprechend Gl. (3.41) entlang einer Feldlinie ($\mathrm{d}\vec{l}=\mathrm{d}\vec{r}$, $\vec{E}$ parallel $\mathrm{d}\vec{r}$) von r_1 nach r_2 integriert, erhält man die Spannung

$$U=\int_{r_1}^{r_2}E\,\mathrm{d}r=I\frac{\varrho}{h\cdot 2\pi}\int_{r_1}^{r_2}\frac{1}{r}\,\mathrm{d}r=I\frac{\varrho}{h\cdot 2\pi}[\ln r]_{r_1}^{r_2}=I\frac{\varrho}{h\cdot 2\pi}\ln\frac{r_2}{r_1}. \tag{3.45}$$

Der Widerstand

$$R=\frac{U}{I}=\frac{\varrho}{h\cdot 2\pi}\ln\frac{r_2}{r_1} \tag{3.46}$$

der Scheibe zwischen Innen- und Außenumfang folgt aus seiner Definitionsgleichung (2.3) mit der in Gl. (3.45) berechneten Spannung. □

3.2.4 Elektrisches Potential

Das Feldlinienbild für die Stromdichte $\vec{S}$ oder auch für die elektrische Feldstärke $\vec{E}$ vermittelt einen anschaulichen Eindruck von der Strömungsverteilung. Man erkennt z.B. Gebiete hoher Stromdichten und damit Verlustdichten ϱS^2 (s. Abschn. 3.2.5) sowie die dadurch verursachten thermischen Beanspruchungen. Dagegen kann man die Spannungsverteilung (Potentialverteilung) im Strömungsfeld nur indirekt erkennen. Es kann daher zweckmäßig sein, Linien bzw. Flächen zu zeichnen, die jeweils den geometrischen Ort aller Punkte darstellen, die die gleiche Spannung gegenüber einem gemeinsamen Bezugspunkt haben. Solche Linien bzw. Flächen sind z.B. die im Anschluß an Gl. (3.41) für das Strömungsfeld nach Bild **3.**20 erläuterten Äquipotentialflächen in den Kontaktierungsstellen. Für die graphische Darstellung der Spannungsverteilung im Strömungsfeld werden außer den als Grenzflächen jeweils zwischen Kontaktierung und Leiter realisierten Äquipotentialflächen weitere fiktive Äquipotentialflächen in das Feldbild eingezeichnet (s. Bild **3.**22). Die Konstruktionsanweisung hierfür folgt direkt aus der Definition der Äquipotentialfäche. Da in ihr keine Spannung auftreten darf, muß für alle Wegelemente Δl in der Äquipotentialfläche die Bedingung

$$\Delta U = \int_{\Delta l} \vec{E} \cdot \mathrm{d}\vec{l} = 0 \tag{3.47}$$

erfüllt sein. Dies ist mit $E \neq 0$ und $\Delta l \neq 0$ nur gegeben, wenn der elektrische Feldstärkevektor $\vec{E}$ senkrecht auf der Äquipotentialfläche und damit auf dem in ihr liegenden Wegvektor $\mathrm{d}\vec{l}$ steht, da dann $\vec{E} \cdot \mathrm{d}\vec{l} = E\,\mathrm{d}l\cos(\pi/2) = 0$ ist.

Äquipotentialflächen verlaufen immer so, daß sie rechtwinklig von den Feldlinien der elektrischen Feldstärke durchdrungen werden.

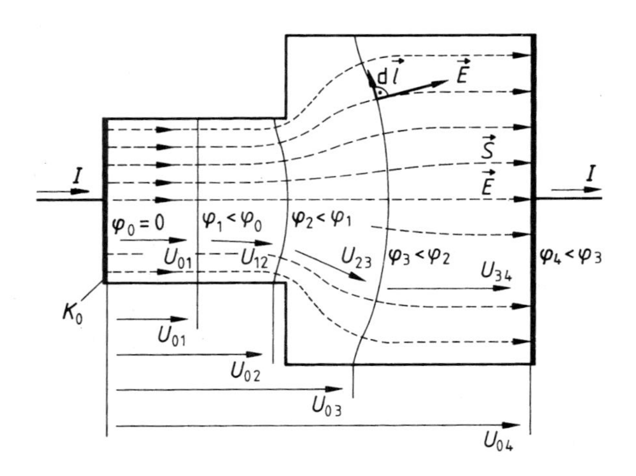

3.22 Feldlinien der elektrischen Feldstärke $\vec{E}$ und Äquipotentiallinien φ mit eingezeichneten Spannungen U

Da die elektrische Spannung per Definition zwischen zwei Punkten auftritt, können immer je zwei Äquipotentialflächen durch eine zwischen ihnen auftretende Spannung gekennzeichnet werden (s. Bild **3**.22). Für die Feldbeschreibung ist es aber zweckmäßiger, bereits einer einzelnen Äquipotentialfläche (also einzelnen Punkten) einen Spannungswert zuzuordnen, was nur möglich ist, wenn dieser gegenüber einem für das betreffende Feld festgelegten einheitlichen Bezugspunkt gemessen wird.

Eine solche dem einzelnen Feldpunkt zugeordnete Größe mit der Dimension der Spannung wird als Potential mit dem Symbol φ bezeichnet. Der Zusammenhang zwischen Spannung und Potential in einem Potentialfeld läßt sich anhand von Bild **3**.22 wie folgt erklären:

Die Driftladung Q_d bewegt sich in einem Leiter infolge der auftretenden elektrischen Feldstärke $\vec{E}$, d.h., die Driftgeschwindigkeit $\vec{v}_d$ und damit die Stromdichte $\vec{S}=\eta\vec{v}_d$ sind gleich orientiert wie die Feldstärke ($\vec{S}\uparrow\uparrow\vec{E}$).
Die Energie der von der Stromdichte $\vec{S}$ im Leiter verursachten Erwärmung wird der Driftladung im elektrischen Feld entzogen, d.h., die potentielle Feldenergie der Driftladung wird entlang ihres Bewegungsweges durch das Feld kleiner (in Wärmeenergie umgeformt). Da das Potential φ wie die Spannung U als Energie pro Ladung definiert ist (s. Abschn. 3.3.2 u. 3.3.6.1), muß auch das Potential entlang des wie $\vec{E}$ orientierten Weges kleiner werden; in Bild **3**.22 gilt also $\varphi_1<\varphi_0$, $\varphi_2<\varphi_1$, ...

Die in gleicher Orientierung wie $\vec{E}$ berechnete Spannung $U_{01}=\int_0^1\vec{E}\cdot d\vec{l}$, $U_{02}=\int_0^2\vec{E}\cdot d\vec{l}$, ... ist positiv, der zugehörige Spannungszählpfeil weist vom Bezugspunkt K_0 zur Äquipotentialfläche mit dem Potential φ_1, φ_2, ... Diesem positiven Spannungswert entspricht ein positiver Wert der Potentialdifferenz $(\varphi_0-\varphi_1)$, $(\varphi_0-\varphi_2)$, ..., wenn in dieser von dem Bezugspotential φ_0 der geweils kleinere Wert des Potentials φ_1, φ_2 subtrahiert wird. In Bild **3**.22 gilt also $U_{01}=\int_0^1\vec{E}\cdot d\vec{l}=\varphi_0-\varphi_1$, $U_{02}=\int_0^2\vec{E}\cdot d\vec{l}=\varphi_0-\varphi_2$, ... und damit für die Spannung zwischen beliebigen Äquipotentialflächen $U_{12}=\int_1^2\vec{E}\cdot d\vec{l}=\varphi_1-\varphi_2$, $U_{23}=\int_2^3\vec{E}\cdot d\vec{l}=\varphi_2-\varphi_3$, ...

Diese beispielhaften Erläuterungen gelten nun für beliebige Potentialfelder und sind daher in folgender allgemeingültiger Schreibweise zusammengefaßt. Das Potential

$$\varphi_p=\varphi_0-\int_{p_0}^{p}\vec{E}\cdot d\vec{l}=\varphi_0-U_{0p} \tag{3.48}$$

eines beliebigen Raumpunktes p ergibt sich aus dem beliebig wählbaren Bezugspotential φ_0 des ebenfalls beliebig wählbaren Bezugspunktes p_0 minus der Spannung U_{0p} zwischen Bezugspunkt p_0 und Feldpunkt p, die als Wegintegral der elektrischen Feldstärke $\vec{E}$ vom Bezugspunkt p_0 zum Feldpunkt zu berechnen ist.

Das Potential steigt entgegen der Richtung der elektrischen Feldstärke an, oder anders gesagt, der Vektor der elektrischen Feldstärke ist vom höheren zum niederen Potential gerichtet. Damit weist der – in Integrationsrichtung $\mathrm{d}\vec{l}$ anzutragende – Zählpfeil der elektrischen Spannung U bei positiven Zahlenwerten vom höheren zum niederen Potential (s. Bild **3.**22).

Um einen quantitativen Eindruck von der Spannungsverteilung in einem Strömungsfeld zu vermitteln, werden die Äquipotentialflächen so gezeichnet, daß jeweils zwischen zwei räumlich aufeinanderfolgenden immer die gleiche Potentialdifferenz besteht (s. Abschn. 3.3.3).

Löst man Gl. (3.48) nach der Spannung auf und ersetzt die Potentiale der Punkte φ_0 und φ_p durch die beliebiger Raumpunkte p_1 und p_2, so ergibt sich die Spannung

$$U_{12} = \int_{p_1}^{p_2} \vec{E} \cdot \mathrm{d}\vec{l} = \varphi_1 - \varphi_2 \tag{3.49}$$

zwischen den beiden beliebigen Raumpunkten als Differenz der Potentiale dieser Punkte.

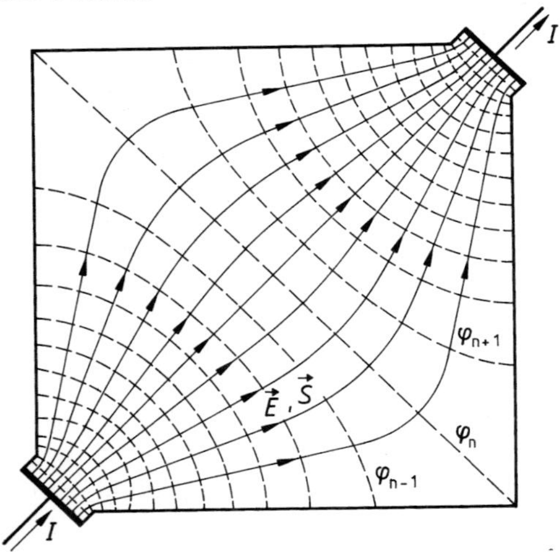

3.23 Feld- und Äquipotentiallinien im Strömungsfeld einer rechteckigen Leiterplatte

In Bild **3.**23 ist beispielhaft das Strömungsfeld in einer rechteckigen Leiterplatte der Dicke d dargestellt, die diagonal vom Strom I durchflossen wird. Da das Strömungsfeld in allen Punkten der Platte jeweils über die Dicke d konstant ist, genügt eine ebene Felddarstellung, d.h., es wird ein gleichermaßen für alle Längsschichten über die Dicke d geltendes Feldlinienbild gezeichnet. Die Äquipotentialflächen ergeben im Schnitt mit den Längsschichten Äquipotentiallinien. Die voll ausgezogenen E-Feldlinien schneiden rechtwinklig die gestrichelt gezeichneten Äquipotentiallinien (Äquipotentialflächen), man sagt auch, die Feldlinien verlaufen orthogonal zu den Äquipotentiallinien. Die Zusammendrängung sowohl der Feldlinien als auch der Äquipotentiallinien kennzeichnet deutlich die Gebiete hoher Feldstärke.

□ **Beispiel 3.6.**
Um in Schaltungen oder Netzen eindeutige Spannungen gegen Erde zu bekommen, wird häufig ein bestimmter Punkt galvanisch mit der Erde verbunden. Man sagt, dieser Punkt der Schaltung bzw. des Netzes sei geerdet, er habe Erdpotential φ_0, das i. allg. mit Null angenommen wird ($\varphi_0 = 0$). Fließen – z.B. in Schadensfällen – große Ströme über die Erdungsstelle, so verändert sich aber in deren Folge das Potential des Erdreiches in der Umgebung der Erdungsstelle. Für theoretische Untersuchungen der entstehenden Potentialverschiebungen soll unabhängig von den tatsächlichen praktischen Gegebenheiten näherungsweise angenommen werden, der Erder bestehe aus einer in das Erdreich eingebetteten Halbkugelelektrode (s. Bild **3.**24a), deren spezifischer Widerstand vernachlässigbar klein gegenüber dem des Erdreiches ist.

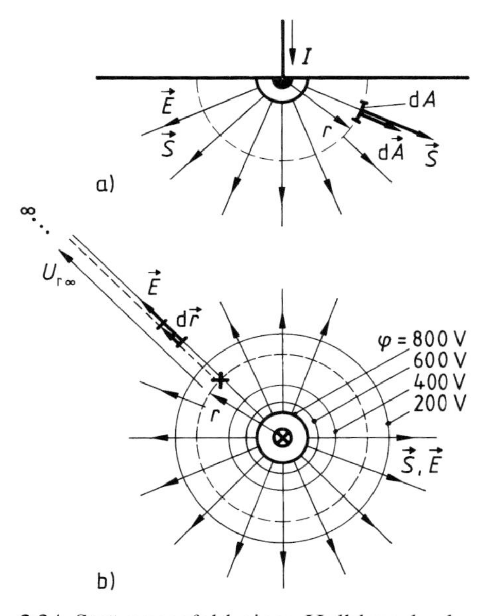

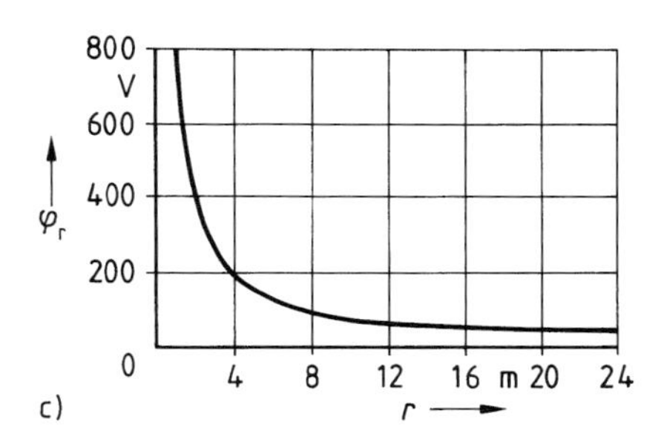

3.24 Strömungsfeld eines Halbkugelerders
a) Querschnitt durch Erder und Erdreich mit E- und S-Feldlinien
b) Erdoberfläche mit Feld- und Äquipotentiallinien
c) Potential φ_r in Abhängigkeit vom Radius r

Das elektrische Strömungsfeld im Erdreich und das Potentialfeld an der Erdoberfläche sollen bestimmt werden für den Fall, daß sich der Strom $I = 100$ A über den Erder symmetrisch in das Erdreich verteilt und zu einer als unendlich weit entfernt angenommenen Schadenstelle ins Netz zurückfließt. Für das Erdreich wird der konstante spezifische Widerstand $\varrho = 50\,\Omega$m und für den Halbkugelerder der Radius $r_K = 1$ m angenommen.

Die halbkugelförmige Oberfläche des Erders ist eine Äquipotentialfläche, von der die Feldlinien der Stromdichte $\vec{S}$ rechtwinklig ausgehen und sich sternförmig in das Erdreich ausbreiten (s. Bild **3.**24). Nimmt man eine konzentrisch zum Kugelerder liegende Halbkugelschale mit dem Radius r an, so gilt für alle Punkte ihrer Oberfläche, daß der Betrag der Stromdichte konstant ist und ihr Vektor $\vec{S}$ wie der Flächenvektor $d\vec{A}$ senkrecht auf dieser Oberfläche steht (s. Bild **3.**24a).

Es ist also $\vec{S}\cdot d\vec{A} = S\,dA$, so daß sich aus Gl. (3.37) der Strom

$$I = \int_A \vec{S}\cdot d\vec{A} = S\int_A dA = S\cdot 2\pi r^2 \tag{3.50}$$

ergibt, der durch die Halbschale fließt. Mit der aus Gl. (3.50) folgenden Stromdichte

$$S = \frac{I}{2\pi r^2} = \frac{100\,\mathrm{A}}{2\pi r^2} = 15{,}9\,\frac{\mathrm{A}}{r^2} \tag{3.51}$$

kann entsprechend Gl. (3.39) auch die elektrische Feldstärke

$$E = \varrho S = \frac{\varrho I}{2\pi r^2} = 50\,\Omega\mathrm{m}\cdot 15{,}9\,\frac{\mathrm{A}}{r^2} = 795\,\mathrm{V}\,\frac{\mathrm{m}}{r^2} \tag{3.52}$$

berechnet werden.

Zur Darstellung des Potentialfeldes wird als Bezugspunkt der vom Erder unendlich weit entfernte Erdbereich mit dem Potential

$$\varphi_0 = \varphi_{r\to\infty} = 0 \tag{3.53}$$

gewählt. Für einen beliebigen Punkt im Abstand r vom Mittelpunkt des Erders kann damit entsprechend Gl. (3.48) über das Wegintegral der elektrischen Feldstärke das Potential

$$\varphi_r = \varphi_{r\to\infty} - \int_\infty^r \vec{E}\cdot d\vec{l} = I\,\frac{\varrho}{2\pi}\int_r^\infty \frac{dr}{r^2} = I\,\frac{\varrho}{2\pi}\left(\frac{1}{r} - \frac{1}{\infty}\right) = 795\,\mathrm{V}\,\frac{\mathrm{m}}{r} \tag{3.54}$$

bestimmt werden (s. Bild **3.**24b).

Alle Punkte mit gleichem Abstand r vom Erdermittelpunkt haben das gleiche Potential (mit $\varphi_0 = 0$ die gleiche Spannung gegenüber $r\to\infty$), d.h., konzentrisch zum Kugelerder liegende Halbkugelschalen sind Äquipotentialflächen, was auch aus der Überlegung folgt, daß diese Halbkugelschalen rechtwinklig zu den sich sternförmig ausbreitenden E-Feldlinien verlaufen. In Bild **3.**24c ist das Potential als Funktion von r dargestellt (Rechenwerte s. Tafel **3.**25) und in Bild **3.**24b die Äquipotentiallinien auf der Erdoberfläche für jeweils die gleiche Potentialdifferenz $\varphi_n - \varphi_{n+1} = 100\,\mathrm{V}$. Man erkennt, daß durch einen z.B. im Falle eines Schadens fließenden Erdstrom das Potential der Erde zum Erder hin ansteigt, also keinesfalls mehr als konstant angenommen werden kann. Durch den dabei auftretenden Potentialunterschied können Lebewesen gefährdet werden. Ein in unmittelbarer Nähe des Erders stehender Mensch, der breitbeinig etwa 0,5 m in radialer Richtung überbrückt, würde einer Schrittspannung $U_{\mathrm{schr}} = \varphi_r - \varphi_{r+0{,}5\,\mathrm{m}}$ ausgesetzt sein. (Z.B. ist bei $r = 1\,\mathrm{m}$ diese Schrittspannung $U_{\mathrm{Schr}} = \varphi_{r=1\,\mathrm{m}} - \varphi_{r=1{,}5\,\mathrm{m}} = 795\,\mathrm{V} - 530\,\mathrm{V} = 265\,\mathrm{V}$.)

Tafel **3.**25 Berechnung des Potentialanstieges nach Gl. (3.54)

r in m	1	1,5	2	3	5	10	20
795 Vm/r in V	795	530	397	264	159	79,5	40

Die Schrittspannung ist abhängig von der Stromdichte S und dem spezifischen Widerstand ϱ des Erdreiches. Insbesondere bei trockenen Böden müssen daher Erder mit großen Oberflächen (I/A möglichst klein) verwendet werden. Trotzdem kann es bei großen Strömen, wie sie beim Blitzeinschlag auftreten können, zu gefährlichen Spannungen kommen.

Bei Blitzeinschlag ist allerdings für den Potentialanstieg nicht nur die hier betrachtete ohmsche Spannung, sondern insbesondere auch die Selbstinduktionsspannung (s. Abschn. 4.3.1.4) zu berücksichtigen. □

3.2.5 Leistungsdichte im elektrischen Strömungsfeld

Nach Abschn. 2.1.3.2 ist die in einem Leiter in Wärme umgeformte elektrische Leistung $P = UI$. In einem geraden Leiter nach Bild **3.**19, in dem sich ein homogenes Strömungsfeld ausbildet, verteilt sich diese Leistung gleichmäßig über das Leitervolumen. Bezieht man die Leistung $P = UI$ auf das Leitervolumen $V = lA$, so bekommt man in allen Punkten des Strömungsfeldes einen gleichen volumenbezogenen Leistungsanteil, der als Leistungsdichte

$$\frac{P}{V} = \frac{UI}{lA} = \frac{U}{l} \cdot \frac{I}{A} = ES \tag{3.55}$$

bezeichnet wird. Die nach Gl. (3.55) als Produkt aus den Feldgrößen elektrische Feldstärke E und Stromdichte S erklärte Leistungsdichte ist damit wie die Feldgrößen dem Feldpunkt zugeordnet, so daß mit ihr naturgemäß auch in inhomogenen Strömungsfeldern die Leistungsverteilung als Ortsfunktion beschrieben werden kann. Man stellt sich dazu einen Feldraum in infinitesimal kleine Volumenelemente $\mathrm{d}V = \mathrm{d}l\,\mathrm{d}A$ unterteilt vor, deren Höhen $\mathrm{d}l$ parallel und deren Grundflächen $\mathrm{d}A$ rechtwinklig zu den Feldlinien der elektrischen Feldstärke $\vec{E}$ bzw. Stromdichte $\vec{S}$ liegen (s. Bild **3.**26). Da auch in inhomogenen Strömungsfeldern die Feldgrößen innerhalb solcher Volumenelemente $\mathrm{d}V$ als konstant angenommen werden können, lassen sich der durch ein Volumenelement $\mathrm{d}V$ fließende Strom $\mathrm{d}I = S\,\mathrm{d}A$ und die anliegende Spannung $\mathrm{d}U = E\,\mathrm{d}l$ in einfacher Weise als Produkte der Beträge ermitteln. Damit kann dann auch entsprechend Gl. (3.55) die in diesem Volumenelement in Wärme umgeformte elektrische Leistung $\mathrm{d}P = \mathrm{d}U\,\mathrm{d}I = ES\,\mathrm{d}l\,\mathrm{d}A$ bestimmt werden. Diese auf das Volumen bezogen ergibt entsprechend Gl. (3.55) die Leistungsdichte

$$\frac{\mathrm{d}P}{\mathrm{d}V} = ES \tag{3.56}$$

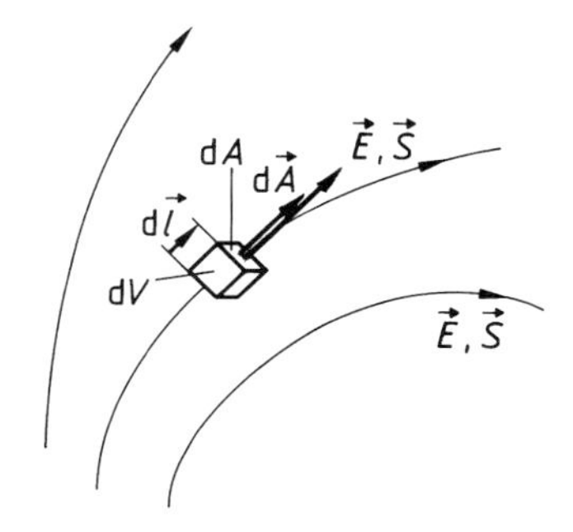

3.26 Zur Berechnung der Leistungsdichte im inhomogenen elektrischen Strömungsfeld

als Produkt aus den Beträgen der elektrischen Feldstärke E und der Stromdichte S. Da die Vektoren von Stromdichte $\vec{S}$ und elektrischer Feldstärke $\vec{E} = \varrho \vec{S}$ parallel liegen, wird Gl. (3.56) auch als Skalarprodukt $\vec{E} \cdot \vec{S} = ES$ der Vektoren $\vec{E}$ und $\vec{S}$ geschrieben. Weiter läßt sich $\vec{E}$ oder $\vec{S}$ entsprechend Gl. (3.39) ersetzen, so daß allgemein für die in Strömungsfeldern auftretende Leistungsdichte

$$\frac{\mathrm{d}P}{\mathrm{d}V} = \vec{E} \cdot \vec{S} = \frac{\vec{E}^2}{\varrho} = \vec{S}^2 \varrho \tag{3.57}$$

gilt.

Mit Gl. (3.57) können die in inhomogenen Strömungsfeldern auftretenden ortsabhängigen Verlustdichten berechnet werden, z. B. die im Feld des Beispiels 3.4 in unmittelbarer Nähe der Elektrodenoberflächen. Die Kenntnis des räumlichen Verlaufes der Verlustdichte ist erforderlich, um die örtlich unterschiedlichen thermischen Belastungen und die daraus resultierenden zonalen Erwärmungen zu beurteilen.

3.3 Elektrisches Feld in Nichtleitern

Die über das elektrische Feld beschriebenen Kraftwirkungen auf elektrische Ladungen können in Nichtleitern naturgemäß keine Ladungsströmung zur Folge haben, da in nichtleitender Materie die Ladungsträger nicht frei beweglich sind. Das elektrische Feld äußert sich hier in einem mechanischen Spannungszustand des Raumes, der lediglich eine Verzerrung in der Mikrostruktur bewirken kann.

Allein aus Gründen einer anschaulichen, leicht verständlichen Darstellung wird in den folgenden Abschnitten das elektrische Feld in Nichtleitern bevorzugt am Beispiel des elektrostatischen Feldes erläutert, das zeitkonstant zwischen ruhenden Ladungen auftritt.

3.3.1 Wesen und Darstellung des elektrischen Feldes in Nichtleitern

Im elektrischen Strömungsfeld ist die elektrische Feldstärke $\vec{E} = \varrho \vec{S}$ [s. Gl. (3.39)] proportional der Stromdichte $\vec{S}$, so daß die E-Feldlinien parallel zu den S-Feldlinien verlaufen und man sich beide über die Ladungsströmung in dem Leitungsgebiet vorstellen kann. Für das elektrische Feld in Nichtleitern ist naturgemäß eine solche strömungsmechanische Vorstellung über den Verlauf der Feldlinien nicht möglich. Wird beispielsweise an die entsprechend Bild **3.**27 in

Luft angeordneten Plattenelektroden eine konstante Spannung U angelegt, bewirkt diese durch eine kurzzeitige Ladungsströmung in den Zuleitungen (s. Abschn. 9.3.2) eine Ladungstrennung. Nach Abschluß dieses Vorganges befinden sich positive bzw. negative Ladungen ortsfest in den Plattenoberflächen, die die Ursache des elektrischen – in diesem Falle elektrostatischen – Feldes in dem nichtleitenden Raum zwischen den Platten sind. Das elektrische Feld bildet sich also zwischen Ladungen ungleicher Polarität aus und kann, wie im folgenden erläutert, durch Feldlinien beschrieben werden. Die Feldlinien beginnen auf den positiven Ladungen, den Quellen des Feldes, und enden auf den negativen, den Senken des Feldes. Diese Feldlinien beschreiben die – mögliche – Kraftwirkung des elektrischen Feldes auf Ladungen über die nach Gl. (3.22) definierte elektrische Feldstärke $\vec{E}$ derart, daß die Richtung von $\vec{E}$ (mögliche Kraftrichtung) parallel zu den Tangentenrichtungen der Feldlinien liegt und der Betrag E proportional der Feldliniendichte bzw. umgekehrt proportional ihrem Abstand ist.

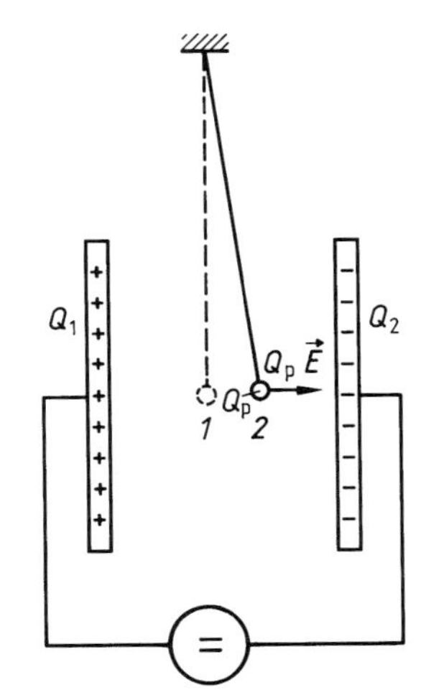

3.27 Kraft auf die elektrische Ladung im elektrischen Feld

3.3.2 Elektrische Feldstärke und Spannung

Die elektrische Feldstärke $\vec{E}$ kann im Strömungsfeld (s. Abschn. 3.2.3) entsprechend Gl. (3.39) aus der die Strömungsgeschwindigkeit beschreibenden Stromdichte $\vec{S}$ berechnet werden. Für das elektrische Feld in Nichtleitern ist eine solche Berechnung naturgemäß zwar nicht möglich, sie kann aber auch hier in ähnlicher Weise wie in der für das Strömungsfeld abgeleiteten Gl. (3.38) als eine wegbezogene Spannung abgeleitet werden.

Für den einfachen Fall eines homogenen Feldes (gleichmäßige Spannungsverteilung) zwischen parallelen ebenen Plattenelektroden entsprechend Bild **3.**28 gilt für den Betrag der elektrischen Feldstärke

$$E = \frac{F}{Q} = \frac{U}{l_n}, \tag{3.58}$$

wenn U die Spannung und l_n die kürzeste Entfernung zwischen den Platten bedeutet, d.h., die Strecke, die als Normale zur Plattenoberfläche parallel zu den E-Feldlinien liegt.

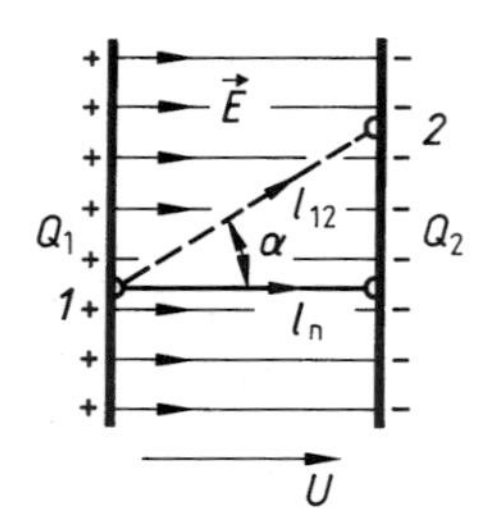

3.28 Zur Spannungsberechnung im elektrischen Feld nach Gl. (3.31)

Betrachtet man eine beliebige gerade Strecke l_{12} zwischen den Platten, z.B. die in Bild **3.**28 von *1* nach *2* im Winkel α zu den Feldlinien verlaufende, so gilt für diese die Gl. (3.58) nicht mehr. Die Richtung der betrachteten Länge l muß also beachtet werden, was üblicherweise dadurch geschieht, daß sie als Vektor geschrieben wird. Da ein Vektor aber nicht im Nenner einer Gleichung stehen darf, muß Gl. (3.58) zunächst in die Form

$$U = E\,l_n \tag{3.59}$$

umgeschrieben werden. Faßt man die Strecke l_n als Projektion der Strecke l_{12} in Richtung der elektrischen Feldstärke auf ($l_n = l_{12}\cos\alpha$) und diese wiederum als einen von *1* nach *2* gerichteten Vektor, so kann die Spannung

$$U_{12} = E\,l_{12}\cos\alpha = \vec{E}\cdot\vec{l}_{12} \tag{3.60}$$

als Skalarprodukt des elektrischen Feldstärkevektors $\vec{E}$ und des von *1* nach *2* gerichteten Vektors $\vec{l}_{12}$ einer geraden Strecke l_{12} zwischen den Punkten *1* und *2* berechnet werden.

Wird an zwei Elektroden beliebiger Geometrie, z.B. zwei parallel zueinander liegende, zylindrische Leiter entsprechend Bild **3.**29a, eine Spannung U gelegt, so verursacht diese auf den beiden Zylinderoberflächen auch je eine Ladung Q unterschiedlicher Polarität. Die Ladung verteilt sich allerdings nicht mehr wie bei den parallelen Plattenelektroden nach Bild **3.**28 gleichmäßig, sondern ungleichmäßig über die Oberfläche. In allen Fällen stellt sich aber die Ladungsverteilung auf leitenden Elektroden so ein, daß die elektrische Feldstärke $\vec{E}$ immer senkrecht zur Oberfläche steht, z.B. beginnen bzw. enden die E-Feldlinien in Bild **3.**29a senkrecht auf den Zylinderoberflächen. Dies macht bereits folgende anschauliche Überlegung deutlich: Würde die elektrische Feldstärke $\vec{E}$ nicht senkrecht auf einer leitenden Oberfläche (Elektrode) stehen, träte eine von Null verschiedene Tangentialkomponente $E_t = E\cos\alpha$ in der Elektrodenoberfläche auf. In einem Leiter hätte diese aber unmittelbar eine Verschiebung freier Ladungsträger (Strömungsfeld) zur Folge, die erst dann beendet ist, wenn die Tangentialkomponente der elektrischen Feldstärke verschwindet ($E_t = E\cos\alpha = 0$), diese also rechtwinklig auf der Oberfläche steht ($\alpha = \pi/2$).

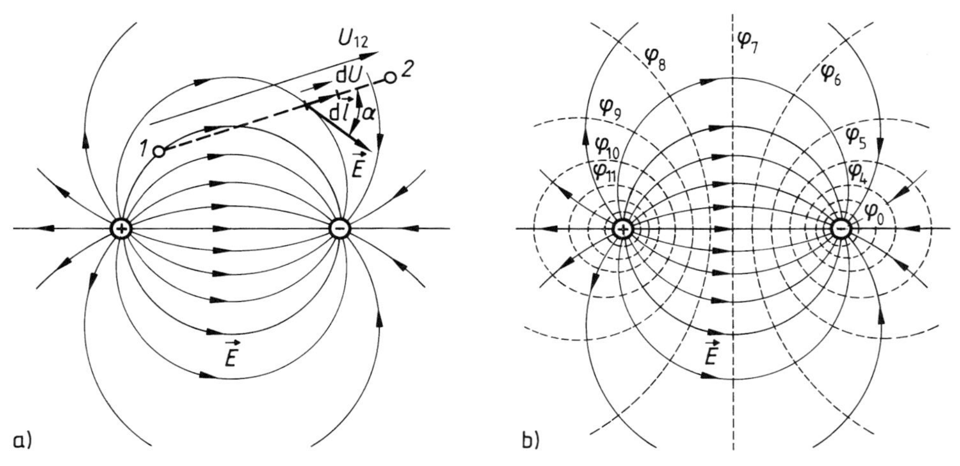

3.29 Elektrostatisches Feld zwischen langen, parallelen, zylindrischen Leitern
a) Feldlinienbild der elektrischen Feldstärke $\vec{E}$ mit graphischer Deutung der Berechnung einer Spannung $U_{12} = \int_1^2 \vec{E} \cdot d\vec{l}$ als Wegintegral,
b) Feld- und Äquipotentiallinien

Aus der Erkenntnis, daß die elektrische Feldstärke $\vec{E}$ immer senkrecht zu der Elektrodenoberfläche steht, folgt bereits anschaulich, daß sich zwischen Elektroden, deren Oberflächen nicht parallel zueinander liegen, ein inhomogenes Feld ausbildet (E-Feldlinien verlaufen nicht parallel und/oder mit ungleichmäßigen Abständen). Da sich in inhomogenen Feldern die elektrische Feldstärke zwischen zwei beliebigen Punkten *1* und *2* in Betrag und/oder Richtung ändern kann (s. Bild **3.**29a), gilt Gl. (3.60) hier nicht mehr. Zur Berechnung der Spannung U_{12} zwischen zwei Punkten *1* und *2* muß man analog zu den Erläuterungen in Abschn. 3.2.3 zunächst Spannungen $dU = \vec{E} \cdot d\vec{l}$ über infinitesimal kleine Längen dl bilden und diese dann entsprechend Gl. (3.42) über die gesamte Länge zwischen den Punkten *1* und *2* summieren, d.h. integrieren (s. Bild **3.**29).

Mit den hier zu Beginn dieses Abschnittes angeführten Erläuterungen soll zum einen der grundsätzliche Unterschied zwischen den Erscheinungsformen elektrischer Potentialfelder in Leitern und Nichtleitern betont und zum anderen aber die Gleichartigkeit des physikalischen Charakters und der formalen Behandlung der elektrischen Feldstärke und der Spannung für beide Feldarten aufgezeigt werden. Für den Zusammenhang zwischen elektrischer Feldstärke $\vec{E}$, Spannung U und elektrischem Potential φ gelten in nichtleitenden Feldräumen die gleichen Gesetze, wie sie in Abschn. 3.2.3 und 3.2.4 für leitende Feldräume abgeleitet sind. Sie werden in diesem Abschn. 3.3 lediglich aus Gründen der übersichtlichen geschlossenen Darstellung, mit einer separaten Gleichungsnummer versehen, wiederholt.

Im elektrischen Feld kann die Spannung

$$U_{12} = \int_{1}^{2} \vec{E} \cdot \mathrm{d}\vec{l} \tag{3.61}$$

zwischen zwei beliebigen Punkten *1* und *2* als Integral des Skalarproduktes aus Feldstärkevektor $\vec{E}$ und Wegvektor $\mathrm{d}\vec{l}$ berechnet werden. Für Gl. (3.61) gilt:

a) Der Verlauf des Integrationsweges darf beliebig gewählt werden. Für praktische Rechnungen wird immer der Weg gewählt, der den geringsten Rechenaufwand erfordert.

b) Die Integrationsrichtung $\mathrm{d}\vec{l}$ kann beliebig von *1* nach *2* oder umgekehrt von *2* nach *1* gewählt werden, allerdings muß der Zählpfeil der nach Gl. (3.61) berechneten Spannung immer in Integrationsrichtung weisend angetragen werden.

Stellt man sich in einem elektrischen Feld, z.B. dem nach Bild **3.**30, eine Probeladung Q_p vor, die von Punkt p_1 nach Punkt p_2 bewegt wird, so erfährt diese eine Kraftwirkung $\vec{F} = Q_p \vec{E}$ entsprechend Gl. (3.22). Bei der Verschiebung der Probeladung um den Weg $\mathrm{d}\vec{l}$ ergibt sich also eine mechanische Energie $\mathrm{d}W = \vec{F} \cdot \mathrm{d}\vec{l} = Q_p \vec{E} \cdot \mathrm{d}\vec{l} = Q_p \mathrm{d}U$, die dem elektrischen Feld entzogen wird, wenn sich die Probeladung Q_p infolge der Feldkraft $Q_p \vec{E}$ bewegt ($\mathrm{d}\vec{l} \upuparrows \vec{E}$), oder zugeführt wird, wenn die Probeladung Q_p durch eingeprägte Kräfte $\vec{F}_e = -Q_p \vec{E}$ entgegen der Feldkraft $Q_p \vec{E}$ bewegt wird ($\mathrm{d}\vec{l} \updownarrows \vec{E}$). Multipliziert man nun Gl. (3.61) – nach der die zwischen den Punkten p_1 und p_2 auftretende Spannung U_{12} berechnet wird – mit der Probeladung Q_p

$$Q_p U_{12} = \int_{1}^{2} Q_p \vec{E} \cdot \mathrm{d}\vec{l} = \int_{1}^{2} \vec{F} \cdot \mathrm{d}\vec{l} = \int_{1}^{2} (F \cos\alpha) \, \mathrm{d}l = W_{12}, \tag{3.62}$$

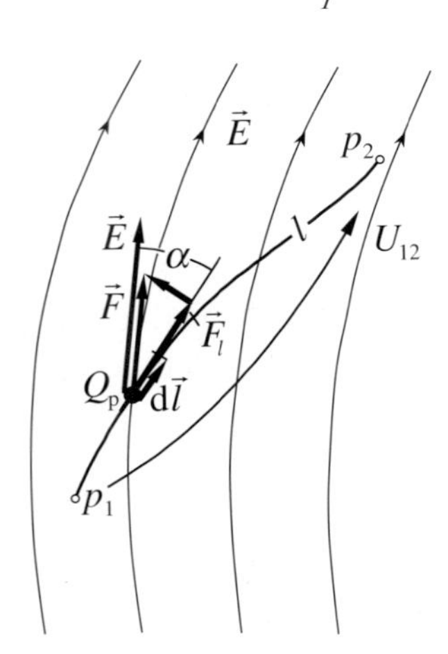

3.30 Verschiebung einer Probeladung Q_p im elektrischen Feld entlang eines beliebigen Weges. $F_l = F \cos\alpha = Q_p E \cos\alpha$ ist die in Richtung des Verschiebungsweges $\mathrm{d}\vec{l}$ fallende Komponente der in Richtung der elektrischen Feldstärke $\vec{E}$ wirkenden Coulombkraft $\vec{F} = Q_p \vec{E}$

stellt das Wegintegral der Kraft die bei der Bewegung der Ladung Q_p über den Weg von p_1 nach p_2 der Ladung Q_p zugeführte bzw. entzogene (mit dem Feld ausgetauschte) Energie W_{12} dar. Entsprechend der Gl. (3.62) kann diese Energie aber auch mit der über den Weg berechneten, also zwischen den Punkten p_1 und p_2 auftretenden Spannung bestimmt werden. Damit gibt die Gleichung (3.62) auch die physikalische Definition der Spannung

$$U_{12} = \frac{W_{12}}{Q} \tag{3.63}$$

als Energie pro Ladung wieder. Über diese Gleichung lassen sich bei vielen Aufgaben umständliche Integrationen vermeiden.

□ **Beispiel 3.7**

Zwischen den parallelen ebenen Elektroden A (Ablenkplatten) in einer Elektronenstrahl-Röhre (s. Abschn. 10.1.3.3) liegt die Gleichspannung U (s. Bild **3.**31). Ein Elektronenstrahl tritt bei *1* in das elektrostatische Feld zwischen den Elektroden und verläßt es bei *2*. Die Rückwirkungen des Elektronenstrahls auf das elektrostatische Feld sollen vernachlässigbar sein, ebenso die an den Elektrodenrändern auftretenden Inhomogenitäten. Die über den Weg von *1* nach *2* einem Elektron der Ladung $-e$ zugeführte Energie ist zu berechnen. Der Energieaustausch in dem inhomogenen Randfeld außerhalb des Bereiches *1* bis *2* sowie der mit einer an die Elektroden angeschlossenen Spannungsquelle soll hier nicht betrachtet werden.

Zwischen den parallelen ebenen Elektroden bildet sich im Bereich zwischen *1* und *2* ein homogenes elektrostatisches Feld aus (s. Bild **3.**31). Damit ist nach Gl. (3.58) der Betrag der elektrischen Feldstärke $E = U/l$ bestimmt. Die einem Elektron der Ladung $-e$ in dem elektrischen Feld zugeführte Energie kann nach Abschn. 3.3.6.1 entsprechend Gl. (3.93) bestimmt werden. Es muß dazu lediglich die von dem Elektron auf dem Weg von *1* nach *2* durchlaufene Spannung U_{12} entsprechend Gl. (3.61) berechnet werden. Wählt man als Integrationsweg den tatsächlich von den Elektronen durchlaufenen Weg, der in Bild **3.**31 gestrichelt gezeichnet angegeben ist, führt dies auf eine aufwendige Rechnung. Wesentlich zweckmäßiger ist es, entlang der geraden Strecken von *1* über *3* nach *2* zu integrieren. Das ist möglich, da in dem hier vorliegenden elektrischen Feld der Integrationsweg zur Berechnung der Spannung U zwischen zwei Punkten beliebig gewählt werden darf. Man erkennt aus Bild **3.**31, daß dieser Integrationsweg aus den zwei charakteristischen Abschnitten zwischen *1* und *3* bzw. *3* und *2* besteht, in denen das Skalarprodukt aus elektrischem Feld-

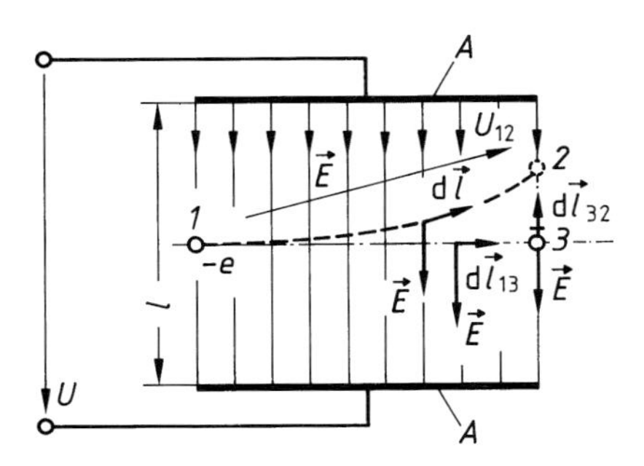

3.31 Ablenkung eines Elektronenstrahls im homogenen Feldbereich zwischen zwei ebenen Elektroden (s. Beispiel 3.7)

stärkevektor $\vec{E}$ und Wegvektor $d\vec{l}$ Null ist $[\vec{E}\cdot d\vec{l}_{13}=E\,dl_{13}\cos(\pi/2)=0]$ bzw. als algebraisches Produkt geschrieben werden darf $(\vec{E}\cdot d\vec{l}_{32}=E\,dl_{32}\cos\pi=-E\,dl_{32})$. Da außerdem über den Weg von *3* nach *2* die elektrische Feldstärke konstant ist, läßt sich die Integration in eine Multiplikation überführen $(-\int_3^2 E\,dl_{32}=-El_{32})$. Damit bekommt man einen sehr einfachen Ausdruck für die zwischen den Punkten *1* und *2* auftretende Spannung

$$U_{12}=\int_1^2 \vec{E}\cdot d\vec{l}=\int_3^2 \vec{E}\cdot d\vec{l}_{32}=-E\,l_{32}. \tag{3.64}$$

Mit den Beträgen für die elektrische Feldstärke $E=U/l$ und die Länge l_{32} folgt aus Gl. (3.64) ein negativer Zahlenwert, d.h., die Wirkungsrichtung dieser Spannung U_{12} ist umgekehrt wie die in Integrationsrichtung von *1* nach *2* eingezeichnete Zählpfeilrichtung für U_{12}. Damit hat Punkt *2* die Bedeutung eines positiven und Punkt *1* die eines negativen Poles, was auch der angelegten Spannung U entspricht.

Die Energie, die einem Elektron auf seiner Flugbahn von *1* nach *2* über das elektrische Feld zugeführt wird, ergibt sich nach Gl. (3.63)

$$W_{12}=U_{12}(-e)=e\,E\,l_{32}. \tag{3.65}$$

□

3.3.3 Elektrisches Potential und Eigenschaften des Potentialfeldes

Unter Verweis auf den Absatz vor Gl. (3.61) werden auch hier die Gesetze zur Berechnung des elektrischen Potentials lediglich wiederholend zusammengestellt. Die Erläuterungen in Abschn. 3.2.4 gelten für sie sinngemäß.

Man wählt für die Beschreibung des Potentials in einem elektrischen Feld einen beliebigen Bezugspunkt p_0 und ordnet diesem ein beliebiges Bezugspotential φ_0 zu. Damit ist für jeden einzelnen Punkt p des Feldraumes nach Gl. (3.48) das Potential

$$\varphi=\varphi_0-\int_{p_0}^{p} \vec{E}\cdot d\vec{l}=\varphi_0-U_{0p} \tag{3.66}$$

bestimmt. Zwischen zwei beliebigen Punkten p_1 und p_2 besteht wie beim elektrischen Strömungsfeld [s. Gl. 3.49)] die Spannung

$$U_{12}=\int_{p_1}^{p_2} \vec{E}\cdot d\vec{l}=\varphi_1-\varphi_2, \tag{3.67}$$

deren Zählpfeil vom Punkt p_1 zum Punkt p_2 weist.

Beispielsweise wird das Feld zwischen zwei parallelen zylindrischen Leitern nach Bild **3.**29 betrachtet, die an eine konstante Spannung U angeschlossen sind. Es bildet sich ein inhomogenes elektrostatisches Feld aus (s. Abschn. 3.3.2), das in

Bild 3.29 durch die voll ausgezogenen E-Feldlinien dargestellt ist. Das Potential in diesem Feld soll nun auf die zylindrische Oberfläche des negativ geladenen Leiters bezogen bestimmt werden. Diese grundsätzlich willkürliche Wahl könnte z. B. dadurch begründet sein, daß dieser Leiter geerdet ist. Aus gleichem Grund soll z. B. der eine Äquipotentialfläche darstellenden leitenden Oberfläche des Bezugsleiters das Bezugspotential Null zugeordnet werden ($\varphi_0 = 0$). Damit kann das Potential für den beliebigen Raumpunkt nach Gl. (3.66) berechnet werden.

$$\varphi = \varphi_0 - \int_{p_0}^{p} \vec{E} \cdot \mathrm{d}\vec{l} = \int_{p}^{p_0} \vec{E} \cdot \mathrm{d}\vec{l}$$

Für die qualitative Beurteilung eines Potentialfeldes ist es zweckmäßig, Potentialwerte mit jeweils gleichen Abständen festzulegen.

$$\varphi_1 - \varphi_2 = \varphi_2 - \varphi_3 = \ldots = \varphi_{(n-1)} - \varphi_n = \text{const} \quad .$$

Verbindet man jeweils alle Punkte, die das gleiche Potential haben, so bekommt man bei ebenen Darstellungen die Äquipotentiallinien und bei räumlichen die Äquipotentialflächen als geometrischen Ort aller Punkte jeweils gleichen Potentials.

Beispielsweise werden für das Feld zwischen den an der Spannung U liegenden zylindrischen Leitern nach Bild 3.29b die Potentialwerte $\varphi_0 = 0$; $\varphi_1 = U/14$; $\varphi_2 = U/7$; ...; $\varphi_{14} = U$ festgelegt. Die sich für diese Werte ergebenden Äquipotentialflächen sind parallel und exzentrisch zu den Zylinderleitern liegende Röhren. Ihre Schnittlinien mit einer rechtwinklig zu den beiden Zylinderleitern verlaufenden Darstellungsebene ergeben die in Bild 3.29b gestrichelt eingezeichneten Äquipotentiallinien.

Im Potentialfeld kommt jedem Raumpunkt genau ein Potential zu. Wird also entsprechend Bild 3.32a ausgehend von einem beliebigen Punkt p_1 mit dem Potential φ_1 für einen beliebigen zweiten Punkt p_2 das Potential

$$\varphi_2 = \varphi_1 - \int_{p_1}^{p_2} \vec{E} \cdot \mathrm{d}\vec{l}_{12} \tag{3.68a}$$

entsprechend Gl. (3.66) berechnet, so muß sich unabhängig von dem gewählten Integrationsweg immer der gleiche Wert φ_2 ergeben. Beispielsweise liefert die Integration entlang der Wege l_1, l_2, l_3, ... in Bild 3.32a immer den gleichen Wert φ_2. Das gleiche gilt auch für den Weg von p_1 nach p_2 in Bild 3.32b. Berechnet man nun von diesem Punkt p_2 mit dem Potential φ_2 ausgehend wieder für den Punkt p_1 das Potential

$$\varphi_1 = \varphi_2 - \int_{p_2}^{p_1} \vec{E} \cdot \mathrm{d}\vec{l}_{21} = \left(\varphi_1 - \int_{p_1}^{p_2} \vec{E} \cdot \mathrm{d}\vec{l}_{12}\right) - \int_{p_2}^{p_1} \vec{E} \cdot \mathrm{d}\vec{l}_{21} \tag{3.68b}$$

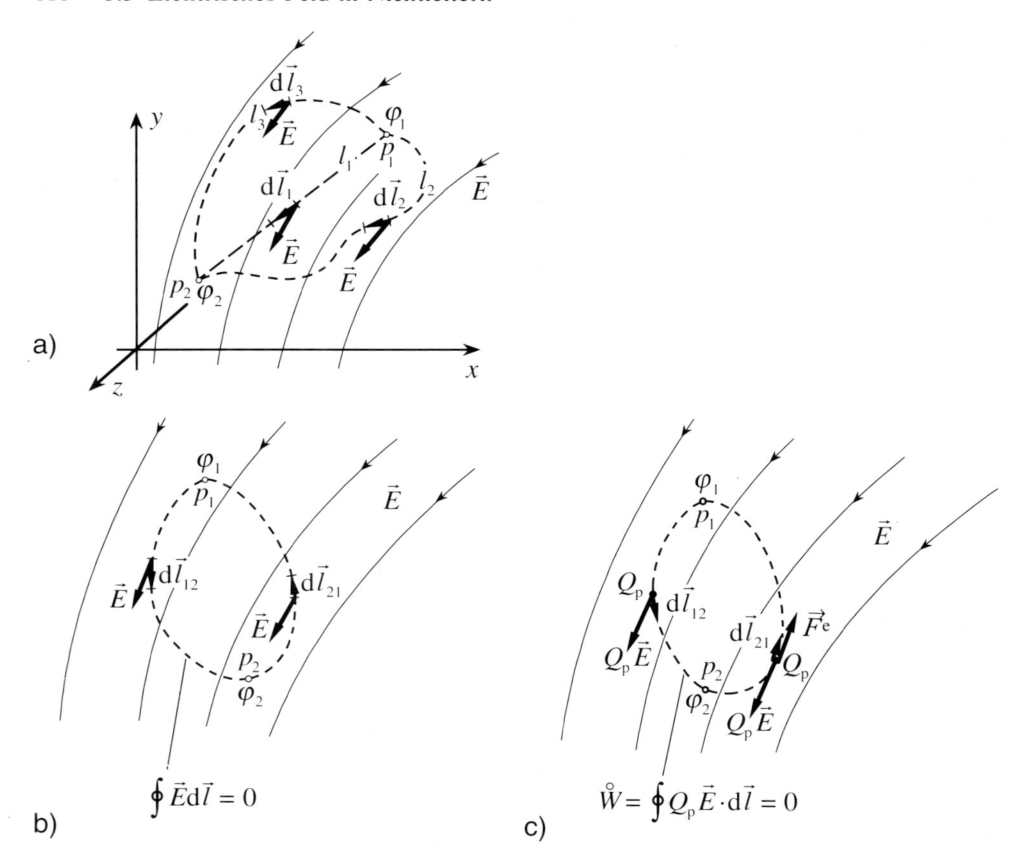

3.32 Wegintegral der elektrischen Feldstärke
a) über verschiedene Wege zur Berechnung des Potentials
b) über einen geschlossenen Weg (Umlaufspannung $\mathring{U}$)
c) multipliziert mit einer Ladung Q zur Bestimmung der Umlaufenergie $\mathring{W}$

(s. Bild **3.**32b), so muß sich unabhängig vom gewählten Integrationsweg wieder das diesem Punkt p_1 eigene Potential φ_1 ergeben. Nach Gl. (3.68b) muß also die Summe der beiden Wegintegrale von p_1 nach p_2 und von dort zurück nach p_1 Null ergeben

$$\int_{p_1}^{p_2} \vec{E}\cdot\mathrm{d}\vec{l}_{12} + \int_{p_2}^{p_1} \vec{E}\cdot\mathrm{d}\vec{l}_{21} = \int_{p_1}^{p_2} \vec{E}\cdot\mathrm{d}\vec{l}_{12} - \int_{p_1}^{p_2} \vec{E}\cdot\mathrm{d}\vec{l}_{12} = 0.$$

Allgemeingültig läßt sich feststellen, daß im elektrischen Potentialfeld das Wegintegral der elektrischen Feldstärke zwischen zwei Punkten unabhängig vom gewählten Weg immer den gleichen Spannungswert bzw. die gleiche Potentialdifferenz liefert. Über einen beliebigen, aber geschlossenen Umlauf ist das Wegintegral also stets Null

$$\oint \vec{E} \cdot d\vec{l} = 0. \tag{3.69}$$

Man nennt ein solches über einen geschlossenen Weg gebildetes Wegintegral auch **Umlaufintegral** und kennzeichnet es mit einem Kreis im Integralzeichen. Physikalisch kann man Gl. (3.69) so interpretieren, daß sich die potentielle Energie einer Ladung Q, die – durch eine äußere eingeprägte Kraft $\vec{F}^e = -Q_p\vec{E}$ – in einem Potentialfeld über einen geschlossenen Umlauf herumgeführt wurde, nicht geändert hat (s. Bild **3**.32c).

Auf dem Grundgesetz Gl. (3.69) basiert der für die Netzwerklehre fundamentale Maschensatz, nach dem in einer Masche, d.h. in einem geschlossenen Umlauf, die Spannungssumme (auch als Umlaufspannung $\mathring{U} = \Sigma U = \oint \vec{E} \cdot d\vec{l}$ bezeichnet), d.h. das geschlossene Wegintegral der elektrischen Feldstärke, stets null sein muß (s. Abschn. 2.2.2.2).

3.3.4 Elektrische Flußdichte und elektrischer Fluß

In Abschn. 3.1.2.2 ist beschrieben, daß die Ursache des elektrischen Potentialfeldes zwar letztlich in den elektrischen Ladungen (körperlich in den Elementarladungen existent) begründet ist, in der Feldtheorie wird sie aber durch die Feldgröße elektrische Flußdichte $\vec{D}$ beschrieben. Der Zusammenhang zwischen den Feldgrößen elektrische Feldstärke $\vec{E}$ und Flußdichte $\vec{D}$ ist in der fundamentalen Definitionsgleichung (3.27) festgelegt. In diesem Abschnitt sind nun Verfahren zur Bestimmung der elektrischen Flußdichte $\vec{D}$ aus der sie erregenden elektrischen Ladung erläutert.

Beispielhaft wird im folgenden der in Bild **3**.33 skizzierte Plattenkondensator betrachtet.

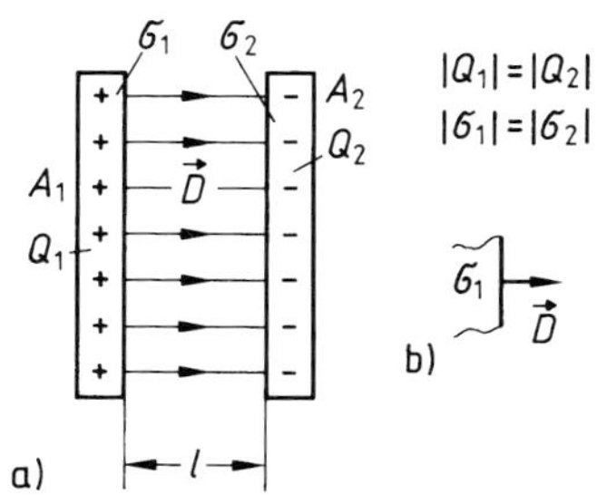

3.33 Elektrische Flußdichte $\vec{D}$ im Plattenkondensator (a) und Flächenladungsdichte σ in der Elektrodenoberfläche mit elektrischer Flußdichte $\vec{D}$ auf ihr (b)

Auf den sich parallel gegenüberstehenden ebenen Plattenelektroden mit gleich großen Flächen $A_1 = A_2 = A$ befinden sich die gleich großen positiven bzw. negativen Ladungen $Q_1 = +|Q|$ und $Q_2 = -|Q|$. Sind die Plattenabmessungen groß gegenüber dem Plattenabstand, so bildet sich zwischen den Platten ein homogenes elektrisches Feld aus, dessen Randverzerrungen vernachlässigbar sind. Damit ist die Ladung auf den Platten gleichmäßig verteilt, und es läßt sich nach Gl. (3.8) die Flächenladungsdichte

$$\sigma = \frac{Q}{A} \tag{3.70}$$

berechnen. Dieser Flächenladungsdichte kann nun die in Abschn. 3.1.2.2 erläuterte ebenfalls flächenbezogene Feldgröße elektrische Flußdichte (auch elektrische Verschiebungsdichte genannt) zugeordnet werden.

An der Grenzfläche zwischen den leitenden Elektroden und dem nichtleitenden Feldraum ist der Betrag der elektrischen Flußdichte $\vec{D}$ gleich dem Betrag der Ladungsdichte σ[22].

$$D = \sigma \tag{3.71}$$

Bildhaft kann man sich vorstellen, die Ladungsdichte σ setzt sich an der Elektrodenoberfläche in die Feldgröße elektrische Flußdichte $\vec{D}$ um (s. Bild **3.**33b). Wie die E-Feldlinien beginnen bzw. enden auch die D-Feldlinien jeweils senkrecht zur leitenden Elektrodenoberfläche auf der positiven bzw. negativen Ladung.

Trotz der mit Gl. (3.71) beschriebenen Gleichheit der Beträge von D und σ ist zu beachten, daß die lediglich als Rechengröße definierte Feldgröße elektrische Flußdichte D grundsätzlich von anderer Qualität ist als die Größe der Ladungsdichte σ, die in den Oberflächenladungen der Elektroden körperlich existent ist.

Der in Gl. (3.71) aufgezeigte Zusammenhang zwischen der Dichte der das elektrische Potentialfeld direkt verursachenden Ladung und der diese Ursache beschreibenden Feldgröße elektrische Flußdichte D gilt nur unmittelbar an der Oberfläche leitender Elektroden, auf der die Feldvektoren immer senkrecht stehen. Um zu erläutern, wie sich die Flußdichte D in dem Feldraum zwischen den Elektroden ausbildet, wird folgendes Experiment betrachtet.

In das homogene elektrostatische Feld zwischen den Plattenelektroden *1* und *2* mit den gleich großen Ladungen unterschiedlicher Polarität ($|Q_1| = |Q_2|$) nach Bild **3.**34 werden zwei zusammengelegte (galvanisch verbundene) Prüfplatten P_1 und P_2 (Maxwellsche Doppelplatte) gebracht, die parallel zu den Plattenelektroden, also senkrecht zu den D-Feldlinien liegen. Trennt man diese Platten im Feldraum und zieht sie in getrenntem Zustand aus dem Feld heraus, so kann man auf jeder der Platten eine Ladung Q_{p1} bzw. Q_{p2} messen (s. Bild **3.**34b). Diese Ladungen haben den gleichen Betrag, aber unterschiedliche Polarität.

$$Q_{p1} = -|Q_p|, \quad Q_{p2} = +|Q_p|$$

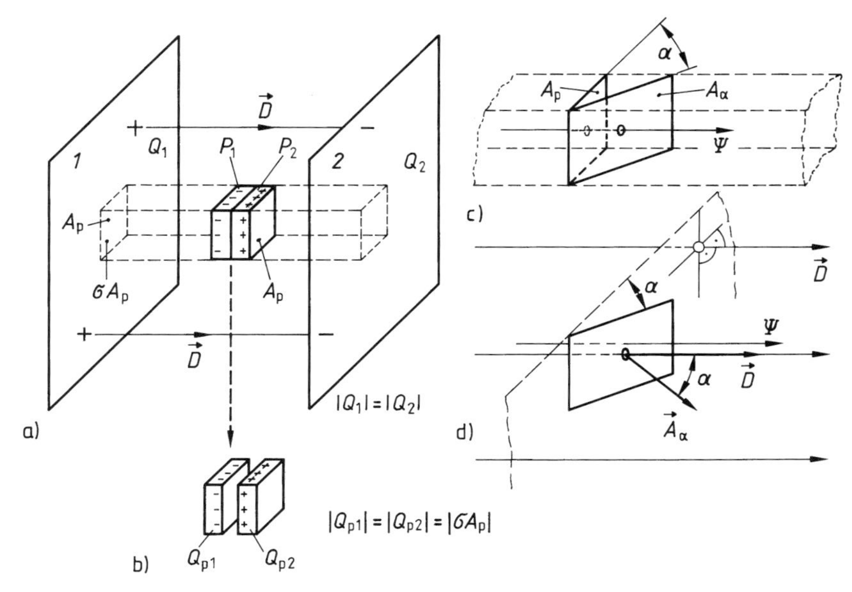

3.34 Zusammenhang zwischen Flächenladungsdichte σ, elektrischer Flußdichte $\vec{D}$ und elektrischem Fluß Ψ
a) homogenes elektrostatisches Feld im Plattenkondensator mit Maxwellscher Doppelplatte,
b) Maxwellsche Doppelplatten nach Entfernen aus dem Feld des Plattenkondensators,
c) Flußröhre mit Querschnitt A_p und Schnittfläche A_α in allgemeiner Lage,
d) elektrischer Fluß Ψ durch Fläche A_α

Man sagt, es seien Ladungen influenziert worden, und bezeichnet diese Erscheinung als Influenz. Ursache hierfür ist die überall im Feldraum, also auch am Ort der Prüfplatten, herrschende elektrische Feldstärke $\vec{E}$, die einen Teil der in Leitern vorhandenen freien Elektronen an die Oberfläche der einen Platte verschiebt, so daß in der anderen die positiven Kernladungen überwiegen. Haben die Prüfplatten eine merkliche Dicke, so wird das Feld an ihren Rändern verzerrt, da der von den Prüfplatten eingenommene Raum nach erfolgter Ladungstrennung feldfrei ist. Diese Erscheinung wird hier vernachlässigt.

Dividiert man die auf die Prüfplatten influenzierte Ladung Q_p durch die Fläche A_p der Prüfplatten, bekommt man eine Ladungsdichte $\sigma_p = Q_p/A_p$, deren Betrag im vorliegenden Fall des homogenen Feldes gleich ist dem der Ladungsdichte σ auf den Plattenelektroden, der wiederum gleich ist dem Betrag des Feldvektors der elektrischen Flußdichte $|D| = |\sigma| = |\sigma_p|$.

Man stellt sich nun eine „Röhre" mit dem Querschnitt der Prüfplatten A_p vor, die parallel zu den D-Feldlinien verläuft (s. Bild **3.**34), und ordnet dieser per

Definition einen elektrischen Fluß

$$\Psi = D A_p \tag{3.72}$$

zu, der als Produkt aus elektrischer Flußdichte D und Querschnittsfläche A_p der Röhre definiert ist. Dieser durch den Röhrenquerschnitt A_p bestimmte elektrische Fluß Ψ tritt, wie aus Bild **3.**34c zu erkennen ist, gleichermaßen in beliebigen Schnittflächen A_α durch die Röhre auf. Beispielsweise ist der Fluß durch die gegenüber der Querschnittsfläche A_p geneigten Fläche A_α in Bild **3.**34c

$$\Psi_\alpha = \Psi_p = D A_p .$$

Beschreibt man analog den Erläuterungen in Abschnitt 3.2.2 zu Gl. (3.36) die räumliche Lage der ebenen Fläche A_α durch einen senkrecht auf ihr stehenden Flächenvektor $\vec{A}_\alpha$, so schließt dieser mit dem Vektor der elektrischen Flußdichte $\vec{D}$ den Winkel α ein (s. Bild **3.**34d), und man bekommt die Bestimmungsgleichung für den elektrischen Fluß

$$\Psi = \vec{D} \cdot \vec{A} = D A \cos\alpha, \tag{3.73}$$

die allerdings nur für ebene Flächen A gilt, in denen die elektrische Flußdichte D konstant ist. Dabei ist analog den Erläuterungen zum Strom I der Zählpfeil des elektrischen Flusses Ψ in Richtung des Flächenvektors $\vec{A}$ einzutragen.

In inhomogenen Feldern lassen sich nicht mehr entsprechend Bild **3.**34 „Flußröhren" (mit beliebig großen Querschnittsflächen A_p) festlegen, in denen überall die gleiche elektrische Flußdichte D auftritt, deren Betrag gleich ist der Flächenladung σ auf den Elektroden, auf denen die Feldlinien für D beginnen bzw. enden. In Bild **3.**35 ist eine beliebige Fläche A in einem inhomogenen Feld skizziert. Zerlegt man die Fläche A in infinitesimal kleine Flächenelemente dA,

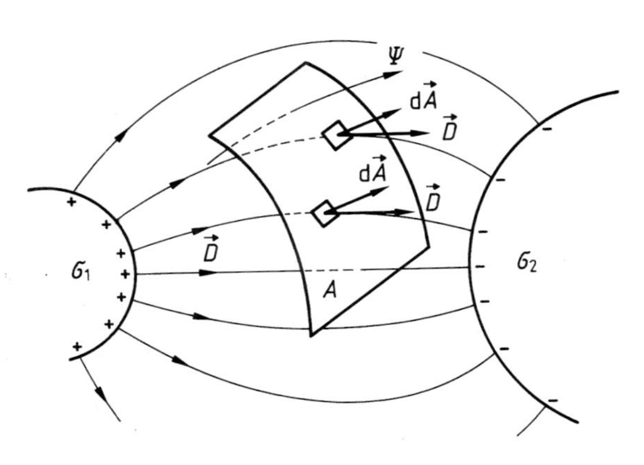

3.35 Zur Berechnung des elektrischen Flusses $\Psi = \int \vec{D} \cdot \mathrm{d}\vec{A}$ als Flächenintegral der elektrischen Flußdichte $\vec{D}$

die durch parallel zu den D-Feldlinien verlaufende Elementarflußröhren mit dem elektrischen Fluß $\mathrm{d}\Psi$ begrenzt sind, so gilt für jede dieser Elementarflächen $\mathrm{d}A$ nach obigen Erläuterungen

$$\mathrm{d}\Psi = \vec{D} \cdot \mathrm{d}\vec{A}\,. \tag{3.74}$$

Summiert, d.h. integriert man alle Elementarflüsse $\mathrm{d}\Psi$, so bekommt man den in der Fläche A auftretenden elektrischen Fluß

$$\Psi = \int_A \vec{D} \cdot \mathrm{d}\vec{A}\,. \tag{3.75}$$

Die größte praktische Bedeutung erlangt die Definition des elektrischen Flusses Ψ bei der Formulierung des Gaußschen Satzes

$$\mathring{\Psi} = \oint \vec{D} \cdot \mathrm{d}\vec{A} = Q\,. \tag{3.76}$$

Dieser besagt, daß der elektrische Fluß Ψ über eine geschlossene Fläche – Hüllfläche – gleich ist der von dieser Fläche eingeschlossenen elektrischen Ladung. Der elektrische Hüllenfluß kann als Flächenintegral der elektrischen Flußdichte $\vec{D}$ über eine beliebig geformte, aber geschlossene (was durch den Kreis über Ψ bzw. im Integralzeichen beschrieben ist) Fläche berechnet werden. Der Flächenvektor $\mathrm{d}\vec{A}$ ist immer aus der Hüllfläche herausweisend anzutragen; dann stimmt das Vorzeichen des berechneten elektrischen Hüllenflusses $\mathring{\Psi}$ mit dem Vorzeichen der von der Hüllfläche eingeschlossenen Ladung überein.

□ **Beispiel 3.8**

Bei einem sehr langen, geraden Koaxialkabel entsprechend Bild **3.**36 hat der Innenleiter mit dem Außendurchmesser d_i die positive und der Außenleiter mit dem Innendurchmesser d_a die negative Ladung pro Länge $\lambda = Q/l$. Die elektrische Flußdichte $\vec{D}$ in dem Koaxialkabel ist zu berechnen.

Aus Erfahrung oder auch Symmetrieüberlegungen folgt, daß die D-Feldlinien radialsymmetrisch, also sternförmig vom Innenleiter zum Außenleiter verlaufen (s. Bild **3.**36b).

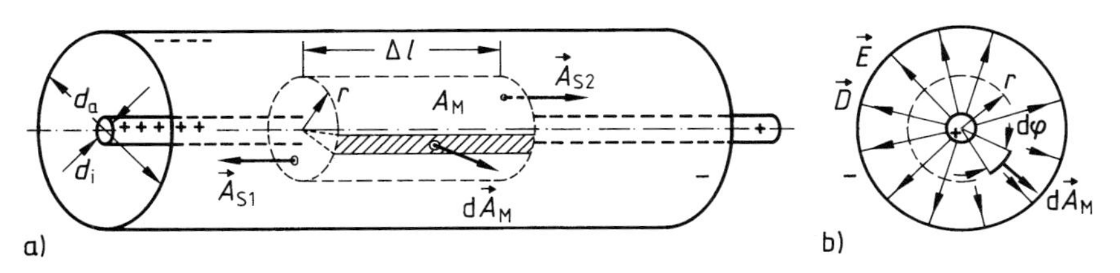

3.36 Koaxialkabel (s. Beispiel 3.8 und 3.9)
a) gedachter Zylinder zwischen Innen- und Außenleiter für die Anwendung des Gaußschen Satzes,
b) Querschnitt mit Feldlinienbild

Wählt man, wie in Bild **3.**36 gestrichelt skizziert, einen geschlossenen Zylinder mit dem Radius r und der Länge Δl in konzentrischer Lage um den Innenleiter, so gilt, daß der Vektor $\vec{D}$ in der Mantelfläche A_M dieses Zylinders in allen Punkten einen konstanten Betrag hat und senkrecht auf der Mantelfläche A_M steht. Zu den Stirnflächen A_{S1} und A_{S2} des Zylinders verlaufen die D-Feldlinien parallel. Die Flächenvektoren dA_M und dA_S des so gedachten Zylinders werden nach außen weisend angetragen. Dabei können die Flächenelemente $dA_M = \Delta l\, r\, d\varphi$ der Mantelfläche als ebene Längsstreifen mit der tangentialen Breite $r\, d\varphi$ aufgefaßt werden (s. Bild **3.**36), da sich über die axiale Länge Δl bei konstantem r der Vektor $\vec{D}$ weder in Betrag noch Richtung ändert. Mit der gegebenen längenbezogenen Ladung λ ergibt sich die von dem Zylinder eingeschlossene Ladung $\Delta Q = \lambda \Delta l$, und der Gaußsche Satz kann entsprechend Gl. (3.76) wie folgt aufgestellt werden.

$$\oint \vec{D} \cdot d\vec{A} = \int_{A_M} D\, dA_M \cos 0 + \int_{A_{S1}} D\, dA_{S1} \cos(\pi/2) + \int_{A_{S2}} D\, dA_{S2} \cos(\pi/2)$$

$$= D \Delta l\, r \int_0^{2\pi} d\varphi = D \Delta l \cdot 2\pi r = \Delta Q \tag{3.77}$$

Man kann diese Gleichung mit $\Delta Q = \lambda \Delta l$ explizit nach der elektrischen Flußdichte

$$D = \lambda / (2\pi r) \tag{3.78}$$

auflösen und erkennt, daß diese umgekehrt proportional dem Radius r ist.

Zu den Vorzeichen in Gl. (3.77) ist zu bemerken, daß der gedachte Zylinder die positive Ladung ΔQ des Innenleiters einschließt. Die auf dieser Ladung beginnenden D-Feldlinien durchdringen den gedachten Zylinder von innen nach außen, verlaufen also parallel zu den per Definition ebenfalls nach außen weisend auf einer Hüllfläche anzutragenden Flächenvektoren des Zylindermantels. Damit liefert das Integral des Skalarproduktes $\vec{D} \cdot d\vec{A}$ auf der linken Seite des Gaußschen Satzes [Gl. (3.77)] positive Zahlenwerte, was dem positiven Vorzeichen der eingeschlossenen Ladung entspricht. □

Die Schwierigkeit bei der Berechnung elektrischer Felder mit Hilfe des Gaußschen Satzes liegt darin, daß die elektrische Flußdichte $\vec{D}$ implizit in Gl. (3.76) enthalten ist. Nur in Fällen, in denen aus Erfahrung oder Symmetrieüberlegungen der qualitative Feldverlauf bekannt ist, läßt sich Gl. (3.76) so anwenden, daß ihre explizite Auflösung nach der elektrischen Flußdichte möglich wird. Man kann also mit Hilfe des Gaußschen Satzes bei gegebenem D-Feld i. allg. immer den elektrischen Hüllenfluß $\mathring{\Psi}$ und damit die von diesen eingeschlossene Ladung Q berechnen, dagegen umgekehrt aus dem gegebenen Fluß bzw. aus der gegebenen Ladung die elektrische Flußdichte nur in Sonderfällen, wenn das Feldbild bekannt ist und bestimmte Symmetrien aufweist.

3.3.5 Zusammenhang zwischen elektrischer Ladung und Spannung

Zwischen zwei voneinander isolierten Elektroden, die eine positive bzw. negative elektrische Ladung Q aufweisen, besteht immer auch eine elektrische Spannung U. Um den Zusammenhang zwischen diesen unabdingbar miteinander verknüpften elektrischen Größen Ladung Q und Spannung U zu erläutern, werden die in

Bild 3.37 dargestellten ebenen Platten mit den Flächen $A_1 = A_2 = A$ betrachtet, die sich im Abstand l parallel zueinander gegenüberstehen.

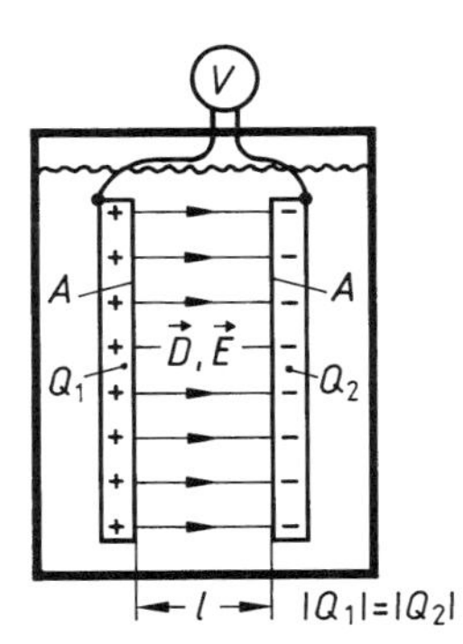

3.37 Plattenkondensator in einem mit Öl gefüllten Gefäß

Auf die eine Platte wurde eine positive Ladung Q_1, auf die andere eine negative Ladung Q_2 gebracht, die betragsmäßig gleich sind ($Q_1 = -Q_2 = Q$). Diese Ladungen verursachen ein homogenes elektrostatisches Feld zwischen den Platten, die Verzerrungen zu den Plattenrändern hin sollen vernachlässigbar sein. Für dieses homogene Feld gilt entsprechend Gln. (3.70) und (3.71) für den Zusammenhang zwischen elektrischer Flußdichte D und Plattenladung

$$Q = \sigma A = DA. \tag{3.79}$$

Mit der Ladung Q auf den Platten stellt sich eine Spannung U zwischen ihnen ein, die mit einem elektrostatischen Spannungsmesser gemessen werden kann. Ein solcher Spannungsmesser hat einen nahezu unendlich großen Innenwiderstand, d.h., es fließt über ihn kein Strom, der den Ladungsunterschied der Platten ausgleichen würde. Der Zusammenhang zwischen der Spannung U und der elektrischen Feldstärke E des homogenen Feldes zwischen den Platten wird mit Gl. (3.59) beschrieben.

$$U = El \tag{3.80}$$

Dividiert man Gl. (3.79) durch Gl. (3.80), so bekommt man die auf die Plattenspannung U bezogene Plattenladung

$$\frac{Q}{U} = \frac{D}{E} \cdot \frac{A}{l}. \tag{3.81}$$

Ordnet man die Platten in einem Gefäß an, welches zunächst evakuiert, also leer ist, so mißt man bei einer Plattenladung Q_L die Plattenspannung U_L. Füllt man dann das Gefäß mit Isolieröl, so mißt man eine Spannung $U_Ö$, die sich von der im Vakuum gemessenen unterscheidet. Da die Platten isoliert angeordnet sind, kann sich ihre Ladung durch das Einfüllen des Öls nicht geändert haben

($Q_{Ö} = Q_{L} = Q$). Da auch die Plattenfläche A und ihr Abstand l nicht verändert werden, folgt aus Gl. (3.81)

$$\frac{Q}{U_{L}} = \frac{D}{E_{L}} \cdot \frac{A}{l} \neq \frac{Q}{U_{Ö}} = \frac{D}{E_{Ö}} \cdot \frac{A}{l},$$

daß der Zusammenhang zwischen den Feldgrößen elektrische Flußdichte D und elektrische Feldstärke E von dem Material des Feldraumes abhängen muß.

Diese Materialabhängigkeit wird durch die Permittivität $\varepsilon = \varepsilon_0 \varepsilon_r = D/E$ berücksichtigt, die in Gl. (3.27) bei der Definition der elektrischen Flußdichte eingeführt wurde.

Die Permittivitätszahl ε_r oder die Dielektrizitätszahl (für den Fall, daß ε_r unabhängig von D bzw. E konstant ist, auch relative Dielektrizitätskonstante genannt) gibt ähnlich wie die Permeabilitätszahl μ_r im magnetischen Feld ausschließlich den Einfluß des Werkstoffes an (s. Tafel **3.**38). Soweit Bereiche in der Tafel für ε_r angegeben sind, zeigen die Stoffe eine merkliche Abhängigkeit von ihrer Zusammensetzung. Die Permittivitätszahlen von Gasen liegen sehr nahe bei 1, z.B. $\varepsilon_r = 1{,}0006$ für Luft bei 1000 hPa. Bei vielen Werkstoffen ist die Dielektrizitätszahl ε_r temperaturabhängig und/oder frequenzabhängig, allerdings ist die Frequenzabhängigkeit insbesondere im Bereich niedriger Frequenzen meist unbedeutend.

Tafel **3.**38 Beispiele für Permittivitätszahlen ε_r fester und flüssiger Isolierstoffe bei 20°C für Frequenzen $f < 2$ MHz

Stoff	ε_r	Stoff	ε_r	Stoff	ε_r
Eis bei −20°C	16,0	Mineralöl	2,2	Polyvinylchlorid, weich	4 bis 5,5
Glas, gewöhnlich	5 bis 7	Pertinax	4,8	Porzellan	4,5 bis 6,5
Glimmer	5 bis 8	Petroleum	2,1	Quarz	3,8 bis 5
Gummi	2,7	Polyäthylen	2,2 bis 2,3	Wasser, destilliert	80
Hartpapier	5 bis 6	Polystyrol	2,4 bis 3		
Hölzer	1 bis 7	Polyvinylchlorid (PVC), hart	3,2 bis 3,5		
Keramikmassen	bis 4000				

3.3.5.1 Kapazität. Ersetzt man in Gl. (3.81) den Quotienten D/E durch die Permittivität ε, so erkennt man, daß der Quotient Ladung durch Spannung

$$\frac{Q}{U} = \varepsilon \frac{A}{l} \tag{3.82}$$

allein von den Abmessungen der Plattenanordnung und den Materialeigenschaften des Feldraumes abhängig ist. Dieser hier an dem übersichtlichen Beispiel paralleler ebener Platten erläuterte Zusammenhang läßt sich sinngemäß auch auf Elektrodenanordnungen beliebiger Geometrie übertragen. Wegen der großen praktischen Bedeutung dieser Gesetzmäßigkeit wurden folgende allgemeingültige Begriffe festgelegt:

Eine Anordnung aus zwei Elektroden (elektrisch leitfähige Gebilde) beliebiger Geometrie, die durch einen nicht leitfähigen Raum, das Dielektrikum, getrennt sind, nennt man Kondensator.

Befinden sich auf den Elektroden gleich große Ladungen unterschiedlicher Polarität ($Q_1 = -Q_2$), tritt zwischen ihnen die Spannung U auf. Der Quotient Ladung durch Spannung wird als Kapazität

$$C = \frac{Q}{U} \tag{3.83}$$

des Kondensators bezeichnet.

Die Kapazität C ist allein von der Geometrie der Elektroden und den Materialeigenschaften des nichtleitfähigen Raumes – des Dielektrikums – zwischen den Elektroden abhängig.

Man sagt auch, die Ladung Q, die ein Kondensator pro Spannung U zu speichern vermag, wird durch die Kapazität C dieses Kondensators angegeben.

In der Praxis ist häufig die ladungsspeichernde Wirkung von Kondensatoren von Nutzen, z.B. zur Speisung von Elektronenblitzröhren, zur Glättung oberschwingungshaltiger Gleichspannungen, in Schwingkreisen usw. Für diesen Zweck verwendet man Kondensatoren mit großflächigen Elektroden aus dünnen Metallfolien, die durch ein Dielektrikum aus dünnen Isolierfolien getrennt und wechselweise zusammengeschichtet (s. Bild **3.**39a) bzw. aufgerollt (s Bild **3.**39b) sind, oder Elektrolytkondensatoren, auf deren kompliziertere Wirkungsweise hier nicht eingegangen wird. Im Gegensatz zu solchen gezielt genutzten Kapazitäten sind die zwischen allen spannungsführenden Teilen unvermeidbar wirksamen Kapazitäten häufig unerwünscht und werden demzufolge auch als Störkapazitäten bezeichnet. Beispielsweise können über die zwischen zwei Leitungen (Elektroden) auftretende Kapazität Störspannungen übertragen werden, die sich der der Information (Meßwerte, Sprache usw.) entsprechenden Nutzspannung überlagern.

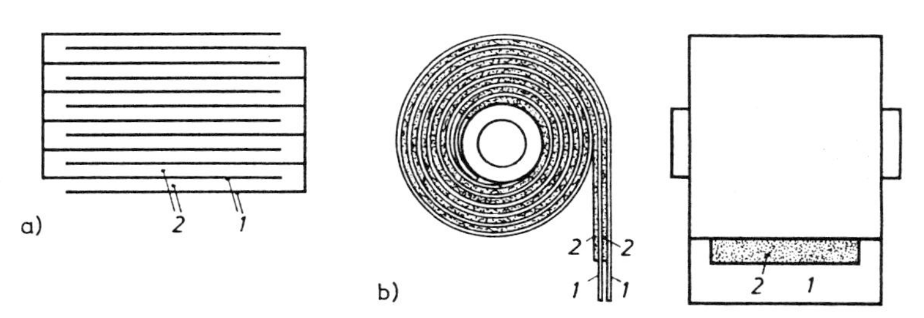

3.39 Schematische Darstellung ausgeführter Kondensatoren in geschichteter (a) und aufgerollter (b) Form
1 Elektroden aus Metallfolien,
2 Dielektrikum aus Isolierstoffolien

Die zwischen zwei Elektroden auftretende Kapazität läßt sich nach dem folgenden grundsätzlichen Schema berechnen:

Auf den zwei in ihrer Geometrie gegebenen Elektroden *1* und *2* werden gleich große positive und negative Ladungen $Q_1 = -Q_2 = Q$ angenommen. Für das von diesen Ladungen zwischen den Elektroden erregte elektrostatische Feld wird mit Hilfe des Gaußschen Satzes entsprechend Gl. (3.76) die elektrische Erregung D berechnet (s. Beispiel 3.8). Mit der für das Dielektrikum des Feldraumes zwischen den Elektroden gegebenen Permittivität ε kann nach Gl. (3.27) die elektrische Feldstärke $\vec{E} = \vec{D}/\varepsilon$ berechnet werden. Diese über einen beliebigen Weg zwischen den Elektroden entsprechend Gl. (3.67) integriert, ergibt die Spannung U zwischen den Elektroden, mit der die Kapazität $C = Q/U$ als Quotient aus angenommener Ladung Q und der dafür über D und E berechneten Spannung U bestimmt werden kann.

□ **Beispiel 3.9**

Für das in Beispiel 3.8 behandelte, in Bild **3.**36 dargestellte Koaxialkabel ist die längenbezogene Kapazität C/l zu berechnen. Der Innenleiter hat den Durchmesser $d_i = 1\,\text{mm}$, der Außenleiter den Innendurchmesser $d_a = 10\,\text{mm}$ und das Dielektrikum zwischen Innen- und Außenleiter die Permittivitätszahl $\varepsilon_r = 2$.

Für eine axiale Länge Δl des Kabels wird eine positive bzw. negative Ladung des Betrages $\Delta Q = \lambda \Delta l$ auf dem Innen- bzw. Außenleiter angenommen (λ ist die Ladung pro Länge). Für diese Ladung wurde in Beispiel 3.8 die elektrische Flußdichte $D = \lambda/(2\pi r) = \Delta Q/(\Delta l \cdot 2\pi r)$ berechnet. Dieser elektrischen Flußdichte entspricht in dem Dielektrikum der Permittivität $\varepsilon_0 \varepsilon_r$ nach Gl. (3.27) die elektrische Feldstärke $E = D/\varepsilon_0 \varepsilon_r = \Delta Q/(\Delta l \cdot 2\pi r \varepsilon_0 \varepsilon_r)$. Damit kann entsprechend Gl. (3.61) die Spannung U zwischen Innen- und Außenleiter berechnet werden. Man wählt einen radialen Integrationsweg, über den der Wegvektor $\mathrm{d}\vec{l} = \mathrm{d}\vec{r}$ immer parallel zu dem Feldstärkevektor $\vec{E}$ liegt, also $\vec{E} \cdot \mathrm{d}\vec{l} = E\,\mathrm{d}r$ gilt. Damit beträgt die Spannung

$$U = \int \vec{E} \cdot \mathrm{d}\vec{l} = \frac{\Delta Q}{\Delta l \cdot 2\pi \varepsilon_0 \varepsilon_r} \int_{r_i}^{r_a} \frac{1}{r}\,\mathrm{d}r = \frac{\Delta Q}{\Delta l \cdot 2\pi \varepsilon_0 \varepsilon_r} [\ln r]_{r_i}^{r_a} = \frac{\Delta Q}{\Delta l \cdot 2\pi\, \varepsilon_0 \varepsilon_r} \ln \frac{r_a}{r_i}.$$

Man kann diese Gleichung nun nach $\Delta Q/U$ auflösen und bekommt so entsprechend Gl. (3.83) die Kapazität

$$\Delta C = \frac{\Delta Q}{U} = \frac{\Delta l \cdot 2\pi \varepsilon_0 \varepsilon_r}{\ln(r_a/r_i)} \tag{3.84}$$

für ein Kabelstück der Länge Δl. Mit den gegebenen Zahlenwerten ergibt sich die längenbezogene Kapazität

$$\frac{C}{l} = \frac{2\pi \varepsilon_0 \varepsilon_r}{\ln(r_a/r_i)} = \frac{2\pi \cdot 8{,}854 \cdot 2\,\text{pF/m}}{\ln(5/0{,}5)} = 48{,}3\,\text{pF/m}$$

des Koaxialkabels. Diese Eigenkapazität ist z.B. für die Übertragungseigenschaften des Kabels maßgebend. □

Bei den meisten Kondensatoren, die speziell zum Zweck der Ladungsspeicherung gebaut sind, ist das elektrostatische Feld deutlich erkennbar auf den durch die Elektrodenform scharf begrenzten Raum beschränkt. In solchen Fällen muß

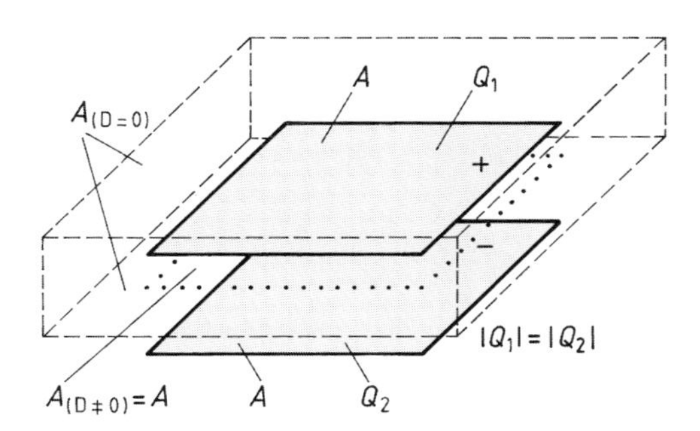

3.40 Plattenkondensator mit kastenförmiger Hüllfläche (gestrichelt eingezeichnet) um die Elektrode mit der Ladung Q_1 (Bereich der Hüllfläche zwischen den Plattenelektroden, in denen $D \neq 0$ ist, ist gepunktet umrandet)

bei der Berechnung der elektrischen Flußdichte aus der Elektrodenladung nicht immer die vollständig geschlossene Hülle um die Elektrode in dem Gaußschen Satz berücksichtigt werden. Soll beispielsweise die Kapazität des Plattenkondensators nach Bild **3.**40 berechnet werden, so gilt der Gaußsche Satz nach Gl. (3.76) für die gestrichelt eingezeichnete geschlossene Kastenoberfläche um eine der beiden Elektroden. (Hier ist die positiv geladene gewählt.) Da man weiß, daß sich das Feld des Plattenkondensators praktisch ausschließlich zwischen den Platten und hier homogen ausbreitet, kann der Gaußsche Satz als Summe aus zwei Integralen geschrieben werden, die sich auf

a) die Oberflächenanteile $A_{(D=0)}$ beziehen, in denen kein Feld auftritt, die Integration also Null ergibt, und

b) die Oberflächenanteile $A_{(D\neq 0)}$, in denen $D \neq 0$ ist, die Integration also ausgeführt werden muß, dabei aber in eine Multiplikation überführt werden kann, weil D über diesen Flächenanteil konstant ist.

Für den Plattenkondensator in Bild **3.**40 gilt also

$$\oint \vec{D} \cdot \mathrm{d}\vec{A} = \int\limits_{A_{(D=0)}} \vec{D} \cdot \mathrm{d}\vec{A} + \int\limits_{A_{(D\neq 0)}} \vec{D} \cdot \mathrm{d}\vec{A} = D\,A_{(D\neq 0)} = Q$$

mit der punktiert umrandeten Fläche $A_{(D\neq 0)}$, die der Projektion der Kondensatorplatten entspricht ($A_{(D\neq 0)} = A$).

Für Kondensatoren mit plattenförmigen parallelen Elektroden der Fläche A_{Pl}, die durch ein dünnes folienartiges Dielektrikum getrennt sind, gilt also

$$Q_{\mathrm{Pl}} = D\,A_{\mathrm{Pl}}. \tag{3.85}$$

Daraus folgt die elektrische Feldstärke $E = D/\varepsilon$, die über den Plattenabstand a konstant ist, so daß die Spannung zwischen den Platten

$$E\,a = U \tag{3.86}$$

sich nach Gl. (3.59) berechnen läßt. Damit ergibt sich für den Plattenkondensator die Kapazität

$$C = \frac{Q}{U} = \frac{D\,A_{\mathrm{Pl}}}{(D/\varepsilon)\,a} = \varepsilon\,\frac{A_{\mathrm{Pl}}}{a}. \tag{3.87}$$

□ **Beispiel 3.10**

Ein Kondensator soll aus dünnen Metallfolien (Elektroden) aufgebaut werden, die durch eine Kunststoffolie (Dielektrikum) der Dicke $a=0{,}2\,\mathrm{mm}$ und der Permittivitätszahl $\varepsilon_{\mathrm{r}}=4$ gegeneinander isoliert sind. Wie groß ist die erforderliche Elektrodenfläche pro Kapazität?

Die Flächenabmessungen der Elektroden von Folienkondensatoren mit Kapazitätswerten im oder über dem nF-Bereich sind sehr groß gegenüber ihrem Abstand a, so daß sie als Plattenkondensatoren aufgefaßt werden können. Damit gilt Gl. (3.87), nach der sich die Elektrodenfläche $A_{\mathrm{Pl}}=Ca/\varepsilon$ bzw. die kapazitätsbezogene Elektrodenfläche $A_{\mathrm{Pl}}/C=a/\varepsilon$ $=0{,}2\,\mathrm{mm}/(4\cdot 8{,}8542\,\mathrm{pF/m})=5{,}65\,\mathrm{m}^2/\mu\mathrm{F}$ ergibt.

In der praktischen Ausführung sind die beiden Elektrodenflächen als Metallfolien ausgeführt und mit je einer Isolierstoffolie zusammen aufgerollt (s. Bild **3.**39b) oder übereinandergeschichtet (s. Bild **3.**39a). In beiden Fällen werden jeweils beide Seiten jeder Metallfolie als Elektrode wirksam, so daß praktisch für jede Elektrode $A_{\mathrm{Fol}}=A_{\mathrm{Pl}}/2\approx 2{,}8\,\mathrm{m}^2/\mu\mathrm{F}$ Metallfolie benötigt wird. □

3.3.5.2 Zeitliche Änderung von Strom und Spannung im Kondensator. Die mit Gl. (3.83) formulierte Definition der Größe C gilt nicht nur für elektrostatische Felder, sondern auch für zeitlich veränderliche elektrische Felder. Bei zeitlich sich ändernden Größen muß Gl. (3.83) zu jeder Zeit von den Augenblickswerten erfüllt sein [22]. Für konstante Kapazitäten C gilt also, daß sich bei einer Ladungsänderung pro Zeit $\mathrm{d}Q/\mathrm{d}t$ auch die Spannung entsprechend ändern muß.

$$\frac{\mathrm{d}Q}{\mathrm{d}t} = \frac{C\,\mathrm{d}u}{\mathrm{d}t} \tag{3.88}$$

Da nun die zeitliche Ladungsänderung $\mathrm{d}Q/\mathrm{d}t$ durch den zu- bzw. abfließenden Strom entsprechend $\mathrm{d}Q/\mathrm{d}t=i$ bewirkt wird, ergibt sich aus Gl. (3.88) der Zeitwert des Stromes

$$i = \frac{\mathrm{d}Q}{\mathrm{d}t} = C\,\frac{\mathrm{d}u}{\mathrm{d}t} \tag{3.89}$$

bzw. der Zeitwert der Spannung

$$u = \frac{1}{C}\int i\,\mathrm{d}t. \tag{3.90}$$

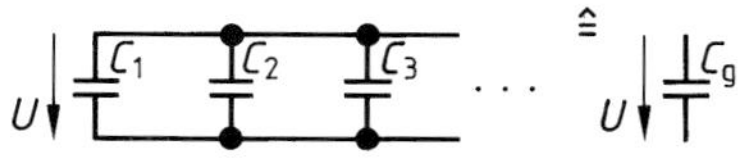

3.41 Resultierende Kapazität C_g parallel geschalteter Kondensatoren

3.3.5.3 Schaltung von Kondensatoren. Werden mehrere Kondensatoren entsprechend Bild **3.41** parallel geschaltet, kommt dieses einer Vergrößerung der Elektrodenfläche gleich, was bei gegebener Spannung U eine entsprechende Vergrößerung der gespeicherten Ladung Q zur Folge hat [s. Gl. (3.87)]. Sind C_1, C_2, C_3, ... die parallelgeschalteten Kondensatoren mit den Einzelladungen Q_1, Q_2, Q_3, ..., so ist die gesamte gespeicherte Ladung

$$Q_g = Q_1 + Q_2 + Q_3 + \cdots.$$

Ersetzt man die Ladungen entsprechend Gl. (3.83) durch die an allen Kondensatoren gleiche Spannung U multipliziert mit der jeweiligen Kapazität, so ergibt sich

$$U C_g = U C_1 + U C_2 + U C_3 + \cdots = U(C_1 + C_2 + C_3 + \cdots)$$

und nach Kürzen durch U die resultierende Kapazität parallelgeschalteter Kondensatoren

$$C_g = C_1 + C_2 + C_3 + \cdots. \tag{3.91}$$

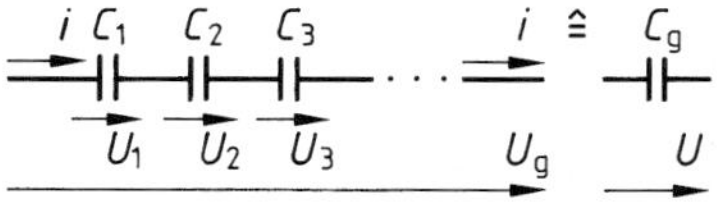

3.42 Resultierende Kapazität C_g in Reihe geschalteter Kondensatoren

Bei der Reihenschaltung von Kondensatoren C_1, C_2, C_3, ... entsprechend Bild **3.42** fließt bei der Aufladung durch alle Kondensatoren der gleiche Strom i. Waren beim Einschalten dieses Stromes (s. Abschn. 9.3.2) alle Kondensatoren ungeladen, muß sich auf allen Platten die gleiche Ladung $Q = \int i\,dt$ ansammeln. Die sich dabei an jedem Kondensator entsprechend Gl. (3.83) einstellende Spannung $U = Q/C$ ist abhängig von der Kapazität C des jeweiligen Kondensators. Aus der dem Maschensatz nach Gl. (2.43) entsprechenden Gesamtspannung

$$U_g = U_1 + U_2 + U_3 + \cdots$$

der Reihenschaltung folgt mit $Q_1 = Q_2 = Q_3 = \cdots = Q$

$$\frac{Q}{C_g} = \frac{Q}{C_1} + \frac{Q}{C_2} + \frac{Q}{C_3} + \cdots$$

und nach Division durch Q der Kehrwert der resultierenden Kapazität in Reihe geschalteter Kondensatoren

$$\frac{1}{C_g}=\frac{1}{C_1}+\frac{1}{C_2}+\frac{1}{C_3}+\cdots. \tag{3.92}$$

□ **Beispiel 3.11**

In einem Plattenkondensator entsprechend Bild **3.**43 besteht das Dielektrikum aus drei Isolationsschichten der jeweils konstanten Dicke $a_1=2\,\text{mm}$, $a_2=3\,\text{mm}$, $a_3=3\,\text{mm}$ und den Dielektrizitätszahlen $\varepsilon_{r1}=3$, $\varepsilon_{r2}=1$ (Luft), $\varepsilon_{r3}=9$. Die sich parallel gegenüberliegenden Elektroden A_1 und A_2 haben die gleiche Fläche $A_1=A_2=A=0{,}1\,\text{m}^2$. Für den gegebenen Kondensator sind die Kapazität C und für den Fall, daß der Kondensator an die Spannung $U=10\,\text{kV}$ gelegt wird, die gespeicherte Ladung Q, die elektrische Flußdichte D, die elektrische Feldstärke E sowie die Spannungsverteilung auf die drei Isolierschichten zu berechnen.

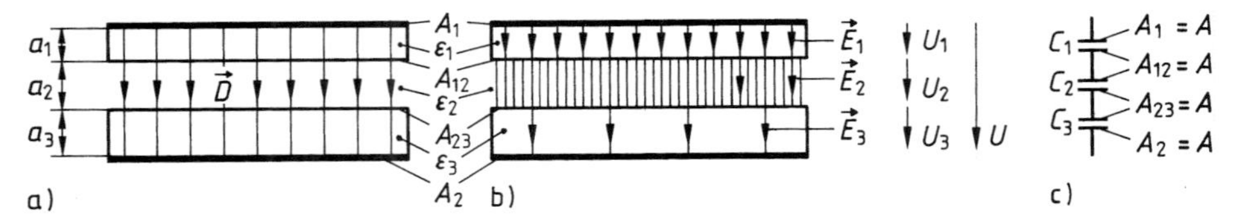

3.43 Plattenkondensator mit geschichtetem Dielektrikum (s. Beispiel 3.11)
a) Feldlinienbild der elektrischen Flußdichte $\vec{D}$
b) Feldlinienbild der elektrischen Feldstärke $\vec{E}$

Die Trennflächen A_{12} und A_{23} zwischen den Dielektrika verlaufen parallel zu den Elektrodenflächen und damit senkrecht zu dem sich zwischen den parallel liegenden ebenen Elektroden ausbildenden elektrischen Feld. Sie liegen also in den Äquipotentialflächen des E-Feldes. Man könnte sich somit eine dünne Metallfolie in den Trennflächen A_{12} und A_{23} vorstellen (wodurch der Feldverlauf nicht gestört würde) und die Anordnung als eine Reihenschaltung von drei Plattenkondensatoren (s. Bild **3.**43c) ansehen, deren jeweilige Kapazität nach Gl. (3.87) berechnet werden kann.

$$C_1=A\,\varepsilon_0\,\varepsilon_{r1}/a_1=(0{,}1\,\text{m}^2\cdot 3\cdot 8.854\,\text{pF/m})/(2\,\text{mm})=1{,}330\,\text{nF},$$
$$C_2=A\,\varepsilon_0\,\varepsilon_{r2}/a_2=(0{,}1\,\text{m}^2\cdot 1\cdot 8{,}854\,\text{pF/m})/(3\,\text{mm})=0{,}295\,\text{nF},$$
$$C_3=A\,\varepsilon_0\,\varepsilon_{r3}/a_3=(0{,}1\,\text{m}^2\cdot 9\cdot 8{,}854\,\text{pF/m})/(3\,\text{mm})=2{,}650\,\text{nF}.$$

Aus diesen drei Teilkapazitäten folgt entsprechend Gl. (3.92)

$$1/C=(1/C_1)+(1/C_2)+(1/C_3)=(1{,}33\,\text{nF})^{-1}+(0{,}295\,\text{nF})^{-1}+(2{,}65\,\text{nF})^{-1}=4{,}5/\text{nF}$$

die resultierende, d.h. die zwischen den gegebenen Plattenelektroden wirksame Kapazität $C=(1/4{,}5)\,\text{nF}=222\,\text{pF}$.

Aus einer angeschlossenen Quelle der Spannung $U=10\,\text{kV}$ nimmt der Plattenkondensator entsprechend Gl. (3.83) die Ladung $Q=C\,U=222\,\text{pF}\cdot 10\,\text{kV}=2{,}22\,\mu\text{C}$ auf. Diese Ladung Q verteilt sich bei Vernachlässigung der Randverzerrungen gleichmäßig über die Plattenoberfläche, so daß sich zwischen den Plattenelektroden ein homogenes Feld der elektrischen Verschiebungsdichte $\vec{D}$ einstellt (s. Bild **3.**43a), deren Betrag $D=Q/A=2{,}22\,\mu\text{C}/(0{,}1\,\text{m}^2)=22{,}2\,\mu\text{C/m}^2$ sich nach Gl. (3.85) ergibt.

Die Feldlinien der elektrischen Verschiebungsdichte $\vec{D}$ beginnen jeweils auf der Plattenoberfläche mit den positiven Ladungen und enden jeweils auf der Plattenoberfläche mit den negativen Ladungen. Sie treten mit gleicher Dichte (gleichem Abstand) in allen drei Isolierschichten auf (s. Bild **3.**43a). Im Gegensatz zu der allein von der Ladung Q abhängigen elektrischen Verschiebung $\vec{D}$ ist die elektrische Feldstärke $\vec{E}$ auch von den Eigenschaften des Dielektrikums abhängig. Sie ist damit nicht mehr in allen drei Isolierschichten gleich, sondern abhängig von deren Permittivität entsprechend Gl. (3.27). Mit $D/\varepsilon_0 = (22{,}2\,\mu\text{C/m}^2)/(8{,}854\,\text{pC/Vm}) = 2{,}5\,\text{MV/m}$ ergeben sich die elektrischen Feldstärken

$$E_1 = D/(\varepsilon_0\,\varepsilon_{r1}) = (2{,}5\,\text{MV/m})/3 = 834\,\text{kV/m},$$

$$E_2 = D/(\varepsilon_0\,\varepsilon_{r2}) = (2{,}5\,\text{MV/m})/1 = 2500\,\text{kV/m},$$

$$E_3 = D/(\varepsilon_0\,\varepsilon_{r3}) = (2{,}5\,\text{MV/m})/9 = 278\,\text{kV/m}.$$

Die Feldstärken verhalten sich umgekehrt wie die Dielektrizitätszahlen, d.h., in Luft mit der kleinsten Permittivitätszahl ε_r herrscht die größte Feldstärke. Da die elektrische Feldstärke, bei der ein Isolierstoff durchschlägt (Durchbruchfeldstärke), außerdem in Luft mit etwa 30 kV/cm geringer als in den meisten festen oder flüssigen Isolierstoffen ist, müssen in Hochspannungsisolierungen unbedingt Lufteinschlüsse vermieden werden.

Die Spannungsverteilung auf die drei Isolierstoffschichten folgt aus Gl. (3.59)

$$U_1 = a_1\,E_1 = 2\,\text{mm} \cdot 834\,\text{kV/m} = 1{,}67\,\text{kV},$$

$$U_2 = a_2\,E_2 = 3\,\text{mm} \cdot 2500\,\text{kV/m} = 7{,}5\,\text{kV},$$

$$U_3 = a_3\,E_3 = 3\,\text{mm} \cdot 278\,\text{kV/m} = 0{,}83\,\text{kV}.$$

□

3.3.6 Energie und Kräfte im elektrischen Feld

Im elektrischen Feld wirken Kräfte sowohl unmittelbar auf elektrische Ladungen als auch auf Grenzflächen zwischen Stoffen unterschiedlicher Permittivität. Durch entsprechende Verschiebung der Ladung oder der Grenzflächen und damit der auf sie wirkenden Kräfte wird mechanische Energie reversibel in Feldenergie umgeformt, woraus abzuleiten ist, daß dem elektrischen Feld die Eigenschaften eines reversiblen Energiespeichers zukommen.

3.3.6.1 Gespeicherte Energie im elektrischen Feld. Wie in Abschn. 3.3.2 anhand des Bildes **3.**30 erläutert ist, wird im elektrischen Feld auf eine Ladung Q entsprechend Gl. (3.22) die Kraft $\vec{F} = \vec{E}\,Q$ ausgeübt. Bewegt sich eine Ladung infolge dieser Kraft über eine Strecke l, z.B. in Bild **3.**30 von p_1 nach p_2, so wird dabei elektrische Feldenergie in mechanische Energie umgeformt, die sich nach den Gesetzen der Mechanik [10] als Wegintegral des Skalarproduktes aus Kraft- und Wegvektor ergibt ($W_\text{mech} = \int_l \vec{F} \cdot \text{d}\vec{l}$). Wird durch eine äußere eingeprägte Kraft $\vec{F}_\text{mech} = -\vec{E}\,Q$ eine Ladung gegen die elektrische Feldkraft $\vec{E}\,Q$ bewegt, so wird die dafür aufzubringende mechanische Energie in elektrische Feldenergie umgeformt. Ersetzt man in dem Wegintegral die Kraft $\vec{F}$ entsprechend Gl. (3.22) durch das Produkt aus Feldstärke $\vec{E}$ und Ladung

Q, so ergibt sich die mit dem elektrischen Feld in Wechselwirkung stehende Energie

$$W_e = \int_l \vec{F} \cdot d\vec{l} = Q \int_l \vec{E} \cdot d\vec{l} = Q\,U. \tag{3.93}$$

Wird also eine Ladung Q im elektrischen Feld auf einem beliebigen Weg l zwischen zwei Punkten *1* und *2* verschoben, so tritt dabei eine Energieumformung auf, die auch als Produkt aus der Ladung Q und der Spannung U_{12}, die über den Verschiebungsweg zwischen den Punkten *1* und *2* wirksam ist, berechnet werden kann.

Die in dem elektrischen Feld zwischen zwei Elektroden insgesamt gespeicherte Energie ist durch die das Feld bestimmenden Größen der Ladung Q auf und der Spannung U zwischen den Elektroden bestimmt. Zur Erläuterung wird der Kondensator in Bild **3.**44 betrachtet, dem Energie über eingeprägte mechanische Kräfte zugeführt werden soll. Infolge einer solchen eingeprägten Kraft $\vec{F}_{mech}$ wird eine infinitesimal kleine positive Ladung dQ entgegen der Feldkraft $\vec{F}_e$ von der negativen Kondensatorplatte *2* auf die positive Platte *1* entlang einer Feldlinie $\vec{E}$ verschoben. Damit ist die Ladung beider Elektroden betragsmäßig um dQ, die Spannung zwischen den Elektroden um $dU = dQ/C$ und die Feldenergie um

$$dW_e = \int_2^1 \vec{F}_{mech}\, d\vec{l}_{21} = \int_1^2 \vec{F}_e\, d\vec{l}_{12} = dQ \int_1^2 E\, dl = U\, dQ = (Q/C)\, dQ$$

vergrößert. Denkt man sich den Vorgang – mit ungeladenem Kondensator beginnend – hinreichend oft wiederholt, so erhält man die Energie des geladenen Kondensators

$$W_e = \int_0^Q \frac{Q}{C}\, dQ = \frac{Q^2}{2C} = \frac{C\,U^2}{2} = \frac{Q\,U}{2}. \tag{3.94}$$

Praktisch wird die mit der Ladungstrennung verbundene Energie i. allg. nicht mechanisch über eine Ladungsbewegung entgegen den Feldkräften im Feldraum zugeführt, sondern elektrisch über den Strom einer außen angeschlossenen Spannungsquelle.

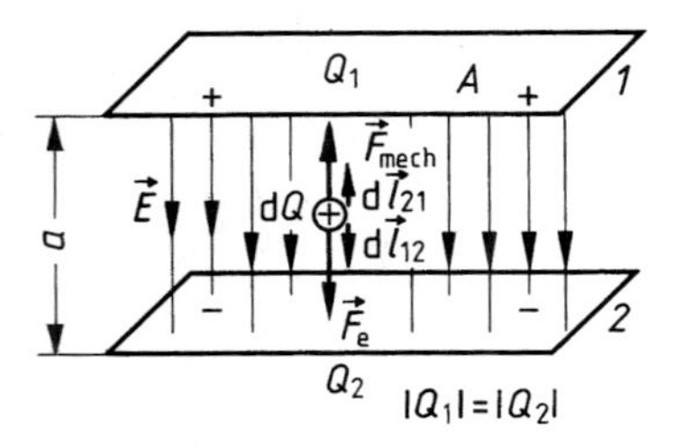

3.44 Kräfte auf Ladung dQ im homogenen Feld eines Plattenkondensators

Insbesondere bei inhomogenen Feldern interessiert neben der gesamten über die Spannung U und die Ladung Q beschriebenen Energie in einem Feldraum noch deren räumliche Verteilung. Um diese zu beschreiben, ist die auf das Volumen bezogene Energie, die Energiedichte, als eine weitere Größe definiert, die aus den Feldvektoren berechnet werden kann, wie die folgende Betrachtung zeigt.

Das in Bild **3.**44 dargestellte Feld des Plattenkondensators kann unter Vernachlässigung der Randverzerrung als homogen aufgefaßt werden. Dann lassen sich in Gl. (3.94) die Ladung Q bzw. die Spannung U entsprechend Gl. (3.85) bzw. Gl. (3.86) ersetzen, und man bekommt die Energie

$$W_e = \frac{D E A a}{2} = \frac{D E V}{2} \tag{3.95}$$

des Feldraumes V eines Kondensators. Diese auf das Volumen $V = A \cdot a$ bezogen, ergibt die Energiedichte

$$w_e = \frac{W_e}{V} = \frac{D E}{2} = \frac{\vec{D} \cdot \vec{E}}{2}\,. \tag{3.96}$$

In Gl. (3.96) ist das algebraische Produkt der Beträge $D E$ durch das Skalarprodukt $\vec{D} \cdot \vec{E}$ ersetzt. Beide Schreibweisen sind gleichberechtigt, sofern die Vektoren der elektrischen Feldstärke $\vec{E}$ parallel zu den Vektoren der elektrischen Flußdichte $\vec{D}$ liegen ($\vec{D} \cdot \vec{E} = D E \cos 0 = D E$), wie in den hier betrachteten Feldern vorausgesetzt.

Den Feldraum inhomogener Felder kann man sich analog den Erläuterungen für das Strömungsfeld in Bild **3.**26 in infinitesimal kleine Volumenelemente $\mathrm{d}V = \mathrm{d}l\,\mathrm{d}A$ unterteilt vorstellen, in denen das Feld immer homogen angenommen werden kann. Liegen die Längen $\mathrm{d}l$ dieser würfelförmigen Volumenelemente parallel zu den E-Feldlinien, stellen die Flächen $\mathrm{d}A$ Äquipotentialflächen dar (s. Bild **3.**45). Damit kann man sich diese Würfel als Kondensatoren vorstellen mit der Ladung $\mathrm{d}Q = D\,\mathrm{d}A$ und der Spannung $\mathrm{d}U = E\,\mathrm{d}l$. Werden auf diese Elemen-

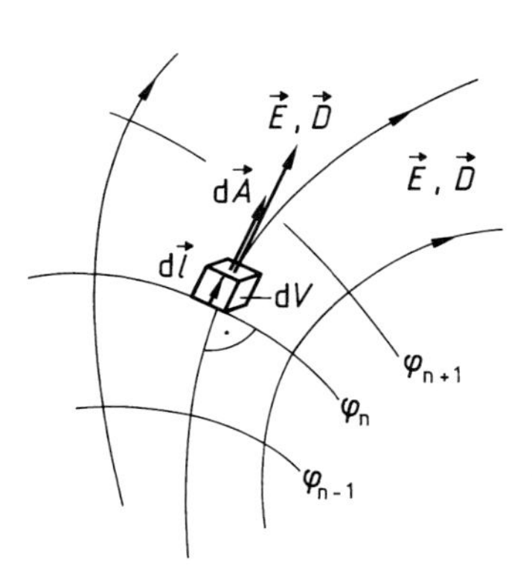

3.45 Zur Berechnung der Energie im inhomogenen elektrischen Feld nach Gl. (3.95)

tarkondensatoren die obigen Erläuterungen übertragen, so gilt Gl. (3.96) entsprechend, und man bekommt den allgemeinen Ausdruck für die in beliebigen Punkten homogener oder inhomogener elektrischer Felder gespeicherte Energiedichte

$$w_e = \frac{dW_e}{dV} = \frac{\vec{D} \cdot \vec{E}}{2} = \frac{\varepsilon \vec{E}^2}{2} = \frac{\vec{D}^2}{2\varepsilon}. \tag{3.97}$$

In Gl. (3.97) sind die Größen $\vec{D}$ bzw. $\vec{E}$ jeweils entsprechend Gl. (3.27) ersetzt. Integriert man diese Energiedichte über ein bestimmtes Feldvolumen V, so bekommt man die gesamte in diesem Volumen gespeicherte Feldenergie

$$W_e = \frac{1}{2} \int_V \vec{E} \cdot \vec{D} \, dV. \tag{3.98}$$

□ **Beispiel 3.12**

Kurzzeitig fließende große Ströme, wie sie beispielsweise beim Impulselektroschweißen oder in Blitzlichtleuchten auftreten, können durch Kondensatorentladungen erreicht werden.

Auf welche Spannung muß ein Kondensator der Kapazität $C = 2000\,\mu F$ aufgeladen werden, damit bei seiner Entladung die elektrische Energie $W_e = 20\,kWs$ umgeformt werden kann? Welcher mittlere Strom I_{mi} fließt, wenn die Entladung in der Zeit $t = 10\,ms$ erfolgt?

Soll die geforderte elektrische Energie durch die vollständige Entladung des Kondensators auf $U_e = 0$ entnommen werden, kann entsprechend Gl. (3.94) die zu Beginn der Entladung erforderliche Kondensatorspannung $U_a = \sqrt{2\,W_e/C} = \sqrt{2 \cdot 20\,kWs/(2000\,\mu F)} \approx 4{,}5\,kV$ berechnet werden.

Die bei dieser Spannung von dem Kondensator gespeicherte Ladung beträgt nach Gl. (3.83) $Q = C\,U = 2000\,\mu F \cdot 4{,}5\,kV = 9\,As$, die in der Zeit $t = 10\,ms$ durch einen mittleren Strom $I_{mi} = Q/t = 9\,As/(10\,ms) = 900\,A$ ausgeglichen wird. □

3.3.6.2 Irreversible Energieumformung (Verlustleistung) im elektrischen Feld.

Da alle praktisch eingesetzten Isolierstoffe einen endlichen Widerstand R haben, fließt im Dielektrikum zwischen den an die Spannung U angeschlossenen Elektroden auch ein Leitungsstrom I_R. Dieser verursacht eine in Wärme umgewandelte Verlustleistung $P_R = U I_R$, die besonders bei schlechteren Isolatoren eine Erwärmung des Isolierstoffs zur Folge hat.

Weiter fließt ein Strom I_F über die Oberfläche von Isolatoren, der besonders bei verschmutzter und feuchter Oberfläche merkliche Werte annehmen kann. Die Verlustleistung in einem solchen Oberflächenwiderstand R_F ist $P_F = I_F^2 R_F = I_F U$, wenn U die an dem Oberflächenwiderstand liegende Spannung ist.

Eine dritte Art von Verlusten tritt im Dielektrikum eines Kondensators auf, wenn dieser an eine Wechselspannung angeschlossen wird. Die Wechselspannung erzwingt eine fortwährende Umladung, d.h. Umpolung der Elektroden des

Kondensators, wodurch sich wiederum die Orientierung der elektrischen Feldstärke in dem Dielektrikum fortwährend umkehrt. Damit kehren sich gleichermaßen die Orientierungen der Kräfte auf die elementaren Ladungsträger des Dielektrikums und der dadurch hervorgerufenen molekularen Verzerrungszustände um. Die dabei irreversibel in Wärme umgeformte Energie bezeichnet man als dielektrische Verluste P_d. Ihr Betrag ist abhängig von der Frequenz f, mit der die Umladung des Kondensators erfolgt, der Kapazität C des Kondensators, der angelegten Spannung U und einem vom Material des Dielektrikums abhängigen Verlustfaktor $\tan\delta$. Der Verlustfaktor $\tan\delta$ selbst ist auch von der Frequenz f der Umpolarisierung abhängig. Er ist in Tafel **3**.46 beispielhaft für einige Isolierstoffe angegeben.

Tafel **3**.46 Verlustfaktor $10^3 \cdot \tan\delta$ von Isolierstoffen

Isolierstoff	bei 50 Hz	bei 1 kHz	bei 1 MHz
Glimmer	0,3	0,1	0,17
Hartpapier	4 bis 6	25 bis 100	20 bis 50
Papier, imprägniert	5 bis 10	1,5 bis 10	30 bis 60
Polystyrol	–	2,5	0,4 bis 2
Polyvinylchlorid (PVC), hart	20	15 bis 20	15
Polyvinylchorid, weich	100 bis 150	100 bis 150	100
Porzellan	17 bis 25	10 bis 20	6 bis 12
Quarz	–	0,1	0,1

Wird ein Kondensator an eine Sinusspannung U (s. Abschn. 5.4.3) gelegt, stellt sich ein Sinusstrom I ein, der gegenüber dieser Spannung um den Winkel φ nahe $\pi/2$ phasenverschoben ist (s. Bild **6**.9b). Für diesen Fall ist der in dem Verlustfaktor $\tan\delta$ auftretende Verlustwinkel $\delta = \pi/2 - \varphi$, und es kann die dielektrische Verlustleistung

$$P_d = 2\pi f C U^2 \tan\delta$$

berechnet werden. Durch dielektrische Verluste können sich Isolierstoffe besonders bei großen Feldstärken und/oder Frequenzen merklich erwärmen, was zwar i. allg. unerwünscht ist, in der Elektrowärmetechnik und Medizin aber auch genutzt wird.

3.3.6.3 Kräfte auf Grenzflächen im elektrischen Feld. Neben den Coulombkräften, die entsprechend Gl. (3.22) direkt auf die elektrischen Ladungen wirken und über diese berechnet werden können, sind im elektrischen Feld auch Kraftwirkungen an Grenzflächen zwischen Bereichen unterschiedlicher Permittivität zu beobachten. Diese Kräfte lassen sich unmittelbar aus den Wechselwirkungen zwischen elektrischen Ladungen bzw. zwischen Feldern und Ladungen nur erklären, wenn man die Polarisation der Dielektrika, also die mikrokosmischen Ele-

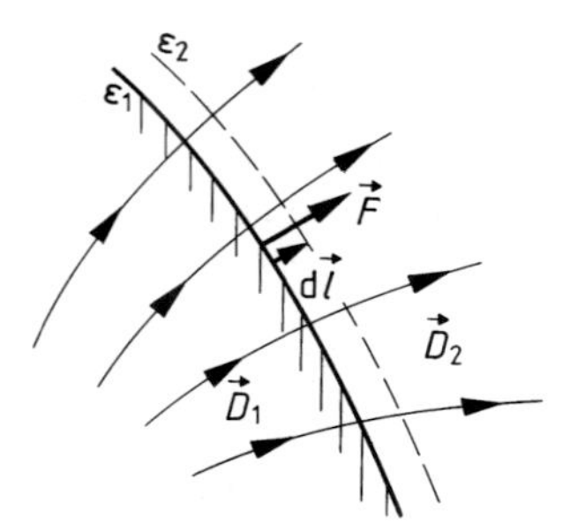

3.47 Virtuelle Verschiebung einer Grenzfläche um $d\vec{l}$ zwischen unterschiedlichen Dielektrika

mentarladungen, in die Betrachtung einbezieht, wodurch die quantitative Bestimmung der Kräfte jedoch äußerst kompliziert wird.

Einfacher ist die Berechnung der Kräfte aus dem Energieerhaltungssatz. Man betrachtet dazu eine gedachte, infinitesimal kleine (virtuelle) Verschiebung $d\vec{l}$ einer Grenzfläche zwischen zwei Dielektrika der Permittivität ε_1 bzw. ε_2 (s. Bild **3.**47). Erfolgt diese Verschiebung in einem als abgeschlossen anzusehenden System (dem System wird von außen keine Energie zugeführt oder entzogen), so ändert sich dabei der Energieinhalt des Systems nicht. Nimmt man eine auf die Grenzfläche in Richtung der Verschiebung $d\vec{l}$ wirkende Kraft $\vec{F}$ an, so folgt daraus bei der Verschiebung eine mechanische Energie $dW_{mech} = \vec{F}\,d\vec{l}$. Um einen gleich großen Betrag $dW_e = dW_{mech}$ muß sich bei der Verschiebung die elektrische Feldenergie W_e des Feldraumes ändern, wenn keine weiteren Energiebeiträge, wie z.B. Verluste oder Ladungsänderungen, in der für die Verschiebung aufzustellende Energiebilanz zu berücksichtigen sind. Durch Gleichsetzen der Beträge von mechanischer Energie und Feldenergie

$$dW_{mech} = F\,dl = dW_e \tag{3.100}$$

bekommt man die in der angenommenen Verschiebungslinie wirksame Kraft ($\vec{F}$ parallel zu $d\vec{l}$)

$$F = \frac{dW_e}{dl}. \tag{3.101}$$

Die Wirkungsrichtung der Kraftwirkung kann bei abgeschlossenen Systemen anschaulich aus der Energiebilanz abgeleitet werden.

Wird z.B. ein Plattenkondensator nach Bild **3.**44 auf die Ladung Q aufgeladen und klemmt man dann die Spannungsquelle ab, so verbleibt bei einer angenommenen Verringerung des Plattenabstandes (Verschiebung der Grenzfläche zwischen Elektrode und Dielektrikum) um da die Ladung Q auf den Platten konstant. Dagegen wird die in dem Kondensator gespeicherte Feldenergie $W_e = Q^2/(2C)$ [s. Gl. (3.94)] kleiner, da durch die Verschiebung der Platten die Kapazität $C = \varepsilon A_{\mathrm{Pl}}/a$ infolge des um da verringerten Abstandes größer wird. Der Verkleinerung der Feldenergie dW_e muß eine mechanische Energie $\mathrm{d}W_{\mathrm{mech}} = F\mathrm{d}l$ entsprechen, der nach Gl. (3.101) die Kraft

$$F = \frac{\mathrm{d}W_e}{\mathrm{d}l} = \frac{\mathrm{d}}{\mathrm{d}a} \cdot \frac{Q^2 a}{2\varepsilon A_{\mathrm{Pl}}} = \frac{Q^2}{2\varepsilon A_{\mathrm{Pl}}} \tag{3.102}$$

entspricht. Diese Kraft wirkt in Richtung der Verkleinerung des Plattenabstandes, da dabei die Feldenergie verkleinert, d.h. in mechanische Energie $F\mathrm{d}l$ umgeformt wird. Die Platten ziehen sich also an, was durch die Erfahrung bestätigt wird.

In als nicht abgeschlossen anzusehenden Systemen ist die Bestimmung der Kraft aus der Energiebilanz nicht mehr so einfach möglich, wie im vorstehenden Beispiel gezeigt ist. Wird beispielsweise bei einem an eine konstante Spannung angeschlossenen Kondensator eine virtuelle Verringerung da des Plattenabstandes angenommen, so erhöht sich dabei die gespeicherte Feldenergie $W_e = U^2 C/2$ entsprechend der Vergrößerung der Kapazität C. Trotzdem wirkt auch hier die Kraft in Richtung der Verkleinerung des Plattenabstandes. In diesem Fall werden die bei der Plattenverschiebung auftretende mechanische Energie und die Vergrößerung der im Kondensator gespeicherten Feldenergie als elektrische Energie aus der Spannungsquelle zugeführt, an die der Kondensator angeschlossen ist – wenn $U = \mathrm{const}$ angenommen wird, angeschlossen sein muß. Allgemeingültige Regeln zur Bestimmung der Kraftwirkung im elektrischen Feld sind der weiterführenden Literatur, z.B. [22] zu entnehmen.

4 Magnetisches Feld

Das magnetische Feld wird als ein Raumzustand betrachtet, der von bewegten elektrischen Ladungen verursacht wird und der sich seinerseits wiederum in Kraftwirkungen auf bewegte elektrische Ladungen auswirkt. Man kann somit das magnetische Feld als eine Art Zwischenträger ansehen, über den sich die zwischen bewegten elektrischen Ladungen auftretenden Kraftwirkungen, auf die letztlich auch die Spannungsinduktion zurückgeführt werden kann, zweckmäßig und anschaulich beschreiben lassen.

4.1 Beschreibung und Berechnung des magnetischen Feldes

Trotz der Vielfalt der heute verwendeten technischen Werkstoffe genügt es, im Rahmen praktischer Rechnungen diese hinsichtlich ihrer magnetischen Eigenschaften in nur zwei Gruppen einzuteilen. Die magnetisch neutralen Stoffe wie Luft, Wasser, Nichteisenmetalle, Kunststoffe usw. dürfen bei der praktischen Berechnung magnetischer Felder wie Vakuum behandelt werden. Dagegen zeigen die ferromagnetischen Stoffe ein extrem „verstärkendes", aber nichtlineares Magnetisierungsverhalten. Wegen der herausragenden praktischen Bedeutung der ferromagnetischen Werkstoffe werden ihre magnetischen Eigenschaften ausführlich in Abschn. 4.2 behandelt, im Abschn. 4.1 aber im Rahmen der allgemeinen Darstellung nur gestreift.

4.1.1 Wesen und Darstellung des magnetischen Feldes

4.1.1.1 Wirkungen und Ursachen des magnetischen Feldes. Das magnetische Feld äußert sich ähnlich wie das Gravitationsfeld oder das elektrische Feld in Kraftwirkungen. Besonders auffällig sind diese an Eisenteilen in der Nähe von Naturmagneten oder stromdurchflossenen Leitern. Neben solchen direkt zu beobachtenden äußeren Kräften bewirkt das magnetische Feld auch noch Kräfte im Inneren von elektrischen Leitern. Diese nicht direkt als mechanische Kräfte meßbaren Wirkungen verursachen Ladungstrennungen, die als elektrische Spannungen in Erscheinung treten. Üblicherweise werden sie als Induktionsvorgang beschrieben, d.h., das magnetische Feld induziert elektrische Spannungen. Man unterscheidet also zwei Wirkungen des magnetischen Feldes, die Kraftwirkungen, die in Abschn. 4.3.2, und die Induktionswirkungen, die in Abschn. 4.3.1 erläutert sind.

Alle hier beschriebenen Wirkungen können gleichermaßen in der Umgebung elektrischer Ströme als auch in der von Naturmagneten beobachtet werden. Man nimmt nach dem heutigen Kenntnisstand die Elektronenbewegung oder allgemeiner die Bewegung elektrischer Ladungen als die primäre Ursache magnetischer Erscheinungen an. In Naturmagneten handelt es sich um die Eigenbewegung der Ladungsträger im atomaren Verband, bei fließenden Strömen um die durch eingeprägte Kräfte (Spannung) angetriebene, makroskopisch meßbare (z.B. mit einem Strommesser) Bewegung freier Ladungsträger (freie Elektronen im Leiter).

4.1.1.2 Feldbilder und Feldlinien. Da das magnetische Feld sich in Kraftwirkungen äußert, muß es wie diese auch einen Richtungscharakter haben, d.h., es muß für jeden Punkt des Raumes nicht nur eine bestimmte Intensität, sondern auch eine bestimmte Richtung angegeben werden. Daher muß das magnetische Feld mit Hilfe von Vektoren, d.h. als Vektorfeld, beschrieben werden.

Den Richtungscharakter kann man experimentell sehr anschaulich darstellen, indem man kleine längliche Eisenteilchen etwa in Form von Eisenfeilspänen oder kleinen Magnetnadeln in ein Magnetfeld, z.B. in die Umgebung eines stromdurchflossenen Leiters, bringt.

Die Eisenteilchen stellen sich durch die auf sie wirkenden mechanischen Kräfte in die Wirkungsrichtung des magnetischen Feldes ein, wie Bild **4.**1 zeigt, in dem

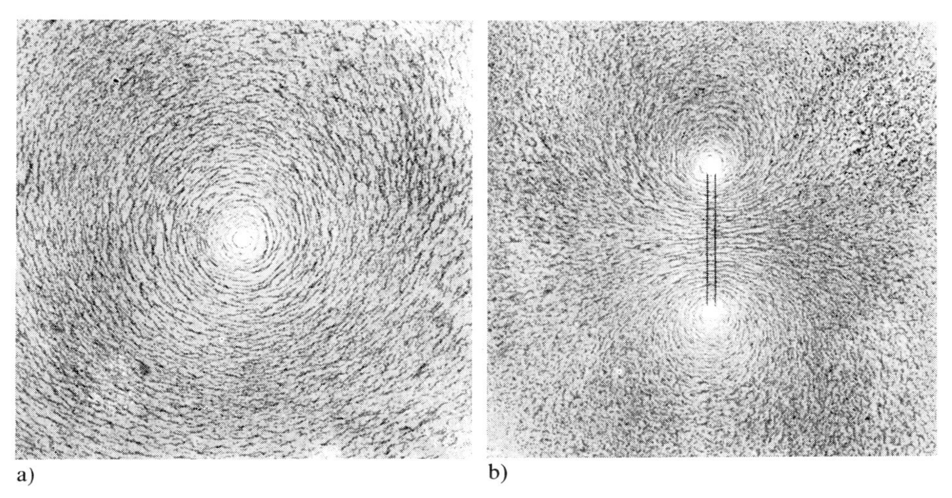

4.1 Mit Hilfe von Eisenfeilspänen dargestelltes magnetisches Feld eines stromdurchflossenen geraden Leiters (a) und einer stromdurchflossenen Windung (b)

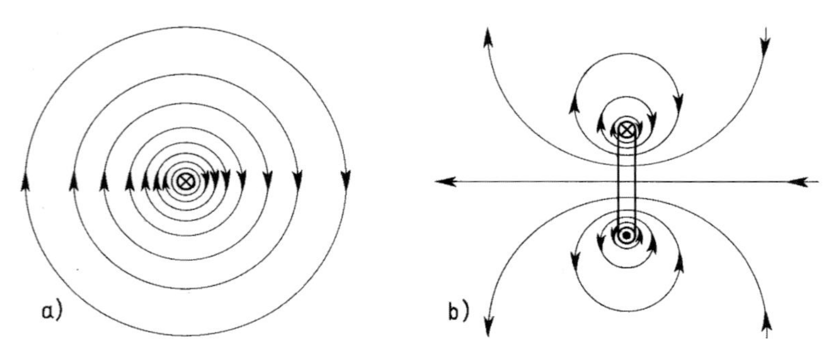

4.2 Feldlinienbilder eines stromdruchflossenen geraden Leiters (a) und einer stromdurchflossenen Windung (b), jeweils senkrecht zum Leiter bzw. zur Windungsebene

auf ein Kartonblatt gestreute Eisenfeilspäne in der Umgebung einfacher Leiteranordnungen dargestellt sind. In Bild **4.**1 a tritt der Leiter in der Mitte senkrecht durch das Kartonblatt hindurch. Bild **4.**1 b zeigt ein Kartonblatt, welches durch den Durchmesser eines vom Strom durchflossenen Drahtringes senkrecht zur Ringebene gelegt ist.

Ähnlich anschaulich wie die experimentell aufgenommenen Bilder mit Eisenfeilspänen sind die aus analytischen Überlegungen und Rechnungen gewonnenen Feldlinienbilder (s. Abschn. 3.2.1), wie sie z.B. in den Bildern **4.**2 bis **4.**4 wiedergegeben sind. Es darf dabei aber nicht übersehen werden, daß diese Liniendarstellung nur die anschauliche Wiedergabe einer Modellvorstellung für das kontinuierlich den Raum durchsetzende, in seinem physikalischen Wesen nicht weiter zu erklärende magnetische Feld ist. Es darf den Feldlinien also keinerlei körperliche Existenz beigemessen werden.

Für die Felder des geraden Leiters und der Windung entsprechend Bild **4.**1 sind die zugehörigen Feldlinienbilder in Bild **4.**2 wiedergegeben. Darin bedeuten die mit Kreuz bzw. Punkt bezeichneten kleinen Kreise die Querschnitte der Leiter mit den in die Bildebene hinein- bzw. herausfließenden Strömen.

In den beiden Feldlinienbildern **4.**3 und **4.**4 sind die Felder von Spulen mit 3 bzw. vielen Windungen dargestellt. Mit Spulen lassen sich magnetische Felder großer Intensität erzeugen, z.B. in elektrischen Maschinen.

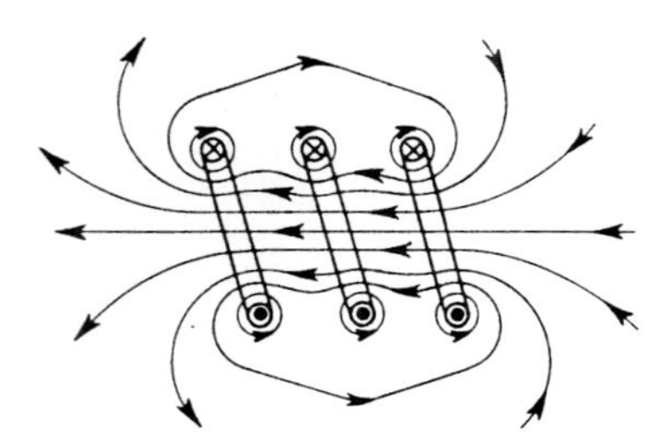

4.3 Feldlinienbild einer Spule mit drei stromdurchflossenen Windungen

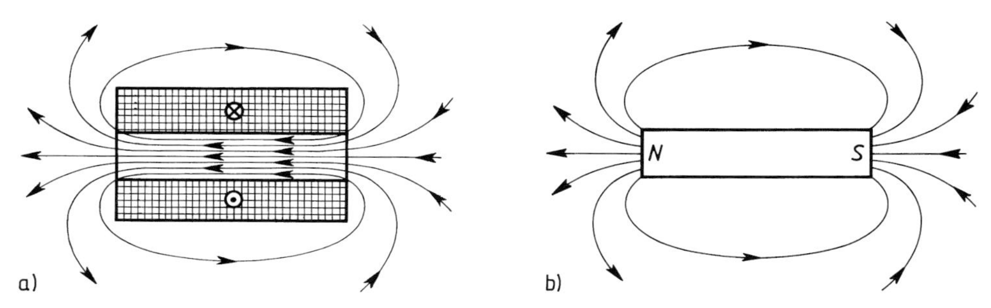

4.4 Feldlinienbild einer langen zylindrischen Spule mit eng aneinanderliegenden Windungen (a) und eines geometrisch vergleichbaren Naturmagneten (b)

4.1.1.3 Feldrichtung und Polarität. In den Bildern **4.**2 bis **4.**4 sind an den Feldlinien Richtungspfeile angetragen, ohne daß dieses begründet wurde. Wie häufig bei solchen Angaben ist die Wahl der Richtung zunächst willkürlich, hat dann allerdings Konsequenzen auf die auf ihnen aufbauenden weiteren Gesetzmäßigkeiten. So kann auch die Richtungsfestlegung für das Magnetfeld, die entsprechend den Beschreibungen in Abschn. 4.1.3.2 in den Bildern **4.**2 bis **4.**4 angegeben ist, lediglich historisch begründet werden.

Die in allen Feldbildern zu erkennende rechtswendige Umschlingung der elektrischen Strömung durch magnetische Feldlinien folgt aus der allgemein für magnetische Felder gültigen Rechtsschrauben- oder auch Korkenzieherregel:

Denkt man sich eine Rechtsschraube in der konventionellen Stromrichtung (s. Bild **4.**2a) vorwärts geschraubt, so stimmt die zugehörige Drehrichtung mit der Feldrichtung überein. Oder auch umgekehrt: beim Vorwärtsschrauben in Feldrichtung entspricht die Drehrichtung der Stromrichtung in der felderzeugenden Spule (s. Bild **4.**2b und **4.**3).

Zur Kennzeichnung der Richtung eines Feldes, das von nicht meßbaren Ladungsbewegungen, also z.B. mikrokosmischen Ladungsbewegungen in Naturmagneten, erregt wird, bezeichnet man die Austrittsfläche der Feldlinien als Nordpol und die Eintrittsfläche als Südpol (s. Bild **4.**4). Diese Bezeichnungen sind ursprünglich über die Kompaßnadel (kleiner Naturmagnet) aus denen der geographischen Pole der Erde abgeleitet. Da sich aber ungleichnamige Magnetpole anziehen, ergibt sich, daß der geographische Nordpol, auf den der Nordpol der Kompaßnadel weist, der magnetische Südpol der Erde ist und umgekehrt. Auch bei stromdurchflossenen Spulen, die ja die gleichen magnetischen Wirkungen wie Naturmagnete zeigen, werden die Aus- bzw. Eintrittsflächen häufig als Nord- bzw. Südpol bezeichnet (s. Bild **4.**4).

4.1.2 Vektorielle Feldgrößen des magnetischen Feldes

Die in Abschn. 4.1.1.2 und 4.1.1.3 erläuterten Feldbilder vermitteln einen mehr qualitativen Eindruck darüber, wie sich das magnetische Feld in Richtung und Intensität über den Raum ausbreitet. Quantitativ wird dieses zweckmäßigerweise mit Hilfe von Feldvektoren beschrieben, die für den einzelnen Raumpunkt definiert und als Funktion der Raumkoordinaten – Ortsfunktion – angegeben werden können (s. Abschn. 3.1.1).

4.1.2.1 Magnetische Flußdichte. Das magnetische Feld hat an einem bestimmten Punkt eines Raumes eine bestimmte Richtung und eine bestimmte Intensität[1]), die beide durch einen diesem Punkt zugeordneten Feldvektor vollständig beschrieben werden können.

Die Ortsabhängigkeit der Feldrichtung folgt bereits offensichtlich aus Bild **4.**1, das aber darüber hinaus auch noch einen Eindruck von der Ortsabhängigkeit der Intensität des Feldes vermittelt. Beispielsweise ist die Richtungsorientierung der Eisenfeilspäne in der Nähe des stromdurchflossenen Leiters sehr deutlich, mit zunehmender Entfernung von diesem aber immer weniger ausgeprägt zu erkennen. Mit kleiner werdender Feldintensität werden die Späne in immer geringerem Maße gegen ihre Reibung auf dem Kartonblatt in die Feldrichtung gedreht.

Analog zu den Erläuterungen in Abschn. 3.2.1 ist in den Feldlinienbildern **4.**2 bis **4.**4 die Ortsabhängigkeit der Feldintensität dadurch zum Ausdruck gebracht, daß der Abstand zwischen den einzelnen Feldlinien jeweils umgekehrt proportional der Stärke des Feldes (Betrag des Feldvektors) in diesem Gebiet gewählt ist. Die Dichte der Feldlinien ist also ein Maß für die Intensität des Feldes. Da man beliebig viele Feldlinien zeichnen kann, ist zu beachten, daß der Abstand aber kein absoluter, sondern nur ein relativer Maßstab ist.

Für die mathematisch exakte Beschreibung der Feldintensität nach Betrag und Richtung ist eine Vektorgröße festgelegt, die als magnetische Flußdichte bezeichnet und mit dem Größensymbol $\vec{B}$ dargestellt wird. Ihre Definition ist im folgenden anschaulich anhand des Bildes **4.**5 erläutert.

In der historischen Entwicklung wurde die Richtung des Flußdichtevektors $\vec{B}$ so festgelegt, daß er in Längsrichtung eines frei beweglich im Feld angeordneten magnetischen Dipols (z. B. Kompaßnadel) von dessen Süd- zum Nordpol weist (Bild **4.**5a). Der Betrag der magnetischen Flußdichte wurde aus dem Drehmoment abgeleitet, mit dem sich der magnetische Dipol in die Feldrichtung einstellt. Heute wird die magnetische Flußdichte unter Beibehaltung der ursprünglichen Richtungsfestlegung aus der Kraftwirkung $\vec{F}$ auf eine mit der Ge-

[1]) Hier wird absichtlich das naheliegende Wort „Stärke" vermieden, da man unter der „Feldstärke" nach der historischen Bezeichnung etwas anderes als die hier zunächst für die Wirkung des Feldes maßgebende Intensitätsgröße versteht (s. Abschn. 4.1.2.3).

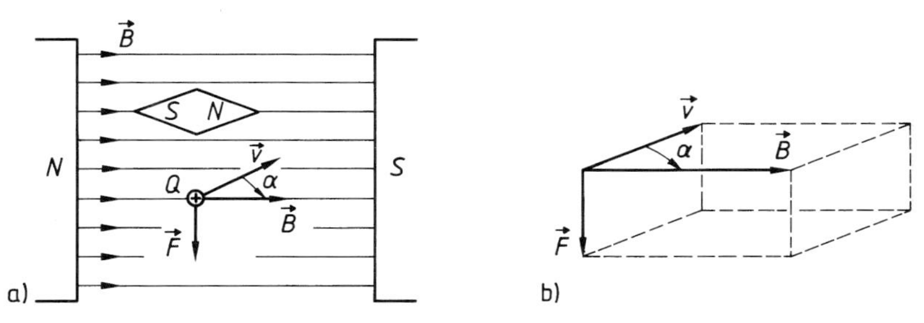

4.5 Richtungsdefinition für die magnetische Flußdichte $\vec{B}$

schwindigkeit $\vec{v}$ im Magnetfeld bewegte elektrische Ladung definiert, wie ebenfalls in Bild **4.5** dargestellt ist. Hat die mit der Geschwindigkeit $\vec{v}$ bewegte Ladung Q eine sehr kleine räumliche Ausdehnung – Punktladung –, so lassen sich für jeden Raumpunkt folgende Feststellungen treffen:

a) Der auf die Ladung Q wirkende Kraftvektor $\vec{F}$ steht immer rechtwinklig auf der Ebene, die durch die Vektoren der Ladungsgeschwindigkeit $\vec{v}$ und der magnetischen Flußdichte $\vec{B}$ festgelegt ist.

b) Die Richtung des Kraftvektors $\vec{F}$ auf eine positive Ladung Q weist in die Richtung der Axialbewegung einer Rechtsschraube (Korkenzieher), die man sich so gedreht vorstellt, daß der Geschwindigkeitsvektor $\vec{v}$ auf kürzestem Weg in die Richtung des Flußdichtevektors $\vec{B}$ gelangt.

c) Der Betrag des Kraftvektors $\vec{F}$ ist von dem Betrag der Ladung Q, von den Beträgen des Flußdichtevektors $\vec{B}$ und des Geschwindigkeitsvektors $\vec{v}$ und dem Sinus des von diesen beiden Vektoren eingeschlossenen Winkels α abhängig.

$$F = Q\,v\,B\,\sin\alpha \tag{4.1}$$

Die in a) bis c) beschriebenen experimentellen Beobachtungen bzw. Festlegungen lassen sich mathematisch mit Hilfe eines Vektorproduktes

$$\vec{F} = Q\,(\vec{v} \times \vec{B}) \tag{4.2}$$

zusammenfassen. Diese im Magnetfeld auf bewegte Ladungen ausgeübte Kraft wird als Lorentzkraft bezeichnet zur Unterscheidung von der vom elektrischen Feld ausgeübten Coulombkraft, die auch auf ruhende Ladungen wirkt (s. Abschn. 3.1.2.2 und 4.3.1.1).

□ **Beispiel 4.1**

Ein heute häufig verwendeter Sensor zur praktischen Messung der magnetischen Flußdichte $\vec{B}$ ist der Hall-Generator. Dieser besteht entsprechend Bild **4.6**a aus einem flachen Halbleiter der Dicke d und der Breite b, der von einem Steuerstrom I durchflossen

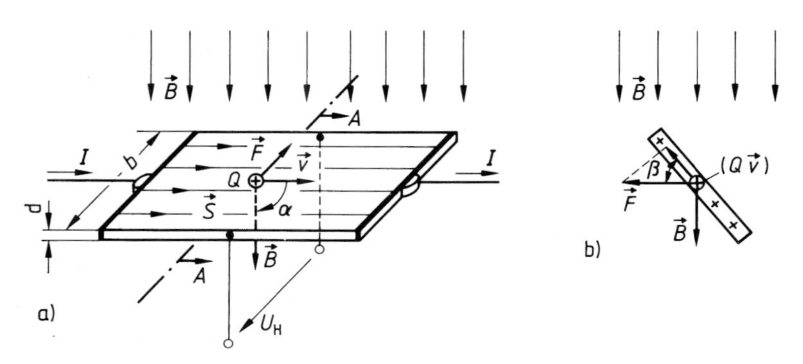

4.6 Prinzip des Hall-Generators
a) perspektivische Darstellung der Halbleiterplatte
b) Querschnitt $A-A$

wird. Quer zur Richtung des Steuerstromes I kann über die Breite b des Halbleiters die Hall-Spannung U_H abgegriffen werden. Es ist zu erläutern, daß das Meßprinzip des Hall-Generators direkt durch die Definitionsgleichung für die magnetische Flußdichte $\vec{B}$ Gl. (4.2) beschrieben werden kann.

Ohne Einwirkung eines Magnetfeldes verteilt sich der Strom I homogen über den Querschnitt bd des Halbleiters, so daß sich nach Gl. (3.31) eine Stromdichte $S=I/(bd)$ einstellt, der nach Gl. (3.33) die Strömungsgeschwindigkeit $\vec{v}=\vec{S}/(ne)$ der Ladung in Längsrichtung des Halbleiters entspricht. Wird der Hall-Generator in ein Magnetfeld gebracht, so wirken auf die strömenden Ladungen Kräfte $\vec{F}$ entsprechend Gl. (4.2), die die Ladungen Q senkrecht zu ihrer Geschwindigkeit $\vec{v}$ an den Rand des Halbleiters drängen. Es stellt sich somit senkrecht zur Längsrichtung ein Ladungsunterschied ein, dem eine Spannung U_H entspricht, die gemessen werden kann und die bei konstantem Steuerstrom I – konstante Ladungsgeschwindigkeit $v=I/(bdne)$ – ein Maß für die magnetische Flußdichte B ist.

Nach Gl. (4.2) ist die Kraftwirkung und damit die Hall-Spannung U_H nicht nur von dem Betrag der magnetischen Flußdichte B, sondern auch von deren Richtung zur Geschwindigkeitsrichtung der Ladung abhängig. Ordnet man den Hall-Generator so an, daß seine Längsachse und damit der Vektor der Ladungsgeschwindigkeit $\vec{v}$ in der Flußdichterichtung $\vec{B}$ liegt ($\alpha=0$ oder $\alpha=\pi$), so ist nach Gl. (4.2) die Kraft auf die Ladung $\vec{F}=Q(\vec{v}\times\vec{B})=QvB\sin\alpha=0$ und damit auch die Hall-Spannung U_H Null. Liegt der Hall-Generator mit seiner Längsachse senkrecht zur magnetischen Flußdichte ($\alpha=\pi/2$ oder $\alpha=3\pi/2$), so steht der Kraftvektor $\vec{F}=Q(\vec{v}\times\vec{B})$ mit maximalem Betrag $|Q|vB$ senkrecht auf der Ebene, die durch die Ladungsgeschwindigkeit $\vec{v}$ in Längsachse des Halbleiters und den Flußdichtevektor $\vec{B}$ bestimmt ist (s. Bild **4.6**b). Der Kraftvektor $\vec{F}$ liegt aber nur dann auch in der Halbleiterebene, wenn dieser mit seiner Breite b senkrecht zur Feldrichtung steht. Bei beliebigem Winkel β zwischen der Querachse des Halbleiters und dem Flußdichtevektor $\vec{B}$ entsprechend Bild **4.6**b bewirkt nur die Komponente $F\cos\beta$, die in der Halbleiterebene liegt, die Ladungstrennung quer zur Längsachse und damit die Hall-Spannung U_H über die Breite b des Halbleiters.

Soll die magnetische Flußdichte $\vec{B}$ an einem beliebigen Ort bestimmt werden, so wird der Hall-Generator an diesen Ort gebracht, um Längs- und Querachse gedreht so eingestellt, daß sich die maximale Hall-Spannung U_H ergibt. Damit ist die Wirkungslinie des Flußdichtevektors $\vec{B}$ entsprechend Gl. (4.2) senkrecht zur Fläche des Hall-Generators festgestellt ($\alpha=\beta=\pi/2$ oder $3\pi/2$). Die Richtung und der Betrag des Flußdichtevektors können nach den Erläuterungen in Abschn. 4.3.1.1 aus Richtung und Betrag der Hall-Spannung U_H bestimmt werden. □

4.1.2.2 Durchflutung, Zusammenhang zwischen Feldgrößen und erregendem Strom. Zur Ableitung der wesentlichen weiteren Größen des magnetischen Feldes betrachten wir zunächst nur Felder, bei denen im ganzen Feldraum die magnetische Flußdichte B praktisch parallel verläuft und den gleichen Betrag hat. Solche Felder treten z.B. in Toroid- oder Kreisringspulen nach Bild **4.7** mit konstantem innerem Spulenquerschnitt A_q auf, wenn der Durchmesser d_q des Spulenquerschnittes vergleichsweise klein gegenüber dem Durchmesser d_R der Ringspule ist. Bei den in Bild **4.7** dargestellten Spulen sollen diese Bedingungen hinreichend erfüllt sein, so daß die magnetische Flußdichte B innerhalb jeder Spule als überall gleich groß vorausgesetzt werden kann.

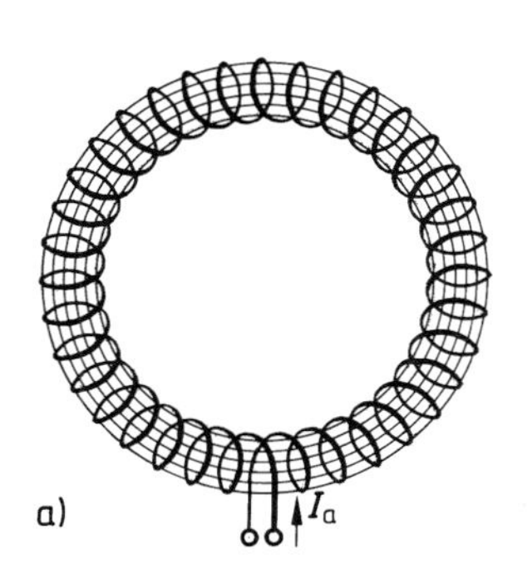

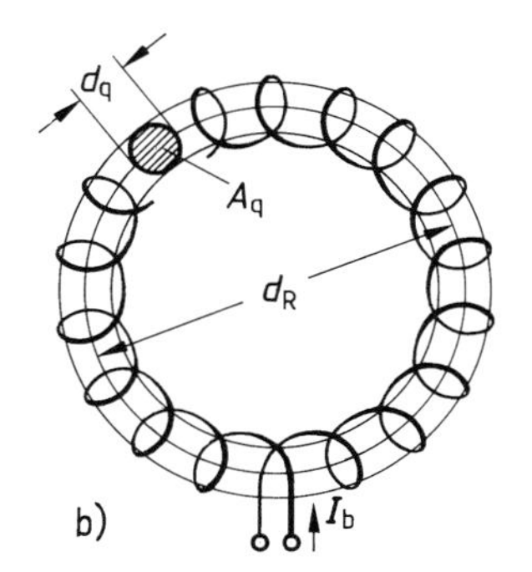

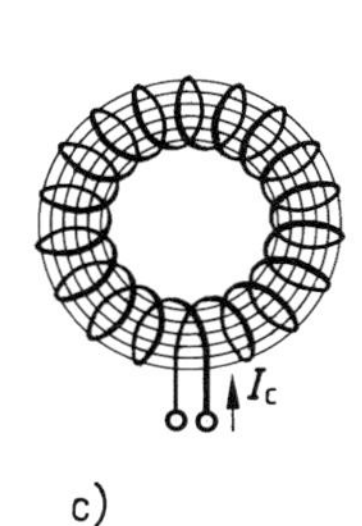

4.7 Kreisringspulen mit gleichem Spulenquerschnitt A_q, aber unterschiedlichem Ringdurchmesser d_R und Windungszahl N
a) und b) gleicher Durchmesser d_R der Ringspule, c) halb so großer Durchmesser der Ringspule wie bei a),
a) Windungszahl $N=36$, b) und c) halbe Windungszahl von a),
a) und c) gleich große magnetische Flußdichte, doppelt so groß wie bei b) bei gleich großen Strömen $I_a = I_b = I_c$

Um die Abhängigkeit des magnetischen Feldes von Strom, Windungszahl und geometrischen Abmessungen zu zeigen, seien die in Bild **4.7** dargestellten drei Ringspulen betrachtet, die sich in Windungszahl und Abmessungen unterscheiden. Es läßt sich experimentell feststellen, daß in allen drei Fällen die magnetische Flußdichte B im Inneren der Ringspule proportional dem Produkt aus Spulenstrom I und Windungszahl N, aber umgekehrt proportional der Spulenlänge $l = d_R \pi$ ist.

$$B \sim \frac{NI}{l} \tag{4.3}$$

Bei gleichem Spulenstrom I erhält man z.B. mit den in Bild **4.7** gewählten Werten für die Spule in Teilbild b eine halb so große, in Teilbild c eine gleich große magnetische Flußdichte wie in Teilbild a, was durch die unterschiedliche Zahl von 6 bzw. 3 eingezeichneten Feldlinien angedeutet ist.

Weiter wird der Zusammenhang zwischen Strom (Ursache) und magnetischer Flußdichte (Wirkung) wie bei den meisten physikalischen Vorgängen durch den Werkstoff im Feldraum beeinflußt. Die Erfahrung lehrt, daß insbesondere Eisen bei sonst gleichen Verhältnissen eine extrem verstärkende Wirkung auf Magnetfelder ausübt, wie in Abschn. 4.2 gezeigt ist. Diese das Magnetfeld verstärkenden – bei wenigen Materialien auch vermindernden – Wirkungen werden aus Zweckmäßigkeitsgründen über einen Faktor berücksichtigt, der als Permeabilität μ bezeichnet wird. Man kann damit die Proportion in Gl. (4.3) in die Gleichung

$$B=\mu\cdot\frac{NI}{l} \tag{4.4}$$

überführen.

Von großer praktischer Bedeutung ist die Erkenntnis, daß für die Erregung eines Magnetfeldes das Produkt NI aus Windungszahl und Strom maßgebend ist, daß also mit kleinen Strömen und großen Windungszahlen gleiche Wirkungen erzielt werden wie mit großen Strömen und kleinen Windungszahlen. Man hat daher für dieses Produkt, welches die Stromsumme angibt, die von dem Feld umschlungen wird bzw. die die geschlossenen Feldlinien durchströmt, die Durchflutung

$$\Theta=NI \tag{4.5}$$

als eine eigene Größe definiert, die in der Einheit A angegeben wird. Durch Variieren von Strom I und Windungszahl N ergibt sich eine Möglichkeit, Magnetspulen an bestimmte Spannungen anzupassen.

Nicht immer stellt sich nun die Durchflutung in einer so konzentrierten und leicht erfaßbaren Art dar wie bei der hier betrachteten Ringspule. Z.B. können Leiteranordnungen mit verschiedenen Strömen oder inhomogene Strömungsfelder (s. Abschn. 3.2.1) auftreten. Man muß daher unabhängig von der Art und der räumlichen Verteilung der elektrischen Strömung die Durchflutung Θ in einer Fläche A als Summe aller in dieser Fläche auftretenden Ströme I bzw. als das Integral der Stromdichte $\vec{S}$ über diese Fläche A berechnen.

$$\Theta=\sum I=\int_A \vec{S}\cdot \mathrm{d}\vec{A} \tag{4.6}$$

Die Durchflutung Θ hat wie der Strom I Richtungscharakter, der durch einen Zählpfeil zum Ausdruck gebracht wird. Wie für den Strom (s. Abschn. 3.2.2) beschreibt auch der Zählpfeil für Θ bei positiven Zahlenwerten die Bewegungsrichtung positiver Ladungen. Damit folgt für die formale Handhabung, daß der Zählpfeil für Θ wie der für den Strom I [s. Gl. (3.37)] in Richtung des Flächenvektors $\mathrm{d}\vec{A}$ weisend anzutragen ist. Beispielsweise ist die Durchflutung Θ in der von den Strömen I_1 bis I_4 durchflossenen Fläche A in Bild **4.**9 für den eingezeichneten Zählpfeil $\Theta=I_1-I_2+I_3-I_4$.

4.1.2.3 Magnetische Feldstärke. Im ingenieurwissenschaftlichen Bereich ist es üblich, den in Gl. (4.4) hinter der Permeabilität μ stehenden Ausdruck NI/l (für Spulen entsprechend Bild **4.**7 die auf die Spulenlänge l bezogene Durchflutung) als die das Feld ursprünglich, d. h. ohne den Materialeinfluß, bestimmende Feldgröße anzusehen und mit einem eigenen Namen zu belegen. Damit kann die magnetische Flußdichte – Wirkungsgröße des Feldes – als Produkt einer von den Werkstoffeinflüssen unabhängigen zweiten Feldgröße und einer allein dem Werkstoff des Feldraumes eigenen Größe dargestellt werden. Diese die Ursache des Feldes beschreibende Feldgröße wird historisch bedingt als magnetische Feldstärke H, neuerdings auch als magnetische Erregung bezeichnet. In dem speziellen Fall einer Kreisringspule nach Bild **4.**7 wird also in jedem Raumpunkt im Inneren der Ringspule die magnetische Feldstärke mit dem Betrag

$$H = \frac{NI}{l} \tag{4.7}$$

erregt. Aus dieser kann dann mit der jedem Raumpunkt eigenen Permeabilität μ die magnetische Flußdichte

$$B = \mu H \tag{4.8}$$

des Raumpunktes berechnet werden. Gl. (4.7) gilt allerdings für die Ringspule nur dann, wenn in ihrem Inneren die Permeabilität μ konstant ist.

Mit der Festlegung, daß die Materialeigenschaften durch die skalare Größe μ beschrieben werden, folgt aus Gl. (4.8), daß die magnetische Feldstärke H genau wie die magnetische Flußdichte B Vektorcharakter haben muß, d. h. eine gerichtete Größe ist. Der Vektorcharakter der magnetischen Feldstärke H wird auch deutlich, wenn man Gl. (4.7) in die Form

$$Hl = \int_l \vec{H} \cdot d\vec{l} = NI \tag{4.9}$$

umschreibt und die linke Seite als das Integral des skalaren Vektorproduktes des Vektors $\vec{H}$ und des ebenfalls mit einem Richtungscharakter behafteten, d. h. als Vektor zu schreibenden, Wegelementes $d\vec{l}$ entlang der Spulenlänge l auffaßt. In den Beispielen des Bildes **4.**7 konnten diese Vektoreigenschaften nur deshalb außer acht gelassen werden, weil die die Spulenlänge l beschreibende Strecke an allen Stellen parallel zu den Feldlinien für $\vec{B}$ und $\vec{H}$ verläuft, so daß das Integral des Produktes $\vec{H} \cdot d\vec{l}$ auch als algebraisches Produkt Hl geschrieben werden kann. Die Fälle, in denen das Skalarprodukt der Vektoren $(\vec{H} \cdot d\vec{l})$ gebildet werden muß – was i. allg. bei inhomogenen Feldern gegeben ist –, sind in Abschn. 4.1.3.1 erläutert.

Zusammenfassend läßt sich sagen, daß die magnetischen Eigenschaften eines Raumzustandes durch zwei Feldvektoren eindeutig und allgemeingültig beschrieben werden können, die über die skalare Größe Permeabilität μ entsprechend

$$\vec{B} = \mu \vec{H} \tag{4.10}$$

miteinander verknüpft sind.

Für jeden Punkt des Feldraumes beschreibt der Vektor der magnetischen Feldstärke $\vec{H}$ unabhängig von den Materialeigenschaften die Ursache des Feldes. Er wird somit allein aus der Summe der Ströme – Durchflutung – und der Geometrie des Feldraumes – den Abmessungen – berechnet. Aus dem Feldvektor $\vec{H}$ der Ursache ergibt sich dann durch Multiplikation mit der nur von den Materialeigenschaften des Feldraumes abhängigen Permeabilität μ der Feldvektor magnetische Flußdichte $\vec{B}$, der die Wirkung des magnetischen Feldes beschreibt.

Nach der heute üblichen Betrachtungsweise ist der Name Feldstärke irreführend, da in ihm die Wirkung des Feldes, z.B. die Kraftwirkung, zum Ausdruck kommt, die aber, wie in Abschn. 4.3 näher gezeigt ist, durch die magnetische Flußdichte beschrieben wird. Es wäre also konsequent, analog zu dem elektrischen Feld, in dem die Wirkungsgröße $\vec{E}$ mit elektrischer Feldstärke bezeichnet wird, auch die Wirkungsgröße $\vec{B}$ des magnetischen Feldes magnetische Feldstärke zu nennen, was in moderner Literatur auch zunehmend geschieht. Die Ursachengröße $\vec{H}$ wird dann magnetische Erregung genannt analog zu der Bezeichnung elektrische Erregung $\vec{D}$ für die Ursachengröße im elektrostatischen Feld. Um für den Anfänger einen leichteren Vergleich mit dem größeren Teil der Literatur zu ermöglichen, soll hier die Bezeichnung Feldstärke für die Ursachen- und magnetische Flußdichte für die Wirkungsgröße beibehalten werden, allerdings unter dem ausdrücklichen Verweis auf die Irreführung der erstgenannten Bezeichnung, sowohl im Hinblick auf die Definition der Größe $\vec{H}$ als auch auf ihre Analogie zur Flußdichte $\vec{D}$ des elektrostatischen Feldes (s. Abschn. 4.4).

4.1.2.4 Einheiten der magnetischen Feldgrößen.

In dem hier verwendeten SI-Einheitensystem (s. Abschn. 1.1.2 und Anhang 3) ergibt sich die abgeleitete Einheit der magnetischen Feldstärke H zu A/m, was auch aus Gl. (4.7) zu erkennen ist.

Die abgeleitete Einheit der magnetischen Flußdichte B folgt aus ihrer Definition über die Kraftwirkung auf stromdurchflossene Leiter (s. Abschn. 4.3.2.3) oder die Induktionswirkung (s. Abschn. 4.3.1.2) mit Vs/m². Dieser abgeleiteten Einheit ist ein eigener Name – Tesla – mit dem Symbol T zugeordnet.

Mit der abgeleiteten Einheit Volt entsprechend $1\,\mathrm{V} = 1\,\mathrm{W/A} = 1\,\mathrm{Nm/(As)}$ kann der Zusammenhang zwischen magnetischen, elektrischen und mechanischen Einheiten über die Gleichung

$$1\,\mathrm{T} = 1\,\frac{\mathrm{Vs}}{\mathrm{m}^2} = 1\,\frac{\mathrm{N}}{\mathrm{Am}} \tag{4.11}$$

aufgezeigt werden. Der letzte Einheitenausdruck in Gl. (4.11) folgt auch unmittelbar aus der Definitionsgleichung für die magnetische Flußdichte entsprechend Gl. (4.2).

Üblicherweise wird die Permeabilität

$$\mu = \mu_r \mu_0 \tag{4.12}$$

in zwei Faktoren aufgespaltet, die Permeabilitätszahl oder relative Permeabilität μ_r und die magnetische Feldkonstante μ_0, mit denen Gl. (4.10) in der Form

$$\vec{B} = \mu_r \mu_0 \vec{H} \tag{4.13}$$

geschrieben wird.

Die relative Permeabilität oder Permeabilitätszahl μ_r ist ein reiner Zahlenfaktor, der das Verhältnis der Permeabilität eines bestimmten Stoffes (Luft, Eisen u.a.) zu der des Vakuums angibt. Für Vakuum ist also $\mu_r = 1$. Für das Feldmedium Luft hat μ_r nahezu denselben Wert, nämlich $\mu_r \doteq 1{,}0000004$, so daß bei Feldern in Luft praktisch $\mu_r = 1$ gesetzt werden kann. Die Größe der Permeabilitätszahl anderer Medien, besonders von Eisen, ist in Abschn. 4.2.1.3 beschrieben.

Die magnetische Feldkonstante μ_0 ist gleich der Permeabilität μ des Vakuums. Sie ist eine dimensionsbehaftete Konstante, deren Einheit T/(A/m) = Vs/(Am) = H/m aus Gl. (4.13) folgt. Darin ist H die abgeleitete Einheit Henry entsprechend 1 H = 1 Vs/A. Im SI-Einheitensystem ergibt sich im Zusammenhang mit der Definition des Ampere [21] die magnetische Feldkonstante

$$\mu_0 = 4\pi \cdot 10^{-7} \frac{\mathrm{H}}{\mathrm{m}} = 1{,}2566371 \frac{\mu\mathrm{H}}{\mathrm{m}}. \tag{4.14}$$

□ **Beispiel 4.2**

Eine Ringspule nach Bild **4.**7 hat den mittleren Ringdurchmesser $d_R = 20\,\mathrm{cm}$. Welche Durchflutung ist erforderlich, um innerhalb der Spule die magnetische Flußdichte $B = 0{,}01\,\mathrm{T}$ in Luft zu erzeugen?

Man erhält nach Gl. (4.13) für die magnetische Feldstärke $H = B/(\mu_r \mu_0) = 0{,}01\,\mathrm{T}/(1 \cdot 1{,}257\,\mu\mathrm{Tm/A}) = 7{,}958\,\mathrm{kA/m}$.

Mit dem mittleren Ringumfang $l = \pi d_R = \pi \cdot 20\,\mathrm{cm}$ ergibt sich dann nach Gl. (4.5) und (4.7) die Durchflutung $\Theta = NI = Hl = (7{,}958\,\mathrm{kA/m})\,\pi \cdot 20\,\mathrm{cm} = 5000\,\mathrm{A}$.

Diese Durchflutung kann z.B. mit 5000 Windungen, in denen der Strom 1 A fließt, erzeugt werden, aber auch mit 1000 Windungen bei 5 A, 200 Windungen bei 25 A usw. Die Aufteilung des Produktes ist durch die Spannung bestimmt, die für die Erzeugung des magnetisierenden Stromes zur Verfügung steht. □

4.1.3 Integrale Größen des magnetischen Feldes

Die in Abschn. 4.1.2.1 und 4.1.2.3 erläuterten beiden Feldvektoren $\vec{B}$ und $\vec{H}$ sind für den Raumpunkt definiert und somit geeignet, magnetische Felder vollständig zu beschreiben. Betrag und Richtung der Feldgrößen werden in Abhängigkeit von den Ortskoordinaten – als Ortsfunktion – angegeben. Häufig interessiert aber weniger die örtliche Verteilung der Feldgrößen, sondern mehr ihre resultierende Wirkung über ein bestimmtes räumlich ausgedehntes Feldgebiet. Beispielsweise ist die Spannung, die in einer Leiterschleife von dem magnetischen Feld induziert wird, nicht abhängig von der räumlichen Verteilung des Feldes in dieser Schleife, sondern allein von der summarischen Wirkung, d.h. dem Flächenintegral des Feldes. Für solche Problemstellungen sind integrale Feldgrößen definiert, die einfacher zu handhaben sind als die i.allg. mathematisch aufwendigen Ortsfunktionen der Feldvektoren.

4.1.3.1 Magnetische Spannung. In Abschn. 3.2.3 ist die elektrische Spannung U als Wegintegral der wegbezogenen vektoriellen Feldgröße, der elektrischen Feldstärke $\vec{E}$ (Spannung pro Weg), abgeleitet. In formaler Analogie hierzu kann im magnetischen Feld auch aus der wegbezogenen vektoriellen Feldgröße, der magnetischen Feldstärke $\vec{H}$ (Strom pro Weg), eine integrale Feldgröße, die magnetische Spannung V, berechnet werden. Man multipliziert hierzu die Feldgröße H mit dem Weg l. Für das Feld der Kreisringspulen in Abschn. 4.1.2.2 ist dies algebraisch in der Form Hl möglich, da hier der Weg l als Ringmittellinie über den ganzen Ringumfang parallel zur H-Feldlinie verläuft und der Betrag des Vektors $\vec{H}$ über l konstant ist. Schreibt man also Gl. (4.7) in der Form $Hl = IN$ [s. Gl. (4.9)], so kann die linke Seite Hl als magnetische Spannung

$$\mathring{V} = Hl \tag{4.15}$$

gedeutet werden.

In dem hier zunächst betrachteten speziellen Fall ist es die magnetische Spannung, die über eine geschlossene Kreislinie der Ringspule (Mittellinie) auftritt und die man demzufolge auch als magnetische Umlaufspannung $\mathring{V}$ bezeichnet. Der besondere Charakter dieser über einen geschlossenen Weg auftretenden magnetischen Spannung wird durch einen Kreis über dem Symbol V gekennzeichnet ($\mathring{V}$). Es zeigt sich, daß eine solche magnetische Umlaufspannung immer gleich ist der Durchflutung, die von diesem Umlauf eingeschlossen wird (s. Abschn. 4.1.3.2), in diesem Fall also dem Produkt aus Windungszahl N der Ringspule und Spulenstrom I. Soll die magnetische Spannung V entlang eines beliebigen Weges in einem inhomogenen Feld dargestellt werden, so darf analog zu den Erläuterungen in Abschn. 3.2.3 das Produkt Hl immer nur für so kleine Wegstrecken $\mathrm{d}l$ gebildet werden, über die die magnetische Feldstärke $\vec{H}$ als konstant angenommen werden kann (s. Bild **4.**8). Außerdem darf nur die Komponente

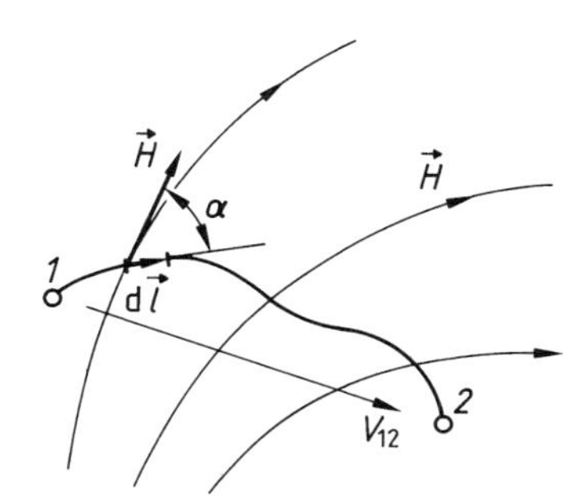

4.8 Magnetische Spannung $V_{12}=\int_1^2 \vec{H}\cdot\mathrm{d}\vec{l}$ als Wegintegral der magnetischen Feldstärke $\vec{H}$

der magnetischen Feldstärke $\vec{H}$ in das Produkt einbezogen werden, die in Richtung des Wegelementes fällt. Damit ergibt sich für jedes Wegelement $\mathrm{d}\vec{l}$ die elementare magnetische Spannung

$$\mathrm{d}V = H\,\mathrm{d}l\cos\alpha, \tag{4.16}$$

die auch als Skalarprodukt

$$\mathrm{d}V = \vec{H}\cdot\mathrm{d}\vec{l} \tag{4.17}$$

der beiden Vektoren $\vec{H}$ und $\mathrm{d}\vec{l}$ geschrieben werden kann.

Summiert man alle Elementarspannungen $\mathrm{d}V$ entlang eines Weges, der durch die Punkte *1* und *2* begrenzt ist (s. Bild **4.**8), so bekommt man die allgemeingültige Gleichung für die magnetische Spannung

$$V_{12} = \int_1^2 \vec{H}\cdot\mathrm{d}\vec{l}. \tag{4.18}$$

Die magnetische Spannung ist im Gegensatz zu den Vektoren $\vec{H}$ und $\vec{l}$ eine skalare Größe. Ihre Einheit ist das Ampere (A). Da dieser skalaren Größe nun ähnlich wie der elektrischen Spannung (s. Abschn. 3.2.3) ein Richtungscharakter zukommt, wird sie durch einen Zählpfeil dargestellt, der in die Integrationsrichtung (Richtung des Integrationsvektors $\mathrm{d}\vec{l}$) weisend anzutragen ist (s. Bild **4.**8).

4.1.3.2 Durchflutungssatz. In Abschn. 4.1.3.1 ist für das spezielle Beispiel der Kreisringspule dargestellt, daß die magnetische Spannung V entlang eines geschlossenen Umlaufes – Umlaufspannung $\mathring{V}$ nach Gl. (4.15) – gleich ist der Summe der von diesem Umlauf eingeschlossenen Ströme. Diese Aussage ist einer der wichtigsten Sätze für das Magnetfeld, der Durchflutungssatz, der den Zusammenhang zwischen Magnetfeld und elektrischem Strömungsfeld beschreibt. Nach dem Durchflutungssatz

$$\oint \vec{H}\cdot\mathrm{d}\vec{l} = \sum I = \Theta \tag{4.19}$$

ist in einem beliebigen von Strömen durchflossenen Raum bzw. im magnetischen Feld das Wegintegral der magnetischen Feldstärke $\vec{H}$ längs eines geschlossenen Weges immer gleich der Summe aller Ströme – Durchflutung Θ –, die von dem geschlossenen Weg umfaßt werden (s. Bild **4.**9).

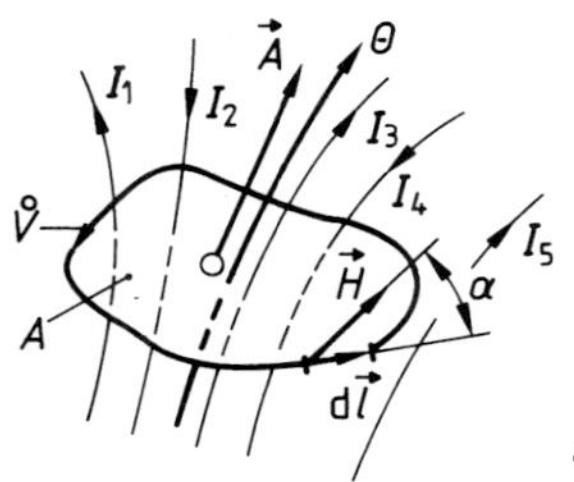

4.9 Magnetische Umlaufspannung $\mathring{V} = \oint_A \vec{H} \cdot d\vec{l} = I_1 + I_3 - I_2 - I_4$

Der geschlossene Integrationsweg wird durch einen Kreis im Integralzeichen gekennzeichnet. Die Ströme, deren Zählpfeile von dem gewählten Integrationsumlauf $d\vec{l}$ rechtswendig umschlossen werden, sind mit positivem, die linkswendig umschlossenen mit negativem Vorzeichen in die Stromsumme aufzunehmen. Beispielsweise lautet der Durchflutungssatz für den in Bild **4.**9 dargestellten Umlauf $\oint \vec{H} \cdot d\vec{l} = I_1 - I_2 + I_3 - I_4 = \Theta$. Wird die Summe der Ströme als Durchflutung Θ angegeben, so ist das Umlaufintegral der magnetischen Feldstärke ($\oint \vec{H} \cdot d\vec{l}$) rechtswendig um den Zählpfeil für Θ zu bilden.

□ **Beispiel 4.3**

Für die in Beispiel 4.2 betrachtete Kreisringspule nach Bild **4.**7 sind die Beträge der magnetischen Feldstärke H und der magnetischen Flußdichte B am Innen- und Außenrand des Feldes zu bestimmen, wenn die dort errechnete Durchflutung $\Theta = 5000\,\text{A}$ besteht und der Durchmesser des Spulenquerschnittes $d_q = 3\,\text{cm}$ beträgt.

Mit den in Beispiel 4.2 angegebenen Daten ist die Länge des Umlaufes am Innenrand $l_i = \pi(20\,\text{cm} - 3\,\text{cm}) = 53{,}4\,\text{cm}$ und am Außenrand $l_a = \pi(20\,\text{cm} + 3\,\text{cm}) = 72{,}3\,\text{cm}$. Da der Betrag der magnetischen Feldstärke H längs der Wege l_i und l_a jeweils konstant ist und die Integrationsrichtung $d\vec{l}$ in Richtung der magnetischen Feldstärke $\vec{H}$ liegt ($\alpha = 0$), vereinfacht sich Gl. (4.19) zu $\oint \vec{H} \cdot d\vec{l} = \oint H\,dl = Hl = \Theta$, so daß man für innen und außen die magnetische Feldstärke $H_i = \Theta / l_i = 5\,\text{kA}/(53{,}5\,\text{cm}) = 9{,}36\,\text{kA/m}$ und $H_a = \Theta / l_a = 5\,\text{kA}/(72{,}3\,\text{cm}) = 6{,}92\,\text{kA/m}$ und nach Gl. (4.13) mit $\mu = \mu_0 = 1{,}26\,\mu\text{H/m}$ die magnetische Flußdichte $B_i = \mu_0 H_i = (1{,}26\,\mu\text{H/m}) \cdot 9{,}35\,\text{kA/m} = 11{,}8\,\text{mT}$ und $B_a = \mu_0 H_a = (1{,}26\,\mu\text{H/m}) \cdot 6{,}91\,\text{kA/m} = 8{,}7\,\text{mT}$ erhält. Die Abweichungen von der magnetischen Flußdichte $B = 0{,}01\,\text{T}$ an der Feldmittellinie (nach Beispiel 4.2) sind schon merklich, trotzdem kann man in solchen Fällen häufig mit mittleren Werten rechnen. □

Die Gültigkeit des Durchflutungssatzes kann für beliebige Räume experimentell, für homogene Räume ($\mu = \text{const}$) auch analytisch mit Hilfe des Biot-Savartschen Gesetzes nachgewiesen werden. Wesentlich ist die Aussage, daß lediglich die Ströme den Wert des Umlaufintegrals bestimmen, die innerhalb des Integrationsumlaufes fließen. Das darf aber nicht dahingehend gedeutet werden, daß die Ströme außerhalb des Umlaufes das Feld nicht beeinflussen würden. Zum

Beispiel bestimmt der Strom I_5 in Bild **4.**9 wohl den Feldverlauf im Bereich des Umlaufes mit, nicht aber den Wert des Umlaufintegrals $\oint \vec{H} \cdot d\vec{l}$ entlang dieses Umlaufes, der unabhängig von I_5 und damit vom Feldverlauf ausschließlich von der eingeschlossenen Stromsumme $(I_1 - I_2 + I_3 - I_4)$ bestimmt ist.

Fließen die Ströme in räumlich ausgedehnten Leitern (Strömungsgebieten s. Abschn. 3.2.2), auf die sie sich mit unterschiedlichen Stromdichten verteilen, so muß die vom Umlaufintegral eingeschlossene Fläche in kleine Flächenelemente dA unterteilt werden, über die jeweils die Stromdichte $\vec{S}$ als konstant angenommen werden kann. Dann ergibt sich mit Gl. (4.6) der Durchflutungssatz Gl. (4.19) in der Form

$$\oint \vec{H} \cdot d\vec{l} = \int_A \vec{S} \cdot d\vec{A} = \Theta. \tag{4.20}$$

Die Integrationsrichtung $d\vec{l}$ und damit die Richtung des Zählpfeiles der magnetischen Umlaufspannung $\mathring{V} = \oint \vec{H} \cdot d\vec{l}$ ist rechtswendig um den Flächenvektor $d\vec{A}$ und damit rechtswendig um den Zählpfeil für Θ festgelegt [s. Gl. (4.6) und Bild **4.**9], da definitionsgemäß der Richtungscharakter der Flächenvektoren $d\vec{A}$ die Richtung des Zählpfeiles Θ bestimmt.

Bei der Anwendung des Durchflutungssatzes sind hinsichtlich der Lösungsschwierigkeiten zwei Arten von Aufgabenstellungen zu unterscheiden: Kennt man den Feldverlauf, d.h., ist die Ortsfunktion der magnetischen Feldstärke $\vec{H}$ gegeben, so läßt sich mit Gl. (4.19) die Durchflutung Θ bestimmen. Soll aber umgekehrt bei gegebener Durchflutung Θ die magnetische Feldstärke $\vec{H}$ an bestimmten Punkten des Raumes berechnet werden, so können unüberwindliche Schwierigkeiten auftreten, da der Durchflutungssatz ja nur eine Aussage über das Integral der magnetischen Feldstärke $\oint \vec{H} \cdot d\vec{l}$ liefert, nicht aber darüber, wie sich diese entlang des Integrationsweges ändert. Der Durchflutungssatz läßt sich somit nur in bestimmten Fällen, in denen der räumliche Feldverlauf qualitativ bekannt ist, explizit nach H auflösen. Bei der Kreisringspule nach Bild **4.**7 ist z.B. die magnetische Feldstärke vom Betrag her nicht bekannt. Da man aber weiß, daß die Feldlinien als konzentrische Kreise durch das Innere der Ringspule verlaufen, entlang denen der Betrag der Feldstärke H konstant ist, läßt sich das Linienintegral $\oint \vec{H} \cdot d\vec{l}$ in eine einfache Multiplikation Hl überführen, so daß der Durchflutungssatz explizit nach der magnetischen Feldstärke H aufgelöst werden kann, wie in Beispiel 4.3 gezeigt ist.

Der Durchflutungssatz gilt allgemein. Es ist völlig gleichgültig, wie die elektrischen Strömungen innerhalb des magnetischen Kreises örtlich verteilt sind. Für Spulen gilt der Satz z.B. sowohl bei der Ringspule nach Bild **4.**7 mit ihren über die ganze geschlossene Feldlänge verteilten Windungen als auch bei Feldern entsprechend den Bildern **4.**2 bis **4.**4, in denen Windungen konzentriert über Teillängen der Felder angeordnet sind.

Der Durchflutungssatz gilt auch für beliebige Räume mit beliebigen Stoffen sowie für beliebige Umlaufwege. Man braucht also nicht unbedingt entlang einer Feldlinie zu integrieren, sondern kann jeden beliebigen Integrationsweg wählen; er muß lediglich geschlossen sein, also wieder am Anfangspunkt enden. Bei praktischen Rechnungen wird der Integrationsweg so gewählt, daß sich der geringste Rechenaufwand ergibt.

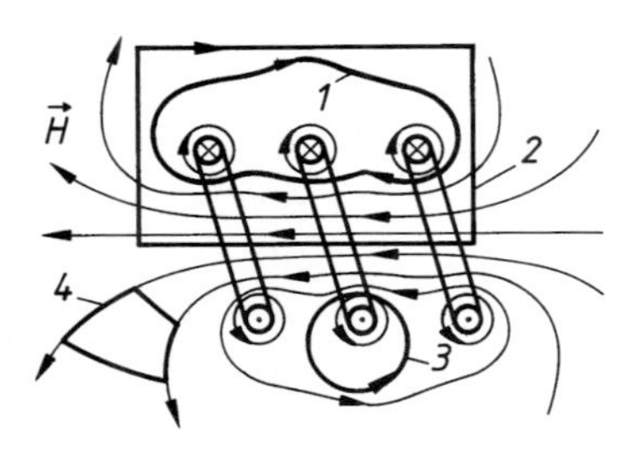

4.10 Feldlinienbild der magnetischen Feldstärke $\vec{H}$ einer stromdurchflossenen Spule mit verschiedenen geschlossenen Wegen zur Bildung der magnetischen Umlaufspannung

Beispielsweise sind in dem Feld einer Spule in Bild **4.**10 mehrere durch dickere Striche hervorgehobene Integrationswege angegeben. Der Integrationsweg *1* fällt mit einer Feldlinie zusammen, die eine Durchflutung dreier Windungen umschließt. Das Umlaufintegral $\oint_1 \vec{H} \cdot d\vec{l}$ entlang dieses mit einer Feldlinie zusammenfallenden Weges liefert den Wert der eingeschlossenen Durchflutung $\Theta = 3I$. Der Integrationsweg *2*, der nicht entlang einer Feldlinie verläuft, ergibt das gleiche Ergebnis $\oint_2 \vec{H} \cdot d\vec{l} = 3I$, da er auch mit drei Strömen verkettet ist. Das Umlaufintegral über den Weg *3* liefert $\oint_3 \vec{H} \cdot d\vec{l} = I$, da nur die Durchflutung einer Windung eingeschlossen wird. Schließlich sei der Integrationsweg *4* betrachtet, über den die magnetische Umlaufspannung Null ist, da keine Durchflutung eingeschlossen ist ($\oint_4 \vec{H} \cdot d\vec{l} = 0$).

□ **Beispiel 4.4**

Es ist eine allgemeine Bestimmungsgleichung für die magnetische Feldstärke $\vec{H}$ in der Umgebung eines geraden, unendlich langen, stromdurchflossenen Leiters abzuleiten.

Man kann aus Symmetriegegebenheiten ableiten oder weiß aus Erfahrung, daß ein solcher stromdurchflossener Leiter ein Feld erregt, das durch konzentrische Feldlinien um den Leiter, entsprechend Bild **4.**2a, beschrieben wird. Der qualitative Feldverlauf ist also bekannt, die Aufgabe beschränkt sich somit auf die quantitative Bestimmung von H und kann deshalb mit Hilfe des Durchflutungssatzes gelöst werden.

Wählt man einen Integrationsweg, der wie die Feldlinien einen konzentrischen Kreis mit dem Radius r um den Leiter beschreibt, so liegt entlang dieses Weges in jedem Punkt der Vektor der magnetischen Feldstärke $\vec{H}$ – tangential zur Feldlinie – in Richtung des Integrationsvektors $d\vec{l}$ (s. Bild **4.**11). Das Skalarprodukt $\vec{H} \cdot d\vec{l}$ im Durchflutungssatz Gl. (4.19) läßt sich also als algebraisches Produkt schreiben ($\alpha = 0$).

$$\oint \vec{H} \cdot d\vec{l} = \oint H \, dl = I \tag{4.21}$$

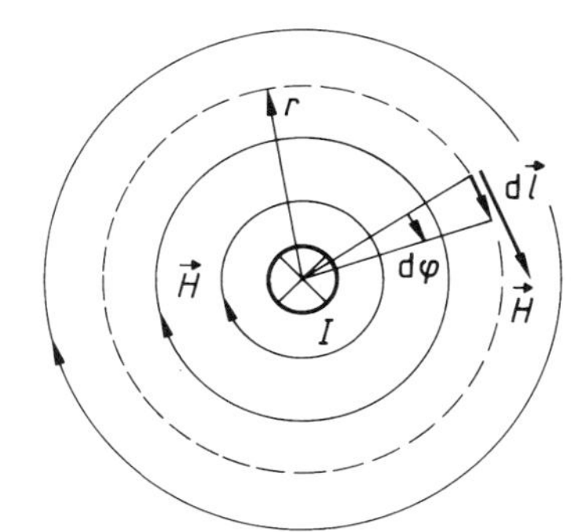

4.11 Feldlinienbild der magnetischen Feldstärke $\vec{H}$ außerhalb eines stromdurchflossenen, unendlich langen, geraden Leiters

Da der Betrag der magnetischen Feldstärke H entlang eines konzentrischen Kreises konstant ist, kann H vor das Integral gezogen werden. Ersetzt man weiter das Wegelement dl durch das Produkt $r\,\mathrm{d}\varphi$, so läßt sich das Umlaufintegral als bestimmtes Integral in den Grenzen 0 bis 2π angeben.

$$\oint H\,\mathrm{d}l = Hr\int_0^{2\pi}\mathrm{d}\varphi = Hr\cdot 2\pi = I \tag{4.22}$$

In dieser Form läßt sich der Durchflutungssatz explizit nach der magnetischen Feldstärke

$$H = \frac{I}{2\pi r} \tag{4.23}$$

auflösen. Für jeden Punkt im Feldraum um den geraden Leiter beträgt die magnetische Feldstärke $H = I/(2\pi r)$ mit r als der kürzesten Entfernung des Punktes zur Mittellinie des Leiters.

Das Beispiel zeigt exemplarisch, wie man trotz der integralen Aussage des Durchflutungssatzes den Feldvektor $\vec{H}$ als Ortsfunktion bestimmen kann. Voraussetzung für den Lösungsansatz ist allerdings die Kenntnis des qualitativen Feldverlaufes, d.h., man muß wissen, daß entlang konzentrischer Kreise um den Leiter der magnetische Feldstärkevektor tangential gerichtet und dem Betrag nach konstant ist. □

□ **Beispiel 4.5**

Das Feld im Inneren des geraden, unendlich langen Leiters mit kreisförmigem Querschnitt ist zu berechnen.

Für Gleichstrom und Wechselstrom niedriger Frequenz kann eine gleichmäßige Verteilung des Stromes I über den Leiterquerschnitt $A_q = r_0^2\pi$ angenommen werden, so daß entsprechend Gl. (3.34) die Stromdichte

$$S = \frac{I}{r_0^2\pi}$$

beträgt. Da man aus Symmetriegegebenheiten ableiten kann oder aus Erfahrung weiß, daß auch im Inneren des kreisförmigen Leiterquerschnittes die Feldlinien konzentrische Kreise beschreiben, läßt sich der Durchflutungssatz analog zu den in Beispiel 4.4 erläuterten

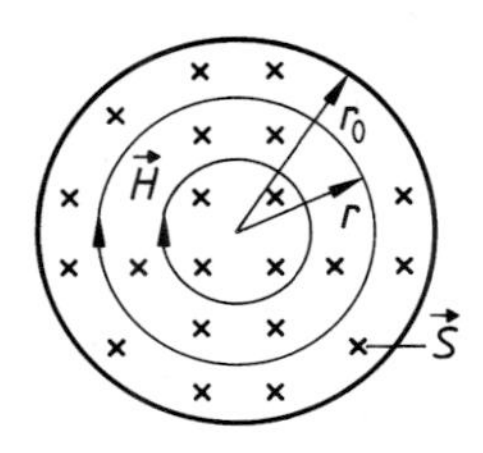

4.12 Feldlinienbild der magnetischen Feldstärke $\vec{H}$ im Inneren eines stromdurchflossenen, unendlich langen, geraden Leiters

Überlegungen auch für den Innenraum des Leiters anwenden. Für einen entlang einer Feldlinie gewählten konzentrischen Umlauf mit dem Radius r (s. Bild **4.**12) folgt aus dem Durchflutungssatz Gl. (4.20) entsprechend Gl. (4.22)

$$\oint \vec{H}\cdot d\vec{l} = Hr\cdot 2\pi = \int_A \vec{S}\cdot d\vec{A} = \frac{r^2\pi I}{r_0^2\pi}. \tag{4.24}$$

Da der Stromdichtevektor $\vec{S}$ senkrecht auf dem von dem Umlauf begrenzten Teil $r^2\pi$ der Querschnittsfläche steht und sein Betrag S konstant ist, kann das Integral $\int \vec{S}\cdot d\vec{A}$ in Gl. (4.24) als Produkt SA der Beträge von Stromdichte- und Flächenvektor geschrieben werden. Die Auflösung der Gl. (4.24) nach H ergibt die Bestimmungsgleichung für die magnetische Feldstärke im Inneren des Leiters

$$H = r\frac{I}{2\pi r_0^2}. \tag{4.25}$$

□

□ **Beispiel 4.6**

Es ist zu beweisen, daß im magnetischen Feld des unendlich langen, geraden Leiters auch für die in Bild **4.**13 skizzierten Umlaufwege der Durchflutungssatz erfüllt ist.

Bildet man das Umlaufintegral nach Gl. (4.19) entlang des Umlaufes *1*, so läßt sich dieses als Summe von vier Teilintegrationen darstellen. Die Umlaufspannung

$$\oint \vec{H}\cdot d\vec{l} = \int_a^b \vec{H}\cdot d\vec{l} + \int_b^c \vec{H}\cdot d\vec{l} + \int_c^d \vec{H}\cdot d\vec{l} + \int_d^a \vec{H}\cdot d\vec{l} = V_{ab} + V_{bc} + V_{cd} + V_{da} \tag{4.26}$$

setzt sich also aus vier magnetischen Teilspannungen zusammen.

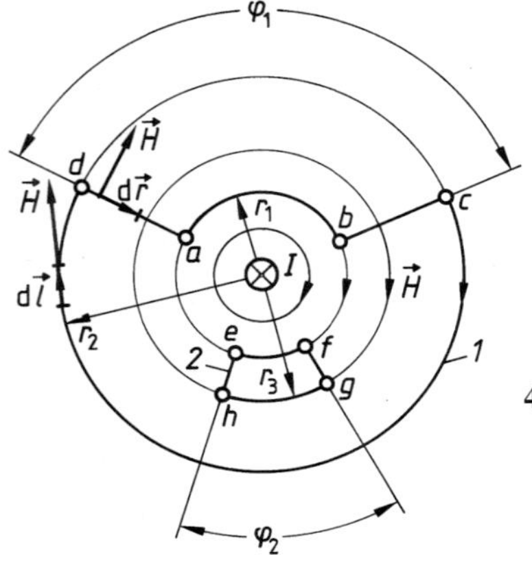

4.13 Feldlinienbild der magnetischen Feldstärke $\vec{H}$ eines vom Strom I durchflossenen, unendlich langen, geraden Leiters mit den magnetischen Umlaufspannungen $\mathring{V} = I$ über den Integrationsweg *1* und $\mathring{V} = 0$ über den Integrationsweg *2*

Man erkennt, daß im 1. und 3. Abschnitt der Integrationsvektor $d\vec{l}$ in Richtung des magnetischen Feldstärkevektors $\vec{H}$ liegt, so daß $\vec{H}\cdot d\vec{l}$ als algebraische Multiplikation $H\,dl$ geschrieben werden kann mit $dl = r\,d\varphi$. Im 2. und 4. Abschnitt steht der Vektor der magnetischen Feldstärke $\vec{H}$ senkrecht auf dem Integrationsvektor $d\vec{l} = d\vec{r}$, so daß das Skalarprodukt $H\,dr\cos\alpha$ Null ergibt. Mit der so bestimmten Umlaufspannung

$$\oint \vec{H}\cdot d\vec{l} = \int_0^{\varphi_1} H r\,d\varphi + \int_{\varphi_1}^{2\pi} H r\,d\varphi \tag{4.27}$$

und dem in Beispiel 4.4 ermittelten Ergebnis $H = I/(2\pi r)$ ergibt sich

$$\oint \vec{H}\cdot d\vec{l} = \frac{I}{2\pi}\varphi_1 + \frac{I}{2\pi}(2\pi - \varphi_1) = I, \tag{4.28}$$

d.h., für den Umlauf *1* ist der Durchflutungssatz erfüllt.
Nach ähnlichen Überlegungen ergibt sich für den Umlauf *2* der Ausdruck

$$\oint \vec{H}\cdot d\vec{l} = \frac{I}{2\pi}\varphi_2 - \frac{I}{2\pi}\varphi_2 = 0, \tag{4.29}$$

der ebenfalls dem Durchflutungssatz entspricht. Der Umlauf *2* umfaßt keinen Strom, d.h., die eingeschlossene Durchflutung ist Null. □

□ **Beispiel 4.7**

In Bild **4.**14a ist ein verzweigter Eisenkreis skizziert, wie er z.B. beim Dreiphasenkerntransformator verwendet wird. Die drei Schenkel *1*; *2*; *3* werden von drei Wicklungen – Primärwicklungen – *U, V, W* schaltungsgemäß in gleicher Umlaufrichtung umschlungen.
Dementsprechend sind die Zählpfeile (durch Kreuze bzw. Punkte charakterisiert) für die Stromrichtungen in den Spulen in Bild **4.**14a eingetragen. Diesen Zählpfeilrichtungen ent-

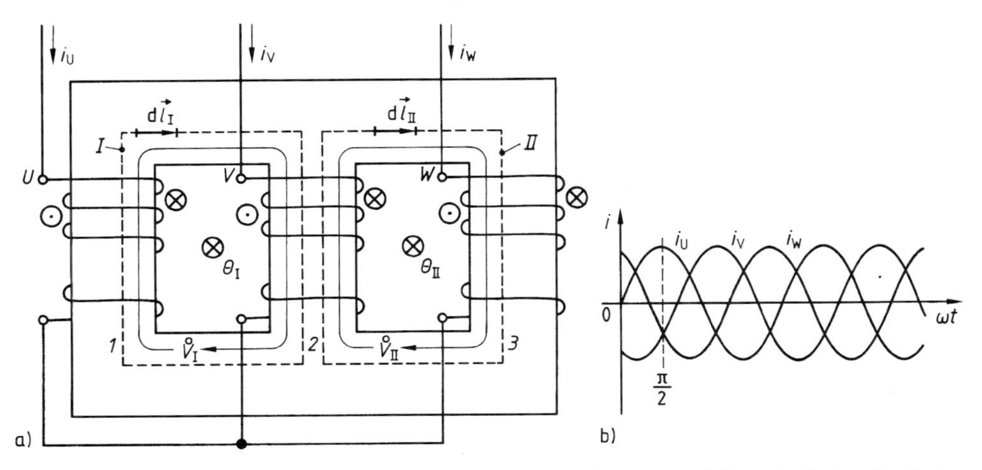

4.14 Magnetischer Eisenkreis eines Dreiphasentransformators (a) und Zeitverlauf der Ströme i_U, i_V, i_W in den 3 Wicklungen (b)

sprechen die Ströme

$$i_U = 0{,}4\,\text{A}\,\sin[\omega t], \tag{4.30a}$$

$$i_V = 0{,}4\,\text{A}\,\sin[\omega t - (2\pi/3)], \tag{4.30b}$$

$$i_W = 0{,}4\,\text{A}\,\sin[\omega t - 2(2\pi/3)], \tag{4.30c}$$

die z.B. in der Primärwicklung eines Dreiphasentransformators im Leerlauf gemessen sind (s. Abschn. 8). Unter ω ist die Kreisfrequenz des sinusförmigen Wechselstromes zu verstehen (s. Abschn. 5.1). Die Windungszahl jeder der drei Wicklungen beträgt $N_U = N_V = N_W = 1200$. Für einen bestimmten Zeitpunkt entsprechend $\omega t = \pi/2$ sind die Augenblickswerte der Fensterdurchflutungen zu berechnen.

Es werden – willkürlich – in beiden Fenstern gleiche Zählpfeilrichtungen für die Durchflutungen Θ_1 und Θ_2 gewählt, wie sie in Bild **4.**14a eingetragen sind. Damit ist auch die Integrationsrichtung für das Umlaufintegral der magnetischen Feldstärke $\oint \vec{H} \cdot d\vec{l}$, also die Zählpfeilrichtung der magnetischen Umlaufspannung $\mathring{V}$ (rechtswendig der Zählpfeilrichtung für Θ zugeordnet), in gleicher Umlaufrichtung bei beiden Fenstern festgelegt (s. Bild **4.**14a).

Die Augenblickswerte der Spulenströme nach Gl. (4.30 a bis c) betragen für $\omega t = \pi/2$

$$i_U = 0{,}4\,\text{A}\,\sin 90° \quad = +0{,}4\,\text{A}, \tag{4.31a}$$

$$i_V = 0{,}4\,\text{A}\,\sin(-30°) \quad = -0{,}2\,\text{A}, \tag{4.31b}$$

$$i_W = 0{,}4\,\text{A}\,\sin(-150°) = -0{,}2\,\text{A}. \tag{4.31c}$$

Unter Beachtung der Vorzeichen dieser Stromwerte und ihrer Zählpfeilrichtungen bezüglich der Zählpfeilrichtung für die Durchflutung Θ ergibt sich nach Gl. (4.6)

$$\Theta_I = \sum_{\text{Fenster } I} i = +N_U i_U - N_V i_V = 1200 \cdot 0{,}4\,\text{A} - 1200(-0{,}2\,\text{A}) = +720\,\text{A}, \tag{4.32a}$$

$$\Theta_{II} = \sum_{\text{Fenster } II} i = +N_V i_V - N_W i_W = 1200(-0{,}2\,\text{A}) - 1200(-0{,}2\,\text{A}) = 0. \tag{4.32b}$$

Die Durchflutung im Umlauf *I* (Fenster *I*) ist positiv, d.h., es strömt zum Zeitpunkt entsprechend $\omega t = \pi/2$ eine positive Ladungsmenge[1]) in Richtung des eingetragenen Zählpfeiles Θ_I durch den Umlauf *I*. Damit bildet sich das Feld des Vektors $\vec{H}$ rechtswendig um das Fenster *I* aus, liegt also in der Integrationsrichtung $d\vec{l}_I$, so daß sich die magnetische Umlaufspannung $\mathring{V}_I = \oint \vec{H} \cdot d\vec{l}_I$ positiv ergibt.

Die Durchflutung im Umlauf *II* (Fenster *II*) ist Null, d.h., zum Zeitpunkt entsprechend $\omega t = \pi/2$ strömt eine positive Ladungsmenge entsprechend $i_V N_V$ der Wicklung *V* entgegen der Zählpfeilrichtung Θ_{II} und eine gleich große positive Ladungsmenge entsprechend $i_W N_W$ der Wicklung *W* in Richtung der Zählpfeilrichtung Θ_{II} durch den Umlauf *II*. Die Umlaufspannung $\mathring{V}_{II} = \oint \vec{H} \cdot d\vec{l}_{II}$ ist damit entsprechend Gl. (4.19) auch Null ($\oint \vec{H} \cdot d\vec{l}_{II} = \Theta_{II} = 0$). Das darf allerdings nicht dahingehend gedeutet werden, daß auch das Feld über diesem Umlauf, also in den Schenkeln *2* und *3*, Null ist, was ja offensichtlich nicht der Fall ist. □

[1]) Um weitschweifige und mißverständliche Formulierungen zu vermeiden, erfolgen Richtungs- und Vorzeichenerläuterungen hier ausschließlich auf der Basis der formalen Festlegungen, wie sie in Abschn. 1.2.3 erläutert sind. Die in metallischen Leitern tatsächlich gegebene Strömung von negativer Ladung wird durch eine fiktive in entgegengesetzter Richtung strömende positive Ladung beschrieben, was für die magnetischen Wirkungen das gleiche ist.

4.1.3.3 Magnetischer Fluß. Die resultierende Wirkung des magnetischen Feldes, wie z.B. die Erzeugung elektrischer Spannungen, ist außer von Betrag und Richtung des Feldes, also dem Feldvektor $\vec{B}$, auch noch von Größe und Lage der Fläche abhängig, die an der Wirkung beteiligt wird.

Um Größe und räumliche Lage (Richtung) einer betrachteten Fläche zu beschreiben, muß auch für diese ein Vektor eingeführt werden. Analog den Erläuterungen zu der Berechnung der integralen Größe Strom I aus der Vektorgröße Stromdichte $\vec{S}$ in Abschn. 3.2.2 stellt man sich das magnetische Feld in einzelne „Feldröhren" unterteilt vor, die parallel zu den Feldlinien verlaufen und deren Querschnitte $\mathrm{d}A_\mathrm{q}$ so klein sind, daß das Feld über $\mathrm{d}A_\mathrm{q}$ homogen, d.h. $B=\mathrm{const}$ angenommen werden kann. Dann läßt sich für einen solchen infinitesimalen Querschnitt $\mathrm{d}A_\mathrm{q}$, der senkrecht zur Röhrenlängsachse und damit zum Flußdichtevektor $\vec{B}$ steht, eine infinitesimale Größe definieren, die als magnetischer Fluß

$$\mathrm{d}\Phi = B\,\mathrm{d}A_\mathrm{q} \tag{4.33}$$

bezeichnet wird (s. Bild **4.**15). Für eine allgemeine Beschreibung stellt man sich vor, die Flußröhre durchdringe in beliebigem Winkel α eine im Raum liegende, auch nichtebene Fläche A. Das dabei von der Flußröhre auf der Fläche A abgegrenzte Flächenelement $\mathrm{d}A$ kann bei einem infinitesimal kleinen Röhrenquerschnitt $\mathrm{d}A_\mathrm{q}$ auch bei nichtebener Fläche A immer als eben angenommen werden und ist somit eindeutig durch einen Winkel α, unter dem es zum Röhrenquerschnitt $\mathrm{d}A_\mathrm{q}$ liegt, zu beschreiben. Mathematisch geschieht dieses durch einen Vektor $\mathrm{d}\vec{A}$, der senkrecht auf dem Flächenelement $\mathrm{d}A$ steht und dessen Betrag gleich ist dem Betrag der Fläche. Man erkennt aus Bild **4.**15, daß das der Flußröhre eigene Flächenelement $\mathrm{d}A$ in der Fläche A um so größer wird, je flacher die Flußröhre die Fläche A schneidet.

$$\mathrm{d}A = \frac{\mathrm{d}A_\mathrm{q}}{\cos\alpha} \tag{4.34}$$

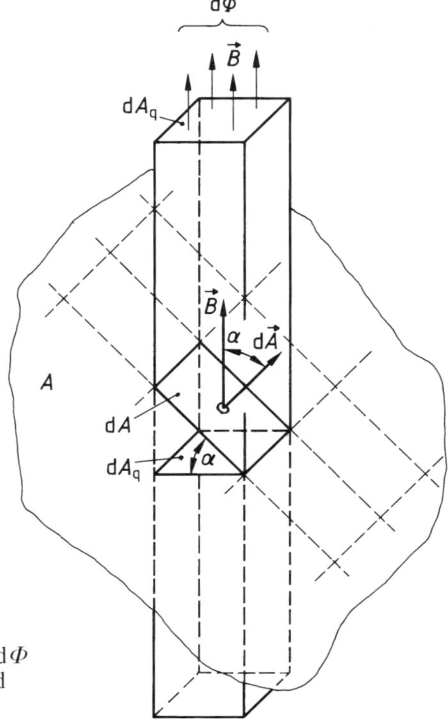

4.15 Zur Definition des magnetischen Flusses $\mathrm{d}\Phi$ als Skalarprodukt $\mathrm{d}\vec{A}\cdot\vec{B}$ aus Flächen- und Flußdichtevektor

Da der Fluß $\mathrm{d}\Phi$ durch das Flächenelement $\mathrm{d}A$ aber unabhängig von dessen Winkellage α zur Querschnittsfläche $\mathrm{d}A_\mathrm{q}$ gleich ist dem „Röhrenfluß" nach Gl. (4.33), ergibt sich durch Einsetzen von Gl. (4.34) in Gl. (4.33) der magnetische Fluß

$$\mathrm{d}\Phi = B\,\mathrm{d}A\,\cos\alpha \tag{4.35}$$

durch ein Flächenelement $\mathrm{d}A$, dessen Normale $\mathrm{d}\vec{A}$ in einem beliebigen Winkel α zum Flußdichtevektor $\vec{B}$ steht. In vektorieller Schreibweise wird diese Gleichung als Skalarprodukt

$$\mathrm{d}\Phi = \vec{B}\cdot\mathrm{d}\vec{A} \tag{4.36}$$

der beiden Vektoren $\vec{B}$ und $\mathrm{d}\vec{A}$ dargestellt.

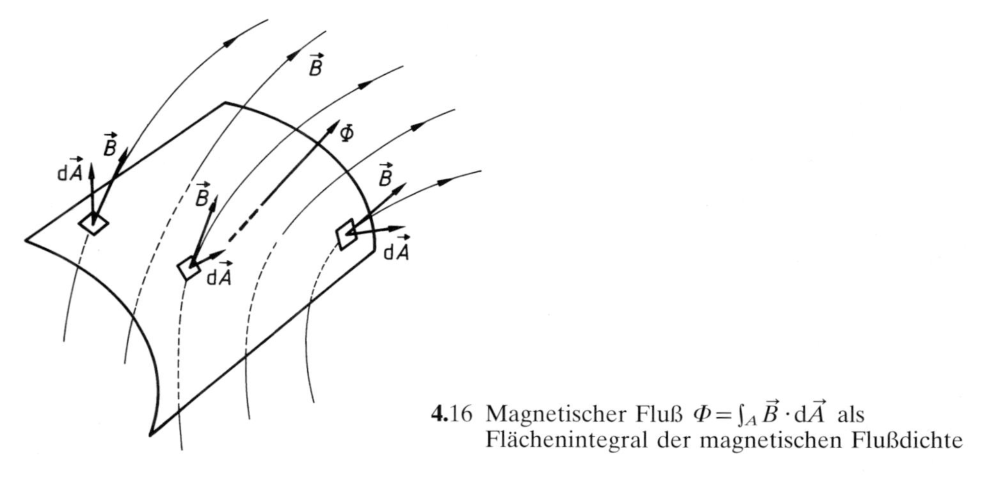

4.16 Magnetischer Fluß $\Phi = \int_A \vec{B}\cdot\mathrm{d}\vec{A}$ als Flächenintegral der magnetischen Flußdichte

Ist der Fluß Φ eines – auch inhomogenen – magnetischen Feldes durch eine beliebige – auch nichtebene – Fläche A zu berechnen, so wird die Fläche in einzelne Flächenelemente $\mathrm{d}A$ unterteilt, und die Teilflüsse $\mathrm{d}\Phi$ werden durch diese Flächenelemente nach Gl. (4.36) bestimmt (s. Bild **4.**16). Alle Teilflüsse $\mathrm{d}\Phi = \vec{B}\cdot\mathrm{d}\vec{A}$ über die ganze Fläche A summiert, d.h. integriert, ergeben die allgemeine Gleichung für den magnetischen Fluß

$$\Phi = \int_A \vec{B}\cdot\mathrm{d}\vec{A} = \int_A B\,\mathrm{d}A\,\cos\alpha \tag{4.37}$$

durch die Fläche A.

□ **Beispiel 4.8**

In Bild **4.**17 ist das Feld eines unendlich langen, geraden Leiters skizziert, wie es in Beispiel 4.4 berechnet ist. Es soll der magnetische Fluß Φ durch die eingezeichnete Fläche $A = bl$ berechnet werden, die in einer Ebene mit der Mittellinie des Leiters liegt.

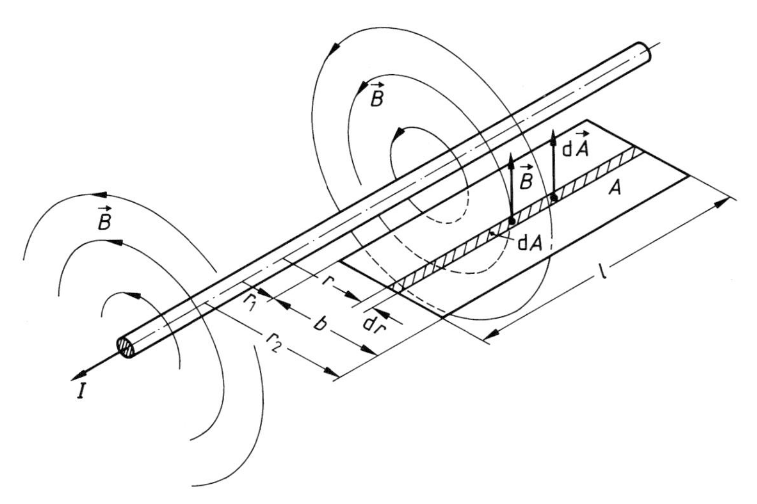

4.17 Zur Berechnung des Flusses Φ, der von einem stromdurchflossenen, unendlich langen, geraden Leiter in der Fläche A erregt wird (s. Beispiel 4.8)

Die B-Feldlinien stellen konzentrische Kreise um den stromdurchflossenen Leiter dar und schneiden somit die Fläche A in einem rechten Winkel. In jedem Punkt der Fläche A haben damit die Flächenvektoren $\mathrm{d}\vec{A}$ und der Flußdichtevektor $\vec{B}$ die gleiche Richtung ($\alpha=0$) senkrecht zur Fläche A. Der magnetische Fluß Φ durch die Fläche A kann damit entsprechend Gl. (4.37) als algebraisches Produkt

$$\Phi=\int_A \vec{B}\cdot\mathrm{d}\vec{A}=\int_A B\,\mathrm{d}A \tag{4.38}$$

geschrieben werden, und zwar als positives, wenn der Flächenvektor $\mathrm{d}\vec{A}$, wie in Bild **4.**17 – willkürlich – angenommen, nach oben weisend angetragen wird ($\cos\alpha=+1$).

In Beispiel 4.4 ist der Betrag der magnetischen Feldstärke $H=I/(2\pi r)$ berechnet. Im Luftraum mit $\mu=\mu_0$ ist also die magnetische Flußdichte $B=H\mu_0$ eine Funktion von r. In der Fläche A müssen damit die Flächenelemente, über die B konstant angenommen werden darf, in radialer Richtung eine infinitesimale Ausdehnung haben, so daß sie sich als $\mathrm{d}A=l\,\mathrm{d}r$ beschreiben lassen. (Bei konstantem r ändert sich B über l nicht.) Setzt man diese Werte in Gl. (4.38) ein, ergibt sich für den magnetischen Fluß

$$\Phi=\int_{r_1}^{r_2}\mu_0\frac{I}{2\pi r}\,l\,\mathrm{d}r=\mu_0\frac{I}{2\pi}\,l\int_{r_1}^{r_2}\frac{1}{r}\,\mathrm{d}r=I\,\frac{\mu_0}{2\pi}\,l\ln\frac{r_2}{r_1}. \tag{4.39}$$

□

Werden ebene Flächen in homogenen Feldern betrachtet, d.h., tritt durch alle Punkte einer Fläche A die magnetische Flußdichte $\vec{B}$ mit gleichem Betrag B und gleichem Winkel α zur Flächennormalen $\vec{A}$ auf, kann B vor das Integral gezogen werden, so daß sich der magnetische Fluß

$$\Phi=\vec{B}\cdot\vec{A}=BA\cos\alpha \tag{4.40}$$

als Skalarprodukt der Vektoren magnetische Flußdichte $\vec{B}$ und Fläche $\vec{A}$ ergibt.

Die Einheit des magnetischen Flusses ist in den SI-Einheiten mit dem eigenen Namen Weber (Wb) entsprechend der Definition

$$1\,\text{Wb} = 1\,\text{Vs} \tag{4.41}$$

festgelegt.

Wie in Abschn. 4.3.1.2 bei der Beschreibung des Induktionsvorganges erläutert, ist für die Wirkung des magnetischen Flusses seine Richtung maßgebend, die aber aus dem Skalarprodukt $\vec{B} \cdot \vec{A}$ nicht ohne weiteres zu ersehen ist. Daher muß analog der skalaren Größe $I = \vec{S} \cdot \vec{A}$ auch die skalare Größe magnetischer Fluß Φ als Zählpfeilgröße aufgefaßt werden.

Es ist festgelegt, daß der Zählpfeil für den magnetischen Fluß Φ immer in Richtung des Flächenvektors $d\vec{A}$ anzutragen ist. Der Zählpfeil für Φ hat aber keinen Vektorcharakter wie die Fläche oder die magnetische Flußdichte. Er gibt lediglich an, in welcher Richtung das resultierende Feld in einer Fläche diese durchdringt. Beispielsweise kann die in Bild **4.**16 skizzierte gewölbte Fläche A nicht durch einen einzigen Flächenvektor $\vec{A}$ gekennzeichnet werden, sondern nur durch die Summe der Flächenelementvektoren $d\vec{A}$, die in unterschiedlichen räumlichen Richtungen liegen. Gleichwohl kann aber der ganzen Fläche A ein einziger Zählpfeil Φ zugeordnet werden, da dieser nur qualitativ die Wirkungsrichtung des resultierenden Feldes durch diese Fläche beschreiben soll. In Bild **4.**16 ist der Zählpfeil Φ also von links unten nach rechts oben durch die Fläche weisend anzutragen.

Da die Richtung des senkrecht zur Fläche definierten Flächenvektors zunächst willkürlich gewählt werden kann, ergibt sich auch die Richtung des Zählpfeiles für den Fluß durch diese Fläche willkürlich. Allerdings wird sich das Vorzeichen des nach Gl. (4.37) bzw. (4.40) berechneten magnetischen Flusses abhängig von der gewählten Richtung des Flächenvektors und damit des Zählpfeiles für Φ positiv oder negativ ergeben. Wählt man beispielsweise wie in Bild **4.**18 den Flächenvektor $\vec{A}_1$ und damit den Zählpfeil Φ_1 nach oben weisend, so ergibt sich bei dem eingezeichneten Flußdichteverlauf $\vec{B}$ nach Gl. (4.40) der magnetische Fluß $\Phi_1 = A_1 B \cos\alpha_1$ positiv. Wählt man die Richtung des Flächenvektors $\vec{A}_2$ und des zugehörigen Zählpfeils Φ_2 nach unten weisend, so ergibt sich bei demselben Flußdichteverlauf nach Gl. (4.40) der magnetische Fluß $\Phi_2 = A_2 B \cos\alpha_2 = A_2 B \cos(\pi - \alpha_1)$ aber negativ.

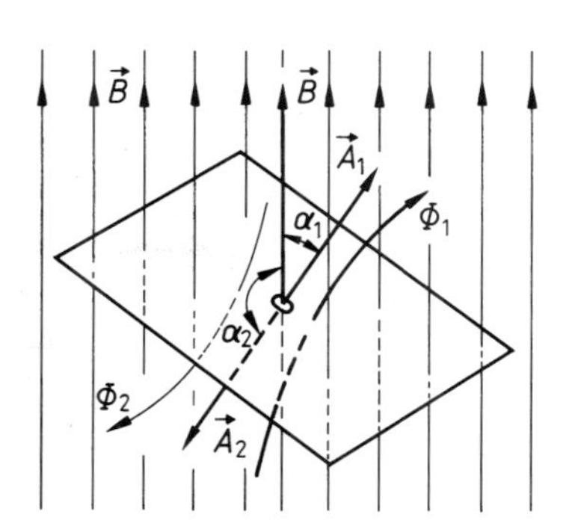

4.18 Zur Richtungsdefinition für den Zählpfeil des magnetischen Flusses Φ

□ **Beispiel 4.9**

In dem in Bild **4.**19a skizzierten homogenen magnetischen Feld mit der magnetischen Flußdichte $B=0{,}5\,\text{T}$ zwischen den Polen eines Naturmagneten befindet sich eine Drahtschleife mit der Länge $l=10\,\text{cm}$ und der Breite $b=5\,\text{cm}$ in einer Ebene, die um den Winkel $\alpha=30°$ gegenüber den Polebenen geneigt ist. Der magnetische Fluß Φ durch die Drahtschleife ist zu bestimmen. Die Drahtschleife soll als Linienleiter (Leiterdurchmesser vernachlässigbar klein) aufzufassen sein, d.h., die eingeschlossene Fläche ist durch die Mittellinie des Leiters eindeutig bestimmt.

Die Drahtschleife begrenzt eine ebene Fläche, die in ihrer Gesamtheit durch den einen Flächenvektor $\vec{A}$ mit dem Betrag $A=bl$ beschrieben werden kann. Der Vektor $\vec{A}$ senkrecht zur Fläche wird, wie in Bild **4.**19a skizziert, – willkürlich – nach unten gerichtet angenommen. Da in dem homogenen Feld in jedem Punkt der Fläche A der Flußdichtevektor $\vec{B}$ denselben Betrag B und dieselbe Winkellage α gegenüber dem Flächenvektor $\vec{A}$ hat, kann der magnetische Fluß Φ nach Gl. (4.40) berechnet werden.

$$\Phi=\vec{B}\cdot\vec{A}=0{,}5\,\frac{\text{Vs}}{\text{m}^2}\,0{,}1\,\text{m}\cdot 0{,}05\,\text{m}\cdot\cos 30°=2{,}16\,\text{mVs} \tag{4.42}$$

Der magnetische Fluß ergibt sich als positiver Zahlenwert für den in Richtung von A anzutragenden Zählpfeil für Φ. □

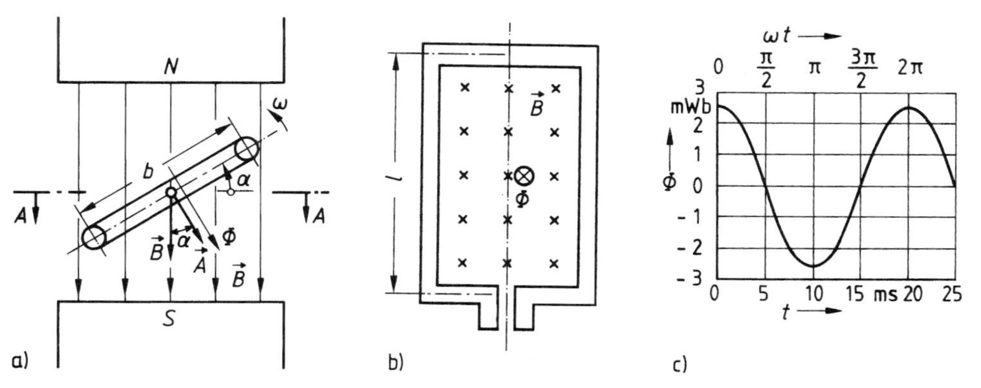

4.19 Drehende Drahtschleife in einem zeitlich konstanten Magnetfeld
a) Längsschnitt durch den Feldraum mit begrenzenden Polen,
b) Querschnitt $A-A$,
c) Zeitverlauf des magnetischen Flusses Φ durch die mit der Winkelgeschwindigkeit ω rotierende Drahtschleife

□ **Beispiel 4.10**

In Beispiel 4.9 ist eine im Magnetfeld stillstehende Drahtschleife betrachtet. Bei sonst unveränderten Gegebenheiten soll nun eine Drehung dieser Drahtschleife um ihre Längsachse mit der konstanten Winkelgeschwindigkeit [10] $\omega=2\pi\cdot 50/\text{s}$ angenommen werden; zur Zeit $t=0$ liege die Schleifenebene parallel zu den Polflächen. Es ist der Fluß Φ durch die Drahtschleife zu berechnen.

Infolge der Drehung der Drahtschleife ergibt sich der ihre räumliche Lage in Bild **4.**19a beschreibende Winkel α als Zeitfunktion $\alpha=\omega t$. Der Flächenvektor $\vec{A}$ und damit der Zählpfeil Φ werden wie in Bild **4.**19a angetragen. Sie ändern ihre Lage relativ zur hier betrachteten Drahtschleife nicht, auch wenn diese gedreht wird. Damit ändert sich aber der Winkel α zwischen Flußdichte- und Flächenvektor zeitlich, und der magnetische Fluß ergibt sich nach Gl. (4.40) als Zeitfunktion

$$\Phi = \vec{A} \cdot \vec{B} = 0{,}5\,\frac{\mathrm{Vs}}{\mathrm{m}^2}\,0{,}1\,\mathrm{m} \cdot 0{,}05\,\mathrm{m} \cdot \cos\left(2\,\pi \cdot 50\,\frac{\mathrm{t}}{\mathrm{s}}\right) = 2{,}5\,\mathrm{mWb} \cdot \cos\left(2\,\pi \cdot 50\,\frac{t}{\mathrm{s}}\right). \quad (4.43)$$

Die Zeitfunktion für den magnetischen Fluß Φ ist in Bild **4.**19c dargestellt und ist wie folgt zu deuten. In den Abschnitten $t=0$ bis 5ms; 15ms bis 25ms usw., in denen Φ positive Werte zeigt, stimmt die Wirkungsrichtung des magnetischen Feldes auf die Drahtschleife mit der Richtung des eingetragenen Zählpfeiles Φ überein, in den Abschnitten $t=5$ms bis 15ms; 25ms bis 35ms usw., in denen Φ negative Werte zeigt, ist die Wirkungsrichtung dagegen umgekehrt zu der durch den Zählpfeil beschriebenen Richtung. Auf die Bedeutung der so beschriebenen Wirkungsrichtung, z.B. für die Polarität der induzierten Spannung, wird in Abschn. 4.3.1.2 und 4.3.1.3 insbesondere in den Beispielen 4.21 bis 4.23 eingegangen. □

Abschließend sei noch eine Eigenheit des magnetischen Feldes erläutert, die anschaulich bereits aus Bild **4.**2 bis **4.**3 folgt. In diesen Bildern kann man sich jede Feldlinie als Mittellinie aneinandergrenzender Flußröhren vorstellen, die ohne Anfang und Ende die sie erregenden stromdurchflossenen Leiter umschlingen. Quellen des Feldes mit dort beginnenden Feldlinien, wie etwa im elektrostatischen Feld (s. Abschn. 3.3) z.B. bei Bild **3.**29, gibt es im magnetischen Feld nicht, jedenfalls nicht in dem hier betrachteten Flußdichtefeld $\vec{B}$. Eine formale Analogie besteht zwischen dem magnetischen B-Feld und dem stationären elektrischen Strömungsfeld. Bei ersterem ergibt sich der magnetische Fluß Φ als Integral des Skalarproduktes aus dem quellenfreien $\vec{B}$-Vektor und dem Flächenvektor $\vec{A}$, bei letzterem der Strom I als Integral des Skalarproduktes aus dem quellenfreien stationären Stromdichtevektor $\vec{S}$ und dem Flächenvektor $\vec{A}$. In beiden Fällen kann sich der Fluß Φ bzw. der Strom I in Knotenpunkten wohl verzweigen, aber immer nur so, daß an jeder Stelle des geschlossenen Kreises die Summe der in den parallelen Zweigen auftretenden Teilflüsse bzw. Teilströme gleich bleibt.

4.1.3.4 Ohmsches Gesetz des magnetischen Kreises. In Abschn. 4.1.2.2 ist für die Ringspule nach Bild **4.**7 der Zusammenhang zwischen der Durchflutung $\Theta = NI$ (Windungszahl der Spule N, Spulenstrom I) und der von dieser in der Spule erregten magnetischen Flußdichte B mit Gl. (4.4) beschrieben. Unter den genannten Voraussetzungen, daß die mit der mittleren Spulenlänge $l = \pi d_\mathrm{R}$ berechnete magnetische Flußdichte $B = \mu NI/l = \mu\,\Theta/l$ über die Windungsfläche A_q der Ringspule konstant angenommen werden kann, beträgt nach Gl. (4.40) der Fluß Φ in der Ringspule

$$\Phi = B A_\mathrm{q} = \Theta\,\frac{\mu A_\mathrm{q}}{l}\,. \quad (4.44)$$

Der in dem geschlossenen magnetischen Kreis auftretende Fluß Φ ist proportional seiner Ursache, der Durchflutung Θ, und einem Faktor, der nur von dem Material und der Geometrie des magnetischen Kreises abhängig ist. Analog zum Ohmschen Gesetz $I = UG$, welches in ähnlicher Weise über den elektrischen Leitwert $G = 1/R$ die Verknüpfung von Ursache (elektrische Spannung U) und Wirkung (elektrischer Strom I) im elektrischen Kreis beschreibt (s. Abschn. 2.1.1), wird die Größe

$$\Lambda = \frac{\mu A}{l}$$

als magnetischer Leitwert der Ringspule bezeichnet. Der für den speziellen Fall der Ringspule gezeigte Zusammenhang läßt sich weitgehend zu dem „Ohmschen Gesetz" des magnetischen Kreises

$$\Phi = \Theta \Lambda = \frac{\Theta}{R_{\mathrm{m}}} \tag{4.45}$$

verallgemeinern, das auch als Hopkinsonsches Gesetz bezeichnet wird. Die Durchflutung Θ bewirkt in einem magnetischen Kreis einen sich endlos um Θ schließenden magnetischen Fluß Φ, dessen Betrag von dem magnetischen Leitwert Λ bzw. magnetischen Widerstand R_{m} des Kreises abhängig ist.

Häufig empfiehlt es sich, den geschlossenen magnetischen Kreis wie bei elektrischen Stromkreisen in n solche Teilabschnitte zu zerlegen, in denen jeweils der Feldverlauf als homogen angenommen werden kann, so daß ihre magnetischen Teilwiderstände $R_{\mathrm{m}\nu}$ ähnlich wie bei der Ringspule berechnet werden können. Ist l_ν die Länge, A_ν die Fläche und μ_ν die Permeabilität eines solchen ν-ten Teilabschnittes (s. Bild **4.**20a), so ergibt sich für diesen der magnetische Teilwiderstand

$$R_{\mathrm{m}\nu} = \frac{1}{\Lambda_\nu} = \frac{l_\nu}{A_\nu \mu_\nu}. \tag{4.46}$$

Besteht der geschlossene magnetische Kreis aus n hintereinandergeschalteten Teilabschnitten, so kann der magnetische Kreiswiderstand

$$R_{\mathrm{m}} = \sum_{\nu=1}^{n} R_{\mathrm{m}\nu} \tag{4.47}$$

als Summe aller Teilwiderstände berechnet werden.

Setzt man diese Summe in Gl. (4.45) ein ($\Phi R_{\mathrm{m}} = \Theta$) und ersetzt die Durchflutung Θ durch Gl. (4.19), so erkennt man durch Vergleich dieses Ausdruckes

$$\Phi \sum_{\nu=1}^{n} R_{\text{m}\nu} = \Theta = \oint H \cdot d\vec{l} \tag{4.48}$$

mit Gl. (4.26), daß sich das Umlaufintegral $\oint H \cdot d\vec{l}$ auch als Summe der magnetischen Teilspannungen V_ν deuten läßt (s. Bild **4.20**c).

$$\Theta = \Phi \sum_{\nu=1}^{n} R_{\text{m}\nu} = \overset{\circ}{V} = \sum_{\nu=1}^{n} V_\nu \tag{4.49}$$

Aus dieser Gleichung sich eine formale Analogie zum Maschensatz des elektrischen Kreises [s. Gl. (2.43)] entwickeln. Man schreibt dazu die Durchflutung Θ auf die rechte Seite und führt sie – analog zur Quellenspannung U_q – als Ersatzschaltelement in Art einer aktiven magnetischen Quelle in das Ersatzschaltbild eines geschlossenen magnetischen Kreises ein. Der Spannungssatz des magnetischen Kreises

$$\Theta + \sum V_\text{m} = 0 \tag{4.50}$$

sagt, daß die Summe aller magnetischen Spannungen und Durchflutungen über den geschlossenen Umlauf Null ist.

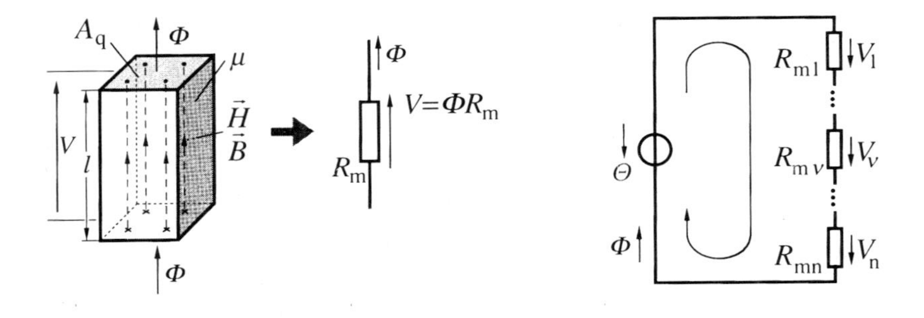

Feld	Ursache	Wirkung	Verbindende Größen		
elektrischer Stromkreis	Quellenspannung U_q	Strom I	Widerstand R	Leitwert G	Leitfähigkeit γ
magnetischer Kreis	Quellendurchflutung Θ	Fluß Φ	magnetischer Widerstand R_m	magnetischer Leitwert Λ	Permeabilität μ

d)

4.20 Realer Abschnitt eines magnetischen Kreises (a),
Ersatzschaltelement des Abschnittes (b),
Ersatzschaltbild eines geschlossenen magnetischen Kreises (c),
Analogie zwischen den Größen des elektrischen Strömungsfeldes und des Magnetfeldes

So anschaulich nun diese Analogiebetrachtungen auch erscheinen mögen, so muß doch nachdrücklich darauf verwiesen werden, daß ihre Anwendung bei der quantitativen Lösung praktischer Aufgabenstellungen i.allg. wenig Nutzen bringt. Dies liegt daran, daß im Gegensatz zu elektrischen Stromkreisen der Widerstand $R_{m\nu}$ in den am häufigsten vorkommenden magnetischen Kreisen mit Eisen nicht konstant ist, sondern vom Fluß Φ abhängt (s. Abschn. 4.2). Sollen dagegen Fluß- oder magnetische Spannungsverteilungen lediglich qualitativ abgeschätzt werden, können die aufgezeigten Analogien im Zusammenhang mit der Strom- bzw. Spannungsteilerregel (s. Abschn. 2.2.3.2 und 2.2.4.2) sehr wohl nützlich sein. Wie für elektrische Kreise gilt auch für magnetische folgende Regel:

Bei Reihenschaltungen magnetischer Widerstände $R_{m\nu}$, in denen der gleiche magnetische Fluß $\Phi = V_1/R_{m1} = V_2/R_{m2} = \ldots$ auftritt, sind die magnetischen Spannungen V_ν proportional den magnetischen Widerständen $R_{m\nu}$, an denen sie auftreten.

$$\frac{V_1}{V_2} = \frac{R_{m1}}{R_{m2}} \tag{4.51}$$

Bei Parallelschaltungen magnetischer Widerstände $R_{m\nu}$ an der gleichen magnetischen Spannung $V = \Phi_1 R_{m1} = \Phi_2 R_{m2} = \ldots$ sind die magnetischen Flüsse Φ_ν umgekehrt proportional den Widerständen $R_{m\nu}$, in denen sie auftreten.

$$\frac{\Phi_1}{\Phi_2} = \frac{R_{m2}}{R_{m1}} \tag{4.52}$$

4.1.4 Überlagerung magnetischer Felder

Soll das von mehreren stromdurchflossenen Leitern erregte magnetische Feld bestimmt werden, so kann diese Aufgabe häufig dadurch erleichtert werden, daß man zunächst die Felder aller Einzelleiter und durch deren Überlagerung das gesuchte resultierende Feld ermittelt. Es werden also die in einem Raumpunkt für jeden Einzelleiter berechneten Feldvektoren geometrisch addiert. Zu beachten ist allerdings, daß dieses Verfahren – wie alle Überlagerungsverfahren – nur in linearen Räumen zulässig ist, d.h., in solchen Räumen, in denen die Permeabilität μ konstant, also nicht von der magnetischen Flußdichte abhängig ist. Für ferromagnetische Stoffe ist dieses Verfahren also nicht anwendbar.

Als einfaches Beispiel mit einer erheblichen praktischen Bedeutung wird das Feld von zwei geraden und parallelen Leitern nach Bild **4.**21 b betrachtet. Diese Anordnung liegt überall dort vor, wo Hin- und Rückleitung eines Stromkreises parallel geführt sind (z.B. bei Freileitungen und Sammelschienen). Angenommen wird daher, daß die beiden Leiter in verschiedener Richtung vom Strom I

durchflossen sind. In der Leiterumgebung sollen sich keine ferromagnetischen Stoffe befinden, so daß eine relative Permeabilität $\mu_r = 1$ (z.B. Luft) vorausgesetzt werden kann.

Für den einzelnen unendlich langen geraden Leiter mit kreisförmigem Querschnitt ist das Feld der magnetischen Feldstärke $\vec{H}$ in den Beispielen 4.4 und 4.5 berechnet. Da μ_r in Luft, Isolationsmaterial und Kupfer praktisch den gleichen Wert 1 hat, ergibt sich mit Gl. (4.23) bzw. (4.25) in Beispiel 4.4 bzw. 4.5 der Betrag der magnetischen Flußdichte $B = \mu H$

außerhalb des Leiters $\qquad B_a = \dfrac{\mu_0 I}{2\pi r}$,

und innerhalb des Leiters $\qquad B_i = \dfrac{\mu_0 I r}{2\pi r_0^2}$.

Die B-Feldlinien stellen konzentrische Kreise dar, wie in den Bildern **4.**11 und **4.**12 dargestellt. In einer axialen Schnittebene, die durch die Leitermittellinie bestimmt ist, tritt die magnetische Flußdichte $\vec{B}$ rechtwinklig auf. Ihr Wert B ist in Bild **4.**21a in Abhängigkeit von dem Abstand r zur Mittellinie dargestellt. Der Wechsel des Vorzeichens von B bei $r = 0$ gibt die entgegengesetzte Richtung (Orientierung) des Flußdichtevektors links und rechts der Leitermittellinie an.

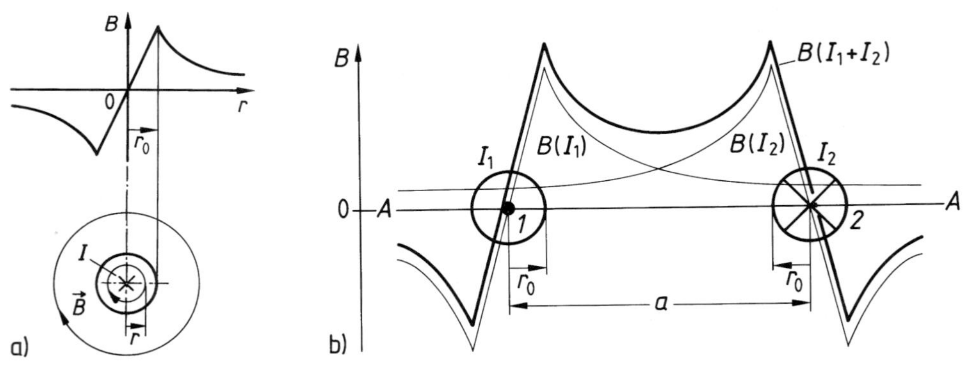

4.21 Wert der magnetischen Flußdichte B in einer ebenen Fläche durch die Mittellinie unendlich langer gerader Leiter
a) stromdruchflossener Einzelleiter,
b) in entgegengesetzter Richtung von gleich großen Strömen $I_1 = I_2$ durchflossene parallel zueinander liegende Leiter

Für die Doppelleitung nach Bild **4.**21b läßt sich nun das resultierende Feld durch Überlagerung der Felder der Einzelleiter bestimmen. Beispielhaft wird hier nur das Feld in der Ebene A–A betrachtet, die durch die Mittellinien der Leiter *1* und *2* geht. In Bild **4.**21b sind die Beträge der magnetischen Flußdichten $B(I_1)$ und $B(I_2)$ der Einzelfelder, die von den Leiterströmen I_1 bzw. I_2 entsprechend Bild **4.**21a erregt werden, unter Beachtung der unterschiedlichen Stromrichtungen aufgetragen. Der magnetische Flußdichtevektor $\vec{B}$ steht senkrecht auf der Ebene A–A und weist nach oben, wenn B positiv, und nach unten, wenn B negativ aufgetragen ist. Das resultierende Feld $B(I_1+I_2)$ kann somit durch algebraische Addition der Kurven $B(I_1)$ und $B(I_2)$ ermittelt werden und ergibt sich als die in Bild **4.**21 b dick ausgezogene Kurve. Zwischen den Leitern addieren sich die Einzelfelder zu einem verstärkten, nach oben gerichteten resultierenden Feld. Außerhalb der Leiter subtrahieren sich die Einzelfelder zu einem abgeschwächten, nach unten gerichteten resultierenden Feld.

□ **Beispiel 4.11**

Für die Umgebung der in Bild **4.**22 a skizzierten Leiteranordnung eines Dreiphasensystems soll das magnetische Feld berechnet werden. Die Leiter liegen im Luftraum ($\mu=\mu_0$) in den Ecken eines gleichseitigen Dreiecks mit 20 cm Seitenlänge. Sie verlaufen parallel zueinander und können als unendlich lang angenommen werden. Als Demonstration des grundsätzlichen Rechenganges soll die magnetische Flußdichte $\vec{B}$ in den Raumpunkten A, B und C für den Zeitpunkt bestimmt werden, zu dem die Augenblickswerte der Ströme für die eingezeichneten Stromzählpfeile (alle drei weisen in die Bildebene) $I_1=-100$ A und $I_2=I_3=+50$ A betragen.

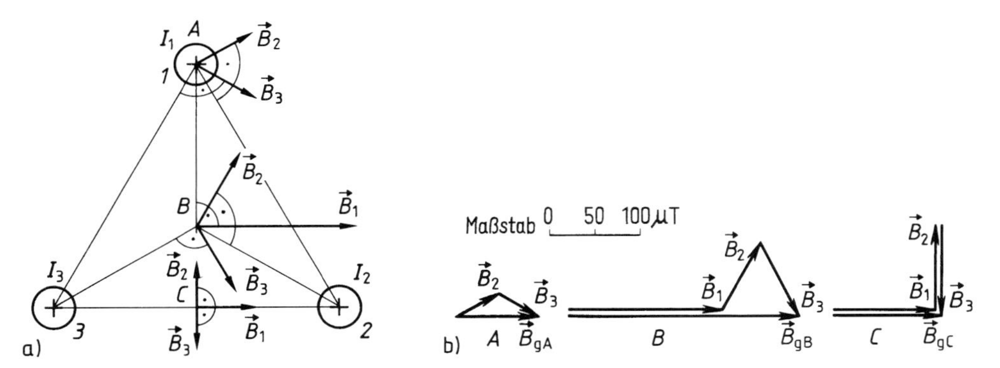

4.22 Überlagerung der magnetischen Felder stromdurchflossener Einzelleiter
a) in den Punkten A, B und C erregte magnetische Flußdichte (Beträge sind nicht maßstäblich gezeichnet) der Einzelleiter *1*, *2* und *3*,
b) geometrische Addition der Einzel-Flußdichten für die Punkte A, B, C

Punkt A liegt in der Mitte von Leiter *1*, so daß hier vom Strom I_1 keine magnetische Flußdichte erregt wird ($B_1=0$). Die Leiter *2* und *3* sind $r_{A2}=r_{A3}=r_A=20$ cm entfernt, so daß sie mit $B=\mu H$ nach Gl. (4.23) je die magnetische Flußdichte

$$B_2=B_3=\frac{\mu_0 I_2}{2\pi r_A}=\frac{(4\pi\cdot 10^{-7}\,\text{H/m})\,50\,\text{A}}{2\pi\cdot 20\,\text{cm}}=50\,\mu\text{T}$$

erregen. Da diese magnetischen Flußdichten nicht gleichgerichtet sind, müssen sie ihrer Richtung entsprechend vektoriell zusammengesetzt werden. Das ist graphisch in Bild **4.**22 b durchgeführt. Der magnetische Flußdichtevektor $\vec{B}_2$ liegt senkrecht zur Verbindungslinie A–*2*, rechtswendig um I_2 (s. Bild **4.**22 a), B_3 liegt senkrecht zu A–*3*, rechtswendig um I_3. Mit dem in Bild **4.**22 b angegebenen Maßstab ergibt sich die resultierende magnetische Flußdichte $B_{gA}=87\,\mu$T.

Punkt B hat zu den drei Leitern die gleiche Entfernung $r_{B1}=r_{B2}=r_{B3}=r_B=20\,\text{cm}/\sqrt{3}$ $=11{,}6\,\text{cm}$. Der Strom I_1 erregt entsprechend Gl. (4.23) an der Stelle B die magnetische Flußdichte

$$B_1=\frac{\mu_0 I_1}{2\pi r_B}=\frac{(4\pi\cdot 10^{-7}\,\text{H/m})\,100\,\text{A}}{2\pi\cdot 11{,}6\,\text{cm}}=172\,\mu\text{T},$$

während B_2 und B_3 infolge der halb so großen Ströme $I_2=I_3=50\,\text{A}$ nur halb so groß sind ($B_2=B_3=0{,}5\,B_1=86\,\mu\text{T}$).

Bei der in Bild **4.**22b skizzierten Überlagerung der drei magnetischen Flußdichten ist zu beachten, daß $\vec{B}_2$ und $\vec{B}_3$ rechtswendig dem Stromdichtevektor $\vec{S}$, also den Zählpfeilen für I_2 und I_3, $\vec{B}_1$ aber linkswendig dem Zählpfeil für I_1 zuzuordnen ist, da I_2 und I_3 mit positivem, I_1 aber negativem Zahlenwert angegeben ist. (I_1 fließt tatsächlich entgegengesetzt der eingetragenen Zählpfeilrichtung.) Als Ergebnis liefert die graphische Addition $B_{gB}=258\,\mu\text{T}$.

In Punkt C schließlich tritt nur die magnetische Flußdichte B_1 auf, verursacht durch I_1 im Leiter *1*, da sich die gleich großen Teilflußdichten B_2 und B_3 aufheben. In ähnlichen Rechnungen wie vorher erhält man $B_1=116\,\mu\text{T}$ und $B_2=B_3=100\,\mu\text{T}$. Die resultierende magnetische Flußdichte ist $B_{gC}=B_1=116\,\mu\text{T}$.

Die graphische Ermittlung überlagerter Felder ist auch in Bild **4.**65 und **4.**66 gezeigt. □

4.1.5 Magnetisches Feld in Materie

In Materie bildet sich das Magnetfeld anders aus als im Vakuum. Da heute als Ursache des Magnetfeldes ausschließlich die bewegte Ladung angesehen wird, müssen also in der Materie Ladungsbewegungen stattfinden, die ein – sozusagen der Materie eigenes – zusätzliches Magnetfeld erregen. Für die hier interessierende makroskopische Beschreibung des Feldes kann auf die Erklärung der recht komplizierten mikrokosmischen Vorgänge verzichtet werden, und es genügt die einfache, aber hier ausreichende Modellvorstellung, daß sich im Inneren der Materie mikrokosmische Kreisströme Δi ausbilden, die jeweils ein zu ihrer Kreisbahn senkrecht stehendes Elementarfeld $\Delta\vec{B}$ erregen (Bild **4.**23). Da aber selbst diese grobe Modellvorstellung als Grundlage einer quantitativen Berechnung zu kompliziert ist, begnügt man sich damit, wie schon in Abschn. 4.1.2.3 beschrieben, die resultierende Elementarerregung über die Permeabilitätszahl μ_r in die Rechnung einzuführen.

4.1.5.1 Typisches Verhalten der Materie im Magnetfeld. Hinsichtlich ihres magnetischen Verhaltens kann die Materie aus der für die Praxis interessierenden makroskopischen Sicht in die im folgenden beschriebenen Gruppen unterteilt werden. Dabei wird auf die oben erwähnte Modellvorstellung Bezug genommen, nach der in Materie elementare Kreisströme Δi auftreten. Die von ihnen erregten Elementarfelder $\Delta\vec{B}$ sind allerdings im unmagnetisierten Zustand so unregelmäßig orientiert (Bild **4.**23a), daß kein resultierendes Feld nach außen in Erscheinung tritt.

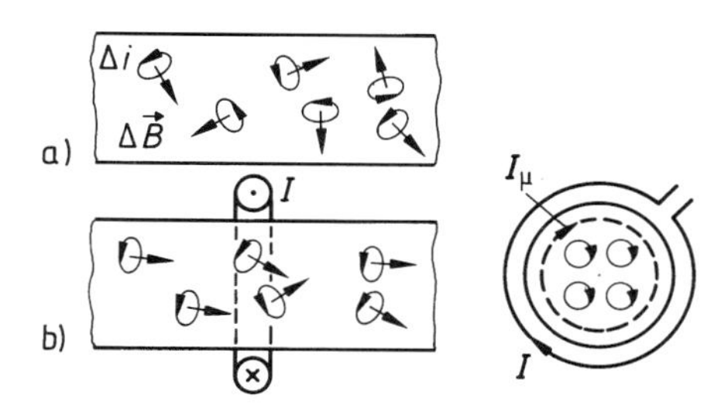

4.23 Modellvorstellung innerer Elementarerregungen $\Delta\vec{B}$ in Materie
a) unregelmäßig orientiert ohne äußere Erregung,
b) regelmäßig orientiert bei äußerer Erregung durch den makroskopischen Strom I
I_μ resultierender Kreisstrom der mikrokosmischen Elementarströme Δi

Bleibt in einer Materie die regellose Orientierung der Elementarfelder auch erhalten, wenn in ihr ein von außen eingeprägtes magnetisches Feld auftritt, so spricht man von einem magnetisch neutralen Stoff, für den die Permeabilitätszahl $\mu_r = 1$ ist, z.B. Luft. Dagegen orientieren sich in den magnetisch nicht neutralen Stoffen die Elementarströme unter Einwirkung eines äußeren Feldes in einer Richtung (Bild **4.**23b), d.h., es bildet sich eine von Null verschiedene, resultierende innere Erregung I_μ aus, die ein zusätzliches, sozusagen inneres Feld erregt, das sich dem äußeren überlagert.

In den diamagnetischen Stoffen wirken die inneren Erregungen dem äußeren Feld entgegen und schwächen dieses ($\mu_r < 1$). Die bekannten diamagnetischen Stoffe bilden aber nur ein äußerst geringes Gegenfeld aus (z.B. Wismut: $\mu_r = 1 - 0{,}16 \cdot 10^{-3}$). Für diamagnetische Stoffe hat die Permeabilitätszahl μ_r unabhängig von B bzw. H einen konstanten Wert.

Die Materie, in der die inneren Erregungen verstärkend auf das äußere Feld einwirken, unterteilt man in zwei weitere Gruppen. Paramagnetische Stoffe zeigen wie die diamagnetischen nur eine äußerst schwache, allerdings verstärkende Wirkung auf das äußere Feld ($\mu_r > 1$) (z.B. Palladium: $\mu_r = 1 + 0{,}78 \cdot 10^{-3}$). Auch für paramagnetische Stoffe ist μ_r eine konstante Größe, die nicht von B bzw. H abhängt.

In ferromagnetischen Stoffen treten sehr große verstärkende innere Erregungen auf (μ_r bis 10^5), die aber abhängig sind von der magnetischen Flußdichte innerhalb des Stoffes. Die Permeabilitätszahl $\mu_r = f(B)$ ist für ferromagnetische Stoffe also keine Konstante, sondern eine Funktion der magnetischen Flußdichte B. Außerdem fallen die einmal durch ein äußeres Feld in eine bestimmte Richtung orientierten Elementarströme nach Verschwinden des äußeren Feldes nicht vollständig wieder in ihre regellose Ausgangslage zurück, d.h., es bleibt ein der Materie eigenes Feld bei diesen Stoffen zurück. Je nachdem in welcher Stärke das Eigenfeld bestehen bleibt, unterscheidet man weichmagnetische Stoffe und hartmagnetische Stoffe (Naturmagnete).

4.1.5.2 Brechung magnetischer Feldlinien. Verläuft ein magnetisches Feld in beliebiger Richtung zur Grenzfläche zwischen zwei Medien mit unterschiedlicher Permeabilität, so ändern erfahrungsgemäß magnetische Flußdichte und Feldstärke ihren Betrag und ihre Richtung beim Übertritt vom einen in das andere Me-

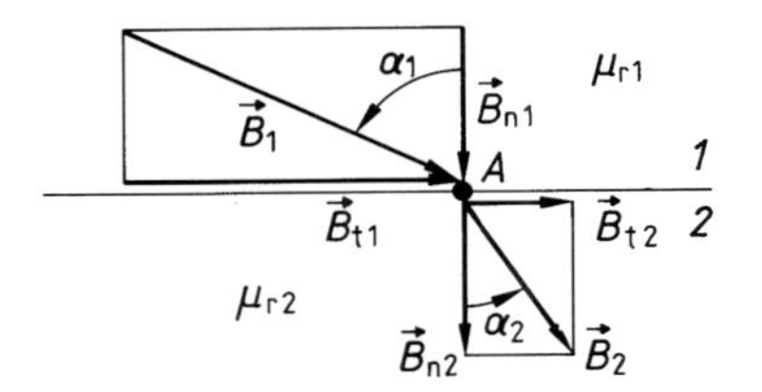

4.24 Brechung einer magnetischen Feldlinie an der Grenzschicht zwischen Materien unterschiedlicher Permeabilität

dium. Zur Untersuchung dieser Erscheinung betrachten wir in Bild **4.**24 die im Punkt A der Grenzfläche aus dem Medium mit der Permeabilitätszahl μ_{r1} in der Richtung $\vec{B}_1$ ankommende Feldlinie. Der Betrag der magnetischen Flußdichte im Punkt A des Feldmediums *1* ist durch die Länge des Pfeiles $\vec{B}_1$ dargestellt. Denken wir uns diese magnetische Flußdichte nun in eine Normalkomponente $\vec{B}_{n1}$ und eine Tangentialkomponente $\vec{B}_{t1}$ zerlegt, so folgt aus der Quellenfreiheit der magnetischen Flußdichte für die Normalkomponente, daß sie unverändert durch die Grenzfläche geht.

$$\vec{B}_{n1} = \vec{B}_{n2} = \vec{B}_n \tag{4.53}$$

Anders verhält sich die Tangentialkomponente $\vec{B}_{t1}$ der magnetischen Flußdichte. Für einen beidseitig parallel zur Grenzfläche verlaufenden Fluß sind die Feldlinien sozusagen „parallel“ geschaltet. Dabei müssen zu beiden Seiten der Grenzfläche die magnetischen Feldstärken $\vec{H}_t$ gleich sein, da nur dann infolge der gleichen Länge die gleiche magnetische Spannung entlang der Grenzlinie auftritt, die bei fehlender Durchflutung in der Grenzfläche nach dem Durchflutungssatz erzwungen wird. Daraus folgt

$$H_{t1} = H_{t2} \quad \text{oder} \quad \frac{B_{t1}}{\mu_{r1}\mu_0} = \frac{B_{t2}}{\mu_{r2}\mu_0} \tag{4.54}$$

mit den Permeabilitätszahlen μ_{r1} und μ_{r2} der beiden Medien.

Die Tangentialkomponenten der magnetischen Flußdichte B_{t1} und B_{t2} verhalten sich also in den beiden Medien wie deren Permeabilitätszahlen.

$$\frac{B_{t1}}{B_{t2}} = \frac{\mu_{r1}}{\mu_{r2}} \tag{4.55}$$

Damit liegen $\vec{B}_n$ und $\vec{B}_{t2}$ bzw. $\vec{B}_{t1}$ fest, woraus die magnetische Flußdichte $\vec{B}_2$ nach Größe und Richtung bestimmt werden kann. Bildet man für den Einfallwinkel α_1 und den Ausfallwinkel α_2 der magnetischen Flußdichte $\vec{B}$ entsprechend Bild **4.**24 den Tangens

$$\tan\alpha_1 = \frac{B_{t1}}{B_n}; \quad \tan\alpha_2 = \frac{B_{t2}}{B_n}$$

und dividiert beide Gleichungen durcheinander, so ergibt sich nach Einsetzen der Gl. (4.55) für die Brechung der Feldlinien an Grenzflächen

$$\frac{\tan \alpha_1}{\tan \alpha_2} = \frac{\mu_{r1}}{\mu_{r2}}. \tag{4.56}$$

Hat beispielsweise das Medium *1* eine sehr große Permeabilitätszahl μ_{r1} (z.B. die für Eisen), das Medium *2* dagegen eine kleine Permeabilitätszahl μ_{r2} (z.B. 1 für Luft), so wird auch der Winkel α_1 sehr viel größer als der Winkel α_2 sein. Da Eisen im allgemeinen die 100- bis über 1000fache Permeabilität der Luft aufweist, ist α_2 meist sehr klein [$\tan \alpha_2 = (\tan \alpha_1)/\mu_{r\,Fe}$], d.h., die Feldlinien treten in der Regel praktisch senkrecht in die Luft über.

4.2 Magnetisches Feld in Eisen

4.2.1 Ferromagnetische Eigenschaften

Die auffallenden Kennzeichen ferromagnetischer Materie sind die extrem verstärkende Wirkung auf das resultierende Magnetfeld und die Abhängigkeit dieser Wirkung von dem Wert der magnetischen Flußdichte. Dieses quantitativ wie auch qualitativ gegenüber dem der paramagnetischen Materie unterschiedliche Verhalten erklärt sich aus dem grundsätzlich anderen magnetischen Wirkungsmechanismus im molekularen Bereich. Allgemein läßt sich feststellen, daß der Zusammenhang zwischen magnetischer Flußdichte und Feldstärke, also die Permeabilität, bestimmt wird durch die auftretende magnetische Flußdichte bzw. Feldstärke, die Eisensorte und durch die Vorgeschichte des betrachteten Eisens, d.h. durch den Magnetisierungszustand, der zuletzt eingestellt war. Außerdem wird dieser Zusammenhang von der Temperatur und eventuell vorhandenen mechanischen Spannungen beeinflußt.

Da die Magnetisierungsvorgänge in Eisen äußerst kompliziert sind, werden sie für praktische Anwendungen nicht analytisch auf die Vorgänge in der Mikrostruktur zurückgeführt, sondern über die experimentell aufgenommene Abhängigkeit der magnetischen Flußdichte B von der magnetischen Feldstärke H beschrieben. Die so ermittelte Funktion $B=f(H)$ wird i.allg. graphisch oder auch tabellarisch angegeben und den praktischen Rechnungen zugrundegelegt (s. Abschn. 4.2.1.2). Für den Einsatz von Digitalrechnern muß eine graphisch vorliegende Funktion $B=f(H)$ tabelliert oder durch einen analytischen Ausdruck approximiert werden.

Interessiert die Permeabilität μ oder die Permeabilitätszahl $\mu_r = \mu/\mu_0$, so kann diese aus dem experimentell aufgenommenen Zusammenhang $B=f(H)$ als

$\mu = B/\mathrm{H}$ entsprechend Gl. (4.13) ebenfalls als Funktion der magnetischen Feldstärke oder auch der magnetischen Flußdichte [$\mu_r = f(H)$ oder $\mu_r = f(B)$] berechnet und dargestellt werden.

4.2.1.1 Hystereseschleife. Wird in den Innenraum der Kreisringspule nach Bild **4.**7 ein Eisenkern eingebaut bzw. die Spule um einen solchen Eisenring gewickelt und speist man diese mit einem veränderlichen Erregerstrom I, so läßt sich die magnetische Flußdichte B in Abhängigkeit von der Feldstärke $H = NI/l$ ermitteln. Die so experimentell aufgenommenen Kurven $B = f(H)$ zeigen grundsätzlich einen in Bild **4.**25 dargestellten Verlauf mit folgenden typischen Eigenschaften:

Die Abhängigkeit der magnetischen Flußdichte B von der magnetischen Feldstärke H ist in hohem Maße nichtlinear.

Die Abhängigkeit $B = f(H)$ ist nicht eindeutig. Bei ansteigender magnetischer Feldstärke H werden (für gleiche H-Werte) kleinere Flußdichtewerte B ermittelt als bei fallender.

Die Flußdichtewerte B sind in Eisen wesentlich größer als die bei gleicher magnetischer Feldstärke H in Luft auftretenden.

Wird eine bestimmte Eisensorte von einem völlig unmagnetisierten Zustand ausgehend erregt (s. Bild **4.**25), ist bei $I = 0$ und damit $H = 0$ auch die magnetische Flußdichte Null ($B = 0$). Mit zunehmender magnetischer Feldstärke H steigt die

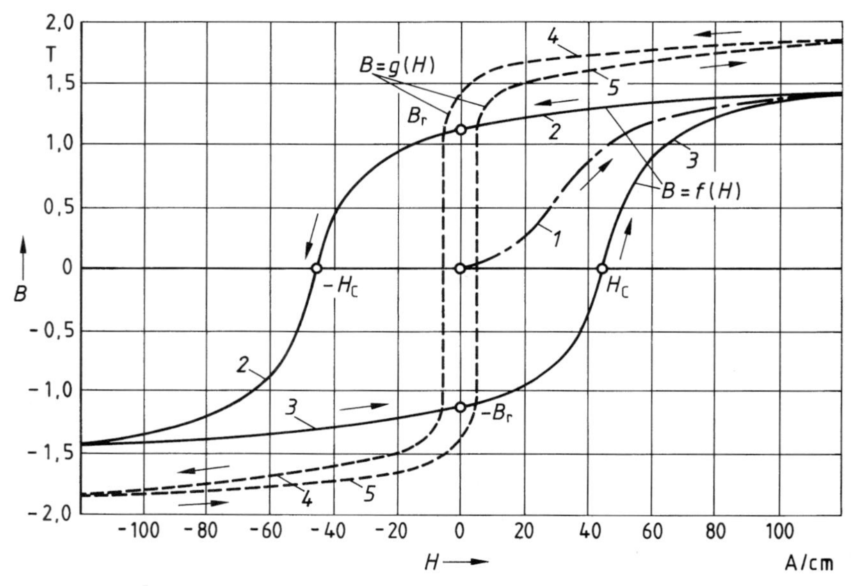

4.25 Hystereseschleifen $B = f(H)$ einer magnetisch harten und $B = g(H)$ einer magnetisch weichen Eisensorte
1 Neukurve der harten Eisensorte, B_r Remanenzflußdichte, H_c Koerzitivfeldstärke

magnetische Flußdichte B entsprechend der Kurve *1* an, die man als Neukurve bezeichnet. Wird – in dem hier betrachteten Experiment – bei etwa $H = 120$ A/cm entsprechend $B = 1{,}4$ T die Feldstärke H wieder verringert, nimmt die magnetische Flußdichte B nicht entsprechend der Neukurve *1*, sondern entsprechend dem oberen Zweig *2* der dick ausgezogenen Kurve $B = f(H)$ ab, in Bild **4.**25 bis $H = -120$ A/cm entsprechend $B = -1{,}4$ T. Steigt von diesem Punkt – Umkehrpunkt – die magnetische Feldstärke H wieder an, so steigt die magnetische Flußdichte B nicht wieder entsprechend dem Zweig *2*, sondern entsprechend dem unteren Zweig *3* der dick ausgezogenen Kurve in Bild **4.**25 an, bis der positive Umkehrpunkt bei $H = 120$ A/cm, $B = 1{,}4$ T wieder erreicht ist.

Ein entsprechend bei einer anderen Eisensorte aufgenommener Verlauf der magnetischen Flußdichte in Abhängigkeit von der Feldstärke ist in der gestrichelten Kurve $B = g(H)$ mit den Zweigen *4* und 5 in Bild **4.**25 skizziert.

Das beschriebene Experiment zeigt deutlich, daß bei der Magnetisierung von Eisen keineswegs immer zu einer bestimmten magnetischen Feldstärke H der gleiche Flußdichtewert B gehört. Der Unterschied zwischen den zu einem H-Wert gehörenden B-Werten – Abstand zwischen dem auf- und dem absteigenden Zweig der Kurve $B = f(H)$ – ist einerseits abhängig von der Eisensorte (s. Bild **4.**25) und zum anderen davon, bis zu welchen maximalen Flußdichtewerten (Umkehrpunkten) die Magnetisierung erfolgt ist (s. Bild **4.**26).

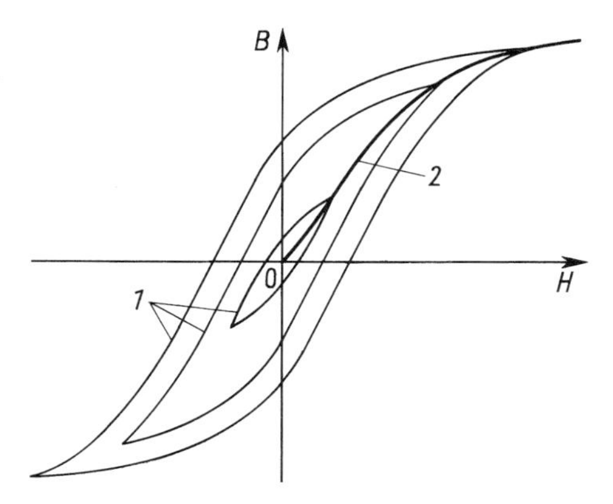

4.26 Hystereseschleifen (*1*) und Magnetisierungs-, d.h. Kommutierungskurve (*2*) einer bestimmten Eisensorte

Man bezeichnet die in den Bildern **4.**25 und **4.**26 dargestellten zyklischen Magnetisierungsverläufe als Hystereseschleifen. Eisensorten mit schmaler Hystereseschleife nennt man magnetisch weich, solche mit breiter Schleife hart, da sie sich nur mit größerem Aufwand ummagnetisieren lassen. Gekennzeichnet ist die Breite der Hystereseschleifen durch die Koerzitivfeldstärke H_c bei der magnetischen Flußdichte $B = 0$ und die Remanenzflußdichte B_r, die beim Abschalten des erregenden Stromes ($H = 0$) verbleibt (s. Bild **4.**25).

Die Breite der Hystereseschleife, besser die von ihr eingeschlossene Fläche A_H, ist proportional der Energiedichte $w_H \sim A_H$ der bei einem Ummagnetisierungszyklus, d.h. bei einem einmaligen Durchlaufen der Hystereseschleife, dem Eisen zugeführten Wärmeenergie. Diese Energie – auch als Hystereseverlustenergie bezeichnet – wird bei der Umorientierung der Elementardipole in der Mikrostruktur dem Magnetfeld entzogen und in Wärme umgeformt (s. Abschn. 4.3.2.1, letzter Absatz).

4.2.1.2 Magnetisierungskurve. Bei relativ schmalen Hystereseschleifen, wie sie z.B. für Eisen gelten, das für Wechselstrommagnetisierung geeignet ist, wird den Rechnungen i.allg. nicht die vollständige Hysteresekurve, sondern eine mittlere Kommutierungskurve zugrunde gelegt. Diese als Kommutierungs- oder als Magnetisierungskurve bezeichnete Funktion ist die Verbindungslinie aller Umkehrpunkte der bis zu unterschiedlichen maximalen magnetischen Flußdichten aufgenommenen Hystereseschleifen (s. Kurve 2 in Bild **4.**26).

In Bild **4.**27 sind Magnetisierungskurven für verschiedene technisch wichtige, magnetisch weiche Werkstoffe wiedergegeben. Alle Kurven zeigen den für ferromagnetische Stoffe typischen Verlauf, den Übergang in die Sättigung. Die magnetische Flußdichte B steigt mit zunehmender Erregung, d.h. zunehmender Feldstärke H, von $H=0$ aus zunächst relativ steil an, geht dann mit einer mehr oder weniger scharf ausgeprägten Krümmung in einen extrem flachen Anstieg über, der sich asymptotisch einer Tangente der Steigung $\mathrm{d}B/\mathrm{d}H=\mu_0$ nähert. Der Bereich des kleiner werdenden Anstiegs der Kurve $B=f(H)$ wird als Sättigungsbereich bezeichnet, man sagt, das Eisen komme in die Sättigung oder sei gesättigt. Das „Sättigungsknie" liegt bei den meisten Eisensorten zwischen etwa 1,0 T und 1,5 T. Im darüber liegenden Bereich erfordert eine Vergrößerung der magnetischen Flußdichte eine unverhältnismäßig große Steigerung der magnetischen Feldstärke und damit der Durchflutung. Es werden daher magnetische Flußdichten in höheren Sättigungsbereichen möglichst vermieden.

□ **Beispiel 4.12**

Für einen Ringkern aus Elektroblech entsprechend *I* (Bild **4.**27) mit dem mittleren Durchmesser d_{mi} = 20 cm sollen verschiedene Magnetisierungszustände berechnet werden.

a) Wie groß müssen die Durchflutungen Θ_1 und Θ_2 sein, wenn die magnetischen Flußdichten $B_1=0{,}9\,\mathrm{T}$ und $B_2=1{,}8\,\mathrm{T}$ erregt werden sollen?

Für die magnetische Flußdichte $B_1=0{,}9\,\mathrm{T}$ ist nach der Magnetisierungskurve in Bild **4.**27 die magnetische Feldstärke $H_1=2{,}0\,\mathrm{A/cm}$ erforderlich und für $B_2=1{,}8\,\mathrm{T}$ die magnetische Feldstärke $H_2=160\,\mathrm{A/cm}$. Mit der mittleren Länge $l=\pi d_{mi}=\pi\cdot 20\,\mathrm{cm}=62{,}8\,\mathrm{cm}$ des Feldes müssen die Durchflutungen $\Theta_1=H_1 l=(2{,}0\,\mathrm{A/cm})\cdot 62{,}8\,\mathrm{cm}=126\,\mathrm{A}$ und $\Theta_2=H_2 l=(160\,\mathrm{A/cm})\cdot 62{,}8\,\mathrm{cm}=10\,050\,\mathrm{A}$ betragen. Hier zeigt sich der typische Einfluß der Sättigung, infolge der die doppelte magnetische Flußdichte $B_2=2B_1$ die rund 80fache Durchflutung $\Theta_2\approx 80\,\Theta_1$ erfordert.

b) Welche Permeabilitätszahlen μ_{r1} und μ_{r2} hat das Eisen in den beiden Magnetisierungsfällen?

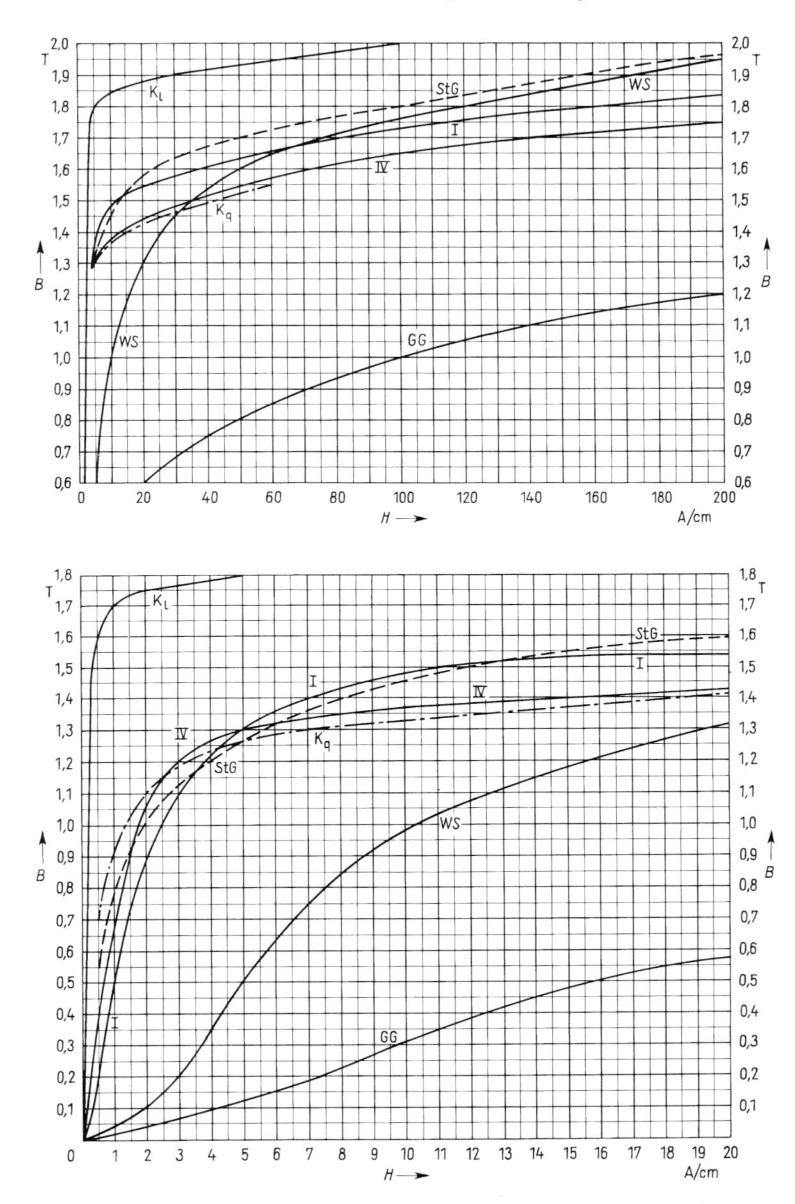

4.27 Magnetisierungskurven von magnetisch weichen Werkstoffen
I und *IV* Elektroblech unterschiedlicher Magnetisierungs- und Verlusteigenschaften (Blechsorten hoher Sättigungsflußdichten haben hohe spezifische Ummagnetisierungsverlustleistungen und umgekehrt); K_l kaltgewalztes, kornorientiertes Blech in Walzrichtung, K_q dasselbe, quer zur Walzrichtung magnetisiert; *GG* Grauguß, *StG* Stahlguß, *WS* Walzstahl

Entsprechend Gl. (4.13) erhält man mit Gl. (4.14)

$$\mu_{r1} = \frac{B_1}{\mu_0 H_1} = \frac{0{,}9\,\mathrm{T}}{(1{,}257\,\mu\mathrm{H/m})\;2{,}0\,\mathrm{A/cm}} = 3580$$

und
$$\mu_{r2} = \frac{B_2}{\mu_0 H_2} = \frac{1{,}8\,\mathrm{T}}{(1{,}257\,\mu\mathrm{H/m})\;160\,\mathrm{A/cm}} = 89{,}5\,.$$

Das Beispiel zeigt die starke Abhängigkeit der Permeabilität von der magnetischen Flußdichte. □

□ **Beispiel 4.13**

Zwei Leiter mit den Strömen $I_1 = 100\,\mathrm{A}$ und $I_2 = 200\,\mathrm{A}$ sind entsprechend Bild **4.**28 durch einen Stahlgußring mit dem mittleren Durchmesser $d_{mi} = 10\,\mathrm{cm}$ geführt. Wie groß ist die magnetische Flußdichte im Eisenring?

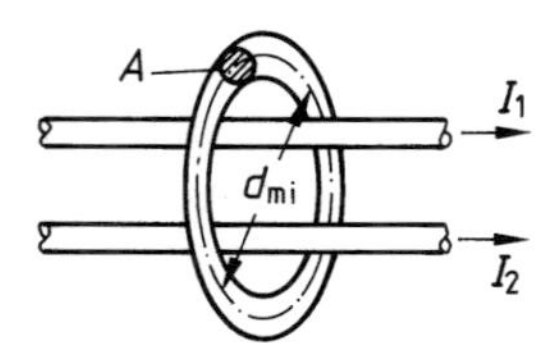

4.28 Eisenring um zwei stromdurchflossene Leiter

Da die Permeabilität des Eisens sehr groß ist gegenüber der der Luft ($\mu_{rFe} \gg 1$), konzentriert sich der magnetische Fluß in dem Stahlgußring, so daß sich bei konstantem Querschnitt A eine über dem Ringumfang nahezu konstante magnetische Flußdichte B und damit auch konstante magnetische Feldstärke H einstellt, auch wenn die Durchflutung $\Theta = I_1 + I_2$ nicht symmetrisch zum Ringmittelpunkt liegt. Damit gilt für den mittleren Umfang des Stahlgußringes nach dem Durchflutungssatz Gl. (4.19)

$$\oint \vec{H} \cdot d\vec{l} = H\,\pi\,d_{mi} = \Theta = I_1 + I_2\,,$$

aus dem sich die magnetische Feldstärke

$$H = \frac{I_1 + I_2}{\pi\,d_{mi}} = \frac{(100 + 200)\,\mathrm{A}}{\pi \cdot 10\,\mathrm{cm}} = 9{,}55\,\frac{\mathrm{A}}{\mathrm{cm}}$$

ergibt, für die aus der Magnetisierungskurve für Stahlguß in Bild **4.**27 die magnetische Flußdichte $B = f(H = 9{,}55\ \mathrm{A/cm}) = 1{,}44\,\mathrm{T}$ folgt.

Um zu zeigen, daß bei der hier vorliegenden Nichtlinearität das in Abschn. 4.1.4 erläuterte Verfahren der Überlagerung von Einzelfeldern nicht zulässig ist, sollen auch noch die Einzelflußdichten, die jeweils für nur einen Strom I_1 oder I_2 auftreten würden, bestimmt werden. Analog zu obigem Rechengang ergeben sich

$$H(I_1) = \frac{I_1}{\pi\,d_{mi}} = \frac{100\,\mathrm{A}}{\pi \cdot 10\,\mathrm{cm}} = 3{,}18\,\frac{\mathrm{A}}{\mathrm{cm}} \quad \text{und} \quad B(I_1) = 1{,}14\,\mathrm{T},$$

$$H(I_2) = \frac{I_2}{\pi\,d_{mi}} = \frac{200\,\mathrm{A}}{\pi \cdot 10\,\mathrm{cm}} = 6{,}36\,\frac{\mathrm{A}}{\mathrm{cm}} \quad \text{und} \quad B(I_2) = 1{,}33\,\mathrm{T}.$$

Die Summe der Teilflußdichten $B(I_1) + B(I_2) = 2{,}47\,\mathrm{T}$ ist also wesentlich größer als die sich tatsächlich einstellende magnetische Flußdichte $B(I_1 + I_2) = 1{,}44\,\mathrm{T}$, die nur aus der resultierenden Durchflutung berechnet werden darf. □

4.2.1.3 Permeabilität und Suszeptibilität. Aus der in den letzten Abschnitten beschriebenen Abhängigkeit $B=f(H)$ ergibt sich, daß bei ferromagnetischen Stoffen auch die Permeabilität $\mu=B/H$ von der magnetischen Feldstärke und von der jeweiligen Vorgeschichte des Magnetwerkstoffes abhängig ist.

Für praktische Rechnungen wird die Permeabilität $\mu=\mu_0\mu_r=B/H$ als Quotient aus der magnetischen Flußdichte B und der magnetischen Feldstärke H üblicherweise nicht aus der Hysterese- (Bild **4.**26, Kurven *1*), sondern aus der Magnetisierungskurve (Bild **4.**26, Kurve *2*) berechnet und ist somit eine eindeutige Funktion von H oder B. Da die magnetische Feldkonstante μ_0 unabhängig von H ist, wird i.allg. die Permeabilitätszahl

$$\mu_r = \frac{B}{\mu_0 H} = f(H) \tag{4.57}$$

berechnet und als Funktion von H dargestellt. Ihr für Eisen typischer Verlauf ist in Bild **4.**29 skizziert. Der Maximalwert $\mu_{r\,max}$ der Permeabilitätszahl liegt abhängig von der Eisensorte in der Größenordnung von 5000.

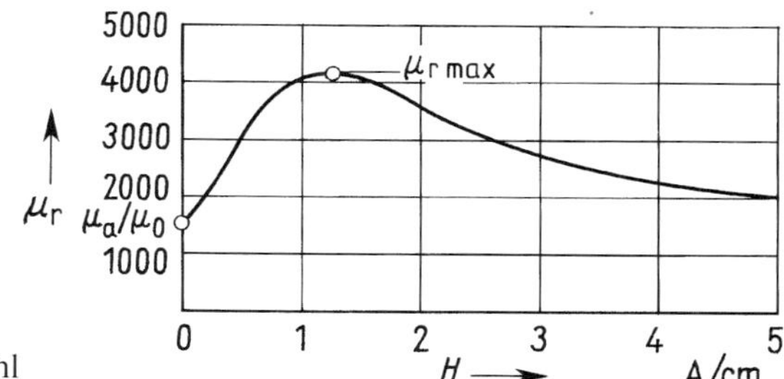

4.29 Permeabilitätskurve von Elektroblech nach der Magnetisierungskurve *1* in Bild **4.**27
μ_a Anfangspermeabilität,
$\mu_{r\,max}$ maximale Permeabilitätszahl

Praktische Bedeutung hat auch eine Wechselmagnetisierung im Bereich ΔB um eine zeitlich konstante Vormagnetisierung B_A, die den Arbeitspunkt bestimmt. Die dabei durchlaufenen Magnetisierungszustände werden durch eine lanzettenförmige Kurve beschrieben, wie sie in Bild **4.**30b schematisch dargestellt ist. Die Steigung der Geraden durch die beiden Umkehrpunkte beschreibt näherungsweise dieses Magnetisierungsverhalten und wird als reversible Permeabilität

$$\mu_{rev} = \frac{\Delta B}{\Delta H} \tag{4.58}$$

bezeichnet (s. Bild **4.**30b). Die reversible Permeabilität ist nicht gleich der differentiellen Permeabilität

$$\mu_d = \frac{dB}{dH}, \tag{4.59}$$

die die Steigung der Magnetisierungskurve angibt.

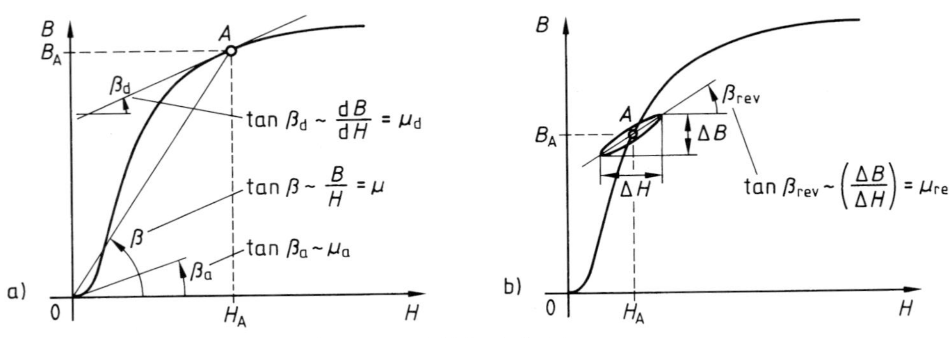

4.30 Graphische Darstellung der Permeabilitätsdefinition

a) Permeabilität μ, differentielle Permeabilität $\mu_d = dB/dH$ und Anfangspermeabilität μ_a; b) reversible Permeabilität $\mu_{rev} = \Delta B/\Delta H$ (zum anschaulichen Vergleich der μ-Definitionen ist eine lanzettenförmige Magnetisierungsschleife nicht maßstabsgerecht vergrößert um die Magnetisierungskurve gezeichnet statt korrekt zwischen die Äste einer Hystereseschleife [37]

Die grundsätzlichen Unterschiede zwischen der reversiblen Permeabilität μ_{rev}, der differentiellen Permeabilität μ_d und der Permeabilität μ sind in Bild **4.**30 anschaulich dargestellt. Zu beachten ist auch, daß reversible und differentielle Permeabilität keine Permeabilitätszahlen vergleichbar μ_r, sondern Permeabilitäten entsprechend $\mu = \mu_r \mu_0$ sind. Ebenso wird die Anfangspermeabilität μ_a i. allg. nicht als Permeabilitätszahl $\mu_{ra} = \mu_a/\mu_0$ (s. Bild **4.**29), sondern als Permeabilität $\mu_a = \mu_{ra}\mu_0$ angegeben.

Die Permeabilitätszahl μ_r hat den Charakter einer Verstärkungszahl für ein in Werkstoffen erregtes Feld, da sie für das Vakuum zu $\mu_r = 1$ definiert ist (s. Abschn. 4.1.2.4). Da dieser Verstärkungseffekt durch eine innere Erregung H_{Fe} des Eisens zustande kommt, die zusätzlich zu der über den Erregerstrom I berechneten äußeren Erregung H auftritt, lassen sich beide auch zu einer resultierenden Feldstärke $(H + H_{Fe})$ zusammenfassen. Wollte man nun mit dieser resultierenden magnetischen Feldstärke $(H + H_{Fe})$ die in der Materie erregte magnetische Flußdichte B berechnen, so müßte dafür die Permeabilitätszahl $\mu_r = 1$ zugrunde gelegt werden, da ja der Materialeinfluß über H_{Fe} bereits primär in der resultierenden Feldstärke $(H + H_{Fe})$ berücksichtigt ist. Es gilt dann für die magnetische Flußdichte

$$B = \mu_0 \mu_r H = \mu_0 (H + H_{Fe}) = \mu_0 H + \mu_0 H_{Fe} = B_0 + J. \tag{4.60}$$

Darin ist B die magnetische Flußdichte, die in der Materie, z. B. Eisen, von der Feldstärke H eines äußeren Stromes verursacht wird. Sie kann auch gedeutet werden als Summe einer von der äußeren magnetischen Feldstärke H verursachten Flußdichtekomponente B_0 und einer von der inneren magnetischen Feldstärke H_{Fe} verursachten Flußdichtekomponente J [22]. Die durch die innere magnetische Feldstärke H_{Fe} des Eisens verursachte Flußdichtekomponente wird als magnetische Polarisation J bezeichnet. Bild **4.**31 zeigt den Verlauf der drei

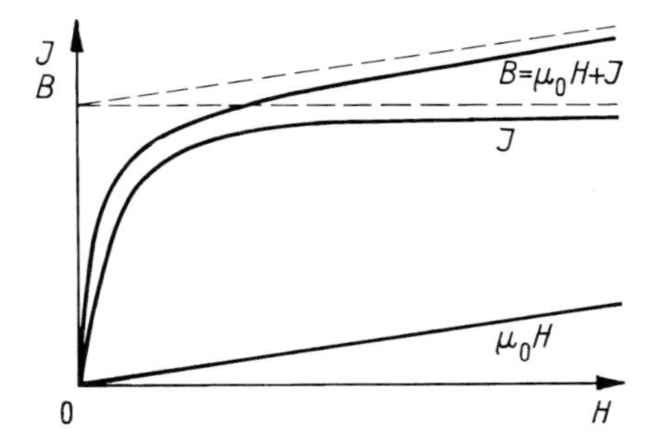

4.31 Magnetische Flußdichte B, B_0 und magnetische Polarisation J entsprechend Gl. (4.60), abhängig von der magnetischen Feldstärke H (gestrichelte Geraden: Asymptoten zu B und J)

magnetischen Flußdichten $\mu_0 H$, J und B z.B. für Eisen. Zur Kennzeichnung der qualitativen Unterschiede ist der quantitative Einfluß von $\mu_0 H$ übertrieben groß dargestellt. Mit praktischen Werten würde die Gerade $\mu_0 H$ nahezu in der H-Achse verlaufen.

Auch bei großen und größten magnetischen Feldstärken H steigt B immer noch, da mit der äußeren Feldstärke H auch ihr unmittelbarer Beitrag $\mu_0 H$ zur magnetischen Flußdichte ständig zunimmt. Mit zunehmendem H nähert sich B aber immer mehr der gestrichelten, mit μ_0 ansteigenden Geraden in Bild **4.**31. Demgegenüber strebt die Polarisation J einem endlichen Grenzwert zu, bei dem der mögliche Feldbeitrag durch die innere Erregung des Eisens voll eingesetzt ist.

Aus der für die Beträge der magnetischen Flußdichten aufgestellten Gl. (4.60) geht hervor, daß auch die Polarisation $\vec{J}$ wie die magnetische Flußdichte $\vec{B}$ Vektorcharakter hat. Wird die Polarisation $\vec{J}$ in Abhängigkeit von der magnetisierenden (vom äußeren Strom I erregten) Feldstärke $\vec{H}$ dargestellt, so kann man unter Verwendung einer weiteren Werkstoffgröße χ_m auch $\vec{J} = \chi_m \mu_0 \vec{H}$ schreiben und erhält dann für Gl. (4.60)

$$\vec{B} = (1 + \chi_m)\,\mu_0 \vec{H} = \mu_r \mu_0 \vec{H}, \quad \text{also} \quad \mu_r = 1 + \chi_m. \tag{4.61}$$

Die Werkstoffgröße χ_m wird Suszeptibilität genannt. Sie stellt die Verbindung zwischen Gl. (4.13) und (4.60) her.

4.2.1.4 Dauermagnete. Wie in Abschn. 4.2.1.1, insbesondere in Bild **4.**25 gezeigt, bleibt in ferromagnetischen Stoffen grundsätzlich nach dem Abschalten des erregenden Stromes, also bei der Feldstärke $H = 0$, noch eine Remanenzflußdichte B_r bestehen. Dauermagnete, auch Permanentmagnete genannt, sind metallische oder keramische Magnetwerkstoffe, bei denen dieser Remanenzzustand, in den sie durch eine einmalig aufgebrachte äußere Erregung versetzt wurden, besonders ausgeprägt ist. Die einmalige äußere Erregung wird i. allg. durch die elektrische Durchflutung einer Spule realisiert. Für Dauermagnete eignen sich besonders solche Werkstoffe, die neben ausreichender Remanenz auch eine große Koerzitivfeldstärke H_c haben, damit merkliche entmagnetisierende Wirkungen erst bei möglichst großen magnetischen Gegenfeldstärken auftreten.

4.2.2 Berechnung des magnetischen Feldes im Eisenkreis

Die Berechnung inhomogener Felder ist im allgemeinen Fall recht schwierig, da der Durchflutungssatz zunächst nur das Wegintegral der magnetischen Feldstärke angibt. Mit dem Durchflutungssatz läßt sich wohl die Durchflutung bei bekanntem Feldverlauf bestimmen, nicht aber umgekehrt der Feldverlauf bei gegebener Durchflutung. Man kann also nur die Aufgaben lösen, für die der qualitative Feldverlauf bekannt ist, so daß der Durchflutungssatz nach der magnetischen Feldstärke aufgelöst werden kann. Diese Einschränkung ist aber relativ bedeutungslos, da in der Mehrzahl der praktischen Aufgabenstellungen magnetische Kreise behandelt werden, die sich durch folgende Merkmale auszeichnen:

Der magnetische Kreis besteht in der überwiegenden Länge aus Eisen und nur in einer relativ geringen Länge aus magnetisch neutralem Material (meist Luft).

Da die Permeabilität des Eisens groß ist gegenüber der von magnetisch neutralen Stoffen, kann für die Berechnung der Durchflutung mit genügender Genauigkeit angenommen werden, daß in den Eisenwegen der gleiche magnetische Fluß Φ auftritt wie in den mit den Eisenwegen sozusagen in Reihe geschalteten magnetisch neutralen Bereichen. Es wird also angenommen, daß der in Luftstrecken parallel zu den Eisenwegen auftretende Fluß – entsprechend Abschn. 4.2.2.1 als Streuung bezeichnet – vernachlässigbar klein ist.

Die Bereiche des magnetisch neutralen Stoffes werden durch ebene Flächen A (Polflächen) begrenzt, die parallel zueinander liegen und relativ zu ihrer Flächenausdehnung einen geringen Abstand haben, so daß zwischen den Polflächen ein homogenes Feld mit einer magnetischen Flußdichte $B = \Phi/A$ angenommen werden kann, deren Betrag gleich dem Quotienten Fluß durch Polfläche ist.

4.2.2.1 Magnetische Streuung und Randverzerrung. Ist das Feld für einen bestimmten Eisenkreis zu berechnen, so muß zunächst abgeschätzt werden, ob die in Abschn. 4.2.2 genannten Voraussetzungen zutreffen. Dieses wird im folgenden beispielhaft erläutert an einem aus Eisen- und Luftstrecken bestehenden geschlossenen Kreis entsprechend Bild **4.**32.

Wird der magnetische Fluß Φ in diesem Kreis beispielsweise durch eine um das Joch *1* gewickelte Spule erzeugt, so verteilt er sich nicht, wie etwa bei der Spule nach Bild **4.**4a, symmetrisch gleichmäßig im Raum, sondern er hat den in Bild **4.**32 angegebenen, durch die Form der Eisenteile bestimmten Verlauf. Parallel zu dem Flußverlauf über die Luftspalte *4* von der Länge δ und den Anker *2* breitet sich nur ein relativ kleiner Flußanteil durch die das Eisen umgebende Luft aus, vornehmlich durch das Fenster *5* zwischen den Schenkeln *3*. Die Größe der beiden Teilflüsse durch Luftspalt und Anker bzw. durch das Fenster ist nach Abschn. 4.1.3.4 durch das Verhältnis der magnetischen Widerstände beider Wege bestimmt.

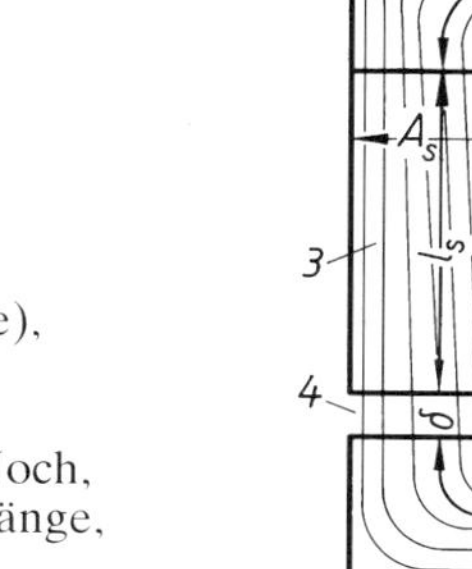

4.32 Magnetischer Kreis
1 Joch, *2* Anker, *3* Schenkel (Pole), *4* Luftspalt, *6* Erregerspule
l_j, l_s, l_a Längen der Eisenwege, A_j, A_s, A_a Eisenquerschnitte für Joch, Schenkel und Anker, δ Luftspaltlänge, $A_L = A_s$ Luftspaltquerschnitt

Ist nun der durch den Anker *2* gehende Teil des Flusses für den beabsichtigten Zweck nutzbar, z.B. für die Kräfte auf diesen Anker, so wird er als Nutzfluß bezeichnet. Im Gegensatz dazu heißt der durch die Luft neben dem beabsichtigten Weg „vorbeistreuende" Teil des Flusses magnetischer Streufluß. Neben dieser aus dem geometrischen Flußverlauf deutbaren Streuung wird in Abschn. 4.3.1.5 noch eine über die Induktionswirkungen definierte Streuung eingeführt, der hier aber keine Bedeutung zukommt.

Zumindest überschlagsmäßig kann man die Flußanteile in den als parallel geschaltet aufgefaßten Zweigen des magnetischen Nutz- und Streuflusses aus dem magnetischen Widerstandsverhältnis dieser Zweige entsprechend Abschn. 4.1.3.4 abschätzen. Dabei wird man feststellen, daß es erst bei Sättigung des Eisens zu merklichen Streuflüssen kommt, d.h., für die praktische Berechnung von Eisenkreisen kann der genannte Streufluß häufig vernachlässigt werden.

Bei genauer Betrachtung des magnetischen Feldes in Luftspaltstrecken kann dieses nicht als homogen aufgefaßt werden, wie in Bild **4.**32 skizziert. Abhängig von dem Verhältnis der Luftspaltlänge δ zu der Breite b der Polflächen wird sich eine „Ausbauchung" des Feldes zum Rand des Luftspaltes hin ergeben ähnlich Bild **4.**33. Diese Feldverzerrung wird bei praktischen Rechnungen häufig näherungsweise berücksichtigt, indem man eine Ersatzluftspaltfläche A_E einführt mit der in Bild **4.**33 eingezeichneten Ersatzbreite

$$b_E = b(1 + K_L). \qquad (4.62)$$

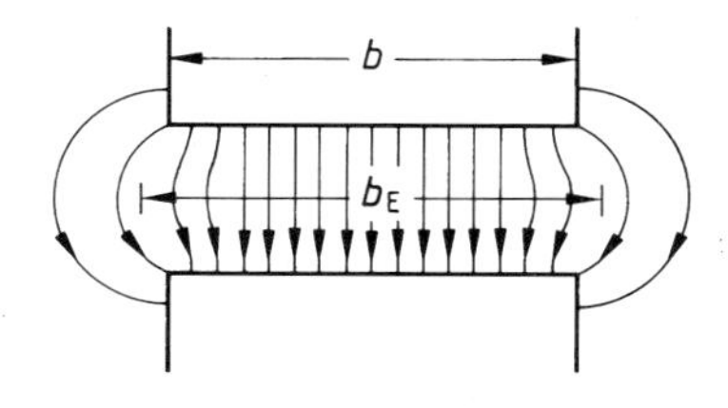

4.33 Randverzerrung des magnetischen Feldes im Luftspalt zwischen zwei Polflächen der Breite b mit eingezeichneter Ersatzluftspaltbreite b_E

Die Ersatzbreite b_E bzw. der Faktor K_L ist in Abhängigkeit von dem Verhältnis Luftspaltlänge δ zu Polbreite b abzuschätzen.

Da Luftspalte in magnetischen Kreisen immer möglichst klein ausgeführt werden, wird man in den meisten Fällen die Randverzerrung des Feldes außer acht lassen und für den Luftspaltquerschnitt die begrenzende Polfläche annehmen dürfen.

4.2.2.2 Ermittlung der Durchflutung. Praktisch ausgeführte Eisenkreise lassen sich entsprechend den zu Anfang des Abschn. 4.2.2 angeführten Erläuterungen i. allg. als in einzelne Abschnitte unterteilt auffassen, die jeweils homogen aus Eisen oder magnetisch neutralem Stoff bestehen. Innerhalb jedes Abschnittes kann das Feld wenigstens näherungsweise als homogen angesehen werden, wodurch es der unmittelbaren Berechnung zugänglich wird. Bild **4.**32 zeigt das im Prinzip immer wiederkehrende Schema eines solchen magnetischen Kreises, bei dem die erregende Durchflutung über stromdurchflossene Spulen um das Joch *1* oder die beiden Schenkel *3* aufgebracht wird. Sieht man von den Krümmungen der Feldlinien im Joch *1* und Anker *2* ab und vernachlässigt den quer durch das Fenster des Kreises gehenden Streufluß, so ist das Feld abschnittsweise homogen. Läßt man den Streufluß unberücksichtigt, so ist es bei unverzweigtem Kreis unbedeutend, wo die Durchflutung räumlich angeordnet ist. Allein wegen der Streuung legt man die Durchflutung möglichst nahe an diejenige Stelle, wo das größte Feld gewünscht wird, z. B. in die Nähe des Luftspaltes.

Bei der Berechnung magnetischer Eisenkreise müssen nach der Art der Lösungswege zwei Arten von Aufgabenstellungen unterschieden werden:

a) Bei gegebenem Fluß Φ ist die für seine Erregung erforderliche Durchflutung Θ zu berechnen.

b) Bei gegebener Durchflutung Θ ist der von dieser erregte Fluß Φ zu bestimmen.

Die 2. Art der Aufgabenstellung läßt direkte Lösungen nur unter der vereinfachenden Annahme einer konstanten Permeabilität zu, was aber i. allg. auf zu ungenaue Ergebnisse führt. Genauere Ergebnisse bekommt man mit Hilfe von Iterations- oder Interpolationsverfahren, die das Problem auf die 1. Art der Aufgabenstellung zurückführen, der somit eine grundlegende Bedeutung zukommt.

Zur Berechnung eines Eisenkreises ist für einen bestimmten Querschnitt A, z. B. den des Luftspaltes, der Fluß Φ – oder die magnetische Flußdichte B, mit der ja auch der Fluß $\Phi = AB$ bestimmt ist – gegeben. Unter den oben genannten Voraussetzungen läßt sich annehmen, daß dieser Fluß Φ unverzweigt in dem geschlossenen Kreis, d. h. in den Querschnitten A_ν aller Teilabschnitte, auftritt. In dem exemplarisch betrachteten Eisenkreis nach Bild **4.**32 ergeben sich also mit den jeweiligen Querschnitten die magnetische Flußdichte für das Joch $B_j = \Phi / A_j$, die Schenkel $B_s = \Phi / A_s$, den Anker $B_a = \Phi / A_a$ und die Luftspalte $B_L = \Phi / A_L$. Für die berechneten magnetischen Flußdichten B werden dann aus der für das vorliegende Eisen gültigen Magnetisierungskurve (s. Bild **4.**27) die zugehörigen

Werte der magnetischen Feldstärke $H_\nu = f(B_\nu)$ aufgesucht. In Luftspalten gilt $H_L = B_L/\mu_0$.

Sind so die magnetischen Feldstärken H_ν in den einzelnen Abschnitten ν ermittelt, können daraus mit den mittleren Längen (in Bild **4.**32 l_a, δ, l_s und l_j) die für die einzelnen Abschnitte benötigten magnetischen Spannungen $V_\nu = H_\nu l_\nu$ berechnet werden. Da abschnittsweise Homogenität des magnetischen Feldes angenommen wird, kann Hl statt $\vec{H} \cdot \vec{l}$ gesetzt werden, weil Feldstärkevektor $\vec{H}_\nu$ und Wegvektor $\vec{l}_\nu$ in jedem Abschnitt gleiche Richtung haben und H_ν über l_ν konstant ist. Die Addition der einzelnen Spannungen V_ν des geschlossenen magnetischen Kreises ergibt dann nach dem Durchflutungssatz Gl. (4.19) in der Form der Gl. (4.49) die erforderliche Durchflutung Θ. In der Anordnung nach Bild **4.**32 ist also die Summe der magnetischen Teilspannungen

$$\mathring{V} = \sum Hl = H_a l_a + 2 H_L \delta + 2 H_s l_s + H_j l_j = \Theta. \tag{4.63}$$

Zusammenfassend sind im folgenden die für die Rechnung – die zweckmäßigerweise in Tabellenform durchgeführt wird – benötigten Gleichungen noch einmal zusammengestellt.

Für jeden Abschnitt ν der insgesamt n Abschnitte eines magnetischen Kreises erhält man mit dem Querschnitt A_ν und dem Fluß Φ die magnetische Flußdichte

$$B_\nu = \frac{\Phi}{A_\nu} \tag{4.64}$$

und für diese aus der Magnetisierungskurve (s. Bild **4.**27) bzw. nach $H_L = B_L/\mu_0$ die zugehörige Feldstärke $H_\nu = f(B_\nu)$, aus der sich die magnetische Spannung

$$V_\nu = H_\nu l_\nu \tag{4.65}$$

ergibt. Die Durchflutung in einem Kreis aus n Abschnitten ist dann

$$\Theta = \sum_{\nu=1}^{n} V_\nu\,. \tag{4.66}$$

Ist die Streuung nicht vernachlässigbar, muß ihr Wert entsprechend Abschn. 4.2.2.1 abgeschätzt und in den Flüssen der betroffenen Abschnitte des Kreises berücksichtigt werden. Es ergeben sich dann unterschiedliche Flüsse Φ_ν in den Abschnitten, so daß die magnetischen Flußdichten $B_\nu = \Phi_\nu / A_\nu$ in diesen Abschnitten nach Gl. (4.64) mit Φ_ν berechnet werden müssen.

Eine Besonderheit stellen Dauermagnetkreise dar, für die Gl. (4.66) mit $\Theta = 0$ erfüllt ist, da für mindestens einen der n Abschnitte in Gl. (4.65) $H_\nu < 0$ eingesetzt werden muß [22].

□ **Beispiel 4.14**

Ein Stahlgußring mit dem mittleren Ringdurchmesser $d_{mi} = 15\,\text{cm}$ und dem Eisenquerschnitt $A = 4\,\text{cm}^2$ ist an einer Stelle geschlitzt, so daß hier ein Luftspalt von gleichem Querschnitt A und der Länge $\delta = 1\,\text{mm}$ vorhanden ist. Der Ring soll den Fluß $\Phi = 0{,}46\,\text{mVs}$ haben, wobei die Streuung und die Randverzerrung des Feldes im Luftspalt vernachlässigt werden. Wie groß muß die Durchflutung Θ sein?

Die einzelnen Ergebnisse der Rechnungen mit Gl. (4.64) bis (4.66) sind in Tafel **4.**34 zusammengestellt, ausgehend von der in Eisen und Luftspalt gleichen magnetischen Flußdichte $B = \Phi / A = 0{,}46\,\text{mVs}/(4\,\text{cm}^2) = 1{,}15\,\text{Vs/m}^2 = 1{,}15\,\text{T}$ und der mittleren Eisenlänge $l = \pi d_{mi} - \delta = \pi \cdot 15\,\text{cm} - 0{,}1\,\text{cm} = 47{,}0\,\text{cm}$.

Tafel **4.**34 Berechnung eines geschlitzten Stahlgußringes für Beispiel 4.14

Werkstoff	Flußdichte B in T	Feldstärke H in A/cm	Weglänge l in cm	magnetische Spannung V in A
Stahlguß	1,15	3,3	47,0	155
Luft	1,15	9150	0,1	915
				Θ = 1070 A

In dem Beispiel wird eindrucksvoll gezeigt, daß der Luftspalt trotz seiner relativ kleinen Länge eine wesentlich größere magnetische Spannung erfordert als die vom gleichen Fluß durchsetzten Eisenwege. □

□ **Beispiel 4.15**

Im Bild **4.**35 ist der magnetische Kreis eines Hubmagneten mit seinen Abmessungen skizziert. In allen Abschnitten liegen rechteckige Querschnitte der Dicke $d = 80$ mm vor. Schenkel s und Joch j sind aus Elektroblech entsprechend Kurve I Bild **4.**27 geschichtet, der Anker a ist aus Grauguß gefertigt. Es soll für die Luftspaltflußdichte $B_L = 0{,}9\,\text{T}$ die erforderliche Durchflutung Θ berechnet werden. Dabei soll ein Streufluß, d.h. ein Teilfluß, der entsprechend Bild **4.**32 zwischen den Schenkeln s verläuft, von 15% des Jochflusses Φ_j angenommen

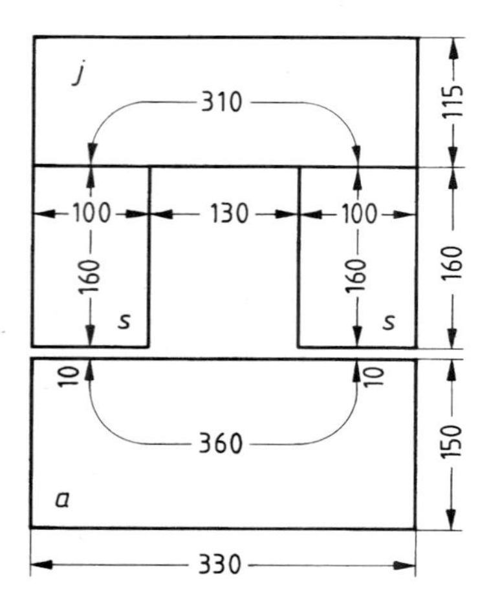

4.35 Magnetischer Kreis des in Beispiel 4.15 behandelten Elektromagneten (Maße in mm)

werden. Zur Vereinfachung der Rechnung wird dieser Streufluß allerdings nicht als kontinuierlich über die Schenkellänge, sondern als konzentriert in unmittelbarer Luftspaltnähe aus dem Schenkel abzweigend betrachtet.

Aus der geforderten magnetischen Flußdichte $B_L = 0{,}9\,T$ im Luftspaltquerschnitt $A_L = 10 \cdot 8\,cm^2 = 80\,cm^2$ ergibt sich im Luftspalt der magnetische Fluß $\Phi_L = B_L A_L = 0{,}9\,T \cdot 80\,cm^2 = 7{,}2$ mVs. Dementsprechend tritt auch im Anker a der gleiche magnetische Fluß $\Phi_a = \Phi_L = 7{,}2$ mVs auf, unter Berücksichtigung der Streuung in Joch und Schenkel aber der magnetische Fluß $\Phi_j = \Phi_s = \Phi_L/0{,}85 = 7{,}2\,mVs/0{,}85 = 8{,}5\,mVs$. Diese Werte werden in die Flußspalte in Tafel **4.**36 eingetragen. Die weitere Rechnung erfolgt dann entsprechend Gln. (4.64) bis (4.66). Man erhält die für den ganzen Kreis notwendige Durchflutung $\Theta = 15\,280$ A.

Tafel **4.**36 Berechnung eines Elektromagneten für Beispiel 4.15

Abschnitt	Werkstoff	Fluß Φ in mVs	Querschnitt A in cm²	Flußdichte B in T	Feldstärke H in A/cm	Weglänge l in cm	magnetische Spannung V in A
Anker	Grauguß	7,2	120	0,6	20	36	720
Luftspalt	Luft	7,2	80	0,9	7200	2×1	14400
Schenkel	Elektrobl.	8,5	80	1,06	2,8	2×16	90
Joch	Elektrobl.	8,5	92	0,925	2,2	31	70
							Θ = 15280 A

In praktisch ausgeführten Eisenkreisen tritt häufig aus konstruktiven Gründen zwischen Joch und Schenkel eine Stoßfuge auf (überlappt geschichtete Bleche), die in einem über Erfahrungswerte bestimmten Ersatzluftspalt in der Rechnung berücksichtigt wird. Infolge seiner geringen Länge (0,01 mm bis 0,1 mm) wird er in Fällen, in denen weitere wesentlich größere Luftspalte δ in dem Kreis auftreten, wie im vorliegenden Beispiel zwischen Schenkel und Anker, häufig vernachlässigt. □

□ **Beispiel 4.16**

Durch wiederholte Durchrechnungen desselben magnetischen Kreises mit unterschiedlichen magnetischen Flußdichten soll seine Magnetisierungskennlinie $B_L = f(\Theta)$ für Luftspaltflußdichten B_L zwischen 0 und 1,6 T errechnet werden.

In analog zu Tafel **4.**36 durchgeführten Rechnungen des gegebenen magnetischen Kreises wird für verschiedene angenommene Werte der Luftspaltflußdichte B_{L1}, B_{L2}, ... die zugehörige Durchflutung Θ_1, Θ_2, ... bestimmt. Die so gewonnene Funktion $B_L = f(\Theta)$ ergibt graphisch dargestellt die untere Kurve in Bild **4.**37.

Wegen der zunehmenden Eisensättigung verläuft die Kurve mit steigender Durchflutung immer flacher. Den Einfluß von Luft und Eisen erkennt man deutlich mit Hilfe der in Bild **4.**37 eingetragenen Geraden, die den Durchflutungsanteil für den Luftspalt beschreibt. Der durch die Gerade begrenzte Anteil V_L gibt die zum Erreichen der jeweiligen magnetischen Flußdichte notwendige magnetische Spannung für den Luftspalt an, der horizontale Abstand V_{Fe} zwischen beiden Kurven die zusätzliche magnetische Spannung für Eisen. Bei mäßigen Sättigungen wird der weitaus größte Durchflutungsanteil für die Luftstrecke benötigt, während der Einfluß des Eisens bei größeren Sättigungen immer mehr in Erscheinung tritt. Die untere Kurve in Bild **4.**37 ist die typische Kennlinie aller magnetischen Kreise mit Eisenwegen.

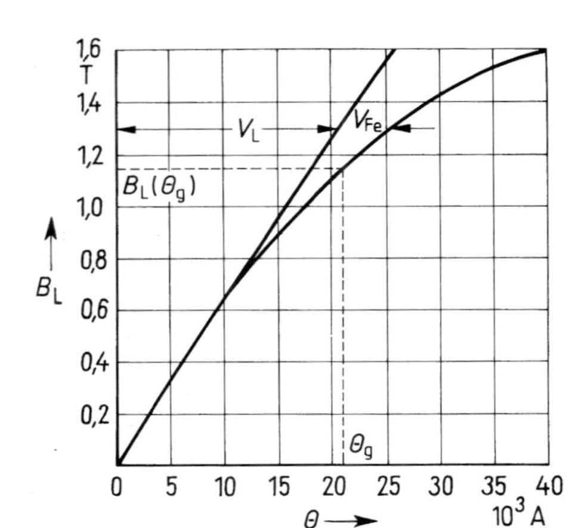

4.37 Luftspaltflußdichte B_L abhängig von der Durchflutung Θ
V_L Durchflutungsanteil für die Luftspaltstrecke,
V_{Fe} Durchflutungsanteil für die Eisenstrecke

Der für kleine magnetische Flußdichten geringe Eiseneinfluß gestattet häufig Näherungsrechnungen, in denen der Einfluß des Eisens ganz außer acht gelassen wird, d.h., die magnetische Luftspaltspannung wird gleich der Durchflutung gesetzt (magnetische Spannung des Eisens ist gleich Null angenommen), so daß aus der so aufgestellten linearen Gleichung die Luftspaltspannung direkt berechnet werden kann. □

□ **Beispiel 4.17**

Für einen in Abmessungen und Material vorgegebenen magnetischen Kreis soll bei gegebener Durchflutung Θ_g die sich einstellende Luftspaltflußdichte $B_L(\Theta_g)$ bestimmt werden.

Es werden verschiedene Luftspaltflußdichten angenommen und die dafür erforderlichen Durchflutungen, wie in Beispiel 4.16 erläutert, berechnet. Mit diesen Werten wird die Magnetisierungskennlinie $B_L = f(\Theta)$ des magnetischen Kreises gezeichnet (s. Bild **4.**37). Aus dieser Kurve wird die zu Θ_g gehörige Luftspaltinduktion $B_L(\Theta_g)$ aufgesucht, wie dieses in Bild **4.**37 gestrichelt eingezeichnet ist. □

□ **Beispiel 4.18**

Für einen Eisenkreis mit drei Schenkeln entsprechend Bild **4.**38, von denen der linke die magnetisierende Wicklung trägt, sollen die Flüsse Φ_1 und Φ_3 in den beiden äußeren Schenkeln und die notwendige Durchflutung Θ_1 in der Wicklung des Schenkels *1* berechnet werden, so daß im mittleren Schenkel der Fluß $\Phi_2 = 3\,\text{mVs}$ auftritt. Der Eisenkern ist aus Elektroblech entsprechend *IV* Bild **4.**27 aufgebaut und hat die Dicke $d = 60$ mm. Die Streuung kann vernachlässigt werden.

Da der Fluß von der am linken Schenkel wirkenden Durchflutung erzeugt wird, tritt in diesem der gesamte Fluß $\Phi_1 = \Phi_2 + \Phi_3$ auf, der sich auf die beiden Schenkel *2* und *3* verteilt. Die Teilflüsse verhalten sich dann umgekehrt wie die magnetischen Widerstände. Mit Gl. (4.46) folgt aus Gl. (4.52)

$$\frac{\Phi_2}{\Phi_3} = \frac{l_3/(\mu_{r3}\mu_0 A_3)}{l_2/(\mu_{r2}\mu_0 A_2)} \quad \text{oder} \quad \frac{\Phi_2 l_2}{\mu_{r2}\mu_0 A_2} = \frac{\Phi_3 l_3}{\mu_{r3}\mu_0 A_3} \quad \text{oder} \quad H_2 l_2 = H_3 l_3. \tag{4.67}$$

Die magnetischen Spannungen Hl an parallelen Zweigen sind gleich (s. Abschn. 4.1.3.4).

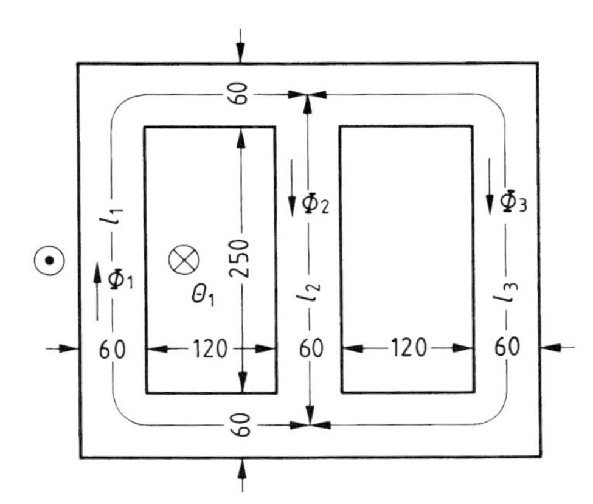

4.38 Verzweigter Eisenkreis mit einer Erregerwicklung zu Beispiel 4.18 (Maße in mm)

Mit den Abmessungen des Kernes in Bild **4.**38 ergeben sich die Querschnitte $A_1 = A_2 = A_3 = 6\,\text{cm} \cdot 6\,\text{cm} = 36\,\text{cm}^2$ und Längen $l_1 = l_3 = 67$ cm und $l_2 = 31$ cm. Mit diesen Größen und dem geforderten Fluß $\Phi_2 = 3\,\text{mVs}$ wird für den mittleren Schenkel *2* die magnetische Flußdichte $B_2 = \Phi_2/A_2 = 3\,\text{mVs}/(36\,\text{cm}^2) = 833\,\text{mT}$ und dafür aus der Magnetisierungskurve *IV* in Bild **4.**27 die magnetische Feldstärke $H_2 = f(B_2 = 833\,\text{mT}) = 1{,}3\,\text{A/cm}$ bestimmt. Damit kann für den äußeren Schenkel *3* nach Gl. (4.67) die magnetische Feldstärke $H_3 = H_2 l_2 / l_3 = (1{,}3\,\text{A/cm}) \cdot 31\,\text{cm}/(67\,\text{cm}) = 0{,}6\,\text{A/cm}$ bestimmt werden, für die aus der Magnetisierungskurve *IV* in Bild **4.**27 die magnetische Flußdichte $B_3 = f(H_3 = 0{,}6\,\text{A/cm}) = 450\,\text{mT}$ und mit dem Querschnitt A_3 der magnetische Fluß $\Phi_3 = B_3 A_3 = 450\,\text{mT} \cdot 36\,\text{cm}^2 = 1{,}62\,\text{Vs}$ folgt. Die Summe der magnetischen Flüsse in den Schenkeln *2* und *3* ergibt den magnetischen Fluß $\Phi_1 = \Phi_2 + \Phi_3 = 3\,\text{mVs} = 4{,}62\,\text{mVs}$ in Schenkel *1*.

Für den Berechnung der erforderlichen Durchflutung müssen die magnetischen Spannungen über Schenkel 1 und 2 oder 1 und 3 addiert werden. In Tafel **4.**39 wird die Durchflutung $\Theta_1 = \mathring{V} = V_1 + V_2 = 340$ A berechnet. □

Tafel **4.**39 Berechnung der Durchflutung im Beispiel 4.18 (Werkstoff Elektroblech)

Abschnitt	Φ in mVs	A in cm²	B in T	H in A/cm	l in cm	V in A
Schenkel *1*	4,62	36	1,28	4,5	67	300
Schenkel *2*	3	36	0,83	1,3	31	40
						$\Theta_1 = 340$ A

4.3 Wirkungen im magnetischen Feld

Die große praktische Bedeutung des magnetischen Feldes beruht darauf, daß sich mit geringem Energieaufwand (Erregeraufwand) äußerst intensive Felder erregen lassen, die eine wirtschaftliche Energieumwandlung von elektrischer Energie in mechanische und umgekehrt ermöglichen. So kann man sich heute die großen Generatoren und Motoren der Energietechnik nur auf der Basis des magnetischen Feldes vorstellen. Energieumformer, die das elektrostatische Feld nutzen, z.B. der Van-de-Graaf-Generator, haben nur für Sonderfälle in der Laboranwendung Bedeutung. Die Grundgesetze, nach denen Energieumwandlungen im magnetischen Feld ablaufen, sind das Induktionsgesetz, maßgebend für die Erzeugung von Spannungen, und die die Kraftwirkung beschreibenden Gesetze, abgeleitet aus der Lorentz-Kraft und dem Energieerhaltungssatz für Feldanordnungen.

4.3.1 Spannungserzeugung im magnetischen Feld, elektrisches Wirbelfeld

Pauschal formuliert man, durch die zeitliche Änderung eines Magnetfeldes werde eine elektrische Spannung erzeugt oder induziert. Dabei bleibt dann aber offen, welche Größe des Magnetfeldes sich zeitlich ändert und wo die Spannung induziert wird. Etwas genauer anhand praktisch üblicher Gegebenheiten betrachtet, lassen sich diese zeitlichen Änderungen als Bewegung eines Leiters im zeitlich konstanten Magnetfeld (s. Bild **4.**40a) oder als zeitliche Änderung der magnetischen Flußdichte $\vec{B}$ bei ruhendem Leiter definieren (s. Bild **4.**40b). Die dabei induzierte Spannung u läßt sich im ersten Fall als zwischen zwei Punkten des bewegten Leiters, im letzten Fall als in einem den ruhenden Leiter einbeziehenden geschlossenen Umlauf auftretend beschreiben. Selbstverständlich können Kombinationen beider Grenzfälle vorliegen (s. Bild **4.**40c).

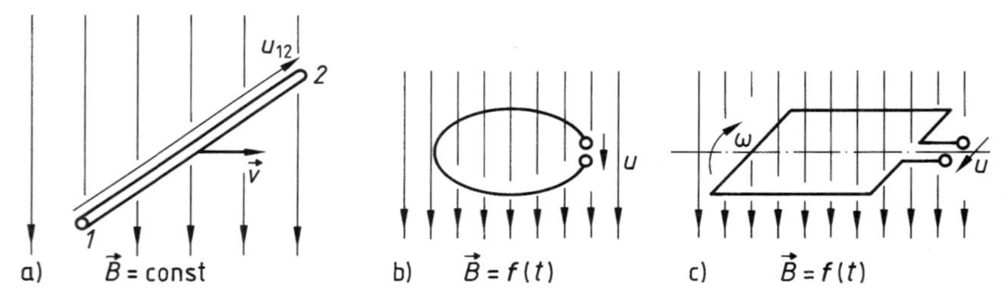

4.40 Verschiedene Arten der Spannungsinduktion
a) bewegter Leiter im zeitlich konstanten Magnetfeld
b) ruhende Leiterschleife im zeitlich veränderlichen Magnetfeld
c) bewegte Leiterschleife im zeitlich veränderlichen Magnetfeld

4.3.1.1 Induktionswirkung im bewegten Leiter. Zur Erläuterung der Spannungserzeugung in Leitern, die sich in einem zeitlich konstanten Magnetfeld bewegen, wird ein gerader Leiter L betrachtet, der entsprechend Bild **4.**41a mit einer konstanten Geschwindigkeit $\vec{v}$ durch ein homogenes, zeitlich konstantes Magnetfeld der magnetischen Flußdichte $\vec{B}$ bewegt wird. Die Längsachse des geraden Leiters und die beiden Vektoren $\vec{v}$ und $\vec{B}$ verlaufen jeweils senkrecht zueinander. Zwei Punkte *1* und *2* auf dem Leiter mit dem Abstand l sind gleitend

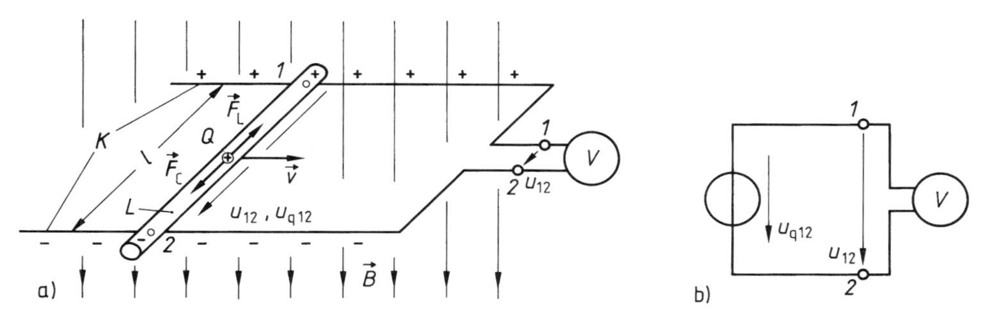

4.41 Bewegter Leiter im zeitlich konstanten Magnetfeld
a) Experimentelle Ausführung des auf Kontaktschienen K gleitenden geraden Leiters L
b) elektrische Ersatzschaltung der Anordnung nach a)

mit zwei ruhenden Schienen K galvanisch verbunden, über die die Spannung des mit $\vec{v}$ bewegten Leiters vom ruhenden Standpunkt gemessen werden kann.

Auf die freien Ladungsträger im Leiter mit der Ladung Q, die mit ihm im Magnetfeld bewegt werden, wirkt entsprechend Gl. (4.2) die Lorentzkraft

$$\vec{F}_L = Q(\vec{v} \times \vec{B}) \tag{4.68}$$

in Längsrichtung des Leiters (s. Abschn. 4.1.2.1). Infolge dieser Lorentzkraft verschieben sich positive Ladungen zum Punkt *1* bzw. negative zum Punkt *2* des Leiters. Die Leiterbewegung im Magnetfeld bewirkt also eine Ladungstrennung, so daß ein Leiterende positiv geladen gegenüber dem anderen erscheint. Es entstehen Polladungen, die ein elektrisches Feld hervorrufen, dessen Feldlinien auf der positiven Polladung beginnen und auf der negativen enden (s. Abschn. 3.2.4). Die elektrische Feldstärke $\vec{E}$ dieses Feldes ist von Plus nach Minus gerichtet und verursacht entsprechend Gl. (3.22) die Coulombkraft

$$\vec{F}_C = Q\vec{E}, \tag{4.69}$$

die im Inneren des Leiters in Richtung von Plus nach Minus auf die positiven Ladungsträger wirkt. Diese Coulombkraft, deren Betrag unabhängig von der Geschwindigkeit des Leiters von der Größe der Polladungen bestimmt wird, ist also der Lorentzkraft entgegengerichtet, die durch die Bewegung des Leiters im Magnetfeld entsteht. Es stellt sich nun ein stationärer Gleichgewichtszustand ein, in dem der Ladungsunterschied zwischen den Leiterenden gerade so groß ist, daß die dadurch verursachte Coulombkraft betragsmäßig gleich ist der Lorentzkraft. Unter Beachtung der entgegengesetzten Wirkungsrichtungen beider Kräfte gilt für den Gleichgewichtszustand $\vec{F}_L = -\vec{F}_C$ oder mit Gl. (4.68) und (4.69)

$$Q(\vec{v} \times \vec{B}) = -Q\vec{E}. \tag{4.70}$$

Aus diesem Gleichgewichtszustand läßt sich die von Plus nach Minus wirkende elektrische Feldstärke

$$\vec{E} = -(\vec{v} \times \vec{B}) \tag{4.71}$$

ableiten, deren Integral über die Leiterlänge l die in einem bewegten Leiter induzierte Spannung

$$U_{12} = \int_1^2 \vec{E} \cdot d\vec{l} = \int_1^2 -(\vec{v} \times \vec{B}) \cdot d\vec{l}$$

für einen von *1* nach *2* weisend angetragenen Spannungszählpfeil ergibt, der in Bild **4.**41 aus den im nächsten Absatz erläuterten Gründen mit dem Kleinbuchstaben $u_{12} = U_{12}$ gekennzeichnet ist.

Anhand von Bild **4.**41 ist hier zunächst der einfache Fall des mit konstanter Geschwindigkeit $\vec{v}$ im zeitkonstanten homogenen Magnetfeld bewegten Leiters betrachtet, in dem eine zeitkonstante Spannung U_{12} induziert wird. Diese Betrachtungen gelten sinngemäß auch für Leiter beliebiger Geometrie (s. Bild **4.**42), die mit beliebiger, also auch zeitveränderlicher Geschwindigkeit $\vec{v}$ durch homogene oder inhomogene – aber zeitlich konstante – Magnetfelder bewegt werden. Die dabei in dem Leiter induzierte Spannung

$$u_{12} = \int_1^2 -(\vec{v} \times \vec{B}) \cdot d\vec{l} \tag{4.72}$$

kann auch zeitveränderlich sein, z.B. bei Bewegungen eines Leiters im inhomogenen Feld oder mit nichtkonstanter Geschwindigkeit v. Die induzierte Spannung wird daher allgemeingültig durch den Kleinbuchstaben u gekennzeichnet.

Da beim bewegten Leiter die Induktionswirkung als in diesem lokalisiert erklärt werden kann [22], läßt er sich auch anschaulich als Ersatzspannungsquelle entsprechend Bild **4.**41 b darstellen. Die in Bild **4.**41 a an dem be-

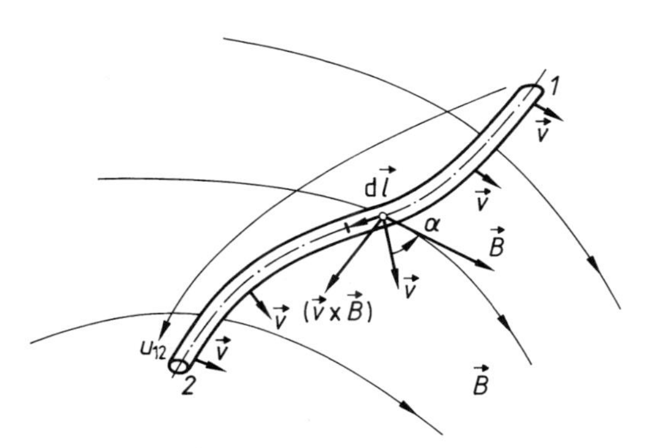

4.42 Richtungsdefinitionen zur Spannungsinduktion im bewegten Leiter entsprechend Gl. (4.72)

wegten Leiter angetragene Spannung u_{12} entspricht dann der Quellenspannung

$$u_{q12} = \int_1^2 -(\vec{v} \times \vec{B}) \cdot d\vec{l}. \tag{4.73}$$

Mit Hilfe des Maschensatzes $\sum u = u_{q12} - u_{12} = 0$ (s. Abschn. 2.2.2.2) kann auch die im Leerlauf auftretende Klemmenspannung

$$u_{12} = u_{q12} = \int_1^2 -(\vec{v} \times \vec{B}) \cdot d\vec{l} \tag{4.74}$$

dieser Ersatzspannungsquelle auf die Induktionswirkung zurückgeführt werden.

□ **Beispiel 4.19**

In Bild **4.**43 ist schematisch eine Unipolarmaschine skizziert, die zur Erzeugung kleiner Gleichspannungen geeignet ist. Hierbei sind die Leiter L den Speichen eines Rades vergleichbar leitend zwischen Welle W und Radkranz K aufgespannt. Die induzierte Spannung wird über Kontakte S, die auf der Welle bzw. dem Radkranz schleifen, den Anschlußklemmen zugeführt. Für eine solche Unipolarmaschine mit der Leiterlänge $r_a = 250$ mm, der konstanten Drehzahl $n = 3000\,\text{min}^{-1}$ und einem parallel zur Drehachse gerichteten homogenen Magnetfeld der magnetischen Flußdichte $B = 1{,}2$ T ist die Leerlaufspannung zu berechnen.

In den parallel geschalteten Leitern zwischen Welle und Radkranz wird eine konstante Spannung U – Quellenspannung U_q – induziert. Trägt man den Zählpfeil U_q an den Leiter L von der Welle zum Radkranz weisend ein (s. Bild **4.**43b), liegt die Integrationsrichtung, also der Wegvektor $d\vec{l} = d\vec{r}$, ebenfalls in dieser Richtung und damit parallel, aber entgegengesetzt zu dem Vektor $(\vec{v} \times \vec{B})$, wie aus Bild **4.**43b zu erkennen ist. Damit kann Gl.

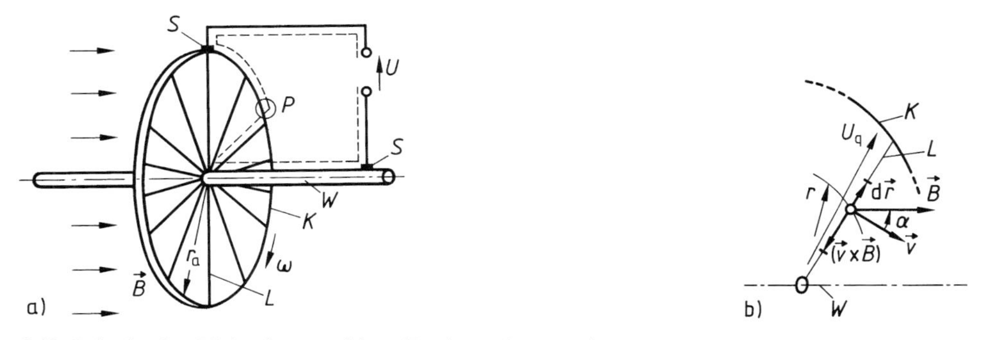

4.43 Prinzip der Unipolarmaschine (Barlowsches Rad)
a) Rotation radial in einer Kreisscheibe angeordneter Leiter L in einem homogenen magnetischen Feld $\vec{B}$, das die Kreisscheibe senkrecht durchdringt, mit Spannungsabgriff über Bürsten S von der Welle W und dem am Kreisumfang angeordneten Radkranz K,
b) einzelner Leiter L mit den auf ihn bezogenen Richtungen für Vektoren und Zählpfeil

(4.73) in der skalaren Form

$$U_q = \int_W^K -(\vec{v} \times \vec{B}) \cdot d\vec{l} = \int_W^K v B \, dr \qquad (4.75)$$

geschrieben werden. Da die Leitergeschwindigkeit v bei konstanter Winkelgeschwindigkeit $\omega = 2\pi n = 2\pi \cdot 3000 \, \text{min}^{-1}/(60 \, \text{s/min}) = 100\pi \, \text{s}^{-1}$ zwar zeitlich, nicht aber über die Leiterlänge konstant ist, muß sie mit $v = \omega r$ in die Integration einbezogen werden. Damit ergibt sich aus Gl. (4.75) die Quellenspannung

$$U_q = \int_W^K \omega r B \, dr = \omega B \int_0^{r_a} r \, dr = \omega B \frac{r_a^2}{2} = 100\pi \, \text{s}^{-1} \cdot 1{,}2 \, \text{T} \cdot \frac{(0{,}25 \, \text{m})^2}{2} = 11{,}8 \, \text{V} \qquad (4.76)$$

mit einem positiven Zahlenwert, d.h., an der Welle stellt sich der Plus-, am Radkranz der Minuspol ein. Man kann sich davon überzeugen, daß diese sich aus der formalen Rechnung ergebende Polarität auch aus der ladungstrennenden Wirkung der Kraft $\vec{F}_L$ auf die mit dem Leiter bewegten Ladungen entsprechend Gl. (4.68) gefolgert werden kann.

Die in Bild **4.**43a eingetragene Klemmenspannung U ergibt sich nach Abschn. 1.3.3.2 aus dem Maschensatz $\sum U = U_q - U = 0$ ebenfalls als positiver Wert

$$U = U_q = 11{,}8 \, \text{V},$$

d.h., der in Bild **4.**43a eingetragene Zählpfeil weist vom Plus- zum Minuspol. □

Bei üblichen praktischen Ausführungen sind häufig gerade Leiter gegeben, die in einem homogenen Magnetfeld bewegt werden. In solchen Fällen ist die in dem Leiter induzierte elektrische Feldstärke nach Gl. (4.71) über die Leiterlänge l konstant ($\vec{v} \times \vec{B} = \text{const}$), so daß die Integration nach Gl. (4.72) in eine Multiplikation überführt werden kann. Mit dem Winkel α zwischen Geschwindigkeitsvektor $\vec{v}$ und magnetischem Flußdichtevektor $\vec{B}$ und dem Winkel β zwischen dem Vektor $(\vec{v} \times \vec{B})$ und der als Vektor beschriebenen Leiterlänge $\vec{l}$ (s. Bild **4.**44) gilt

$$u = -(\vec{v} \times \vec{B}) \cdot \vec{l} = -(v B \sin\alpha) l \cos\beta. \qquad (4.77)$$

Dabei ist der Zählpfeil für u (bzw. die Vektorrichtung $\vec{l}$) entlang des Leiters in der Richtung anzutragen, in der man – willkürlich gewählt – die Vektorrichtung $\vec{l}$ (bzw. die Zählpfeilrichtung für U_q) annimmt.

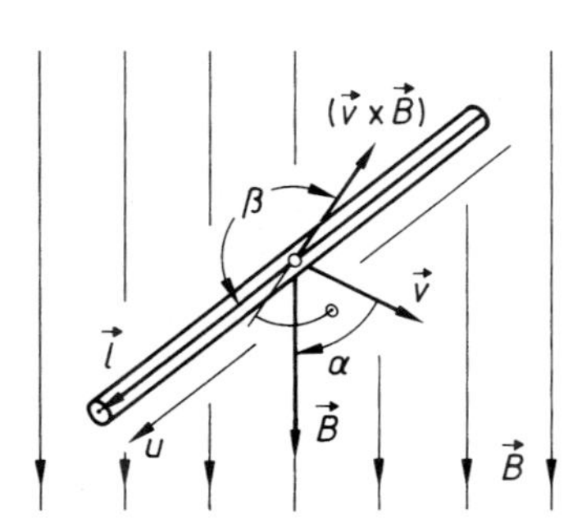

4.44 Spannung u, die in einem mit der Geschwindigkeit $\vec{v}$ in einem homogenen Magnetfeld der zeitlich konstanten magnetischen Flußdichte $\vec{B}$ bewegten geraden Leiter der Länge $\vec{l}$ entsprechend Gl. (4.77) induziert wird

Für den besonders einfachen, aber praktisch häufig auftretenden Fall, daß ein gerader Leiter mit der Länge l rechtwinklig zur Feldrichtung $\vec{B}$ liegend mit der Geschwindigkeit $\vec{v}$ rechtwinklig zur Längsachse l und zur Feldrichtung $\vec{B}$ durch ein homogenes Feld bewegt wird, ergibt sich aus Gl. (4.77) mit $\alpha = 90°$ und $\beta = 0°$ oder $\beta = 180°$ der Betrag der in ihm induzierten Spannung

$$u = vBl. \tag{4.78}$$

Alle hier angeführten Betrachtungen gelten grundsätzlich auch, wenn sich der im Magnetfeld bewegte Leiter in einem galvanisch geschlossenen Kreis befindet, so daß die in ihm induzierte Spannung einen Strom zur Folge hat. Für diesen Fall stellt man den realen stromdurchflossenen bewegten Leiter wie folgt als Ersatzspannungsquelle (s. Abschn. 2.3.7.1) dar. Der bewegte Leiter wird als widerstandslos aufgefaßt, so daß die in ihm induzierte Spannung wie oben beschrieben bestimmt werden kann. Der auftretende Strom kann dabei unberücksichtigt bleiben, da die Stromdichte $\vec{S}$ im Inneren des idealen Leiters mit einem spezifischen Widerstand $\varrho = 0$ keinen Spannungsabfall bewirkt, der eine elektrische Feldstärke $\vec{E} = \varrho \vec{S}$ zur Folge hätte, die bei der Integration nach Gl. (4.72) berücksichtigt werden müßte. Der Widerstand R des realen Leiters wird als Ersatzwiderstand sozusagen außerhalb des Induktionsvorganges mit dem idealen Leiter in Reihe geschaltet angenommen, so daß er lediglich für den stromabhängigen Zusammenhang zwischen der Quellenspannung u_q, die entsprechend Gl. (4.73) im idealen Leiter induziert wird, und der Klemmenspannung u in Erscheinung tritt.

□ **Beispiel 4.20**

Die in Beispiel 4.19 für den Leerlauffall betrachtete Unipolarmaschine wird mit dem Strom $I = 1000\,\text{A}$ belastet. Der Anker soll aus 100 zwischen Welle und Radkranz sternförmig angeordneten Leitern bestehen, die je den Widerstand $R_L = 50\,\text{m}\Omega$ haben. Der Widerstand der Leitungen und Kontakte sei vernachlässigbar. Die sich bei der Belastung einstellende Klemmenspannung ist zu berechnen.

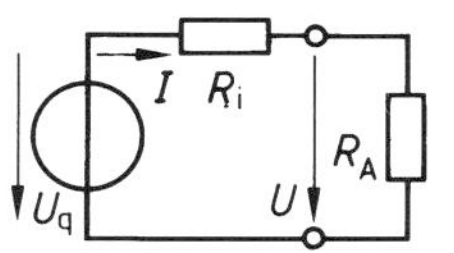

4.45 Mit dem Widerstand R_A belastete Ersatzspannungsquelle

Für die Berechnung der Klemmenspannung U wird die reale Unipolarmaschine durch eine Ersatzspannungsquelle beschrieben, wie in Bild **4.45** skizziert. In dem als ideal, d.h. widerstandslos aufgefaßten Leiterrad wird, wie in Beispiel 4.19 erläutert, die Quellenspannung $U_q = 11{,}8\,\text{V}$ induziert. Der Widerstand der Leiter wird mit dem idealen Leiterrad in Reihe geschaltet und beträgt, da alle 100 Leiter parallel geschaltet sind, $R_i = 50\,\text{m}\Omega/100 = 0{,}5\,\text{m}\Omega$. Mit Hilfe des Maschensatzes $\sum U = U_q - IR_i - U = 0$ ergibt sich die Klemmenspannung $U = U_q - IR_i = 11{,}8\,\text{V} - 1000\,\text{A} \cdot 0{,}5\,\text{m}\Omega = 11{,}3\,\text{V}$. □

Grundsätzlich ist bei der Betrachtung der Induktionswirkung im bewegten stromdurchflossenen Leiter nach dem oben erläuterten Schema eine Beeinflussung des Magnetfeldes durch den Strom im Leiter zu berücksichtigen. In praktischen Fällen ist diese Rückwirkung des durch den Induktionsvorgang bewirkten Stromes auf das verursachende Magnetfeld häufig aber so gering, daß sie vernachlässigt werden kann. Nur dann ist allerdings, wie in Beispiel 4.20 gezeigt, auch die im Belastungsfall in dem bewegten, idealen Leiter induzierte Spannung gleich der im stromlosen bewegten Leiter induzierten. Beeinflußt der durch den Induktionsvorgang hervorgerufene Strom I in dem Leiter das ursprüngliche magnetische Feld – das bei $I=0$ auftritt – in einer nicht mehr zu vernachlässigenden Weise, so muß die Induktionswirkung in dem bewegten stromdurchflossenen Leiter mit dem resultierenden Feld berechnet werden.

4.3.1.2 Induktionswirkung im zeitlich veränderlichen Magnetfeld. Die Spannungsinduktion, die auf der Bewegung eines Leiters im zeitlich konstanten Magnetfeld beruht, ist in Abschn. 4.3.1.1 erläutert. Im folgenden ist nun gezeigt, daß auch in ruhenden Leitern eine Spannung induziert wird, wenn sich die magnetische Flußdichte des magnetischen Feldes zeitlich ändert. Die wesentlichen Merkmale dieser Art der Spannungsinduktion werden anhand des Bildes **4.**46 erläutert.

Das zwischen den Polen eines Magneten M nach Bild **4.**46a erregte Feld ändert sich proportional dem erregenden Strom i in der Spule S (s. Abschn. 4.2.2.2). Zwischen den Polen ist eine Leiterschleife angeordnet, die unbewegt z.B. in der mit *1* bezeichneten Position des Bildes **4.**46a liegt, also in einer Ebene rechtwinklig zur Richtung der magnetischen Flußdichte $\vec{B}$. Wird der Strom i und damit die magnetische Flußdichte B des Feldes zwischen den Polen entsprechend Kurve $B_1=B_0-K_1 t$ in Bild **4.**46b linear mit der Zeit kleiner (z.B. dadurch, daß der Vorschaltwiderstand R_v vergrößert wird), so wird von dem an der Leiterschleife angeschlossenen Spannungsmesser eine konstante Spannung entsprechend Kurve U_1 in Bild **4.**46b angezeigt. Durch Variieren der Versuchsbedingungen lassen sich folgende Feststellungen treffen, die als charakteristisch für die Induktionswirkung des zeitlich veränderlichen Feldes anzusehen sind:

a) Je schneller sich die magnetische Flußdichte B in dem Leiterring mit der Zeit ändert, desto größer ist die in dem Leiterring induzierte Spannung. Fällt z.B. die magnetische Flußdichte $B_1=B_0-K_1 t$ entsprechend Kurve B_1 in Bild **4.**46b, zeigt der Spannungsmesser die Spannung U_1 an; fällt die magnetische Flußdichte $B_2=B_0-2K_1 t$ entsprechend Kurve B_2 in Bild **4.**46b doppelt so schnell wie im Fall 1, wird auch eine doppelt so große Spannung $U_2=2U_1$ angezeigt wie im Fall 1.

b) Die angezeigte Spannung ist nicht von dem momentanen Wert B der magnetischen Flußdichte, sondern von dessen Änderungsgeschwindigkeit $\mathrm{d}B/\mathrm{d}t$ abhängig. Ändert sich z.B. die magnetische Flußdichte

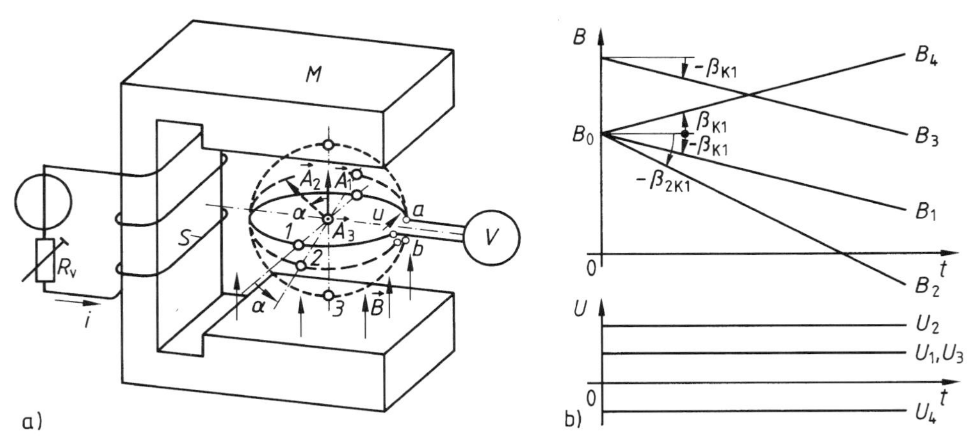

4.46 Spannungsinduktion bei ruhender Leiterschleife im zeitlich veränderlichen Magnetfeld
a) Leiterschleife in Ebene *1*, *2* und *3*, die senkrecht, im Winkel $[(\pi/2)-\alpha]$ und parallel zur Flußdichterichtung liegen
b) zeitlicher Verlauf der magnetischen Flußdichte und der induzierten Spannung

B_3 zeitlich ähnlich wie B_1, d.h., verlaufen die Zeitfunktionen B und B_3 parallel (s. Kurve B_1 und B_3 in Bild **4.**46b), so wird in beiden Fällen unabhängig von dem jeweiligen Wert von B der gleiche Spannungswert $U_3 = U_1 = \text{const}$ angezeigt, da die Steigung in beiden Fällen die gleiche ist ($\mathrm{d}B_3/\mathrm{d}t = \mathrm{d}B_1/\mathrm{d}t = \text{const}$).

c) Wird die Richtung der Flußdichteänderung (Vorzeichen der Steigung) umgekehrt, kehrt sich auch die Spannungsrichtung (Polarität) um. Wird z.B. die magnetische Flußdichte $B_4 = B_0 + K_1 t$ entsprechend Kurve B_4 in Bild **4.**46b von B_0 ausgehend nicht verkleinert, sondern vergrößert, so wird die Spannung $U_4 = -U_1$ angezeigt.

d) Die angezeigte Spannung U ist außer von der Änderungsgeschwindigkeit $\mathrm{d}B/\mathrm{d}t$ der magnetischen Flußdichte B auch noch von Lage und Größe der Fläche abhängig, die von der Leiterschleife in dem sich zeitlich ändernden Magnetfeld begrenzt wird. Die Leiterschleife in Bild **4.**46a soll z.B. aus ihrer Stellung *1* in der Ebene rechtwinklig zu dem Feldvektor $\vec{B}$ jeweils in eine Stellung *2* bzw. *3* gedreht worden sein, die um den Winkel α bzw. den Winkel $\pi/2$ gegenüber der ursprünglichen Lage gedreht ist. In allen drei Stellungen soll die Induktion $B_1 = B_0 - K_1 t$ jeweils mit gleicher Änderungsgeschwindigkeit K_1 entsprechend Kurve B_1 in Bild **4.**46b geändert werden. Die angezeigte Spannung ist dann in der Stellung *1* maximal $U_{1,1} = U_{\max} = U_1$, in Stellung *3* ist sie $U_{1,3} = 0$ und in der Stellung *2* mit dem beliebigen Winkel α wird $U_{1,2} = U_1 \cos\alpha$ angezeigt.

Alle beschriebenen Beobachtungen werden quantitativ durch die Gleichung

$$u = -\frac{\mathrm{d}B}{\mathrm{d}t} A \cos\alpha \tag{4.79}$$

beschrieben, wenn $\mathrm{d}B/\mathrm{d}t$ die zeitliche Änderung der magnetischen Flußdichte, A die von der Leiterschleife eingeschlossene Fläche und α der Winkel zwischen dem Flächenvektor $\vec{A}$ (senkrecht auf der Ebene der Leiterschleife) und dem Induktionsvektor $\vec{B}$ ist. Auch die beobachtete Polarität bzw. Spannungsrichtung wird mit Gl. (4.79) für alle Fälle richtig beschrieben, wenn der Zählpfeil der induzierten Spannung u an der Stelle, an der sie gemessen wird (in dem Beispiel in Bild **4.**46a also zwischen den Klemmen $a-b$ der Leiterschleife), rechtswendig dem Zählpfeil für den magnetischen Fluß $\Phi = \vec{B} \cdot \vec{A}$ zugeordnet wird, der seinerseits wiederum entsprechend Abschn. 4.1.3.3 in Richtung des Flächenvektors $\vec{A}$ weisend anzutragen ist.

Gl. (4.79) läßt sich entsprechend Gl. (4.40) auch als skalares Produkt der Vektoren $(\mathrm{d}\vec{B}/\mathrm{d}t)$ und $\vec{A}$ schreiben.

$$u = -\frac{\mathrm{d}\vec{B}}{\mathrm{d}t} \cdot \vec{A} \tag{4.80}$$

Ist das Feld nicht homogen über die Fläche A, muß das skalare Produkt der Gl. (4.80) in ein Integral überführt werden in Analogie zu der Berechnung des magnetischen Flusses Φ in Abschn. 4.1.3.3 bei inhomogenen Feldern nach dem Integral $\int \vec{B} \cdot \mathrm{d}\vec{A}$ statt des Produktes $\vec{B} \cdot \vec{A}$. Man bekommt damit die allgemein gültige Gleichung für die von einem Magnetfeld mit zeitlich veränderlicher magnetischer Flußdichte $\vec{B}$ in einer die Fläche $\vec{A}$ einschließenden Leiterschleife induzierten Spannung

$$u = -\int_A \frac{\mathrm{d}\vec{B}}{\mathrm{d}t} \cdot \mathrm{d}\vec{A}\,. \tag{4.81}$$

☐ **Beispiel 4.21**

In Bild **4.**47a ist ein Übertrager mit dem Kernquerschnitt $A_{\mathrm{Fe}} = 100\ \mathrm{cm}^2$ skizziert. Die Primärwicklung a wird von einem Mischstrom $i = I_0 + \hat{i}_1 \sin(\omega t)$ (Gleichstrom mit überlagertem Sinusstrom, s. Abschn. 1.2.1.3) durchflossen, der in dem ungesättigten Eisenkern die magnetische Flußdichte

$$B = B_0 + B_1 \sin(\omega t) = 0{,}6\,\mathrm{T} + 0{,}2\,\mathrm{T} \sin\left(100\pi \frac{t}{\mathrm{s}}\right) \tag{4.82}$$

hervorruft (s. Bild **4.**47b). Es ist die in der Leiterschleife b (Sekundärwicklung) zwischen den Klemmen *1* und *2* auftretende Spannung zu berechnen.

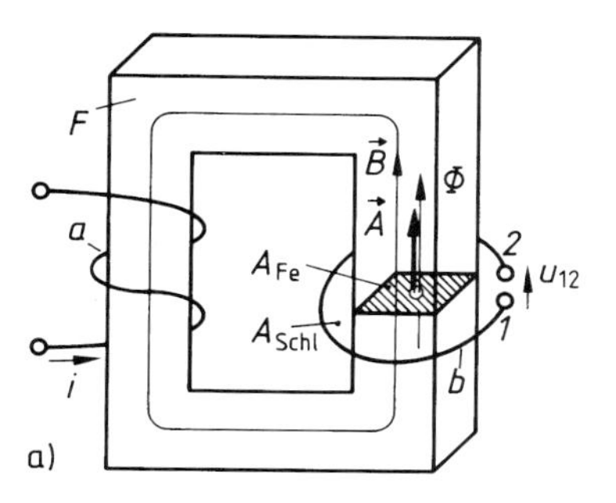

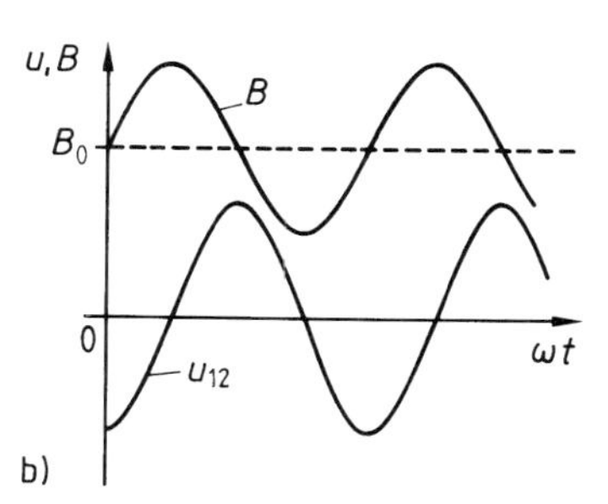

4.47 Spannung u_{12}, die in einer Leiterschleife b um einen Eisenkern F induziert wird
a) Eisenkreis F mit Erreger- (a) und Sekundärwicklung (b)
b) zeitlicher Verlauf der magnetischen Flußdichte B im Eisenkreis und der induzierten Spannung u_{12}

Solange der Strom i laut Aufgabenstellung nur mit positiven Werten gegeben ist, ist die Richtung der zugehörigen Stromdichte S immer in Richtung des in Bild **4.**47a eingezeichneten Stromzählpfeiles für i, so daß diesem die Richtung der Flußdichtefeldlinien $\vec{B}$ auch immer rechtswendig zugeordnet ist.

In Bild **4.**47a ist für die Leiterschleife b der Sekundärseite der Flächenvektor $\vec{A}$ und damit auch der Flußzählpfeil Φ (s. Abschn. 4.1.3.3) nach oben weisend eingetragen. Dann muß der Zählpfeil für die induzierte Spannung u diesem rechtswendig zugeordnet, also an den Klemmen der Leiterschleife b von *1* nach *2* weisend, angetragen werden. Der Wert dieser Spannung ergibt sich nach Gl. (4.81)

$$u_{12} = -\int_{A_{\text{schl}}} \frac{\mathrm{d}\vec{B}}{\mathrm{d}t} \cdot \mathrm{d}\vec{A} \tag{4.83}$$

durch Integration der Änderungsgeschwindigkeit der Flußdichte über die von der Leiterschleife eingeschlossene Fläche A_{schl}. Da das magnetische Feld praktisch nur im Eisen verläuft, liefert die Integration über den Flächenanteil ($A_{\text{schl}} - A_{\text{Fe}}$) außerhalb des Eisenquerschnittes A_{Fe} keinen Beitrag zur induzierten Spannung u_{12}. Da weiter innerhalb des Eisens die magnetische Flußdichte B über den Querschnitt A_{Fe} konstant ist, kann das Integral in Gl. (4.83) auf die Fläche $A_{\text{Fe}} < A_{\text{schl}}$ des Kernquerschnittes beschränkt und hier entsprechend Gl. (4.80) in ein Produkt überführt werden.

$$u_{12} = -\frac{\mathrm{d}\vec{B}}{\mathrm{d}t} \cdot \vec{A}_{\text{Fe}} \tag{4.84}$$

Eine weitere Vereinfachung der Rechnung kann im vorliegenden Beispiel dadurch erreicht werden, daß die Differentiation des Vektors $\vec{B}$ in die der skalaren Größe $\vec{B} \cdot \vec{A}$ in der Form

$$\frac{\mathrm{d}\vec{B}}{\mathrm{d}t} \cdot \vec{A}_{\text{Fe}} = \frac{\mathrm{d}}{\mathrm{d}t}(\vec{B} \cdot \vec{A}_{\text{Fe}}) = \frac{\mathrm{d}}{\mathrm{d}t}(B A_{\text{Fe}} \cos\alpha) \tag{4.85}$$

überführt wird (α ist der Winkel zwischen den Vektoren $\vec{B}$ und $\vec{A}_{\text{Fe}}$). Zeitlich ändert sich in dem Produkt $B A_{\text{Fe}} \cos\alpha$ nur der Betrag der magnetischen Flußdichte B entsprechend Gl. (4.82). Die Richtung von $\vec{B}$ ist immer parallel zu $\vec{A}_{\text{Fe}}$, so daß $\cos\alpha = 1$ gilt. Damit folgt aus Gl. (4.84) die Spannung $u_{12} = -A_{Fe}\,\mathrm{d}B/\mathrm{d}t$ und nach Einsetzen der magnetischen Flußdichte B aus Gl. (4.82) die in der Leiterschleife induzierte Spannung

$$u_{12} = -A_{Fe}\frac{\mathrm{d}}{\mathrm{d}t}[B_0 + B_1 \sin(\omega t)] = -A_{Fe} B_1\,\omega \cos(\omega t) \tag{4.86}$$

$$= -100\,\mathrm{cm}^2 \cdot 0{,}2\,\mathrm{T}\,\frac{100\,\pi}{\mathrm{s}} \cos\left(100\,\pi\,\frac{t}{\mathrm{s}}\right) = -0{,}628\,\mathrm{V} \cos\left(100\,\pi\,\frac{t}{\mathrm{s}}\right)$$

(s. Bild **4.**47b). Das Beispiel zeigt auch eindrucksvoll, daß der Wert der induzierten Spannung u in jedem Augenblick t allein von der in diesem Augenblick auftretenden Änderungsgeschwindigkeit $\mathrm{d}B_t/\mathrm{d}t$ der magnetischen Flußdichte B_t abhängt, nicht aber von dem momentanen Wert der magnetischen Flußdichte. Dieser wird maßgebend durch den Gleichanteil B_0 bestimmt, der aber nach der Differentiation in der Spannungsgleichung (4.86) nicht mehr in Erscheinung tritt. □

Die Beschreibung des Induktionsvorganges durch Gl. (4.81) hat den Vorteil, daß die Abhängigkeit der induzierten Spannung sowohl von der Betrags- als auch von der Richtungsänderung des Flußdichtevektors $\vec{B}$ klar zum Ausdruck kommt. Diesem Vorteil steht aber der Nachteil der unter Umständen aufwendigeren Differentiation eines Vektors gegenüber. Die im Beispiel 4.21 gezeigte Möglichkeit der Umwandlung der Vektor- in die Skalardifferentiation kann nicht auf alle Aufgabenstellungen übertragen werden, da die Differentiation eines Vektors nach der Zeit auch wiederum einen Vektor ergibt, dessen Betrag und Richtung unter Umständen zu berücksichtigen sind [22]. Abgesehen von solchen Sonderfällen hat aber der in Beispiel 4.21 gezeigte Lösungsweg für praktische Rechnungen größte Bedeutung, so daß Gl. (4.80) bzw. (4.81) häufig von vornherein auf die skalare Differentiation zugeschnitten, also als $u = -\mathrm{d}(\vec{B}\cdot\vec{A})/\mathrm{d}t$ angegeben wird, dann aber mit Gl. (4.40) in der Form $u = -\mathrm{d}\Phi/\mathrm{d}t$, die im folgenden Abschn. 4.3.1.3 behandelt wird.

4.3.1.3 Induktionsgesetz in allgemeiner Form. Die durch ein zeitlich veränderliches Magnetfeld in einer ruhenden Schleife induzierte Spannung kann, wie in Beispiel 4.21 gezeigt, nach Umformung der Gl. (4.80) auch in der Form $u = -\mathrm{d}(\vec{B}\cdot\vec{A})/\mathrm{d}t$ angegeben werden [s. Gl. (4.85)]. Damit läßt sich dann entsprechend Gl. (4.40) die in einer Leiterschleife induzierte Spannung als zeitliche Änderung des magnetischen Flusses $\Phi = \vec{B}\cdot\vec{A}$ in dieser Schleife deuten ($u = -\mathrm{d}\Phi/\mathrm{d}t$).

Auch die in einem bewegten Leiter induzierte Spannung läßt sich i. allg. über die Flußänderung beschreiben. Beispielsweise ist in Abschn. 4.3.1.1 für die in Bild **4.**41a dargestellte Anordnung die zwischen den Klemmen *1* und *2* auftretende Spannung mit Gl. (4.74) über die Induktionswirkung in dem bewegten Leiter L beschrieben. Liegen in der Anordnung nach Bild **4.**41a Leiter, Geschwindigkeit $\vec{v}$ und magnetische Flußdichte $\vec{B}$ rechtwinklig zueinander, so gilt $u_{12} = -Blv$. In dieser Gleichung läßt sich das Produkt lv mit $v = \mathrm{d}x/\mathrm{d}t$ auch als Flächenänderung $\mathrm{d}A/\mathrm{d}t = l\,\mathrm{d}x/\mathrm{d}t$ deuten. Dadurch ist aber auch mit $u_{12} = -B(\mathrm{d}A/\mathrm{d}t) = -\mathrm{d}(BA)/\mathrm{d}t$ und $BA = \Phi$ die induzierte Spannung $u_{12} = -\mathrm{d}\Phi/\mathrm{d}t$ auf die Flußänderung in der aus Kontaktschienen, Spannungsmesser und bewegtem Leiter bestehenden Schleife zurückgeführt. Auch die Spannungsrichtung wird mit der Gleichung $u_{12} = -\mathrm{d}\Phi/\mathrm{d}t$ richtig beschrieben. In dem Beispiel nach Bild **4.**41 a ist der Flächenvektor $\vec{A}$ und damit auch der Zählpfeil für den Fluß Φ nach unten weisend anzutragen, da dann der eingetragene Zählpfeil der Spannung u_{12} – an den Klemmen, an denen sie gemessen wird – rechtswendig diesem Zählpfeil Φ zugeordnet ist. Für die in Bild **4.**41 a gegebene Richtung der magnetischen Flußdichte $\vec{B}$ ist der Fluß $\Phi = \vec{B} \cdot \vec{A}$ positiv ($\vec{A}$ liegt in Richtung $\vec{B}$), seine zeitliche Änderung $\mathrm{d}\Phi/\mathrm{d}t$ aber negativ, da bei der gegebenen Geschwindigkeitsrichtung $\vec{v}$ die Fläche A kleiner wird ($\mathrm{d}A/\mathrm{d}t$ negativ). Für negative Werte $\mathrm{d}\Phi/\mathrm{d}t$ wird die Spannung $u_{12} = -\mathrm{d}\Phi/\mathrm{d}t$ mit positiven Werten berechnet, d.h., in Bild **4.**41 a ist die Klemme *1* der positive und *2* der negative Pol, was mit dem Ergebnis nach Gl. (4.74) übereinstimmt.

Über die hier betrachteten speziellen Beispiele hinaus läßt sich zusammenfassend feststellen, daß man allgemeingültig die in einem geschlossenen Umlauf induzierte Spannung aus der zeitlichen Änderung des von diesem Umlauf eingeschlossenen magnetischen Flusses Φ berechnen kann [22]. Die mathematische Formulierung wird als Induktionsgesetz

$$u = -\frac{\mathrm{d}\Phi}{\mathrm{d}t} \tag{4.87}$$

bezeichnet. Es ist unbedeutend, ob die zeitliche Änderung des Flusses Φ durch eine zeitliche Änderung der magnetischen Flußdichte B, durch eine Bewegung – räumliche Lageänderung – von Leitern oder Leiterteilen in dem betrachteten Umlauf oder durch die Überlagerung beider verursacht wird. Unabhängig von der Art der Ursache gilt für die Richtungszuordnung:

Der Zählpfeil für die nach Gl. (4.87) bestimmte Spannung u ist an der Stelle, an der sie – meßbar – in Erscheinung tritt (z.B. zwischen den Klemmen einer geöffneten Leiterschleife), rechtswendig dem Zählpfeil für den magnetischen Fluß Φ in der Schleife zugeordnet anzutragen, der seinerseits im Richtungssinn des rechtwinklig auf der von dem Umlauf begrenzten Fläche stehenden Flächenvektors $\vec{A}$ anzutragen ist bzw. im Richtungssinn der infinitesimalen Flächennormalen $\mathrm{d}\vec{A}$ (s. Abschn. 4.1.3.3).

Die mit Gl. (4.87) beschriebene Spannung u ist die über den geschlossenen Umlauf um die Flußänderung $\mathrm{d}\Phi/\mathrm{d}t$ wirksame, die auch als Umlaufspannung $\mathring{u} = \oint \vec{E} \cdot \mathrm{d}\vec{l}$ bezeichnet wird. Um dies zum Ausdruck zu bringen, wird sie auch entsprechend Gl. (3.35) als Wegintegral $\int \vec{E} \cdot \mathrm{d}\vec{l}$ der elektrischen Feldstärke $\vec{E}$ geschrieben, und man bekommt so das Induktionsgesetz in der Form

$$\oint \vec{E} \cdot \mathrm{d}\vec{l} = -\frac{\mathrm{d}\Phi}{\mathrm{d}t}. \tag{4.88}$$

☐ **Beispiel 4.22**

In einem homogenen, zeitlich konstanten Magnetfeld der magnetischen Flußdichte B dreht sich eine Leiterschleife entsprechend Bild **4.**48 mit der konstanten Winkelgeschwindigkeit ω. Die in der Schleife induzierte Spannung u, die über Schleifringe abgegriffen wird, ist zu berechnen.

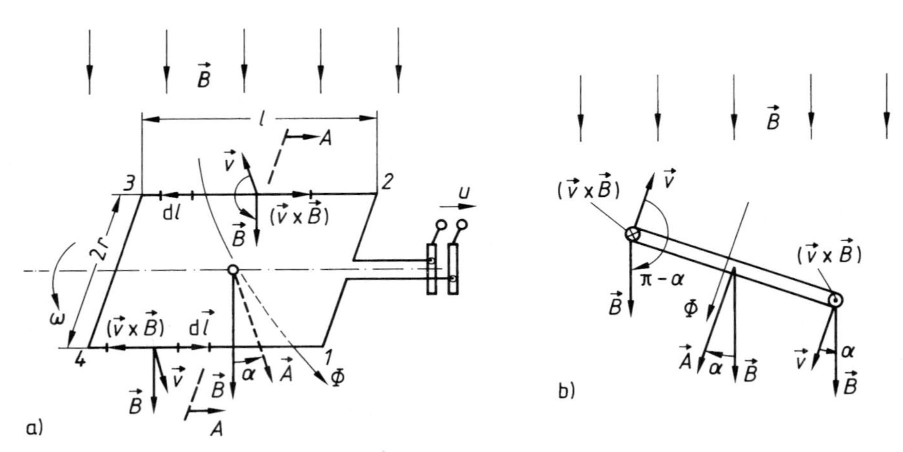

4.48 Mit der Winkelgeschwindigkeit ω im Magnetfeld rotierende Leiterschleife (a) mit Querschnitt $A-A$ durch die Leiterschleife (b)

Lösung a. Die Richtung der von der Leiterschleife begrenzten ebenen Fläche $A=2rl$ wird durch den senkrecht auf ihr stehenden Flächenvektor $\vec{A}$ beschrieben. In Bild **4.**48 ist seine Richtung willkürlich gewählt. Damit ist der Flußzählpfeil Φ auch in dieser Richtung festgelegt. Die in dem als Leiterschleife realisierten Umlauf induzierte Spannung u tritt an den Schleifringen meßbar in Erscheinung und muß hier durch einen Zählpfeil rechtswendig dem Zählpfeil für Φ zugeordnet angetragen werden. Für diese Spannung gilt Gl. (4.87), in der der Fluß Φ entsprechend Gl. (4.40) durch das Produkt der Vektoren $\vec{A}$ und $\vec{B}$ zu ersetzen ist.

$$u=-\frac{\mathrm{d}\Phi}{\mathrm{d}t}=-\frac{\mathrm{d}}{\mathrm{d}t}(\vec{A}\cdot\vec{B})=-\frac{\mathrm{d}}{\mathrm{d}t}(A\,B\cos\alpha)$$

Die Beträge der Fläche $A=2rl$ und der gegebenen magnetischen Flußdichte B sind konstant, der Winkel $\alpha=\omega t$ ist aber gleich dem Produkt aus gegebener Winkelgeschwindigkeit ω und der Zeit t. Die induzierte Spannung

$$u=-\frac{\mathrm{d}}{\mathrm{d}t}[A\,B\cos(\omega t)]=A\,B\,\omega\sin(\omega t) \tag{4.89}$$

ist also eine Sinusspannung, die aus dem sich zeitlich sinusförmig ändernden Fluß in der Leiterschleife berechnet wird, der sich seinerseits wieder aus der Drehung der Schleifenebene in dem zeitlich konstanten Magnetfeld ergibt (s. Beispiel 4.10).

Lösung b. Man kann die induzierte Spannung auch über die Bewegung der Einzelleiter im Magnetfeld entsprechend Gl. (4.72) wie folgt berechnen.

In den Breitseiten *1* bis *2* und *3* bis *4* der Leiterschleife in Bild **4.**48a wird keine Spannung induziert. Der Vektor $(\vec{v}\times\vec{B})$ ist immer quer zur Längsachse dieser Leiterstücke gerichtet, so daß die Spannung entsprechend Gl. (4.72) über diese Abschnitte gleich Null ist.

$$\int_1^2 -(\vec{v}\times\vec{B})\cdot \mathrm{d}\vec{l} = \int_3^4 -(\vec{v}\times\vec{B})\cdot \mathrm{d}\vec{l} = 0$$

In den Längsseiten *2* bis *3* und *4* bis *1* der Leiterschleife wird dagegen je eine Spannung nach Gl. (4.72) induziert, die entsprechend Gl. (4.74) die Klemmenspannung

$$u = \int_2^3 -(\vec{v}\times\vec{B})\cdot \mathrm{d}\vec{l} + \int_4^1 -(\vec{v}\times\vec{B})\cdot \mathrm{d}\vec{l} \tag{4.90}$$

an den Schleifringen ergeben. Die beiden Vektoren $\vec{v}$ und $\vec{B}$ treten in den beiden Leiterabschnitten *4* bis *1* bzw. *2* bis *3* mit den unterschiedlichen Winkeln α bzw. $(\pi-\alpha)$ zueinander auf (s. Bild **4.**48b), die entsprechend $\alpha=\omega t$ zeitabhängig sind, so daß auch der Betrag des Vektors $(\vec{v}\times\vec{B})$ zeitabhängig ist. Seine Richtung liegt immer in Leiterlängsrichtung, bei positiven Betragswerten $(0\leqq\alpha<\pi)$ entgegengesetzt, bei negativen Betragswerten $(\pi\leqq\alpha<2\pi)$ gleich der Richtung des Integrationsvektors $\mathrm{d}\vec{l}$ (s. Bild **4.**48b). Da weiter die magnetische Flußdichte B über die Leiterlänge l konstant ist, läßt sich Gl. (4.90) in skalarer Form

$$u = [vB\sin(\pi-\alpha)]\,l + [vB\sin\alpha]\,l = 2\,vBl\sin\alpha$$

schreiben, aus der mit der Leitergeschwindigkeit $v=r\omega$ die an den Schleifringen gemessene Spannung

$$u = 2\,rlB\,\omega\sin(\omega t) \tag{4.91}$$

folgt. Da $2rl$ die Fläche A der Leiterschleife beschreibt, entspricht die Gl. (4.91) der Gl. (4.89), d.h., die Rechnung über $\vec{v}\times\vec{B}$ führt erwartungsgemäß zu dem gleichen Ergebnis wie die über $\mathrm{d}\Phi/\mathrm{d}t$. □

Das Beispiel 4.22 ist typisch für viele praktische Aufgabenstellungen, bei denen sich die über Leiterbewegungen induzierte Spannung auch über die zeitliche Flußänderung $\mathrm{d}\Phi/\mathrm{d}t$ berechnen läßt. Man kann bei Aufgaben dieser Art allein nach Zweckmäßigkeitsgründen den einen oder anderen Lösungsweg – also den über $(\vec{v}\times\vec{B})$ oder $\mathrm{d}\Phi/\mathrm{d}t$ – wählen.

□ **Beispiel 4.23**

Die Leiterschleife entsprechend Bild **4.**48 soll sich mit der Winkelgeschwindigkeit ω in einem homogenen Feld bewegen, in dem sich die magnetische Flußdichte, wie in Bild **4.**46b angegeben, zeitlich nach der Funktion $B=B_0+K_1 t$ ändert. Die an den Schleifringen auftretende Spannung u ist zu berechnen.

In dieser Aufgabe wird die Spannung übersichtlich mit $\mathrm{d}\Phi/\mathrm{d}t$ entsprechend Gl. (4.87) berechnet. Der Rechengang kann, wie in Beispiel 4.22 bis zur ersten Gleichung erläutert, durchgeführt werden, da es bis dahin ohne Bedeutung ist, wie sich der Betrag der magnetischen Flußdichte B zeitlich ändert. Allerdings darf die Differentiation nicht mehr, wie in Beispiel 4.22 gezeigt, durchgeführt werden, da auch der Betrag von B eine Zeitfunktion ist. Unter Beachtung der Produktregel für die Differentiation folgt statt der Lösung in Gl.

(4.89) die Gleichung

$$u=-\frac{\mathrm{d}}{\mathrm{d}t}(A\,B\cos\alpha)=-A\left[\frac{\mathrm{d}B}{\mathrm{d}t}\cos\alpha+B\frac{\mathrm{d}}{\mathrm{d}t}(\cos\alpha)\right], \qquad (4.92)$$

die nach Einsetzen der Werte für $B=B_0+K_1 t$ und $\alpha=\omega t$ die Spannung

$$u=A\,(B_0+K_1 t)\,\omega\sin(\omega t)-A\,K_1\cos(\omega t) \qquad (4.93)$$

ergibt. □

□ **Beispiel 4.24**

Für die in Beispiel 4.19 behandelte Unipolarmaschine soll die induzierte Spannung über $\mathrm{d}\Phi/\mathrm{d}t$ berechnet werden.

Man bezieht einen Betrachtungsstandpunkt am Ende einer Speiche auf dem Radkranz, z.B. den Punkt P in Bild **4.**43. Bei Drehung des Speichenrades ändert sich von diesem Standpunkt aus gesehen die Fläche, die von einem Umlauf von Punkt P über Speiche, Welle, Bürste, Spannungszählpfeil U, Bürste, Radkranz zurück zum Punkt P begrenzt wird, in dem Bereich des Kreissegmentes Bürste, Punkt P, Welle. Über diese Flächenänderung $\mathrm{d}A/\mathrm{d}t=(r_\mathrm{a}^2/2)\,\mathrm{d}\varphi/\mathrm{d}t=(r_\mathrm{a}^2/2)\,\omega$ läßt sich mit der zeitlich konstanten magnetischen Flußdichte B senkrecht zu diesem Teil der Schleifenfläche auch eine Flußänderung $\mathrm{d}\Phi/\mathrm{d}t=B\,\mathrm{d}A/\mathrm{d}t=B\,\omega r_\mathrm{a}^2/2$ und damit eine Spannung berechnen, die der in Beispiel 4.19 entspricht. Man erkennt, daß dieser mögliche Lösungsweg weniger anschaulich ist als der in Beispiel 4.19 über $(\vec{v}\times\vec{B})$ gezeigte. □

Spulenfluß. Wird nicht, wie bisher in diesem Abschnitt erläutert, eine Leiterschleife betrachtet, die mit einem einzigen Umlauf die eingeschlossene Fläche beschreibt, sondern eine über mehrere Umläufe geführte, so gilt Gl. (4.87) sinngemäß. Im einfachsten Fall N dicht aneinanderliegender, aufeinanderfolgender Einzelumläufe entsprechend den N Windungen einer konzentriert gewickelten Spule (s. Bild **4.**49 a) werden sozusagen von dem geschlossenen gesamten Umlauf N gleiche Flächen A eingeschlossen, in denen jeweils der gleiche magnetische Fluß Φ auftritt. Man kann davon ausgehen, daß jede Windung mit dem gleichen

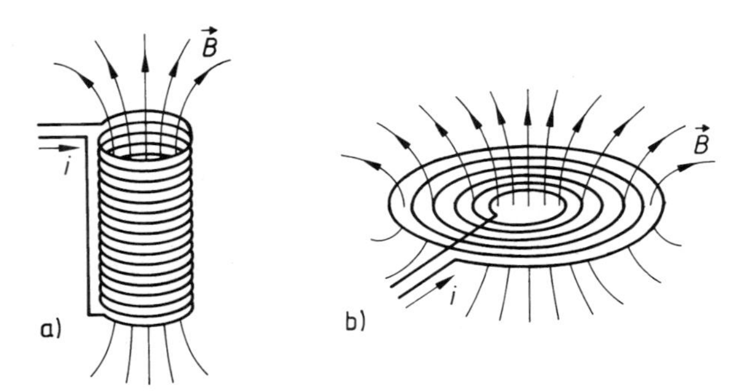

4.49 Extreme Spulenformen
a) lange Spule mit vernachlässigbarer radialer Dicke
b) kurze Spule mit radialer Wicklungsausdehnung

Fluß $\Phi = \int \vec{B} \cdot \mathrm{d}\vec{A}$ und damit der gleichen Flußänderung $\mathrm{d}\Phi/\mathrm{d}t$ verkettet ist. Dann wird in jeder Windung die gleiche Umlaufspannung $u_\nu = -\mathrm{d}\Phi/\mathrm{d}t$ induziert, und die gesamte in der Spule mit N Windungen induzierte Spannung ist

$$u = \sum_{\nu=1}^{N} u_\nu = -N \frac{\mathrm{d}\Phi}{\mathrm{d}t}. \tag{4.94}$$

Ist der Fluß Φ_ν nicht mehr in allen Windungen der gleiche, wie sinngemäß in Bild **4.**49b dargestellt, sind auch die Teilspannungen $u_\nu = -\mathrm{d}\Phi_\nu/\mathrm{d}t$ der Windungen unterschiedlich, was bei der Summation

$$u = \sum u_\nu = -\frac{\mathrm{d}}{\mathrm{d}t} \sum_{\nu=1}^{N} \Phi_\nu \tag{4.95}$$

beachtet werden muß. Man hat aus Zweckmäßigkeitsgründen für die Summe aller einzelnen magnetischen Windungsflüsse Φ_ν eine besondere Größe definiert, den magnetischen Spulenfluß

$$\Psi = \sum_{\nu=1}^{N} \Phi_\nu. \tag{4.96}$$

Für den praktisch besonders wichtigen Fall der konzentriert gewickelten Spule gilt die Näherung

$$\Psi = N\Phi \tag{4.97}$$

mit dem Fluß Φ durch die Spulenfläche.

Mit der Definition des Spulenflusses Ψ lautet das Induktionsgesetz für Spulen mit N Windungen

$$u = -\frac{\mathrm{d}\Psi}{\mathrm{d}t}. \tag{4.98}$$

4.3.1.4 Selbstinduktionsspannung. Bei den bisherigen Betrachtungen wird als Ursache der Spannungserzeugung ein äußerer, sich ändernder magnetischer Fluß angenommen. Eine Spannung kann aber auch in einer Windung oder Spule dadurch induziert werden, daß ein in ihr fließender Strom sich zeitlich ändert. Dadurch ändert sich auch der mit ihm, d.h. mit der Spule, verkettete Fluß zeitlich, so daß in der Spule nicht nur ein ohmscher Spannungsabfall als Folge des Stromes auftritt, sondern auch noch eine Spannung als Folge der Stromänderung induziert wird. Diese induzierte Spannung bezeichnet man als Spannung der Selbstinduktion.

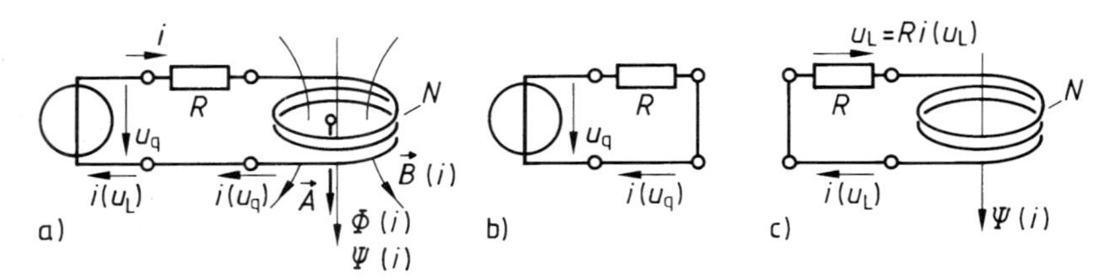

4.50 Zur Beschreibung der Selbsinduktion mit Hilfe des Überlagerungssatzes
a) vollständige Masche aus Spannungsquelle, Spule und Widerstand,
b) Teilstrom $i(u_q)$, wenn u_L unwirksam ist,
c) Teilstrom $i(u_L)$, wenn u_q unwirksam ist

In Bild **4.**50a ist eine Spannungsquelle dargestellt, an die eine Spule mit N Windungen angeschlossen ist. Alle ohmschen Widerstände des Kreises, also der der Spule und der Innenwiderstand der Quelle, sind in dem resultierenden Ersatzwiderstand R zusammengefaßt. Die Spannung u_q verursacht einen Strom i mit positivem Vorzeichen für die eingetragene Zählpfeilrichtung, so daß die von i in der Spule erregte magnetische Flußdichte $\vec{B}(i)$ rechtswendig dem Zählpfeil i zugeordnet ist. Mit der Kennzeichnung der Spulenfläche durch den Vektor $\vec{A}$ in Bild **4.**50a ist auch der Zählpfeil für den magnetischen Fluß $\Phi(i) = \int \vec{B}(i) \cdot d\vec{A}$ bzw. für den Spulenfluß $\Psi(i) = N\,\Phi(i)$ (alle Windungen sind als mit dem gleichen Fluß Φ verkettet angenommen) in dieser Richtung festgelegt. Ändert sich der Strom i zeitlich beispielsweise dadurch, daß die Spannung u_q der Spannungsquelle oder der Wert des Widerstandes R sich zeitlich ändert, so ändert sich auch der von der Spule umfaßte magnetische Fluß $\Phi(i)$ zeitlich, und es wird in der Spule eine Spannung $u_L = -d\Psi(i)/dt$ – Selbstinduktionsspannung – induziert entsprechend Abschn. 4.3.1.3, Gl. (4.98). Diese Selbstinduktionsspannung u_L ist zusätzlich zu der Spannung u_q in der aus Spule, Spannungsquelle und Widerstand gebildeten Masche wirksam. Um die Abhängigkeit des Stromes i von beiden Spannungen u_q und u_L zu untersuchen, wird dieser mit Hilfe des Überlagerungssatzes (s. Abschn. 2.3.4) wie folgt berechnet:

a) Der von der Spannung u_q verursachte Teilstrom $i(u_q)$ wird berechnet, indem man die Selbstinduktionsspannung u_L der als zweite Spannungsquelle in der Masche wirkenden Spule als unwirksam (kurzgeschlossen) annimmt (s. Bild **4.**50b). Mit dem Maschensatz Gl. (2.43) ergibt sich der Teilstrom

$$i(u_q) = \frac{u_q}{R}$$

mit positiven Werten für die eingezeichnete Richtung.

b) Der durch die Selbstinduktionsspannung u_L verursachte Teilstrom $i(u_L)$ wird berechnet, indem die Spannung u_q der Spannungsquelle als unwirksam (kurzgeschlossen) angenommen wird (s. Bild **4.**50c). Der nun über den Widerstand R geschlossene Spulenumlauf umfaßt den zeitlich sich ändernden Spulenfluß $\Psi(i)$; die in diesem Umlauf induzierte Selbstinduktionsspannung u_L tritt meßbar als Spannungsabfall $Ri(u_L) = u_L$ an dem Widerstand R in Erscheinung. Nach Abschn. 4.3.1.3 wird die induzierte Spannung $u_L = Ri(u_L)$ nach Gl. (4.98) berechnet

$$Ri(u_L) = -\frac{\mathrm{d}\Psi(i)}{\mathrm{d}t}$$

und ihr Zählpfeil rechtswendig dem Zählpfeil des Spulenflusses $\Psi(i)$ zugeordnet (s. Bild **4.**50c).

Die Selbstinduktionsspannung verursacht also einen Teilstrom

$$i(u_L) = -\frac{1}{R} \cdot \frac{\mathrm{d}\Psi(i)}{\mathrm{d}t},$$

für den die in Bild **4.**50c eingetragene Zählpfeilrichtung gilt.

Der sich tatsächlich – meßbar – in dem Kreis einstellende, den magnetischen Spulenfluß $\Psi(i)$ der Spule erregende Strom

$$i = i(u_q) + i(u_L) = \frac{u_q}{R} - \frac{1}{R} \cdot \frac{\mathrm{d}\Psi(i)}{\mathrm{d}t}$$

ergibt sich als Summe der beiden Teilströme nach a) und b) unter Beachtung der in Bild **4.**50 eingetragenen Zählpfeilrichtungen (s. Abschn. 2.3.4). Wird der Strom i zeitlich größer, steigt auch der von ihm erregte Spulenfluß $\Psi(i)$ an. Dann ergibt sich für den Differentialquotienten $\mathrm{d}\Psi(i)/\mathrm{d}t$ ein positiver Zahlenwert, so daß die Selbstinduktionsspannung $u_L = -\mathrm{d}\Psi(i)/\mathrm{d}t$ und der durch sie verursachte Teilstrom $i(u_L)$ mit negativen Zahlenwerten berechnet werden. Der durch die Selbstinduktionsspannung u_L verursachte Teilstrom $i(u_L)$ fließt also entgegen der in Bild **4.**50c bzw. a eingetragenen Zählpfeilrichtung, also entgegen der Richtung des größer werdenden Stromes i, behindert also dessen Ansteigen.

Wird der Strom i zeitlich kleiner, wird auch der Spulenfluß $\Psi(i)$ kleiner und damit der Differentialquotient $\mathrm{d}\Psi(i)/\mathrm{d}t$ negativ. Dann wird aber der Teilstrom $i(u_L)$ infolge der Selbstinduktionsspannung mit positivem Zahlenwert berechnet, d.h., dieser Teilstrom fließt in Richtung seines Zählpfeiles in Bild **4.**50c bzw. **4.**50a. Ein kleiner werdender Strom i hat also einen in gleicher Richtung fließenden Teilstrom $i(u_L)$ zur Folge, der von der Selbstinduktionsspannung verursacht wird und der somit das Kleinerwerden des Stromes i behindert.

Das hier betrachtete Beispiel zeigt deutlich, daß Selbstinduktionsvorgänge auch nach der Lenzschen Regel beurteilt werden können, nach der eine Wirkung immer ihrer Ursache entgegengerichtet ist. Allgemeingültig läßt sich feststellen, daß jede zeitliche Stromänderung eine Selbstinduktionsspannung hervorruft, die der Stromänderung entgegenwirkt, also den ursprünglichen Strom aufrechtzuerhalten versucht. Primär gilt diese Aussage für den magnetischen Fluß, der über den Durchflutungssatz unabdingbar mit dem ihn erregenden Strom verknüpft ist, d.h., sind mehrere Wicklungen mit einem Fluß verkettet (z.B. Kurzschlußwicklungen), muß die Summe der Ströme in allen Wicklungen betrachtet werden.

4.3.1.5 Selbst- und Gegeninduktivität. In der Praxis treten sehr häufig Probleme auf, in denen die Selbstinduktionsspannungen berücksichtigt werden müssen. Man hat daher eine weitere magnetische Definitionsgröße eingeführt, mit der man die Selbstinduktionsspannung direkt aus der Stromänderung berechnen kann. Diese Größe wird als Selbstinduktionskoeffizient oder auch Induktivität L bezeichnet. Die Definition dieser Größe sei im folgenden für eine Kreisringspule nach Bild **4.**54 beschrieben, bei der alle N Windungen mit dem gleichen magnetischen Fluß Φ verkettet sind, d.h., es gilt nach Gl. (4.97) für den magnetischen Spulenfluß $\Psi = N\Phi$. Mit der Durchflutung $\Theta = NI$ läßt sich entsprechend Gl. (4.45) der magnetische Spulenfluß

$$\Psi = N\Phi = N\Lambda\Theta = N\Lambda NI = N^2\Lambda I = LI \tag{4.99}$$

auch über den magnetischen Leitwert Λ des Kreises berechnen. Die so eingeführte Größe Induktivität

$$L = \frac{\Psi}{I} = N^2\Lambda = \frac{N^2}{R_\mathrm{m}} \tag{4.100}$$

ist allgemeingültig als magnetischer Spulenfluß pro erregenden Strom definiert. Sie ist eine Größe, die allein durch die geometrischen Abmessungen der Spule und die Materialeigenschaften des Feldraumes bestimmt ist, wie das Beispiel der Ringspule nach Bild **4.**7 mit $L = N^2\mu_\mathrm{r}\mu_0 A_\mathrm{q}/(d_\mathrm{R}\pi)$ deutlich zeigt [für die Ringspule ist nach Abschn. 4.1.3.4 $\Lambda = \mu A_\mathrm{q}/(d_\mathrm{R}\pi)$].

Ist in Gl. (4.100) der magnetische Leitwert Λ bzw. magnetische Widerstand R_m konstant, ist auch die Induktivität L konstant, so daß sich nach dem Induktionsgesetz Gl. (4.98) die Selbstinduktionsspannung

$$u_\mathrm{L} = -\frac{\mathrm{d}\Psi}{\mathrm{d}t} = -N^2\Lambda\frac{\mathrm{d}i}{\mathrm{d}t} = -L\frac{\mathrm{d}i}{\mathrm{d}t} \tag{4.101}$$

als Produkt aus der Konstanten L und der zeitlichen Ableitung des Stromes ergibt. Die allein von Windungszahl und magnetischem Leitwert abhängige Induktivität ist aber nur dann eine Konstante, wenn die Permeabilitätszahl μ_r unabhängig von dem magnetischen Fluß Φ des Kreises bzw. dem erregenden Strom i ist. Für Eisen ist die Permeabilitätszahl μ_r in starkem Maße von der sich einstellenden magnetischen Flußdichte B abhängig, die wiederum von der Größe des Erregerstromes i bestimmt ist. Die Induktivität L ist daher für Spulen mit magnetischen Eisenkreisen keine Konstante, sondern eine Funktion des Spulenstromes, so daß in Gl. (4.101) die letzten beiden Ausdrücke $N^2 \Lambda \mathrm{d}i/\mathrm{d}t$ und $L\,\mathrm{d}i/\mathrm{d}t$ nicht mehr gültig sind.

Die Einheit der Induktivität L ergibt sich entsprechend Gl. (4.100), indem die Einheiten Vs für den magnetischen Spulenfluß Ψ und A für den Strom I eingesetzt werden. Mit der eigens für die Induktivität eingeführten Einheitenbezeichnung Henry (H) gilt

$$1\,\mathrm{H} = 1\,\frac{\mathrm{Vs}}{\mathrm{A}}\,. \tag{4.102}$$

Bei praktischen Rechnungen empfiehlt es sich i. allg. nicht, die Induktivität über den magnetischen Widerstand, sondern direkt aus dem Quotienten Ψ durch I zu berechnen. Soll beispielsweise für eine mit den geometrischen Abmessungen, der Windungszahl N und den Materialeigenschaften μ gegebenen Spule die Induktivität L berechnet werden, so wird ein magnetischer Fluß Φ in der Spulenfläche angenommen und entsprechend Abschn. 4.1.3.2 bzw. 4.2.2 die Durchflutung $\Theta = NI$ berechnet, die den angenommenen magnetischen Fluß Φ in dem gegebenen magnetischen Kreis der Spule erregt. Die Induktivität L der Spule ist dann entsprechend Gl. (4.100)

$$L = \frac{N\Phi}{I}\,, \tag{4.103}$$

vorausgesetzt, alle N Windungen sind mit dem gleichen Fluß Φ verkettet.

□ **Beispiel 4.25**

Für eine runde Spule entsprechend Bild **4.**49a mit dem Innendurchmesser $d_i = 20\,\mathrm{mm}$, dem Außendurchmesser $d_a = 21\,\mathrm{mm}$, der Länge $l = 150\,\mathrm{mm}$ und der Windungszahl $N = 1000$ ist die Induktivität L zu berechnen.

Man weiß aus Erfahrung, daß bei einer langen, dünnen Spule, wie sie hier vorliegt, die magnetische Spannung im Außenraum der Spule vernachlässigbar klein ist gegenüber der im Spuleninneren, wo H und B konstant angenommen werden können. Es gilt somit näherungsweise der Durchflutungssatz nach Gl. (4.19) in der Form

$$\oint \vec{H} \cdot \mathrm{d}\vec{l} = H_i l = NI\,. \tag{4.104}$$

Für den Luftraum im Inneren der Spule ergibt sich mit $\mu_i = \mu_0$ die magnetische Flußdichte

$$B_i = \mu_0 H_i = \mu_0 \frac{NI}{l}. \tag{4.105}$$

Bei der gegenüber dem Durchmesser $d_i = 20\,\text{mm}$ geringen Spulendicke $(d_a - d_i)/2 = 0{,}5\,\text{mm}$ kann angenommen werden, daß alle Windungen mit dem gleichen magnetischen Fluß Φ, und zwar dem in der Spulenfläche $A_i = d_i^2 \pi/4$, verkettet sind, so daß der Spulenfluß nach Gl. (4.97) berechnet werden kann.

$$\Psi = N B_i d_i^2 \frac{\pi}{4} = \frac{I N^2 d_i^2 \mu_0 \pi}{4l} \tag{4.106}$$

Damit ergibt sich entsprechend Gl. (4.103) die Induktivität

$$L = \frac{N\Phi}{I} = \frac{\pi}{4} \mu_0 \frac{N^2 d_i^2}{l} = \frac{\pi}{4} \cdot 4\pi \frac{\text{nH}}{\text{cm}} \cdot \frac{1000^2 (2\,\text{cm})^2}{15\,\text{cm}} = 2{,}64\,\text{mH} \tag{4.107}$$

der Spule. Man beachte, daß die Induktivität einer Spule vom Quadrat der Windungszahl abhängt. □

□ **Beispiel 4.26**

Für die mit zwei gleichen Drähten (Hin- und Rückleitung) des Radius r_0 im Abstand a verlegte Freileitung nach Bild **4.**21 soll eine Bestimmungsgleichung für die Induktivität abgeleitet werden ohne Berücksichtigung des Feldes im Leiterinneren.

Das von einem in Hin- und Rückleitung gleich groß angenommenen Strom I erregte magnetische Feld ist in Bild **4.**21 b dargestellt. Die Bestimmung der magnetischen Flußdichte B in einer Verbindungslinie zwischen den Leitermittellinien ist in Abschn. 4.1.4 erläutert. Bezeichnet man die Koordinate dieser Verbindungslinie mit r, in der Mitte des linken Leiters mit $r = 0$ beginnend, so ergibt sich in dem Bereich zwischen den Außenradien r_0 der beiden Leiter, also von $r = r_0$ bis $r = a - r_0$, der Betrag der magnetischen Flußdichte

$$B = B(I_1) + B(I_2) = \frac{\mu_0 I_1}{2\pi r} + \frac{\mu_0 I_2}{2\pi (a - r)}. \tag{4.108}$$

Da die magnetische Flußdichte eine Funktion von r ist unabhängig von der Längsrichtung der Leiter, kann der von der Doppelleitung eingeschlossene magnetische Fluß wie in Beispiel 4.8 erläutert berechnet werden. Für eine Leiterlänge l ist mit $\text{d}A = l\,\text{d}r$ und $I_1 = I_2 = I$ nach Gl. (4.37)

$$\Phi = \int_A \vec{B} \cdot \text{d}\vec{A} = \int_{r=r_0}^{(a-r_0)} B(r)\, l\, \text{d}r = l \frac{\mu_0}{2\pi} I \left[\int_{r=r_0}^{(a-r_0)} \frac{\text{d}r}{r} + \int_{r=r_0}^{(a-r_0)} \frac{\text{d}r}{a-r} \right] = l I \frac{\mu_0}{\pi} \ln \frac{a - r_0}{r_0}. \tag{4.109}$$

Die Induktivität der Doppelleitung wird nach Gl. (4.103) mit $N = 1$ bestimmt

$$L = \frac{N\Phi}{I} = \frac{l \mu_0}{\pi} \ln \frac{a - r_0}{r_0} \tag{4.110}$$

und üblicherweise als auf die Leitungslänge l bezogen

$$\frac{L}{l} = \frac{\mu_0}{\pi} \ln \frac{a - r_0}{r_0} \tag{4.111}$$

angegeben. □

Der von einem zeitlich sich ändernden Strom i_1 in einer Spule *1* mit der Induktivität L_1 erregte zeitlich sich ändernde magnetische Spulenfluß $\Psi_1 = L_1 i_1$ induziert in dieser Spule eine Selbstinduktionsspannung u_1, die sich bei konstanter Induktivität nach Gl. (4.101) zu $u_1 = -L_1 \, \mathrm{d}i_1/\mathrm{d}t$ ergibt. Ist nun der von i_1 in der Spule *1* erregte magnetische Fluß $\Phi_1(i_1)$ – ganz oder teilweise – noch mit einer zweiten Spule verkettet, so wird auch in dieser Spule *2* eine Spannung induziert, die man als Gegeninduktionsspannung bezeichnet zur Unterscheidung von der der Selbstinduktion. Selbstverständlich kann der Vorgang auch umgekehrt ablaufen, d.h., sind zwei Spulen magnetisch gekoppelt, so wird ein zeitlich sich ändernder Strom in Spule *2* auch eine Spannung in Spule *1* induzieren. In Bild **4.**51 ist die magnetische Kopplung zweier Spulen schematisch dargestellt. Dabei sind die Spulen *1* und *2* der Einfachheit halber mit nur je einer Windung gezeichnet, können natürlich grundsätzlich auch aus N_1 und N_2 Windungen bestehen, allerdings muß man dann statt mit dem Fluß Φ durch die Spulenfläche mit dem Spulenfluß Ψ (näherungsweise $N\Phi$) rechnen. Entsprechend Bild **4.**51 durchsetzt im allgemeinen Fall nur ein bestimmter Prozentsatz des Flusses der einen Spule auch die andere. Man bezeichnet diesen Prozentsatz auch häufig als geometrischen Kopplungsgrad k_{g1} bzw. k_{g2}. Ein in der Spule *1* (Bild **4.**51a) fließender Strom I_1 erzeugt einen Fluß Φ_1, der aus dem Nutzfluß $\Phi_{12} = k_{g1} \Phi_1$ und dem Streufluß $\Phi_{10} = (1 - k_{g2}) \Phi_1$ besteht. Erregt man die Spule *2* (Bild **4.**51b) mit ei-

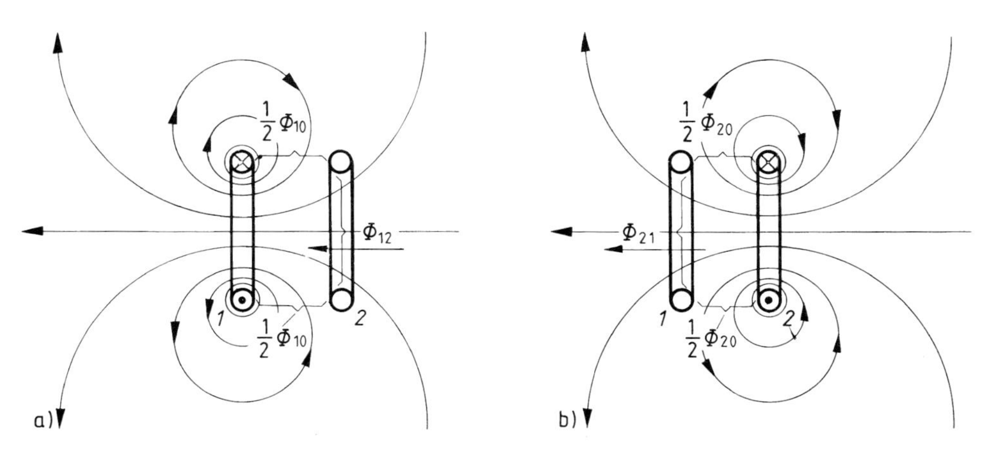

4.51 Magnetischer Nutzfluß Φ_{12} bzw. Φ_{21} und Streufluß Φ_{10} bzw. Φ_{20} bei zwei magnetisch gekoppelten Spulen, wenn jeweils nur eine Spule – Spule *1* (a), Spule *2* (b) – vom Strom durchflossen ist

nem Strom I_2, so ergeben der Nutzfluß $\Phi_{21}=k_{g2}\Phi_2$ und der Streufluß $\Phi_{20}=(1-k_{g2})\Phi_2$ zusammen den gesamten Fluß Φ_2 der Spule *2*.

$$\Phi_1=\Phi_{10}+\Phi_{12} \quad \text{und} \quad \Phi_2=\Phi_{20}+\Phi_{21}$$

Dabei sind die Streuflüsse Φ_{10} bzw. Φ_{20} jeweils nur mit der sie erregenden Spule selbst verkettet, während die Nutzflüsse Φ_{12} bzw. Φ_{21} auch mit der jeweils anderen Spule verkettet sind. Für die in der jeweils anderen Spule erzeugte Spannung ist nur der den beiden Spulen gemeinsame Fluß maßgebend. Man erhält nach Bild **4.**51a für die von einer zeitlichen Änderung des Stromes i_1 in der Spule *2* erzeugte Spannung u_2 und nach Bild **4.**51b für die von einer zeitlichen Änderung des Stromes i_2 in der Spule *1* erzeugte Spannung u_1 mit dem Induktionsgesetz Gl. (4.98) und $\Psi=N\Phi$ die Gleichungen

$$u_2=-N_2\frac{\mathrm{d}\Phi_{12}}{\mathrm{d}t} \quad \text{und} \quad u_1=-N_1\frac{\mathrm{d}\Phi_{21}}{\mathrm{d}t}. \tag{4.112}$$

Für die Richtung der Gegeninduktionsspannung nach Gl. (4.112) gelten die gleichen Gesetzmäßigkeiten, wie sie für das allgemeine Induktionsgesetz Gl. (4.87) festgelegt sind. Es ist also der Zählpfeil für die Gegeninduktionsspannung u_1 bzw. u_2 rechtswendig zu dem durch den Flächenvektor $\vec{A}_1$ bzw. $\vec{A}_2$ gegebenen Flußzählpfeil Φ_{21} bzw. Φ_{12} anzutragen.

Bei Gleichheit der magnetischen Teilflüsse Φ_{12} und Φ_{21} ist der Unterschied der Spannungen nur durch die Windungszahlen beider Spulen bestimmt. Für diesen Fall ergibt die Division beider Gleichungen das Übersetzungsverhältnis $u_1/u_2=N_1/N_2$ des idealen Transformators (s. Abschn. 6.3.2).

Wie bei der Berechnung der Selbstinduktion kann man auch die Gegeninduktionsspannungen unmittelbar durch die Stromänderungen $\mathrm{d}i/\mathrm{d}t$ angeben. Man ersetzt dazu die Teilflüsse Φ_{12} und Φ_{21} in Gl. (4.112) durch Gl. (4.45) mit $\Theta=iN$.

$$\Phi_{12}=\Lambda_{12}N_1 i_1 \quad \text{und} \quad \Phi_{21}=\Lambda_{21}N_2 i_2$$

Wird für beide Spulen der gleiche Kopplungsgrad $k_{g1}=k_{g2}=k_g$ und der gleiche magnetische Teilleitwert $\Lambda_{12}=\Lambda_{21}=k_g\Lambda$ vorausgesetzt, so ergeben sich mit

$$\frac{\mathrm{d}\Phi_{12}}{\mathrm{d}t}=k_g\Lambda N_1\frac{\mathrm{d}i_1}{\mathrm{d}t} \quad \text{und} \quad \frac{\mathrm{d}\Phi_{21}}{\mathrm{d}t}=k_g\Lambda N_2\frac{\mathrm{d}i_2}{\mathrm{d}t}$$

aus Gl. (4.112) die Gegeninduktionsspannungen

$$u_2=-k_g\Lambda N_1 N_2\frac{\mathrm{d}i_1}{\mathrm{d}t} \quad \text{und} \quad u_1=-k_g\Lambda N_1 N_2\frac{\mathrm{d}i_2}{\mathrm{d}t}.$$

Der beiden Gleichungen gemeinsame Faktor vor den Differentialquotienten wird analog der Induktivität L als Gegeninduktivität

$$M = N_1 N_2 k_g \Lambda \tag{4.113}$$

bezeichnet. Damit können dann die induzierten Spannungen

$$u_2 = -M \frac{di_1}{dt} \quad \text{und} \quad u_1 = -M \frac{di_2}{dt} \tag{4.114}$$

direkt aus der Stromänderung berechnet werden.

Für die Gegeninduktivität M werden dieselben Einheiten wie für die Induktivität L verwendet, also im SI-System Henry (H).

Die Flüsse Φ_{10} bzw. Φ_{20} in Bild **4.**51 sind als Streuflüsse (s. Abschn. 4.2.2.1) bezeichnet, da sie nicht zur magnetischen Kopplung der beiden Spulen beitragen, die in vielen Fällen als der gewollte Nutzeffekt angesehen wird, z.B. beim Transformator (s. Abschn. 6.3.2). Dementsprechend werden die Flüsse Φ_{12} bzw. Φ_{21}, die mit beiden Spulen verkettet sind, als Nutz- oder Hauptflüsse bezeichnet. Zu beachten ist, daß die in Bild **4.**51 dargestellten Feldbilder mit ihrer einfachen und geometrisch anschaulichen Zuordnung von Nutz- und Streufluß nur möglich sind, wenn felderzeugende Ströme lediglich in der einen Spule oder Windung fließen, die andere aber, wie in Bild **4.**51 dargestellt, stromfrei ist. Fließen Ströme in beiden Spulen, so ergibt sich eine Überlagerung der beiden Felder, die im Feldbild meist keine eindeutige Zuordnung von Feldräumen zu Nutz- und Streufluß ermöglicht; die Erklärung der Streuung bzw. Kopplung erfolgt dann auf der Basis des für beide Spulenkreise aufgestellten gekoppelten Spannungsgleichungssystems [s. Gl. (6.111)] [22].

4.3.1.6 Selbst- und Gegeninduktionsspannung im Verbraucherzählpfeilsystem. Bei der Netzwerkberechnung in Abschn. 5 wird die Selbstinduktionsspannung u_L, die ein zeitlich sich ändernder Strom i an einer Spule verursacht, ausschließlich mit Hilfe der Induktivität L berechnet. Dies kann grundsätzlich mit Gl. (4.101) erfolgen, die für die rechtswendige Zuordnung der Zählpfeile für u_L und Ψ bzw. Φ gilt (s. Bild **4.**54). Diese Zuordnung führt aber, wie aus Bild **4.**54 hervorgeht, auf das Erzeugerzählpfeilsystem, da der Zählpfeil für Φ wiederum rechtswendig dem Zählpfeil für i zugeordnet ist, der diesen magnetischen Fluß Φ erregt. Trägt man, wie in der Netzwerklehre üblich, die Strom- und Spannungszählpfeile an einer Spule in gleicher Richtung, also nach dem Verbraucherzählpfeilsystem an, so entspricht dies einer Umkehrung des Zählpfeiles für u_L in Bild **4.**54 (Linkszuordnung von u_L und Φ), was eine Umkehrung des Vorzeichens dieser Spannung in Gl. (4.101) zur Folge hat. Für die

Selbstinduktionsspannung an einer Spule der Induktivität L gilt also im Verbraucherzählpfeilsystem

$$u_\mathrm{L} = L \frac{\mathrm{d}i}{\mathrm{d}t}. \tag{4.115}$$

Analog zur Selbstinduktionsspannung wird in der Netzwerklehre üblicherweise auch für die Gegeninduktionsspannung der Zählpfeil so eingetragen, daß sich eine Linkszuwendung zum Zählpfeil des magnetischen Flusses ergibt. Das entspricht aber auch einer Umkehrung des Vorzeichens dieser Spannung, so daß Gl. (4.114) mit positivem Vorzeichen geschrieben werden muß [22].

$$u_2 = M \frac{\mathrm{d}i_1}{\mathrm{d}t} \quad \text{und} \quad u_1 = M \frac{\mathrm{d}i_2}{\mathrm{d}t} \tag{4.116}$$

4.3.1.7 Wirbelströme. Während die Induktionswirkungen in drahtförmigen Leitern noch relativ einfach mit Hilfe der integralen Größen Spannung und Strom zu beschreiben sind, jedenfalls solange diese Leiter geometrisch einfache Formen darstellen, können die in mehrdimensional ausgedehnten Leitern (z.B. in Platten) induzierten elektrischen Größen nur über das elektrische Strömungsfeld, also mit Hilfe der Vektoren elektrische Feldstärke $\vec{E}$ und Stromdichte $\vec{S}$, beschrieben werden. Wird beispielsweise, wie in Bild **4.**52 dargestellt, eine Metallscheibe *2* mit der Geschwindigkeit v durch ein Magnetfeld zwischen den Polen *1* bewegt, so entstehen in den in das Feld eintretenden bzw. aus diesen austretenden Bereichen der Scheibe Umlaufspannungen. Diese haben in einer leitfähigen Scheibe Ströme – Wirbelströme – zur Folge, die durch ein elektrisches Strömungsfeld $\vec{S}$, ähnlich wie in Bild **4.**52 skizziert, beschrieben werden. Nicht nur durch Bewegungen entstehen derartige Wirbelströme, sondern auch in ruhenden leitfähigen Gebieten, wenn in diesen zeitliche Änderungen des magnetischen Feldes auftreten, z.B. in den Blechen mit Wechselstrom erregter magnetischer Kreise (s. Bild **4.**53).

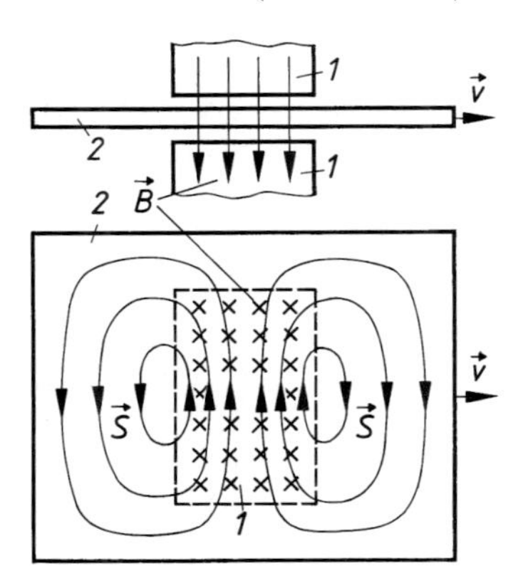

4.52 Wirbelstromdichte $\vec{S}$ in einer Scheibe *2*, die in dem Magnetfeld zwischen den Polen *1* bewegt wird

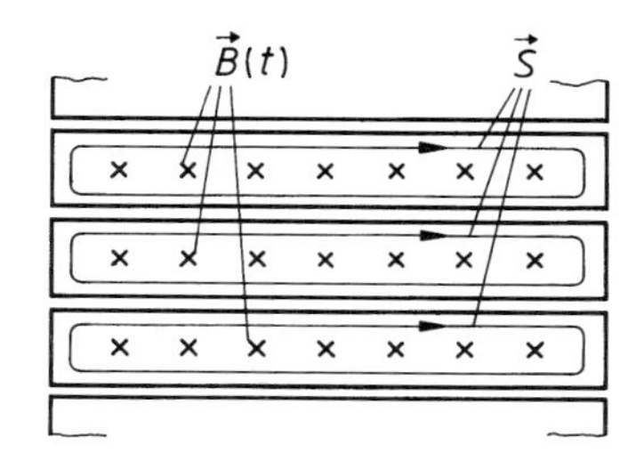

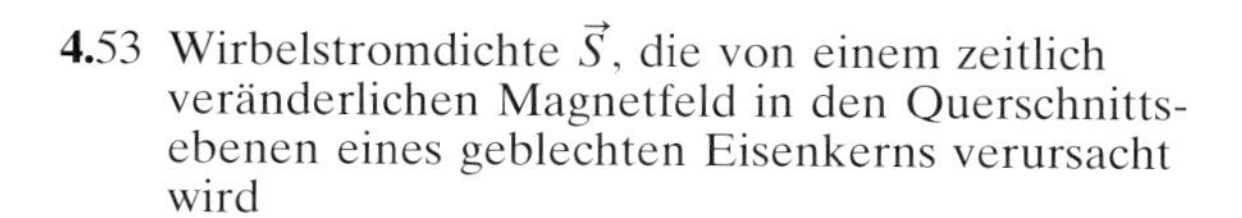

4.53 Wirbelstromdichte $\vec{S}$, die von einem zeitlich veränderlichen Magnetfeld in den Querschnittsebenen eines geblechten Eisenkerns verursacht wird

Beabsichtigt sind solche Wirbelströme beispielsweise in Zählerscheiben als Wirbelstrombremse, in Induktionsöfen und in Abschirmungen für Geräte der Nachrichtentechnik. Unbeabsichtigt und störend sind Wirbelströme in den magnetischen Eisenkreisen elektrischer Maschinen wie Motoren, Generatoren und Transformatoren. Würde man diese als massive Stahlblöcke ausführen, so würden bei ihrer Magnetisierung mit Wechselstrom Spannungen und damit Ströme induziert, die erhebliche Erwärmungen und Verluste zur Folge hätten. Man baut die magnetischen Eisenkreise daher aus gegeneinander isolierten Blechen (Dicke z.B. 0,5 mm) auf, so daß die Isolationsebenen parallel zur Flußrichtung und damit rechtwinklig zu der Ebene liegen, in der sich die induzierten Umlaufspannungen und die durch sie hervorgerufenen Ströme ausbilden (s. Bild **4.**53). Dadurch wird das Verhältnis von induzierter Umlaufspannung zu Länge des Umlaufweges, d.h. zum Widerstand der Strombahn, entsprechend klein, so daß die Wirbelströme und die durch sie verursachten Verluste in tragbaren Grenzen bleiben [22].

4.3.2 Energie und Kräfte im magnetischen Feld

In der Natur spielen sich neben den irreversiblen energieumformenden Vorgängen, wie sie z.B. in stromdurchflossenen Widerständen ablaufen (die elektrische Energie UIt wird in Wärmeenergie umgewandelt), auch reversible energiespeichernde Vorgänge ab. Es wird z.B. der potentielle Energieinhalt einer Masse, die durch äußere Kräfte von der Erde (zweite Masse) entfernt wird, größer; sie speichert Energie, die sie wieder abzugeben vermag. Wenn nämlich diese Masse nicht mehr durch äußere Kräfte in einer bestimmten Höhe (Abstand von Erdmittelpunkt) gehalten wird, fällt sie zur Erde zurück. In der Mechanik beschreibt man dieses Energiespeichervermögen in Massen über das Gravitationsfeld.

Ähnlich kann auch das magnetische Feld Energie speichern. Schaltet man z.B. eine Spule an eine Spannungsquelle, so beginnt ein Strom zu fließen (s. Abschn. 9.3.2.1), d.h., die Spule nimmt elektrische Energie auf, die in dem durch den Strom erregten Magnetfeld der Spule gespeichert wird. Daß es sich hier, ähnlich wie beim Anheben der Masse, um einen speichernden, d.h. einen reversiblen Vorgang handelt, wird klar, wenn die stromdurchflossene Spule von der Spannungsquelle abgeschaltet und über einen Widerstand kurzgeschlossen wird. Für eine bestimmte Zeit fließt dann nämlich noch ein Strom (s. Abschn. 9.3.2.2), obwohl keine äußere Spannungsquelle mehr in dem Kreis wirksam ist. Dieser Strom kann über das Induktionsgesetz berechnet werden und erklärt sich aus dem nach Abschalten der Spannungsquelle zunächst noch vorhandenen Magnetfeld, das abgebaut wird. Dabei wird der magnetische Fluß kleiner ($\mathrm{d}\Phi/\mathrm{d}t \neq 0$), so daß eine Spannung induziert wird, über die die gespeicherte magnetische Energie in elektrische umgeformt wird.

Außerdem können reversible Wechselwirkungen zwischen mechanischer und magnetischer Energie auftreten. Nähert man z.B. einen ferromagnetischen Körper den Polen eines Naturmagneten, so wird dieser angezogen, d.h., es wirken Kräfte auf ihn. Bewegt sich der Körper infolge dieser Kräfte, z.B. bei fehlenden äußeren (haltenden) Kräften, wird der Körper beschleunigt und prallt letztlich mit einer bestimmten Geschwindigkeit, also kinetischer Energie, auf die Pole des Naturmagneten auf. Dabei nimmt nachweislich die von dem Naturmagneten erregte magnetische Feldenergie stetig ab, so daß der Energieerhaltungssatz in jedem Augenblick erfüllt ist, d.h., bei fehlenden Verlusten (Reibung) ist die abgegebene magnetische gleich der aufgenommenen mechanischen Energie.

In den nächsten Abschnitten sollen zunächst Beziehungen zur Berechnung der Feldenergie abgeleitet werden und über den Energieerhaltungssatz die im Magnetfeld auftretenden mechanischen Kräfte bestimmt werden.

4.3.2.1 Energie des magnetischen Feldes. Die in einem magnetischen Feld gespeicherte Energie wird zweckmäßigerweise nach dem Energieerhaltungssatz aus der elektrischen Energie bestimmt, die über den das Feld erregenden Strom zugeführt wird. Dazu wird der in Bild **4.**54 dargestellte Ringeisenkern betrachtet, dessen N Windungen an eine Quelle der Gleichspannung U_q angeschlossen werden, so daß in ihnen der Strom i – von $i=0$ ansteigend – fließt (s. Abschn. 9.3.2.1). Von dem ansteigenden Strom i wird eine ansteigende magnetische Flußdichte $\vec{B}\,(i)$ rechtswendig zum positiven Strom i – d.h. zur Geschwindigkeitsrichtung $\vec{v}$ der positiven Ladung – erregt. Der Flächenvektor des Eisenkerns $\vec{A}$ und damit der Zählpfeil für den magnetischen Fluß Φ werden wie in Bild **4.**54 skizziert angenommen und der Zählpfeil der Selbstinduktionsspannung U_L entspre-

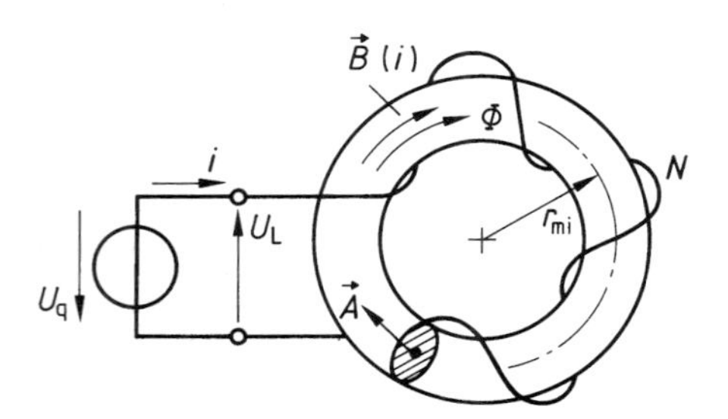

4.54 Ringkernspule mit zugeordneten Zählpfeilen für Strom i, Spannung U und magnetischen Fluß Φ

chend Abschn. 4.3.1.3 rechtswendig um den Flußzählpfeil Φ angetragen. Sind keine ohmschen Widerstände in dem Kreis zu berücksichtigen, folgt aus dem Spannungssatz $U_q + U_L = 0$ mit $U_L = -N\mathrm{d}\Phi/\mathrm{d}t$ die Gleichung $U_q = N\mathrm{d}\Phi/\mathrm{d}t$, die nach Multiplikation mit $i\mathrm{d}t$ die von der Spannungsquelle dem magnetischen Kreis elektrisch zugeführte Energie

$$\mathrm{d}W = U_q\, i\, \mathrm{d}t = i\, N\, \mathrm{d}\Phi \tag{4.117}$$

ergibt. Mit dem mittleren Radius r_{mi} der Ringspule folgt aus dem Durchflutungssatz Gl. (4.19) $iN = 2\pi r_{mi} H$ die magnetische Feldstärke H, die näherungsweise über den Querschnitt A als konstant angenommen werden kann. Da der Flächenvektor $\vec{A}$ parallel zu dem der magnetischen Flußdichte $\vec{B} = \mu \vec{H}$ liegt, ergibt sich die über die Klemmen der Spannungsquelle fließende Energie nach Gl. (4.117)

$$\mathrm{d}W = 2\pi r_{mi} H A\, \mathrm{d}B\,.$$

Aus der gewählten Zuordnung von i und U_q und dem Vorzeichen der berechneten Energie folgt, daß die Energie von der Spannungsquelle abgegeben und von der Spule aufgenommen wird. Sie muß daher in dem vom Strom i in der Spule erregten magnetischen Feld gespeichert sein, da voraussetzungsgemäß keine Verluste auftreten. Da sich in einem Ringkern mit dem Radius $r_{mi} \gg \sqrt{A}$ das magnetische Feld nahezu homogen ausbildet, ergibt sich die Energie, die in der Zeit $\mathrm{d}t$ pro Volumen V elektrisch zugeführt wird, indem $\mathrm{d}W$ durch das Volumen $V = 2\pi r_{mi} A$ des Kernes dividiert wird.

$$\mathrm{d}w = \frac{\mathrm{d}W}{V} = H\, \mathrm{d}B \tag{4.118}$$

Steigt der Strom von $i = 0$ bis $i = I_{max}$ an, so steigt auch das Feld von $B = H = 0$ bis $B = B_{max}$ und $H = H_{max} = B_{max}/\mu$ an. Die Energiedichte in einem Feld der magnetischen Flußdichte B ergibt sich daher als Integral $w = \int H\,\mathrm{d}B$ in den Grenzen $B = 0$ und $B = \pm B_{max}$.

Diese für das einfache Modell einer Ringspule abgeleiteten Beziehungen können für beliebige homogene und inhomogene Felder verallgemeinert werden. In einem magnetischen Feld der magnetischen Flußdichte B und der magnetischen Feldstärke H herrscht also die Energiedichte

$$w = \int_{B=0}^{B_{max}} H\, \mathrm{d}B\,. \tag{4.119}$$

Der gesamte Energieinhalt W des magnetischen Feldes ergibt sich dann als Integral der Energiedichte w über das Feldvolumen V.

$$W=\int_V \left[\int_{B=0}^{B_{max}} H\,\mathrm{d}B\right]\mathrm{d}V \qquad (4.120)$$

Für Felder in Stoffen mit konstanter Permeabilität (z.B. Luft) gilt $H=B/\mu = \text{const}\cdot B$, so daß das Integral in Gl. (4.119) allgemeingültig gelöst werden kann und für die magnetische Energiedichte

$$w=\frac{B^2}{2\,\mu}=\frac{HB}{2}=\frac{\mu H^2}{2} \qquad (4.121)$$

gilt.

Ist die Induktivität L einer Anordnung (Spule, Leitung usw.) bekannt, so läßt sich der Energieinhalt des von einem Strom I in dieser Anordnung erregten magnetischen Feldes auch direkt aus Induktivität L und Strom I ermitteln, was klar wird, wenn man vorstehende Ableitung mit der Selbstinduktionsspannung in der Form $U_L = -L\,\mathrm{d}i/\mathrm{d}t$ durchführt, statt in der Form $U_L = -\mathrm{d}\Phi/\mathrm{d}t$. Es ergibt sich dann die dem Feld zugeführte elektrische Energie $\mathrm{d}W = L\,i\,\mathrm{d}i$, d.h., die Energie des vom Strom i erregten Feldes beträgt $W=\int L\,i\,\mathrm{d}i$. Daraus folgt für Anordnungen mit konstanter Induktivität L (μ=const) die in einem vom Strom I erregten magnetischen Feld gespeicherte Energie

$$W=L\,\frac{I^2}{2}. \qquad (4.122)$$

Diese Beziehung ist in vielen Fällen auch geeignet, die Induktivität einer Anordnung über die magnetische Feldenergie entsprechend $L=2\,W/I^2$ zu berechnen.

Ist die Permeabilität nicht konstant, sondern eine Funktion der magnetischen Flußdichte B, wie z.B. bei ferromagnetischen Stoffen, so ist auch die magnetische Feldstärke $H=B/\mu=B/f(B)$ eine entsprechend komplizierte nichtlineare Funktion, und das Integral läßt sich nicht mehr allgemeingültig lösen. Wie aus Bild **4.**55 zu ersehen ist, gibt bei ferromagnetischen Stoffen das Integral von Gl. (4.119) die Fläche zwischen B-Achse und Magnetisierungskurve $B(H)$ an. Man kann daraus erkennen, daß beim Aufmagnetisieren $B_A(H)$ die von dem Magnetfeld aufgenommene Energie W_A entsprechend der Fläche $A_A = \int[H(B_A)]\mathrm{d}B$ (Energiedichte) größer ist als die bei der Entmagnetisierung vom Feld abgegebene Energie W_E entsprechend der Fläche $A_E = \int[H(B_A)]\mathrm{d}B$ (Energiedichte) [22]. Die Differenz beider Energien ist die beim Ummagnetisieren in Wärme umgewandelte Energie $W_A - W_E$. Sie entspricht der von der Hysteresekurve eingeschlossenen Fläche $A_M = A_A - A_E$ (Energiedichte). Diese Energie wird als Ummagnetisierungs- oder Hysteresearbeit bezeichnet. Bei Magnetisierung mit Wechselstrom wird die Hysterese-

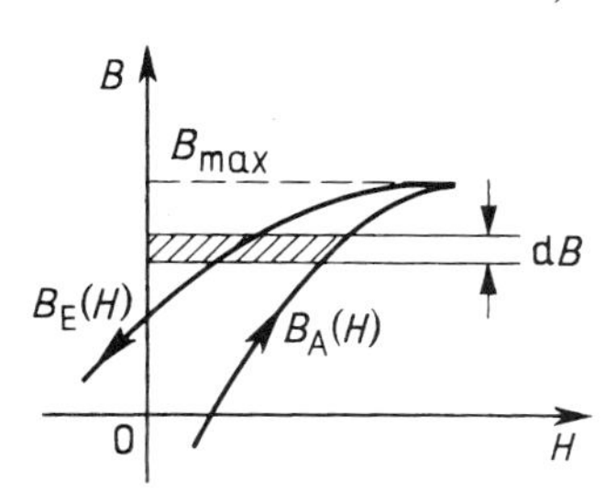

4.55 Graphische Deutung der magnetischen Energiedichte $\int H \mathrm{d}B$ bei der Hysteresekurve

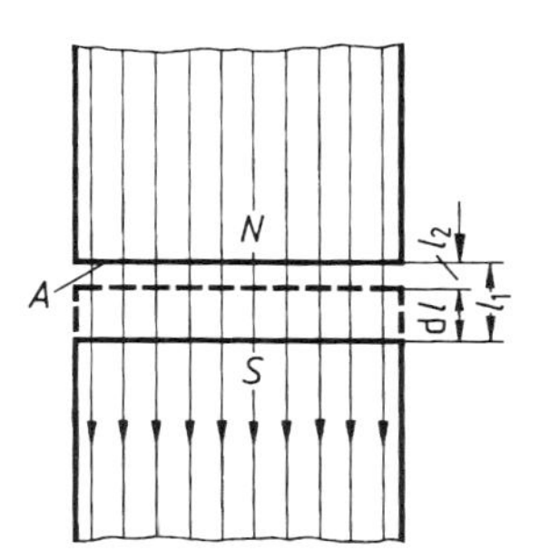

4.56 Virtuelle Verschiebung dl einer Polfläche (Grenzfläche) im Magnetfeld zur Ermittlung der auf sie wirkenden Kraft

kurve entsprechend der Frequenz f mehrere Male pro Zeit durchlaufen, so daß sich die für die Ummagnetisierung pro Zeit benötigte Energie als Produkt aus der Ummagnetisierungsenergie während eines Umlaufes (entspricht der von der Hysteresekurve eingeschlossenen Fläche) und der Frequenz (Umlauf pro Zeit) ergibt. Diese über Strom und Spannung zugeführte Leistung wird als Hysterese- oder Ummagnetisierungsverlust bezeichnet:

4.3.2.2 Kraftwirkung auf Grenzflächen. Bild **4.**56 zeigt zwei Pole eines magnetischen Eisenkreises mit dem anfänglichen Abstand (Luftspalt) l_1. Das zwischen beiden Polen bestehende magnetische Feld kann bei nicht zu großem Luftspalt als homogen angenommen werden. Der für die auftretenden Kräfte belanglose Richtungssinn des Feldes ist durch Nord- und Südpol und durch Pfeile an den Feldlinien gekennzeichnet. Erfahrungsgemäß ziehen sich zwei derartig im Feld einander gegenüberstehende Pole an, sie üben also über ihre Flächen A Anziehungskräfte F aufeinander aus. Bewegen sich die Pole, also die Grenzflächen zwischen Eisen und Luft, infolge der anziehenden Kräfte um den Weg $\mathrm{d}l = l_1 - l_2$ aufeinander zu, so wird dabei die mechanische Arbeit

$$\mathrm{d}W_{\mathrm{mech}} = F\,\mathrm{d}l \tag{4.123}$$

geleistet. Um diese Arbeit muß sich die Energie des magnetischen Feldes verringern, wenn sonst keine Energie dem System zu- oder abgeführt wird, z.B. dadurch, daß Verluste auftreten oder daß das Magnetfeld von einer an eine Spannungsquelle angeschlossenen Spule erregt wird. Setzt man weiter voraus, daß die in Eisen und Luft gleiche magnetische Flußdichte sich während der Verkürzung des Luftspaltes nicht ändert, ergeben sich die magnetischen Feldstärken H in

Luft (Index L) und Eisen (Index Fe) nach Gl. (4.13)

$$H_L = \frac{B}{\mu_0} \quad \text{und} \quad H_{Fe} = \frac{B}{\mu_r \mu_0} \tag{4.124}$$

mit $\mu_r = 1$ für Luft.

Unter der Voraussetzung konstanter magnetischer Flußdichte B ändert sich bei einer angenommenen Luftspaltänderung um dl die Feldenergie lediglich in dem Bereich $A\,dl$, in dem sich die Feldstärke von $H_L = B/\mu_0$ auf $H_{Fe} = B/(\mu_0 \mu_r)$ verkleinert. Mit der Energiedichte $w = \int H\,dB$ nach Gl. (4.119) und dem hier jeweils vorliegenden homogenen Feldverlauf in dem Luft- bzw. Eisenvolumen (V_L bzw. V_{Fe}) ergibt sich der Betrag

$$dW = dV_L w_L - dV_{Fe} w_{Fe} = A\,dl \left(\int_0^B \frac{B}{\mu_0}\,dB - \int_0^B \frac{B}{\mu_0 \mu_r}\,dB \right), \tag{4.125}$$

um den die Energie des magnetischen Feldes kleiner wird. Dem Energieerhaltungssatz entsprechend muß eine gleich große mechanische Energie $dW_{mech} = F\,dl$ auftreten. Durch Gleichsetzen dieser beiden Energiebeträge ergibt sich die Kraft auf die Polflächen.

$$F = A \left(\frac{B^2}{2\mu_0} - \int_0^B \frac{B}{\mu_0 \mu_r}\,dB \right) \tag{4.126}$$

Da für Eisen (von höheren Sättigungen abgesehen) $\mu_r = f(B)$ sehr groß gegenüber 1 ist, gilt $H_{Fe} \ll H_L$ und damit auch $W_{Fe} \ll W_L$, so daß näherungsweise die Kraft auf die Polflächen

$$F \approx A \frac{B^2}{2\mu_0} \tag{4.127}$$

berechnet werden kann. Bezieht man diese Kraft auf die Polfläche A, so bekommt man die mechanische Zugspannung auf die Grenzfläche zwischen Eisen und Luft, also auf die Polfläche von Magneten

$$\sigma = \frac{F}{A} = \frac{B^2}{2\mu_0}. \tag{4.128}$$

Mit $\mu_0 = 1{,}257\,\mu\text{Tm/A}$ ergibt sich im SI-Einheitensystem für diese mechanische Spannung die Einheit

$$\frac{\text{T}^2}{\text{Tm/A}} = \frac{\text{TA}}{\text{m}} = \frac{\text{VsA}}{\text{m}^3} = \frac{\text{N}}{\text{m}^2}. \tag{4.129}$$

□ **Beispiel 4.27**

Für einen Zugmagneten entsprechend Bild **4.**57 soll die Zugspannung als Funktion des Luftspaltes δ berechnet werden. Dazu wird angenommen, daß die Permeabilität des Eisens gegen unendlich strebt, also im Eisen keine magnetische Feldenergie gespeichert ist. Der Magnet wird über eine Spule mit $N = 1000$ Windungen, die von einer Gleichspannungsquelle mit dem Strom $I = 1$ A gespeist wird, erregt.

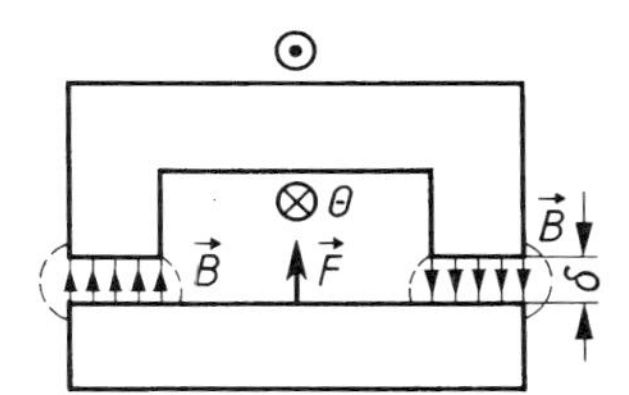

4.57 Elektromagnet

Da der Wirkwiderstand der Spule unabhängig von der Luftspaltlänge konstant ist, sind auch Strom und Durchflutung $\Theta = NI = 1000 \cdot 1$ A konstant. Aus dem Durchflutungssatz $\oint \vec{H} \cdot \mathrm{d}\vec{l} = \Theta$ [s. Gl. (4.19)] folgt dann, daß die sich einstellende magnetische Flußdichte $B = \mu_0 \Theta / (2\,\delta)$ und damit die Zugspannung entsprechend Gl. (4.128)

$$\sigma = \frac{B^2}{2\,\mu_0} = \frac{\mu_0\,\Theta^2}{8\,\delta^2} = \frac{I^2\,\mu_0\,N^2}{8\,\delta^2} \tag{4.130}$$

eine Funktion der Luftspaltlänge δ ist. In Bild **4.**58 ist die Zugspannung in Abhängigkeit von δ aufgetragen. Theoretisch würde mit δ gegen null die Zugspannung σ gegen unendlich streben, da infolge der Annahme $\mu_r \to \infty$ bei $\delta \to 0$ der magnetische Widerstand des Kreises gegen null und damit die magnetische Flußdichte gegen unendlich streben würden. Bei praktischen Gegebenheiten macht sich aber bei steigender magnetischer Flußdichte infolge Sättigung der magnetische Widerstand des Eisens zunehmend bemerkbar, d.h., mit $\delta \to 0$ nähert sich der magnetische Widerstand des Kreises und damit die magnetische Flußdichte wie auch die Zugspannung σ einem endlichen Wert.

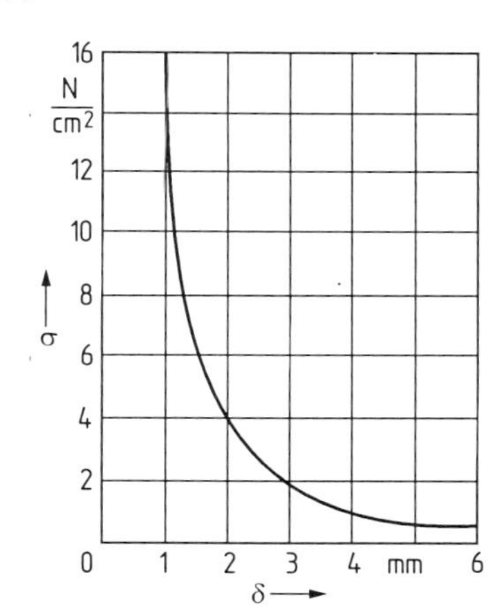

4.58 Mechanische Zugspannung σ auf die Polflächen in Abhängigkeit von der Luftspaltlänge δ für einen Elektromagneten nach Bild **4.**57 mit der Gleichstromdurchflutung $\Theta = 1000$ A

Zu beachten ist, daß die in diesem Beispiel 4.27 berechnete Zugspannung nur für den stationären Betrieb gilt, d.h., die für jede Luftspaltlänge δ berechnete Zugspannung gilt nur, wenn dieser Luftspalt bereits so lange eingestellt war, daß alle Ausgleichsvorgänge abgeklungen sind. Betrachtet man den eigentlichen Anziehungsvorgang dynamisch, so ist die infolge der durch die Luftspaltänderung bewirkten Flußänderung entstehende Induktionsspannung in der Spule zu berücksichtigen, die eine Stromänderung bewirkt, die den bei kleiner werdendem Luftspalt größer werdenden Fluß wieder zu verkleinern versucht. Es müssen also für solche dynamischen Vorgänge die magnetische Flußdichte wie auch die Zugspannung als Funktion der Zeit betrachtet werden. □

Die vorstehend für die speziellen Anordnungen des Bildes **4.**57 angestellten Betrachtungen lassen sich auch erweitern auf Grenzflächen, die in einem beliebigen Winkel zur Feldrichtung verlaufen [22]. Ohne Beweis sei für solche Anordnungen festgestellt, daß auf die Grenzfläche zwischen Stoffen verschiedener Permeabilität im magnetischen Feld Kräfte ausgeübt werden, die unabhängig von dem Verlauf der Feldlinien immer senkrecht auf die Grenzfläche wirken, so daß sie das Volumen des Stoffes mit der kleineren Permeabilität zu verkleinern versuchen.

□ **Beispiel 4.28**

In Bild **4.**59 ist eine Spule dargestellt, in die ein federnd aufgehängter Eisenkern hineingezogen wird, wenn die Spule mit einem Strom I erregt wird. Die Zugspannung auf den Anker ist für den Fall zu berechnen, daß die Spule $N=1000$ Windungen hat und mit dem Strom $I=0{,}5\,\text{A}$ erregt wird. Die Spulenlänge beträgt $l=15\,\text{cm}$ und ist als sehr groß gegenüber dem Innendurchmesser $d_2=1{,}0\,\text{cm}$ anzunehmen.

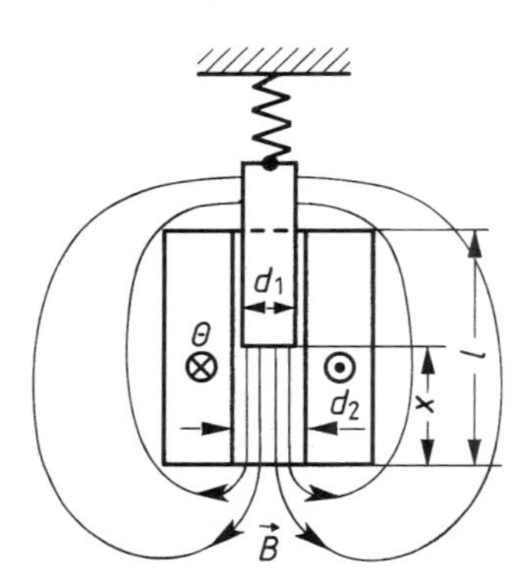

4.59 Spule mit Tauchanker

Wäre kein Eisenkern in der Spule, könnte bei $d_2 \ll l$ näherungsweise angenommen werden, daß das Feld außerhalb der Spule keinen Beitrag zur magnetischen Umlaufspannung liefert. Dann folgt aus dem Durchflutungssatz Gl. (4.19) $\Theta = \oint \vec{H} \cdot d\vec{l}$ die Feldstärke im Inneren der Spule $H \approx \Theta/l$. Füllte der Eisenkern den ganzen Innenraum der Spule aus, so lägen die Verhältnisse allerdings genau umgekehrt. Dann wäre im Spuleninneren (Eisen) $H \approx 0$, und das Feld außerhalb der Spule H_a erfüllte den Durchflutungssatz $\int \vec{H}_a \cdot d\vec{l} \approx \Theta$. Hieraus kann die Feldstärke H allerdings nur mit aufwendigen Verfahren bestimmt werden, da das Feld außerhalb der Spule stark inhomogen ist. Füllt der Tauchanker nur zum Teil den Innenraum der Spule aus, z.B. $x \geqq 0{,}5\,l$, gilt näherungsweise wieder, daß das H-Feld ausschließlich im Bereich x des Spuleninneren den Durchflutungssatz $H \approx \Theta/x$ erfüllt. Die magnetische Flußdichte an der Stirnfläche des Ankers im Inneren der Spule ist also

$$B \approx \frac{\mu_0 I N}{x}. \tag{4.131}$$

Die auf die Grenzfläche (Stirnfläche) infolge dieser magnetischen Flußdichte wirkende Zugspannung beträgt nach Gl. (4.128)

$$\sigma = \frac{B^2}{2\mu_0} = \frac{\mu_0 I^2 N^2}{2x^2} = \frac{1{,}26\,(\mu\text{Vs/Am})\,0{,}5^2\,\text{A}^2 \cdot 1000^2}{2x^2} = \frac{0{,}156}{x^2}\,\text{N}. \tag{4.132}$$

Man erkennt, daß die Zugspannung mit zunehmender Eintauchtiefe quadratisch größer wird. Für $x=0{,}5\,l=7{,}5\,\text{cm}$ beträgt die Zugspannung z.B. $\sigma=(0{,}156/7{,}5^2)\,\text{N/cm}^2=2{,}8\,\text{mN/cm}^2$ und mit dem Durchmesser $d_1=0{,}9\,d_2$ die Zugkraft $F=(0{,}9\cdot 0{,}5)^2\,\text{cm}^2\,\pi\cdot 2{,}8\,\text{mN/cm}^2=1{,}8\,\text{mN}$. Zugspannung und Zugkraft steigen aber nicht bis zur vollen Eintauchtiefe ($x=0$) quadratisch mit dem Weg an. Gl. (4.131) ist eine Näherungslösung, die mit $x\to 0$ immer ungenauer wird, weil das Feld außerhalb der Spule stärker in Erscheinung tritt (bei $x=0$ ist das H-Feld im Inneren der Spule näherungsweise Null und fast nur außerhalb der Spule vorhanden). □

Um einen Eindruck von der Größe der Zugspannung auf Eisenflächen zu vermitteln, ist diese in Bild **4.**60 in Abhängigkeit von der magnetischen Flußdichte dargestellt. Bedenkt man, daß mit Rücksicht auf die Eisensättigung unter wirtschaftlichen Gesichtspunkten magnetische Flußdichten von mehr als 1,6T bis 1,8T kaum zu realisieren sind, so erkennt man aus Bild **4.**60, daß sich an den Polflächen von Elektromagneten Zugspannungen von über 100 N/cm² kaum erreichen lassen. Da die Kraft sich aus dem Produkt von Zugspannung und Fläche ergibt, läßt sich diese zwar nahezu beliebig mit der Polfläche vergrößern, allerdings steigt mit dieser Fläche auch das Gewicht des Magneten an, da gleichzeitig mit der Polfläche alle Querschnittsflächen des magnetischen Kreises vergrößert werden müssen, um zu vermeiden, daß in einzelnen Bereichen des Kreises übermäßige Sättigungen auftreten.

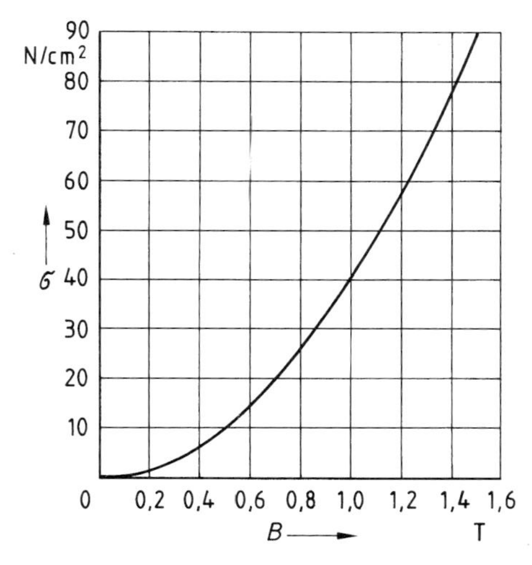

4.60 Mechanische Zugspannung σ auf Grenzflächen zwischen ungesättigtem Eisen und Luft in Abhängigkeit von der magnetischen Flußdichte B in der Grenzfläche

4.3.2.3 Kraftwirkung auf stromdurchflossene Leiter im Magnetfeld. Aus der Definitionsgleichung (4.2) für die magnetische Flußdichte $\vec{B}$ (s. Abschn. 4.1.2.1) folgt unmittelbar, daß auf jede Ladung Q, die sich mit der Geschwindigkeit $\vec{v}$

durch ein Magnetfeld der magnetischen Flußdichte $\vec{B}$ bewegt, die Kraft

$$\vec{F}=Q(\vec{v}\times\vec{B}) \tag{4.133}$$

ausgeübt wird, die als Lorentzkraft bezeichnet wird. Nach den Regeln der Vektorrechnung steht diese Kraft $\vec{F}$ senkrecht auf der Fläche, die aus den Vektoren der Geschwindigkeit $\vec{v}$ und der magnetischen Flußdichte $\vec{B}$ bestimmt ist, und wirkt in Richtung der axialen Bewegung einer Rechtsschraube, deren Drehrichtung so ist, daß der Geschwindigkeitsvektor $\vec{v}$ auf kürzestem Wege in den Vektor $\vec{B}$ gedreht wird (s. Bild **4.**5). Ihr Betrag ist $F=QvB\sin\alpha$ mit dem Winkel α zwischen den Vektoren $\vec{v}$ und $\vec{B}$. Mit Gl. (4.133) kann direkt die Kraftwirkung auf bewegte Ladungen berechnet werden.

Sie ist dann besonders geeignet, wenn die Ladungen und ihre Geschwindigkeiten gegeben sind, also bei der Bestimmung der Laufbahnen frei im Raum beweglicher Ladungen, z.B. bei der Ablenkung des Elektronenstrahles in einer Elektronenstrahl-Röhre mit magnetischem Ablenksystem (Bildröhre in Fernsehgeräten). Wird dagegen die Kraftwirkung auf stromdurchflossene Leiter gesucht, empfiehlt sich eine Weiterentwicklung der Gl. (4.133). Dazu wird ein vom Strom I durchflossener Leiter entsprechend Bild **4.**61 betrachtet. In einem Element dieses Leiters der Länge $\mathrm{d}\vec{l}$ befindet sich die Ladungsmenge $\mathrm{d}Q$, die sich mit der Geschwindigkeit $\vec{v}$ bewegt [s. Bild **3.**10 und Gl. (3.30)]. Wird der erste Term in Gl. (3.30) $I=\mathrm{d}Q/\mathrm{d}t$ mit $\mathrm{d}l$ erweitert, gilt mit $v=\mathrm{d}l/\mathrm{d}t$ der Zusammenhang $\mathrm{d}Q\vec{v}=I\mathrm{d}\vec{l}$, wenn der Vektor $\mathrm{d}\vec{l}$ in der Längsachse des Leiters in Richtung des Zählpfeiles für den Strom I liegt $(\mathrm{d}\vec{l}\,||\,\vec{v})$. Damit folgt aus Gl. (4.133) die Kraft, die auf das vom Strom I durchflossene Leiterelement $\mathrm{d}l$ wirkt.

$$\mathrm{d}\vec{F}=I(\mathrm{d}\vec{l}\times\vec{B}) \tag{4.134}$$

Die resultierende Kraft, die an einem Leiter beliebiger Länge und Lage angreift, ergibt sich durch Integration der Teilkräfte $\mathrm{d}\vec{F}$ über die ganze Leiterlänge l

$$\vec{F}=I\int_l \mathrm{d}\vec{l}\times\vec{B}\,. \tag{4.135}$$

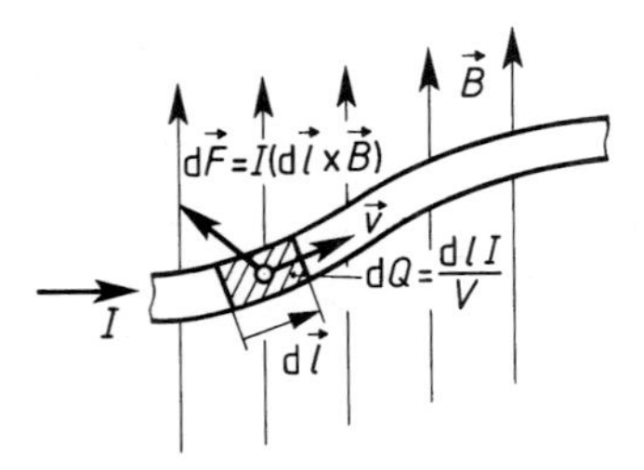

4.61 Richtungszuordnungen für die Kraftwirkung entsprechend Gl. (4.134) auf ein stromdurchflossenes Leiterelement im Magnetfeld

□ **Beispiel 4.29**

Bei einem Gleichstrommotor mit Scheibenläufer sind die stromführenden Ankerleiter L sternförmig radial nach außen gerichtet auf einer unmagnetischen Trägerscheibe angeordnet, die zwischen den Polen von Naturmagneten N, S drehbar gelagert ist. In Bild **4.**62 ist der radiale Querschnitt durch einen Polbereich mit Scheibe und einem Leiter L skizziert. Das von diesem Leiter über die Trägerscheibe auf die Welle übertragene Drehmoment ist zu bestimmen. Gegeben sind der Leiterstrom $I = 5\,\text{A}$, der Innenradius der Pole $r_i = 50\,\text{mm}$, ihr Außenradius $r_a = 100\,\text{mm}$ und die magnetische Flußdichte zwischen den Polen $B = 0{,}5\,\text{T}$. Die Ausbauchung des Feldes an den Polrändern (s. Abschn. 4.2.2.1) ist zu vernachlässigen.

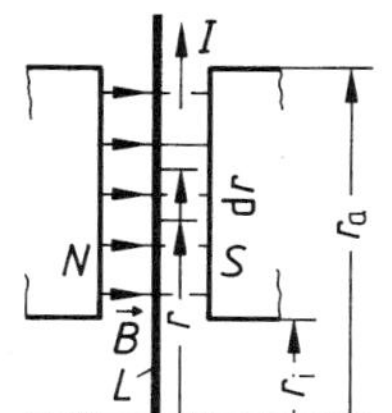

4.62 Schnitt durch ein Polpaar eines Scheibenläufermotors

Der Betrag der auf ein Leiterelement der Länge dl wirkenden Umfangskraft dF ist nach Gl. (4.134)

$$\mathrm{d}F = |I(\mathrm{d}\vec{r} \times \vec{B})| = IB\,\mathrm{d}r, \tag{4.136}$$

da der Leiter rechtwinklig zur Flußdichterichtung liegt (s. Bild **4.**62). Der Beitrag $\mathrm{d}M = r\,\mathrm{d}F$, den die Kraft d$F$ eines Leiterelementes $\mathrm{d}l = \mathrm{d}r$ zum Drehmoment M liefert, ist abhängig vom Radius r. Damit muß das von dem ganzen Leiter ausgeübte Drehmoment als Integral über die im Magnetfeld befindliche Leiterlänge berechnet werden.

$$M = \int r\,\mathrm{d}F = \int_{r_i}^{r_a} IBr\,\mathrm{d}r = IB\,\frac{r_a^2 - r_i^2}{2} = 5\,\text{A} \cdot 0{,}5\,\text{T}\,\frac{(0{,}1^2 - 0{,}05^2)\,\text{m}^2}{2} = 0{,}0094\,\text{Nm} \tag{4.137}$$

Die Umrechnung der elektrischen Einheit VAs in die mechanische Einheit Nm erfolgt in den SI-Einheiten gemäß $1\,\text{W} = 1\,\text{VA} = 1\,\text{Nm/s}$. □

Für beliebig geformte Leiter in inhomogenen Feldern ist die Auswertung des Integrals in Gl. (4.135) nicht ganz einfach, da sowohl die magnetische Flußdichte $\vec{B}$ als auch das Wegelement d$\vec{l}$ als Ortsfunktionen einzusetzen sind. Praktisch treten recht häufig einfache Leiterformen in homogenen Feldern auf, für die das Integral in eine Multiplikation überführt werden kann. So ergibt sich die Kraft auf einen geraden Leiter der Länge $\vec{l}$ in Richtung des Zählpfeiles für den Strom I im homogenen Feld der magnetischen Flußdichte $\vec{B}$ entsprechend Bild **4.**63

$$\vec{F} = I(\vec{l} \times \vec{B}), \tag{4.138}$$

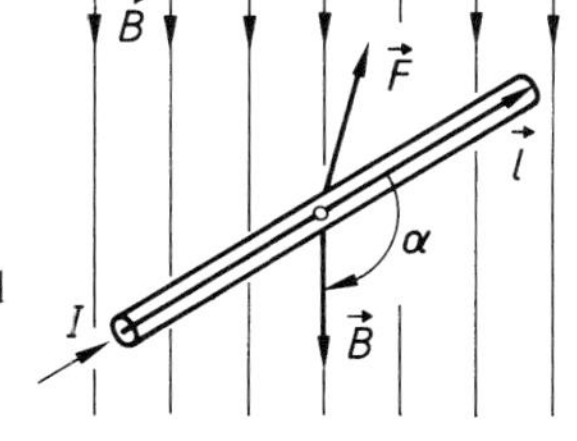

4.63 Richtungszuordnungen für die Kraftwirkung entsprechend Gl. (4.138) auf einen stromdurchflossenen geraden Leiter im homogenen Magnetfeld

d.h., an dem Leiter greift eine Kraft $F = IlB \sin\alpha$ an, die senkrecht auf der Fläche aus Leiter $\vec{l}$ und magnetischer Flußdichte $\vec{B}$ steht.

Abschließend soll anhand der Bilder **4.**41 und **4.**64 erläutert werden, daß die mit Gl. (4.133) bis (4.135) beschriebenen Richtungszuordnungen im Einklang mit den Richtungsdefinitionen für den Induktionsvorgang wie auch dem Energieerhaltungssatz stehen. Gleichzeitig soll dabei die sich im Magnetfeld vollziehende elektromechanische bzw. mechanisch-elektrische Energieumformung beschrieben werden, wie sie in jedem Elektromotor bzw. Generator nach gleichem Prinzip abläuft.

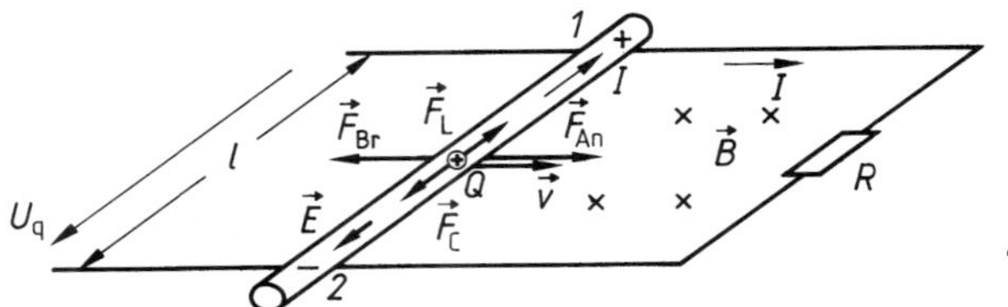

4.64 Im Magnetfeld bewegter stromdurchflossener Leiter

Infolge der Bewegung des geraden Leiterstückes *1–2* der Länge l mit der konstanten Geschwindigkeit $\vec{v}$ durch das homogene Magnetfeld der magnetischen Flußdichte $\vec{B}$ wird auf die Ladungen Q eine Kraft magnetischen Ursprungs $\vec{F}_L = Q(\vec{v} \times \vec{B})$ ausgeübt, die die positiv angenommenen freien Ladungsträger im bewegten Leiter entgegen der durch den Potentialunterschied U_q bedingten elektrischen Feldstärke $\vec{E} = \vec{F}_C/Q$ vom negativen zum positiven Potential der Spannungsquelle treibt (s. Abschn. 4.3.1.1). Dadurch wird bei angeschlossenem Widerstand R ein Strom I, d.h. eine kontinuierliche geschlossene Ladungsbewegung, in dieser Richtung in dem Kreis auftreten. Dieser in Bild **4.**64 eingezeichnete Strom

$$I = \frac{U_q}{R} = \frac{Blv}{R} \tag{4.139}$$

ergibt sich aus dem Maschensatz $U_q - IR = 0$ mit Gl. (4.74) bzw. (4.77) und den für diese aufgestellten Richtungsregeln positiv (U_q wird für die in Bild **4.**64 eingetragenen Richtungspfeile positiv), d.h., er fließt tatsächlich in die eingezeichnete Richtung. Infolge der Bewegung des Leiters im Magnetfeld werden also die Ladungsträger zum höheren Potential bewegt, wodurch ihre potentielle Energie erhöht wird. Diese potentielle elektrische Energie wird dann im Widerstand R wieder von den Ladungsträgern abgegeben und in Wärmeenergie umgeformt.

Um zu klären, welchen Ursprungs die über das Magnetfeld in den Stromkreis eingespeiste elektrische Energie letztlich ist, seien im folgenden auch die äußeren an dem Leiter angreifenden Kräfte betrachtet.

Die elektrische Leistung wird über die Spannung U_q und den Strom I berechnet. Die Ladung dQ (der Strom) fließt in dem bewegten Leiter von Minus nach Plus und erhöht dabei ihre potentielle Energie um $\mathrm{d}W = U_q \mathrm{d}Q$. Die den Ladungen

$\mathrm{d}Q$ dadurch zugeführte Leistung ist abhängig davon, wieviel Ladung pro Zeit ($\mathrm{d}Q/\mathrm{d}t$) die Länge des Leiters – also die Spannung U_q – durchläuft. Damit läßt sich die Leistung über die integralen Feldgrößen, den im Leiter fließenden Strom $I=\mathrm{d}Q/\mathrm{d}t$ und die im Leiter induzierte Spannung U_q, bestimmen

$$P=\frac{\mathrm{d}W}{\mathrm{d}t}=I\,U_q. \tag{4.140}$$

Auf den vom Strom I durchflossenen Leiter im Magnetfeld wirkt entsprechend Gl. (4.138) die Kraft $\vec{F}_{Br}=I(\vec{l}\times\vec{B})$. Die Richtungszuordnungen lassen sich für die einfachen Verhältnisse in Bild **4.**64 leicht aus der Anschauung angeben. $\mathrm{d}\vec{l}$ muß im Leiter in Richtung des Zählpfeiles für den Strom I angenommen werden. Da dieser Strom I mit positivem Wert berechnet wird, ergibt sich die Bremskraft $\vec{F}_{Br}$ entgegengerichtet zum Geschwindigkeitsvektor $\vec{v}$. Der Betrag dieser Kraft ist $F_{Br}=IlB$.

Um den Leiter in Richtung der Geschwindigkeit $\vec{v}$ zu bewegen, ist eine Antriebskraft $\vec{F}_{An}$ in Richtung $\vec{v}$ notwendig, die die bremsende Reaktionskraft $\vec{F}_{Br}$ überwindet. Die Reaktionskraft auf den stromdurchflossenen Leiter ist also ihrer primären Ursache, der Geschwindigkeit $\vec{v}$, entgegengerichtet. Die von der Antriebskraft aufzubringende mechanische Leistung $P_{An}=\vec{F}_{An}\cdot\vec{v}$ beträgt im Falle stationärer Bewegung ($\vec{F}_{An}=-\vec{F}_{Br}$).

$$P_{An}=F_{An}\,v=IlB\,v=I\,U_q=I(IR) \tag{4.141}$$

Dem Leiter wird also mechanische Leistung $F_{An}\,v$ zugeführt und über die Induktionswirkung in eine gleich große elektrische Leistung $I\,U_q$ der induktiven Spannungsquelle umgewandelt, die wiederum über den Strom im Wirkwiderstand in Wärmeleistung $I^2 R$ umgeformt wird.

Das Prinzip der Wechselwirkung zwischen den Strömen infolge induzierter Spannungen und den durch sie verursachten Kräften wird in der Elektrotechnik in vielfältiger Weise genutzt. Generatoren erzeugen elektrische Spannungen und Ströme; dabei formen sie mechanische Antriebsleistung in elektrische Leistung um. Elektromotoren nehmen hingegen elektrische Leistung aus dem Netz auf, die sie in mechanische umformen und an der Welle wieder abgeben. Die Wirkungsweise von Generatoren und Motoren ist grundsätzlich gleich, sie unterscheiden sich durch die Richtung der Energieumformung. Man kann i. allg. dieselben Maschinen sowohl als Generatoren wie als Motoren verwenden.

Bei den bisherigen Betrachtungen der Kraftwirkung auf stromdurchflossene Leiter wurde außer acht gelassen, daß diese ihrerseits auch ein Magnetfeld – Eigenfeld – erzeugen, wodurch das gegebene Feld – Erregerfeld – verändert wird [22]. Dieses ist auch bei vielen Aufgaben zulässig, d.h., in Gl. (4.134), (4.135) und (4.138) darf für magnetische Flußdichte B der Wert eingesetzt werden, der dem gegebenen Erregerfeld ohne Berücksichtigung des vom stromdurchflossenen Leiter erregten Eigenfeldes entspricht. Dabei sollte man allerdings nicht vergessen, daß das resultierende – meßbare – Feld erheblich von dem laut Aufga-

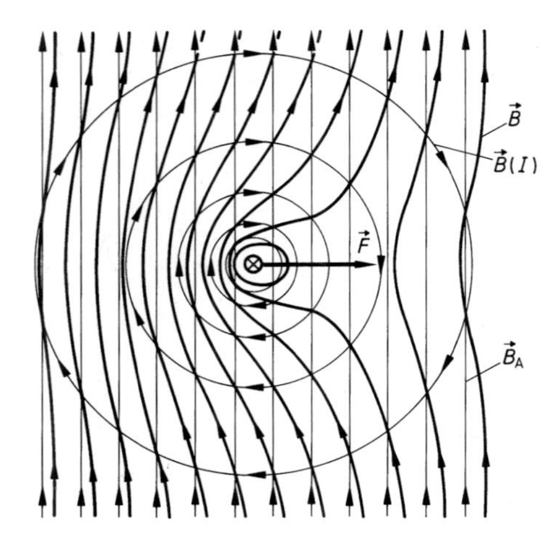

4.65 Feldlinienbild für die resultierende magnetische Flußdichte $\vec{B}$ aus Eigenfeld $\vec{B}\,(I)$ eines stromdurchflossenen, unendlich langen, geraden Leiters im homogenen Erregerfeld $\vec{B}_A$

benstellung gegebenen Erregerfeld abweichen kann, wie aus Bild **4.**65 zu erkennen ist. Darin ist $\vec{B}_A$ die magnetische Flußdichte des bei stromlosem Leiter von einer sozusagen äußeren Anordnung erregten homogenen Feldes (z.B. zwischen den Polen eines Magneten). Das von dem stromdurchflossenen Leiter erregte Eigenfeld wird durch kreisförmige konzentrisch den Leiter umgebende Feldlinien $\vec{B}\,(I)$ beschrieben. Durch Überlagerung (nur in linearen Räumen zulässig), d.h. durch geometrische Addition der Feldvektoren an jedem Ort, ergibt sich das resultierende, stark inhomogene Feld $\vec{B}$.

Aus dem sozusagen einseitig verdrängten resultierenden Feld $\vec{B}$ läßt sich auch eine recht einprägsame Richtungsregel für die Kraftwirkung ableiten. Nach dem mechanischen Spannungszustand, der dem magnetischen Feld zukommt, sind die im Feld wirksamen mechanischen Spannungen immer so gerichtet, daß sie die Feldlinien zu verkürzen versuchen. Man könnte sich danach also vorstellen, daß durch das Bestreben der Feldlinien, sich „gerade zu ziehen", der Leiter in Richtung der „Feldverdünnung" abgedrängt werden soll.

Diese anschauliche Vorstellung sollte aber nicht dazu verleiten, in diesem Falle das resultierende Feld $\vec{B}$ auch der quantitativen Berechnung der Kraft zugrunde zu legen, was grundsätzlich möglich, in anderen Fällen sogar unumgänglich ist [22]. Zweckmäßigerweise führt man quantitative Rechnungen wenn eben möglich mit oben angeführten Gleichungen aus, in die die magnetische Flußdichte $\vec{B}_A$ des ursprünglichen magnetischen Feldes eingesetzt wird, welches bei stromlosem Leiter auftreten würde.

4.3.2.4 Kraftwirkung zwischen stromdurchflossenen Leitern. Befinden sich in einem Raumgebiet zwei von Strömen I durchflossene Leiter, so üben diese gegenseitig Kräfte aufeinander aus, die wie in Abschn. 4.3.2.3 erklärt, bestimmt werden können. In einfachen Fällen genügt es [22], das Feld, das der Strom im einen Leiter am Ort des zweiten als stromlos angenommenen Leiters erregt, zu berechnen. Mit der magnetischen Flußdichte dieses Feldes und dem Strom des zweiten Leiters wird dann die Kraft auf diesen Leiter nach Gl. (4.135) bzw. (4.138) bestimmt. In gleicher Weise läßt sich dann über das vom zweiten Leiter am Ort des ersten erregte Feld die auf diesen wirkende Kraft berechnen.

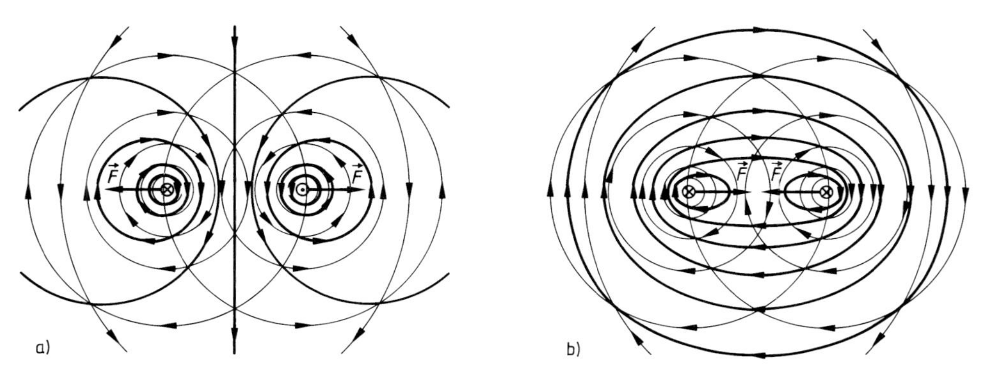

4.66 Magnetische Felder unendlich langer, gerader, paralleler, stromdurchflossener Leiter: a) entgegengesetzte, b) gleiche Stromrichtung

In Bild **4.66** sind zwei gerade, im Abstand r parallel verlaufende, lange, stromdurchflossene Leiter mit ihren jeweiligen Einzelfeldern sowie dem daraus durch Überlagerung gewonnenen resultierenden Feld dargestellt, und zwar für die Fälle, daß die Stromrichtungen in den beiden Leitern entgegengesetzt (Bild **4.66** a) und gleich (Bild **4.66** b) sind.

Für viele praktische Fälle kann man näherungsweise linienförmige Leiter annehmen, d.h., man kann über den Leiterquerschnitt eine konstante magnetische Flußdichte $\vec{B}$ voraussetzen. Da bei parallel verlaufenden, langen Leitern die magnetische Flußdichte $\vec{B}$ auch über die Leiterlänge konstant ist, darf die auf jeden Leiter wirkende Kraft nach Gl. (4.138) berechnet werden. Mit $B(I_2) = \mu_0 H(I_2) = \mu_0 I_2/(2\pi r)$ [s. Gl. (4.23)] ergibt sich für parallele Leiter, bei denen die magnetische Flußdichte $\vec{B}$ immer rechtwinklig zur Leiterrichtung $\vec{l}$ liegt, unmittelbar in skalarer Schreibweise die Kraft

$$F = I_1 l B(I_2) = I_1 l \mu_0 \frac{I_2}{2\pi r} \tag{4.142}$$

auf den Leiter 1. Aussagekräftiger ist die pro Länge zwischen zwei parallelen Leitern wirkende Kraft

$$\frac{F}{l} = \frac{I_1 I_2 \mu_0}{2\pi r}. \tag{4.143}$$

Die Richtung der Kraftwirkung kann über das Vektorprodukt $\vec{l} \times \vec{B}$ mit dem Vektor des Weges $\vec{l}$ in Richtung des Stromes I bestimmt werden und führt zu der Erkenntnis, daß sich Leiter bei gleicher Stromrichtung anziehen, bei entgegengesetzter aber abstoßen. Man kann sich leicht davon überzeugen, daß auf beide Leiter die gleiche Kraft wirkt, in diesem Fall also der Satz „actio gleich reactio“ erfüllt ist.

Ohne aus Umfangsgründen hier näher darauf eingehen zu können, sei erwähnt, daß bei der Betrachtung der Kraftwirkung einzelner, insbesondere nichtgerader Leiterstücke aufeinander nicht immer dieser Satz „actio gleich reactio" erfüllt ist, d.h., es können unterschiedlich große Kräfte berechnet werden, deren Wirkungsrichtungen auch nicht mehr in einer gemeinsamen Geraden liegen müssen. Erst wenn sich die Integration der an den einzelnen Leiterelementen $d\vec{l}$ angreifenden Kraftelemente $d\vec{F}$ entsprechend Gl. (4.135) über zwei vollständige, also geschlossene Stromkreise erstreckt, sind die resultierenden, auf jeden vollständigen Stromkreis wirkenden Kräfte $\vec{F} = I \oint d\vec{l} \times \vec{B}$ gleich groß und wirken in einer Geraden.

□ **Beispiel 4.30**

Wie groß sind die auf die Länge bezogenen Kurzschlußkräfte F an parallelen Leitern im Abstand $r = 5\,\text{cm}$, wenn in den Leitern der Kurzschlußstrom $I = 30\,\text{kA}$ auftritt?

Aus Gl. (4.143) folgt unmittelbar die Kraft pro Länge

$$\frac{F}{l} = \frac{I^2 \mu_0}{2\pi r} = \frac{(30\,\text{kA})^2 \cdot 1{,}26\,\mu\text{H/m}}{2\pi \cdot 5\,\text{cm}} = 3{,}6\,\frac{\text{kN}}{\text{m}}\,.$$ □

4.4 Vergleich elektrischer und magnetischer Felder

In diesem die Lehre von den Feldern abschließenden Abschnitt sollen die wichtigsten Gesetze vergleichend zusammengestellt werden. In Tafel **4.**67 sind nebeneinander die Grundgesetze der drei in diesem Band erläuterten Felder so aufgelistet, daß ihre formale Analogie zum Ausdruck kommt. Die an den jeweils gleichen Stellen der Gleichungen stehenden Formelzeichen werden auch als einander analoge Größen bezeichnet, z.B. sind Stromdichte $\vec{S}$, elektrische Flußdichte $\vec{D}$ und magnetische Flußdichte $\vec{B}$ jeweils einander analoge Größen der drei unterschiedlichen Felder.

Beim elektrischen Strömungsfeld sind keine – gespeicherten – Energiegrößen angeführt, da im elektrischen Strömungsfeld nur eine irreversible Energieumformung in Wärmeenergie von Bedeutung ist. Im Gegensatz zum elektrostatischen und magnetischen Feld stellt also das Strömungsfeld praktisch keinen Energiespeicher dar. Die analoge Speichermöglichkeit des Strömungsfeldes besteht in der kinetischen Energie $v^2 m/2$ der bewegten Ladungsträger, die aber wegen ihrer Geringfügigkeit (verschwindend kleine Masse und extrem kleine Geschwindigkeit) in den Theorien der Elektrotechnik vernachlässigbar ist.

Die Zusammenstellung in Tafel **4.**67 entspricht der formalen Analogie. Daneben kann noch eine Analogie nach Ursache und Wirkung gesehen werden, die z.B. für die Feldgrößen in Tafel **4.**68 zusammengestellt ist.

In Abschn. 4.1.3.2 sind im Durchflutungssatz Gl. (4.20) und in Abschn. 4.3.1.3 im Induktionsgesetz Gl. (4.88) die Verknüpfungen zwischen elektrischem und magnetischem Feld aufgezeigt. Diese unabdingbare Verknüpfung wird umfassend und allgemeingültig in den Maxwellschen Gleichungen mit Durchflutungssatz $\oint \vec{H} \cdot d\vec{l} = \Theta = \int \left(\vec{S} + \frac{d\vec{D}}{dt} \right) \cdot d\vec{A}$ (4.144)

und Induktionsgesetz $\oint \vec{E} \cdot d\vec{l} = -\int \frac{d\vec{B}}{dt} \cdot d\vec{A}$ (4.145)

beschrieben. Der hier im Durchflutungssatz auftretende Ausdruck $d\vec{D}/dt$ berücksichtigt die magnetische Wirkung, die infolge zeitlicher Änderungen des elektrischen Feldes in Nichtleitern auftritt [22]. Dieser Anteil ist allerdings nur bei sehr schnellen Feldänderungen von Bedeutung. Bei niederfrequenten Vor-

Tafel **4.**67 Formale Analogien von elektrischen und magnetischen Größen

Größen	elektrisches Strömungsfeld	elektrisches Feld in Nichtleitern	magnetisches Feld
Feldvektoren	$\vec{E}$, $\vec{S}$	$\vec{E}$, $\vec{D}$	$\vec{H}$, $\vec{B}$
Zusammenhang zwischen den Feldvektoren	$\vec{S} = \gamma \vec{E}$	$\vec{D} = \varepsilon \vec{E}$	$\vec{B} = \mu \vec{H}$
integrale Größen			
Ströme und Flüsse	$I = \int \vec{S} \cdot d\vec{A}$	$\Psi = \int \vec{D} \cdot d\vec{A}$	$\Phi = \int \vec{B} \cdot d\vec{A}$
Spannungen	$U = \int \vec{E} \cdot d\vec{l}$	$U = \int \vec{E} \cdot d\vec{l}$	$V = \int \vec{H} \cdot d\vec{l}$
Zusammenhang zwischen den integralen Größen (Ohmsches Gesetz)	$U = IR$	$U = \Psi \frac{1}{C}$	$V = \Phi R_m$
Kenngrößen			
Widerstände	$R = \frac{l}{\gamma A}$ [1])	$\frac{1}{C} = \frac{l}{\varepsilon A}$ [1])	$R_m = \frac{l}{\mu A}$ [1])
Leitwerte	$G = \frac{1}{R}$	C	$\Lambda = \frac{1}{R_m}$
gespeicherte Energiedichte	–	$w_e = \frac{1}{2} \vec{E} \cdot \vec{D}$	$w_m = \frac{1}{2} \vec{H} \cdot \vec{B}$
gespeicherte Energie	–	$W_e = \frac{1}{2} C U^2$	$W_m = \frac{1}{2} L I^2$

[1]) gelten nur für homogene Felder in homogenen Gebieten der Länge l und des konstanten Querschnittes A.

Tafel **4.**68 Analogien elektrischer und magnetischer Größen in Ursache und Wirkung

Feldvektoren der	elektrisches Strömungsfeld	dielektrisches Verschiebungsfeld	magnetisches Feld
Ursache	$\vec{E}$	$\vec{D}$	$\vec{H}$
Wirkung	$\vec{S}$	$\vec{E}$	$\vec{B}$
Verknüpfungsgleichung	$\vec{S} = \gamma \vec{E}$	$\vec{E} = \vec{D} / \varepsilon$	$\vec{B} = \mu \vec{H}$

gängen kann die Komponente $d\vec{D}/dt$ gegenüber der galvanischen Stromdichte $\vec{S}$ vernachlässigt werden ($dD/dt \ll S$), so daß der Durchflutungssatz nach Gl. (4.20) gilt. Die Maxwellschen Gleichungen sind Ausgangspunkt für eine vektorielle Berechnung elektromagnetischer Felder, insbesondere bei schnellen zeitlichen Änderungen und/oder inhomogenen Räumen, auf die im Rahmen dieses Grundlagenbuches jedoch nicht eingegangen werden kann.

Schon in Abschn. 4.1.3.2 und 4.3.1.2 wird bei der Erläuterung von Durchflutungssatz und Induktionsgesetz darauf hingewiesen, daß sowohl das magnetische als auch das induzierte elektrische Feld Wirbelfelder sind. Im magnetischen Feld umgeben die geschlossenen B-Feldlinien die sie erregende elektrische Durchflutung und im induzierten elektrischen Feld umgeben die geschlossenen E-Feldlinien den sie induzierenden zeitlich sich ändernden magnetischen Fluß. Dagegen beschreibt das wirbelfreie elektrische Feld einen Raumzustand mit D-Feldlinien, die Anfang und Ende haben. Sie beginnen und enden auf Ladungen unterschiedlicher Polarität, die als Quellen und Senken des Feldes bezeichnet werden. Man nennt solche Felder daher Quellenfelder.

Der Charakter des Wirbelfeldes gilt im magnetischen Feld nur für die magnetische Flußdichte $\vec{B}$, die B-Feldlinien sind um die Durchflutung immer geschlossen. Für die H-Feldlinien trifft das dann nicht zu, wenn der Fluß in ein Medium mit anderer Permeabilitätszahl μ_r übergeht. Gl. (4.13) zeigt im Zusammenhang mit Gl. (4.53) und (4.54) diese unterschiedlichen magnetischen Feldstärken z.B. für ein senkrecht zur Grenzfläche mit konstanter magnetischer Flußdichte B von Eisen in Luft übergehendes Feld deutlich auf.

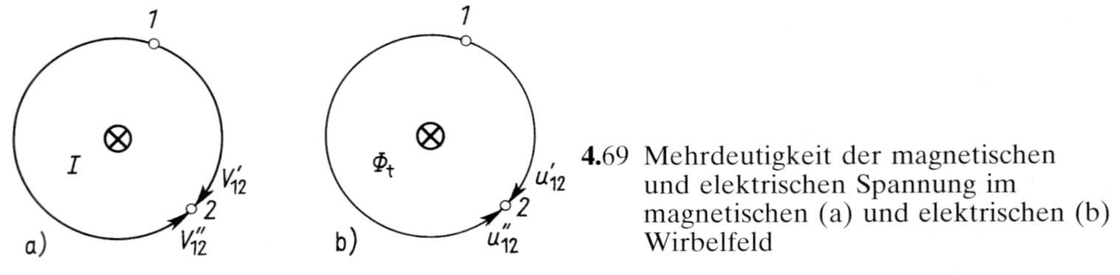

4.69 Mehrdeutigkeit der magnetischen und elektrischen Spannung im magnetischen (a) und elektrischen (b) Wirbelfeld

Spannung und Potential können im Wirbelfeld mehrdeutig sein. Nach Bild **4.**69 kann das Wegintegral der magnetischen bzw. elektrischen Spannung V_{12} bzw. u_{12} von Punkt *1* nach Punkt *2* rechts oder links um den Strom I bzw. den Fluß Φ herum gebildet werden. Beide Spannungen sind im allgemeinen Fall ungleich: $V'_{12} \neq V''_{12}$ bzw. $u'_{12} \neq u''_{12}$. Besonders deutlich wird die Mehrdeutigkeit eines Potentials, wenn man über mehrere Umläufe integriert. Bildet man z.B. entsprechend Bild **4.**69b das Wegintegral der elektrischen Feldstärke von Punkt *1* ausgehend, dem man das Potential null zuordnet, über einen vollen Umlauf um den Fluß Φ bis wieder hin zum Punkt *1*, so kommt diesem dann das Potential $0+u=-d\Phi/dt$ zu. Wiederholt man die Umläufe, so steigt das Potential mit jedem Umlauf, nimmt also bei n Umläufen den Wert $0+nu=-n\,d\Phi/dt$ an. Es ist also nicht ohne weiteres möglich, einem Punkt im Wirbelfeld ein eindeutiges Potential zuzuordnen.

5 Einfacher Sinusstromkreis

In der Praxis bieten sinusförmige Strom- und Spannungsverläufe entscheidende Vorteile und werden daher sehr häufig angestrebt und – zumindest näherungsweise – auch erreicht. Wegen der überragenden Bedeutung der Sinusstromtechnik sind spezielle Rechenverfahren entwickelt worden, mit deren Hilfe das Zusammenwirken sinusförmiger Ströme und Spannungen auf einfache Weise beschrieben werden kann.

5.1 Periodische Ströme und Spannungen

Man kann elektrische Vorgänge grob unterteilen in solche, die zeitunabhängig sind (Gleichströme, Gleichspannungen, s. Kapitel 2), und solche, die eine Zeitabhängigkeit aufweisen. Bei den zeitabhängigen Vorgängen ist wiederum zu unterscheiden zwischen einmaligen Prozessen (z. B. einem Einschalt- bzw. Ausschaltvorgang, s. Abschn. 9.3, oder einem Impuls) und solchen, die sich regelmäßig, d. h. periodisch wiederholen.

5.1.1 Periodische Zeitfunktionen

5.1.1.1 Periodizität. Wenn sich ein Vorgang im zeitlichen Abstand T in genau gleicher Weise fortwährend wiederholt, nennt man ihn periodisch; T heißt die Periodendauer. Ein solcher Vorgang, wie z. B. der in Bild **5.1** dargestellte Strom $i(t)$, wird durch eine periodische Zeitfunktion beschrieben. Die besondere Eigenschaft dieser Funktion besteht darin, daß

$$i(t+nT)=i(t) \qquad (5.1)$$

gilt, wobei für n jede ganze Zahl eingesetzt werden darf.

Während die Periodendauer T angibt, wieviel Zeit für eine Periode benötigt wird, bezeichnet ihr Reziprokwert

$$f=\frac{1}{T} \qquad (5.2)$$

die Frequenz. Sie beschreibt, wie häufig sich der Vorgang pro Zeit wiederholt; ihre Einheit ist

$$[f] = \frac{1}{\text{s}} = 1\,\text{Hz (Hertz)}; \tag{5.3}$$

d.h. die Frequenz in der Einheit Hertz gibt an, wieviele Perioden in jeder Sekunde ablaufen.

5.1.1.2 Arithmetischer Mittelwert. Zur Beurteilung der Wirkung, die eine nach einer periodischen Zeitfunktion verlaufende Größe (z.B. ein Strom $i(t)$, eine Spannung $u(t)$, oder eine Leistung $p(t)$) über längere Zeit hervorruft, genügt es häufig, einen geeigneten Mittelwert dieser Größe, z.B. den arithmetischen Mittelwert, anzugeben. Für den in Bild **5**.1 dargestellten Strom $i(t)$ bzw. für eine periodische Spannung $u(t)$ erhält man den arithmetischen Mittelwert

$$\overline{i} = \frac{1}{T}\int_{t_0}^{t_0+T} i(t)\,\mathrm{d}t \quad \text{bzw.} \quad \overline{u} = \frac{1}{T}\int_{t_0}^{t_0+T} u(t)\,\mathrm{d}t. \tag{5.4}$$

Die Integration über eine Periodendauer T liefert ein Ergebnis, das sich anschaulich als die Fläche zwischen der Kurve und der t-Achse deuten läßt; dabei sind Flächenanteile oberhalb der t-Achse positiv, Flächenanteile unterhalb der t-Achse negativ genommen. Wenn man diese Fläche gleichmäßig über die in Bild **5**.1 als Strecke dargestellte Integrationsdauer T verteilt, erhält man ein Rechteck, dessen Höhe dem arithmetischen Mittelwert $\overline{i}$ entspricht.

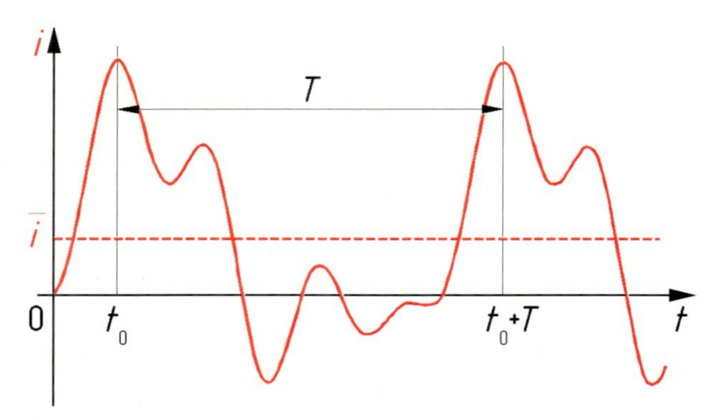

5.1 Stromverlauf nach einer periodischen Zeitfunktion $i(t+nT)=i(t)$. T Periodendauer, $\overline{i}$ arithmetischer Mittelwert

5.1.2 Wechselgrößen und Mischgrößen

5.1.2.1 Definition einer Wechselgröße. Wie man dem Beispiel der in Bild **5.**1 dargestellten periodischen Zeitfunktion $i(t)$ entnehmen kann, ist es möglich, daß der Funktionswert i während einer Periodendauer T (u.U. sogar mehrmals) sein Vorzeichen wechselt, so daß positive und negative Flächenanteile zum arithmetischen Mittelwert beitragen. Als Wechselgröße bezeichnet man nun eine Größe, die

a) nach einer periodischen Zeitfunktion verläuft und

b) den arithmetischen Mittelwert null hat.

Für einen Wechselstrom bzw. für eine Wechselspannung gilt also

$$\overline{i} = \frac{1}{T} \int_{t_0}^{t_0+T} i(t)\,\mathrm{d}t = 0 \quad \text{bzw.} \quad \overline{u} = \frac{1}{T} \int_{t_0}^{t_0+T} u(t)\,\mathrm{d}t = 0. \tag{5.5}$$

Diese Bedingung ist bei dem Stromverlauf $i(t)$ nach Bild **5.**1 nicht erfüllt, wohl aber bei dem Wechselstrom in Bild **5.**2.

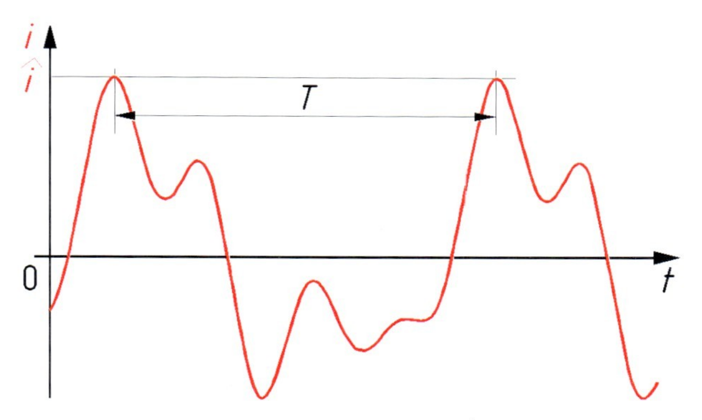

5.2 Wechselstrom. T Periodendauer, $\hat{i}$ Scheitelwert

5.1.2.2 Gleichrichtwert. Da der arithmetische Mittelwert einer Wechselgröße nach Gl. (5.5) definitionsgemäß null ist, kann er nicht zur Beurteilung der Wirkung einer solchen Wechselgröße herangezogen werden. Wenn man hingegen den arithmetischen Mittelwert aus dem Betrag der Wechselgröße bildet, erhält man einen von null verschiedenen Wert, der es gestattet, Wechselgrößen hinsichtlich bestimmter Eigenschaften miteinander zu vergleichen (z.B. Drehmoment- oder Elektrolysewirkung).

Im Falle von Wechselströmen beschreibt die Betragbildung eine ideale Zweiweggleichrichtung, die mit einer Gleichrichter-Brückenschaltung nach Bild **5.**3a durchgeführt werden kann. Wenn der zugeführte Wechselstrom i bei-

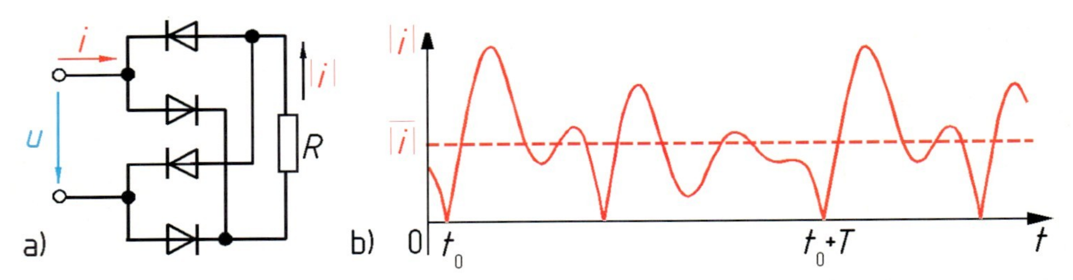

5.3 Gleichrichter-Brückenschaltung (a) und Stromverlauf (b) nach idealer Gleichrichtung des Stromes $i(t)$ aus Bild **5.2** mit Gleichrichtwert $\overline{|i|}$

spielsweise den in Bild **5.2** angegebenen Verlauf hat so fließt durch den Widerstand R der in Bild **5.3**b dargestellte Strom $|i|$. Den arithmetischen Mittelwert der gleichgerichteten Wechselgröße

$$\overline{|i|} = \frac{1}{T} \int_{t_0}^{t_0+T} |i(t)| \, \mathrm{d}t \quad \text{bzw.} \quad \overline{|u|} = \frac{1}{T} \int_{t_0}^{t_0+T} |u(t)| \, \mathrm{d}t \tag{5.6}$$

bezeichnet man als den Gleichrichtwert der Wechselgröße.

5.1.2.3 Effektivwert. Eine wichtige Wirkung elektrischer Ströme und Spannungen besteht darin, daß durch ihr Zusammenwirken einem Verbraucher elektrische Energie zugeführt wird. Man definiert deshalb für Wechselströme und Wechselspannungen (und darüber hinaus auch für andere periodische Zeitfunktionen) zusätzlich zum arithmetischen einen weiteren Mittelwert, den Effektivwert, und zwar so, daß alle Ströme bzw. Spannungen mit demselben Effektivwert dem gleichen ohmschen Verbraucher in derselben Zeit t die gleiche Energie W zuführen. Dabei wird davon ausgegangen, daß die betrachtete Zeit t sehr viel größer als die Periodendauern T_ν der zu vergleichenden Wechselgrößen ist.

Wenn an einen Verbraucher mit dem Widerstand R eine Gleichspannung U angelegt wird, fließt nach Gl. (2.4) der Strom $I = U/R$, und im Verlaufe der Zeit t wird gemäß Gl. (2.19) die elektrische Energie

$$W = UIt = RI^2 t = \frac{U^2}{R} t \tag{5.7}$$

zugeführt. Entsprechend ergibt sich, wenn Strom i und Spannung u zeitabhängig sind, für eine infinitesimale Zeit $\mathrm{d}t$ die infinitesimale Energie

$$\mathrm{d}W = u\,i\,\mathrm{d}t = R\,i^2\,\mathrm{d}t = \frac{u^2}{R}\,\mathrm{d}t. \tag{5.8}$$

Durch Aufsummieren, d.h. durch Integrieren, erhält man hiermit unter der Voraussetzung, daß der Widerstand R konstant ist, die über die gesamte Zeit t zugeführte Energie

$$W = \int_0^t u\,i\,\mathrm{d}t = R\int_0^t i^2\,\mathrm{d}t = \frac{1}{R}\int_0^t u^2\,\mathrm{d}t. \tag{5.9}$$

Der direkte Vergleich von Gl. (5.7) und Gl. (5.9) zeigt, daß ein Wechselstrom i einem konstanten Widerstand R dann in derselben Zeit t dieselbe Energie W zuführt wie ein Gleichstrom I, wenn

$$\int_0^t i^2\,\mathrm{d}t = I^2 t \quad \text{bzw.} \quad \int_0^t u^2\,\mathrm{d}t = U^2 t \tag{5.10}$$

gilt. Man ordnet deshalb einem Wechselstrom i, für den Gl. (5.10) zutrifft, die Größe I als Effektivwert zu. Entsprechendes gilt für eine Wechselspannung u und deren Effektivwert U.

Da i und u Wechselgrößen sind, deren Verläufe sich in jeder Periode wiederholen, kann man den Betrachtungszeitraum in Gl. (5.10) zu einem beliebigen Zeitpunkt t_0 beginnen und auf eine Periodendauer T beschränken. Man erhält dann

$$\int_{t_0}^{t_0+T} i^2\,\mathrm{d}t = I^2 T \quad \text{bzw.} \quad \int_{t_0}^{t_0+T} u^2\,\mathrm{d}t = U^2 T. \tag{5.11}$$

Der durch Gl. (5.11) beschriebene Rechenvorgang ist in Bild **5**.4 graphisch nachvollzogen: Der Stromverlauf $i(t)$ aus Bild **5**.2 wird quadriert und als $i^2(t)$ in Bild

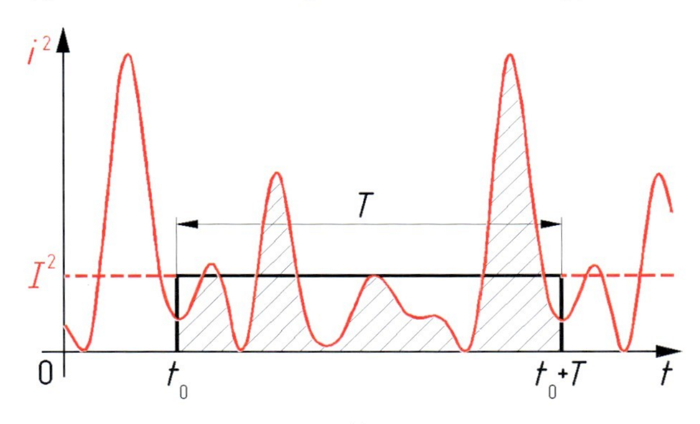

5.4 Quadrat des Stromes $i(t)$ aus Bild **5**.2. Zeitlicher Verlauf $i^2(t)$, T Periodendauer, I^2 Quadrat des Effektivwertes

5.4 dargestellt. Beginnend bei dem beliebig gewählten Zeitpunkt t_0 wird die Funktion $i^2(t)$ über eine Periodendauer T integriert. Das Ergebnis kann anschaulich als die (schraffierte) Fläche unter der Kurve gedeutet werden und muß denselben Wert haben wie das Produkt $I^2 \cdot T$, das als die Fläche des Rechtecks mit den Kantenlängen I^2 und T dargestellt werden kann. Demzufolge erhält man den Wert I^2, indem man das Integral durch die Periodendauer T dividiert. Nach Wurzelziehen ergibt sich hieraus der Effektivwert als der quadratische Mittelwert des Stromes und nach analoger Überlegung auch der der Spannung

$$I = \sqrt{\frac{1}{T} \int_{t_0}^{t_0+T} i^2 \, \mathrm{d}t} \quad \text{bzw.} \quad U = \sqrt{\frac{1}{T} \int_{t_0}^{t_0+T} u^2 \, \mathrm{d}t}. \tag{5.12}$$

5.1.2.4 Scheitelfaktor und Formfaktor. Häufig ist es wichtig zu wissen, wie groß die höchste Spannung $\hat{u}$ ist, die während einer Periode auftritt. Zu diesem Zweck gibt man den Scheitelfaktor ξ an, um den der Scheitelwert $\hat{u}$ den Effektivwert U übersteigt. Entsprechendes gilt für den Scheitelwert $\hat{i}$ (s. Bild **5.**2) und den Effektivwert I des Stromes.

$$\xi = \frac{\hat{i}}{I} \quad \text{bzw.} \quad \xi = \frac{\hat{u}}{U}. \tag{5.13}$$

Eine weitere wichtige Beurteilungsgröße ist das Verhältnis von Effektivwert zu Gleichrichtwert (z. B. für das Verhältnis von Verlustleistung und Drehmoment bei Gleichstrommaschinen). Für diese als Formfaktor bezeichnete Größe

$$F = \frac{I}{\overline{|i|}} \quad \text{bzw.} \quad F = \frac{U}{\overline{|u|}} \tag{5.14}$$

gilt stets $F \geq 1$; dabei ist der Formfaktor F umso kleiner, je mehr sich die Kurvenform einer symmetrischen Rechteckschwingung annähert.

Drehspulmeßgeräte zeigen wegen der mechanischen Trägheit ihres Meßsystems bei schnell veränderlichen Strömen i den arithmetischen Mittelwert nach Gl. (5.4) an. Bei Wechselstrom wird daher der Wert null angezeigt. Schaltet man dem Drehspulmeßwerk einen Zweiweggleichrichter wie in Bild **5.**3a vor, so zeigt es den Gleichrichtwert $\overline{|i|}$ nach Gl. (5.6), und mit einem vorgeschalteten einfachen Einweggleichrichter den halben Gleichrichtwert $0{,}5\overline{|i|}$ an. Der einfacheren Handhabung wegen sind die Skalen solcher Wechselstrommeßgeräte unter Berücksichtigung des Formfaktors F für Sinusstrom so kalibriert, daß unmittelbar der Effektivwert I abgelesen werden kann. Es ist aber zu bedenken, daß diese Umskalierung nur für Sinusstrom exakt gültig ist und für Wechselströme mit anderen Kurvenformen bei den angezeigten Werten mehr oder weniger große Fehler auftreten.

5.1.2.5 Mischgrößen. Physikalische Größen, die nach einer periodischen Zeitfunktion wie in Bild **5.**1 verlaufen, ohne daß ihr arithmetischer Mittelwert null ist, werden als Mischgrößen bezeichnet. Sie entstehen aus der Überlagerung einer Gleichgröße mit einer Wechselgröße.

Da es sich bei dem Effektivwert nach Gl. (5.12) nicht um den arithmetischen, sondern um den quadratischen Mittelwert handelt, darf man zur Bestimmung des Effektivwertes einer Mischgröße nicht einfach die Effektivwerte der überlagerten Anteile addieren. Wenn I_- der Gleichanteil und $i_\sim(t)$ der Wechselanteil einer Mischgröße $i(t) = I_- + i_\sim(t)$ sind, ergibt sich vielmehr der Effektivwert I dieser Mischgröße nach Gl. (5.12) zu

$$I = \sqrt{\frac{1}{T}\int_{t_0}^{t_0+T} (I_- + i_\sim)^2 \mathrm{d}t} = \sqrt{\frac{1}{T}\int_{t_0}^{t_0+T} (I_-^2 + 2I_- i_\sim + i_\sim^2)\,\mathrm{d}t}. \tag{5.15}$$

Wenn man in Gl. (5.15) die Integration über jeden Summanden in der Klammer separat durchführt erhält man unter dem Wurzelzeichen des Ausdrucks

$$I = \sqrt{\frac{1}{T}\int_{t_0}^{t_0+T} I_-^2\,\mathrm{d}t + \frac{1}{T}\int_{t_0}^{t_0+T} 2I_- i_\sim\,\mathrm{d}t + \frac{1}{T}\int_{t_0}^{t_0+T} i_\sim^2\,\mathrm{d}t} \tag{5.16}$$

die Summe dreier Terme, von denen der erste den Wert I_-^2 und der letzte – gemäß der Definition des Effektivwertes in Gl. (5.12) – das Quadrat $I_\sim^2$ des Effektivwertes des Wechselanteils ergibt. Der in der Mitte stehende Term stellt – abgesehen von dem konstanten Faktor $2I_-$ – den arithmetischen Mittelwert $\overline{i_\sim}$ des Wechselanteils dar, der aber nach Gl. (5.5) definitionsgemäß null ist. Somit gilt für den Effektivwert einer Mischgröße

$$I = \sqrt{I_-^2 + I_\sim^2}. \tag{5.17}$$

Meßgeräte, bei denen der angezeigte Wert vom Quadrat des Stromes abhängt, wie z.B. das Dreheisenmeßgerät oder das elektrodynamische Meßgerät [47], zeigen aufgrund ihres Meßprinzips direkt den quadratischen Mittelwert d.h. den Effektivwert an.

5.1.3 Leistung

Für den Fall, daß Strom I und Spannung U an einem Verbraucher zeitlich konstant sind, errechnet sich nach Gl. (2.21) die Leistung als auf die Zeit bezogene Arbeit zu

$$P = \frac{W}{t} = UI. \tag{5.18}$$

Wenn der Strom i und die Spannung u zeitabhängig sind, ergibt sich entsprechend die zeitabhängige Augenblicksleistung

$$p(t)=u(t)\cdot i(t). \tag{5.19}$$

5.1.3.1 Wirkleistung. Für viele praktische Problemstellungen ist der zeitliche Verlauf der Augenblicksleistung $p(t)$ nur von geringem Interesse. Wesentlich wichtiger ist ihr arithmetischer Mittelwert $\overline{p}$, der mit dem Symbol P bezeichnet wird und den Namen Wirkleistung trägt. Gemäß Gl. (5.4) gilt für den arithmetischen Mittelwert der Augenblicksleistung aus Gl. (5.19)

$$P=\overline{p}=\frac{1}{T}\int_{t_0}^{t_0+T} p(t)\,\mathrm{d}t=\frac{1}{T}\int_{t_0}^{t_0+T} u(t)\cdot i(t)\,\mathrm{d}t. \tag{5.20}$$

Das Integral in Gl. (5.20) beschreibt die während einer Periode zu- oder abgeführte elektrische Energie. Nach Division durch die Periodendauer T ergibt sich somit die Wirkleistung P als der Mittelwert der Energie bezogen auf die Zeit. Die Einheit der Wirkleistung ist in Übereinstimmung mit Gl. (2.23) das Watt.

Die Messung der Wirkleistung P kann unmittelbar mit einem Wattmeter in einer Schaltung nach Bild **2.**37a oder **2.**37b erfolgen. Wegen der Trägheit des Meßwerks kann der Zeiger dem Zeitwert der Augenblicksleistung $p(t)=u(t)\cdot i(t)$ nicht mehr folgen. Er verharrt daher bei dem arithmetischen Mittelwert $\overline{p}$, der nach Gl. (5.20) mit der Wirkleistung P identisch ist.

5.1.3.2 Scheinleistung. Neben ohmschen Widerständen sind in Wechselstromnetzwerken weitere wichtige Bauelemente (s. Abschn. 5.4) zu berücksichtigen, deren Strom-Spannungs-Verhalten jedoch nicht mehr durch die Proportionalität der Augenblickswerte von Spannung u und Strom i gekennzeichnet ist. Für solche Bauelemente ist der bei der Herleitung des Effektivwertes in Gl. (5.9) verwendete Zusammenhang $u=Ri$ nicht gültig. Es kann daher nicht erwartet werden, daß man Gl. (5.18) allgemein auf Wechselstromvorgänge übertragen kann, indem man die Größen U und I als die Effektivwerte von Spannung und Strom interpretiert. Eine solche Betrachtungsweise ist nur für ohmsche Widerstände zutreffend, wo das Produkt UI dem zeitlichen Mittelwert $\overline{p}$ der Augenblicksleistung entspricht und daher die Wirkleistung P darstellt. An allen anderen Zweipolen stimmt das Produkt UI nicht mit der umgesetzten Leistung überein. Es wird als Scheinleistung

$$S=UI \tag{5.21}$$

bezeichnet und ist lediglich als eine Rechengröße aufzufassen, die aber bei der Leistungsberechnung in Wechselstromkreisen von erheblicher Bedeutung ist.

Um Verwechslungen mit der Wirkleistung P sicher auszuschließen, soll als Einheit der Scheinleistung S niemals das Watt, sondern stets das Voltampere

$$[S] = 1 \text{ VA} \tag{5.22}$$

verwendet werden. Das Verhältnis von Wirkleistung zu Scheinleistung trägt den Namen Leistungsfaktor

$$\lambda = \frac{P}{S}\,. \tag{5.23}$$

5.2 Sinusgrößen

Unter den periodischen Zeitfunktionen sind die Sinusfunktionen die einzigen, bei denen man nach der Differentiation wieder eine Funktion des ursprünglichen Typs erhält. Wie Gl. (3.89) und Gl. (4.115) zeigen, sind Strom i und Spannung u sowohl an der Induktivität L als auch an der Kapazität C über einen Differentialquotienten nach der Zeit miteinander verknüpft, so daß sinusförmig verlaufende Spannungen an diesen Schaltungselementen wieder sinusförmig verlaufende Ströme zur Folge haben, und umgekehrt. Dabei ist die Phasenverschiebung zwischen den Sinusgrößen Spannung u und Strom i von entscheidender Bedeutung.

5.2.1 Eigenschaften von Sinusgrößen

5.2.1.1 Erzeugung von Sinusspannungen. In den Verbundnetzen der elektrischen Energieverteilung werden Wechselspannungen nahezu ausschließlich durch die Generatoren der Kraftwerke erzeugt [35]. Für Not- oder mobile Versorgung werden Gleichspannungen mit Hilfe von Wechselrichtern, die hauptsächlich aus Thyristoren (s. Abschn. 11.4) bestehen, in Wechselspannungen umgeformt [27]. In der Nachrichtentechnik werden Wechselspannungen mit Oszillatorschaltungen unter Einsatz von Transistoren, Schwingkreisen, Schwingquarzen und Operationsverstärkern erzeugt [24], [49].

Die Erzeugung von Sinusspannungen in Generatoren wird grundsätzlich durch das Induktionsgesetz (s. Abschn. 4.3.1.3) beschrieben. In eine Spule mit N Windungen wird eine Spannung u induziert, die der Änderungsgeschwindigkeit $\mathrm{d}\Phi/\mathrm{d}t$ des magnetischen Flusses Φ proportional ist. Bei rechtswendiger Zuordnung (s. Abschn. 4.3.1.3) der Zählpfeile für den Fluß Φ und die Spannung u er-

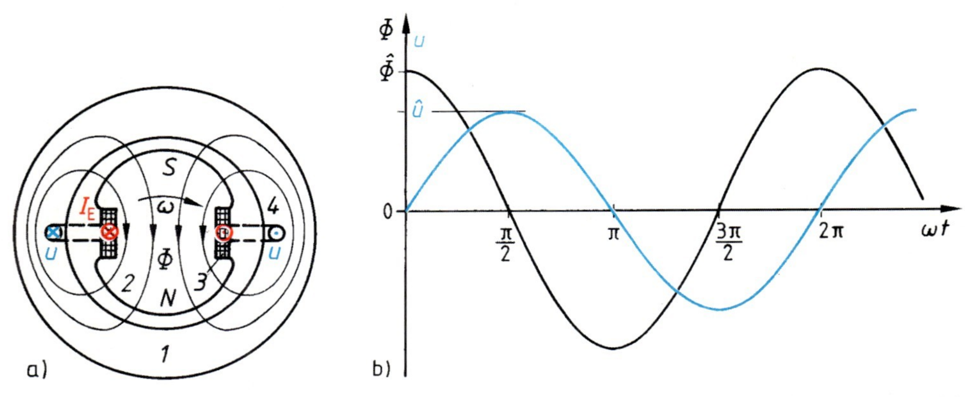

5.5 Querschnitt (a) durch einen Wechselspannungsgenerator sowie zeitliche Verläufe (b) seines magnetischen Flusses $\Phi(t)$ und der in der Ständerwicklung induzierten Spannung $u(t)$.
1 Ständer mit Wicklung *4*, *2* Polrad mit Erregerwicklung *3*, ωt Drehwinkel

gibt sich nach Gl. (4.87) die induzierte Spannung

$$u = -N \frac{\mathrm{d}\Phi}{\mathrm{d}t}. \tag{5.24}$$

Durch Drehung einer Spule im Magnetfeld (s. Bild **4.**48) oder eines Polrades in einem Generator (s. Bild **5.**5a) oder durch einen Sinusstrom in der Erregerwicklung eines Transformators (s. Bild **4.**47) kann ein magnetischer Fluß

$$\Phi = \hat{\Phi} \cos(\omega t)$$

mit dem Scheitelwert $\hat{\Phi}$ und der Kreisfrequenz ω erzeugt werden. Bei einem zweipoligen Generator ist ω auch die Winkelgeschwindigkeit des Polrades. Der Fluß Φ induziert in der Spule, die durchsetzt, die Spannung

$$u = -N \frac{\mathrm{d}}{\mathrm{d}t}(\hat{\Phi} \cos(\omega t)) = N\, \omega\, \hat{\Phi} \sin(\omega t) = \hat{u} \sin(\omega t) \tag{5.25}$$

mit dem Scheitelwert

$$\hat{u} = N \omega \hat{\Phi}. \tag{5.26}$$

Die Verläufe von Fluß $\Phi(t)$ und Spannung $u(t)$ sind in Bild **5.**5b dargestellt.

In Bild **5.**5a ist der Querschnitt durch einen Wechselspannungsgenerator dargestellt. In dem rohrförmigen Ständer *1* befindet sich in horizontaler Ebene die Ständerwicklung *4*. In diesem Zylinder dreht sich das Polrad *2* mit der Erregerwicklung *3*, die von einem Gleichstrom I_E durchflossen wird und so den Fluß Φ erzeugt. Der Luftspalt zwischen Ständer und Polrad erweitert sich von der Polmitte zu den Polenden hin, um eine annähernd sinusförmige Verteilung der magnetischen Flußdichte $B = \mathrm{d}\Phi/\mathrm{d}A$ im Luftspalt zu erreichen.

5.2.1.2 Phasenlage, Periodendauer und Frequenz. In Bild **5.**5b ist das Zeitdiagramm, also der zeitliche Verlauf eines sinusförmigen magnetischen Wechselflusses Φ und der durch ihn induzierten sinusförmigen Wechselspannung u dargestellt. Diese Sinusgrößen erreichen zu verschiedenen Zeiten t ihre Scheitelwerte und Nulldurchgänge, d.h., diese Größen haben unterschiedliche Phasenlagen; sie sind gegeneinander phasenverschoben.

Bild **5.**6 zeigt die sinusförmigen Verläufe eines Stromes $i = \hat{i} \sin(\omega t + \varphi_i)$ und einer Spannung $u = \hat{u} \sin(\omega t + \varphi_u)$. Ganz allgemein beginnt somit eine Sinusfunktion $x = \hat{x} \sin(\omega t + \varphi_x)$ zur Zeit $t = 0$ mit dem Wert $x_0 = \hat{x} \sin \varphi_x$ und geht um den Nullphasenwinkel φ_x früher als die normale Sinusfunktion $\sin(\omega t)$ durch Null. Hierbei ist streng auf das Vorzeichen des Winkels zu achten: In Bild **5.**6 ist z.B. der Nullphasenwinkel der Spannung $\varphi_u = 30°$ und der des Stromes $\varphi_i = -30°$. Der Nullphasenwinkel ist also ganz allgemein eine gerichtete Größe, die positive und negative Zahlenwerte annehmen kann und daher auch durch einen Einfachpfeil (mit nur einer Pfeilspitze) gekennzeichnet werden muß. Er wird positiv angegeben, wenn seine Pfeilspitze in die positive Winkel-Zählrichtung weist, bzw. negativ bei entgegengesetzter Richtung. Um den Nullphasenwinkel vorzeichenrichtig aus einem Zeitdiagramm, z.B. Bild **5.**6, entnehmen zu können, muß man den Winkelpfeil vom positiven Nulldurchgang (die Sinusfunktion wird nach diesem Nulldurchgang positiv) zur Ordinatenachse richten; die Pfeilspitzen müssen also stets an der Ordinatenachse liegen.

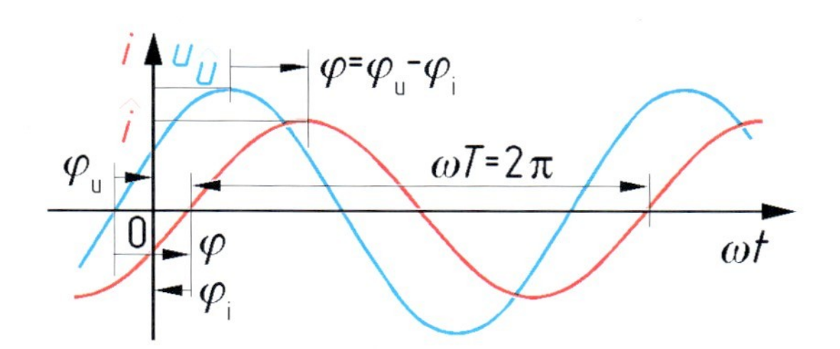

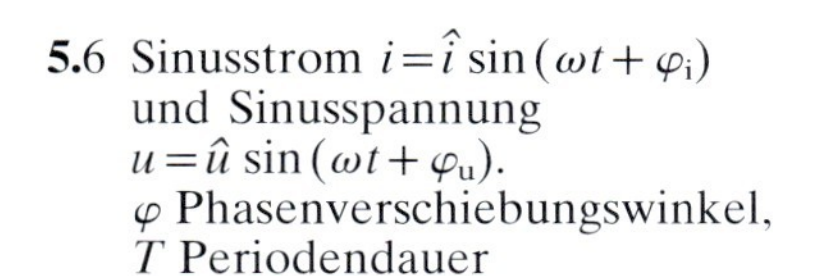
5.6 Sinusstrom $i = \hat{i} \sin(\omega t + \varphi_i)$ und Sinusspannung $u = \hat{u} \sin(\omega t + \varphi_u)$. φ Phasenverschiebungswinkel, T Periodendauer

Wichtiger als der Nullphasenwinkel ist in der Sinusstromtechnik die Phasenverschiebung zwischen zwei Sinusfunktionen. Von besonderer Bedeutung ist dabei der Phasenverschiebungswinkel φ, der an einem Wechselstromverbraucher zwischen der Spannung u und dem Strom i auftritt. Er wird ohne weiteren Index mit φ gekennzeichnet und ist eindeutig als

$$\varphi = \varphi_u - \varphi_i \tag{5.27}$$

definiert. Meist wird der Phasenverschiebungswinkel φ kürzer einfach als Phasenverschiebung oder als Phasenwinkel bezeichnet. Er gibt an, um welchen

Winkel die Spannung dem Strom vorauseilt, und ist – ebenso wie die Nullphasenwinkel φ_i und φ_u – durch einen Einfachpfeil zu kennzeichnen, der vom positiven Nulldurchgang der Spannung u zu dem des Stromes i (nur so, nicht in umgekehrter Richtung) gerichtet ist. Wenn der Zählpfeil in Richtung der positiven ωt-Achse weist, ist der Phasenwinkel φ positiv, sonst negativ.

Diese Vorzeichen- und Richtungsfestlegung ist absolut verbindlich. Uneinheitliche Winkelvorzeichen bei diesen Größen führen zu schwerwiegenden, grundsätzlichen Fehlern. Nach Abschn. 5.3.2.4 und 5.3.2.5 ist der Phasenwinkel φ auch der Winkel des komplexen Widerstandes $\underline{Z}$ und der komplexen Leistung $\underline{S}$.

□ **Beispiel 5.1**

Die Phasenverschiebung zwischen Spannung u und Strom i in Bild **5.**6 soll vorzeichenrichtig beschrieben werden.

Nach Gl. (5.27) ergibt sich der Phasenwinkel

$$\varphi = \varphi_u - \varphi_i = 30° - (30°) = 60°.$$

Die Spannung u eilt dem Strom i um $\varphi = 60°$ voraus. Gleichbedeutend hiermit ist selbstverständlich die Aussage, daß der Strom der Spannung um 60° nacheilt. □

Eine Sinusschwingung wiederholt sich nach Ablauf des Winkels $2\pi = 360° = \omega T$. Mit der Kreisfrequenz ω gilt somit für die in Bild **5.**6 dargestellte Periodendauer

$$T = \frac{2\pi}{\omega} \tag{5.28}$$

und mit Gl. (5.2) für die Frequenz

$$f = \frac{1}{T} = \frac{\omega}{2\pi}. \tag{5.29}$$

Die Kreisfrequenz ω unterscheidet sich somit lediglich um den Faktor 2π von der Frequenz f. Für die Einheit der Kreisfrequenz ω gilt

$$[\omega] = \frac{\text{rad}}{\text{s}} = \frac{1}{\text{s}} = \text{s}^{-1}; \tag{5.30}$$

sie darf nicht in Hertz angegeben werden.

Wichtige Frequenzbereiche der Elektrotechnik sind in Tafel **5.**7 zusammengestellt. Bei den Energieversorgungsnetzen sind 50 Hz oder 60 Hz üblich. Nach Tafel **5.**7 herrschen in der Energietechnik die kleinen Frequenzen vor, wobei allerdings für bestimmte Fertigungsverfahren Frequenzen bis zu 1 GHz zur Anwendung kommen. Die Nachrichtentechnik überstreicht den gesamten Frequenzbereich; neuere Entwicklungen führen zu immer höheren Frequenzen (Höchstfrequenz). Tafel **5.**7 stellt gleichzeitig die verschiedenen Anwendungsgebiete der Sinusstromtechnik heraus.

Tafel **5**.7 Frequenz- und Anwendungsbereiche von Sinusströmen

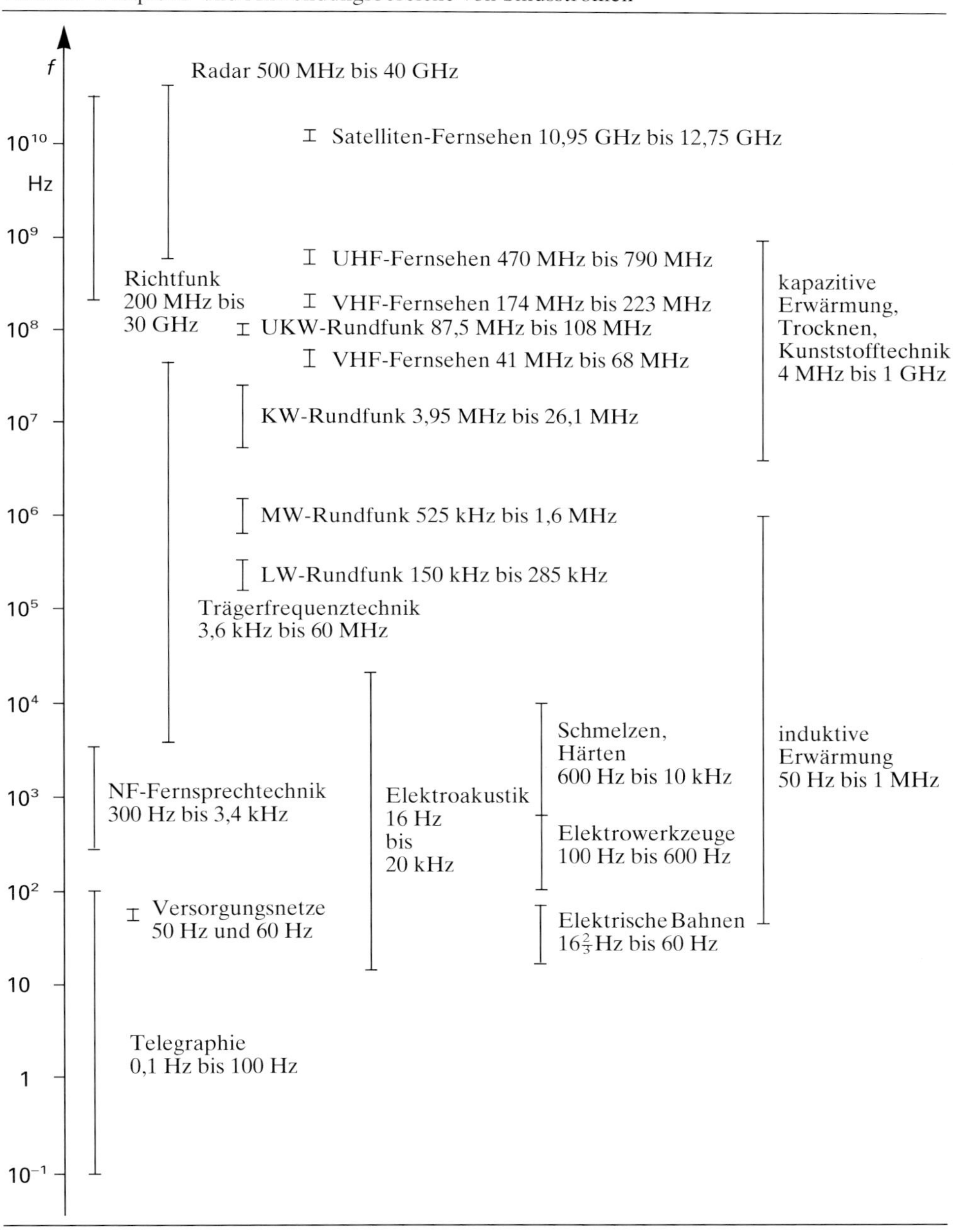

□ **Beispiel 5.2**

In einer Spule mit der Windungszahl $N=30$ ändert sich ein Fluß des Scheitelwerts $\hat{\Phi}=700\,\text{mVs}$ mit der Frequenz $f=50\,\text{Hz}$ nach der Funktion $\Phi=\hat{\Phi}\cos(\omega t)$. Periodendauer T und Zeitfunktion $u(t)$ der induzierten Spannung sind zu bestimmen. Die Zählpfeile des magnetischen Flusses Φ und der Spannung u seien einander rechtswendig zugeordnet.

Für die Periodendauer gilt nach Gl. (5.29)

$$T=\frac{1}{f}=\frac{1}{50\,\text{Hz}}=0{,}02\,\text{s}=20\,\text{ms}.$$

Der Sinusstrom der normalen Versorgungsnetze wiederholt also seinen Verlauf nach jeweils 20 ms.

Mit der Kreisfrequenz $\omega=2\pi f=2\pi\cdot 50\,\text{Hz}=314{,}2\,\text{s}^{-1}=0{,}3142\,\text{ms}^{-1}$ nach Gl. (5.28) erhält man die Flußfunktion

$$\Phi=\hat{\Phi}\cos(\omega t)=700\,\text{mVs}\cos\left(0{,}3142\,\frac{t}{\text{ms}}\right)$$

und nach Gl. (5.25) die Spannungsfunktion

$$\begin{aligned} u&=N\omega\hat{\Phi}\sin(\omega t)\\ &=30\cdot 314{,}2\,\text{s}^{-1}\cdot 700\,\text{mVs}\sin\left(0{,}3142\,\frac{t}{\text{ms}}\right)=6{,}6\,\text{kV}\sin\left(0{,}3142\,\frac{t}{\text{ms}}\right). \end{aligned}$$

□

□ **Beispiel 5.3**

Eine Spule (z.B. eine Rahmenantenne) hat die Fläche $A=900\,\text{cm}^2$ und die Windungszahl $N=50$. Sie wird von einer elektromagnetischen Welle mit dem Scheitelwert der magnetischen Feldstärke $\hat{H}=10\,\mu\text{A/m}$ und der Frequenz $f=5\,\text{MHz}$ senkrecht und homogen durchsetzt. Wie groß ist der Scheitelwert $\hat{u}$ der in dieser Antenne induzierten Spannung?

Mit der Permeabilität von Luft $\mu_0=1{,}257\,\mu\text{H/m}$ tritt nach Gl. (4.10) der Scheitelwert der magnetischen Flußdichte

$$\hat{B}=\mu_0\hat{H}=1{,}257\,\frac{\mu\text{H}}{\text{m}}\cdot 10\,\frac{\mu\text{A}}{\text{m}}=12{,}57\,\frac{\text{pVs}}{\text{m}^2}=12{,}57\,\text{pT}$$

auf. (Die Feldgrößen von elektromagnetischen Wellen sind verglichen mit den entsprechenden Größen elektrischer Maschinen extrem klein.) Der Scheitelwert des Flusses beträgt dann nach Gl. (4.40)

$$\hat{\Phi}=\hat{B}A=12{,}57\,\frac{\text{pVs}}{\text{m}^2}\cdot 0{,}09\,\text{m}^2=1{,}131\,\text{pVs}.$$

Daher wird nach Gl. (5.26) mit der Kreisfrequenz $\omega=2\pi f=2\pi\cdot 5\,\text{MHz}=31{,}42\,\mu\text{s}^{-1}$ der Scheitelwert der Spannung

$$\hat{u}=N\omega\hat{\Phi}=50\cdot 31{,}42\,\mu\text{s}^{-1}\cdot 1{,}131\,\text{pVs}=1{,}777\,\text{mV}$$

in die Antenne induziert. Diese Spannung kann in einem Empfänger nach entsprechender Verstärkung als Signal genutzt werden. Bei UKW-Antennen treten Spannungen von nur wenigen μV auf. □

5.2.1.3 Mittelwerte von Sinusgrößen. Der arithmetische Mittelwert einer Sinusgröße ist, wie man Bild **5.**8a unmittelbar entnehmen kann, stets null. Rechnerisch läßt sich dies mit Gl. (5.4) nachweisen: Wenn man $i = \hat{i}\sin(\omega t)$ setzt und die Integration der Einfachheit halber bei $t_0 = 0$ beginnt, erhält man für den arithmetischen Mittelwert nach Gl. (5.4) zunächst

$$\overline{i} = \frac{1}{T}\int_0^T \hat{i}\sin(\omega t)\,\mathrm{d}t = \frac{1}{T}\left(-\frac{\hat{i}}{\omega}\cos(\omega t)\right)\Bigg|_{t=0}^{t=T} = \frac{\hat{i}}{\omega T}(-\cos(\omega T) + \cos 0).$$

Da gemäß Gl. (5.28) $\omega T = 2\pi$ gilt, folgt hieraus

$$\overline{i} = \frac{\hat{i}}{2\pi}(-\cos(2\pi) + \cos 0) = \frac{\hat{i}}{2\pi}(-1+1) = 0. \tag{5.31}$$

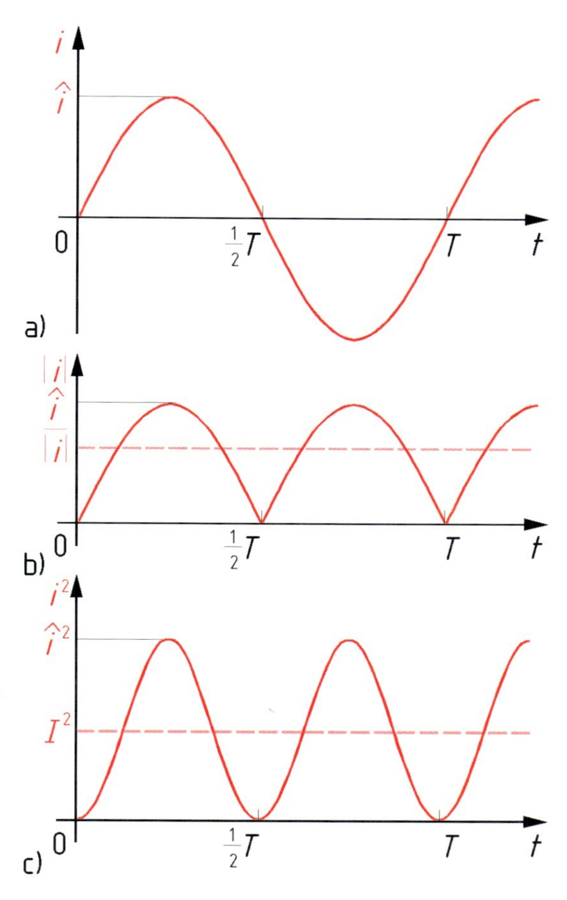

5.8 a) Sinusstrom $i = \hat{i}\sin(\omega t)$, arithmetischer Mittelwert $\overline{i} = 0$.
b) Gleichgerichteter Sinusstrom $|i| = \hat{i}\,|\sin(\omega t)|$, $\overline{|i|}$ Gleichrichtwert
c) Quadrierter Sinusstrom $i^2 = \hat{i}^2\sin^2(\omega t)$, I^2 Quadrat des Effektivwertes

Damit ist auch formal der Beweis geführt, daß Gl. (5.5) erfüllt ist und sinusförmig verlaufende Größen Wechelgrößen sind.

Bei der Ermittlung des Gleichrichtwertes $\overline{|i|}$ einer Sinusgröße $i=\hat{i}\sin(\omega t)$ nutzt man die Tatsache, daß die positive und die negative Halbschwingung Verläufe zeigen, die – vom Vorzeichen abgesehen – identisch sind. Es genügt daher, wenn die Mittelwertbildung bei der Funktion $|i(t)|$ über die halbe Periodendauer $T/2$ der Sinusfunktion vorgenommen wird. Wenn man im übrigen nach Gl. (5.6) verfährt und die Integration bei $t_0=0$ beginnt, so ergibt sich der zusätzliche Vorteil, daß bis zum Ende des Integrationsbereiches bei $t=T/2$ die Funktionen $|i(t)|$ und $i(t)$ identisch sind. Für den Gleichrichtwert des Sinusstromes $i(t)$ ergibt sich somit

$$\overline{|i|}=\frac{1}{\frac{1}{2}T}\int_0^{T/2}\hat{i}\,|\sin(\omega t)|\,\mathrm{d}t=\frac{1}{\frac{1}{2}T}\int_0^{T/2}\hat{i}\sin(\omega t)\,\mathrm{d}t=\frac{2}{T}\left(-\frac{\hat{i}}{\omega}\cos(\omega t)\right)\Bigg|_{t=0}^{t=\frac{1}{2}T}$$

und mit $\omega T=2\pi$ gemäß Gl. (5.28)

$$\overline{|i|}=\frac{2\hat{i}}{\omega T}\left(-\cos\frac{\omega T}{2}+\cos 0\right)=\frac{2\hat{i}}{2\pi}(-\cos\pi+\cos 0)=\frac{2}{\pi}\hat{i}=0{,}6366\,\hat{i}. \tag{5.32}$$

Entsprechend gilt für den Gleichrichtwert einer Sinusspannung

$$\overline{|u|}=\frac{2}{\pi}\hat{u}=0{,}6366\,\hat{u}.$$

Zur Bestimmung des Effektivwertes I einer Sinusgröße $i=\hat{i}\sin(\omega t)$ ist nach Gl. (5.12) zunächst die Zeitfunktion $i(t)$ zu quadrieren; man erhält dann den in Bild **5.**8c dargestellten Verlauf

$$i^2(t)=\hat{i}^2\sin^2(\omega t)=\frac{\hat{i}^2}{2}(1-\cos(2\omega t)),$$

dessen arithmetischer Mittelwert sich zu

$$I^2=\frac{1}{T}\int_0^T\frac{\hat{i}^2}{2}(1-\cos(2\omega t))\,\mathrm{d}t=\frac{\hat{i}^2}{2} \tag{5.33}$$

ergibt, da die Funktion $\cos(2\omega t)$ eine Wechselgröße beschreibt, deren Mittelwert nach Gl. (5.5) definitionsgemäß null ist. Nach Ziehen der Quadratwurzel erhält man schließlich den Effektivwert der Sinusgröße

$$I = \frac{1}{\sqrt{2}}\,\hat{i} = 0{,}7071\,\hat{i} \quad \text{bzw.} \quad U = \frac{1}{\sqrt{2}}\,\hat{u} = 0{,}7071\,\hat{u}\,. \tag{5.34}$$

Aus Gl. (5.34) ergibt sich der Scheitelfaktor einer Sinusgröße nach Gl. (5.13) zu

$$\xi = \frac{\hat{i}}{I} = \frac{\hat{u}}{U} = \sqrt{2} = 1{,}414\,. \tag{5.35}$$

Der Formfaktor ergibt sich nach Gl. (5.14) aus Gl. (5.32) und Gl. (5.34) zu

$$F = \frac{I}{\overline{|i|}} = \frac{U}{\overline{|u|}} = \frac{\pi}{2\sqrt{2}} = 1{,}111\,. \tag{5.36}$$

5.2.2 Zeigerdiagramm

Zur vollständigen Darstellung von Sinusgrößen werden die Zeitfunktionen $x(t)$ wie in Bild **5**.6 als Sinuslinien über der Zeit t aufgetragen. Wenn mehrere Sinusgrößen gleichzeitig betrachtet werden, sind solche Diagramme aber sehr unübersichtlich. Es soll deshalb gezeigt werden, wie man sinusförmig zeitabhängige Größen einfacher symbolisch darstellen kann.

5.2.2.1 Zeiger. Mit Bild **5**.9 wird ein Zeiger (Einfachpfeil) eingeführt, der mit dem unterstrichenen Formelzeichen der Sinusgröße (also z. B. bei der Spannung mit $\underline{u}$) bezeichnet wird. Die Länge dieses Zeigers entspricht dem Scheitelwert $\hat{u}$.

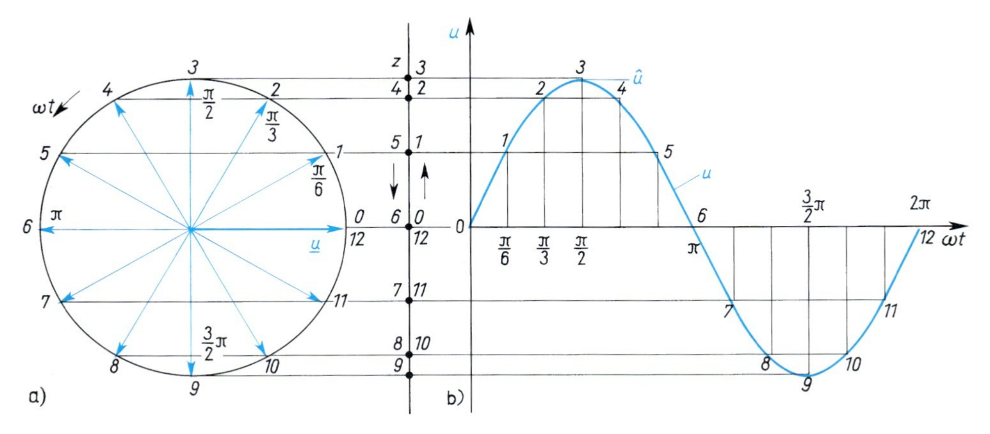

5.9 Zusammenhang zwischen Drehzeigerdiagramm (a) und Zeitdiagramm (b).
z Zeitlinie

Das Unterstreichen weist darauf hin, daß dieses Formelzeichen nicht nur die physikalische Größe, sondern auch die Zeigereigenschaft symbolisieren soll.

Dreht sich nun in Bild **5.**9 der Spannungszeiger $\underline{u}$ im mathematisch positiven Sinn (d.h. entgegengesetzt wie ein Uhrzeiger) mit der Winkelgeschwindigkeit ω, so stellen die Projektionen der Zeigerspitze auf die ruhende Zeitlinie z die Zeitwerte $u = \hat{u} \sin(\omega t)$ dar, wie das für 12 Zeigerstellungen und die zugehörigen Zeitwerte in Bild **5.**9 gezeigt ist. Eine im Zeitdiagramm dargestellte Sinuslinie läßt sich somit als Projektion eines sich gleichmäßig drehenden Zeigers auf eine stillstehende Zeitlinie deuten. Die Winkelgeschwindigkeit ω des Zeigers ist dabei gleich der Kreisfrequenz $\omega = 2\pi f$ der betrachteten Schwingung.

Ebenso wie die Sinusschwingung ist auch ihr Zeiger durch vier Kennwerte eindeutig festgelegt:

1. Die Art (Qualität) der Sinusgröße wird durch das neben dem Zeiger stehende Formelzeichen (z.B. $\underline{u}$ oder $\underline{i}$) angegeben. Der Unterstrich symbolisiert hierbei den Zeigercharakter der Größe.

2. Der Betrag der Sinusgröße (hier der Scheitelwert, in Abschn. 5.3.2.3 der Effektivwert) wird durch die Länge des Zeigers ausgedrückt. Hierfür benötigt man einen Maßstab (z.B. 1 cm ≙ 20 V oder 1 cm ≙ 5 A usw.), den man zweckmäßigerweise gesondert in das Zeigerdiagramm einträgt (s. Bild **5.**13e).

3. Nach Abschn. 5.2.1.2 können sich mehrere gleichfrequente Sinusgrößen durch ihre Phasenlage unterscheiden. Sie wird im Zeigerdiagramm durch den Phasenwinkel φ zwischen den Zeigern berücksichtigt. Bild **5.**10 enthält als Beispiel das aus Bild **5.**6 übernommene Zeitdiagramm und das zugehörige Zeigerdiagramm mit dem Phasenwinkel $\varphi = \varphi_u - \varphi_i$. Die Zuordnung zu den Zeitpunkten *0* und *1* ist leicht zu erkennen.

4. Die Frequenz f der Sinusschwingung bestimmt nach Gl. (5.29) die Winkelgeschwindigkeit ω der sich drehenden Zeiger. Zeigerdiagramme können daher,

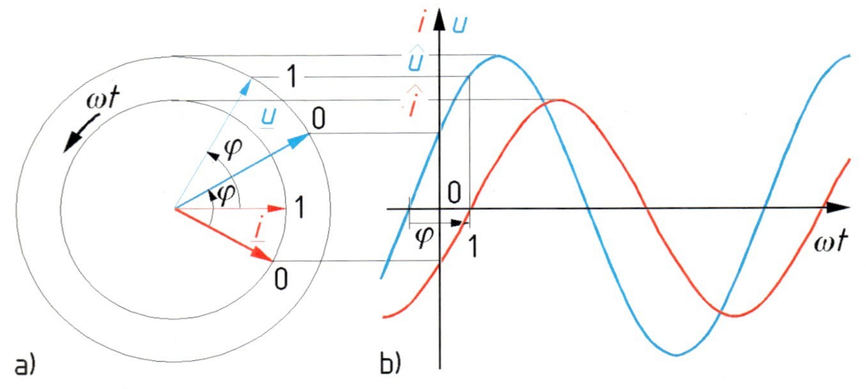

5.10 Drehzeigerdiagramm (a) und Zeitdiagramm (b) für einen Sinusstrom i und eine Sinusspannung u. *0, 1* Zeitpunkte

wenn der Phasenwinkel φ auch beim Drehen erhalten bleiben soll, nur gleichfrequente Vorgänge wiedergeben. Da nur feststehende Zeiger gezeichnet werden können, sind die Darstellungen in Bild **5.**9 und Bild **5.**10 gewissermaßen Momentaufnahmen der sich drehenden Zeiger.

Die Vorstellung eines Drehzeigers ist für die Entwicklung des Zeitdiagramms aus dem Zeigerdiagramm nützlich; für die Bestimmung des Zeitwertes ist sie sogar nötig. Für alle anderen Aufgaben, insbesondere für die Beschreibung der Beziehungen, in denen gleichfrequente Sinusschwingungen zueinander stehen, ist es zweckmäßiger, die sich drehenden Zeiger vom mitbewegten Standpunkt aus zu betrachten. Für einen Beobachter, der sich selber wie die Zeiger mit der Winkelgeschwindigkeit ω dreht, stehen die Zeiger still; unter welchem Winkel er diese Zeiger sieht, hängt von seiner eigenen Winkelposition ab und ist daher – willkürlich – wählbar. Eindeutig festgelegt sind hingegen, wie Bild **5.**10a zeigt, die Winkel zwischen den einzelnen Zeigern. Bei dieser Betrachtungsweise gelangt man zu Zeigern, die in der Bildebene stillstehen. Zur Unterscheidung von den rotierenden Zeigern werden diese ruhenden Scheitelwertzeiger mit $\underline{\hat{u}}$, $\underline{\hat{i}}$, usw. gekennzeichnet. Sie werden meist so dargestellt, daß ihre Winkelpositionen mit denen der rotierenden Zeiger zum Zeitpunkt $t=0$ übereinstimmen (Zeitpunkt *0* in Bild **5.**10).

Da man in der Elektrotechnik Sinusgrößen überwiegend nicht mit Scheitelwerten, sondern mit Effektivwerten beschreibt, empfiehlt es sich bei der praktischen Handhabung der ruhenden Zeiger, deren Länge nach dem Effektivwert zu bemessen. Im Unterschied zu den Scheitelwertzeigern werden die Effektivwertzeiger durch einen unterstrichenen Großbuchstaben (z.B. $\underline{U}$ oder $\underline{I}$) gekennzeichnet. Die Winkel zwischen den Effektivwertzeigern sind dieselben wie zwischen den ensprechenden Scheitelwertzeigern. Bei gleichem Maßstab sind die Scheitelwertzeiger lediglich um den Scheitelfaktor $\xi=\sqrt{2}=1{,}414$ länger als die Effektivwertzeiger. Dieser Sachverhalt ist in Bild **5.**11b dargestellt und auch aus dem Vergleich der Bilder **5.**12a und b zu ersehen.

5.2.2.2 Zählpfeile. Nach Abschn. 1.2.4.2 ist eine Beschreibung der Ströme und Spannungen in einem Netzwerk nur dann möglich, wenn in die Schaltung die zugehörigen Zählpfeile eingetragen werden. Erst sie ermöglichen die eindeutige Zuordnung der Ströme und Spannungen, insbesondere ihrer Richtungen; z.B. benötigt man zur eindeutigen Interpretation des Zeigerdiagramms in Bild **5.**11b die Eintragung der Zählpfeile nach Bild **5.**11a.

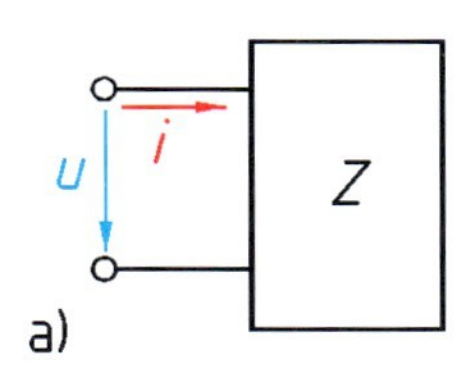

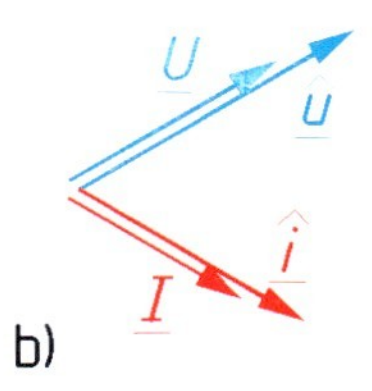

5.11 Zweipol Z mit Zählpfeilen u und i im Verbraucher-Zählpfeilsystem (a) und zugehörige Zeigerdiagramme (b)

Zeiger und Zählpfeile werden beide durch Einfachpfeile dargestellt; sie dienen jedoch völlig unterschiedlichen Zwecken. Die in Bild **5.**11 a eingetragenen Zählpfeile können keinesfalls ständig die Richtung von Strom i und Spannung u bezeichnen, da sich diese periodisch ändert (s. z.B. Bild **5.**10 b). Sie sind auch keine Zeiger im Sinne von Bild **5.**11 b, da ihre Länge und Richtung keine Aussage über Betrag und Phasenlage der zugehörigen Größe zulassen. Die in Bild **5.**11 a eingetragenen Zählpfeile sollen vielmehr nur angeben, in welcher Richtung Strom i und Spannung u positiv gezählt werden (s. Abschn. 1.2.4.1). Wann Strom und Spannung in diesem Sinne tatsächlich positiv sind, kann dem zugehörigen Zeitdiagramm (wie z.B. Bild **5.**10 b) entnommen werden. Die aus dem Zeitdiagramm ersichtliche Phasenverschiebung φ wird dann, wie in Bild **5.**10 a gezeigt, in das Zeigerdiagramm übernommen.

Die Zählpfeile werden wie in Bild **5.**11 a durch die Symbole u und i gekennzeichnet, wenn die Zeitabhängigkeit dieser Größen im einzelnen untersucht werden soll (wie in Abschn. 5.2.2.3 und 5.2.2.4). Wenn jedoch eine Darstellung mit Hilfe von Effektivwertzeigern oder die Anwendung der komplexen Wechselstromrechnung (s. Abschn. 5.3) beabsichtigt ist, werden wie in Bild **5.**13 die Zählpfeile mit den Zeigersymbolen $\underline{U}$ und $\underline{I}$ bezeichnet.

5.2.2.3 Addition und Subtraktion von Sinusgrößen. Die Anwendung der Kirchhoffschen Gesetze und des Überlagerungssatzes verlangen eine Addition oder Subtraktion von Strömen und Spannungen. Dabei erhält man, wie in Bild **5.**12 gezeigt, bei der Addition zweier Sinusschwingungen erneut eine Sinusschwingung derselben Frequenz [6], [21].

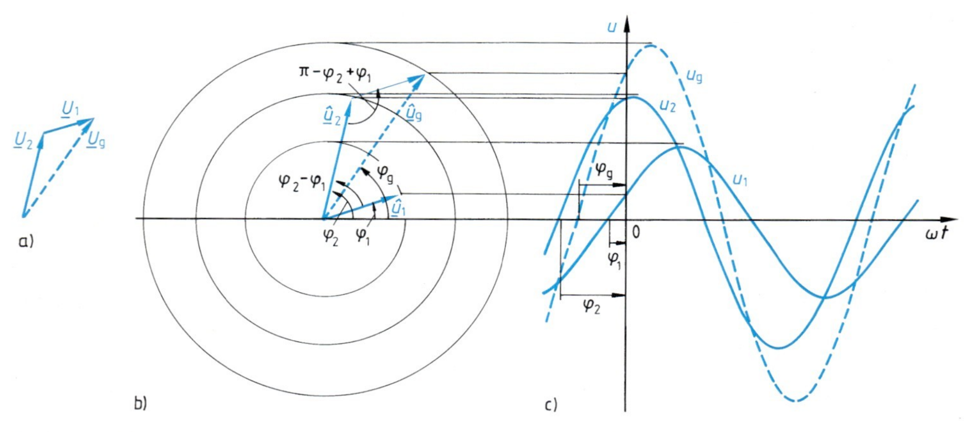

5.12 Addition von zwei Sinusspannungen $u_1 + u_2 = u_g$ im Effektivwert-Zeigerdiagramm (a), im Scheitelwert-Zeigerdiagramm (b) und im Zeitdiagramm (c). φ_1, φ_2, φ_g Nullphasenwinkel der drei Spannungen

In Bild **5.**12c werden die beiden Spannungen $u_1 = \hat{u}_1 \sin(\omega t + \varphi_1)$ und $u_2 = \hat{u}_2 \sin(\omega t + \varphi_2)$ zu der Gesamtspannung

$$u_g = \hat{u}_g \sin(\omega t + \varphi_g) = \hat{u}_1 \sin(\omega t + \varphi_1) + \hat{u}_2 \sin(\omega t + \varphi_2) \tag{5.37}$$

überlagert. φ_1, φ_2 und φ_g sind hierin die Nullphasenwinkel der drei Spannungen. Durch Anwendung der Additionstheoreme [7] erhält man

$$\begin{aligned} u_g &= \hat{u}_g \sin\varphi_g \cos(\omega t) + \hat{u}_g \cos\varphi_g \sin(\omega t) \\ &= \hat{u}_1 \sin\varphi_1 \cos(\omega t) + \hat{u}_1 \cos\varphi_1 \sin(\omega t) + \hat{u}_2 \sin\varphi_2 \cos(\omega t) + \hat{u}_2 \cos\varphi_2 \sin(\omega t) \\ &= (\hat{u}_1 \sin\varphi_1 + \hat{u}_2 \sin\varphi_2) \cos(\omega t) + (\hat{u}_1 \cos\varphi_1 + \hat{u}_2 \cos\varphi_2) \sin(\omega t)\,. \end{aligned}$$

Aus dem Vergleich der ersten mit der dritten Zeile dieser Gleichung folgt

$$\hat{u}_g \sin\varphi_g = \hat{u}_1 \sin\varphi_1 + \hat{u}_2 \sin\varphi_2\,, \tag{5.38}$$

$$\hat{u}_g \cos\varphi_g = \hat{u}_1 \cos\varphi_1 + \hat{u}_2 \cos\varphi_2\,. \tag{5.39}$$

Wenn man Gl. (5.38) durch Gl. (5.39) dividiert, erhält man $\tan\varphi_g = \sin\varphi_g / \cos\varphi_g$ bzw. den resultierenden Nullphasenwinkel

$$\varphi_g = \arctan \frac{\hat{u}_1 \sin\varphi_1 + \hat{u}_2 \sin\varphi_2}{\hat{u}_1 \cos\varphi_1 + \hat{u}_2 \cos\varphi_2}\,. \tag{5.40}$$

Wenn man Gl. (5.38) und Gl. (5.39) quadriert und addiert, findet man

$$\hat{u}_g^2 \sin^2\varphi_g + \hat{u}_g^2 \cos^2\varphi_g = (\hat{u}_1 \sin\varphi_1 + \hat{u}_2 \sin\varphi_2)^2 + (\hat{u}_1 \cos\varphi_1 + \hat{u}_2 \cos\varphi_2)^2.$$

Hieraus folgt wegen $\sin^2\varphi + \cos^2\varphi = 1$

$$\hat{u}_g^2 = \hat{u}_1^2 + \hat{u}_2^2 + 2\,\hat{u}_1 \hat{u}_2 (\sin\varphi_1 \sin\varphi_2 + \cos\varphi_1 \cos\varphi_2)$$

und mit $\sin\varphi_1 \sin\varphi_2 + \cos\varphi_1 \cos\varphi_2 = \cos(\varphi_2 - \varphi_1)$ nach [7] für den Scheitelwert der Summenspannung

$$\hat{u}_g = \sqrt{\hat{u}_1^2 + \hat{u}_2^2 + 2\,\hat{u}_1 \hat{u}_2 \cos(\varphi_2 - \varphi_1)}\,. \tag{5.41}$$

Zu den Ergebnissen Gl. (5.40) und Gl. (5.41) gelangt man auch, wenn man die Scheitelwertzeiger $\underline{\hat{u}}_1$ und $\underline{\hat{u}}_2$ in Bild **5.**12b unter Beachtung von Phasenlage und Betrag g e o m e t r i s c h addiert, indem man z.B. den Zeiger $\underline{\hat{u}}_1$ parallel verschiebt und an die Spitze des Zeigers $\underline{\hat{u}}_2$ anfügt. Bei Anwendung des Kosinussatzes erhält man für den Scheitelwert der Summenspannung

$$\hat{u}_g = \sqrt{\hat{u}_1^2 + \hat{u}_2^2 - 2\,\hat{u}_1 \hat{u}_2 \cos(\pi - \varphi_2 + \varphi_1)}\,,$$

was unmittelbar auf Gl. (5.41) führt. Die senkrechte und die waagerechte Komponente des Zeigers $\underline{\hat{u}}_g$ ergeben sich aus den Summen der entsprechenden Komponenten der Scheitelwertzeiger $\underline{\hat{u}}_1$ und $\underline{\hat{u}}_2$ zu

$$\hat{u}_g \sin\varphi_g = \hat{u}_1 \sin\varphi_1 + \hat{u}_2 \sin\varphi_2 \quad \text{und} \quad \hat{u}_g \cos\varphi_g = \hat{u}_1 \cos\varphi_1 + \hat{u}_2 \cos\varphi_2 .$$

Man erhält auf diese Weise dieselben Zusammenhänge wie in Gl. (5.38) und Gl. (5.39).

Damit ist nachgewiesen, daß man die Summe mehrerer Sinusgrößen gleicher Frequenz ermitteln kann, indem man ihre Zeiger geometrisch addiert. Gleiches trifft in gleicher Weise auch für die Subtraktion zu, da sich die Subtraktion einer Sinusgröße $u = \hat{u}\sin(\omega t + \varphi_u)$ immer auf die Addition der Sinusgröße $-u = -\hat{u}\sin(\omega t + \varphi_u) = \hat{u}\sin(\omega t + \varphi_u + \pi)$ zurückführen läßt. Weil zwischen den Sinusgrößen u und $-u$ ein Phasenwinkel von $\pi = 180°$ besteht, haben die zugehörigen Zeiger genau entgegengesetzte Richtung. Die Multiplikation eines Zeigers mit dem Faktor -1 bewirkt also, wie in Bild **5.**13d gezeigt, die Richtungsumkehr des Zeigers unter Beibehaltung seiner Länge.

Da Scheitelwert- und Effektivwert-Zeigerdiagramme sich lediglich durch den Maßstabsfaktor $\xi = \sqrt{2}$ unterscheiden, gelten die genannten Zusammenhänge entsprechend auch für die Effektivwertzeiger (s. Bild **5.**12a und b).

□ **Beispiel 5.4**

Von zwei Sinusspannungen mit den Effektivwerten $U_1 = 50\,\text{V}$ und $U_2 = 30\,\text{V}$ eilt $\underline{U}_2$ um den Phasenwinkel $\varphi_{12} = 60°$ gegenüber $\underline{U}_1$ voraus. Wie groß sind die Effektivwerte der Gesamtspannungen und ihre Phasenwinkel gegenüber der Bezugsspannung $\underline{U}_1$, wenn die Generatoren G mit den Spannungen $\underline{U}_1$ und $\underline{U}_2$ nach Bild **5.**13a in Summenreihenschaltung oder nach Bild **5.**13b in Gegenreihenschaltung liegen?

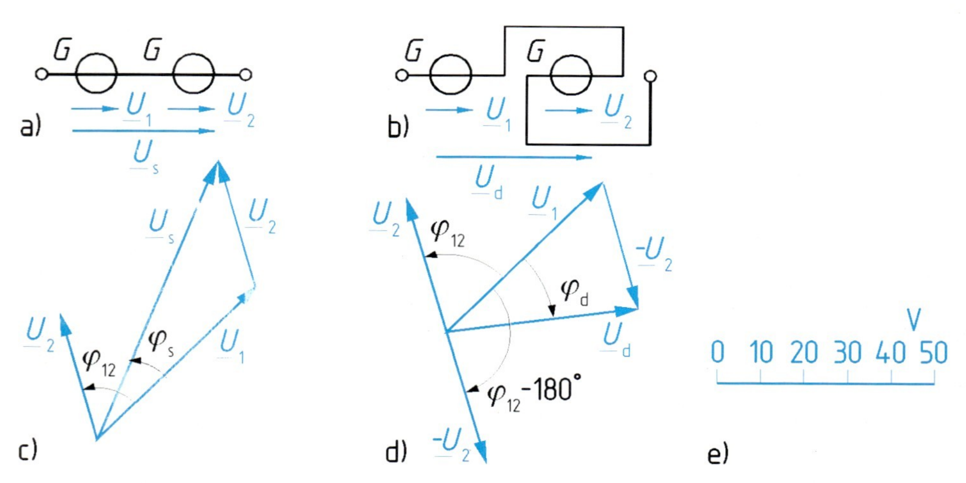

5.13 Addition (a) und Subtraktion (b) der beiden Sinusspannungen $\underline{U}_1$ und $\underline{U}_2$ mit Zeigerdiagrammen (c, d) und Spannungsmaßstab (e) zu Beispiel 5.4

Man trägt zunächst die Spannungszeiger $\underline{U}_1$ und $\underline{U}_2$ unter dem Winkel φ_{12} gegeneinander auf. Der dabei benutzte Spannungsmaßstab ist in Bild **5.**13e dargestellt. In Bild **5.**13c wird für die Summenreihenschaltung der Zeiger $\underline{U}_2$ in seiner vorgegebenen Richtung an den Zeiger $\underline{U}_1$ angetragen. Hieraus ergibt sich der Effektivwert U_s der Summenspannung und der zugehörige Phasenwinkel φ_s. Entsprechend Gl. (5.41) läßt sich die Summenspannung

$$U_s = \sqrt{U_1^2 + U_2^2 + 2\,U_1\,U_2 \cos\varphi_{12}} = \sqrt{50^2\,\text{V}^2 + 30^2\,\text{V}^2 + 2\cdot 50\,\text{V}\cdot 30\,\text{V}\cos 60°} = 70\,\text{V}$$

berechnen; nach Gl. (5.40) erhält man ihren Phasenwinkel

$$\varphi_s = \arctan\frac{U_1 \sin 0° + U_2 \sin\varphi_{12}}{U_1 \cos 0° + U_2 \cos\varphi_{12}} = \arctan\frac{50\,\text{V}\sin 0° + 30\,\text{V}\sin 60°}{50\,\text{V}\cos 0° + 30\,\text{V}\cos 60°} = 21{,}79°.$$

Zur Ermittlung der Differenzspannung $\underline{U}_d = \underline{U}_1 - \underline{U}_2$ wird der Spannungszeiger $\underline{U}_2$ mit -1 multipliziert, also in seiner Richtung umgekehrt und in Bild **5.**13d als $-\underline{U}_2$ an die Spitze des Zeigers $\underline{U}_1$ angetragen. Der Winkel zwischen den beiden zu addierenden Spannungen $\underline{U}_1$ und $-\underline{U}_2$ beträgt jetzt $\varphi_{12} - 180° = -120°$. Entsprechend Gl. (5.41) erhält man die Differenzspannung

$$\begin{aligned} U_d &= \sqrt{U_1^2 + U_2^2 + 2\,U_1\,U_2 \cos(\varphi_{12} - 180°)} \\ &= \sqrt{50^2\,\text{V}^2 + 30^2\,\text{V}^2 + 2\cdot 50\,\text{V}\cdot 30\,\text{V}\cos(-120°)} = 43{,}59\,\text{V} \end{aligned}$$

und ihren Phasenwinkel

$$\begin{aligned} \varphi_d &= \arctan\frac{U_1 \sin 0° + U_2 \sin(\varphi_{12} - 180°)}{U_1 \cos 0° + U_2 \cos(\varphi_{12} - 180°)} \\ &= \arctan\frac{0 + 30\,\text{V}\sin(-120°)}{50\,\text{V} + 30\,\text{V}\cos(-120°)} = -36{,}59°. \end{aligned}$$

Die Summenspannung $\underline{U}_s$ eilt also gegenüber der Spannung $\underline{U}_1$ vor, die Differenzspannung $\underline{U}_d$ aber wegen des negativen Phasenwinkels nach. □

5.2.2.4 Differentiation und Integration von Sinusgrößen. Für die Zusammenhänge zwischen Strömen und Spannungen an Induktivitäten und Kapazitäten sind nach Gl. (3.89) und Gl. (4.115) die Differentialquotienten nach der Zeit oder – bei umgekehrter Auflösung der Gleichungen, wie z.B. Gl. (3.90) – die Integrale über der Zeit von wesentlicher Bedeutung. Dabei erhält man sowohl bei der Differentiation als auch bei der Integration von Sinusschwingungen jeweils wieder eine (phasenverschobene) Sinusschwingung. In Bild **5.**14b ist das Zeitdiagramm eines Sinusstromes $i = \hat{i}\sin(\omega t + \varphi_i)$ dargestellt.

Die Differentiation nach der Zeit ergibt

$$f(t) = \frac{\text{d}}{\text{d}t}[\hat{i}\sin(\omega t + \varphi_i)] = \omega\hat{i}\cos(\omega t + \varphi_i) = \omega\hat{i}\sin\left(\omega t + \varphi_i + \frac{\pi}{2}\right), \qquad (5.42)$$

also eine Sinusschwingung, die der ursprünglichen Funktion $i(t)$ um den Winkel $\pi/2 = 90°$ vorauseilt und deren Scheitelwert das ω-fache von $\hat{i}$ ist. In Bild **5.**14a ist

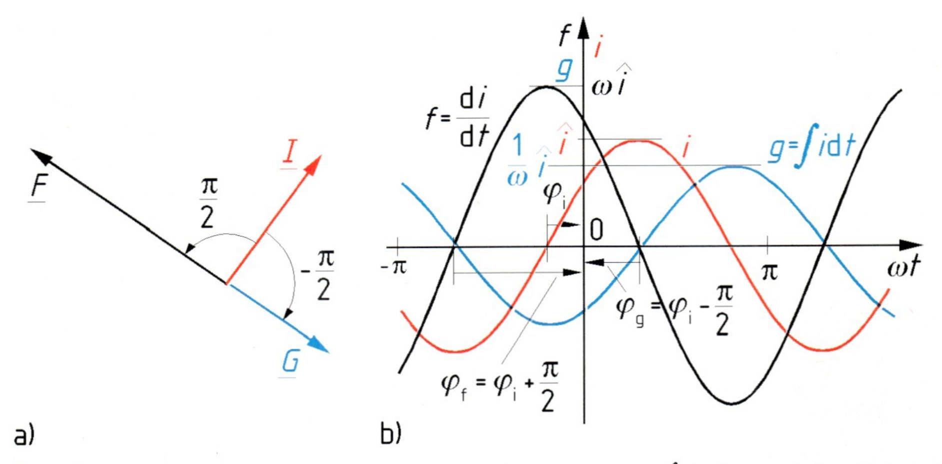

5.14 Differentiation und Integration eines Sinusstromes $i=\hat{i}\sin(\omega t+\varphi_i)$ im Zeigerdiagramm (a) und im Zeitdiagramm (b)

das entsprechende Effektivwertzeigerdiagramm (der deutlicheren Darstellung wegen im doppelten Maßstab) dargestellt. Hier wird der Differentiationsvorgang nachvollzogen, indem der Zeiger $\underline{I}$ um den Winkel $\pi/2=90°$ im positiven Drehsinn verdreht und sein Betrag I mit dem Faktor ω multipliziert wird. Auf diese Weise erhält man den Effektivwertzeiger $\underline{F}$, der der Sinusschwingung $f=\omega\hat{i}\sin(\omega t+\varphi_i+\pi/2)$ in Bild **5.**14b entspricht.

Die Integration des Sinusstromes $i=\hat{i}\sin(\omega t+\varphi_i)$ ergibt

$$g(t)=\int[\hat{i}\sin(\omega t+\varphi_i)]\,dt=\frac{1}{\omega}\hat{i}\,[-\cos(\omega t+\varphi_i)]=\frac{1}{\omega}\hat{i}\sin\left(\omega t+\varphi_i-\frac{\pi}{2}\right), \qquad (5.43)$$

also eine Sinusschwingung, die der ursprünglichen Funktion $i(t)$ um den Winkel $\pi/2=90°$ nacheilt und deren Scheitelwert das $1/\omega$-fache von $\hat{i}$ ist. Die Integrationskonstante kann unberücksichtigt bleiben, da hier nur Wechselgrößen beschrieben werden. Im Zeigerdiagramm Bild **5.**14a kommt man zu demselben Ergebnis, wenn man den Zeiger $\underline{I}$ um den Winkel $\pi/2=90°$ im negativen Drehsinn verdreht und seinen Betrag I mit dem Faktor $1/\omega$ multipliziert. Man erhält dann den Effektivwertzeiger $\underline{G}$, der der Sinusschwingung $g=(1/\omega)\hat{i}\sin(\omega t+\varphi_i-\pi/2)$ in Bild **5.**14b entspricht.

5.3 Komplexe Rechnung

Die in Abschn. 5.2.2 eingeführte Zeigerdarstellung von Sinusgrößen erleichtert deren analytische Behandlung ganz erheblich, da die Addition von Sinusfunktionen auf die geometrische Addition der Zeiger sowie Differentiation und Integration auf eine Drehung der Zeiger um einen rechten Winkel und eine Längenänderung zurückgeführt werden können.

Wenn man nun einen solchen Zeiger vom Nullpunkt ausgehend in die komplexe Zahlenebene einträgt, so kann man die Zeigerspitze und somit den Zeiger selbst durch eine komplexe Zahl vollständig beschreiben. Hierdurch wird die geometrische Addition der Zeiger in eine reine Zahlenrechnung überführt. Auch wird der betrachtete Sinusvorgang aus dem in der Darstellung aufwendigen Zeitbereich in die einfacher zu handhabende komplexe Zahlenebene transformiert.

Im folgenden sollen zunächst einige Regeln für die komplexe Rechnung wiederholt und anschließend die komplexen Sinusgrößen betrachtet werden.

5.3.1 Begriffe und Rechenregeln

Da jedes Lehrbuch der Ingenieurmathematik (z. B. [6], [16], [26]) ausführlich das Rechnen mit komplexen Zahlen behandelt, genügt es hier, die für die Elektrotechnik wichtigen Begriffe und Rechenregeln kurz anzugeben.

5.3.1.1 Darstellung komplexer Zahlen. In der komplexen Ebene von Bild **5.**15a ist ein allgemeiner Zeiger $\underline{r}$, der z. B. für einen der in Abschn. 5.2.2 eingeführten Strom- und Spannungszeiger stehen mag, als komplexe Zahl in der Komponentenform

$$\underline{r} = a + \mathrm{j}\, b \tag{5.44}$$

eingetragen. Dies entspricht der Angabe von rechtwinkligen (kartesischen) Koordinaten a und b. Die positive reelle Achse weist nach rechts und die positive imaginäre Achse nach oben. Dem Brauch der Elektrotechnik folgend wird hierbei die imaginäre Einheit $\sqrt{-1}$ stets mit j (und wegen der Verwechslungsgefahr

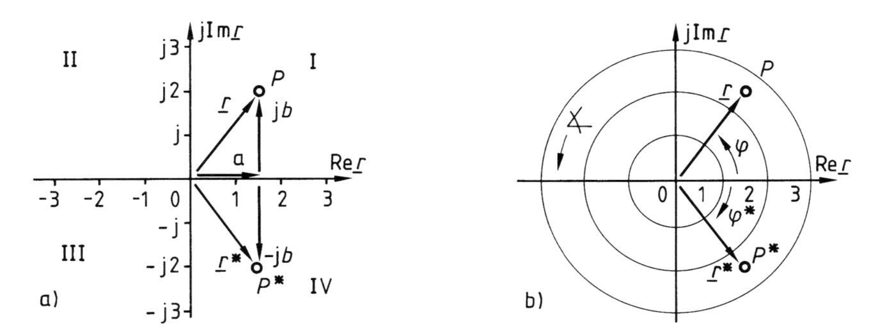

5.15 Gaußsche Zahlenebene mit kartesischen (a) und Polarkoordinaten (b) sowie Darstellung der komplexen Größe $\underline{r} = a + \mathrm{j}\, b = r\mathrm{e}^{\mathrm{j}\varphi}$ und der hierzu konjugiert komplexen Größe $\underline{r}^* = a - \mathrm{j}\, b = r\mathrm{e}^{-\mathrm{j}\varphi}$

mit dem Strom i niemals mit i) bezeichnet. In Gl. (5.44) stellen $a = \mathrm{Re}\,\underline{r}$ den Realteil und $b = \mathrm{Im}\,\underline{r}$ den Imaginärteil der komplexen Zahl $\underline{r}$ dar. Beide Komponenten können jeweils positive und negative Zahlenwerte annehmen. Eine Vorzeichenumkehr beim Imaginärteil führt zum konjugiert Komplexen

$$\underline{r}^* = a - \mathrm{j}\,b\,. \tag{5.45}$$

Die in Abschn. 5.2.2.1 für den Zeiger eingeführte Unterstreichung des zugehörigen Formelzeichens wird hier zur Kennzeichnung einer komplexen Größe beibehalten. Außer durch die Komponenten a und b ist eine komplexe Zahl auch durch ihren Betrag $r = |\underline{r}|$ und ihren Winkel φ bestimmt. Dies entspricht der Angabe von Polarkoordinaten wie in Bild **5.**15b. Aus Bild **5.**15 ergeben sich Betrag und Winkel

$$r = |\underline{r}| = \sqrt{a^2 + b^2} \tag{5.46}$$

$$\varphi = \arctan \frac{b}{a} \;{}^{1)} \tag{5.47}$$

sowie Real- und Imaginärteil

$$a = r \cos \varphi \tag{5.48}$$

$$b = r \sin \varphi\,. \tag{5.49}$$

Damit folgt aus Gl. (5.44)

$$\underline{r} = a + \mathrm{j}\,b = r \cos \varphi + \mathrm{j}\,r \sin \varphi = r(\cos \varphi + \mathrm{j} \sin \varphi) \tag{5.50}$$

sowie mit der Euler-Gleichung $\mathrm{e}^{\mathrm{j}\varphi} = \cos \varphi + \mathrm{j} \sin \varphi$ die Exponential- oder Polarform

$$\underline{r} = r\,\mathrm{e}^{\mathrm{j}\varphi}. \tag{5.51}$$

Der zu einem Zeiger $\underline{r}$ konjugiert komplexe Zeiger $\underline{r}^* = r\,\mathrm{e}^{\mathrm{j}\varphi^*}$ hat nach Bild **5.**15 den ursprünglichen Betrag r, jedoch beim Phasenwinkel $\varphi^* = -\varphi$ das entgegengesetzte Vorzeichen.

Die Länge eines Zeigers wird allein durch seinen Betrag r bestimmt. Der Winkelfaktor $\mathrm{e}^{\mathrm{j}\varphi}$ gibt die Richtung des Zeigers an, in der er aus der positiven reellen Achse gedreht ist. Winkel, deren Drehrichtung dem Uhrzeigersinn entgegenge-

---

[1]) $\varphi = \arctan(b/a)$ ist die (unendlich vieldeutige) Umkehrrelation zu der Funktion $b/a = \tan \varphi$. Hieraus ergibt sich bei Beschränkung auf die Hauptwerte $-\pi/2 < \varphi \leq \pi/2$ die eindeutige Funktion $\varphi = \mathrm{Arctan}(b/a)$; im Komplexen entspricht dies einer Beschränkung auf die Halbebene $a \geq 0$.

richtet sind, werden positiv gezählt. Der Winkelfaktor $e^{j\varphi}$ beträgt für einige häufig vorkommende Winkel

$$e^{j0} = e^{j0°} = \cos 0° + j\sin 0° = 1 \tag{5.52}$$

$$e^{j\frac{\pi}{2}} = e^{j90°} = \cos 90° + j\sin 90° = j \tag{5.53}$$

$$e^{-j\frac{\pi}{2}} = e^{-j90°} = \cos(-90°) + j\sin(-90°) = -j \tag{5.54}$$

$$e^{j\pi} = e^{j180°} = \cos 180° + j\sin 180° = -1 \tag{5.55}$$

5.3.1.2 Rechenregeln für komplexe Zahlen. Für Addition und Subtraktion benutzt man die Komponentenform Gl. (5.44), bei den übrigen Rechenoperationen am besten die Exponentialform Gl. (5.51).

Addition und Subtraktion. Mit den Zeigern $\underline{r}_1 = a_1 + jb_1$ und $\underline{r}_2 = a_2 + jb_2$ in Komponentenform findet man sofort die Summe

$$\underline{r}_1 + \underline{r}_2 = (a_1 + jb_1) + (a_2 + jb_2) = (a_1 + a_2) + j(b_1 + b_2) \tag{5.56}$$

und die Differenz

$$\underline{r}_1 - \underline{r}_2 = (a_1 + jb_1) - (a_2 + jb_2) = (a_1 - a_2) + j(b_1 - b_2). \tag{5.57}$$

Liegen die Zeiger in Exponentialform vor, so sind sie zunächst in die Komponentenform zu überführen. Bild **5.**16 zeigt, wie Summe und Differenz graphisch bestimmt werden können.

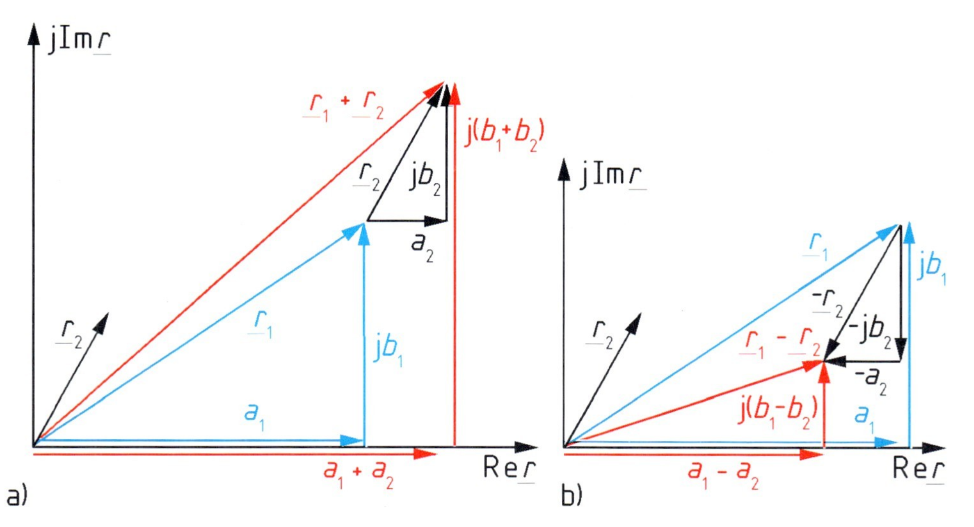

5.16 Addition (a) und Subtraktion (b) komplexer Zeiger

Der Übergang von einer komplexen Größe zu ihrem konjugiert Komplexen ist nach Bild **5.**15 als eine Spiegelung an der reellen Achse zu beschreiben. Daher gelten Aussagen über Summen und Differenzen komplexer Größen, z. B.

$$\underline{r}_1 + \underline{r}_2 - \underline{r}_3 = 0 \tag{5.58a}$$

in gleicher Weise auch für die hierzu konjugiert komplexen Größen

$$\underline{r}_1^* + \underline{r}_2^* - \underline{r}_3^* = 0. \tag{5.58b}$$

Multiplikation und Division. Mit den Zeigern $\underline{r}_1 = a_1 + \mathrm{j}\, b_1$ und $\underline{r}_2 = a_2 + \mathrm{j}\, b_2$ in Komponentenform erhält man das Produkt

$$\underline{r}_1 \cdot \underline{r}_2 = (a_1 + \mathrm{j}\, b_1) \cdot (a_2 + \mathrm{j}\, b_2) = (a_1 a_2 - b_1 b_2) + \mathrm{j}\,(a_1 b_2 + b_1 a_2). \tag{5.59}$$

Da das Produkt einer komplexen Zahl $\underline{r}_2 = a_2 + \mathrm{j}\, b_2$ mit ihrem konjugiert Komplexen $\underline{r}_2^* = a_2 - \mathrm{j}\, b_2$ stets eine reelle Zahl $\underline{r}_2 \underline{r}_2^* = (a_2 + \mathrm{j}\, b_2)\,(a_2 - \mathrm{j}\, b_2) = a_2^2 - \mathrm{j}^2 b_2^2 = a_2^2 + b_2^2$ ergibt, kann man den Nenner eines Bruches dadurch reell machen, daß man den Bruch mit dem konjugiert Komplexen des Nenners erweitert. Das nutzt man aus, wenn zwei Zeiger in Komponentenform dividiert werden sollen. Man erhält dann

$$\frac{\underline{r}_1}{\underline{r}_2} = \frac{a_1 + \mathrm{j}\, b_1}{a_2 + \mathrm{j}\, b_2} = \frac{(a_1 + \mathrm{j}\, b_1)(a_2 - \mathrm{j}\, b_2)}{a_2^2 + b_2^2} = \frac{a_1 a_2 + b_1 b_2}{a_2^2 + b_2^2} + \mathrm{j}\, \frac{b_1 a_2 - a_1 b_2}{a_2^2 + b_2^2}. \tag{5.60}$$

Einfacher gestalten sich Multiplikation und Division, wenn die Zeiger $\underline{r}_1 = r_1 \mathrm{e}^{\mathrm{j}\varphi_1}$ und $\underline{r}_2 = r_2 \mathrm{e}^{\mathrm{j}\varphi_2}$ in der Exponentialform vorliegen. Man erhält dann das Produkt

$$\underline{r}_1 \cdot \underline{r}_2 = r_1 \mathrm{e}^{\mathrm{j}\varphi_1} \cdot r_2 \mathrm{e}^{\mathrm{j}\varphi_2} = r_1 r_2 \mathrm{e}^{\mathrm{j}(\varphi_1 + \varphi_2)} \tag{5.61}$$

und den Quotienten

$$\frac{\underline{r}_1}{\underline{r}_2} = \frac{r_1 \mathrm{e}^{\mathrm{j}\varphi_1}}{r_2 \mathrm{e}^{\mathrm{j}\varphi_2}} = \frac{r_1}{r_2} \mathrm{e}^{\mathrm{j}(\varphi_1 - \varphi_2)}. \tag{5.62}$$

Von besonderer Bedeutung sind diese Zusammenhänge, wenn es sich bei dem zweiten Zeiger um die imaginäre Einheit $\underline{r}_2 = \mathrm{j}$ handelt. Mit Gl. (5.53) und Gl. (5.61) ergibt sich für das Produkt

$$\underline{r} \cdot \mathrm{j} = r \mathrm{e}^{\mathrm{j}\varphi} \cdot \mathrm{e}^{\mathrm{j}90^\circ} = r \mathrm{e}^{\mathrm{j}(\varphi + 90^\circ)} \tag{5.63}$$

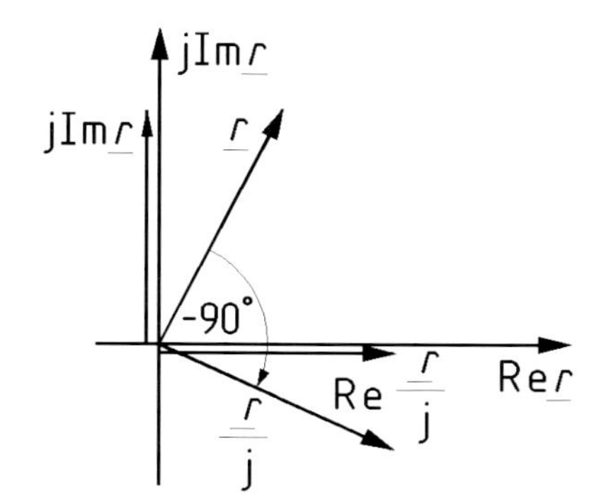

5.17 Division des komplexen Zeigers $\underline{r}$ durch die imaginäre Einheit j

und mit Gl. (5.62) für den Quotienten

$$\frac{\underline{r}}{\mathrm{j}} = \frac{r\,\mathrm{e}^{\mathrm{j}\varphi}}{\mathrm{j}} = \frac{r\,\mathrm{e}^{\mathrm{j}\varphi}}{\mathrm{e}^{\mathrm{j}\,90^\circ}} = r\,\mathrm{e}^{\mathrm{j}(\varphi - 90^\circ)}. \tag{5.64}$$

Die Multiplikation eines Zeigers $\underline{r}$ mit der imaginären Einheit j führt also dazu, daß der Zeiger unter Beibehaltung seines Betrages um den Winkel $\pi/2 = 90°$ im positiven Drehsinn (d.h. gegen den Uhrzeigersinn) gedreht wird. Entsprechend bewirkt die Division eines Zeigers $\underline{r}$ durch die imaginären Einheit j eine Drehung um den Winkel $-\pi/2 = -90°$, ebenfalls unter Beibehaltung seines Betrages. Wie aus Bild **5.**17 ersichtlich, gilt daher

$$\mathrm{Re}\,\frac{\underline{r}}{\mathrm{j}} = \mathrm{Im}\,\underline{r}. \tag{5.65}$$

Aus Gl. (5.64) und Gl. (5.54) folgt ferner für das Reziproke der imaginären Einheit

$$\frac{1}{\mathrm{j}} = \frac{1}{\mathrm{e}^{\mathrm{j}\,90^\circ}} = \mathrm{e}^{-\mathrm{j}\,90^\circ} = -\mathrm{j}. \tag{5.66}$$

Eine Division durch j ist daher gleichbedeutend mit einer Multiplikation mit $-$j.

5.3.1.3 Komplexe Gleichungen. Unter Beachtung der in Abschn. 5.3.1.2 aufgeführten Besonderheiten gelten für den Umgang mit komplexen Größen grundsätzlich dieselben Rechenregeln wie für reelle Größen. Wenn zwei komplexe Größen $\underline{r}_1$ und $\underline{r}_2$ einander gleichgesetzt werden, so bedeutet dies, daß beide Größen durch denselben Zeiger dargestellt werden können. Liegen die Größen in der Komponentenform $\underline{r}_1 = a_1 + \mathrm{j}\,b_1$ und $\underline{r}_2 = a_2 + \mathrm{j}\,b_2$ vor, so folgt aus ihrer Gleichsetzung

$$a_1 + \mathrm{j}\,b_1 = a_2 + \mathrm{j}\,b_2 \tag{5.67a}$$

und somit

$$a_1 = a_2 \quad \text{und} \quad b_1 = b_2 . \tag{5.67b}$$

Entsprechend gilt, wenn die gleichgesetzten Größen in der Exponentialform $\underline{r}_1 = r_1 e^{j\varphi_1}$ und $\underline{r}_2 = r_2 e^{j\varphi_2}$ vorliegen,

$$r_1 e^{j\varphi_1} = r_2 e^{j\varphi_2} \tag{5.68a}$$

und somit

$$r_1 = r_2 \quad \text{und} \quad \varphi_1 = \varphi_2 . \tag{5.68b}$$

Man kann also aus jeder komplexen Gleichung zwei reelle Gleichungen gewinnen, indem man entweder wie in Gl. (5.67b) die Realteile gleichsetzt und die Imaginärteile gleichsetzt, oder indem man wie in Gl. (5.68b) die Beträge gleichsetzt und die Winkel gleichsetzt.

□ **Beispiel 5.5**

Gesucht sind die beiden komplexen Zahlen $\underline{r}_1$ und $\underline{r}_2$, die zueinander reziprok sind und die Realteile $a_1 = 0{,}3$ und $a_2 = 1{,}2$ haben.

Der Ansatz $\underline{r}_1 = 1/\underline{r}_2$ liefert nach konjugiert komplexem Erweitern wie in Gl. (5.60)

$$\underline{r}_1 = 0{,}3 + j\,b_1 = \frac{1}{\underline{r}_2} = \frac{1}{1{,}2 + j\,b_2} = \frac{1{,}2}{1{,}44 + b_2^2} + j\,\frac{-b_2}{1{,}44 + b_2^2} .$$

Aus der Gleichsetzung der Realteile

$$0{,}3 = \frac{1{,}2}{1{,}44 + b_2^2}$$

folgt

$$b_2 = \pm\sqrt{\frac{1{,}2}{0{,}3} - 1{,}44} = \pm 1{,}6 .$$

Die Gleichsetzung der Imaginärteile liefert

$$b_1 = \frac{-b_2}{1{,}44 + b_2^2} = \frac{\mp 1{,}6}{1{,}44 + 2{,}56} = \mp 0{,}4 .$$

Es gibt also die beiden Lösungen $\underline{r}_1 = 0{,}3 - j\,0{,}4$; $\underline{r}_2 = 1{,}2 + j\,1{,}6$ und $\underline{r}_1 = 0{,}3 + j\,0{,}4$; $\underline{r}_2 = 1{,}2 - j\,1{,}6$. □

5.3.2 Komplexe Größen der Sinusstromtechnik

In Abschn. 5.2.2.1 ist mit Bild **5.**9 ein mit konstanter Winkelgeschwindigkeit ω umlaufender Drehzeiger eingeführt worden, dessen Projektion auf eine Zeitlinie eine Sinusfunktion liefert; dieser ist dann wegen der einfacheren Handhabung zu einem feststehenden Zeiger vereinfacht worden. Die Zeiger werden in ihrer Länge durch den Betrag der jeweiligen Größe festgelegt; in diesem Buch ist das bei den Drehzeigern der Scheitelwert, z.B. $\hat{u}$ oder $\hat{i}$ und bei den feststehenden Zeigern meist der Effektivwert, z.B. U oder I. Die Lage der Zeiger ergibt sich bei den feststehenden Zeigern aus den Nullphasenwinkeln (z.B. φ_u oder φ_i) der jeweiligen Sinusgröße. Der feste Winkel zwischen dem Spannungs- und dem Stromzeiger ist bei beiden Zeigerarten der Phasenwinkel $\varphi = \varphi_u - \varphi_i$.

Mit Hilfe dieser Zeiger kann man auf einfache Weise gleichfrequente Sinusgrößen addieren und subtrahieren (s. Abschn. 5.2.2.3); die Vorgehensweise ist dabei dieselbe wie bei der Addition und der Subtraktion komplexer Zahlen (s. Abschn. 5.3.1.2). Ähnlich einfach gestaltet sich die Differentiation und die Integration von Sinusgrößen, die sich nach Abschn. 5.2.2.4 auf eine Drehung des Zeigers um $+90°$ bzw. $-90°$ sowie auf eine Multiplikation seines Betrages mit ω bzw. $1/\omega$ zurückführen lassen. Auch diese Operationen können mit den Zeigern komplexer Zahlen nachvollzogen werden; besonders einfach ist dabei die Drehung eines Zeigers um 90° zu beschreiben, die nach Abschn. 5.3.1.2 durch Multiplikation mit der imaginären Einheit $\mathrm{j} = \mathrm{e}^{\mathrm{j}90°}$ erreicht wird.

Bei Anwendung der komplexen Rechnung stehen einfache Rechenverfahren zur Verfügung, mit deren Hilfe man die Operationen rechnerisch nachvollziehen kann, die mit den Zeigern bei Addition, Subtraktion, Differentiation und Integration der entsprechenden Sinusgrößen vorgenommen werden müssen. Wegen dieses Vorteils werden die in Abschn. 5.2.2 eingeführten Zeiger in die komplexe Ebene übertragen. Dabei wechselt man aus dem aufwendig zu handhabenden Zeitbereich in einen sogenannten Bildbereich über, der mit der komplexen Rechnung einfacher zu berechnen ist. In der Mathematik nennt man einen solchen Vorgang eine Transformation. Die Darstellung von Sinusgrößen mit Hilfe komplexer Zeiger nennt man auch die symbolische Methode.

5.3.2.1 Komplexe Drehzeiger. In Bild **5.**18 ist der komplexe Drehzeiger $\underline{u}$ mit dem Betrag $\hat{u}$ dargestellt, der zur Zeit $t=0$ den Winkel φ_u mit der reellen Achse einschließt und mit der Winkelgeschwindigkeit ω rotiert. Nach Gl. (5.51) kann dieser Zeiger durch den Ausdruck

$$\underline{u} = \hat{u}\,\mathrm{e}^{\mathrm{j}(\omega t + \varphi_u)} = \hat{u}\,\mathrm{e}^{\mathrm{j}\varphi_u}\mathrm{e}^{\mathrm{j}\omega t} \qquad (5.69)$$

beschrieben werden.

Er stellt symbolisch eine Sinusschwingung der Kreisfrequenz ω dar, die den Scheitelwert $\hat{u}$ und den Nullphasenwinkel φ_u hat. Auf die in Bild **5.**9 beschriebe-

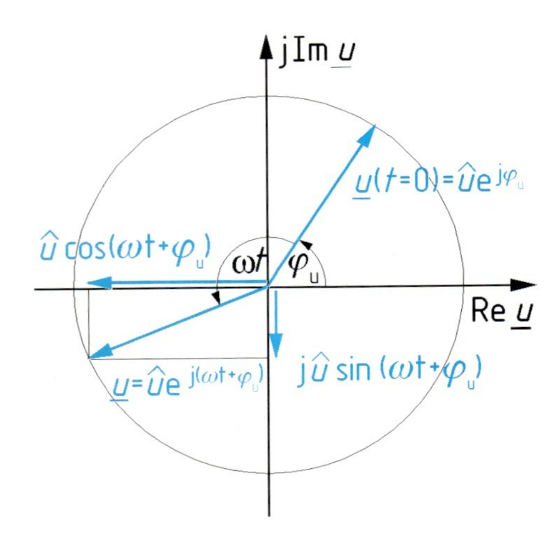

5.18 Komplexer Drehzeiger $\underline{u}=\hat{u}\,\mathrm{e}^{\mathrm{j}(\omega t+\varphi_\mathrm{u})}$

ne Weise gewinnt man aus diesem Zeigerdiagramm die Zeitfunktion, indem man die imaginäre Achse als Zeitlinie verwendet. Für den Zeitwert ergibt sich dann

$$u=\mathrm{Im}\,\underline{u}=\hat{u}\,\sin(\omega t+\varphi_\mathrm{u})\,. \qquad (5.70)$$

□ **Beispiel 5.6**

Man gebe bei einer Frequenz $f=50\,\mathrm{Hz}$ und einem Nullphasenwinkel $\varphi_\mathrm{u}=-60°$ für die Spannung $U=230\,\mathrm{V}$ den komplexen Drehzeiger $\underline{u}$ und den Zeitwert u für die Zeit $t=12\,\mathrm{ms}$ an.

Entsprechend Gl. (5.35) erhält man den Scheitelwert $\hat{u}=\sqrt{2}\,U=325{,}3\,\mathrm{V}$ und nach Gl. (5.29) die Kreisfrequenz $\omega=2\,\pi f=314{,}2\,\mathrm{s}^{-1}$. Damit folgt aus Gl. (5.69) für den komplexen Drehzeiger

$$\underline{u}=\hat{u}\,\mathrm{e}^{\mathrm{j}(\omega t+\varphi_\mathrm{u})}=325{,}3\,\mathrm{V}\,\mathrm{e}^{\mathrm{j}(314{,}2\,\mathrm{s}^{-1}t-60°)}.$$

Aus Gl. (5.70) erhält man, wenn man die Winkel einheitlich in Radiant umrechnet, für $t=12\,\mathrm{ms}$ den Zeitwert der Spannung

$$u=\mathrm{Im}\,\underline{u}=\hat{u}\,\sin(\omega t+\varphi_\mathrm{u})=325{,}3\,\mathrm{V}\,\sin\left(314{,}2\,\mathrm{s}^{-1}\cdot 12\,\mathrm{ms}-\frac{\pi}{3}\right)=132{,}3\,\mathrm{V}.$$ □

5.3.2.2 Komplexe Amplitude. Nach Abschn. 5.3.2.1 benötigt man die konstante Drehung der Drehzeiger mit der Winkelgeschwindigkeit ω nur zur (seltenen) Bestimmung der Zeitwerte. Man kann daher in den meisten Fällen auf den Drehfaktor $\mathrm{e}^{\mathrm{j}\omega t}$ verzichten und die Betrachtungen auf den (meist willkürlich gewählten) Zeitpunkt $t=0$ beschränken. Wenn man aus dem komplexen Drehzeiger der Spannung

$$\underline{u}=\hat{u}\,\mathrm{e}^{\mathrm{j}\varphi_\mathrm{u}}\,\mathrm{e}^{\mathrm{j}\omega t}=\underline{\hat{u}}\,\mathrm{e}^{\mathrm{j}\omega t} \qquad (5.71)$$

diesen Drehfaktor eliminiert, bleibt ein ruhender Scheitelwertzeiger

$$\underline{\hat{u}} = \hat{u}\, \mathrm{e}^{\mathrm{j}\varphi_\mathrm{u}} \tag{5.72}$$

übrig, der als die komplexe Amplitude der Schwingung in Gl. (5.71) bezeichnet wird.

5.3.2.3 Effektivwertzeiger. Scheitelwert (Amplitude) und Effektivwert unterscheiden sich bei Sinusgrößen durch den Scheitelfaktor $\xi = \sqrt{2}$. Man kann daher neben der komplexen Amplitude aus Gl. (5.72) auch den komplexen Effektivwert

$$\underline{U} = U\, \mathrm{e}^{\mathrm{j}\varphi_\mathrm{u}} \tag{5.73}$$

definieren, der als Effektivwertzeiger darstellbar ist und sich nur in seinem Betrag um den Faktor $1/\sqrt{2}$ von dem Scheitelwertzeiger $\underline{\hat{u}}$ unterscheidet. Man gelangt so zu der gleichen Darstellung wie in Bild **5.**11, mit dem einzigen Unterschied, daß die Zeiger nun in die komplexe Ebene verlagert werden. Diese Überlegungen gelten für alle Größen, die nach sinusförmigen Zeifunktionen verlaufen, so z.B. auch für den Sinusstrom, für den der komplexe Effektivwert

$$\underline{I} = I\, \mathrm{e}^{\mathrm{j}\varphi_\mathrm{i}} \tag{5.74}$$

angegeben wird. Bei der Berechnung sinusförmiger Vorgänge bedient man sich fast immer der komplexen Effektivwertzeiger. Man bezeichnet diese Zeiger dann meist einfach als komplexe Spannung $\underline{U}$, komplexen Strom $\underline{I}$, usw. Hierdurch wird der eigentliche Charakter der betrachteten Sinusgrößen natürlich nicht verändert; diese bleiben weiterhin Wechselgrößen, die nach Sinusfunktionen gleicher Frequenz verlaufen. Mit Hilfe der komplexen Effektivwertzeiger werden lediglich die Effektivwerte und die Nullphasenwinkel der einzelnen Sinusgrößen wie in Bild **5.**19a symbolisch dargestellt. Man bezeichnet diese Art der Darstellung und Berechnung von Sinusgrößen daher auch als symbolische Methode. Dabei geht man bei allen Überlegungen vom eingeschwungenen Zustand aus; d.h., es wird vorausgesetzt, daß alle betrachteten Sinusgrößen schon lange Zeit in der beschriebenen Weise schwingen. Der willkürlich gewählte zeitliche Nullpunkt $t=0$ markiert lediglich den Start der Beobachtungszeit und darf keinesfalls als Einschaltaugenblick gedeutet werden. (Einschaltvorgänge werden in Abschn. 9.3.3 behandelt.)

Da sich das Effektivwertzeigerdiagramm in Bild **5.**19a aus der Momentaufnahme der ursprünglich rotierenden Drehzeiger zum Zeitpunkt $t=0$ herleitet, hängt der Winkel, unter dem ein Effektivwertzeigerbild in der komplexen Ebene erscheint, ausschließlich von der (willkürlichen) Wahl dieses zeitlichen Nullpunktes ab.

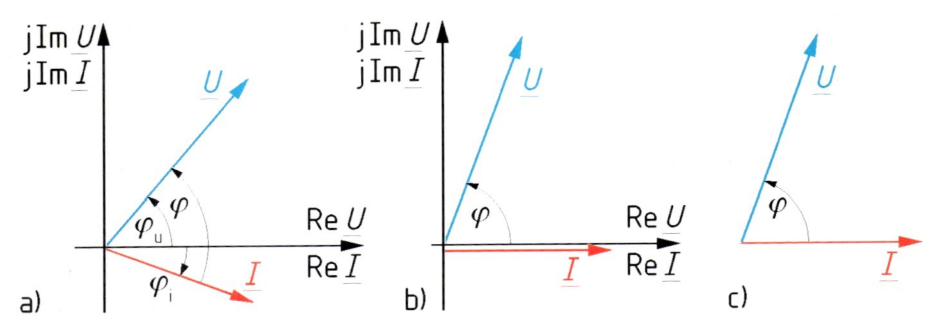

5.19 Komplexe Effektivwertzeiger $\underline{U}$ und $\underline{I}$ mit beliebig gewähltem Nullphasenwinkel φ_i (a), mit $\varphi_i = 0$ und dem komplexen Strom $\underline{I}$ als Bezugszeiger (b) und ohne Darstellung der Achsen (c). φ Phasenverschiebungswinkel

Häufig wählt man den Zeitpunkt $t = 0$ wie in Bild **5.**19b so, daß einer der Zeiger in die reelle Achse fällt. Dieser Zeiger dient dann als Bezugszeiger, gegen den die Phasenwinkel der anderen Zeiger gemessen werden.

Unabhängig von der Wahl des zeitlichen Nullpunktes bleibt, wie der Vergleich der Bilder **5.**19a und b zeigt, die Lage der einzelnen Zeiger relativ zueinander stets dieselbe. Der Winkel zwischen der komplexen Spannung $\underline{U}$ und dem komplexen Strom $\underline{I}$ hat in Bild **5.**19a und b denselben Wert

$$\varphi = \varphi_u - \varphi_i . \tag{5.75}$$

Er bezeichnet genau wie in Bild **5.**6 und in Übereinstimmung mit Gl. (5.27) den Phasenverschiebungswinkel φ (auch Phasenverschiebung oder Phasenwinkel, s. Abschn. 5.2.1.2), um den die Sinusspannung u dem Sinusstrom i vorauseilt. Er ist positiv, wenn der Zeiger $\underline{I}$ wie in Bild **5.**19 um einen positiven Winkel gedreht werden muß, um die Winkelposition des Zeigers $\underline{U}$ zu erreichen; andernfalls ist er negativ. Der Phasenwinkel φ ist daher im Zeigerdiagramm durch einen Einfachpfeil zu kennzeichnen, der vom Stromzeiger $\underline{I}$ zum Spannungszeiger $\underline{U}$ (nur so, nicht in umgekehrter Richtung) gerichtet ist. Wenn der Zählpfeil in Gegenuhrzeigerrichtung weist, ist der Phasenwinkel φ positiv, sonst negativ.

Anders als bei den in Abschn. 5.3.2.4 und 5.3.2.5 behandelten Widerstands-, Leitwert- und Leistungs-Zeigerdiagrammen kann man aus der absoluten Winkelposition eines Effektivwertzeigers in der komplexen Ebene keine Information entnehmen. Insofern ist die Lage der reellen und der imaginären Achse für ein Effektivwertzeigerdiagramm belanglos. Man geht daher meist dazu über, derartige Zeigerdiagramme wie in Bild **5.**19c ganz ohne Achsenkreuz darzustellen.

Die Verlagerung der Zeiger in die komplexe Ebene ermöglicht es, die Operationen, die mit den Zeigern nach Abschn. 5.2.2.3 und 5.2.2.4 bei Addition, Subtraktion, Differentiation und Integration der Sinusgrößen durchgeführt werden müs-

Tafel **5**.20 Rechenoperationen mit Sinusgrößen in unterschiedlichen Darstellungsformen

	Zeitfunktionen	*allgemeine Zeigerdiagramme*	*komplexe Größen*
Addition	Überlagerung der Zeitfunktionen	geometrische Addition der Zeiger	Addition der komplexen Größen
Multiplikation mit (-1)	Vorzeichenumkehr der Zeitfunktion; d.h. Phasenverschiebung der Sinusfunktion um 180°	Richtungsumkehr des Zeigers	Multiplikation der komplexen Größe mit (-1)
Multiplikation mit einem positiven reellen Faktor	Multiplikation des Scheitelwertes der Sinusschwingung mit dem positiven reellen Faktor	Multiplikation des Betrages des Zeigers mit dem positiven reellen Faktor	Multiplikation der komplexen Größe mit dem positiven reellen Faktor
Differentiation	Differentiation der Zeitfunktion; d.h. Phasenverschiebung der Sinusfunktion um +90° und Multiplikation des Scheitelwertes mit ω	Drehung des Zeigers um +90° und Multiplikation seines Betrages mit ω	Multiplikation der komplexen Größe mit $\mathrm{j}\,\omega$
Integration	Integration der Zeitfunktion; d.h. Phasenverschiebung der Sinusfunktion um −90° und Division des Scheitelwertes durch ω	Drehung des Zeigers um −90° und Division seines Betrages durch ω	Division der komplexen Größe durch $\mathrm{j}\,\omega$

sen, auf einfache Rechenoperationen mit komplexen Größen zurückzuführen. In Tafel **5**.20 sind diese Rechenoperationen zusammengestellt.

Zur rechnerischen Beschreibung der geometrischen Addition von Zeigern braucht man nach Abschn. 5.3.1.2 nur die komplexen Größen zu addieren, die diese Zeiger darstellen. Entsprechendes gilt für die Subtraktion; die Richtungsumkehr eines Zeigers wird in der komplexen Ebene durch die Multiplikation mit dem Faktor (-1) beschrieben. Die Multiplikation mit einem positiven reellen Faktor, wie sie z.B. bei der Anwendung des Ohmschen Gesetzes vorkommt, vollzieht sich in der komplexen Zeigerdarstellung in gleicher Weise wie bei den Zeitfunktionen.

Die Differentiation einer Sinusgröße führt nach Abschn. 5.2.2.4 zu einer Drehung des entsprechenden Zeigers um +90° und zu einer Multiplikation seines Betrages mit der Kreisfrequenz ω. Die Drehung eines Zeigers um +90° läßt sich nach Gl. (5.63) in der komplexen Ebene dadurch erreichen, daß man die entsprechende komplexe Größe mit der imaginären Einheit $\mathrm{j}=\mathrm{e}^{\mathrm{j}90^\circ}$ multipliziert. Somit läßt sich die Differentiation einer Sinusgröße in der komplexen Zeigerdarstellung nachvollziehen, indem man die entsprechende komplexe Größe mit den Faktoren j und ω multipliziert.

Die Integration einer Sinusgröße führt nach Abschn. 5.2.2.4 zu einer Drehung des entsprechenden Zeigers um -90° und zu einer Division seines Betrages durch die Kreisfrequenz ω. Die Drehung eines Zeigers um -90° läßt sich nach Gl. (5.64) in der komplexen Ebene dadurch erreichen, daß man die entsprechende komplexe Größe durch die imaginäre Einheit $\mathrm{j}=\mathrm{e}^{\mathrm{j}90^\circ}$ dividiert. Somit läßt sich die Integration einer Sinusgröße in der komplexen Zeigerdarstellung nachvollziehen, indem man die entsprechende komplexe Größe durch das Produkt $\mathrm{j}\,\omega$ dividiert.

5.3.2.4 Komplexe Widerstände und Leitwerte. In den meisten Fällen hat die an einem Zweipol wie in Bild **5.**11a anliegende Sinusspannung u eine andere Phasenlage als der durch den Zweipol hindurchfließende Sinusstrom i. Bei Verwendung der komlexen Effektivwertzeiger $\underline{U}$ und $\underline{I}$ ergeben sich dann Zeigerdiagramme wie in Bild **5.**11b oder **5.**21b. Dabei soll vorausgesetzt werden, daß die Zählpfeile für Strom und Spannung ein Verbraucherzählpfeilsystem (s. Abschn. 1.2.4.2) nach Bild **5.**21a bilden.

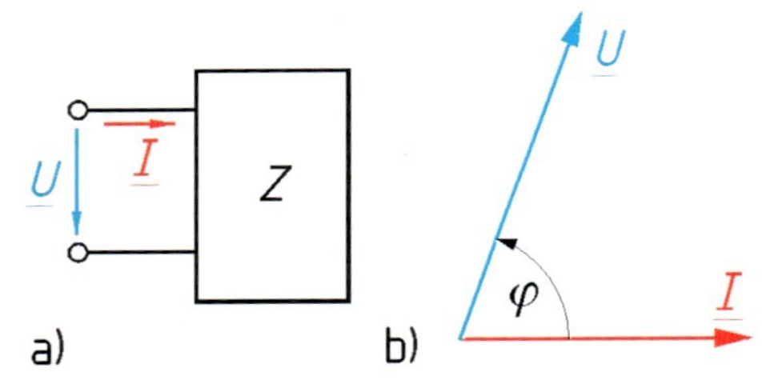

5.21 Zweipol mit Zählpfeilen für die komplexe Spannung $\underline{U}$ und den komplexen Strom $\underline{I}$ im Verbraucherzählpfeilsystem (a) und Strom-Spannungs-Zeigerdiagramm (b)

Wenn man die komplexe Spannung $\underline{U}$ durch den komplexen Strom $\underline{I}$ dividiert, so erhält man mit Gl. (5.73) und (5.74) sowie mit Gl. (5.75) eine komplexe Größe

$$\underline{Z}=\frac{\underline{U}}{\underline{I}}=\frac{U\mathrm{e}^{\mathrm{j}\varphi_\mathrm{u}}}{I\mathrm{e}^{\mathrm{j}\varphi_\mathrm{i}}}=\frac{U}{I}\mathrm{e}^{\mathrm{j}(\varphi_\mathrm{u}-\varphi_\mathrm{i})}=\frac{U}{I}\mathrm{e}^{\mathrm{j}\varphi}, \tag{5.76}$$

die man als den komplexen Widerstand oder die Impedanz des Zweipols bezeichnet. Diese Definition entspricht derjenigen des Gleichstromwiderstandes in Gl. (2.3), allerdings mit dem Unterschied, daß alle beteiligten Größen nun komplex sind. Für Gl. (5.76) ist die Kenntnis der Absolutwerte der Nullphasenwinkel φ_u und φ_i nicht erforderlich; wichtig ist vielmehr ihre Differenz, der Phasenwinkel $\varphi=\varphi_\mathrm{u}-\varphi_\mathrm{i}$. So erhält man z.B. aus den Effektivwertzeigern nach Bild **5.**19a und b denselben komplexen Widerstand $\underline{Z}$.

Wie jede komplexe Größe läßt sich der komplexe Widerstand als Zeiger

$$\underline{Z}=Z\,\mathrm{e}^{\mathrm{j}\varphi}=R+\mathrm{j}X \tag{5.77}$$

sowohl in der Exponential- als auch in der Komponentenform darstellen. Anders als bei den Effektivwertzeigern liegt der Winkel φ des Widerstandszeigers in der komplexen Ebene eindeutig fest. Es ist daher bei Widerstands- wie auch bei Leitwertzeigerdiagrammen stets notwendig, die reelle und die imaginäre Achse zu markieren.

Der Betrag Z des komplexen Widerstandes $\underline{Z}$ trägt den Namen Scheinwiderstand, weil sich bei der (in dieser vordergründigen Form unzulässigen) Übertragung von Gl. (2.3) auf die Effektivwerte sinusförmiger Wechselgrößen mit

$$Z=\frac{U}{I} \tag{5.78}$$

scheinbar der Widerstand des Zweipols ergibt, wie der Vergleich von Gl. (5.76), mit Gl. (5.77) zeigt. Der Realteil R des komplexen Widerstandes $\underline{Z}$ trägt den Namen Wirkwiderstand; der Imaginärteil X heißt Blindwiderstand oder Reaktanz.

Zwischen Wirk-, Blind- und Scheinwiderstand bestehen über den Phasenwinkel φ nach Gl. (5.46) bis (5.49) die Beziehungen

$$R=Z\cos\varphi, \tag{5.79}$$

$$X=Z\sin\varphi, \tag{5.80}$$

$$Z=\sqrt{R^2+X^2}, \tag{5.81}$$

$$\varphi=\operatorname{Arctan}\frac{X}{R}, \tag{5.82}$$

die sich auch unmittelbar aus der Zeigerdarstellung in Bild **5**.22a ablesen lassen.

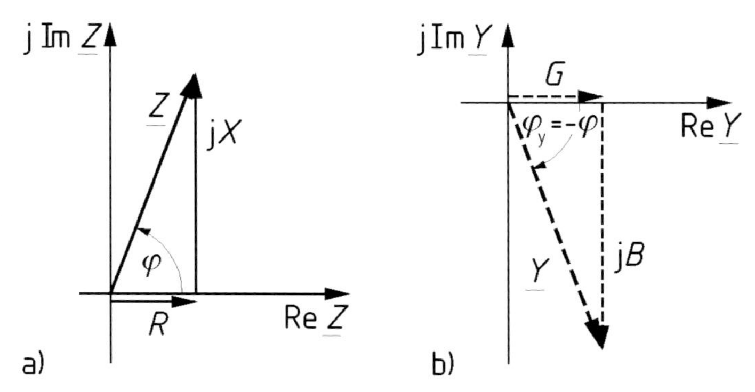

5.22 Widerstandszeigerdiagramm (a) und Leitwertzeigerdiagramm (b) des Zweipols in Bild **5**.21

Die Division des komplexen Stromes $\underline{I}$ durch die komplexe Spannung $\underline{U}$ führt auf den auch als Admittanz bezeichneten komplexen Leitwert

$$\underline{Y} = \frac{\underline{I}}{\underline{U}} = \frac{I\,\mathrm{e}^{\mathrm{j}\varphi_\mathrm{i}}}{U\,\mathrm{e}^{\mathrm{j}\varphi_\mathrm{u}}} = \frac{I}{U}\,\mathrm{e}^{\mathrm{j}(\varphi_\mathrm{i}-\varphi_\mathrm{u})} = \frac{I}{U}\,\mathrm{e}^{-\mathrm{j}\varphi}, \tag{5.83}$$

der in Bild **5.**22b ebenfalls als Zeiger dargestellt ist. Gl. (5.83) zeigt, daß der Winkel φ_y des komplexen Leitwertes

$$\underline{Y} = Y\,\mathrm{e}^{\mathrm{j}\varphi_\mathrm{y}} = G + \mathrm{j}B \tag{5.84}$$

dem Betrage nach mit dem Phasenwinkel φ übereinstimmt, jedoch das entgegengesetzte Vorzeichen aufweist [s. Gl. (5.91)].

Der Betrag Y des komplexen Leitwertes $\underline{Y}$ wird als Scheinleitwert bezeichnet. Der Realteil G heißt Wirkleitwert, der Imaginärteil B Blindleitwert oder Suszeptanz.

Zwischen Wirk-, Blind- und Scheinleitwert bestehen über den Winkel φ_y nach Gl. (5.46) bis (5.49) die Beziehungen

$$G = Y\cos\varphi_\mathrm{y}, \tag{5.85}$$

$$B = Y\sin\varphi_\mathrm{y}, \tag{5.86}$$

$$Y = \sqrt{G^2 + B^2}, \tag{5.87}$$

$$\varphi_\mathrm{y} = \operatorname{Arctan}\frac{B}{G}. \tag{5.88}$$

Aus den Definitionsgleichungen Gl. (5.76) für den komplexen Widerstand $\underline{Z}$ und Gl. (5.83) für den komplexen Leitwert $\underline{Y}$ folgt

$$\underline{Y} = \frac{1}{\underline{Z}}. \tag{5.89}$$

Setzt man beide Größen in der Exponentialform ein, so erhält man

$$Y\,\mathrm{e}^{\mathrm{j}\varphi_\mathrm{y}} = \frac{1}{Z\,\mathrm{e}^{\mathrm{j}\varphi}} = \frac{1}{Z}\,\mathrm{e}^{-\mathrm{j}\varphi},$$

$$Y = \frac{1}{Z}, \tag{5.90}$$

$$\varphi_\mathrm{y} = -\varphi. \tag{5.91}$$

Wenn man in Gl. (5.89) beide Größen in der Komponentenform einsetzt, empfiehlt sich die Erweiterung nach Gl. (5.60) mit dem konjugiert Komplexen des Nenners. Man erhält dann

$$G+\mathrm{j}B=\frac{1}{R+\mathrm{j}X}=\frac{R}{R^2+X^2}+\mathrm{j}\,\frac{-X}{R^2+X^2},$$

$$G=\frac{R}{R^2+X^2}, \tag{5.92}$$

$$B=\frac{-X}{R^2+X^2}. \tag{5.93}$$

Wenn man Gl. (5.89) nach $\underline{Z}$ auflöst, ergibt sich entsprechend

$$R+\mathrm{j}X=\frac{1}{G+\mathrm{j}B}=\frac{G}{G^2+B^2}+\mathrm{j}\,\frac{-B}{G^2+B^2},$$

$$R=\frac{G}{G^2+B^2}, \tag{5.94}$$

$$X=\frac{-B}{G^2+B^2}. \tag{5.95}$$

Die Gln. (5.92) bis (5.95) machen deutlich, daß i. allg. der Wirkleitwert G nicht das Reziproke des Wirkwiderstandes R ist. Die Gln. (5.93) und (5.95) zeigen darüber hinaus, daß Blindwiderstand X und Blindleitwert B (in Übereinstimmung mit Bild **5.**22) entgegengesetzte Vorzeichen haben und daß auch ihre Beträge nicht reziprok zueinander sind.

5.3.2.5 Komplexe Leistung. Nach Abschn. 5.1.2.3 nimmt ein ohmscher Verbraucher mit dem Widerstand R die Wirkleistung

$$P=RI^2 \tag{5.96}$$

auf, wie aus den Gln. (5.9) und (5.11) folgt. In Analogie hierzu wird für einen komplexen Widerstand $\underline{Z}=R+\mathrm{j}X$ die komplexe Leistung

$$\underline{S}=\underline{Z}I^2=RI^2+\mathrm{j}XI^2=P+\mathrm{j}Q \tag{5.97}$$

definiert, wie sie in Bild **5.**23 als Zeiger dargestellt ist. Man beachte, daß in Gl. (5.97) nur die Größen $\underline{S}$ und $\underline{Z}$ komplex sind, während I lediglich den Effektivwert (also den Betrag) des Stromes darstellt. Der Leistungszeiger $\underline{S}$ hat daher denselben Phasenwinkel φ wie der Widerstandszeiger $\underline{Z}$.

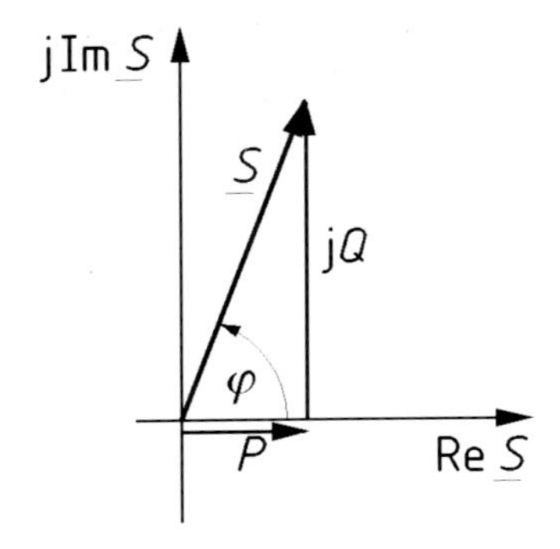

5.23 Leistungszeigerdiagramm des Zweipols in Bild **5.21**

Wenn man in Gl. (5.97) mit Gl. (5.78) den Effektivwert U der Spannung einführt, erhält man unter Verwendung des konjugiert komplexen Leitwertzeigers $\underline{Y}^* = Y\mathrm{e}^{-\mathrm{j}\varphi_y}$ nach Abschn. 5.3.1.1, der nach Gln. (5.90) und (5.91) auch als $\underline{Y}^* = (1/Z)\,\mathrm{e}^{\mathrm{j}\varphi}$ geschrieben werden kann, für die komplexe Leistung

$$\underline{S} = Z\mathrm{e}^{\mathrm{j}\varphi} \cdot \frac{U^2}{Z^2} = \frac{1}{Z}\,\mathrm{e}^{\mathrm{j}\varphi}\,U^2 = \underline{Y}^*\,U^2 = G\,U^2 - \mathrm{j}\,B\,U^2. \tag{5.98}$$

Der Betrag $S = ZI^2 = YU^2$ der komplexen Leistung ist nach Gl. (5.78)

$$S = UI,$$

also die bereits in Gl. (5.21) definierte Scheinleistung. Der Imaginärteil der komplexen Leistung

$$Q = XI^2 = -B\,U^2 \tag{5.99}$$

heißt **Blindleistung**; ihre technische Bedeutung wird in den Abschn. 5.4.2.3 und 5.4.3.3 erläutert.

Die komplexe Leistung $\underline{S}$ läßt sich auch direkt aus dem komplexen Strom $\underline{I}$ und der komplexen Spannung $\underline{U}$ berechnen. Mit Gl. (5.76) und unter Verwendung des konjugiert komplexen Stromzeigers $\underline{I}^* = I\mathrm{e}^{-\mathrm{j}\varphi_i}$ läßt sich Gl. (5.97) in

$$\underline{S} = \frac{\underline{U}}{\underline{I}}\,I^2 = \frac{U\mathrm{e}^{\mathrm{j}\varphi_u}}{I\mathrm{e}^{\mathrm{j}\varphi_i}}\,I^2 = U\mathrm{e}^{\mathrm{j}\varphi_u} \cdot I\mathrm{e}^{-\mathrm{j}\varphi_i} = \underline{U} \cdot \underline{I}^* \tag{5.100}$$

umformen. Hieraus folgt weiter

$$\underline{S} = UI\mathrm{e}^{\mathrm{j}(\varphi_u - \varphi_i)} = UI\mathrm{e}^{\mathrm{j}\varphi}, \tag{5.101}$$

$$S = |\underline{S}| = UI, \tag{5.102}$$

$$P = \mathrm{Re}\,\underline{S} = UI\cos\varphi, \tag{5.103}$$

$$Q = \mathrm{Im}\,\underline{S} = UI\sin\varphi. \tag{5.104}$$

5.3.2.6 Leistungsfaktor. Nach Gl. (5.23) gibt der Leistungsfaktor λ das Verhältnis von Wirkleistung zu Scheinleistung an. Bei sinusförmigen Spannungen und Strömen folgt aus Gl. (5.102) und Gl. (5.103) der Leistungsfaktor

$$\lambda = \frac{P}{S} = \cos\varphi, \tag{5.105}$$

also der Kosinus des Phasenwinkels φ. Er gibt an, welcher Anteil der Scheinleistung als Wirkleistung in eine andere Energieform umgewandelt wird.

5.4 Ideale passive Zweipole bei Sinusstrom

Nach Abschn. 2.1.1 werden alle Zweipole, die nicht imstande sind, zwischen ihren beiden Klemmen von sich aus eine elektrische Spannung aufzubauen, als passive Zweipole bezeichnet. In Gleichstromschaltungen werden als wirksame passive Zweipole nur Widerstände R berücksichtigt. Induktivitäten L verursachen bei konstantem Gleichstrom I keinen Spannungsabfall, und Kapazitäten C wirken bei Gleichstrom wie eine Leitungsunterbrechung.

Da aber jeder Strom i mit einem magnetischen Feld verkettet ist und seine zeitliche Änderung nach dem Induktionsgesetz Gl. (4.87) eine von der Induktivität L abhängige induktive Spannung $u = L\,\mathrm{d}i/\mathrm{d}t$ verursacht, darf man bei Wechselstrom diese Spannung i.allg. nicht mehr vernachlässigen. Außerdem ist jede Spannung u mit einem elektrischen Feld verbunden, und ihre zeitliche Änderung führt an einer Kapazität C nach Gl. (3.89) zu einem Strom $i = C\,\mathrm{d}u/\mathrm{d}t$.

Bei Sinusstrom sind daher die drei passiven Zweipole Widerstand R, Induktivität L und Kapazität C, die den Zusammenhang zwischen Spannungen und Strömen festlegen, zu beachten. Zunächst werden diese drei Zweipole jeweils einzeln als idealisierte Zweipole betrachtet, indem beim Widerstand R allein die Wirkungen des elektrischen Strömungsfeldes, bei der Induktivität L nur die Wirkungen des magnetischen Feldes und bei der Kapazität C unter Vernachlässigung des Strömungsfeldes nur die Wirkungen des elektrischen Feldes berücksichtigt werden.

5.4.1 Widerstand

Auch bei Sinusstrom wird in einem Widerstand R elektrische Energie irreversibel in die Energieform Wärme überführt. In Analogie zu dieser nicht umkehrbaren Energieumwandlung werden auch andere einseitige Energieumwandlungen, wie z.B. im Motor in mechanische Energie, symbolisch durch Wirkwiderstände R beschrieben. Zunächst sollen hier reine, d.h. idealisiert angenommene Widerstände betrachtet werden, bei denen Induktivität und Kapazität vernachlässigbar klein sind.

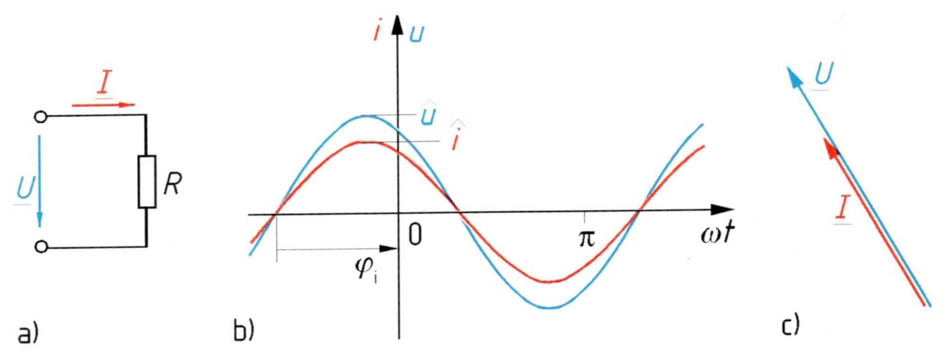

5.24 Strom und Spannung am Widerstand R im Verbraucherzählpfeilsystem (a), zugehöriges Zeitdiagramm (b) und Effektivwertzeigerbild (c) [1])

5.4.1.1 Spannung, Strom und Phasenwinkel. In Bild **5.**24a ist das Schaltungssymbol für einen Widerstand R dargestellt; Strom- und Spannungszählpfeile sind im Verbraucherzählpfeilsytem eingetragen (s. Abschn. 1.2.4.2). Hierfür gilt nach dem Ohmschen Gesetz Gl. (2.4) der Zusammenhang

$$u = R\,i. \tag{5.106}$$

Bei sinusförmigem Stromverlauf $i = \hat{i}\sin(\omega t + \varphi_\mathrm{i})$ folgt hieraus für die Spannung

$$u = R\,\hat{i}\sin(\omega t + \varphi_\mathrm{i}) \tag{5.107}$$

der in Bild **5.**24b dargestellte, mit dem Strom i gleichphasige sinusförmige Verlauf; sein Scheitelwert ist $R\hat{i}$. Zu dem gleichen Ergebnis kommt man bei Anwendung der komplexen Rechnung. Wenn man statt der Zeitfunktion i den komplexen Strom $\underline{I}$ mit dem positiven reellen Faktor R multipliziert, ergibt sich die komplexe Spannung

$$\underline{U} = R\,\underline{I}. \tag{5.108}$$

Entsprechend gilt für den komplexen Strom

$$\underline{I} = \frac{1}{R}\,\underline{U}. \tag{5.109}$$

Durch die Multiplikation mit einem positiven reellen Faktor wird die Richtung eines komplexen Zeigers nicht verändert. Die Effektivwertzeiger $\underline{I}$ und $\underline{U}$ in Bild **5.**24 c [1]) haben daher dieselbe Richtung und bringen so die Gleichphasigkeit der Zeitfunktionen i und u zum Ausdruck.

---

[1]) Zur deutlicheren Wiedergabe sind die Effektivwertzeigerbilder in einem größeren Maßstab dargestellt als die Zeitdiagramme.

5.4.1.2 Wirkwiderstand und Wirkleitwert. Aus Gl. (5.108) folgt mit Gl. (5.76) der in Bild 5.25 a dargestellte komplexe Widerstand

$$\underline{Z}_R = \frac{\underline{U}}{\underline{I}} = R. \qquad (5.110)$$

Wie der Vergleich mit Gl. (5.77) zeigt, besteht dieser komplexe Widerstand nur aus seinem Realteil, dem Wirkwiderstand R, während der Blindwiderstand $X=0$ ist.

Für den Scheinwiderstand gilt

$$Z_R = R; \qquad (5.111)$$

der Winkel des komplexen Widerstandes ist

$$\varphi_R = 0. \qquad (5.112)$$

Für den in Bild 5.25 b dargestellten komplexen Leitwert erhält man aus Gl. (5.109)

$$\underline{Y}_R = \frac{\underline{I}}{\underline{U}} = \frac{1}{R}. \qquad (5.113)$$

Wie der Vergleich mit Gl. (5.84) zeigt, ist der Blindleitwert $B=0$. Für den Wirkleitwert gilt

$$G = \frac{1}{R}. \qquad (5.114)$$

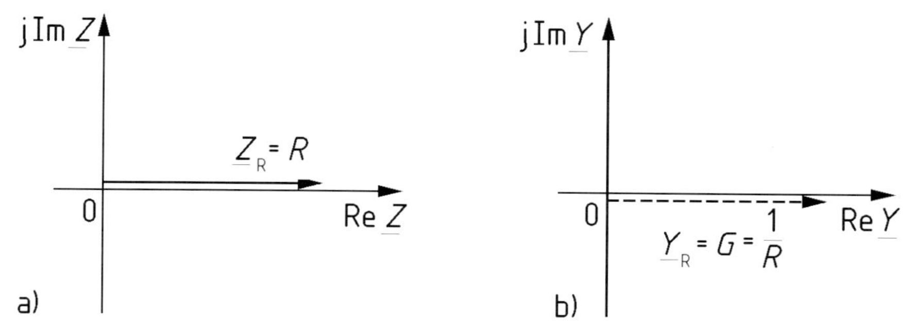

5.25 Widerstandszeigerdiagramm (a) und Leitwertzeigerdiagramm (b) eines Widerstandes

Für den Scheinleitwert folgt ebenfalls

$$Y_\mathrm{R} = \frac{1}{R}, \tag{5.115}$$

also in Übereinstimmung mit Gl. (5.90) das Reziproke des Scheinwiderstandes Z_R. Der Winkel des komplexen Leitwertes ist wie der des komplexen Widerstandes

$$\varphi_\mathrm{yR} = 0. \tag{5.116}$$

Der Wirkwiderstand R hat zwar den gleichen physikalischen Charakter wie der Gleichstromwiderstand, kann jedoch einen anderen Wert als dieser annehmen, wenn z.B. in den Leitern Stromverdrängung [20] auftritt, im umgebenden magnetischen Feld Verluste (s. Abschn. 4.3.2.1) entstehen oder auf eine andere Weise (z.B. mit einem Transformator nach Abschn. 6.3.2) dem Stromkreis Energie entnommen wird. In den genannten Fällen ist aber der Wirkwiderstand R stets mit der in Abschn. 5.4.2 erläuterten Induktivität verknüpft.

5.4.1.3 Wirkleistung. Nach Gl. (5.19) und Gl. (5.106) gilt für die Augenblicksleistung

$$p = u\,i = R\,i^2 = \frac{u^2}{R}. \tag{5.117}$$

Bei sinusförmigem Stromverlauf $i = \hat{i}\sin(\omega t + \varphi_\mathrm{i})$ folgt die Augenblicksleistung der in Bild **5.**26b dargestellten Funktion

$$p = R\,i^2 = R\,\hat{i}^2 \sin^2(\omega t + \varphi_\mathrm{i}) = \frac{R\,\hat{i}^2}{2}\,[1 - \cos(2(\omega t + \varphi_\mathrm{i}))]. \tag{5.118}$$

Die hierin vorgenommene Umformung nach der Formel $\sin^2 x = 0{,}5\,[1 - \cos(2x)]$ [7] zeigt ebenso wie das Zeitdiagramm in Bild **5.**26b, daß die Frequenz der Augenblicksleistung p doppelt so groß ist wie die Frequenz f von Strom i und Spannung u. Charakteristisch für den Wirkwiderstand ist die Tatsache, daß die Augenblicksleistung p zu keinem Zeitpunkt negativ wird. Das bedeutet, daß entsprechend Bild **5.**26a elektrische Energie immer nur in Richtung des Zählpfeiles von p, also in den Widerstand hinein fließt und aus diesem nicht wieder zurückgewonnen werden kann. Die Energieumwandlung an einem Wirkwiderstand ist irreversibel, d.h. unumkehrbar.

Die Wirkleistung P ist nach Abschn. 5.1.3.1 der arithmetische Mittelwert $\overline{p}$ der Augenblicklsleistung. Mit Gl. (5.20) und Gl. (5.118) erhält man

$$P = \frac{1}{T} \int_{t_0}^{t_0+T} p\,\mathrm{d}t = \frac{1}{T} \int_{t_0}^{t_0+T} \frac{R\hat{i}^2}{2} \left[1 - \cos\left(2\left(\omega t + \varphi_\mathrm{i}\right)\right)\right] \mathrm{d}t .$$

Zweckmäßigerweise wählt man als Integrationsbeginn t_0 den Zeitpunkt eines Nulldurchgangs. Das Resultat der Integration, die während einer Periodendauer T aufgenommene Energie, läßt sich anschaulich als die in Bild **5.**26b schraffierte Fläche unter der Leistungskurve darstellen. Wenn man diese Fläche gleichmäßig über die als Strecke dargestellte Integrationsdauer T verteilt, erhält man ein Rechteck, dessen Höhe dem arithmetischen Mittelwert $\overline{p} = P$ entspricht. Nach Ausrechnung wie in Gl. (5.33) und unter Verwendung von Gl. (5.34) folgt

$$P = \frac{R\hat{i}^2}{2} = R I^2 = U I = G U^2 . \tag{5.119}$$

Dies ist der gleiche Zusammenhang, wie er in Gl. (2.22) für Gleichstrom angegeben wird; denn nach Abschn. 5.1.2.3 ist der Effektivwert so definiert, daß ein Wechselstrom mit dem Effektivwert I während jeder Periode einem Wirkwiderstand R die gleiche Energie zuführt wie ein Gleichstrom der Stromstärke I.

In Bild **5.**26c ist der komplexe Leistungszeiger $\underline{S}_\mathrm{R}$ dargestellt. Wegen $\varphi_\mathrm{R} = 0$ liegt er ebenso wie der Widerstandszeiger $\underline{Z}_\mathrm{R}$ in der reellen Achse. Blindleistung Q tritt an einem idealen Widerstand nicht auf.

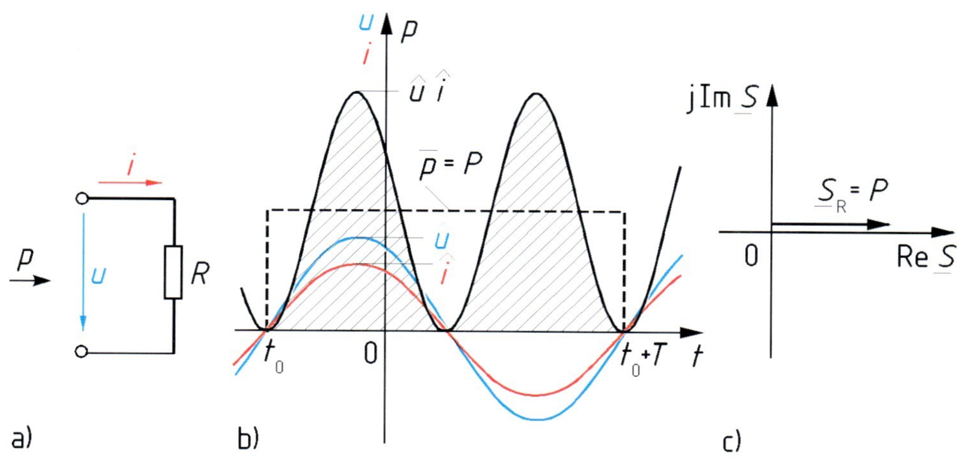

5.26 Widerstand R mit Verbraucherzählpfeilsystem (a), Strom i, Spannung u und Augenblicksleistung p im Zeitdiagramm (b) und Leistungszeigerbild (c)

5.4.2 Induktivität

Die Eigenschaft der Spule oder Drossel als Speicher für die Energie des magnetischen Feldes wird durch ihre Induktivität L beschrieben, so wie sie in Gl. (4.100) definiert ist. Gegenstand der folgenden Betrachtungen ist diese Induktivität L, die man sich als eine ideale Spule vorstellen mag, bei der nur der Einfluß des magnetischen Feldes zu berücksichtigen ist, während der Leiterwiderstand und die kapazitiven Wirkungen der Spulenwindungen vernachlässigbar klein sind. Ferner wird vorausgesetzt, daß die Induktivität linear ist d.h. daß sich ihr Wert nicht in Abhängigkeit vom Strom bzw. von der Spannung ändert.

5.4.2.1 Spannung, Strom und Phasenwinkel. In Bild **5**.27a ist das Schaltungssymbol für eine Induktivität L dargestellt; Strom- und Spannungszählpfeile sind im Verbraucherzählpfeilsystem eingetragen (s. Abschn. 1.2.4.2). Hierfür gilt nach Gl. (4.115) der Zusammenhang

$$u = L\,\frac{\mathrm{d}i}{\mathrm{d}t} \tag{5.120}$$

bzw.

$$i = \frac{1}{L}\int u\,\mathrm{d}t. \tag{5.121}$$

Mit Gl. (5.42) folgt bei sinusförmigem Stromverlauf $i = \hat{i}\sin(\omega t + \varphi_\mathrm{i})$ aus Gl. (5.120) für die Spannung

$$u = L\,\frac{\mathrm{d}}{\mathrm{d}t}[\hat{i}\sin(\omega t + \varphi_\mathrm{i})] = \omega L\hat{i}\cos(\omega t + \varphi_\mathrm{i}) = \omega L\hat{i}\sin\left(\omega t + \varphi_\mathrm{i} + \frac{\pi}{2}\right) \tag{5.122}$$

der in Bild **5**.27b dargestellte, ebenfalls sinusförmige Verlauf, der gegenüber dem Strom i um den Winkel $\pi/2 = 90°$ voreilt; sein Scheitelwert ist $\omega L\hat{i}$. Zu dem gleichen Ergebnis kommt man bei Anwendung der komplexen Rechnung, wenn man gemäß Tafel **5**.20 in Gl. (5.120) die Differentiation der Zeitfunktion i durch die Multiplikation des komplexen Stromes $\underline{I}$ mit dem Faktor $\mathrm{j}\omega$ ersetzt. Unter Beibehaltung der Multiplikation mit dem positiven reellen Faktor L ergibt sich die komplexe Spannung

$$\underline{U} = \mathrm{j}\,\omega L\underline{I}. \tag{5.123}$$

Man gewinnt also den Zeiger $\underline{U}$, indem man den Zeiger $\underline{I}$ mit dem Faktor $\mathrm{j}\omega L$ multipliziert; außer der Multiplikation des Effektivwertes I mit ωL bedeutet dies, wie in Bild **5**.27c dargestellt, eine Drehung des Zeigers $\omega L\underline{I}$ um den Winkel $\pi/2 = 90°$.

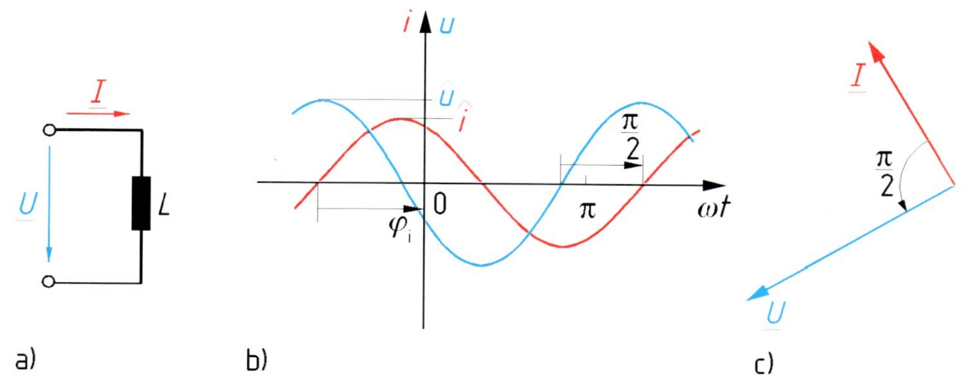

5.27 Strom und Spannung an der Induktivität L im Verbraucherzählpfeilsystem (a), zugehöriges Zeitdiagramm (b) und Effektivwertzeigerbild (c) [1])

Die Auflösung von Gl. (5.123) nach dem komplexen Strom

$$\underline{I} = \frac{1}{\mathrm{j}\,\omega L}\,\underline{U} \tag{5.124}$$

zeigt, daß man den Zeiger $\underline{I}$ erhält, wenn man den Zeiger $\underline{U}$ durch den Ausdruck $\mathrm{j}\,\omega L$ dividiert; außer der Division des Effektivwertes U durch ωL bedeutet dies in Übereinstimmung mit Bild **5.**27c eine Drehung des Zeigers $\underline{U}/(\omega L)$ um den Winkel $-\pi/2 = -90°$.

5.4.2.2 Induktiver Blindwiderstand und Blindleitwert. Dividiert man Gl. (5.123) durch den komplexen Strom $\underline{I}$, so erhält man für die Induktivität L den in Bild **5.**28a dargestellten komplexen Widerstand

$$\underline{Z}_{\mathrm{L}} = \frac{\underline{U}}{\underline{I}} = \mathrm{j}\,\omega L = \omega L\,\mathrm{e}^{\mathrm{j}\,90°}. \tag{5.125}$$

Wie der Vergleich mit Gl. (5.77) zeigt, ist der Wirkwiderstand $R = 0$. Für den Blindwiderstand gilt

$$X_{\mathrm{L}} = \omega L. \tag{5.126}$$

Für den Scheinwiderstand gilt ebenfalls

$$Z_{\mathrm{L}} = \omega L; \tag{5.127}$$

[1]) Zur deutlicheren Wiedergabe sind die Effektivwertzeigerbilder in einem größeren Maßstab dargestellt als die Zeitdiagramme.

der Winkel des komplexen Widerstandes ist der Phasenwinkel

$$\varphi_L = 90°. \tag{5.128}$$

Dividiert man Gl. (5.124) durch die komplexe Spannung $\underline{U}$, so erhält man für die Induktivität L unter Berücksichtigung von Gl. (5.66) den in Bild **5.**28b dargestellten komplexen Leitwert

$$\underline{Y}_L = \frac{\underline{I}}{\underline{U}} = \frac{1}{j\omega L} = j\frac{-1}{\omega L} = \frac{1}{\omega L} e^{-j90°}. \tag{5.129}$$

Wie der Vergleich mit Gl. (5.84) zeigt, ist der Wirkleitwert $G = 0$. Für den Blindleitwert gilt

$$B_L = \frac{-1}{\omega L}; \tag{5.130}$$

das ist das negativ Reziproke des Blindwiderstandes in Gl. (5.126).
Für den Scheinleitwert folgt

$$Y_L = \frac{1}{\omega L}, \tag{5.131}$$

also in Übereinstimmung mit Gl. (5.90) das Reziproke des Scheinwiderstandes Z_L. Der Winkel des komplexen Leitwertes ist

$$\varphi_{yL} = -90° \tag{5.132}$$

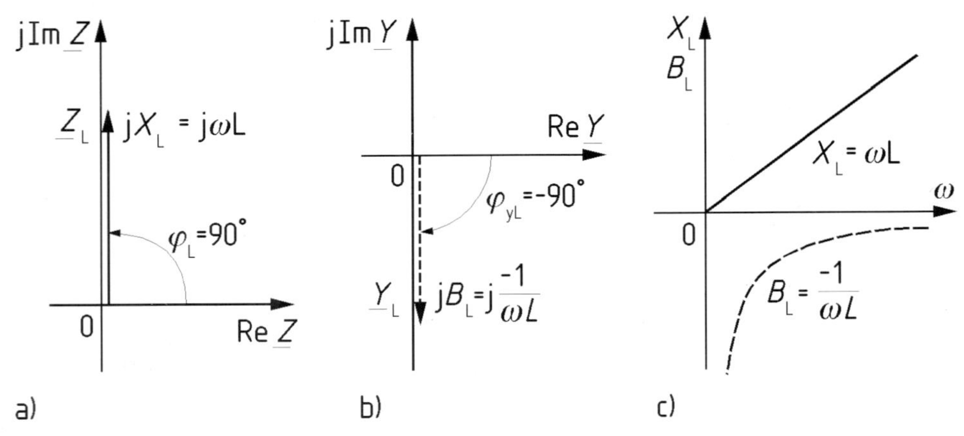

5.28 Widerstands- (a) und Leitwertzeigerdiagramm (b) einer Induktivität L sowie Frequenzgang (c) des induktiven Blindwiderstandes X_L und des induktiven Blindleitwertes B_L

und damit, wie in Gl. (5.91) allgemein formuliert, das Negative des Phasenwinkels φ_L aus Gl. (5.128).

Induktiver Blindwiderstand X_L und induktiver Blindleitwert B_L hängen nach Gl. (5.126) und Gl. (5.130) von der Kreisfrequenz ω ab. Man bezeichnet diese in Bild **5.**28c dargestellte Abhängigkeit allgemein als Frequenzgang. Der induktive Blindwiderstand nimmt mit wachsender Frequenz zu, der induktive Blindleitwert nimmt dem Betrage nach mit wachsender Frequenz ab.

□ **Beispiel 5.7**

An einer Spule mit vernachlässigbar kleinem Wirkwiderstand R liegt eine Sinusspannung mit dem Effektivwert $U = 125\,\mathrm{V}$ und der Frequenz $f = 40\,\mathrm{Hz}$. Der Strommesser zeigt den Effektivwert $I = 10\,\mathrm{A}$ an. Welche Induktivität L hat die Spule?

Mit Gl. (5.78) und (5.127) ergibt sich

$$Z_L = \frac{U}{I} = \omega L .$$

Hieraus folgt für die Induktivität

$$L = \frac{U}{\omega I} = \frac{U}{2\pi f I} = \frac{125\,\mathrm{V}}{2\pi \cdot 40\,\mathrm{s}^{-1} \cdot 10\,\mathrm{A}} = 49{,}74\,\mathrm{mH} .$$

Man kann also durch Messung von Spannung, Strom und Frequenz die Induktivität L bestimmen, sofern der Wirkwiderstand R gegenüber dem Blindwiderstand X_L vernachlässigbar klein ist. □

□ **Beispiel 5.8**

Haushaltsgeräte mit Stromwendermotoren können Funkstörungen verursachen, da das Bürstenfeuer am Stromwender eine Quelle hochfrequenter Störspannungen ist. Schaltet man nun eine Spule in die Netzzuleitung, so wird die Spuleninduktivität für die Netzfrequenz einen geringen Blindwiderstand bedeuten, hochfrequenten Störungen aber einen großen Blindwiderstand entgegensetzen und deren Eindringen in das Netz behindern. Welchen Blindwiderstand weist z.B. die Induktivität $L = 0{,}2\,\mathrm{mH}$ für die Netzfrequenz $f_N = 50\,\mathrm{Hz}$ und die Mittelwellenfrequenz $f_M = 1\,\mathrm{MHz}$ auf?

Bei der Netzfrequenz erhält man nach Gl. (5.126) den Blindwiderstand

$$X_{LN} = \omega_N L = 2\pi f_N L = 2\pi \cdot 50\,\mathrm{Hz} \cdot 0{,}2\,\mathrm{mH} = 0{,}06283\,\Omega .$$

Mit $f_M/f_N = 1\,\mathrm{MHz}/50\,\mathrm{Hz} = 20\,000$ wächst dieser Blindwiderstand für die Mittelwellenfreqenz auf

$$X_{LM} = \frac{f_M}{f_N} X_{LN} = 20\,000 \cdot 0{,}06283\,\Omega = 1257\,\Omega .$$ □

5.4.2.3 Induktive Blindleistung. Nach Gl. (5.19) und Gl. (5.120) gilt für die Augenblicksleistung

$$p = u\,i = L\,\frac{\mathrm{d}i}{\mathrm{d}t} \cdot i . \tag{5.133}$$

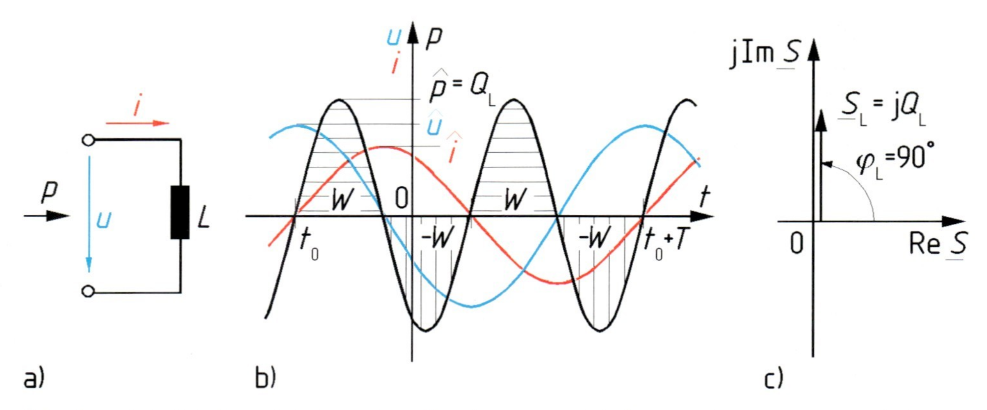

5.29 Induktivität L mit Verbraucherzählpfeilsystem (a), Strom i, Spannung u und Augenblicksleistung p im Zeitdiagramm (b) und Leistungszeigerbild (c)

Bei sinusförmigem Stromverlauf $i=\hat{i}\sin(\omega t+\varphi_\mathrm{i})$ folgt die Augenblicksleistung der in Bild **5.**29b dargestellten Funktion

$$p=\omega L\hat{i}^2\cos(\omega t+\varphi_\mathrm{i})\sin(\omega t+\varphi_\mathrm{i})=\frac{\omega L\hat{i}^2}{2}\sin[2(\omega t+\varphi_\mathrm{i})]. \tag{5.134}$$

Die hierin vorgenommene Umformung nach der Formel $\cos x\sin x=0{,}5\sin(2x)$ [7] zeigt ebenso wie das Zeitdiagramm in Bild **5.**29b, daß die Frequenz der Augenblicksleistung p doppelt so groß ist wie die Frequenz f von Strom i und Spannung u. Charakteristisch für einen Blindwiderstand ist die Tatsache, daß der arithmetische Mittelwert der Augenblicksleistung $\overline{p}=0$ ist. Während der Viertelperioden, in denen – bei Anwendung des Verbraucherzählpfeilsystems Bild **5.**29a – Spannung u und Strom i dasselbe Vorzeichen haben, wird der Induktivität L (in Richtung des Zählpfeiles von p) Energie zugeführt. In dieser Zeit sinkt der Betrag der Spannung von $\hat{u}$ auf null ab; der Betrag des Stromes steigt von null auf $\hat{i}$ an, so daß am Ende einer solchen Viertelperiode nach Gl. (4.122) in der Induktivität L die Energie $W=0{,}5\,L\hat{i}^2$ gespeichert ist. Diese Energie entspricht einer der waagerecht schraffierten Flächen unter der Leistungskurve in Bild **5.**29b. Während der jeweils folgenden Viertelperiode gibt die Induktivität L bei betragsmäßig steigender Spannung u, aber sinkendem Strom i die gespeicherte Energie W (entsprechend einer der senkrecht schraffierten Flächen über der Leistungskurve in Bild **5.**29b) vollständig wieder ab. Die während einer Periode insgesamt auf die Induktivität übertragene Energie ist somit null; an einer Induktivität tritt also keine Wirkleistung P auf.

Dennoch wird analog zu Gl. (5.119) eine als Blindleistung bezeichnete Größe

$$Q_\mathrm{L}=\frac{\omega L\hat{i}^2}{2}=\omega L I^2=X_\mathrm{L}I^2 \tag{5.135}$$

eingeführt, die mit dem Scheitelwert $\hat{p}$ der Augenblicksleistung in Bild **5**.29b identisch ist; s. Gl. (5.134). Um Verwechslungen von Wirk- und Blindleistung zu vermeiden, soll für die Blindleistung Q als gesetzliche Einheit

$$[Q] = 1 \text{ var (Var)} \tag{5.136}$$

verwendet werden (s. Tafel **1**.2). Der Einheitenname Var ist aus „Volt-Ampere-reaktiv" (reaktiv, weil an Reaktanzen auftretend) hervorgegangen. Keinesfalls soll für die Blindleistung die Einheit Watt verwendet werden.

In Bild **5**.29c ist der komplexe Leistungszeiger $\underline{S}_L$ dargestellt. Da $P = 0$ ist und nach Gl. (5.135) $Q_L > 0$ gilt, liegt er ebenso wie der Widerstandszeiger $\underline{Z}_L$ in der positiven imaginären Achse.

5.4.3 Kapazität

Die Eigenschaft eines Kondensators als Speicher für die Energie des elektrischen Feldes wird durch seine Kapazität C beschrieben, so wie sie in Gl. (3.83) definiert ist. Gegenstand der folgenden Betrachtungen ist diese Kapazität C, die man sich als einen idealen Kondensator vorstellen mag, bei dem nur der Einfluß des elektrischen Feldes zu berücksichtigen ist, während Leitungs- und dielektrische Verluste sowie die Wirkungen des magnetischen Feldes vernachlässigbar klein sind. Ferner wird vorausgesetzt, daß die Kapazität linear ist, d.h. daß sich ihr Wert nicht in Abhängigkeit vom Strom bzw. von der Spannung ändert.

5.4.3.1 Spannung, Strom und Phasenwinkel. In Bild **5**.30a ist das Schaltungssymbol für eine Kapazität C dargestellt; Strom- und Spannungszählpfeile sind im Verbraucherzählpfeilsystem eingetragen (s. Abschn. 1.2.4.2). Hierfür gilt nach Gl. (3.89) der Zusammenhang

$$i = C\frac{\mathrm{d}u}{\mathrm{d}t} \tag{5.137}$$

bzw.

$$u = \frac{1}{C}\int i\,\mathrm{d}t. \tag{5.138}$$

Mit Gl. (5.42) folgt bei sinusförmigem Spannungsverlauf $u = \hat{u}\sin(\omega t + \varphi_u)$ aus Gl. (5.137) für den Strom

$$i = C\frac{\mathrm{d}}{\mathrm{d}t}[\hat{u}\sin(\omega t + \varphi_u)] = \omega C\hat{u}\cos(\omega t + \varphi_u) = \omega C\hat{u}\sin\left(\omega t + \varphi_u + \frac{\pi}{2}\right) \tag{5.139}$$

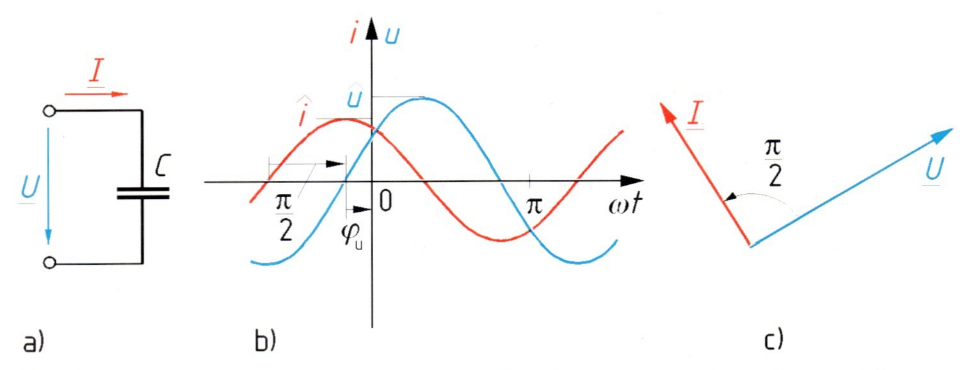

5.30 Spannung und Strom an der Kapazität C im Verbraucherzählpfeilsystem (a), zugehöriges Zeitdiagramm (b) und Effektivwertzeigerbild (c) [1])

der in Bild **5.**30b dargestellte, ebenfalls sinusförmige Verlauf, der gegenüber der Spannung u um den Winkel $\pi/2=90°$ voreilt; sein Scheitelwert ist $\omega C\hat{u}$. Zu dem gleichen Ergebnis kommt man bei Anwendung der komplexen Rechnung, wenn man gemäß Tafel **5.**20 in Gl. (5.137) die Differentiation der Zeitfunktion u durch die Multiplikation der komplexen Spannung $\underline{U}$ mit dem Faktor $\mathrm{j}\,\omega$ ersetzt. Unter Beibehaltung der Multiplikation mit dem positiven reellen Faktor C ergibt sich der komplexe Strom

$$\underline{I}=\mathrm{j}\,\omega C\underline{U}. \tag{5.140}$$

Man gewinnt also den Zeiger $\underline{I}$, indem man den Zeiger $\underline{U}$ mit dem Faktor $\mathrm{j}\,\omega C$ multipliziert; außer der Multiplikation des Effektivwertes U mit ωC bedeutet dies, wie in Bild **5.**30c dargestellt, eine Drehung des Zeigers $\omega C\underline{U}$ um den Winkel $\pi/2=90°$.

Die Auflösung von Gl. (5.140) nach der komplexen Spannung

$$\underline{U}=\frac{1}{\mathrm{j}\,\omega C}\,\underline{I} \tag{5.141}$$

zeigt, daß man den Zeiger $\underline{U}$ erhält, wenn man den Zeiger $\underline{I}$ durch den Ausdruck $\mathrm{j}\,\omega C$ dividiert; außer der Division des Effektivwertes I durch ωC bedeutet dies in Übereinstimmung mit Bild **5.**30c eine Drehung des Zeigers $\underline{I}/(\omega C)$ um den Winkel $-\pi/2=-90°$.

---

[1]) Zur deutlicheren Wiedergabe sind die Effektivwertzeigerbilder in einem größeren Maßstab dargestellt als die Zeitdiagramme.

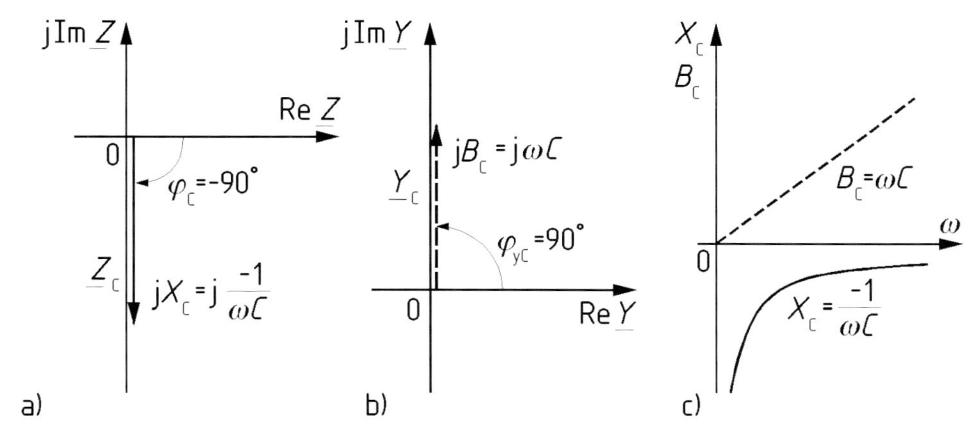

5.31 Widerstands- (a) und Leitwertzeigerdiagramm (b) einer Kapazität C sowie Frequenzgang (c) des kapazitiven Blindwiderstandes X_C und des kapazitiven Blindleitwertes B_C

5.4.3.2 Kapazitiver Blindwiderstand und Blindleitwert. Dividiert man Gl. (5.141) durch den komplexen Strom $\underline{I}$, so erhält man für die Kapazität C unter Berücksichtigung von Gl. (5.66) den in Bild **5.**31 a dargestellten komplexen Widerstand

$$\underline{Z}_C = \frac{\underline{U}}{\underline{I}} = \frac{1}{\mathrm{j}\,\omega C} = \mathrm{j}\,\frac{-1}{\omega C} = \frac{1}{\omega C}\,\mathrm{e}^{-\mathrm{j}90°}. \tag{5.142}$$

Wie der Vergleich mit Gl. (5.77) zeigt, ist der Wirkwiderstand $R=0$. Für den Blindwiderstand gilt

$$X_C = \frac{-1}{\omega C}. \tag{5.143}$$

Für den Scheinwiderstand folgt

$$Z_C = \frac{1}{\omega C}; \tag{5.144}$$

der Winkel des komplexen Widerstandes ist der Phasenwinkel

$$\varphi_C = -90°. \tag{5.145}$$

Dividiert man Gl. (5.140) durch die komplexe Spannung $\underline{U}$, so erhält man für die Kapazität C den in Bild **5.**31 b dargestellten komplexen Leitwert

$$\underline{Y}_C = \frac{\underline{I}}{\underline{U}} = \mathrm{j}\,\omega C = \omega C\,\mathrm{e}^{\mathrm{j}90°}. \tag{5.146}$$

Wie der Vergleich mit Gl. (5.84) zeigt, ist der Wirkleitwert $G=0$. Für den Blindleitwert gilt

$$B_C = \omega C; \tag{5.147}$$

das ist das negativ Reziproke des Blindwiderstandes in Gl. (5.143).
Für den Scheinleitwert folgt ebenfalls

$$Y_C = \omega C, \tag{5.148}$$

also in Übereinstimmung mit Gl. (5.90) das Reziproke des Scheinwiderstandes Z_C. Der Winkel des komplexen Leitwertes ist

$$\varphi_{yC} = 90° \tag{5.149}$$

und damit, wie in Gl. (5.91) allgemein formuliert, das Negative des Phasenwinkels φ_C aus Gl. (5.145).
Kapazitiver Blindwiderstand X_C und kapazitiver Blindleitwert B_C hängen nach Gl. (5.143) und Gl. (5.147) von der Kreisfrequenz ω ab. Der kapazitive Blindwiderstand nimmt dem Betrage nach mit wachsender Frequenz ab, der kapazitive Blindleitwert nimmt mit wachsender Frequenz zu. Beide Frequenzgänge sind in Bild **5.**31c dargestellt.

□ **Beispiel 5.9**
Die in der Nachrichten- und Informationstechnik gebräuchlichen hohen Frequenzen erfordern meist eine Berücksichtigung der verhältnismäßig kleinen, durch die Geometrie der Leitungen und Bauelemente einer Schaltung bedingten Schaltkapazität C, die einen niederohmigen Blindwiderstand X_C zwischen zwei Punkten darstellen kann. In einer Schaltung wird bei der Frequenz $f=1\,\mathrm{MHz}$ und der Spannung $U=600\,\mathrm{mV}$ der durch die Schaltkapazität C verursachte Strom $I=0{,}3\,\mathrm{mA}$ gemessen.

a) Wie groß sind Blindleitwert B_C und Schaltkapazität C?
Aus Gln. (5.146) bis (5.148) folgt

$$B_C = Y_C = \omega C = \frac{I}{U} = \frac{0{,}3\,\mathrm{mA}}{600\,\mathrm{mV}} = 0{,}5\,\mathrm{mS}.$$

Hieraus folgt für die Schaltkapazität

$$C = \frac{B_C}{\omega} = \frac{B_C}{2\pi f} = \frac{0{,}5\,\mathrm{mS}}{2\pi \cdot 1\,\mathrm{MHz}} = 79{,}58\,\mathrm{pF}.$$

b) Wie groß ist bei gleichbleibender Spannung U der Strom I', wenn die Frequenz auf $f' = 20\,\mathrm{MHz}$ erhöht wird?

Blindleitwert und Strom wachsen nach Gl. (5.148) proportional mit der Frequenz. Man erhält

$$I' = \frac{f'}{f} I = \frac{20\,\text{MHz}}{1\,\text{MHz}} \cdot 0{,}3\,\text{mA} = 6\,\text{mA}. \qquad \square$$

5.4.3.3 Kapazitive Blindleistung. Nach Gl. (5.19) und Gl. (5.137) gilt für die Augenblicksleistung

$$p = u\,i = u \cdot C \frac{\mathrm{d}u}{\mathrm{d}t}. \tag{5.150}$$

Bei sinusförmigem Spannungsverlauf $u = \hat{u} \sin(\omega t + \varphi_u)$ folgt die Augenblicksleistung der in Bild **5.**32b dargestellten Funktion

$$p = \omega C \hat{u}^2 \cos(\omega t + \varphi_u) \sin(\omega t + \varphi_u) = \frac{\omega C \hat{u}^2}{2} \sin[2(\omega t + \varphi_u)]. \tag{5.151}$$

Die hierin vorgenommene Umformung nach der Formel $\cos x \sin x = 0{,}5 \sin(2x)$ [7] zeigt ebenso wie das Zeitdiagramm in Bild **5.**32b, daß die Frequenz der Augenblicksleistung p doppelt so groß ist wie die Frequenz f von Spannung u und Strom i. Charakteristisch für einen Blindwiderstand ist die Tatsache, daß der arithmetische Mittelwert der Augenblicksleistung $\overline{p} = 0$ ist. Während der Viertelperioden, in denen – bei Anwendung des Verbraucherzählpfeilsystems Bild **5.**32a – Strom i und Spannung u dasselbe Vorzeichen haben, wird der Kapazität C (in Richtung des Zählpfeiles von p) Energie zugeführt. In dieser Zeit sinkt der Betrag des Stromes von $\hat{i}$ auf null ab; der Betrag der Spannung steigt von null auf $\hat{u}$ an, so daß am Ende einer solchen Viertelperiode nach Gl. (3.94) in der Kapazität C die Energie $W = 0{,}5\,C\hat{u}^2$ gespeichert ist. Diese Energie entspricht einer der waagerecht schraffierten Flächen unter der Leistungskurve in Bild **5.**32b.

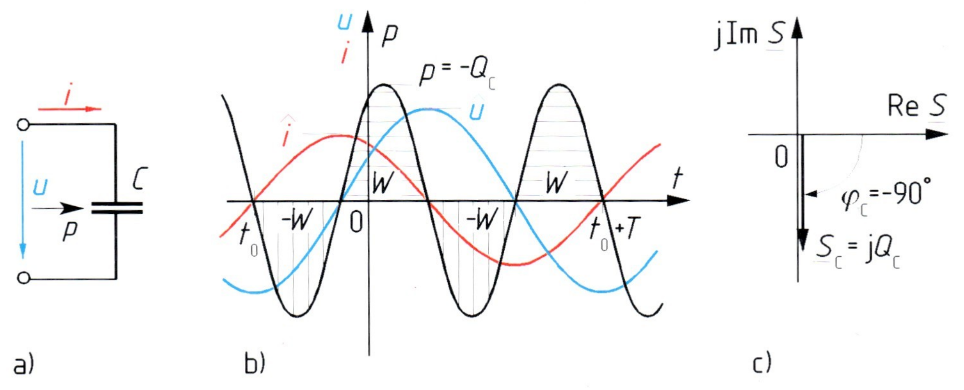

5.32 Kapazität C mit Verbraucherzählpfeilsystem (a), Strom i, Spannung u und Augenblicksleistung p im Zeitdiagramm (b) und Leistungszeigerbild (c)

Während der jeweils folgenden Viertelperiode gibt die Kapazität C bei betragsmäßig steigendem Strom i, aber sinkender Spannung u die gespeicherte Energie W (entsprechend einer der senkrecht schraffierten Flächen über der Leistungskurve in Bild **5**.32b) vollständig wieder ab. Die während einer Periode insgesamt auf die Kapazität übertragene Energie ist somit null; an einer Kapazität tritt also keine Wirkleistung P auf.

Tafel **5**.33 Die idealen passiven Grundzweipole bei Sinusstrom

Schaltzeichen	*Zusammenhang zwischen Strom und Spannung*		*Komplexer*
	Zeitfunktionen, komplexe Größen	*Effektivwert-Zeigerdiagramme*	*komplexe Größen, Phasenwinkel*
Widerstand 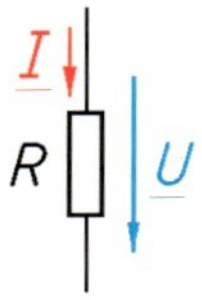 $\underline{I}$, R, $\underline{U}$	$u = Ri$ $i = \frac{1}{R} u$ $\underline{U} = R \cdot \underline{I}$ $\underline{I} = \frac{1}{R} \cdot \underline{U}$	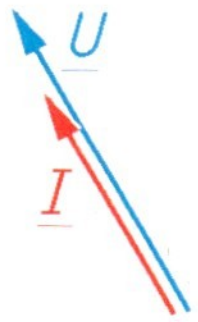 $\underline{U}$, $\underline{I}$	$\underline{Z} = R$ $\underline{Y} = \frac{1}{R}$ $\varphi = 0°$
Induktivität 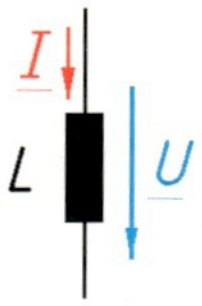 $\underline{I}$, L, $\underline{U}$	$u = L \frac{di}{dt}$ $i = \frac{1}{L} \int u \, dt$ $\underline{U} = j\omega L \cdot \underline{I}$ $\underline{I} = \frac{1}{j\omega L} \cdot \underline{U}$	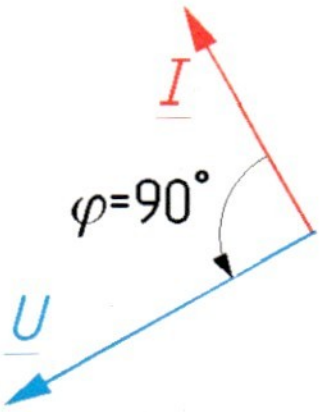 $\underline{I}$, $\varphi = 90°$, $\underline{U}$	$\underline{Z} = j\omega L$ $\underline{Y} = \frac{1}{j\omega L}$ $= j \frac{-1}{\omega L}$ $\varphi = 90°$
Kapazität 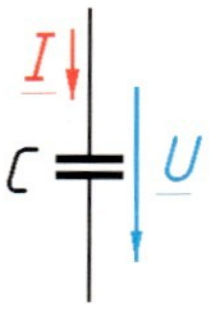 $\underline{I}$, C, $\underline{U}$	$u = \frac{1}{C} \int i \, dt$ $i = C \frac{du}{dt}$ $\underline{U} = \frac{1}{j\omega C} \cdot \underline{I}$ $\underline{I} = j\omega C \cdot \underline{U}$	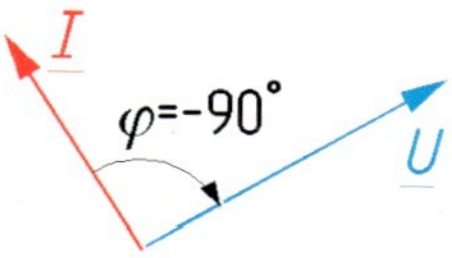 $\underline{I}$, $\varphi = -90°$, $\underline{U}$	$\underline{Z} = \frac{1}{j\omega C}$ $= j \frac{-1}{\omega C}$ $\underline{Y} = j\omega C$ $\varphi = -90°$

Wie in Gl. (5.135) für die Induktivität wird auch für die Kapazität eine Blindleistung

$$Q_C = \frac{-1}{\omega C} I^2 = X_C I^2 \tag{5.152}$$

eingeführt. Wie der Vergleich mit Gl. (5.151) zeigt, ist sie das Negative des Schei-

Widerstand und Leitwert	*Komplexe Leistung*	
Zeigerdiagramme	*Wirkleistung, Blindleistung, Leistungsfaktor*	*Zeigerdiagramme*
j Im $\underline{Z}$, j Im $\underline{Y}$, Re $\underline{Z}$, Re $\underline{Y}$, 0; $\underline{Z}=R$; $\underline{Y}=\frac{1}{R}$	$P = RI^2 = \frac{1}{R} U^2$ $Q=0$ $\cos\varphi=1$	j Im $\underline{S}$, Re $\underline{S}$, 0; $\underline{S}=RI^2$
j Im $\underline{Z}$, j Im $\underline{Y}$, Re $\underline{Z}$, Re $\underline{Y}$, 0; $\underline{Z}=\mathrm{j}X_L=\mathrm{j}\omega L$; $\varphi=90°$; $\underline{Y}=\mathrm{j}B_L=\mathrm{j}\frac{-1}{\omega L}$	$P=0$ $Q = \omega L I^2 = \frac{1}{\omega L} U^2$ $\cos\varphi=0$	j Im $\underline{S}$, Re $\underline{S}$, 0; $\underline{S}=\mathrm{j}\omega L I^2$; $\varphi=90°$
j Im $\underline{Z}$, j Im $\underline{Y}$, Re $\underline{Z}$, Re $\underline{Y}$, 0; $\underline{Y}=\mathrm{j}B_C=\mathrm{j}\omega C$; $\varphi=-90°$; $\underline{Z}=\mathrm{j}X_C=\mathrm{j}\frac{-1}{\omega C}$	$P=0$ $Q = -\frac{1}{\omega C} I^2 = -\omega C U^2$ $\cos\varphi=0$	j Im $\underline{S}$, Re $\underline{S}$, 0; $\varphi=-90°$; $\underline{S}=\mathrm{j}\frac{-1}{\omega C} I^2$

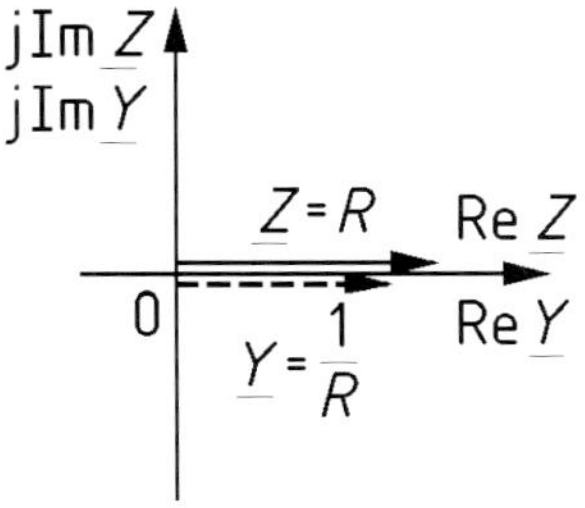

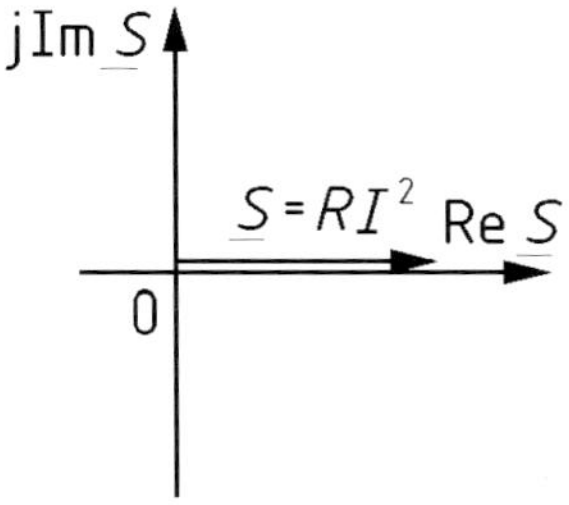

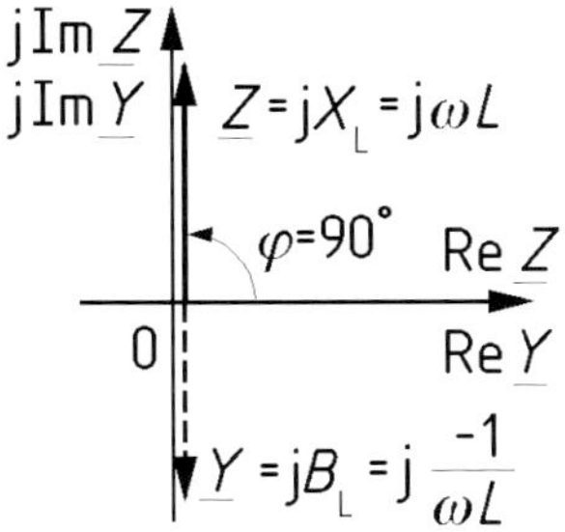

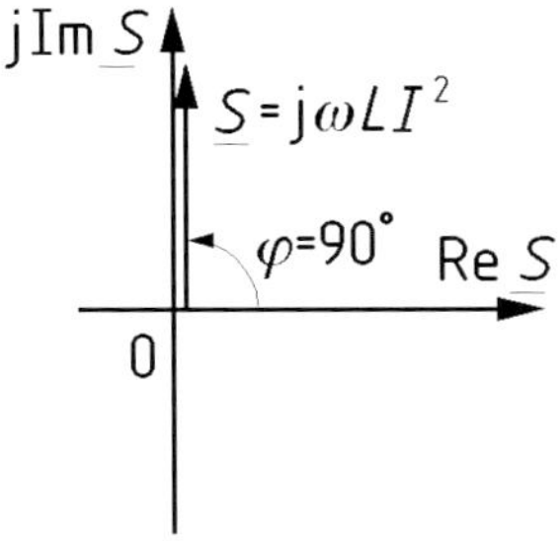

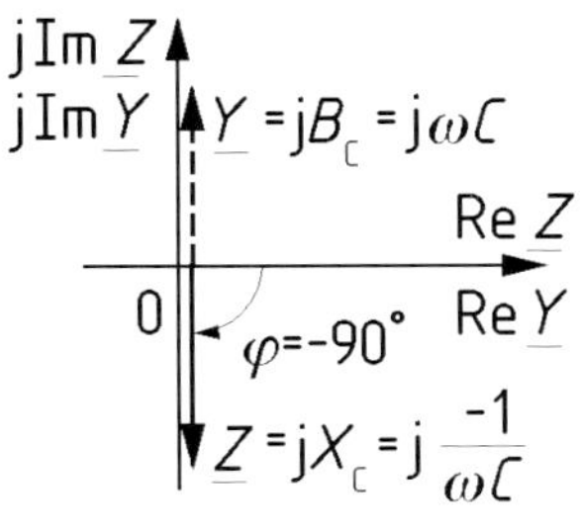

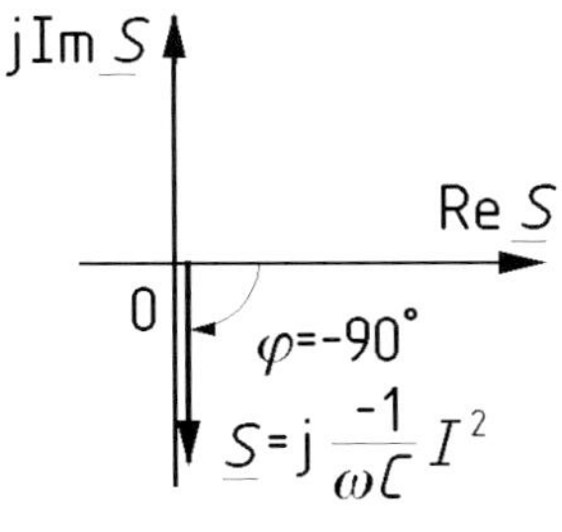

telwertes $\hat{p}$ der Augenblicksleistung in Bild **5.**32b

$$-\hat{p} = -\frac{\omega C \hat{u}^2}{2} = -\omega C U^2 = -\omega C \left(\frac{I}{\omega C}\right)^2 = \frac{-1}{\omega C} I^2 = X_C I^2 = Q_C.$$

Für die Einheit Var der Blindleistung (s. Tafel **1.**2) gelten die Erläuterungen zu Gl. (5.136).

Die Kapazität C ist der duale Zweipol zur Induktivität L (s. auch Tafel **6.**15). Dies zeigt sich z.B. in bezug auf die Blindleistung Q: Wenn man eine Kapazität C in Reihe mit einer Induktivität L von demselben Sinusstrom i durchfließen läßt, oder wenn man eine Kapazität C parallel zu einer Induktivität L an dieselbe Sinusspannung u legt, so ergibt der Vergleich der Bilder **5.**29b und **5.**32b, daß die Kapazität C immer dann Energie aufnimmt, wenn die Induktivität L Energie abgibt, und umgekehrt. Die beiden Elemente L und C bilden dann einen Schwingkreis (s. Kap. 7). Die Gegenphasigkeit der Augenblicksleistungen an Induktivität und Kapazität wird durch die unterschiedlichen Vorzeichen der Blindleistungen Q_L und Q_C ausgedrückt. Dabei ist die an sich willkürliche Vereinbarung, daß bei Vorliegen des Verbraucherzählpfeilsystems induktive Blindleistung Q_L nach Gl. (5.135) positiv, kapazitive Blindleistung Q_C nach Gl. (5.152) hingegen negativ gezählt wird, nach DIN 40110 absolut verbindlich.

Bild **5.**32c zeigt den komplexen Leistungszeiger $\underline{S}_C$ einer Kapazität C. Da $P=0$ und $Q_C<0$ ist, liegt er ebenso wie der Widerstandszeiger $\underline{Z}_C$ in der negativen imaginären Achse.

5.4.4 Gegenüberstellung der idealen passiven Zweipole

In den Abschnitten 5.4.1 bis 5.4.3 wird gezeigt, daß Widerstände R, Induktivitäten L und Kapazitäten C, an deren Klemmen jeweils eine Sinusspannung $u=\hat{u}\sin(\omega t+\varphi_u)$ anliegt, von einem Sinusstrom $i=\hat{i}\sin(\omega t+\varphi_i)$ durchflossen werden. Dies gilt allerdings nur unter der Voraussetzung, daß die Zweipole linear sind. Nichtlineare Wechselstromkreise werden in Abschn. 9.2 behandelt.

Da Strom und Spannung sinusförmig sind, können beide Größen nach Abschn. 5.3.2.3 als Effektivwertzeiger $\underline{I}$ bzw. $\underline{U}$ dargestellt werden. In Tafel **5.**33 werden diese Effektivwertzeigerdiagramme sowie die Diagramme für den komplexen Widerstand $\underline{Z}$, den komplexen Leitwert $\underline{Y}$ und die komplexe Leistung $\underline{S}$ der drei Zweipole einander gegenübergestellt. Beim Widerstand R haben die Effektivwertzeiger $\underline{I}$ und $\underline{U}$ dieselbe Richtung und beschreiben so die Gleichphasigkeit von Strom und Spannung; der Phasenwinkel ist $\varphi=0$. Bei der Induktivität L und der Kapazität C stehen die Zeiger $\underline{I}$ und $\underline{U}$ senkrecht aufeinander. Im Falle der Induktivität eilt die Spannung dem Strom um 90° voraus; bei der Kapazität eilt die Spannung dem Strom um 90° nach. Da der Phasenwinkel φ nach Abschn. 5.3.2.3 stets vom Stromzeiger $\underline{I}$ zum Spannungszeiger $\underline{U}$ (nicht umgekehrt) zu messen ist, erhält man für die Induktivität $\varphi=90°$ und für die Kapazität $\varphi=-90°$.

6 Sinusstromnetzwerke

Im folgenden wird gezeigt, daß die Kirchhoffschen Gesetze auch gültig sind für Wechselstromnetzwerke mit konzentrierten Bauelementen – das sind Bauelemente, deren räumliche Ausdehnung für die betrachteten Vorgänge keine Bedeutung haben. Sinusstromnetzwerke lassen sich daher wie Gleichstromnetzwerke mit den in Kapitel 2 ausführlich beschriebenen Methoden berechnen, wenn man statt der Rechnung mit den Gleichgrößen I und U und den reellen Größen R und G die in Kapitel 5 eingeführte komplexe Wechselstromrechnung mit den komplexen Größen $\underline{I}$, $\underline{U}$, $\underline{Z}$ und $\underline{Y}$ anwendet.

6.1 Reihen- und Parallelschaltungen

6.1.1 Kirchhoffsche Gesetze

Die in Abschn. 2.2.2 für Gleichstromnetzwerke erläuterten Kirchhoffschen Gesetze sind auch für Wechselstromnetzwerke anwendbar. Wie die nachfolgenden Überlegungen zeigen, ist dies jedoch durchaus nicht selbstverständlich, sondern an die Einhaltung bestimmter Bedingungen geknüpft.

6.1.1.1 Knotensatz. Wenn man die elektrische Stromdichte $\vec{S}$ über die Oberfläche eines abgeschlossenen Volumens integriert, erhält man nach Gl. (3.37) den durch diese Hüllfläche austretenden Strom

$$i = \oint \vec{S}\,\mathrm{d}\vec{A} = -\frac{\mathrm{d}Q}{\mathrm{d}t}, \tag{6.1}$$

der nach Gl. (3.14) gleich der zeitlichen Abnahme der in dem Volumen gespeicherten Ladung Q sein muß. Im Gleichstromfall gilt

$$I = \oint \vec{S}\,\mathrm{d}\vec{A} = 0, \tag{6.2}$$

da sonst nach Gl. (6.1) die Ladung in dem Volumen für beliebige Zeiten beständig in gleichem Maße abnehmen müßte; dies aber ist nicht möglich, da in dem Volumen nur eine endliche Ladung gespeichert werden kann. Für Gleichstrom führt Gl. (6.2) unmittelbar auf den Knotensatz Gl. (2.40), demzufolge die Summe der aus einem abgeschlossenen Volumen (z.B. um einen Knoten) austretenden Gleichströme null ist.

Bei zeitlich veränderlichen Vorgängen ist es hingegen leicht möglich, daß die Summe der aus einem Volumen austretenden Ströme zeitweilig von null verschiedene, positive oder negative Werte annimmt; dies ist nach Gl. (6.1) gleichbedeutend mit einer zeitweiligen Ab- oder Zunahme der in dem Volumen gespeicherten Ladung. Nur wenn das betrachtete Volumen auf einen Punkt zusammenschrumpft, zu einem Gebiet also, in dem mangels räumlicher Ausdehnung keine Ladung gespeichert werden kann, gilt auch für zeitlich veränderliche Vorgänge

$$i = \oint \vec{S}\,\mathrm{d}\vec{A} = 0\,. \tag{6.3}$$

Bei Netzwerken mit konzentrierten Bauelementen geht man wie bei den Gleichstromnetzwerken (s. Abschn. 2.2.1.1) davon aus, daß die Verbindungsleitungen zwischen den Bauelementen widerstandslos sind und wie die Knoten keine räumliche Ausdehnung, d.h. keine Kapazität besitzen. Für die Knoten derartiger Netzwerke folgt aus Gl. (6.3)

$$\sum_{\nu=1}^{n} i_\nu = 0 \tag{6.4}$$

und bei Anwendung der komplexen Wechselstromrechnung für Sinusströme unter Berücksichtigung von Tafel **5.**20

$$\sum_{\nu=1}^{n} \underline{I}_\nu = 0\,. \tag{6.5}$$

6.1.1.2 Maschensatz. Wenn man längs eines geschlossenen Weges die elektrische Feldstärke $\vec{E}$ integriert, erhält man nach dem Induktionsgesetz Gl. (4.88) die Umlauf- oder Summenspannung

$$u = \oint \vec{E}\,\mathrm{d}\vec{l} = -\frac{\mathrm{d}\Phi}{\mathrm{d}t}\,, \tag{6.6}$$

die bei rechtswendiger Zuordnung der Zählpfeile für Spannung und Fluß gleich der zeitlichen Abnahme des magnetischen Flusses Φ ist, der die vom Integrationsweg umrandete Fläche durchsetzt. Wenn kein fremderzeugter zeitveränderlicher magnetischer Fluß vorhanden ist, sind im Gleichstromfall alle magnetischen Flüsse zeitlich konstant, so daß sich die Summenspannung

$$U = \oint \vec{E}\,\mathrm{d}\vec{l} = 0 \tag{6.7}$$

ergibt, was unmittelbar auf den Maschensatz Gl. (2.43) führt, demzufolge in einer Masche die Summe aller Gleichspannungen null ist.

Treten in dem Netzwerk zeitveränderliche Ströme auf, die in der Masche einen zeitveränderlichen Fluß $\Phi(t)$ verursachen, muß man nach Gl. (6.6) davon ausgehen, daß die Summenspannung $u \neq 0$ ist. Für Wechselstromnetzwerke ist also die Übernahme der Maschenregel nur dann zulässig, wenn man wie in Beispiel 6.1 in einem Ersatzschaltbild die magnetischen Wirkungen durch konzentrierte Bauelemente nachbildet (Spannungsquellen, Widerstände, Induktivitäten, Gegeninduktivitäten, s. Bild **6.**1) und die Verbindungslinien als widerstandslos und ohne magnetische Wirkung des elektrischen Stromes ansieht. In diesem Fall gilt auch für Wechselstromnetzwerke

$$\sum_{\nu=1}^{n} u_\nu = 0 \tag{6.8}$$

und unter Berücksichtigung von Tafel **5.**20 für Sinusspannungen

$$\sum_{\nu=1}^{n} \underline{U}_\nu = 0. \tag{6.9}$$

□ **Beispiel 6.1**

Für einen Stromkreis, der von einem sinusförmigen magnetischen Wechselfeld durchsetzt wird, soll ein allgemeines Ersatzschaltbild mit konzentrierten Bauelementen angegeben werden. Hierzu soll vereinfachend angenommen werden, daß alle magnetischen Wirkungen des Stromkreises nach Bild **6.**1a in einer Spule mit N Windungen zusammengefaßt sind, die von dem fremderzeugten magnetischen Wechselfluß $\Phi_1(t)$ vollständig durchsetzt wird. Die induzierte Summenspannung u (Zählpfeil dem Fluß Φ_1 rechtswendig zugeordnet) bewirkt einen Wechselstrom i (Zählpfeil gleichsinnig mit u), der seinerseits nach dem Durchflutungssatz Gl. (4.19) in der Spule einen zusätzlichen magnetischen Wechselfluß $\Phi_2(t)$ erzeugt (Zählpfeil dem Strom i rechtswendig zugeordnet). Der Drahtwiderstand der Spule sei R_{Sp}; ihre Induktivität habe den Wert L.

Aus dem Induktionsgesetz Gl. (6.6) folgt für die Summenspannung

$$u = -N \frac{\mathrm{d}}{\mathrm{d}t}(\Phi_1 + \Phi_2) = (R_{\text{Sp}} + R_{\text{a}})\, i; \tag{6.10}$$

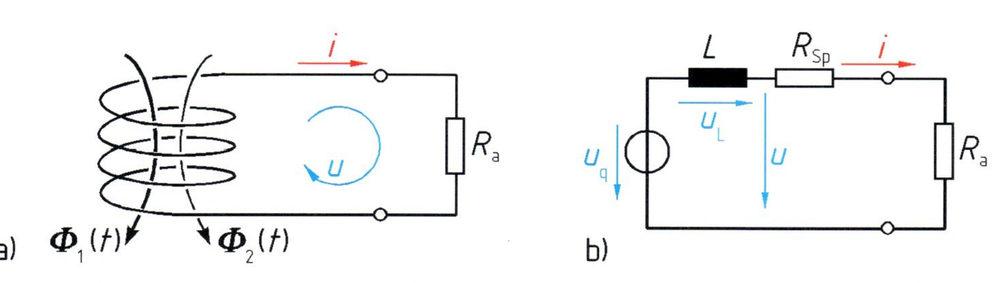

6.1 Von fremderzeugtem Wechselfluß Φ_1 durchsetzte Spule (a) mit induziertem Strom i und selbsterzeugtem Fluß Φ_2; Ersatzschaltbild (b) mit konzentrierten Bauelementen

sie fällt an dem Spulenwiderstand R_{Sp} und dem Abschlußwiderstand R_a ab und läßt sich hinsichtlich ihres Zustandekommens in die beiden Anteile u_q und u_L zerlegen. Die Spannung

$$u_q = -N\,\frac{d\Phi_1}{dt}$$

ist auf den fremderzeugten Fluß Φ_1 zurückzuführen und wirkt in dem Stromkreis wie eine Quellspannung; ihr Zählpfeil bildet zusammen mit dem Stromzählpfeil ein Erzeugerzählpfeilsystem (s. Abschn. 1.2.4.2). Der durch den Fluß Φ_2 erzeugten Spannung u_L wird in Bild **6.**1b die entgegengesetzte Zählpfeilrichtung nach Art des Verbraucherzählpfeilsystems zugeordnet. Mit der hieraus resultierenden Vorzeichenumkehr und Gl. (4.103) erhält man

$$u_L = +N\,\frac{d\Phi_2}{dt} = L\,\frac{di}{dt}\,.$$

Aus Gl. (6.10) folgt hiermit die Spannungsgleichung

$$u_q - L\,\frac{di}{dt} = R_{Sp}\,i + R_a\,i\,,$$

die gleichermaßen auch die Maschengleichung für die Ersatzschaltung Bild **6.**1b darstellt und für sinusförmige Wechselgrößen unter Berücksichtigung von Tafel **5.**20 in die komplexe Gleichung

$$\underline{U}_q = j\,\omega L\,\underline{I} + R_{Sp}\underline{I} + R_a\underline{I} \tag{6.11}$$

übergeht. □

6.1.2 Reihenschaltung

Da für Sinusstromnetzwerke mit konzentrierten Bauelementen der Maschensatz gilt, ergeben sich für die Reihenschaltung von Wechselstromwiderständen weitgehend die gleichen Zusammenhänge wie bei der in Abschn. 2.2.4 beschriebenen Reihenschaltung von Gleichstromwiderständen.

6.1.2.1 Impedanz von Reihenschaltungen. Bild **6.**2a zeigt die Reihenschaltung der komplexen Widerstände $\underline{Z}_1$, $\underline{Z}_2$ und $\underline{Z}_3$, die an der Gesamtspannung $\underline{U}$ liegt; alle Zweipole werden von demselben Strom $\underline{I}$ durchflossen. Für die drei in Reihe geschalteten Widerstände soll eine äquivalente Gesamtimpedanz $\underline{Z}$ nach Bild **6.**2b gefunden werden.

Der Maschensatz Gl. (6.9) liefert für die Schaltung in Bild **6.**2a mit den Teilspannungen $\underline{U}_1$, $\underline{U}_2$ und $\underline{U}_3$ die Spannungsgleichung

$$\underline{U} = \underline{U}_1 + \underline{U}_2 + \underline{U}_3\,. \tag{6.12}$$

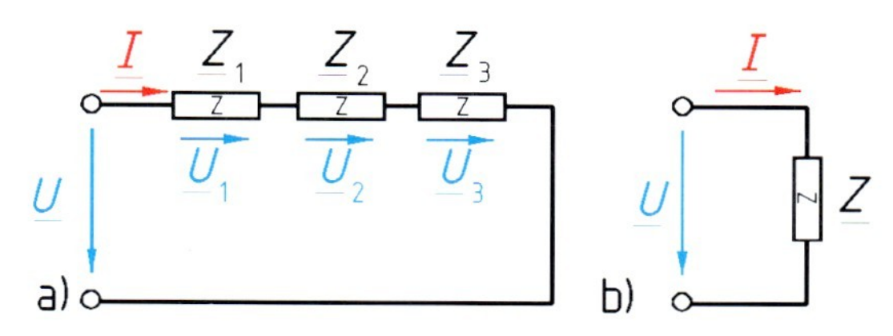

6.2 Reihenschaltung (a) von drei komplexen Widerständen $\underline{Z}_1$, $\underline{Z}_2$ und $\underline{Z}_3$ mit Gesamtimpedanz $\underline{Z}$ der Ersatzschaltung (b)

Sowohl die Teilspannungen $\underline{U}_\nu$ in Bild **6.**2a als auch die Gesamtspannung $\underline{U}$ in Bild **6.**2b lassen sich mit Hilfe von Gl. (5.76) als Produkte der jeweiligen Impedanz $\underline{Z}_\nu$ und des Stromes $\underline{I}$ ausdrücken. Man erhält dann

$$\underline{Z}\,\underline{I} = \underline{Z}_1\underline{I} + \underline{Z}_2\underline{I} + \underline{Z}_3\underline{I}. \tag{6.13}$$

Wird Gl. (6.13) durch den Strom $\underline{I}$ dividiert, ergibt sich die Gesamtimpedanz

$$\underline{Z} = \underline{Z}_1 + \underline{Z}_2 + \underline{Z}_3. \tag{6.14}$$

Für die Reihenschaltung einer beliebigen Anzahl n von komplexen Widerständen $\underline{Z}_\nu$ darf man Gl. (6.14) allgemein erweitern auf

$$\underline{Z} = \sum_{\nu=1}^{n} \underline{Z}_\nu. \tag{6.15}$$

6.1.2.2 Spannungsteilerregel. In einer Reihenschaltung nach Bild **6.**2a wird die Spannung $\underline{U}$ in die Teilspannungen $\underline{U}_\nu$ aufgeteilt. Da in einer solchen Spannungsteilerschaltung alle komplexen Widerstände $\underline{Z}_\nu$ von demselben Strom $\underline{I}$ durchflossen werden, lassen sich die Teilspannungen bzw. die Gesamtspannung nach Gl. (5.76) als

$$\underline{U}_\nu = \underline{Z}_\nu\underline{I} \quad \text{bzw.} \quad \underline{U} = \underline{Z}\,\underline{I} \tag{6.16}$$

beschreiben. Hieraus folgt für das Verhältnis zweier Spannungen

$$\frac{\underline{U}_\mu}{\underline{U}_\nu} = \frac{\underline{Z}_\mu}{\underline{Z}_\nu} \quad \text{bzw.} \quad \frac{\underline{U}_\nu}{\underline{U}} = \frac{\underline{Z}_\nu}{\underline{Z}}. \tag{6.17}$$

Gl. (6.17) beschreibt die Spannungsteilerregel für Sinusstromnetzwerke. Sie besagt, daß in einem Spannungsteiler aus komplexen Widerständen die komplexen Spannungen sich so zueinander verhalten wie die Impedanzen, an denen sie abfallen.

□ **Beispiel 6.2**

Die komplexen Widerstände $\underline{Z}_1 = 100\,\Omega\,e^{j32°}$, $\underline{Z}_2 = 100\,\Omega\,e^{-j47°}$ und $\underline{Z}_3 = 100\,\Omega\,e^{j63°}$ liegen nach Bild **6.**2a in Reihe an einer Sinusspannung mit dem Effektivwert $U = 100\,V$ und dem Nullphasenwinkel φ_u. Gesucht sind die Gesamtimpedanz $\underline{Z}$ sowie Betrag und Phasenlage der Teilspannung $\underline{U}_1$.

Mit Gl. (6.14) erhält man die Gesamtimpedanz

$$\underline{Z} = \underline{Z}_1 + \underline{Z}_2 + \underline{Z}_3 = 100\,\Omega\,e^{j32°} + 100\,\Omega\,e^{-j47°} + 100\,\Omega\,e^{j63°} = 210\,\Omega\,e^{j19{,}17°},$$

leichter nachvollziehbar in der Komponentenform

$$\underline{Z} = (84{,}8 + j\,52{,}99)\,\Omega + (68{,}2 - j\,73{,}14)\,\Omega + (45{,}4 + j\,89{,}1)\,\Omega = (198{,}4 + j\,68{,}96)\,\Omega.$$

Aus der Spannungsteilerregel Gl. (6.17) folgt die Teilspannung

$$\underline{U}_1 = \frac{\underline{Z}_1}{\underline{Z}}\,\underline{U} = \frac{100\,\Omega\,e^{j32°}}{210\,\Omega\,e^{j19{,}17°}} \cdot 100\,V\,e^{j\varphi_u} = 47{,}61\,V\,e^{j(\varphi_u + 12{,}83°)} = U_1\,e^{j\varphi_{u1}}.$$

Die Teilspannung $\underline{U}_1$ hat also den Effektivwert $U_1 = 47{,}61\,V$ und eilt der Gesamtspannung $\underline{U}$ um den Winkel $\varphi_{u1} - \varphi_u = 12{,}83°$ voraus. □

6.1.2.3 Reihenschaltung der Grundzweipole. Für die RL-, RC- und RLC-Reihenschaltung soll nun jeweils der Zusammenhang zwischen dem Strom und den Spannungen untersucht werden. Außerdem werden der komplexe Widerstand, der komplexe Leitwert, die komplexe Leistung und der Leistungsfaktor angegeben.

RL-Reihenschaltung. In der Schaltung nach Bild **6.**3a ergeben sich nach Gl. (5.108) und Gl. (5.123) die Teilspannungen $\underline{U}_R = R\underline{I}$ und $\underline{U}_L = j\,\omega L\underline{I}$. Hieraus folgt nach Gl. (6.9) für die Gesamtspannung

$$\underline{U} = \underline{U}_R + \underline{U}_L = R\underline{I} + j\,\omega L\underline{I}. \tag{6.18}$$

Die Lage der Spannungszeiger relativ zu dem willkürlich gewählten Stromzeiger $\underline{I}$ ist Bild **6.**3b zu entnehmen. Nach Division durch den Strom $\underline{I}$ führt Gl. (6.18) auf den in Bild **6.**3c dargestellten komplexen Widerstand

$$\underline{Z} = R + jX = \frac{\underline{U}}{\underline{I}} = R + j\,\omega L = Z\,e^{j\varphi} \tag{6.19}$$

mit dem Scheinwiderstand

$$Z = \frac{U}{I} = \sqrt{R^2 + (\omega L)^2} \tag{6.20}$$

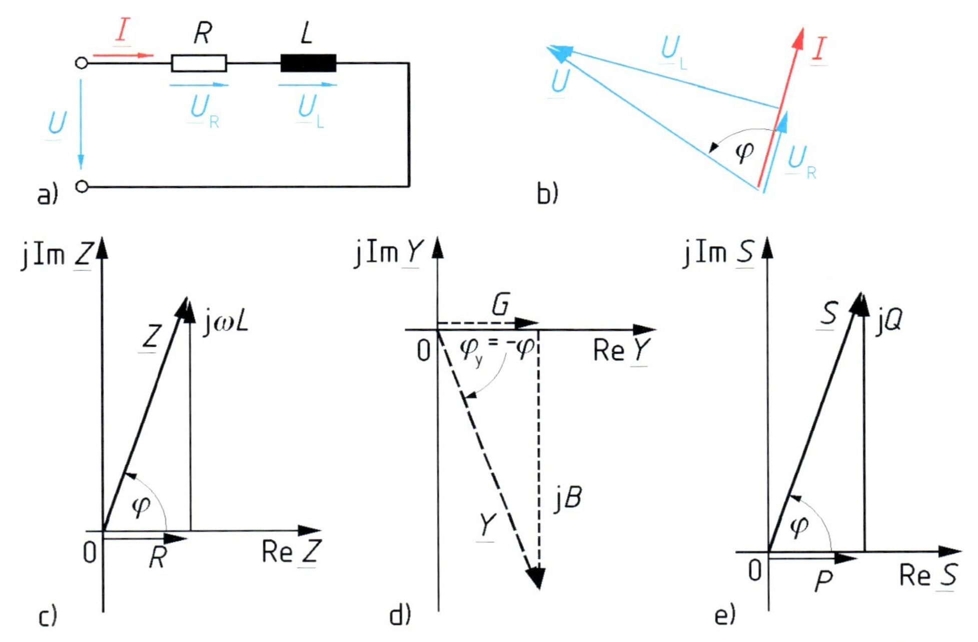

6.3 RL-Reihenschaltung (a) mit Strom-Spannungs-Zeigerdiagramm (b) und den Zeigerdiagrammen für den komplexen Widerstand (c), den komplexen Leitwert (d) und die komplexe Leistung (e)

und dem nach Gl. (5.82) stets positiven Phasenwinkel

$$\varphi = \operatorname{Arctan}\frac{X}{R} = \operatorname{Arctan}\frac{\omega L}{R}. \tag{6.21}$$

Für den komplexen Leitwert (s. Bild **6.**3d) erhält man nach Gln. (5.89) bis (5.93)

$$\underline{Y} = G + \mathrm{j}B = \frac{1}{\underline{Z}} = \frac{1}{R + \mathrm{j}\,\omega L} = \frac{R}{R^2 + \omega^2 L^2} + \mathrm{j}\,\frac{-\omega L}{R^2 + \omega^2 L^2} = \frac{1}{Z}\,\mathrm{e}^{-\mathrm{j}\varphi}. \tag{6.22}$$

Der Wirkleitwert G ist hierin nicht gleich dem Leitwert $1/R$ des ohmschen Zweipols in Bild **6.**3a (vgl. Abschn. 5.3.2.4).
Aus Gl. (5.97) folgt die in Bild **6.**3e dargestellte komplexe Leistung

$$\underline{S} = P + \mathrm{j}\,Q = \underline{Z}\,I^2 = R\,I^2 + \mathrm{j}\,\omega L\,I^2 \tag{6.23}$$

bzw. in der Exponentialform

$$\underline{S}=S\,\mathrm{e}^{\mathrm{j}\varphi}=\underline{Z}I^2=\sqrt{R^2+\omega^2L^2}\;I^2\,\mathrm{e}^{\mathrm{j}\varphi} \tag{6.24}$$

sowie mit Gl. (5.105) der Leistungsfaktor

$$\cos\varphi=\frac{P}{S}=\frac{R}{\sqrt{R^2+\omega^2L^2}}\,. \tag{6.25}$$

RC-Reihenschaltung. In der Schaltung nach Bild **6.**4a ergeben sich nach Gl. (5.108) und Gl. (5.141) die Teilspannungen $\underline{U}_\mathrm{R}=R\underline{I}$ und $\underline{U}_\mathrm{C}=(1/\mathrm{j}\,\omega C)\underline{I}$. Hieraus folgt nach Gl. (6.9) für die Gesamtspannung

$$\underline{U}=\underline{U}_\mathrm{R}+\underline{U}_\mathrm{C}=R\underline{I}+\frac{1}{\mathrm{j}\,\omega C}\underline{I}. \tag{6.26}$$

Die Lage der Spannungszeiger relativ zu dem willkürlich gewählten Stromzeiger $\underline{I}$ ist Bild **6.**4b zu entnehmen. Nach Division durch den Strom $\underline{I}$ führt Gl. (6.26) auf den in Bild **6.**4c dargestellten komplexen Widerstand

$$\underline{Z}=R+\mathrm{j}X=\frac{\underline{U}}{\underline{I}}=R+\frac{1}{\mathrm{j}\,\omega C}=R+\mathrm{j}\,\frac{-1}{\omega C}=Z\,\mathrm{e}^{\mathrm{j}\varphi} \tag{6.27}$$

mit dem Scheinwiderstand

$$Z=\frac{U}{I}=\sqrt{R^2+\frac{1}{(\omega C)^2}} \tag{6.28}$$

und dem nach Gl. (5.82) stets negativen Phasenwinkel

$$\varphi=\mathrm{Arctan}\,\frac{X}{R}=\mathrm{Arctan}\,\frac{-1}{\omega CR}=-\mathrm{Arctan}\,\frac{1}{\omega CR}\,. \tag{6.29}$$

Für den komplexen Leitwert (s. Bild **6.**4d) erhält man nach Gln. (5.89) bis (5.93)

$$\underline{Y}=G+\mathrm{j}B=\frac{1}{\underline{Z}}=\frac{1}{R+\mathrm{j}\,\dfrac{-1}{\omega C}}$$

$$=\frac{R}{R^2+\dfrac{1}{\omega^2C^2}}+\mathrm{j}\,\frac{\dfrac{1}{\omega C}}{R^2+\dfrac{1}{\omega^2C^2}}=\frac{1}{Z}\,\mathrm{e}^{-\mathrm{j}\varphi}. \tag{6.30}$$

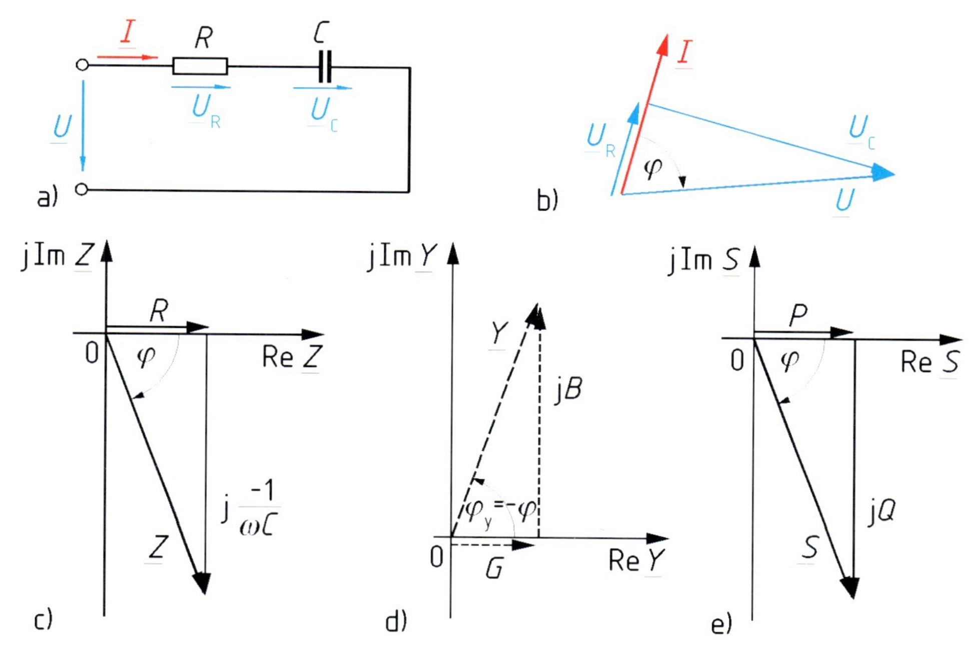

6.4 RC-Reihenschaltung (a) mit Strom-Spannungs-Zeigerdiagramm (b) und den Zeigerdiagrammen für den komplexen Widerstand (c), den komplexen Leitwert (d) und die komplexe Leistung (e)

Der Wirkleitwert G ist hierin nicht gleich dem Leitwert $1/R$ des ohmschen Zweipols in Bild **6.**4a (vgl. Abschn. 5.3.2.4).
Aus Gl. (5.97) folgt die in Bild **6.**4e dargestellte komplexe Leistung

$$\underline{S} = P + \mathrm{j}\,Q = \underline{Z}\,I^2 = R\,I^2 + \mathrm{j}\,\frac{-1}{\omega C}\,I^2 \tag{6.31a}$$

bzw. in der Exponentialform

$$\underline{S} = S\,\mathrm{e}^{\mathrm{j}\varphi} = \underline{Z}\,I^2 = \sqrt{R^2 + \frac{1}{\omega^2 C^2}}\;I^2\,\mathrm{e}^{\mathrm{j}\varphi} \tag{6.31b}$$

sowie mit Gl. (5.105) der Leistungsfaktor

$$\cos\varphi = \frac{P}{S} = \frac{R}{\sqrt{R^2 + \frac{1}{\omega^2 C^2}}}\,. \tag{6.32}$$

RLC-Reihenschaltung (Reihenschwingkreis). In der Schaltung nach Bild **6.**5a ergibt sich mit den Teilspannungen $\underline{U}_R$, $\underline{U}_L$ und $\underline{U}_C$ nach Gln. (5.108), (5.123) und (5.141) die in Bild **6.**5b als Zeiger dargestellte Gesamtspannung

$$\underline{U} = \underline{U}_R + \underline{U}_L + \underline{U}_C = R\underline{I} + \mathrm{j}\,\omega L\,\underline{I} + \frac{1}{\mathrm{j}\,\omega C}\underline{I} \tag{6.33}$$

und nach Division durch $\underline{I}$ der komplexe Widerstand (s. Bild **6.**5c)

$$\underline{Z} = R + \mathrm{j}X = \frac{\underline{U}}{\underline{I}} = R + \mathrm{j}\,\omega L + \frac{1}{\mathrm{j}\,\omega C} = R + \mathrm{j}\left(\omega L - \frac{1}{\omega C}\right) = Z\,\mathrm{e}^{\mathrm{j}\varphi} \tag{6.34}$$

mit dem Scheinwiderstand

$$Z = \frac{U}{I} = \sqrt{R^2 + \left(\omega L - \frac{1}{\omega C}\right)^2} \tag{6.35}$$

und dem Phasenwinkel

$$\varphi = \operatorname{Arctan}\frac{X}{R} = \operatorname{Arctan}\frac{\omega L - \dfrac{1}{\omega C}}{R}. \tag{6.36}$$

Für den komplexen Leitwert (s. Bild **6.**5d) erhält man

$$\underline{Y} = G + \mathrm{j}B = \frac{1}{\underline{Z}} = \frac{R}{R^2 + \left(\omega L - \dfrac{1}{\omega C}\right)^2} + \mathrm{j}\,\frac{\dfrac{1}{\omega C} - \omega L}{R^2 + \left(\omega L - \dfrac{1}{\omega C}\right)^2}. \tag{6.37}$$

Der Wirkleitwert G ist hierin i. allg. nicht gleich dem Leitwert $1/R$ des ohmschen Zweipols in Bild **6.**5a (vgl. Abschn. 5.3.2.4).
Die Wirkleistung P, die induktive Blindleistung Q_L und die kapazitive Blindleistung Q_C ergeben gemäß Bild **6.**5e zusammen die komplexe Leistung

$$\underline{S} = P + \mathrm{j}(Q_L + Q_C) = RI^2 + \mathrm{j}\left(\omega L I^2 + \frac{-1}{\omega C}I^2\right). \tag{6.38}$$

Hieraus folgt für den Leistungsfaktor

$$\cos\varphi = \frac{P}{S} = \frac{R}{\sqrt{R^2 + \left(\omega L - \dfrac{1}{\omega C}\right)^2}}. \tag{6.39}$$

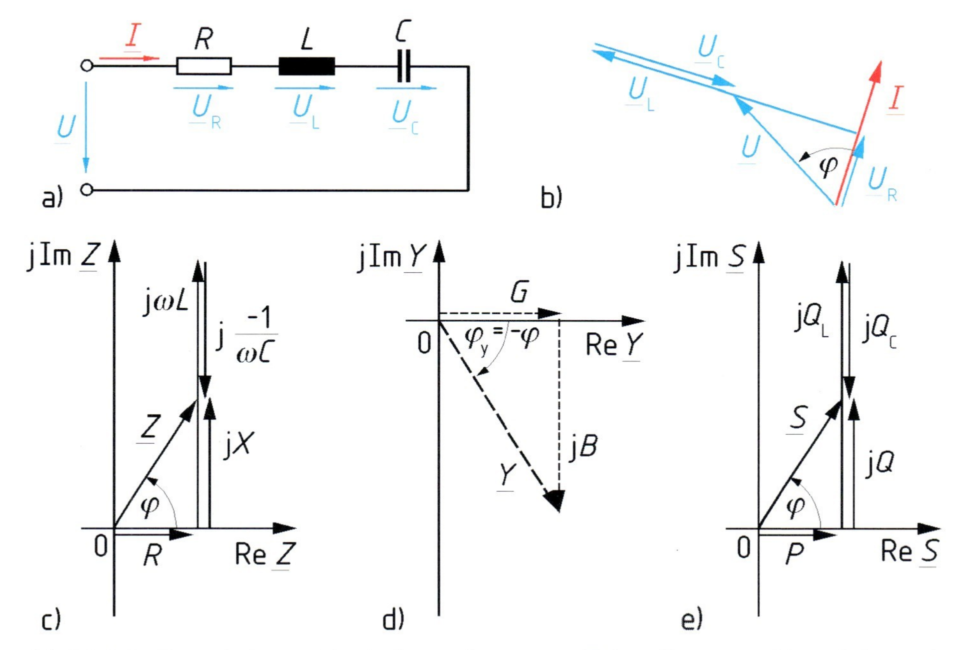

6.5 RLC-Reihenschaltung (a) mit Strom-Spannungs-Zeigerdiagramm (b) und den Zeigerdiagrammen für den komplexen Widerstand (c), den komplexen Leitwert (d) und die komplexe Leistung (e)

Aus Bild **6.5** b, c und e ersieht man, daß sich die induktiven und die kapazitiven Anteile bei Spannung, Widerstand und Leistung teilweise kompensieren. Die induktive und die kapazitive Teilspannung können daher größer sein als die Gesamtspannung. Im Fall $\omega L > 1/(\omega C)$ überwiegt der induktive Blindwiderstand; die Schaltung verhält sich dann ohmsch-induktiv, und der Phasenwinkel φ ist positiv wie in Bild **6.5**. Wenn hingegen $1/(\omega C) > \omega L$ ist, liegt ohmsch-kapazitives Verhalten mit negativem Phasenwinkel φ vor. Für $\omega L = 1/(\omega C)$ verhält sich die Schaltung rein ohmsch mit dem Phasenwinkel $\varphi = 0$, der Spannung $\underline{U} = \underline{U}_R$, der Impedanz $\underline{Z} = R$ und der Leistung $\underline{S} = P$. Dieses in Schwingkreisen auftretende Verhalten wird in Abschn. 7.2.2 näher untersucht.

□ **Beispiel 6.3**

Der Wirkwiderstand $R = 100\,\Omega$, die Induktivität $L = 250\,\text{mH}$ und die Kapazität $C = 15\,\mu\text{F}$ liegen nach Bild **6.5** a in Reihe. Bei welchen Kreisfrequenzen führt die Schaltung an der Sinusspannung $U = 36\,\text{V}$ den Strom $I = 0{,}2\,\text{A}$?

Der Scheinwiderstand $Z = U/I = 36\,\text{V}/0{,}2\,\text{A} = 180\,\Omega$ kann nach Bild **6.6** sowohl im kapazitiven als auch im induktiven Bereich auftreten. Für den Blindwiderstand gilt dann nach Gl. (5.81)

$$X = \pm\sqrt{Z^2 - R^2} = \pm\sqrt{180^2 - 100^2}\,\Omega = \pm 149{,}7\,\Omega\,.$$

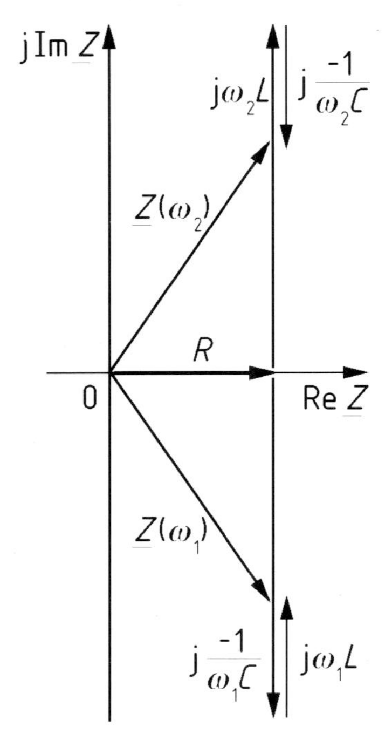

6.6 Gleiche Scheinwiderstände Z einer RLC-Reihenschaltung bei zwei verschiedenen Kreisfrequenzen ω_1 und ω_2

Andererseits gilt für diesen Blindwiderstand nach Gl. (6.34)

$$X = \omega L - \frac{1}{\omega C};$$

und man erhält für die gesuchte Kreisfrequenz die quadratische Gleichung

$$\omega^2 - \frac{X}{L}\omega - \frac{1}{LC} = 0$$

mit der Lösung

$$\omega = \frac{X}{2L} \overset{+}{(-)} \sqrt{\left(\frac{X}{2L}\right)^2 + \frac{1}{LC}},$$

in der das negative Vorzeichen ausgeschlossen wird, weil sich sonst – physikalisch nicht sinnvoll – eine negative Kreisfrequenz ergibt.

Mit $X = \pm 149{,}7\,\Omega$ und den gegebenen Werten erhält man die beiden Kreisfrequenzen

$$\omega_{1,2} = \pm \frac{149{,}7\,\Omega}{2 \cdot 0{,}25\,\text{H}} + \sqrt{\left(\frac{149{,}7\,\Omega}{2 \cdot 0{,}25\,\text{H}}\right)^2 + \frac{1}{0{,}25\,\text{H} \cdot 15\,\mu\text{F}}},$$

$$\omega_1 = 297{,}5\,\text{s}^{-1}$$

$$\omega_2 = 896{,}2\,\text{s}^{-1}.$$ □

6.1.3 Parallelschaltung

Für Sinusstromnetzwerke mit konzentrierten Bauelementen gilt nach Abschn. 6.1.1.1 der Knotensatz. Daher ergeben sich für die Parallelschaltung von Wechselstromwiderständen weitgehend die gleichen Zusammenhänge wie bei der in Abschn. 2.2.3 beschriebenen Parallelschaltung von Gleichstromwiderständen.

6.1.3.1 Admittanz von Parallelschaltungen. Bild **6.7**a zeigt die Parallelschaltung der komplexen Leitwerte $\underline{Y}_1$, $\underline{Y}_2$ und $\underline{Y}_3$, die von dem Gesamtstrom $\underline{I}$ durchflossen wird; alle Zweipole liegen an derselben Spannung $\underline{U}$. Für die drei parallel liegenden Leitwerte soll eine äquivalente Gesamtadmittanz $\underline{Y}$ nach Bild **6.7**a gefunden werden.

Der Knotensatz Gl. (6.5) liefert für die Schaltung in Bild **6.7**a mit den Teilströmen $\underline{I}_1$, $\underline{I}_2$ und $\underline{I}_3$ die Stromgleichung

$$\underline{I} = \underline{I}_1 + \underline{I}_2 + \underline{I}_3. \tag{6.40}$$

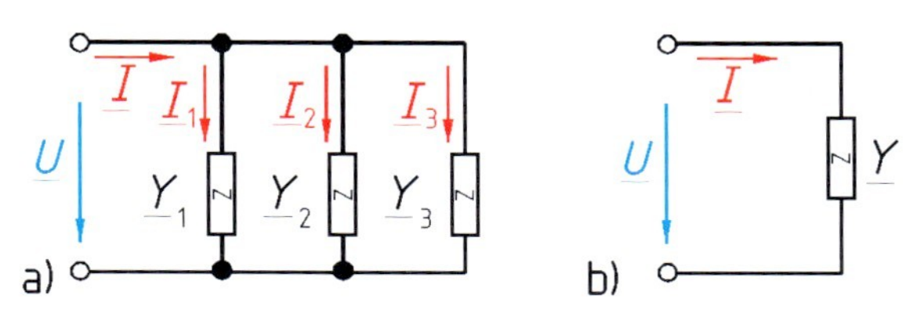

6.7 Parallelschaltung (a) von drei komplexen Leitwerten $\underline{Y}_1$, $\underline{Y}_2$ und $\underline{Y}_3$ mit Gesamtadmittanz $\underline{Y}$ der Ersatzschaltung (b)

Sowohl die Teilströme $\underline{I}_\nu$ in Bild **6.**7a als auch der Gesamtstrom $\underline{I}$ in Bild **6.**7b lassen sich mit Hilfe von Gl. (5.83) als Produkte der jeweiligen Admittanz $\underline{Y}_\nu$ und der Spannung $\underline{U}$ ausdrücken. Man erhält dann

$$\underline{Y}\,\underline{U} = \underline{Y}_1\,\underline{U} + \underline{Y}_2\,\underline{U} + \underline{Y}_3\,\underline{U}. \tag{6.41}$$

Wenn Gl. (6.41) durch die Spannung $\underline{U}$ dividiert wird, ergibt sich die Gesamtadmittanz

$$\underline{Y} = \underline{Y}_1 + \underline{Y}_2 + \underline{Y}_3. \tag{6.42}$$

Für die Parallelschaltung einer beliebigen Anzahl n von komplexen Leitwerten $\underline{Y}_\nu$ darf man Gl. (6.42) allgemein erweitern auf

$$\underline{Y} = \sum_{\nu=1}^{n} \underline{Y}_\nu. \tag{6.43}$$

□ **Beispiel 6.4**

Vier Sinusstrom-Zweipole liegen ähnlich wie in Bild **6.**7a parallel und führen folgende vier Ströme: $I_1 = 0{,}4\,\text{A}$ bei $\cos\varphi_1 = 0{,}2$ induktiv, $I_2 = 0{,}8\,\text{A}$ bei $\cos\varphi_2 = 1$, $I_3 = 0{,}7\,\text{A}$ bei $\cos\varphi_3 = 0{,}7$ induktiv und $I_4 = 0{,}6\,\text{A}$ bei $\cos\varphi_4 = 0{,}5$ kapazitiv. Der Gesamtstrom I und der zugehörige Leistungsfaktor $\cos\varphi$ sollen berechnet werden.

Zweckmäßigerweise wird für die Spannung der Winkel $\varphi_u = 0$ gewählt, s. Bild **6.**8. Für die Winkel der Ströme folgt dann aus Gl. (5.75)

$$\varphi_i = \varphi_u - \varphi = -\varphi$$

mit $\varphi > 0$ für ohmsch-induktive und $\varphi < 0$ für ohmsch-kapazitive Zweipole. Man erhält dann, wie Bild **6.**8 zeigt, aus der Summe der Ströme $\underline{I}_1 + \underline{I}_2 + \underline{I}_3 + \underline{I}_4$ den Gesamtstrom

$$\underline{I} = 0{,}4\,\text{A}\,e^{-j78{,}46°} + 0{,}8\,\text{A}\,e^{j0°} + 0{,}7\,\text{A}\,e^{-j45{,}57°} + 0{,}6\,\text{A}\,e^{j60°} = 1{,}711\,\text{A}\,e^{-j12{,}56°}$$

und den Leistungsfaktor $\cos\varphi = \cos 12{,}56° = 0{,}9761$. □

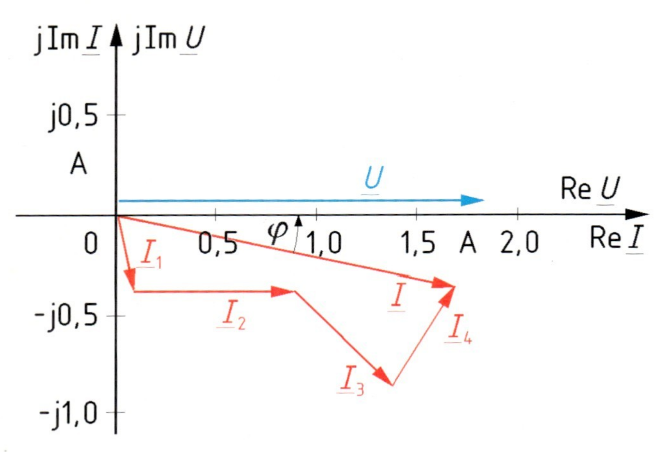

6.8 Addition von vier komplexen Strömen nach Beispiel 6.4

6.1.3.2 Stromteilerregel. In einer Parallelschaltung nach Bild **6.7**a wird der Strom $\underline{I}$ in die Teilströme $\underline{I}_\nu$ aufgeteilt. Da in einer solchen Stromteilerschaltung alle komplexen Leitwerte $\underline{Y}_\nu$ an derselben Spannung $\underline{U}$ liegen, lassen sich die Teilströme bzw. der Gesamtstrom nach Gl. (5.83) als

$$\underline{I}_\nu = \underline{Y}_\nu \underline{U} \quad \text{bzw.} \quad \underline{I} = \underline{Y}\,\underline{U} \tag{6.44}$$

beschreiben. Hieraus folgt für das Verhältnis zweier Ströme

$$\frac{\underline{I}_\mu}{\underline{I}_\nu} = \frac{\underline{Y}_\mu}{\underline{Y}_\nu} \quad \text{bzw.} \quad \frac{\underline{I}_\nu}{\underline{I}} = \frac{\underline{Y}_\nu}{\underline{Y}}. \tag{6.45}$$

Gl. (6.45) beschreibt die Stromteilerregel für Sinusstromnetzwerke. Sie besagt, daß in einem Stromteiler aus komplexen Widerständen die komplexen Ströme sich so zueinander verhalten wie die Admittanzen, die von ihnen durchflossen werden.

6.1.3.3 Parallelschaltung der Grundzweipole. Im folgenden wird für die GC-, GL- und GCL-Parallelschaltung jeweils der Zusammenhang zwischen der Spannung und den Strömen untersucht. Ferner werden der komplexe Widerstand, der komplexe Leitwert, die komplexe Leistung und der Leistungsfaktor angegeben.

GC-Parallelschaltung. In der Schaltung nach Bild **6.9**a ergeben sich nach Gln. (5.109) und (5.114) sowie Gl. (5.140) die Teilströme $\underline{I}_\mathrm{G} = G\underline{U}$ und $\underline{I}_\mathrm{C} = \mathrm{j}\,\omega C\,\underline{U}$. Hieraus folgt nach Gl. (6.5) für den Gesamtstrom

$$\underline{I} = \underline{I}_\mathrm{G} + \underline{I}_\mathrm{C} = G\,\underline{U} + \mathrm{j}\,\omega C\,\underline{U}. \tag{6.46}$$

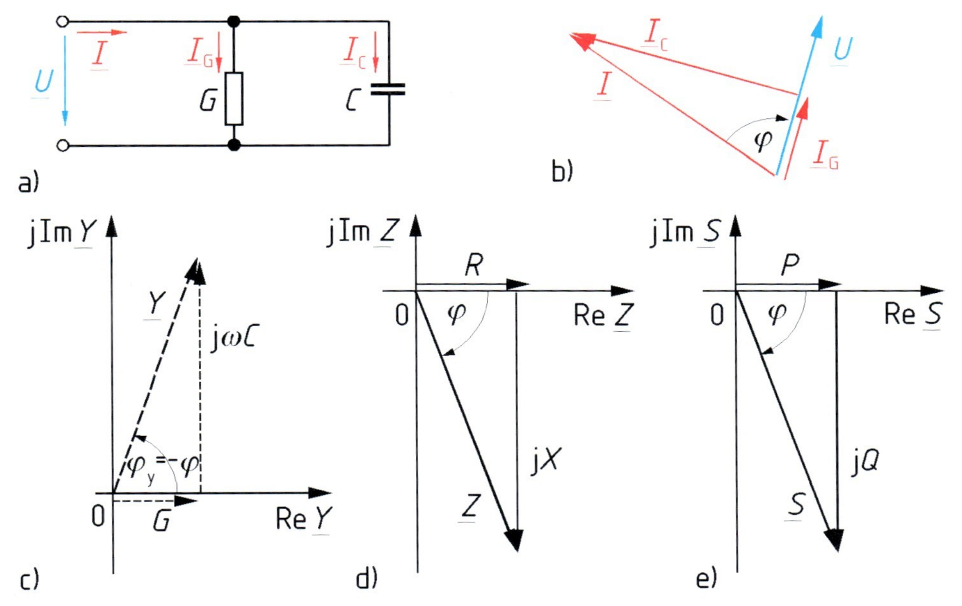

6.9 GC-Parallelschaltung (a) mit Strom-Spannungs-Zeigerdiagramm (b) und den Zeigerdiagrammen für den komplexen Leitwert (c), den komplexen Widerstand (d) und die komplexe Leistung (e)

Die Lage der Stromzeiger relativ zu dem willkürlich gewählten Spannungszeiger $\underline{U}$ ist Bild **6.**9b zu entnehmen. Nach Division durch die Spannung $\underline{U}$ führt Gl. (6.46) auf den in Bild **6.**9c dargestellten komplexen Leitwert

$$\underline{Y} = G + \mathrm{j}B = \frac{\underline{I}}{\underline{U}} = G + \mathrm{j}\,\omega C = Y \mathrm{e}^{\mathrm{j}\varphi_y} \tag{6.47}$$

mit dem Scheinleitwert

$$Y = \frac{I}{U} = \sqrt{G^2 + (\omega C)^2} \tag{6.48}$$

und dem Winkel

$$\varphi_y = \text{Arctan}\,\frac{B}{G} = \text{Arctan}\,\frac{\omega C}{G}\,.$$

Mit Gl. (5.91) folgt hieraus der stets negative Phasenwinkel

$$\varphi = -\varphi_y = -\text{Arctan}\,\frac{\omega C}{G}\,. \tag{6.49}$$

Für den komplexen Widerstand (s. Bild **6.**9d) erhält man nach Gln. (5.94) und (5.95)

$$\underline{Z}=R+\mathrm{j}X=\frac{1}{\underline{Y}}=\frac{1}{G+\mathrm{j}\omega C}$$

$$=\frac{G}{G^2+\omega^2C^2}+\mathrm{j}\frac{-\omega C}{G^2+\omega^2C^2}=\frac{1}{Y}\mathrm{e}^{-\mathrm{j}\varphi_y}. \tag{6.50}$$

Man beachte, daß der Wirkwiderstand R **nicht** mit dem Widerstand $1/G$ des ohmschen Zweipols in Bild **6.**9a übereinstimmt (vgl. Abschn. 5.3.2.4).
Aus Gl. (5.98) folgt die in Bild **6.**9e dargestellte komplexe Leistung

$$\underline{S}=P+\mathrm{j}Q=\underline{Y}^*U^2=GU^2-\mathrm{j}\omega CU^2 \tag{6.51 a}$$

bzw. wegen $\underline{Y}^*=Y\mathrm{e}^{-\mathrm{j}\varphi_y}=Y\mathrm{e}^{\mathrm{j}\varphi}$ in der Exponentialform

$$\underline{S}=S\mathrm{e}^{\mathrm{j}\varphi}=\underline{Y}^*U^2=\sqrt{G^2+\omega^2C^2}\,U^2\mathrm{e}^{\mathrm{j}\varphi} \tag{6.51 b}$$

sowie mit Gl. (5.105) der Leistungsfaktor

$$\cos\varphi=\frac{P}{S}=\frac{G}{\sqrt{G^2+\omega^2C^2}}. \tag{6.52}$$

□ **Beispiel 6.5**

Der ohmsche Widerstand $R_1=170\,\Omega$ und die Kapazität $C_1=25\,\mu\mathrm{F}$ liegen wie in Bild **6.**9a parallel an der Sinusspannung $U=230\,\mathrm{V}$, $f=50\,\mathrm{Hz}$. Gesucht sind der komplexe Widerstand $\underline{Z}$ der Schaltung und die aufgenommene komplexe Leistung $\underline{S}$.
Nach Gl. (6.47) hat die Schaltung den komplexen Leitwert

$$\underline{Y}=G_1+\mathrm{j}\omega C_1=\frac{1}{170\,\Omega}+\mathrm{j}2\pi\cdot 50\,\mathrm{Hz}\cdot 25\,\mu\mathrm{F}=(5{,}882+\mathrm{j}7{,}854)\,\mathrm{mS}.$$

Hieraus folgt direkt mit Gl. (5.89), etwas umständlicher auch mit Gl. (6.50), der komplexe Widerstand

$$\underline{Z}=R+\mathrm{j}X=\frac{1}{\underline{Y}}=(61{,}09-\mathrm{j}81{,}57)\,\Omega.$$

Man erkennt, daß der Wirkwiderstand der Schaltung $R=61{,}09\,\Omega$ beträgt und nicht mit dem ohmschen Widerstand $R_1=170\,\Omega$ übereinstimmt; auch der Blindwiderstand $X=-81{,}57\,\Omega$ ist nicht mit dem Blindwiderstand der Kapazität $X_1=-1/(\omega C)=-127{,}3\,\Omega$ identisch.
Mit Gl. (6.51 a) erhält man die komplexe Leistung

$$\underline{S}=\underline{Y}^*U^2=\frac{1}{R_1}U^2-\mathrm{j}\omega C_1U^2=311{,}2\,\mathrm{W}-\mathrm{j}415{,}5\,\mathrm{var}.$$ □

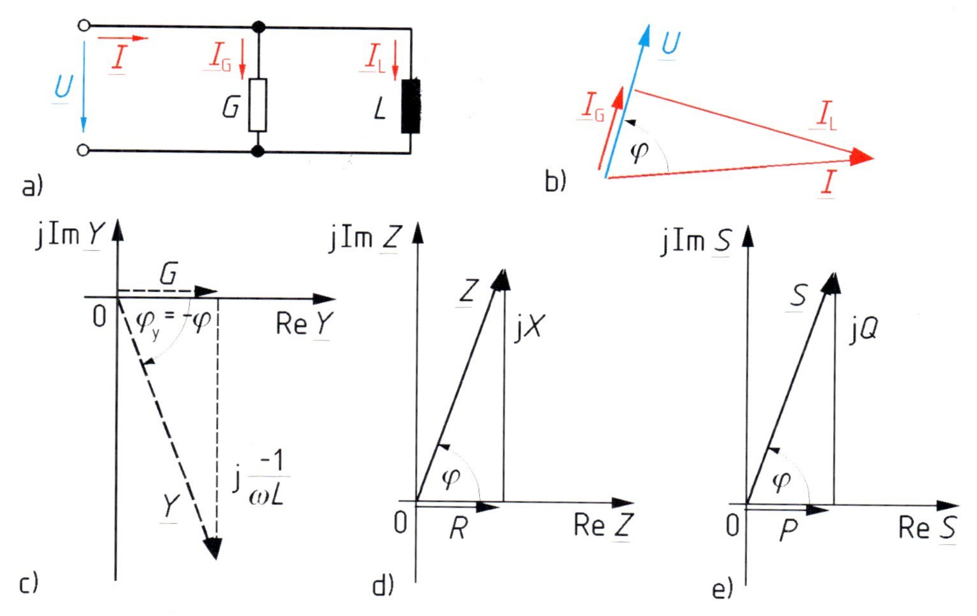

6.10 GL-Parallelschaltung (a) mit Strom-Spannungs-Zeigerdiagramm (b) und den Zeigerdiagrammen für den komplexen Leitwert (c), den komplexen Widerstand (d) und die komplexe Leistung (e)

GL-Parallelschaltung. In der Schaltung nach Bild **6.**10a ergeben sich nach Gln. (5.109) und (5.114) sowie Gl. (5.124) die Teilströme $\underline{I}_\mathrm{G} = G\,\underline{U}$ und $\underline{I}_\mathrm{L} = (1/\mathrm{j}\,\omega L)\,\underline{U}$. Hieraus folgt nach Gl. (6.5) für der Gesamtstrom

$$\underline{I} = \underline{I}_\mathrm{G} + \underline{I}_\mathrm{L} = G\,\underline{U} + \frac{1}{\mathrm{j}\,\omega L}\,\underline{U}. \tag{6.53}$$

Die Lage der Stromzeiger relativ zu dem willkürlich gewählten Spannungszeiger $\underline{U}$ ist Bild **6.**10b zu entnehmen. Nach Division durch die Spannung $\underline{U}$ führt Gl. (6.53) auf den in Bild **6.**10c dargestellten komplexen Leitwert

$$\underline{Y} = G + \mathrm{j}\,B = \frac{\underline{I}}{\underline{U}} = G + \mathrm{j}\,\frac{-1}{\omega L} = Y\,\mathrm{e}^{\mathrm{j}\,\varphi_\mathrm{y}} \tag{6.54}$$

mit dem Scheinleitwert

$$Y = \frac{I}{U} = \sqrt{G^2 + \frac{1}{(\omega L)^2}} \tag{6.55}$$

und dem Winkel

$$\varphi_y = \operatorname{Arctan}\frac{B}{G} = \operatorname{Arctan}\frac{-1}{\omega L G} = -\operatorname{Arctan}\frac{1}{\omega L G}.$$

Mit Gl. (5.91) folgt hieraus der stets positive Phasenwinkel

$$\varphi = -\varphi_y = \operatorname{Arctan}\frac{1}{\omega L G}. \tag{6.56}$$

Für den komplexen Widerstand (s. Bild **6.**10d) erhält man nach Gln. (5.94) und (5.95)

$$\underline{Z} = R + \mathrm{j}X = \frac{1}{\underline{Y}} = \frac{1}{G + \mathrm{j}\dfrac{-1}{\omega L}}$$

$$= \frac{G}{G^2 + \dfrac{1}{\omega^2 L^2}} + \mathrm{j}\frac{\dfrac{1}{\omega L}}{G^2 + \dfrac{1}{\omega^2 L^2}} = \frac{1}{Y}\mathrm{e}^{-\mathrm{j}\varphi_y}. \tag{6.57}$$

Man beachte, daß der Wirkwiderstand R nicht mit dem Widerstand $1/G$ des ohmschen Zweipols in Bild **6.**10a übereinstimmt (vgl. Abschn. 5.3.2.4).
Aus Gl. (5.98) folgt die in Bild **6.**10e dargestellte komplexe Leistung

$$\underline{S} = P + \mathrm{j}Q = \underline{Y}^* U^2 = G U^2 + \mathrm{j}\frac{1}{\omega L}U^2 \tag{6.58a}$$

bzw. wegen $\underline{Y}^* = Y\mathrm{e}^{-\mathrm{j}\varphi_y} = Y\mathrm{e}^{\mathrm{j}\varphi}$ in der Exponentialform

$$\underline{S} = S\mathrm{e}^{\mathrm{j}\varphi} = \underline{Y}^* U^2 = \sqrt{G^2 + \frac{1}{\omega^2 L^2}}\; U^2 \mathrm{e}^{\mathrm{j}\varphi} \tag{6.58b}$$

sowie mit Gl. (5.105) der Leistungsfaktor

$$\cos\varphi = \frac{\mathrm{P}}{\mathrm{S}} = \frac{G}{\sqrt{G^2 + \dfrac{1}{\omega^2 L^2}}}. \tag{6.59}$$

GCL-Parallelschaltung (Parallelschwingkreis). In der Schaltung nach Bild **6.**11a ergibt sich mit den Teilströmen $\underline{I}_G$, $\underline{I}_C$ und $\underline{I}_L$ nach Gln. (5.109), (5.114), (5.140) und (5.124) der in Bild **6.**11b als Zeiger dargestellte Gesamtstrom

$$\underline{I} = \underline{I}_G + \underline{I}_C + \underline{I}_L = G\underline{U} + \mathrm{j}\omega C\underline{U} + \frac{1}{\mathrm{j}\omega L}\underline{U} \tag{6.60}$$

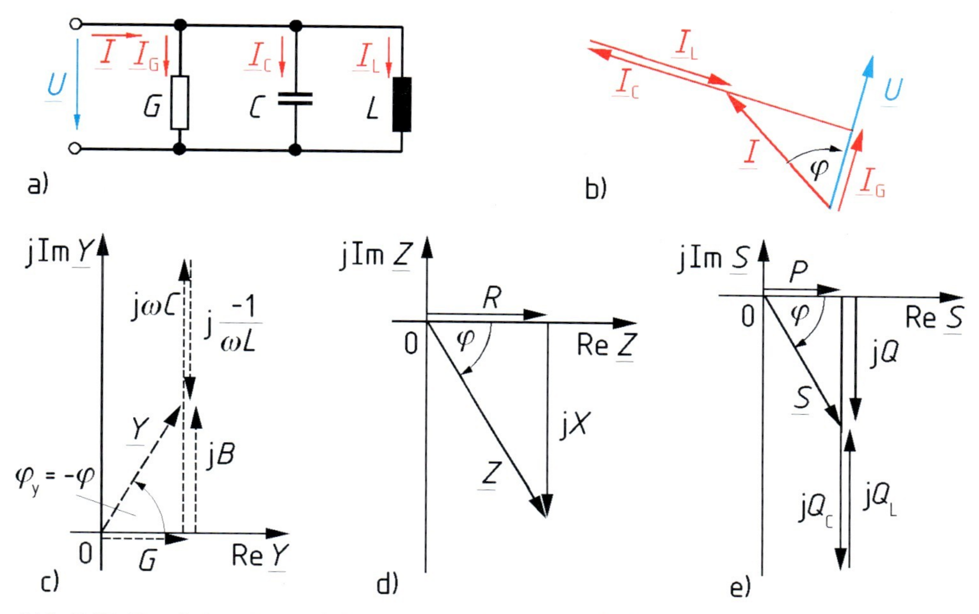

6.11 GCL-Parallelschaltung (a) mit Strom-Spannungs-Zeigerdiagramm (b) und den Zeigerdiagrammen für den komplexen Leitwert (c), den komplexen Widerstand (d) und die komplexe Leistung (e)

und nach Division durch $\underline{U}$ der komplexe Leitwert (s. Bild **6.**11c)

$$\underline{Y} = G + \mathrm{j}B = \frac{\underline{I}}{\underline{U}} = G + \mathrm{j}\,\omega C + \frac{1}{\mathrm{j}\,\omega L} = G + \mathrm{j}\left(\omega C - \frac{1}{\omega L}\right) = Y\mathrm{e}^{\mathrm{j}\varphi_{\mathrm{y}}} \tag{6.61}$$

mit dem Scheinleitwert

$$Y = \frac{I}{U} = \sqrt{G^2 + \left(\omega C - \frac{1}{\omega L}\right)^2} \tag{6.62}$$

und dem Winkel

$$\varphi_{\mathrm{y}} = \operatorname{Arctan}\frac{B}{G} = \operatorname{Arctan}\frac{\omega C - \dfrac{1}{\omega L}}{G}.$$

Mit Gl. (5.91) folgt hieraus der Phasenwinkel

$$\varphi = -\varphi_{\mathrm{y}} = \operatorname{Arctan}\frac{\dfrac{1}{\omega L} - \omega C}{G}. \tag{6.63}$$

Für den komplexen Widerstand (s. Bild **6.**11 d) erhält man

$$\underline{Z}=R+\mathrm{j}X=\frac{1}{\underline{Y}}=\frac{G}{G^2+\left(\omega C-\dfrac{1}{\omega L}\right)^2}+\mathrm{j}\,\frac{\dfrac{1}{\omega L}-\omega C}{G^2+\left(\omega C-\dfrac{1}{\omega L}\right)^2}. \tag{6.64}$$

Man beachte, daß der Wirkwiderstand R i. allg. nicht mit dem Widerstand $1/G$ des ohmschen Zweipols in Bild **6.**11 a übereinstimmt (vgl. Abschn. 5.3.2.4).

Mit Gl. (5.98) ergeben die Wirkleistung P, die induktive Blindleistung Q_L und die kapazitive Blindleistung Q_C gemäß Bild **6.**11 e zusammen die komplexe Leistung

$$\underline{S}=P+\mathrm{j}(Q_L+Q_C)=GU^2+\mathrm{j}\left(\frac{1}{\omega L}U^2-\omega C U^2\right). \tag{6.65}$$

Hieraus folgt für den Leistungsfaktor

$$\cos\varphi=\frac{P}{S}=\frac{G}{\sqrt{G^2+\left(\dfrac{1}{\omega L}-\omega C\right)^2}}. \tag{6.66}$$

Aus Bild **6.**11 b, c und e ersieht man, daß sich die induktiven und die kapazitiven Anteile bei Strom, Leitwert und Leistung teilweise kompensieren. Der induktive und der kapazitive Teilstrom können daher größer sein als der Gesamtstrom. Im Fall $\omega C>1/(\omega L)$ überwiegt der kapazitive Blindleitwert; die Schaltung verhält sich dann ohmsch-kapazitiv, und der Phasenwinkel φ ist negativ wie in Bild **6.**11. Wenn hingegen $1/(\omega L)>\omega C$ ist, liegt ohmsch-induktives Verhalten mit positivem Phasenwinkel φ vor. Für $\omega C=1/(\omega L)$ verhält sich die Schaltung wie die RLC-Reihenschaltung Bild **6.**5 rein ohmsch mit dem Phasenwinkel $\varphi=0$ und der Admittanz $\underline{Y}=G$. Näheres zu Parallelschwingkreisen findet sich in Abschn. 7.2.2.2.

6.2 Verzweigter Sinusstromkreis

6.2.1 Duale Schaltungen

6.2.1.1 Analogien zu Gleichstromnetzwerken. Für Wechselstromnetzwerke mit konzentrierten Bauelementen gelten nach Abschn. 6.1.1 die Kirchhoffschen Gesetze ebenso wie für Gleichstromnetzwerke. Deshalb sind auch für die Berechnung von Strömen und Spannungen sowie von Gesamtwiderständen und -leitwerten in Sinusstromnetzwerken die gleichen Regeln anzuwenden wie in Gleichstromnetzwerken. Die Abschnitte 6.1.2 und 6.1.3 machen dies für die Reihen- und Parallelschaltung deutlich. Um die in Kapitel 2 für Gleichstromnetzwerke ausführlich beschriebenen Berechnungsverfahren für Sinusstromnetzwerke übernehmen zu können, sind lediglich die in Tafel **6.**12 aufgeführten Gleichgrößen durch die entsprechenden komplexen Größen zu ersetzen.

Diese formale Analogie darf allerdings nicht ohne weiteres auf die Leistung ausgedehnt werden. So ist z.B. leicht zu erkennen, daß der Ausdruck $P=U \cdot I$ für die Gleichstromleistung nach Gl. (2.21) bei einem Austausch der Größen nach Tafel **6.**12 nicht auf die komplexe Leistung $\underline{S}=\underline{U} \cdot \underline{I}^*$ nach Gl. (5.100) führt, da hier nicht der komplexe Strom $\underline{I}$, sondern das konjugiert Komplexe hierzu, also $\underline{I}^*$ benötigt wird. Solange man sich aber auf die Berechnung von Strömen und Spannungen beschränkt, können alle für den Gleichstromkreis ermittelten Ergebnisse der Abschnitte 2.2.1 bis 2.2.5 und die Netzwerkanalyseverfahren der Abschnitte 2.3.1 bis 2.3.7 unter Anwendung von Tafel **6.**12 auf Sinusstromnetzwerke übertragen werden.

Tafel **6.**12 Einander entsprechende Größen bei der Berechnung von Gleichstrom- und Sinusstromnetzwerken

Gleichstromnetzwerke		*Sinusstromnetzwerke*	
Gleichspannung	U	komplexe Spannung	$\underline{U}$
Gleichstrom	I	komplexer Strom	$\underline{I}$
Gleichstromwiderstand	R	komplexer Widerstand, Impedanz	$\underline{Z}$
Gleichstromleitwert	G	komplexer Leitwert, Admittanz	$\underline{Y}$

6.2.1.2 Kombinierte Reihen- und Parallelschaltungen. Ebenso wie bei den Gleichstromnetzwerken (s. Abschn. 2.2.5.1) behalten auch für Sinusstromnetzwerke die für Reihen- und Parallelschaltungen hergeleiteten Regeln ihre Gültigkeit, wenn die beteiligten Zweipole ihrerseits wieder aus Reihen- bzw. Parallelschaltungen bestehen. Dies wird anhand der Schaltungen Bild **6.**13a und **6.**14a verdeutlicht. Auf die Dualität dieser beiden Schaltungen wird in Abschn. 6.2.1.3 näher eingegangen.

□ **Beispiel 6.6**

Für die Schaltung nach Bild **6.**13a sollen das Strom-Spannungs-Zeigerdiagramm skizziert und der komplexe Leitwert $\underline{Y}$ berechnet werden.

Ausgehend von dem in Bild **6.**13b willkürlich gewählten Strom $\underline{I}_{\mathrm{RL}}$ erhält man wie in Gl. (6.18) aus den Teilspannungen $\underline{U}_{\mathrm{R}}$ und $\underline{U}_{\mathrm{L}}$ die Gesamtspannung

$$\underline{U}=\underline{U}_{\mathrm{R}}+\underline{U}_{\mathrm{L}}=R\,\underline{I}_{\mathrm{RL}}+\mathrm{j}\,\omega L\,\underline{I}_{\mathrm{RL}}. \tag{6.67}$$

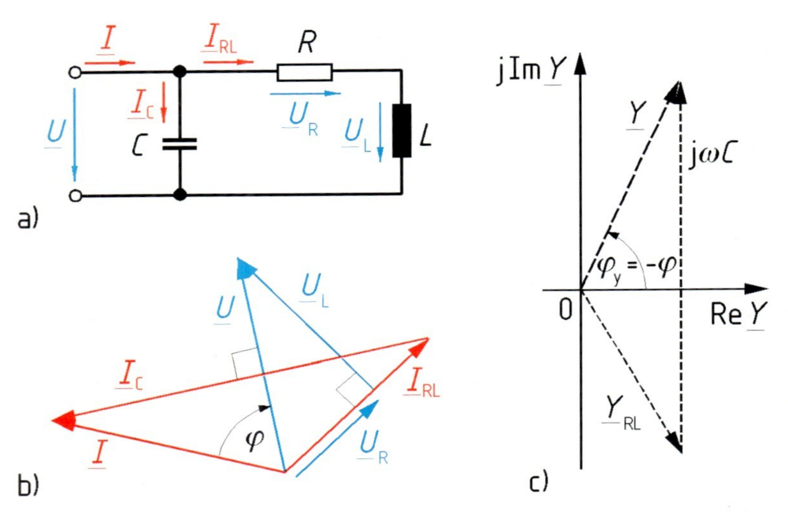

6.13 Parallelschaltung einer RL-Reihenschaltung und einer Kapazität C (a) mit Strom-Spannungs-Zeigerdiagramm (b) und Leitwertzeigerdiagramm (c)

Hieraus folgt nach Gl. (5.140) der Strom durch die Kapazität

$$\underline{I}_C = \mathrm{j}\,\omega C \underline{U} \tag{6.68}$$

und nach der Knotenregel der Gesamtstrom

$$\underline{I} = \underline{I}_{RL} + \underline{I}_C. \tag{6.69}$$

Mit den Gln. (6.67) bis (6.69) erhält man das in Bild **6.**13b wiedergegebene Strom-Spannungs-Zeigerdiagramm.

Der komplexe Leitwert

$$\underline{Y} = \frac{1}{R + \mathrm{j}\,\omega L} + \mathrm{j}\,\omega C \tag{6.70}$$

der Schaltung ergibt sich, indem man die komplexen Leitwerte der RL-Reihenschaltung nach Gl. (6.22) und der Kapazität nach Gl. (5.146) addiert, s. Bild **6.**13c. Ob dabei der Phasenwinkel $\varphi > 0$ oder wie in Bild **6.**13 $\varphi < 0$ ist, hängt von den Werten R, L und C sowie von der Kreisfrequenz ω ab. □

□ **Beispiel 6.7**

Für die Schaltung nach Bild **6.**14a sollen das Strom-Spannungs-Zeigerdiagramm skizziert und der komplexe Widerstand $\underline{Z}$ berechnet werden.

Ausgehend von der in Bild **6.**14b willkürlich gewählten Spannung $\underline{U}_{GC}$ erhält man wie in Gl. (6.46) aus den Teilströmen $\underline{I}_G$ und $\underline{I}_C$ den Gesamtstrom

$$\underline{I} = \underline{I}_G + \underline{I}_C = G\,\underline{U}_{GC} + \mathrm{j}\,\omega C\,\underline{U}_{GC}. \tag{6.71}$$

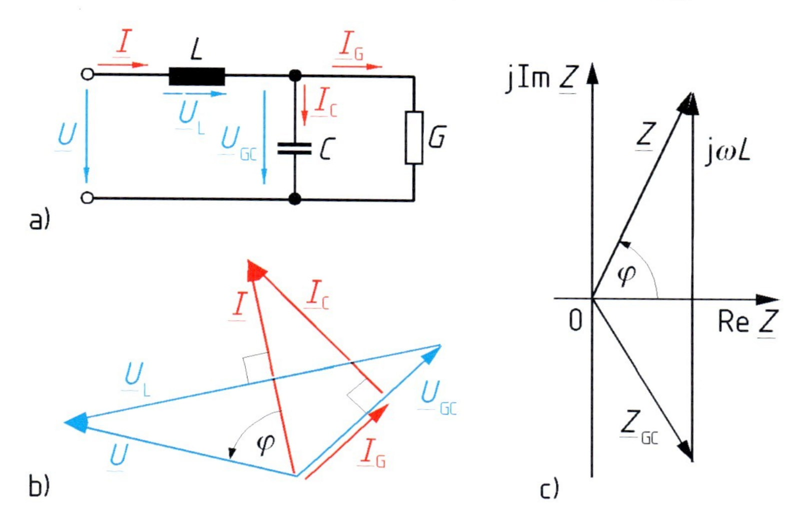

6.14 Reihenschaltung einer GC-Parallelschaltung und einer Induktivität L (a) mit Strom-Spannungs-Zeigerdiagramm (b) und Widerstandszeigerdiagramm (c)

Hieraus folgt nach Gl. (5.123) die Spannung an der Induktivität

$$\underline{U}_{\mathrm{L}} = \mathrm{j}\,\omega L \underline{I} \tag{6.72}$$

und nach der Maschenregel die Gesamtspannung

$$\underline{U} = \underline{U}_{\mathrm{GC}} + \underline{U}_{\mathrm{L}}. \tag{6.73}$$

Mit den Gln. (6.71) bis (6.73) erhält man das in Bild **6.**14b wiedergegebene Strom-Spannungs-Zeigerdiagramm.
Der komplexe Widerstand

$$\underline{Z} = \frac{1}{G + \mathrm{j}\,\omega C} + \mathrm{j}\,\omega L \tag{6.74}$$

der Schaltung ergibt sich, indem man die komplexen Widerstände der GC-Parallelschaltung nach Gl. (6.50) und der Induktivität nach Gl. (5.125) addiert, s. Bild **6.**14c. Ob dabei der Phasenwinkel $\varphi > 0$ ist wie in Bild **6.**14 oder nicht, hängt von den Werten G, C und L sowie von der Kreisfrequenz ω ab. □

6.2.1.3 Dualitätsbeziehungen. Da sich Sinusstromnetzwerke im Prinzip nach denselben Verfahren berechnen lassen wie Gleichstromnetzwerke, können auch die in Tafel **2.**32 aufgeführten Dualitätsbeziehungen unter Beachtung der Entsprechungen nach Tafel **6.**12 vollständig auf Sinusstromnetzwerke übertragen werden.

In Tafel **6.**15 werden zunächst die zueinander dualen Schaltungen und Schaltungselemente einander noch einmal gegenübergestellt. Die Dualität von Spannung und Strom gilt bei Sinusstromnetzwerken für die komplexen Größen $\underline{U}$ und

Tafel **6.**15 Duale Entsprechungen in Sinusstromnetzwerken

Schaltungen und Schaltungselemente	Ringschaltung (Masche)		Sternschaltung (Knoten)	
	Reihenschaltung		Parallelschaltung	
	Leerlauf		Kurzschluß	
	ideale Spannungsquelle		ideale Stromquelle	
Duale Größen	komplexe Spannung Effektivwert Winkel	$\underline{U}$ U φ_u	komplexer Strom Effektivwert Winkel	$\underline{I}$ I φ_i
	komplexer Widerstand Scheinwiderstand Winkel Wirkwiderstand Blindwiderstand	$\underline{Z}$ Z φ R X	komplexer Leitwert Scheinleitwert Winkel Wirkleitwert Blindleitwert	$\underline{Y}$ Y φ_y G B
	Induktivität	L	Kapazität	C
Invariante Größen	Frequenz		f	
	Kreisfrequenz		ω	
	Energie		W	
	Scheinleistung		S	
	Wirkleistung		P	
	Leistungsfaktor		$\cos\varphi$	
Teilinvariante Größen	komplexe Leistung	$\underline{S}$	konjugiert komplexe Leistung	$\underline{S}^*$
	Blindleistung	Q	negative Blindleistung	$-Q$
	Phasenwinkel	φ	negativer Phasenwinkel	$-\varphi$

$\underline{I}$ und erstreckt sich damit sowohl auf die Effektivwerte U und I als auch auf die Winkel φ_u und φ_i. Entsprechend bedeutet die Dualität von Widerstand und Leitwert bei Sinusstromnetzwerken, daß sowohl die komplexen Größen $\underline{Z}$ und $\underline{Y}$ als auch ihre Realteile R und G, ihre Imaginärteile X und B, ihre Beträge Z und Y sowie ihre Winkel φ und φ_y zueinander dual sind. Darüber hinaus folgt aus dem Vergleich der Gln. (5.120) und (5.137) allgemein und aus dem Vergleich der Gln. (5.123) und (5.140) speziell für sinusförmige Vorgänge, daß auch eine Dualität zwischen der Induktivität L und der Kapazität C besteht. Man findet diese in

Tafel **6.**15 zusammengestellten dualen Entsprechungen z.B. bestätigt, wenn man die Schaltungen Bild **6.**13a und Bild **6.**14a miteinander vergleicht. Die Schaltungen sind dual; denn Bild **6.**13a zeigt die Parallelschaltung einer Kapazität C und einer RL-Reihenschaltung, während in Bild **6.**14a eine Induktivität L zu einer GC-Parallelschaltung in Reihe geschaltet ist. Infolge dieser Dualität haben die zu Bild **6.**13a gehörenden Gln. (6.67) bis (6.70) dieselbe Struktur wie die zu Bild **6.**14a gehörenden Gln. (6.71) bis (6.74). Sie lassen sich durch einen Austausch der dualen Größen nach Tafel **6.**15 ineinander überführen, was bei den Gln. (6.70) und (6.74) besonders augenfällig ist; hier ist auch gut zu erkennen, daß die Kreisfrequenz ω in der einen wie in der anderen Gleichung unverändert an der gleichen Stelle steht. Solche Größen, die sich bei der Überführung einer Gleichung in die hierzu duale Gleichung nicht ändern, nennt man invariant. Bei den Gleichstromnetzwerken sind alle Größen, die in Tafel **2.**32 nicht aufgeführt sind, in diesem Sinne invariant; hierzu gehört z.B. auch die Gleichstromleistung P.

Bei den Sinusstromnetzwerken sind die Zusammenhänge etwas komplizierter, weil mit Gl. (5.101) der komplexen Leistung $\underline{S}=UI\mathrm{e}^{\mathrm{j}\varphi}$ als Winkel der Phasenwinkel φ zugeordnet wird, der gleichzeitig der Winkel des komplexen Widerstandes $\underline{Z}=Z\mathrm{e}^{\mathrm{j}\varphi}$ ist. Die Anwendung der dualen Entsprechungen nach Tafel **6.**15 führt daher unter Berücksichtigung von Gl. (5.91) zu der Umwandlung

$$\underline{S}=UI\mathrm{e}^{\mathrm{j}\varphi} \;\rightarrow\; IU\mathrm{e}^{\mathrm{j}\varphi_{\mathrm{y}}}=UI\mathrm{e}^{-\mathrm{j}\varphi}=\underline{S}^{*}.$$

Die komplexe Leistung $\underline{S}$ geht also bei der Anwendung der dualen Entsprechungen in die konjugiert komplexe Leistung $\underline{S}^{*}$ über, weil der Phasenwinkel φ zum negativen Phasenwinkel $\varphi_{\mathrm{y}}=-\varphi$ wird. Während die Wirkleistung $P=\mathrm{Re}\,\underline{S}$ bei dieser Umformung unverändert bleibt, also invariant ist, geht die Blindleistung $Q=\mathrm{Im}\,\underline{S}$ in die negative Blindleistung $-Q=\mathrm{Im}\,\underline{S}^{*}$ über. Die drei Größen $\underline{S}$, Q und φ, die bei der Anwendung der dualen Entsprechungen zwar ihren Betrag beibehalten, aber insgesamt oder in Teilen ihr Vorzeichen ändern, werden in Tafel **6.**15 als teilinvariant bezeichnet.

□ **Beispiel 6.8**

1. Für die RL-Reihenschaltung Bild **6.**16a sind a) der Phasenwinkel φ und der Leistungsfaktor $\cos\varphi$ gesucht. Ferner sollen die Wirkleistung P und die Blindleistung Q für den Fall bestimmt werden, daß b) der Strom I bzw. c) die Spannung U bekannt ist.

2. Mit Hilfe von Tafel **6.**15 sollen die Ergebnisse auf die hierzu duale Schaltung Bild **6.**16b übertragen werden.

1. RL-Reihenschaltung

a) Nach Gln. (6.21) und (6.25) gilt für Phasenwinkel und Leistungsfaktor der RL-Reihenschaltung

$$\varphi=\mathrm{Arc}\tan\frac{\omega L}{R} \quad \text{und} \quad \cos\varphi=\frac{R}{\sqrt{R^2+\omega^2 L^2}}.$$

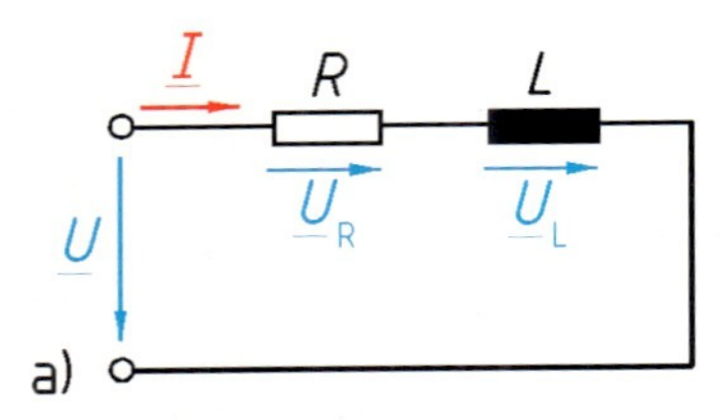

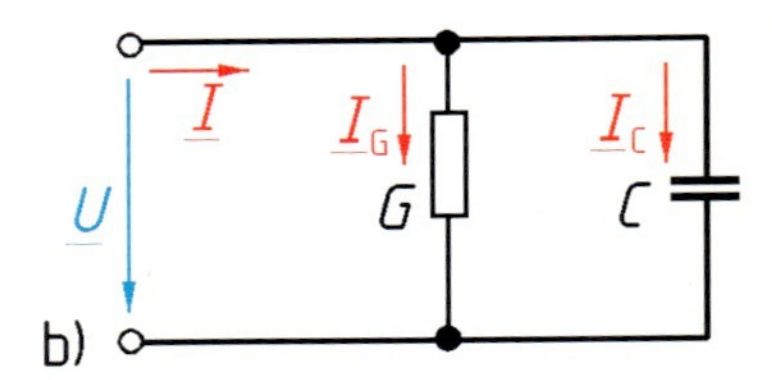

6.16 Duale Schaltungen

b) Aus der komplexen Leistung nach Gl. (6.23)

$$\underline{S}=P+\mathrm{j}\,Q=R I^2+\mathrm{j}\,\omega L I^2$$

folgen die Wirkleistung $P=R I^2$ und die Blindleistung $Q=\omega L I^2$.

c) Aus der vorgegebenen Spannung U läßt sich nach Gl. (6.20) der Strom

$$I=\frac{U}{\sqrt{R^2+\omega^2 L^2}}$$

berechnen. In die Leistungsformel eingesetzt, erhält man die komplexe Leistung sowie Wirk- und Blindleistung

$$\underline{S}=\frac{R U^2}{R^2+\omega^2 L^2}+\mathrm{j}\,\frac{\omega L U^2}{R^2+\omega^2 L^2}; \quad P=\frac{R U^2}{R^2+\omega^2 L^2}; \quad Q=\frac{\omega L U^2}{R^2+\omega^2 L^2}.$$

2. GL-Parallelschaltung. Aufgrund der dualen Entsprechungen nach Tafel **6.**15 erhält man

a) für den Leitwertswinkel, also den negativen Phasenwinkel

$$\varphi_{\mathrm{y}}=\operatorname{Arctan}\frac{\omega C}{G} \quad \text{bzw.} \quad \varphi=-\varphi_{\mathrm{y}}=-\operatorname{Arctan}\frac{\omega C}{G}.$$

und für den Leistungsfaktor

$$\cos\varphi=\frac{G}{\sqrt{G^2+\omega^2 C^2}}.$$

b) Ferner ergibt sich die konjugiert komplexe Leistung

$$\underline{S}^*=P-\mathrm{j}\,Q=G U^2+\mathrm{j}\,\omega C U^2$$

und hieraus die Wirkleistung $P=G U^2$ und die Blindleistung $Q=-\omega C U^2$.

c) Bei vorgegebenem Strom gilt für die konjugiert komplexe Leistung sowie für Wirk- und Blindleistung

$$\underline{S}^*=\frac{G I^2}{G^2+\omega^2 C^2}+\mathrm{j}\,\frac{\omega C I^2}{G^2+\omega^2 C^2}; \quad P=\frac{G I^2}{G^2+\omega^2 C^2}; \quad Q=\frac{-\omega C I^2}{G^2+\omega^2 C^2}.$$ □

6.2.2 Leistungen

6.2.2.1 Addition von Leistungen. Widerstände bzw. Spannungen dürfen nur dann addiert werden, wenn die zugehörigen Zweipole in Reihe liegen. Entsprechend dürfen Leitwerte bzw. Ströme nur dann addiert werden, wenn die zugehörigen Zweipole parallel geschaltet sind. Im Gegensatz dazu sind zur Ermittlung der Gesamtleistung die Leistungen der einzelnen Zweipole grundsätzlich immer zu addieren, gleichgültig, ob diese parallel oder in Reihe oder sonstwie (z. B. im Stern oder im Dreieck, s. Kapitel 8) geschaltet sind. Dies gilt bei Sinusstromverbrauchern sowohl für die Wirkleistung

$$P = \sum_{\nu=1}^{n} P_\nu \tag{6.75}$$

als auch für die Blindleistung

$$Q = \sum_{\nu=1}^{n} Q_\nu \tag{6.76}$$

und wegen

$$\underline{S} = \sum_{\nu=1}^{n} (P_\nu + \mathrm{j}\,Q_\nu) = \sum_{\nu=1}^{n} P_\nu + \mathrm{j} \sum_{\nu=1}^{n} Q_\nu = P + \mathrm{j}\,Q$$

auch für die komplexe Leistung

$$\underline{S} = \sum_{\nu=1}^{n} \underline{S}_\nu\,. \tag{6.77}$$

Da die induktive und die kapazitive Blindleistung nach Abschn. 5.4 entgegengesetzte Vorzeichen haben, ist es leicht möglich, daß wie in Bild **6.**5e und Bild **6.**11e die Gesamtblindleistung Q dem Betrage nach kleiner ist als die Beträge der induktiven und der kapazitiven Blindleistungen Q_L und Q_C. Diese Tatsache wird bei der Blindleistungskompensation ausgenutzt, s. Abschn. 6.2.2.2.

□ **Beispiel 6.9**

Die Zweipole in der Schaltung Bild **6.**13a, die in Bild **6.**17a noch einmal dargestellt ist, haben die Werte $R = 60\,\Omega$, $L = 300\,\mathrm{mH}$, $C = 57\,\mu\mathrm{F}$; sie wird an einer Sinusspannung $U = 230\,\mathrm{V}$, $f = 50\,\mathrm{Hz}$ betrieben. Gesucht sind die Wirk- und Blindleistungen der einzelnen Zweipole sowie Wirk- und Blindleistung der Gesamtschaltung.

Der Strom durch die RL-Reihenschaltung ist nach Gl. (6.20)

$$I_\mathrm{RL} = \frac{U}{\sqrt{R^2 + \omega^2 L^2}} = \frac{230\,\mathrm{V}}{\sqrt{(60\,\Omega)^2 + (100\,\pi\,\mathrm{s}^{-1} \cdot 300\,\mathrm{mH})^2}} = 2{,}059\,\mathrm{A}.$$

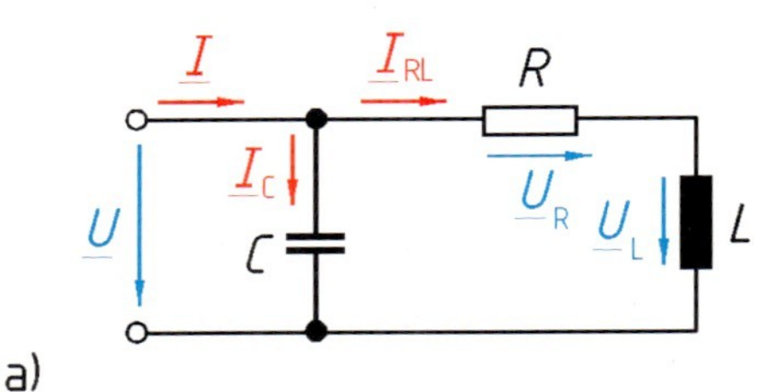

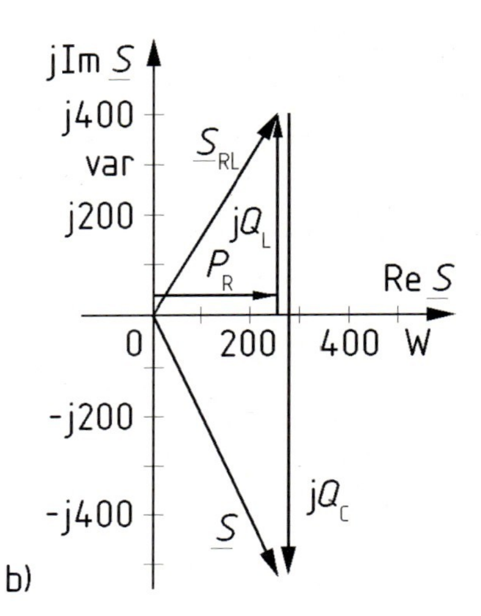

6.17 Kombinierte Reihen- und Parallelschaltung dreier Zweipole (a) und zugehöriges Leistungszeigerdiagramm (b) nach Beispiel 6.9

Nach Gl. (6.23) gilt für die komplexe Leistung der RL-Reihenschaltung

$$\underline{S}_{RL} = P_R + j\,Q_L = R\,I_{RL}^2 + j\,\omega L\,I_{RL}^2.$$

Also nimmt der Wirkwiderstand R die Wirkleistung

$$P_R = R\,I_{RL}^2 = 60\,\Omega \cdot (2{,}059\,\text{A})^2 = 254{,}3\,\text{W}$$

und die Induktivität L die Blindleistung

$$Q_L = \omega L\,I_{RL}^2 = 100\,\pi\,\text{s}^{-1} \cdot 300\,\text{mH} \cdot (2{,}059\,\text{A})^2 = 399{,}4\,\text{var}$$

auf. Die Kapazität nimmt nach Gl. (5.98) und (5.146) die komplexe Leistung

$$\underline{S}_C = \underline{Y}^*\,U^2 = -j\,\omega C\,U^2,$$

also die Blindleistung

$$Q_C = -\omega C\,U^2 = -100\,\pi\,\text{s}^{-1} \cdot 57\,\mu\text{F} \cdot (230\,\text{V})^2 = -947{,}3\,\text{var}$$

auf. Für die komplexe Gesamtleistung folgt aus der geometrischen Addition von $\underline{S}_{RL}$ und $\underline{S}_C$ nach Bild **6.**17b

$$\underline{S} = \underline{S}_{RL} + \underline{S}_C = P_R + j\,(Q_L + Q_C) = 254{,}3\,\text{W} + j\,(399{,}4 - 947{,}3)\,\text{var}.$$

Die von der Schaltung insgesamt aufgenommene Wirkleistung ist mit der an dem (einzigen) Wirkwiderstand R anfallenden Wirkleistung $P = 254{,}3\,\text{W}$ identisch. Die Gesamtblindleistung $Q = (399{,}4 - 947{,}3)\,\text{var} = -547{,}9\,\text{var}$ hat einen negativen Wert, ist also kapazitiv. □

6.2.2.2 Blindleistungskompensation. Nach Abschn. 5.1.3.1 gibt allein die Wirkleistung $P = UI\cos\varphi$ Aufschluß über den Mittelwert der Energie, die bezogen auf die Zeit von einem Verbraucher aufgenommen und in eine andere Energie-

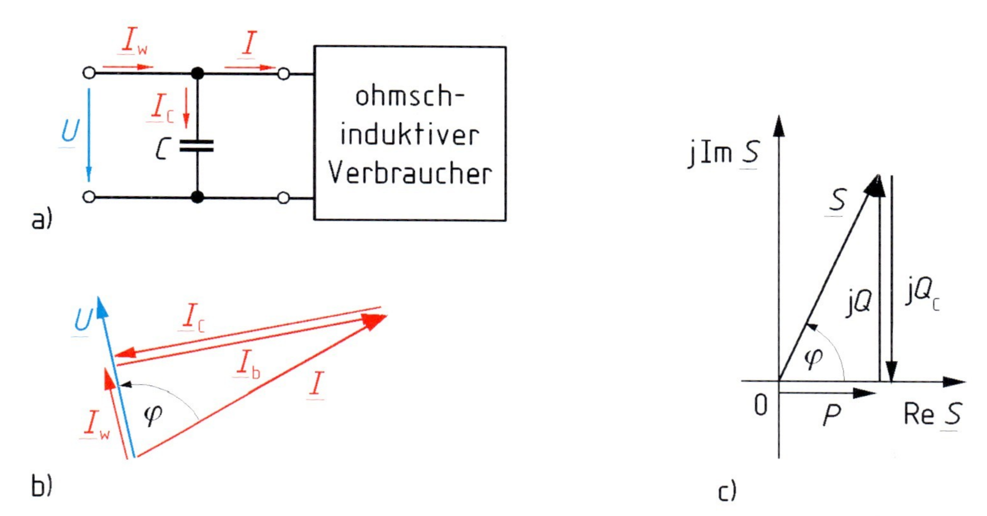

6.18 Ohmsch-induktiver Verbraucher mit parallelgeschalteter Kapazität C zur vollständigen Blindleistungskompensation (a), Strom-Spannungs- (b) und Leistungszeigerdiagramm (c)

form (z.B. Wärme, Licht, Rotation) umgewandelt wird. Nach Bild **6.**18b würde der mit der Spannung $\underline{U}$ gleichphasige Anteil des Stromes, der Wirkstrom $\underline{I}_w$ mit dem Betrag $I_w = I \cos \varphi$, zur Erzeugung dieser Wirkleistung ausreichen. Der andere, um $+90°$ oder $-90°$ gegenüber der Spannung phasenverschobene Anteil des Stromes wird als Blindstrom $\underline{I}_b$ bezeichnet; er hat den Betrag $I_b = |I \sin \varphi|$ und ist maßgebend für die vom Verbraucher aufgenommene Blindleistung $Q = UI \sin \varphi$. Obwohl die Blindleistung Q zur Energieübertragung keinen Beitrag liefert, führt der mit ihr verbundene Blindstrom $\underline{I}_b$ dazu, daß der vom Verbraucher aufgenommene Strom $\underline{I}$ größer ist als der Wirkstrom $\underline{I}_w$. Ein größerer Strom verursacht aber größere Stromwärmeverluste in Zuleitung und Erzeuger bzw. verlangt dickere und teurere Zuleitungen und größere Generatoren, um die zulässigen Erwärmungen (z.B. in Kabeln und in den Generatorwicklungen) und die zulässigen Spannungsabfälle nicht zu überschreiten. Daher muß man versuchen, den vom Generator gelieferten Gesamtstrom möglichst auf den Wirkstromanteil $\underline{I}_w$ zu reduzieren, indem die Blindleistung des Verbrauchers kompensiert wird. Diese ist in der Praxis meist induktiv und führt insbesondere für Wechselstrommotoren bei Teillast zu niedrigen Leistungsfaktoren $\cos \varphi$.

Eine Kompensation induktiver Blindleistung gelingt durch die Parallelschaltung einer Kapazität C nach Bild **6.**18a; der Verbraucher liegt weiterhin an der Versorgungsspannung $\underline{U}$. Die Kapazität C ist für eine vollständige Kompensation so zu bemessen, daß die Summe der induktiven Verbraucherblindleistung Q und der Blindleistung $Q_C = -\omega C U^2$ der Kapazität (s. Tafel **5.**33) wie in Bild **6.**18c

$$Q + Q_C = Q - \omega C U^2 = 0$$

ergibt. Für die Kapazität folgt hieraus der Wert

$$C = \frac{Q}{\omega U^2}\,. \tag{6.78}$$

Bei großen Leistungen wird die benötigte kapazitive Blindleistung durch Blindleistungsgeneratoren, auch als Phasenschieber bezeichnet, erzeugt [35]. Eine Blindleistungskompensation durch Reihenschaltung einer Kapazität ist hingegen nicht ratsam (s. aber Beispiel 6.11), da hierdurch ein Reihenschwingkreis (s. Abschn. 7.2.2.1) entstünde, der nahe seiner Resonanzfrequenz betrieben wird. An den Klemmen des Verbrauchers träte dann eine veränderte Spannung auf, die nach Abschn. 6.1.2.3 ein Vielfaches der Versorgungsspannung betragen kann.

In der Praxis begnügt man sich meist mit einer Kompensation auf $\cos\varphi = 0{,}9$; man vermeidet so das Auftreten unkontrollierbarer Resonanzen zwischen Verbraucher und parallel liegendem Kondensator. Größere Betriebe verfügen meist in der Schaltanlage über eine umschaltbare Kondensatorbatterie, deren Teile je nach vorliegendem Leistungsfaktor zu- oder abgeschaltet werden können. Große Versorgungsbereiche werden durch eigene Blindleistungsgeneratoren kompensiert; hier können nachts fast leerlaufende Netze mit großer Ladeleistung für die Kabel und Freileitungen auch induktive Blindleistung zur Kompensation erfordern.

□ **Beispiel 6.10**

Ein Wechselstrommotor hat eine mechanische Leistung von 20 kW bei einem Wirkungsgrad von 85%; sein Leistungsfaktor ist $\cos\varphi = 0{,}75$. Der Motor liegt an einem Wechselspannungsnetz mit $U = 230\,\text{V}$ und $f = 50\,\text{Hz}$. Welche Kapazität muß zum Motor parallel geschaltet werden, um seine Blindleistung vollständig zu kompensieren? Welche Stromreduzierung wird dadurch erreicht?

Der Motor nimmt die Wirkleistung $P = P_{\text{mech}}/\eta = 20\,\text{kW}/0{,}85 = 23{,}53\,\text{kW}$ auf. Die Scheinleistung beträgt $S = P/\cos\varphi = (23{,}53/0{,}75)\,\text{kVA} = 31{,}37\,\text{kVA}$ und die Blindleistung $Q = \sqrt{S^2 - P^2} = 20{,}75\,\text{kvar}$. Zur Kompensierung der Blindleistung ist nach Gl. (6.78) die Kapazität

$$C = \frac{Q}{\omega U^2} = \frac{20{,}75\,\text{kvar}}{100\pi\,\text{s}^{-1} \cdot (230\,\text{V})^2} = 1249\,\mu\text{F}$$

erforderlich. Unkompensiert nimmt der Motor den Strom $I = S/U = 31{,}37\,\text{kVA}/230\,\text{V} = 136{,}4\,\text{A}$ auf. Nach der Kompensierung reduziert sich der Strom auf den Wirkanteil $I_{\text{w}} = P/U = 23{,}53\,\text{kW}/230\,\text{V} = 102{,}3\,\text{A}$, also um 25%. □

□ **Beispiel 6.11**

Eine Leuchtstofflampe wird an einem Wechselspannungsnetz $U = 230\,\text{V}$, $f = 50\,\text{Hz}$ betrieben und zur Stabilisierung des Arbeitspunktes (s. Abschn. 2.3.8.3) mit einer Drosselspule in Reihe geschaltet. Bei einem Strom $I_1 = 0{,}4\,\text{A}$ nimmt die Leuchtstofflampe eine Leistung $P_{\text{L}} = 40\,\text{W}$ mit $\cos\varphi_{\text{L}} = 1$ auf. Die Drosselspule, die als Reihenschaltung der Induktivität L_{D} und des Wirkwiderstandes R_{D} aufgefaßt werden kann, hat die Verlustleistung $P_{\text{D}} = 10{,}6\,\text{W}$.

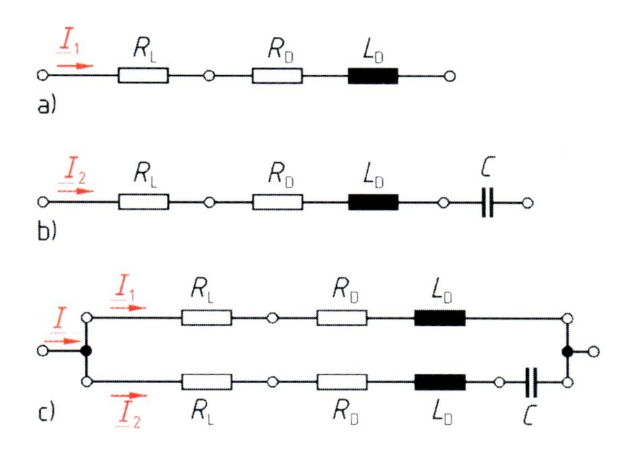

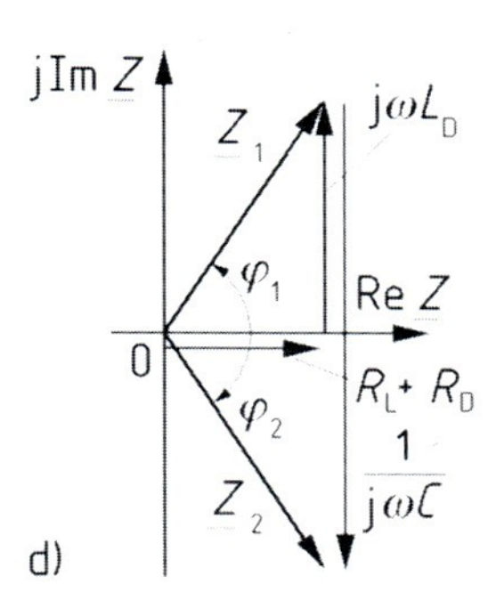

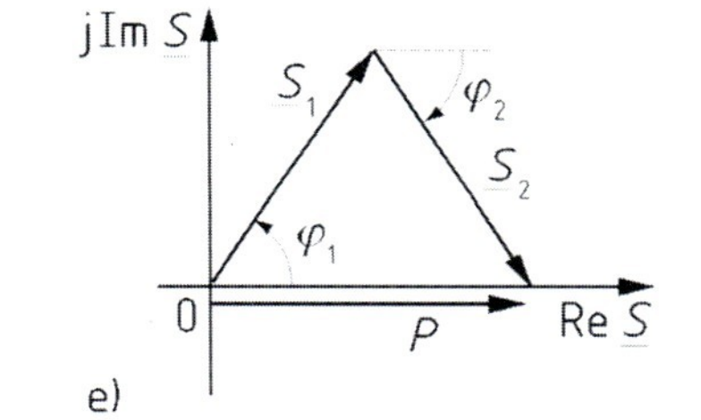

6.19 Betriebsschaltungen für Leuchtstofflampen (R_L)
a) mit Vorschaltdrossel (R_D, L_D),
b) mit zusätzlichem Reihen-Kondensator C,
c) Duo-Schaltung;
d) Widerstandszeigerdiagramm,
e) Leistungszeigerdiagramm der Duo-Schaltung

Leuchtstofflampe und Drosselspule lassen sich somit als Ersatzschaltung gemäß Bild **6.**19a darstellen und durch den komplexen Widerstand $\underline{Z}_1$ in Bild **6.**19d beschreiben.

a) Wie groß sind Schein-, Wirk- und Blindleistung sowie der Leistungsfaktor dieser Schaltung, und welche Induktivität besitzt die Drosselspule?

Mit der Scheinleistung $S_1 = UI_1 = 230\,\text{V} \cdot 0{,}4\,\text{A} = 92\,\text{VA}$ und der gesamten Wirkleistung $P_1 = P_L + P_D = 50{,}6\,\text{W}$ ergibt sich die Blindleistung $Q_1 = \sqrt{S_1^2 - P_1^2} = 76{,}84\,\text{var}$ und der Leistungsfaktor $\cos\varphi_1 = P_1/S_1 = 0{,}55$. Aus Gl. (5.135) folgt die Induktivität

$$L_D = \frac{Q_1}{\omega I_1^2} = \frac{76{,}84\,\text{var}}{100\,\pi\,\text{s}^{-1} \cdot (0{,}4\,\text{A})^2} = 1{,}529\,\text{H}\,.$$

b) Zu dieser Schaltung wird nun nach Bild **6.**19b ein (verlustloser) Kondensator in Reihe geschaltet, dessen Kapazität C so zu bestimmen ist, daß die Gesamtschaltung ohmsch-kapazitiv wird, der Scheinwiderstand $Z_1 = Z_2$ aber den gleichen Wert beibehält wie im Fall a), so daß der Strom und der Leistungsfaktor sich ebenfalls nicht ändern, d.h. $I_2 = I_1$ und $\cos\varphi_2 = \cos\varphi_1$.

Nach Bild **6.**19d ist diese Bedingung nur zu erfüllen, wenn $\varphi_2 = -\varphi_1$ und $\underline{Z}_2 = \underline{Z}_1^*$ werden. Dies wird erreicht, wenn $1/(\omega C) = 2\,\omega L_D$ ist. Hieraus folgt die Kapazität

$$C = \frac{1}{2\,\omega^2 L_D} = \frac{1}{2 \cdot (100\,\pi\,\text{s}^{-1})^2 \cdot 1{,}529\,\text{H}} = 3{,}314\,\mu\text{F}\,.$$

c) Wie groß sind die insgesamt aufgenommene Wirk- und Blindleistung, wenn eine Schaltung nach Bild **6.**19a und eine Schaltung nach Bild **6.**19b in einer sog. Duo-Schaltung nach Bild **6.**19c parallelgeschaltet werden?

Die komplexen Leistungen $\underline{S}_1$ der Schaltung **6.**19a und $\underline{S}_2$ der Schaltung **6.**19b sind ebenso wie die zugehörigen komplexen Widerstände $\underline{Z}_1$ und $\underline{Z}_2$ zueinander konjugiert komplex und addieren sich daher nach Bild **6.**19e zu

$$\underline{S}=\underline{S}_1+\underline{S}_2=(P_1+\mathrm{j}\,Q_1)+(P_1-\mathrm{j}\,Q_1)=2\,P_1=101{,}2\,\mathrm{W}+\mathrm{j}\,0.$$

Erwartungsgemäß verdoppelt sich die Wirkleistung beim Betrieb zweier Lampen auf $P=101{,}2\,\mathrm{W}$; die Blindleistung reduziert sich bei der Duo-Schaltung auf den Wert $Q=0$. □

6.2.2.3 Leistungsanpassung. Ebenso wie bei Gleichspannungsquellen ist auch bei Wechselspannungsquellen die abgebbare Leistung begrenzt. Dies trifft im Prinzip auch auf das allgemeine Energieversorgungsnetz zu, wird hier aber i. allg. nicht wahrgenommen, weil das Netz so leistungsfähig ist, daß die Versorgungsspannung – zumindest näherungsweise – als starr, d. h. belastungsunabhängig angesehen werden kann. Bei einzeln betriebenen Wechselspannungsquellen, z. B. bei Laborgeräten, ist dies nicht mehr der Fall. Vielmehr muß hier die Abhängigkeit der Klemmenspannung von der Belastung berücksichtigt werden. Analog zum Gleichstromkreis – Gln. (2.29) und (2.33) – gilt für eine lineare Sinusspannungsquelle mit dem komplexen Innenwiderstand $\underline{Z}_\mathrm{i}$ (Ersatzschaltungen analog zu Tafel **2.**18, s. Bild **6.**20)

$$\underline{U}=\underline{U}_0-\underline{Z}_\mathrm{i}\underline{I} \quad \text{bzw.} \quad \underline{I}=\underline{I}_\mathrm{k}-\underline{Y}_\mathrm{i}\underline{U}. \tag{6.79}$$

Wenn an die Quelle die Impedanz $\underline{Z}_\mathrm{a}$ angeschlossen wird, folgt für den Strom aus Bild **6.**20a direkt mit Gl. (5.76) bzw. aus Bild **6.**20b mit der Stromteilerregel analog zu Gl. (2.57)

$$\underline{I}=\frac{\underline{U}_0}{\underline{Z}_\mathrm{i}+\underline{Z}_\mathrm{a}}=\frac{U_0\,\mathrm{e}^{\mathrm{j}\,\varphi_{\mathrm{u}0}}}{(R_\mathrm{i}+\mathrm{j}\,X_\mathrm{i})+(R_\mathrm{a}+\mathrm{j}\,X_\mathrm{a})} \tag{6.80}$$

mit dem Betrag

$$I=\frac{U_0}{\sqrt{(R_\mathrm{i}+R_\mathrm{a})^2+(X_\mathrm{i}+X_\mathrm{a})^2}}\,.$$

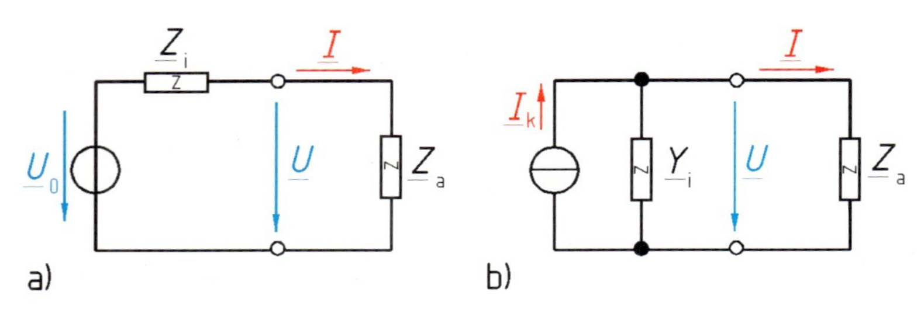

6.20 Belastete Sinusspannungsquelle
a) Spannungsquellen-Ersatzschaltung, b) Stromquellen-Ersatzschaltung

Nach Gl. (5.97) wird an die angeschlossenen Impedanz $\underline{Z}_a = R_a + jX_a$ die Wirkleistung

$$P = R_a I^2 = \frac{R_a U_0^2}{(R_i + R_a)^2 + (X_i + X_a)^2} \tag{6.81}$$

abgegeben; damit sie maximal wird, muß offensichtlich für den Blindwiderstand X_a die 1. Anpassungsbedingung

$$X_a = -X_i \tag{6.82}$$

erfüllt sein. Die abgegebene Wirkleistung hat dann den Wert

$$P_1 = \frac{R_a U_0^2}{(R_i + R_a)^2}. \tag{6.83}$$

Den Wirkwiderstand R_a, für den die abgegebene Leistung P_1 maximal wird, erhält man, wenn man Gl. (6.83) nach R_a ableitet und den Differentialquotienten

$$\frac{dP_1}{dR_a} = \frac{(R_i + R_a)^2 - 2R_a(R_i + R_a)}{(R_i + R_a)^4} U_0^2 = 0$$

setzt. Mit $(R_i + R_a)^2 = 2R_a(R_i + R_a)$ erhält man so die 2. Anpassungsbedingung

$$R_a = R_i. \tag{6.84}$$

Die maximal abgebbare (sog. verfügbare) Leistung der Quelle ergibt sich damit aus Gl. (6.83) zu

$$P_{max} = \frac{U_0^2}{4R_i}. \tag{6.85}$$

Sie wird dann abgegeben, wenn sowohl Gl. (6.82) als auch (6.84) erfüllt sind; beide Gleichungen lassen sich zu der allgemeinen Anpassungsbedingung zusammenfassen

$$\underline{Z}_a = R_i - jX_i = \underline{Z}_i^*. \tag{6.86}$$

6.2.2.4 Leistungsmessung. Die Wirkleistung P kann nach Abschn. 5.1.3.1 mit einer Schaltung nach Bild **2**.37 gemessen werden. Für sinusförmige Ströme und Spannungen wird dann nach Gln. (5.100) und (5.103) der Wert

$$P = UI\cos\varphi = \mathrm{Re}\,(\underline{U}\underline{I}^*) \tag{6.87}$$

angezeigt. Für die Blindleistung gilt nach Gln. (5.100), (5.104) und (5.65)

$$Q = UI \sin\varphi = \operatorname{Im}(\underline{U}\,\underline{I}^*) = \operatorname{Re}\left(\frac{\underline{U}}{\mathrm{j}} \cdot \underline{I}^*\right). \tag{6.88}$$

Der Vergleich mit Gl. (6.87) ergibt, daß das Wattmeter dann die Blindleistung Q anzeigt, wenn an seine Spannungsklemmen statt der Spannung $\underline{U}$ die Spannung $(\underline{U}/\mathrm{j})$, also eine um 90° nacheilende Spannung angelegt wird. Bild **6.**21 zeigt eine Schaltung zur Blindleistungsmessung.

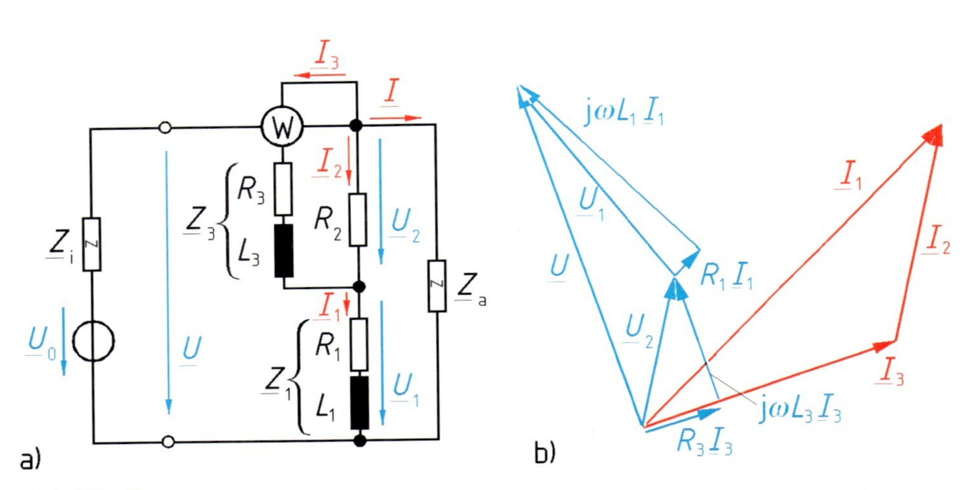

6.21 Blindleistungsmessung
a) Schaltung, b) Strom-Spannungs-Zeigerdiagramm

□ **Beispiel 6.12**

Ein Wattmeter kann zur Wirkleistungsmessung (Schaltung s. Bild **2.**37) verwendet werden, weil sein Strompfad von dem Verbraucherstrom i (oder einem bestimmten Bruchteil dieses Stromes) und sein Spannungspfad von einem Strom i_3 durchflossen wird, der der Verbraucherspannung u proportional ist. Wegen seiner Trägheit zeigt das multiplizierende Meßwerk dann einen Wert an, der proportional zu

$$\overline{i i_3} \sim \overline{i u} = \overline{p} = P$$

ist. Entsprechend ist nach Gl. (6.88) für sinusförmige Ströme und Spannungen die Messung der Blindleistung Q möglich, wenn man am Spannungpfad eine um 90° gegenüber der Verbraucherspannung u nacheilende Spannung und einen ebenso nacheilenden Strom i_3 erzeugt.

Dies gelingt z.B mit einer Schaltung nach Bild **6.**21 a. Gegeben seien die Induktivität L_1 und der Wirkwiderstand R_1 einer Spule, ferner die Induktivität L_3 einer weiteren Spule sowie der Wirkwiderstand R_3, in dem die Widerstände dieser Spule und des Spannungspfades zusammengefaßt sind. Der Widerstand R_2 soll so bestimmt werden, daß der Strom i_3 der Spannung u um 90° nacheilt.

Nach Gl. (5.63) lautet die aufgestellte Bedingung mit komplexen Größen

$$\underline{U} = \mathrm{j}\,k\,\underline{I}_3 \quad \text{bzw.} \quad \frac{\underline{U}}{\underline{I}_3} = \mathrm{j}\,k \quad \text{bzw.} \quad \mathrm{Re}\left(\frac{\underline{U}}{\underline{I}_3}\right) = 0\,.$$

Mit $\underline{U}_2 = \underline{Z}_3 \underline{I}_3$ gilt nach der Spannungsteilerregel Gl. (6.17)

$$\frac{\underline{U}}{\underline{U}_2} = \frac{\underline{U}}{\underline{Z}_3 \underline{I}_3} = \frac{\underline{Z}_1 + \dfrac{1}{\dfrac{1}{R_2} + \dfrac{1}{\underline{Z}_3}}}{\dfrac{1}{\dfrac{1}{R_2} + \dfrac{1}{\underline{Z}_3}}} = \underline{Z}_1\left(\frac{1}{R_2} + \frac{1}{\underline{Z}_3}\right) + 1\,.$$

Hieraus folgt

$$\frac{\underline{U}}{\underline{I}_3} = \frac{\underline{Z}_1 \underline{Z}_3}{R_2} + \underline{Z}_1 + \underline{Z}_3$$

und nach Einsetzen der gegebenen Größen

$$\frac{\underline{U}}{\underline{I}_3} = \frac{1}{R_2}\,(R_1 + \mathrm{j}\,\omega L_1)(R_3 + \mathrm{j}\,\omega L_3) + R_1 + \mathrm{j}\,\omega L_1 + R_3 + \mathrm{j}\,\omega L_3\,.$$

Nach Aufspalten in Real- und Imaginärteil

$$\frac{\underline{U}}{\underline{I}_3} = \frac{R_1 R_3 - \omega^2 L_1 L_3}{R_2} + R_1 + R_3 + \mathrm{j}\,\omega\left(\frac{R_1 L_3}{R_2} + \frac{R_3 L_1}{R_2} + L_1 + L_3\right)$$

folgt, da der Realteil null sein muß,

$$\frac{R_1 R_3 - \omega^2 L_1 L_3}{R_2} = -(R_1 + R_3)$$

und schließlich

$$R_2 = \frac{\omega^2 L_1 L_3 - R_1 R_3}{R_1 + R_3}\,.$$

Für diesen Wert für R_2 ergibt sich, wie in Bild **6.**21b gezeigt, die geforderte Phasenverschiebung von 90° zwischen dem Strom $\underline{I}_3$ und der Spannung $\underline{U}$, so daß der vom Wattmeter angezeigte Wert der Blindleistung Q proportional ist. □

6.3 Netzumformung

In Abschn. 2.3.1 wird die Netzumformung für Gleichstromnetzwerke behandelt. Die dortigen Überlegungen sollen jetzt auf Sinusstromnetzwerke übertragen werden, wobei wieder die Voraussetzung zu beachten ist, daß die zu betrachtenden Netzwerke linear sind, die in ihnen enthaltenen Schaltungsglieder Wirkwiderstand R, Induktivität L und Kapazität C sowie die Quellspannungen U_q und die Quellströme I_q also unabhängig von Strom i, Spannung u und Frequenz f feste Werte haben. Bei Sinusstrom ist insbesondere die veränderliche Frequenz bzw. Kreisfrequenz ω zu berücksichtigen.

Dabei ist zu unterscheiden zwischen bedingt äquivalenten Schaltungen, die nur bei einer bestimmten Frequenz f gleichwertig sind, und unbedingt äquivalenten Schaltungen, die unabhängig von der Frequenz gleiches Verhalten zeigen. Die meisten Ersatzschaltungen, die man für Sinusstromverbraucher angeben kann, sind nur bedingt äquivalent. Im folgenden werden die verschiedenen Ersatzschaltungen betrachtet und auf Bauelemente der Sinusstromtechnik angewendet. Insbesondere werden auch Ersatzschaltungen für magnetisch gekoppelte Spulen angegeben.

6.3.1 Ersatzschaltungen

In Abschn. 6.1.2 und 6.1.3 werden Reihen- und Parallelschaltungen von Grundzweipolen zu allgemeinen Zweipolen zusammengefaßt. Es muß daher umgekehrt möglich sein, einen allgemeinen Zweipol in Reihen- und Parallelschaltungen von Grundzweipolen zu zerlegen.

Bei einer solchen Analyse eines Sinusstromverbrauchers werden Strom $\underline{I}$ oder Spannung $\underline{U}$ bzw. komplexer Widerstand $\underline{Z}$ oder komplexer Leitwert $\underline{Y}$ in ihre Komponenten zerlegt, wobei die Ersatzschaltungen für eine bestimmte Frequenz f das gleiche Verhalten wie der untersuchte Sinusstromverbraucher haben (bedingte Äquivalenz). Auch die Stern-Dreieck-Umwandlung entsprechend Abschn. 2.3.1.4 führt i. allg. auf bedingt äquivalente Schaltungen.

6.3.1.1 Reihen-Ersatzschaltung. In Abschn. 6.1.2 werden Reihenschaltungen von Grundzweipolen R, L, C zu komplexen Widerständen $\underline{Z}$ zusammengefaßt. Jetzt ist umgekehrt die Aufgabe zu lösen, einen komplexen Widerstand $\underline{Z}$ in die Reihenschaltung von Wirkwiderstand R und Blindwiderstand X zu zerlegen. Hierbei sollen selbstverständlich alle Eigenschaften nach außen hin unverändert bleiben.

Wenn der komplexe Widerstand $\underline{Z} = Z\,e^{j\varphi}$ des zu untersuchenden Zweipols nach Bild **6.**22a bekannt ist, kann man den Spannungszeiger $\underline{U}$ in eine mit dem Strom

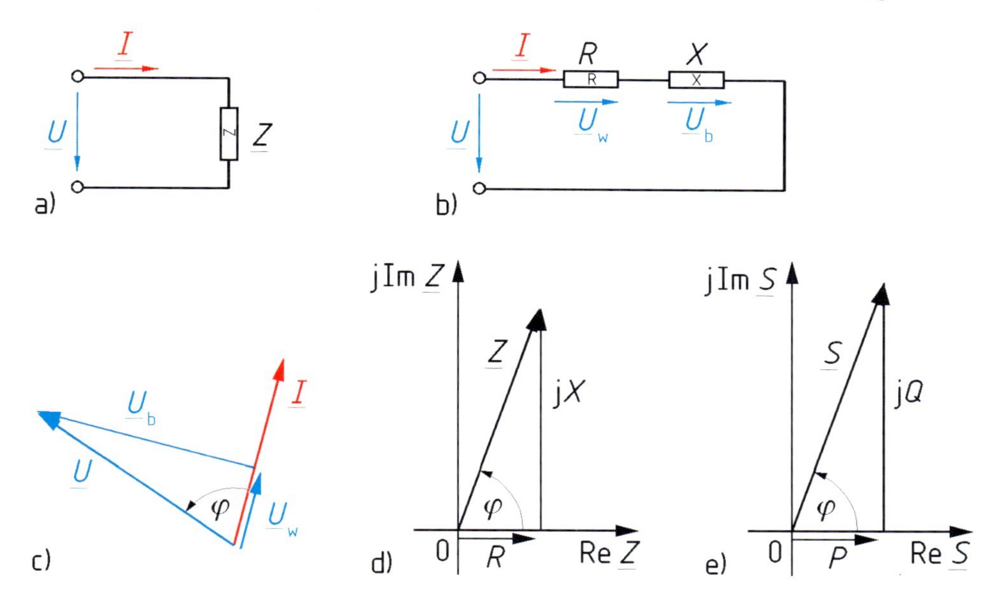

6.22 Sinusstromverbraucher (a) mit Reihen-Ersatzschaltung (b) und Zeigerdiagrammen für den Strom und die Spannungskomponenten (c) sowie für den komplexen Widerstand (d) und die komplexe Leistung (e)

$\underline{I}$ gleichphasige Komponente, die Wirkspannung

$$U_{\mathrm{w}} = U \cos \varphi \tag{6.89}$$

und in eine hierzu senkrechte, gegenüber dem Strom um 90° phasenverschobene Komponente, nämlich die Blindspannung

$$U_{\mathrm{b}} = | U \sin \varphi | \tag{6.90}$$

zerlegen. Für die Gesamtspannung gilt dann allgemein

$$\underline{U} = \underline{U}_{\mathrm{w}} + \underline{U}_{\mathrm{b}}. \tag{6.91}$$

Der Zerlegung der Spannung $\underline{U}$ in ihre Komponenten $\underline{U}_{\mathrm{w}}$ und $\underline{U}_{\mathrm{b}}$ nach Bild **6.**22c entspricht die Aufteilung des komplexen Widerstandes $\underline{Z} = R + \mathrm{j}X$ nach Bild **6.**22d in den Wirkwiderstand

$$R = Z \cos \varphi \tag{6.92}$$

und den Blindwiderstand

$$X = Z \sin \varphi. \tag{6.93}$$

Der Zweipol mit dem komplexen Widerstand $\underline{Z}$ ist also durch eine Reihen-Ersatzschaltung nach Bild **6.**22b aus dem Wirkwiderstand R und dem Blindwiderstand X darstellbar. Als Schaltungselement für den Blindwiderstand ist für $X>0$ eine Induktivität L mit $X=\omega L$ und für $X<0$ eine Kapazität C mit $X=-1/(\omega C)$ zu verwenden.

Die von dem Zweipol aufgenommene Wirkleistung $P=RI^2$ nach Gl. (5.96) kann dann unmittelbar dem Wirkwiderstand R und die Blindleistung $Q=XI^2$ nach Gl. (5.99) dem Blindwiderstand X der Reihen-Ersatzschaltung zugeordnet werden.

□ **Beispiel 6.13**

Eine Spule nimmt bei der Sinusspannung $U=230\,\text{V}$, $f=50\,\text{Hz}$ den Strom $I=3\,\text{A}$ und die Wirkleistung $P=236\,\text{W}$ auf. Die Elemente der Reihen-Ersatzschaltung Bild **6.**23 sind zu bestimmen.

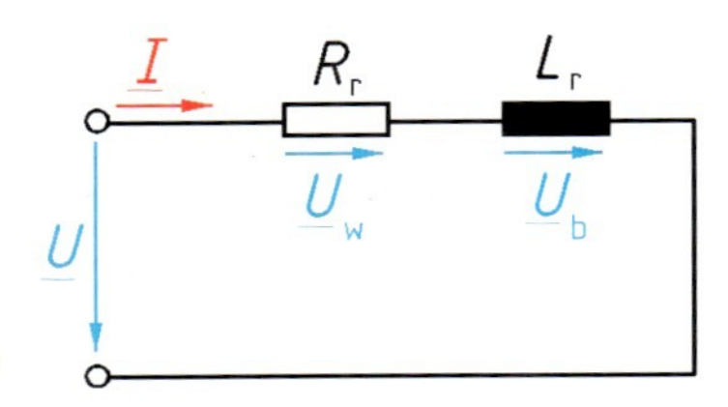

6.23 Reihen-Ersatzschaltung einer Spule

Aus der Wirkleistung $P=R_\text{r}I^2$ folgt der Wirkwiderstand

$$R_\text{r}=\frac{P}{I^2}=\frac{236\,\text{W}}{(3\,\text{A})^2}=26{,}22\,\Omega\,.$$

Entsprechend liefert die induktive (und daher positive) Blindleistung

$$X_\text{r}I^2=Q=\sqrt{S^2-P^2}=\sqrt{(230\,\text{V}\cdot 3\,\text{A})^2-(236\,\text{W})^2}=648{,}4\,\text{var}$$

den Blindwiderstand

$$\omega L_\text{r}=X_\text{r}=\frac{Q}{I^2}=\frac{648{,}4\,\text{var}}{(3\,\text{A})^2}=72{,}04\,\Omega$$

und die Induktivität

$$L_\text{r}=\frac{X_\text{r}}{\omega}=\frac{72{,}04\,\Omega}{2\pi\cdot 50\,\text{s}^{-1}}=229{,}3\,\text{mH}\,.$$

Induktivitäten dieser Größenordnung sind nur durch Spulen mit Eisen- bzw. Ferritkernen zu realisieren. Die Reihen-Ersatzschaltung Bild **6.**23 mit den ermittelten Werten R_r und L_r gilt dann nur für die vorgegebene Frequenz $f=50\,\text{Hz}$. Eine besser geeignete Ersatzschaltung wird in Bild **6.**29a angegeben.

Bei einer Luftspule darf man i. allg. davon ausgehen, daß eine für $f=50\,\text{Hz}$ ermittelte Reihen-Ersatzschaltung im gesamten NF-Bereich von 0 Hz bis zu einigen 100 Hz ungefähre Gültigkeit hat. Für höhere Frequenzen gelten andere Werte; außerdem ist die zusätzlich parallel liegende Windungskapazität zu berücksichtigen. □

□ **Beispiel 6.14**
Eine Sinusspannung $U = 16\,\text{V}$ der Frequenz $f = 1\,\text{kHz}$ führt an einem Kondensator zu einem um 89,5° voreilenden Sinusstrom $I = 1\,\text{mA}$. Die Elemente der Reihen-Ersatzschaltung Bild **6.**24 sind zu bestimmen.

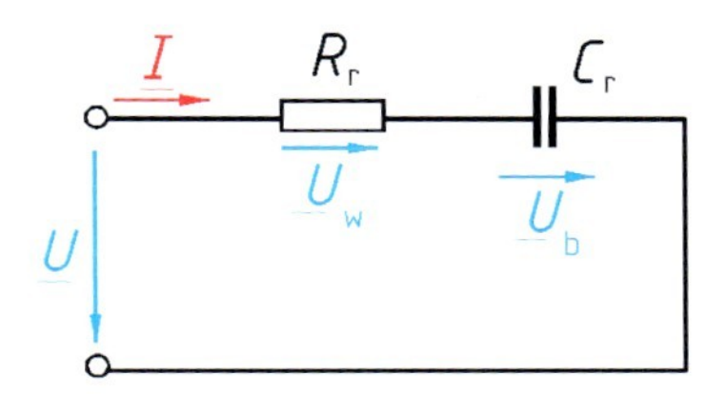

6.24 Reihen-Ersatzschaltung eines Kondensators

Mit dem Phasenwinkel $\varphi = \varphi_u - \varphi_i = -89{,}5°$ und dem Scheinwiderstand $Z = U/I = 16\,\text{k}\Omega$ folgt nach Gl. (6.92) der Wirkwiderstand

$$R_r = Z\cos\varphi = 16\,\text{k}\Omega \cdot \cos(-89{,}5°) = 139{,}6\,\Omega$$

und nach Gl. (6.93) der Blindwiderstand

$$\frac{-1}{\omega C_r} = X_r = Z\sin\varphi = 16\,\text{k}\Omega \cdot \sin(-89{,}5°) = -15{,}999\,\text{k}\Omega$$

sowie die Kapazität

$$C_r = \frac{-1}{\omega X_r} = \frac{-1}{2\pi \cdot 10^3\,\text{s}^{-1} \cdot (-15{,}999\,\text{k}\Omega)} = 9{,}948\,\text{nF}.$$

Für die genannte Betriebsfrequenz ist Bild **6.**24 mit den berechneten Werten R_r und C_r eine zutreffende Ersatzschaltung für den Kondensator. Bei Frequenzänderung ändert sich u.a. der Wert R_r. Für Frequenzen $f > 10\,\text{MHz}$ ist zusätzlich die Induktivität des Bauelementes zu berücksichtigen. Da die Reihen-Ersatzschaltung für tiefe Frequenzen $[Z(f \to 0) = \infty]$ kein plausibles Ergebnis liefert, bevorzugt man im NF-Bereich meist die Parallel-Ersatzschaltung nach Bild **6.**27. □

6.3.1.2 Parallel-Ersatzschaltung. Ähnlich wie in Abschn. 6.3.1.1 mit dem Spannungszeiger geschehen, kann man an einem Sinusstromverbraucher nach Bild **6.**25a auch den Stromzeiger $\underline{I}$ in eine mit der Spannung $\underline{U}$ gleichphasige Komponente, den Wirkstrom

$$I_w = I\cos\varphi \tag{6.94}$$

und in eine hierzu senkrechte, gegenüber der Spannung um 90° phasenverschobene Komponente, nämlich den Blindstrom

$$I_b = |I\sin\varphi| \tag{6.95}$$

zerlegen. Für den Gesamtstrom gilt dann allgemein

$$\underline{I} = \underline{I}_w + \underline{I}_b. \tag{6.96}$$

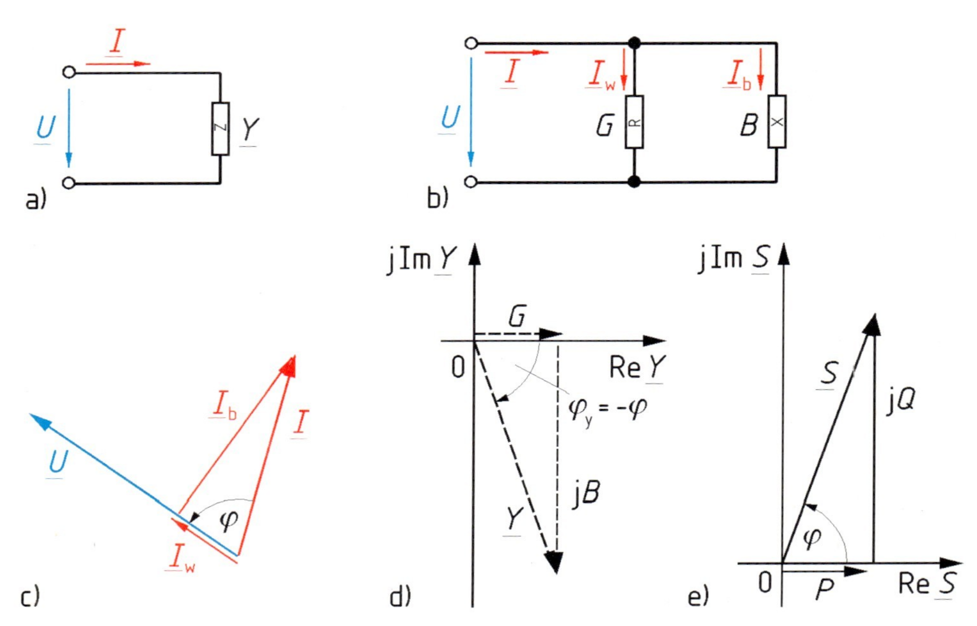

6.25 Sinusstromverbraucher (a) mit Parallel-Ersatzschaltung (b) und Zeigerdiagrammen für die Spannung und die Stromkomponenten (c) sowie für den komplexen Leitwert (d) und die komplexe Leistung (e)

Der Zerlegung der Stromes $\underline{I}$ in seine Komponenten $\underline{I}_\mathrm{w}$ und $\underline{I}_\mathrm{b}$ nach Bild **6.**25c entspricht die Aufteilung des komplexen Leitwertes $\underline{Y} = Y \mathrm{e}^{\mathrm{j}\varphi_\mathrm{y}} = G + \mathrm{j}B$ nach Bild **6.**25d in den Wirkleitwert

$$G = Y \cos \varphi_\mathrm{y} = Y \cos \varphi \tag{6.97}$$

und den Blindleitwert

$$B = Y \sin \varphi_\mathrm{y} = -Y \sin \varphi. \tag{6.98}$$

Der Zweipol mit dem komplexen Leitwert $\underline{Y}$ ist also durch eine Parallel-Ersatzschaltung nach Bild **6.**25b aus dem Wirkleitwert G und dem Blindleitwert B darstellbar. Als Schaltungselement für den Blindleitwert ist für $B > 0$ eine Kapazität C mit $B = \omega C$ und für $B < 0$ eine Induktivität L mit $B = -1/(\omega L)$ zu verwenden.

Die von dem Zweipol aufgenommene Wirkleistung $P = GU^2$ nach Gl. (5.98) kann dann unmittelbar dem Wirkleitwert G und die Blindleistung $Q = -BU^2$ nach Gl. (5.99) dem Blindleitwert B der Parallel-Ersatzschaltung zugeordnet werden.

□ **Beispiel 6.15**

Für die in Beispiel 6.13 behandelte Spule sollen nun die Elemente der Parallel-Ersatzschaltung Bild **6.**26 bestimmt werden.

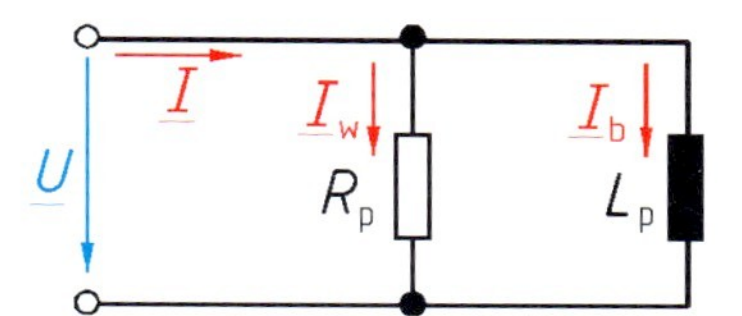

6.26 Parallel-Ersatzschaltung einer Spule

Aus der Wirkleistung $P = G_p U^2$ folgt der Wirkleitwert

$$G_p = \frac{P}{U^2} = \frac{236\,\mathrm{W}}{(230\,\mathrm{V})^2} = 4{,}461\ \mathrm{mS}$$

und der Wirkwiderstand in Bild **6.**26

$$R_p = \frac{1}{G_p} = \frac{1}{4{,}461\,\mathrm{mS}} = 224{,}2\,\Omega\,.$$

Entsprechend liefert die induktive (und daher positive) Blindleistung

$$-B_p U^2 = Q = \sqrt{S^2 - P^2} = \sqrt{(230\,\mathrm{V} \cdot 3\,\mathrm{A})^2 - (236\,\mathrm{W})^2} = 648{,}4\,\mathrm{var}$$

den Blindleitwert

$$-\frac{1}{\omega L_p} = B_p = \frac{-Q}{U^2} = \frac{-648{,}4\,\mathrm{var}}{(230\,\mathrm{V})^2} = -12{,}26\,\mathrm{mS}$$

und die Induktivität

$$L_p = \frac{-1}{\omega B_p} = \frac{-1}{2\pi \cdot 50\,\mathrm{s}^{-1} \cdot (-12{,}26\,\mathrm{mS})} = 259{,}7\,\mathrm{mH}\,.$$

Die Parallel-Ersatzschaltung Bild **6.**26 mit den ermittelten Werten R_p und L_p gilt nur für die Frequenz $f = 50\,\mathrm{Hz}$. Sie gibt das Frequenzverhalten der Spule weniger gut wieder als die Reihen-Ersatzschaltung Bild **6.**23. Insbesondere stellt sie im Widerspruch zur realen Spule für Gleichstrom (d.h. für $f \to 0$) einen idealen Kurzschluß dar. □

□ **Beispiel 6.16**

Für den Kondensator aus Beispiel **6.**14 sind die Elemente der Parallel-Ersatzschaltung nach Bild **6.**27 zu bestimmen.

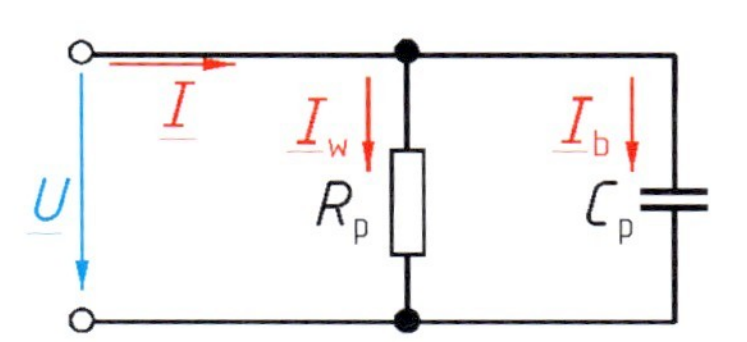

6.27 Parallel-Ersatzschaltung eines Kondensators

Mit dem Scheinleitwert $Y = I/U = 62{,}5\,\mu\text{S}$ folgt nach Gl. (6.97) der Wirkleitwert

$$G_\text{p} = Y\cos\varphi = 62{,}5\,\mu\text{S}\cdot\cos(-89{,}5°) = 0{,}5454\,\mu\text{S}$$

und der Wirkwiderstand in Bild **6.**27

$$R_\text{p} = \frac{1}{G_\text{p}} = \frac{1}{0{,}5454\,\mu\text{S}} = 1{,}833\,\text{M}\Omega\,.$$

Entsprechend erhält man nach Gl. (6.98) den Blindleitwert

$$\omega C_\text{p} = B_\text{p} = -Y\sin\varphi = -62{,}5\,\mu\text{S}\cdot\sin(-89{,}5°) = 62{,}498\,\mu\text{S}$$

und die Kapazität

$$C_\text{p} = \frac{B_\text{p}}{\omega} = \frac{62{,}498\,\mu\text{S}}{2\pi\cdot 10^3\,\text{s}^{-1}} = 9{,}947\,\text{nF}\,.$$

Die Parallel-Ersatzschaltung Bild **6.**27 mit den ermittelten Werten R_p und C_p gilt für die vorgegebene Betriebsfrequenz (hier $f = 1\,\text{kHz}$). Man darf aber i. allg. davon ausgehen, daß sie auch für Frequenzen, die um den Faktor 10 darüber oder darunter liegen, noch ungefähre Gültigkeit hat. Sie wird daher meist gegenüber der Reihen-Ersatzschaltung nach Bild **6.**24 bevorzugt. Für die Kapazitäten in beiden Schaltungen gilt $C_\text{p} \approx C_\text{r}$; die Widerstände R_p und R_r unterscheiden sich hingegen erheblich. Für sehr tiefe Frequenzen ist der Scheinwiderstand $Z(f\to 0) = R_\text{p}$ der Parallel-Ersatzschaltung allerdings zu klein, da der Parallelwiderstand R_p neben den Ableitungsverlusten vor allem die Umpolarisierungsverluste im Dielektrikum berücksichtigt, die bei tiefen Frequenzen jedoch gegenüber den Ableitungsverlusten unbedeutend sind. □

6.3.1.3 Gemischte Schaltungen. Neben der einfachen Reihen- oder Parallel-Ersatzschaltung werden häufig auch kombinierte Reihen- und Parallelschaltungen der Grundzweipole *R*, *C* und *L* als Ersatzschaltungen für reale technische Zweipole oder Zweitore angegeben. Dies geschieht meist in der Absicht, näherungsweise auch das Frequenzverhalten der nachzubildenden Anordnung richtig wiederzugeben, also unbedingte Äquivalenz herzustellen.

Um das Frequenzverhalten einer Luftspule über einige 100 Hz hinaus annähernd zutreffend zu beschreiben, ist wegen der Kapazitäten zwischen den einzelnen Wicklungsteilen zusätzlich zu der RL-Reihenschaltung Bild **6.**23 eine Parallelkapazität C_p nach Bild **6.**28 vorzusehen.

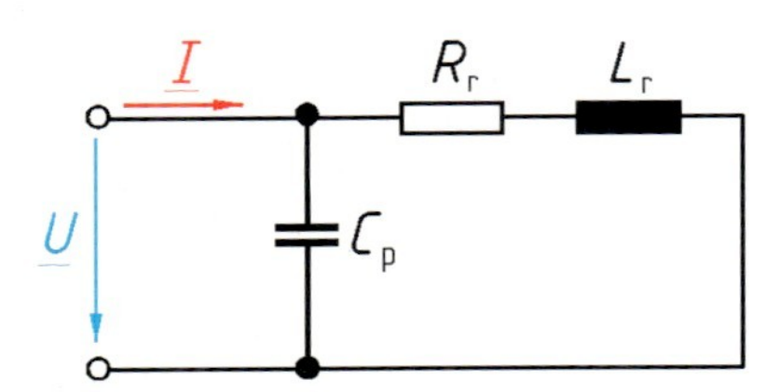

6.28 Ersatzschaltung einer Luftspule

Für Eisenspulen ist die einfache Reihen-Ersatzschaltung Bild **6.**23 schon im NF-Bereich unbefriedigend: Bei konstantem Strom I wird in ihr unabhängig von der Frequenz die konstante Wirkleistung $P=R_r I^2$ umgesetzt; dies trifft in guter Näherung nur für die sog. Kupferverluste, also die in dem Draht der Wicklung umgesetzte Wirkleistung zu; deshalb wird in der Ersatzschaltung für die Eisenspule Bild **6.**29a der Widerstand $R_r=R_{Cu}$ gesetzt. Zusätzlich treten aber im Spulenkern mit wachsender Frequenz zunehmende Verluste auf, die sich durch eine Erwärmung des Kerns bemerkbar machen. Diese sog. Eisenverluste werden in Bild **6.**29a durch den Widerstand R_{Fe} parallel zu der Induktivität L berücksichtigt. Damit erhält man wenigstens in grober Näherung eine Nachbildung des Frequenzverhaltens einer Eisenspule im NF-Bereich. Bei genauerer Untersuchung erweist sich der Widerstand R_{Fe} allerdings als frequenzabhängig.

Bild **6.**29b gibt das U, I-Zeigerdiagramm der Ersatzschaltung wieder. Hierin sind $\underline{U}_R$ der Spannungsabfall am Wirkwiderstand der Wicklung und $\underline{U}_L$ der von der Wicklung verursachte induktive Spannungsabfall. Ferner sind $\underline{I}_\mu$ der zur Erzeugung des magnetischen Flusses benötigte Magnetisierungsstrom und I_v der durch die Verluste des Kerns verursachte Wirkstrom.

□ **Beispiel 6.17**

Die Spule aus Beispiel 6.13 und 6.15 sei eine Eisenspule mit dem Gleichstromwiderstand $R_{Cu}=14\,\Omega$. Gesucht sind die beiden übrigen Elemente der Ersatzschaltung nach Bild **6.**29 bei $f=50\,\text{Hz}$.

Aus Beispiel 6.13 ist der komplexe Widerstand der Spule

$$\underline{Z}=R_r+\mathrm{j}\,\omega L_r=26{,}22\,\Omega+\mathrm{j}\,72{,}04\,\Omega$$

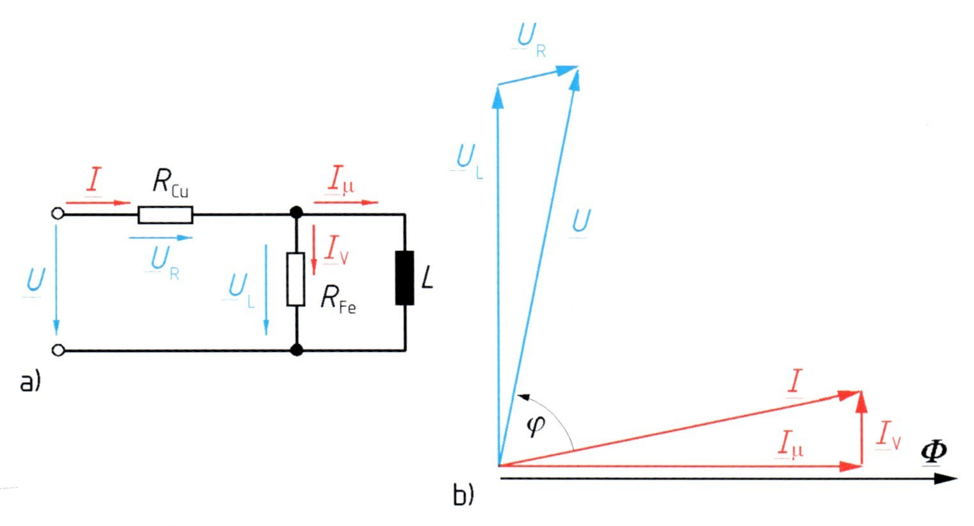

6.29 Eisenspule.
Ersatzschaltung (a) und Strom-Spannungs-Zeigerdiagramm (b)

bekannt. Für die Parallelschaltung von R_{Fe} und L beträgt der komplexe Widerstand

$$\underline{Z}_p = \underline{Z} - R_{Cu} = 12{,}22\,\Omega + j\,72{,}04\,\Omega$$

und der komplexe Leitwert

$$\frac{1}{R_{Fe}} - j\frac{1}{\omega L} = \underline{Y}_p = \frac{1}{\underline{Z}_p} = \frac{1}{12{,}22\,\Omega + j\,72{,}04\,\Omega} = 2{,}289\,\text{mS} - j\,13{,}49\,\text{mS}.$$

Hieraus folgt der Eisenverlustwiderstand

$$R_{Fe} = \frac{1}{2{,}289\,\text{mS}} = 436{,}9\,\Omega$$

und mit

$$\omega L = \frac{1}{13{,}49\,\text{mS}} = 74{,}12\,\Omega$$

die Induktivität

$$L = \frac{74{,}12\,\Omega}{\omega} = \frac{74{,}12\,\Omega}{2\pi \cdot 50\,\text{s}^{-1}} = 235{,}9\,\text{mH}.$$ □

Auch wenn nur eine bedingt äquivalente (also nur für eine bestimmte Frequenz gültige) Ersatzschaltung gefordert ist, läßt sich diese nicht immer in Form einer einfachen Reihen- oder Parallelschaltung darstellen, wie Beispiel 6.18 zeigt. In der Ersatzschaltung können durchaus auch negative Wirkwiderstände auftreten; diese sind selbstverständlich nicht realisierbar, dennoch behält die Ersatzschaltung als Darstellung des elektrischen Verhaltens der Original-Anordnung ihre Gültigkeit, s. Beispiel 6.19.

□ **Beispiel 6.18**

Wegen der räumlichen Anordnung der drei Elemente in der Zweitorschaltung Bild **6.**30a bezeichnet man diese als Π-Schaltung. Der Wirkwiderstand $R = 5\,\text{k}\Omega$ und die Blindwiderstände $X_L = 10\,\text{k}\Omega$ und $X_C = -20\,\text{k}\Omega$ seien gegeben. Gesucht sind die Elemente der äquivalenten T-Schaltung nach Bild **6.**30b.

Die Π-Schaltung kann als Dreieck- und die T-Schaltung als Sternschaltung aufgefaßt werden. Unter Beachtung von Tafel **6.**12 sind daher die Gln. (2.91) für die Dreieck-Stern-Umwandlung anwendbar, und man erhält

$$\underline{Z}_a = \frac{j X_L R}{R + j X_L + j X_C} = \frac{j\,50\,\text{k}\Omega^2}{(5 - j\,10)\,\text{k}\Omega} = (-4 + j2)\,\text{k}\Omega,$$

$$\underline{Z}_b = \frac{j X_L\, j X_C}{R + j X_L + j X_C} = \frac{200\,\text{k}\Omega^2}{(5 - j\,10)\,\text{k}\Omega} = (8 + j\,16)\,\text{k}\Omega,$$

$$\underline{Z}_c = \frac{j X_C R}{R + j X_L + j X_C} = \frac{-j\,100\,\text{k}\Omega^2}{(5 - j\,10)\,\text{k}\Omega} = (8 - j\,4)\,\text{k}\Omega.$$

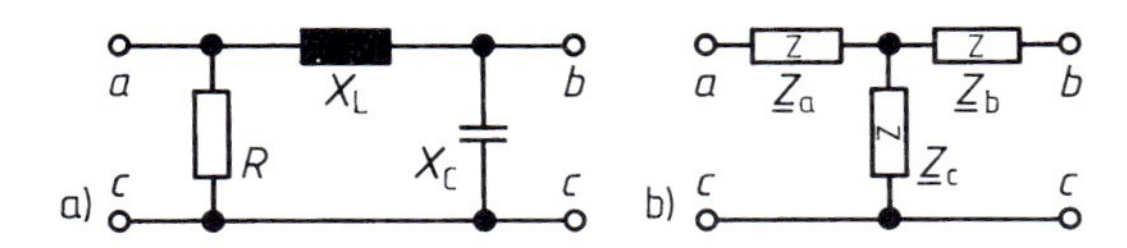

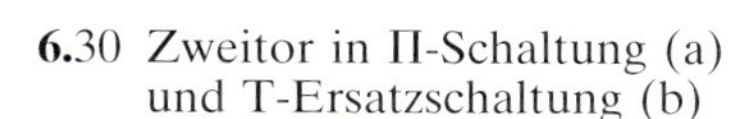
6.30 Zweitor in Π-Schaltung (a) und T-Ersatzschaltung (b)

Wegen ihres negativen Realteils ist die Impedanz $\underline{Z}_a$ nicht realisierbar. Trotzdem gibt die T-Schaltung nach Bild **6.30**b mit den oben berechneten Werten das Verhalten der vorgegebenen Π-Schaltung für die zugrundeliegende Betriebsfrequenz richtig wieder. □

□ **Beispiel 6.19**

Die Schaltung in Bild **6.31**a enthält den Wirkwiderstand $R=5\,\text{k}\Omega$ und die Blindwiderstände $X_L=10\,\text{k}\Omega$ und $X_C=-20\,\text{k}\Omega$ und liegt an der Sinusspannung $U=100\,\text{V}$. Gesucht sind der Strom I und seine Phasenverschiebung gegenüber der Spannung U.

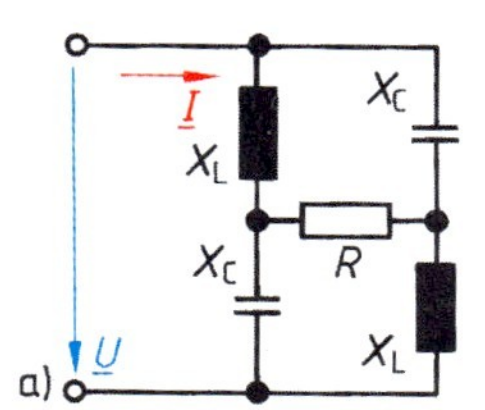

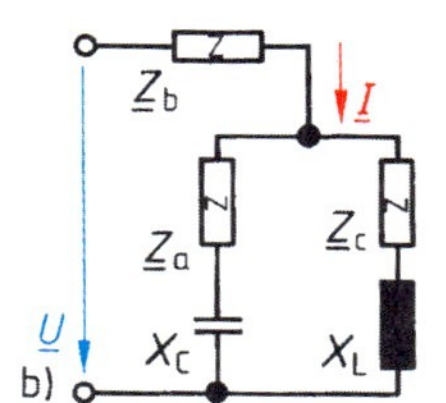

6.31 Netzwerk (a) mit Ersatzschaltung (b)

Die obere Dreieckschaltung in Bild **6.31**a kann wie in Beispiel 6.18 in die äquivalente Sternschaltung umgewandelt werden, so daß sich die Schaltung Bild **6.31**b mit dem komplexen Widerstand

$$\underline{Z}=\underline{Z}_b+\frac{1}{\dfrac{1}{\underline{Z}_a+\mathrm{j}X_C}+\dfrac{1}{\underline{Z}_c+\mathrm{j}X_L}}$$

ergibt. Mit den vorgegebenen sowie den in Beispiel 6.18 berechneten Werten erhält man

$$\underline{Z}=(8+\mathrm{j}\,16)\,\text{k}\Omega+\frac{1}{\dfrac{1}{(-4+\mathrm{j}\,2)\,\text{k}\Omega-\mathrm{j}\,20\,\text{k}\Omega}+\dfrac{1}{(8-\mathrm{j}\,4)\,\text{k}\Omega+\mathrm{j}\,10\,\text{k}\Omega}},$$

$$\underline{Z}=(22{,}5+\mathrm{j}\,17{,}5)\,\text{k}\Omega.$$

Hieraus folgt der komplexe Strom

$$\underline{I}=\frac{\underline{U}}{\underline{Z}}=\frac{\underline{U}}{(22{,}5+\mathrm{j}\,17{,}5)\,\text{k}\Omega}=\frac{100\,\text{V}\,\mathrm{e}^{\mathrm{j}\varphi_u}}{28{,}5\,\text{k}\Omega\,\mathrm{e}^{\mathrm{j}\,37{,}87°}}=3{,}508\,\text{mA}\,\mathrm{e}^{\mathrm{j}(\varphi_u-37{,}87°)}.$$

Es fließt also der Strom $I=3{,}508\,\text{mA}$; und er eilt der Spannung um 37,87° nach. □

6.3.2 Magnetische Kopplung

Mit der in Abschn. 4.3.1.5 eingeführten Gegeninduktivität M wird häufig in Ersatzschaltbildern die magnetische Kopplung zwischen oder innerhalb von Bauelementen beschrieben, beispielsweise in der Energietechnik beim Leistungstransformator (Herauf- oder Heruntertransformieren von Wechselspannungen und -strömen [35]) oder beim Trenntransformator (galvanische Trennung von Netzteilen), in der Nachrichtentechnik beim Übertrager (breitbandige Anpassung, s. Abschn. 6.2.2.3) und in der Meßtechnik (Wandler [47] zum Verringern von Meßspannungen bzw. -strömen). Beim Volltransformator sind mindestens zwei Wicklungen vorhanden, die von einem gemeinsamen magnetischen Feld durchsetzt sind (s. Bild **6.**32). Die Primärwicklung *1* ist an eine Spannungsquelle angeschlossen; sie stellt die Eingangsseite des Transformators dar, der die Energie zugeführt wird. Die Sekundärwicklung *2* ist demgegenüber die Ausgangsseite, der Energie entnommen werden kann.

1 2

6.32 Schaltzeichen des Transformators. *1* Primär-, *2* Sekundärwicklung

Die Wicklungen können mit mehreren Anzapfungen versehen sein (z.B. zur Spannungseinstellung) oder mehr als zwei voneinander getrennte Wicklungen aufweisen (z.B. zur Versorgung von Verbrauchern, die galvanisch getrennt sein sollen). Für derartige Ausführungen s. [35]. Hier sollen jedoch nur Zweiwicklungstransformatoren für Sinusstrom behandelt werden.

6.3.2.1 Idealer Übertrager. Für den Übertrager nach Bild **6.**33a, der aus den beiden Spulen *1* und *2* mit den Windungszahlen N_1 und N_2 und dem Kern *3* besteht, sollen die folgenden idealisierenden Annahmen gelten: Die Spulen sollen ohne Spalte und nach Bild **6.**33b gleichsinnig ineinander gewickelt sein und die Wirkwiderstände $R_1 = 0$ und $R_2 = 0$ aufweisen. Der Kern soll die Permeabilität $\mu = \infty$ und keine Ummagnetisierungs- und Wirbelstromverluste haben (s. Abschn. 4.3.1.7). Somit wird vorausgesetzt, daß in diesem idealen Übertrager keine Verluste auftreten, der magnetische Widerstand $R_m = 0$ bzw. der magnetische Leitwert $\Lambda = \infty$ ist und alle Windungen der Spulen *1* und *2* stets von demselben

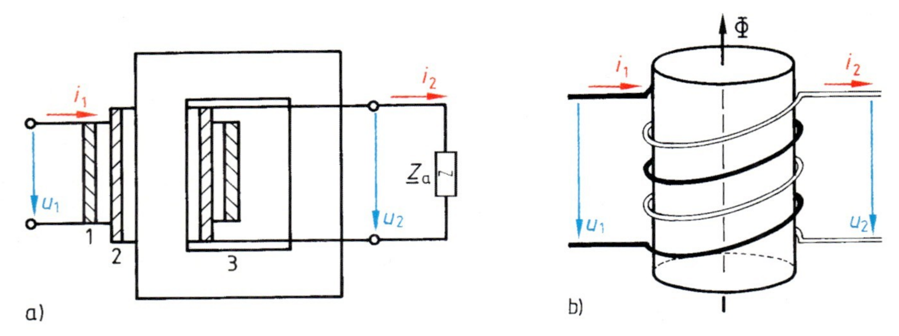

6.33 Übertrager (a) mit Primärwicklung *1*, Sekundärwicklung *2* und Kern *3*. Ströme und Spannungen im Kettenzählpfeilsystem nach Bild **1.**9b an gleichsinnig gewickelten Spulen (b)

magnetischen Fluß Φ durchsetzt werden, also keine Streuung auftritt. In der Praxis versucht man i.allg. diesem Idealzustand möglichst nahezukommen. Deshalb soll hier das Übertragungsverhalten eines solchen idealen Übertragers untersucht werden.

Da Primär- und Sekundärspule gleichsinnig gewickelt sind und von demselben magnetischen Fluß Φ durchsetzt werden, treten nach dem Induktionsgesetz Gl. (4.94) (bei rechtswendiger Zuordnung von Spannungs- und Flußzählpfeil nach Bild **6.**33b) an den Klemmen dieser Wicklungen die Spannungen

$$u_1 = -N_1 \frac{\mathrm{d}\Phi}{\mathrm{d}t} \quad \text{und} \quad u_2 = -N_2 \frac{\mathrm{d}\Phi}{\mathrm{d}t}$$

auf, so daß für das Verhältnis der beiden Spannungen das Ü b e r s e t z u n g s v e r h ä l t n i s

$$\ddot{u} = \frac{u_1}{u_2} = \frac{U_1}{U_2} = \frac{N_1}{N_2} \tag{6.99}$$

angegeben werden kann. Dies gilt für die Zeitwerte u_1 und u_2 beider Spannungen und damit auch für die Effektivwerte U_1 und U_2.

Da der magnetische Widerstand des Kerns $R_\mathrm{m} = 0$ ist, muß nach dem Durchflutungssatz Gl. (4.19) in der Form des sog. „Ohmschen Gesetzes" Gl. (4.45) des magnetischen Kreises, auch die elektrische Durchflutung

$$\Theta = R_\mathrm{m}\,\Phi = 0$$

sein. Nach dem in Bild **6.**33 verwendeten Kettenzählpfeilsystem (s. Bild **1.**9b) werden die beiden gleichsinnig gewickelten Spulen in entgegengesetzter Richtung von den Strömen i_1 bzw. i_2 durchflossen. Für die Gesamtdurchflutung gilt daher

$$\Theta = N_1 i_1 - N_2 i_2 = 0\,.$$

Damit ergibt sich für das Verhältnis sowohl der Zeitwerte als auch der Effektivwerte der beiden Ströme

$$\frac{i_1}{i_2} = \frac{I_1}{I_2} = \frac{N_2}{N_1} = \frac{1}{\ddot{u}}\,. \tag{6.100}$$

Die Ströme werden also genau im umgekehrten Verhältnis transformiert wie die Spannungen. Wegen

$$\ddot{u} = \frac{N_1}{N_2} = \frac{U_1}{U_2} = \frac{I_2}{I_1} \tag{6.101}$$

wird die Spannung zur größeren Windungszahl hinauf, der Strom jedoch im gleichen Verhältnis heruntertransformiert. Nach Gl. (6.99) sind die Spannungen u_1 und u_2 und nach Gl. (6.100) die Ströme i_1 und i_2 jeweils untereinander phasengleich. Primär- und sekundärseitig besteht dann der gleiche Phasenwinkel φ zwischen Strom und Spannung, der z.B. in der Schaltung nach Bild **6.**34 durch die Impedanz $\underline{Z}_a$ bestimmt wird.

Für die Scheinleistungen gilt mit Gl. (6.101)

$$S_1 = U_1 I_1 = \frac{N_1}{N_2} U_2 \cdot \frac{N_2}{N_1} I_2 = S_2 . \tag{6.102}$$

Daß die primärseitig aufgenommene und die sekundärseitig abgegebene Wirkleistung $P_1 = P_2$ gleich sind, folgt auch aus dem Energieerhaltungssatz, da im idealen Übertrager voraussetzungsgemäß keine Verluste auftreten. Entsprechend gilt für die Blindleistungen $Q_1 = Q_2$.

Diese näherungsweise auch für technische Transformatoren geltenden Eigenschaften werden in den Leistungstransformatoren dazu genutzt, die für eine Fernübertragung zu großen Ströme auf kleinere Werte herunterzutransformieren, wobei die Spannung entsprechend wächst (z.B. auf 400 kV). Vor dem Verbraucher muß die Spannung jedoch wieder auf die normale Niederspannung der Verbrauchernetze (z.B. 230 V) heruntertransformiert werden.

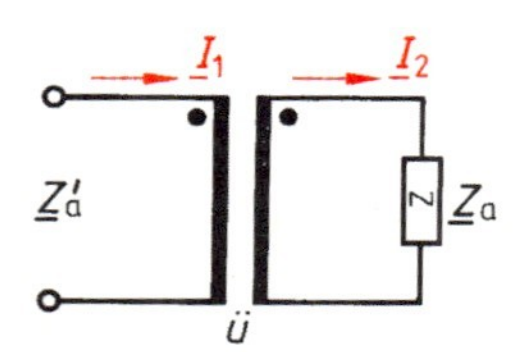

6.34 Idealer Übertrager mit sekundärseitig angeschlossener Impedanz $\underline{Z}_a$ und der Eingangsimpedanz $\underline{Z}'_a$ als auf die Primärseite umgerechnete Sekundärimpedanz

In der Schaltung nach Bild **6.**34 tritt an der Sekundärimpedanz $\underline{Z}_a$ nach Gl. (5.97) die komplexe Leistung $\underline{S}_2 = \underline{Z}_a I_2^2$ auf. Entsprechend ergibt sich auf der Primärseite die komplexe Leistung $\underline{S}_1 = \underline{Z}'_a I_1^2 = \underline{S}_2$, wenn man mit $\underline{Z}'_a$ den komplexen Eingangswiderstand der Schaltung bezeichnet. Durch das Zwischenschalten des Übertragers mit dem Übersetzungsverhältnis $ü$ nach Gl. (6.101) wird somit die Impedanz $\underline{Z}_a$ von der Sekundärseite in die Eingangsimpedanz

$$\underline{Z}'_a = \frac{I_2^2}{I_1^2} \underline{Z}_a = ü^2 \underline{Z}_a \tag{6.103}$$

transformiert. Widerstände werden also quadratisch mit dem Übersetzungsverhältnis auf die größere Windungszahl hinauftransformiert.

Diese Möglichkeit, Widerstände, die z.B. durch Empfänger festgelegt sind, in gewünschter Weise verlustfrei (d.h. ohne Vorwiderstand oder Spannungsteiler) in ihrer Größe zu verändern, also z.B. dem Innenwiderstand des Senders anzupassen, wird in der Nachrichtentechnik häufig genutzt [19], [8].

Das in Bild **6.**34 und **6.**35 verwendete Schaltzeichen für den idealen Übertrager ist aus Bild **6.**32 abgeleitet. Die gegenüber den Symbolen für Induktivitäten schlankeren Rechtecke sollen andeuten, daß dieses Schaltungselement nur die Sekundärgrößen auf die Primärseite bzw. umgekehrt übersetzt, aber selbst keine Wirk- oder Blindwiderstände aufweist. Die Punkte kennzeichnen den primär- und sekundärseitig gleichen Wicklungssinn; vgl. Anhang 5.

Bild **6.**35a zeigt ein elektrisches Netzwerk mit idealem Übertrager *ü*, Spannungsquelle $\underline{U}_q$ mit Innenwiderstand $\underline{Z}_i$ sowie Verbraucher $\underline{Z}_a$. Wenn man die Sekundärgrößen entsprechend Bild **6.**35b auf die Primärseite umrechnet (Kennzeichen ′), erhält man die folgenden Transformationen:

$$\underline{U}_2 \rightarrow \underline{U}_2' = \ddot{u}\,\underline{U}_2, \tag{6.104a}$$

$$\underline{I}_2 \rightarrow \underline{I}_2' = \frac{1}{\ddot{u}}\underline{I}_2, \tag{6.104b}$$

$$\underline{Z}_a \rightarrow \underline{Z}_a' = \ddot{u}^2 \underline{Z}_a. \tag{6.104c}$$

Die Ströme $\underline{I}_1 = \underline{I}_2'$ und die Spannungen $\underline{U}_1 = \underline{U}_2'$ sind dann jeweils identisch. Man kann also für die Beschreibung des Wechselstromverhaltens den idealen Übertrager aus der Schaltung entfernen. Bis auf die jetzt nicht mehr sichtbare galvanische Trennung gibt Bild **6.**35b das Schaltungsverhalten, von der Primärseite aus betrachtet, richtig wieder. In entsprechender Weise ist auch eine Umrechnung der Primärgrößen $\underline{U}_q$, $\underline{Z}_i$, $\underline{I}_1$ und $\underline{U}_1$ auf die Sekundärseite möglich.

□ **Beispiel 6.20**

Die Schaltung nach Bild **6.**35a enthält einen Generator mit dem Innenwiderstand $R_i = 10\,\Omega$ für eine sinusförmige Quellspannung mit dem Effektivwert $U_q = 100\,\text{V}$ sowie den Verbraucherwiderstand $R_a = 1\,\text{k}\Omega$. Durch Anpassung mit einem idealen Übertrager soll die größtmögliche Leistung auf R_a übertragen werden. Übersetzungsverhältnis *ü* und Verbraucherleistung P_a sind zu bestimmen.

Nach Gl. (6.85) erhält man die maximale Leistung

$$P_{a\,max} = \frac{U_q^{\,2}}{4R_i} = \frac{(100\,\text{V})^2}{4 \cdot 10\,\Omega} = 250\,\text{W}$$

bei Leistungsanpassung, d.h. wenn $R_i = R_a' = \ddot{u}^2 R_a$ ist. Hieraus ergibt sich das erforderli-

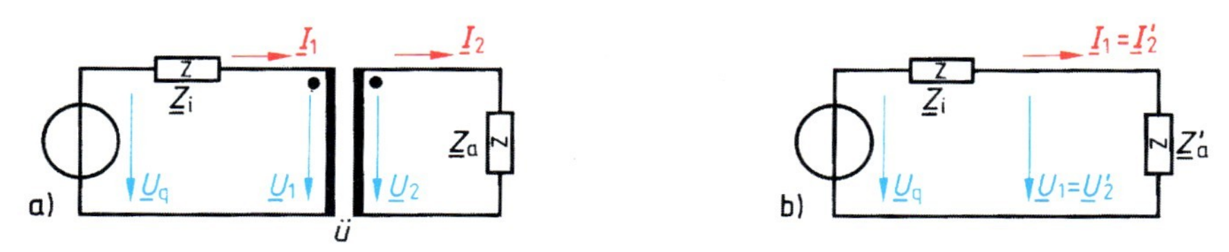

6.35 Vollständige Schaltung mit idealem Übertrager (a) und Ersatzschaltung mit auf die Primärseite umgerechneten Größen (b)

che Übersetzungsverhältnis

$$\ddot{u} = \sqrt{\frac{R_i}{R_a}} = \sqrt{\frac{10\,\Omega}{1\,\mathrm{k}\Omega}} = 0{,}1\,. \qquad \square$$

6.3.2.2 Verlustlose Übertrager und Transformatoren. Im folgenden soll auf zwei der drei Bedingungen verzichtet werden, die ein idealer Übertrager erfüllt. Die hier betrachteten magnetisch gekoppelten Spulen sollen nämlich sowohl eine Streuung, d.h. einen Kopplungsgrad $k<1$, als auch einen endlichen magnetischen Leitwert $\Lambda<\infty$ aufweisen. Die Annahme, daß keine Verluste auftreten, soll aber weiterhin gelten.

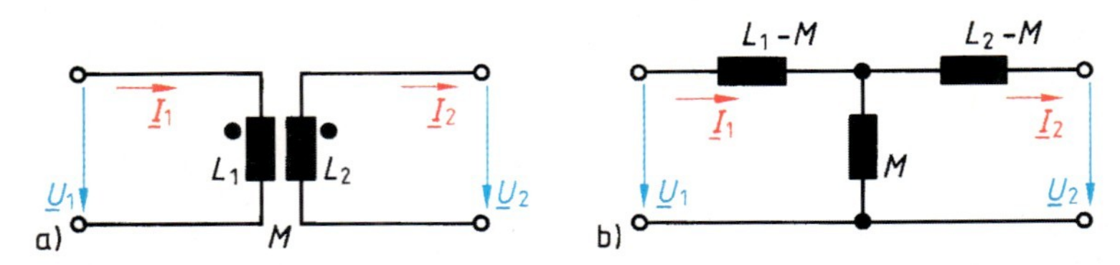

6.36 Verlustloser Übertrager (a) und seine Ersatzschaltung (b)

Das in den Bildern **6.**33 bis **6.**36 und auch weiterhin verwendete Kettenzählpfeilsystem bewirkt, daß auf der Primärseite das Verbraucher- und auf der Sekundärseite das Erzeugerzählpfeilsystem vorliegt (vgl. Abschn. 1.2.4.2). Für die vom Primärstrom i_1 hervorgerufenen Spannungsanteile sind daher die Gln. (4.115) und (4.116) zu verwenden; für die auf den Sekundärstrom i_2 zurückzuführenden Spannungsanteile gelten hingegen die Gln. (4.101) und (4.114). Die primär- und sekundärseitig getrennt durchgeführte Überlagerung dieser Spannungsanteile führt auf das Gleichungssystem

$$u_1 = L_1 \frac{\mathrm{d}i_1}{\mathrm{d}t} - M \frac{\mathrm{d}i_2}{\mathrm{d}t} \tag{6.105 a}$$

$$u_2 = M \frac{\mathrm{d}i_1}{\mathrm{d}t} - L_1 \frac{\mathrm{d}i_2}{\mathrm{d}t} \tag{6.105 b}$$

bzw. für sinusförmige Ströme und Spannungen unter Verwendung von Tafel **5.**20 auf

$$\underline{U}_1 = \mathrm{j}\,\omega L_1 \underline{I}_1 - \mathrm{j}\,\omega M \underline{I}_2 \tag{6.106 a}$$

$$\underline{U}_2 = \mathrm{j}\,\omega M \underline{I}_1 - \mathrm{j}\,\omega L_2 \underline{I}_2 . \tag{6.106 b}$$

Hierin sind L_1 bzw. L_2 nach Gl. (4.100) die Selbstinduktivität der Primär- bzw. Sekundärwicklung und M nach Gl. (4.113) die Gegeninduktivität zwischen beiden Wicklungen. Wenn man die Gln. (6.106 a,b) in

$$\underline{U}_1 = \mathrm{j}\,\omega(L_1 - M)\,\underline{I}_1 + \mathrm{j}\,\omega M(\underline{I}_1 - \underline{I}_2) \tag{6.107 a}$$

$$\underline{U}_2 = -\mathrm{j}\,\omega(L_2 - M)\,\underline{I}_2 + \mathrm{j}\,\omega M(\underline{I}_1 - \underline{I}_2) \tag{6.107 b}$$

umformt, ist leicht zu erkennen, daß dies die Spannungsgleichungen für die beiden Maschen in der Ersatzschaltung Bild **6.**36b sind.

Somit ist nachgewiesen, daß Bild **6.**36b das Verhalten eines verlustlosen Übertragers bzw. Transformators – bis auf die galvanische Trennung – richtig wiedergibt. Dabei ist es belanglos, daß meist (wenn die Windungszahlen N_1 und N_1 voneinander abweichen) eine der beiden Induktivitäten $L_1 - M$ und $L_2 - M$ negativ wird. Dies bedeutet lediglich, daß diese Ersatzschaltung nicht tatsächlich aufgebaut werden kann, und zeigt, daß die Induktivitäten $L_1 - M$ und $L_2 - M$ nicht unmittelbar physikalisch interpretierbar sind.

□ **Beispiel 6.21**

Für einen verlustlosen Übertrager mit den Windungszahlen $N_1 = 1200$ und $N_2 = 600$, dem magnetischen Leitwert $\Lambda = 0{,}5\,\mu\text{Vs/A}$ und dem Kopplungsgrad $k_g = 0{,}9$ sind die Elemente der Ersatzschaltung nach Bild **6.**36b gesucht. Ferner soll unter Verwendung dieser Ersatzschaltung das Spannungsverhältnis $\underline{U}_1/\underline{U}_2$ für sekundärseitigen Leerlauf und das Stromverhältnis $\underline{I}_1/\underline{I}_2$ für sekundärseitigen Kurzschluß bestimmt werden.

Für die Selbstinduktivität der Primär- bzw. der Sekundärwicklung erhält man mit Gl. (4.100)

$$L_1 = N_1^2\,\Lambda = 1200^2 \cdot 0{,}5\,\mu\text{H} = 720\,\text{mH},$$

$$L_2 = N_2^2\,\Lambda = 600^2 \cdot 0{,}5\,\mu\text{H} = 180\,\text{mH}.$$

Für die Gegeninduktivität folgt mit Gl. (4.113)

$$M = k_g N_1 N_2 \Lambda = 0{,}9 \cdot 1200 \cdot 600 \cdot 0{,}5\,\mu\text{H} = 324\,\text{mH}.$$

Die Induktivitäten in der Ersatzschaltung haben somit die Werte

$$L_1 - M = 396\,\text{mH}, \quad L_2 - M = -144\,\text{mH}, \quad M = 324\,\text{mH}.$$

Für sekundärseitigen Leerlauf erhält man nach der Spannungsteilerregel Gl. (6.17)

$$\frac{\underline{U}_1}{\underline{U}_2} = \frac{\mathrm{j}\,\omega(L_1 - M) + \mathrm{j}\,\omega M}{\mathrm{j}\,\omega M} = \frac{L_1}{M} = \frac{720\,\text{mH}}{324\,\text{mH}} = 2{,}222.$$

Für sekundärseitigen Kurschluß erhält man nach der Stromteilerregel Gl. (6.45)

$$\frac{\underline{I}_1}{\underline{I}_2} = \frac{\dfrac{1}{\mathrm{j}\,\omega(L_2 - M)} + \dfrac{1}{\mathrm{j}\,\omega M}}{\dfrac{1}{\mathrm{j}\,\omega(L_2 - M)}} = \frac{L_2}{M} = \frac{180\,\text{mH}}{324\,\text{mH}} = 0{,}5556.$$

Trotz der negativen Induktivität $L_2 - M = -144\,\text{mH}$ in der Ersatzschaltung führt die Rechnung zu zutreffenden Ergebnissen. Man beachte auch, daß die Ergebnisse von denen für den idealen Übertrager $ü = N_1/N_2 = 2$ bzw. $1/ü = 0{,}5$ abweichen. □

6.3.2.3 Übertrager und Transformatoren ohne Eisenverluste. Man unterteilt die beim Betrieb technischer Transformatoren auftretende Verlustleistung in Kupferverluste, die wegen der Wirkwiderstände der (Kupfer-)Wicklungen entstehen, und Eisenverluste, die sich beim Ummagnetisieren und infolge von Wirbelströmen im (Eisen-)Kern ergeben. Ausgehend von Bild **6.**36b werden die Kupferverluste in der Ersatzschaltung Bild **6.**37 dadurch berücksichtigt, daß primär- und sekundärseitig der Wirkwiderstand R_1 bzw. R_2 der jeweiligen Wicklung vorgeschaltet wird.

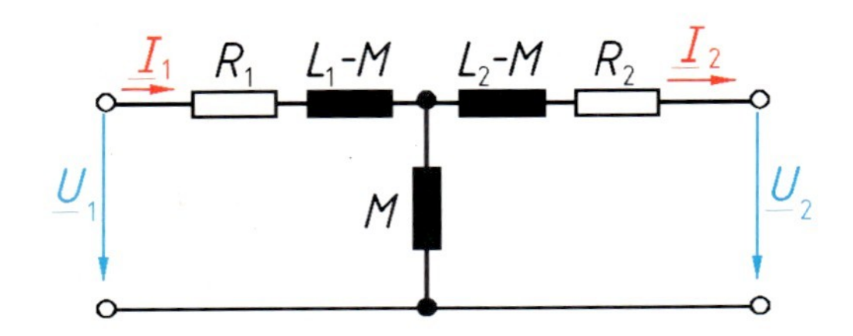

6.37 Ersatzschaltbild für den Übertrager ohne Eisenverluste

Das Transformatorverhalten wird somit durch die Maschengleichungen zu Bild **6.**37

$$\underline{U}_1 = R_1 \underline{I}_1 + \text{j}\,\omega(L_1 - M)\underline{I}_1 + \text{j}\,\omega M(\underline{I}_1 - \underline{I}_2) \tag{6.108a}$$

$$\underline{U}_2 = -R_2 \underline{I}_2 - \text{j}\,\omega(L_2 - M)\underline{I}_2 + \text{j}\,\omega M(\underline{I}_1 - \underline{I}_2) \tag{6.108b}$$

beschrieben, die nach Strömen geordnet ähnlich wie die Gln. (6.106a, b) auf das Gleichungssystem führen

$$\underline{U}_1 = (R_1 + \text{j}\,\omega L_1)\underline{I}_1 - \text{j}\,\omega M \underline{I}_2 \tag{6.109a}$$

$$\underline{U}_2 = \text{j}\,\omega M \underline{I}_1 - (R_2 + \text{j}\,\omega L_2)\underline{I}_2. \tag{6.109b}$$

Zu einer anschaulich besser zu interpretierenden Ersatzschaltung gelangt man, wenn man wie in Abschn. 6.3.2.1 die Sekundärgrößen auf die Primärseite umrechnet. Nach Gln. (6.104a, b) sind dann statt der Sekundärspannung $\underline{U}_2$ die Spannung $\underline{U}_2' = ü\,\underline{U}_2$ und statt des Sekundärstromes $\underline{I}_2$ der Strom $\underline{I}_2' = \underline{I}_2/ü$ in die Rechnung einzuführen. Die Gln. (6.109a, b) lassen sich so in der Form

$$\underline{U}_1 = R_1 \underline{I}_1 + \text{j}\,\omega(L_1 - ü M)\underline{I}_1 + \text{j}\,\omega ü M\left(\underline{I}_1 - \frac{1}{ü}\underline{I}_2\right) \tag{6.110a}$$

$$ü\,\underline{U}_2 = -ü^2 R_2 \frac{1}{ü}\underline{I}_2 - \text{j}\,\omega(ü^2 L_2 - ü M)\frac{1}{ü}\underline{I}_2 + \text{j}\,\omega ü M\left(\underline{I}_1 - \frac{1}{ü}\underline{I}_2\right) \tag{6.110b}$$

darstellen. Man überzeuge sich davon, daß die Gln. (6.110a, b) tatsächlich wieder auf die Gln. (6.109a, b) führen, wenn man ausmultipliziert, nach Strömen ordnet und Gl. (6.110b) durch $ü$ dividiert. Formal kann die in den Gln. (6.110a, b) vorgenommene Umformung mit jedem beliebigen Wert für $ü$ erfolgen; mit $ü=1$ führt sie z.B. auf die Gln. (6.108a, b). Hier soll aber das in Gl. (6.99) definierte Übersetzungsverhältnis $ü = N_1/N_2$ eingesetzt werden, so daß die auf die Primärseite umgerechneten Sekundärgrößen nach Gln. (6.104a–c) verwendet werden dürfen. Das sich dann ergebende Gleichungssystem

$$\underline{U}_1 = R_1 \underline{I}_1 + \mathrm{j}\,\omega L_{1\sigma} \underline{I}_1 + \mathrm{j}\,\omega L_{1\mathrm{h}} (\underline{I}_1 - \underline{I}'_2) \tag{6.111a}$$

$$\underline{U}'_2 = -R'_2 \underline{I}'_2 - \mathrm{j}\,\omega L'_{2\sigma} \underline{I}'_2 + \mathrm{j}\,\omega L'_{2\mathrm{h}} (\underline{I}_1 - \underline{I}'_2) \tag{6.111b}$$

stellt die Spannungsgleichungen für die beiden Maschen in der Ersatzschaltung Bild **6.**38 dar.

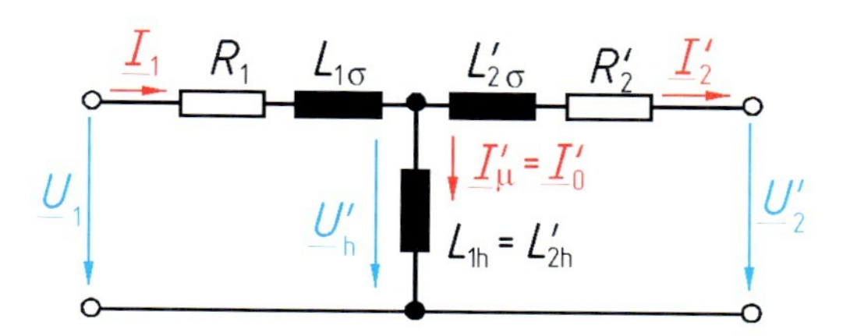

6.38 Ersatzschaltung für den Transformator ohne Eisenverluste mit auf die Primärseite umgerechneten Größen

Aus dem Vergleich mit den Gln. (6.110a, b) erhält man die hierin enthaltenen Elemente, nämlich die primäre Streuinduktivität

$$L_{1\sigma} = L_1 - ü\,M, \tag{6.112}$$

die primäre Hauptinduktivität

$$L_{1\mathrm{h}} = ü\,M \tag{6.113}$$

und die sekundäre Streuinduktivität

$$L_{2\sigma} = L_2 - \frac{1}{ü} M, \tag{6.114}$$

die in Bild **6.**38 als auf die Primärseite umgerechnete sekundäre Streuinduktivität

$$L'_{2\sigma} = ü^2 L_{2\sigma} = ü^2 L_2 - ü\,M \tag{6.115}$$

vorkommt.

Die sekundäre Hauptinduktivität

$$L_{2h} = \frac{1}{\ddot{u}} M \tag{6.116}$$

tritt in Gl. (6.111 b) als auf die Primärseite umgerechnete sekundäre Hauptinduktivität

$$L'_{2h} = \ddot{u}^2 L_{2h} = \ddot{u} M \tag{6.117}$$

auf. Diese ist, wie der Vergleich mit Gl. (6.113) zeigt, mit der primären Hauptinduktivität L_{1h} identisch und wird in der Ersatzschaltung Bild **6.**38 durch dasselbe Schaltungselement dargestellt.

Die Bedeutung dieser Schaltungselemente läßt sich veranschaulichen, wenn man z.B. die primäre Hauptinduktivität nach Gl. (6.113) mit Hilfe der Gln. (6.99), (4.113) und (4.100) als

$$L_{1h} = \ddot{u} M = \frac{N_1}{N_2} N_1 N_2 k_g \Lambda = k_g N_1{}^2 \Lambda = k_g L_1 ,$$

also als den Teil der Primärspulen-Induktivität L_1 beschreibt, der mit der Erzeugung des magnetischen Nutzflusses Φ_{12} (siehe Bild **4.**51) in Zusammenhang gebracht werden kann. Entsprechende Zusammenhänge lassen sich herstellen zwischen der sekundären Hauptinduktivität L_{2h} und dem sekundären Nutzfluß Φ_{21} sowie zwischen der primären (bzw. sekundären) Streuinduktivität $L_{1\sigma}$ (bzw. $L_{2\sigma}$) und dem primären (bzw. sekundären) Streufluß $\Phi_{1\sigma}$ (bzw. $\Phi_{2\sigma}$). Für einen streuungsfreien Transformator gilt daher $L_{1\sigma} = L_{2\sigma} = 0$.

Der auf die Primärseite umgerechnete Magnetisierungsstrom

$$\underline{I}'_{\mu} = \underline{I}_1 - \underline{I}'_2 = \underline{I}_1 - \frac{1}{\ddot{u}} \underline{I}_2 \tag{6.118}$$

ist der Strom, der – von der Primärseite aus betrachtet – zur Erzeugung des magnetischen Nutzflusses $\Phi_{12} = \Phi_{21}$ erforderlich ist. Bei einem Transformator ohne Eisenverluste ist er mit dem primärseitigen Leerlaufstrom $\underline{I}'_0$ identisch. Er ist mit dem Nutzfluß in Phase und eilt der Hauptfeldspannung

$$\underline{U}'_h = j \omega L_{1h} \underline{I}'_{\mu} \tag{6.119}$$

um 90° nach.

6.3.2.4 Transformatoren mit Kupfer- und Eisenverlusten. Bei technisch realisierten Transformatoren und Übertragern treten neben den Kupferverlusten auch Ummagnetisierungs- und Wirbelstromverluste im Kern auf. Diese sog. Eisenverluste sind angenähert proportional dem Quadrat der Spannung und werden in der Ersatzschaltung Bild **6.**39a durch den parallel zur Hauptinduktivität L_{1h} liegenden Wirkwiderstand R_{Fe} berücksichtigt. Der Leerlaufstrom $\underline{I}'_0$ erhält dadurch neben seiner Blindkomponente $\underline{I}'_\mu$ auch einen Wirkanteil, nämlich den mit der Hauptfeldspannung $\underline{U}'_h$ gleichphasigen Verluststrom $\underline{I}'_v$, so daß die Eisenverluste durch das Produkt $U'_h I'_v$ beschrieben werden können.

Mit Hilfe der Ersatzschaltung Bild **6.**39a ist es nun leicht möglich, das Verhalten eines Transformators unter Last zu beschreiben. Bild **6.**39b zeigt das zugehörige U, I-Zeigerdiagramm. Man beachte jedoch, daß die Spannungen $R_1 \underline{I}_1$, $\mathrm{j}\omega L_{1\sigma} \underline{I}_1$, $R'_2 \underline{I}'_2$, $\mathrm{j}\omega L'_{2\sigma} \underline{I}'_2$ übertrieben groß dargestellt sind. In der Praxis betragen sie i. allg. nur wenige Prozent der Spannungen $\underline{U}_1$ und $\underline{U}'_2$.

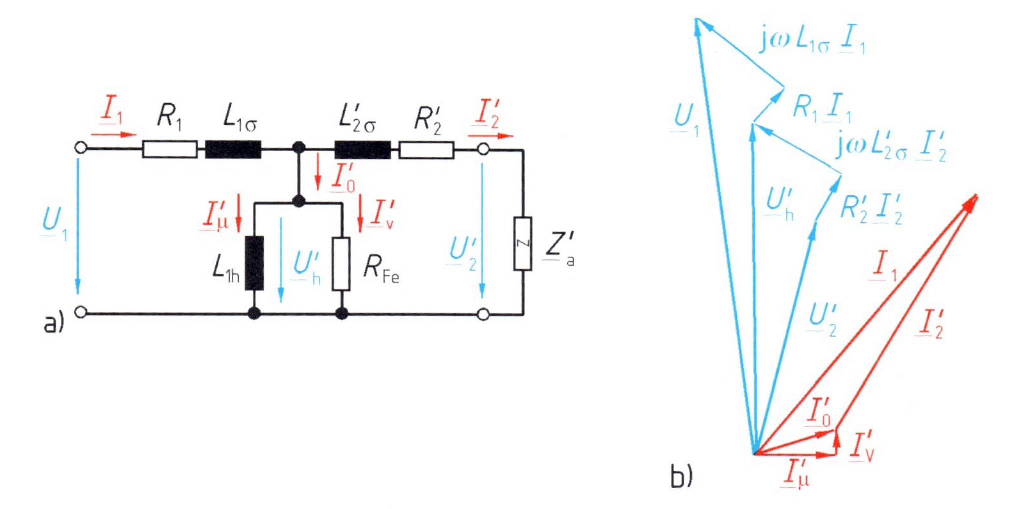

6.39 Sekundärseitig belasteter Transformator.
Vollständige Ersatzschaltung mit auf die Primärseite umgerechneten Größen (a) und Strom-Spannungs-Zeigerdiagramm (b)

7 Ortskurven und Schwingkreise

In Abschn. 5 und 6 sind Schaltungselemente bzw. Netzwerke unter der Voraussetzung betrachtet, daß alle die Betriebseigenschaften eines Netzwerkes bestimmenden Größen wie Widerstände, Kapazitäten, Induktivitäten sowie die Frequenz der Ströme und Spannungen konstant bleiben. In der Praxis aber interessiert häufig auch die Abhängigkeit der Betriebseigenschaften von einer – oder mehreren – dieser Größen. Beispielsweise interessiert in der Nachrichtentechnik der Einfluß der Frequenz auf die Eigenschaften einer Schaltung oder in der Energietechnik die Abhängigkeit der Spannung von der Belastung, d.h. dem Widerstand. Man betrachtet also die interessierende Größe, z.B. Spannung oder Strom, in Abhängigkeit von einer als Variable aufgefaßten Größe.

Bei allen solchen Untersuchungen ist unbedingt zu beachten, in welcher Art sich die Variable zeitlich ändert. Betrachtet man z.B. die Spannung u an einer Induktivität L, durch die der Sinusstrom $i=\hat{i}\sin(\omega t)$ fließt, in Abhängigkeit von der Variablen Kreisfrequenz ω, so sind folgende Fälle zu unterscheiden:

a) Die Änderung der Variablen Kreisfrequenz entsprechend einer Zeitfunktion $\omega_t=f(t)$ wird in die Betrachtungen einbezogen. Dann kann für den einzelnen Wert ω kein stationärer Betriebszustand vorausgesetzt werden. Die sich entsprechend Gl. (4.115) ergebende Spannung $u=L\,\mathrm{d}i/\mathrm{d}t=L\hat{i}\,\mathrm{d}[\sin(\omega_t t)]/\mathrm{d}t=[L\hat{i}\cos(\omega_t t)]\cdot(\omega_t+t\,\mathrm{d}\omega_t/\mathrm{d}t)$ ist nicht mehr sinusförmig und kann nicht mehr als eine komplexe Größe dargestellt werden.

b) Jeder Wert der Variablen Kreisfrequenz ω wird als konstant angenommen. Dann kann für jeden Wert ω ein stationärer Betriebszustand vorausgesetzt werden, für den sich die stationäre Sinusspannung $\underline{U}=\mathrm{j}\,\omega L\underline{I}$ (s. Tafel **5.**33) einstellt.

In diesem Abschnitt werden in Abhängigkeit von einer Variablen p nur stationäre Betriebszustände betrachtet. Jeden Wert einer Variablen p muß man sich also jeweils so lange konstant gehalten vorstellen, bis sich die von diesem Wert abhängige Größe $x=f(p)$ stationär (mit konstanter Amplitude) eingestellt hat.

In Abschn. 7.1 ist allgemein das Verfahren beschrieben, mit dem die Abhängigkeit einer komplexen Größe von einer beliebigen als Variable aufgefaßten zweiten komplexen Größe dargestellt werden kann. In Abschn. 7.2 sind dann die Betriebseigenschaften von Schwingkreisen in Abhängigkeit von der Variablen Frequenz erläutert.

7.1 Ortskurven

7.1.1 Erläuterung und Konstruktion von Ortskurven

Zeigerdiagramme stellen in anschaulicher Weise die Summation gleichfrequenter Sinusgrößen in komplexer Schreibweise dar, in der hier betrachteten Sinusstromlehre also von Spannungen oder Strömen, aber auch von zeitunabhängigen komplexen Größen, z.B. komplexer Widerstände und Leitwerte. Sie gelten jedoch jeweils nur für eine bestimmte konstante Frequenz und bestimmte konstante Werte der Schaltungselemente.

Soll eine die Betriebseigenschaften einer Schaltung beschreibende komplexe Größe wie Spannung oder Strom in Abhängigkeit von einer als Variable aufgefaßten Größe dieser Schaltung – z.B. Induktivität, Kapazität, Widerstand oder Frequenz – dargestellt werden, könnte man für verschiedene – jeweils konstant angenommene – Werte dieser Variablen das Zeigerdiagramm angeben und so die Betriebseigenschaften durch eine Vielzahl von Zeigerdiagrammen beschreiben. Beispielsweise kann man die Abhängigkeit des komplexen Widerstandes $\underline{Z}=R+\mathrm{j}\,\omega L$ einer Reihenschaltung nach Bild **7.1** a aus Wirkwiderstand R und Induktivität L von der Variablen Kreisfrequenz ω durch Zeigerdiagramme darstellen, die jeweils für eine konstante Kreisfrequenz $\omega_1, 2\,\omega_1, 3\,\omega_1, \ldots, n\,\omega_1$ gelten (s. Bild **7.1** b).

Eine solche Darstellung wird wesentlich übersichtlicher, wenn man alle nichtinteressierenden Größen der Zeigerdiagramme fortläßt, nur die komplexen Zeiger der in Abhängigkeit von der Variablen betrachteten Größe zeichnet und mit dem zugehörigen Wert der Variablen beziffert (s. Bild **7.1** c). In dieser Darstellung ist also nur noch die zu betrachtende Größe mit Betrag und Phasenlage in Abhängigkeit von dem Parameter angegeben.

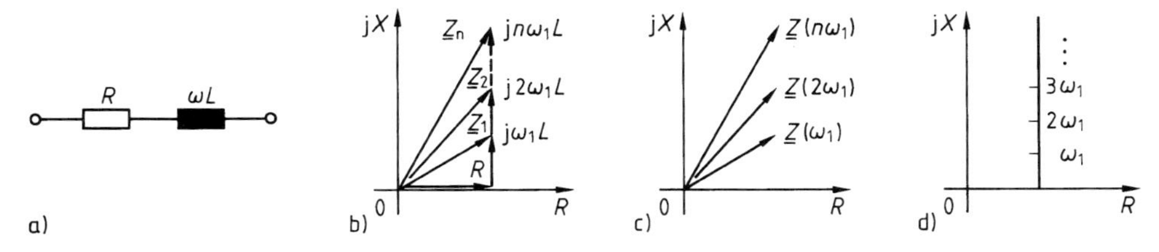

7.1 Entwicklung der Ortskurve für eine komplexen Widerstand $\underline{Z}=R+\mathrm{j}\,\omega L$ mit der Kreisfrequenz ω als Variable
a) Schaltung,
b) vollständige Zeigerdiagramme für die Kreisfrequenzen $\omega_1, 2\,\omega_1, \ldots, n\,\omega_1$,
c) resultierende Zeiger für $\underline{Z}$,
d) Ortskurve für $\underline{Z}$

Eine weitere Vereinfachung ergibt sich, wenn man auch die Zeiger der darzustellenden Größe fortläßt und nur noch die Kurve zeichnet, auf der die Spitzen der Zeiger liegen (s. Bild **7.**1 d). Diese Kurve, als Ortskurve bezeichnet, ist also der geometrische Ort aller Werte der von einer Variablen abhängigen komplexen Größe. Sie wird der Variablen entsprechend beziffert.

Ohne näher auf die allgemeine Theorie oder Konstruktionsregeln für Ortskurven [6], [17], [21] einzugehen, werden in den folgenden Abschnitten die Ortskurven an Beispielen erläutert, die für die Betriebseigenschaften einiger Schaltungen von grundsätzlicher Bedeutung sind. Für weitere Anwendungen wird auf [17], [51] verwiesen.

7.1.1.1 Ortskurven für Spannung und Widerstand. Im folgenden werden Ortskurven für eine Reihenschaltung aus Wirkwiderstand R und Blindwiderstand X entsprechend Bild **7.**2a ermittelt. Für die Reihenschaltung gilt die Spannungsgleichung

$$\underline{U} = R\underline{I} + \mathrm{j}X\underline{I}, \tag{7.1}$$

mit dem Blindwiderstand $X = \omega L - 1/(\omega C)$.

In Bild **7.**2 sind einige Zeigerdiagramme der Spannungen gezeichnet für den Fall, daß der Strom $\underline{I}$ konstant ist und sich nur einer der beiden Widerstände R oder X ändert. Der Stromzeiger $\underline{I}$ ist dabei in die positive reelle Achse der komplexen Ebene gelegt.

Bei variablem Blindwiderstand X und konstantem Wirkwiderstand R ergeben sich die in Bild **7.**2b dargestellten Spannungsdiagramme. Der Zeiger der Wirkspannung $R\underline{I}$ liegt in der reellen Achse, da er mit dem Stromzeiger $\underline{I}$ in Phase liegt. An der Spitze des Zeigers $R\underline{I}$ wird rechtwinklig der Zeiger der Blindspannung $\mathrm{j}X\underline{I}$ angetragen, so daß sich je nach Vorzeichen [Überwiegen von ωL oder $1/(\omega C)$] und Betrag die Strecken $\overline{DA}$, $\overline{DB}$, $\overline{DC}$, $\overline{DE}$, $\overline{DF}$, $\overline{DG}$ ergeben. Dementsprechend wandert der Endpunkt des Spannungszeigers $\underline{U}$ auf der zur reellen Achse senkrechten Geraden $\overline{AG}$. Die durch den Punkt $\underline{I}R$ auf der reellen Achse parallel zur Imaginärachse verlaufende Gerade (in Bild **7.**2b dick schwarz ausgezogen) ist somit die Ortskurve des Spannungszeigers $\underline{U}$ nach Gl. (7.1) für den variablen Parameter Blindwiderstand X. Sie kann in der Einheit Ω des Blindwiderstandes beziffert werden.

Ähnlich ergibt sich die Ortskurve der komplexen Spannung $\underline{U}$ für konstanten Strom $\underline{I}$ und konstanten Blindwiderstand X, aber variablen Wirkwiderstand R. Wird wie in Bild **7.**2c der Zeiger des konstanten Stromes $\underline{I}$ in die reelle Achse gelegt, liegt der ebenfalls konstante Spannungszeiger $\mathrm{j}X\underline{I}$ in der Imaginärachse, von dessen Spitze ausgehend der mit R veränderliche Zeiger der Wirkspannung $R\underline{I}$ parallel zur reellen Achse entsprechend den Strecken $\overline{AB}$, $\overline{AC}$, $\overline{AD}$ angetragen ist. Die Spitze des Spannungszeigers $\underline{U}$ liegt also je nach Größe des Wirkwiderstandes R auf der Geraden $\overline{AD}$, die Ortskurve (in Bild **7.**2c dick schwarz aus-

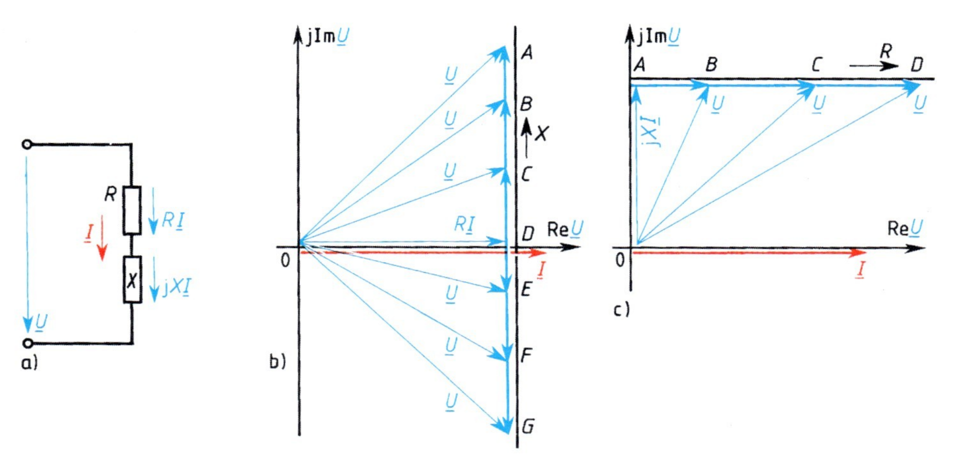

7.2 Ortskurven der Spannung $\underline{U}$ an einer Reihenschaltung (a) aus Wirkwiderstand R und Blindwiderstand X bei konstantem Strom $\underline{I}$ mit der Variablen Blindwiderstand X (b) bzw. Wirkwiderstand R (c)

gezogen) verläuft somit parallel zur reellen Achse durch den Punkt $\mathrm{j}X\underline{I}$ auf der Imaginärachse.

Dividiert man die Größen des Spannungsdiagrammes entsprechend Bild **7.**2, also die Gl. (7.1), durch den konstanten Strom $\underline{I}$, so bekommt man den komplexen Widerstand

$$\underline{Z} = \frac{\underline{U}}{\underline{I}} = R + \mathrm{j}X. \tag{7.2}$$

Man erkennt, daß für diesen ähnliche Zeigerdiagramme und damit Ortskurven gelten, wie sie in Bild **7.**2b und c für die Spannung dargestellt sind. Beispielsweise ergibt sich für konstanten Wirkwiderstand R und veränderlichen Blindwiderstand X der Zeiger des komplexen Widerstandes $\underline{Z} = R + \mathrm{j}X$, indem der Zeiger R auf der reellen Achse und von dessen Spitze ausgehend der Zeiger des Blindwiderstandes $\mathrm{j}X$ parallel zur Imaginärachse angetragen wird, in ähnlicher Weise, wie in Bild **7.**2b für die Spannung $\underline{U}$ dargestellt. Die Ortskurven der komplexen Spannung $\underline{U}$ und des komplexen Widerstandes $\underline{Z}$ unterscheiden sich bei der Reihenschaltung lediglich im Wert um den des Maßstabsfaktors I und in der Dimension um die des Stromes.

□ **Beispiel 7.1**

Eine aus Wirkwiderstand $R = 15\,\Omega$, Induktivität $L = 0{,}2\,\mathrm{H}$ und Kapazität $C = 30\,\mu\mathrm{F}$ bestehende Reihenschaltung ist an die Sinusspannung $U = 120\,\mathrm{V}$ angeschlossen. Es soll die Ortskurve des komplexen Widerstandes $\underline{Z}$ für Frequenzen im Bereich $f = 40\,\mathrm{Hz}$ bis $100\,\mathrm{Hz}$ ermittelt werden.

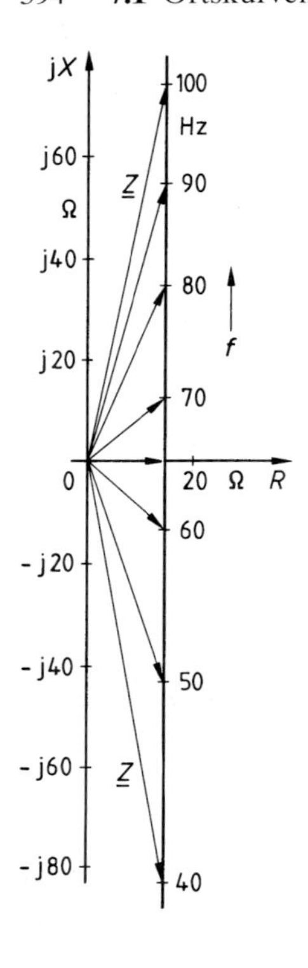

Für den komplexen Widerstand $\underline{Z}=R+\mathrm{j}[\omega L-1/(\omega C)]$ der Reihenschaltung werden mit verschiedenen Frequenzen Zeigerdiagramme entsprechend Bild **7.**3 gezeichnet. Der von der Frequenz unabhängige Zeiger des Wirkwiderstandes $R=15\,\Omega$ ist auf der reellen Achse angetragen. Von dessen Spitze ausgehend liegt der Zeiger des Blindwiderstandes $X=\omega L-1/(\omega C)$ parallel zur Imaginärachse in negativer oder positiver Richtung (abhängig von dem Wert für $(\omega=2\pi f)$; also ist die Ortskurve die in Bild **7.**3 dick ausgezogene Gerade. Ihre Bezifferung erfolgt in der Einheit Hz für die Variable Frequenz f.

Bei der Frequenz $f=65\,\mathrm{Hz}$ ist der komplexe Widerstand $\underline{Z}=R=15\,\Omega$ reell und hat seinen minimalen Wert (Resonanzfall, s. Abschn. 7.2.2.1). In den Grenzfällen $f=0$ und $f=\infty$ wird $\underline{Z}=\infty$, denn bei $f=0$ sperrt der Kondensator und bei $f=\infty$ die Drosselspule den Stromkreis, die Ortskurve strebt für diese Extremwerte nach $(15-\mathrm{j}\,\infty)\,\Omega$ und $(15+\mathrm{j}\,\infty)\,\Omega$. □

7.3 Ortskurve des komplexen Widerstandes $\underline{Z}$ zu Beispiel 7.1

Ortskurven für die Spannung $\underline{U}=\underline{I}/(G+\mathrm{j}B)$ und den Widerstand $\underline{Z}=1/(G+\mathrm{j}B)$ einer Parallelschaltung aus Wirkleitwert G und Blindleitwert B können analog den Erläuterungen in Abschn. 7.1.1.2 ermittelt werden. Sie ergeben sich als Kreise ähnlich wie in Bild **7.**4.

7.1.1.2 Ortskurven für Strom und Leitwert. Für Leitwert und Strom einer Parallelschaltung sowie Widerstand und Spannung einer Reihenschaltung gelten die in Abschn. 2.2.5 erläuterten Dualitätsbeziehungen. Damit kann für eine Parallelschaltung von Wirkleitwert G und Blindleitwert B unmittelbar der Strom $\underline{I}=G\underline{U}+\mathrm{j}B\underline{U}$ abgeleitet werden, für den ähnliche Ortskurven gelten, wie sie in Abschn. 7.1.1.1 für die Spannung $\underline{U}$ nach Gl. (7.1) abgeleitet sind (s. Bild **7.**2b und c). Völlig andersartig verlaufen aber die Ortskurven für Strom und Leitwert einer Reihenschaltung, wie im folgenden gezeigt ist.

Es wird eine Reihenschaltung aus Wirkwiderstand R und Blindwiderstand X (s. Bild **7.**2a) an einer konstanten Spannung $\underline{U}$ betrachtet. Dabei sollen die Ortskurven für den Strom $\underline{I}$ bestimmt werden für den Fall, daß entweder nur der Wirkwiderstand R oder nur der Blindwiderstand X als Variable aufgefaßt wird.

Ist der Blindwiderstand X die Variable und der Wirkwiderstand R konstant, so dividiert man zweckmäßigerweise die Spannungsgleichung (7.1) durch

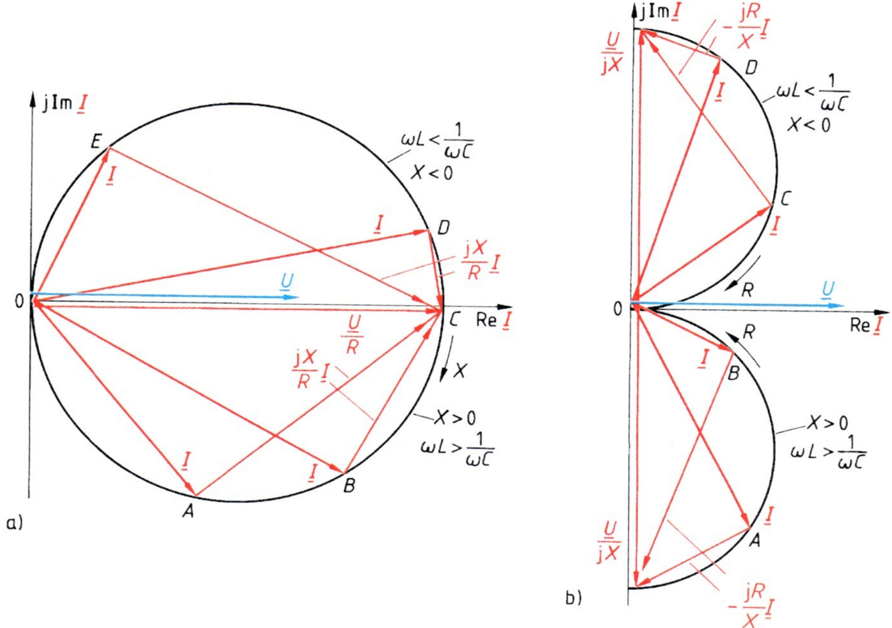

7.4 Ortskurven des Stromes $\underline{I}$ in einer Reihenschaltung nach Bild **7.2**a aus Wirkwiderstand R und Blindwiderstand X bei konstanter Spannung $\underline{U}$ mit der Variablen Blindwiderstand X (a) bzw. Wirkwiderstand R (b)

den konstanten Wirkwiderstand R. In der dadurch entstehenden Stromgleichung

$$\underline{U}/R = \underline{I} + \mathrm{j}\,\frac{X}{R}\,\underline{I} \tag{7.3}$$

haben die Ausdrücke $\underline{U}/R$ und $\mathrm{j}(X/R)\underline{I}$ den Charakter von Stromzeigern. Für die Darstellung dieser Gl. (7.3) in der komplexen Ebene wird die konstante Spannung als Bezugszeiger $\underline{U}$ gewählt und in die reelle Achse gelegt (s. Bild **7.4**a). Damit liegt der gleichphasige Stromzeiger $\underline{U}/R$ ebenfalls in der reellen Achse. Die Stromzeiger $\underline{I}$ und $\mathrm{j}(X/R)\underline{I}$ stehen jeweils senkrecht aufeinander und müssen sich für jeden Wert des Blindwiderstandes X zu dem konstanten Stromzeiger $\underline{U}/R$ zusammensetzen (s. Bild **7.4**a).

Ändert sich mit dem Blindwiderstand X der Stromzeiger $\mathrm{j}(X/R)\underline{I}$, so muß sich bei konstantem Verhältnis $\underline{U}/R$ auch der Strom $\underline{I}$ ändern, und zwar so, daß der Eckpunkt des rechten Winkels zwischen $\mathrm{j}(X/R)\underline{I}$ und $\underline{I}$ einen Halbkreis über dem Durchmesser $\underline{U}/R$ beschreibt (Thaleskreis, s. Bild **7.4**a). Die Strecken $\overline{0A}$ bis $\overline{0E}$ geben entsprechend Gl. (7.3) unmittelbar die Ströme $\underline{I}$ nach Betrag und Phase an, die sich bei den entsprechenden Blindwiderständen (X-Werten) einstellen. Der dick schwarz ausgezogene Kreis ist die Ortskurve des Stromes $\underline{I}$ bei konstanter Spannung $\underline{U}$ und variablem Blindwiderstand X. In dem unteren Halbkreis in Bild **7.4**a ist ein gegenüber der Spannung $\underline{U}$ nacheilender Strom $\underline{I}$ dargestellt, d.h., die Schaltung hat induktiven Charakter, dagegen gehört der obere Halbkreis zu einem gegenüber $\underline{U}$ voreilenden Strom $\underline{I}$, d.h., er beschreibt einen kapazitiven Schaltungscharakter.

Um das entsprechende Kreisdiagramm für veränderlichen Wirkwiderstand R bei konstantem Blindwiderstand X zu erhalten, dividiert man Gl. (7.1) durch $\mathrm{j}X$.

$$\frac{\underline{U}}{\mathrm{j}X} = -\mathrm{j}\frac{\underline{U}}{X} = \underline{I} - \mathrm{j}\frac{R}{X}\underline{I} \tag{7.4}$$

Die in Gl. (7.4) auf der rechten Seite stehende geometrische Summe der beiden einen rechten Winkel einschließlich Stromzeiger $\underline{I}$ und $-\mathrm{j}(R/X)\,\underline{I}$ ist gleich dem Stromzeiger $\underline{U}/(\mathrm{j}X)$. Er bildet den Durchmesser des Halbkreises, auf dem die Ecke des rechten Winkels liegt (Thaleskreis).

Für einen positiven Zahlenwert des Blindwiderstandes X [überwiegende Induktivität, also $\omega L > 1/(\omega C)$] liegt der Zeiger $\underline{U}/(\mathrm{j}X)$ in der negativen j-Achse (s. den unteren Teil von Bild **7.4**b), so daß sich die Ortskurve der Ströme als Halbkreis über der negativen Imaginärachse ergibt; die Ströme $\underline{I}$ eilen der Spannung $\underline{U}$ nach.

Für einen negativen Zahlenwert des Blindwiderstandes X infolge überwiegender Kapazität wird der Zeiger $\underline{U}/(\mathrm{j}X)$ positiv, so daß dieser in der positiven Imaginärachse liegt (s. den oberen Teil von Bild **7.4**b). Man erhält in ähnlicher Weise wie oben beschrieben als Ortskurve für $\underline{I}$ den oberen Halbkreis in Bild **7.4**b für Ströme $\underline{I}$, die der Spannung $\underline{U}$ vorauseilen.

□ **Beispiel 7.2**

In einer Schaltung nach Bild **7.5**a sind in einem Zweig der Wirkwiderstand $R = 50\,\Omega$, die Induktivität $L = 80\,\mu\text{H}$ und die Kapazität $C = 12{,}5\,\text{nF}$ in Reihe geschaltet. Der andere Zweig enthält nur die Kapazität $C_\text{p} = 5{,}0\,\text{nF}$. Es sollen die Ortskurven des komplexen Leitwertes $\underline{Y}$ und des komplexen Widerstandes $\underline{Z}$ der Schaltung für einen Kreisfrequenzbereich $\omega = 0{,}5\cdot 10^6\,\text{s}^{-1}$ bis $\omega = 4{,}0\cdot 10^6\,\text{s}^{-1}$ (entsprechend etwa $f = 80\,\text{kHz}$ bis $640\,\text{kHz}$) ermittelt werden.

Mit dem komplexen Widerstand der Reihenschaltung

$$\underline{Z}_\text{r} = R + \mathrm{j}X_\text{r} = R + \mathrm{j}\left(\omega L - \frac{1}{\omega C}\right) = 50\,\Omega + \mathrm{j}\left(\omega\cdot 80\,\mu\text{H} - \frac{1}{\omega\cdot 12{,}5\,\text{nF}}\right)$$

und dem komplexen Leitwert $\underline{Y}_\text{cp} = \mathrm{j}\,\omega C_\text{p} = \mathrm{j}\,\omega\cdot 5{,}0\,\text{nF}$ der der Reihenschaltung parallel geschalteten Kapazität C_p ergibt sich der komplexe Gesamtleitwert

$$\underline{Y}_\text{g} = \underline{Y}_\text{cp} + \frac{1}{\underline{Z}_\text{r}} = G_\text{g} + \mathrm{j}\,B_\text{g} \tag{7.5}$$

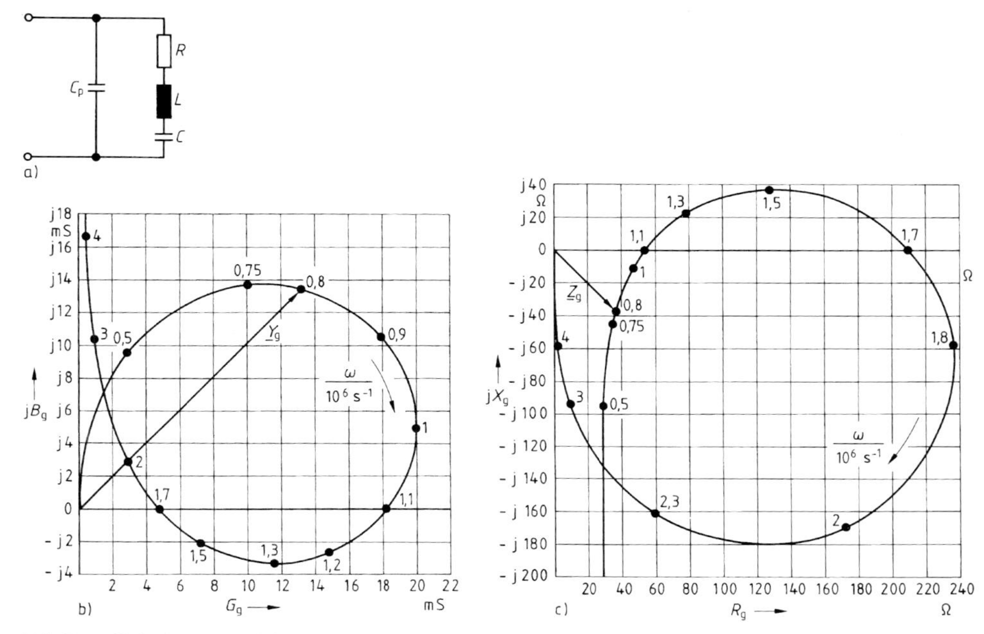

7.5 Parallelschaltung (a) zu Beispiel 7.2 sowie Ortskurven des komplexen Leitwertes $\underline{Y}_g$ (b) und des komplexen Widerstandes $\underline{Z}_g$ (c) dieser Parallelschaltung (für $\omega = 0{,}8 \cdot 10^6\,\mathrm{s}^{-1}$ sind beispielhaft die Zeiger $\underline{Y}_g$ und $\underline{Z}_g$ eingetragen)

der Parallelschaltung nach Bild **7.**5a. Um die Ortskurve dieses Leitwertes zu zeichnen, werden Kreisfrequenzwerte in sinnvoller Stufung angenommen und für jeden dieser Kreisfrequenzwerte ein komplexer Leitwert berechnet. Diese Rechnung kann heute relativ mühelos mit Hilfe von Digitalrechnern durchgeführt werden. Die als komplexe Zahlen berechneten Leitwerte $\underline{Y}_g$ werden als Punkte in die komplexe Zahlenebene übertragen und mit den zugehörigen Kreisfrequenzwerten beziffert (s. Bild **7.**5b). Der durch die eingetragenen Punkte gelegte Linienzug stellt die Ortskurve für den Leitwert dar, auf der auch für beliebige Werte zwischen den markierten Kreisfrequenzwerten der komplexe Leitwert $\underline{Y}_g$ nach Betrag und Phase abgelesen werden kann (s. Bild **7.**5b).

In ähnlicher Weise kann auch die Ortskurve für den komplexen Widerstand der Parallelschaltung in Bild **7.**5a bestimmt werden. Die Rechnung erfolgt über den Kehrwert des komplexen Leitwertes nach Gl. (7.5), der ja den komplexen Widerstand

$$\underline{Z}_g = \frac{1}{\underline{Y}_g} = \frac{1}{G_g + \mathrm{j}\,B_g} = \frac{G_g - \mathrm{j}\,B_g}{G_g^2 + B_g^2} = \frac{G_g}{G_g^2 + B_g^2} + \mathrm{j}\,\frac{-B_g}{G_g^2 + B_g^2} = R_g + \mathrm{j}\,X_g \tag{7.6}$$

darstellt. □

□ **Beispiel 7.3**

Eine Parallelschaltung nach Bild **7.**6a, bestehend aus dem Wirkwiderstand $R_1 = 50\,\Omega$ und der Induktivität $L = 0{,}2\,\mathrm{H}$ sowie dem Wirkwiderstand $R_2 = 20\,\Omega$ und der Kapazität $C = 30\,\mu\mathrm{F}$, ist an die Sinusspannung $U = 100\,\mathrm{V}$ angeschlossen. Man ermittle aus Zeigerdiagrammen die in der Parallelschaltung fließenden Ströme $\underline{I}_1$, $\underline{I}_2$ und $\underline{I}$ für die Frequenzen $f = 0$ Hz, 0,25 Hz, 50 Hz, 75 Hz und 100 Hz und zeichne die Ortskurven der drei Ströme.

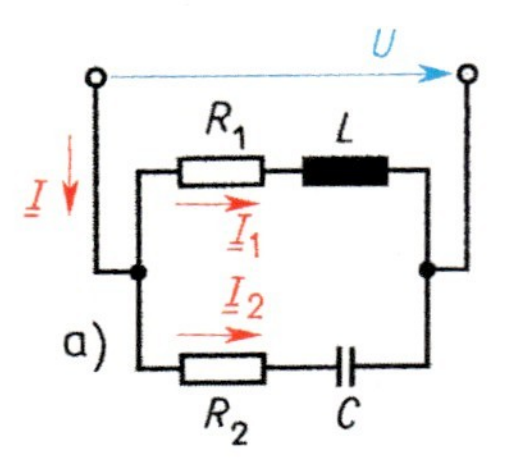

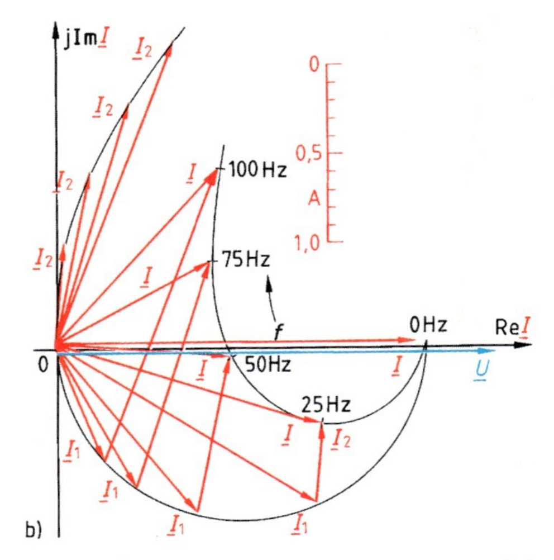

7.6 Parallelschwingkreis (a) zu Beispiel 7.3 und Ortskurven der Ströme (b)

Es werden nach Gl. (6.20) bzw. (6.28) und Gl. (6.21) bzw. (6.29) die Scheinwiderstände Z_1 bzw. Z_2 und Phasenwinkel φ_1 bzw. φ_2 und damit die komplexen Zweigströme $\underline{I}_1$ bzw. $\underline{I}_2$ berechnet. Der resultierende Strom $\underline{I}$ ergibt sich durch die geometrische Zusammensetzung der Zeiger $\underline{I}_1$ und $\underline{I}_2$, wie dies Bild **7.**6b zeigt. Gegenüber der Spannung $\underline{U}$ eilen die Ströme im Zweig *1* nach, im Zweig *2* dagegen vor. Bei der Frequenz $f=0$ fließt, da $\omega L=0$ ist, nur ein reiner Wirkstrom $I=I_1=2\,\text{A}$ im Zweig *1*, während der Zweig *2* wegen $1/(\omega C)=\infty$ stromlos ist. Bei der Frequenz $f=\infty$ fließt, da jetzt $1/(\omega C)=0$ ist, nur der Wirkstrom $I=I_2=5\,\text{A}$ im Zweig *2*, der Zweig *1* ist mit $\omega L=\infty$ stromlos. □

7.1.2 Inversion komplexer Größen und Ortskurven

Unter der Inversion einer komplexen Größe versteht man die Bildung ihres Kehrwertes. Sie hat in der Elektrotechnik eine besondere Bedeutung, da der Leitwert der Kehrwert des Widerstandes ist und umgekehrt, so daß man mit dieser Beziehung die durch das Ohmsche Gesetz ausgedrückten Divisionen in Multiplikationen überführen kann. Z.B. kann der Quotient $\underline{I}=\underline{U}/\underline{Z}$ nach Inversion des Widerstandes $\underline{Z}$ mit dem Leitwert $\underline{Y}=1/\underline{Z}$ als Produkt $\underline{I}=\underline{U}\,\underline{Y}$ geschrieben werden. Analytisch läßt sich die Inversion einer komplexen Größe leicht durchführen, wenn man sie in der Exponentialform darstellt. Dann ergibt sich die zu $\underline{Z}=Z\,\text{e}^{\text{j}\varphi}$ inverse Größe

$$\underline{Y}=\frac{1}{Z\,\text{e}^{\text{j}\varphi}}=\frac{1}{Z}\,\text{e}^{-\text{j}\varphi}=Y\,\text{e}^{\text{j}\varphi_Y}, \tag{7.7}$$

so daß die Winkel φ und φ_Y der beiden inversen Größen $\underline{Z}$ und $\underline{Y}$ entgegengesetzt gleich sind ($\varphi_Y=-\varphi$). Bild **7.**7 zeigt dieses an einem Beispiel der beiden

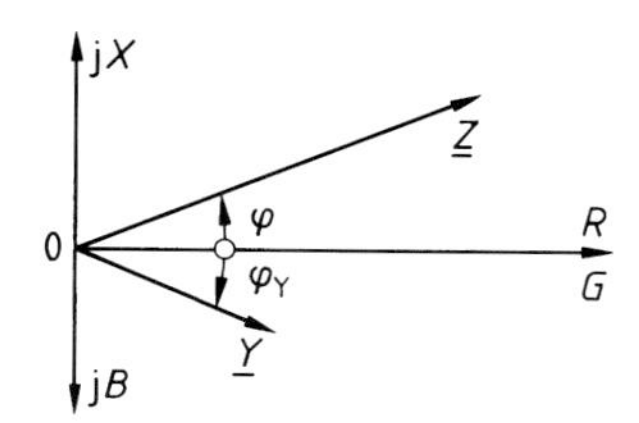

7.7 Komplexer Zeiger $\underline{Z}$ und inverser Zeiger $\underline{Y}$

komplexen Größen $\underline{Z}$ und $\underline{Y}$. In Komponentendarstellung ergibt sich der komplexe Leitwert

$$\underline{Y} = \frac{1}{\underline{Z}} = \frac{1}{R+\mathrm{j}X} = \frac{R-\mathrm{j}X}{R^2+X^2} = \frac{R}{R^2+X^2} - \mathrm{j}\,\frac{X}{R^2+X^2}. \tag{7.8}$$

Die graphische Konstruktion inverser Größen aus der Ausgangsgröße ist in [6] und [21] erläutert.

Die Bedeutung der Inversion von komplexen Größen kommt erst bei der Inversion von Ortskurven voll zur Geltung. Kennt man die Ortskurve, die die Abhängigkeit einer komplexen Größe von einem Parameter angibt, z. B. die Abhängigkeit des komplexen Widerstandes von der Frequenz, und will man die Abhängigkeit des Kehrwertes dieser Größe darstellen, z. B. die des komplexen Leitwertes von der Frequenz, so muß die gegebene Ortskurve invertiert werden. Das könnte man auf rechnerischem Wege durch punktweise Kehrwertbildung erreichen, was aber recht mühsam wäre. Aufbauend auf den vorstehend für eine diskrete Größe beschriebenen Inversionsvorschriften, sind deshalb Gesetze entwickelt worden, nach denen Ortskurven in der Form von Geraden oder Kreisen geschlossen invertiert werden können. Für die Ableitungen und erläuternden Konstruktionsvorschriften sei auf [6], [21], für die Anwendung in Beispielen auf [50], [51] verwiesen, während hier lediglich die wichtigsten Regeln angeführt werden sollen:

1. Die Inversion einer Geraden durch den Nullpunkt ergibt wieder eine Gerade durch den Nullpunkt.

2. Die Inversion einer Geraden, die nicht durch den Nullpunkt geht, ergibt einen Kreis durch den Nullpunkt.

3. Die Inversion eines Kreises durch den Nullpunkt ergibt eine Gerade, die nicht durch den Nullpunkt geht.

4. Die Inversion eines Kreises, der nicht durch den Nullpunkt geht, ergibt wieder einen Kreis, der nicht durch den Nullpunkt geht.

Die Kenntnis dieser Regeln erübrigt häufig langwierige Rechnungen. Weiß man nämlich, daß die gesuchte Ortskurve für eine komplexe Größe eine Gerade oder ein Kreis ist, so brauchen nur zwei bzw. drei Werte dieser Größe berechnet zu werden, um die vollständige Ortskurve zeichnen zu können, da bekanntlich durch 2 bzw. 3 Punkte eine Gerade bzw. ein Kreis eindeutig bestimmt sind. Soll

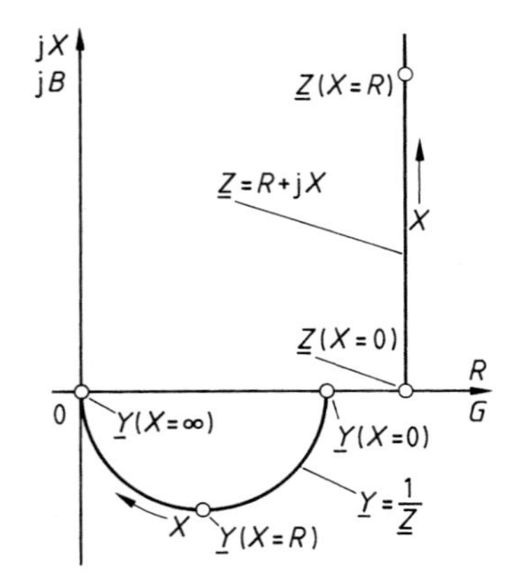

7.8 Einander inverse Ortskurven $\underline{Z}=R+\mathrm{j}X$ (Gerade) und $\underline{Y}=1/\underline{Z}$ (Kreis)

beispielsweise der komplexe Leitwert $\underline{Y}=1/\underline{Z}=1/(R+\mathrm{j}X)$ einer Reihenschaltung aus R und X in Abhängigkeit von der Variablen X dargestellt werden, so weiß man, daß die Ortskurve des komplexen Widerstandes $\underline{Z}=R+\mathrm{j}X$ eine Gerade ist und deren Inversion, also die Ortskurve für $\underline{Y}$, ein Kreis. Es genügt also, drei Werte für $\underline{Y}$ zu berechnen – i. allg. wählt man drei ausgezeichnete Werte, z.B. $X=0$, $X=\infty$ und $|X|=R$ –, um den vollständigen Kreis zu konstruieren (s. Bild **7.**8).

In dem folgenden Beispiel 7.4 ist abschließend konkret die Inversion von einzelnen Zeigern wie auch einer Ortskurve gezeigt.

□ **Beispiel 7.4**

Für eine Reihenschaltung aus konstantem Blindwiderstand $X=2\,\Omega$ und variablem Wirkwiderstand R ist die Ortskurve des komplexen Widerstandes $\underline{Z}=R+\mathrm{j}X$ und des komplexen Leitwertes $\underline{Y}=1/\underline{Z}$ zu zeichnen. Dazu sollen für die drei Werte $R_0=0\,\Omega$, $R_1=2\,\Omega$ und $R_2=6\,\Omega$ die komplexen Widerstands- und Leitwertzeiger gezeichnet werden.

In Bild **7.**9 sind die Zeiger der drei komplexen Widerstände $\underline{Z}_0=\mathrm{j}2\,\Omega$, $\underline{Z}_1=2\,\Omega+\mathrm{j}2\,\Omega$ und $\underline{Z}_2=6\,\Omega+\mathrm{j}2\,\Omega$ in den ersten Quadranten einer komplexen Zahlenebene eingetragen. Die Ortskurve des komplexen Widerstandes $\underline{Z}$ mit der Variablen R ist die parallel zur reellen Achse verlaufende Gerade durch den Punkt $\mathrm{j}2\,\Omega$ auf der imaginären Achse.

Die komplexen Leitwerte $\underline{Y}$ der Reihenschaltung als Kehrwerte der komplexen Widerstände ergeben sich durch Inversion der Zeiger $\underline{Z}$ wie folgt. Die Richtung der Leitwertzeiger $\underline{Y}$ bekommt man durch Spiegeln der Zeiger $\underline{Z}$ an der reellen Achse (s. Bild **7.**9) entsprechend der Winkelbeziehung $\varphi_Y=-\varphi$ aus Gl. (7.7). Auf den $\underline{Z}_0$, $\underline{Z}_1$ und $\underline{Z}_2$ entsprechenden gespiegelten Geraden *0*; *1* und *2* werden die aus den Kehrwerten der Beträge von Z berechneten Leitwerte $Y_0=1/Z_0=1/(2\,\Omega)=0{,}5\,\mathrm{S}$, $Y_1=1/Z_1=1/(\sqrt{2^2+2^2}\,\Omega)=0{,}35\,\mathrm{S}$ und $Y_2=1/Z_2=1/(\sqrt{6^2+2^2}\,\Omega)=0{,}16\,\mathrm{S}$ angetragen und so die drei Zeiger der komplexen Leitwerte $\underline{Y}_0$, $\underline{Y}_1$ und $\underline{Y}_2$ bestimmt (s. Bild **7.**9). Die Ortskurve für den Leitwert $\underline{Y}$ als invertierte Gerade (Ortskurve für $\underline{Z}$), die nicht durch den Nullpunkt geht, ist ein Kreis, der durch die Spitzen der drei Zeiger $\underline{Y}_0$, $\underline{Y}_1$ und $\underline{Y}_2$ eindeutig bestimmt ist (in Bild **7.**9 dick ausgezogen). □

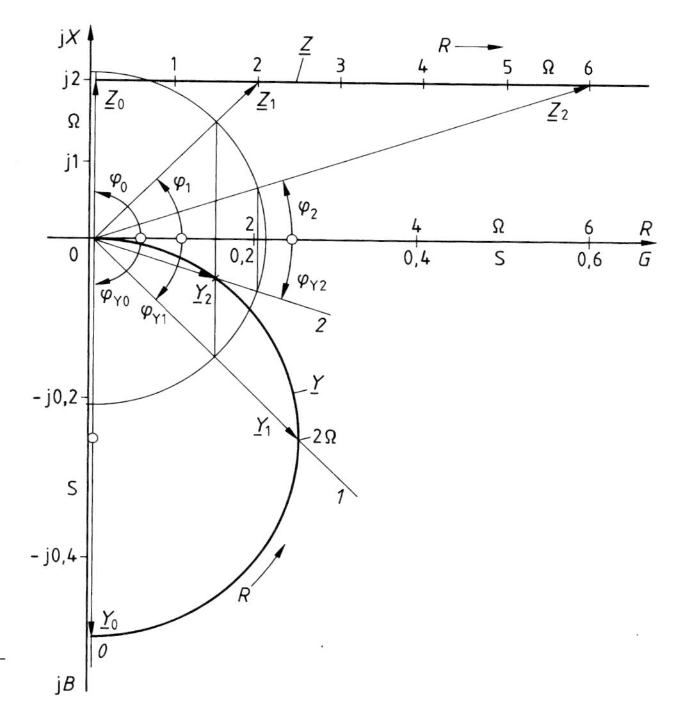

7.9 Einander inverse komplexe Größen, komplexer Widerstand $\underline{Z}$ und komplexer Leitwert $\underline{Y}=1/\underline{Z}$ sowie deren Ortskurven (s. Beispiel 7.4)

7.1.3 Amplituden- und Phasenwinkeldiagramme

Der Vorteil der Ortskurvendarstellung liegt darin, daß sie in einer Kurve gleichzeitig die Abhängigkeit der Amplitude und der Phasenlage einer komplexen Größe von einer anderen als Variable aufgefaßten Größe aufzeigt. Will man die Abhängigkeit der beiden Bestimmungswerte Betrag Z und Phasenwinkel φ einer komplexen Größe $\underline{Z}=Z\mathrm{e}^{\mathrm{j}\varphi}=f(p)$ von der Variablen p in reellen Koordinatensystemen darstellen, so sind dazu zwei Kurven notwendig, eine für den Betrag $Z(p)$ und eine zweite für den Phasenwinkel $\varphi(p)$. Sie werden häufig in getrennten Koordinatensystemen als Funktion der beiden gemeinsamen Variablen p dargestellt, man spricht von Betrags- oder Amplitudendiagrammen $Z=f(p)$ und Phasenwinkeldiagrammen $\varphi=g(p)$.

Liegt z.B. eine Ortskurve vor, könnte man punktweise Betrag Z und Phasenwinkel φ ablesen und in zwei Diagrammen über der Variablen p auftragen, wie z.B in Bild **7.**10 angedeutet. In den meisten Fällen werden die Amplituden- und Phasenwinkeldiagramme unmittelbar aus den gegebenen analytischen komplexen Ausdrücken entwickelt, sei es, weil ihre Erstellung zweckmäßiger ist als die der Ortskurven, z.B. weil nur einer der beiden kennzeichnenden Werte – Amplitude

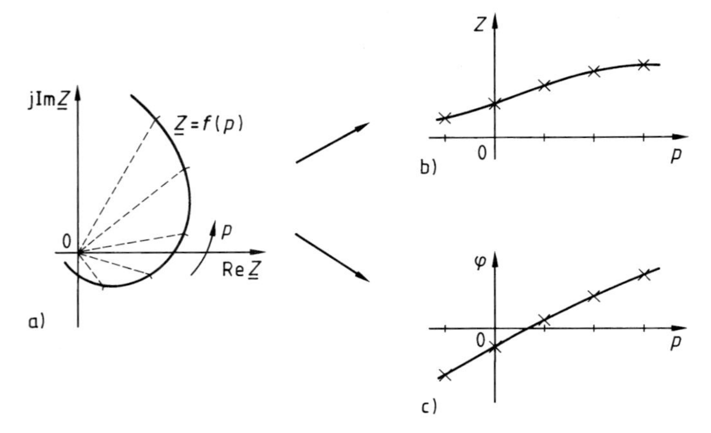

7.10 Übertragung einer Ortskurvendarstellung (a) in ein Amplituden- (b) und Phasenwinkeldiagramm (c)

oder Phasenlage – betrachtet werden soll oder weil in dem gegebenen Fall die Darstellung in Amplituden- und Phasenwinkeldiagrammen gebräuchlicher ist als die in Ortskurven. Für die darzustellende komplexe Funktion $\underline{Z}(p)$ werden die Größen Betrag $Z(p)$ und Phasenwinkel $\varphi(p)$ bestimmt und in üblicher Weise in reellen Koordinatensystemen über der Variablen p aufgetragen. Die dazu erforderlichen, u.U. umfangreichen Rechnungen werden heute üblicherweise mit Digitalrechnern durchgeführt, für die entsprechende Programme zur Verfügung stehen.

Sehr häufig werden komplexe Größen in Abhängigkeit von der Frequenz als Variable betrachtet. Man bezeichnet dann diese spezielle Darstellung auch als Frequenzgang; z.B. stellen die in Bild **7.**5 dargestellten Ortskurven den Frequenzgang des komplexen Widerstandes $\underline{Z}(\omega)$ bzw. komplexen Leitwertes $\underline{Y}(\omega)$ der Schaltung nach Bild **7.**5a dar.

In vielen Fällen werden auch bezogene Größen eingeführt. Beispielhaft wird dies gezeigt bei der frequenzabhängigen Untersuchung der Kondensatorspannung $\underline{U}_C$ in einer Reihenschaltung (Spannungsteiler, s. Abschn. 6.1.2.3) aus Wirkwiderstand R und Kapazität C an einer Spannung $\underline{U}$ entsprechend Bild **7.**11a. Bezieht man die Kondensatorspannung $\underline{U}_C$ (in solchen Darstellungen auch als Ausgangsgröße $\underline{U}_2 = \underline{U}_C$ des als Übertragungsglied aufgefaßten Spannungsteilers bezeichnet [20]) auf die angelegte Spannung $\underline{U}$ (Eingangsgröße $\underline{U}_1 = \underline{U}$ des Übertragungsgliedes), so ergibt sich für diesen Quotienten der Ausdruck

$$\frac{\underline{U}_2}{\underline{U}_1} = \frac{1/(\mathrm{j}\,\omega C)}{R + 1/(\mathrm{j}\,\omega C)} = \frac{1}{1 + \mathrm{j}\,R C \omega}\,. \tag{7.9}$$

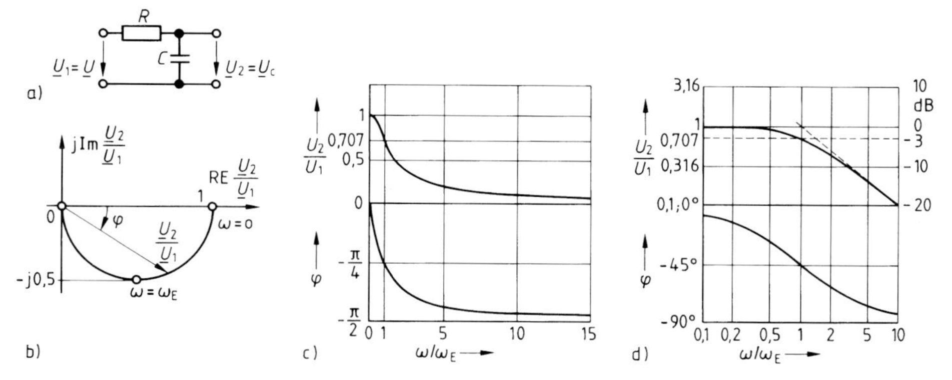

7.11 Darstellung des Frequenzganges $\underline{U}_2/\underline{U}_1$ für die Schaltung (a) in der komplexen Ebene (Ortskurve) (b), in reellen Koordinaten linearen Maßstabs (c) und als Bode-Diagramm (d), d.h. als Frequenzgang im doppeltlogarithmischen (Amplitudengang) bzw. einfachlogarithmischen (Phasengang) Maßstab

In Bild **7.**11b ist der Frequenzgang dieser auf die Eingangsspannung bezogenen Ausgangsspannung als Ortskurve dargestellt.

Weiter wird häufig auch noch die Variable Kreisfrequenz ω als bezogene Größe eingeführt. Man wählt als Bezugsgröße eine Kreisfrequenz – Kennkreisfrequenz –, bei der die Schaltung ein ganz bestimmtes charakteristisches Verhalten zeigt. Beispielsweise ist die Kennkreisfrequenz der in Abschn. 7.2 behandelten Schwingkreise die Resonanzkreisfrequenz. In dem hier besprochenen Beispiel des Spannungsteilers wird als Bezugswert die Grenz- oder Eckkreisfrequenz ω_E gewählt, bei der der Blindwiderstand $-1/(\omega_E C)$ des Kondensators dem Betrag nach den gleichen Wert hat wie der Wirkwiderstand R [20]. Diese aus der Bedingung $R=1/(\omega_E C)$ abgeleitete Eckkreisfrequenz $\omega_E=1/(RC)$ in Gl. (7.9) eingeführt, ergibt für den Quotienten Ausgangs- zu Eingangsgröße den einfachen Ausdruck

$$\frac{\underline{U}_2}{\underline{U}_1}=\frac{1}{1+\mathrm{j}\,\omega/\omega_E}, \tag{7.10}$$

in dem nur Größen der Dimension 1 auftreten. Für diesen Ausdruck ist der Frequenzgang als Amplituden- und Phasengang im linearen Maßstab in Bild **7.**11c dargestellt.

Eine Darstellung der bezogenen Größen im logarithmischen Maßstab, wie sie für das hier besprochene Beispiel in Bild **7.**11d gezeigt ist, wird als Bode-Diagramm bezeichnet. Dabei wird i. allg. der Betrag der frequenzabhängig dargestellten bezogenen Größe in dB angegeben (s. rechtsseitige Ordinatenbeschriftung in Bild **7.**11d). Die Skalen der in dB bezifferten Amplitudenordinaten und der in Grad bezifferten

Phasenwinkelordinaten können in dem Diagramm auch so gewählt werden, daß ihre Nullpunkte zusammenfallen [20].

Eine ausführliche Erläuterung frequenzabhängiger Darstellungen komplexer Größen findet man in [20], [23].

7.2 Schwingkreise

Im magnetischen bzw. elektrischen Feld wird Energie gespeichert, die entsprechend Gl. (4.122) von der Induktivität L und dem in ihr fließenden Strom i bzw. entsprechend Gl. (3.94) von der Kapazität C und der an ihr liegenden Spannung u bestimmt ist. Ändert sich der Strom i bzw. die Spannung u, so ändert sich auch die gespeicherte Energie. Bei entsprechender Schaltung von Induktivität und Kapazität kann infolge der unterschiedlichen Phasenlage von Strom und Spannung in diesen beiden Schaltungselementen (s. Tafel **5.**33) Energie zwischen ihnen pendeln. Sie wirken als Speicher, die ihre Energie wechselweise austauschen. Man bezeichnet eine solche Schaltung als Schwingkreis und sagt, sie sei schwingungsfähig. Von entscheidender Bedeutung für den Ablauf einer solchen Schwingung ist es, ob diese ohne äußere Beeinflussung als freie Schwingung oder von außen gesteuert als erzwungene Schwingung in einem Schwingkreis abläuft.

7.2.1 Freie Schwingungen

Freie Schwingungen treten in realisierten Schwingkreisen infolge der unvermeidbaren Verluste praktisch nur instationär auf, d.h., sie klingen mit der Zeit ab, man sagt, die Schwingung verlaufe gedämpft. Solche gedämpften Schwingungen sind in Abschn. 9.3 als instationäre Vorgänge behandelt. Stationäre freie Schwingungen treten nur in ungedämpften, d.h. verlustfreien Schwingkreisen auf, die aber praktisch nicht ausgeführt werden können. Im vorliegenden Abschnitt über stationäre Schwingungen werden freie Schwingungen daher nur zur anschaulichen Erläuterung der in Schwingkreisen ablaufenden Umspeichervorgänge behandelt.

Eine Induktivität L und eine Kapazität C werden in einem geschlossenen Kreis entsprechend Bild **7.**12a zusammengeschaltet. Treten in dem Kreis keine Verluste auf, so wird eine durch einmalige Aufladung des Kondensators dem Kreis zugeführte Energie als ungedämpfte Schwingung unvermindert zwischen Kapazität C und Induktivität L hin- und herpendeln. Diese Energiependelung wird durch Strom und Spannung in dem Kreis bewirkt, die sich sinusförmig ändern (s. Abschn. 9.3.2.3). Bild **7.**12b zeigt eine Periode der gleichermaßen an L und C

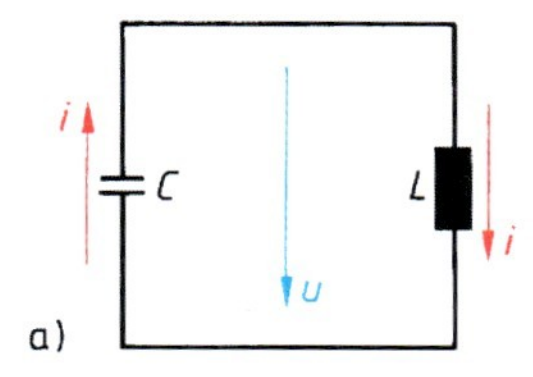

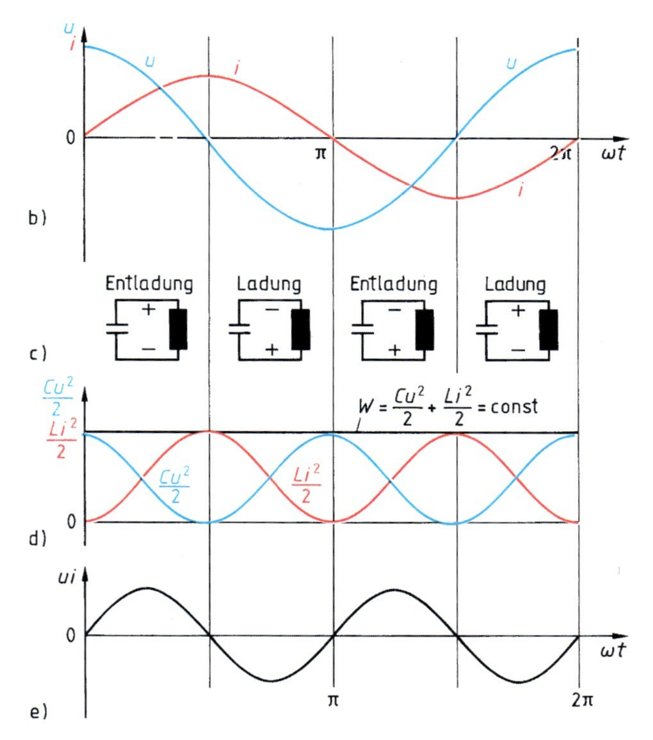

7.12 Verlauf und Richtung von Strom, Spannung und Leistung im verlustfreien Schwingkreis aus Induktivität L und Kapazität C
a) Schaltung mit Strom- und Spannungszählpfeil
b) zeitlicher Verlauf von Strom i und Spannung u für die in Schaltung a) eingetragenen Zählpfeile
c) Darstellung der in der Schaltung auftretenden Polaritäten
d) zeitlicher Verlauf der in L und C gespeicherten Energie
e) zeitlicher Verlauf der von L und C aufgenommenen bzw. abgegebenen Leistung (das Vorzeichen ist im Zusammenhang mit den Zählpfeilen in a) zu interpretieren, Verbraucherzählpfeil-System bei L, Erzeugerzählpfeil-System bei C)

liegenden Spannung u und des gegenüber dieser um 90° phasenverschobenen Stromes i, der gleichermaßen durch L und C fließt.

Zusammen mit den in Bild **7**.12a eingetragenen Zählpfeilen für Spannung u und Strom i ergeben sich damit die von Halbperiode zu Halbperiode wechselnden Polaritäten so, wie sie in Bild **7**.12c eingetragen sind (bei positiven Werten für u bzw. i ist die Wirkungsrichtung von u bzw. die von i tatsächlich in Richtung der Zählpfeile, bei negativen Werten dagegen diesen entgegengesetzt). Während der Entladung des Kondensators in der 1. und 3. Viertelperiode fließt der Strom von + nach − durch die Induktivität, während seiner Ladung in der 2. und 4. Viertelperiode von + nach − durch die Kapazität. In Bild **7**.12d sind die zeitlichen Verläufe der dielektrischen Energie $W_e = Cu^2/2$ in der Kapazität C entsprechend

Gl. (3.94) und der magnetischen Energie $W_m = L i^2/2$ in der Induktivität L entsprechend Gl. (4.122) wiedergegeben. Da in diesem Fall des dämpfungsfreien, also verlustfreien Schwingkreises keine Energie irreversibel umgeformt (in Wärme) und, wenn die Schwingung einmal besteht, auch keine Energie mehr zugeführt wird, ist der gesamte Energieinhalt des Schwingkreises in jedem Zeitpunkt konstant.

$$W = W_e + W_m = \frac{C u^2}{2} + \frac{L i^2}{2} = \text{const} \tag{7.11}$$

Die Energie schwingt innerhalb des Kreises hin und her, wobei abwechselnd Kapazität C und Induktivität L die Rolle von Erzeuger oder Verbraucher übernehmen. Zur Zeit $t = 0$ ist mit dem Scheitelwert der Spannung $\hat{u}$ die Kapazität C auf die maximale Energie aufgeladen. Sie wirkt von da an als Erzeuger und treibt den größer werdenden Entladestrom i durch die als Verbraucher wirkende Induktivität L, bis bei $\omega t = \pi/2$ mit dem Scheitelwert des Stromes $\hat{i}$ die Induktivität die maximale Energie in ihrem Magnetfeld gespeichert hat. Danach wirkt die Induktivität als Erzeuger und lädt die Kapazität von der Spannung $u = 0$ bis zum Scheitelwert $-\hat{u}$ bei $\omega t = \pi$ mit kleiner werdendem Strom auf usw. Bezogen auf die Zählpfeilsysteme für L und C entsprechend Bild **7**.12a wechselt die aus den Klemmengrößen u und i der Zweipole C und L berechnete Leistung $p = u\,i$ von Viertel- zu Viertelperiode der Spannung ihr Vorzeichen, wie in Bild **7**.12 e dargestellt. Aus dem Vorzeichen dieser Leistung ergibt sich im Zusammenhang mit dem Zählpfeilsystem die Richtung des Leistungsflusses [21].

Praktisch sind Verluste nie völlig zu vermeiden. Daher ist die Annahme einer Dämpfungsfreiheit stets eine vereinfachende Näherung, die aber für eine begrenzte Periodenzahl des Schwingungsvorganges zulässig sein kann.

7.2.2 Erzwungene Schwingungen

Erzwungene Schwingungen verlaufen mit der Frequenz der von außen eingeprägten periodischen Erregergröße, also Spannung oder Strom. Sind Scheitelwert und Frequenz dieser periodischen Erregergröße über längere Zeit konstant, so wird sich ein stationärer Schwingungsvorgang ebenfalls mit konstanten Scheitelwerten einstellen, die gerade so groß sind, daß die im Schwingkreis in Dämpfungsenergie umgesetzte Leistung gleich der von der Erregergröße zugeführten Wirkleistung ist. Neben dieser irreversiblen Energieumsetzung findet noch ein reversibler Energieaustausch sowohl zwischen den Speichern des Schwingkreises als i. allg. auch zwischen Schwingkreis und äußerem Erreger statt. In einem Schwingkreis sind naturgemäß Speicher mit sich ergänzendem Speichervermögen vorhanden, d. h., während der eine Speicher entladen wird, lädt sich der andere auf. Die Differenz der beiden Speicherenergien muß der Erreger aufnehmen bzw. abgeben. Nach dem Energiesatz kann die Schwingung nur so verlaufen, daß in jedem Augenblick der Zeitwert der zugeführten Leistung gleich ist der Summe der Augenblickswerte von Dämpfungsleistung und der Differenz der von den Speichern des Schwingers aufgenommenen bzw. abgegebenen Leistung.

Betrachtet man z. B. einen aus der Reihenschaltung von Wirkwiderstand R, Kapazität C und Induktivität L bestehenden elektrischen Schwingkreis, der von einem Sinusstrom $i = \hat{i}\sin(\omega t)$ mit konstantem Scheitelwert $\hat{i}$ stationär erregt wird, so sind entsprechend Gl. (3.94) und (5.144) die Scheitelwerte der in der Kapazität C gespeicherten Feldenergie

$$\hat{W}_{\mathrm{e}} = \frac{C\hat{u}}{2} = \frac{C}{2}(Z_{\mathrm{c}}\hat{i})^2 = \frac{\hat{i}^2}{2C\omega^2}$$

abhängig von der Kreisfrequenz ω, die der entsprechend Gl. (4.122) in L gespeicherten

$$\hat{W}_{\mathrm{m}} = \frac{L\hat{i}^2}{2}$$

dagegen nicht. Es gibt daher nur eine Kreisfrequenz ω, bei der derselbe Maximalwert des Stromes $\hat{i}$ in beiden Speichern die gleiche maximale Energie speichert. Man bezeichnet diese Frequenz als die Kennkreisfrequenz $\omega_0 = \sqrt{1/LC}$ (s. Abschn. 9.3.2.3) des ungedämpften Kreises. Hat also der Erregerstrom des Schwingkreises die Kennkreisfrequenz $\omega = \omega_0$, so wird periodisch die gesamte in der Kapazität C gespeicherte Energie an die Induktivität L abgegeben und umgekehrt, und es muß dem Schwingkreis vom Erreger nur die im Wirkwiderstand R in Wärme umgesetzte Dämpfungsenergie als Wirkleistung zugeführt werden. Bei allen anderen Frequenzen ist die maximal gespeicherte Energie des einen Speichers größer als die des anderen. Die Differenz der beiden Energien pendelt daher nicht innerhalb des Schwingkreises zwischen seinen Speichern, sondern zwischen Schwingkreis und äußerem Erreger. Der dem Schwingkreis zufließenden Dämpfungsenergie überlagert sich dann also eine Energiependelung.

7.2.2.1 Reihenschwingkreise. In Abschn. 6.1.2.3 ist der in Bild **6.**5 und Tafel **7.**17 dargestellte Reihenschwingkreis aus Wirkwiderstand R, Induktivität L und Kapazität C für die Spannung $\underline{U}$ bzw. den Strom $\underline{I}$ einer bestimmten Kreisfrequenz ω untersucht. Infolge der beiden Energiespeicher L und C ist diese Schaltung schwingungsfähig, d.h., ihr Betriebsverhalten ist in charakteristischer Weise von der Frequenz der Erregergröße abhängig. Ein ausgezeichneter Betriebspunkt ist die Resonanz, bei der die angeschlossene Erregerquelle nur noch Wirkleistung in den Schwingkreis liefert. Die Bestimmungsgleichung für die Resonanzfrequenz kann also aus der Bedingung abgeleitet werden, daß die

Blindleistung und damit der Blindwiderstand X null ist. Für den Reihenschwingkreis nach Tafel **7.**17 gilt somit entsprechend Gl. (6.34) für die Resonanz die Bedingung

$$X = X_L + X_C = \omega L - \frac{1}{\omega C} = 0, \tag{7.12}$$

aus der die Resonanzkreisfrequenz ω_ϱ bzw. Resonanzfrequenz $f_\varrho = \omega_\varrho/(2\pi)$ folgt. Diese für maximalen Strom (bei konstanter Erregerspannung) bzw. Blindwiderstand gleich null (Resonanz) abgeleitete Kreisfrequenz ist als Kennkreisfrequenz

$$\omega_0 = \frac{1}{\sqrt{LC}} \tag{7.13}$$

definiert. Der mit der Kennkreisfrequenz ω_0 berechnete Scheinwiderstand der Kapazität bzw. Induktivität wird als Kennwiderstand

$$Z_0 = \omega_0 L = \frac{1}{\omega_0 C} = \sqrt{L/C} \tag{7.14}$$

bezeichnet.

Der entsprechend Gl. (6.33) mit $\omega_0 L - 1/(\omega_0 C) = 0$ von der Spannung U bewirkte Resonanzstrom

$$I_\varrho = \frac{U}{R} \tag{7.15}$$

ist ein reiner Wirkstrom, da die beiden Teilspannungen $\underline{U}_L$ und $\underline{U}_C$ an Induktivität L und Kapazität C (s. Bild **7.**13a) ebenso wie die beiden Blindwiderstände X_L und X_C entgegengesetzt gleich sind (s. Bild **7.**13b). Da der Resonanzstrom I_ϱ nach Gl. (7.15) mit kleiner werdendem Wirkwiderstand R immer größer wird, werden auch die von ihm an den Blindwiderständen X_L und X_C verursachten Spannungen $I_\varrho \omega_\varrho L$ und $I_\varrho/(\omega_\varrho C)$ immer größer und können die an den Reihenschwingkreis angelegte Spannung U überschreiten, wenn nämlich die Blindwiderstände X_L und X_C dem Betrage nach größer als der Wirkwiderstand R sind.

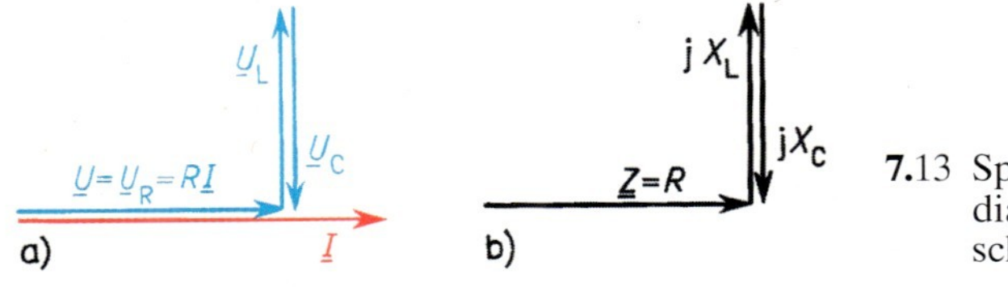

7.13 Spannungs- (a) und Widerstandsdiagramm (b) eines Reihenschwingkreises bei Resonanz

Man bezeichnet diese Spannungserhöhung auch als Spannungs-Resonanz. In Reihenschwingkreisen können an Induktivität und Kapazität durchaus Spannungen U_L und U_C auftreten, die – gegebenenfalls sogar erheblich – größer als die angelegte Spannung U sind und die u.U. die Bauelemente gefährden.

□ **Beispiel 7.5**

In Beispiel 7.1 wird der komplexe Widerstand einer Reihenschaltung aus Wirkwiderstand $R = 15\,\Omega$, Induktivität $L = 0{,}2\,\text{H}$ und Kapazität $C = 30\,\mu\text{F}$ behandelt. Diese einen Reihenschwingkreis darstellende Schaltung ist an die konstante Sinusspannung $U = 120\,\text{V}$ angeschlossen. Für den Frequenzbereich $f = 0\,\text{Hz}$ bis $f = 120\,\text{Hz}$ sollen der Strom I, die Spannungen U_L und U_C sowie der Phasenwinkel φ als Funktionen der Frequenz dargestellt werden.

Für diskrete Frequenzwerte, z.B. im Abstand von 10 Hz, werden die Scheinwiderstände

$$Z = \sqrt{R^2 + \left(\omega L - \frac{1}{\omega C}\right)^2}$$

und damit die Ströme, Spannungen sowie Phasenwinkel

$$I = \frac{U}{Z}, \quad U_L = I\omega L, \quad U_C = \frac{I}{\omega C}, \quad \varphi = \operatorname{Arctan} \frac{\omega L - 1/(\omega C)}{R}$$

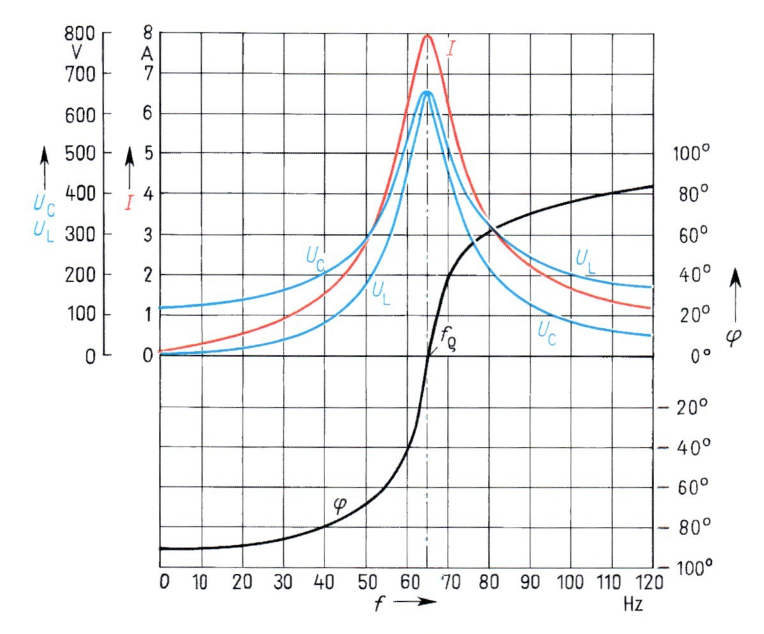

7.14 Frequenzabhängigkeit von Strom I, Spannungen U_C, U_L und Phasenwinkel φ eines Reihenschwingkreises nach Beispiel 7.5 bei kleinem Wirkwiderstand R und konstanter Spannung U

berechnet. Zu beachten ist, daß sich für $\tan\varphi$ und φ je nach dem Überwiegen des induktiven oder kapazitiven Widerstandes positive oder negative Werte ergeben. Die so berechneten Größen sind in Bild **7**.14 wiedergegeben. Die Resonanzfrequenz beträgt entsprechend Gl. (7.13)

$$f_\varrho = \frac{1}{2\pi\sqrt{LC}} = \frac{1}{6{,}28\sqrt{0{,}2\,(\mathrm{Vs/A})\,30\,\mu\mathrm{As/V}}} = 65\,\mathrm{Hz}.$$

Für $f_\varrho = 65\,\mathrm{Hz}$ wird der Scheinwiderstand Z gleich dem Wirkwiderstand R, und die Stromfunktion $I = g(f)$ erreicht für $f = f_\varrho$ den Höchstwert mit dem Resonanzstrom

$$I_\varrho = \frac{U}{R} = \frac{120\,\mathrm{V}}{15\,\Omega} = 8\,\mathrm{A}.$$

Die mit dem Resonanzstrom auftretenden Spannungen an der Induktivität

$$U_{\mathrm{L}\varrho} = I_\varrho\,\omega_\varrho L = 8\,\mathrm{A} \cdot 2\pi \cdot 65\,\mathrm{Hz} \cdot 0{,}2\,\frac{\mathrm{Vs}}{\mathrm{A}} = 652\,\mathrm{V}$$

und an der Kapazität

$$U_{\mathrm{C}\varrho} = \frac{I_\varrho}{\omega_\varrho C} = \frac{8\,\mathrm{A}}{2\pi \cdot 65\,\mathrm{Hz} \cdot 30\,\mu\mathrm{As/V}} = 652\,\mathrm{V}$$

können im vorliegenden Fall eines schwach gedämpften Schwingkreises auch als Maximalwerte, also als Resonanzspannungen, angesehen werden (s. letzter Absatz dieses Abschnittes). Die induktiven und kapazitiven Spannungen haben im Resonanzfall mehr als den fünffachen Wert der am Schwingkreis anliegenden Spannung. □

Aus Beispiel 7.5, insbesondere dem Diagramm in Bild **7**.14, ist ersichtlich, daß der Strom I und die Spannungen U_L und U_C in Resonanznähe sehr steil ansteigen bzw. abfallen. Dieser Verlauf der Resonanzkurve ist um so schärfer ausgeprägt, je kleiner der Wirkwiderstand R im Verhältnis zu den Resonanz-Blindwiderständen $X_\varrho = \omega_\varrho L = 1/(\omega_\varrho C)$ ist. Abhängigkeiten von der Frequenz wie in der Darstellung des Bildes **7**.14 werden als Frequenzgang der betreffenden Schaltung bezeichnet (s. Abschn. 7.1.3).

In Bild **7**.14 liegen die Höchstwerte von Strom I und Spannungen U_L, U_C ungefähr bei derselben Resonanzfrequenz f_ϱ. Das gilt aber nur, solange der Wirkwiderstand R klein ist gegenüber dem Resonanz-Blindwiderstand $X_\varrho = Z_0$ (Kennwiderstand), man sagt auch, solange der Schwingkreis schwach gedämpft ist.

Für größere Wirkwiderstände R bzw. größere Dämpfungen (s. Abschn. 7.2.3) liegen die Höchstwerte der drei Resonanzkurven von Strom I und Spannungen U_L, U_C bei unterschiedlichen Frequenzen, wie dies in Bild **7**.15 angedeutet ist. Nach Gl. (6.35) ist bei einer Reihenschaltung von Wirkwiderstand R, Induktivität L und Kapazität C der Strom

$$I = \frac{U}{\sqrt{R^2 + [\omega L - 1/(\omega C)]^2}}. \tag{7.16}$$

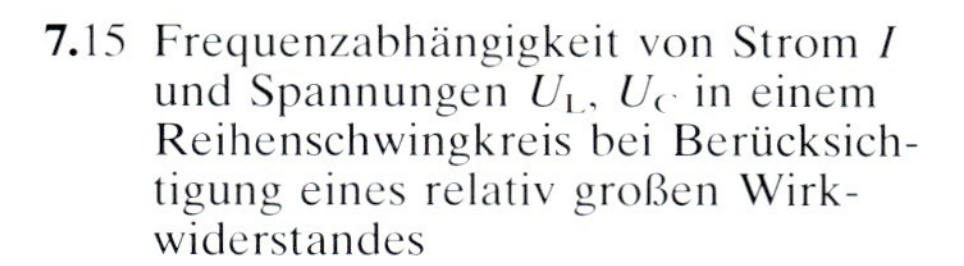

7.15 Frequenzabhängigkeit von Strom I und Spannungen U_L, U_C in einem Reihenschwingkreis bei Berücksichtigung eines relativ großen Wirkwiderstandes

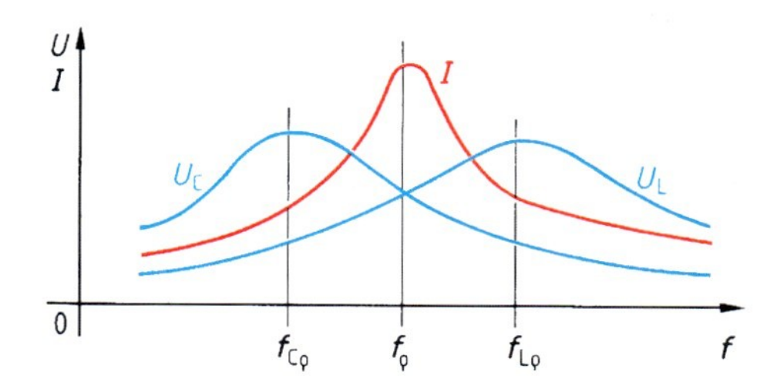

Mit ihm ergeben sich die Spannungen an der Induktivität

$$U_L = I\,\omega L = \frac{U\,\omega L}{\sqrt{R^2 + [\omega L - 1/(\omega C)]^2}} \tag{7.17}$$

und an der Kapazität

$$U_C = \frac{I}{\omega C} = \frac{U}{\omega C\sqrt{R^2 + [\omega L - 1/(\omega C)]^2}}. \tag{7.18}$$

Nach den Regeln der Differentialrechnung erhält man die Maxima der Spannungen aus $\mathrm{d}U_C/\mathrm{d}\omega = 0$ und $\mathrm{d}U_L/\mathrm{d}\omega = 0$ und damit die Bestimmungsgleichungen für die Frequenz

$$f_{L\varrho} = \frac{1}{2\pi}\sqrt{\frac{2}{2LC - R^2C^2}} = f_0\Big/\sqrt{1 - \frac{CR^2}{2L}}, \tag{7.19}$$

bei der die Spannung U_L einen Höchstwert hat, und für die Frequenz

$$f_{L\varrho} = \frac{1}{2\pi}\sqrt{\frac{1}{LC} - \frac{R^2}{2L^2}} = f_0\sqrt{1 - \frac{CR^2}{2L}}, \tag{7.20}$$

bei der der Maximalwert der Spannung U_C auftritt. Die so berechneten Resonanzfrequenzen für die Spannungen weichen von der nach Gl. (7.13) für die Stromresonanz berechneten Frequenz $f_{I\varrho} = f_0 = \omega_0/(2\pi)$ und als Kennfrequenz f_0 definierten ab ($f_0 = f_{I\varrho} \neq f_{L\varrho} \neq f_{C\varrho}$). Die Abweichung beträgt allerdings weniger als 0,25%, wenn $R \leqq 0{,}1\,X_\varrho$ ist.

7.2.2.2 Parallelschwingkreise. Der in Bild **6.**11 und Tafel **7.**17 dargestellte und in Abschn. 6.1.3.3 für konstante Werte von U, I, L, C, R und ω untersuchte Parallelschwingkreis zeigt ein dem Reihenschwingkreis nach Abschn. 7.2.2.1 duales Verhalten (s. Abschn. 6.2.1.3). Infolge der beiden unterschiedlichen Energiespeicher L und C hat auch der Parallelschwingkreis ein charakteristisches, von der

Frequenz abhängiges Verhalten; die Schaltung ist schwingungsfähig. Die Spannung an einem solchen von konstantem Strom I durchflossenen Parallelschwingkreis zeigt in Abhängigkeit von der Frequenz einen ähnlichen Verlauf wie der Strom in einem an konstanter Spannung U liegenden Reihenschwingkreis (s. Tafel **7.**17, Zeile 7 und Abschn. 7.2.2.3). Bei der Resonanzfrequenz liefert die angeschlossene Spannungsquelle nur noch Wirkleistung in den Schwingkreis, so daß sich durch Nullsetzen des Blindleitwertes aus Gl. (6.61)

$$B_\mathrm{C}+B_\mathrm{L}=\omega C-\frac{1}{\omega L}=0 \tag{7.21}$$

die Resonanzkreisfrequenz ω_ϱ ergibt. Die so bestimmte Resonanzkreisfrequenz ist analog zum Reihenschwingkreis als Kennkreisfrequenz

$$\omega_0=\frac{1}{\sqrt{LC}} \tag{7.22}$$

definiert. Der mit der Kennkreisfrequenz ω_0 berechnete Scheinleitwert der Induktivität bzw. Kapazität wird als Kennleitwert

$$Y_0=\omega_0 C=\frac{1}{\omega_0 L}=\sqrt{C/L} \tag{7.23}$$

bezeichnet. Bei der Resonanzkreisfrequenz $\omega_\varrho=\omega_0$ wird von der angelegten Spannung U der Resonanzstrom

$$I_\varrho=UG \tag{7.24}$$

verursacht, der nach Gl. (6.60) infolge $\omega L-1/(\omega C)=0$ als reiner Wirkstrom allein von dem Wert des Parallelwiderstandes $R=1/G$ abhängt. Liegt der Parallelschwingkreis an einer konstanten Spannung U, wird mit kleiner werdendem Leitwert G des Parallelwiderstandes auch der Resonanzstrom I_ϱ kleiner. Dagegen können aber die in Induktivität L und Kapazität C fließenden Ströme $I_{\mathrm{L}\varrho}=U/(\omega_\varrho L)$ und $I_{\mathrm{C}\varrho}=U\omega_\varrho C$ sehr groß werden, da sie sich infolge entgegengesetzter Phasenlage kompensieren, so daß sie in der speisenden Spannungsquelle nicht in Erscheinung treten. Bei Parallelschwingkreisen ist also ein kleiner Eingangsstrom keine Gewähr dafür, daß die Induktivität strommäßig nicht überlastet wird.

□ **Beispiel 7.6**

Für den Parallelschwingkreis nach Bild **7.**16 sind die Resonanzfrequenz und der Resonanzstrom zu bestimmen. Dabei soll der Einfluß der Verluste in Spule und Kapazität, die über die Ersatzwiderstände R_L und R_C beschrieben sind, auf die Resonanzgrößen untersucht werden.

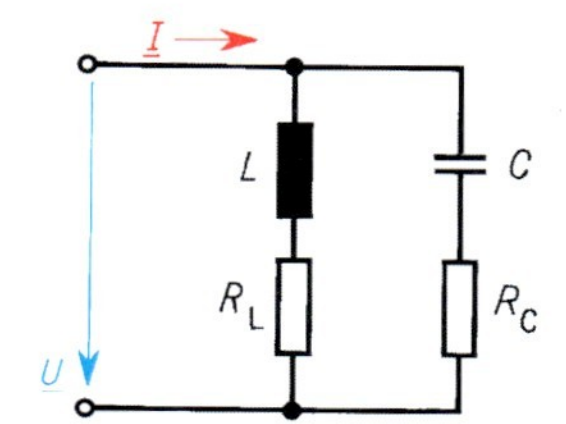

7.16 Parallelschwingkreis mit Berücksichtigung der Verluste in Spule und Kondensator durch je einen den Blindwiderständen vorgeschalteten Wirkwiderstand

Wandelt man die Reihenschaltungen aus R und L bzw. R und C der parallelen Zweige in Bild **7.**16 jeweils in gleichwertige Teilparallelzweige um (s. Abschn. 6.2.1) und bezeichnet den resultierenden komplexen Leitwert mit $G+\mathrm{j}B$, so ist der dem Schwingkreis nach Bild **7.**16 zufließende Strom

$$\underline{I}=\underline{U}(G+\mathrm{j}B) \tag{7.25}$$

mit dem resultierenden Wirkleitwert

$$G=\frac{R_\mathrm{L}}{R_\mathrm{L}^2+X_\mathrm{L}^2}+\frac{R_\mathrm{C}}{R_\mathrm{C}^2+X_\mathrm{C}^2} \tag{7.26}$$

und dem resultierenden Blindleitwert

$$B=-\frac{X_\mathrm{L}}{R_\mathrm{L}^2+X_\mathrm{L}^2}-\frac{X_\mathrm{C}}{R_\mathrm{C}^2+X_\mathrm{C}^2}. \tag{7.27}$$

Für die Resonanzfrequenz des Parallelschwingkreises nach Bild **7.**16 gilt die Bedingung, daß er nur Wirkleistung aufnimmt, d.h., der Blindleitwert B Null ist. Mit $X_\mathrm{L}=\omega L$ und $X_\mathrm{C}=-1/(\omega C)$ folgt somit aus Gl. (7.27) die Bedingung für die Resonanz

$$B=-\frac{\omega L}{R_\mathrm{L}^2+(\omega L)^2}+\frac{1/(\omega C)}{R_\mathrm{C}^2+(\omega C)^{-2}}=0. \tag{7.28}$$

Bringt man diese Gleichung auf einen Nenner, so hat der Bruch den Wert Null, wenn der Zähler Null ist.

$$-\left[R_\mathrm{C}^2+\frac{1}{(\omega C)^2}\right]\omega L+\frac{R_\mathrm{L}^2+(\omega L)^2}{\omega C}=0 \tag{7.29}$$

Je nach Problemstellung kann Gl. (7.29) nach der Größe ω, L, C oder R aufgelöst werden, die aus der Resonanzbedingung bestimmt werden soll. Häufig wird nach der Resonanzkreisfrequenz ω_ϱ für gegebene Schwingkreisdaten R_L, R_C, L, C gefragt, dann wird Gl. (7.29) wie folgt nach $\omega=\omega_\varrho$ aufgelöst.
Durch Erweitern von Gl. (7.29) mit $(\omega_\varrho C)^2$ erhält man

$$\omega_\varrho C[R_\mathrm{L}^2+(\omega_\varrho L)^2]-\omega_\varrho L[\omega_\varrho^2 C^2 R_\mathrm{C}^2+1]=0$$

und nach Kürzen durch ω_ϱ die quadratische Gleichung

$$\omega_\varrho^2 L^2 C-\omega_\varrho^2 L C^2 R_\mathrm{C}^2+C R_\mathrm{L}^2-L=0.$$

Es ergibt sich damit für die Parallelschaltung in Bild **7.**16 die Resonanzfrequenz

$$f_\varrho = \frac{1}{2\pi}\sqrt{\frac{L - C R_\mathrm{L}^2}{C L (L - C R_\mathrm{C}^2)}} = \frac{\omega_0}{2\pi}\sqrt{\frac{R_\mathrm{L}^2 - L/C}{R_\mathrm{C}^2 - L/C}}\,. \tag{7.30}$$

Im folgenden ist noch der Einfluß der beiden Wirkwiderstände R_L und R_C auf den Resonanzstrom und die Resonanzfrequenz gezeigt.

1. Fall: In der Parallelschaltung von $\underline{Z}_1 = R_\mathrm{L} + \mathrm{j}\,\omega L$ und $\underline{Z}_2 = R_\mathrm{C} + 1/(\mathrm{j}\,\omega C)$ nach Bild **7.**16 werden die Verluste von Spule und Kondensator über die Wirkwiderstände R_L und R_C voll berücksichtigt.

Im Resonanzfall ist der Blindleitwert $B=0$, und es wird nach Gl. (7.25) der Strom $\underline{I} = \underline{U}\,G$. Setzt man den Wirkleitwert nach Gl. (7.26) ein, so erhält man für den Resonanzstrom

$$I_\varrho = U\left[\frac{R_\mathrm{L}}{R_\mathrm{L}^2 + (\omega_\varrho L)^2} + \frac{R_\mathrm{C}}{R_\mathrm{C}^2 + (\omega_\varrho C)^{-2}}\right]. \tag{7.31}$$

Die Zusammenfassung der beiden Brüche ergibt mit Gl. (7.29)

$$I_\varrho = U\,\frac{R_\mathrm{L} + R_\mathrm{C}\,\omega_\varrho^2 L C}{R_\mathrm{L}^2 + (\omega_\varrho L)^2}\,. \tag{7.32}$$

Die zugehörige Resonanzfrequenz f_ϱ ist bereits mit Gl. (7.30) angegeben.

2. Fall: Die Parallelschaltung eines induktiven komplexen Widerstandes $\underline{Z}_1 = R_\mathrm{L} + \mathrm{j}\,\omega L$ mit einem reinen kapazitiven Blindwiderstand $\underline{Z}_2 = -\mathrm{j}/(\omega C)$ ist gegenüber dem 1. Fall vereinfacht, indem $R_\mathrm{C}=0$, also ein verlustfreier Kondensator angenommen ist. Mit $R_\mathrm{C}=0$ vereinfacht sich Gl. (7.30), und man bekommt die Resonanzfrequenz

$$f_\varrho = \frac{\sqrt{1/(L C) - (R_\mathrm{L}/L)^2}}{2\pi} = \frac{\omega_0}{2\pi}\sqrt{1 - R_\mathrm{L}^2 C/L}\,. \tag{7.33}$$

Der Resonanzstrom ergibt sich aus Gl. (7.32), indem $R_\mathrm{C}=0$ eingesetzt wird.

$$I_\varrho = \frac{U R_\mathrm{L}}{R_\mathrm{L}^2 + (\omega_\varrho L)^2} \tag{7.34}$$

3. Fall: Die Parallelschaltung eines induktiven komplexen Widerstandes $\underline{Z}_1 = R_\mathrm{L} + \mathrm{j}\,\omega L$, der infolge $R_\mathrm{L} \ll \omega L$ näherungsweise mit $\underline{Z}_1 = \mathrm{j}\,\omega L$ angenommen werden kann (verlustfreie Spule), mit dem kapazitiven Widerstand $\underline{Z}_2 = -\mathrm{j}/(\omega C)$ des ebenfalls verlustlos angenommenen Kondensators.

Wird in Gl. (7.30) $R_\mathrm{L} = R_\mathrm{C} = 0$ gesetzt, so vereinfacht sich diese Gleichung, und man erhält die Resonanzfrequenz

$$f_\varrho = \frac{1}{2\pi\sqrt{L C}} = \frac{\omega_0}{2\pi}\,. \tag{7.35}$$

Der Resonanzstrom ergibt sich aus Gl. (7.34), in der für $R_\mathrm{L} \ll \omega L$ das Glied R_L^2 gegenüber $(\omega L)^2$ vernachlässigt wird. Außerdem wird entsprechend $\omega L = 1/(\omega C)$ das Glied $(\omega L)^2$ durch $\omega L/(\omega C) = L/C$ ersetzt. Man erhält somit den Resonanzstrom

$$I_\varrho = \frac{U R_\mathrm{L}}{(\omega L)^2} = \frac{U R_\mathrm{L} C}{L}\,. \tag{7.36}$$

□

7.2.2.3 Vergleich von Reihen- und Parallelschwingkreisen. Um das duale Verhalten der in Abschn. 7.2.2.1 und 7.2.2.2 behandelten Reihen- und Parallelschwingkreise deutlich aufzuzeigen, wird im folgenden das frequenzabhängige Betriebsverhalten beider Kreise erläutert und in Tafel **7.**17 gegenübergestellt.

Für die Schaltungen in Zeile 1 gelten die Spannungsgleichung (6.33) (Reihenschwingkreis) bzw. die Stromgleichung (6.60) (Parallelschwingkreis) in Zeile 2, die in Zeile 3 als Zeigerdiagramme dargestellt sind für eine Frequenz, bei der der Blindwiderstand der Induktivität größer ist als der der Kapazität.

Für beide Schwingkreise ergibt sich nach Gl. (7.13) und (7.22) die gleiche Kennkreisfrequenz $\omega_0 = 1/\sqrt{LC}$, bei der nur der Wirkwiderstand $R = 1/G$ des Kreises nach außen in Erscheinung tritt.

Um das frequenzabhängige Strom-Spannungs-Verhalten darzustellen, werden die Spannungsgleichung bzw. die Stromgleichung aus Zeile 2 durch den Strom bzw. die Spannung dividiert, so daß sich der komplexe Widerstand $\underline{Z}$ bzw. der komplexe Leitwert $\underline{Y}$ ergeben.

$$\underline{Z} = R + \mathrm{j}\,\omega L + \frac{1}{\mathrm{j}\,\omega C} \quad \text{bzw.} \quad \underline{Y} = G + \mathrm{j}\,\omega C + \frac{1}{\mathrm{j}\,\omega L} \tag{7.37}$$

Erweitert man die imaginären Terme mit der Kennkreisfrequenz ω_0 und führt den in Gl. (7.14) bzw. Gl. (7.23) angegebenen Kennwiderstand $Z_0 = \omega_0 L = 1/(\omega_0 C)$ bzw. Kennleitwert $Y_0 = \omega_0 C = 1/(\omega_0 L)$ ein, so ergibt sich

$$\underline{Z} = R + \mathrm{j}\,Z_0\left(\frac{\omega}{\omega_0} - \frac{\omega_0}{\omega}\right) \quad \text{bzw.} \quad \underline{Y} = G + \mathrm{j}\,Y_0\left(\frac{\omega}{\omega_0} - \frac{\omega_0}{\omega}\right). \tag{7.38}$$

Der frequenzabhängige Verlauf von $\underline{Z}$ bzw. $\underline{Y}$ ist in Zeile 5 als Ortskurve dargestellt. Daraus erkennt man die für den Schwingkreis charakteristische Frequenzabhängigkeit dieser Größen, die zu dem in Zeile 6 und 7 angeführten frequenzabhängigen Strom- bzw. Spannungsverhalten führt.

Werden der Reihen- bzw. Parallelschwingkreis an eine konstante Spannung $U = \text{const}$ angeschlossen, so durchläuft der aufgenommene Strom I in Abhängigkeit von der Kreisfrequenz ω beim Reihenschwingkreis ein Maximum (linkes Diagramm in Zeile 7), aber beim Parallelschwingkreis ein Minimum (rechtes Diagramm in Zeile 6). Wird in den Reihen- bzw. Parallelschwingkreis ein konstanter Strom $I = \text{const}$ eingeprägt, so durchläuft die an dem Kreis auftretende Spannung U in Abhängigkeit von der Kreisfrequenz ω beim Reihenschwingkreis ein Minimum (linkes Diagramm in Zeile 6), beim Parallelschwingkreis aber ein Maximum (rechtes Diagramm in Zeile 7).

Tafel **7.17** Gegenüberstellung der Betriebseigenschaften von Reihen- und Parallelschwingkreisen

Zeile	Reihenschwingkreis	Parallelschwingkreis
1 Schaltung		
2 Gleichung	$\underline{U}=R\underline{I}+\mathrm{j}\,\omega L\underline{I}+\dfrac{\underline{I}}{\mathrm{j}\,\omega C}$	$\underline{I}=G\underline{U}+\mathrm{j}\,\omega C\underline{U}+\dfrac{\underline{U}}{\mathrm{j}\,\omega L}$
3 Zeigerdiagramm		
4 Kenngrößen	$Z_0=\sqrt{L/C}$ $\quad \omega_0=1/\sqrt{LC}$	$Y_0=\sqrt{C/L}$
5 Ortskurve für Widerstand bzw. Leitwert	$\underline{Z}=\dfrac{\underline{U}}{\underline{I}}=R+\mathrm{j}Z_0\left(\dfrac{\omega}{\omega_0}-\dfrac{\omega_0}{\omega}\right)$	$\underline{Y}=\dfrac{\underline{I}}{\underline{U}}=G+\mathrm{j}Y_0\left(\dfrac{\omega}{\omega_0}-\dfrac{\omega_0}{\omega}\right)$
6 Amplitudengang	I = const	U = const
7 Amplitudengang	U = const	I = const

7.2.3 Kenngrößen für Schwingkreise

In Abschn. 7.2.2.1 und 7.2.2.2 sind bereits für Reihen- und Parallelschwingkreise entsprechend den Ersatzschaltungen in Tafel **7.**17 die Kennkreisfrequenz $\omega_0 = 1/\sqrt{LC}$ [Gl. (7.13) und (7.22)] sowie der Kennwiderstand $Z_0 = \sqrt{L/C}$ [nach Gl. (7.14) für den Reihenschwingkreis] bzw. der Kennleitwert $Y_0 = \sqrt{C/L}$ [nach Gl. (7.23) für den Parallelschwingkreis] angegeben.

Die Kennkreisfrequenz ω_0 wird auch als Eigen- oder Resonanzkreisfrequenz des ungedämpften Schwingkreises bezeichnet. Diese Bezeichnung folgt aus Beispiel 7.6, in dem für einen Parallelschwingkreis abhängig von der Anordnung der Wirkwiderstände in der Ersatzschaltung unterschiedliche Resonanzfrequenzen f_ϱ berechnet wurden. Nur die mit Gl. (7.35) für den verlustfreien (ungedämpften) Schwingkreis abgeleitete Resonanzfrequenz $f_\varrho(R=0)$ stimmt mit der Definition der Kennfrequenz f_0 entsprechend Gl. (7.22) überein $[f_\varrho(R=0) = f_0]$.

Das Verhältnis Z_0/R bzw. Y_0/G des Kennwiderstandes zum Wirkwiderstand bzw. Kennleitwertes zum Wirkleitwert ist ein Maß für das Verhältnis der im Schwingungsablauf zwischen Induktivität und Kapazität wechselweise umgespeicherten Energie zu der im Wirkwiderstand irreversibel in Wärme umgeformten Energie. Da dieses Verhältnis aber wiederum maßgebend ist für die Schwingungsintensität bei Resonanz bzw. für die Resonanzverstärkung, hat man als eine weitere Kenngröße den Gütefaktor

$$Q = \frac{Z_0}{R} = \frac{Y_0}{G} \tag{7.39}$$

definiert. Häufig wird auch der Kehrwert des Gütefaktors, die Dämpfung

$$d = \frac{1}{Q}, \tag{7.40}$$

angegeben. Sie unterscheidet sich um den Faktor 2 von dem bei der Lösung der inhomogenen Differentialgleichung für freie Schwingungen i. allg. eingeführten Dämpfungsgrad $\vartheta = d/2$ (s. Abschn. 9.3.2.3).

Zur Erleichterung der formalen Darstellung von Schwingungsvorgängen wird die bereits in Abschn. 7.2.2.3 eingeführte auf die Kennfrequenz f_0 bezogene Frequenz f als relative Frequenz

$$\Omega = \frac{f}{f_0} = \frac{\omega}{\omega_0} \tag{7.41}$$

und die in Gl. (7.38) in Klammern stehende Differenz als Verstimmung

$$v = \frac{\omega}{\omega_0} - \frac{\omega_0}{\omega} = \Omega - \frac{1}{\Omega} \tag{7.42}$$

definiert. Damit läßt sich z.B. der frequenzabhängige komplexe Widerstand des Reihenschwingkreises bzw. der komplexe Leitwert des Parallelschwingkreises nach Gl. (7.38) in der einfachen Form

$$\underline{Z} = R + \mathrm{j}\, Z_0 v \quad \text{bzw.} \quad \underline{Y} = G + \mathrm{j}\, Y_0 v \tag{7.43}$$

schreiben.

Den anschaulichsten Eindruck von dem frequenzabhängigen Verlauf der Schwingung vermittelt der Amplitudengang, also die graphisch dargestellte Funktion der Schwingungsgröße über der Frequenz (s. Bild **7.**14). Diese auch als Resonanzkurve bezeichnete Funktion verläuft um so steiler, d.h. mit schärfer ausgeprägtem Extremum, je kleiner die Dämpfung d bzw. je größer die Güte Q des Kreises ist. Man spricht von Resonanzverstärkungen z.B. in den Diagrammen Zeile 7, Tafel **7.**17 (auch Resonanzabschwächung z.B. in den Diagrammen Zeile 6, Tafel **7.**17) infolge steiler Resonanzkurven. Zur Objektivierung dieser subjektiven Beurteilung ist eine als Bandbreite bezeichnete Kenngröße mit folgender Definition eingeführt. In Bild **7.**18 sind Amplitudengang der Schwingungsgröße S und Phasengang des Winkels φ zwischen Schwingungs- und Erregergröße eines Schwingkreises dargestellt. Die Bandbreite

$$b_\omega = \omega_2 - \omega_1 \tag{7.44}$$

einer Resonanzkurve ist die Differenz der oberen und unteren Grenzkreisfrequenz ω_2 und ω_1. Diese Grenzkreisfrequenzen sind so definiert, daß bei ihnen der Betrag der Schwingungsgröße S jeweils den $(1/\sqrt{2})$-fachen Wert des Maximums S_ϱ (bzw. dem $\sqrt{2}$-fachen Wert des Minimums S_ϱ) hat. Bei einfachen

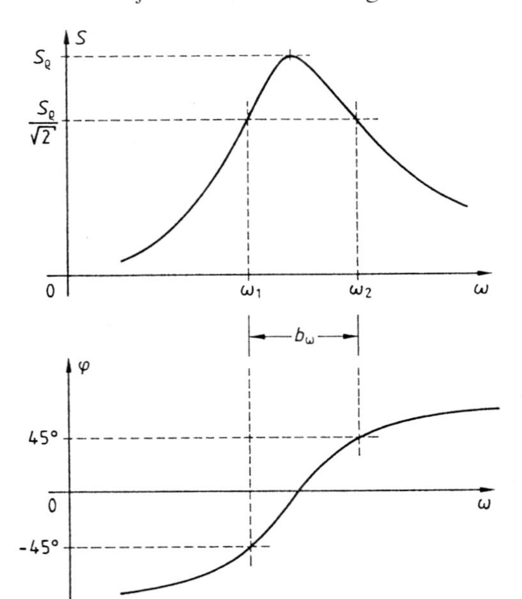

7.18 Definition der Bandbreite

RLC-Reihen- oder GCL-Parallelschaltungen wie in Tafel **7.**17 beträgt die sich dabei einstellende Phasenverschiebung zwischen Schwingungs- und Erregergröße $|\varphi| = 45°$ (s. Bild **7.**18 und **7.**19).

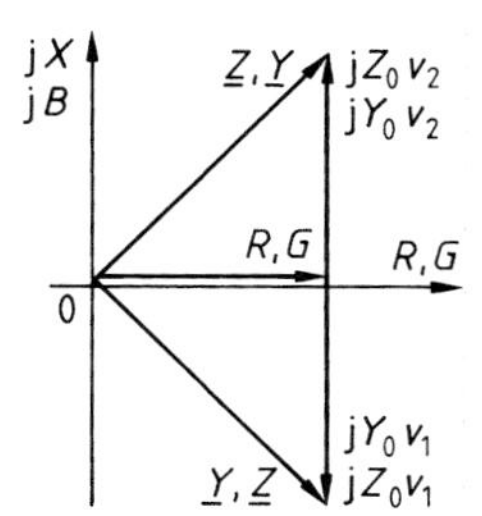

7.19 Komplexe Widerstände $\underline{Z}$ bzw. Leitwerte $\underline{Y}$ bei der Verstimmung v_1 bzw. v_2 entsprechend der unteren bzw. oberen Grenzkreisfrequenz ω_1 bzw. ω_2

Im folgenden soll diese Definition der Bandbreite für den komplexen Widerstand $\underline{Z}$ bzw. Leitwert $\underline{Y}$ des Reihen- bzw. Parallelschwingkreises nach Tafel **7.**17 gedeutet werden. Die maximalen (bzw. minimalen) Resonanzwerte der Schwingungsgrößen stellen sich bei minimalen Werten für $\underline{Z}$ bzw. $\underline{Y}$, also bei $\underline{Z} = R$ bzw. $\underline{Y} = G$, ein (s. Tafel **7.**17). Die um den Faktor $\sqrt{2}$ größeren bzw. um $1/\sqrt{2}$ kleineren Schwingungsgrößen ergeben sich, wenn die Beträge der komplexen Größen $\underline{Z}$ bzw. $\underline{Y}$ um den Faktor $\sqrt{2}$ größer sind als ihre Minimalwerte R und G. Dann sind die Zeiger $\underline{Z}$ bzw. $\underline{Y}$ um $\pi/4$ in positiver oder negativer Richtung aus der reellen Achse verschoben (s. Bild **7.**19). Für diesen Fall folgt aus Gl. (7.43)

$$|v_1|\, Z_0 = |v_2|\, Z_0 = R \quad \text{bzw.} \quad |v_1|\, Y_0 = |v_2|\, Y_0 = G. \tag{7.45}$$

Führt man die Güte Q entsprechend Gl. (7.39) ein, läßt sich die für die obere bzw. untere Grenzkreisfrequenz ω_2 bzw. ω_1 berechnete Verstimmung v_2 bzw. v_1 entsprechend Gl. (7.45) auf die Güte zurückführen.

$$v_{1,2} = \frac{\omega_{1,2}}{\omega_0} - \frac{\omega_0}{\omega_{1,2}} = \mp \frac{R}{Z_0} = \mp \frac{G}{Y_0} = \mp \frac{1}{Q} \tag{7.46}$$

Multipliziert man Gl. (7.46) mit $\omega_{1,2}\,\omega_0$, so bekommt man die quadratische Gleichung

$$\omega_{1,2}^2 \pm \frac{\omega_{1,2}\,\omega_0}{Q} - \omega_0^2 = 0, \tag{7.47}$$

deren Lösung eine Gleichung für die nur mit positiven Werten möglichen Grenzkreisfrequenzen

$$\omega_{1,2} = \omega_0 \left[\sqrt{1 + \frac{1}{4Q^2}} \mp \frac{1}{2Q}\right] \tag{7.48}$$

liefert. Bildet man die Differenz $\omega_2 - \omega_1$ der beiden Grenzkreisfrequenzen, so bekommt man entsprechend Gl. (7.44) die Bandbreite

$$b_\omega = \omega_2 - \omega_1 = \frac{\omega_0}{Q} \quad \text{bzw.} \quad b_f = f_2 - f_1 = \frac{f_0}{Q}. \tag{7.49}$$

Man erkennt aus dieser Gleichung deutlich, daß eine Resonanzkurve um so steiler ausgeprägt ist (schmalbandiger verläuft), je größer die Güte Q bzw. je geringer die Dämpfung $d = 1/Q$ des Schwingkreises ist. Um scharf ausgeprägte Resonanzkurven zu bekommen, die beispielsweise für schmalbandige Filterschaltungen erforderlich sind, müssen also Spulen und Kondensatoren mit möglichst kleinen Verlusten für den Aufbau eines Schwingkreises verwendet werden.

7.2.4 Schwingkreise mit mehreren Freiheitsgraden

In Abschn. 7.2.2 und 7.2.3 werden einfache Schwingkreise betrachtet, deren Schwingungsvorgang durch eine einzige Größe vollständig gekennzeichnet ist. So kann z. B. in dem Reihenschwingkreis nach Tafel **7.**17 der Schwingungsvorgang durch den einen in beiden Speichern L und C sowie dem Wirkwiderstand R gleichen Strom $\underline{I}$ eindeutig beschrieben werden. Die verschiedenen Spannungen an L, C und R sind nicht unabhängig voneinander und ergeben sich zwangsläufig als Funktion des einen Stromes $\underline{I}$. Ähnlich kann für einen Parallelschwingkreis der Schwingungsvorgang durch die eine für beide Speicher L und C sowie den Leitwert G gleiche Spannung $\underline{U}$ beschrieben werden, aus der sich die verschiedenen Ströme in den parallelen Zweigen als abhängige Größen zwangsläufig ergeben. Solche Schwingkreise, in denen der Schwingungsvorgang durch eine Größe eindeutig beschrieben werden kann, bezeichnet man als Kreise mit einem Freiheitsgrad. Sich selbst überlassen, schwingt ein solcher Kreis mit einer ganz bestimmten ihm eigenen Frequenz. Das System hat nur eine Eigenfrequenz.

Die in der Praxis auftretenden Schwingungsvorgänge erweisen sich bei entsprechend genauer Betrachtung i. allg. als weitaus komplizierter als bisher dargestellt, da sich Schaltungselemente mit den in der Ersatzschaltung angenommenen idealen Eigenschaften praktisch nicht realisieren lassen. Beispielsweise lassen sich die Windungen einer Spule nicht allein durch eine Induktivität beschreiben, da zwischen den Windungen auch Kapazitäten wirksam sind (s. Bild **7.**20b). Schaltet man eine Spule mit einem Kondensator zu einem Schwingkreis zusammen (s. Bild **7.**20), so können also außer der Energiependelung zwischen dem Kondensator (C) und der Spule als Ganzes (L) auch noch Energieumspeicherungsvorgänge innerhalb der Spule zwischen den Teilinduktivitäten ΔL und Teilkapazitäten ΔC der einzelnen Windungen auftreten. Ein Reihenschwingkreis aus Spule und Kondensator wird also durch eine Ersatzschaltung entsprechend Bild **7.**20c ge-

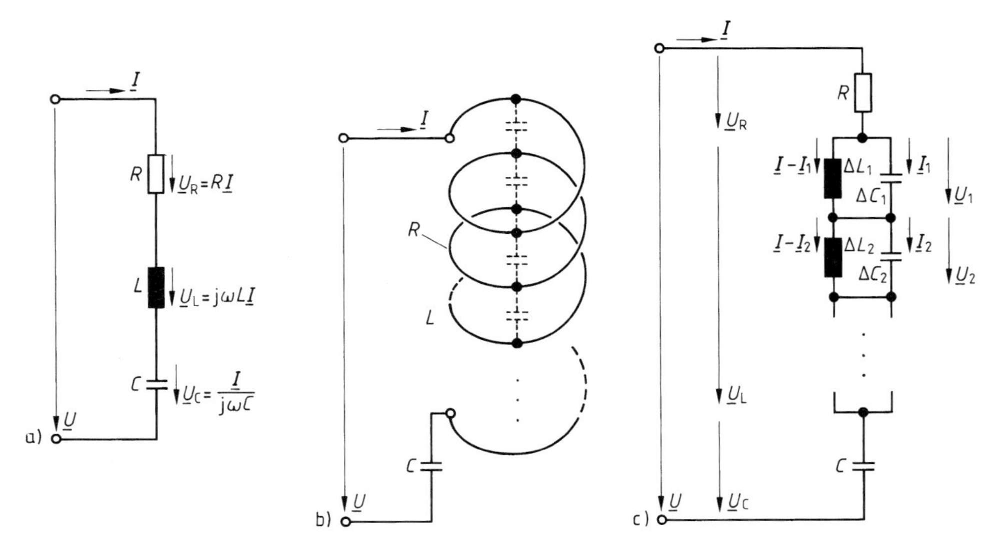

7.20 Reihenschwingkreis aus widerstandsbehafteter Spule und Kondensator
a) einfachste Ersatzschaltung für Schwingungen in der ersten Eigenform,
b) schematische Darstellung der Windungskapazitäten,
c) verfeinerte Ersatzschaltung für Schwingungen in mehreren Eigenformen

nauer beschrieben als durch die in Bild **7.**20a dargestellte. Man erkennt daraus, daß außer der Schwingung in der ersten Eigenform, die dem durch $\underline{I}$ beschriebenen Energieaustausch zwischen L (Spule als Ganzes) und C entspricht, offensichtlich weitere Schwingungseigenformen möglich sind, die als Energiependelungen zwischen den Teilinduktivitäten ΔL_1, ΔL_2, ... und den Teilkapazitäten ΔC_1, ΔC_2, ... innerhalb der Spule ablaufen.

Die Schwingungen der einzelnen Eigenformen eines Schwingkreises beeinflussen sich gegenseitig, sie sind miteinander gekoppelt. Der gesamte Schwingungsvorgang wird entsprechend der Anzahl der Maschen und Knoten der Ersatzschaltung durch ein System voneinander unabhängiger Gleichungen beschrieben. Überläßt man nach geeigneter Anregung das System sich selbst, so verlaufen die Schwingungen jeder Eigenform mit der ihr eigenen Frequenz, die als Eigenfrequenz der jeweiligen Eigenform bezeichnet wird. Schwingkreise, deren Schwingungsvorgang durch n Größen, also durch n voneinander unabhängige Gleichungen, eindeutig bestimmt wird, nennt man Schwingungssysteme mit n Freiheitsgraden. Der Schwingungsvorgang solcher Systeme läßt sich als Überlagerung von n Einzelschwingungen in n charakteristischen Eigenformen auffassen.

Bei den in diesem Abschnitt behandelten erzwungenen Schwingungen bilden sich nur die Schwingungseigenformen aus, deren Charakteristik der der Erregereinwirkung entspricht. In allen angeregten Eigenformen verläuft die Schwingung aber mit der Erregerfrequenz. Werden alle n Eigenformen erregt, so weist die Resonanzkurve, d.h. der Amplitudengang, bei jeder der n Eigenfrequenzen ein Extremum auf. Es treten also so viele Extrema auf, wie das System Freiheitsgrade hat.

Bei der Betrachtung des vorstehend beschriebenen Reihenschwingkreises entsprechend Bild **7.**20 wurde nicht festgelegt, in wie viele Teilinduktivitäten und Teilkapazitäten die Spule unterteilt werden muß. Da Induktivität und Windungskapazität kontinuierlich über die ganze Spule verteilt sind, werden die Eigenschaften der Spule in der Ersatzschaltung – also einer Modellvorstellung – offensichtlich um so genauer beschrieben, je feiner man sie in einzelne Elemente ΔL und ΔC unterteilt. Damit steigt natürlich die Anzahl der Freiheitsgrade des der Ersatzschaltung entsprechenden Schwingungsmodells, und die mathematische Behandlung wird aufwendiger.

So wie hier beispielhaft erläutert, müssen alle praktisch gegebenen Schwingungssysteme untersucht werden, um Ersatzmodelle zu entwerfen, die bei möglichst einfacher Struktur die praktischen Gegebenheiten hinreichend genau beschreiben.

Im Rahmen der in diesem Abschnitt behandelten stationären erzwungenen Schwingungen lassen sich auch Schwingkreise mit mehreren Freiheitsgraden mit der in Abschn. 5 und 6 erläuterten komplexen Rechnung wie allgemeine Netzwerke behandeln. Dabei muß lediglich beachtet werden, daß bei der frequenzabhängigen Darstellung der zu berechnenden Ströme oder Spannungen (Schwingungsgrößen) in diesem Netzwerk entsprechend der Anzahl der Freiheitsgrade des Netzwerkes auch mehrere Resonanzstellen (Extrema der Schwingungsgrößen) auftreten können.

8 Mehrphasensysteme

In den Kapiteln 5 bis 7 werden als Wechselstromverbraucher Zweipole betrachtet, die an eine sinusförmig verlaufende Wechselspannung angeschlossen werden. Solche Sinusstromsysteme nennt man einphasige Systeme. Generatoren, die nur eine einzige spannungserzeugende Wicklung enthalten, haben aber schwerwiegende Nachteile. Diese vermeidet man, wenn man z.B. drei gleichartige Wicklungen gleichmäßig über den Umfang verteilt unterbringt, so daß drei gleich große, gegeneinander phasenverschobene Sinusspannungen erzeugt werden. Derartige Mehrphasensysteme werden in diesem Kapitel beschrieben.

Zunächst werden einige neue Begriffe sowie die in Mehrphasensystemen üblichen Schaltungsarten erläutert. Später konzentrieren sich die Betrachtungen auf das technisch bedeutsame symmetrische Dreiphasensystem, das auch als Drehstromsystem bezeichnet wird. Hierbei werden in Stern- und Dreieckschaltung sowohl Verbraucher betrachtet, die das Dreiphasensystem gleichmäßig belasten, als auch solche, die eine ungleiche Belastung der drei Phasen verursachen.

8.1 Verkettete Mehrphasensysteme

Die in einem Mehrphasengenerator in seinen m verschiedenen Wicklungen erzeugten Sinusspannungen können im Prinzip galvanisch voneinander völlig getrennt zur Versorgung verschiedener einphasiger Verbraucher verwendet werden. Ein solches System, wie es z.B. in Bild **8.**2a für $m=6$ dargestellt ist, nennt man ein offenes Mehrphasensystem. Zum Anschluß der Verbraucher benötigt man für jede Wicklung zwei, insgesamt also $2m$ Zuleitungen. Wenn man hingegen die m Wicklungen, die auch als Wicklungsstränge oder einfach als Stränge bezeichnet werden (s. Abschn. 8.2.1.1), in geeigneter Weise galvanisch miteinander verbindet, läßt sich die Anzahl der Zuleitungen auf $m+1$ oder sogar auf m verringern. In diesem Falle spricht man von einem verketteten Mehrphasensystem. Im folgenden werden zunächst die beiden bei verketteten Mehrphasensystemen gebräuchlichen Schaltungsarten Sternschaltung und Ringschaltung vorgestellt und danach als kleinstmögliches Mehrphasensystem das Zweiphasensystem untersucht.

8.1.1 Schaltungsarten

8.1.1.1 Mehrphasengenerator. In den m Wicklungssträngen eines Mehrphasengenerators, die über den Umfang um bestimmte Winkel gegeneinander versetzt angeordnet sind, werden m gegeneinander phasenverschobene Sinusspannungen erzeugt. Dabei entsprechen die Phasenverschiebungen zwischen den Strangspannungen bei zweipoligen Generatoren den Winkeln zwischen den Wicklungsachsen; wenn die Wicklungen untereinander gleich und alle um denselben Winkel $360°/m$ gegeneinander versetzt sind, entsteht wie in Beispiel 8.1 ein symmetrisches, sonst ein unsymmetrisches Mehrphasensystem wie in Beispiel 8.2.

□ **Beispiel 8.1**

Bei einem symmetrischen Dreiphasengenerator sind die $m=3$ Strangwicklungen über den Umfang gleichmäßig verteilt; bei einer zweipoligen Maschine nach Bild **8.1**a müssen die Wicklungachsen daher jeweils um $360°/3=120°$ räumlich gegeneinander versetzt sein. Da

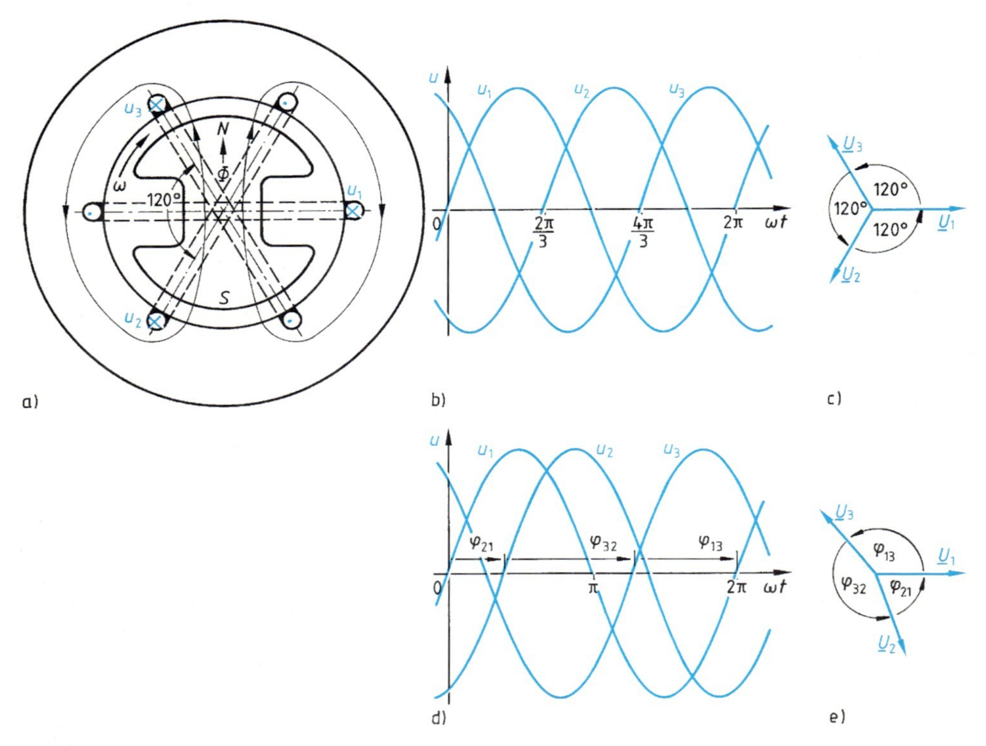

8.1 Symmetrischer zweipoliger Dreiphasengenerator im Querschnitt (a) mit den drei Wicklungssträngen, dem Zeitdiagramm (b) und dem Effektivwertzeigerbild (c) der Strangspannungen u_1, u_2, u_3; ferner zum Vergleich Zeitdiagramm (d) und Effektivwertzeigerbild (e) der Strangspannungen bei unsymmetrischer Anordnung der Wicklungsstränge

die Wicklungsstränge untereinander gleich sind und nacheinander im zeitlichen Abstand von einer drittel Periodendauer $T/3$ vom gleichen magnetischen Fluß Φ durchsetzt werden, werden in ihnen nach Gl. (5.25) Strangspannungen mit gleicher Frequenz f, gleichem Scheitelwert $\hat{u}_{Str}$ und gleichem Effektivwert U_{Str} induziert; und die erzeugten Spannungen sind nach Bild **8.**1b um je 120° gegeneinander phasenverschoben. Die Spannungen unterscheiden sich also nur im Nullphasenwinkel (s. Abschn. 5.2.1.2) um jeweils 120°. Bei rein sinusförmiger Flußänderung gilt daher nach Gl. (5.25) für die Zeitwerte der Strangspannungen

$$u_1 = \hat{u}_{Str} \sin(\omega t), \quad u_2 = \hat{u}_{Str} \sin(\omega t - 120°), \quad u_3 = \hat{u}_{Str} \sin(\omega t - 240°)$$

bzw. nach Bild **8.**1c für die komplexen Effektivwerte

$$\underline{U}_2 = \underline{U}_1 \, e^{-j120°}, \quad \underline{U}_3 = \underline{U}_2 \, e^{-j120°} = \underline{U}_1 \, e^{-j240°}.$$ □

□ **Beispiel 8.2**

Für den Fall, daß die drei Strangwicklungen des Dreiphasengenerators aus Beispiel 8.1 nicht gleichmäßig über den Umfang verteilt angeordnet sind, erhält man ein entsprechend unsymmetrisches Spannungssystem. Wenn z.B. die zweite Wicklung gegenüber der ersten um den Winkel $\varphi_{21} = 70°$ und die dritte Wicklung gegenüber der zweiten um den Winkel $\varphi_{32} = 160°$ versetzt angeordnet ist, gilt für die Zeitwerte der Strangspannungen

$$u_1 = \hat{u}_{Str} \sin(\omega t), \quad u_2 = \hat{u}_{Str} \sin(\omega t - 70°), \quad u_3 = \hat{u}_{Str} \sin(\omega t - 230°),$$

wie in Bild **8.**1d gezeigt, und nach Bild **8.**1e für die komplexen Effektivwerte

$$\underline{U}_2 = \underline{U}_1 \, e^{-j70°}, \quad \underline{U}_3 = \underline{U}_2 \, e^{-j160°} = \underline{U}_1 \, e^{-j230°}.$$ □

Die in den einzelnen Wicklungssträngen eines Mehrphasengenerators induzierten Spannungen können, wie in Bild **8.**2a für $m = 6$ dargestellt, als Quellspannungen separater einphasiger Netze innerhalb eines offenen Mehrphasensystems mit $2m$ Leitungen genutzt werden. Um die Anzahl der benötigten Leitungen zu verringern, ist es jedoch vorteilhafter, zu verketteten Mehrphasensystemen überzugehen.

8.1.1.2 Sternschaltung. Die Anzahl der benötigten Leitungen wird bei der Sternschaltung dadurch reduziert, daß nur noch die Eingangsklemmen der m Strangwicklungen einzeln an die Leitungen des Mehrphasennetzes angeschlossen werden, während die Ausgangsklemmen aller m Strangwicklungen nach Bild **8.**2b auf einen gemeinsamen Sternpunkt geführt und auf eine einzige Leitung des Mehrphasennetzes geschaltet werden. Hierdurch verringert sich die Anzahl der Leitungen auf $m + 1$.

8.1.1.3 Ringschaltung. Wenn man die m Strangwicklungen hintereinanderschaltet, indem man jeweils die Ausgangsklemme jeder Wicklung (mit Ausnahme der letzten) mit der Eingangsklemme der nächsten Wicklung verbindet, entsteht eine offene Ringschaltung nach Bild **8.**2c. Über die $m + 1$ Leitungen des Mehrphasennetzes sind die Ein- und Ausgangsklemmen aller m Strangwicklun-

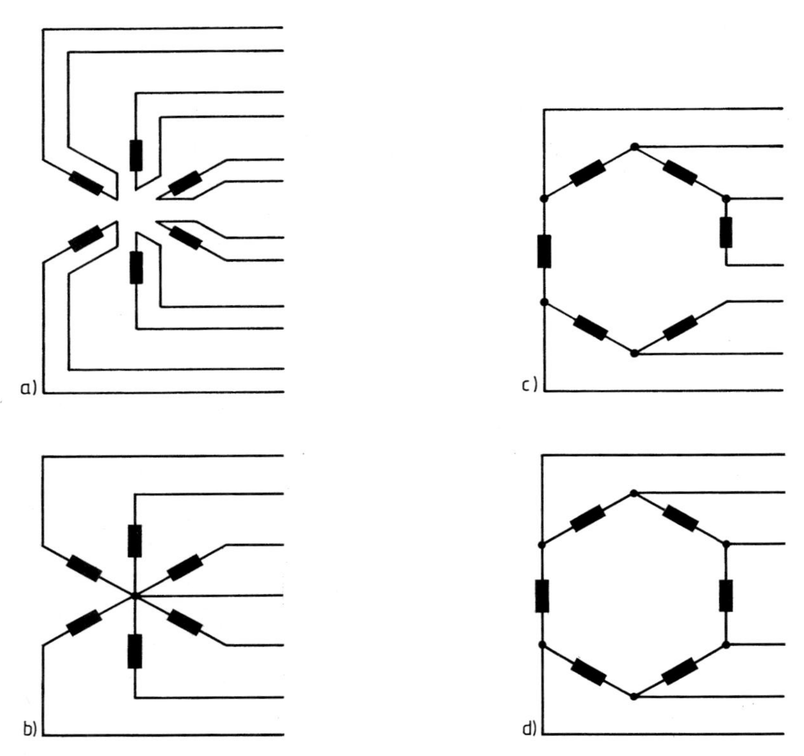

8.2 Offenes (a) und verkettetes Sechsphasensystem in Sternschaltung (b) sowie in offener (c) und in geschlossener Ringschaltung (d)

gen zugänglich. Zwischen der Eingangsklemme der ersten und der Ausgangsklemme der letzten Wicklung besteht die Summenspannung

$$\sum_{\nu=1}^{m} \underline{U}_{\nu},$$

die bei unsymmetrischen Mehrphasensystemen i. allg. einen von null verschiedenen Wert hat.

Bei symmetrischen Mehrphasensystemen, wie z. B. dem symmetrischen Dreiphasensystem in Bild **8.**1 c, ist diese Summenspannung hingegen stets null; d. h. die Eingangsklemme der ersten und die Ausgangsklemme der letzten Wicklung liegen auf demselben Potential. Sie können, wie in Bild **8.**2 d gezeigt, miteinander verbunden und auf eine gemeinsame Leitung des Mehrphasennetzes geschaltet werden. Damit erhält man eine geschlossene Ringschaltung und ein Mehrphasennetz mit nur m Leitungen.

8.1.2 Zweiphasensysteme

8.1.2.1 Symmetrisches Zweiphasensystem. Die beiden Sinusspannungen $\underline{U}_1$ und $\underline{U}_2$ sind nach Bild **8.**3a um $360°/2=180°$ gegeneinander phasenverschoben. Es gilt daher

$$\underline{U}_2=\underline{U}_1\,e^{-j\,180°}=-\underline{U}_1\,.$$

Die Sternschaltung führt nach Bild **8.**3b zu einem Dreileitersystem mit zwei gegenphasigen bzw. – bei Richtungsumkehr eines Zählpfeils – gleichphasigen Spannungen. Als Ringschaltung kann man nach Abschn. 8.1.1.3, da es sich um ein symmetrisches System handelt, eine geschlossene Ringschaltung nach Bild **8.**3c aufbauen. Es entsteht ein Zweileitersystem mit der Spannung $\underline{U}_1=-\underline{U}_2$, das von einem einphasigen Wechselspannungssystem nicht zu unterscheiden ist. Weder in Stern- noch in Ringschaltung bietet das symmetrische Zweiphasensystem nennenswerte Vorteile. Es wird daher in der Praxis nicht verwendet.

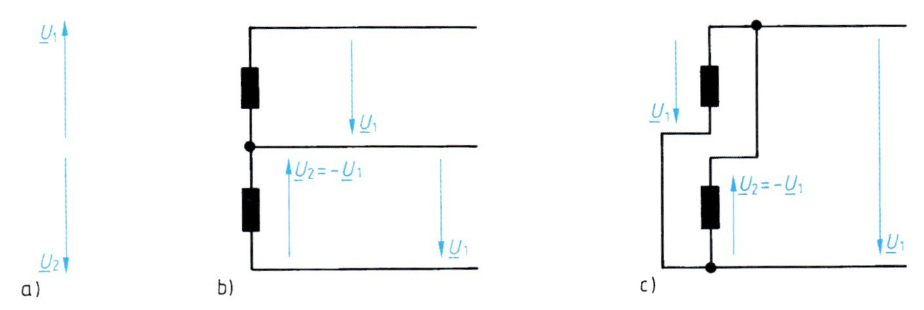

8.3 Symmetrisches Zweiphasensystem. Spannungszeigerdiagramm (a), Sternschaltung (b) und geschlossene Ringschaltung (c)

8.1.2.2 Unsymmetrisches Zweiphasensystem. Im folgenden wird nun ein Zweiphasensystem in Sternschaltung nach Bild **8.**4a betrachtet, bei dem die Spannung $\underline{U}_2$ (wie auch durch die räumliche Anordnung der Schaltsymbole angedeutet) um $\varphi_{21}=90°$ gegenüber der Spannung $\underline{U}_1$ nacheilt. An dem Dreileitersystem ist neben den Spannungen $\underline{U}_1$ und $\underline{U}_2$ zusätzlich die Spannung $\underline{U}_{12}=\underline{U}_1-\underline{U}_2$ verfügbar.

Wie der Vergleich der Bilder **8.**4b und c zeigt, kann man dieses System als ein unvollständiges symmetrisches Vierphasensystem auffassen. Das Zweiphasensystem nach Bild **8.**4a und b besitzt deshalb Eigenschaften, die sonst nur bei symmetrischen Mehrphasensystemen (mit $m>2$) auftreten. Trotzdem wird es in der Praxis nicht realisiert, weil das symmetrische Dreiphasensystem (s. Abschn. 8.2) weitergehende Vorteile bietet; wohl aber wird es für theoretische Untersuchungen genutzt.

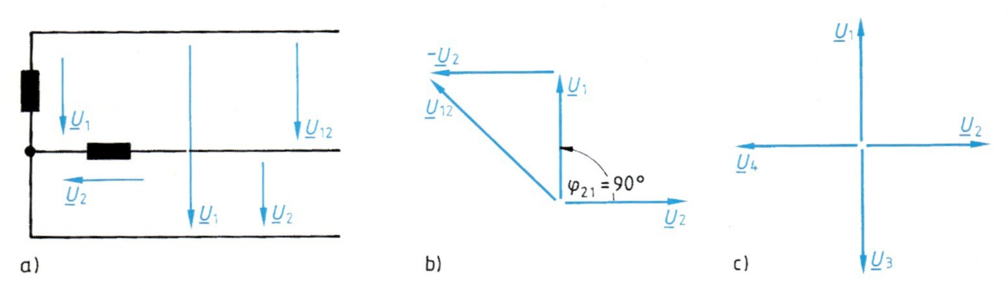

8.4 Unsymmetrisches Zweiphasensystem mit $\varphi_{21}=90°$ in Sternschaltung (a) mit Spannungszeigerdiagramm (b). Zum Vergleich das Spannungszeigerdiagramm eines symmetrischen Vierphasensystems (c)

Konstante Augenblicksleistung. Wenn man an die Spannungen $\underline{U}_1$ und $\underline{U}_2$ zwei gleiche Zweipole mit der Impedanz $\underline{Z}=Z\mathrm{e}^{\mathrm{j}\varphi}$ anschließt (man bezeichnet diese dann als die beiden Stränge eines symmetrischen zweiphasigen Verbrauchers), so ergibt sich nach Gl. (5.19) für die in beiden Zweipolen zusammen auftretende Augenblicksleistung

$$p=u_1 i_1+u_2 i_2. \tag{8.1}$$

Bei Wahl des zeitlichen Nullpunktes wie in Bild **8.**5a gilt für die Zeitwerte der beiden Ströme

$$i_1=\frac{\hat{u}}{Z}\cos(\omega t), \quad i_2=\frac{\hat{u}}{Z}\sin(\omega t) \tag{8.2}$$

und mit Gl. (5.27) für die Zeitwerte der beiden Spanungen

$$u_1=\hat{u}\cos(\omega t+\varphi), \quad u_2=\hat{u}\cos(\omega t+\varphi). \tag{8.3}$$

Hieraus folgt nach Gl. (8.1) für die Augenblicksleistung

$$p=\frac{\hat{u}^2}{Z}[\cos(\omega t+\varphi)\cos(\omega t)+\sin(\omega t+\varphi)\sin(\omega t)]$$

und mit der Umformung $\cos x\cos y+\sin x\sin y=\cos(x-y)$ nach [7] sowie mit Gl. (5.34)

$$p=\frac{\hat{u}^2}{Z}\cos\varphi=2\frac{U^2}{Z}\cos\varphi, \tag{8.4}$$

also ein konstanter, von der Zeit t unabhängiger Wert.

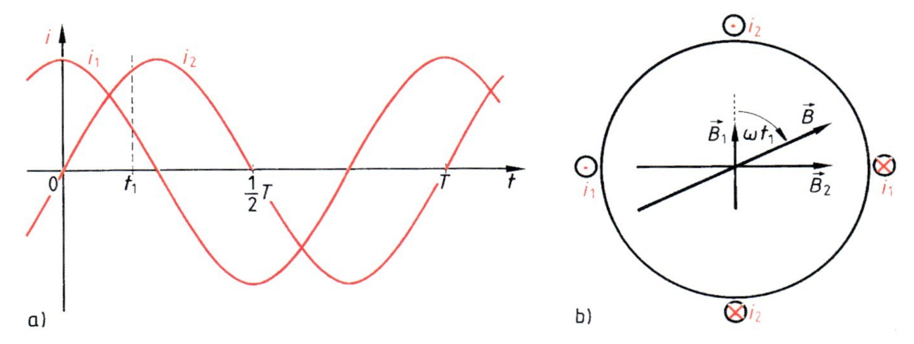

8.5 Symmetrischer Verbraucher am Zweiphasennetz nach Bild **8.**4b. Strangströme i_1 und i_2 (a), räumliche Anordnung der beiden Spulen zur Drehfelderzeugung (b) mit Stromzählpfeilen und Vektor der Induktion $\vec{B}$ für $\omega t_1 = 65°$

8.1.2.3 Drehfelderzeugung. In Abschn. 8.1.2.2 wird für das unsymmetrische Zweiphasensystem mit $\varphi_{21} = 90°$ nachgewiesen, daß in einem angeschlossenen symmetrischen Verbraucher die in den Strängen insgesamt auftretende Augenblicksleistung zeitlich konstant ist. Dies ist eine Eigenschaft, die auch alle symmetrischen Mehrphasensysteme mit $m > 2$ besitzen. Sie ermöglicht es z.B., mit einem Motor eine zeitlich konstante mechanische Leistung und damit auch – bei konstanter Drehzahl – ein zeitlich konstantes Drehmoment zu erzeugen.

Es soll nun ein symmetrischer Verbraucher betrachtet werden, der wie die zur Spannungserzeugung verwendete Wicklungsanordnung in Bild **8.**4a aus zwei gleichen, um 90° gegeneinander versetzten Wicklungen mit der Impedanz $\underline{Z} = Z\mathrm{e}^{\mathrm{j}\varphi}$ besteht. Die beiden Ströme i_1 und i_2 nach Gl. (8.2) sind in Bild **8.**5a dargestellt; die zugehörigen Zählpfeile sind Bild **8.**5b zu entnehmen. Die von den beiden Wicklungen erzeugten magnetischen Felder überlagern sich in dem von ihnen umschlossenen Raum. Wenn die Zusammenhänge linear sind, kann die Induktion $\vec{B}$ nach dem Überlagerungssatz (s. Abschn. 2.3.4) einfach durch vektorielle Addition der Teilgrößen $\vec{B}_1$ und $\vec{B}_2$ ermittelt werden. Wie in Bild **8.**5b gezeigt wird, ergänzen sich im Zentrum der Anordnung die auf den Strom $i_1 = \hat{i}\cos(\omega t)$ zurückzuführende Vertikalkomponente $B_1 = B\cos(\omega t)$ und die auf den Strom $i_2 = \hat{i}\sin(\omega t)$ zurückzuführende Horizontalkomponente $B_2 = B\sin(\omega t)$ zu einem Vektor $\vec{B}$, dessen Betrag

$$\sqrt{B_1{}^2 + B_2{}^2} = B\sqrt{\cos^2(\omega t) + \sin^2(\omega t)} = B \tag{8.5}$$

zeitlich konstant ist, dessen Richtung sich aber mit der Winkelgeschwindigkeit ω dreht. Diesen Effekt nutzt man bei Induktionsmotoren, die am einphasigen Wechselstromnetz betrieben werden, indem man eine der beiden Wicklungen (z.B. i_2 in Bild **8.**5) direkt, die zweite (sog. Hilfsphase) aber mit einem Kondensator in Reihe geschaltet an die Netzspannung legt, damit der Strom i_1 wie in Bild **8.**5a gegenüber dem Strom i_2 der anderen Wicklung um möglichst 90° voreilt. Derartige Zweiphasen-Induktionsmotoren sind als Antriebe mit geringer Leistung z.B. für Waschmaschinen, Pumpen und Kühlschränke weitverbreitet [32].

Magnetische Drehfelder können auch mit allen symmetrischen Mehrphasensystemen mit $m>2$ erzeugt werden, wenn man die Spannungen $\underline{U}_1$ bis $\underline{U}_m$ in zyklischer Folge an m gleiche, jeweils um den Winkel $360°/m$ gegeneinander versetzte Spulen anschließt. Wegen dieses Effektes nennt man solche Systeme Drehstromsysteme und die Motoren, die diesen Effekt ausnutzen, Drehstrommotoren.

8.2 Symmetrisches Dreiphasensystem

Von allen symmetrischen Mehrphasensystemen, mit denen man Drehfelder erzeugen kann, ist das symmetrische Dreiphasensystem mit $m=3$ das kleinste. Es findet verbreitete Anwendung bei der elektrischen Energieversorgung. In Niederspannungsnetzen ist dabei das Vierleitersystem nach Bild **8.**6a vorherrschend, das drei gewöhnliche Wechselspannungssysteme mit dem gemeinsamen Neutralleiter N in sich vereinigt. Im folgenden werden die gebräuchlichen Benennungen vorgestellt sowie Spannungen, Ströme und Leistungen bei symmetrischer Last erörtert.

8.2.1 Spannungen und Ströme

8.2.1.1 Benennungen. Bei Dreiphasengeneratoren und -verbrauchern werden die jeweils zwischen zwei Anschlußpunkten liegenden Zweige (z.B. Wicklungen) als Stränge bezeichnet. Unter der Strangspannung U_{Str} versteht man die Spannung an einem Strang. Der Strangstrom I_{Str} ist der Strom, der durch einen Strang hindurchfließt. Ein dreiphasiger Verbraucher (auch: Drehstromverbraucher) mit drei gleichen Strängen wird als symmetrischer Verbraucher oder auch als symmetrische Last bezeichnet.

Bei den Leitern des Vierleitersystems nach Bild **8.**6a unterscheidet man zwischen dem Neutralleiter N (auch Sternpunkt- oder Mittelpunktleiter), der mit dem Sternpunkt des Generators verbunden ist, und den drei Außenleitern *L1, L2* und *L3.* Entsprechend werden die Ströme $\underline{I}_1$, $\underline{I}_2$ und $\underline{I}_3$ in den Außenleitern als Außenleiterströme und der Strom $\underline{I}_N$ als Neutralleiterstrom (auch Sternpunktleiter- oder Mittelpunktleiterstrom) bezeichnet.

8.2.1.2 Spannungen. Die Spannungen $\underline{U}_1$, $\underline{U}_2$ und $\underline{U}_3$ zwischen je einem Außenleiter und dem Neutralleiter heißen Sternspannungen. Ihre Beträge

$$U_1 = U_2 = U_3 = U_{\curlywedge} \tag{8.6}$$

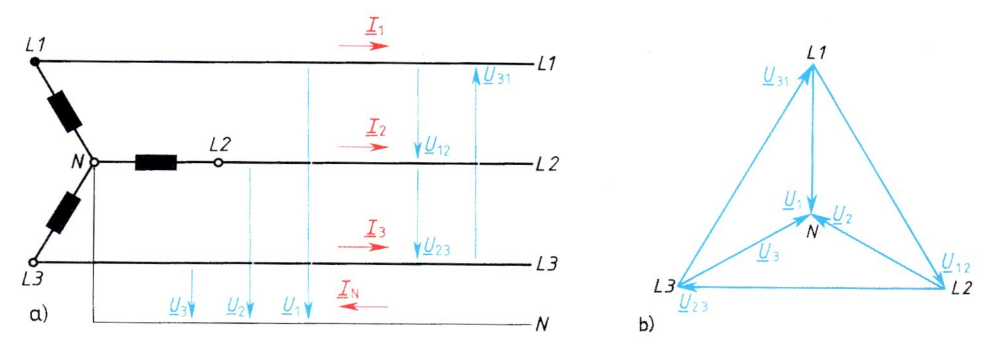

8.6 Symmetrisches Vierleitersystem mit Spannungs- und Stromzählpfeilen (a) und zugehöriges Spannungszeigerdiagramm (b)

sind untereinander gleich, und für ihre Phasenfolge gilt in Übereinstimmung mit den Bildern **8.1** c und **8.6**

$$\underline{U}_2 = \underline{U}_1 \, \mathrm{e}^{-\mathrm{j}120^\circ}, \quad \underline{U}_3 = \underline{U}_2 \, \mathrm{e}^{-\mathrm{j}120^\circ} = \underline{U}_1 \, \mathrm{e}^{-\mathrm{j}240^\circ}. \tag{8.7}$$

Die Spannungen $\underline{U}_{12}$, $\underline{U}_{23}$ und $\underline{U}_{31}$ zwischen jeweils zwei Außenleitern werden als Außenleiterspannungen oder als Dreieckspannungen bezeichnet. Nach dem Maschensatz (s. Abschn. 6.1.1.2) gilt bei den in Bild **8.6** a eingetragenen Zählpfeilrichtungen

$$\underline{U}_{12} = \underline{U}_1 - \underline{U}_2, \quad \underline{U}_{23} = \underline{U}_2 - \underline{U}_3, \quad \underline{U}_{31} = \underline{U}_3 - \underline{U}_1. \tag{8.8}$$

Zur Bildung der Dreieckspannung $\underline{U}_{12}$ sind also die Spannungszeiger $\underline{U}_1$ und $-\underline{U}_2$ zu addieren, was auf den in Bild **8.6** b eingetragenen Zeiger $\underline{U}_{12}$ führt. Bei den beiden anderen Dreieckspannungen ist entsprechend zu verfahren. Ihre Beträge

$$U_{12} = U_{23} = U_{31} = U_\triangle = U \tag{8.9}$$

sind untereinander gleich. Der Effektivwert $U_\triangle$ der Dreieckspannung wird zur Benennung des jeweiligen Dreiphasensystems verwendet und meist ohne weiteren Zusatz einfach als die Spannung U des Dreiphasensystems bezeichnet. Ein 400 V-Drehstromsystem ist demnach z.B. ein symmetrisches Dreiphasensystem mit der Dreieckspannung $U_\triangle = U = 400\,\mathrm{V}$. Für die Phasenfolge der Dreieckspannungen folgt aus Bild **8.6**

$$\underline{U}_{23} = \underline{U}_{12} \, \mathrm{e}^{-\mathrm{j}120^\circ}, \quad \underline{U}_{31} = \underline{U}_{23} \, \mathrm{e}^{-\mathrm{j}120^\circ} = \underline{U}_{12} \, \mathrm{e}^{-\mathrm{j}240^\circ}. \tag{8.10}$$

Das Spanungszeigerdiagramm Bild **8.6** b läßt sich auf einfache Weise reproduzieren: Man kennzeichnet die Ecken eines gleichseitigen Dreiecks im Uhrzeigersinn mit den Außenleiterkennungen *L1, L2* und *L3* sowie den Schwerpunkt mit dem Buchstaben *N* für den Neutralleiter. Dann erhält man die komplexe Spannung zwischen zweien dieser Punkte, indem man diese durch einen geradlinigen Pfeil miteinander verbindet. Die Orientierung des Zeigers ist dabei dieselbe wie bei einem Zählpfeil (s. Abschn. 1.2.4.1): Da z.B. $\underline{U}_2$ die Spannung des Außenleiters *L2* gegen den Neutralleiter *N* ist, weist dieser Zeiger von *L2* nach *N*. Entsprechend muß z.B. der Zeiger $\underline{U}_{23}$ von *L2* nach *L3* gerichtet sein; man beachte in diesem Zusammenhang, daß nach Gl. (1.9) $\underline{U}_{23}$ die Spannung von *L2* gegen *L3*, die Spannung $\underline{U}_{32}$ aber das Negative hiervon, nämlich die Spannung von *L3* gegen *L2* ist. Anhand von Bild **8.**6b sind Betrag und Phasenlage der sechs Spannungen leicht zu bestimmen. Für die Anwendung ist es aber oft übersichtlicher, die benötigten Spannungszeiger so parallel zu verschieben, daß sie von einem gemeinsamen Punkt im Diagramm ausgehen wie z.B. in den Bildern **8.**8b und **8.**9b.

Bild **8.**6b zeigt, daß die Dreieckspannungen U größer sind als die Sternspannungen $U_\curlywedge$. Aus diesem Diagramm, dessen Geometrie für zwei Sternspannungen $U_\curlywedge$ in Bild **8.**7 noch einmal herausgehoben ist, folgt für das Verhältnis

$$\frac{U}{U_\curlywedge} = 2\,\frac{\frac{1}{2}U}{U_\curlywedge} = 2\sin 60° = \sqrt{3}\,. \tag{8.11}$$

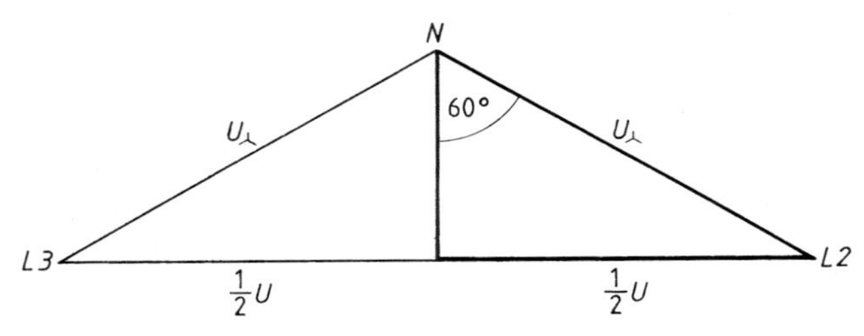

8.7 Zusammenhang zwischen Dreieckspannung U und Sternspannung $U_\curlywedge$

8.2.1.3 Symmetrische Sternschaltung. Bild **8.**8a zeigt einen symmetrischen Drehstromverbraucher, dessen drei gleiche Stränge mit der Impedanz $\underline{Z}$ nach Abschn. 8.1.1.2 zu einem Stern zusammengeschaltet sind. Die Anschlußklemmen *U, V* und *W* sind (in dieser Reihenfolge) an die drei Außenleiter *L1, L2* und *L3* angeschlossen; der Sternpunkt *S* ist mit dem Neutralleiter *N* verbunden.

Als Strangspannungen treten die Sternspannungen $\underline{U}_1$, $\underline{U}_2$ und $\underline{U}_3$ auf, deren Zeiger in Bild **8.**8b nach Länge und Richtung aus Bild **8.**6b übernommen werden. Bei der Sternschaltung gilt demnach mit Gl. (8.11) für die Strangspannung

$$U_{\mathrm{Str}} = U_\curlywedge = \frac{1}{\sqrt{3}}\,U\,. \tag{8.12}$$

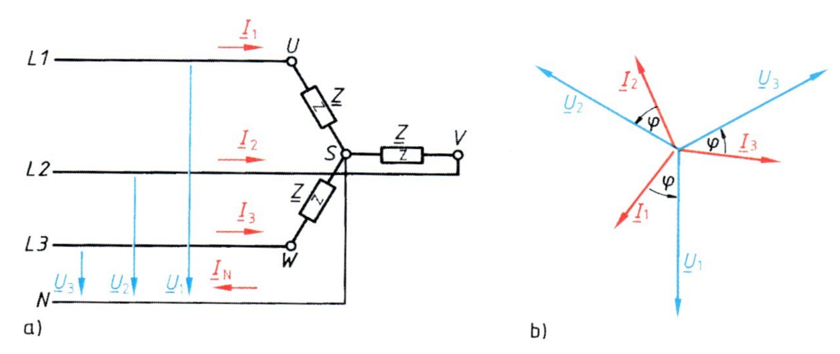

8.8 Drehstromverbraucher in symmetrischer Sternschaltung (a) und Zeigerdiagramm (b) für die Strangspannungen und Strangströme

Die Strangströme sind bei der Sternschaltung mit den Außenleiterströmen $\underline{I}_1$, $\underline{I}_2$ und $\underline{I}_3$ identisch. Bei einem symmetrischen Verbraucher sind sie alle um den gleichen Winkel φ gegenüber der jeweiligen Strangspannung phasenverschoben (s. Bild **8.**8b) und haben den gleichen Betrag

$$I_1 = I_2 = I_3 = I; \tag{8.13}$$

dieser wird ohne weiteren Zusatz als der vom Verbraucher aufgenommene Strom I bezeichnet. Bei der Sternschaltung gilt somit für den Strangstrom

$$I_{\mathrm{Str}} = I_{\curlywedge} = I. \tag{8.14}$$

Nach dem Knotensatz (s. Abschn. 6.1.1.1) gilt bei den in Bild **8.**8a eingetragenen Zählpfeilrichtungen für den Neutralleiterstrom

$$\underline{I}_{\mathrm{N}} = \underline{I}_1 + \underline{I}_2 + \underline{I}_3. \tag{8.15}$$

Für die symmetrische Sternschaltung folgt hieraus mit Gl. (5.76) und Gl. (8.7)

$$\underline{I}_{\mathrm{N}} = \frac{1}{\underline{Z}}(\underline{U}_1 + \underline{U}_2 + \underline{U}_3) = \frac{\underline{U}_1}{\underline{Z}}(1 + \mathrm{e}^{-\mathrm{j}120°} + \mathrm{e}^{-\mathrm{j}240°}) = 0, \tag{8.16}$$

wie auch unmittelbar aus Bild **8.**8b ersichtlich ist. Der Neutralleiter ist also bei symmetrischer Last stromlos und braucht daher nicht an den Sternpunkt S angeschlossen zu werden; auch ohne leitende Verbindung zwischen S und N liegen diese beiden Punkte auf gleichem Potential.

□ **Beispiel 8.3**

Ein im Stern geschalteter symmetrischer Drehstromverbraucher mit den komplexen Strangwiderständen $\underline{Z}=(80+\mathrm{j}\,125)\,\Omega$ liegt an einem symmetrischen Dreiphasennetz mit der Spannung $U=6\,\mathrm{kV}$. Der aufgenommene Strom I ist zu bestimmen.

Aus der Strangspannung

$$U_{\mathrm{Str}}=U_{\curlywedge}=\frac{U}{\sqrt{3}}=\frac{6\,\mathrm{kV}}{\sqrt{3}}=3{,}464\,\mathrm{kV}$$

und dem Strangscheinwiderstand $Z=\sqrt{80^2+125^2}\,\Omega=148{,}4\,\Omega$ folgt der Strangstrom

$$I=I_{\mathrm{Str}}=\frac{U_{\mathrm{Str}}}{Z}=\frac{3{,}464\,\mathrm{kV}}{148{,}4\,\Omega}=23{,}34\,\mathrm{A}\,,$$

der bei der Sternschaltung mit dem aufgenommenen Strom, also dem Außenleiterstrom I, identisch ist. □

8.2.1.4 Symmetrische Dreieckschaltung. Bild **8.**9a zeigt einen symmetrischen Drehstromverbraucher, dessen drei gleiche Stränge mit der Impedanz $\underline{Z}$ nach Abschn. 8.1.1.3 zu einem geschlossenen Ring, also zu einem Dreieck, zusammengeschaltet sind. Die Anschlußklemmen *U, V* und *W* sind (in dieser Reihenfolge) an die drei Außenleiter *L1, L2* und *L3* angeschlossen.

Als Strangspannungen treten die Dreieckspannungen $\underline{U}_{12}$, $\underline{U}_{23}$ und $\underline{U}_{31}$ auf, deren Zeiger in Bild **8.**9b nach Länge und Richtung aus Bild **8.**6b übernommen werden. Bei der Dreieckschaltung gilt also für die Strangspannung

$$U_{\mathrm{Str}}=U_{\triangle}=U\,. \tag{8.17}$$

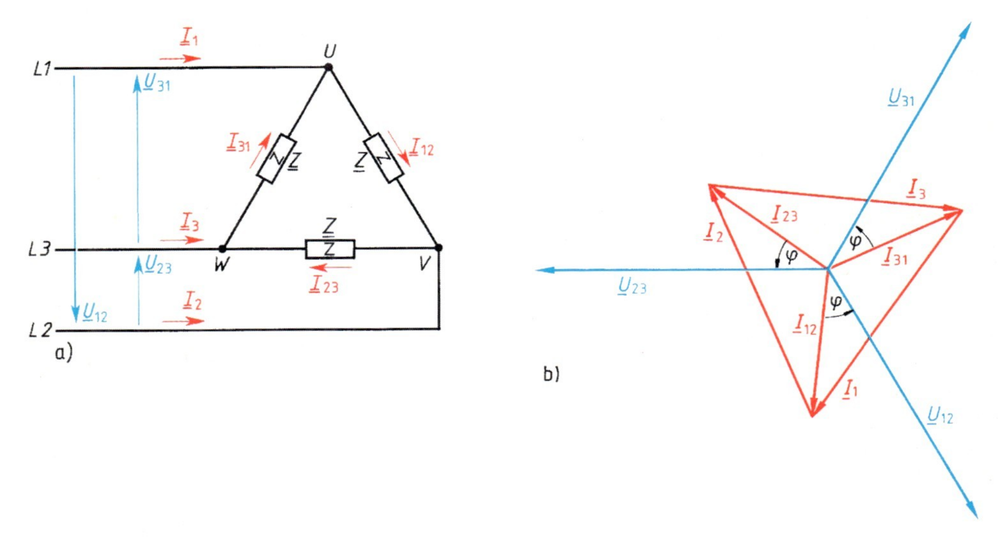

8.9 Drehstromverbraucher in symmetrischer Dreieckschaltung (a) und Zeigerdiagramm (b) für die Strangspannungen und Strangströme

Aus den Strangspannungen und dem komplexen Strangwiderstand $\underline{Z}$ ergeben sich die Strangströme

$$\underline{I}_{12} = \frac{\underline{U}_{12}}{\underline{Z}}, \quad \underline{I}_{23} = \frac{\underline{U}_{23}}{\underline{Z}}, \quad \underline{I}_{31} = \frac{\underline{U}_{31}}{\underline{Z}}, \tag{8.18}$$

die nach Bild **8.**9b alle um den gleichen Winkel gegenüber der jeweiligen Strangspannung phasenverschoben sind und daher gegeneinander wieder eine Phasenverschiebung von 120° aufweisen. Sie haben den gleichen Betrag

$$I_{\mathrm{Str}} = I_{12} = I_{23} = I_{31} = \frac{U}{Z} = I_{\triangle}, \tag{8.19}$$

der auch als Dreieckstrom bezeichnet wird. Nach dem Knotensatz (s. Abschn. 6.1.1.1) folgen aus Bild **8.**9a die Außenleiterströme

$$\underline{I}_1 = \underline{I}_{12} - \underline{I}_{31}, \quad \underline{I}_2 = \underline{I}_{23} - \underline{I}_{12}, \quad \underline{I}_3 = \underline{I}_{31} - \underline{I}_{23}, \tag{8.20}$$

deren Zeiger in Bild **8.**9b ebenfalls dargestellt sind. Man erhält eine Figur, die derjenigen in Bild **8.**6b geometrisch ähnlich ist. Analog zu Bild **8.**7 und Gl. (8.11) erhält man daher für das Verhältnis von Außenleiterstrom I zu Dreieckstrom $I_{\triangle}$

$$\frac{I}{I_{\triangle}} = 2\,\frac{\frac{1}{2}I}{I_{\triangle}} = 2\sin 60° = \sqrt{3}. \tag{8.21}$$

Der Außenleiterstrom I ist also bei der symmetrischen Dreieckschaltung $\sqrt{3}$ mal so groß wie der Strangstrom $I_{\triangle}$.

□ **Beispiel 8.4**

Ein symmetrischer ohmscher Dreiphasenverbraucher (z.B. ein Dreiphasenofen) soll einem Netz mit der Spannung $U = 400\,\mathrm{V}$ den Strom $I = 20\,\mathrm{A}$ entnehmen.

a) Wie groß müssen die drei Widerstände $R_{\curlywedge}$ der Sternschaltung sein?

Nach Gl. (8.12) wirkt die Sternspannung $U_{\curlywedge} = U/\sqrt{3} = 400\,\mathrm{V}/\sqrt{3} = 230{,}9\,\mathrm{V}$ als Strangspannung. Nach Gl. (8.14) ist der Strangstrom $I_{\mathrm{Str}} = I = 20\,\mathrm{A}$. Man benötigt daher drei Widerstände mit dem Wert

$$R_{\curlywedge} = \frac{U_{\curlywedge}}{I} = \frac{230{,}9\,\mathrm{V}}{20\,\mathrm{A}} = 11{,}55\,\Omega.$$

b) Welche Widerstände $R_{\triangle}$ muß demgegenüber die Dreieckschaltung aufweisen?

Man erhält aus Gl. (8.17) die Strangspannung $U_{\mathrm{Str}} = U = 400\,\mathrm{V}$ und aus Gl. (8.21) den Strangstrom $I_{\mathrm{Str}} = I_{\triangle} = I/\sqrt{3} = 20\,\mathrm{A}/\sqrt{3} = 11{,}55\,\mathrm{A}$. Es werden daher drei Widerstände mit dem Wert

$$R_{\triangle} = \frac{U}{I_{\triangle}} = \frac{400\,\mathrm{V}}{11{,}55\,\mathrm{A}} = 34{,}64\,\Omega = 3\,R_{\curlywedge}$$

benötigt. In der symmetrischen Dreieckschaltung müssen also bei gleichem aufzunehmenden Strom I die Strangwiderstände dreimal so groß sein wie in der Sternschaltung, s. Gl. (2.95). □

8.2.2 Leistung bei symmetrischer Last

8.2.2.1 Augenblicksleistung. In Abschn. 8.1.2.2 wird gezeigt, daß bei einem symmetrischen Verbraucher, der an einem Zweiphasensystem mit $\varphi_{21} = 90°$ betrieben wird, die in beiden Strängen zusammen auftretende Augenblicksleistung p zeitlich konstant ist. Gleiches trifft auch für den symmetrischen Verbraucher am symmetrischen Dreiphasennetz zu, unabhängig davon, ob er im Stern oder im Dreieck geschaltet ist: Legt man wie in Gl. (8.2) und (8.3) Strangstrom und Strangspannung für den ersten Strang mit

$$i_{\mathrm{Str1}} = \frac{\hat{u}_{\mathrm{Str}}}{Z} \cos(\omega t), \qquad u_{\mathrm{Str1}} = \hat{u}_{\mathrm{Str}} \cos(\omega t + \varphi)$$

zugrunde, so erhält man für die Augenblicksleistung in diesem Strang nach Gl. (5.19) und mit der Umformung $\cos x \cos y = 0{,}5\,[\cos(x-y) + \cos(x+y)]$ nach [7]

$$p_{\mathrm{Str1}} = u_{\mathrm{Str1}}\, i_{\mathrm{Str1}} = \frac{\hat{u}^2_{\mathrm{Str}}}{Z} \cos(\omega t + \varphi) \cos(\omega t) = \frac{\hat{u}^2_{\mathrm{Str}}}{2Z} [\cos\varphi + \cos(2\,\omega t + \varphi)]. \tag{8.22}$$

Entsprechende Resultate erhält man auch für die beiden anderen Stränge; allerdings ist der zeitabhängige Term in der eckigen Klammer hier um $+120°$ bzw. $-120°$ gegenüber dem Term $\cos(2\,\omega t + \varphi)$ in Gl. (8.22) phasenverschoben. Bei der Addition der Strang-Augenblicksleistungen ergänzen sich die zeitabhängigen Terme daher ständig zu null, so daß sich für die Gesamt-Augenblicksleistung der zeitlich konstante Wert

$$p = p_{\mathrm{Str1}} + p_{\mathrm{Str2}} + p_{\mathrm{Str3}} = 3\,\frac{\hat{u}^2_{\mathrm{Str}}}{2Z} \cos\varphi = 3\,\frac{U^2_{\mathrm{Str}}}{Z} \cos\varphi \tag{8.23}$$

ergibt.

8.2.2.2 Wirk-, Blind- und Scheinleistung. Wenn ein symmetrischer Drehstromverbraucher mit der Strangimpedanz $\underline{Z} = Z\,\mathrm{e}^{\mathrm{j}\varphi}$ an einem symmetrischen Dreiphasensystem betrieben wird, so tritt an jedem seiner drei Stränge nach Gl.

(5.101) die komplexe Strangleistung

$$\underline{S}_{\mathrm{Str}} = U_{\mathrm{Str}} I_{\mathrm{Str}} \mathrm{e}^{\mathrm{j}\varphi} \tag{8.24}$$

auf. Hieraus folgt mit Gl. (5.102) die Strang-Scheinleistung

$$S_{\mathrm{Str}} = U_{\mathrm{Str}} I_{\mathrm{Str}}, \tag{8.25}$$

mit Gl. (5.103) die Strang-Wirkleistung

$$P_{\mathrm{Str}} = U_{\mathrm{Str}} I_{\mathrm{Str}} \cos\varphi \tag{8.26}$$

und mit Gl. (5.104) die Strang-Blindleistung

$$Q_{\mathrm{Str}} = U_{\mathrm{Str}} I_{\mathrm{Str}} \sin\varphi . \tag{8.27}$$

Für den gesamten Drehstromverbraucher erhält man, da er aus drei gleichen Strängen besteht, das Dreifache der in den Gln. (8.24) bis (8.27) angegebenen Werte. Für die Scheinleistung S gilt z.B.

$$S = 3\,S_{\mathrm{Str}} = 3\,U_{\mathrm{Str}} I_{\mathrm{Str}} . \tag{8.28}$$

Für die Strangspannung U_{Str} und den Strangstrom I_{Str} sind bei der Sternschaltung die Sternspannung $U_{\curlywedge}$ und der Sternstrom $I_{\curlywedge}$, bei der Dreieckschaltung hingegen die Dreieckspannung $U_{\triangle}$ und der Dreieckstrom $I_{\triangle}$ einzusetzen. Wie Tafel **8**.10 zeigt, führt die Rechnung in beiden Fällen, unabhängig von der Schaltungsart, zu dem Ergebnis

$$S = \sqrt{3}\, U I . \tag{8.29}$$

Entsprechend folgt aus Gl. (8.26) die Wirkleistung

$$P = \sqrt{3}\, U I \cos\varphi \tag{8.30}$$

Tafel **8**.10 Leistungsberechnung für symmetrische Stern- und Dreieckschaltung

Schaltung	*Strangspannung* U_{Str}	*Strangstrom* I_{Str}	*Scheinleistung* $S = 3\,U_{\mathrm{Str}} I_{\mathrm{Str}}$
$\curlywedge$	$U_{\curlywedge} = \dfrac{U}{\sqrt{3}}$	$I_{\curlywedge} = I$	$S = 3\,U_{\curlywedge} I_{\curlywedge} = \sqrt{3}\,U I$
$\triangle$	$U_{\triangle} = U$	$I_{\triangle} = \dfrac{I}{\sqrt{3}}$	$S = 3\,U_{\triangle} I_{\triangle} = \sqrt{3}\,U I$

und aus Gl. (8.27) die Blindleistung

$$Q = \sqrt{3}\, U I \sin\varphi . \tag{8.31}$$

Hierin bezeichnet nach Abschn. 8.2.1.2 der Buchstabe U die Spannung (Dreieckspannung, Außenleiterspannung) des Dreiphasensystems und nach Abschn. 8.2.1.3 der Buchstabe I den aufgenommenen Strom (Außenleiterstrom). Der Phasenwinkel φ tritt hingegen nicht zwischen diesen beiden Größen auf; er stellt vielmehr den Phasenwinkel der Strangimpedanz $\underline{Z} = Z\,\mathrm{e}^{\mathrm{j}\varphi}$ dar und gibt die Phasenverschiebung an, die an jedem Strang zwischen Strangstrom und Strangspannung bzw. (auch bei Dreieckschaltung) zwischen jedem Außenleiterstrom $\underline{I}_\nu$ und der zugehörigen Sternspannung $\underline{U}_\nu$ besteht.

□ **Beispiel 8.5**

Es ist zu untersuchen, ob ein Durchlauferhitzer für die Leistung $P_1 = 21\,\text{kW}$ (Leistungsfaktor $\cos\varphi = 1$) günstiger für Einphasenanschluß an 230 V oder für Dreiphasenanschluß an 400 V ausgelegt wird.

Bei Einphasenanschluß an die Spannung $U_\curlywedge = U/\sqrt{3} = 400\,\text{V}/\sqrt{3} = 230{,}9\,\text{V}$ fließt sowohl in der Hin- als auch in der Rückleitung der Strom

$$I_1 = \frac{P_1}{U_\curlywedge} = \frac{21\,\text{kW}}{230{,}9\,\text{V}} = 90{,}93\,\text{A} .$$

Demgegenüber fließt nach Gl. (8.30) bei Dreiphasenanschluß an $U = 400\,\text{V}$ in den drei Außenleitern der um den Faktor ⅓ kleinere Strom

$$I = \frac{P_1}{\sqrt{3}\,U} = \frac{21\,\text{kW}}{\sqrt{3}\cdot 400\,\text{V}} = 30{,}31\,\text{A} = \frac{1}{3}\,I_1 .$$

Wenn in beiden Fällen die gleiche Verlustleistung P_v auf den Zuleitungen zugelassen wird, erhält man bei gleicher Länge l des Anschlußkabels für Einphasenanschluß mit Gl. (2.8) und Gl. (2.22) den Leiterquerschnitt

$$A_1 = \frac{2l}{\gamma R_1} = \frac{2 l I_1^2}{\gamma P_\text{v}}$$

und entsprechend für Dreiphasenanschluß

$$A_3 = \frac{3l}{\gamma R_3} = \frac{3 l I^2}{\gamma P_\text{v}} = \frac{l I_1^2}{3\,\gamma P_\text{v}} = \frac{1}{6}\,A_1 .$$

Beim Einphasenanschluß beträgt daher das Leitervolumen $V_1 = A_1 \cdot 2l$ das Vierfache des Leitervolumens $V_3 = A_3 \cdot 3l$, das für den Dreiphasenanschluß benötigt wird. Dreiphasenstrom verlangt allerdings drei Einzelwiderstände im Durchlauferhitzer und dreipolige Schalter. Sobald der Strom in einer Verbraucherzuleitung etwa 30 A übersteigt, ist dieser Aufwand wirtschaftlich gerechtfertigt, so daß man für ähnliche Fälle Dreiphasenstrom bevorzugt. □

8.2.2.3 Blindleistungskompensation. Wie in Abschn. 6.2.2.2 für den einphasigen ohmsch-induktiven Verbraucher gezeigt, kann man auch beim dreiphasigen Verbraucher den aufgenommenen Strom dadurch auf seinen Wirkanteil reduzieren, daß man die induktive Blindleistung durch Kondensatoren geeigneter Kapazität C kompensiert. Die Blindleistung eines im Stern geschalteten Verbrauchers kann z.B. nach Bild **8.**11a durch drei im Stern geschaltete Kondensatoren kompensiert werden, deren Kapazität nach Gl. (6.78) unter Berücksichtigung von Gl. (8.11) jeweils

$$C_{\curlywedge}=\frac{Q_{\text{Str}}}{\omega U_{\curlywedge}^{2}}=\frac{\frac{1}{3}Q}{\omega\left(\frac{U}{\sqrt{3}}\right)^{2}}=\frac{Q}{\omega U^{2}} \tag{8.32}$$

beträgt. Hierbei kann jedem Strang des Verbrauchers eindeutig ein Kondensator zugeordnet werden, der die jeweilige Strang-Blindleistung kompensiert. Nach Abschn. 8.2.1.3 bleibt der (gestrichelt dargestellte) Neutralleiteranschluß sowohl an dem symmetrischen Verbraucher als auch an der symmetrischen Kondensatoren-Sternschaltung stromlos und kann daher auch ohne weiteres entfallen.

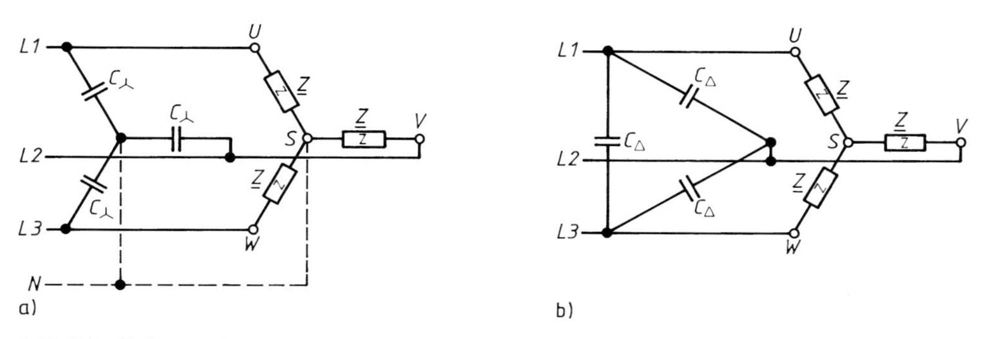

8.11 Blindleistungskompensation eines ohmsch-induktiven symmetrischen Drehstromverbrauchers durch drei Kondensatoren $C_{\curlywedge}$ in Sternschaltung (a) bzw. durch drei Kondensatoren $C_{\triangle}$ in Dreieckschaltung (b)

Statt der Kondensatoren-Sternschaltung kann man auch die hierzu äquivalente Dreieckschaltung nach Bild **8.**11b einsetzen. Für die komplexen Leitwerte gilt nach Gl. (2.95) unter Berücksichtigung von Tafel **6.**12

$$\underline{Y}_{\curlywedge}=3\,\underline{Y}_{\triangle},\quad \text{also}\quad \mathrm{j}\,\omega C_{\curlywedge}=3\cdot\mathrm{j}\,\omega C_{\triangle}.$$

Hieraus folgt mit Gl. (8.32) die Kapazität

$$C_{\triangle}=\frac{1}{3}\,C_{\curlywedge}=\frac{Q}{3\,\omega U^{2}}\,. \tag{8.33}$$

Diese beträgt nur ein Drittel der Kapazität $C_\curlywedge$, die bei der Sternschaltung der Kondensatoren erforderlich ist. Daher wird für die Blindleistungskompensation meist die Dreieckschaltung angewandt. Allerdings müssen die im Dreieck geschalteten Kondensatoren für eine $\sqrt{3}$ fach höhere Spanung ausgelegt sein als bei der Sternschaltung.

8.3 Unsymmetrische Dreiphasenbelastung

Elektrische Energie wird überwiegend in großen Dreiphasen-Synchrongeneratoren gewonnen, die Leistungen bis zu 2 GW bei Spannungen bis zu 30 kV erzeugen können. Sie wird in Maschinentransformatoren anschließend aufgespannt (s. Abschn. 6.3.2) und bei Spannungen von z.B. 20 kV, 60 kV, 110 kV, 220 kV, 380 kV über Dreileiternetze (d.s. Netze, die keinen Neutralleiter mitführen) zu den Verteilungstransformatoren geleitet. Diese sind niederspannungsseitig i. allg. auf ein Vierleiternetz geschaltet, an das sowohl Einphasen- als auch Dreiphasenverbraucher angeschlossen werden können, so daß i. allg. eine unsymmetrische Stromverteilung in den Außenleitern entsteht.

8.3.1 Vierleiternetz

8.3.1.1 Allgemeine Belastung. Bild **8.**12a zeigt ein Niederspannungs-Vierleiternetz mit einigen einphasigen Verbrauchern, die zwischen einem der Außenleiter *L1, L2, L3* und dem Neutralleiter *N* angeschlossen sind, sowie einem nur mit den Außenleitern verbundenen Dreiphasenmotor *M*. Dieses Vierleitersystem liefert nach Bild **8.**12b sechs Spannungen, nämlich die drei Dreieckspannungen $\underline{U}_{12}$, $\underline{U}_{23}$, $\underline{U}_{31}$ und die drei Sternspannungen $\underline{U}_1$, $\underline{U}_2$, $\underline{U}_3$. Üblicherweise ist die Dreieckspannung in diesem Netz $U = 400\,\text{V}$; entsprechend beträgt die Sternspannung

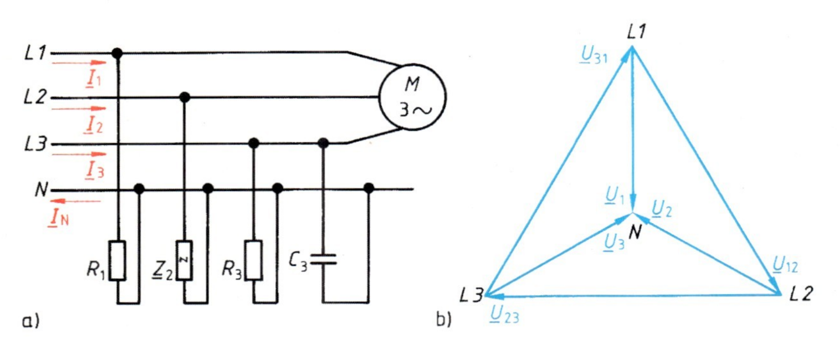

8.12 Vierleiternetz mit beliebigen Einphasenlasten und Dreiphasenmotor *M* (a) sowie zugehöriges Spannungszeigerdiagramm (b)

$U_\curlywedge = U/\sqrt{3} = 400\,\text{V}/\sqrt{3} = 230{,}9\,\text{V} \approx 230\,\text{V}$. Einphasenverbraucher werden überwiegend an 230 V betrieben, bei größeren Leistungen aber auch an 400 V. Dreiphasenverbraucher liegen an 400 V mit einer Strangspannung von 230 V bei Stern- oder 400 V bei Dreieckschaltung.

Mit dem in Bild **8.**12a dargestellten Vierleitersystem wird den Verbrauchern das in Bild **8.**12b angegebene Spannungssystem auch bei beliebiger Belastung zur Verfügung gestellt, wenn durch große Leiterquerschnitte und entsprechende Verteilungstransformatoren dafür gesorgt wird, daß die Spannungsabfälle auf den Zuleitungen vernachlässigbar klein bleiben.

Ströme und Leistungen der einzelnen Verbraucher können nach Kapitel 5 und 6 berechnet werden. Der Neutralleiterstrom $\underline{I}_N$ ergibt sich aus der geometrischen Addition der Stromzeiger $\underline{I}_1$, $\underline{I}_2$ und $\underline{I}_3$; hierbei ist neben dem Phasenwinkel φ_ν, der zwischen der jeweiligen Sternspannung $\underline{U}_\nu$ und dem zugehörigen Außenleiterstrom $\underline{I}_\nu$ besteht, unbedingt auch die Phasenverschiebung von jeweils 120° zwischen den einzelnen Sternspannungen zu berücksichtigen. Die insgesamt übertragene Wirkleistung P folgt hingegen mit Gl. (6.75) einfach aus der Summe der Wirkleistungen P_ν der einzelnen Verbraucher. Entsprechendes gilt nach Gl. (6.76) für die insgesamt aufgenommene Blindleistung Q und somit nach Gl. (6.77) auch für die komplexe Gesamtleistung $\underline{S}$.

□ **Beispiel 8.6**

Ein Dreiphasen-Vierleiternetz 230 V/400 V, 50 Hz speist wie in Bild **8.**12 (jedoch ohne Motor) drei Einphasenverbraucher mit folgender Leistungsaufnahme: an *L1*: $P_1 = 17{,}5\,\text{kW}$, $\cos\varphi_1 = 1$; an *L2*: $S_2 = 23\,\text{kVA}$, $\cos\varphi_2 = 0{,}72$ induktiv; an *L3*: $P_3 = 10\,\text{kW}$ parallel zu der Kapazität $C_3 = 275\,\mu\text{F}$. Die Ströme und Leistungen sollen bestimmt werden.

Mit der Sternspannung $U_\curlywedge = 230\,\text{V}$ erhält man die Ströme und Phasenwinkel

$$I_1 = \frac{P_1}{U_\curlywedge} = \frac{17{,}5\,\text{kW}}{230\,\text{V}} = 76{,}09\,\text{A} \text{ bei } \varphi_1 = 0°,$$

$$I_2 = \frac{S_2}{U_\curlywedge} = \frac{23\,\text{kVA}}{230\,\text{V}} = 100\,\text{A} \text{ bei } \varphi_2 = 43{,}95°$$

sowie Wirk- und Blindkomponente des Stromes $\underline{I}_3$

$$I_{3\text{w}} = \frac{P_3}{U_\curlywedge} = \frac{10\,\text{kW}}{230\,\text{V}} = 43{,}48\,\text{A},$$

$$I_{3\text{b}} = \omega C_3 U_\curlywedge = 2\pi \cdot 50\,\text{s}^{-1} \cdot 275\,\mu\text{F} \cdot 230\,\text{V} = 19{,}87\,\text{A};$$

hieraus folgt der Betrag

$$I_3 = \sqrt{I_{3\text{w}}^2 + I_{3\text{b}}^2} = \sqrt{43{,}48^2 + 19{,}87^2}\,\text{A} = 47{,}80\,\text{A}$$

und der – weil kapazitiv – negative Phasenwinkel

$$\varphi_3 = -\text{Arctan}\,\frac{I_{3\text{b}}}{I_{3\text{w}}} = -\text{Arctan}\,\frac{19{,}87\,\text{A}}{43{,}48\,\text{A}} = -24{,}56°.$$

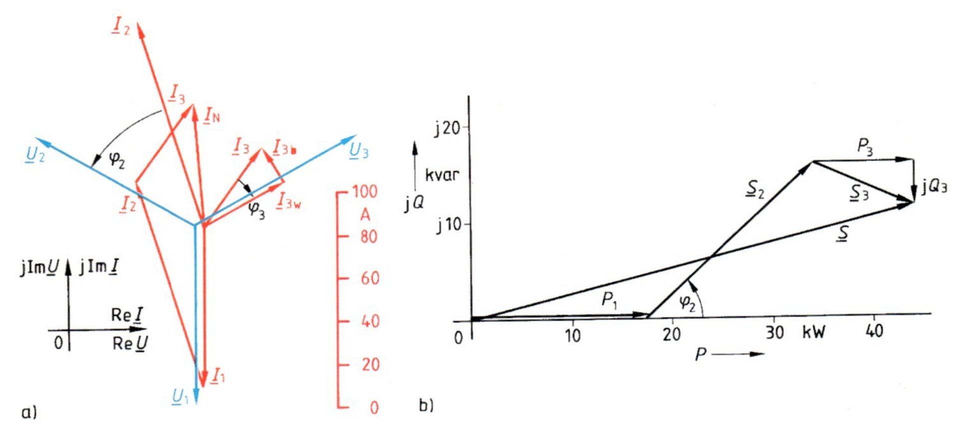

8.13 Strom-Spannungs-Zeigerdiagramm (a) und Leistungszeigerdiagramm (b) zu Beispiel 8.6

Die von der Kapazität C_3 aufgenommene Blindleistung hat nach Tafel **5.**33 den Wert

$$Q_3 = -\omega C_3 U_\curlywedge^2 = -2\pi \cdot 50\,\mathrm{s}^{-1} \cdot 275\,\mu\mathrm{F} \cdot (230\,\mathrm{V})^2 = -4{,}570\,\mathrm{kVA}.$$

In Bild **8.**13a sind die Sternspannungen $\underline{U}_1$, $\underline{U}_2$, $\underline{U}_3$ aus Bild **8.**12b noch einmal dargestellt; die winkelmäßige Zuordnung zur reellen und imaginären Achse ist willkürlich. Die Stromzeiger $\underline{I}_1$, $\underline{I}_2$, $\underline{I}_3$ werden unter den berechneten Phasenwinkeln φ_1, φ_2, φ_3 an den zugehörigen Sternspannungen angetragen und liefern durch geometrische Addition den Neutralleiterstrom

$$\underline{I}_\mathrm{N} = \underline{I}_1 + \underline{I}_2 + \underline{I}_3 = 76{,}09\,\mathrm{A}\,\mathrm{e}^{-\mathrm{j}90^\circ} + 100\,\mathrm{A}\,\mathrm{e}^{\mathrm{j}(150^\circ - 43{,}95^\circ)} + 47{,}8\,\mathrm{A}\,\mathrm{e}^{\mathrm{j}(30^\circ + 24{,}56^\circ)}$$

$$\underline{I}_\mathrm{N} = 58{,}96\,\mathrm{A}\,\mathrm{e}^{\mathrm{j}89{,}94^\circ}.$$

Die komplexen Leistungen werden in Bild **8.**13b dargestellt und zur Ermittlung der komplexen Gesamtleistung geometrisch addiert. Die winkelmäßige Zuordnung der Leistungszeiger zur reellen und imaginären Achse liegt nach Abschn. 5.3.2.5 fest. Die Addition liefert

$$\underline{S} = \underline{S}_1 + \underline{S}_2 + \underline{S}_3 = (17{,}5 + 23\,\mathrm{e}^{\mathrm{j}43{,}95^\circ} + 10 - \mathrm{j}\,4{,}57)\,\mathrm{kVA} = 44{,}06\,\mathrm{kW} + \mathrm{j}\,11{,}39\,\mathrm{kvar}. \quad \square$$

Es hat wenig Sinn, für unsymmetrische Belastung einen mittleren Leistungsfaktor als Verhältnis der Summe der Wirkleistungen zur gesamten Scheinleistung zu berechnen, da dieser i. allg. keine Auskunft über die allein wichtigen, im einzelnen Strang auftretenden Strom-Leistungsverhältnisse geben kann.

8.3.1.2 Leistungsmessung. Wirkleistung wird an einem Verbraucher am Vierleiternetz mit der Schaltung nach Bild **8.**14 gemessen, indem man die Meßschaltung für einphasige Verbraucher nach Abschn. 6.2.2.4 für jede Phase einzeln einsetzt. Ist der Verbraucher im Stern geschaltet und der Sternpunkt S an den Neu-

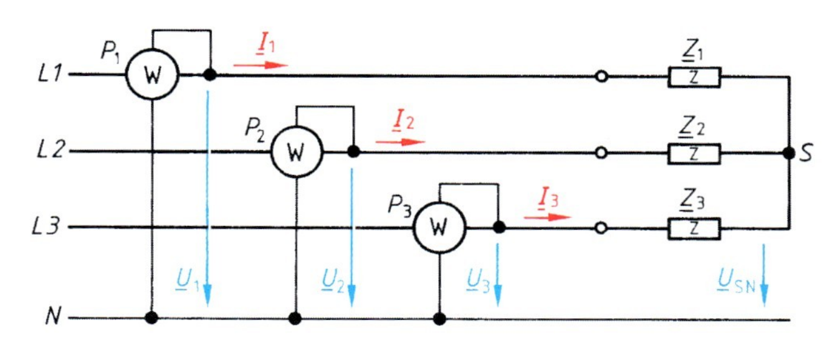

8.14 Wirkleistungsmessung am Vierleiternetz

tralleiter angeschlossen, zeigen die Wattmeter die drei Strang-Wirkleistungen an.

Ist der Sternpunkt wie in Bild **8.**14 nicht angeschlossen, tritt beim unsymmetrischen Verbraucher eine Spannung $\underline{U}_{\mathrm{SN}}$ zwischen Sternpunkt S und Neutralleiter N auf (s. Abschn. 8.3.2.2). Die komplexe Leistung ergibt sich dann aus der Summe der komplexen Strangleistungen mit Gl. (5.100) zu

$$\underline{S} = \underline{S}_{\mathrm{Str1}} + \underline{S}_{\mathrm{Str2}} + \underline{S}_{\mathrm{Str3}} = (\underline{U}_1 - \underline{U}_{\mathrm{SN}})\underline{I}_1^* + (\underline{U}_2 - \underline{U}_{\mathrm{SN}})\underline{I}_2^* + (\underline{U}_3 - \underline{U}_{\mathrm{SN}})\underline{I}_3^* . \tag{8.34}$$

Es gilt $\underline{I}_1 + \underline{I}_2 + \underline{I}_3 = 0$ und mit Gl. (5.58) auch $\underline{I}_1^* + \underline{I}_2^* + \underline{I}_3^* = 0$. Hiermit erhält man

$$\underline{S} = \underline{U}_1\underline{I}_1^* + \underline{U}_2\underline{I}_2^* + \underline{U}_3\underline{I}_3^* - \underline{U}_{\mathrm{SN}}(\underline{I}_1^* + \underline{I}_2^* + \underline{I}_3^*) = \underline{U}_1\underline{I}_1^* + \underline{U}_2\underline{I}_2^* + \underline{U}_3\underline{I}_3^* \tag{8.35}$$

und mit Gl. (5.103)

$$P = \mathrm{Re}\,\underline{S} = \mathrm{Re}\,(\underline{U}_1\underline{I}_1^*) + \mathrm{Re}\,(\underline{U}_2\underline{I}_2^*) + \mathrm{Re}\,(\underline{U}_3\underline{I}_3^*) = P_1 + P_2 + P_3 ; \tag{8.36}$$

hierin stellen P_1, P_2, P_3 nach Gl. (6.87) die von den drei Wattmetern angezeigten Werte dar. Ihre Summe ergibt also die insgesamt aufgenommene Wirkleistung; der Vergleich mit Gl. (8.34) zeigt aber, daß die einzelnen Werte P_1, P_2, P_3 i. allg. nicht mit den Strang-Wirkleistungen P_{Str1}, P_{Str2} , P_{Str3} übereinstimmen; gleiches gilt für die Dreieckschaltung. Nur beim symmetrischen Verbraucher stimmen die angezeigten Leistungswerte $P_1 = P_2 = P_3 = P/3$ mit den Strangwirkleistungen überein.

Blindleistung wird an einem dreiphasigen Verbraucher mit der Meßschaltung Bild **8.**15 gemessen. Mit Gl. (5.104) und Gl. (8.35) erhält man die Blindleistung einer Sternschaltung

$$Q = \mathrm{Im}\,\underline{S} = \mathrm{Im}\,(\underline{U}_1\underline{I}_1^*) + \mathrm{Im}\,(\underline{U}_2\underline{I}_2^*) + \mathrm{Im}\,(\underline{U}_3\underline{I}_3^*) \tag{8.37}$$

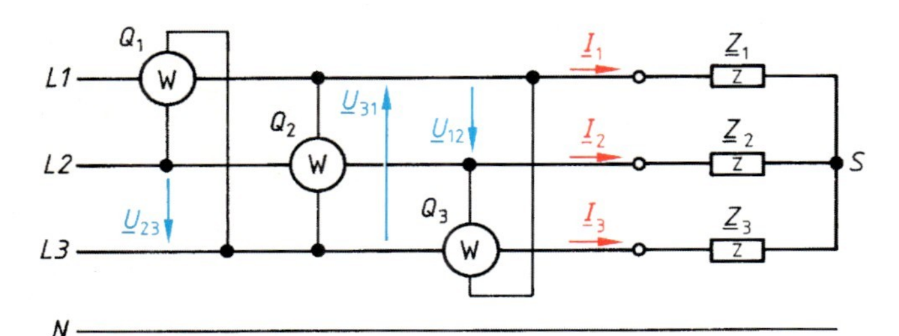

8.15 Blindleistungsmessung

und mit Gl. (5.65)

$$Q = \mathrm{Re}\left(\frac{\underline{U}_1}{\mathrm{j}}\underline{I}_1^*\right) + \mathrm{Re}\left(\frac{\underline{U}_2}{\mathrm{j}}\underline{I}_2^*\right) + \mathrm{Re}\left(\frac{\underline{U}_3}{\mathrm{j}}\underline{I}_3^*\right). \tag{8.38}$$

Aus Bild **8.**12b und Gl. (8.12) folgt

$$\frac{\underline{U}_1}{\mathrm{j}} = \frac{\underline{U}_{23}}{\sqrt{3}}, \quad \frac{\underline{U}_2}{\mathrm{j}} = \frac{\underline{U}_{31}}{\sqrt{3}}, \quad \frac{\underline{U}_3}{\mathrm{j}} = \frac{\underline{U}_{12}}{\sqrt{3}}. \tag{8.39}$$

Dies in Gl. (8.38) eingesetzt, ergibt

$$Q = \frac{1}{\sqrt{3}}\left[\mathrm{Re}(\underline{U}_{23}\underline{I}_1^*) + \mathrm{Re}(\underline{U}_{31}\underline{I}_2^*) + \mathrm{Re}(\underline{U}_{12}\underline{I}_3^*)\right] = \frac{1}{\sqrt{3}}(Q_1 + Q_2 + Q_3). \tag{8.40}$$

Die drei Summanden in der Klammer stellen die von den drei Wattmetern angezeigten Werte Q_1, Q_2, Q_3 dar. Ihre Summe ist das $\sqrt{3}$fache der gesamten Blindleistung. Die einzelnen Werte Q_1, Q_2, Q_3 sind aber nur im Falle der Sternschaltung mit angeschlossenem Sternpunkt und im Falle des symmetrischen Verbrauchers auch das $\sqrt{3}$fache der jeweiligen Strang-Blindleistung. Für die Messung wird der Neutralleiter nicht benötigt; die Schaltung ist daher sowohl für Vier- als auch für Dreileiternetze verwendbar.

8.3.2 Dreileiternetz

8.3.2.1 Dreieckschaltung. In den drei Strängen $\underline{Z}_{12}$, $\underline{Z}_{23}$, $\underline{Z}_{31}$ eines unsymmetrischen, im Dreieck geschalteten Verbrauchers nach Bild **8.**16a fließen die Strangströme

$$\underline{I}_{12} = \frac{\underline{U}_{12}}{\underline{Z}_{12}}, \quad \underline{I}_{23} = \frac{\underline{U}_{23}}{\underline{Z}_{23}}, \quad \underline{I}_{31} = \frac{\underline{U}_{31}}{\underline{Z}_{31}}, \tag{8.41}$$

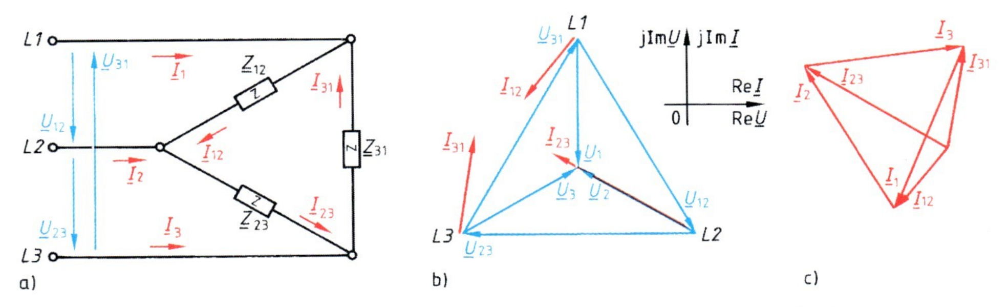

8.16 Unsymmetrische Dreieckschaltung (a) mit Zeigerdiagramm für die Strangspannungen und -ströme (b) sowie für die Außenleiterströme (c)

die gemeinsam ein unsymmetrisches Stromsystem nach Bild **8.**16b bilden. Mit der Knotenregel gewinnt man hieraus die Außenleiterströme $\underline{I}_1$, $\underline{I}_2$, $\underline{I}_3$, wie in Bild **8.**16c gezeigt. Diese Außenleiterströme bilden i. allg. wieder ein unsymmetrisches Stromsystem.

□ **Beispiel 8.7**

Ein Verbraucher ist nach Bild **8.**16a im Dreieck geschaltet und besteht aus den komplexen Widerständen $\underline{Z}_{12}=50\,\Omega\,e^{j70°}$, $\underline{Z}_{23}=25\,\Omega\,e^{j30°}$, $\underline{Z}_{31}=40\,\Omega\,e^{-j20°}$. Er liegt an einem Dreileiternetz mit der Spannung $U=400\,\text{V}$. Alle Ströme und ihre Phasenwinkel sind zu bestimmen.

Mit den komplexen Dreieckspannungen $\underline{U}_{12}=400\,\text{V}\,e^{-j60°}$, $\underline{U}_{23}=400\,\text{V}\,e^{j180°}$ und $\underline{U}_{31}=400\,\text{V}\,e^{j60°}$ ergeben sich die komplexen Strangströme

$$\underline{I}_{12}=\frac{\underline{U}_{12}}{\underline{Z}_{12}}=\frac{400\,\text{V}\,e^{-j60°}}{50\,\Omega\,e^{j70°}}=8\,\text{A}\,e^{-j130°},$$

$$\underline{I}_{23}=\frac{\underline{U}_{23}}{\underline{Z}_{23}}=\frac{400\,\text{V}\,e^{j180°}}{25\,\Omega\,e^{j30°}}=16\,\text{A}\,e^{j150°},$$

$$\underline{I}_{31}=\frac{\underline{U}_{31}}{\underline{Z}_{31}}=\frac{400\,\text{V}\,e^{j60°}}{40\,\Omega\,e^{-j20°}}=10\,\text{A}\,e^{j80°}.$$

Sie sind in Bild **8.**16b mit den zugehörigen Spannungen dargestellt. Hieraus folgen aus Bild **8.**16a nach der Knotenregel die komplexen Außenleiterströme

$$\underline{I}_1=\underline{I}_{12}-\underline{I}_{31}=8\,\text{A}\,e^{-j130°}-10\,\text{A}\,e^{j80°}=17{,}39\,\text{A}\,e^{-j113{,}3°},$$

$$\underline{I}_2=\underline{I}_{23}-\underline{I}_{12}=16\,\text{A}\,e^{j150°}-8\,\text{A}\,e^{-j130°}=16{,}6\,\text{A}\,e^{j121{,}7°},$$

$$\underline{I}_3=\underline{I}_{31}-\underline{I}_{23}=10\,\text{A}\,e^{j80°}-16\,\text{A}\,e^{j150°}=15{,}7\,\text{A}\,e^{j6{,}8°}.$$

Wie aus Bild **8.**16 c ersichtlich, ist ihre Summe $\underline{I}_1+\underline{I}_2+\underline{I}_3=0$. □

8.3.2.2 Sternschaltung. Da bei einem Dreileiternetz kein Neutralleiter mitgeführt wird, kann der Sternpunkt S in Bild **8.**17a nicht angeschlossen werden. Wegen der Knotenregel gilt daher auch für unsymmetrische Verbraucher

$$\underline{I}_1+\underline{I}_2+\underline{I}_3=0. \tag{8.42}$$

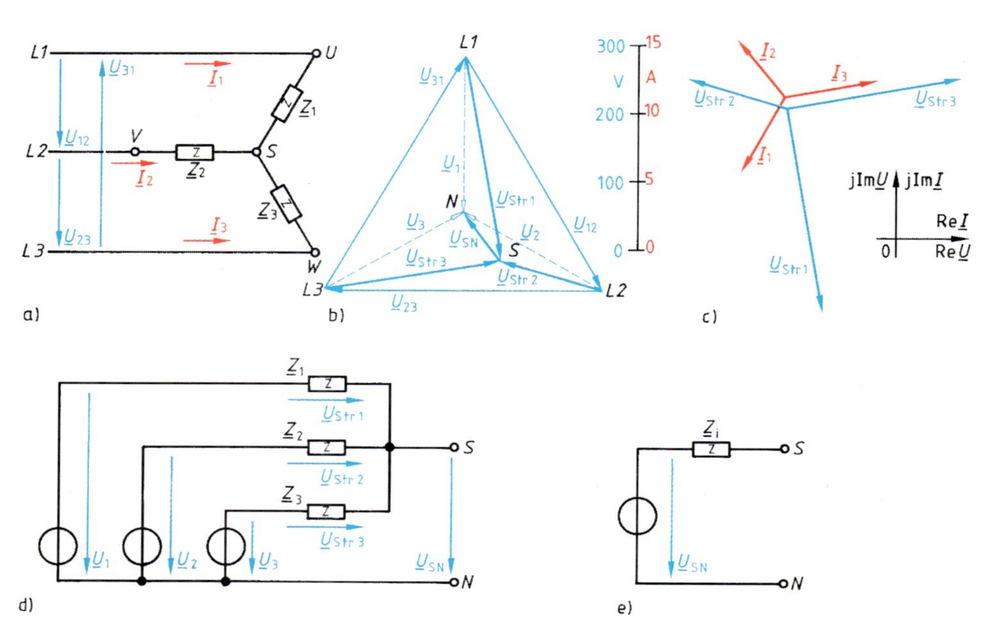

8.17 Unsymmetrische Sternschaltung am dreiphasigen Netz (a) mit Zeigerdiagramm für die Strangspannungen (b) und die Strangströme (c) mit den Werten von Beispiel 8.8, sowie Nachbildung des Drehstromerzeugers durch drei ideale Spannungsquellen (d) und Ersatzschaltung (e) zur Bestimmung der Spannung $\underline{U}_{SN}$

Wegen der ungleichen Strangimpedanzen $\underline{Z}_1$, $\underline{Z}_2$, $\underline{Z}_3$ stellt sich am Sternpunkt S ein anderes Potential ein, als ein mitgeführter Neutralleiter (i. allg. auf Erdpotential) gegebenenfalls gehabt hätte. Wie Bild **8.**17b zeigt, werden die Strangspannungen $\underline{U}_{Str1}$, $\underline{U}_{Str2}$, $\underline{U}_{Str3}$ dadurch unsymmetrisch und stimmen nicht mehr mit den (beim Dreileiternetz nicht verfügbaren) symmetrischen Sternspannungen $\underline{U}_1$, $\underline{U}_2$, $\underline{U}_3$ überein.

Die Spannung $\underline{U}_{SN}$ zwischen dem Sternpunkt S und dem (nicht zugänglichen) Neutralleiter N läßt sich nach dem Verfahren der Ersatzspannungsquelle (s. Abschn. 2.3.7.1) bestimmen. Der dreiphasige Spannungserzeuger wird in Bild **8.**17d durch drei ideale Spannungsquellen dargestellt, an die die drei Stränge $\underline{Z}_1$, $\underline{Z}_2$, $\underline{Z}_3$ angeschlossen sind. Für diese Schaltung wird nun bezüglich der Klemmen S und N die äquivalente Ersatzspannungsquelle nach Bild **8.**17e bestimmt, indem der Kurzschlußstrom und der Reziprokwert des komplexen Innenwiderstandes

$$\underline{I}_k = \frac{\underline{U}_1}{\underline{Z}_1} + \frac{\underline{U}_2}{\underline{Z}_2} + \frac{\underline{U}_3}{\underline{Z}_{31}}, \qquad \frac{1}{\underline{Z}_i} = \frac{1}{\underline{Z}_1} + \frac{1}{\underline{Z}_2} + \frac{1}{\underline{Z}_3}$$

bestimmt werden. Mit Gl. (2.101) erhält man dann die gesuchte Spannung

$$\underline{U}_{SN}=\underline{Z}_i\underline{I}_k=\frac{\underline{I}_k}{\dfrac{1}{\underline{Z}_i}}=\frac{\dfrac{\underline{U}_1}{\underline{Z}_1}+\dfrac{\underline{U}_2}{\underline{Z}_2}+\dfrac{\underline{U}_3}{\underline{Z}_3}}{\dfrac{1}{\underline{Z}_1}+\dfrac{1}{\underline{Z}_2}+\dfrac{1}{\underline{Z}_3}}. \tag{8.43}$$

□ **Beispiel 8.8**

Ein unsymmetrischer, im Stern geschalteter dreiphasiger Verbraucher nach Bild **8.**17a mit den Strangimpedanzen $\underline{Z}_1=47\,\Omega\,e^{j40°}$, $\underline{Z}_2=26\,\Omega\,e^{j35°}$, $\underline{Z}_3=R_3=37\,\Omega$ liegt an einem Dreileiternetz mit $U=400\,V$. Gesucht sind die Strangspannungen und Strangströme.

Aus der Dreieckspannung $U=400\,V$ folgen nach Gl. (8.11) mit $U_\curlywedge=400\,V/\sqrt{3}=230{,}9\,V$ und Bild **8.**17b die komplexen Sternspannungen $\underline{U}_1=230{,}9\,V\,e^{-j90°}$, $\underline{U}_2=230{,}9\,V\,e^{j150°}$, $\underline{U}_3=230{,}9\,V\,e^{j30°}$. Nach Gl. (8.43) führt der Sternpunkt S gegen den Neutralleiter N die Spannung

$$\underline{U}_{SN}=\frac{\dfrac{\underline{U}_1}{\underline{Z}_1}+\dfrac{\underline{U}_2}{\underline{Z}_2}+\dfrac{\underline{U}_3}{\underline{Z}_3}}{\dfrac{1}{\underline{Z}_1}+\dfrac{1}{\underline{Z}_2}+\dfrac{1}{\underline{Z}_3}}=\frac{\dfrac{230{,}9\,V\,e^{-j90°}}{47\,\Omega\,e^{j40°}}+\dfrac{230{,}9\,V\,e^{j150°}}{26\,\Omega\,e^{j35°}}+\dfrac{230{,}9\,V\,e^{j30°}}{37\,\Omega}}{\dfrac{1}{47\,\Omega\,e^{j40°}}+\dfrac{1}{26\,\Omega\,e^{j35°}}+\dfrac{1}{37\,\Omega}}=91{,}15\,V\,e^{j127°}.$$

Nach Bild **8.**17d ergeben sich hiermit die Strangspannungen

$$\underline{U}_{Str1}=\underline{U}_1-\underline{U}_{SN}=230{,}9\,V\,e^{-90°}-91{,}15\,V\,e^{j127°}=308{,}6\,V\,e^{-j79{,}8°},$$
$$\underline{U}_{Str2}=\underline{U}_2-\underline{U}_{SN}=230{,}9\,V\,e^{j150°}-91{,}15\,V\,e^{j127°}=151{,}3\,V\,e^{j163{,}6°},$$
$$\underline{U}_{Str3}=\underline{U}_3-\underline{U}_{SN}=230{,}9\,V\,e^{j30°}-91{,}15\,V\,e^{j127°}=258{,}4\,V\,e^{j9{,}5°}$$

und die mit den Außenleiterströmen identischen Strangströme

$$\underline{I}_1=\frac{\underline{U}_{Str1}}{\underline{Z}_1}=\frac{308{,}6\,V\,e^{-j79{,}8°}}{47\,\Omega\,e^{j40°}}=6{,}567\,A\,e^{-j119{,}8°},$$
$$\underline{I}_2=\frac{\underline{U}_{Str2}}{\underline{Z}_2}=\frac{151{,}3\,V\,e^{j163{,}6°}}{26\,\Omega\,e^{j35°}}=5{,}818\,A\,e^{j128{,}6°},$$
$$\underline{I}_3=\frac{\underline{U}_{Str3}}{\underline{Z}_3}=\frac{258{,}4\,V\,e^{j9{,}5°}}{37\,\Omega}=6{,}985\,A\,e^{j9{,}5°},$$

die in Bild **8.**17c als Zeiger dargestellt sind. Zur Kontrolle der Rechnung überzeuge man sich davon, daß Gl. (8.42) mit $\underline{I}_1+\underline{I}_2+\underline{I}_3=0$ erfüllt ist. □

8.3.2.3 Leistungsmessung. Zur Messung der Wirkleistung, die von einem Verbraucher am Dreileiternetz aufgenommen wird, verwendet man die Schaltung nach Bild **8.**18.

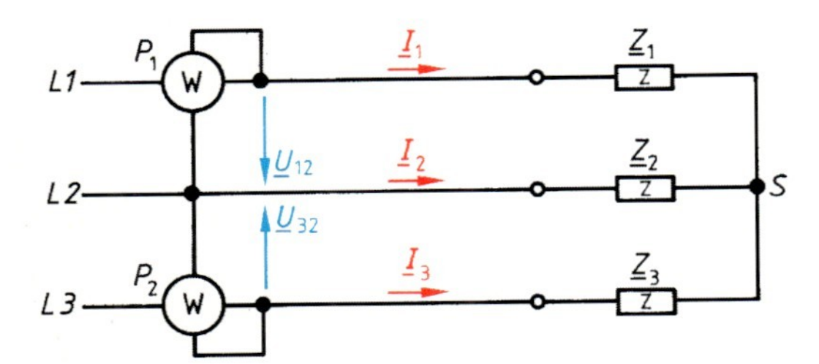

8.18 Wirkleistungsmessung am Dreileiternetz

Die komplexe Leistung des dreiphasigen Verbrauchers ergibt sich aus Gl. (8.35) unter Berücksichtigung von Gl. (8.42) und Gl. (5.58) zu

$$\underline{S} = \underline{U}_1 \underline{I}_1^* + \underline{U}_2(-\underline{I}_1^* - \underline{I}_3^*) + \underline{U}_3 \underline{I}_3^* = (\underline{U}_1 - \underline{U}_2)\underline{I}_1^* + (\underline{U}_3 - \underline{U}_2)\underline{I}_3^* .$$

Nach Gl. (8.8) liefert die Differenz zweier Sternspannungen stets eine Dreieckspannung (s. auch Bild **8.**17b). Damit erhält man für die komplexe Leistung

$$\underline{S} = \underline{U}_{12} \underline{I}_1^* + \underline{U}_{32} \underline{I}_3^* \tag{8.44}$$

und nach Gl. (5.103) die Wirkleistung

$$P = \mathrm{Re}\,(\underline{U}_{12} \underline{I}_1^*) + \mathrm{Re}\,(\underline{U}_{32} \underline{I}_3^*) = P_1 + P_2 , \tag{8.45}$$

also die Summe der von den beiden Wattmetern in Bild **8.**18 angezeigten Werte. Man kann aus den Werten P_1 und P_2 nicht auf die Strang-Wirkleistungen schließen; auch beim symmetrischen Verbraucher sind diese beiden Werte i. allg. unterschiedlich und nur bei rein ohmscher Last gleich.

Zur Messung der Blindleistung verwendet man wie beim Vierleiternetz die Schaltung nach Bild **8.**15.

9 Nichtsinusförmige Ströme und Spannungen

In den Kapiteln 5 bis 8 wird vorausgesetzt, daß die betrachteten Wechselgrößen sinusförmig verlaufen. Die reine Sinusform tritt aber nur selten auf; deshalb soll diese Einschränkung jetzt fallengelassen werden. Im folgenden werden zunächst allgemeine periodische Schwingungen und danach nichtperiodische, einmalige Vorgänge betrachtet.

In der Energietechnik sind Abweichungen von der Sinusform i. allg. ungewollt. So werden z. B. schon in den Generatoren keine rein sinusförmigen Spannungen erzeugt. Transformatoren benötigen Magnetisierungsströme, die bei Sättigung der Eisenkerne verzerrt sind (s. Abschn. 9.2.3); d. h. trotz sinusförmig verlaufender Spannungen weichen die Ströme von der Sinusform ab und verursachen auch nichtsinusförmige Spannungsabfälle. Auch Stromrichter verursachen nichtsinusförmige Ströme und Spannungen (s. Abschn. 9.2.2).

In der Elektrotechnik werden neben Sinus-Generatoren auch Rechteck-, Sägezahn-, Impuls- und allgemeine Funktionsgeneratoren eingesetzt, die Spannungen und Ströme mit entsprechenden Kurvenformen erzeugen. Mikrophone und Sender liefern zeitabhängige, meist regellose Signale mit ständig wechselnden Frequenzen. Daneben werden zur Modulation und Mischung nichtlineare Bauelemente eingesetzt, die zu entsprechenden Verzerrungen der Ausgangsgrößen führen.

Die Impulstechnik arbeitet mit zeitlich eng begrenzten Strömen und Spannungen, die nicht sinusförmig sind und sich vielfach auch nicht periodisch wiederholen. Derartige Impulse müssen dann als zeitliche Abfolge einmaliger Vorgänge mit Übergangszuständen betrachtet werden, die erst nach einiger Zeit in den jeweils stationären Zustand einmünden. Übergangszustände bzw. Ausgleichsvorgänge ergeben sich auch, wenn Netzwerke ein- oder ausgeschaltet, wenn Eingangsstrom oder -spannung verändert oder Netzwerkteile geändert werden, wenn also z. B. die Belastung verstellt wird oder wenn Störungen wie Lastschwankungen, Kurzschlüsse o. ä. auftreten. In der Elektrotechnik hat man sich mit den Auswirkungen solcher Schaltvorgänge (z. B. auch plötzlich auftretenden Überspannungen) auseinanderzusetzen. In der Regelungstechnik muß man die Folgen von Störungen sowie die Wirksamkeit und Stabilität von Regelkreisen, also das dynamische Verhalten der Anlagen, untersuchen.

Im folgenden wird zunächst die Darstellung periodischer Vorgänge durch die Überlagerung von sinusförmigen Schwingungen unterschiedlicher Frequenzen beschrieben und das Strom-Spannungs-Verhalten der Grundzweipole an nichtsinusförmiger Wechselspannung untersucht. Der Einfluß nichtlinearer Bauelemente bei sinusförmiger Spannung wird aufgezeigt. Schließlich werden Verfahren zur Berechnung von Schaltvorgängen behandelt.

9.1 Fourier-Zerlegung periodischer Zeitfunktionen

Für jede periodische Zeitfunktion gilt $f(t)=f(t+nT)$; hierbei ist T die Periodendauer des Vorgangs und n jede beliebige ganze Zahl. Eine solche Funktion kann stets als Überlagerung von Sinusschwingungen unterschiedlicher Frequenz und Phasenlage sowie gegebenenfalls eines Gleichanteils aufgefaßt werden. Die Überlagerung enthält i.allg. eine sinusförmige Schwingung mit der Grundfrequenz $1/T$ entsprechend der Periodendauer T der Funktion $f(t)$; man nennt sie die Grundschwingung, 1. Teilschwingung oder 1. Harmonische. Die Frequenzen der übrigen sinusförmigen Schwingungen (Oberschwingungen, höhere Harmonische) sind immer ganzzahlige Vielfache der Grundfrequenz. Das Aufsummieren des Gleichanteils, der Grundschwingung und der Oberschwingungen geschieht nach Gl. (9.1) in Form einer Fourier-Reihe. In Abschn. 9.1.1 wird zunächst untersucht, nach welcher Methode sich die Koeffizienten a_0, a_ν, b_ν der Fourier-Reihe ermitteln lassen. In Abschn. 9.1.2 wird dann die Berechnung der Fourier-Koeffizienten vorgenommen; und in Abschn. 9.1.3 werden einige Kenngrößen oberschwingungshaltiger periodischer Zeitfunktionen erläutert.

9.1.1 Aufgabenstellung

Ziel der nachfolgenden Überlegungen ist es zunächst, ein Rechenverfahren zu finden, mit dessen Hilfe man eine vorgegebene periodische Zeitfunktion $f(t)$ in optimaler Weise durch eine Näherungsfunktion $g(t)$ annähern kann. Hierzu benötigt man einen zur Näherung geeigneten Funktionstyp und ein Kriterium, aufgrund dessen sich entscheiden läßt, wann eine Näherung optimal ist.

9.1.1.1 Näherungsfunktion. Zur Annäherung der periodischen Zeitfunktion $f(t)$ soll die Summe $g(t)$ aus einem Gleichanteil und mehreren Sinus- und Kosinusschwingungen unterschiedlicher Frequenz verwendet werden. Da die Originalfunktion $f(t)$ in jeder Periode T in gleicher Weise durch die Näherungsfunktion $g(t)$ angenähert werden soll, müssen alle in der Näherungsfunktion $g(t)$ enthaltenen Sinus- und Kosinusfunktionen während dieser Periodendauer T eine ganzzahlige Anzahl von Schwingungen aufweisen. Deshalb darf die Näherungsfunktion $g(t)$ nur sinusförmige Funktionen enthalten, deren Frequenzen ganzzahlige Vielfache der Grundfrequenz sind. Sie hat die allgemeine Form

$$g(t) = a_0 + \sum_{\nu=1}^{n} a_\nu \cos(\nu\omega t) + \sum_{\nu=1}^{n} b_\nu \sin(\nu\omega t). \tag{9.1}$$

Weil für jede Kreisfrequenz $\nu\omega$ sowohl eine Kosinusfunktion $a_\nu \cos(\nu\omega t)$ als auch eine Sinusfunktion $b_\nu \sin(\nu\omega t)$ angesetzt wird und für a_ν und b_ν sowohl positive als auch negative Werte zugelassen werden, läßt sich nach Abschn. 5.2.2.3 jeweils eine Sinusfunktion

$$a_\nu \cos(\nu\omega t) + b_\nu \sin(\nu\omega t) = A_\nu \sin(\nu\omega t + \varphi_\nu) \tag{9.2}$$

beliebiger Phasenlage mit $A_\nu = \sqrt{a_\nu^2 + b_\nu^2}$ und $\varphi_\nu = \arctan(a_\nu/b_\nu)$ darstellen.

Durch die Zahl n wird die Gliederanzahl in der Näherungsfunktion Gl. (9.1) festgelegt; die Näherung gelingt umso besser, je größer n ist. In Bild **9.1** wird eine Näherungsfunktion $g(t)$ mit $n=2$ gezeigt, die also nur aus dem Gleichanteil a_0, der Grundschwingung $g_1(t)$ und der 2. Oberschwingung $g_2(t)$ besteht. Die Annäherung an die Originalfunktion $f(t)$ gelingt nur unvollkommen; dennoch stellt sie bei der Beschränkung auf so wenige Glieder die bestmögliche Näherung der Originalfunktion im Sinne des kleinsten mittleren Fehlerquadrats dar (s. Abschn. 9.1.1.2).

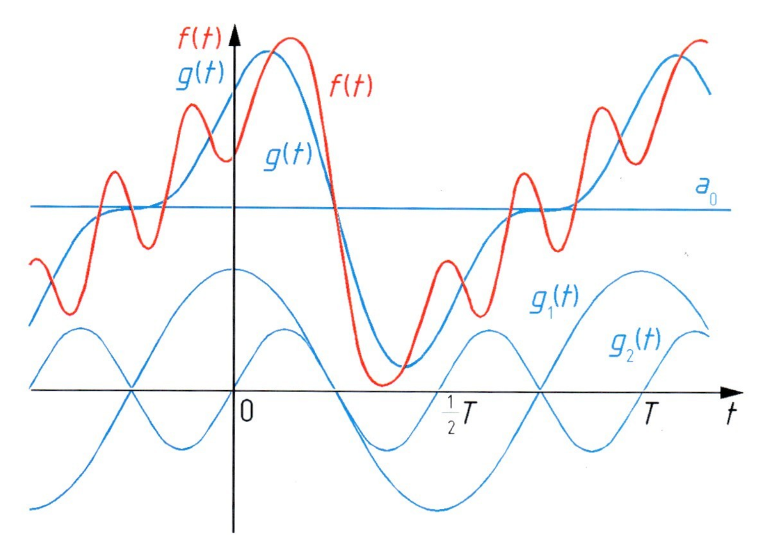

9.1 Periodische Zeitfunktion $f(t)$ und optimale Näherung $g(t)$ bei Beschränkung auf den Gleichanteil a_0, die Grundschwingung $g_1(t)$ und die 2. Oberschwingung $g_2(t)$

9.1.1.2 Approximation nach dem kleinsten mittleren Fehlerquadrat. Zur Beurteilung der Güte der Übereinstimmung zwischen Näherungsfunktion $g(t)$ und Originalfunktion $f(t)$ wird der Fehler, also die Differenz $\delta(t)=g(t)-f(t)$ in dem Bereich von t betrachtet, für den die Näherung gelten soll. Bei periodischen Zeitfunktionen ist dies eine Periodendauer T; bei nichtperiodischen Funktionen muß der Gültigkeitsbereich der Näherung zuvor festgelegt worden sein.

Für eine optimale Näherung scheint die Forderung naheliegend, daß der arithmetische Mittelwert des Fehlers $\overline{\delta}=0$ sein soll. Da diese Bedingung aber auch von Näherungsfunktionen erfüllt werden kann, deren Fehler $\delta(t)$ zeitweise beträchtliche positive und negative Werte aufweist, die sich bei der Mittelwertbildung gegenseitig aufheben, scheidet dies als Kriterium für eine optimale Näherung aus. Unter den möglichen Kriterien, die das gegenseitige Verrechnen positiver und negativer Fehler vermeiden, hat sich das Kriterium des kleinsten mittleren Fehlerquadrats praktisch bewährt. Hierbei wird der Fehler $\delta(t)$ zunächst quadriert, wodurch größere Abweichungen δ zusätzlich stärker gewichtet werden als kleinere. Die optimale Näherung im Sinne dieses Kriteriums liegt dann vor, wenn das mittlere Fehlerquadrat $\overline{\delta^2}$ seinen kleinsten Wert annimmt. Näheres hierzu findet sich in [15].

□ **Beispiel 9.1**

Die in Bild **9.**2 dargestellte Funktion $f(t)$ soll für $t_1<t<t_2$ durch die Funktion $g(t)=a_0+a_1 t$ angenähert werden. Die Koeffizienten a_0 und a_1 sind so zu bestimmen, daß die Näherung optimal ist.

Für den geforderten Gültigkeitsbereich erhält man das mittlere Fehlerquadrat

$$\overline{\delta^2}=\frac{1}{t_2-t_1}\int_{t_1}^{t_2}[g(t)-f(t)]^2\,\mathrm{d}t. \tag{9.3}$$

Nach Einsetzen des vorgegebenen Funktionstyps $g(t)=a_0+a_1 t$ folgt für das in Gl. (9.3) enthaltene Zeitintegral

$$J=\int_{t_1}^{t_2}[g(t)-f(t)]^2\,\mathrm{d}t=\int_{t_1}^{t_2}[\mathrm{a}_0+a_1 t-f(t)]^2\,\mathrm{d}t; \tag{9.4}$$

es wird anschaulich durch die schraffierte Fläche in Bild **9.**2 dargestellt und nimmt in Abhängigkeit von den Koeffizienten a_0 und a_1 unterschiedliche Werte an, ist also eine Funktion $J(a_0, a_1)$ dieser beiden Koeffizienten. Die Werte von a_0 und a_1, für die das Integral J (und damit nach Gl. (9.3) auch das mittlere Fehlerquadrat $\overline{\delta^2}$) minimal wird, erhält man, wenn man J nach a_0 bzw. a_1 differenziert und die 1. Ableitung jeweils null setzt. So ergibt sich

$$\frac{\partial J}{\partial a_0}=\frac{\partial}{\partial a_0}\int_{t_1}^{t_2}[a_0+a_1 t-f(t)]^2\,\mathrm{d}t=2\int_{t_1}^{t_2}[a_0+a_1 t-f(t)]\,\mathrm{d}t=0$$

bzw.

$$\frac{\partial J}{\partial a_1}=\frac{\partial}{\partial a_1}\int_{t_1}^{t_2}[a_0+a_1 t-f(t)]^2\,\mathrm{d}t=2\int_{t_1}^{t_2}[a_0+a_1 t-f(t)]\cdot t\,\mathrm{d}t=0.$$

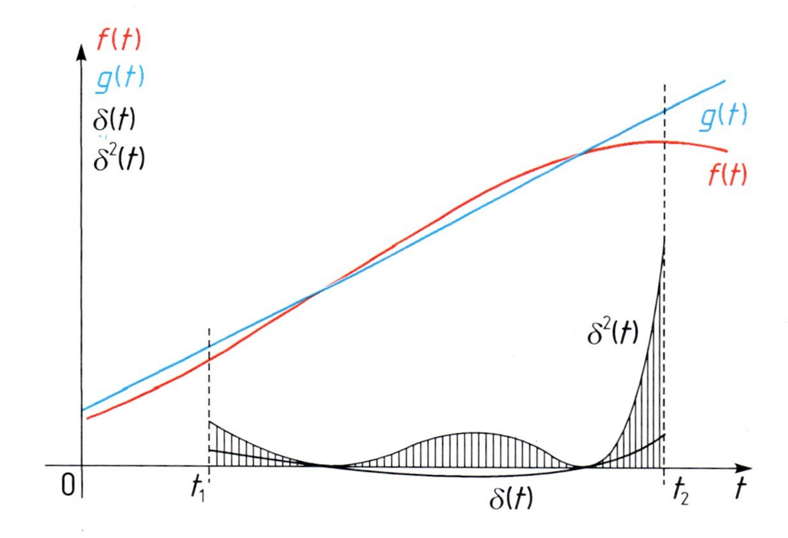

9.2 Lineare Näherung $g(t)$ der Originalfunktion $f(t)$ mit dem Verlauf des Fehlers $\delta(t) = g(t) - f(t)$ und des Fehlerquadrats $\delta^2(t)$

Hieraus folgt, wenn man die erhaltenen Integrale jeweils in zwei Teilintegrale zerlegt,

$$\int_{t_1}^{t_2} [a_0 + a_1 t]\,\mathrm{d}t = a_0(t_2 - t_1) + \tfrac{1}{2} a_1 (t_2^2 - t_1^2) = \int_{t_1}^{t_2} f(t)\,\mathrm{d}t \tag{9.5}$$

bzw.

$$\int_{t_1}^{t_2} [a_0 t + a_1 t^2]\,\mathrm{d}t = \tfrac{1}{2} a_0 (t_2^2 - t_1^2) + \tfrac{1}{3} a_1 (t_2^3 - t_1^3) = \int_{t_1}^{t_2} t \cdot f(t)\,\mathrm{d}t. \tag{9.6}$$

Die auf der rechten Seite stehenden Integrale müssen mit graphischen oder numerischen Methoden aus der vorgegebenen Funktion $f(t)$ ermittelt werden. Die auf der linken Seite stehenden Integrale sind allgemein gelöst worden und haben je eine Linearkombination der Koeffizienten a_0 und a_1 ergeben, so daß Gl. (9.5) und Gl. (9.6) ein lineares Gleichungssystem zur Bestimmung der Koeffizienten a_0 und a_1 darstellen.

Wenn als Näherung eine Parabel nach der Funktion $g(t) = a_0 + a_1 t + a_2 t^2$ vorgegeben wird, verfährt man entsprechend. Man erhält dann drei lineare Gleichungen für die drei Koeffizienten a_0, a_1, a_2. Nach diesem Verfahren lassen sich z. B. die Temperatur-Kennwerte R_{20}, α_{20} und β_{20} nach Abschn. 2.1.2.3 aus der gemessenen $R(\vartheta)$-Kennlinie ermitteln. □

9.1.2 Fourier-Reihen

Die Koeffizienten a_0, a_ν und b_ν in Gl. (9.1) sollen nun nach dem in Abschn. 9.1.1.2 beschriebenen Kriterium des kleinsten mittleren Fehlerquadrats berechnet werden. Für bestimmte Sonderfälle vereinfacht sich die Rechnung, wie für einige Beispiele gezeigt wird. Schließlich wird die komplexe Fourier-Reihe eingeführt, die i. allg. für $n \to \infty$ verwendet wird, d. h. wenn unendlich viele Glieder der Fourier-Reihe berücksichtigt werden.

9.1.2.1 Berechnung der Fourier-Koeffizienten. Nach Abschn. 9.1.1.2 ist $g(t)$ dann eine optimale Näherung der Originalfunktion $f(t)$, wenn das Zeitintegral J des Fehlerquadrats $\delta^2(t)$ über eine Periodendauer T sein Minimum erreicht. Mit dem beliebigen Startzeitpunkt t_0 erhält man in Abwandlung von Gl. (9.4) das Zeitintegral

$$J = \int_{t_0}^{t_0+T} [g(t) - f(t)]^2 \,\mathrm{d}t \tag{9.7}$$

mit

$$g(t) = a_0 + \sum_{\nu=1}^{n} a_\nu \cos(\nu\omega t) + \sum_{\nu=1}^{n} b_\nu \sin(\nu\omega t). \tag{9.8}$$

Zur Auffindung der Werte von a_0, a_ν und b_ν, für die das Integral J minimal wird, muß J nach diesen Koeffizienten differenziert und die 1. Ableitung jeweils null gesetzt werden. Da die Näherungsfunktion $g(t)$ nach Gl. (9.8) linear von den Koeffizienten a_0, a_ν und b_ν abhängt, ist das Differenzieren von Gl. (9.7) nach der Kettenregel leicht möglich. Man erhält

$$\frac{\partial J}{\partial a_0} = 2 \int_{t_0}^{t_0+T} [g(t) - f(t)] \,\mathrm{d}t = 0 \tag{9.9}$$

bzw.

$$\frac{\partial J}{\partial a_\nu} = 2 \int_{t_0}^{t_0+T} [g(t) - f(t)] \cdot \cos(\nu\omega t) \,\mathrm{d}t = 0 \tag{9.10}$$

bzw.

$$\frac{\partial J}{\partial b_\nu} = 2 \int_{t_0}^{t_0+T} [g(t) - f(t)] \cdot \sin(\nu\omega t) \,\mathrm{d}t = 0. \tag{9.11}$$

Aus Gl. (9.9) folgt

$$\int_{t_0}^{t_0+T} g(t) \,\mathrm{d}t = a_0 T = \int_{t_0}^{t_0+T} f(t) \,\mathrm{d}t.$$

Das auf der linken Seite stehende Integral hat den Wert $a_0 T$, da die Integrale sämtlicher nach Gl. (9.8) in $g(t)$ enthaltener Kosinus- und Sinusfunktionen über eine Periodendauer T null ergeben. Der Koeffizient a_0 stellt also den Gleichanteil

$$a_0 = \frac{1}{T} \int_{t_0}^{t_0+T} f(t) \,\mathrm{d}t \tag{9.12}$$

der Funktion $f(t)$ dar.

Für die Berechnung der Koeffizienten a_ν folgt aus Gl. (9.10)

$$\int_{t_0}^{t_0+T} g(t)\cos(\nu\omega t)\,\mathrm{d}t = \int_{t_0}^{t_0+T} f(t)\cos(\nu\omega t)\,\mathrm{d}t. \tag{9.13}$$

Wenn man $g(t)$ aus Gl. (9.8) in das Integral auf der linken Seite einsetzt, läßt dieses sich in Form einer Summe

$$\begin{aligned}\int_{t_0}^{t_0+T} a_0\cos(\nu\omega t)\,\mathrm{d}t + \sum_{\mu=1}^{n}\int_{t_0}^{t_0+T} a_\mu\cos(\mu\omega t)\cos(\nu\omega t)\,\mathrm{d}t \\ + \sum_{\mu=1}^{n}\int_{t_0}^{t_0+T} b_\mu\sin(\mu\omega t)\cos(\nu\omega t)\,\mathrm{d}t\end{aligned} \tag{9.14}$$

darstellen. Hierin bezeichnet ν weiterhin die Ordnungszahl des Koeffizienten a_ν, nach dem in Gl. (9.10) differenziert wurde, während μ der Zählindex (von 1 bis n) der Summen in Gl. (9.8) ist. Unter Verwendung der aus der Trigonometrie bekannten Identitäten (s. z.B. [7])

$$\cos x\cos y = \tfrac{1}{2}[\cos(x-y)+\cos(x+y)], \tag{9.15}$$

$$\cos x\sin y = \tfrac{1}{2}[\sin(x+y)-\sin(x-y)], \tag{9.16}$$

$$\sin x\sin y = \tfrac{1}{2}[\cos(x-y)-\cos(x+y)] \tag{9.17}$$

läßt sich zeigen, daß fast alle in der Summe (9.14) enthaltenen Integrale über eine Periodendauer T null sind. Definitionsgemäß ergibt ja die Integration über eine oder mehrere Perioden einer Wechselgröße immer den Wert null. Nur das Integral

$$\int_{t_0}^{t_0+T} a_\mu\cos(\mu\omega t)\cos(\nu\omega t)\,\mathrm{d}t \quad \text{mit } \mu=\nu$$

ergibt mit Gl. (9.15) wegen $\cos 0 = 1$

$$\int_{t_0}^{t_0+T} a_\nu\tfrac{1}{2}[1+\cos(2\nu\omega t)]\,\mathrm{d}t = \tfrac{1}{2}a_\nu T$$

und stellt damit das Ergebnis des Integrals links des Gleichheitszeichens von Gl. (9.13) dar. Somit folgt schließlich aus Gl. (9.13)

$$a_\nu = \frac{2}{T}\int_{t_0}^{t_0+T} f(t)\cos(\nu\omega t)\,\mathrm{d}t. \tag{9.18}$$

Damit ist eine Rechenvorschrift gefunden, mit deren Hilfe die Koeffizienten a_ν in Gl. (9.1) bzw. (9.8) zur Annäherung der Originalfunktion $f(t)$ gewonnen werden können.

Mit einer ganz ähnlichen Rechnung lassen sich auch die Koeffizienten b_ν bestimmen. Aus Gl. (9.11) folgt zunächst

$$\int_{t_0}^{t_0+T} g(t)\sin(\nu\omega t)\,\mathrm{d}t = \int_{t_0}^{t_0+T} f(t)\sin(\nu\omega t)\,\mathrm{d}t. \tag{9.19}$$

Ähnlich wie in Gl. (9.14) kann auch hier unter Verwendung von Gl. (9.8) das Integral auf der linken Seite durch eine Summe

$$\begin{aligned}\int_{t_0}^{t_0+T} a_0 \sin(\nu\omega t)\,\mathrm{d}t &+ \sum_{\mu=1}^{n} \int_{t_0}^{t_0+T} a_\mu \cos(\mu\omega t)\sin(\nu\omega t)\,\mathrm{d}t \\ &+ \sum_{\mu=1}^{n} \int_{t_0}^{t_0+T} b_\mu \sin(\mu\omega t)\sin(\nu\omega t)\,\mathrm{d}t\end{aligned} \tag{9.20}$$

dargestellt werden, deren Glieder alle null sind, bis auf den Term

$$\int_{t_0}^{t_0+T} b_\mu \sin(\mu\omega t)\sin(\nu\omega t)\,\mathrm{d}t \quad \text{mit } \mu=\nu;$$

denn dieser ergibt mit Gl. (9.17)

$$\int_{t_0}^{t_0+T} b_\nu \tfrac{1}{2}[1-\cos(2\nu\omega t]\,\mathrm{d}t = \tfrac{1}{2} b_\nu T$$

und stellt damit das Ergebnis des Integrals links des Gleichheitszeichens von Gl. (9.19) dar. Damit ergibt sich aus Gl. (9.19)

$$b_\nu = \frac{2}{T}\int_{t_0}^{t_0+T} f(t)\sin(\nu\omega t)\,\mathrm{d}t. \tag{9.21}$$

Die Gln. (9.12), (9.18) und (9.21) ermöglichen jetzt die Bestimmung aller nach Gl. (9.8) in der Näherungsfunktion $g(t)$ enthaltenen Koeffizienten zur optimalen Annäherung einer vorgegebenen periodischen Zeitfunktion $f(t)$. Man beachte, daß die Koeffizienten a_0, a_ν, b_ν von der Gliederzahl n unabhängig sind!

9.1.2.2 Unendliche Fourier-Reihe. Wenn die Koeffizienten der Näherungsfunktion $g(t)$ nach Abschn. 9.1.2.1 bestimmt werden, ist die Übereinstimmung mit der Originalfunktion $f(t)$ i. allg. umso besser, je mehr Summenglieder in Gl.

(9.8) berücksichtigt werden. Läßt man ihre Anzahl $n \to \infty$ gehen, so wird die Näherungsfunktion $g(t)$ mit der Originalfunktion $f(t)$ identisch. Aus Gl. (9.8) folgt dann

$$f(t) = a_0 + \sum_{\nu=1}^{\infty} a_\nu \cos(\nu\omega t) + \sum_{\nu=1}^{\infty} b_\nu \sin(\nu\omega t). \qquad (9.22)$$

Dieser Zusammenhang sowie die zugehörigen Koeffizienten sind in Tafel **9**.3 zusammengestellt.

Tafel **9**.3 Unendliche Fourier-Reihe

$f(t) = a_0 + \sum_{\nu=1}^{\infty} a_\nu \cos(\nu\omega t) + \sum_{\nu=1}^{\infty} b_\nu \sin(\nu\omega t)$	(9.22)
$a_0 = \frac{1}{T} \int_{t_0}^{t_0+T} f(t)\,dt$	(9.12)
$a_\nu = \frac{2}{T} \int_{t_0}^{t_0+T} f(t) \cos(\nu\omega t)\,dt$	(9.18)
$b_\nu = \frac{2}{T} \int_{t_0}^{t_0+T} f(t) \sin(\nu\omega t)\,dt$	(9.21)

9.1.2.3 Sonderfälle. Für Funktionen mit bestimmten Eigenschaften ist von vornherein erkennbar, daß einige der in Tafel **9**.3 aufgeführten Koeffizienten null werden. Tafel **9**.4 gibt eine Übersicht. Gerade Funktionen $f(t) = f(-t)$ sind klappsymmetrisch zur Ordinate und können nur durch solche Funktionen nachgebildet werden, die diese Eigenschaft auch selbst besitzen: daher treten hier nur Kosinus-Anteile (mit positiven oder auch negativen a_ν) und gegebenenfalls ein Gleichanteil auf. Entsprechendes gilt für ungerade Funktionen $f(t) = -f(-t)$; hier kommen nur Sinus-Anteile (mit positiven oder negativen b_ν) vor. Alternierende Funktionen, bei denen die negative Halbschwingung bis auf das Vorzeichen mit der positiven Halbschwingung identisch ist, können nur durch Sinusschwingungen $g_\nu(t)$ geeigneter Phasenlage nachgebildet werden, für die ebenfalls $g_\nu(t) = -g_\nu(t + T/2)$ gilt; dies ist nur für Frequenzen der Fall, die ungeradzahlige Vielfache der Grundfrequenz sind.

Tafel **9.4** Funktionen mit besonderen Eigenschaften.
Die linke Seite der Tafel zeigt Beispiele $f(t)$ des jeweiligen Funktionstyps; auf der rechten Seite sind einige der hierin enthaltenen Sinus- und Kosinus-Schwingungen $g_\nu(t)$ dargestellt

Gerade Funktionen $f(t)=f(-t)$

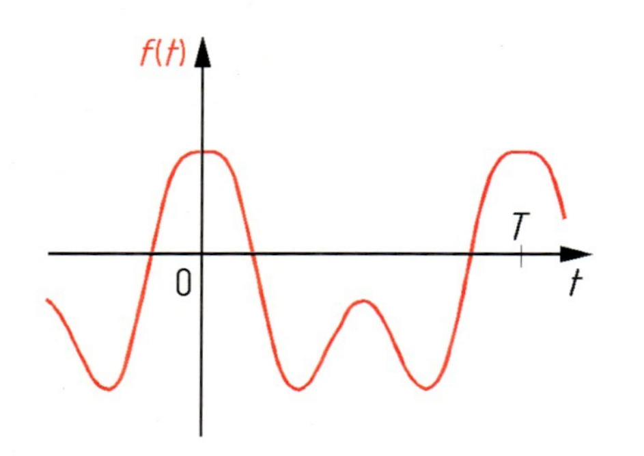

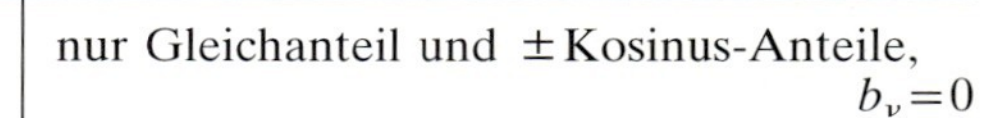
nur Gleichanteil und ±Kosinus-Anteile, $b_\nu=0$

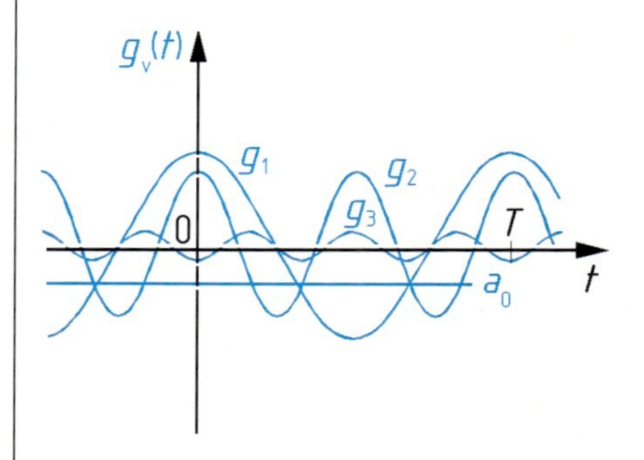

Ungerade Funktionen $f(t)=-f(-t)$

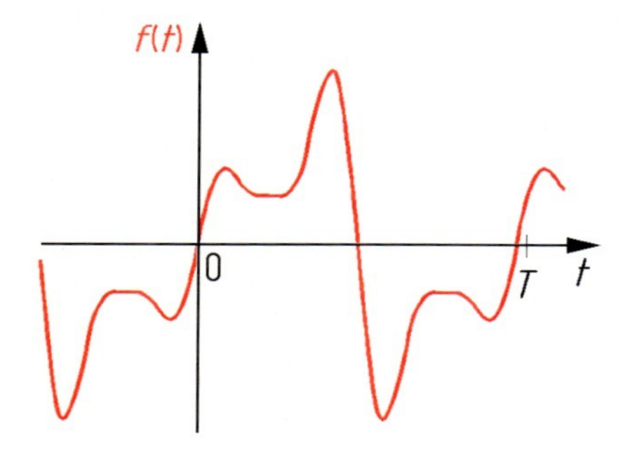

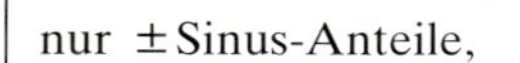
nur ±Sinus-Anteile, $a_0=0,\ a_\nu=0$

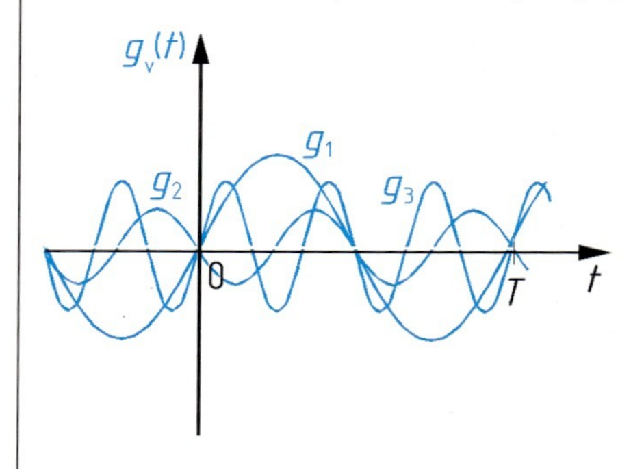

Alternierende Funktionen

$$f(t)=-f\left(t+\frac{T}{2}\right)$$

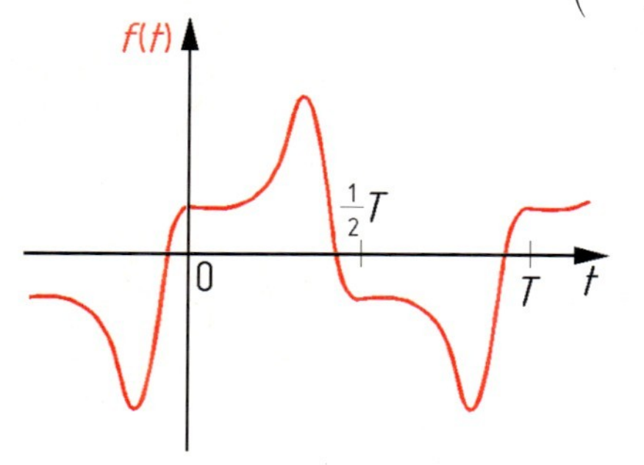

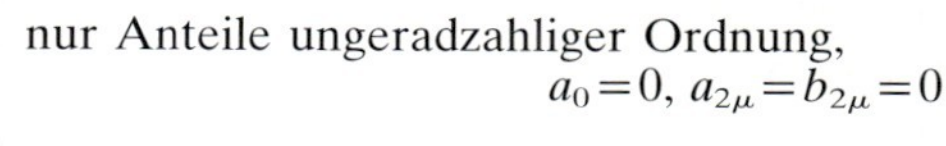
nur Anteile ungeradzahliger Ordnung, $a_0=0,\ a_{2\mu}=b_{2\mu}=0$

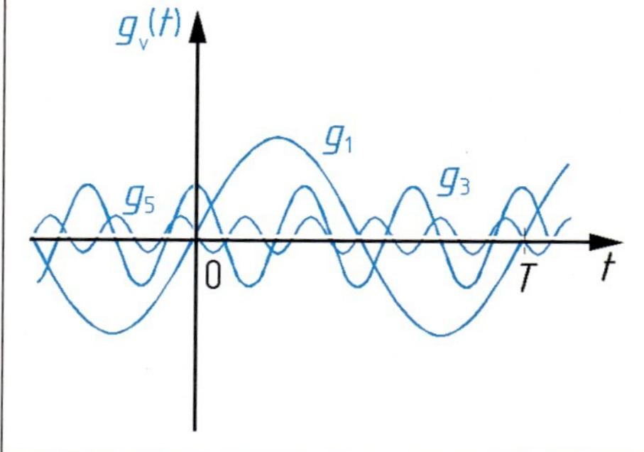

□ **Beispiel 9.2**

Gesucht sind die Fourier-Koeffizienten der in Bild **9.**5a dargestellten, nach einer symmetrischen Rechteckschwingung mit dem Tastgrad 1/2 verlaufenden Stromfunktion $i(t)$.

Die Funktion ist sowohl gerade als auch alternierend. Nach Tafel **9.**4 kommen daher nur a_ν ungeradzahliger Ordnung vor. Diese ergeben sich aus Gl. (9.18) zu

$$a_\nu = \frac{2}{T} \int\limits_{-\frac{1}{4}T}^{\frac{1}{4}T} i(t)\cos(\nu\omega t)\,\mathrm{d}t$$

$$= \frac{2}{T}\left\{ \int\limits_{-\frac{1}{4}T}^{\frac{1}{4}T} \hat{i}\cos(\nu\omega t)\,\mathrm{d}t + \int\limits_{\frac{1}{4}T}^{\frac{3}{4}T} (-\hat{i})\cos(\nu\omega t)\,\mathrm{d}t \right\}.$$

Nach Auswertung der beiden Teilintegrale erhält man

$$a_\nu = \frac{2\hat{i}}{T}\left\{\frac{1}{\nu\omega}\left[\sin\frac{\nu\omega T}{4} - \sin\frac{-\nu\omega T}{4}\right] - \frac{1}{\nu\omega}\left[\sin\frac{3\nu\omega T}{4} - \sin\frac{\nu\omega T}{4}\right]\right\}$$

und mit Gl. (5.28)

$$a_\nu = \frac{\hat{i}}{\nu\pi}\left\{\sin\frac{\nu\pi}{2} - \sin\frac{-\nu\pi}{2} - \sin\frac{3\nu\pi}{2} + \sin\frac{\nu\pi}{2}\right\} = \frac{4\hat{i}}{\nu\pi}\sin\frac{\nu\pi}{2}.$$

Man findet bestätigt, daß alle a_ν mit geradzahligem ν den Wert null haben. Für ungeradzahlige ν folgt

$$a_\nu = \frac{4\hat{i}}{\nu\pi} = \frac{1{,}273}{\nu}\hat{i} \quad \text{mit } \nu = 1, 5, 9, \ldots$$

und

$$a_\nu = -\frac{4\hat{i}}{\nu\pi} = -\frac{1{,}273}{\nu}\hat{i} \quad \text{mit } \nu = 3, 7, 11, \ldots.$$

In Bild **9.**5b ist die Überlagerung der Kosinusschwingungen $a_\nu \cos(\nu\omega t)$ bis $\nu = 9$ dargestellt. □

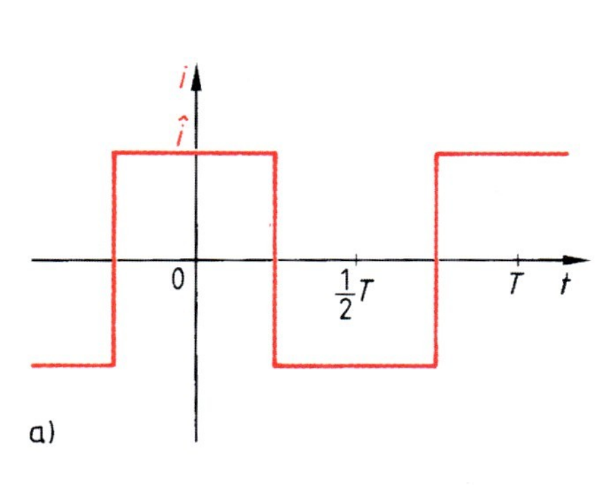

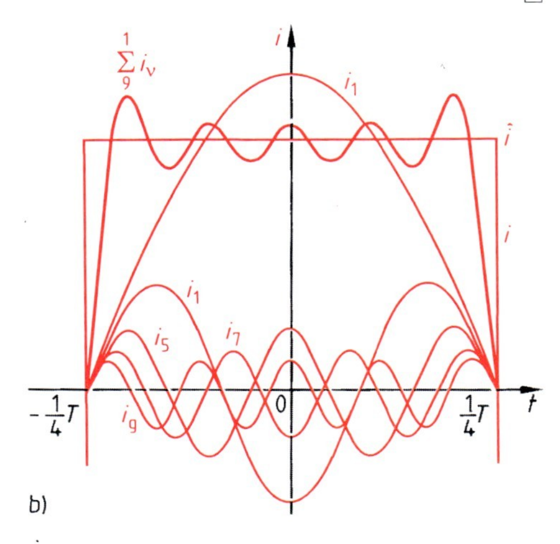

9.5 Rechteckförmige Stromfunktion (a) und hierin enthaltene Harmonische bis $\nu = 9$ (b)

9.1.2.4 Komplexe Fourier-Reihe. Mit der Euler-Gleichung $e^{j\varphi}=\cos\varphi+j\sin\varphi$ läßt sich leicht zeigen, daß

$$\cos\varphi=\frac{1}{2}(e^{j\varphi}+e^{-j\varphi}) \quad \text{und} \quad \sin\varphi=\frac{1}{2j}(e^{j\varphi}-e^{-j\varphi})$$

ist. Wenn man diese Ausdrücke in Gl. (9.22) einführt und die beiden Summen unter einem Summenzeichen zusammenfaßt erhält man für die Fourier-Reihe

$$f(t)=a_0+\sum_{\nu=1}^{\infty}\left[\frac{a_\nu}{2}(e^{j\nu\omega t}+e^{-j\nu\omega t})+\frac{b_\nu}{2j}(e^{j\nu\omega t}-e^{-j\nu\omega t})\right].$$

Die Terme unter dem Summenzeichen werden jetzt nach den beiden Exponentialfunktionen sortiert und in zwei getrennten Summen dargestellt.

$$f(t)=a_0+\sum_{\nu=1}^{\infty}\tfrac{1}{2}(a_\nu-jb_\nu)e^{j\nu\omega t}+\sum_{\nu=1}^{\infty}\tfrac{1}{2}(a_\nu+jb_\nu)e^{-j\nu\omega t}. \tag{9.23}$$

Die komplexen Koeffizienten $\underline{c}_\nu=\frac{1}{2}(a_\nu-jb_\nu)$ bzw. $\underline{c}_\nu^*=\frac{1}{2}(a_\nu+jb_\nu)$ sind zueinander konjugiert komplex und lassen sich mit den Gleichungen (9.18) und (9.21) aus Tafel **9.**3 darstellen als

$$\underline{c}_\nu=\tfrac{1}{2}(a_\nu-jb_\nu)$$
$$=\frac{1}{T}\int_{t_0}^{t_0+T}f(t)[\cos(\nu\omega t)-j\sin(\nu\omega t)]\,dt=\frac{1}{T}\int_{t_0}^{t_0+T}f(t)e^{-j\nu\omega t}dt$$

bzw.

$$\underline{c}_\nu^*=\tfrac{1}{2}(a_\nu+jb_\nu)$$
$$=\frac{1}{T}\int_{t_0}^{t_0+T}f(t)[\cos(\nu\omega t)+j\sin(\nu\omega t)]\,dt=\frac{1}{T}\int_{t_0}^{t_0+T}f(t)e^{j\nu\omega t}dt.$$

Wie der Vergleich mit Gl. (9.12) zeigt, liefert die Gleichung für $\underline{c}_\nu$ mit $\nu=0$ sogar das richtige Ergebnis für den Gleichanteil

$$\underline{c}_0=\frac{1}{T}\int_{t_0}^{t_0+T}f(t)\,dt=a_0. \tag{9.24}$$

Außerdem ist zu erkennen, daß $\underline{c}_\nu^*=\frac{1}{2}(a_\nu+jb_\nu)$ zu $\underline{c}_\nu=\frac{1}{2}(a_\nu-jb_\nu)$ wird, wenn man die Laufvariable mit (-1) multipliziert. Für den letzten Summenterm in Gl.

(9.23) kann man daher schreiben

$$\sum_{\nu=1}^{\infty} \tfrac{1}{2}(a_\nu + \mathrm{j}\, b_\nu)\,\mathrm{e}^{-\mathrm{j}\,\nu\omega t} = \sum_{\nu=-1}^{-\infty} \tfrac{1}{2}(a_\nu - \mathrm{j}\, b_\nu)\,\mathrm{e}^{\mathrm{j}\,\nu\omega t}. \tag{9.25}$$

Nach dieser Umformung sind die Ausdrücke unter den beiden Summenzeichen in Gl. (9.23) identisch. Im einen Fall erfolgt die Summation von $\nu=1$ bis $\nu=\infty$, im anderen Fall von $\nu=-1$ bis $\nu=-\infty$. Nimmt man den noch fehlenden Wert $\nu=0$ hinzu, so liefert derselbe Ausdruck $\underline{c}_0\,\mathrm{e}^0$, was nach Gl. (9.24) den Gleichanteil a_0 beschreibt. Damit lassen sich alle drei Terme der Gl. (9.23) unter einem Summenzeichen zu der komplexen Fourier-Reihe

$$f(t) = \sum_{\nu=-\infty}^{+\infty} \underline{c}_\nu\,\mathrm{e}^{\mathrm{j}\,\nu\omega t} \tag{9.26}$$

zusammenfassen. Für ihre komplexen Koeffizienten gilt

$$\underline{c}_\nu = \frac{1}{T}\int_{t_0}^{t_0+T} f(t)\,\mathrm{e}^{-\mathrm{j}\,\nu\omega t}\,\mathrm{d}t. \tag{9.27}$$

Obwohl die Gln. (9.26) und (9.27) für die komplexe Fourier-Reihe weniger anschaulich sind als die in Tafel **9.**3 zusammengestellten Gleichungen für die Fourier-Reihe mit reellen Koeffizienten, sollte man sich unbedingt mit diesen Zusammenhängen vertraut machen, da sie in der weiterführenden Literatur als Grundlage für die Einführung der Fourier- und Laplace-Transformation dienen [1], [43], [52].

9.1.3 Kenngrößen

9.1.3.1 Effektivwert. Die Fourier-Reihe nach Gl. (9.22) enthält i.allg. neben dem Gleichanteil a_0 für jede Kreisfrequenz $\nu\omega$ sowohl eine Kosinusfunktion $a_\nu \cos(\nu\omega t)$ als auch eine Sinusfunktion $b_\nu \sin(\nu\omega t)$, die sich nach Gl. (9.2) zu einer Sinusfunktion

$$a_\nu \cos(\nu\omega t) + b_\nu \sin(\nu\omega t) = A_\nu \sin(\nu\omega t + \varphi_\nu)$$

mit dem Scheitelwert $A_\nu = \sqrt{a_\nu^2 + b_\nu^2}$ zusammenfassen lassen. Wenn es sich bei der Zeitfunktion um einen Strom (bzw. eine Spannung) handelt, bezeichnet man den Scheitelwert A_ν der ν-ten Teilschwingung mit $\hat{i}_\nu$ (bzw. $\hat{u}_\nu$) und den Gleichanteil a_0 mit $\overline{i}$ (bzw. $\overline{u}$). Der Effektivwert der ν-ten Teilschwingung ist nach Gl. (5.34)

$$I_\nu = \frac{1}{\sqrt{2}}\,\hat{i}_\nu \quad \text{bzw.} \quad U_\nu = \frac{1}{\sqrt{2}}\,\hat{u}_\nu.$$

Der Effektivwert der Gesamtschwingung ist nach Gl. (5.12) zu berechnen und ergibt sich z.B. für einen Strom zu

$$I=\sqrt{\frac{1}{T}\int_{t_0}^{t_0+T} i^2\,\mathrm{d}t}=\sqrt{\frac{1}{T}\int_{t_0}^{t_0+T}\left[\bar{i}+\sum_{\nu=1}^{\infty}\hat{i}_\nu\sin(\nu\omega t+\varphi_\nu)\right]^2\mathrm{d}t}\,.$$

Beim Quadrieren des Klammerausdrucks treten außer $\bar{i}^2$ und den Termen $\hat{i}_\nu^2\sin^2(\nu\omega t+\varphi_\nu)$ auch solche des Typs $2\hat{i}_\mu\hat{i}_\nu\sin(\mu\omega t+\varphi_\mu)\sin(\nu\omega t+\varphi_\nu)$ mit $\mu\neq\nu$ auf. Wenn man letztere mit Hilfe von Gl. (9.17) umformt, läßt sich zeigen, daß ihr Integral über eine Periodendauer T immer null ist. Man erhält daher

$$I=\sqrt{\frac{1}{T}\int_{t_0}^{t_0+T}\bar{i}^{\,2}\,\mathrm{d}t+\sum_{\nu=1}^{\infty}\frac{1}{T}\int_{t_0}^{t_0+T}\hat{i}_\nu^{\,2}\sin^2(\nu\omega t+\varphi_\nu)\,\mathrm{d}t}$$

und findet unter dem Wurzelzeichen die Summe der Quadrate des Gleichanteils I_- sowie der Effektivwerte I_ν der einzelnen Teilschwingungen entsprechend Gl. (5.12). Diese Betrachtungen gelten für alle Größen, für die man Effektivwerte angibt. Man kann das Ergebnis daher auch auf die Spannung übertragen und erhält

$$I=\sqrt{I_-^{\,2}+\sum_{\nu=1}^{\infty}I_\nu^{\,2}}\quad\text{bzw.}\quad U=\sqrt{U_-^{\,2}+\sum_{\nu=1}^{\infty}U_\nu^{\,2}}\,. \tag{9.28}$$

In Übereinstimmung mit Gl. (5.17) bezeichnet der Summenausdruck den Effektivwert des Wechselstrom- (bzw. Wechselspannungs-)-Anteils.

$$I_\sim=\sqrt{\sum_{\nu=1}^{\infty}I_\nu^{\,2}}\quad\text{bzw.}\quad U_\sim=\sqrt{\sum_{\nu=1}^{\infty}U_\nu^{\,2}}\,. \tag{9.29}$$

9.1.3.2 Schwingungsgehalt und Klirrfaktor. Für Mischgrößen (s. Abschn. 5.1.2.5) definiert man nach DIN 40110 den Schwingungsgehalt

$$s_\mathrm{i}=\frac{I_\sim}{I}\quad\text{bzw.}\quad s_\mathrm{u}=\frac{U_\sim}{U} \tag{9.30}$$

als Quotient der Effektivwerte von Wechselanteil und Gesamtgröße.

Für Wechselgrößen, also für solche periodischen Größen, deren Gleichanteil $I_-=0$ ist, gilt $I_\sim=I$. Hier wird der Grundschwingungsgehalt

$$g_\mathrm{i}=\frac{I_1}{I}\quad\text{bzw.}\quad g_\mathrm{u}=\frac{U_1}{U} \tag{9.31}$$

als Quotient der Effektivwerte der Grundschwingung und der gesamten Wechselgröße definiert.

Als Oberschwingungsgehalt oder Klirrfaktor einer Wechselgröße bezeichnet man den Quotienten

$$k_\mathrm{i} = \frac{\sqrt{\sum\limits_{\nu=2}^{\infty} I_\nu^2}}{I} = \frac{\sqrt{I^2 - I_1^2}}{I} = \sqrt{1 - g_\mathrm{i}^2}$$

bzw.

$$k_\mathrm{u} = \frac{\sqrt{\sum\limits_{\nu=2}^{\infty} U_\nu^2}}{U} = \frac{\sqrt{U^2 - U_1^2}}{U} = \sqrt{1 - g_\mathrm{u}^2} \qquad (9.32)$$

aus dem Effektivwert der Oberschwingungen (mit $\nu \geq 2$) und dem Effektivwert der gesamten Wechselgröße.

□ **Beispiel 9.3**

Für die in Bild **9.**6 dargestellte sägezahnförmig verlaufende Spannung $u(t)$ sind die Fourier-Koeffizienten a_0, a_ν, b_ν sowie der Grundschwingungsgehalt g_u und der Klirrfaktor k_u gesucht.

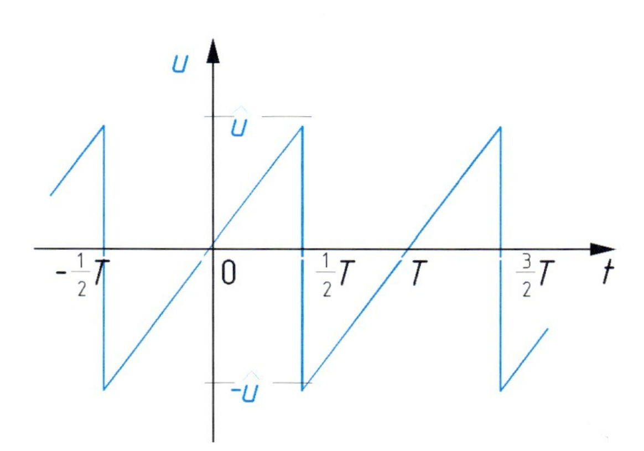

9.6 Sägezahnförmige Spannungsfunktion

Die Funktion ist ungerade. Nach Tafel **9.**4 gilt daher

$$a_0 = 0, \quad a_\nu = 0.$$

Die Koeffizienten b_ν werden mit Gl. (9.21) berechnet. Als Integrationsintervall wählt man zweckmäßig den Bereich von $-0{,}5\,T$ bis $0{,}5\,T$; hier folgt die Funktion der Geradengleichung

$$u = \frac{2\,\hat{u}}{T}\,t.$$

Mit Gl. (9.21) erhält man

$$b_\nu = \frac{2}{T} \int\limits_{-0,5\,T}^{0,5\,T} \frac{2\hat{u}}{T}\, t \sin(\nu\omega t)\, dt\,.$$

Durch partielle Integration (sog. Produktenregel, s. [6], [16]), oder indem man in einer Integraltabelle, z.B. in [7], das Integral der Funktion $x \sin(ax)$ nachschlägt, findet man die Lösung

$$b_\nu = \frac{4\hat{u}}{T^2} \left[\frac{1}{(\nu\omega)^2} \sin(\nu\omega t) - \frac{t}{\nu\omega} \cos(\nu\omega t) \right] \Bigg|_{-\frac{1}{2}T}^{\frac{1}{2}T}\,.$$

Nach Einsetzen der oberen und der unteren Grenze folgt

$$b_\nu = 4\hat{u} \left\{ \frac{1}{(\nu\omega T)^2} \left[\sin\frac{\nu\omega T}{2} - \sin\frac{-\nu\omega T}{2} \right] - \frac{1}{\nu\omega T^2} \left[\tfrac{1}{2} T \cos\frac{\nu\omega T}{2} + \tfrac{1}{2} T \cos\frac{-\nu\omega T}{2} \right] \right\}$$

und mit Gl. (5.28)

$$b_\nu = 4\hat{u} \left\{ \frac{1}{(2\nu\pi)^2} [\sin(\nu\pi) - \sin(-\nu\pi)] - \frac{1}{4\nu\pi} [\cos(\nu\pi) + \cos(-\nu\pi)] \right\}.$$

Wegen $\sin(\nu\pi) = \sin(-\nu\pi) = 0$ und $\cos(\nu\pi) = \cos(-\nu\pi) = (-1)^\nu = -(-1)^{\nu+1}$ erhält man schließlich

$$b_\nu = (-1)^{\nu+1} \frac{2\hat{u}}{\nu\pi}\,.$$

Hieraus folgt für $\nu = 1$ die Amplitude der Grundschwingung $b_1 = \hat{u}_1 = (2/\pi)\hat{u}$ und entsprechend Gl. (5.34) ihr Effektivwert

$$U_1 = \frac{\hat{u}_1}{\sqrt{2}} = \frac{b_1}{\sqrt{2}} = \frac{1}{\sqrt{2}} \cdot \frac{2\hat{u}}{\pi} = \frac{\sqrt{2}}{\pi}\hat{u}\,.$$

Der Effektivwert der Gesamtschwingung ergibt sich mit Gl. (5.12) zu

$$U = \sqrt{\frac{1}{T} \int\limits_{-0,5\,T}^{0,5\,T} \left(\frac{2\hat{u}}{T}\right)^2 t^2\, dt} = \sqrt{\frac{4\hat{u}^2}{T^3} \cdot \tfrac{1}{3}[(\tfrac{1}{2}T)^3 - (-\tfrac{1}{2}T)^3]} = \frac{\hat{u}}{\sqrt{3}}\,.$$

Hieraus folgt mit Gl. (9.31) der Grundschwingungsgehalt

$$g_\mathrm{u} = \frac{U_1}{U} = \frac{\sqrt{2} \cdot \sqrt{3}}{\pi} = 0{,}7797$$

und mit Gl. (9.32) der Klirrfaktor

$$k_\mathrm{u} = \sqrt{1 - g_\mathrm{u}^2} = 0{,}6262\,.$$

□

9.1.4 Nichtsinusförmige Wechselgrößen in linearen Netzwerken

Die in den Kapiteln 2 bis 4 hergeleiteten Strom-Spannungs-Beziehungen für die Grundschaltungselemente R, C und L gelten für beliebige Zeitfunktionen. In Tafel **9.**7 sind diese Gleichungen zusammengestellt; man erkennt deutlich, daß die in Tafel **6.**15 aufgeführten dualen Entsprechungen zwischen Spannung und Strom, Induktivität und Kapazität sowie zwischen Widerstand und Leitwert auch für beliebige zeitliche Verläufe von Strom i und Spannung u gültig sind. Die Anwendung der in Kapitel 5 eingeführten komplexen Wechselstromrechnung ist jedoch für nichtsinusförmige Wechselgrößen nur noch mit der Einschränkung zulässig, daß diese zuvor nach Abschn. 9.1 in ihre Harmonischen-Anteile unterschiedlicher Frequenz zerlegt und diese Anteile gesondert behandelt werden. Für die jeweilige Ausgangsgröße (Spannung oder Strom) erhält man dann i. allg. einen Kurvenverlauf, dessen Form von dem der Eingangsgröße (Strom oder Spannung) abweicht, weil die Harmonischen-Anteile in der Ausgangsgröße mit anderer Gewichtung oder Phasenlage enthalten sind als in der Eingangsgröße.

Tafel **9.**7 Beziehungen zwischen Strom und Spannung an den passiven Grundelementen linearer Wechselstromnetzwerke

Widerstand	*Kapazität*	*Induktivität*
i, R, u	i, C, u	i, L, u
$u = R\,i$ (9.33)	$u = \frac{1}{C}\int i\,\mathrm{d}t$ (9.35)	$u = L\,\frac{\mathrm{d}i}{\mathrm{d}t}$ (9.37)
$i = \frac{1}{R}\,u$ (9.34)	$i = C\,\frac{\mathrm{d}u}{\mathrm{d}t}$ (9.36)	$i = \frac{1}{L}\int u\,\mathrm{d}t$ (9.38)

9.1.4.1 Lineare Verzerrungen. Man bezeichnet die in Tafel **9.**7 zusammengestellten Elemente als lineare Bauelemente, sofern sie jeweils durch einen konstanten Wert R bzw. C bzw. L beschrieben werden können, der sich insbesondere nicht in Abhängigkeit von den Größen u und i ändert, vgl. Abschn. 2.1.2.5. Wenn in linearen Netzwerken – das sind Netzwerke, die nur lineare Bauelemente enthalten – bei Ein- und Ausgangsgrößen unterschiedliche Kurvenformen auftreten, bezeichnet man dies als lineare Verzerrung. Die Ausgangsgröße enthält dann nur Harmonischen-Anteile, die schon in der Eingangsgröße enthalten sind; und die Kurvenform der Ausgangsgröße ändert sich nicht, wenn man die Eingangsgröße bei gleichbleibender Kurvenform vergrößert oder vermindert; vielmehr führt eine Änderung der Eingangsgröße um einen konstanten positiven oder negativen Faktor zu einer Änderung der Ausgangsgröße um denselben Faktor.

Betrachtet man als Eingangsgröße den Strom i durch eine Induktivität L oder die Spannung u an einer Kapazität C, so erhält man nach Tafel **9.**7 die jeweilige Ausgangsgröße u bzw. i durch Differentiation. Wenn die Eingangsgröße in Form einer Fourier-Reihe nach Gl. (9.1) dargestellt wird, so ergibt sich für die ν-te Teilschwingung nach Gl. (9.2)

$$\frac{\mathrm{d}}{\mathrm{d}t} A_\nu \sin(\nu\omega t + \varphi_\nu) = \nu\omega A_\nu \cos(\nu\omega t + \varphi_\nu)\,, \tag{9.39}$$

also eine Multiplikation der Teilschwingungsamplitude A_ν mit dem Faktor $\nu\omega$; d.h. die höherfrequenten Anteile sind in der Ausgangsgröße relativ stärker vertreten als in der Eingangsgröße. Betrachtet man hingegen die Spannung u an einer Induktivität L oder den Strom i durch eine Kapazität C als Eingangsgröße, so erhält man nach Tafel **9.**7 die jeweilige Ausgangsgröße i bzw. u durch Integration. In der Fourier-Reihe ergibt sich für die ν-te Teilschwingung

$$\int A_\nu \sin(\nu\omega t + \varphi_\nu)\,\mathrm{d}t = \frac{A_\nu}{\nu\omega}\,[-\cos(\nu\omega t + \varphi_\nu)]\,, \tag{9.40}$$

also eine Division der Teilschwingungsamplitude A_ν durch $\nu\omega$; d.h. die höherfrequenten Anteile sind in der Ausgangsgröße relativ schwächer vertreten als in der Eingangsgröße. Als Beispiel sei die dreieckförmige Wechselspannung u betrachtet, die nach Bild **9.**8b an der Kapazität C den rechteckförmigen Strom $i = C\,\mathrm{d}u/\mathrm{d}t$ mit beträchtlichen Oberschwingungsanteilen verursacht (s. Bild **9.**5). Hingegen führt dieselbe Spannung u an der Induktivität L in Bild **9.**8c zu dem Strom $i = (1/L)\int u\,\mathrm{d}t$, dessen Halbschwingungen Parabelbögen sind (s. Beispiel 9.4c) und den hohen Anteil erkennen lassen, den die Grundschwingung $-\cos(\omega t)$ am Gesamtverlauf hat.

9.1.4.2 Differentiation und Integration nichtsinusförmiger Wechselgrößen. Die in Tafel **9.**7 zusammengestellten Gleichungen gelten für beliebige Zeitfunktionen und können auf nichtsinusförmige Wechselgrößen auch ohne vorherige Fourier-Zerlegung angewendet werden, wie am folgenden Beispiel gezeigt wird.

□ **Beispiel 9.4**

Gesucht sind der Strom i und die Augenblicksleistung p, die auftreten, wenn eine dreieckförmige Wechselspannung u nach Bild **9.**8 a) an einen Widerstand R, b) an eine Kapazität C und c) an eine Induktivität L angelegt wird.

Da sich die Vorgänge nach Ablauf einer Periodendauer T wiederholen, genügt es, den Zeitraum $-0{,}25\,T < t < 0{,}75\,T$ zu betrachten. Im Zeitintervall $-0{,}25\,T < t < 0{,}25\,T$ folgt die

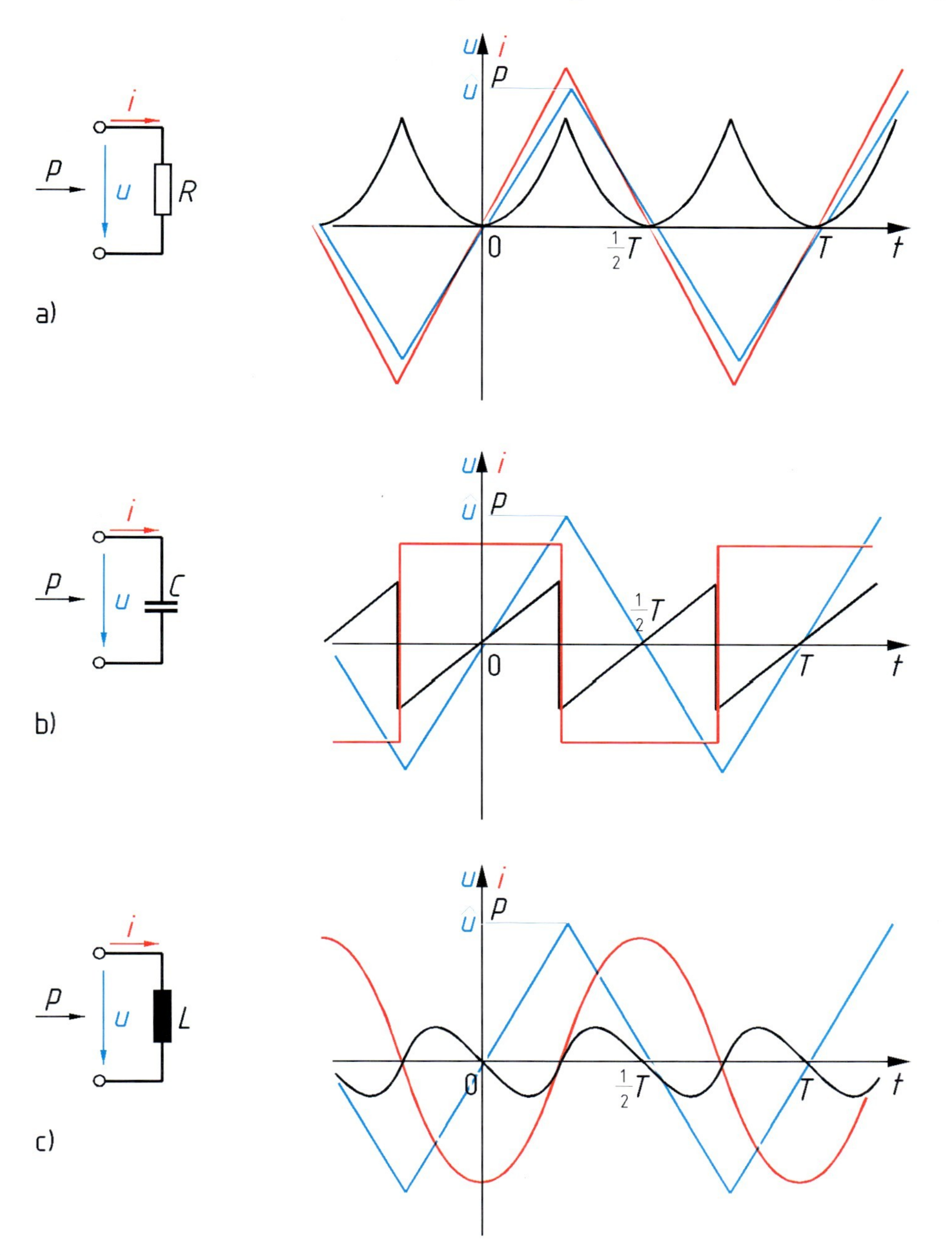

9.8 Strom *i* und Augenblicksleistung *p* an den passiven Grundzweipolen bei dreieckförmiger Wechselspannung

Spannung der Funktion

$$u = 4\hat{u}\,\frac{t}{T};$$

für das Zeitintervall $0{,}25\,T < t < 0{,}75\,T$ gilt entsprechend

$$u = -4\hat{u}\left(\frac{t}{T} - \frac{1}{2}\right).$$

a) An einem ohmschen Widerstand R ist nach Gl. (9.34) der Strom i der Spannung u proportional. Man erhält für $-0{,}25\,T < t < 0{,}25\,T$

$$i = \frac{u}{R} = \frac{4\hat{u}}{R} \cdot \frac{t}{T}$$

und für $0{,}25\,T < t < 0{,}75\,T$

$$i = \frac{u}{R} = -\frac{4\hat{u}}{R}\left(\frac{t}{T} - \frac{1}{2}\right),$$

also den in Bild **9.**8a gezeigten Verlauf. Für die Augenblicksleistung p folgt mit Gl. (5.19) für $-0{,}25\,T < t < 0{,}25\,T$

$$p = u\,i = \frac{16\hat{u}^2}{R} \cdot \frac{t^2}{T^2}$$

und für $0{,}25\,T < t < 0{,}75\,T$

$$p = u\,i = \frac{16\hat{u}^2}{R}\left(\frac{t}{T} - \frac{1}{2}\right)^2.$$

Beide Funktionen beschreiben Parabelbögen, wie in Bild **9.**8a dargestellt. Für $t = 0{,}25\,T$ liefern sie denselben Wert $p = \hat{u}^2/R$. Die Augenblicksleistung p wird zu keinem Zeitpunkt negativ, weil elektrische Energie einem Widerstand nur zugeführt, nicht aber wieder zurückgewonnen werden kann.

b) An einer Kapazität C ergibt sich der Strom i nach Gl. (9.36) für $-0{,}25\,T < t < 0{,}25\,T$

$$i = C\,\frac{\mathrm{d}u}{\mathrm{d}t} = \frac{4C\hat{u}}{T}$$

und für $0{,}25\,T < t < 0{,}75\,T$

$$i = C\,\frac{\mathrm{d}u}{\mathrm{d}t} = -\frac{4C\hat{u}}{T}.$$

Man erhält also den in Bild **9.**8b gezeigten rechteckförmigen Stromverlauf. Für die Augenblicksleistung p folgt mit Gl. (5.19) für $-0{,}25\,T < t < 0{,}25\,T$

$$p = u\,i = \frac{16C\hat{u}^2}{T} \cdot \frac{t}{T}$$

und für $0{,}25\,T < t < 0{,}75\,T$

$$p = u\,i = \frac{16\,C\hat{u}^2}{T}\left(\frac{t}{T} - \frac{1}{2}\right).$$

Für $t = 0{,}25\,T$ liefert die eine Funktion den Wert $+4\,C\hat{u}^2/T$ und die andere $-4\,C\hat{u}^2/T$. Dieser abrupte Vorzeichenwechsel rührt daher, daß auch der Strom i zu diesem Zeitpunkt sein Vorzeichen ändert. Zwischen den Vorzeichenwechseln verläuft die Augenblicksleistung linear, hat also den in Bild **9.**8b dargestellten sägezahnförmigen Verlauf. Viertelperioden positiver Augenblicksleistung wechseln mit solchen negativer Augenblicksleistung in der Weise ab, daß die der Kapazität während einer Viertelperiode zugeführte Energie während der nächsten Viertelperiode wieder vollständig zurückgewonnen wird.

c) An einer Induktivität L ergibt sich der Strom i nach Gl. (9.38) für $-0{,}25\,T < t < 0{,}25\,T$

$$i = \frac{1}{L}\int 4\hat{u}\,\frac{t}{T}\,\mathrm{d}t = \frac{2\hat{u}\,T}{L}\left(\frac{t^2}{T^2} + k_1\right)$$

und für $0{,}25\,T < t < 0{,}75\,T$

$$i = \frac{1}{L}\int(-4\hat{u})\left(\frac{t}{T} - \frac{1}{2}\right)\mathrm{d}t = -\frac{2\hat{u}\,T}{L}\left(\frac{t^2}{T^2} - \frac{t}{T} + k_2\right).$$

Für $t = 0{,}25\,T$ müssen beide Funktionen denselben Wert liefern; denn ein abrupter Stromsprung würde nach Gl. (9.37) eine unendlich hohe Spannung erfordern. Wegen der Symmetrie der Funktion muß dieser Wert $i(t = 0{,}25\,T) = 0$ sein. Hieraus folgen die beiden Integrationskonstanten $k_1 = -1/16$ und $k_2 = 3/16$. Damit erhält man den Strom für $-0{,}25\,T < t < 0{,}25\,T$

$$i = \frac{2\hat{u}\,T}{L}\left(\frac{t^2}{T^2} - \frac{1}{16}\right)$$

und für $0{,}25\,T < t < 0{,}75\,T$

$$i = -\frac{2\hat{u}\,T}{L}\left[\left(\frac{t}{T} - \frac{1}{2}\right)^2 - \frac{1}{16}\right].$$

Der Stromverlauf läßt sich also, wie in Bild **9.**8c gezeigt, durch aneinandergesetzte Parabelbögen darstellen. Für die Augenblicksleistung p folgt mit Gl. (5.19) für $-0{,}25\,T < t < 0{,}25\,T$

$$p = u\,i = \frac{8\hat{u}^2 T}{L}\left(\frac{t^3}{T^3} - \frac{1}{16}\,\frac{t}{T}\right)$$

und für $0{,}25\,T < t < 0{,}75\,T$

$$p = u\,i = \frac{8\hat{u}^2 T}{L}\left[\left(\frac{t}{T} - \frac{1}{2}\right)^3 - \frac{1}{16}\left(\frac{t}{T} - \frac{1}{2}\right)\right];$$

ihr Verlauf ist in Bild **9.**8c dargestellt. Auch hier wechseln Viertelperioden positiver Augenblicksleistung mit solchen negativer Augenblicksleistung in der Weise ab, daß die der Induktivität während einer Viertelperiode zugeführte Energie während der nächsten Viertelperiode wieder vollständig zurückgewonnen wird. □

□ **Beispiel 9.5**

Mit Hilfe der Ergebnisse aus Beispiel 9.2 und Beispiel 9.4b sollen die Fourier-Koeffizienten der dreieckförmigen Wechselspannung nach Bild **9.**8 ermittelt werden.

Beispiel 9.4b und Bild **9.**8b zeigen, daß die dreieckförmige Wechselspannung mit dem Scheitelwert $\hat{u}$ an der Kapazität C einen rechteckförmigen Strom mit dem Scheitelwert $\hat{i}=4C\hat{u}/T$ hervorruft. Die Fourier-Koeffizienten dieses Stromes sind nach Beispiel 9.2

$$a_\nu = \frac{4\hat{i}}{\nu\pi}\sin\frac{\nu\pi}{2} = \frac{16C\hat{u}}{\nu\pi T}\sin\frac{\nu\pi}{2}.$$

Wegen $a_0=0$ und $b_\nu=0$ läßt sich der Strom mit Gl. (9.22) als

$$i = \sum_{\nu=1}^{\infty}\frac{16C\hat{u}}{\nu\pi T}\sin\frac{\nu\pi}{2}\cdot\cos(\nu\omega t)$$

darstellen. Mit Gl. (9.35) erhält man hieraus die dreieckförmige Spannung

$$u = \frac{1}{C}\int i\,\mathrm{d}t = \frac{1}{C}\sum_{\nu=1}^{\infty}\frac{16C\hat{u}}{\nu\pi T}\sin\frac{\nu\pi}{2}\int\cos(\nu\omega t)\,\mathrm{d}t$$

und nach Lösung des Integrals sowie unter Berücksichtigung von Gl. (5.28)

$$u = \sum_{\nu=1}^{\infty}\frac{16\hat{u}}{\nu\pi T}\cdot\frac{1}{\nu\omega}\sin\frac{\nu\pi}{2}\sin(\nu\omega t) = \sum_{\nu=1}^{\infty}\frac{8\hat{u}}{\nu^2\pi^2}\sin\frac{\nu\pi}{2}\sin(\nu\omega t).$$

Der Vergleich mit Gl. (9.22) ergibt für die Fourier-Koeffizienten der Dreieckspannung

$$a_0 = 0,\quad a_\nu = 0,\quad b_\nu = \frac{8\hat{u}}{\nu^2\pi^2}\sin\frac{\nu\pi}{2}.$$ □

9.2 Nichtlineare Wechselstromkreise

Hierunter versteht man Schaltungen, die Bauelemente mit nichtlinearen Zusammenhängen zwischen Strom und Spannung enthalten (sog. nichtlineare Bauelemente), wie z.B. Gleichrichter, spannungsabhängige Widerstände oder stromabhängige Induktivitäten. Wenn derartige Schaltungen mit Sinusgrößen angesteuert werden, erregen diese auch Oberschwingungen, die im Steuersignal nicht vorhanden sind. Hier sollen einige wichtige Konsequenzen dieser Erscheinungen betrachtet werden.

9.2.1 Nichtlineare Verzerrungen

Die Kennlinie eines nichtlinearen Widerstandes, wie sie z.B. in Bild **9.**9a dargestellt ist, kann nach dem in Abschn. 9.1.1.2 vorgestellten Verfahren durch ein

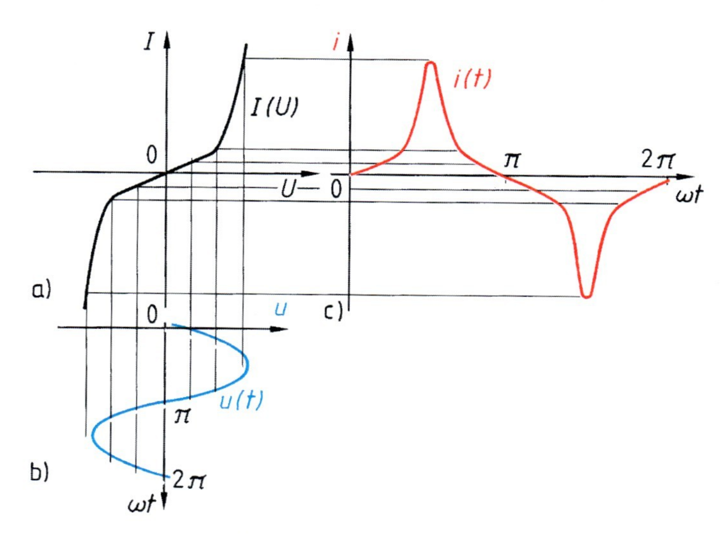

9.9 Nichtlinearer Widerstand an Sinusspannung mit Kennlinie (a), Spannungsverlauf (b) und Stromverlauf (c)

Polynom

$$I = \sum_{\nu=1}^{\infty} a_\nu U^\nu \tag{9.41}$$

approximiert werden. Wegen des nichtlinearen Zusammenhangs kann eine Änderung der Spannung U nicht zu einer proportionalen Änderung des Stromes I führen. Die sich ergebenden Verzerrungen sind daher nichtlinear. Wenn der Widerstand an die Sinusspannung $u = \hat{u}\,\sin(\omega t)$ angeschlossen wird, so verursachen die einzelnen Spannungs-Zeitwerte entsprechend Gl. (9.41) Strom-Zeitwerte, die in Bild **9.**9c punktweise ermittelt sind und zu einem verzerrten Stromverlauf führen. Wenn man das Polynom in Gl. (9.41) auf die drei Glieder

$$i = a_1 u + a_2 u^2 + a_3 u^3 \tag{9.42}$$

beschränkt, erhält man bei sinusförmiger Aussteuerung den Strom

$$i = a_1 \hat{u} \sin(\omega t) + a_2 \hat{u}^2 \sin^2(\omega t) + a_3 \hat{u}^3 \sin^3(\omega t)$$

bzw. wegen $\sin^2 x = \frac{1}{2}[1 - \cos(2x)]$ und $\sin^3 x = \frac{1}{4}[3\,\sin x - \sin(3x)]$ nach [7]

$$i = \frac{a_2}{2}\,\hat{u}^2 + (a_1 + \tfrac{3}{4} a_3 \hat{u}^2)\,\hat{u}\,\sin(\omega t) - \frac{a_2}{2}\,\hat{u}^2 \cos(2\,\omega t) - \frac{a_3}{4}\,\hat{u}^3 \sin(3\,\omega t)\,.$$

Außer der Grundschwingung mit der Kreisfrequenz ω treten in diesem Fall noch ein Gleichanteil sowie eine zweite und dritte Oberschwingung auf.

Solche Erscheinungen zeigen z. B. Halbleiterbauelemente (s. Kapitel 11), da ihre Kennlinien nichtlinear sind. Zur rechnerischen Behandlung empfiehlt sich eine Annäherung dieser Funktionen durch Polynome wie in Gl. (9.41).

□ **Beispiel 9.6**

Ein spannungsabhängiger Widerstand (sog. Varistor z. B. aus polykristallinem SiC) hat die Strom-Spannungs-Kennlinie $I = c\,U^3$. Für den Anschluß an eine Sinusspannung $u = \hat{u}\sin(\omega t)$ sind der Stromverlauf und der Klirrfaktor k_i zu berechnen.

Wegen $\sin^3 x = \frac{1}{4}[3\sin x - \sin(3x)]$ ergibt sich der verzerrte Strom

$$i = c\,u^3 = c\,\hat{u}^3 \sin^3(\omega t) = \tfrac{3}{4} c\,\hat{u}^3 \sin(\omega t) - \tfrac{1}{4} c\,\hat{u}^3 \sin(3\,\omega t).$$

Zusätzlich zur Grundschwingung ist also die dritte Oberschwingung entstanden. Nach Gl. (9.32) und Gl. (9.28) ist der Klirrfaktor des Stromes

$$k_\mathrm{i} = \frac{I_3}{I} = \frac{I_3}{\sqrt{I_1^2 + I_3^2}} = \frac{\hat{i}_3}{\sqrt{\hat{i}_1^2 + \hat{i}_3^2}} = \frac{1}{\sqrt{3^2 + 1^2}} = 0{,}3162.$$ □

9.2.2 Gleichrichterschaltungen

Ein elektrisches Ventil, das im einfachsten Fall eine Diode ist, läßt den elektrischen Strom im wesentlichen nur in einer Richtung passieren (s. Abschn. 11.1.2). Es wird insbesondere zur Umformung von Wechselstrom in Gleichstrom verwendet.

Für die Gleichrichtung werden verschiedene Schaltungen eingesetzt, die mit steigendem Aufwand an Bauelementen (z. B. Anzahl der Ventile, Transformator, Glättungsmittel) auch steigenden Ansprüchen genügen. Mit Tafel **9.**10 werden die vier wichtigsten Schaltungen betrachtet. Sie werden nach der Pulszahl p unterschieden, die die Anzahl der aufeinander folgenden Kommutierungen während einer Periode T bezeichnet.

Es wird vorausgesetzt, daß ideale Übertrager und ideale Gleichrichterventile benutzt werden, die für die Durchlaßrichtung den Innenwiderstand $R_\mathrm{i} = 0$ und für die Sperrichtung entsprechend $R_\mathrm{i} = \infty$ zeigen. Die Schaltungen liegen jeweils an einer Sinusspannung $u = \hat{u}\sin(\omega t)$ mit dem Scheitelwert $\hat{u}$ und der Kreisfrequenz ω bzw. der Periodendauer $T = 1/f = 2\pi/\omega$. Die gleichgerichtete Spannung u_d verläuft dann periodisch und läßt sich nach Tafel **9.**3 durch eine Fourier-Reihe beschreiben, die in Tafel **9.**10 angegeben ist; dabei treten als Teilschwingungszahlen ν nur ganzzahlige Vielfache von p auf.

Linearer Mittelwert $\overline{u}_\mathrm{d}$ der gleichgerichteten Spannung und Gleichrichtwert $\overline{|u_\mathrm{d}|}$ sind definitionsgemäß identisch (s. Abschn. 5.1.2.2). Scheitelfaktor ξ und Formfaktor F (s. Abschn. 5.1.2.4) können aus Tafel **9.**10 entnommen werden. Zur

Tafel **9.**10 Gleichrichterschaltungen mit Spannungsverlauf und Kennwerten

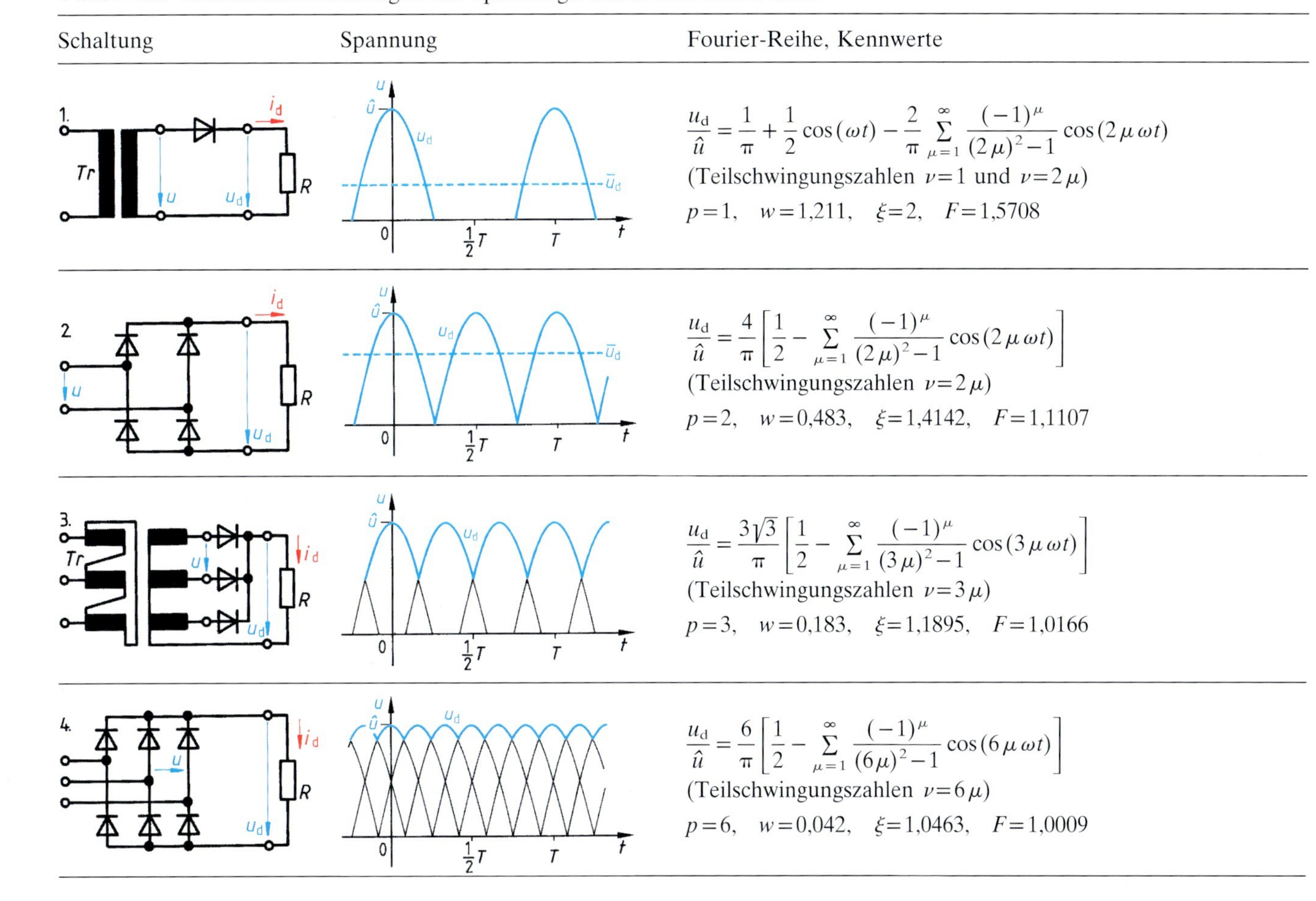

Schaltung	Spannung	Fourier-Reihe, Kennwerte
1.		$\frac{u_d}{\hat{u}} = \frac{1}{\pi} + \frac{1}{2}\cos(\omega t) - \frac{2}{\pi}\sum_{\mu=1}^{\infty}\frac{(-1)^{\mu}}{(2\mu)^2-1}\cos(2\mu\omega t)$ (Teilschwingungszahlen $\nu=1$ und $\nu=2\mu$) $p=1$, $w=1{,}211$, $\xi=2$, $F=1{,}5708$
2		$\frac{u_d}{\hat{u}} = \frac{4}{\pi}\left[\frac{1}{2} - \sum_{\mu=1}^{\infty}\frac{(-1)^{\mu}}{(2\mu)^2-1}\cos(2\mu\omega t)\right]$ (Teilschwingungszahlen $\nu=2\mu$) $p=2$, $w=0{,}483$, $\xi=1{,}4142$, $F=1{,}1107$
3.		$\frac{u_d}{\hat{u}} = \frac{3\sqrt{3}}{\pi}\left[\frac{1}{2} - \sum_{\mu=1}^{\infty}\frac{(-1)^{\mu}}{(3\mu)^2-1}\cos(3\mu\omega t)\right]$ (Teilschwingungszahlen $\nu=3\mu$) $p=3$, $w=0{,}183$, $\xi=1{,}1895$, $F=1{,}0166$
4.		$\frac{u_d}{\hat{u}} = \frac{6}{\pi}\left[\frac{1}{2} - \sum_{\mu=1}^{\infty}\frac{(-1)^{\mu}}{(6\mu)^2-1}\cos(6\mu\omega t)\right]$ (Teilschwingungszahlen $\nu=6\mu$) $p=6$, $w=0{,}042$, $\xi=1{,}0463$, $F=1{,}0009$

Kennzeichnung der Qualität einer Gleichrichtung wird das Verhältnis von Wechselspannungsanteil $U_{\sim}$ zu linearem Mittelwert $\overline{u}_{\mathrm{d}}$ benutzt, das man als Welligkeit

$$w = \frac{U_{\sim}}{\overline{u}_{\mathrm{d}}} = \frac{1}{\overline{u}_{\mathrm{d}}} \sqrt{U_{\mathrm{d}}^2 - \overline{u}_{\mathrm{d}}^2} = \sqrt{F^2 - 1} \tag{9.43}$$

bezeichnet. Die in Tafel **9.**10 angegebenen Gleichungen gelten auch für den Strom i_{d}, wenn reine Wirkwiderstände R als Belastung vorausgesetzt werden.

Die 1. Schaltung in Tafel **9.**10 wird als Einweggleichrichterschaltung bezeichnet. Wenn der Gleichstrom vom Wechselstromnetz ferngehalten werden soll, muß als Eingang ein Transformator Tr vorgesehen werden. (Er muß auch für diesen sekundären Gleichrichterstrom erwärmungsmäßig bemessen sein.) Die 2. Schaltung gibt eine Einphasen-Brückenschaltung wieder, die eine Zweiweggleichrichtung ermöglicht. Die 3. Schaltung in Tafel **9.**10 ist eine Dreiphasen-Mittelpunktschaltung. Der Sternpunkt des sekundär im Stern geschalteten Eingangstransformators Tr ist mit dem Verbraucher R verbunden. Primär muß der Dreiphasentransformator im Dreieck geschaltet sein, um den unsymmetrischen Belastungen durch die Gleichrichter gewachsen zu sein. Von den parallel liegenden Gleichrichterventilen führt nur jeweils dasjenige mit der größten Spannung auch den Strom. Das Übergehen des Stromes von einem zum anderen Ventil nennt man Kommutierung. Auf diese Weise entsteht hier eine dreipulsige Gleichrichtung. Die 4. Schaltung in Tafel **9.**10 ist eine sechspulsige Dreiphasen-Brückenschaltung.

Man erkennt aus den Werten von Tafel **9.**10, daß mit steigender Pulszahl p die Welligkeit w geringer wird und sowohl der Formfaktor F als auch der Scheitelfaktor ξ sich dem Wert 1 nähern. Bevorzugt werden daher Brückenschaltungen und nur in Ausnahmefällen die Einweggleichrichtung eingesetzt.

□ **Beispiel 9.7**

Eine Einphasen-Brückenschaltung mit den Kennwerten von Tafel **9.**10 liegt bei der Frequenz $f = 50\,\mathrm{Hz}$ an einer Sinusspannung mit dem Effektivwert $U = 220\,\mathrm{V}$. Durch eine vor den Verbraucherwiderstand $R = 100\,\Omega$ geschaltete Induktivität L soll die 2. Harmonische des Stromes auf $I_2 = 0{,}1\,\overline{i}_{\mathrm{d}}$ begrenzt werden. Für welche Kennwerte muß diese Glättungsdrossel bemessen sein?

Bei Vernachlässigung aller Spannungsabfälle in den Gleichrichterventilen ist nach Tafel **9.**10 der lineare Mittelwert der Spannung

$$\overline{u}_{\mathrm{d}} = \frac{2\hat{u}}{\pi} = \frac{2\sqrt{2}\,U}{\pi} = \frac{2\sqrt{2}\cdot 220\,\mathrm{V}}{\pi} = 198{,}1\,\mathrm{V}$$

wirksam, und es tritt der lineare Mittelwert des Stromes

$$\overline{i}_{\mathrm{d}} = \frac{\overline{u}_{\mathrm{d}}}{R} = \frac{198{,}1\,\mathrm{V}}{100\,\Omega} = 1{,}981\,\mathrm{A}$$

auf. Die 2. Harmonische der gleichgerichteten Spannung hat nach Tafel **9.**10 mit $\nu=2$, also $\mu=1$ den Scheitelwert

$$\hat{u}_2=\frac{4\hat{u}}{\pi(4\mu^2-1)}=\frac{4\hat{u}}{3\pi}=\frac{4\sqrt{2}\,U}{3\pi}=\frac{4\sqrt{2}\cdot 220\,\text{V}}{3\pi}=132\,\text{V}\,.$$

Ohne Glättungsdrossel würde diese Spannung den Strom

$$I_2'=\frac{U_2}{R}=\frac{\hat{u}_2}{\sqrt{2}\,R}=\frac{132\,\text{V}}{\sqrt{2}\cdot 100\,\Omega}=0{,}9337\,\text{A}$$

bewirken. Es soll aber nur der Strom

$$I_2=\frac{U_2}{\sqrt{R^2+(2\,\omega L)^2}}=\frac{\hat{u}_2}{\sqrt{2}\cdot\sqrt{R^2+(2\,\omega L)^2}}=0{,}1\,\bar{i}_\text{d}=0{,}1\cdot 1{,}981\,\text{A}=0{,}1981\,\text{A}$$

fließen. Daher muß nach Umstellung dieser Gleichung die Induktivität

$$L=\frac{1}{4\pi f}\sqrt{\frac{1}{2}\left(\frac{\hat{u}_2}{I_2}\right)^2-R^2}=\frac{1}{4\pi\cdot 50\,\text{s}^{-1}}\sqrt{\frac{1}{2}\left(\frac{132\,\text{V}}{0{,}1981\,\text{A}}\right)^2-100^2\,\Omega^2}=0{,}7332\,\text{H}$$

in der Glättungsdrossel verwirklicht und diese für den Strom

$$I\approx\sqrt{\bar{i}_\text{d}^{\,2}+I_2^2}=\sqrt{1{,}981^2+0{,}1981^2}\,\text{A}\approx 2{,}0\,\text{A}$$

ausgelegt werden. □

9.2.3 Eisendrossel

Eine Spule mit Eisenkern (auch als Eisendrossel bezeichnet) nimmt an einer Sinusspannung einen verzerrten Magnetisierungsstrom auf, da die nichtlineare Magnetisierungskennlinie $B(H)$ (Hystereseschleife) eine entsprechend nichtlineare Kennlinie $i(u)$ verursacht. In Bild **9.**11a ist die (mit Wechselstromerregung aufgenommene) Hystereseschleife einer Drossel dargestellt (Kupferverluste in der Spule vernachlässigt). Trägt man an einer Spule die u- und i-Zählpfeile im Verbraucherzählpfeilsystem an, ergibt sich nach Bild **4.**54 eine linkswendige Zuordnung der Zählpfeile für die Spannung u und den magnetischen Fluß Φ, und es gilt im Gegensatz zu Gl. (4.94) das Induktionsgesetz mit positivem Vorzeichen. Damit ergeben sich für eine angelegte Sinusspannung

$$u=\hat{u}\sin(\omega t)=+N\frac{\mathrm{d}\Phi}{\mathrm{d}t}$$

der Fluß $\Phi(t)$ und die Flußdichte

$$B(t)\sim\Phi(t)=\frac{1}{N}\int\hat{u}\sin(\omega t)\,\mathrm{d}t=\frac{\hat{u}}{\omega N}\left[-\cos(\omega t)\right],$$

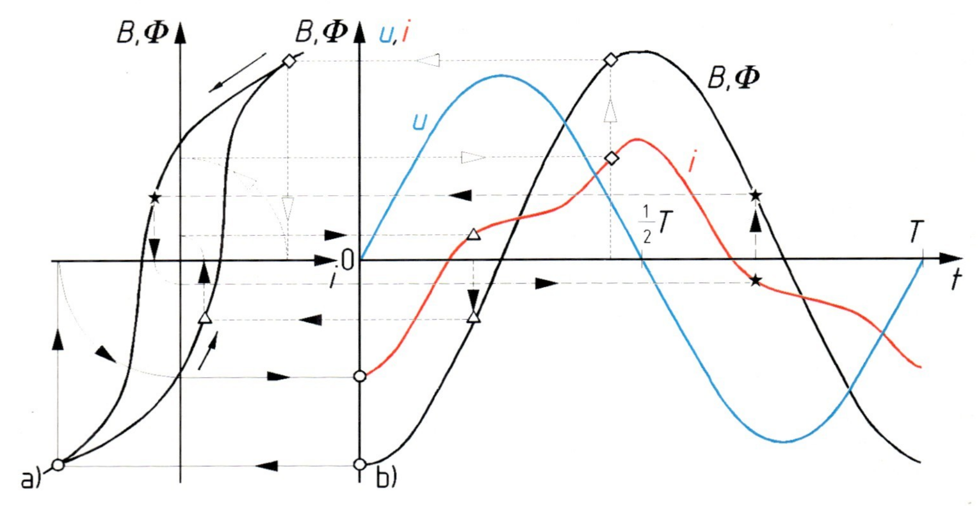

9.11 Hystereseschleife (a) einer Drossel mit Eisenkern und großen Eisenverlusten sowie Zeitdiagramm (b) von Spannung u, Induktion $B(t)$ und Strom i

die den in Bild **9.**11b gezeigten, gegenüber der Spannung u um $T/4$ nacheilenden sinusförmigen Verlauf haben. Wenn man den zu einer bestimmten Zeit t gehörenden Wert der magnetischen Flußdichte B aufsucht, kann man in Bild **9.**11a den erforderlichen Strom i finden. Man klappt diesen Wert in die Ordinatenachse und überträgt ihn auf das Zeitdiagramm in Bild **9.**11b. Auf diese Weise kann man den zugehörigen Stromverlauf $i\ (t)$ punktweise ermitteln.

Die Fläche der Hystereseschleife stellt nach Abschn. 4.3.2.1 ein Maß für die Ummagnetisierungsverluste P_{Fe} dar. Diese führen in Bild **9.**11b zu einer verzerrten, unsymmetrischen Stromkurve $i(t)$, die hinsichtlich ihrer Nulldurchgänge gegenüber $u(t)$ um weniger als $T/4$ nacheilt. Sie ist im Sinne der Tafel **9.**4 alternierend und enthält daher nur ungeradzahlige Harmonische.

9.2.4 Leistungen

9.2.4.1 Nichtsinusförmige Spannungen und Ströme. Haben Wechselspannung u und Wechselstrom i an den Klemmen eines Zweipols nichtsinusförmige Verläufe, lassen sich diese mit Gl. (9.22) und Gl. (9.2) als

$$u(t) = \sum_{\mu=1}^{\infty} \hat{u}_{\mu} \sin(\mu\,\omega t + \varphi_{u\mu}), \tag{9.44}$$

$$i(t) = \sum_{\nu=1}^{\infty} \hat{i}_{\nu} \sin(\nu\omega t + \varphi_{i\nu}) \tag{9.45}$$

darstellen. Mit Gl. (5.20) erhält man für die vom Zweipol aufgenommene Wirkleistung

$$P = \frac{1}{T} \int_{t_0}^{t_0+T} u(t) \cdot i(t) \, \mathrm{d}t \tag{9.46}$$

eine Summe von Integralausdrücken des Typs

$$\frac{\hat{u}_\mu \hat{i}_\nu}{T} \int_{t_0}^{t_0+T} \sin(\mu \omega t + \varphi_{\mathrm{u}\mu}) \sin(\nu \omega t + \varphi_{\mathrm{i}\nu}) \, \mathrm{d}t \, .$$

Unter Verwendung von Gl. (9.17) läßt sich zeigen, daß nur die Terme mit $\mu = \nu$ von null verschiedene Werte haben. Sie bezeichnen jeweils die mit der ν-ten Teilschwingung verbundene Wirkleistung

$$P_\nu = \tfrac{1}{2} \hat{u}_\nu \hat{i}_\nu \cos(\varphi_{\mathrm{u}\nu} - \varphi_{\mathrm{i}\nu}) = U_\nu I_\nu \cos \varphi_\nu \, . \tag{9.47}$$

Damit ergibt sich die gesamte Wirkleistung

$$P = \sum_{\nu=1}^{\infty} P_\nu = \sum_{\nu=1}^{\infty} U_\nu I_\nu \cos \varphi_\nu \, . \tag{9.48}$$

Wenn Spannung und Strom Mischgrößen sind, ist zusätzlich die aus den Gleichanteilen U_- und I_- gebildete Gleichleistung $P_- = U_- I_-$ zu berücksichtigen.

9.2.4.2 Nichtlineare Zweipole an Sinusspannung. Wie Bild **9.**9 zeigt, führt ein nichtlinearer Zweipol, der an eine Sinusspannung $u = \hat{u} \sin(\omega t)$ gelegt wird, einen verzerrten, oberschwingungshaltigen Strom i. Da aber die Spannung u keine Oberschwingungen aufweist, folgt nach Gl. (9.48) für die Wirkleistung

$$P = P_1 = U I_1 \cos \varphi_1 \, . \tag{9.49}$$

Hierin sind I_1 der Effektivwert der Stromgrundschwingung und φ_1 der Phasenwinkel der Spannung gegen die Stromgrundschwingung. Die im Strom i enthaltenen Oberschwingungen liefern keinen Beitrag zur Wirkleistung.

Nach der Definition Gl. (5.21) ergibt sich mit Gl. (9.28) allgemein für die Scheinleistung

$$S = U I = U \sqrt{I_-^2 + \sum_{\nu=1}^{\infty} I_\nu^2} \tag{9.50}$$

und für den Fall $I_- = 0$, d.h. wenn der Strom i ein Wechselstrom ist,

$$S = UI = U\sqrt{\sum_{\nu=1}^{\infty} I_\nu^2}. \tag{9.51}$$

In Analogie zum linearen Sinusstromkreis definiert man nach DIN 40110 die Blindleistung mit

$$|Q| = \sqrt{S^2 - P^2}. \tag{9.52}$$

Hieraus folgt mit Gl. (9.49) und Gl. (9.51), wenn man den Summanden mit $\nu=1$ separat schreibt,

$$\begin{aligned} |Q| &= \sqrt{U^2 I_1^2 + U^2 \sum_{\nu=2}^{\infty} I_\nu^2 - U^2 I_1^2 \cos^2 \varphi_1} \\ &= \sqrt{(U I_1 \sin \varphi_1)^2 + U^2 \sum_{\nu=2}^{\infty} I_\nu^2} = \sqrt{Q_1^2 + Q_{\text{dist}}^2}. \end{aligned} \tag{9.53}$$

Die beiden hierin enthaltenen Bestandteile sind die Grundschwingungsblindleistung

$$Q_1 = U I_1 \sin \varphi_1 \tag{9.54}$$

und die Verzerrungsleistung

$$Q_{\text{dist}} = U\sqrt{\sum_{\nu=2}^{\infty} I_\nu^2}. \tag{9.55}$$

(Der Index $_{\text{dist}}$ steht nach DIN 1304 für distortio = Verzerrung.)

In Bild **9.**12a sind Spannung u und Strom i aus Bild **9.**11b übernommen und der zugehörige Leistungsverlauf $p = ui$ dargestellt. Die verzerrte Leistungskurve hat nach Gl. (9.49) den Mittelwert $P = UI_1 \cos \varphi_1$. Ein elektrodynamischer Leistungsmesser [47] mißt diesen Mittelwert P, der sich bei einer Eisendrossel aus den Eisenverlusten P_{Fe} und den Kupferverlusten P_{Cu} der Wicklung zusammensetzt; letztere sind in Bild **9.**11 allerdings vernachlässigt.

In Bild **9.**12a ist zusätzlich die Stromquadratkurve i^2 mit ihrem Mittelwert I^2 eingetragen, aus dem der Effektivwert I des Stromes folgt. Der angegebene Winkel β darf nicht als Phasenwinkel des Stromes angesehen werden, und man kann das Zeitdiagramm von Bild **9.**12a nicht sofort in ein Zeigerdiagramm überführen, da dies nach Abschn. 5.2.2 nur für Sinusgrößen zulässig ist.

Um auch für verzerrte Ströme mit einem Zeigerdiagramm arbeiten zu können, ersetzt man den Strom i durch einen sinusförmigen Ersatzstrom i' (s. Bild **9.**12b), der den gleichen Effektivwert I hat und dessen Phasenlage so gewählt

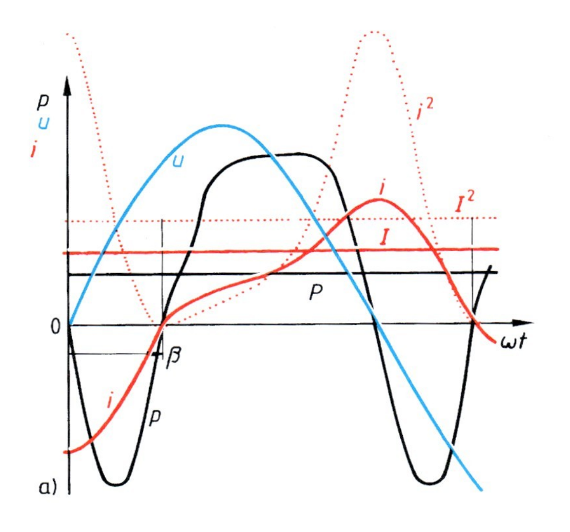

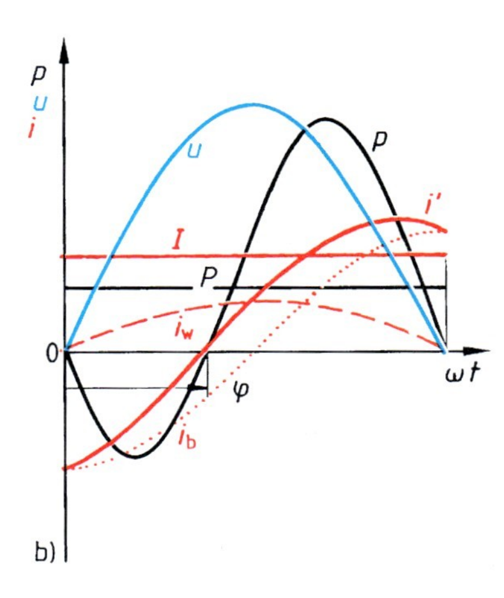

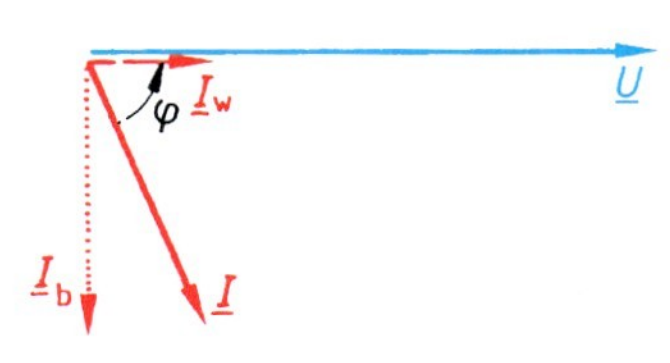

9.12 Spannungs-, Strom- und Leistungsverlauf einer Eisendrossel

a) u Sinusspannung, i verzerrter Strom mit Effektivwert I, i^2 Stromquadrat mit Mittelwert I^2;
b) i' Ersatzstrom mit gleichem Effektivwert I, i_w Wirkstrom, i_b Blindstrom, φ fiktiver Phasenwinkel, $p = u\,i'$ Augenblicksleistung, P Wirkleistung zur Deckung der Eisenverluste;
c) Effektivwertzeigerdiagramm

wird, daß sich dieselbe Wirkleistung P und damit derselbe Leistungsfaktor

$$\lambda = \cos\varphi = \frac{P}{UI}$$

einstellt. Der so bestimmte fiktive Phasenwinkel φ stimmt nicht mit dem Phasenwinkel φ_1 der Grundschwingung überein.

Zeigerdiagramme für Drosseln, Transformatoren, elektrische Maschinen u.ä. mit Eisenkernen, die verzerrte Ströme verursachen, gelten für solche Ersatzgrößen. Die Wirkkomponente I_W wird dann als Eisenverluststrom I_{Fe} und die Blindkomponente I_b als **Magnetisierungsstrom** I_μ bezeichnet. Der hier behandelte Fall sinusförmiger Spannung an einer Eisendrossel kann in der Praxis häufig als brauchbare Näherung verwendet werden. Es ist aber auch möglich, daß einer solchen Eisendrossel ein näherungsweise sinusförmiger Strom eingeprägt wird (z.B. Stromwandler), der dann eine entspechend verzerrte, nichtsinusförmige Spannung zur Folge hat.

□ **Beispiel 9.8**

Die Schaltung in Bild **9.**13 enthält den Wirkwiderstand $R = 20\,\Omega$ und wird über einen Transformator, der beim Öffnen des Schalters S ein Übertragen des Gleichstroms auf das speisende Sinusnetz verhindern soll, an die Sinusspannung $U = 100\,\text{V}$ angeschlossen. Es sollen alle Ströme und Leistungen a) für geschlossenen und b) für geöffneten Schalter S berechnet werden.

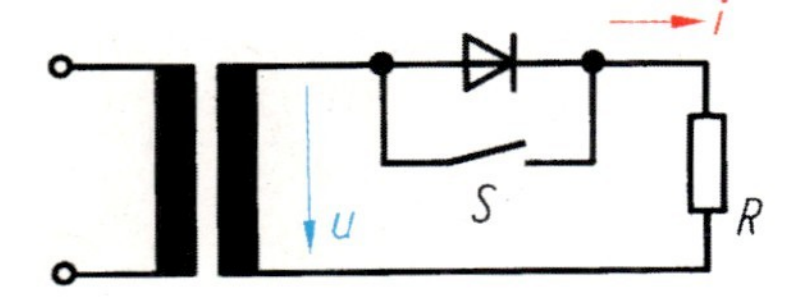

9.13 Gleichrichterschaltung zu Beispiel 9.8

a) Bei geschlossenem Schalter S ist der Gleichrichter kurzgeschlossen. Es fließt der Strom

$$I = \frac{U}{R} = \frac{100\,\text{V}}{20\,\Omega} = 5\,\text{A}$$

mit dem Scheitelwert

$$\hat{i} = \sqrt{2}\,I = \sqrt{2} \cdot 5\,\text{A} = 7{,}071\,\text{A}\,.$$

An dem Wirkwiderstand R sind Wirk- und Scheinleistung zahlenmäßig gleich, nämlich

$$P = UI = 100\,\text{V} \cdot 5\,\text{A} = 500\,\text{W}$$

und

$$S = 500\,\text{VA}\,.$$

Blind- und Verzerrungsleistung sind

$$Q = Q_{\text{dist}} = 0\,.$$

b) Nach Öffnen des Schalters S kann der Strom nur noch in der positiven Halbschwingung durch den als verlustlos angesehenen Gleichrichter fließen. Hierdurch wird die Wirkleistung auf

$$P' = \tfrac{1}{2} P = \tfrac{1}{2} \cdot 500\,\text{W} = 250\,\text{W}$$

halbiert. Der Transformator liefert weiterhin die Spannung $U = 100\,\text{V}$. Für den Strom findet man nach Gl. (5.12)

$$I' = \sqrt{\frac{1}{T} \int\limits_0^{\frac{1}{2}T} \hat{i}^2 \sin^2(\omega t)\,\mathrm{d}t} = \frac{\hat{i}}{2} = \frac{7{,}071\,\text{A}}{2} = 3{,}536\,\text{A}\,,$$

so daß in diesem Fall mit der Scheinleistung

$$S' = UI' = 100\,\text{V} \cdot 3{,}536\,\text{A} = 353{,}6\,\text{VA}$$

die Blindleistung

$$Q' = \sqrt{S'^2 - P'^2} = \sqrt{353{,}6^2 - 250^2}\,\text{var} = 250\,\text{var}$$

auftritt. Da der Verbraucher ein Wirkwiderstand ist, kann diese Blindleistung nur als Verzerrungsleistung

$$Q_{\text{dist}} = Q' = 250\,\text{var}$$

durch den Gleichrichter verursacht sein. □

9.3 Schaltvorgänge

Schaltvorgänge werden entscheidend durch die in den Stromkreisen wirksamen Speicher C für elektrische und L für magnetische Energie beeinflußt; dabei wird das Übergangsverhalten von Netzwerken durch die jeweils gültige Differentialgleichung beschrieben. Zunächst ist zu untersuchen, wie diese Differentialgleichungen aufgestellt werden können und welche Mittel zu ihrer Lösung zur Verfügung stehen. Danach werden die vorgestellten Methoden zur Berechnung von Schaltvorgängen in Gleich- und Wechselstromkreisen angewandt. Die Betrachtung beschränkt sich auf lineare Netzwerke.

9.3.1 Berechnungsverfahren

Da die Aussagen von Abschn. 9.1.4 über das Verhalten der linearen Schaltungselemente R, C und L für beliebige Zeitfunktionen von Strom und Spannung gelten, sind insbesondere die in Tafel **9.**7 aufgeführten Zusammenhänge zwischen Strom i und Spannung u auch für die Betrachtung von Schaltvorgängen gültig. Im folgenden wird gezeigt, wie man mit Hilfe dieser Zusammenhänge Differentialgleichungen aufstellen kann, die das nichtstationäre Verhalten der jeweiligen Schaltung beschreiben. Dann wird erläutert, wie man die Lösung einer linearen Differentialgleichung durch einen Exponentialansatz und Hinzufügen einer partikulären Lösung finden kann. Für die mathematisch anspruchsvollere, in der Anwendung aber meist einfachere Laplace-Transformation wird auf [6] verwiesen.

9.3.1.1 Aufstellen der Differentialgleichung. Bei einem Schaltvorgang ist davon auszugehen, daß sich an einer bestimmten Stelle eines Netzwerkes eine Spannung u oder ein Strom i zu einem bestimmten Zeitpunkt $t=0$ sprunghaft ändert; diese Größe wird als Eingangsgröße bezeichnet. Mit Hilfe einer Differentialgleichung soll beschrieben werden, welchen zeitlichen Verlauf die Ausgangsgröße $x(t)$ nimmt, die je nach Aufgabenstellung eine andere Spannung oder ein anderer Strom innerhalb des Netzwerkes sein kann.

Beim Aufstellen der Differentialgleichung bedient man sich der Kirchhoffschen Gesetze (s. Abschn. 2.2.2) sowie der in Tafel **9.**7 zusammengestellten Gleichungen für das Strom-Spannungs-Verhalten der Grundzweipole R, C und L. Durch geeignete Umformung muß erreicht werden, daß die Gleichung keine anderen Ströme und Spannungen mehr enthält als die Eingangsgröße und die Ausgangsgröße. Eventuell auftretende Integrale $\int x(t)\,\mathrm{d}t$ der Ausgangsgröße $x(t)$ werden beseitigt, indem man die Gleichung nach der Zeit t differenziert. Auf diese Weise gewinnt man eine lineare Differentialgleichung

$$\frac{\mathrm{d}^{\mathrm{n}} x}{\mathrm{d}t^{\mathrm{n}}} + a_{\mathrm{n}-1} \frac{\mathrm{d}^{\mathrm{n}-1} x}{\mathrm{d}t^{\mathrm{n}-1}} + \ldots + a_1 \frac{\mathrm{d}x}{\mathrm{d}t} + a_0 x = f(t) \tag{9.56}$$

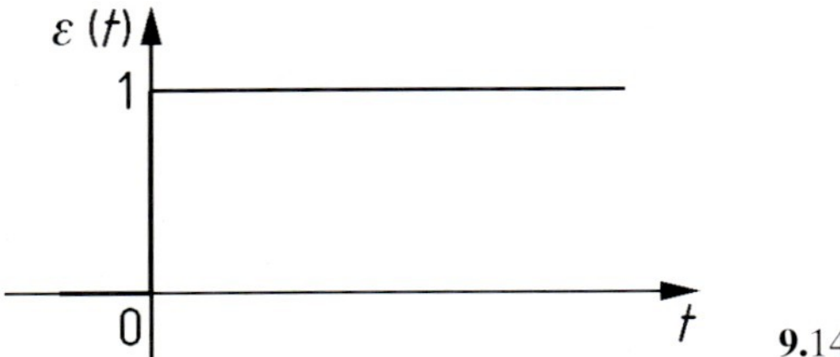

9.14 Sprungfunktion $\varepsilon(t)$

n-ter Ordnung. Hierin stellt n die Anzahl der in dem Netzwerk vorhandenen voneinander unabhängigen Speicher dar; $f(t)$ ergibt sich aus der Eingangsgröße und wird als Störfunktion bezeichnet.

Die für ein Netzwerk aufgestellte Differentialgleichung vom Typ der Gl. (9.56) gilt für jeden zeitlichen Verlauf der Eingangsgröße, z.B. auch für die in Kapitel 5 und 6 behandelten Sinusgrößen. Durch die Aufgabenstellung ist die Zeitfunktion der Eingangsgröße und damit in Gl. (9.56) die Art der Störfunktion $f(t)$ bestimmt. Bei Schaltvorgängen ist in der Eingangsgröße stets die in Bild **9.**14 dargestellte Sprungfunktion

$$\varepsilon(t) \text{ mit } \varepsilon(t<0)=0 \text{ und } \varepsilon(t>0)=1 \tag{9.57}$$

enthalten. Beispielsweise beschreibt man die in Bild **9.**15 gezeigte Eingangsfunktion $u(t)$, die beim Einschalten einer Sinusspannung entsteht, durch

$$u(t)=\varepsilon(t)\cdot\hat{u}\sin(\omega t+\varphi_{\mathrm{u}}). \tag{9.58}$$

Im folgenden soll nun zunächst an zwei Beispielen gezeigt werden, wie man die Differentialgleichung (9.56) aufstellt. Über den zeitlichen Verlauf der Eingangsgröße u bzw. u_1 wird dabei noch keine Aussage gemacht.

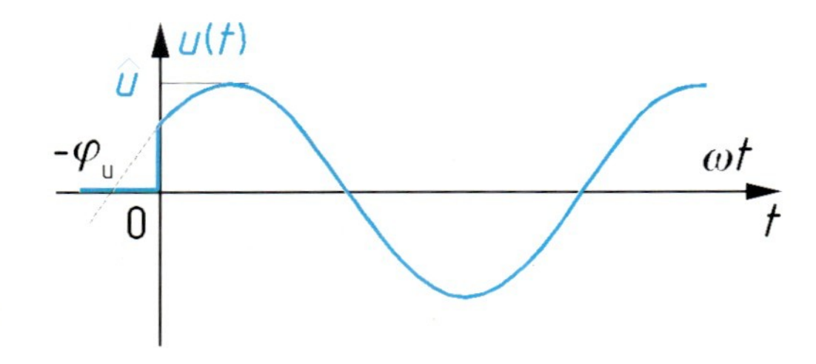

9.15 Einschalten einer Sinusspannung

□ **Beispiel 9.9**

Dem Reihenschwingkreis nach Bild **9.**16 wird die Eingangsgröße u eingeprägt. Gesucht ist die Differentialgleichung für die Ausgangsgröße i.

Die Schaltung enthält zwei voneinander unabhängige Speicher L und C. Es wird sich daher eine Differentialgleichung 2. Ordnung ergeben. Nach der Maschenregel erhält man mit

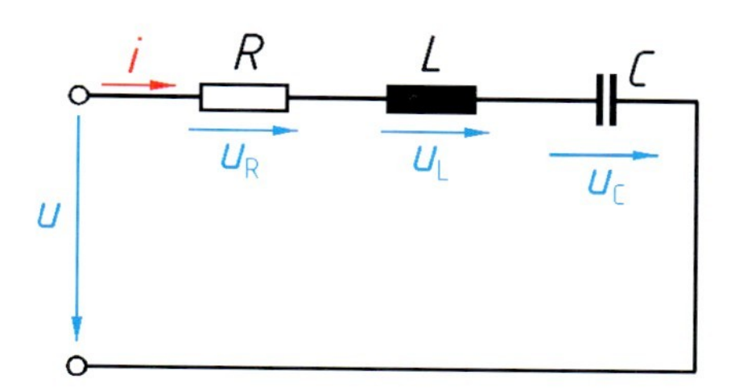

9.16 Reihenschwingkreis

den Gln. (9.33), (9.35) und (9.37) aus Tafel **9.7**

$$u = u_R + u_L + u_C = R\,i + L\,\frac{di}{dt} + \frac{1}{C}\int i\,dt$$

und nach Differentiation nach der Zeit t sowie Division durch L die gesuchte Differentialgleichung

$$\frac{d^2 i}{dt^2} + \frac{R}{L}\frac{di}{dt} + \frac{1}{LC}\,i = \frac{1}{L}\frac{du}{dt}\,.$$ □

□ **Beispiel 9.10**

Für die Schaltung nach Bild **9.17** mit der Eingangsgröße u_1 ist die Differentialgleichung für die Ausgangsgröße u_2 gesucht.

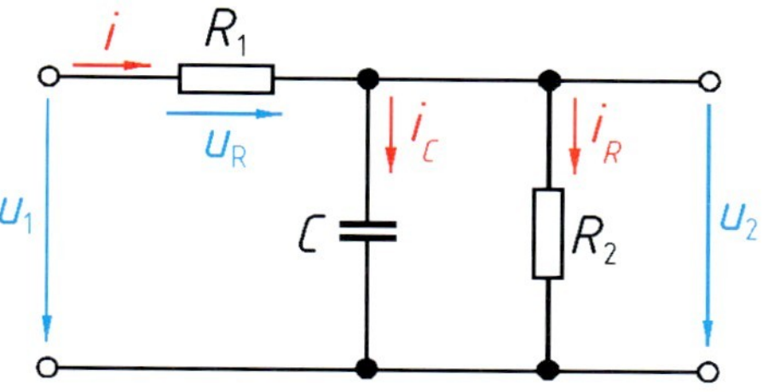

9.17 Schaltung mit einem Speicher

Nach der Maschengleichung ergibt sich die Spannungsgleichung

$$u_1 = u_R + u_2 = R_1\,i + u_2\,.$$

Die Knotenregel liefert mit Gl. (9.34) und Gl. (9.36) den Strom

$$i = i_R + i_C = \frac{1}{R_2}\,u_2 + C\,\frac{du_2}{dt}\,,$$

den man in die Spannungsgleichung einsetzt. Man erhält

$$u_1 = R_1\left(\frac{1}{R_2}\,u_2 + C\,\frac{du_2}{dt}\right) + u_2$$

und nach Division durch $R_1 C$ die gesuchte Differentialgleichung

$$\frac{du_2}{dt} + \left(\frac{1}{R_1} + \frac{1}{R_2}\right)\frac{1}{C}\,u_2 = \frac{1}{R_1 C}\,u_1\,.$$ □

9.3.1.2 Lösungsverfahren. Für die inhomogene lineare Differentialgleichung (9.56) gibt es unendlich viele Lösungen; ihre Gesamtheit, in der alle speziellen Lösungen enthalten sind, nennt man die allgemeine Lösung. Diese muß zunächst gefunden werden, um hieraus diejenige spezielle Lösung zu gewinnen, die den Anfangsbedingungen der jeweiligen Aufgabenstellung genügt. Die Ermittlung der allgemeinen Lösung von Gl. (9.56) erfolgt in zwei Schritten:

Zunächst wird die homogene Differentialgleichung

$$\frac{\mathrm{d}^{\mathrm{n}} x}{\mathrm{d}t^{\mathrm{n}}} + a_{\mathrm{n}-1} \frac{\mathrm{d}^{\mathrm{n}-1} x}{\mathrm{d}t^{\mathrm{n}-1}} + \ldots + a_1 \frac{\mathrm{d}x}{\mathrm{d}t} + a_0 x = 0 \tag{9.59}$$

betrachtet, die sich von der ursprünglichen inhomogenen nur dadurch unterscheidet, daß die Störfunktion $f(t)=0$ gesetzt ist. Nach [6] und [16] erhält man mit Hilfe des Exponentialansatzes $x=\underline{c}\mathrm{e}^{\underline{\lambda}t}$ die allgemeine Lösung $x_{\mathrm{h}}(t)$ von Gl. (9.59), in der nach geeigneter Umformung n beliebig wählbare reelle Konstanten $K_1, K_2, \ldots, K_{\mathrm{n}}$ enthalten sind. In Abschn. 9.3.1.3 wird für $n=2$ die allgemeine Lösung $x_{\mathrm{h}}(t)$ der homogenen linearen Differentialgleichung vorgestellt.

Dann muß aus der Vielzahl der möglichen Lösungen der inhomogenen Differentialgleichung (9.56) eine beliebige gefunden werden, die man als die partikuläre Lösung $x_{\mathrm{p}}(t)$ bezeichnet. In Abschn. 9.3.1.4 werden für einige häufig vorkommende Störfunktionen $f(t)$ partikuläre Lösungen angegeben. Bei Einschaltvorgängen findet man eine partikuläre Lösung meist am einfachsten, indem man die Lösung $x_{\mathrm{p}}(t)$ für den eingeschwungenen Zustand ermittelt.

Die allgemeine Lösung der inhomogenen Differentialgleichung (9.56) ergibt sich aus der Summe

$$x(t)=x_{\mathrm{h}}(t)+x_{\mathrm{p}}(t) \tag{9.60}$$

der allgemeinen Lösung der homogenen Differentialgleichung und der partikulären Lösung.

Die Festlegung der Konstanten $K_1, K_2, \ldots, K_{\mathrm{n}}$ erfolgt mit Hilfe der Anfangsbedingungen. Für den Einschaltzeitpunkt $t=0$ werden die Funktionswerte der allgemeinen Lösung $x(t=0)$ und deren Ableitungen $\mathrm{d}x/\mathrm{d}t(t=0)$ usw. den Werten gleichgesetzt, die aufgrund der elektrischen Gegebenheiten im Einschaltaugenblick vorliegen müssen. Es ergeben sich n Gleichungen, mit deren Hilfe die n Konstanten bestimmt werden.

9.3.1.3 Exponentialansatz. Im folgenden wird am Beispiel der Differentialgleichung zweiter Ordnung

$$\frac{\mathrm{d}^2 x}{\mathrm{d}t^2} + a_1 \frac{\mathrm{d}x}{\mathrm{d}t} + a_0 x = 0$$

gezeigt, wie man die allgemeine Lösung $x_h(t)$ einer homogenen Differentialgleichung mit Hilfe eines Exponentialansatzes ermitteln kann. In Abschn. 9.3.2.3 und 9.3.3.3 wird diese Lösung weiterverwendet; deshalb werden die Koeffizienten a_0 und a_1 in der dort benötigten Weise umbenannt. Die Differentialgleichung erscheint dann in der Form

$$\frac{d^2x}{dt^2} + 2\,\vartheta\,\omega_0\,\frac{dx}{dt} + \omega_0{}^2\,x = 0. \tag{9.61}$$

Wenn man den Ansatz $x = \underline{c}\,e^{\underline{\lambda}t}$ in Gl. (9.61) einsetzt und danach die Gleichung durch $\underline{c}\,e^{\underline{\lambda}t}$ dividiert, erhält man die charakteristische Geichung

$$\underline{\lambda}^2 + 2\,\vartheta\,\omega_0\,\underline{\lambda} + \omega_0{}^2 = 0 \tag{9.62}$$

mit den beiden Lösungen

$$\underline{\lambda}_{1,2} = \omega_0(-\vartheta \pm \sqrt{\vartheta^2 - 1}). \tag{9.63}$$

Für die allgemeine Lösung der homogenen Differentialgleichung sind jetzt drei Fälle zu unterscheiden:

a) $\vartheta > 1$; d.h. $\underline{\lambda}_1 \neq \underline{\lambda}_2$; $\underline{\lambda}_1$ und $\underline{\lambda}_2$ sind reell.
Die Lösung lautet

$$x_h = K_1\,e^{\underline{\lambda}_1 t} + K_2\,e^{\underline{\lambda}_2 t}. \tag{9.64}$$

b) $\vartheta = 1$; d.h. $\underline{\lambda}_1 = \underline{\lambda}_2 = -\omega_0$ (reell).
Die Lösung lautet

$$x_h = (K_1 + K_2 t)\,e^{-\omega_0 t}. \tag{9.65}$$

c) $\vartheta < 1$; d.h. $\underline{\lambda}_1 = \underline{\lambda}_2^*$; $\underline{\lambda}_1$ und $\underline{\lambda}_2$ sind zueinander konjugiert komplex.
Für die Lösung erhält man nach einiger Umformung

$$x_h = [K_1 \cos(\sqrt{1-\vartheta^2}\,\omega_0 t) + K_2 \sin(\sqrt{1-\vartheta^2}\,\omega_0 t)]\,e^{-\vartheta\omega_0 t}. \tag{9.66}$$

Die Konstanten K_1 und K_2 in den Gln. (9.64) bis (9.66) sind beliebige reelle Größen. Näheres über das Zustandekommen dieser Lösungen findet sich in [16].

9.3.1.4 Partikuläre Lösung. Für einige häufig vorkommende Störfunktionen erhält man nach [16] folgende partikuläre Lösungen der linearen inhomogenen Differentialgleichung (9.56):

a) Wenn die Störfunktion $f(t)=p_n(t)$ ein Polynom n-ten Grades ist, ist auch die partikuläre Lösung $x_p(t)=q_n(t)$ ein Polynom n-ten Grades, sofern in Gl. (9.56) $a_0 \neq 0$ ist; für $a_0=0$, $a_1 \neq 0$ ist die partikuläre Lösung $x_p(t)=t \cdot q_n(t)$; für $a_0=a_1=0$, $a_2 \neq 0$ gilt $x_p(t)=t^2 \cdot q_n(t)$; usw.

b) Bei sinusförmiger Störfunktion $f(t)=b_1 \cos \omega t + b_2 \sin \omega t$ ist i. allg. auch die partikuläre Lösung $x_p(t)=c_1 \cos \omega t + c_2 \sin \omega t$ sinusförmig und von gleicher Kreisfrequenz ω wie die Störfunktion. Die Ausnahme bildet der Resonanzfall; dieser liegt für Gl. (9.61) dann vor, wenn $\omega=\omega_0$ und $\vartheta=0$ ist. In diesem Falle ergibt sich die partikuläre Lösung $x_p(t)=t \cdot (c_1 \cos \omega t + c_2 \sin \omega t)$.

Zur Bestimmung der in der jeweiligen partikulären Lösung $x_p(t)$ enthaltenen Konstanten wird der Ausdruck $x_p(t)$ in die Differentialgleichung (9.56) eingesetzt. Die Konstanten folgen dann aus dem Koeffizientenvergleich.

9.3.2 Schalten von Gleichströmen

Die verwendeten Schalter werden im folgenden als ideal angenommen, so daß für die Eingangsfunktionen ideale Sprungfunktionen $U\varepsilon(t)$ bzw. $I\varepsilon(t)$ nach Bild **9.**14 vorausgesetzt werden dürfen. In der Praxis prellen Schalter dagegen gelegentlich, öffnen also nach dem Schalten kurzzeitig wieder oder zeigen veränderliche Kontaktwiderstände [18]. Auch sind elektrische Quellen meist nicht in der Lage, Stromsprünge zu liefern. Diese praktischen Unzulänglichkeiten sollen hier aber vernachlässigt werden.

9.3.2.1 Idealisiertes Einschalten von RC- und RL-Kreisen. An einem idealen Wirkwiderstand R herrscht nach Gl. (9.33) ständige Proportionalität zwischen Strom i und Spannung u. Eine sprungförmig verlaufende Spannung $U\varepsilon(t)$ hat daher an einem idealen Widerstand einen ebenso sprungförmig verlaufenden Strom $I\varepsilon(t)$ zur Folge. Hingegen würde eine sprungförmig verlaufende Spannung $U\varepsilon(t)$ an einer Kapazität C nach Gl. (9.36) einen unendlich großen Strom erfordern und kann daher gar nicht auftreten. Entsprechendes gilt wegen Gl. (9.37) für einen Stromsprung $I\varepsilon(t)$ an einer Induktivität L. Die Annahme einer abrupten Spannungsänderung an einer Kapazität oder einer abrupten Stromänderung an einer Induktivität ist daher unzulässig.

RL-Reihenschaltung. Wenn der Schalter S in Bild **9.**18a zum Zeitpunkt $t=0$ geschlossen wird, tritt an der Reihenschaltung aus R und L der Spannungssprung $U\varepsilon(t)$ auf. Aus der Maschengleichung

$$u_R + u_L = Ri + L\frac{\mathrm{d}i}{\mathrm{d}t} = U\varepsilon(t)$$

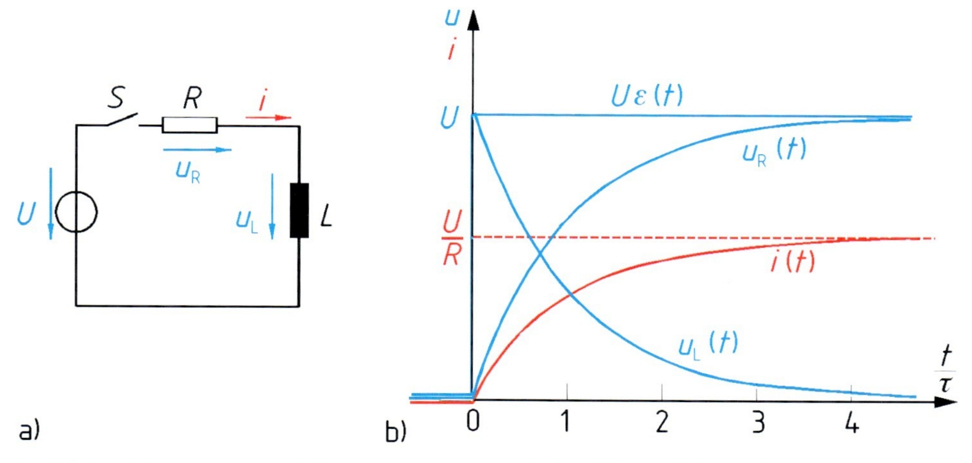

9.18 Einschalten einer Gleichspannung an einer RL-Reihenschaltung.
a) Schaltbild, b) Strom- und Spannungsverläufe

erhält man für $t>0$ die Differentialgleichung

$$\frac{\mathrm{d}i}{\mathrm{d}t} + \frac{R}{L}i = \frac{U}{L}. \tag{9.67}$$

Zur Lösung der zugehörigen homogenen Differentialgleichung verwendet man den Exponentialansatz $i = \underline{c}\,\mathrm{e}^{\underline{\lambda} t}$. Die charakteristische Gleichung

$$\underline{\lambda} + \frac{R}{L} = 0$$

hat die Lösung $\underline{\lambda} = -R/L$; das negativ Reziproke hierzu ist die Zeitkonstante

$$\tau = -\frac{1}{\underline{\lambda}} = \frac{L}{R}. \tag{9.68}$$

Die allgemeine Lösung der homogenen Differentialgleichung lautet damit

$$i_{\mathrm{h}} = \underline{c}\,\mathrm{e}^{-\frac{t}{\tau}} = \underline{c}\,\mathrm{e}^{-\frac{R}{L}t}. \tag{9.69}$$

Eine einfach zu bestimmende partikuläre Lösung i_{p} von Gl. (9.67) ist der für $t=\infty$, also im stationären Zustand fließende Gleichstrom, für den die Induktivität L keinen Widerstand darstellt. Er ergibt sich zu

$$i_{\mathrm{p}} = \frac{U}{R}. \tag{9.70}$$

Aus der Addition der Gln. (9.70) und (9.69) folgt die allgemeine Lösung von Gl. (9.67)

$$i = i_{\mathrm{p}} + i_{\mathrm{h}} = \frac{U}{R} + \underline{c}\,\mathrm{e}^{-\frac{R}{L}t}.$$

Die hierin enthaltene Integrationskonstante $\underline{c}$ ergibt sich aus der Anfangsbedingung. Da der Strom durch die Induktivität L sich nicht sprunghaft ändern kann, gilt für den Schaltaugenblick

$$i(t=0) = \frac{U}{R} + \underline{c} = 0;$$

und man erhält für die Integrationskonstante $\underline{c} = -U/R$. Der Strom in Bild **9.**18a verläuft also für $t>0$ nach der Funktion

$$i = \frac{U}{R}\left(1 - \mathrm{e}^{-\frac{R}{L}t}\right). \tag{9.71}$$

Hieraus folgt für die Spannungen

$$u_{\mathrm{R}} = R\,i = U\left(1 - \mathrm{e}^{-\frac{R}{L}t}\right), \tag{9.72}$$

$$u_{\mathrm{L}} = L\,\frac{\mathrm{d}i}{\mathrm{d}t} = U\,\mathrm{e}^{-\frac{R}{L}t}. \tag{9.73}$$

Die zeitlichen Verläufe des Stromes i und der beiden Spannungen u_{R} und u_{L} sind in Bild **9.**18b wiedergegeben.

RC-Reihenschaltung. Wenn der Schalter S in Bild **9.**19a zum Zeitpunkt $t=0$ geschlossen wird, tritt an der Reihenschaltung aus R und C der Spannungssprung $U\varepsilon(t)$ auf. Aus der Maschengleichung

$$u_{\mathrm{R}} + u_{\mathrm{C}} = R\,i + \frac{1}{C}\int i\,\mathrm{d}t = U\,\varepsilon(t)$$

erhält man für $t>0$ nach einmaliger Differentiation die Differentialgleichung

$$\frac{\mathrm{d}i}{\mathrm{d}t} + \frac{1}{RC}\,i = 0. \tag{9.74}$$

Zu ihrer Lösung verwendet man den Exponentialansatz $i = \underline{c}\,\mathrm{e}^{\underline{\lambda} t}$. Die charakteristische Gleichung

$$\underline{\lambda} + \frac{1}{RC} = 0$$

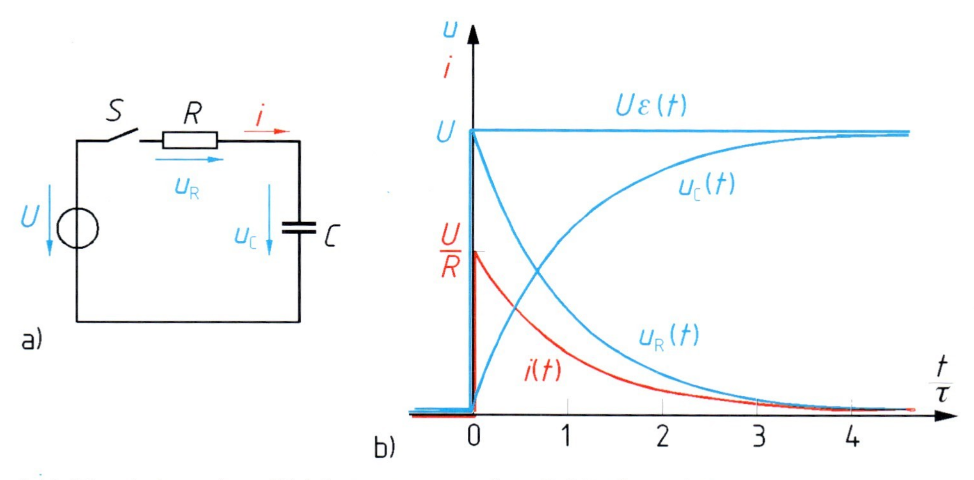

9.19 Einschalten einer Gleichspannung an einer RC-Reihenschaltung.
a) Schaltbild, b) Strom- und Spannungsverläufe

liefert $\underline{\lambda} = -1/(RC)$ und mit Gl. (9.68) $\tau = RC$. Die allgemeine Lösung lautet also

$$i = \underline{c}\,\mathrm{e}^{-\frac{t}{\tau}} = \underline{c}\,\mathrm{e}^{-\frac{1}{RC}t}. \tag{9.75}$$

Da die Differentialgleichung (9.74) selbst homogen ist, entfällt das Aufsuchen einer partikulären Lösung. Die Spannung an der Kapazität kann sich nicht sprunghaft ändern und behält im Schaltaugenblick ihren Wert $u_C(t=0)=0$ bei. Am Widerstand R liegt dann die Spannung $u_R(t=0)=U$. Die Integrationskonstante $\underline{c}$ ergibt sich aus dieser Anfangsbedingung zu

$$i(t=0) = \underline{c} = \frac{u_R(t=0)}{R} = \frac{U}{R}.$$

Der Strom in Bild **9.**19a verläuft also für $t>0$ nach der Funktion

$$i = \frac{U}{R}\,\mathrm{e}^{-\frac{1}{RC}t}. \tag{9.76}$$

Hieraus folgt für die Spannungen

$$u_R = Ri = U\,\mathrm{e}^{-\frac{1}{RC}t}, \tag{9.77}$$

$$u_C = U - u_R = U\left(1 - \mathrm{e}^{-\frac{1}{RC}t}\right). \tag{9.78}$$

Die zeitlichen Verläufe des Stromes i und der beiden Spannungen u_R und u_C sind in Bild **9.**19b wiedergegeben.

□ **Beispiel 9.11**

Das Netzwerk in Bild **9.**20a enthält die Widerstände $R_1 = 200\,\Omega$ und $R_2 = 300\,\Omega$ sowie die Kapazität $C = 50\,\mu\text{F}$ und wird durch Schließen des Schalters S an die Gleichspannung $U = 10\,\text{V}$ gelegt. Die zeitlichen Verläufe des Stromes i und der Spannung u_2 sollen ermittelt werden.

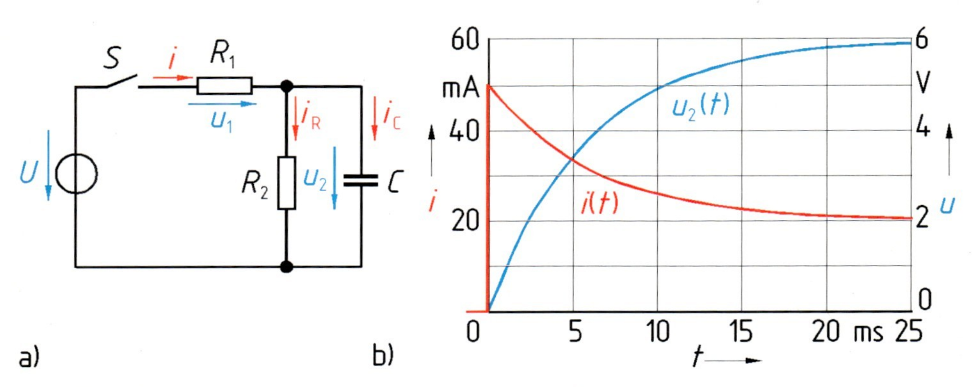

9.20 Einschalten einer Gleichspannung an einem RC-Netzwerk.
a) Schaltbild, b) Strom- und Spannungsverläufe

Aus der Knotengleichung folgt mit Gl. (9.34) und Gl. (9.36)

$$i = i_\text{R} + i_\text{C} = \frac{1}{R_2}\,u_2 + C\,\frac{\text{d}u_2}{\text{d}t}\,.$$

Wenn man für $t > 0$ die Maschengleichung

$$u_2 = U - u_1 = U - R_1\,i$$

in die vorige Gleichung eingesetzt, erhält man

$$i = \frac{1}{R_2}\,U - \frac{R_1}{R_2}\,i - R_1\,C\,\frac{\text{d}i}{\text{d}t}$$

und daraus

$$\frac{\text{d}i}{\text{d}t} + \left(\frac{1}{R_1} + \frac{1}{R_2}\right)\frac{1}{C}\,i = \frac{U}{R_1\,R_2\,C}\,.$$

Aus der charakteristischen Gleichung

$$\underline{\lambda} + \left(\frac{1}{R_1} + \frac{1}{R_2}\right)\frac{1}{C} = 0$$

folgt

$$\underline{\lambda} = -\left(\frac{1}{R_1} + \frac{1}{R_2}\right)\frac{1}{C} = -\left(\frac{1}{200\,\Omega} + \frac{1}{300\,\Omega}\right)\frac{1}{50\,\mu\text{F}} = -\frac{1}{6\text{ ms}}$$

und wie in Gl. (9.68) die Zeitkonstante $\tau = 6\,\text{ms}$. Die Lösung der homogenen Differentialgleichung ist also

$$i_\text{h} = \underline{c}\,\text{e}^{-\frac{t}{\tau}} = \underline{c}\,\text{e}^{-\frac{t}{6\,\text{ms}}}.$$

Als partikuläre Lösung i_p wird der für $t = \infty$, also im eingeschwungenen Zustand fließende Gleichstrom verwendet, für den die Kapazität C einen unendlich großen Widerstand darstellt. Man erhält

$$i_\text{p} = \frac{U}{R_1 + R_2} = \frac{10\,\text{V}}{200\,\Omega + 300\,\Omega} = 20\,\text{mA}$$

und die allgemeine Lösung

$$i = i_\text{p} + i_\text{h} = 20\,\text{mA} + \underline{c}\,\text{e}^{-\frac{t}{6\,\text{ms}}}.$$

Die Integrationskonstante $\underline{c}$ ergibt sich aus der Anfangsbedingung

$$i(t=0) = 20\,\text{mA} + \underline{c} = \frac{U}{R_1} = \frac{10\,\text{V}}{200\,\Omega} = 50\,\text{mA}$$

zu $\underline{c} = 30\,\text{mA}$. Für den Strom erhält man also den in Bild **9.**20b dargestellten Verlauf

$$i = 20\,\text{mA} + 30\,\text{mA}\,\text{e}^{-\frac{t}{6\,\text{ms}}}.$$

Aus der Maschengleichung folgt der ebenfalls in Bild **9.**20b dargestellte Verlauf der Spannung

$$u_2 = U - R_1 i = 10\,\text{V} - 200\,\Omega\left(20\,\text{mA} + 30\,\text{mA}\,\text{e}^{-\frac{t}{6\,\text{ms}}}\right) = 6\,\text{V}\left(1 - \text{e}^{-\frac{t}{6\,\text{ms}}}\right).$$ □

□ **Beispiel 9.12**

Das Netzwerk in Bild **9.**21a enthält die Widerstände $R_1 = 75\,\Omega$ und $R_2 = 200\,\Omega$ sowie die Induktivität $L = 1{,}8\,\text{H}$ und wird durch Schließen des Schalters S an die Gleichspannung $U = 66\,\text{V}$ gelegt. Die zeitlichen Verläufe des Stromes i und der Spannung u_2 sollen ermittelt werden. Aus der Knotengleichung folgt mit Gl. (9.34) und Gl. (9.38)

$$i = i_\text{R} + i_\text{L} = \frac{1}{R_2} u_2 + \frac{1}{L} \int u_2 \,\text{d}t.$$

Wenn man diese Gleichung einmal differenziert und die Maschengleichung für $t > 0$

$$u_2 = U - u_1 = U - R_1 i$$

einsetzt, erhält man

$$\frac{\text{d}i}{\text{d}t} = -\frac{R_1}{R_2}\frac{\text{d}i}{\text{d}t} + \frac{U}{L} - \frac{R_1}{L} i$$

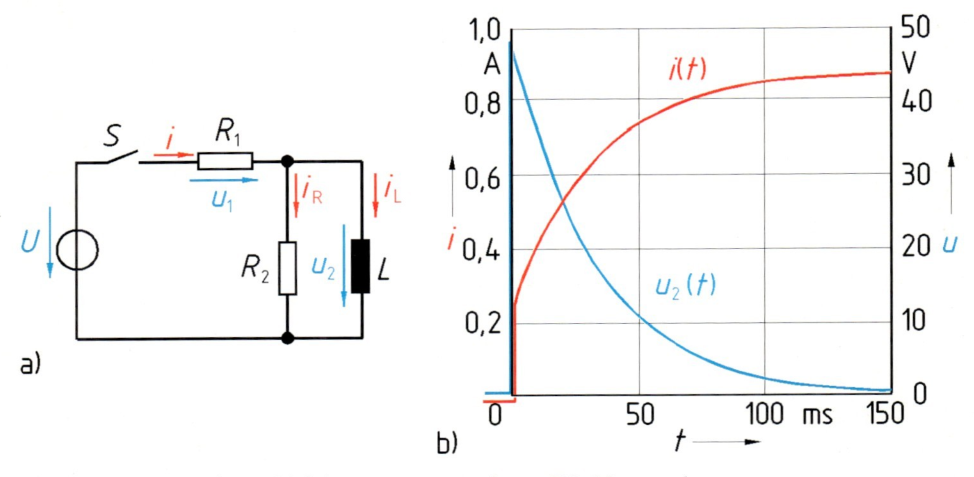

9.21 Einschalten einer Gleichspannung an einem RL-Netzwerk.
a) Schaltbild, b) Strom- und Spannungsverläufe

und

$$\frac{\mathrm{d}i}{\mathrm{d}t} + \frac{R_1 R_2}{(R_1 + R_2)\,L}\, i = \frac{R_2}{R_1 + R_2}\, \frac{U}{L}\,.$$

Aus der charakteristischen Gleichung

$$\underline{\lambda} + \frac{R_1 R_2}{(R_1 + R_2)\,L} = 0$$

folgt

$$\underline{\lambda} = -\frac{R_1 R_2}{(R_1 + R_2)\,L} = -\frac{75\,\Omega \cdot 200\,\Omega}{(75\,\Omega + 200\,\Omega) \cdot 1{,}8\,\mathrm{H}} = -\frac{1}{33\,\mathrm{ms}}$$

und die Zeitkonstante $\tau = 33\,\mathrm{ms}$. Die Lösung der homogenen Differentialgleichung ist also

$$i_\mathrm{h} = \underline{c}\,\mathrm{e}^{-\frac{t}{\tau}} = \underline{c}\,\mathrm{e}^{-\frac{t}{33\,\mathrm{ms}}}\,.$$

Als partikuläre Lösung wird der für $t = \infty$, also im stationären Zustand fließende Gleichstrom

$$i_\mathrm{p} = \frac{U}{R_1} = \frac{66\,\mathrm{V}}{75\,\Omega} = 0{,}88\,\mathrm{A}$$

verwendet. Damit erhält man die allgemeine Lösung

$$i = i_\mathrm{p} + i_\mathrm{h} = 0{,}88\,\mathrm{A} + \underline{c}\,\mathrm{e}^{-\frac{t}{33\,\mathrm{ms}}}\,.$$

Die Integrationskonstante $\underline{c}$ ergibt sich aus der Anfangsbedingung

$$i(t=0)=0{,}88\,\mathrm{A}+\underline{c}=\frac{U}{R_1+R_2}=\frac{66\,\mathrm{V}}{75\,\Omega+200\,\Omega}=0{,}24\,\mathrm{A}$$

zu $\underline{c}=-0{,}64\,\mathrm{A}$. Für den Strom erhält man also den in Bild **9.**21b dargestellten Verlauf

$$i=0{,}88\,\mathrm{A}-0{,}64\,\mathrm{A}\,\mathrm{e}^{-\frac{t}{33\,\mathrm{ms}}}.$$

Aus der Maschengleichung folgt der ebenfalls in Bild **9.**21b dargestellte Verlauf der Spannung

$$u_2=U-R_1\,i=66\,\mathrm{V}-75\,\Omega\left(0{,}88\,\mathrm{A}-0{,}64\,\mathrm{A}\,\mathrm{e}^{-\frac{t}{33\,\mathrm{ms}}}\right)=48\,\mathrm{V}\,\mathrm{e}^{-\frac{t}{33\,\mathrm{ms}}}.$$ □

9.3.2.2 Idealisiertes Ausschalten von RC- und RL-Kreisen. Beim idealen Abschalten eines Gleichstromes wird der Strom I in unendlich kurzer Zeit t auf den Wert null gebracht. Dieser zeitliche Verlauf wird mit Hilfe der Sprungfunktion $\varepsilon(t)$ aus Bild **9.**14 durch die Funktion $i(t)=I(1-\varepsilon(t))$ beschrieben und kann näherungsweise vorausgesetzt werden, solange diese sprungförmige Stromänderung nur in solchen Netzwerkzweigen stattfindet, die eine vernachlässigbar kleine Induktivität haben wie z.B. in den Schaltungen nach Bild **9.**20a und Bild **9.**21a.

Bei stark induktiven Stromkreisen ist das Abschalten des Stromes in beliebig kurzer Zeit weder möglich noch erwünscht; denn die hohe induktive Spannung $u=L\,\mathrm{d}i/\mathrm{d}t$ nach Gl. (9.37) würde am Schalter oder an anderen Stellen des Stromkreises – z.B. in Wicklungen – einen für die Isolationsfestigkeit der Schaltung meist unerwünschten Überschlag und u.U. auch eine unerwünschte Überbrükkung der Schalteröffnung bewirken. In den technisch realisierten Schaltern steigt beim Öffnen der Kontakte der Schalterwiderstand zunächst stark an, so daß der Strom i rasch kleiner wird. Bei merklicher Induktivität im Stromkreis entsteht auch hierbei eine große Selbstinduktionsspannung, die zu einem Überschlag an den Schaltkontakten mit einem stromleitenden Lichtbogen führt und so eine zu steile Stromabsenkung verhindert. Beim Abschalten von Stromkreisen mit mechanischen Schaltern entstehen daher Funken und Lichtbögen zwischen den Schalterkontakten, die den Abschaltvorgang selbst verzögern. Bei Leistungsschaltern muß ggf. der Lichtbogen zum Verlöschen gebracht werden, was z.B. durch besondere Blaskammern [18], aber auch durch schnelles Auseinanderziehen der Schaltmesser, also ein Verlängern der Lichtbogenstrecke, erreicht werden kann. Hierdurch wächst der Lichtbogenwiderstand, und der Strom nimmt ab, bis die über den Lichtbogen abgeführte Wärme größer wird als die Energie, die mit dem Strom zugeführt wird. Die Ionisation hört dann auf, und der Lichtbogen erlischt. In die genaue Berechnung solcher Abschaltvorgänge muß also die Lichtbogenkennlinie und die Mechanik des Schalters eingehen. In den folgenden Beispielen wird aber auf eine derartige detaillierte Untersuchung der Abschaltvorgänge verzichtet.

□ **Beispiel 9.13**

In dem Netzwerk nach Bild **9.**20a, das in Bild **9.**22a noch einmal dargestellt ist, wird nach Erreichen des stationären Zustands zum Zeitpunkt $t=0$ durch Öffnen des Schalters S der Strom i abgeschaltet. Die Werte sind $U=10\,\text{V}$, $R_1=200\,\Omega$, $R_2=300\,\Omega$, $C=50\,\mu\text{F}$. Die zeitlichen Verläufe der Ströme i_R und i_C sowie der Spannung u_2 sollen ermittelt werden.

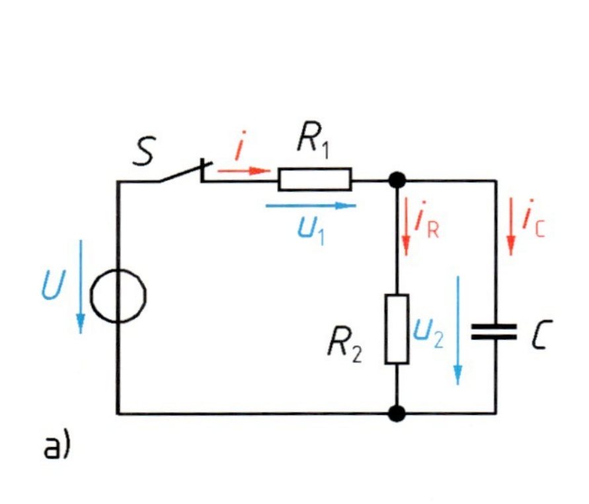

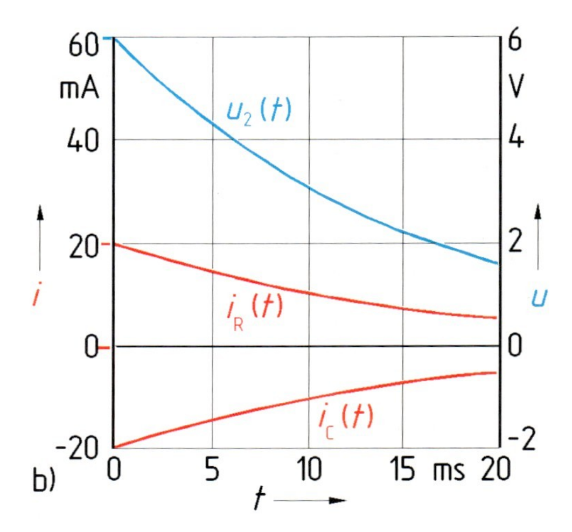

9.22 Abschalten eines Gleichstromes an einem RC-Netzwerk.
a) Schaltbild, b) Strom- und Spannungsverläufe

Mit Gl. (9.34) und Gl. (9.36) liefert die Knotengleichung bei geöffnetem Schalter S

$$i_R + i_C = \frac{1}{R_2}\,u_2 + C\,\frac{du_2}{dt} = 0$$

bzw.

$$\frac{du_2}{dt} + \frac{1}{R_2 C}\,u_2 = 0.$$

Die Differentialgleichung ist von gleicher Art wie Gl. (9.74). Entsprechend Gl. (9.75) erhält man die allgemeine Lösung

$$u_2 = \underline{c}\,e^{-\frac{t}{\tau}}$$

mit

$$\tau = R_2 C = 300\,\Omega \cdot 50\,\mu\text{F} = 15\,\text{ms}.$$

Die Integrationskonstante $\underline{c}$ ergibt sich aus der Anfangsbedingung

$$u_2(t=0) = \underline{c} = \frac{R_2}{R_1+R_2}\,U = \frac{300\,\Omega}{200\,\Omega + 300\,\Omega}\,10\,\text{V} = 6\,\text{V}.$$

Für die Spannung erhält man also den in Bild **9.**22b dargestellten Verlauf

$$u_2 = 6\,\text{V}\,e^{-\frac{t}{15\,\text{ms}}}.$$

Für den Strom i_R folgt

$$i_R = \frac{u_2}{R_2} = \frac{6\,\text{V}}{300\,\Omega}\,\text{e}^{-\frac{t}{15\,\text{ms}}} = 20\,\text{mA}\,\text{e}^{-\frac{t}{15\,\text{ms}}}$$

und für den Strom i_C

$$i_C = -i_R = -20\,\text{mA}\,\text{e}^{-\frac{t}{15\,\text{ms}}}.$$

□

□ **Beispiel 9.14**

Der Strom durch die RL-Reihenschaltung nach Bild **9.**18a kann wegen der Induktivität L nicht in beliebig kurzer Zeit wieder abgeschaltet werden. Hingegen ist ein Umschalten von der Spannungsquelle auf einen Kurzschluß, wie in Bild **9.**23a dargestellt, möglich. Wenn das Umschalten in beliebig kurzer Zeit erfolgt, braucht sich der Strom i nicht sprunghaft zu ändern. Für die Werte $U = 100\,\text{V}$, $R = 50\,\Omega$ und $L = 4\,\text{H}$ sollen die zeitlichen Verläufe des Stromes i und der Spannungen u_R und u_L angegeben werden.

Nach Umschalten des Schalters S gilt mit Gl. (9.33) und Gl. (9.37) die Maschengleichung

$$u_R + u_L = Ri + L\,\frac{\text{d}i}{\text{d}t} = 0.$$

Die Differentialgleichung

$$\frac{\text{d}i}{\text{d}t} + \frac{R}{L}\,i = 0$$

ist homogen; ansonsten stimmt sie mit Gl. (9.67) überein. Nach Gl. (9.68) und Gl. (9.69) hat sie die allgemeine Lösung

$$i = \underline{c}\,\text{e}^{-\frac{t}{\tau}}$$

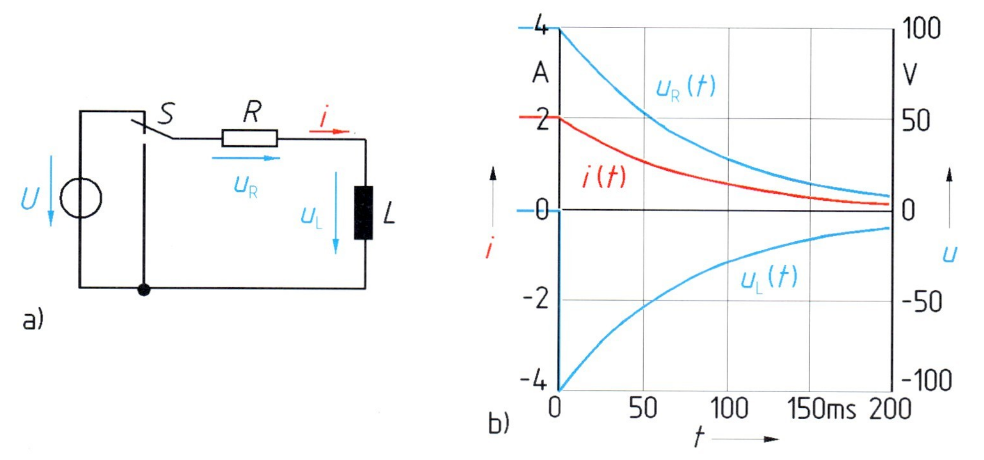

9.23 Umschalten einer RL-Reihenschaltung von einer Gleichspannungsquelle auf einen Kurzschluß.
a) Schaltbild, b) Strom- und Spannungsverläufe

mit

$$\tau = \frac{L}{R} = \frac{4\,\mathrm{H}}{50\,\Omega} = 80\,\mathrm{ms}\,.$$

Die Integrationskonstante $\underline{c}$ ergibt sich aus der Anfangsbedingung

$$i(t=0) = \underline{c} = \frac{U}{R} = \frac{100\,\mathrm{V}}{50\,\Omega} = 2\,\mathrm{A}\,.$$

Für den Stron erhält man also den in Bild **9.**23b dargestellten Verlauf

$$i = 2\,\mathrm{A}\,\mathrm{e}^{-\frac{t}{80\,\mathrm{ms}}}\,.$$

Für die Spannung u_R folgt

$$u_\mathrm{R} = R\,i = 50\,\Omega \cdot 2\,\mathrm{A}\,\mathrm{e}^{-\frac{t}{80\,\mathrm{ms}}} = 100\,\mathrm{V}\,\mathrm{e}^{-\frac{t}{80\,\mathrm{ms}}}$$

und für die Spannung u_L

$$u_\mathrm{L} = -u_\mathrm{R} = -100\,\mathrm{V}\,\mathrm{e}^{-\frac{t}{80\,\mathrm{ms}}}\,.$$

□

9.3.2.3 Schalten von Schwingkreisen. In Netzwerken, die sowohl Induktivitäten als auch Kapazitäten enthalten, können beim Schalten Ausgleichsvorgänge entstehen, bei denen der Übergang vom Anfangs- auf den Endwert mit Schwingungen verbunden ist. Dies soll am Beispiel eines Reihenschwingkreises nach Bild **9.**24 gezeigt werden, der zum Zeitpunkt $t=0$ an die konstante Gleichspannung U angeschaltet wird.

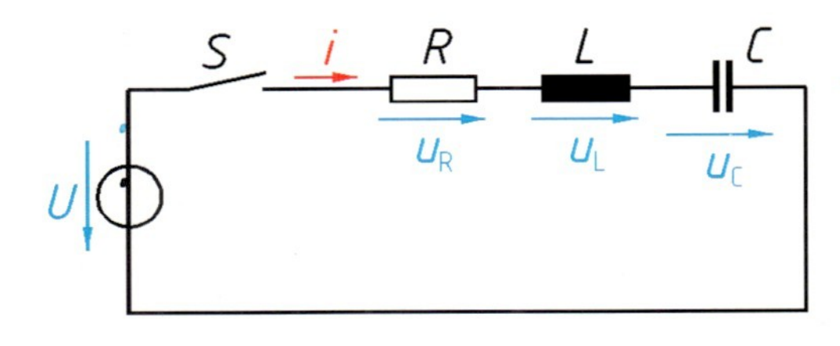

9.24 Einschalten einer Gleichspannung an einem Reihenschwingkreis

Aus der Maschengleichung

$$u_\mathrm{R} + u_\mathrm{L} + u_\mathrm{C} = R\,i + L\,\frac{\mathrm{d}i}{\mathrm{d}t} + \frac{1}{C}\int i\,\mathrm{d}t = U\,\varepsilon(t) \tag{9.79}$$

erhält man für $t>0$ nach einmaliger Differentiation die homogene Differentialgleichung

$$\frac{\mathrm{d}^2 i}{\mathrm{d}t^2} + \frac{R}{L}\,\frac{\mathrm{d}i}{\mathrm{d}t} + \frac{1}{L\,C}\,i = 0\,. \tag{9.80}$$

Die Rechnung wird übersichtlicher, wenn man nach Gl. (7.13) die Kennkreisfrequenz

$$\omega_0 = \frac{1}{\sqrt{LC}} \tag{9.81}$$

des Schwingkreises und den von der Güte Q des Reihenschwingkreises mit Gl. (7.39) und Gl. (7.14) hergeleiteten Dämpfungsgrad

$$\vartheta = \frac{1}{2Q} = \frac{R}{2Z_0} = \frac{R}{2}\sqrt{\frac{C}{L}} \tag{9.82}$$

in die Rechnung einführt. Gl. (9.80) erhält dann die Form

$$\frac{\mathrm{d}^2 i}{\mathrm{d}t^2} + 2\,\vartheta\,\omega_0\,\frac{\mathrm{d}i}{\mathrm{d}t} + \omega_0^{\,2}\,i = 0 \tag{9.83}$$

und stimmt mit der in Abschn. 9.3.1.3 betrachteten homogenen Differentialgleichung (9.61) überein. Die zugehörige charakteristische Gleichung (9.62) hat nach Gl. (9.63) die Lösung

$$\underline{\lambda}_{1,2} = \omega_0(-\vartheta \pm \sqrt{\vartheta^2 - 1}). \tag{9.84}$$

Nach Abschn. 9.3.1.3 sind jetzt drei Fälle zu unterscheiden:

a) Aperiodischer Fall; $\vartheta > 1$.

Gl. (9.84) liefert zwei unterschiedliche negativ reelle Lösungen

$$\begin{aligned} \underline{\lambda}_1 &= -\frac{1}{\tau_1} = \omega_0(-\vartheta - \sqrt{\vartheta^2 - 1}), \\ \underline{\lambda}_2 &= -\frac{1}{\tau_2} = \omega_0(-\vartheta + \sqrt{\vartheta^2 - 1}). \end{aligned} \tag{9.85}$$

Mit Gl. (9.64) erhält man die allgemeine Lösung der Differentialgleichung (9.83)

$$i = K_1\,\mathrm{e}^{\underline{\lambda}_1 t} + K_2\,\mathrm{e}^{\underline{\lambda}_2 t} = K_1\,\mathrm{e}^{-\frac{t}{\tau_1}} + K_2\,\mathrm{e}^{-\frac{t}{\tau_2}}. \tag{9.86}$$

Die Bestimmung der Integrationskonstanten K_1 und K_2 erfolgt mit Hilfe der Anfangsbedingungen. Wegen der Induktivität L kann sich der Strom i im Schaltaugenblick nicht sprunghaft ändern. Hieraus folgt

$$i(t=0) = K_1 + K_2 = 0$$

und

$$i = K_1 \left(e^{-\frac{t}{\tau_1}} - e^{-\frac{t}{\tau_2}} \right). \tag{9.87}$$

Da im Schaltaugenblick sowohl die Spannung u_C an der Kapazität C als auch – wegen $i(t=0)=0$ – die Spannung u_R am Widerstand R null sind, liegt zunächst die volle Spannung U an der Induktivität L. Aus dieser Anfangsbedingung folgt

$$u_L(t=0) = L \left.\frac{di}{dt}\right|_{t=0} = L K_1 \left(-\frac{1}{\tau_1} + \frac{1}{\tau_2} \right) = U.$$

Hieraus läßt sich K_1 bestimmen und in Gl. (9.87) einsetzen. Man erhält dann für den Strom

$$i = \frac{U}{L} \frac{1}{\frac{1}{\tau_1} - \frac{1}{\tau_2}} \left(e^{-\frac{t}{\tau_2}} - e^{-\frac{t}{\tau_1}} \right) \tag{9.88}$$

einen Verlauf, wie er in Bild **9.**25 für $\vartheta = 2$ dargestellt ist.

b) Aperiodischer Grenzfall; $\vartheta = 1$.

Gl. (9.84) liefert nur eine Lösung

$$\underline{\lambda} = -\omega_0. \tag{9.89}$$

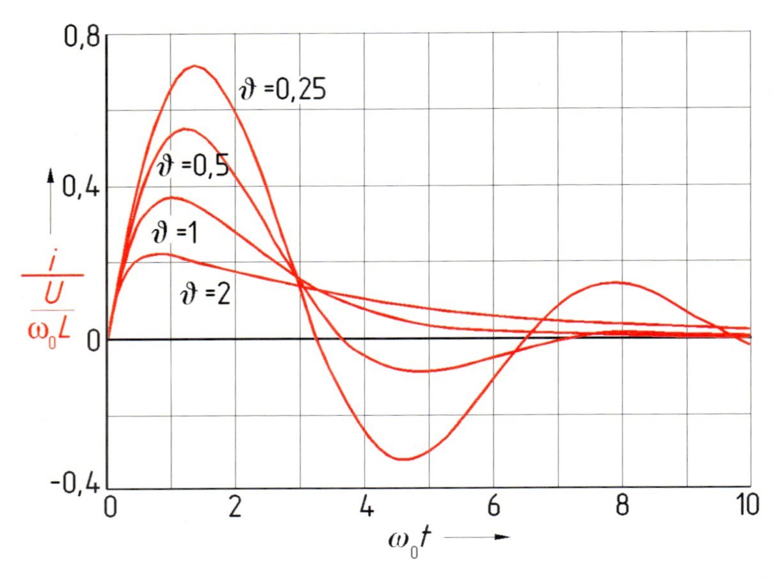

9.25 Stromverlauf beim Einschalten einer Gleichspannung an einem Reihenschwingkreis nach Bild **9.**24 bei verschiedenen Dämpfungsgraden $\vartheta=2$ (aperiodischer Fall), $\vartheta=1$ (aperiodischer Grenzfall), $\vartheta=0{,}5$ und $\vartheta=0{,}25$ (periodischer Fall)

Mit Gl. (9.65) erhält man die allgemeine Lösung der Differentialgleichung (9.83)

$$i=(K_1+K_2 t)\,\mathrm{e}^{-\omega_0 t}. \tag{9.90}$$

Die Bestimmung der Integrationskonstanten K_1 und K_2 erfolgt wie im Fall a) mit Hilfe der Anfangsbedingungen für den Strom

$$i(t=0)=K_1=0$$

und für die Spannung an der Induktivität

$$u_\mathrm{L}(t=0)=L\left.\frac{\mathrm{d}i}{\mathrm{d}t}\right|_{t=0}=L\,K_2(1-\omega_0 t)\,\mathrm{e}^{-\omega_0 t}\Big|_{t=0}=L\,K_2=U.$$

Damit erhält man aus Gl. (9.90) für den Strom

$$i=\frac{U}{L}\,t\,\mathrm{e}^{-\omega_0 t} \tag{9.91}$$

einen Verlauf, wie er in Bild **9.**25 für $\vartheta=1$ dargestellt ist.

c) Periodischer Fall; $\vartheta<1$.
Gl. (9.84) liefert zwei zueinander konjugiert komplexe Lösungen

$$\begin{aligned}\underline{\lambda}_1&=\omega_0(-\vartheta-\mathrm{j}\sqrt{1-\vartheta^2}),\\ \underline{\lambda}_2&=\omega_0(-\vartheta+\mathrm{j}\sqrt{1-\vartheta^2}).\end{aligned} \tag{9.92}$$

Mit Gl. (9.66) erhält man die allgemeine Lösung der Differentialgleichung (9.83)

$$i=[K_1\cos(\sqrt{1-\vartheta^2}\,\omega_0 t)+K_2\sin(\sqrt{1-\vartheta^2}\,\omega_0 t)]\,\mathrm{e}^{-\vartheta\omega_0 t}. \tag{9.93}$$

Hierin ist

$$\omega_\mathrm{d}=\sqrt{1-\vartheta^2}\,\omega_0 \tag{9.94}$$

die Eigenkreisfrequenz des Schwingkreises; sie ist stets kleiner als die Kennkreisfrequenz ω_0 und weicht von dieser umso stärker ab, je größer der Dämpfungsgrad ϑ ist. Die Bestimmung der Integrationskonstanten K_1 und K_2 erfolgt wie im Fall a) mit Hilfe der Anfangsbedingungen. Aus $i(t=0)=0$ folgt nach Gl. (9.93)

$$i(t=0)=K_1=0$$

und

$$i = K_2 \sin(\sqrt{1-\vartheta^2}\,\omega_0 t)\,\mathrm{e}^{-\vartheta\omega_0 t}. \tag{9.95}$$

Die Bedingung

$$u_\mathrm{L}(t=0) = L\,\frac{\mathrm{d}i}{\mathrm{d}t}\bigg|_{t=0} = U$$

liefert nach Gl. (9.95)

$$L K_2 [\sqrt{1-\vartheta^2}\,\omega_0 \cos(\sqrt{1-\vartheta^2}\,\omega_0 t) - \vartheta\,\omega_0 \sin(\sqrt{1-\vartheta^2}\,\omega_0 t)]\,\mathrm{e}^{-\vartheta\omega_0 t}|_{t=0}$$
$$= L K_2 \sqrt{1-\vartheta^2}\,\omega_0 = U.$$

Mit dem hieraus resultierenden Wert für K_2 erhält man aus Gl. (9.95) für den Strom

$$i = \frac{U}{\omega_0 L \sqrt{1-\vartheta^2}} \sin(\sqrt{1-\vartheta^2}\,\omega_0 t)\,\mathrm{e}^{-\vartheta\omega_0 t} \tag{9.96}$$

Verläufe, wie sie in Bild **9.**25 für $\vartheta = 0{,}5$ und $\vartheta = 0{,}25$ dargestellt sind.

Im stationären Zustand, d.h. für $t \to \infty$, wird für alle drei Fälle der Strom $i(t\to\infty) = 0$. Die Kapazität C ist dann auf die Spannung

$$u_\mathrm{C}(t\to\infty) = \frac{1}{C}\int_0^\infty i\,\mathrm{d}t = U$$

aufgeladen. Alle vier in Bild **9.**25 dargestellten Stromverläufe $i(t)$ ergeben daher denselben Wert für das Integral

$$\int_0^\infty i\,\mathrm{d}t = CU;$$

jedoch konvergieren die gezeigten Kurven unterschiedlich schnell gegen ihren Endwert. Die beste Konvergenz zeigt hier die Kurve für den aperiodischen Grenzfall mit $\vartheta = 1$.

□ **Beispiel 9.15**

Das Netzwerk in Bild **9.**26 enthält die Kapazität $C = 2\,\mu\mathrm{F}$ und die Induktivität $L = 20\,\mathrm{mH}$ sowie die Widerstände $R_1 = 25\,\Omega$ und $R_2 = 56\,\Omega$; es wird durch Schließen des Schalters S an die Gleichspannung $U = 16{,}2\,\mathrm{V}$ gelegt. Gesucht sind die zeitlichen Verläufe der Spannung u_2 und der Ströme i_L, i_C und i.

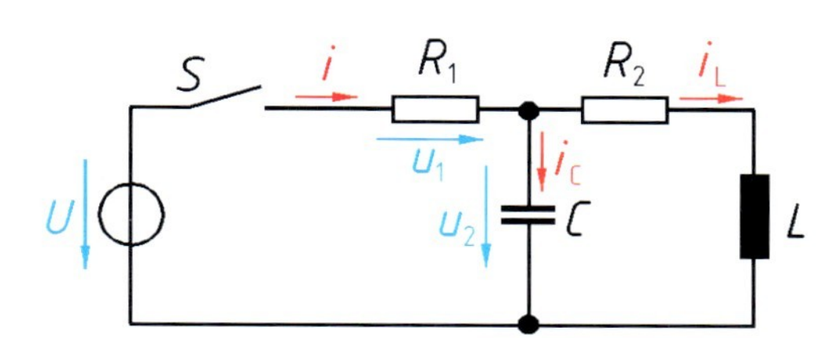

9.26 Schalten einer Gleichspannung an einem RLC-Netzwerk

Mit Gl. (9.33) und Gl. (9.37) erhält man für die Spannung

$$u_2 = R_2 i_L + L \frac{di_L}{dt};$$

Gl. (9.36) liefert den Strom durch die Kapazität C

$$i_C = C \frac{du_2}{dt} = R_2 C \frac{di_L}{dt} + LC \frac{d^2 i_L}{dt^2}.$$

Wenn man diesen Zusammenhang in die Maschengleichung

$$u_1 + u_2 = R_1 (i_C + i_L) + R_2 i_L + L \frac{di_L}{dt} = U \varepsilon(t)$$

einsetzt, erhält man

$$R_1 R_2 C \frac{di_L}{dt} + R_1 LC \frac{d^2 i_L}{dt^2} + (R_1 + R_2) i_L + L \frac{di_L}{dt} = U \varepsilon(t)$$

und nach Division durch $R_1 LC$ für $t > 0$

$$\frac{d^2 i_L}{dt^2} + \left(\frac{R_2}{L} + \frac{1}{R_1 C}\right) \frac{di_L}{dt} + \frac{R_1 + R_2}{R_1 LC} i_L = \frac{U}{R_1 LC}.$$

Abkürzend läßt sich diese Differentialgleichung in der Form

$$\frac{d^2 i_L}{dt^2} + 2\vartheta\omega_0 \frac{di_L}{dt} + \omega_0^2 i_L = \frac{U}{R_1 LC}$$

darstellen. Nach Einsetzen der vorgegebenen Werte folgt

$$\omega_0 = 9\,\text{ms}^{-1}, \; \vartheta = 1{,}267 \text{ und } U/(R_1 LC) = 16{,}2\,\text{A}\,\text{ms}^{-2}.$$

Die zugehörige homogene Differentialgleichung stimmt mit Gl. (9.83) überein. Wegen $\vartheta > 1$ liegt der aperiodische Fall vor. Die charakteristische Gleichung hat nach Gl. (9.85) die beiden reellen Lösungen

$$\underline{\lambda}_{1,2} = -\frac{1}{\tau_{1,2}} = \omega_0(-\vartheta \pm \sqrt{\vartheta^2 - 1}) = 9\,\text{ms}^{-1}(-1{,}267 \pm 0{,}7775)$$

also

$$\underline{\lambda}_1 = -\frac{1}{\tau_1} = -18{,}40\,\mathrm{ms}^{-1} \quad \text{und} \quad \underline{\lambda}_2 = -\frac{1}{\tau_2} = -4{,}403\,\mathrm{ms}^{-1}.$$

Damit ergibt sich nach Gl. (9.86) als Lösung der homogenen Differentialgleichung

$$i_{\mathrm{Lh}} = K_1\,\mathrm{e}^{-\frac{t}{\tau_1}} + K_2\,\mathrm{e}^{-\frac{t}{\tau_2}} = K_1\,\mathrm{e}^{-18{,}40\frac{t}{\mathrm{ms}}} + K_2\,\mathrm{e}^{-4{,}403\frac{t}{\mathrm{ms}}}.$$

Als partikuläre Lösung i_{Lp} wird der für $t=\infty$, also im eingeschwungenen Zustand fließende Gleichstrom verwendet, für den die Kapazität C einen unendlich großen Widerstand und die Induktivität L einen Kurzschluß darstellt. Man erhält

$$i_{\mathrm{Lp}} = \frac{U}{R_1+R_2} = \frac{16{,}2\,\mathrm{V}}{25\,\Omega + 56\,\Omega} = 200\,\mathrm{mA}$$

und die allgemeine Lösung

$$i_{\mathrm{L}} = i_{\mathrm{Lp}} + i_{\mathrm{Lh}} = 200\,\mathrm{mA} + K_1\,\mathrm{e}^{-18{,}40\frac{t}{\mathrm{ms}}} + K_2\,\mathrm{e}^{-4{,}403\frac{t}{\mathrm{ms}}}.$$

Da der durch die Induktivität L fließende Strom i_{L} sich nicht im Schaltaugenblick sprunghaft ändern kann, gilt die Anfangsbedingung

$$i_{\mathrm{L}}(t=0) = 200\,\mathrm{mA} + K_1 + K_2 = 0.$$

Damit läßt sich die Integrationskonstante K_2 eliminieren, und man erhält

$$i_{\mathrm{L}} = 200\,\mathrm{mA} + K_1\,\mathrm{e}^{-18{,}40\frac{t}{\mathrm{ms}}} - (K_1 + 200\,\mathrm{mA})\,\mathrm{e}^{-4{,}403\frac{t}{\mathrm{ms}}}.$$

Hieraus folgt für die Spannung an der Kapazität und der RL-Reihenschaltung

$$u_2 = R_2 i_{\mathrm{L}} + L\,\frac{\mathrm{d}i_{\mathrm{L}}}{\mathrm{d}t} = 56\,\Omega\cdot 200\,\mathrm{mA} + (56\,\Omega - 20\,\mathrm{mH}\cdot 18{,}40\,\mathrm{ms}^{-1})\,K_1\,\mathrm{e}^{-18{,}40\frac{t}{\mathrm{ms}}}$$
$$- (56\,\Omega - 20\,\mathrm{mH}\cdot 4{,}403\,\mathrm{ms}^{-1})(K_1 + 200\,\mathrm{mA})\,\mathrm{e}^{-4{,}403\frac{t}{\mathrm{ms}}}.$$

Da die Spannung an der Kapazität C sich nicht im Schaltaugenblick sprunghaft ändern kann, gilt die Anfangsbedingung

$$u_2(t=0) = 11{,}2\,\mathrm{V} - 311{,}9\,\Omega\,K_1 + 32{,}06\,\Omega\,(K_1 + 200\,\mathrm{mA}) = 0.$$

Hieraus folgt für die Integrationskonstante $K_1 = 62{,}92\,\mathrm{mA}$ und für die Spannung

$$u_2 = 11{,}2\,\mathrm{V} - 19{,}63\,\mathrm{V}\,\mathrm{e}^{-18{,}40\frac{t}{\mathrm{ms}}} + 8{,}429\,\mathrm{V}\,\mathrm{e}^{-4{,}403\frac{t}{\mathrm{ms}}}.$$

Mit der nunmehr bekannten Integrationskonstanten K_1 erhält man auch das Endergebnis für den Strom durch die Induktivität L

$$i_{\mathrm{L}} = 200\,\mathrm{mA} + 62{,}92\,\mathrm{mA}\,\mathrm{e}^{-18{,}40\frac{t}{\mathrm{ms}}} - 262{,}9\,\mathrm{mA}\,\mathrm{e}^{-4{,}403\frac{t}{\mathrm{ms}}}.$$

Der Strom an der Kapazität C ergibt sich mit Gl. (9.36) zu

$$i_C = C\,\frac{du_2}{dt}$$

$$= 2\,\mu\text{F}\left(19{,}63\,\text{V}\cdot 18{,}40\,\text{ms}^{-1}\,\text{e}^{-18{,}40\frac{t}{\text{ms}}} - 8{,}429\,\text{V}\cdot 4{,}403\,\text{ms}^{-1}\,\text{e}^{-4{,}403\frac{t}{\text{ms}}}\right),$$

$$i_C = 722{,}2\,\text{mA}\,\text{e}^{-18{,}40\frac{t}{\text{ms}}} - 74{,}22\,\text{mA}\,\text{e}^{-4{,}403\frac{t}{\text{ms}}}.$$

Die Zeitverläufe der Spannung u_2 und der beiden Ströme i_L und i_C sind in Bild **9.**27a graphisch dargestellt. Der Gesamtstrom folgt aus der Summe

$$i = i_L + i_C = 200\,\text{mA} + 785{,}1\,\text{mA}\,\text{e}^{-18{,}40\frac{t}{\text{ms}}} - 337{,}1\,\text{mA}\,\text{e}^{-4{,}403\frac{t}{\text{ms}}}.$$ □

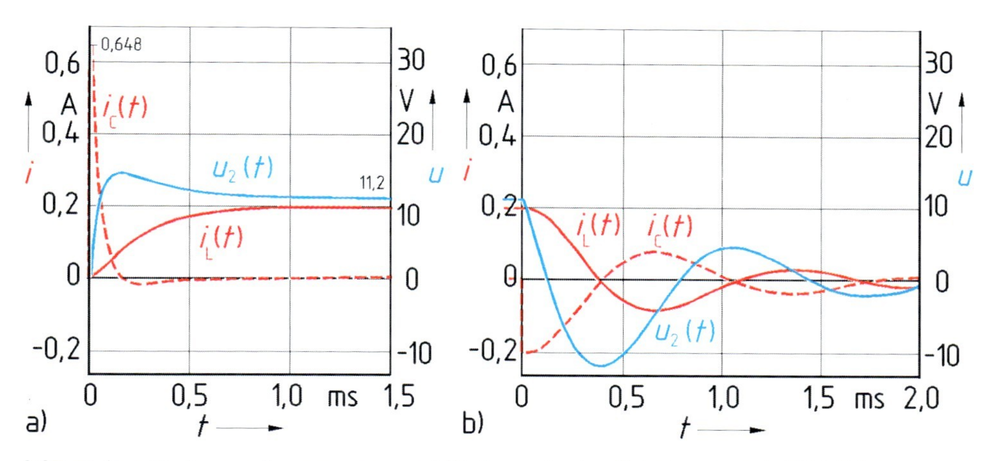

9.27 Zeitverläufe von Spannungen und Strömen in der Schaltung nach Bild **9.**26.
a) nach Anschalten der Schaltung an eine Gleichspannung U,
b) nach Abschalten der Gleichspannung U

□ **Beispiel 9.16**

Das Netzwerk in Bild **9.**26 mit der Kapazität $C = 2\,\mu\text{F}$, der Induktivität $L = 20\,\text{mH}$ und den beiden Widerständen $R_1 = 25\,\Omega$ und $R_2 = 56\,\Omega$ wird durch Öffnen des Schalters S von der Gleichspannung $U = 16{,}2\,\text{V}$ abgetrennt. Die zeitlichen Verläufe der Spannung u_2 und der Ströme i_L und i_C sollen ermittelt werden.

Nach Öffnen des Schalters S ist der Widerstand R_1 unwirksam, so daß die Elemente R_2, L und C einen Reihenschwingkreis bilden. Die Maschengleichung liefert mit Gln. (9.33) und (9.37)

$$u_2 = R_2\,i_L + L\,\frac{di_L}{dt}.$$

Andererseits gilt nach Gl. (9.36)

$$i_L = -i_C = -C \frac{du_2}{dt}.$$

Dies wird in die Maschengleichung eingesetzt. Nach Division durch LC erhält man

$$\frac{d^2 u_2}{dt^2} + \frac{R_2}{L} \frac{du_2}{dt} + \frac{1}{LC} u_2 = 0$$

bzw.

$$\frac{d^2 u_2}{dt^2} + 2\vartheta\omega_0 \frac{du_2}{dt} + \omega_0^2 u_2 = 0.$$

Dabei gilt nach Einsetzen der vorgegebenen Werte $\omega_0 = 5\,\text{ms}^{-1}$ und $\vartheta = 0{,}28$. Wegen $\vartheta < 1$ liegt der periodische Fall vor. Die Lösung dieser Differentialgleichung lautet nach Gl. (9.93)

$$\begin{aligned} u_2 &= [K_1 \cos(\sqrt{1-\vartheta^2}\,\omega_0 t) + K_2 \sin(\sqrt{1-\vartheta^2}\,\omega_0 t)]\,e^{-\vartheta\omega_0 t} \\ &= \left[K_1 \cos\left(4{,}8\,\frac{t}{\text{ms}}\right) + K_2 \sin\left(4{,}8\,\frac{t}{\text{ms}}\right)\right] e^{-1{,}4\frac{t}{\text{ms}}}. \end{aligned}$$

Das Aufsuchen einer partikulären Lösung entfällt, da die Differentialgleichung homogen ist. Weil sich die Spannung an einer Kapazität nicht sprunghaft ändern kann, behält die Spannung u_2 im Schaltaugenblick den Wert bei, den sie vor Öffnen des Schalters hatte. Daher gilt die Anfangsbedingung

$$u_2(t=0) = K_1 = \frac{R_2}{R_1 + R_2} U = \frac{56\,\Omega}{25\,\Omega + 56\,\Omega} 16{,}2\,\text{V} = 11{,}2\,\text{V}.$$

Damit ist die Integrationskonstante K_1 bekannt und kann in die Gleichung für u_2 eingesetzt werden. Nach Gl. (9.36) erhält man den Strom

$$\begin{aligned} i_L &= -i_C = -C \frac{du_2}{dt} \\ &= -2\,\mu\text{F}\left[-11{,}2\,\text{V} \cdot 4{,}8\,\text{ms}^{-1} \sin\left(4{,}8\,\frac{t}{\text{ms}}\right) + K_2 \cdot 4{,}8\,\text{ms}^{-1} \cos\left(4{,}8\,\frac{t}{\text{ms}}\right)\right. \\ &\quad \left. -11{,}2\,\text{V} \cdot 1{,}4\,\text{ms}^{-1} \cos\left(4{,}8\,\frac{t}{\text{ms}}\right) - K_2 \cdot 1{,}4\,\text{ms}^{-1} \sin\left(4{,}8\,\frac{t}{\text{ms}}\right)\right] e^{-1{,}4\frac{t}{\text{ms}}}. \\ i_L &= \left[(31{,}36\,\text{mA} - 9{,}6\,\text{mS} \cdot K_2) \cos\left(4{,}8\,\frac{t}{\text{ms}}\right)\right. \\ &\quad \left. + (107{,}5\,\text{mA} + 2{,}8\,\text{mS} \cdot K_2) \sin\left(4{,}8\,\frac{t}{\text{ms}}\right)\right] e^{-1{,}4\frac{t}{\text{ms}}}. \end{aligned}$$

Da sich der Strom an einer Induktivität nicht sprunghaft ändern kann, behält der Strom i_L im Schaltaugenblick den Wert bei, den er vor Öffnen des Schalters hatte. Daher gilt die

Anfangsbedingung

$$i_L(t=0)=31{,}36\,\text{mA}-9{,}6\,\text{mS}\cdot K_2=\frac{U}{R_1+R_2}=\frac{16{,}2\,\text{V}}{25\,\Omega+56\,\Omega}=200\,\text{mA}.$$

Hieraus folgt für die Integrationskonstante $K_2=-17{,}57\,\text{V}$ und für den Strom

$$i_L=-i_C=\left[200\,\text{mA}\cos\left(4{,}8\frac{t}{\text{ms}}\right)+58{,}33\,\text{mA}\sin\left(4{,}8\frac{t}{\text{ms}}\right)\right]\text{e}^{-1{,}4\frac{t}{\text{ms}}}.$$

Mit der nunmehr bekannten Integrationskonstanten K_2 erhält man auch das Endergebnis für die Spannung an der Kapazität C

$$u_2=\left[11{,}2\,\text{V}\cos\left(4{,}8\frac{t}{\text{ms}}\right)-17{,}57\,\text{V}\sin\left(4{,}8\frac{t}{\text{ms}}\right)\right]\text{e}^{-1{,}4\frac{t}{\text{ms}}}.$$

Die ermittelten Zeitverläufe der Ströme i_L und i_C sowie der Spannung u_L sind in Bild **9.**27b graphisch dargestellt. □

9.3.3 Schalten von Wechselströmen

Die in Abschn. 9.3.2 für das Schalten von Gleichströmen aufgestellten Differentialgleichungen sind im wesentlichen auch für Wechselströme anwendbar; lediglich die Störfunktion $f(t)$ in Gl. (9.56) ist von einem anderen Typ. Die jeweils zugehörige homogene Differentialgleichung, die man nach Abschn. 9.3.1.2 dadurch erhält, daß man die Störfunktion durch den Wert null ersetzt, ist in beiden Fällen dieselbe. Die Aufgabe reduziert sich damit auf das Aufsuchen einer partikulären Lösung und das Bestimmen der Integrationskonstanten aus den Anfangsbedingungen. Dies wird im folgenden anhand einiger Beispiele für sinusförmigen Wechselstrom gezeigt.

9.3.3.1 Einschalten einer RL-Reihenschaltung. Im Unterschied zu dem in Bild **9.**18 betrachteten Gleichstrom-Einschaltvorgang soll nach Bild **9.**28a zum Zeitpunkt $t=0$ eine sinusförmige Wechselspannung $u=\hat{u}\sin(\omega t+\varphi_u)$ an die RL-Reihenschaltung angeschaltet werden. Mit Gl. (9.58) erhält man die Maschengleichung

$$u_R+u_L=Ri+L\frac{\text{d}i}{\text{d}t}=\varepsilon(t)\cdot\hat{u}\sin(\omega t+\varphi_u)$$

und für $t>0$ die Differentialgleichung

$$\frac{\text{d}i}{\text{d}t}+\frac{R}{L}i=\frac{\hat{u}}{L}\sin(\omega t+\varphi_u). \tag{9.97}$$

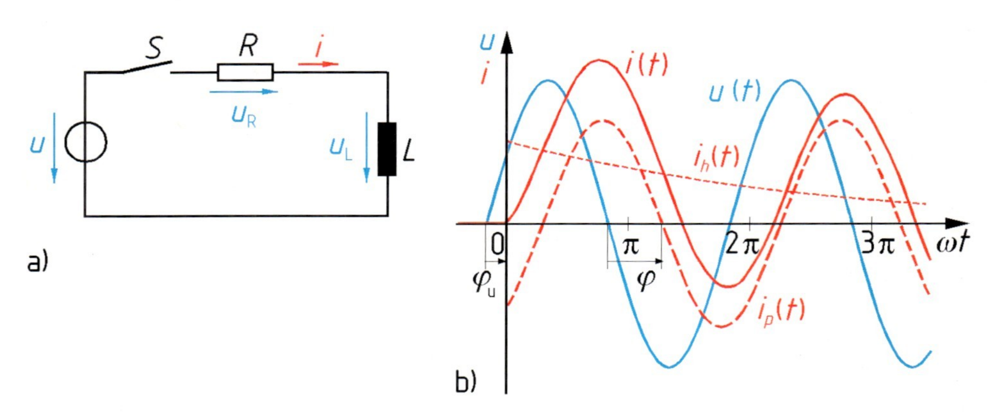

9.28 Einschalten einer Sinusspannung an einer RL-Reihenschaltung.
a) Schaltbild, b) Stromverlauf

Aus Gl. (9.69) kann die Lösung

$$i_{\mathrm{h}}=\underline{c}\,\mathrm{e}^{-\frac{t}{\tau}}=\underline{c}\,\mathrm{e}^{-\frac{R}{L}t} \tag{9.98}$$

der homogenen Differentialgleichung übernommen werden. Als partikuläre Lösung i_{p} wird der für $t=\infty$, also im stationären Zustand fließende Sinusstrom herangezogen, der sich am einfachsten mit Hilfe der komplexen Wechselstromrechnung ermitteln läßt. Der komplexe Widerstand $\underline{Z}$ der RL-Reihenschaltung ergibt sich mit den Gln. (6.19) bis (6.21) zu

$$\underline{Z}=R+\mathrm{j}\,\omega L=\sqrt{R^2+\omega^2 L^2}\;\mathrm{e}^{\mathrm{j}\,\mathrm{Arctan}\frac{\omega L}{R}}=Z\,\mathrm{e}^{\mathrm{j}\varphi}. \tag{9.99}$$

Der im stationären Zustand fließende Sinusstrom i_{p} wird dann durch den komplexen Stromzeiger

$$\underline{I}_{\mathrm{p}}=\frac{\underline{U}}{\underline{Z}}=\frac{U\,\mathrm{e}^{\mathrm{j}\varphi_{\mathrm{u}}}}{Z\,\mathrm{e}^{\mathrm{j}\varphi}}=\frac{U}{Z}\,\mathrm{e}^{\mathrm{j}(\varphi_{\mathrm{u}}-\varphi)}$$

beschrieben. Bei der Spannung $u=\hat{u}\sin(\omega t+\varphi_{\mathrm{u}})$ entspricht dies nach Abschn. 5.2 und 5.3 der Zeitfunktion

$$i_{\mathrm{p}}=\frac{\hat{u}}{Z}\sin(\omega t+\varphi_{\mathrm{u}}-\varphi). \tag{9.100}$$

Aus der Addition der Gln. (9.100) und (9.98) folgt die allgemeine Lösung

$$i=i_{\mathrm{p}}+i_{\mathrm{h}}=\frac{\hat{u}}{Z}\sin(\omega t+\varphi_{\mathrm{u}}-\varphi)+\underline{c}\,\mathrm{e}^{-\frac{R}{L}t}. \tag{9.101}$$

Die hierin enthaltene Integrationskonstante $\underline{c}$ ergibt sich aus der Anfangsbedingung. Da der Strom durch die Induktivität L sich nicht sprunghaft ändern kann, gilt für den Schaltaugenblick

$$i(t=0) = \frac{\hat{u}}{Z} \sin(\varphi_u - \varphi) + \underline{c} = 0;$$

und man erhält für die Integrationskonstante $\underline{c} = -(\hat{u}/Z)\sin(\varphi_u - \varphi)$. Der Strom in Bild **9.**28a verläuft damit für $t > 0$ nach der Funktion

$$i = i_p + i_h = \frac{\hat{u}}{Z}\left(\sin(\omega t + \varphi_u - \varphi) - \sin(\varphi_u - \varphi)\,e^{-\frac{R}{L}t}\right). \qquad (9.102)$$

Wie in Bild **9.**28b gezeigt, ist also dem nach Gl. (9.100) im stationären Zustand fließenden Sinusstrom i_p ein Gleichstrom i_h überlagert, der exponentiell mit der Zeitkonstanten $\tau = L/R$ abklingt. Dieser Gleichanteil verschwindet, wenn der Schaltwinkel $\varphi_u = \varphi$ (s. Bild **9.**29a) oder $\varphi_u = \varphi \pm 180°$ ist.

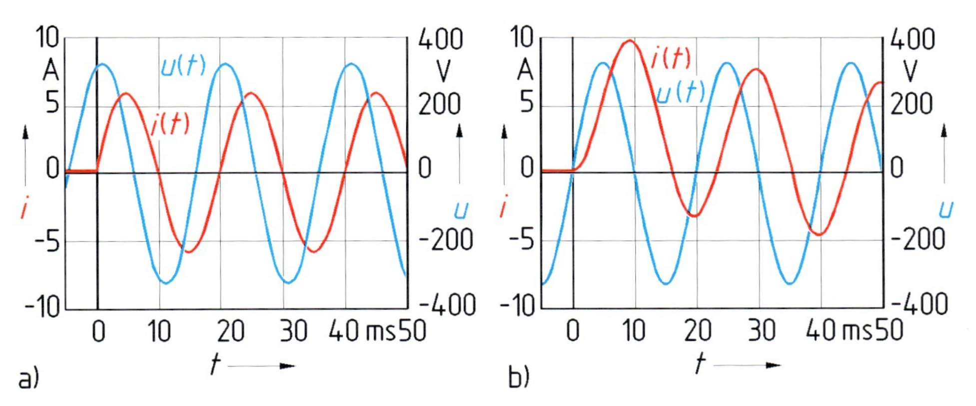

9.29 Spannung und Strom nach Einschalten einer Sinusspannung $u = \hat{u}\sin(\omega t + \varphi_u)$ zum Zeitpunkt $t = 0$ an einer RL-Reihenschaltung mit den Werten aus Beispiel 9.17
a) ohne Überschwingen (Schaltwinkel $\varphi_u = \varphi$),
b) mit maximalem Überschwingen (Schaltwinkel $\varphi_u = 0$)

In allen anderen Fällen weist das erste Strommaximum oder -minimum nach dem Einschalten einen überhöhten Wert auf. Man kann den Zeitpunkt $t_ü$ dieses Überschwingens bestimmen, indem man Gl. (9.102) nach der Zeit t differenziert und die erste Ableitung null setzt. Entsprechend erhält man den Schaltwinkel $\varphi_{uü}$, bei dem das größte Überschwingen auftritt, indem man Gl. (9.102) nach dem Schaltwinkel φ_u differenziert und auch diese Ableitung null setzt. Unter Verwendung der Umformung

$$\frac{L}{R} = \frac{1}{\omega} \cdot \frac{\omega L}{R} = \frac{1}{\omega} \tan\varphi$$

ergeben sich dann die beiden Bedingungen

$$-\tan\varphi\cos(\omega t_{ü}+\varphi_{uü}-\varphi)=\sin(\varphi_{uü}-\varphi)\,e^{-\frac{R}{L}t_{ü}},$$

$$\cos(\omega t_{ü}+\varphi_{uü}-\varphi)=\cos(\varphi_{uü}-\varphi)\,e^{-\frac{R}{L}t_{ü}},$$

die bei maximalem Überschwingen gleichermaßen erfüllt sein müssen. Aus der Division dieser beiden Gleichungen folgt

$$-\tan\varphi=\tan(\varphi_{uü}-\varphi) \qquad (9.103)$$

mit den Lösungen $\varphi_{uü}=0$ und $\varphi_{uü}=180°$. Unabhängig vom Phasenwinkel φ ergibt sich also die größte Stromspitze stets beim Einschalten im Spannungsnulldurchgang. In Bild **9.**29b ist dieser Fall dargestellt. Der Wert der Stromspitze hängt vom Phasenwinkel φ ab und erreicht für $\varphi=90°$ mit $2\hat{i}_p$ sein Maximum.

□ **Beispiel 9.17**

Die RL-Reihenschaltung in Bild **9.**28 mit den Werten $R=7\,\Omega$ und $L=175\,\text{mH}$ wird an die Sinusspannung $U=230\,\text{V}$, $f=50\,\text{Hz}$ angeschaltet. Gesucht sind die dem positiven Spannungsnulldurchgang nächstgelegenen Schaltwinkel φ_u, bei denen minimales bzw. maximales Überschwingen des Stromes i eintritt, sowie die zugehörigen Stromverläufe $i(t)$.

Bei $f=50\,\text{Hz}$ hat die RL-Reihenschaltung nach Gl. (9.99) den komplexen Widerstand

$$\underline{Z}=R+j\omega L=7\,\Omega+j2\pi\cdot 50\,\text{s}^{-1}\cdot 175\,\text{mH}=55{,}42\,\Omega\,e^{j82{,}74°}=Z\,e^{j\varphi}.$$

Nach Gl. (9.102) verschwinden Gleichanteil und Überschwingen für

$$\varphi_u=\varphi=82{,}74°=1{,}444\,\text{rad}.$$

Der Strom verläuft dann, wie in Bild **9.**29a dargestellt, nach der Funktion

$$i=\frac{\hat{u}}{Z}\sin(\omega t)=\frac{\sqrt{2}\cdot 230\,\text{V}}{55{,}42\,\Omega}\sin(\omega t)=5{,}869\,\text{A}\sin\left(0{,}3142\,\frac{t}{\text{ms}}\right).$$

Maximales Überschwingen tritt nach Gl. (9.103) beim Schaltwinkel $\varphi_u=0$ auf. Der Strom verläuft dann, wie in Bild **9.**29b dargestellt, nach der Funktion

$$i=\frac{\hat{u}}{Z}\left(\sin(\omega t-\varphi)-\sin(-\varphi)\,e^{-\frac{R}{L}t}\right)$$

$$=5{,}869\,\text{A}\left(\sin\left(0{,}3142\,\frac{t}{\text{ms}}-1{,}444\right)+0{,}9920\,e^{-\frac{t}{25\,\text{ms}}}\right). \qquad □$$

9.3.3.2 Einschalten einer RC-Reihenschaltung. Wenn zum Zeitpunkt $t=0$ die sinusförmige Wechselspannung $u=\hat{u}\sin(\omega t+\varphi_u)$ an eine RC-Reihenschaltung nach Bild **9.**30a angeschaltet wird, so gilt mit Gl. (9.36) und Gl. (9.58) die Ma-

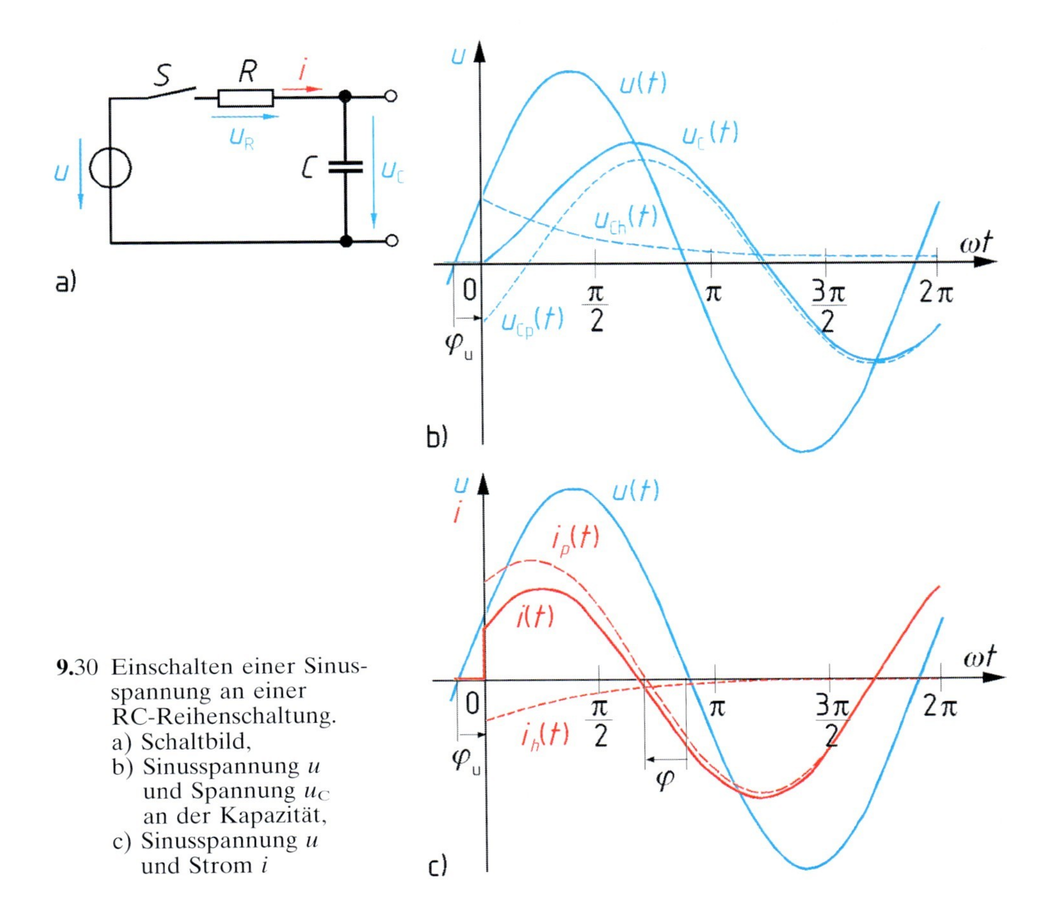

9.30 Einschalten einer Sinusspannung an einer RC-Reihenschaltung.
a) Schaltbild,
b) Sinusspannung u und Spannung u_C an der Kapazität,
c) Sinusspannung u und Strom i

schengleichung

$$R\,i+u_C=R\,C\,\frac{\mathrm{d}u_C}{\mathrm{d}t}+u_C=\varepsilon(t)\cdot\hat{u}\,\sin(\omega t+\varphi_u)\,.$$

Für $t>0$ erhält man zur Bestimmung der Ausgangsspannung u_C die Differentialgleichung

$$\frac{\mathrm{d}u_C}{\mathrm{d}t}+\frac{1}{R\,C}\,u_C=\frac{\hat{u}}{R\,C}\,\sin(\omega t+\varphi_u)\,. \tag{9.104}$$

Die zugehörige homogene Differentialgleichung hat die Lösung

$$u_{Ch}=\underline{c}\,\mathrm{e}^{-\frac{t}{\tau}}=\underline{c}\,\mathrm{e}^{-\frac{1}{RC}t}\,. \tag{9.105}$$

Als partikuläre Lösung u_{Cp} wird die für $t=\infty$, also im stationären Zustand auftretende Sinusspannung verwendet, die mit Hilfe der komplexen Wechselstromrechnung ermittelt wird. Der komplexe Widerstand $\underline{Z}$ der RC-Reihenschaltung ergibt sich mit den Gln. (6.27) bis (6.29) zu

$$\underline{Z}=R+\frac{1}{\mathrm{j}\,\omega C}=\sqrt{R^2+\frac{1}{\omega^2 C^2}}\cdot \mathrm{e}^{\mathrm{j}\,\mathrm{Arctan}\frac{-1}{\omega C R}}=Z\,\mathrm{e}^{\mathrm{j}\varphi}. \tag{9.106}$$

Wie Gl. (9.106) zeigt, ist der Phasenwinkel φ negativ. Die im stationären Zustand an der Kapazität C liegende Sinusspannung u_{Cp} wird durch den komplexen Spannungszeiger

$$\underline{U}_{\mathrm{Cp}}=\frac{1}{\mathrm{j}\,\omega C}\cdot\frac{\underline{U}}{\underline{Z}}=-\mathrm{j}\,\frac{U\mathrm{e}^{\mathrm{j}\varphi_{\mathrm{u}}}}{\omega C Z \mathrm{e}^{\mathrm{j}\varphi}}=-\mathrm{j}\,\frac{U}{\omega C Z}\,\mathrm{e}^{\mathrm{j}(\varphi_{\mathrm{u}}-\varphi)}$$

beschrieben. Dies entspricht der Zeitfunktion

$$u_{\mathrm{Cp}}=-\frac{\hat{u}}{\omega C Z}\cos(\omega t+\varphi_{\mathrm{u}}-\varphi). \tag{9.107}$$

Aus der Addition der Gln.(9.107) und (9.105) folgt die allgemeine Lösung

$$u_{\mathrm{C}}=u_{\mathrm{Cp}}+u_{\mathrm{Ch}}=-\frac{\hat{u}}{\omega C Z}\cos(\omega t+\varphi_{\mathrm{u}}-\varphi)+\underline{c}\,\mathrm{e}^{-\frac{1}{RC}t}. \tag{9.108}$$

Da die Spannung an der Kapazität C sich nicht sprunghaft ändern kann, gilt für den Schaltaugenblick

$$u_{\mathrm{C}}(t=0)=-\frac{\hat{u}}{\omega C Z}\cos(\varphi_{\mathrm{u}}-\varphi)+\underline{c}=0.$$

Aus dieser Anfangsbedingung folgt die Integrationskonstante $\underline{c}$, die in Gl. (9.108) eingesetzt wird. Die Spannung verläuft damit für $t>0$ nach der in Bild **9.**30b dargestellten Funktion

$$u_{\mathrm{C}}=u_{\mathrm{Cp}}+u_{\mathrm{Ch}}=\frac{\hat{u}}{\omega C Z}\left[-\cos(\omega t+\varphi_{\mathrm{u}}-\varphi)+\cos(\varphi_{\mathrm{u}}-\varphi)\,\mathrm{e}^{-\frac{1}{RC}t}\right]. \tag{9.109}$$

Der nach Gl. (9.107) im stationären Zustand auftretenden Sinusspannung u_{Cp} ist eine Gleichspannung u_{Ch} überlagert, die exponentiell mit der Zeitkonstanten $\tau=RC$ abklingt und ein Überschwingen der Spannung u_{C} verursacht. Dieser Gleichanteil verschwindet, wenn die Differenz von Schaltwinkel und Phasenwinkel $\varphi_{\mathrm{u}}-\varphi=\pm 90°$ ist. Den größten Wert erreicht das Überschwingen bei den Schaltwinkeln $\varphi_{\mathrm{u\ddot{u}}}=0°$ und $\varphi_{\mathrm{u\ddot{u}}}=180°$. Der in Bild **9.**30c dargestellte Strom i ergibt sich aus Gl. (9.109) mit Gl. (9.36) zu

$$i = i_\mathrm{p} + i_\mathrm{h} = C\,\frac{\mathrm{d}u_C}{\mathrm{d}t} = \frac{\hat{u}}{Z}\left[\sin(\omega t + \varphi_\mathrm{u} - \varphi) - \frac{1}{\omega C R}\cos(\varphi_\mathrm{u} - \varphi)\,\mathrm{e}^{-\frac{1}{RC}t}\right]. \qquad (9.110)$$

9.3.3.3 Einschalten eines Reihenschwingkreises. Wenn man in Gl. (9.79) statt der Sprungfunktion $U\varepsilon(t)$ die Funktion $\varepsilon(t)\,\hat{u}\sin(\omega t + \varphi_\mathrm{u})$ einsetzt, erhält man in Abwandlung von Gl. (9.83) für $t > 0$ die inhomogene Differentialgleichung

$$\frac{\mathrm{d}^2 i}{\mathrm{d}t^2} + 2\,\vartheta\,\omega_0\,\frac{\mathrm{d}i}{\mathrm{d}t} + \omega_0^2\,i = \omega\,\frac{\hat{u}}{L}\cos(\omega t + \varphi_\mathrm{u}). \qquad (9.111)$$

Gl. (9.83) ist die zugehörige homogene Differentialgleichung, bei deren Bearbeitung man zwischen dem aperiodischen und dem periodischen Fall sowie dem aperiodischen Grenzfall zu unterscheiden hat; die Gln. (9.87), (9.93) und (9.91) geben die jeweilige Lösung an. Beispiel 9.18 zeigt für einen periodischen Fall, wie man eine partikuläre Lösung findet und die Integrationskonstanten bestimmt.

□ **Beispiel 9.18**

Der Reihenschwingkreis in Bild **9.**31a mit den Werten $R = 250\,\Omega$, $L = 525\,\mathrm{mH}$ und $C = 0{,}3\,\mu\mathrm{F}$ wird bei dem Schaltwinkel $\varphi_\mathrm{u} = 35°$ an die Sinusspannung $U = 230\,\mathrm{V}$, $f = 50\,\mathrm{Hz}$ angeschaltet. Gesucht ist der Stromverlauf $i(t)$.

Mit den Gln. (9.81), (9.82) und (9.94) erhält man die Kennwerte

$$\omega_0 = \frac{1}{\sqrt{LC}} = \frac{1}{\sqrt{525\,\mathrm{mH}\cdot 0{,}3\,\mu\mathrm{F}}} = 2{,}520\,\mathrm{ms}^{-1},$$

$$\vartheta = \frac{R}{2}\sqrt{\frac{C}{L}} = \frac{250\,\Omega}{2}\sqrt{\frac{0{,}3\,\mu\mathrm{F}}{525\,\mathrm{mH}}} = 0{,}09449,$$

$$\omega_\mathrm{d} = \sqrt{1 - \vartheta^2}\,\omega_0 = \sqrt{1 - 0{,}09449^2}\cdot 2{,}520\,\mathrm{ms}^{-1} = 2{,}508\,\mathrm{ms}^{-1}.$$

Die Differentialgleichung (9.111) lautet somit

$$\frac{\mathrm{d}^2 i}{\mathrm{d}t^2} + 0{,}4762\,\mathrm{ms}^{-1}\,\frac{\mathrm{d}i}{\mathrm{d}t} + 6{,}349\,\mathrm{ms}^{-2}\,i = 194{,}6\,\frac{\mathrm{mA}}{\mathrm{ms}^2}\cos(\omega t + \varphi_\mathrm{u}).$$

Die zugehörige homogene Differentialgleichung hat nach Gl. (9.93) die Lösung

$$i_\mathrm{h} = \left[K_1\cos\left(2{,}508\,\frac{t}{\mathrm{ms}}\right) + K_2\sin\left(2{,}508\,\frac{t}{\mathrm{ms}}\right)\right]\mathrm{e}^{-0{,}2381\frac{t}{\mathrm{ms}}}.$$

Als partikuläre Lösung i_p wird der für $t = \infty$ fließende Sinusstrom verwendet. Mit dem komplexen Widerstand des Reihenschwingkreises

$$\underline{Z} = R + \mathrm{j}\,\omega L + \frac{1}{\mathrm{j}\,\omega C} = 250\,\Omega - \mathrm{j}\,10{,}445\,\mathrm{k}\Omega = 10{,}448\,\mathrm{k}\Omega\,\mathrm{e}^{-\mathrm{j}88{,}63°} = Z\,\mathrm{e}^{\mathrm{j}\varphi}$$

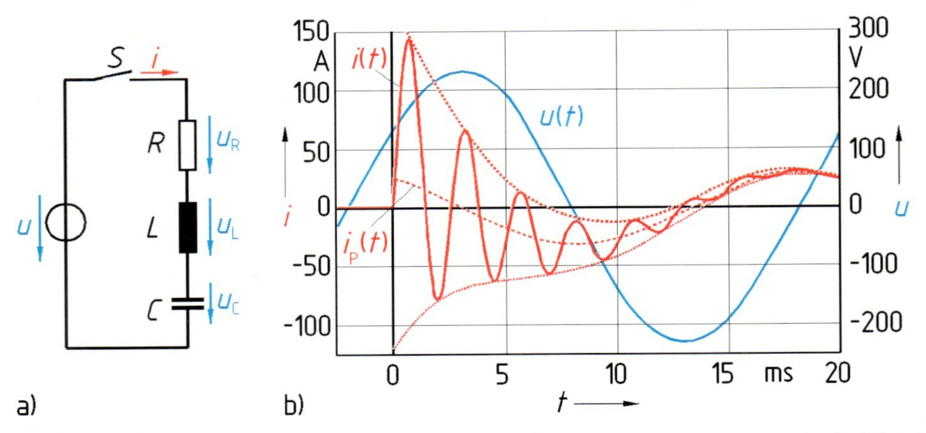

9.31 Anschalten einer Sinusspannung an einen Reihenschwingkreis nach Beispiel 9.18.
a) Schaltbild, b) Spannungs- und Stromverlauf

erhält man den Stromzeiger

$$\underline{I}_p = \frac{\underline{U}}{\underline{Z}} = \frac{U\,e^{j\varphi_u}}{Z\,e^{j\varphi}} = \frac{230\,\mathrm{V}\,e^{j35°}}{10{,}448\,\Omega\,e^{-j88{,}63°}} = 22{,}01\,\mathrm{mA}\,e^{j123{,}63°}.$$

Dies entspricht der Zeitfunktion

$$i_p = \sqrt{2}\cdot 22{,}01\,\mathrm{mA}\,\sin(\omega t + 123{,}63°) = 31{,}13\,\mathrm{mA}\,\cos(\omega t + 33{,}63°).$$

Die beiden Integrationskonstanten K_1 und K_2 in der allgemeinen Lösung $i = i_p + i_h$ ergeben sich aus den Anfangsbedingungen. Wegen der Induktivität L kann sich der Strom i im Schaltaugenblick nicht sprunghaft ändern. Hieraus folgt

$$i(t=0) = 31{,}13\,\mathrm{mA}\,\cos(33{,}63°) + K_1 = 0$$

und $K_1 = -25{,}92\,\mathrm{mA}$. Da im Schaltaugenblick sowohl die Spannung u_C an der Kapazität C als auch – wegen $i(t=0) = 0$ – die Spannung u_R am Widerstand R null sind, liegt zunächst die gesamte Spannung u an der Induktivität L. Aus dieser Anfangsbedingung folgt mit Gl. (9.37)

$$u_L(t=0) = L\left.\frac{di}{dt}\right|_{t=0} = \hat{u}\,\sin\varphi_u = \sqrt{2}\,U\,\sin\varphi_u.$$

Wenn man die Differentiation durchführt und die vorgegebenen Werte einsetzt, erhält man

$$525\,\mathrm{mH}\,(-0{,}3142\,\mathrm{ms}^{-1}\cdot 31{,}13\,\mathrm{mA}\,\sin 33{,}63°$$
$$+ 2{,}508\,\mathrm{ms}^{-1}K_2 + 0{,}2381\,\mathrm{ms}^{-1}\cdot 25{,}92\,\mathrm{mA}) = 186{,}6\,\mathrm{V}.$$

Hieraus folgt für die zweite Integrationskonstante $K_2 = 141{,}4\,\mathrm{mA}$. Nach Einsetzen beider Integrationskonstanten in die allgemeine Lösung $i = i_p + i_h$ erhält man

$$i = 31{,}13\,\text{mA}\cos(\omega t + 33{,}63°)$$
$$+\left[-25{,}92\,\text{mA}\cos\left(2{,}508\frac{t}{\text{ms}}\right) + 141{,}4\,\text{mA}\sin\left(2{,}508\frac{t}{\text{ms}}\right)\right]\text{e}^{-0{,}2381\frac{t}{\text{ms}}}$$

und nach Zusammenfassung der Kosinus- und der Sinus-Funktion in der eckigen Klammer den in Bild **9.**31 b gezeigten Stromverlauf

$$i = 31{,}13\,\text{mA}\cos\left(0{,}3142\frac{t}{\text{ms}} + 33{,}63°\right)$$
$$+143{,}7\,\text{mA}\sin\left(2{,}508\frac{t}{\text{ms}} - 10{,}39°\right)\text{e}^{-0{,}2381\frac{t}{\text{ms}}}.$$ □

9.3.3.4 Ausschalten. Da Wechselstrom in jeder Halbperiode einmal null wird, kann man ihn viel leichter als Gleichstrom abschalten; es ist nur notwendig, nach dem Nulldurchgang ein Wiederzünden des Lichtbogens zu verhindern – z.B. durch großen Schaltkontaktabstand oder durch Kühlen und somit Entionisieren der Lichtbogenstrecke. Mit Bild **9.**32 wird ein einfaches Beispiel betrachtet.

Vor dem Öffnen des Schalters S besteht zwischen der Sinusspannung u und dem Sinusstrom i der (negative) Phasenwinkel φ; die Spannung u_C an der Kapazität C eilt dem Strom i um 90° nach (s. Abschn. 5.4.3.1). Nach Öffnen zum Zeitpunkt $t=0$ tritt nach der Maschengleichung am Schalter die Spannung $u_S = u - u_C$ auf, die sich, wie Bild **9.**32b zeigt, aus der sinusförmigen Generatorspannung u und dem Zeitwert $u_C(t=0)$ ergibt, den die Spannung an der (ideal angenommenen) Kapazität im Schaltaugenblick hat.

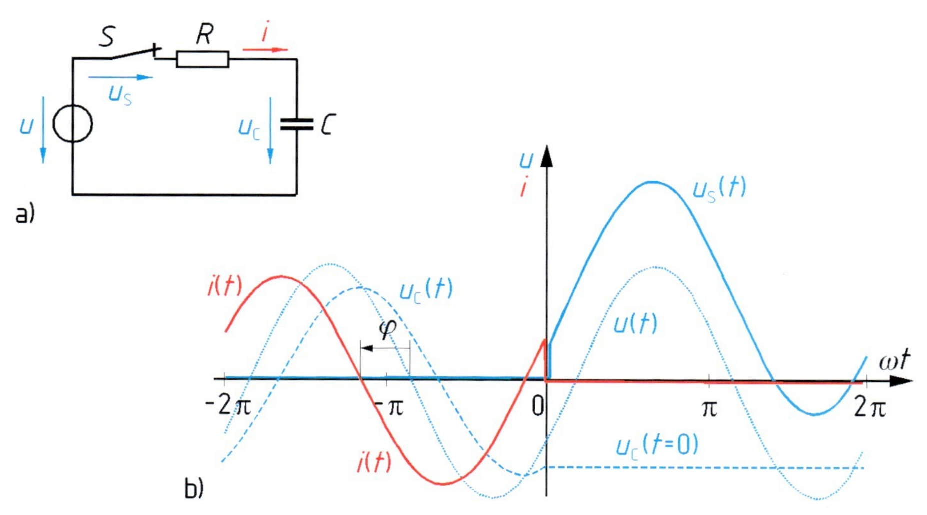

9.32 Abschalten eines Sinusstromes an einer RC-Reihenschaltung.
a) Schaltbild, b) Strom- und Spannungsverläufe

10 Elektrische Leitungsmechanismen

In Abschn. 1.2.3.2 und 2.1.2.1 ist der Mechanismus der elektrischen Strömung, die Art der den Strom repräsentierenden bewegten Ladungsträger, sowie die Einteilung der Substanzen in Leiter und Nichtleiter bereits phänomenologisch und stichwortartig erläutert worden. In diesem Kapitel sollen nun, ausgehend von den physikalischen Grundgesetzen der Materie, die Leitungsmechanismen begründet und die daraus folgenden makroskopischen Gesetzmäßigkeiten entwickelt werden. Dabei diskutieren wir die physikalischen Substanzen bzgl. ihres Leitfähigkeitsverhaltens in der Reihe zunehmenden Ordnungsgrades, d.h. in der Folge Vakuum–Gase–Flüssigkeiten–Festkörper.

10.1 Elektrische Leitung im Vakuum

Unter Vakuum ist im folgenden nicht der ‚leere Raum' gemeint – der sich technisch gar nicht realisieren läßt und daher für den Ingenieur uninteressant ist – sondern ein Raum, in dem die Anzahl der Gas-Atome oder -Moleküle bzw. ihr Druck p so gering und daher ihr gegenseitiger Abstand so groß ist, daß sie die Bewegung eines Ladungsträgers durch diesen Raum hindurch praktisch nicht beeinflussen. Das ist sicher dann der Fall, wenn der statistische Mittelwert dieses Abstandes, die sog. mittlere freie Weglänge $\Lambda \sim 1/p$, groß ist gegen die Abmessung des Raumes in der Bewegungsrichtung des Ladungsträgers (s. hierzu Tafel **10.**1). Unterhalb von etwa $p = 10^{-3}$ mbar ($= 0{,}1$ Pa) spricht man von Hochvakuum.

Tafel **10.**1 Mittlere freie Weglänge Λ verschiedener edler Gase und unedler Gase bei $T = 273$ K und bei einem Druck von $p = 1$ mbar (nach [13])

Gas	He	Ne	Xe	H_2	N_2	CO_2
$\Lambda/\mu m$	175	125	37	108	59	47

Die elektrische Strömung in einem technischen Vakuum wird i. allg. ausschließlich durch bewegte Elektronen bewirkt – die von außen in diesen Raum eingebracht werden müssen (s. Abschn. 10.1.1) –, denn die Erzeugung positiver Ionen durch Aufprall von Elektronen auf neutrale Gasteilchen kann vernachlässigt werden.

Von der Elektronenleitung im technischen Vakuum wird in vielen Bereichen der Elektrotechnik Gebrauch gemacht, z.B. in gittergesteuerten Elektronen- und Laufzeit-Röhren (Verstärker und Oszillatoren), in Elektronenstrahl-Wandlerröhren als Oszillographenröhren, Bildaufnahme- und Bild-Wiedergaberöhren der Fernseh- sowie Röntgentechnik und in Elektronenmikroskopen.

10.1.1 Elektronenemission in das Vakuum

Die zur elektrischen Leitung erforderlichen Elektronen werden in der Regel aus festen Körpern gewonnen. Darin sind die Elektronen durch Kräfte an die Atomrümpfe gebunden, so daß an ihnen eine bestimmte Arbeit zu leisten ist (sog. Austrittsarbeit W), damit sie die anziehende Kraft nach dem Körperinnern hin überwinden und über die Oberfläche des Körpers austreten können. Diese sog. Emission kann auf verschiedene Weise erreicht werden.

Bei der am häufigsten (z.B. in Elektronenröhren) angewandten thermischen Emission wird durch Erhitzen einer sog. Kathode K (s. Bild **10.**2) die im Innern des Kathodenmaterials bestehende Geschwindigkeitskomponente v der Elektronen senkrecht zur Oberfläche so weit erhöht, daß einige von ihnen entsprechend der Kraft $\vec{F}$ die Barriere ‚Austrittsarbeit W' überwinden können; die Zahl der emittierten Elektronen nimmt dabei mit der Kathodentemperatur T_K zu. Durch eine positive Spannung U_{AK} an der der Kathode im Abstand d gegenüberliegenden Elektrode (Anode A) werden diese Elektronen zur Anode hin beschleunigt und dort aufgefangen: Es ist also ein Stromfluß durch das Vakuum hindurch erfolgt. Die Größe des Stromes ist außer von der Temperatur T_K auch von der anliegenden Spannung U_{AK} abhängig (s. Abschn. 10.1.3.1).

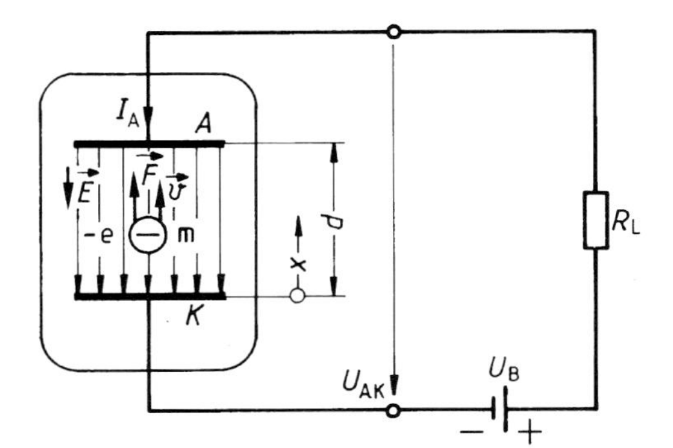

10.2 Elektron im Innern eines Plattenkondensators im Vakuum zwischen Anode A und Kathode K (Zweielektrodenröhre, Diode) mit zugehöriger Potentialverteilung U_B = Batteriespannung, R_L = Lastwiderstand

– Der Vorgang ist vergleichbar dem Verdampfen einer Flüssigkeit, wobei dem Dampf hier die austretenden Elektronen entsprechen; der Verdampfungswärme der Flüssigkeit entspricht die Austrittsarbeit. –

Die Tafel **10.**3 gibt eine Übersicht über Austrittsarbeiten und Betriebstemperaturen einiger Kathoden.

Tafel **10.3** Austrittsarbeit W und Betriebstemperatur T_K einiger Kathoden (nach [13])

	Massiv-Kathoden				
Material	W	Mo	Ta	Th	Ba
W/eV	4,5	4,2	4,1	3,4	2,5
T_K/K	2500	2300	2100	1500	800

	Atomfilm-Kathoden			Oxid-Kathoden		
Material	W + Th	W + Ba	W-O-Ba	BaO + SrO auf Ni	BaO + SrO auf W	ThO auf W
W/eV	2,6	1,6	1,3	1,0	1,6	1,0 ... 1,5
T_K/K	1900	1000	1000	1100	1400	1800

Auch durch Einfall von Licht geeigneter Wellenlänge λ können Elektronen aus einem Festkörper emittiert werden. Diese sog. Photoemission setzt dann ein, wenn die Energie E eines in den Festkörper (Metall oder Halbleiter) eindringenden Lichtquants (Photon) größer ist als die Austrittsarbeit W eines Elektrons, d.h.

$$E = h \cdot f = h \cdot \frac{c}{\lambda} > W \text{ bzw. } \lambda < \frac{h \cdot c}{W} = \frac{1{,}24\,\mu\text{m}}{\frac{W}{\text{eV}}}$$

($h = 6{,}62 \cdot 10^{-34}$ Ws^2 = Planck'sches Wirkungsquantum, $c = 3 \cdot 10^8$ m/s Lichtgeschwindigkeit im Vakuum; zur Einheit eV s. Tafel **1.**2).

Da die Austrittsarbeit W nach Tafel **10.**3 einige eV beträgt, kann mit sichtbarer, ultravioletter oder Röntgenstrahlung Photoemission bewirkt werden. Anwendung findet sie z.B. in Photozellen, Bildwandler-Röhren sowie -Verstärkern.

Ein Elektron mit einer Energie von mindestens 10 eV löst beim Auftreffen auf einen Festkörper Sekundärelektronen aus. Der optimale Vervielfachungsfaktor δ liegt bei Graphit, Alkali- und Erdalkali-Metallen unter 1, bei allen anderen Metallen zwischen 1 und 3 und erreicht bei Halbleitern und Isolatoren Werte von 3–20. Von der Sekundärelektronenvervielfachung wird z.B. in Photomultipliern Gebrauch gemacht.

Wenn an einer Metalloberfläche eine Feldstärke von der Größenordnung 10^9 V/m herrscht (z.B. an einer feinen Drahtspitze), emittiert sie auf Grund der hohen Feldkraft Elektronen. Praktische Anwendung findet diese sog. Feldemission – die nur wellenmechanisch verstanden werden kann – in elektronenoptischen Geräten, wie z.B. in der Elektronenstrahl-Mikroskopie und -Lithographie.

10.1.2 Elektronenströmung im Vakuum

In den Anwendungsfällen der Praxis werden die Elektronen am Ende ihres Weges durch das Vakuum von einer i. allg. metallischen Elektrode (Anode) aufgenommen. Dementsprechend wollen wir die Bewegung eines Elektrons durch das Vakuum an dem in Bild **10.**2 dargestellten einfachen Modell untersuchen. Wenn zwischen der Anode A und der Kathode K eine Spannung U_{AK} liegt, besteht im Raum zwischen den als planparallel angenommenen Elektroden bei Vernachlässigung von Randeffekten ein homogenes elektrisches Feld $\vec{E}$. Es übt auf ein im Raum befindliches Elektron die konstante Kraft $\vec{F} = -e\vec{E}$ in Richtung auf die positive Elektrode A aus. Wenn die Kathode dauernd geheizt wird und somit ständig Elektronen nachliefert, ist der gesamte Raum von einer Elektronenströmung erfüllt. Über größere Strecken spreizt diese Elektronenströmung durch die gegenseitige elektrostatische Abstoßung der Elektronen auf; dem kann durch (magnetische) Bündelung entgegengewirkt werden (s. Abschn. 10.1.2.2). Eine solche gebündelte Elektronenströmung wird als Elektronenstrahl bezeichnet. Dieser ist in unserem Modell geradlinig; bei manchen Anwendungen ist er kreisförmig (z. B. Magnetron [24]) oder schraubenförmig (Gyrotron [34]).

Wir wollen nun die Gesetzmäßigkeiten der Bewegung eines einzelnen Elektrons der Strömung im elektrischen und magnetischen Feld beschreiben und sehen dabei von der Beeinflussung durch alle übrigen Elektronen ab.

10.1.2.1 Bewegung im elektrischen Feld. Bewegungsgleichung. In der Anordnung von Bild **10.**2 besteht zwischen den beiden planparallelen Elektroden mit dem gegenseitigen Abstand d bei Anlegen der Spannung U_{AK} zwischen Anode und Kathode das homogene Feld

$$E = -U_{AK}/d. \tag{10.1}$$

Es übt auf das Elektron die Kraft

$$F = -eE = +eU_{AK}/d \tag{10.2}$$

in x-Richtung aus, durch die es auf die positive Anode hin bewegt wird. Der Bewegungsablauf wird durch die Bewegungsgleichung

$$\text{Masse} \cdot \text{Beschleunigung} = \text{Kraft} \tag{10.3a}$$

$$m_0 \cdot \frac{d^2x}{dt^2} = \frac{eU_{AK}}{d} \tag{10.3b}$$

beschrieben, in der $e = 1{,}6 \cdot 10^{-19}$ As der Betrag der Elektronenladung und $m_0 = 9{,}1 \cdot 10^{-31}$ kg die Ruhemasse des Elektrons ist. Durch einmalige Integration der Bewegungsgleichung (10.3b) erhalten wir die Geschwindigkeit

$$\frac{\mathrm{d}x}{\mathrm{d}t} = v = \frac{e\,U_{\mathrm{AK}}}{m_0 d}\,t + \mathrm{const}\,.$$

Die Integrationskonstante wird durch die Vorgabe festgelegt, daß beim Start des Elektrons aus der Kathode ($t = t_1$) die Geschwindigkeit $v = v_1$ ist; das liefert

$$v(t) = \frac{e\,U_{\mathrm{AK}}}{m_0 d} \cdot (t - t_1) + v_1\,. \tag{10.4}$$

Wie noch gezeigt wird (s. Gl. (10.11)), darf v_1 i.allg. vernachlässigt werden. Dann liefert die nochmalige Integration der Gl. (10.4)

$$x(t) = \frac{e \cdot U_{\mathrm{AK}}}{2 m_0 \cdot d} \cdot (t - t_1)^2; \tag{10.5}$$

hierbei ist schon berücksichtigt, daß der Startort in der Ebene $x = 0$ liegt. Aus Gl. (10.5) kann der Zeitpunkt t_2 berechnet werden, zu dem das Elektron die Anode erreicht ($x = d$)

$$d = \frac{e \cdot U_{\mathrm{AK}}}{2 m_0 d} \cdot (t_2 - t_1)^2$$

und damit die Laufzeit $\tau = t_2 - t_1$ zum Durchqueren der Strecke Kathode–Anode

$$\tau = \sqrt{\frac{2 m_0 \cdot d^2}{e \cdot U_{\mathrm{AK}}}}\,. \tag{10.6}$$

Nach Einsetzen der Naturkonstanten e und m_0 folgt

$$\tau = 3{,}37 \cdot \frac{d}{\mathrm{m}} \sqrt{\frac{\mathrm{V}}{U_{\mathrm{AK}}}}\ \mu\mathrm{s}\,. \tag{10.7}$$

– Die Gl. (10.6) ist analog derjenigen für die Fallhöhe $h = g\,\tau^2/2$ im Schwerefeld der Erde. Das ist natürlich nicht überraschend, da die dortige Bewegungsgleichung formal mit Gl. (10.3) übereinstimmt; dabei entspricht die Größe $eU_{\mathrm{AK}}/m_0 d$ der Fallbeschleunigung g. –

□ **Beispiel 10.1**
Für den Abstand $d = 5\,\mathrm{mm}$ der gegenüberstehenden ebenen Plattenanordnung nach Bild **10.**2 ist die Elektronenlaufzeit τ zu berechnen, wenn die Spannung $U_{AK} = 250\,\mathrm{V}$ beträgt.
Nach Gl. (10.7) gilt für die Elektronenlaufzeit

$$\tau = \frac{3{,}37(d/\mathrm{m})}{\sqrt{U_{AK}/\mathrm{V}}}\,\mu s = \frac{3{,}37 \cdot 0{,}005}{\sqrt{250}}\,\mu s = 1{,}07\,\mathrm{ns}$$

Die Elektronenlaufzeit ist also sehr kurz und kann daher häufig vernachlässigt werden und folglich der Stromdurchgang durch das Vakuum als trägheitslos angesehen werden; dies ist für die Steuerung von Elektronenstrahlen in Elektronenröhren, Kathodenstrahl-Oszilloskopen etc. von großer Bedeutung.
Der Vorgang kann jedoch dann nicht mehr als trägheitslos angesehen werden, wenn die Elektronenlaufzeit in die Größenordnung der Periodendauer einer der Gleichspannung U_{AK} überlagerten Wechselspannung fällt (in diesem Beispiel also für $f > 1\,\mathrm{GHz}$). Es treten dann Laufzeiteffekte auf, welche den Bewegungsvorgang der Elektronen wesentlich ändern und der Anwendung sog. gittergesteuerter Elektronenröhren (s. Abschn. 10.1.3.2) frequenzmäßig eine obere Grenze setzen. Dagegen beruht die Wirkungsweise der sog. Laufzeitröhren (Wanderfeldröhren, Magnetron, (Reflex-)Klystron, Gyrotron) gerade auf dem Vorhandensein endlicher Laufzeiten; diese Röhren spielen in der Mikrowellentechnik als Verstärker und Oszillatoren eine wichtige Rolle ([24], [34]). □

Elektronen-Geschwindigkeit. Nach Gl. (10.4) erreicht das Elektron die Anode zur Zeit $t = t_2$ mit der Geschwindigkeit

$$v_2 = v(t_2 = t_1 + \tau) = \frac{e \cdot U_{AK}}{m_0 \cdot d} \cdot \tau, \tag{10.8}$$

sofern v_1 vernachlässigt werden kann. In Verbindung mit Gl. (10.6) folgt daraus

$$\frac{m_0 \cdot v_2^2}{2} = e \cdot U_{AK}. \tag{10.9}$$

Aus dieser Schreibweise ist leicht das Gesetz von der Erhaltung der Energie zu erkennen, das also in der Bewegungsgleichung (10.3) implizit enthalten ist: Wenn das Elektron die Potentialdifferenz U_{AK} durchlaufen hat, so hat ihm das elektrische Feld die Energie $e\,U_{AK}$ zugeführt. Diese bewirkt eine gleich große Zunahme der kinetischen Energie vom Anfangswert $m_0 v_1^2/2$ $(=0)$ auf $m_0 v_2^2/2$. Aus Gl. (10.9) folgt

$$v_2 = \sqrt{\frac{2e \cdot U_{AK}}{m_0}} \tag{10.10}$$

und nach Einsetzen der Naturkonstanten e und m_0

$$v_2 = 593 \cdot \sqrt{\frac{U_{AK}}{\mathrm{V}}} \cdot \frac{\mathrm{km}}{\mathrm{s}}. \tag{10.11}$$

Sofern die nach dieser Gleichung berechneten v_2-Werte sehr viel größer sind als die mittlere Austrittsgeschwindigkeit der Elektronen aus der Kathode $\sqrt{\frac{\pi}{2} \cdot \frac{k T_k}{m_0}}$ (≈ 180 km/s bei $T_k \approx 1300$ K), ist die Vernachlässigung der Startgeschwindigkeit v_1 gerechtfertigt; das ist schon bei Spannungen U_{AK} von wenigen Volt der Fall.

□ **Beispiel 10.2**

In einer Elektronenstrahlröhre (z.B. Oszillographen- oder Fernseh-Bildröhre (s. Abschn. 10.1.3.3)) werden die Elektronen durch Spannungen von meist einigen kV beschleunigt. Wie groß ist die Endgeschwindigkeit nach dem Durchlaufen von $U = 10$ kV?

Aus Gl. (10.11) erhält man die Geschwindigkeit

$$v = 593 \sqrt{U/\mathrm{V}}\ (\mathrm{km/s}) = 593 \sqrt{10\,000}\ \mathrm{km/s} \approx 60\,000\ \mathrm{km/h}.$$

also rund 1/5 Lichtgeschwindigkeit. Bei dieser weicht die Masse m des Elektrons schon um einige % von der Ruhemasse m_0 ab. □

Die Gl. (10.11) gilt entsprechend ihrer Herleitung nur dann, wenn die Masse des Elektrons von seiner Geschwindigkeit v unabhängig ist. Das ist nach der Relativitätstheorie nur für $v \ll c$ der Fall, denn es gilt allgemein für die wirksame Masse eines Elektrons

$$m = \frac{m_0}{\sqrt{1 - \left(\frac{v}{c}\right)^2}}. \qquad (10.12)$$

Dementsprechend lautet die Bewegungsgleichung

zeitliche Änderung des Impulses = Kraft

$$\frac{d(m \cdot v)}{\mathrm{d}t} = \frac{e \cdot U_{AK}}{d}.$$

Aus ihr folgt durch Integration längs des Elektronenweges von der Kathode zur Anode (als Ergebnis einer hier nicht wiedergegebenen Rechnung)

$$(m - m_0)\, c^2 = e\, U_{AK}$$

bzw.

$$m c^2 = e\, U_{AK} + m_0 c^2. \qquad (10.13)$$

Danach setzt sich die Gesamtenergie $m c^2$ des Elektrons aus der ihm im elektrischen Feld zugeführten Energie $e\, U_{AK}$ und der sog. Ruheenergie $m_0 c^2$ (= 0,512 MeV) zusammen.

Aus Gl. (10.13) folgt mit Gl. (10.12) nach einer längeren Rechnung

$$v = \sqrt{1 - \frac{1}{(1 + \frac{eU_{AK}}{m_0 c^2})^2}} \cdot c. \qquad (10.14)$$

Für die im Beispiel 10.2 gewählte Spannung $U_{AK} = 10\,\text{kV}$ ist v nach Gl. (10.14) um 1,5% kleiner als der nach Gl. (10.11) berechnete Wert, die relativistische Korrektur ist also praktisch noch vernachlässigbar. Dagegen muß sie bei Teilchenbeschleunigern unbedingt berücksichtigt werden, da die dort erreichbaren Geschwindigkeiten dicht unter der Lichtgeschwindigkeit liegen.

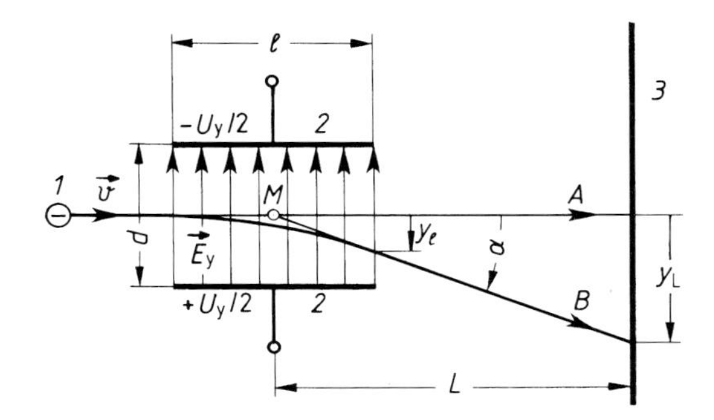

10.4 Ablenkung eines Elektronenstrahls 1 durch Ablenkplatten 2 um die Strecke y_L in der Ebene 3

Ablenkung durch ein elektrisches Feld. Bei vielen technischen Anwendungen von Elektronenstrahlen werden die Elektronen aus einer ursprünglichen geradlinigen Bahn ausgelenkt. Dies ist durch elektrische bzw. magnetische Felder möglich, die Komponenten senkrecht bzw. parallel zur Bewegungsrichtung der Elektronen haben. Bild **10.**4 zeigt eine solche Ablenkung von ursprünglich in z-Richtung fliegenden Elektronen *1* durch ein von der Spannung U_y erzeugtes elektrisches Querfeld E_y zwischen den Elektroden *2* (Ablenkplatten der Länge l im Abstand d). Es überlagert der Elektronen- oder Strahl-Geschwindigkeit $v_z = \sqrt{2 \frac{e}{m_0} U_Z}$ eine senkrecht wirkende Querkomponente v_y, die von der durchlaufenen Querspannung U_y bzw. Querfeldstärke E_y und der Laufzeit τ der Elektronen durch den Ablenkbereich abhängt. Für die Ablenkung y_L aus der ursprünglichen Richtung (A) in die um den Winkel α geneigten Richtung (B) im Abstand L von der Mitte M der Ablenkplatten sind außer den wirkenden Spannungen U_z und U_y auch die Abmessungen des Ablenksystems maßgebend; die Lösung der (hier zweidimensionalen) Bewegungsgleichung liefert [13]

$$y_L = \frac{l/2}{d} \cdot L \cdot \frac{U_y}{U_z}. \qquad (10.15)$$

Die Größe y_L/U_y wird als Ablenkempfindlichkeit bezeichnet, ihr Kehrwert als Ablenkkoeffizient.

Wenn anstelle der Gleichspannung U_y eine Wechselspannung $\hat{u}_y \cos(\omega t + \varphi)$ zwischen den Ablenkplatten liegt, reduziert sich die Ablenkempfindlichkeit $\hat{y}_L/\hat{u}_y$ gegenüber dem Wert nach Gl. (10. 15) gemäß

$$\frac{\hat{y}_L}{\hat{u}_y} = \frac{y_L}{U_y} \cdot \frac{\sin \frac{\pi \cdot \tau}{T}}{\frac{\pi \cdot \tau}{T}}, \qquad (10.16)$$

($\tau = l/v_y$ Laufzeit im Ablenkraum, $T = 2\pi/\omega$ Periodendauer der anliegenden Wechselspannung), wie hier ohne Beweis angegeben wird [9]. Durch veränderte Formgebung der Ablenkungsanordnung (geneigte, gekrümmte, geknickte Ablenkplatten, Laufzeit-Ablenkelektroden) kann erreicht werden, daß diese Verringerung erst im GHz-Gebiet nennenswert ist. Anwendung findet die Ablenkung durch ein elektrisches Feld in Oszillographenröhren und in der Elektronenoptik (s. Abschn. 10.1.3.3); ihr Vorteil liegt darin, daß die Steuerung des Elektronenstrahls durch eine Spannung bis zu verhältnismäßig hohen Frequenzen praktisch leistungslos möglich ist; nachteilig ist die geringe Ablenkempfindlichkeit.

□ **Beispiel 10.3**

Wie groß ist die stationäre Ablenkempfindlichkeit y_L/U_y für eine Oszillographenröhre mit $L = 20$ cm, $l = 4$cm, $d = 1$ cm und $U_z = 1600$ V? Bis zu welcher Frequenz $f = 1/T$ ist die Reduktion der dynamischen Ablenkempfindlichkeit $\hat{y}_L/\hat{u}_y$ gegenüber dem stationären Wert kleiner als 5%?

Aus Gl. (10.15) folgt

$$\frac{y_L}{U_y} = \frac{2\,\text{cm}}{1\,\text{cm}} \cdot 20\,\text{cm} \cdot \frac{1}{1600\,\text{V}} = \frac{1}{40}\,\frac{\text{cm}}{\text{V}}.$$

Nach Gl. (10. 16) führt die Forderung

$$\frac{\sin \frac{\pi \cdot \tau}{T}}{\frac{\pi \cdot \tau}{T}} = 0{,}95$$

auf $\pi\tau/T = 0{,}5477$ und mit Gl. (10.11) wegen

$$\tau = \frac{l}{v_y} = \frac{4\,\text{cm}}{593\,\frac{\text{km}}{\text{s}} \cdot 40} = 1{,}686\ \text{ns}$$

auf

$$\frac{1}{T} = f = \frac{0{,}5477}{\pi \cdot \tau} = 103{,}4\,\text{MHz}.$$ □

10.1.2.2 Bewegung im magnetischen Feld. Nach Abschn. 4.1.2.1 übt ein Magnetfeld mit der Induktion $\vec{B}$ auf eine mit der Geschwindigkeit $\vec{v}$ bewegte Ladung Q die Kraft

$$\vec{F} = Q(\vec{v} \times \vec{B}) \tag{10.17a}$$

aus (Lorentzkraft, s. Bild **10.**5a). Dies gilt natürlich insbesondere für Elektronen in einem elektrischen Leiter, aber auch für ein einzelnes Elektron im Vakuum und für einen ganzen Elektronenstrahl.

Bewegungsgleichung. Diese lautet für ein Elektron im magnetischen Feld gemäß Gl. (10.17a)

$$m\frac{\mathrm{d}\vec{v}}{\mathrm{d}t} = -e(\vec{v} \times \vec{B}). \tag{10.17b}$$

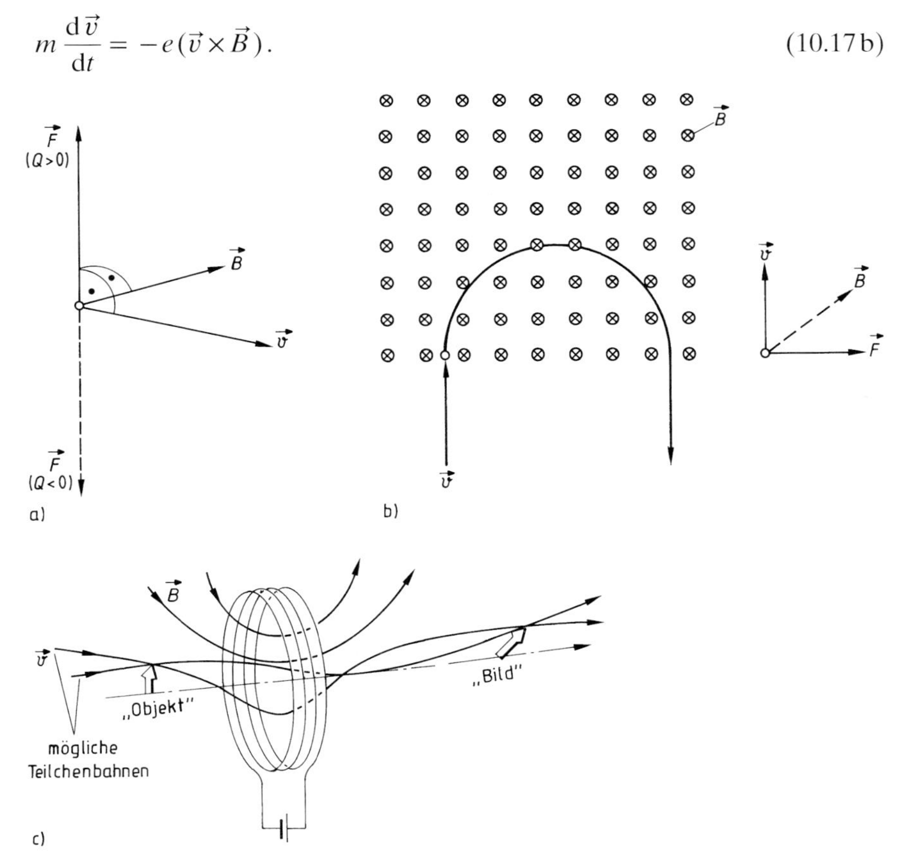

10.5 Elektronenbewegung im Magnetfeld
a) Die Lorentzkraft $\vec{F}$
b) Ablenkung eines Elektrons im Magnetfeld (aus [54])
c) Teilchenbahnen und Feldverlauf in einer „dünnen" magnetischen Linse aus dem Solenoidfeld einer stromdurchflossenen Spule (aus [14])

Ablenkung durch ein magnetisches Feld. Da die Kraft $\vec{F}$ auf der Bewegungsrichtung $\vec{v}$ senkrecht steht, kann das Magnetfeld dem Elektron weder Energie zuführen noch ihm entziehen. Es bewirkt lediglich eine Änderung der Bewegungsrichtung unter Beibehalt des Betrages $|\vec{v}|$ der Geschwindigkeit.

□ **Beispiel 10.4**

Ein geradliniger Elektronenstrahl, der die Spannung $U = 100\,\text{V}$ durchlaufen hat, tritt senkrecht in ein homogenes Magnetfeld der Induktion $B = 10^{-2}\,\text{T}$ ein und wird dadurch auf eine Kreisbahn geführt (Bild **10.**5b). Wie groß sind ihr Radius r und die Umlaufzeit t_u?

Die Bestimmungsgleichung für den Bahnradius r folgt aus der Gleichheit von Zentrifugal- und Lorentzkraft:

$$\frac{m \cdot v^2}{r} = e \cdot v \cdot B \qquad \text{(nach Gl. (10.17a))}$$

Hieraus folgt

$$r = \frac{m \cdot v}{e \cdot B}.$$

Da für die vorgegebene Spannung U die Elektronengeschwindigkeit $v \ll c$ ist, kann $m = m_0$ gesetzt werden. Man erhält dann unter Berücksichtigung von Gl. (10.10) und nach Einsetzen der Zahlenwerte für m_0 und e

$$r = \frac{m_0}{e} \cdot \frac{v}{B} = 3{,}37 \cdot \frac{\sqrt{U/\text{V}}}{B/\text{T}} \cdot 10^{-6}\,\text{m},$$

also in unserem Fall $r = 0{,}337\,\text{cm}$. Die Umlaufzeit ist

$$t_u = \frac{2\pi r}{v} = \frac{2\pi m_0}{e \cdot B} = \frac{3{,}57 \cdot 10^{-2}}{B/\text{T}}\,\text{ns},$$

d.h. unabhängig von v, in unserem Fall ist $t_u = 3{,}57$ ns. □

Technische Anwendungsgebiete sind die Horizontal- und Vertikalablenkung des Elektronenstrahls in einer Fernseh-Bildröhre, die Elektronenoptik (magnetische Linsen, s. Bild **10.**5c) und Mikrowellenröhren, letztere in zweierlei Hinsicht: einmal zur Erzeugung der für den Verstärker- bzw. Oszillatorbetrieb erforderlichen gekrümmten Elektronenbahnen (z.B. Gyrotron, Magnetron), zum andern zur Strahlfokussierung (z.B. Wanderfeldröhre): Lange Elektronenstrahlen (z.B. 15 cm) hoher Stromdichte haben die Tendenz, infolge der elektrostatischen Abstoßung der Elektronen zu divergieren. Eine radiale Geschwindigkeitskomponente in Verbindung mit einem axialen Magnetfeld eines Permanentmagneten oder stromdurchflossener Zylinderspulen führt zu einer kreisförmigen Bahn senkrecht zur Strahlrichtung und in Verbindung mit der axialen Geschwindigkeitskomponente insgesamt zu Spiralbahnen, womit die Divergenz des Strahles vermieden wird.

10.1.3 Technische Nutzung

Neben den schon stichwortartig angedeuteten Anwendungen sollen hier einige weitere Beispiele etwas ausführlicher dargestellt werden. Wegen detaillierter Darstellungen der ‚Elektrischen Leitung im Vakuum' wird auf [13, 24, 34, 54] verwiesen.

10.1.3.1 Elektronenröhre ohne Gitter. Die in Bild **10.**2 dargestellte Anordnung eines im Vakuum befindlichen Plattenkondensators entspricht der Grundform einer Zweielektrodenröhre (Diode). Sie bildet zum einen das Grundelement der gittergesteuerten Elektronenröhren (s. Abschn. 10.1.3.2) und ist zum anderen ein wesentlicher Bestandteil von Strahlerzeugungssystemen der Vakuumelektronik (z.B. Elektronenoptik, Laufzeitröhren, Beschleuniger).

Hier entsteht noch kein stark fokussierter Elektronenstrahl wie bei der Oszilloskopröhre (s. Abschn. 10.1.3.3), sondern es wandern die Elektronen auf breiter Front von der geheizten Kathode zu der in geringer Entfernung benachbarten (kalten) Anode. – In der praktischen Ausführung besteht die Anode aus einem Zylinder, welcher die ebenfalls zylindrische Kathode konzentrisch umgibt (Bild **10.**6a). – Charakteristisch für das betriebliche Verhalten der Diode ist, daß bei Anlegen von positiver Anodenspannung U_{AK} nicht alle emittierten Elektronen auch die Anode erreichen – was einen von U_{AK} unabhängigen Anodenstrom I_A zur Folge hätte – sondern daß bei schrittweiser Erhöhung von U_{AK} der sich je-

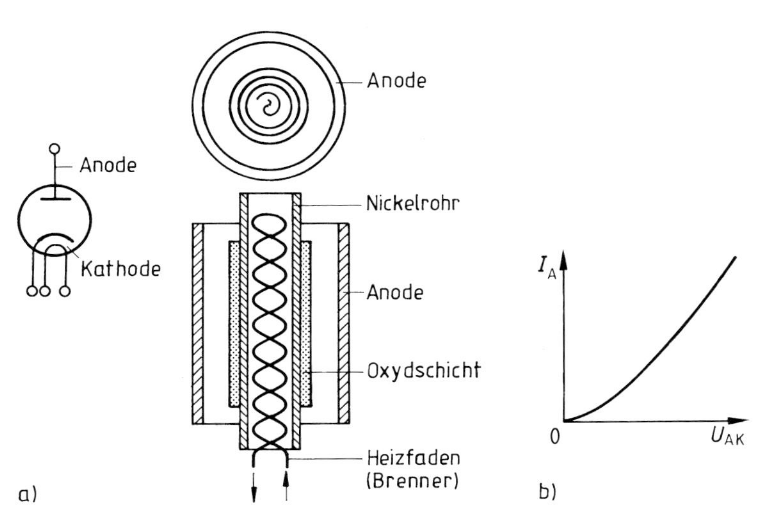

10.6 Hochvakuumdiode mit indirekt geheizter Kathode (aus [54])
a) Schaltzeichen und Aufbau
b) Strom-Spannungs-Kennlinie im Raumladungsgebiet nach Gl. (10.23)

weils einstellende Gleichstrom I_A ebenfalls (und zwar nichtlinear bzgl. U_{AK}) größer wird (Bild **10.**6b). Das liegt daran, daß die Elektronenströmung nicht nur durch das von U_{AK} erzeugte homogene Feld bestimmt wird, sondern auch durch das Feld, welches die von der Kathode emittierten negativ geladenen Elektronen infolge ihrer Raumladung selbst erzeugen. Dieses Raumladungsfeld schwächt vor der Kathode das von außen erzwungene homogene Feld. Sofern die Startgeschwindigkeit vernachlässigt wird, kompensieren sich an der Kathode beide Felder, so daß dort $E=0$ ist. Mit dieser Randbedingung ist jetzt die Bewegungsgleichung

$$m_0 \cdot \frac{d^2x}{dt^2} = -e \cdot E \tag{10.18}$$

zu lösen, in der das resultierende Feld E (im Gegensatz zu Gl. (10.2)) inhomogen ist. Die Lösung geschieht wie folgt: Zwischen der Kathode und einer Ebene x im Entladungsraum befindet sich nach Gl. (3.76) die Ladung

$$Q(x) = \oint \vec{D} \cdot d\vec{A} = D(x) \cdot A - D(0) \cdot A;$$

nach den Gln (3. 26a) und (3.27) ist $D = \varepsilon_o E$, d.h. hier $D(0) = \varepsilon_o E(0) = 0$, also

$$Q(x) = \varepsilon_o \cdot E(x) \cdot A. \tag{10.19}$$

Andererseits ist

$$Q(x) = A \cdot \int_0^x \varrho(x')\,dx', \tag{10.20}$$

wobei die Raumladungsdichte $\varrho(x) = -en(x)$ mit dem Strom I_A gemäß den Gln. (1.6) und (10.20) verknüpft ist

$$I_A = -\frac{dQ(x)}{dt} = -\frac{dQ(x)}{dx} \cdot \frac{dx}{dt} = -A\varrho v \tag{10.21}$$

(v=Geschwindigkeit; das Minuszeichen in Gl. (10.21) erklärt sich daraus, daß der technische Strom I_A (>0) durch die Bewegung einer negativen Ladung $Q(x)$ zustandekommt.). Aus den Gln. (10.19) bis (10.21) folgt

$$E(x) = \frac{Q(x)}{\varepsilon_0 A} = -\frac{I_A}{\varepsilon_0 A} \cdot \int_0^x \frac{dx'}{v(x')} = -\frac{I_A}{\varepsilon_0 A} \cdot t, \tag{10.22a}$$

wobei t die zum Erreichen der Ebene x erforderliche Zeit ist. Damit lautet die

Bewegungsgleichung

$$m_0 \cdot \frac{d^2 x}{dt^2} = \frac{e I_A}{\varepsilon_0 A} \cdot t$$

(vgl. Gl. (10.3) für den raumladungsfreien Fall). Ihre zweimalige Integration liefert unter den Anfangsbedingungen $v(t_1)=0$, $x(t_1=0)=0$ (vgl. Abschn. 10.1.2.1) die Geschwindigkeit

$$v = \frac{e I_A}{2 \varepsilon_0 m_0 A} t^2$$

sowie

$$x = \frac{e I_A}{6 \varepsilon_0 m_0 A} t^3 \tag{10.22b}$$

und hieraus für $x = d$ die Laufzeit

$$\tau = \sqrt[3]{\frac{6 d m_0 \varepsilon_0 A}{e I_A}} \tag{10.22c}$$

(vgl. Gl. (10.6)). In Verbindung mit

$$U_{AK} = -\int_0^d E(x) dx = \frac{I_A}{\varepsilon_0 A} \int_0^d t(x) dx$$

nach Gl. (10.22a) nach Gl. (10.22b)

und Gl. (10.22c) folgt schließlich die Strom-Spannungs-Charakteristik der Diode im Raumladungsgebiet

$$I_A = \frac{4}{9} \varepsilon_0 \cdot \sqrt{\frac{2e}{m_0}} \cdot A \frac{U_{AK}^{3/2}}{d^2} = K \cdot \frac{U_{AK}^{3/2}}{d^2}. \tag{10.23}$$

- Die Proportionalität $I_A \sim U_{AK}^{3/2}$ gilt mit veränderten K-Werten auch für andere Elektrodenformen, also z.B. auch für die realen zylindersymmetrischen Anordnungen der Elektroden.

  Die Elektronenströmung in der Hochvakuum-Diode unterscheidet sich in den beiden folgenden wesentlichen Punkten vom Stromfluß durch einen metallischen Leiter:
- Der Strom ist nach Gl. (10.23) eine nichtlineare Funktion der Spannung im Gegensatz zum ohmschen Gesetz Strom ~ Spannung.
- Die Elektronen können nur von der geheizten zur kalten Elektrode wandern und das auch nur dann, wenn diese positives Potential gegenüber der geheiz-

ten Elektrode hat. Würde man die Spannungsquelle in umgekehrter Polarität anschließen, so könnte die kalte Elektrode keine Elektronen emittieren, der Strom fließt also nur in einer Richtung.

Die vorstehenden einfachen Gesetzmäßigkeiten sind wesentlich zu modifizieren, wenn man die Tatsache berücksichtigt, daß in Wirklichkeit die Elektronen mit statistisch verteilten Geschwindigkeiten aus der Kathode emittiert werden. Dann kann auch schon für $U_{AK}<0$ ein Strom fließen, da Elektronen mit entsprechend hohen Startgeschwindigkeiten trotz der von der Anode zur Kathode gerichteten elektrischen Feldkraft (Bremsfeld) die Anode erreichen können. Andererseits erreichen ab einem bestimmten positiven Wert U_s der Anodenspannung alle emittierten Elektronen die Anode, so daß für $U_{AK}>U_s$ der Anodenstrom konstant bleibt ($I_A=I_s=$ Sättigungsstrom). Die Strom-Spannungs-Charakteristik einer realen Diode ist qualitativ in Bild **10.7** a dargestellt; auch in dieser verbesserten Darstellung ist die Richtungsabhängigkeit des Stromflusses klar zu erkennen. Praktische Diodenstrukturen werden im Raumladungsgebiet betrieben, wofür Gl. (10.23) eine brauchbare Näherung darstellt, wie Bild **10.7** b zeigt.

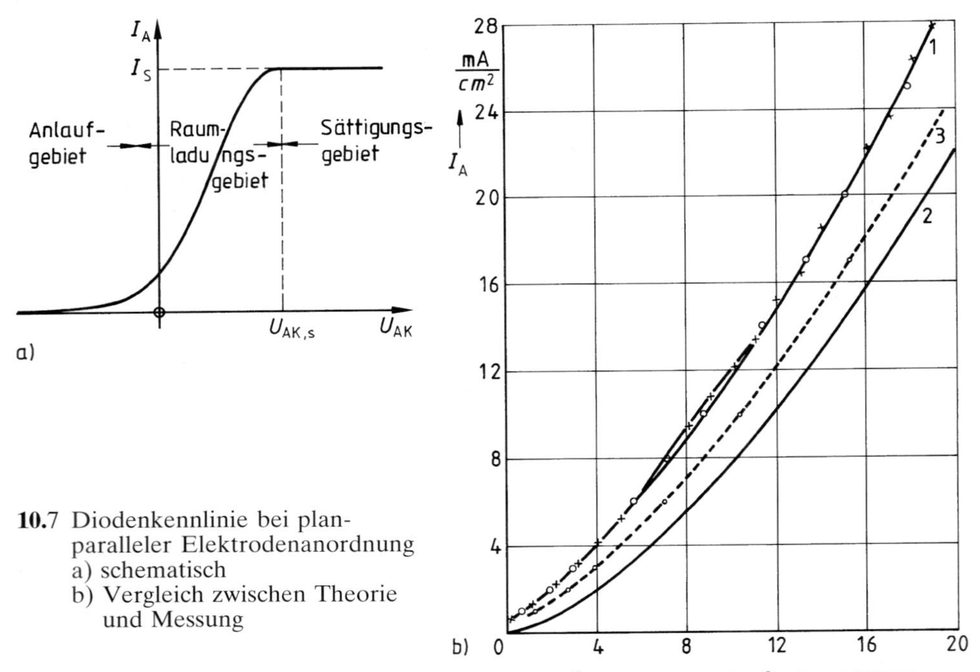

10.7 Diodenkennlinie bei planparalleler Elektrodenanordnung
a) schematisch
b) Vergleich zwischen Theorie und Messung

Kurve 1: + Meßwerte für $d=0{,}097$ cm; $A=0{,}28$ cm^2; $I_S/A=5{,}2$ A/cm^2; $T_K=1070$ K.
○ Theorie mit statistischer Geschwindigkeitsverteilung der emittierten Elektronen
Kurve 2: Näherungsweise Berücksichtigung der Geschwindigkeitsverteilung
Kurve 3: Verlauf nach Gl. (10.23)

10.1.3.2 Elektronenröhre mit Gitter. Fügt man zwischen Kathode K und Anode A eine dritte, elektronendurchlässige Elektrode G ein, welche als feinmechanisches Netz oder als Drahtwendel ausgeführt ist (sog. Gitter), so wird aus der Diode die in Bild **10.**8 schematisch dargestellte Triode mit 3 Anschlüssen, die mit denen von Transistoren vergleichbar sind (s. die Abschn. 11.2 und 11.3). Die Elektronenemission aus der Kathode wird durch eine indirekte Heizung (1) bewirkt. Da sich mit der Spannung U_{GK} des Gitters gegen die Kathode die Feldverteilung zwischen Kathode und Anode und somit die Elektronenbewegung beeinflussen läßt, ist der Anodenstrom einer Triode außer von der Anodenspannung U_{AK} auch von der Gitterspannung U_{GK} abhängig.

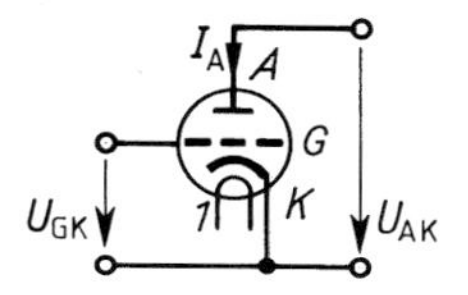

10.8 Schema einer (indirekt geheizten) Triode
1 Heizung, K Kathode, G Gitter, A Anode

Solange die Gitterspannung negativ ist, fließt kein Strom auf das Gitter; der Anodenstrom läßt sich dann durch U_{GK} leistungslos steuern – und unterhalb des Laufzeitbereiches auch nahezu trägheitslos. Es gilt (vgl. Gl. (10.23) für die Diode)

$$I_A = K \cdot (U_{GK} + D\,U_{AK})^{3/2}, \tag{10.24}$$

hierin ist der Durchgriff D (einige %) ein Maß für die abschirmende Wirkung der Anodenspannung durch das Gitter. Das Bild **10.**9 zeigt das sog. Ausgangskennlinienfeld $I_A = I(U_{AK})_{U_{GK}=\text{const}}$ einer Triode gemäß Gl. (10.24) für den Bereich $U_{GK} < 0$.

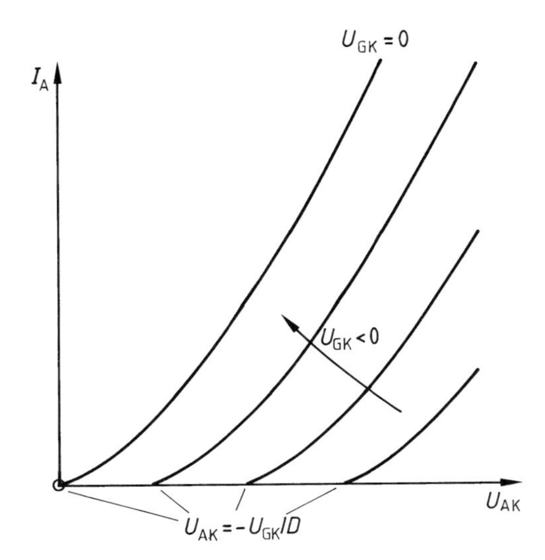

10.9 Ausgangskennlinienfeld $I_A = I_A(U_{AK})_{U_{GK}=\text{const}}$ einer Triode nach Gl. (10.24)

Tetroden enthalten ein weiteres (sog. Schirm-)Gitter auf positivem Potential U_{SK} ($< U_{AK}$) zur Reflektion der von der Anode ausgehenden Sekundärelektronen und besitzen bei optimal gestalteter Gitteranordnung ein Ausgangskennlinienfeld gemäß Bild **10.**10, welches für Großsignalbetrieb besonders geeignet ist (und übrigens dem von Transistoren ähnelt).

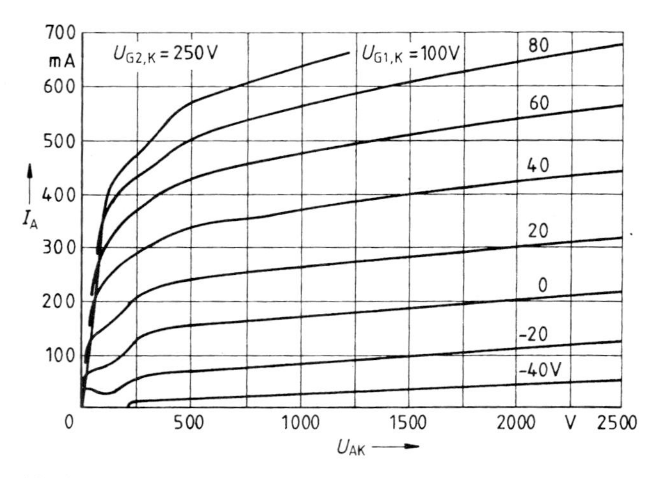

10.10 Ausgangskennlinienfeld $I_A = I_A(U_{AK})_{U_{GK}=\text{const}}$ einer Strahl-Tetrode für feste Schirmgitterspannung $U_{G2,K}$ (aus [4])

Trioden und Tetroden sind in der Praxis von Transistoren verdrängt worden.

10.1.3.3 Oszilloskop-Röhren. Sie dienen zur Registrierung von zeitlich veränderlichen Spannungen und Strömen auf einem Leuchtschirm mit Hilfe eines oder mehrerer, im Vakuum abgelenkter, Elektronenstrahlen. Der Aufbau einer Einstrahlröhre mit elektrostatischer Strahl-Fokussierung und -Ablenkung ist in Bild **10.**11 schematisch dargestellt; derartige Röhren werden in Kathodenstrahl-Oszilloskopen eingesetzt.

Das Strahlererzeugungssystem 1 emittiert, beschleunigt, bündelt und fokussiert den Elektronenstrahl. Die von der Kathode emittierten Elektronen werden in ihrer Intensität durch eine negativ vorgespannte Zylinderelektrode, den als Steuergitter G_1 wirkenden Wehneltzylinder, gesteuert und in Richtung auf die an hoher positiver Spannung liegenden zylindrischen Anoden A_1 und A_2 beschleunigt. Durch Zusammenwirken mit den ebenfalls zylindrischen Elektroden G_2, G_3 kommt es zur Fokussierung des Elektronenstrahls, bei der das elektrische Feld zwischen den Zylinderelektroden den Elektronenstrahl ähnlich ablenkt wie eine optische Sammellinse den Lichtstrahl. Man spricht daher hier von einer Elektronenlinse.

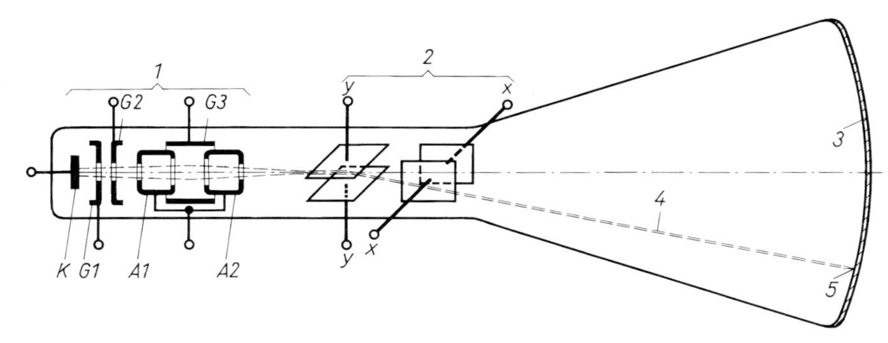

10.11 Aufbau einer Elektronenstrahl-Röhre mit elektrostatischer Strahl-Fokussierung und Ablenkung (schematisch)
1 Strahlerzeugungssystem
K Kathode; *G1* Steuerelektrode (Wehneltzylinder); *G2*, *G3* Zylindrische Elektroden (Hilfsgitter); *A1*, *A2* Zylindrische Anoden
2 Ablenkteil
xx horizontales Ablenksystem
yy vertikales Ablenksystem
3 Leuchtschirm, 4 Elektronenstrahl, 5 Leuchtfleck

Nach der Fokussierung durchläuft der Elektronenstrahl das Ablenksystem 2, das hier durch elektrische Felder innerhalb von senkrecht zueinander angeordneten Plattenkondensatoren *xx*, *yy* realisiert ist. – In der Fernsehbildröhre erfolgt die Ablenkung magnetisch. – Zur Darstellung eines Spannungs-Zeit-Diagramms liegt die zu messende Spannung am y-Plattenpaar und eine der Zeit proportionale Spannung am *x*-Plattenpaar.

Die auf den Leuchtschirm 3 treffenden Elektronen 4 erregen entsprechend ihrer kinetischen Energie auf der dort aufgetragenen Schicht (z.B. Zinksulfid) Fluoreszenz. Dadurch entsteht der leuchtende Punkt 5, dessen Feinheit und Schärfe durch die Spannungen an den Zylinderelektroden des Ablenksystems eingestellt werden.

10.1.3.4 Röntgenröhren. Wenn die von einer Glühkathode emittierten Elektronen nach Durchlaufen einer hinreichend hohen Spannung (je nach Anwendungszweck zwischen einigen 10 kV und einigen 100 kV bis 1MV) auf eine metallische Anode treffen (sog. Antikathode), lösen sie dort Röntgenstrahlung aus, das ist eine elektromagnetische Strahlung mit Wellenlängen zwischen etwa 10^{-3} nm und 1 Ohm. Dabei wird etwa 1% der Elektronenenergie in Röntgenstrahlung umgewandelt. Das Durchdringungsvermögen der Strahlung, ihre sog. Härte, hängt von der Anodenspannung ab.

Röntgenröhren werden nicht nur in der Medizin für Diagnose und Therapie eingesetzt, sondern auch in der Technik für die zerstörungsfreie Werkstoffprüfung, insbesondere bei Untersuchung fertiger Konstruktionsteile auf Fehlstellen.

10.2 Elektrische Leitung in Gasen

An der elektrischen Leitung in Gasen sind außer Elektronen häufig auch positive und negative Ionen beteiligt. Das hat eine Vielfalt von Leitungsmechanismen zur Folge, welche eine Fülle von Anwendungen ermöglicht, z.B. in der Beleuchtungs-, Anzeige-, Energie- und Halbleitertechnik. Welcher dieser Mechanismen vorherrscht, hängt wesentlich von der Stärke des durch das Gas fließenden Stromes ab, aber auch von der Art und dem Druck des Gases, von dem Charakter der Ladungsträgerquelle und von der Geometrie des Entladungsgefäßes.

10.2.1 Ladungsträger in Gasen

Die Partikel eines Gases (das sind Atome bei den Edelgasen bzw. Moleküle bei den unedlen Gasen und Metalldämpfen) sind im Grundzustand elektrisch neutral, da sich die Wirkungen ihrer positiv bzw. negativ geladenen elementaren Bausteine (Elektronen bzw. Protonen) kompensieren; Gase sind daher im Grundzustand elektrische Nichtleiter. Eine elektrische Leitung kann also in einem Gas nur dann stattfinden, wenn ihm entweder von außen Ladungsträger zugeführt werden (z.B. über eine geheizte Kathode) oder im Gas selbst erzeugt werden. Sofern im letzteren Fall einer neutralen Partikel ein Elektron genommen bzw. ein überzähliges angelagert wird, entsteht ein positiv bzw. negativ geladenes Teilchen. Man nennt es Ion (gr. Ion = Gehendes, Wanderndes), da es der Kraftwirkung eines elektrischen Feldes folgen kann, und den ganzen Vorgang Ionisierung. In einem Entladungsgefäß wandert dabei das positive (negative) Ion zur negativen (positiven) Elektrode, d.h. zur Kathode (Anode) und wird deshalb als Kation (Anion) bezeichnet.

Die zur Abtrennung eines Elektrons von einem Atom bzw. Molekül notwendige Energie heißt Ionisierungsenergie. Üblicherweise gibt man an ihrer Stelle das Spannungsäquivalent an, die sog. Ionisierungsspannung (Ionisierungsenergie/e); sie liegt z.B. bei den Edelgasen zwischen 24,6 V (He) und 12,1 V (Xe), für Stickstoff beträgt sie 15,5 V und ist am kleinsten bei Metalldämpfen (Hg 10,4 V; Na 5,12 V; Cs 3,87 V).

10.2.2 Generation und Rekombination von Ladungsträgern

In Gasen können folgende Prozesse zur Ladungsträgererzeugung führen (s. hierzu Bild **10.**12):

Ionisation von Gasmolekülen durch

a) natürliche radioaktive und kosmische Strahlung

b) Zusammenstöße mit schnellen (in einem elektrischen Feld beschleunigten) Elektronen bzw. Ionen (Stoßionisation). Dabei sind Elektronen die weitaus wirksameren und deshalb wichtigsten Ionisatoren in Gasen; Elektronen können u.a. von UV- oder härterer Strahlung aus neutralen Gasteilchen ausgelöst worden sein.

c) Photonen (UV- und Röntgenstrahlung), die auch von angeregten Atomen emittiert werden können, wodurch diese wieder in den Grundzustand zurückkehren.

Durch die Ionisierungsprozesse a)–c) entstehen primär je ein positives Ion und ein oder mehrere freie Elektronen. Diese stoßen in der Folgezeit mit Partikeln der umgebenden Gase zusammen; dabei können sich freie Elektronen an neutrale Partikel anlagern und so negative Ionen bilden (Anlagerung), aber auch positive Ionen ihre Ladung an Neutralteilchen übertragen (Umladung).

d) Auslösung von Sekundärelektronen durch Ionenaufprall auf die Kathode.

e) Emission von Elektronen
– aus der durch Ionenbombardement erhitzten Kathode
und/oder
– durch hohe elektrische Felder vor der Kathode.

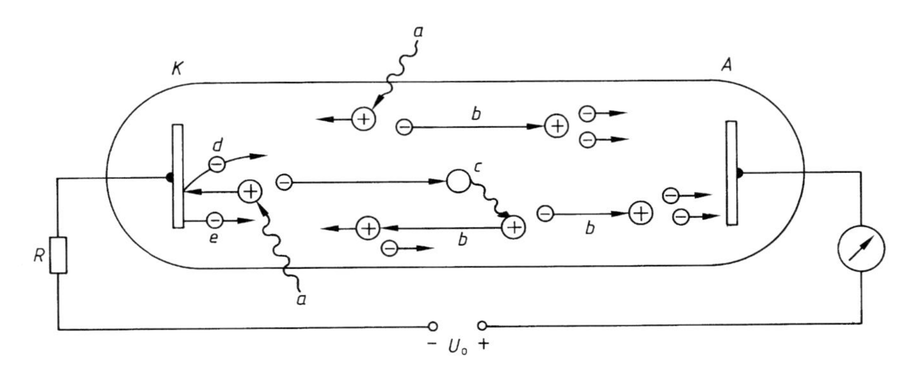

10.12 Entstehungsprozesse a) bis e) von Ladungsträgern in einem Gas; *K* Kathode, *A* Anode, *U* Spannungsquelle mit Vorwiderstand *R* (aus [13])

In technischen Anwendungsfällen von ionisierten Gasen ist die Konzentration der geladenen Partikel i.allg. noch so gering, daß ihre Bewegungen zwischen aufeinanderfolgenden Zusammenstößen voneinander unabhängig sind. – Ist das

Gasgemisch dagegen hochionisiert, können die gegenseitigen Beeinflussungen der Träger nicht mehr vernachlässigt werden; in diesem Fall muß die Trägerdichte beider Vorzeichen fast gleich sein, da sonst ein sofortiger Ausgleich von Überschußladungen auftreten würde. Ein solches Gasgemisch ist daher nach außen hin quasineutral und wird (Niedertemperatur-)Plasma genannt. – Die Konzentration der Ladungsträger ist aber immer so groß, daß eine nennenswerte Zahl von Zusammenstößen stattfindet. – Die mittlere freie Weglänge liegt bei einem Gasdruck von 1 mbar typisch bei einigen 10 bis 100 μm (s. Tafel **10.**1) und nimmt umgekehrt (proportional) zum Druck ab.

Die nach Größe und Richtung unregelmäßige thermische Bewegung der neutralen Gaspartikel teilt sich natürlich auch den im Gas enthaltenen Ladungsträgerarten (Elektronen, Ionen) mit (Bild **10.**13a); dabei ist die mittlere freie Weglänge der Elektronen rund 5mal so groß wie die der Gaspartikel. In einem äußeren elektrischen Feld ($\vec{E} \neq 0$) überlagert sich nun der unregelmäßigen thermischen Bewegung eines positiven (negativen) Ladungsträgers im zeitlichen Mittel eine Bewegung in Richtung (entgegen der Richtung) des elektrischen Feldes $\vec{E}$ (Driftbewegung): Zwischen aufeinanderfolgenden Zusammenstößen mit neutralen Gasteilchen wird ein positives (negatives) Ion mit der Ladung Q_i ($-Q_i$) in Richtung (Gegenrichtung) des elektrischen Feldes beschleunigt. Beim nachfolgenden Zusammenstoß wird die aufgenommene Energie wieder in ungerichtete Bewegung umgesetzt, so daß die gerichtete Bewegung wieder mit der Geschwindigkeit Null beginnt (Bild **10.**13b, das für negative Ionen gilt).

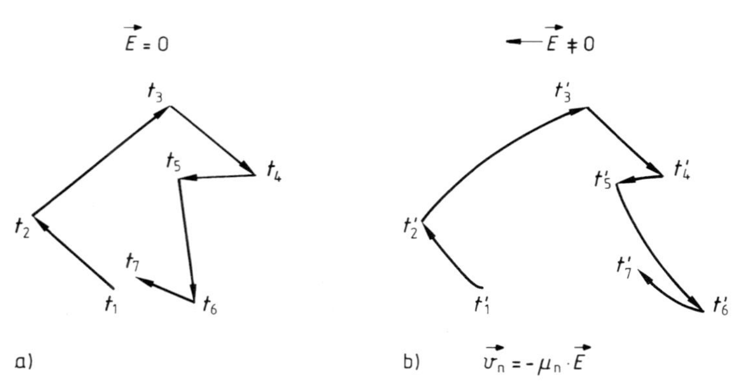

10.13 Bewegung von negativen Ionen in einem Gas
a) ohne äußeres elektrisches Feld $\vec{E}$,
b) unter Einwirkung eines solchen Feldes.
t_i bzw. t'_i = Zeitpunkte der Zusammenstöße eines Ions mit Gaspartikeln

Das Zusammenwirken der thermischen unregelmäßigen Bewegung der Gaspartikel und der gerichteten Bewegung eines Ions erinnert an die mit konstanter Sinkgeschwindigkeit erfolgende Fallbewegung eines Körpers in einer reibungsbehafteten Flüssigkeit: Die Schwerkraft entspricht der elektrischen Feldstärke $\vec{E}$, die Reibung den fortwährenden Zusammenstößen. Daher ist es nicht verwunderlich, daß die resultierende Driftgeschwindigkeit eines Ions der Feldstärke proportional ist und nicht die Beschleunigung wie im Vakuum (vgl. Gl. (10.3)). Es gilt

$$\vec{v} = b \cdot \operatorname{sgn} Q_\text{i} \cdot E \,. \tag{10.25}$$

Der Proportionalitätsfaktor

$$b = \frac{|Q_\text{i}|}{2m}\, \tau \tag{10.26}$$

heißt Beweglichkeit, darin ist m die Masse des Ions und $\tau = \Lambda/\overline{v}$ die mittlere Zeitspanne zwischen zwei aufeinanderfolgenden Stößen des Ions mit einer Gaspartikel und Λ die zugehörige mittlere freie Weglänge; $\overline{v} = \sqrt{\frac{8}{\pi} \cdot \frac{kT}{m}}$ ist die mittlere Geschwindigkeit der Gaspartikel [13]. τ nimmt mit wachsender Temperatur T ab.

□ **Beispiel 10.5**

Wie groß ist nach Gl. (10.26) die Beweglichkeit von Stickstoffionen bei der Temperatur $T = 300\,\text{K}$ und bei dem Druck 1 bar? Zunächst wird die mittlere Geschwindigkeit $\overline{v}$ berechnet, dafür erhalten wir mit der Molekülmasse $m = 4{,}7 \cdot 10^{-26}\,\text{kg}$

$$\overline{v} = \sqrt{\frac{8}{\pi} \cdot \frac{1{,}381 \cdot 10^{-23}\,\text{Ws/K} \cdot 300\,\text{K}}{4{,}7 \cdot 10^{-26}\,\text{kg}}} = 474\,\text{m/s}.$$

In Verbindung mit der mittleren freien Weglänge $\Lambda = 8{,}5 \cdot 10^{-8}\,\text{m}$ folgt die mittlere Stoßzeit

$$\tau = \frac{\Lambda}{\overline{v}} = \frac{8{,}5 \cdot 10^{-8}\,\text{m}}{474\,\text{m/s}} = 1{,}79 \cdot 10^{-10}\,\text{s}$$

und mit $|Q_i| = 1{,}6 \cdot 10^{-19}\,\text{As}$ schließlich

$$b = \frac{1{,}6 \cdot 10^{-19}\,\text{As}}{2 \cdot 4{,}7 \cdot 10^{-26}\,\text{kg}} \cdot 1{,}79 \cdot 10^{-10}\,\text{s} = 3 \cdot 10^{-4}\,\text{m}^2/\text{Vs}.$$

Experimentell wurden in Luft für negative und positive Ionen die Werte

$$b^- = 1{,}9 \cdot 10^{-4}\,\text{m}^2/\text{Vs}, \quad b^+ = 1{,}4 \cdot 10^{-4}\,\text{m}^2/\text{Vs}$$

ermittelt, das bedeutet bei einer Feldstärke von $|\vec{E}| = 10^4\,\text{V/m}$ eine Driftgeschwindigkeit der negativen Ionen von $v^- = 1{,}9\,\text{m/s}$, diese ist sehr viel kleiner als die mittlere thermische Geschwindigkeit $\overline{v} = 474\,\text{m/s}$. □

Als Folge der Zusammenstöße zwischen neutralen Gaspartikeln und Elektronen bzw. Ionen werden nicht nur laufend neue Ionen gebildet (Generation), vielmehr findet auch eine Wiedervereinigung von positiven Ladungsträgern (Ionen) und negativen Ladungsträgern (Elektronen) statt; diesen Vorgang nennt man Rekombination. Im Gleichgewicht ist die Generationsrate G gleich der Rekombinationsrate R; da an der Rekombination je ein positiver und negativer Ladungsträger beteiligt ist, gilt (speziell im Fall der Ladungs-Neutralität)

$$R = r \cdot N^2 = G \tag{10.27}$$

(r = Rekombinationskoeffizient, N = Ionenkonzentration). Die Größe

$$\tau_\mathrm{l} = \frac{N}{G} = \frac{1}{rN} \tag{10.28}$$

(typisch einige 100s) hat die Bedeutung der mittleren Lebensdauer der Ionen. – Für Ladungsträger in Halbleitern gelten ganz entsprechende Aussagen wie die Gln. (10.25)–(10.28), s. Abschn. 10.4.4. –

10.2.3 Entladungsformen

Die Gesamtheit der in Abschn. 10.2.2 beschriebenen Erzeugungsprozesse a)–e) und der Rekombinationsprozesse nennt man Gasentladung; diese tritt in einer Entladungsstrecke (Entladungsgefäß) in unterschiedlichen Entladungsformen auf.

Es hängt außer vom Gasdruck entscheidend von der Stromdichte ab, welche der Entladungsformen sich ausbildet. Sie werden im folgenden in der Reihe steigender Stromdichte beschrieben, die mittels einer stationären Spannungsquelle U_0 und einem geeignet gewählten Vorwiderstand R eingestellt wird (s. Bild **10.**12).

10.2.3.1 Unselbständige Entladung. Dieser Fall liegt dann vor, wenn zur Aufrechterhaltung der Entladung eine Ionisierungsursache von außerhalb des Entladungsraumes erforderlich ist (Ursachen a + b).

Für sehr kleine Spannungen U am bzw. Feldstärken im Entladungsgefäß sind die Ionengeschwindigkeiten v^-, v^+ so klein, daß noch keine Stoßionisation stattfindet und der Strom I durch Driftbewegung der Ionen zustandekommt. Dabei transportieren die positiven Ionen ($Q_\mathrm{i} = +e$) während der Zeit t diejenige Ladungsmenge Q^+ in Richtung der elektrischen Feldstärke $\vec{E}$ durch den Querschnitt A des Entladungsgefäßes, die sich in einem Zylinder der Höhe $|\vec{v}|t$ befindet, d.h.

$$Q^+ = e \cdot NA\,|\vec{v}^+|\,t \text{ mit } \vec{v}^+ = b^+\vec{E};$$

die negativen Ionen ($Q_i = -e$) transportieren die Ladung

$$Q^- = (-e) NA \cdot |\vec{v}^-| t \text{ mit } \vec{v}^- = -b^- \vec{E}$$

in der Gegenrichtung. Hieraus folgt der Strom $\bar{I}$ in Richtung von $\vec{E}$ gemäß Gl. (1.5)

$$I = \frac{Q^+ - Q^-}{t} = eNA(|\vec{v}^+| + |\vec{v}^-|) = eNA(|\vec{v}^+ - \vec{v}^-|)$$

bzw. die Stromdichte in Verbindung mit Gl. (10.25)

$$\vec{S} = eN(\vec{v}^+ - \vec{v}^-) = eNA(b^+ + b^-)\vec{E}. \qquad (10.29)$$

Gase zeigen also bei kleiner elektrischer Feldstärke ohmsches Verhalten (vgl. Gl. (3.39)) mit der Leitfähigkeit (zu diesem Begriff s. Abschn. 2.1.2.1)

$$\gamma = \frac{1}{\varrho} = e\,N(b^+ + b^-) \qquad (10.30)$$

Mit $N = 10^9$ m^{-3} und den Werten für b^+, b^- aus Beispiel 10.5 folgt $\gamma = 5{,}3 \cdot 10^{-14}$ S/m, was einem festen Isolierstoff mittlerer bis guter Qualität entspricht.

Mit wachsender Feldstärke werden in zunehmendem Maße Ionen an den Elektroden entladen, so daß der Strom nur noch bis zu einem Sättigungswert ansteigt. Dieser ist dann erreicht, wenn alle erzeugten Ionen an den Elektroden entladen werden (Sättigungsbereich).

Bei weiterer Steigung der Spannung können die im Gasraum vorhandenen Elektronen durch Stoßionisation neue Ionen und Elektronen erzeugen und letztere ihrerseits wieder Ionen und Elektronen, so daß eine lawinenartige Vermehrung von Ladungsträgern stattfindet. Man spricht dann von einer Townsend-Entladung. Da die Ströme im Bereich $10^{-15} \ldots 10^{-6}$ A liegen, spielen Raumladungen noch keine Rolle.

Bis hierher ist der Entladungsvorgang noch nicht mit einer Lichterscheinung verbunden; man spricht daher auch von einer Dunkel- (oder Vorstrom-)Entladung. Die unselbständigen Entladungen spielen in der Elektrotechnik nur eine geringe Rolle (z.B. zur Messung der Intensität von Röntgenstrahlen). Sie interessieren jedoch als Vorstufe zu den selbständigen Entladungen, deren Beschreibung wir uns anschließend zuwenden. Dazu wird der Strom entweder durch Verringerung des Vorwiderstandes oder Erhöhung der Batteriespannung erhöht.

10.2.3.2 Selbständige Entladung. Diese setzt dann ein, wenn die aus dem Gasraum auf die Kathode aufprallenden positiven Ionen genügend Energie besitzen, um dort sog. Sekundärelektronen auszulösen und zwar gerade so viele, daß diese durch Stoßionisation mit neutralen Gasatomen im ganzen Entladungsraum wieder so viele Ionen erzeugen wie durch den Aufprall auf die Kathode dem Entladungsraum entzogen worden sind. Die Entladung bleibt dann auch ohne äußere Ionisation bestehen. Diesen Vorgang nennt man Zünden, die hierfür erforderliche Spannung U_Z heißt Zündspannung. Ihre Größe ist eine für jede Gasart typische Funktion des Produktes $p \cdot d$ (Paschen-Kurven), wobei d die Länge des Entladungsgefäßes bezeichnet.

Die Townsend-Entladung geht beim Zünden unter beträchtlicher Spannungsabsenkung ($U_Z \rightarrow U_B$ = Brennspannung) in die sog. normale Glimmentladung über, durch die der Gasraum bei kaltbleibenden Elektroden unter Auftreten von Leuchterscheinungen elektrisch gut leitend wird; dabei wechseln mehrere aufeinanderfolgende leuchtende Schichten und Dunkelräume miteinander ab.

Die Leuchterscheinung beruht auf der Anregung der Gasatome. Die Bewegungsenergie der Elektronen ist dabei gerade so weit angewachsen, daß die Gasatome beim Zusammenstoß den Energiebetrag vollständig aufnehmen, ihn aber (nach etwa 10 ns) wieder abgeben (meist als elektromagnetische Strahlung). Da zur Ionisierung mehr Energie als zur Anregung erforderlich ist, können Gasatome auch in Gebieten leuchten, in denen noch keine Ionisierung auftritt. Da die Ionisierung der Grenzfall der Anregung ist, wird das bei der Ionisierung abgetrennte Elektron als das am losesten an das Atom gebundene Elektron auch als Leuchtelektron bezeichnet.

Der Stromtransport findet zunächst nur über einen begrenzten Teil der Kathodenfläche statt und erfaßt erst bei weiter steigendem Strom schließlich die gesamte Kathode; von da an nimmt bei wachsendem Strom auch die Spannung an der Entladungsstrecke wieder zu (anormale Glimmentladung). Bei weiterer Steigerung des Stromes erfolgt der Übergang zur Bogenentladung. In diesem Bereich wird die Kathode durch Ionenaufprall so stark erhitzt, daß sie thermisch Elektronen emittiert; gleichzeitig nimmt die Lichtaussendung stark zu: Die Lichtgebilde der Glimmentladung verschmelzen zum Lichtbogen. Dieser ist ein hochgradig ionisierter hell leuchtender Entladungskanal, der neben neutralen Gasmolekülen einen hohen Anteil an Ionen und Elektronen enthält. Ein solches Teilchengemisch heißt Plasma. Beim Entstehen des Lichtbogenplasmas zieht sich die Ansatzfläche der Entladung auf der Kathode zu einem kleinen Brennfleck zusammen, oder der Lichtbogen löst sich ganz von den Elektroden ab und ist von diesen durch je eine Dunkelzone getrennt.

Die Spannung U an der Entladungsstrecke nimmt dabei mit wachsendem Strom I ab; man spricht daher beim Lichtbogen von einer fallenden Charakteristik (Bild **2.**69).

Für alle Punkte der Kennlinie $U = U(I)$ ist der für dynamische Vorgänge maßgebliche differentielle Widerstand $\mathrm{d}U/\mathrm{d}I$ negativ. Würde eine solche Entladungsstrecke an eine beliebig ergiebige Stromquelle angeschlossen werden, so hätte das ein lawinenartiges Ansteigen des Stromes zur Folge (da für größere Ströme eine kleinere Spannung benötigt wird). In der Praxis muß daher die Entladungsstrecke durch eine Begrenzung des Stromes stabilisiert werden. Die Stabilisierung der Entladung kann sich bei nicht zu großen Strömen selbsttätig innerhalb der Gasstrecke etwa durch das Auftreten einer Raumladung einstellen (z.B. bei Glimm- und Spitzenentladungen) oder durch den Leitungswiderstand des Kreises. Bei Entladungen mit größeren Strömen sind jedoch äußere Mittel zur Strombegrenzung erforderlich, z.B. vorgeschaltete Widerstände (s. Abschn. 2.3.8.3), bei Wechselstrom auch Drosselspulen oder Kondensatoren.

Bei kleinen Spannungen zündet man den Lichtbogen durch Berühren der Elektroden und anschließendes Auseinanderziehen. Bei höheren Spannungen kommt es zur Lichtbogenzündung durch Funken (s. unten).

Für das Bestehen eines Lichtbogens von einigen cm Länge in Luft ist bei einem Gasdruck von etwa 100 kPa (= 1 bar) eine Mindestspannung von 15 ... 20 V (je nach Elektrodenmaterial) und ein Mindeststrom von 0,5 ... 1 A oder mehr erforderlich. Größere Lichtbogenlängen erfordern bei gleichen Strömen entsprechend höhere Spannungen.

Die vorstehend beschriebenen Phänomene führen zu der in Bild **10.**14 dargestellten allgemeinen Gasentladungs-Charakteristik; sie gilt unter der Annahme eines homogenen elektrischen Feldes.

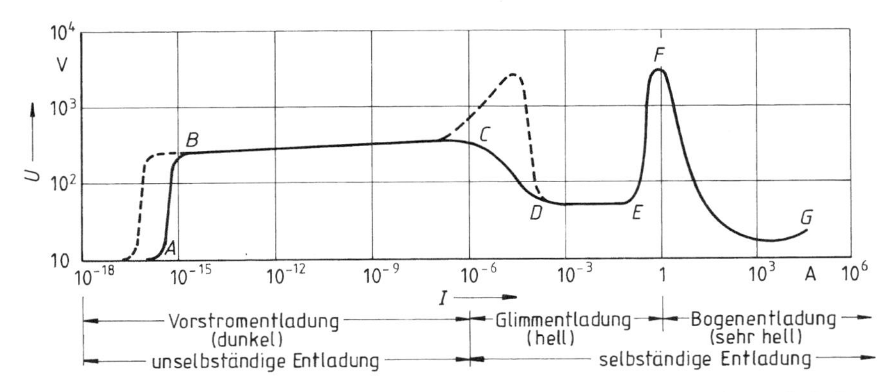

10.14 Allgemeine Strom-Spannungs-Charakteristik einer Gasentladungsröhre mit kalter Kathode (aus [13]).
AB Sättigungsgebiet (– bei verringerter Intensität des äußeren Ionisators)
BC Stromverstärkung durch Bildung von Townsend-Lawinen
C Zündung
CD Übergang in die Glimmentladung (– – Bereich des Geiger-Müller-Zählrohres)
DE normale Glimmentladung
EF anormale Glimmentladung
FG Bogenentladung

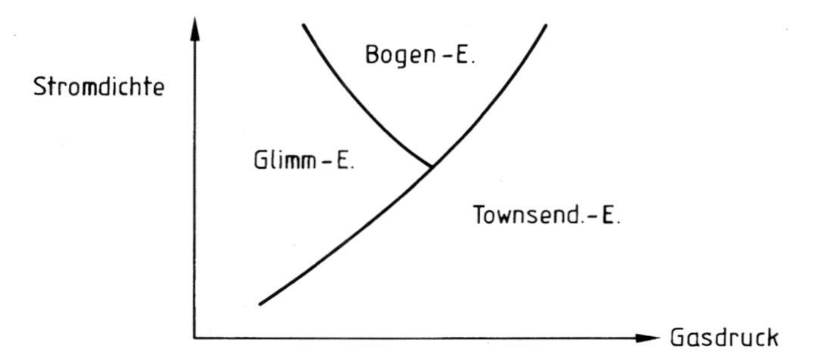

10.15 Diagramm der Gasentladungsformen in Abhängigkeit von Stromdichte und Gasdruck (nach [25a])

Der vorstehend geschilderte Übergang Townsend-/Glimm-/Bogenentladung bei wachsender Stromdichte findet nur bei nicht zu hohen Gasdrücken statt. Bei hohen Gasdrücken wird die Glimmentladung übersprungen (Bild **10.**15; daraus können auch die Übergangsformen in Abhängigkeit vom Gasdruck bei konstanter Stromdichte entnommen werden).

Es muß jetzt daran erinnert werden, daß die bisherigen Betrachtungen nur für ein homogenes Feld gelten. Dieser Fall ist aber in der Praxis nicht gegeben; so ist z.B. das Feld zwischen zwei sich konzentrisch umhüllenden Zylinderelektroden inhomogen, und durch die Oberflächenrauhigkeit der Elektroden werden selbst bei homogenen Anordnungen Feldinhomogenitäten erzeugt. Deren Auswirkungen auf die Gasentladungs-Charakteristik werden im folgenden beschrieben.

Koronaentladung. Bei stark inhomogenen Feldern können räumlich begrenzt extrem hohe elektrische Feldstärken auftreten, die weit über der zwischen den Elektroden im Mittel herrschenden Feldstärke E_{mi} liegen, welche im homogenen Fall noch keine Stoßionisation verursachen würde. In Extremfällen können infolge dieser lokal hohen Feldstärken Elektronen so stark beschleunigt werden, daß es dort zu Stoßionisationen und zur Lichtanregung kommt. Die somit in dieser Zone zustandekommenden selbständigen Entladungen bilden eine dünne, die Elektrode kranzförmig überziehende leuchtende Haut, Korona genannt; hiermit ist kein Durchschlag durch die ganze Entladungsstrecke verbunden. Der gesamte Raum außerhalb der Korona ist dunkel; es sprühen daher nur Spitzen, scharfe Kanten usw. (Sprühentladung). Zur Vermeidung bzw. zur Verminderung der Koronaentladung und der damit verbundenen Leistungsverluste werden z.B. bei Höchstspannungs-Freileitungen die Querschnittsabmessungen des Leitersystems gegebenenfalls vergrößert (Hohl- oder Bündelleiter).

Funkenentladung. Wird die Spannung einer Glimmentladung gesteigert, so wächst die Glimmzone; es treten aus der Glimmhaut größere Teilentladungen (Büschelentladungen) in den Raum, und schließlich wird durch Ausweitung der Büschelentladungen der ganze Raum zwischen beiden Elektroden durch eine Entladung, den Funken, überbrückt.

Im Gegensatz zur gleichmäßig entstehenden und länger anhaltenden Glimmentladung ist der Funkendurchbruch ein plötzlicher, kurzzeitiger Entladungsstoß. Er tritt auf, wenn einerseits die elektrische Feldstärke bzw. Spannung groß genug ist, andererseits aber für das Entstehen einer länger dauernden Bogenladung mit großem Strom nicht genügend Ladung bzw. Energie verfügbar ist. Diese Verhältnisse liegen z.B. auch beim Blitz vor.

Eine weitere Art des frei im Gasraum entstehenden Funkens ist der Gleitfunke über die Oberfläche von Isolierungen hinweg. Er ist eine Gleitentladung an der Grenzschicht zwischen Gasraum und Isolierstoff. Wenn der Gleitfunke die gesamte Oberfläche des Isolierstoffs überbrückt, kommt es zum Überschlag zwischen den spannungsführenden Elektroden.

Die technische Bedeutung des Funkens liegt in der Tatsache, daß alle Abstände in Luft oder anderen Isolierstoffen so groß gemacht werden müssen, daß keine Funkenentladung auftritt. In vielen Fällen ist bereits das Auftreten einer Glimmentladung unzulässig.

Unter dem Begriff elektrische Festigkeit versteht man allgemein die Fähigkeit eines Isolierstoffes (hier eines Gases), den Isolator-Charakter zu erhalten. Ein Maß hierfür ist die Durchbruch-Feldstärke, bei welcher der Isolierstoff (wesentlich) zu leiten beginnt. Diese muß hinreichend weit über den betriebsmäßig auftretenden elektrischen Feldstärken liegen. Obwohl sich in Gasen der Durchbruchskanal i.allg. wieder selbstätig schließt, muß der Durchschlag vermieden werden, da er Spannungsabsenkung und Energieverlust bewirkt. Die Durchbruch-Feldstärke der Luft kann bei normalen atmosphärischen Bedingungen näherungsweise mit $3 \cdot 10^6$ V/m angesetzt werden. Wo diese überschritten wird, kommt es zum Durchschlag, in inhomogenen Feldern gebenenfalls zum Teildurchbruch in der Form des Glimmens. Auf den genauen Wert der Durchschlagfeldstärke und darauf, ob ein vollständiger Funkendurchbruch auftritt, sind von Einfluß: Lufttemperatur, Luftdruck, Luftfeuchte, Elektrodenform, Spannungsform und Zeitdauer der Spannungseinwirkung. Steht bei einem Funkendurchbruch noch genügend Spannung und Energie zur Verfügung, so entsteht der stromstarke Lichtbogen.

Gewollt ist der Funke nur selten, z.B. bei der Meßfunkenstrecke, einer einfachen Vorrichtung zum Messen von Hochspannungen, oder bei der Zündkerze.

10.2.4 Technische Nutzung

Die verschiedenen Bereiche der allgemeinen Gasentladungs-Charakteristik nach Bild **10.**14 ermöglichen eine Fülle physikalisch-technischer Anwendungen; die folgende Tafel **10.**16 gibt eine Übersicht.

Tafel **10.**16 Anwendungen der verschiedenen Bereiche der allgemeinen Gasentladungs-Charakteristik nach Bild **10.**14 (aus [13])

Bereich	Anwendungen
A–B	Ionisationskammer
B–C	Gasphotozelle, Proportionalzähler
C–D	Geiger-Müller-Zähler, Korona-Stabilisator
D–E	Glimmlampe, Glimmstabilisator, Gas-Schaltdiode, Leuchstoffröhre mit kalten Kathoden, Überspannungsableiter, Kaltkathoden-Thyratron, Relaisröhren, Zählröhren, Anzeigeröhren, Gasentladungs-Displays, Gaslaser und Gasmaser
E–F	Geräte für Kathodenzerstäubung und Ionenätzen
F–G	Lichtbogen-Schweißgeräte und -Schmelzöfen, Ignitrons

Gasentladungslampen. Sie arbeiten im Bereich D–E des Bildes **10.**14 und stellen die im Alltag auffälligste Anwendungsgruppe dar. Die zu dieser Gruppe gehörenden Lichtstrahler beruhen darauf, daß beim Zusammenstoß von Elektronen mit Atomen bzw. Molekülen diese eine Energie aufnehmen, die sie kurz danach unter Aussendung von Licht wieder abgeben können. Bei der Vielzahl der beteiligten Atome senden die einzelnen Atome gänzlich unabhängig voneinander Strahlung aus (statistischer Vorgang). Es besteht daher zwischen den von ihnen emittierten Wellen keine Phasenkohärenz, d.h., die abgestrahlten Wellen haben nicht den gleichen zeitlichen Phasenverlauf. Das von der Gasentladung abgegebene Licht stellt daher eine nicht-kohärente Emission dar. Jedes Gas emittiert die seinem Spektrum entsprechende Lichtfarbe, z.B. im sichtbaren Bereich Natrium gelb, Lithium rot, Neon orangerot, Helium weißlichrosa. Lampen mit diesen Füllungen und kalten Kathoden werden als Leuchtröhren bezeichnet. Sie haben eine Niederdruck-Gasfüllung (1 bis 10 mbar) und dienen hauptsächlich Werbezwecken.

Zu den Niederdruck-Entladungslampen gehören auch die Gas-Laser wie z.B. der klassische Helium-Neon-Laser. Bei ihnen wird das durch die Gasentladungen erzeugte Licht durch Vielfach-Reflexion auf so hohe Strahlungsdichte gebracht, daß eine sog. „induzierte Emission“ einsetzt, die zu einer eng gebündelten kohärenten Lichtabstrahlung mit sonst nicht erreichbarer Intensität führt.

Als Hochdruck-Entladungslampen (mit Gasdrücken bis zu größenordnungsmäßig 100 kPa $= 10^3$ mbar) werden hauptsächlich Natrium- (15 mbar Partialdruck) und Quecksilber (10^3 ... 10^5 mbar Druck)-Dampflampen, Edelgas- und Metallhalogenlampen ausgeführt. In der Entladung bildet sich ein thermisches Plasma, bei dem zwischen allen Plasmapartnern – also Elektronen, Ionen und neutralen Atomen – thermisches Gleichgewicht herrscht. Hochdruck-Entladungslampen haben eine gute Lichtausbeute und finden für Straßen- und Arbeitsplatz-Beleuchtungen in Werkstätten Verwendung.

Leuchtstofflampen arbeiten mit Quecksilberdampf als Entladungsträger und haben an der Innenwand des Glasrohrs eine Schicht, die von der auf sie treffenden ultravioletten Strahlung der Gasentladung zum Selbstleuchten im Sichtbaren angeregt wird. Durch Auswahl aus den hierfür geeigneten Stoffen (z. B. mit seltenen Erden aktivierten Aluminate bzw. Oxide) können sehr verschiedenartige Farbtöne erzielt werden. Besonders wichtig sind die für Raumbeleuchtung benutzten Leuchtstoffröhren mit tageslichtähnlichem (Kennbuchstabe T), gelblichweißem (G), warmtonigem (I) und weißem (W) Licht. Durch Verwendung von Glühkathoden sind diese Röhren auch für den Anschluß an Niederspannung brauchbar geworden. Die von Spannungs-Schwankungen weit weniger abhängige Lichtausbeute der Leuchtstofflampen beträgt etwa das Sechsfache gegenüber Glühlampen gleicher Leistungsaufnahme; außerdem wird kaum störende Wärme entwickelt; das Gas in der Lampe bleibt im Betrieb auf Zimmertemperatur.

Gasentladungs- oder Plasma-Displays sind Multielektroden-Gasentladungssysteme zur Darstellung von alphanumerischen Zeichen oder Halbtonbildern mit Hilfe eines Leuchtpunktrasters. Sie enthalten in einer Ebene eine Anzahl parallel zueinander angeordneter stabförmiger Kathoden und in einer parallelen Ebene eine zu den Kathoden senkrecht angeordnete Anzahl paralleler Anoden. Durch Anlegen von Spannungsimpulsen an bestimmte Kathoden und Anoden lassen sich an den jeweils gewünschten Überkreuzungsstellen des Gitternetzes aus Kathoden- und Anodenstäben punktförmige Gasentladungen zünden, deren Summe das darzustellende Zeichen oder Bild ergibt.

10.3 Elektrische Leitung in Flüssigkeiten

Von den elektrisch leitenden Flüssigkeiten werden im folgenden nur die elektrolytischen Flüssigkeiten (kurz: Elektrolyte) behandelt; sie bestehen aus einem Lösungsmittel und darin gelösten positiven und negativen Ionen (Kationen und Anionen, vgl. Abschn. 10.2.1). Diese können sich unter dem Einfluß eines äußeren elektrischen Feldes oder eines Konzentrationsgefälles bewegen und so einen elektrischen Stromfluß bewirken. Als Lösungsmittel kommt dem Wasser wegen seiner hohen Permittivitätszahl ($\varepsilon_r = 81$) eine überragende Bedeutung zu. – Der Stromtransport in geschmolzenen Metallen, welche ebenfalls zu den flüssigen Leitern gehören, bleibt außer Betracht, da dort der Leitungsmechanismus der gleiche ist wie bei den festen Metallen (s. Abschn. 10.4.3.1). –

Die Elektrolyte gehören zu den Leitern, die beim Stromdurchgang chemische Veränderungen erfahren; man spricht daher auch von elektrochemischen Vorgängen. Diese treten in wäßrigen Lösungen von Säuren, Basen und Salzen sowie in Salzschmelzen auf. Die beim Stromdurchgang stattfindenden stofflichen Umsetzungen nennt man Elektrolyse; davon wird in der Technik in vielfältiger Weise Gebrauch gemacht (s. Abschn. 10.3.2).

10.3.1 Mechanismus der elektrolytischen Leitung

Bei der Elektrolyse findet man an den der Stromzu- und -abführung dienenden Elektroden Bestandteile des Elektrolyten. Hieraus muß gefolgert werden, daß die Moleküle des Elektrolyten voneinander getrennt (zersetzt) sind und daß die Molekülteile unter dem Einfluß der Spannung zu den Elektroden wandern; Bild **10.**17 zeigt das am Beispiel des Kupfersulfats ($CuSO_4$).

Dessen Zerlegung in seine Bestandteile Cu und SO_4 und die Bewegung dieser Molekülteile zu den beiden Elektroden (Kathode und Anode) zeigt, daß die Molekülteile (Ionen) elektrisch geladen sind. Dabei ist in jeder Lösung oder Schmelze immer das eine Ion, in unserem Beispiel das Kupfer Cu, positiv elektrisch, weil es zur negativen Elektrode, der Kathode K, wandert (Bild **10.**17); das Cu ist also das Kation. Die positive Ladung dieses Kations wird durch hochgestellte Pluszeichen gekennzeichnet (+ bei einer positiven Elementarladung, + + bei zwei usw.), für Kupfer also Cu^{++}. Entsprechend wird das zur positiven Anode *A* gehende Anion durch hochgestellte Minuszeichen charakterisiert, in unserem Beispiel also das Sulfat-Ion durch SO_4^{--}.

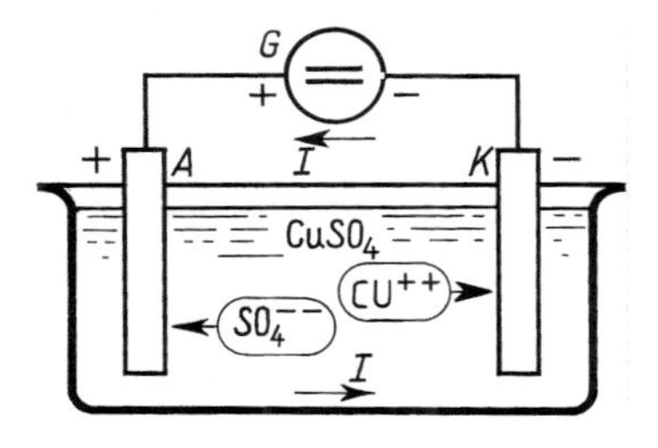

10.17 Elektrolyse am Beispiel der Zersetzung von Kupfersulfat ($CuSO_4$).
A Anode, *K* Kathode; SO_4^{--} Anion, Cu^{++} Kation;
G Generator, *I* Stromrichtung

Eine nähere Untersuchung zeigt, daß die Spaltung der Moleküle in Anion und Kation nicht erst von der angelegten äußeren elektrischen Spannung bewirkt wird, sondern schon vorher vorhanden ist. Die an der elektrolytischen Zelle liegende Spannung hat die Ionen nur noch zu bewegen.

Die Ladungen wandern durch den Elektrolyten also unter Inanspruchnahme der Ionen als Träger. Man bezeichnet eine derartige Strömung als Trägerleitung im Gegensatz zu der reinen Elektronenleitung z.B. im Vakuum und in den Metallen. Dabei ist die Trägerbewegung in der technischen Praxis gewollt: Bei der $CuSO_4$-Zersetzung (nach Bild **10.**17) wird die Kathode verkupfert, indem das Kupfer Cu sich aus der $CuSO_4$-Lösung wie beschrieben niederschlägt. Eine Verringerung des Cu-Gehaltes im Elektrolyten kann durch den Sekundärprozeß der Wiederverbindung von Cu mit SO_4 an der Anode zu $CuSO_4$ vermieden werden. Man verwendet den Vorgang, um Gegenstände zu verkupfern, oder auch, um an der Kathode das besonders reine Elektrolytkupfer aus einem als Anode dienenden verunreinigten Kupfer zu gewinnen. Die Beimengungen bleiben im Bad oder sammeln sich im Anodenschlamm. Bei der Elektrolyse entstehen, abgesehen von etwa auftretenden sekundären Prozessen neben den primären z.B. folgende Produkte; H_2 und Cl_2 bei HCl (Salzsäure), $2H_2$ und O_2 bei H_2SO_4 (Schwefelsäure), bei KOH (Kalilauge) und bei NaOH (Natronlauge), 2NaOH und Cl_2 bei NaCl (Kochsalz) usw.

Ganz allgemein sind Wasserstoff, Metalle (und die diese vertretenden Radikale wie das Ammonium NH_4) Kationen, wandern also mit dem Strom zur Kathode, während die Säurereste und Hydroxilgruppen Anionen sind, also dem Strom entgegen zur Anode gehen.

10.3.2 Ladungs-, Massen-, Strombilanzen

Während bei der reinen Elektronenleitung z.B. im Vakuum und in den Metallen mit dem elektrischen Strom nur ein vernachlässigbar geringer Massentransport verknüpft ist, bedeutet „Strom" im Elektrolyten Ladungs- *und* (dazu proportionaler) wesentlicher Massentransport.

10.3.2.1 Faradaysche Gesetze. Da die bei der Elektrolyse transportierten Ladungen bei ihrer Wanderung an die stofflichen Träger gebunden sind, sind die elektrolytisch zersetzten bzw. an den Elektroden abgeschiedenen Massen m der beförderten Elektrizitätsmenge Q proportional, d.h. bei konstantem Strom dem Produkt aus dem Strom I und der Dauer t des Stromflusses:

$$m = cQ = cIt. \tag{10.31}$$

Dies ist das 1. Faradaysche Gesetz; der Proportionalitätsfaktor c ist das sog. elektrochemische Äquivalent. Seine Abhängigkeit von der relativen (d.h. auf das Wasserstoffatom der Masse m_H bezogenen) Masse A_r eines Atoms und dessen Ladungszahl z_i ergibt sich aus folgender Überlegung: Wenn pro Zeit n Atome an der Elektrode abgeschieden werden, ist

$$m = ntA_r m_H,$$

andererseits gilt

$$I = nez_i,$$

d.h. mit Gl. (10.31)

$$c = \frac{m}{It} = \frac{A_r}{z_i} \cdot \frac{m_H}{e}. \tag{10.32}$$

Der dimensionslose Quotient A_r/z_i wird als Äquivalentgewicht (oder äquivalente molare Masse) bezeichnet; damit ergibt sich das 2. Faradaysche Gesetz: Die von gleichen Elektrizitätsmengen Q ausgeschiedenen Massen $m=cQ$ verhalten sich wie die Äquivalentgewichte A_r/z_i.

Nach den Gln. (10.31) und (10.32) ist zur Abscheidung der Masse eines Stoffes von der numerischen Größe seines Äquivalentgewichtes, d.h. für $m=A_r/z_i$ Gramm, die Ladung $\frac{e}{m_H/g}$ erforderlich, also ein universeller Wert. Man erhält ihn wie folgt: Eine Menge von A_r Gramm eines jeden Stoffes (=1 Mol) enthält dieselbe Anzahl $N_A \cdot 1$ mol Atome bzw. Moleküle; die Größe $N_A = 6{,}02 \cdot 10^{23}$ mol^{-1} heißt Avogadro-Konstante oder Loschmidt-Zahl. Danach gilt insbesondere für Wasserstoff mit $A_r=1$

$$m_H \cdot N_A \cdot 1\,\text{mol} = 1\,\text{g}$$

und damit

$$\frac{e}{m_H} = e N_A \cdot \frac{\text{mol}}{\text{g}}. \tag{10.33}$$

Die Größe

$$F = e N_A \tag{10.33a}$$

wird Faraday-Konstante genannt.

Die an vielen Elektrolyten durchgeführten Experimente haben im Rahmen der Meßgenauigkeit die Universalität der Größe F bestätigt und den Mittelwert

$$F = 96\,500\,\text{As}\,\text{mol}^{-1} \tag{10.33b}$$

geliefert. Diese Universalität wird als 3. Faradaysches Gesetz bezeichnet. Es belegt zugleich die atomistische Struktur der Elektrizität. Tatsächlich ist nie eine kleinere Elektrizitätsmenge als

$$e = 1{,}602 \cdot 10^{-19}\,\text{As} = 1{,}602 \cdot 10^{-19}\,\text{C} \tag{10.34}$$

beobachtet worden. – Das ist die Ladung eines einwertigen Ions, z.B. des Wasserstoff-Kations, d.h. $-e$ ist die Ladung eines Elektrons. – Alle in der Natur vorkommenden Ladungen sind ganzzahlige Vielfache dieser Elementarladung. Umgekehrt ist 1 C der Betrag der Ladung von $(1{,}602 \cdot 10^{-19})^{-1} = 6{,}24 \cdot 10^{18}$ Elektronen.

Der aus den Faradayschen Gesetzen bestimmte Wert von e nach Gl. (10.34) ist in ausgezeichneter Übereinstimmung mit den aus ganz andersartigen Messungen gewonnenen Werten.

Aus den Gln. (10.31) bis (10.33a) erhält man die abgeschiedene Masse

$$m = \frac{I\,t}{F} \cdot \frac{A_r}{z_i} \frac{\text{g}}{\text{mol}}. \tag{10.35}$$

Der Faktor $\frac{A_r}{z_i} \cdot \frac{\text{g}}{\text{mol}}$ wird auch als äquivalente molare Masse bezeichnet. Die Gl. (10.35) gilt für einen einatomigen Stoff mit der relativen Atommasse A_r. Bei mehratomigen Kationen bzw. Anionen tritt an die Stelle von A_r und z_i die relative Molekülmasse M_r und deren Ladungszahl. Dabei ist M_r die Summe der relativen Atommassen; z.B. ist für SO_4 mit der relativen Atommasse 32 für S und 16 für O die relative Molekülmasse M_r $1 \cdot 32 + 4 \cdot 16 = 96$.

Die nach Gl. (10.35) berechneten Massen sind theoretische Höchstwerte. In der Praxis wird zum Abscheiden einer bestimmten Masse mehr Ladung Q benötigt, weil ein Teil der zugeführten Energie in Nebenprozessen verbraucht wird, z.B. zur Wasserstoffabscheidung.

□ **Beispiel 10.6**

Welche Zeit t wird bei dem Strom $I = 100\,\text{A}$ mindestens gebraucht, um an der Kathode die Masse $m = 1\,\text{kg}$ Kupfer niederzuschlagen? Als Elektrolyt dient Kupfersulfatlösung $CuSO_4$. Kupfer hat die relative Atommasse $A_r = 63{,}6$ und ist im Kupfersulfat zweiwertig ($z_i = 2$). Mithin ist die erforderliche Zeit nach den Gln. (10.35) und (10.33b)

$$t = \frac{96{,}5\,(\text{kC/mol})\, m\, z_i}{A_r I} \frac{\text{mol}}{\text{g}} = \frac{96{,}5\,(\text{kC/mol})\, 1000\,\text{g} \cdot 2}{63{,}6 \cdot 100\,\text{A}} \frac{\text{mol}}{\text{g}} = 30\,346\ \text{s} = 8{,}43\ \text{h}.$$ □

Es sind also erhebliche Zeiten bzw. Ströme erforderlich, um größere Kupfermengen zu gewinnen. Bei der elektrolytischen Raffination arbeitet man daher meist mit sehr großen Strömen. Auch bei der elektrolytischen Gewinnung von Metallen im Schmelzfluß (z.B. Aluminium aus Tonerde Al_2O_3, gelöst in Kryolith Na_3AlF_6) werden große Ströme verwendet, die bei großen Anlagen 20000 A überschreiten. Außer der elektrolytischen Zersetzung liefert der Strom auch die Wärme, die dem Bad bei Aluminium eine Temperatur von etwa 950 °C gibt (s. Beispiel 10.8).

Ein Elektrolyt, in dem sich Anionen und Kationen mit der Konzentration n_A bzw. n_K, der Beweglichkeit b_A bzw. b_K und mit der Wertigkeit z_A bzw. z_K befinden, hat die Leitfähigkeit

$$\gamma = n_A z_A (b_A + b_K), \tag{10.36}$$

wobei aus Gründen der Ladungsneutralität $n_A z_A = n_K z_K$ ist (vgl. die entsprechende Gl. (10.30) für ionisierte Gase); im Gegensatz zu dort nehmen hier die Beweglichkeiten und damit die Leitfähigkeit mit der Temperatur zu.

□ **Beispiel 10.7**

Wie groß ist die Leitfähigkeit von 0,1 normaler Salzsäure bei 18°C, wenn für die Beweglichkeiten die Werte $b_A = b_{Cl^-} = 6{,}9 \cdot 10^{-4}$ cm²/Vs, $b_K = b_{H^+} = 33 \cdot 10^{-4}$ cm²/Vs zugrunde gelegt werden? Welchen Widerstand R hat ein Würfel von 1 cm Kantenlänge?

Aus Gl. (10.36) folgt mit $n_A = n_K = 0{,}1\ N_A$ mol/Liter $= 10^{-4} N_A$ mol cm^{-3}, $z_A = z_K = 1$ sowie mit $eN_A = F$ nach Gl. (10.33 a, b)

$$\gamma = 96{,}5 \cdot 10^3 \,\frac{\mathrm{As}}{\mathrm{mol}} \cdot 10^{-4}\,\mathrm{mol\,cm^{-3}} \cdot 39{,}9 \cdot 10^{-4}\,\mathrm{cm^2\,V^{-1}\,s^{-1}} = 0{,}0385\,\frac{1}{\Omega\,\mathrm{cm}}\,.$$

Daraus erhält man nach Gl. (2.8) $R = 26\,\Omega$. □

10.3.2.2 Elektrolytische Spannung galvanischer Zellen. Taucht man einen Metallstab in einen Elektrolyten, so entsteht ganz allgemein zwischen diesen beiden verschiedenartigen Leitern (Elektronen- bzw. Ionenleiter) eine Spannung: Jeder in einer Flüssigkeit gelöste Stoff hat das Bestreben, die gesamte Flüssigkeit zu durchdringen, wobei der im Innern der Lösung herrschende osmotische Druck mit der Anzahl der Lösungsmoleküle, also mit der Konzentration, wächst. Dadurch wirkt er auf eine Verdünnung der Lösung hin und sucht die Moleküle des in Lösung gegangenen Stoffes auszufällen. Andererseits hat aber jeder feste Körper, also beispielsweise auch das Metall eines Stabes, die Neigung zur Auflösung, wobei Teile des Metalls in Lösung gehen. Dieser Lösungsdruck wirkt dem osmotischen Druck entgegen, so daß je nach der Größe beider entweder Ionen des Stabes in Lösung gehen oder Metallionen des Elektrolysen sich an den Stab anlagern. Da Metallionen als Kationen positiv sind, wird beim Überwiegen des Lösungsdrucks der Elektrolyt positiv (z.B. $ZnSO_4$) und der Metallstab (z.B. Zn) wegen des jetzt bestehenden Überschusses an Elektronen negativ, während beim Überwiegen des osmotischen Druckes der Metallstab (z.B. Cu) positiv und der Elektrolyt (z.B. $CuSO_4$) negativ elektrisch wird. Es entsteht also zwischen dem Metallstab S und dem Elektrolyten eine Spannung U_{SK} bzw. U_{SA} (elektrochemische Spannungsreihe der Metalle).

10.3.2.3 Zersetzungs- und Polarisations-Spannung. Nach den Faradayschen Gesetzen werden zur Durchführung elektrolytischer Zersetzungen bestimmte Mindestelektrizitätsmengen benötigt, und die abgeschiedenen Stoffmengen sind diesen Mindestelektrizitätsmengen proportional. Die elektrische Energie, die zur Gewinnung von 1 Mol eines bestimmten Stoffes erforderlich ist, erhält man aus der Faradaykonstante $F = 96{,}5$ kAs mol^{-1}, multipliziert mit der Stoffmenge 1 mol, der Ladungszahl z_i und der sog. Zersetzungsspannung U_z, die mindestens aufgewendet werden muß, um eine Zersetzung des Elektrolyten an den Elektroden zu erreichen. Es gilt dann für die Energie

$$W = z_i U_z\ 96{,}5\ \mathrm{kAs}. \tag{10.37}$$

Dies ist gleichzeitig die maximale Energie, die bei der zugrunde liegenden elektrochemischen Reaktion der Abscheidung eines Mols aus der Ionenform zu gewinnen ist. Die Energie W, die auch Affinität der Reaktion genannt wird, läßt sich thermodynamisch berechnen, demgemäß auch die Zersetzungsspannung U_z, denn es gilt nach Gl. (10.37)

$$U_z = W/(z_i \cdot 96{,}5\,\mathrm{kAs}). \tag{10.38}$$

Die Zersetzungsspannung

$$U_z = U_{SK} - U_{SA} \tag{10.39}$$

ergibt sich aus den beiden Spannungsdifferenzen U_{SK} und U_{SA} zwischen dem Elektrolyten und Kathode bzw. Anode, die sich ebenfalls thermodynamisch berechnen lassen; unterhalb der Spannung U_z findet keine Zersetzung und praktisch keine Stromleitung statt.

Zu dieser Zersetzungsspannung U_z tritt nun noch eine Reihe weiterer Teilspannungen hinzu: Vor allem hat auch der elektrolytische Leiter bei jeder Temperatur einen bestimmten Widerstand, der sogar weit größer als der Widerstand der Metalle ist. So beträgt beispielsweise der Widerstand eines Würfels von 1 cm Kantenlänge bei 30%iger Schwefelsäure bei 18°C etwa 1,7 Ω, während derselbe Würfel bei Kupfer nur etwa 1 μΩ, also rund 1 Millionstel davon hat, wie aus Gl. (2.8) und Tafel **4.**1 im Anhang 4 leicht ermittelt werden kann. In diesem Widerstand R des Elektrolyten entsteht wie in jedem Metalldraht für den hindurchfließenden Strom I eine Spannung IR und eine Leistung $I^2 R$. Diese Leistung wird in Wärme umgesetzt, die man bei vielen elektrochemischen Prozessen und bei der Schmelzelektrolyse zur Heizung des Bades benutzt.

Weitere Spannungsabfälle entstehen durch verwickelte Erscheinungen an den Elektroden und in ihrer näheren Umgebung. Sie erhöhen die theoretischen Spannungsdifferenzen U_{SK} und U_{SA} zwischen den Elektroden und dem Elektrolyten. Nach der Elektrolyse sind die Elektroden zum mindesten noch für eine gewisse Zeit mit den Produkten der Elektrolyse beladen. Sie stellen somit eine galvanische Zelle dar. Nach dem Gesetz von Le Blanc ist die Spannung dieser Zelle, die Polarisationsspannung, gleich der theoretischen Zersetzungsspannung U_z. In Bild **10.**18 ist eine Meßschaltung zum Nachweis einer solchen Polarisationsspannung angegeben.

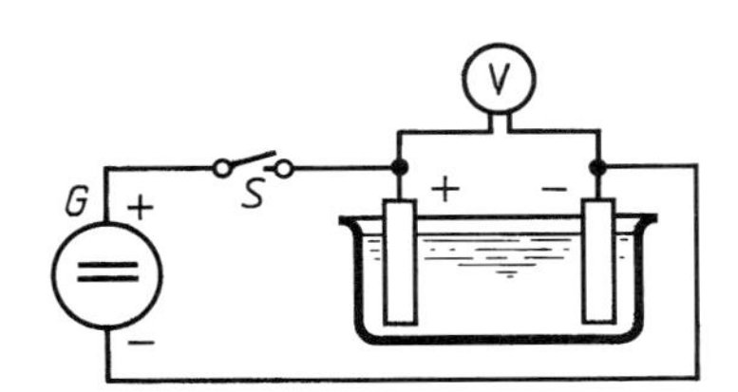

10.18 Nachweis der Polarisationsspannung
S Schalter, *G* Generator, *V* Spannungsmesser

□ **Beispiel 10.8**

Welche Energie ist erforderlich, um Aluminium der Masse $m=1\,\text{kg}$ im Schmelzfluß zu gewinnen, wenn die Badspannung (Gesamtspannung) $U=5{,}0\,\text{V}$ beträgt?

Da Aluminium die relative Atommasse $A_r=27$ hat und $z_i=3$ ist, wird für $m=1\,\text{kg}$ nach den Gln. (10.35) und (10.33b) die Elektrizitätsmenge

$$Q=It=mFz_i/A_r\,\frac{\text{mol}}{\text{g}}=1000\,\text{g}\,(96{,}5\,\text{kC/mol})\,3/27\,\frac{\text{mol}}{\text{g}}=10{,}72\,\text{MC}$$

benötigt. Bei $U=5\,\text{V}$ ist also theoretisch die Energie

$$W=UQ=5\,\text{V}\cdot 10{,}72\,\text{MC}=53{,}6\,\text{MWs}=14{,}89\,\text{kWh}$$

erforderlich. Mit dem Energieverbrauch für die Heizung sind praktisch rund 18 kWh je kg Aluminium aufzuwenden. □

10.3.3 Technische Nutzung

Elektrochemische Vorgänge spielen in der heutigen Technik auf vielen Gebieten eine bedeutende Rolle, vor allem zur

- Erzeugung und Speicherung von elektrischer Energie (Batterien, Akkumulatoren, Brennstoffzellen)
- direkten Erzeugung von Metallen und Gasen aus Rohmaterialien durch Elektrolyse
- Veredelung bzw. für Abdrücke von Werkstoffoberflächen durch Galvanik
- Untersuchung bzw. Verhinderung der Korrosion an Metallen.

Diese Vielfalt wird durch die folgende beispielhafte Übersicht belegt.

10.3.3.1 Elektrochemische Stromerzeuger. Elektrochemische Stromerzeuger sind galvanische Zellen mit zwei Elektroden aus verschiedenen Materialien in einer als Elektrolyt wirkenden elektrisch leitfähigen Flüssigkeit, die häufig mit einer Art Gelatine stark eingedickt ist. Je nach dem Verlauf der chemischen Reaktion spricht man bei irreversiblem Vorgang von Primärzellen – sie sind nach der Entladung nicht wieder aufladbar –, bei reversiblem Vorgang von Sekundärzellen. – Sie können durch Umkehrung der Stromrichtung wieder in den geladenen Zustand zurückgeführt werden. – Beide Ausführungsformen werden häufig zur Stromversorgung elektronischer Geräte eingesetzt. Eine ausführliche Darstellung findet sich in [29].

Primärzellen. Praktische Bedeutung haben ausschließlich Trockenzellen, bei denen der Elektrolyt durch Zusätze in eine Gallerte überführt ist. Wir beschränken uns auf eine Betrachtung der wichtigsten Ausführungsformen.

Kohle-Zink-Zelle (besser: Braunstein-Zink-Zelle). Sie ist aus der Leclanché-Zelle, der ältesten Form der Trockenzelle, hervorgegangen und stellt

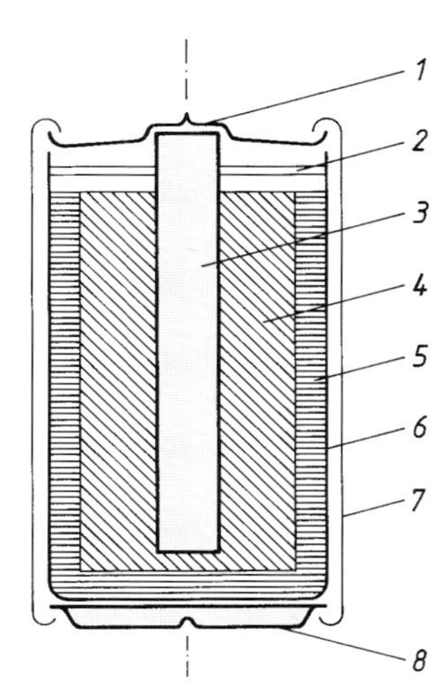

10.19 Aufbau der Kohle-Zink-Zelle
1 Kappe, Pluspol; 2 Dichtung, 3 Kohlestab, 4 Kohlepulver im Beutel um Mangandioxid (Braunstein) als Kathode, 5 Elektrolyt, 6 Zinkbecher, 7 Stahlmantel, 8 Bodenscheibe, Minuspol

auch heute noch eine der am weitesten verbreiteten Zelltypen dar; ihr Aufbau ist in Bild **10.**19 dargestellt.

Die Kohle-Zink-Zelle hat eine eingeprägte Spannung (frühere Bezeichnung EMK = elektromotorische Kraft) zwischen 1,5 und 1,7 V. Bei Stromentnahme nimmt die Klemmenspannung durch wachsenden Innenwiderstand rasch ab; da sich die Zelle in Betriebspausen regeneriert, wird sie bei kurzzeitiger Last mit längeren Betriebspausen viel besser ausgenutzt als bei Dauerbelastung (s. Bild **10.**20).

Die betrieblichen Eigenschaften sind gekennzeichnet durch die Energiedichte zwischen 120 mWh/cm^3 und 150 mWh/cm^3, die Baugrößen liegen im Bereich 50 mAh ... 30 Ah, sie bestimmen den Abszissen-Maßstab. Unterhalb von 0°C läßt die Kohle-Zink-Zelle deutlich in ihrer Leistung nach; der praktische Einsatzbereich liegt zwischen −10°C und +50°C.

Alkali-Mangan-Zelle. Durch Kaliumhydroxyd als Elektrolyt zwischen der in der Mitte der Zelle angeordneten Anode aus gepreßtem Zinkpulver und der ringförmigen Kathode aus Braunstein läßt sich die Energiedichte auf 300 mWh/cm^3 vergrößern; die Leerlaufspannung 1,5 V sinkt bei Belastung weit weniger ab als bei der Kohle-Zink-Zelle (Bild **10.**20b). Die Alkali-Mangan-Zelle kann im Temperaturbereich −20°C ... +55°C eingesetzt werden.

Silberoxid-Zink-Zellen arbeiten ebenfalls mit Kalilauge als Elektrolyt und einer Zinkanode; die Kathode besteht hier aus gepreßtem Silberoxidpulver. Aus Preisgründen werden sie hauptsächlich als Miniaturzellen ausgeführt (sog. Knopfzellen, z. B. 8 mm Durchmesser, 4 mm Höhe), die z. B. in Uhren, Hörgeräten und in der Miniaturelektronik eingesetzt werden. Es lassen sich Energiedichten bis zu 600 mWh/cm^3 erzielen. Die Leerlaufspannung beträgt 1,6 V und bleibt bis zu dem (belastungsabhängigen) Entladungsende nahezu konstant.

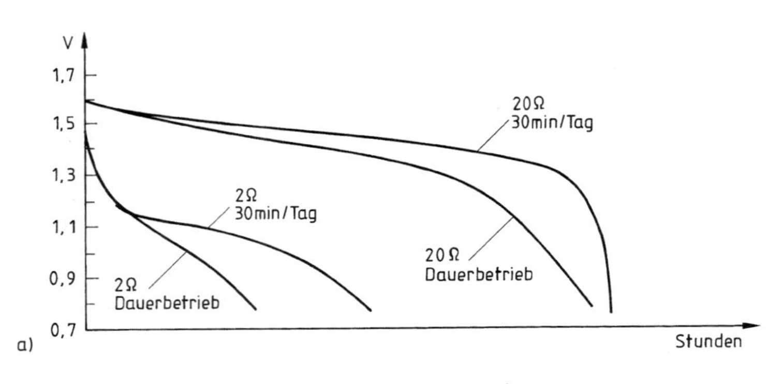

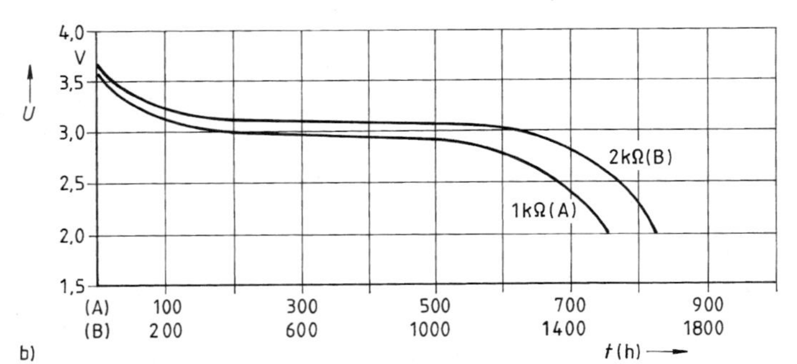

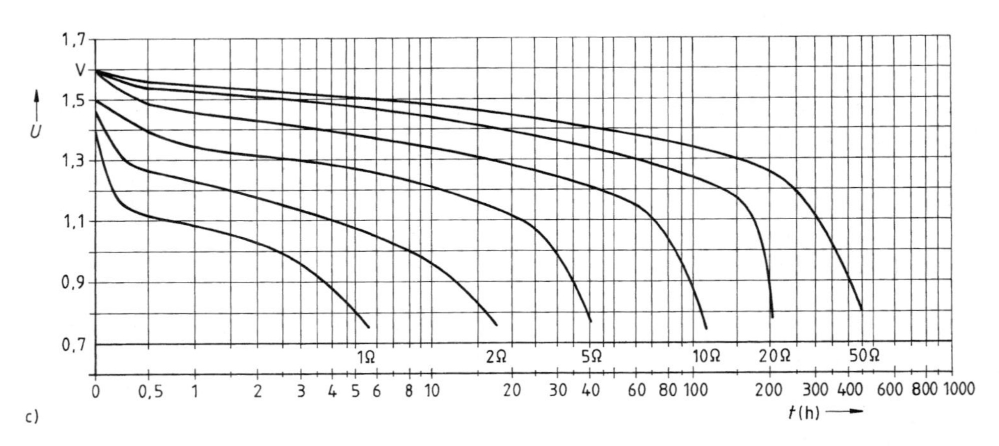

10.20 Entladekurven von Primärzellen in Abhängigkeit von der Belastung (aus [29])
a) Kohle-Zink-Zelle bei Dauerentladung bzw. bei Entladung mit Betriebspausen,
b) Lithium-Chromoxid-Zelle ERAA,
c) Alkali-Mangan-Zelle 4020 (LR 20)

Lithium-Zellen arbeiten mit Lithium als Anode und erreichen je nach Kathodenmaterial Leerlaufspannungen zwischen 1,5 und 3,8 V, die während der gesamten Lebensdauer nahezu konstant bleiben (s. Bild **10.**20c), und Energiedichten bis 1 Wh/cm^3. Als weitere Vorteile sind die mindestens 10jährige Lagerfähigkeit und die große zulässige Betriebstemperatur im Bereich von (bis zu) −55 °C bis zu +125 °C anzusehen.

Wegen ihrer besonderen Eigenschaften werden Lithiumzellen z. B. eingesetzt in Herzschritttmachern, als Knopfzellen in Taschenrechnern extrem flacher Bauweise, in mikroelektronischen Schaltkreisen, flüchtigen Datenspeichern etc.

Brennstoffzellen sind als spezielle Primärelemente aufzufasssen: Sie sind zwar nicht aufladbar, verfügen jedoch über ein nahezu unbegrenztes Ladungsspeicherungsvermögen (in der Batterietechnik als Kapazität bezeichnet), da die Reaktionsstoffe (ein Brennstoff, meist Wasserstoff, und als Oxydator Sauerstoff oder auch Luft) kontinuierlich der Ni-Anode und der Ni-Kathode zugeführt werden. Die bei der Oxydation vom Brennstoff an das Anodenmaterial abgegebenen Elektronen fließen unter Energieabgabe durch den äußeren Stromkreis zur Kathode und werden dort vom Oxydationsmittel aufgenommen. Das beim Stromfluß in der Zelle entstehende Reaktionsprodukt (Wasser) muß kontinuierlich aus dem Elektrolyten (z. B. Kalilauge) und aus der Zelle abgeführt werden, ebenso die Reaktions- und Verlustwärme. Bei normalem Luftdruck und Zimmertemperatur werden zum Erzeugen von 1 kWh etwa 660 l Wasserstoff und 330 l Sauerstoff benötigt. Brennstoffzellen erreichen Wirkungsgrade von 70%.

In der Erprobung befindliche Anwendungen von zukünftig großer wirtschaftlicher Bedeutung betreffen die netzunabhängige Stromversorgung von Elektroautos, Groß- und Blockheizkraftwerken, Hausenergieversorgung. Ein extraterrestrisches Anwendungsbeispiel ist die elektrische Energieversorgung von Raumfahrzeugen (2 kW bei Gemini, 1,1 kW bei Apollo, 14 kW bei Space Shuttle).

Sekundärzellen. Die elektrochemischen Vorgänge sind oft umkehrbar, d. h., eine Zersetzung, die bei der einen Stromrichtung hervorgerufen wird, kann von einem Strom entgegengesetzter Richtung wieder rückgängig gemacht werden. Da bei jeder Elektrolyse an den Elektroden Stoffe ausgeschieden oder umgeladen werden, ist die Frage von Bedeutung, ob und wie man diese Stoffe, die Energiequellen darstellen, speichern und vor Veränderungen bewahren kann. Hier sind zwei grundsätzlich verschiedene Möglichkeiten gegeben: Man speichert die Massen, welche die chemische Energie tragen, entweder in den Elektroden selbst oder außerhalb der Elektroden, z. B. als Flüssigkeit oder Gas. Zur Zeit sind nur Sekundärzellen der ersten Art in Betrieb; ihr Speichervermögen ist somit durch die Größe der Elektroden gegeben. Wichtige Ausführungsformen neben dem klassischen Blei- und Nickel/Cadmium-Akkumulator sind die noch im Entwicklungs- (End-)Stadium befindliche Natrium-Schwefel- und Natrium-Nickelchlorid-Batterie sowie das System Ni-Hydrid.

Bleiakkumulator. Die Elektroden bestehen aus Blei- bzw. Bleiverbindungen, der Elektrolyt ist eine wäßrige Lösung von Schwefelsäure. Wenn zwei Bleiplatten in verdünnte Schwefelsäure eintauchen, überziehen sie sich mit einer Schicht Bleisulfat ($PbSO_4$). Wird dann ein Strom durch die Zelle geschickt (Ladevorgang), so laufen die folgenden Reaktionen ab:

Ladevorgang

positive Elektrode:
$$PbSO_4 + 2H_2O + SO_4^{--} \rightarrow PbO_2 + 2H_2SO_4 + 2e^- \tag{10.40}$$
negative Elektrode:
$$PbSO_4 + 2H^+ + 2e^- \rightarrow Pb + H_2SO_4$$

d.h. an der positiven (negativen) Elektrode werden zwei negative Ladungen abgegeben (aufgenommen), und es wird das Bleisulfat zu Bleidioxyd oxidiert (metallischem Blei reduziert): Nach dem Stromdurchgang stehen sich also je eine Blei- und Bleidioxyd-Platte in verdünnter Schwefelsäure gegenüber. Dieses galvanische Element liefert eine Leerlaufspannung von 2,08 V.

Wenn das Element durch eine leitende Verbindung geschlossen wird, so fließt der Strom in umgekehrter Richtung (Entladevorgang, Bild **10.**21). Entsprechendes gilt für die chemischen Reaktionen: Die beiden Elektroden verwandeln sich also wieder in Bleisulfat, d.h. in ihren ursprünglichen Zustand.

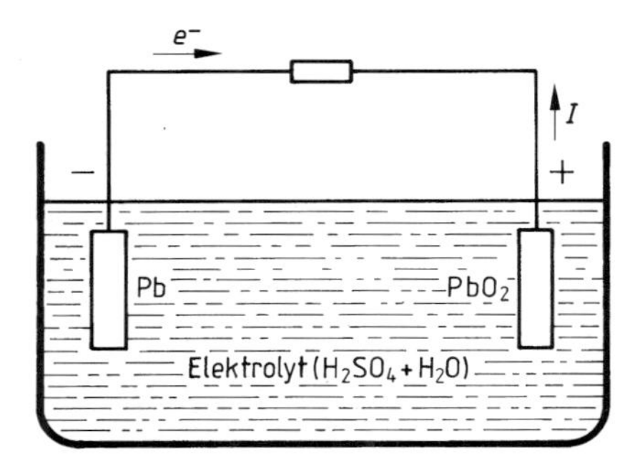

10.21 Entladevorgang in einem Bleiakku

Die Säurekonzentration nimmt beim Ladevorgang zu, wie die Gl. (10.40) zeigt, bzw. beim Entladevorgang ab. Man benutzt diese Änderung der Konzentration bzw. des davon abhängigen spezifischen Gewichts der Säure als Erkennungsmittel dafür, wie weit die Ladung bzw. Entladung fortgeschritten ist.

Der zeitliche Verlauf der Lade- bzw. Entladespannung hängt vom Ladeverfahren bzw. von der Belastung ab; das Bild **10.**22 zeigt ein Beispiel. Die Klemmenspannung ist bei der Ladung immer größer als bei der Entladung, weil sie die entgegenwirkende Zersetzungsspannung der Zelle (infolge Wasserstoff- und Sauerstoffentwicklung) und den inneren Spannungsabfall IR_i überwinden muß. Die Ladung ist beendet, wenn die Spannung von 2,6 V erreicht ist; die Entladeschlußspannung sollte (je nach Belastung) im Bereich 1,4 ... 1,7 V liegen.

Da die in dem Akkumulator gespeicherte Energie mit dem chemischen Umsatz bei der Ladung zunimmt, werden in der Praxis an Stelle massiver, nur an ihrer

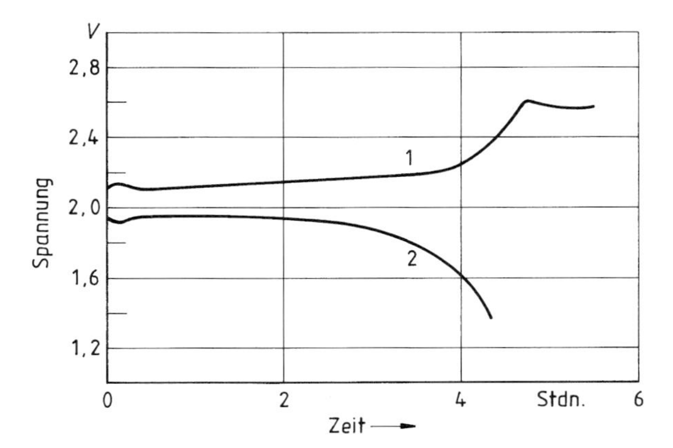

10.22 Zeitlicher Verlauf der Lade-(1) und Entladespannung (2) eines Bleiakku (aus [25b])

Oberfläche chemisch reagierender Bleiplatten netzförmige aus Blei gegossene Gitter verwendet, in die hinein die aktive Masse aus Mennige (Pb_3O_4), Bleiglätte (PbO), Bleistaub und Schwefelsäure gepreßt wird. Derartige poröse Elektroden erreichen eine spezifische Oberfläche von mehreren m^2/g.

Das Ladungsspeicherungsvermögen der Zelle (ihre Kapazität) wird durch die Elektrizitätsmenge in Ah angegeben, die vom geladenen Akkumulator während der Entladung geliefert werden kann. Sie ist am größten bei langsamster Entladung. Bei schneller Entladung mit großem Strom werden die inneren Teile der Platten nur mäßig zur aktiven Umwandlung herangezogen. Für die Kapazität maßgebend sind außerdem die Entladeschlußspannung, die Dichte und Temperatur des Elektrolyten und der allgemeine Zustand des Akkumulators. Der Betriebstemperaturbereich liegt etwa zwischen $-10\,°C$ ... $+60\,°C$. Bei Temperaturen $<5\,°C$ sinkt die Kapazität durch erhebliche Zunahme des Innenwiderstandes stark ab. – Die Bezeichnung Kapazität (d.h. Fassungsvermögen) für die Aufspeicherungsfähigkeit darf nicht zu der Annahme verführen, daß Elektrizität angesammelt würde. Aufgespeichert wird nicht eine Elektrizitätsmenge, sondern Energie und zwar in chemischer Form. –

Der Energie-Wirkungsgrad des Bleiakkumulators (=Entladeenergie/ Aufladeenergie) beträgt 70–75%, der Amperestunden-Wirkungsgrad (=Entlade-Amperestunden/Lade-Amperestunden) liegt bei 90%. Pro kg Gewicht können 20 ... 45 Wh gespeichert werden, pro Liter Volumen 60 ... 95 Wh.

Das Bleisulfat $PbSO_4$, das im Akkumulator beim Entladen entsteht, ist zunächst äußerst fein verteilt und daher noch reaktionsfähig. Bei längerem Lagern kristallisiert das $PbSO_4$ zu gröberen weißen Kristallen, die nicht mehr reagieren können: Der Akkumulator ist sulfatisiert. Der Bleiakkumulator darf deshalb nie im entladenen Zustand aufbewahrt werden.

Gegen Ende des Ladevorgangs entweicht infolge einsetzender Elektrolyse des im Elektrolyten befindlichen Wassers an der Kathode (Anode) in nicht geringen Mengen Wasserstoff (Sauerstoff), wodurch sich hochexplosives Knallgas bilden kann. Räume, in denen offene Bleiakkumulatoren geladen werden, müssen daher stets gut gelüftet sein und dürfen nicht mit offenem Feuer betreten werden. Auf Kosten des entweichenden Wasserstoffs bzw. Sauerstoffs nimmt der Gehalt an Wasser im Elektrolyten ab. Von Zeit zu Zeit muß daher Wasser nachgefüllt werden. Es muß unbedingt destilliertes Wasser sein, da die in normalem Gebrauchswasser gelösten Stoffe, z. B. NaCl, die Bleiplatten stark schädigen.

Der Bleiakkumulator wird vor allem als Starterbatterie in Autos verwendet, aber auch z. B. als Energiequelle von kleinen, elektrisch betriebenen Transportfahrzeugen, wie Hubstapler u. ä. – Neben dem Bleiakkumulator mit offenen Zellen gibt es wartungsfreie verschlossene Bleiakkumulatoren, bei denen die Säure durch Verdickung mit einer Art Gelatine nicht auslaufen kann (Gel-Zelle). –

Nickel/Cadmium-Akkumulator. Hier besteht die aktive Masse der positiven Elektrode aus Nickel(II)hydroxid $Ni(OH)_2$, die der negativen Elektrode aus Cadmiumhydroxid $Cd(OH)_2$; als Elektrolyt wird Kalilauge (KOH) verwendet. Die Elektroden bestehen – entsprechend wie beim Bleiakku – nicht aus massivem Material, sondern aus gepreßtem Pulver, das in eine Aufnahmestruktur eingebracht wird; die Entwicklung hat dabei von der Taschen- und Röhrchenelektrode zur Sinter- und Faserstruktur-Elektrode geführt. Die Innenwiderstände liegen im mΩ-Bereich pro 100 Ah.

Die Leerlaufspannung beträgt 1,35 V, die Spannung unter Nennlast ist 1,2 V. Der Temperaturkoeffizient liegt im Bereich –3 ... –4 mV/°C; der Betriebstemperaturbereich liegt zwischen –20° und 45 °C.

Der Ni/Cd-Akku zeichnet sich vor dem Bleiakku durch sein geringeres Gewicht und durch nahezu konstante Werte der eingeprägten Spannung und des Innenwiderstandes während der Entladung aus; sein wichtigster Vorteil ist jedoch seine Fähigkeit, über viele Jahre im entladenen Zustand liegen zu können, ohne Schaden zu nehmen.

Nickel-Cadmium-Akkumulatoren werden als Großakkumulatoren wie Bleiakkumulatoren mit offenen Zellen und für tragbare Geräte als Rund- oder Knopfzellen mit gasdichten Zellen aufgebaut, in denen die beim Laden auftretenden Gase intern rekombinieren können. Bei sehr hohen Ladeströmen steigt der Innendruck der Zelle stark an, da die Rekombination langsamer verläuft als die Gasentwicklung; ein Sicherheitsventil schützt vor Explosion, allerdings sinkt die Kapazität der Zelle durch den Gasverlust.

Natrium/Schwefel-Zelle. Im Gegensatz zu den bisher beschriebenen Primär- und Sekundärzellen wird hier ein fester Elektrolyt verwendet und zwar eine spezielle Modifikation des Keramikwerkstoffes Al_2O_3. In ihm sind Na-Ionen bei hoher Temperatur relativ frei beweglich, so daß die Keramik bei 300°C eine Leitfähigkeit von etwa 5 $(\Omega cm)^{-1}$ besitzt. – Zum Vergleich: Der Halbleiter Germanium hat im undotierten Zustand eine Leitfähigkeit von 0,02 $(\Omega cm)^{-1}$, für das Metall Kupfer gilt $5{,}6 \cdot 10^5\,(\Omega cm)^{-1}$. Auf der einen Seite dieses Festelektrolyten befindet sich geschmolzenes Natrium als negative Elektrode, auf der anderen Seite als positive Elektrode geschmolzener Schwefel; da dieser selbst in geschmolzenem Zustand den Strom nicht leitet, ist er in einem leitfähigen Graphitschwamm aufgesaugt. In einer Na/S-Zelle laufen im Betriebstemperaturbereich 250° ... 350°C folgende Reaktionen ab:

an der positiven Elektrode

$$2\,Na^+ + xS + 2e^- \underset{\text{laden}}{\overset{\text{entladen}}{\rightleftarrows}} Na_2S_x$$

(x = 5 ... 3), an der negativen Elektrode

$$2\,Na \underset{\text{laden}}{\overset{\text{entladen}}{\rightleftarrows}} 2\,Na^+ + 2e^-$$

(s. hierzu Bild **10.**23). Die Ladespannung beträgt 2,1 V, die z.Z. erreichte Energiedichte 140 Wh/kg. Der Vorteil dieser Zelle liegt in der Verwendung billiger Materialien, der Nachteil in der hohen Betriebstemperatur. Letztere ist jedoch für den Ablauf der elektrochemischen Reaktionen und für eine nennenswerte Leitfähigkeit des Festkörperelektrolyten erforderlich.

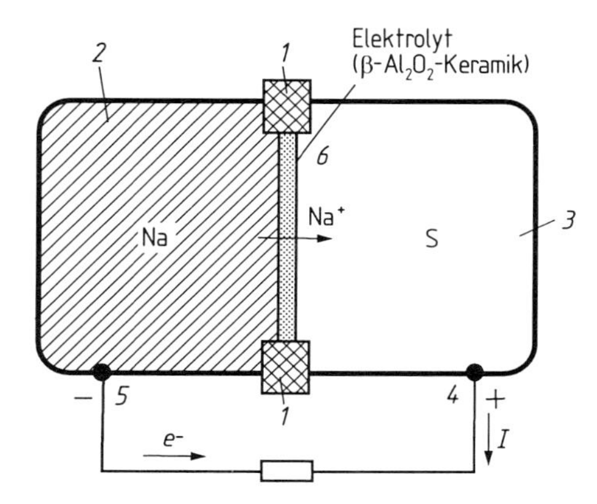

10.23 Entladevorgang in einer Natrium-Schwefel-Zelle
1 Dichtungssysteme, 2 Natrium,
3 Schwefel/Graphit-Füllung,
4 Stromkollektor-Gehäuse (Plus-Pol)
5 Stromkollektor und Sicherheitseinsatz (Minus-Pol)
6 Elektrolytrohr (Al_2O_3)

Natrium-Schwefel-Batterien sind (wie die ähnlich aufgebaute Natrium-Nickelchorid-Batterie) als Traktionsbatterien im PKW-Bereich vorgesehen, die Na/S-Batterien (in Japan) auch als Netzspeicher.

Nickel/Hydrid-Zelle. Ihre positive Elektrode besteht aus Nickel, die negative ist eine sog. Wasserstoff-Speicher-Elektrode: Dabei macht man von der seit langem bekannten Tatsache Gebrauch, daß Wasserstoff in Festkörpern gespeichert werden kann; besonders geeignet sind Titan-Nickel- und Lanthan-Nickel-

Legierungen. Als Elektrolyt dient Kalilauge. Die Leerlaufspannung beträgt 1,3 V, die Spannung unter Nennlast ist 1,2 V. Als Betriebstemperaturbereich wird 0 ... 45 °C empfohlen (−20 °C ... 50 °C ist zulässig).

Das System Ni/H ist kompatibel mit dem Ni/Cd-System, hat jedoch eine um 30–50% höhere Kapazität/Volumen und mit 160 Wh/dm^3 einen um den Faktor 3 größeren volumetrischen Energieinhalt. Als besonderer Vorteil ist zu nennen, daß die Zelle keine die Umwelt belastenden Stoffe wie Blei, Quecksilber, Cadmium enthält. Sie findet z. B. Anwendung für portable Kommunikationsgeräte, Taschenrechner etc.

10.3.3.2 Elektrolyse. Galvanik. Korrosion.

Elektrolyse. Sie findet großtechnische Anwendung

1. in der Metallurgie zum Gewinnen und Raffinieren von Metallen, z. B. von Kupfer, Nickel, Zink, Aluminium, Magnesium, Natrium usw. Beispielsweise wird Aluminium aus einer Schmelze von Tonerde (Al_2O_3) und Kryolith ($AlF_3 \cdot 3\,NaF$) in Eisenwannen gewonnen, deren mit Graphit ausgekleidete Innenwände als Kathode dienen, während als Anode dicke Kohleelektroden benutzt werden, welche in die Schmelze eintauchen. Das Aluminium scheidet sich in flüssiger Form am Wannenboden ab und kann dort abgelassen werden. Zur Gewinnung von 1 kg Aluminium sind nach Gl. (10.35) 3000 Ah nötig.

2. in der chemischen Großindustrie beim Gewinnen von Wasserstoff, bei der Chloralkalielektrolyse zum Gewinnen von Alkali und Chlor, bei der Herstellung von Oxidationsmitteln usw. Beispielsweise wird zur Chlorerzeugung eine NaC-Lösung zwischen einer Titan-Kathode und einer Edelstahl-Anode elektrolysiert, an der das Chlorgas gewonnen wird.

Galvanik. Dabei unterscheidet man zwischen

Galvanotechnik. Sie befaßt sich mit dem Erzeugen von festhaftenden metallischen Überzügen aus edlerem Metall auf unedleren Metallen (z. B. verkupfern, vernickeln, verchromen, verzinken, verzinnen, versilbern, vergolden, verplatinieren). Zur galvanischen Oberflächenveredelung gehört auch das Aufbringen einer Oxydschutzschicht auf Aluminium (Eloxalverfahren)

und der

Galvanoplastik (= Elektroformung). Darunter versteht man die Anfertigung von naturgetreuen Abdrucken feinster Muster, sog. Galvanos, z. B. für die Kunststoffindustrie (Schallplatten) und die elektronische Industrie (Kupferfolien für gedruckte Schaltungen).

Korrosion. Das ist eine schädliche Wirkung der Elektrolyse, die dann auftritt, wenn verschiedene Metalle mit feuchten Stoffen in Berührung sind und sich hierbei ein Stromkreis bilden kann. Dabei wird das als Anode dienende Metall zersetzt, z. B. bei der Korrosion von Rohrleitungen durch im Erdreich vagabundierende Gleichströme einer elektrischen Bahn. Zur Vermeidung von Korrosion muß ein die gefährdenden Metallflächen umgebender isolierender Schutz vorgesehen werden. Auch bei Installationen in Gebäuden ist darauf zu achten, daß verschiedene Metalle (z.B. Bleirohre und Kupferdrähte) nur mit dazwischenliegender elektrischer Isolation miteinander verbunden werden.

10.4 Elektrische Leitung in kristallinen Festkörpern

10.4.1 Kristallaufbau von Metallen, Halbleitern und Isolatoren

Feste Körper haben ein bestimmtes Volumen und eine bestimmte Gestalt. Diese Eigenschaften beruhen darauf, daß die Bausteine des Festkörpers (Atome, Moleküle) eine durch ihre gegenseitigen Bindungskräfte bedingte feste Lage zueinander haben. Diese räumliche Lage kann geordnet oder ungeordnet sein; dementsprechend unterscheidet man den kristallinen oder amorphen Zustand. – Wir beschränken uns im folgenden zunächst auf den ersteren (s. aber Abschn. 10.4.5). Es sei jedoch erwähnt, daß in der Elektrotechnik häufig Werkstoffe verwendet werden, die sowohl kristalline als auch amorphe Bereiche enthalten (z.B. Polyethylen, Glaskeramik). Andererseits können in Flüssigkeiten Ordnungszustände auftreten, welche denen eines Kristalls entsprechen (Flüssigkristalle). –

Bei den kristallinen Festkörpern unterscheidet man den einkristallinen und polykristallinen Zustand: Im ersten Fall besteht die regelmäßige Anordnung der atomaren Bausteine über den gesamten Körper hinweg, im zweiten Fall setzt sich der Festkörper aus einer großen Zahl sehr kleiner Einkristalle unterschiedlicher Orientierung zusammen. Es ist in dieser einführenden Darstellung berechtigt, sich auf den einkristallinen Zustand zu beschränken (s. aber die Abschn. 10.4.3.3, 10.4.5).

Die Metalle kristallisieren überwiegend in einem von drei Gittertypen. In den Bildern **10.**24a–c sind die sog. Elementarzellen dieser Typen dargestellt, durch deren periodische Fortsetzung in den 3 Raumrichtungen der makroskopische Kristall gebildet wird; die Tafel **10.**25 gibt einen Überblick über technisch wichtige Vertreter dieser Gittertypen.

Die elektronischen Halbleiter Germanium und Silizium stehen wie der Kohlenstoff in der 4. Gruppe des Periodischen Systems und kristallisieren im sog. Diamantgitter: Jedes Atom ist von 4 nächsten Nachbarn umgeben, die sich in den Ecken eines Tetraeders befinden. Ein solches Gitter entsteht durch Ineinanderschachteln zweier kubisch-flächenzentrierter Gitter, die in den 3 Raumrichtungen jeweils um ein Viertel der Raumdiagonale verschoben sind (Bild **10.**26a).

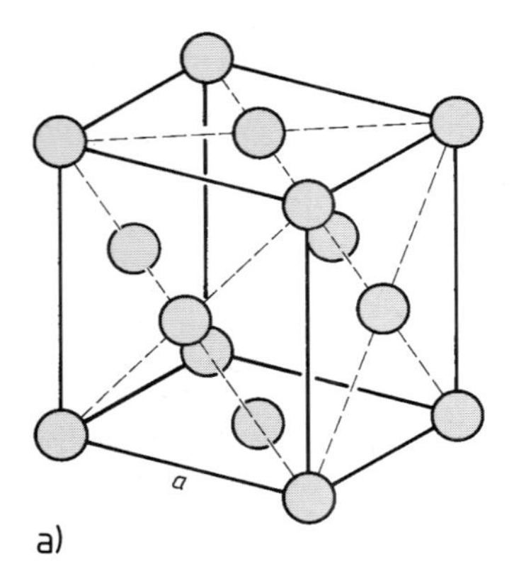

b)

c)

10.24 Elementarzellen der 3 häufigsten Gittertypen bei Metallen.
a) kubisch-flächenzentriert,
b) hexagonal dichteste Packung,
c) kubisch-raumzentriert (aus [37])

Tafel **10.**25 Gitterstrukturen metallischer Werkstoffe (nach [37])

	kubisch-flächen-zentriert	hexagonal dichteste Packung	kubisch-raum-zentriert
Beispiele	Cu, Ag, Au, Al, Ni, Pb, Pt	Be, Mg, Zn, Cd	Cr, Mo, Ta, W, Li, Na, K

Germanium und Silizium sind Element-Halbleiter, da sie jeweils nur aus einer Atomsorte bestehen. Daneben spielen in der Elektrotechnik Verbindungs-Halbleiter vom Typ $A^{III}B^{V}$ bzw. $A^{II}B^{VI}$ eine wichtige Rolle. Zur ersten Gruppe gehören z.B. GaAs und InP. Diese Halbleiter kristallisieren im sog. Zinkblendegitter. Dieser Gittertyp entsteht – in Analogie zum Diamantgitter – durch Ineinanderschachteln je eines kubisch-flächenzentrierten Gitters vom Atomtyp A bzw. B; dadurch ist jedes Atom der Sorte A (B) Mittelpunkt eines Tetraeders, in dessen 4 Ecken Atome der Sorte B (A) sitzen (Bild **10.**26b). Zur zweiten Gruppe gehört z.B. Cadmiumsulfid; es kristallisiert im Wurtzitgitter, welches durch Ineinanderschachteln zweier hexagonaler Teilgitter entsteht (Bild **10.**26c).

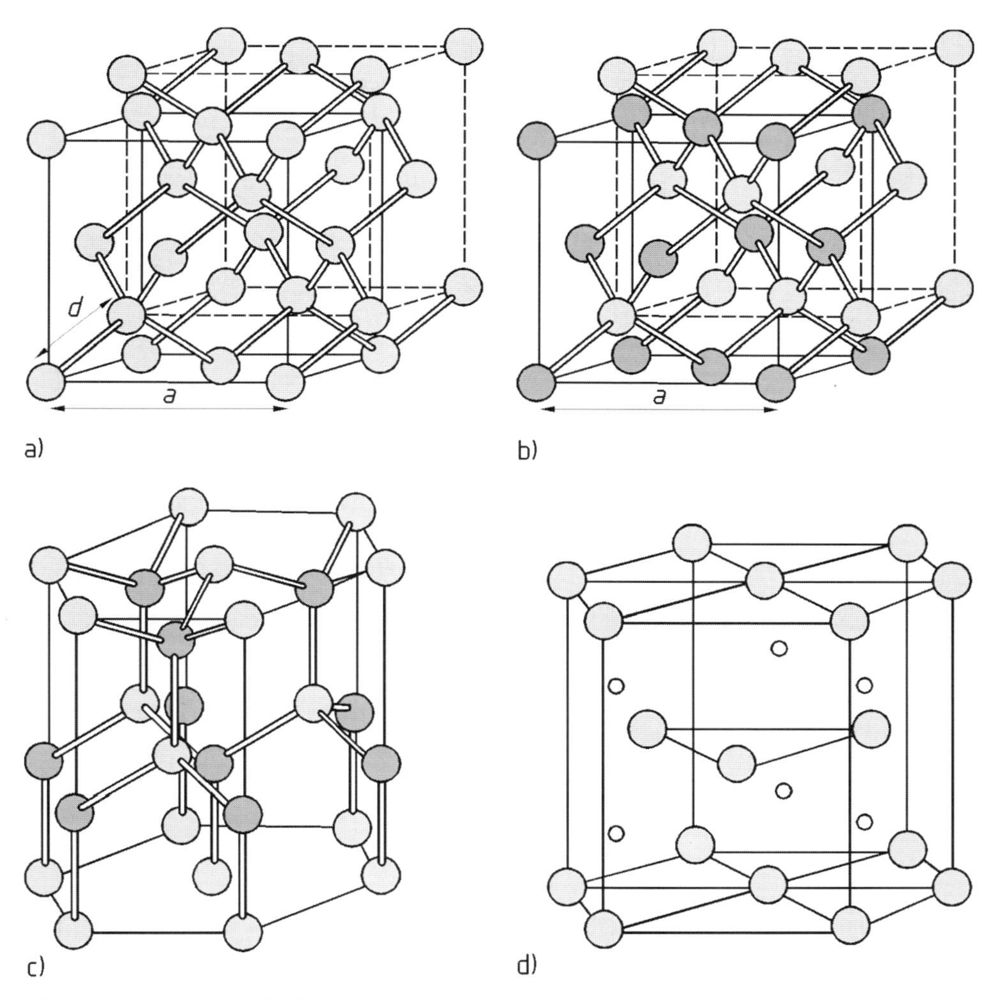

10.26 Gittertypen bei Halbleitern bzw. Isolatoren
a) Diamantgitter (aus [37]),
b) Zinkblendegitter (aus [37]),
c) Wurtzitgitter (aus [37]),
d) Korundstruktur (aus [40]), die Kationen sind als leere Kreise dargestellt

Isolator-Beispiel. Ein Beispiel für einen Isolator mit elektronischer Bindung ist der Diamant (Bild **10.**26a), ein Beispiel für Ionenbindung der Saphir (einkristallines Al_2O_3), der in der Korundstruktur kristallisiert (Bild **10.**26d).

10.4.2 Energiebändermodell

Die dicht benachbarten Atome in einem Kristall stehen in einer starken kräfte- und energiemäßigen Wechselwirkung. Als Folge davon treten an die Stelle der möglichen diskreten Energiewerte der Elektronen im Einzelatom endliche (erlaubte) Energiebereiche, sog. Energiebänder; die dazwischenliegenden Energiebereiche nennt man verbotene Energiebänder und die Gesamtheit aller Energiebänder das Energiebändermodell, kurz Bändermodell. Sein Zustandekommen und die damit mögliche Klassifizierung der Festkörper in Metalle, Halbleiter und Isolatoren werden in diesem Abschnitt erläutert.

10.4.2.1 Energiewerte der Elektronen im Einzelatom. Nach dem Bohrschen Atommodell, das ein stark vereinfachtes Bild der Wirklichkeit gibt, bewegen sich die Elektronen eines Atoms um den Atomkern in kreis- bzw. ellipsenförmigen Bahnen, wobei der Atomkern Mittelpunkt der Kreise oder ein Brennpunkt der Ellipsen ist. Der positive Atomkern (Kernladungszahl z) ist von z negativen Elektronen umgeben, so daß die Wirkung der positiven Ladung des Kerns gerade durch die Gesamtladung aller Elektronen aufgehoben wird und somit das Atom nach außen hin neutral wirkt. Wesentlich für die weiteren Betrachtungen ist das von der Erfahrung bestätigte Postulat, daß die an den Atomkern gebundenen Elektronen nur auf ganz bestimmten Bahnen (Schalen) den Atomkern umkreisen können, ohne Energie in Form einer elektromagnetischen Welle abzustrahlen. – Diese Erfahrungstatsache ist im Rahmen der klassischen Physik nicht zu verstehen, sondern eine Folge quantenmechanischer Gesetze. – Entsprechend seiner Geschwindigkeit (kinetische Energie) und seiner Entfernung vom Kern (potentielle Energie) hat das Elektron eine für jede Bahn charakteristische, konstante Gesamtenergie W_n (auch Energieniveau oder Energieterm genannt). Wenn der Nullpunkt der potentiellen Energie ins unendlich Ferne gelegt wird, bedeutet $W_n < 0$, daß das Elektron an den Kern gebunden ist; für diese Bindungszustände gilt nach der Quantentheorie $-W_n \sim 1/n^2$ (Bild **10.**27). Da nur eine diskrete Schar von Elektronenbahnen existiert, sind Zwischenwerte nicht möglich im Gegensatz zum freien Elektron, das beliebige Werte seiner Gesamtenergie haben kann.

In der Natur stellt sich nun jedes physikalische System so ein, daß sein Energieinhalt so klein wie möglich ist. Daher haben auch die Elektronen das Bestreben, ein möglichst tiefes Energieniveau (möglichst kleine Schalennummer n) einzunehmen. Nach den Gesetzen der Quantenmechanik finden auf dem erlaubten Energieniveau W_n der n-ten Schale $2n^2$ Elektronen Platz, d.h. Bahnen in großer Entfernung vom Atomkern können mehr Elektronen aufnehmen als Bahnen in unmittelbarer Umgebung des Kerns. Die Elektronen eines Atoms besetzen daher die unteren Energieniveaus (beginnend mit $n=1$), solange der Vorrat reicht; das oberste Energieniveau, welches überhaupt Elektronen enthält, ist dann i.allg. unvollständig besetzt. Die Elektronen in der äußersten Schale sind für chemische

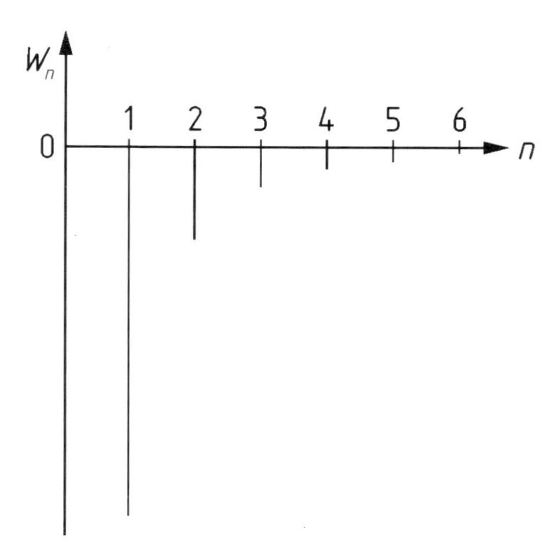

10.27 Darstellung der möglichen Energiewerte W_1, W_2, W_n ... beim Bohrschen Atommodell

Reaktionen maßgebend, denn sie sind die am lockersten an den Atomkern gebundenen Elektronen. Ihre Anzahl ist gleich der sog. Wertigkeit (Valenz) der betreffenden Atomsorte; man nennt sie daher auch Valenzelektronen.

10.4.2.2 Energiewerte der Elektronen im kristallinen Festkörper. Klassifizierung nach Metallen, Halbleitern, Isolatoren. Wegen der engen räumlichen Nachbarschaft der Atome im Kristall treten ihre Elektronenhüllen in eine starke kräfte- und energiemäßige Wechselwirkung. Als Folge davon entstehen aus jedem erlaubten diskreten Energieniveau eines Elektrons im Einzelatom N eng benachbarte, erlaubte Energieniveaus eines Elektrons im Kristall (N = Zahl der in Wechselwirkung stehenden Atome). Hierzu gibt es ein anschauliches Analogon aus dem Bereich der gekoppelten elektrischen Netzwerke (s. Abschn. 7.2.4): Ein freischwingender L,C-Schwingkreis ist durch eine charakteristische Frequenz gekennzeichnet, die sog. Resonanzfrequenz $f_{res} = 1/2\,\pi\sqrt{LC}$, bei der Energie zwischen den beteiligten Speichern Spule (L) und Kondensator (C) periodisch ausgetauscht wird.

Entsprechend besitzt ein System aus 2 gleichen gekoppelten Schwingkreisen zwei derartige charakteristische Frequenzen, von denen je eine etwas oberhalb und unterhalb der Resonanzfrequenz des Einzelkreises liegt; diese beiden Resonanzfrequenzen des Gesamtsystems liegen umso weiter auseinander, je stärker die Kopplung der beiden Schwingkreise ist (s. hierzu das folgende Beispiel).

□ **Beispiel 10.9**

Gegeben ist das in Bild **10.**28 dargestellte System aus zwei transformatorisch gekoppelten Schwingkreisen. Für die beiden Kreise gilt nach dem Maschensatz (Gl. (6.9))

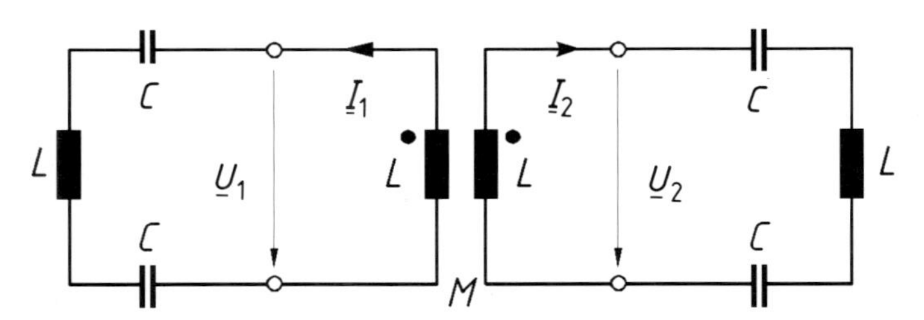

10.28 System aus zwei gleichen, transformatorisch gekoppelten Schwingkreisen

$$\underline{U}_1 = \frac{2}{\mathrm{j}\omega C}\underline{I}_1 + \mathrm{j}\omega L \underline{I}_1,$$

bzw.

$$\underline{U}_2 = \frac{2}{\mathrm{j}\omega C}\underline{I}_2 + \mathrm{j}\omega L \underline{I}_2,$$

andererseits gilt nach Gl. (6.106a, b) für den verlustlosen Übertrager

$$\underline{U}_1 = -\mathrm{j}\omega L \underline{I}_1 - \mathrm{j}\omega M \underline{I}_2$$
$$\underline{U}_2 = -\mathrm{j}\omega M \underline{I}_1 - \mathrm{j}\omega M \underline{I}_2,$$

d.h. zusammengefaßt

$$2\left(\mathrm{j}\omega L + \frac{1}{\mathrm{j}\omega C}\right)\underline{I}_1 + \mathrm{j}\omega M \underline{I}_2 = 0$$
$$\mathrm{j}\omega M \underline{I}_1 + 2\left(\mathrm{j}\omega L + \frac{1}{\mathrm{j}\omega C}\right)\underline{I}_2 = 0.$$

Da die triviale Lösung $\underline{I}_1 = 0$, $\underline{I}_2 =$ ausgeschlossen werden kann, muß die Koeffizienten-Determinante dieses Gleichungssystems

$$\begin{vmatrix} 2\left(\mathrm{j}\omega L + \frac{1}{\mathrm{j}\omega C}\right) & \mathrm{j}\omega M \\ \mathrm{j}\omega M & 2\left(\mathrm{j}\omega L + \frac{1}{\mathrm{j}\omega C}\right) \end{vmatrix} = -4\left(\omega L - \frac{1}{\omega C}\right)^2 + \omega^2 M^2 = 0$$

sein. Die Forderung (biquadratische Gleichung) führt auf

die beiden Resonanzfrequenzen des Schwingkreissystems:

$$\omega_1 = (\pm)\frac{1}{\sqrt{L\cdot C}}\cdot\frac{1}{\sqrt{1+\frac{M}{2L}}},\quad \omega_2 = (\pm)\frac{1}{\sqrt{L\cdot C}}\cdot\frac{1}{\sqrt{1-\frac{M}{2L}}},\quad (M\leq L).$$

– Die negativen ω-Werte sind physikalisch den positiven gleichwertig. – Dieses Ergebnis belegt quantitativ die eingangs gemachten Bemerkungen. □

In Verallgemeinerung des Ergebnisses dieses Beispiels gilt: Eine Kette aus N gleichen verlustfreien Schwingkreisen besitzt N Resonanzfrequenzen. Sie liegen, wie die hier nicht wiedergegebene Rechnung zeigt, in dem endlichen Frequenzbereich

$$f_{\mathrm{Res}}/\sqrt{1+\frac{2M}{L}}\ldots f_{\mathrm{Res}}/\sqrt{1-\frac{2M}{L}},\quad (M\leq L). \tag{10.41}$$

Für $N\rightarrow\infty$ entsteht somit ein Kontinuum von Resonanzfrequenzen (Bild **10**.29).

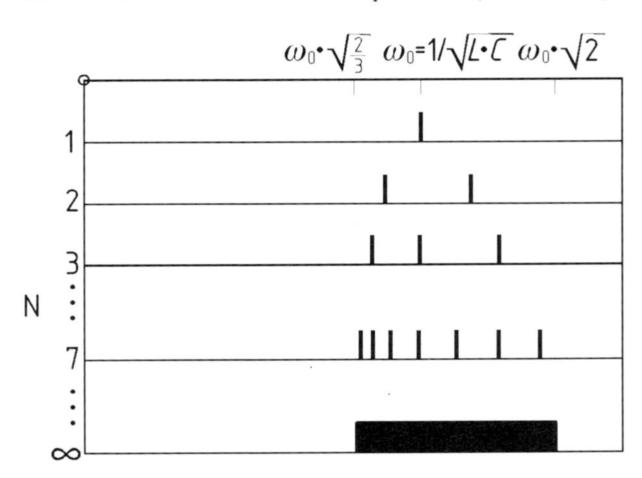

10.29 Resonanzfrequenzen einer Kette aus N gleichen, transformatorisch gekoppelten Schwingkreisen ($M/L=0{,}5$)

Eine harmonische Erregung (Spannung oder Strom), die dem einen Ende der Kette zugeführt wird, pflanzt sich in Form einer ungedämpften (Spannungs- oder Strom-)Welle über die Struktur hinweg fort, sofern die Frequenz in dem Intervall (10.41) liegt; man nennt es daher Durchlaßbereich. Für Frequenzen außerhalb dieses Intervalls verursacht eine Eingangserregung eine vom Ort der Erregung aus über der Struktur exponentiell abfallende Strom-Spannungs-Verteilung; diese Frequenzen bilden den sog. Sperrbereich der Struktur. – Dabei ist die „Dämpfung“ keine Folge von Energieverlusten in den Bauelementen der Schwingkreise, denn diese sind ja als „verlustfrei“ angenommen; vielmehr liegt hier eine Reflexionsdämpfung vor. –

Diese dem Elektrotechniker vertrauten Tatsachen lassen sich nun qualitativ auf das Verhalten eines Elektrons in einem Kristall übertragen. Dabei beschränken wir uns, da es hier nur um das Prinzipielle geht, auf eine lineare Anordnung von N gleichartigen Atomen (eindimensionaler Kristall), bei der im Sinne unserer Analogie jedes Atom lediglich mit seinen beiden nächsten Nachbarn in Wechselwirkung tritt. Durch diese Wechselwirkung spaltet jeder erlaubte atomare Energiewert W_n in N erlaubte Energiewerte für ein Kristallelektron auf, die jeweils in einem endlichen Energieintervall liegen (Bild **10.**30, vgl. Bild **10.**29). Wegen der außerordentlich großen Anzahl der in einem Festkörper vereinigten Atome ($N \approx 10^{22}\,\text{cm}^{-3}$) entstehen so viele dicht beieinanderliegende Energiewerte, daß man sie nicht mehr voneinander unterscheiden kann: Aus jedem Energieniveau eines Einzelatoms entsteht scheinbar als Kontinuum ein Energieband gewisser Breite (Bild **10.**30c). Die zwischen den Bändern mit erlaubten Energieniveaus verbleibenden Zwischenräume (verbotene Bänder) enthalten keine durch Elektronen stationär besetzbaren Energieniveaus.

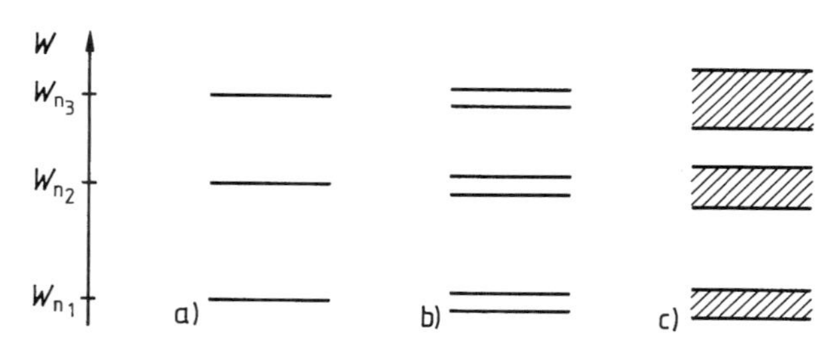

10.30 Zur Entstehung des Bändermodells aus den möglichen Energiewerten der Einzelatome
a) Einzelatom (vgl. Bild **10.**27),
b) zwei Atome,
c) Festkörper ($N \to \infty$, typisch $10^{22}\,\text{cm}^{-3}$)

Die Breite der Energiebänder wird für tiefer liegende Energiewerte immer kleiner. Diese Abnahme wird dadurch hervorgerufen, daß die Kopplung zwischen den Elektronen der Atome im Gitter um so schwächer ist, je stärker ihre Bindung an den Atomkern ist, d.h. je näher sie sich bei ihm befinden. Bei Bändern höher liegender Energiewerte kann die Breite dagegen so groß werden, daß sich sogar zwei Bänder überlappen.

Die Analogie zwischen der Schwingkreiskette und dem eindimensionalen Kristall gilt auch bezüglich der Bewegung eines Elektrons durch den Kristall hindurch: Ein Elektron mit einem Wert der Gesamtenergie innerhalb eines erlaubten (verbotenen) Bandes breitet sich in Form einer ungedämpften (gedämpften) sog. Materiewelle aus. – Die duale Teilchen- und Wellenvorstellung vom Elektron ist experimentell fundiert. So bietet sich beispielsweise für die Beschreibung der Ablenkung eines Elektronenstrahls durch elektrische oder magnetische Felder das Teilchenbild an, während die „Aufspaltung eines Elektronenstrahls“ beim Auftreffen auf die Oberfläche metallischer Substanzen, in ähnlicher Weise wie die Beugung von Licht an Gittern, nur durch den Wellencharakter des Elektrons erklärt werden kann. – Dem zur Energie proportionalen Amplitudenquadrat der Spannungs- bzw. Stromwelle bei der Schwingkreiskette entspricht nach den Gesetzen der Quantenmechanik die Aufenthaltswahrscheinlichkeit eines Elektrons an einer Stelle im Kristall. Der räumlich konstanten Energiedichte im Durchlaßbereich der Schwingkreiskette entspricht somit die konstante Aufenthaltswahrscheinlichkeit eines Kristallelektrons in einem erlaubten Energieband, d.h. die dortigen Energiewerte sind im gesamten Kristall „erlaubt“, daher wird jeder erlaubte Energiewert durch einen durchgehenden Strich gekennzeichnet (bei unserem bislang eindimensionalen Kristall also längs der x-Achse). Kristallelektronen mit Energiewerten in verbotenen Bändern sind entsprechend durch gedämpfte Materiewellen zu beschreiben mit Aufenthaltswahrscheinlichkeiten, welche vom Ort der Freisetzung des Kristallelektrons aus exponentiell abfallen (s. Abschn. 10.4.4.2).

– Die vorstehend beschriebene Analogie zwischen der Ausbreitung einer Spannungs- bzw. Stromwelle über eine Schwingkreiskette hinweg und der Bewegung eines Kristallelektrons bestimmter Energie ist deshalb nicht überraschend, da es sich in beiden Fällen um die Wellenausbreitung in periodischen Strukturen handelt. –

Entsprechend wie im Einzelatom werden im Kristall die erlaubten Energieniveaus von tiefen Werten zum Wert Null hin durch die Gesamtheit der Elektronen besetzt. Dabei kann das oberste mit Elektronen besetzte Energieband entweder vollständig besetzt sein – wie die darunter liegenden Bänder – oder unvollständig. Die Quantenmechanik lehrt nun, daß ein vollständig mit Elektronen besetztes Energieband keinen Beitrag zur elektrischen Leitfähigkeit leistet, da sich die Anteile der einzelnen Elektronen kompensieren. – Im Teilchenbild wird dieser Umstand wie folgt beschrieben und ist anschaulich verständlich: Alle Valenzelektronen sind in den Bindungen zwischen den Atomen gefangen und stehen daher für die Stromleitung nicht zur Verfügung. – Hieraus ergibt sich sofort eine Einteilung der kristallinen Festkörper in Leiter (Metalle) und Nichtleiter (Isolatoren). Im ersten Fall ist das oberste mit Elektronen besetzte Energieband unvollständig besetzt – man nennt es daher Leitungsband –, im zweiten Fall ist auch das oberste mit Elektronen besetzte Energieband vollständig besetzt – man nennt es Valenzband –; das Leitungsband ist hier also leer. Die Breite $W_G = W_C - W_V$ des verbotenen Energiebandes (W_C = Unterkante Leitungsband, W_V = Oberkante Valenzband) wird Bandabstand genannt. Bei dieser Klassifizierung fehlen zunächst die Halbleiter. Wie diese zwischen die Metalle und Isolatoren einzuordnen sind, wird im folgenden erläutert.

Die vorstehend beschriebene Besetzung der erlaubten Energiezustände gilt exakt nur am absoluten Nullpunkt der Temperatur $T = 0\,K$. Bei Temperaturen $T > 0\,K$, d.h. in allen realen Fällen, führt das Prinzip des Energieminimums der

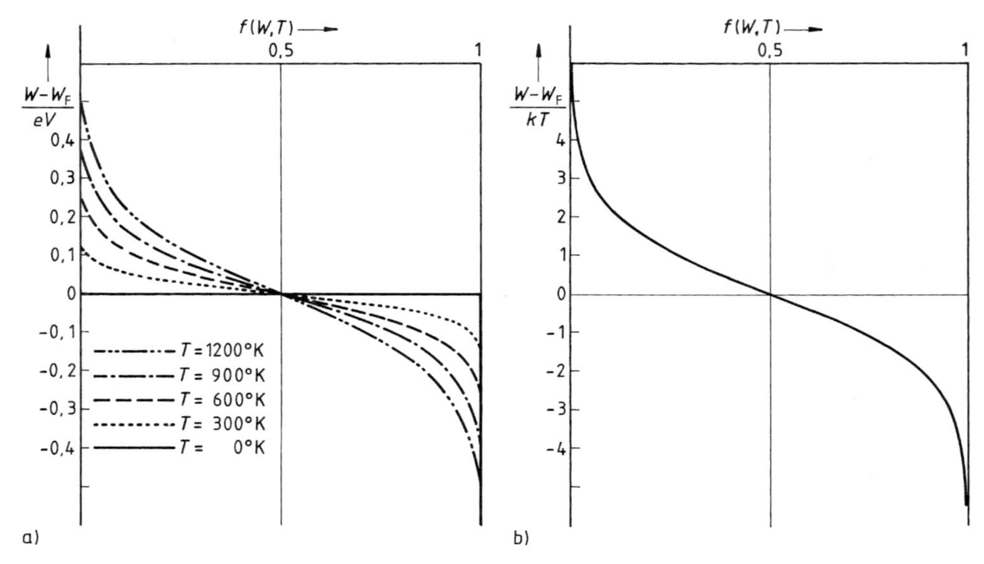

10.31 Fermi-Verteilung
a) für verschiedene Temperaturen, b) normierte Darstellung

Elektronengesamtheit in Verbindung mit einer quantenmechanischen Zusatzbedingung (Ausschließungsprinzip von Pauli) dazu, daß jeder erlaubte Energiezustand W nicht automatisch besetzt ist, sondern daß hierfür lediglich eine gewisse Wahrscheinlichkeit $f(W, T)$ mit $0 \leq f(W, T) \leq 1$ besteht. Diese sog. Fermi-Verteilung

$$f(W, T) = \frac{1}{1 + e^{(W - W_F)/kT}} \tag{10.42}$$

ist in Bild **10.**31a in Abhängigkeit von der Elektronenenergie W mit der Temperatur T als Parameter dargestellt; die sog. Fermi-Energie W_F errechnet sich aus der Gesamtzahl der Kristallelektronen und ist somit eine entscheidende Materialkenngröße. – Die Fermi-Verteilung hat Ähnlichkeit mit der Maxwell-Boltzmann-Verteilung der Geschwindigkeit von Gasmolekülen und geht formal für $W_F \rightarrow 0$, $W \gg kT$ in diese über. Der Größe kT (≈ 25 meV bei Raumtemperatur) kommt nach Gl. (10.42) die Bedeutung der Maßeinheit der Elektronenenergie im Kristall zu. –

Am absoluten Nullpunkt $T = 0$ springt die Verteilungsfunktion an der Stelle $W = W_F$ vom Wert $f = 1$ (für $W < W_F$) auf den Wert $f = 0$ (für $W > W_F$), d.h. alle erlaubten Energiezustände unterhalb (oberhalb) des Fermi-Niveaus sind mit Sicherheit besetzt (unbesetzt).

Bei Temperaturen $T > 0$ geht die Verteilung in der Umgebung der Fermi-Energie innerhalb eines Energieintervalls von wenigen kT von f-Werten nahe *1* zu Werten nahe 0 über; dazwischen liegende erlaubte Energiewerte sind mit einer Wahrscheinlichkeit $0<f(W,T)<1$ besetzt (Bild **10.**31 b).

Nach diesen Erläuterungen können wir nun Metalle, Halbleiter und Isolatoren in Verbindung mit dem Energiebändermodell des Festkörpers wie folgt klassifizieren (s. Bild. **10.**32).

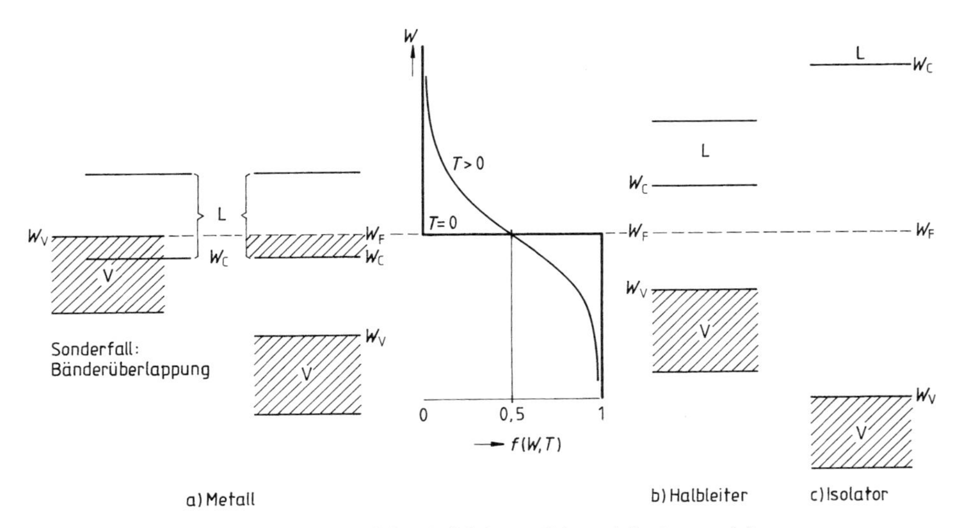

10.32 Bändermodell eines Metalles (a), Halbleiters (b) und Isolators (c)

Metalle. Das Fermi-Niveau W_F liegt innerhalb des Leitungsbandes, so daß es bei allen Temperaturen $T \geq 0$ erlaubte Energiezustände gibt, die auch besetzt sind, ohne daß das Leitungsband voll besetzt ist. Dieser Festkörpertyp besitzt also für alle Temperaturen $T \geq 0$ eine Leitfähigkeit.

Halbleiter. Das Fermi-Niveau liegt etwa in der Mitte des verbotenen Energiebereiches $W_V \dots W_C$ (daher der Name Halbleiter). Folglich ist bei der Temperatur $T=0$ das Leitungsband leer, das Valenzband voll gefüllt; im Teilchenbild heißt das: Alle Valenzelektronen sind in Bindungen zwischen den Atomen „gefangen", der Festkörper leitet den Strom nicht; er verhält sich wie ein Isolator. Für Temperaturen $T>0$ sind einige Energieniveaus in der Nähe der Oberkante des Valenzbandes mit einer merklichen Wahrscheinlichkeit unbesetzt; die fehlenden Elektronen haben durch Aufnahme thermischer Energie aus dem Kristallgitter den Bandabstand $W_G = W_C - W_V$ überwunden und besetzen mit derselben Wahrscheinlichkeit entsprechende erlaubte Energieniveaus in der Nähe der Unterkante des Leitungsbandes. Im Teilchenbild stellt sich dieser Vorgang wie folgt dar: Bei Temperaturen $T>0$ schwingen die Gitterbausteine um ihre Gleichgewichtslage und können einen Teil dieser thermischen Energie an Valenzelek-

tronen abgeben. Wenn die übertragene Energie größer als die Bindungsenergie des Valenzelektrons an das Wirtsatom ist, wird es vom Atom abgegeben und steht als (quasi-) freies Elektron zur Stromleitung im Kristall zur Verfügung. Das Atom bleibt ionisiert zurück; offenbar ist die untere Grenze der Bindungs- (=Ionisierungs-)Energie identisch mit dem Bandabstand W_G.
Dieser Festkörpertyp besitzt also erst für $T>0$ eine Leitfähigkeit.

Isolator. Wie beim Halbleiter liegt auch hier das Fermi-Niveau nahe der Mitte des verbotenen Energiebereiches W_V ... W_C. Der Unterschied zum Halbleiter besteht jedoch darin, daß der Bandabstand $W_C - W_V = W_G$ hier viel größer ist (Diamant 5,5 eV; Saphir 8,7 eV), d.h. auch der Energieaufwand, um ein Elektron aus dem voll besetzten Valenzband in das leere Leitungsband zu heben (im Teilchenbild: Die Ionisierungsenergie zur Loslösung eines Valenzelektrons vom Wirtsatom ist viel größer und damit die Möglichkeit, eine Leitfähigkeit zu erzielen, viel geringer.) Eine merkliche Leitfähigkeit würde bei diesem Festkörpertyp rechnerisch erst bei Temperaturen im Bereich des Schmelzpunktes (Diamant 3500°C, Saphir 2050°C) vorhanden sein. Bei tieferen Temperaturen, also dort, wo dieser Festkörpertyp in der Elektrotechnik eingesetzt wird, ist sein Leitungsband praktisch leer, d.h. er ist ein (nahezu idealer) Nichtleiter.

10.4.3 Elektrische Leitung in Metallen

10.4.3.1 Normalleitung. Die in einem metallischen Leiter vorhandenen (quasi-) freien Elektronen (d.h. im Bändermodell die Elektronen im Leitungsband) führen wegen ihrer Wechselwirkung mit den Metall-Atomen bzw. -Ionen eine thermisch bedingte unregelmäßige Eigenbewegung aus, bei der sie im zeitlichen Mittel am Ort bleiben. Wenn nun auf diese Elektronen als Folge einer an den metallischen Leiter angelegten Spannung eine elektrische Feldstärke $\vec{E}$ einwirkt, so überlagert sich der statistischen thermischen Bewegung eine gerichtete Bewegung entlang der elektrischen Feldlinien mit der sog. Driftgeschwindigkeit

$$\vec{v} = -b\vec{E}\,; \tag{10.43}$$

Der Proportionalitätsfaktor b heißt Beweglichkeit (wie bei den ionisierten Gasen, s. die entsprechende Gl. (10.25)), dafür gilt in Analogie zu Gl. (10.26)

$$b = \frac{e\Lambda}{m_e \cdot \overline{v}_e} = \frac{e}{m_e}\tau_e \tag{10.44}$$

mit der mittleren freien Weglänge Λ und der mittleren Elektronengeschwindigkeit $\overline{v}_e = 3{,}58 \cdot \sqrt[3]{n/\mathrm{cm}^{-3}}$ cms^{-1} [37]; n ist die Zahl der am Strom beteiligten Elektronen pro Volumen; in erster Näherung darf man annehmen, daß jedes

Metallatom ein (quasi-)freies Elektron liefert, d.h. n ist von der Größenordnung der Avogadro-Konstante $N_A = 6{,}02 \cdot 10^{23}\,\mathrm{mol}^{-1}$.

Für die Stromdichte gilt entsprechend zu Gl. (10.29) – im Unterschied dazu gibt es hier aber nur eine Ladungsträgerart, nämlich die Elektronen mit der Ladung $Q_e = -e$ –

$$\vec{S} = -en\vec{v}. \tag{10.45}$$

Durch Einsetzen der Gl. (10.43) in die Gl. (10.45) folgt

$$\vec{S} = enb\vec{E},$$

die Größe

$$\gamma = enb \tag{10.46}$$

ist die Leitfähigkeit, ihr Kehrwert $1/\gamma = \varrho$ ist der spezifische Widerstand. Da die Größen n und b von der elektrischen Feldstärke (bzw. von der anliegenden Spannung) unabhängig sind, ist die elektrische Stromdichte proportional zur Feldstärke bzw. zur Spannung; diese Aussage

$$\vec{S} = \gamma\vec{E} \tag{10.47}$$

wird als Ohmsches Gesetz bezeichnet (s. Abschn. 2.1.1).

□ **Beispiel 10.10**

Silber besitzt bei Raumtemperatur den spezifischen Widerstand $\varrho = 1{,}6\,\mu\Omega\mathrm{cm}$. Wie groß sind die Beweglichkeit und die mittlere freie Weglänge Λ, und wie groß ist die Driftgeschwindigkeit $|\vec{v}|$ bei der Stromdichte 100 A/cm²?

Aus Gl. (10.46) folgt mit $e = 1{,}6 \cdot 10^{-19}\,\mathrm{As}$, $n = 5{,}86 \cdot 10^{22}\,\mathrm{cm}^{-3}$

$$b = \frac{1}{\varrho e n} = \frac{1}{1{,}6\,\mu\Omega\,\mathrm{cm} \cdot 1{,}6 \cdot 10^{-19}\,\mathrm{As} \cdot 5{,}86 \cdot 10^{22}\,\mathrm{cm}^{-3}} = 66{,}7\,\frac{\mathrm{cm}^2}{\mathrm{Vs}}.$$

Der Wert für n ergibt sich aus der Dichte $10{,}5\,\mathrm{gcm}^{-3}$, der relativen Atommasse 107,87 und der Avogadro-Konstante $N_A = 6{,}02 \cdot 10^{23}\,\mathrm{mol}^{-1}$. Die mittlere Elektronengeschwindigkeit beträgt $\bar{v}_e = 3{,}58 \cdot \sqrt[3]{5{,}86 \cdot 10^{22}}\,\mathrm{cms}^{-1} = 1{,}39 \cdot 10^8\,\mathrm{cms}^{-1}$; damit folgt aus Gl. (10.44)

$$\Lambda = \frac{9{,}1 \cdot 10^{-28}\,\mathrm{g}\,1{,}39 \cdot 10^8\,\mathrm{cm\,s}^{-1}}{1{,}6 \cdot 10^{-19}\,\mathrm{As}}\,66{,}7\,\frac{\mathrm{cm}^2}{\mathrm{Vs}} = 5{,}27 \cdot 10^{-6}\,\mathrm{cm},$$

das sind etwa 100 Atomdurchmesser. Die gesuchte Driftgeschwindigkeit erhält man aus Gl. (10.45) zu

$$|\vec{v}| = \frac{100\,\mathrm{Acm}^{-2}}{1{,}6 \cdot 10^{-19}\,\mathrm{As} \cdot 5{,}86 \cdot 10^{22}\,\mathrm{cm}^{-3}} = 0{,}011\,\frac{\mathrm{cm}}{\mathrm{s}},$$

sie ist also um 10 Zehnerpotenzen kleiner als die mittlere Elektronengeschwindigkeit $\bar{v}_e$.

Die (quasi-)freien Metallelektronen legen also in Richtung eines einwirkenden elektrischen Feldes $\vec{E}$ im Mittel nur sehr kleine Strecken und diese mit sehr geringer Geschwindigkeit ungestört zurück. Durch die fortwährenden Zusammenstöße mit den Metall-Ionen wird die einem Elektron zwischen zwei aufeinanderfolgenden Stößen vom elektrischen Feld erteilte kinetische Energie ΔW jeweils in ungeordnete Bewegung der Gitterbausteine umgesetzt, d.h. in Joulesche Wärme; dabei gilt $\Delta W = \text{Kraft} \cdot \text{Weg}$, also mit Gl. (10.43) $\Delta W = (-eE)\,(\tau_e \cdot (-bE))$. Da die Anzahl der Zusammenstöße pro Volumen proportional zur Elektronendichte n ist und pro Zeit jedes Elektron im Mittel $1/\tau_e$ Zusammenstöße erfährt, beträgt die räumliche Dichte der thermischen Verlustleitung

$$W_J = \frac{n}{\tau_e} \cdot \Delta W = enbE^2 = \gamma E^2;$$

die Joulesche Stromwärme wächst also mit dem Quadrat der Stromdichte (s. Gl. (10.47)). □

10.4.3.2 Supraleitung. Damit bezeichnet man die Erscheinung, daß bei einigen Metallen (sowie Legierungen und metallisch leitenden Verbindungen) der spezifische Widerstand beim Unterschreiten einer sog. Sprungtemperatur T_c praktisch schlagartig auf einen unmeßbar kleinen Wert absinkt. Die Tafel **10.**33 enthält in den Spalten 1 und 2 eine Auswahl derartiger Materialien. Auch bei einigen Metalloxyden (Keramiken) wurde neuerdings die Eigenschaft der Supraleitung entdeckt und zwar bei auffallend hohen Sprungtemperaturen (s. die dritte Spalte in Tafel **10.**33), was für den praktischen Einsatz von besonderem Interesse ist.

Tafel **10.**33 Sprungtemperatur einiger Supraleiter

	T_C/K		T_C/K		T_C/K
Al	1,18	Pb	7,2	La-Ba-CuO	30
In	3,41	Nb	9,46	Y-BaCuO	90
Sn	3,72	NbTi (50%)	10,5	BiSrCaCuCo	110
V	5,3	Nb_3Sn	18	TlBaCaCuO	123

10.4.3.3 Technische Nutzung. Die Normalleitung von Metallen bzw. Metall-Legierungen wird in einer Fülle von Anwendungen genutzt, wie die folgende stichwortartige Übersicht zeigt:

- Leiterwerkstoffe: Wicklungen, Kabel, Freileitungen, Hohlleiteroberflächen; Leiterbahnen in integrierten Schaltungen, Dünn- und Dickschicht-Schaltungen sowie auf Leiterplatten.
- Kontaktwerkstoffe: Meß-, Nachrichten- sowie Starkstromtechnik
- Widerstands-Werkstoffe: Normal- und Präzisions-Widerstände, Heizleiter
- Meßtechnik: Widerstandsthermometer, Thermoelemente.

Die Werkstoffe werden dabei vorwiegend in polykristalliner Form verwendet.

Für die Supraleitung ergeben sich ebenfalls zahlreiche, wenn auch (wegen des Kühlaufwandes) speziellere Anwendungsmöglichkeiten – die z.T. noch im Entwicklungsstadium sind –, so z.B. in der Schwachstromtechnik für

- hochempfindliche Meßtechnik (Magnetometer, Galvanometer, Spannungs-Normale),
- Mikrowellentechnik (Filter und Resonatoren hoher Güte, hochempfindliche Detektoren und Mischer)
- schnelle logische Gatter, Speicher und A/D-Wandler

und in der Starkstromtechnik für

- Magnetspulen für Kerntechnik, Kernspintomographie, Magnetschwebebahn (in Japan),
- Gleich- oder Drehstromkabel als Alternative zu Hochspannungs-Überlandleitungen für kurze Entfernungen
- Spulen für magnetische Energiespeicher, Strombegrenzer

10.4.4 Elektrische Leitung in Halbleitern

Als Halbleiter wurden ursprünglich alle Substanzen bezeichnet, deren elektrische Leitfähigkeit bei Raumtemperatur zwischen etwa $\gamma = 10^3$ S cm^{-1} und $\gamma = 10^{-10}$ S cm^{-1}, liegt also zwischen der sehr großen Leitfähigkeit von Metallen und und der praktisch vernachlässigbar kleinen Leitfähigkeit von Isolatoren. Diese rein phänomenologische Kennzeichnung umfaßt – selbst bei Beschränkung auf kristalline Substanzen – eine sehr heterogene Stoffgruppe: Die meisten dieser Substanzen zeigen bezüglich der elektrischen Leitfähigkeit einen positiven Temperaturkoeffizienten (Heißleiter), einige – in Übereinstimmung mit den Metallen – einen negativen (Kaltleiter, z.B. Boride, Karbide, Nitride); diese Eigenschaft kann sogar bei einer einzigen Substanz je nach Temperaturbereich verschieden sein. Ferner läßt sich die Leitfähigkeit dieser Stoffe außer durch die Temperatur durch geringfügige Störungen des Gitteraufbaus (z.B. durch Fremdstoffanteile) sowie durch Belichtung wesentlich beeinflussen. In Verbindung mit metallischen Kontakten oder einem zweiten Halbleiter ist je nach Materialkombination die Leitfähigkeit von der Stromrichtung abhängig oder unabhängig.

Diese auf den ersten Blick verwirrende Vielfalt von Erscheinungen kann mit dem atomistischen Modell des kristallinen Halbleiters oder mit seinem Bändermodell erklärt werden. – Wegen ausführlicher Darstellungen der Halbleiterphysik wird auf [37], [41] und [46] verwiesen. –

Bei den heutzutage gebräuchlichen Halbleitern wird die elektrische Leitfähigkeit nur durch Elektronen verursacht (elektronische Halbleiter), die Ionenleitung spielt also keine Rolle. Dabei kommen sowohl Element-Halbleiter (Germanium, Silizium) als auch Verbindungs-Halbleiter (z.B. GaAs, CdS, InGaAsP) sowie Metalloxyde zum Einsatz (s. Kapitel 11).

10.4.4.1 Eigenleitung. Beim absoluten Nullpunkt der Temperatur ($T=0\,K$) ist der reine Halbleiter ein idealer Isolator, denn die Valenzelektronen vermitteln paarweise die Bindung zwischen benachbarten Atomen und können sich daher – im Gegensatz zu den Metallen – nicht frei innerhalb des Gitters bewegen. Dieser Zustand entspricht im Bändermodell dem vollständig mit Elektronen besetzten Valenzband bei gleichzeitig leerem Leitungsband (s. Bild **10.**32b).

Bei Temperaturen $T>0$ kann aus den Schwingungen der Atome um ihre Gleichgewichtslage Energie auf die gebundenen Elektronen im Atom übertragen werden. Diese kann ausreichen, um eines oder mehrere der am lockersten gebundenen Elektronen (Valenzelektronen) aus ihrer Bindung herauszureißen, wobei ein positiv geladener (ionisierter) Atomrumpf zurückbleibt, die losgelösten Elektronen können sich dann im Gitter frei bewegen. – Natürlich unterliegen sie den elektrischen Kraftwirkungen der ionisierten Atomrümpfe; man nennt sie daher, zur Unterscheidung der Elektronen im Vakuum, mitunter auch quasifrei. – Bei Anlegen eines äußeren elektrischen Feldes $\vec{E}$ können diese Elektronen einen Strom in Richtung von $\vec{E}$ transportieren und so zu einer elektrischen Leitfähigkeit der Substanz führen. Mit wachsender Temperatur nimmt die Anzahl der thermisch aufgebrochenen Elektronenpaar-Bindungen und damit die Zahl der zum Stromtransport zur Verfügung stehenden Elektronen etwa exponentiell zu.

Im Bändermodell wird dieser Vorgang so beschrieben: Ein Elektron wird unter Aufnahme einer Energie $W \geq W_G$ ($=0{,}66\,eV$ bei Germanium und $1{,}1\,eV$ bei Silizium) aus dem Valenzband über den verbotenen Energiebereich W_G hinweg in das Leitungsband gehoben, in dem es sich dann frei bewegen kann. Die Zunahme der Anzahl dieser Übergänge mit der Temperatur kommt dadurch zum Ausdruck, daß die Fermi-Verteilung bei Temperaturerhöhung verschliffener verläuft, so daß im Valenz-(Leitungs-)Band immer mehr Energiezustände unbesetzt (besetzt) sind (s. die Bilder **10.**31 und **10.**32b).

Das Aufbrechen einer Elektronenbindung und die damit verbundene Befreiung eines Elektrons hinterläßt in der Elektronengesamtheit des Kristallgitters eine Lücke. Dieser Mangel an negativer Ladung (d.h. ein Überschuß $+e$ an positiver Ladung) kann wegen des statistischen Charakters der Elektronenbefreiung dadurch beseitigt werden, daß ein benachbartes Atom ein Valenzelektron abgibt. Dadurch entsteht dann allerdings dort eine Lücke in der Elektronenhülle. Diese kann wiederum durch ein befreites Elektron eines anderen Atoms geschlossen werden usf. Es bewegen sich also nicht nur die jeweils aus den Bindungen befreiten Elektronen, sondern auch die zugehörigen Lücken, allerdings in der entgegengesetzten Richtung. Dieser Vorgang läßt sich so beschreiben, als ob sich ein positiver Ladungsträger mit der Ladung $+e$ statistisch regellos durch den Kristall hindurchbewegen würde. Man nennt diesen fiktiven Ladungsträger Loch oder Defektelektron. Bei Anlegen eines äußeren elektrischen Feldes fließt also in dem Halbleiter nicht nur ein Elektronenstrom, sondern auch ein sog. Löcherstrom. Diesen für einen Halbleiter typischen Leitungsmechanismus nennt man Eigenleitung; er ist in Bild **10.**34a schematisch für Germanium bzw. Silizium

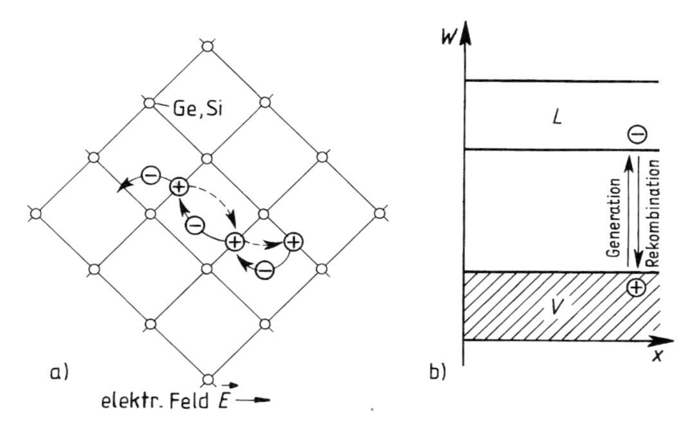

10.34 Eigenleitung im Halbleiter
a) Schematische Darstellung im Kristallgitter für Germanium und Silizium (atomistisches Modell, statt des in Wirklichkeit dreidimensionalen Tetraedergitters (Bild **10.**26a) ist der Einfachheit halber ein zweidimensionales dargestellt).
b) Bändermodell
L Leitungsband, V Valenzband, ⊖ Elektron, ⊕ Defektelektron

dargestellt. – Die Darstellung desselben Vorgangs im Bändermodell zeigt Bild **10.**34b: Die aus den Bindungen befreiten Valenz-Elektronen befinden sich im Leitungsband, während die von ihnen im Valenzband hinterlassenen Lücken durch die Defektelektronen besetzt sind. – Mit den Methoden der Quantentheorie kann bewiesen werden, daß die Leitfähigkeit der lückenhaften Elektronengesamtheit im Valenzband tatsächlich gerade so groß ist, als ob die unbesetzten Energieterme mit Teilchen der Masse m_e und der Ladung $+e$ besetzt und Elektronen überhaupt nicht vorhanden wären. – Die Hilfsvorstellung, das Defektelektron als positiven Ladungsträger zu betrachten, ermöglicht es, viele Vorgänge im Halbleiter anschaulich zu erklären. Um die Anwendungsgrenzen dieser Verstellung erkennen zu können, muß man jedoch beachten, daß der real vorhandene positive Ladungsträger das ionisierte Gitteratom ist, das abgesehen von den thermischen Schwingungen um die Gleichgewichtslage ortsgebunden ist. Was tatsächlich als Folge des Elektronenübergangs wandert, ist lediglich der positive Ionisationszustand. Das positiv geladene Defektelektron existiert dagegen als reales Teilchen nicht. Insbesondere können also durch Erhitzen eines Festkörpers keine Defektelektronen ins Freie emittiert werden, wohl aber Elektronen.

Die vorstehend beschriebene thermische Erzeugung freier Ladungsträger im Kristallgitter wird als Generation bezeichnet; dabei entstehen Elektronen und Defektelektronen paarweise. Die Zahl G der Paarerzeugungsvorgänge pro Zeit und Volumen ist von der Konzentration der Ladungsträger unabhängig; mit der Temperatur nimmt sie exponentiell zu. Den umgekehrten Vorgang, d.h. die Rückkehr eines befreiten Elektrons in einen gebundenen Zustand (im Bild des

Bändermodells die Wiedervereinigung eines Elektrons mit einem Loch) nennt man Rekombination (Bild **10.**34b, vgl. die entsprechenden Bemerkungen bei den Gasen, in Abschn. 10.2.2). Die Zahl R der Rekombinationsvorgänge pro Zeit und Volumen ist proportional zur Konzentration der beiden Reaktionspartner (wie beim chemischen Massenwirkungsgesetz), d.h.

$$R = r \cdot n \cdot p \tag{10.48}$$

(n bzw. p = Konzentration der Elektronen bzw. Defektelektronen, vgl. Gl. (10.27)). Bei reinen Halbleitern ist aus Neutralitätsgründen natürlich $n = p$, diese Konzentration der Ladungsträgerpaare wird Inversions- oder intrinsic-Dichte genannt und mit n_i bezeichnet.

Im stromlosen Zustand gilt

$$G = R = r n_i^2 \tag{10.49}$$

Die intrinsic-Dichte nimmt in erster Näherung exponentiell mit der Temperatur T zu und mit dem Bandabstand W_G ab; bei $T = 300\,K$ gilt für Germanium $n_i = 2{,}4 \cdot 10^{13}\ cm^{-3}$ und für Si $n_i = 1{,}45 \cdot 10^{10} cm^{-3}$. Das bedeutet z.B. für Germanium, welches $4{,}4 \cdot 10^{22}$ Atome/cm^3 enthält, daß nur etwa jedes 10^9-te Atom ein Elektron zur Stromleitung zur Verfügung stellt; zum Vergleich: Bei den Metallen liefert im Mittel jedes Atom ein Leitungselektron.

Während also die Konzentration freier Ladungsträger in einem reinen Halbleiter um viele Zehnerpotenzen geringer ist als in Metallen, ist die Beweglichkeit der Elektronen (b_n) bzw. der Defektelektronen (b_p) um 1–2 Zehnerpotenzen größer, wie die Tafel **10.**35 für die Temperatur $T = 300\,K$ zeigt. – Die daraus hervorgehende Tendenz $b_n > b_p$ gilt allgemein. –

Tafel **10.**35 Elektronen- und Löcherbeweglichkeiten der wichtigsten Halbleiter

	Si	Ge	GaP	GaAs	InP	InAs	InSb
	cm²/Vs						
b_n	1500	3900	200	8800	4600	33000	80000
b_p	450	1900	150	400	150	450	850

Mit wachsender Temperatur nehmen die Beweglichkeiten ab, denn die Ladungsträger kommen durch die zunehmenden Schwingungen der Gitterbausteine immer langsamer in Richtung eines äußeren elektrischen Feldes voran.

Die Leitfähigkeit eines intrinsic-Halbleiters beträgt

$$\gamma_i = e n_i (b_n + b_p) \tag{10.50}$$

(vgl. Gl. (10.30)); sie nimmt mit wachsender Temperatur monoton zu, da die exponentielle Temperaturabhängigkeit von n_i dominiert.

□ **Beispiel 10.11**
Wie groß sind die intrinsic-Leitfähigkeit und der spezifische Widerstand für Germanium und Silizium bei Raumtemperatur? In welchem Verhältnis stehen die Leitfähigkeiten zu derjenigen von Kupfer ($\varrho = 1{,}7\,\mu\Omega\,\mathrm{cm}$)?
Nach Gl. (10.50) und Tafel **10.**35 gilt für Germanium ($n_i = 2{,}4 \cdot 10^{13}\,\mathrm{cm}^{-3}$)

$$\gamma_i = 1{,}6 \cdot 10^{-19}\,\mathrm{As} \cdot 2{,}4 \cdot 10^{13}\,\mathrm{cm}^{-3} \cdot 5800\,\mathrm{cm}^2\,(\mathrm{Vs})^{-1} = 2{,}23 \cdot 10^{-2}\,(\Omega\,\mathrm{cm})^{-1}$$

bzw.

$$\varrho_i = 1/\gamma_i = 44{,}9\,\Omega\,\mathrm{cm}$$

und für Silizium ($n_i = 1{,}45 \cdot 10^{10}\,\mathrm{cm}^{-3}$)

$$\gamma_i = 1{,}6 \cdot 10^{-19}\,\mathrm{As} \cdot 1{,}45 \cdot 10^{10}\,\mathrm{cm}^{-3}\; 1950\,\mathrm{cm}^2\,(\mathrm{Vs})^{-1} = 4{,}52 \cdot 10^{-6}\,(\Omega\mathrm{cm})^{-1}$$

bzw.

$$\varrho_i = 1/\gamma_i = 2{,}21 \cdot 10^5\,\Omega\mathrm{cm}\,.$$

Der Vergleich mit Kupfer liefert

$$\gamma_{Ge}/\gamma_{Cu} = 3{,}8 \cdot 10^{-8}, \quad \gamma_{Si}/\gamma_{Cu} = 7{,}7 \cdot 10^{-12}$$ □

Die Leitfähigkeit eines Halbleiters läßt sich gegenüber dem intrinsic-Wert dadurch erheblich verändern, daß durch Zusetzen von Fremdstoffen weitere Ladungsträger für die Stromleitung zur Verfügung gestellt werden. Diese sog. Störstellenleitung ist der Gegenstand des folgenden Abschnitts.

10.4.4.2 Störstellenleitung. Die praktische Bedeutung der Halbleiter für Bauelemente der Elektrotechnik beruht darauf, daß ihre Leitfähigkeit in gezielter Weise und um viele Zehnerpotenzen dadurch erhöht werden kann, daß der regelmäßige Kristallaufbau durch Fremdatome gestört wird, die anstelle von Wirtsatomen auf Gitterplätzen eingebaut werden. Diesen Einbau von Fremdatomen nennt man Dotieren oder Dopen; er kann technologisch auf verschiedene Art durchgeführt werden:

– Die Fremdatome werden bereits der Halbleiterschmelze zugeführt, aus der später der dotierte Einkristall gewonnen wird.

Von der Oberfläche des noch undotierten Einkristalls (Substrat) aus

– wächst aus einer mit Fremdatomen versetzten Gas- oder Flüssigkeitsphase ein dotierter Einkristall in der Orientierung des Substrats auf (Gas- bzw. Flüssigphasen-Epitaxie). Die Arbeitstemperatur liegt im ersten Fall z. B. für Si bei 1000–1250 °C, im zweiten Fall z. B. für GaAs bei 750–850 °C. – Bei Verwendung von Gasen aus metallorganischen Verbindungen können auch schon bei wesentlich niedrigeren Temperaturen Schichten mit ausgezeichneter Kristallqualität hergestellt werden (z. B. T = 700–1200 K für GaAs).–

- diffundieren Fremdatome in gasförmiger oder flüssiger Phase in das Substrat. Dieser Vorgang findet 300–500 °C unterhalb des Schmelzpunktes statt.
- werden Moleküle des Halbleiters und des Dotierstoffes aus einem Molekularstrahl an das Substrat angelagert. Diese sog. Molekularstrahl-Epitaxie wird z.B. bei Silizium bei ca. 500 °C durchgeführt.
- werden ionisierte Fremdatome mit kinetischen Energien im Bereich 10 keV ... 500 keV in das Substrat eingeschossen. Diese sog. Ionenimplantation erfolgt bei Raumtemperatur, anschließend ist zur Ausheilung von Gitterfehlern eine Temperung erforderlich.

Der Dotierungsgrad liegt je nach Material und Anwendungsfall etwa zwischen 10^{13} und 10^{20} Fremdatomen/cm^3.

Die zur Dotierung geeigneten Elemente weisen einen Überschuß oder einen Mangel an Valenzelektronen verglichen mit den Atomen des Wirtsgitters auf, die sie substituieren. Wenn z.B. in das Gitter des vierwertigen Germaniums oder Siliziums 5wertige Fremdatome eingebaut sind (z.B. Arsen, Antimon, Phosphor), so werden 4 der 5 Valenzelektronen für die Elektronenpaar-Bindungen mit den 4 nächsten Nachbarn im Tetraeder benötigt. Diese 4 Elektronen schirmen den 5fach positiven Kern des Fremdatoms ab, so daß netto ein einfach positiv geladener Kern übrigbleibt, um den das überschüssige fünfte Elektron kreist (Bild **10.**36a). Diese Konfiguration entspricht einem Wasserstoffatom, allerdings in einem Medium mit der relativen Dielektrizitätskonstante $\varepsilon_r = 16$ (Germanium) bzw. 12 (Silizium). Daher beträgt die Bindungsenergie (= Ionisierungsenergie W_D) des überschüssigen Elektrons, die zu $1/\varepsilon_r^2$ proportional ist, nur etwa 50 bzw. 90 meV.

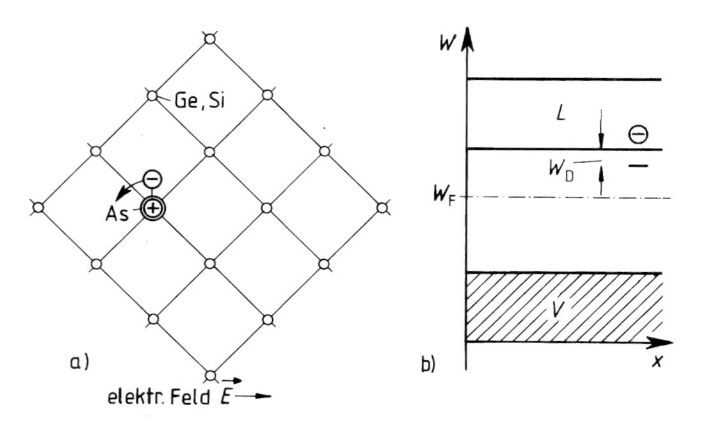

10.36 Störstellenleitung im n-Halbleiter
a) atomistisches Bild,
b) Bändermodell
L Leitungsband, V Valenzband.
W_D Ionisierungsenergie des Donators, W_F Ferminiveau
⊖ Elektron
⊕ Fremdatom, nach Elektronenabgabe positiv ionisiert (Donator)

– Demgegenüber ist zur Erzeugung der Eigenleitung eine Energiezufuhr der Größe W_G (=0,66 eV bei Ge bzw. 1,1 eV bei Si) erforderlich! – Durch Zufuhr einer solchen (kleinen) Energie kann das fünfte Elektron vom Fremdatom getrennt werden. Man nennt derartige, elektronenliefernde Fremdatome Donatoren und die von den freigesetzen Elektronen bewirkte Leitfähigkeit Störstellenleitung; sie überlagert sich der schon vom reinen Halbleiter her bekannten Eigenleitung. Die zur Ionisierung des Donatoratoms erforderliche Energie wird aus den thermischen Gitterschwingungen bezogen, so daß bei Raumtemperatur ($kT \approx 25$ meV) praktisch alle Donatoratome ihr überschüssiges Elektron abgegeben haben. Sobald also die Dotierungskonzentration N_D wesentlich größer als die intrinsic-Dichte ist, wird das Leitfähigkeitsverhalten des dotierten Halbleiters durch den Störstellengehalt bestimmt.

Der vorstehend geschilderte Sachverhalt läßt sich im Bändermodell wie folgt beschreiben: Da das fünfte Elektron durch Zufuhr einer sehr kleinen Energiemenge W_D zum Leitungselektron wird, befindet es sich im gebundenen Zustand (im verbotenen Energiebereich) auf einem Energieniveau, das im Abstand W_D, also dicht unterhalb der Kante des Leitungsbandes liegt. Da dieses Energieniveau nur am Ort des Fremdatoms existiert – im Gegensatz zu den Energieniveaus im Valenz- und Leitungsband – wird es im Energiebändermodell durch einen kurzen Strich gekennzeichnet (Bild **10.**36b).

In diesem Zusammenhang sei an die im Abschn. 10.4.2.2 beschriebene Analogie zwischen dem Energiebändermodell und einer Kette gekoppelter identischer Schwingkreise erinnert: Wenn für ein einzelnes Kettenglied eine abweichende Resonanzfrequenz gewählt und die Kette an dieser Stelle durch eine harmonische Spannung bzw. einen harmonischen Strom erregt wird, so pflanzt sich diese Erregung in Form einer gedämpften Welle nach beiden Seiten auf der Kette fort. Im Abstand einiger Kettenglieder von der ‚Störstelle' aus merkt man also praktisch von der Erregung und damit von dem ‚falschen' Kettenglied nichts mehr.

Da sich in dem mit Donatoren dotierten Halbleiter die Störstellenleitung der Eigenleitung überlagert, enthält das Leitungsband außer den aus Donatoren stammenden Elektronen auch solche *aus* dem Valenzband sowie *im* Valenzband die Löcher . Die Konzentrationen dieser beiden Ladungsträgerarten werden üblicherweise mit n_n bzw. p_n bezeichnet. Aus Gründen der Ladungsneutralität gilt

$$n_n = p_n + N_D^+ , \tag{10.51}$$

wobei N_D^+ die Konzentration der ionisierten und daher positiv geladenen Donatoren ist ; bei Raumtemperatur ist N_D^+ praktisch gleich der Konzentration N_D der eingebrachten Donatoren. Die Gl. (10.49) gilt unverändert auch hier, d.h.

$$R = r \cdot n_n \cdot p_n = G = r n_i^2 . \tag{10.52}$$

Für die elektrische Leitfähigkeit gilt in Verallgemeinerung der Gl. (10.50)

$$\gamma = e(p_n b_p + n_n b_n). \tag{10.53a}$$

Nach Gl. (10.51) ist $n_n > p_n$, daher nennt man in einem mit Donatoren dotierten Halbleiter die Elektronen Majoritätsträger und die Defektelektronen Minoritätsträger. Sobald die Dotierungskonzentration N_D wesentlich größer als die intrinsic-Dichte n_i ist, gilt nach den Gln. (10.51) und (10.52) sogar $n_n \gg n_i$, $p_n \ll n_i$, so daß nach Gl. (10.53a) die elektrische Leitfähigkeit numerisch praktisch nur von Elektronen bewirkt wird:

$$\gamma \approx e n_n b_n. \tag{10.53b}$$

Man spricht daher auch von n-Leitung oder Elektronen- bzw. Überschußleitung und insgesamt von einem n-Halbleiter.

□ **Beispiel 10.12**

Ein Germanium-Kristall enthalte $N_D = 10^{16}\,\text{cm}^{-3}$ Donatoren. Wie groß ist seine Leitfähigkeit bei $T = 300\,\text{K}$, und welchen Anteil haben daran die Defektelektronen?

Aus den Gln. (10.51) und (10.52) erhält man mit der erlaubten Näherung $N_D^+ = N_D$

$$n_n = \sqrt{\left(\frac{N_D}{2}\right)^2 + n_i^2} + \frac{N_D}{2}, \quad p_n = \frac{n_i^2}{n_n} = \sqrt{\left(\frac{N_D}{2}\right)^2 + n_i^2} - \frac{N_D}{2},$$

d.h. mit der vorgegebenen Dotierung N_D und mit $n_i = 2{,}4 \cdot 10^{13}\,\text{cm}^{-3}$

$$n_n \approx N_D = 10^{16}\,\text{cm}^{-3}, \quad p_n \approx \frac{n_i^2}{N_D} = 5{,}76 \cdot 10^{10}\,\text{cm}^{-3}.$$

Damit folgt aus Gl. (10.53a) mit den Beweglichkeiten nach Tafel **10.**35

$$\gamma = 1{,}6 \cdot 10^{-19}\,\text{As}\,[5{,}76 \cdot 10^{10} \cdot 1900 + 10^{16} \cdot 3900]\,\text{cm}^{-3}\,\frac{\text{cm}^2}{\text{Vs}} = 6{,}2\,\frac{1}{\Omega\text{cm}}.$$

Der Defektelektronenanteil beträgt $\dfrac{5{,}76 \cdot 10^{10} \cdot 1900}{10^{16} \cdot 3900} = 2{,}8 \cdot 10^{-6}$, er ist also vernachlässigbar klein. □

Eine Störstellenleitfähigkeit liegt auch dann vor, wenn in ein Germanium- oder Siliziumgitter Fremdatome mit nur 3 Valenzelektronen eingebaut werden (z.B. Gallium, Indium, Aluminium, Bor). Ein derartiges Fremdatom kann nur 3 der 4 Elektronenpaar-Bindungen zu den nächsten Nachbarn realisieren; in der vierten Bindung fehlt ein Elektron. Diese Lücke kann unter Aufnahme einer geringen Ionisierungsenergie aus den Gitterschwingungen durch ein Valenzelektron aus einer Nachbarbindung aufgefüllt werden, wodurch das 3wertige Fremdatom 4 Valenzelektronen hat, also eine überschüssige negative Ladung aufweist. Da das

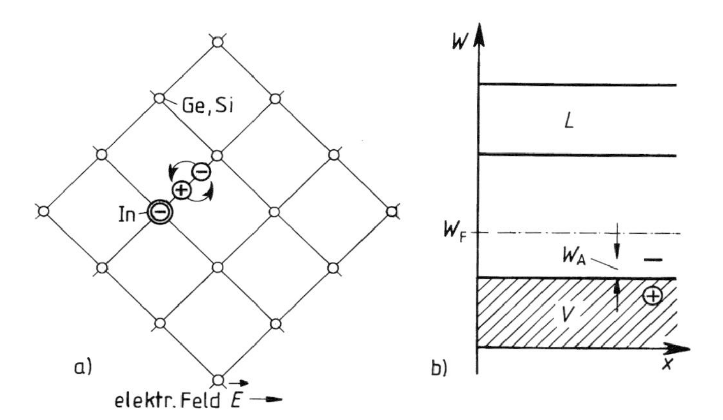

10.37 Störstellenleitung im p-Halbleiter
a) atomistisches Bild,
b) Bändermodell
L Leitungsband, V Valenzband.
W_A Ionisierungsenergie des Akzeptors,
W_F Ferminiveau
⊖ Elektron, ⊕ Defektelektron
⊜ Fremdatom, nach Elektronenaufnahme negativ ionisiert (Akzeptor)

Fremdatom ein Elektron aufnehmen kann, nennt man es Akzeptor. Bei diesem Vorgang ist bei dem das Elektron abgebenden Wirtsatom eine Lücke entstanden usf. Diese Lücke wandert also entgegen der Elektronen-Richtung wie bei der Eigenleitung beschrieben (Bild **10.**37a).

Die Beschreibung des Akzeptors im Bändermodell ist dual zu der des Donators. Daß der Akzeptor unter geringer Energiezufuhr ein Elektron aus dem Valenzband aufnehmen kann, ist gleichbedeutend damit, daß er leicht ein Loch an das Valenzband abgibt. Daher liegt der gebundene Zustand des Loches dicht über der Valenzbandkante im verbotenen Energiebereich; er wird dort durch einen kurzen Strich gekennzeichnet, da dieser Energiezustand nur in unmittelbarer Umgebung des Fremdatoms existiert (Bild **10.**37b).

Die Konzentrationen n und p werden hier üblicherweise mit dem Index p versehen. Daher lautet die Neutralitätsbedingung in Analogie zur Gl. (10.51)

$$p_p = n_p + N_A^-; \qquad (10.54)$$

hierin bezeichnet N_A^- die Konzentration der ionisierten, also negativ geladenen Akzeptoren. Bei Raumtemperatur sind praktisch alle Akzeptoren ionisiert, d.h. $N_A^- = N_A$. Die Gl. (10.52) gilt sinngemäß unverändert, d.h.

$$R = r \cdot n_p \cdot p_p = G = r \cdot n_i^2. \qquad (10.55)$$

Für die elektrische Leitfähigkeit gilt in Verallgemeinerung der Gl. (10.50)

$$\gamma = e(p_p b_p + n_p b_n). \tag{10.56a}$$

Sobald die Akzeptorenkonzentration N_A wesentlich größer als die Intrinsic-Dichte ist, gilt $p_p \gg n_p$, so daß die Defektelektronen das Leitfähigkeitsverhalten beherrschen. Dann gilt in Analogie zu Gl. (10.53b)

$$\gamma \approx e p_p b_p. \tag{10.56b}$$

Man spricht daher auch von p-Leitung oder Defektelektronen- bzw. Mangelleitung und insgesamt von einem p-Halbleiter.

Die in der Praxis verwendeten Halbleiter enthalten fast immer Donatoren und Akzeptoren gleichzeitig; in Verallgemeinerung der Gln. (10.51) und (10.54) gilt dann $n + N_A^- = p + N_D^+$. Nach außen hin ist dann nur die Differenz wirksam, d.h. der Leitfähigkeitscharakter des Halbleiters (n- oder p-Leitung) ist durch den Überschuß der Dotierungsatome der einen Art über die der anderen Art gegeben.

Das Fermi-Niveau W_F, das die Besetzungswahrscheinlichkeit 50% eines Energieniveaus angibt, liegt bei dotierten Halbleitern nicht mehr wie bei dem in Bild **10.**32b dargestellten Bändermodell des reinen Halbleiters nahe der Mitte des verbotenen Bandes, sondern verschiebt sich in Richtung des Donatoren- bzw. Akzeptorenniveaus, also jeweils zum Rand der verbotenen Zone: Bei n-Leitung (Bild **10.**36) liegt es in der Nähe der Unterkante des Leitungsbandes, bei p-Leitung (Bild **10.**37) in der Nähe der Oberkante des Valenzbandes. Es kann bei entsprechend hoher Dotierungskonzentration sogar in ein Band eintauchen (sog. Entartung), wie z.B. bei der Tunneldiode (s. Abschn. 11.1.7.3) und bei der Laserdiode (s. Abschn. 11.6.2).

10.4.4.3 Feld- und Diffusionsstrom. Feldstrom. Hierunter versteht man den von Elektronen und Defektelektronen getragenen Strom $\vec{I}_F$, der als Folge eines im Halbleiter bestehenden elektrischen Feldes $\vec{E}$ fließt. – Dieses Feld ist entweder die Folge einer an den Halbleiterkristall angelegten äußeren Spannung, oder es tritt innerhalb des Kristalls in Bereichen auf, in denen keine Ladungsneutralität herrscht (s. Abschn. 10.4.4.4). Es gilt

$$\vec{I}_F = \gamma A \vec{E}; \tag{10.57}$$

hierin ist A der Querschnitt des Stromweges und

$$\gamma = e(n b_n + p b_p)$$

seine Leitfähigkeit gemäß den Gln. (10.53) bzw. (10.56). Für den Feldstrom gilt also das Ohmsche Gesetz, sofern γ von $\vec{E}$ unabhängig ist.

Diffusionsstrom. Wenn in einem Halbleiter räumliche Konzentrationsunterschiede der Elektronen und Defektelektronen bestehen, versuchen diese, sich durch Diffusion auszugleichen und eine Gleichverteilung herzustellen. – Man denke an die Analogie zu einer Parfümflasche. Die hohe Duftkonzentration in ihrem Inneren verteilt sich nach Öffnen der Flasche im Laufe der Zeit über den ganzen zur Verfügung stehenden Raum und nimmt dabei natürlich ab. – Das vom Konzentrationsgefälle, der Beweglichkeit der Ladungsträger und von der absoluten Temperatur abhängige Diffundieren der Ladungsträger entspricht einem elektrischen Strom $\vec{I}_{\mathrm{D}}$, den man Diffusionsstrom nennt; er fließt also auch bei Abwesenheit eines elektrischen Feldes $\vec{E}$. Ist ein solches Feld vorhanden, so fließt im Halbleiter der Gesamtstrom

$$\vec{I} = \vec{I}_{\mathrm{F}} + \vec{I}_{\mathrm{D}}. \tag{10.58}$$

10.4.4.4 Der pn-Übergang. Wenn im Innern eines einkristallinen Halbleiters ein mit Akzeptoren dotierter Bereich (p-Gebiet) an einen mit Donatoren dotierten Bereich (n-Gebiet) angrenzt, so entsteht in der Umgebung der Grenzfläche des Dotierungswechsels eine charakteristische Übergangszone; diese wird als pn-Übergang bezeichnet. Derartige pn-Übergänge sind in der Mehrzahl von Halbleiterbauelementen enthalten und bestimmen ihr elektrisches Verhalten entscheidend (s. Kap. 11).

Das Bild **10.**38a zeigt einen solchen pn-Übergang; zur Vereinfachung sei angenommen, daß die Dotierung mit Donatoren bzw. Akzeptoren jeweils ortsunabhängig sei (sog. abrupter pn-Übergang). Die äußeren Endflächen des p- und n-Gebietes sind mit metallischen Belägen versehen (sog. ohmsche Kontakte; zu diesem Begriff s. Abschn. 11.1.1), an die Zuleitungsdrähte angebracht werden können. – Man spricht dann von einer Halbleiterdiode –.

Wir betrachten zunächst den Fall, daß zwischen den äußeren Kontakten keine Spannung liegt, so daß durch die Diode kein Strom fließt (thermodynamisches Gleichgewicht). Nach Bild **10.**38a grenzt in der Ebene des Dotierungswechsels ein Halbleitergebiet mit hoher Elektronen- bzw. niedriger Defektelektronen-Konzentration (n_{n} bzw. p_{n}) an ein Gebiet mit niedriger Elektronen- bzw. hoher Defektelektronenkonzentration (n_{p} bzw. p_{p}). Ein solcher abrupter Konzentrationssprung stellt natürlich keinen Gleichgewichtszustand dar; vielmehr werden beide Ladungsträgerarten versuchen, ihre großen Konzentrationsunterschiede zwischen p- und n-Gebiet in einer Übergangszone auszugleichen, indem Elektronen aus dem n- in das p-Gebiet diffundieren und Defektelektronen in der Gegenrichtung (Bild **10.**38b). Durch diesen Konzentrationsausgleich der Elektronen und Defektelektronen entsteht also in der Umgebung des Dotierungswechsels eine an beweglichen Ladungsträgern arme, also hochohmige Zone mit der Dicke d_0, man spricht daher von einer Sperrschicht. Im stromlosen Zustand ist d_0 typisch einige Zehntel µm dick. Wegen der entgegengesetzten Polarität beider Ladungsträgerarten addieren sich ihre Diffusionsströme. Das ist kein

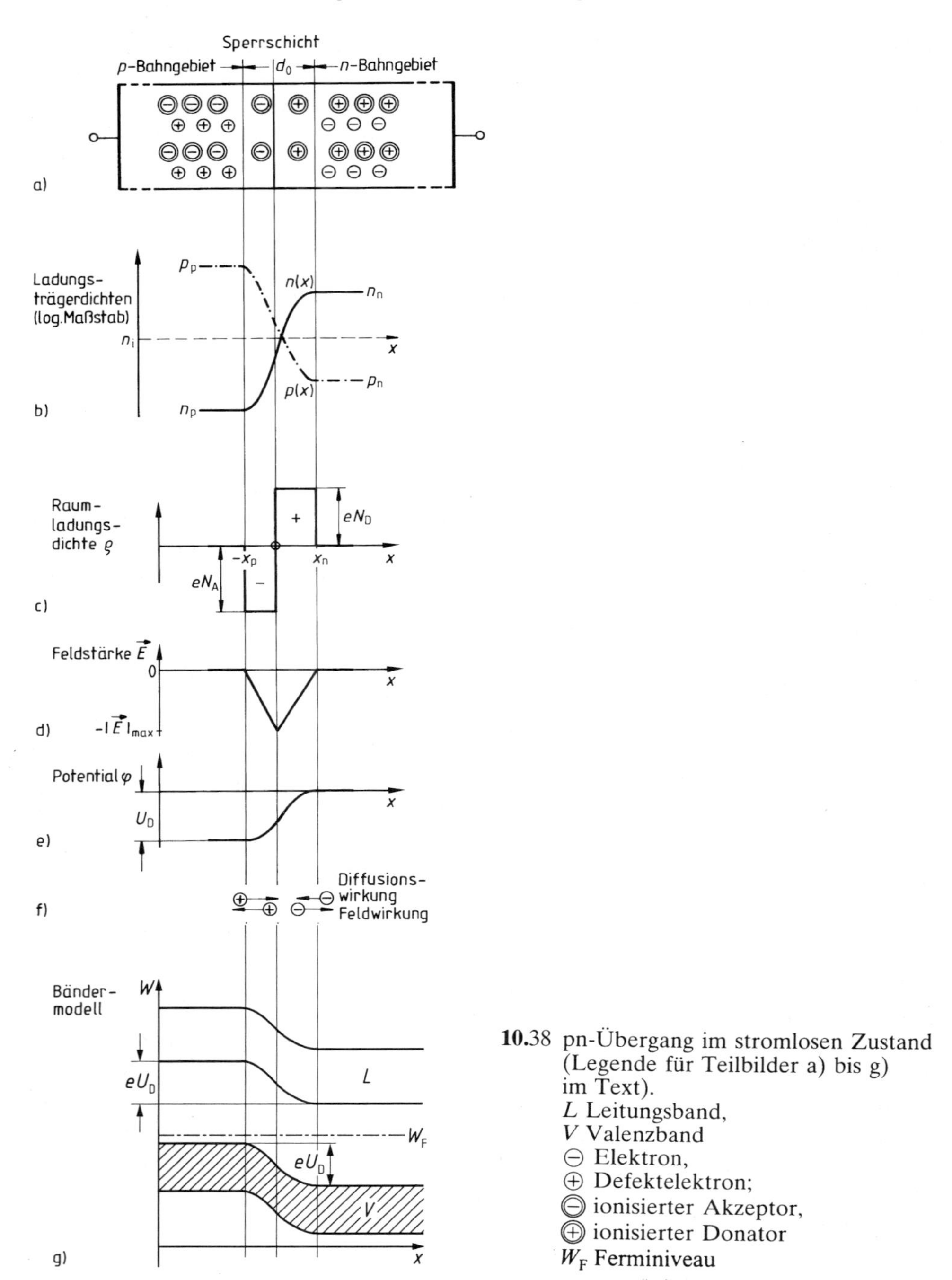

10.38 pn-Übergang im stromlosen Zustand (Legende für Teilbilder a) bis g) im Text).
L Leitungsband,
V Valenzband
⊖ Elektron,
⊕ Defektelektron;
⊖ ionisierter Akzeptor,
⊕ ionisierter Donator
W_F Ferminiveau

Widerspruch zu der vorausgesetzten Stromlosigkeit des pn-Übergangs; denn die beiden Diffusionsströme werden durch je einen Feldstrom von Elektronen bzw. Defektelektronen kompensiert. Diese Feldströme haben folgende Ursache: Durch das Abwandern der frei beweglichen Elektronen aus dem n-Gebiet in das p-Gebiet entsteht im n-Gebiet nahe der Grenzfläche ein Überschuß an positiver Ladung durch die ortsfesten ionisierten Donatorrümpfe; entsprechend entsteht im p-Gebiet infolge der abgewanderten Defektelektronen ein Überschuß an negativer Ladung durch die ortsfesten ionisierten Akzeptorrümpfe (Bild **10.**38c). Die in dieser Raumladungszone vorhandenen Netto-Ladungen sind entgegengesetzt gleich groß (wie bei einem Plattenkondensator), da der Halbleiterkristall insgesamt elektrisch neutral ist. Im Fall unseres abrupten pn-Übergangs gilt daher

$$x_n N_D = x_p N_A, \tag{10.59}$$

d.h. die Ausdehnung der Raumladungszone ist umso kleiner, je höher die Dotierung ist. – Dieses Ergebnis spielt bei vielen Halbleiterbauelementen eine wichtige Rolle (s. z.B. Abschn. 11.2). – Mit der dargestellten Raumladungsverteilung ist ein elektrisches Feld $\vec{E}$ verknüpft (Bild **10.**38d) sowie die in Bild **10.**38e skizzierte, auf den n-Halbleiter bezogene Verteilung des Potentials φ. Das elektrische Feld ist hier ortsabhängig im Gegensatz zu dem homogenen Feld im Plattenkondensator; dieser Unterschied rührt daher, daß die beiden entgegengesetzt gleich großen Ladungen dort über je eine Fläche verteilt sind, hier aber über den räumlichen Bereich zwischen den Grenzen der Raumladungszone. –

Das elektrische Feld $\vec{E}$ ist nun so gerichtet, daß auf die beweglichen Ladungsträger eine der Diffusionswirkung entgegengerichtete Kraft ausgeübt wird (Bild **10.**38f). Bei dem hier vorausgesetzten Fehlen einer äußeren Spannung kompensieren sich für jede der beiden Ladungsträgerarten der Diffusions- und Feldstrom exakt. Diese Kompensation findet natürlich im mikrokosmischen Bereich statt; es fließen also nicht etwa vier makroskopische elektrische Ströme gegeneinander, die paarweise gleich sind.

Nach Bild **10.**38e ist über dem pn-Übergang eine Spannung U_D wirksam, die sog. Diffusionsspannung; dadurch wird das p-Gebiet negativ gegenüber dem n-Gebiet vorgespannt. Die Größe von U_D hängt vom Dotierungsgrad, vom Halbleitermaterial und von der Temperatur ab; sie liegt bei $T = 300\,\mathrm{K}$ für Germanium (Silizium) typisch um 0,3 V (0,7 V) herum. Die innere maximale elektrische Feldstärke $|\vec{E}_{max}|$ liegt typisch zwischen einigen kV/cm und einigen 10 kV/cm.

Das Auftreten der Diffusionsspannung ist kein Widerspruch zu der vorausgesetzen Spannungslosigkeit des pn-Übergangs. Denn an den Übergängen zwischen dem p- bzw. n-Gebiet und den metallischen Kontakten entstehen ebenfalls Diffusionsspannungen, und die Summe der 3 Spannungen ist Null.

Das Energiebändermodell des pn-Übergangs ist in Bild **10.**38g dargestellt. Der Diffusionsspannung entsprechend werden die Bänder auf der p-Seite um den Energiebetrag eU_D gehoben. Das Fermi-Niveau liegt näher an der Oberkante des p-Valenzbandes als an der Unterkante des n-Leitungsbandes, da das p-Gebiet (willkürlich) als stärker dotiert vorausgesetzt worden ist (s. Bild **10.**38b).

Der bisher beschriebene Gleichgewichtszustand wird gestört, wenn zwischen die beiden metallischen Kontakte in Bild **10.**38a eine Gleichspannungsquelle (U) geschaltet wird. Der dann fließende Strom I hat für positive bzw. negative Werte von U nicht nur entgegengesetztes Vorzeichen, sondern einen ausgeprägt unterschiedlichen Betrag, wie die folgende Überlegung zeigt. – Die Halbleiterdiode stellt also ein elektrisches Ventil dar, ähnlich wie die Elektronenröhren-Diode (s. Bild **10.**7a). –

Spannung in Sperrichtung. Wenn die Spannungsquelle gemäß Bild **10.**39a angeschlossen wird, d. h. bei einem Zählpfeil von p nach n $U<0$, so wird das Potential des p-Gebietes gegenüber dem n-Gebiet gesenkt (Bild **10.**39b). Dadurch wird die Potentialdifferenz über dem pn-Übergang vom Wert U_D im Gleichgewichtszustand auf den Wert $U_D+|U|$ vergrößert und damit auch die interne

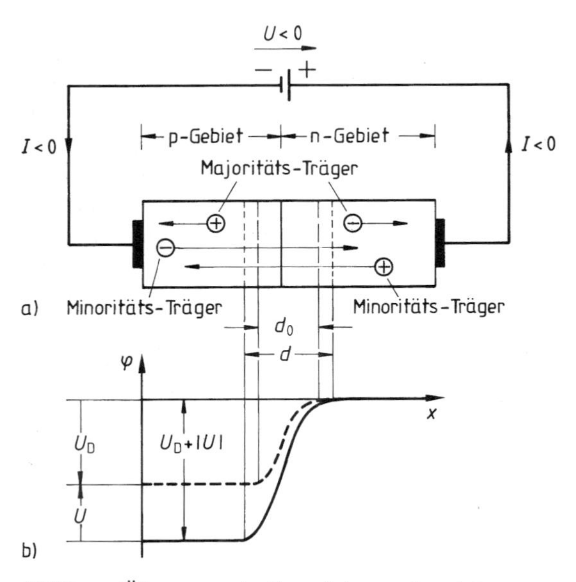

10.39 pn-Übergang, in Sperrichtung betrieben
a) Verbreiterung der Sperrschicht von d_0 (Gleichgewichtszustand ohne angelegte Spannung) auf d.
⊖ Elektron, ⊕ Defektelektron
b) Potentialverteilung $\varphi=\varphi(x)$
... ohne angelegte Spannung
– in Sperrichtung angelegte Spannung ($U<0$)

elektrische Feldstärke; das Gleichgewicht zwischen Diffusions- und Feldstrom ist zugunsten des letzteren gestört. Durch die Polarität der angelegten Spannung werden die Majoritätsträger zu den ohmschen Kontakten hingezogen; dadurch nimmt die Dicke d der an beweglichen Ladungsträgern armen Raumladungszone und damit ihr Widerstand zu. Folglich wächst der Strom langsamer als proportional mit der Spannung, daher spricht man bei dieser Polung der angeschlossenen Spannungsquelle von S p e r r i c h t u n g. Der Strom erreicht schließlich einen von der Spannung unabhängigen Grenzwert, den sog. Sperrstrom $-I_S$. Dieser ist proportional zu n_i^2 und wächst daher exponentiell mit der Temperatur an. Bei Raumtemperaturen liegen die Werte I_S (für Germanium) typisch im µA-Bereich, für Silizium wegen des größeren Bandabstandes um 1 bis 2 Zehnerpotenzen darunter. Dementsprechend ist die zulässige Sperrschichttemperatur bei Germanium niedriger (150 °C) als bei Silizium (200 °C), so daß letzteres auch für Halbleiterbauelemente der Leistungselektronik verwendet wird. – Die oben beschriebene Dickenänderung der Raumladungszone hat ihr Analogon in einem Kondensator, dessen Plattenabstand mit wachsendem $|U|$ zu- und dessen Kapazität dementsprechend abnimmt. Der pn-Übergang stellt also eine elektronisch steuerbare Kapazität dar, die sog. S p e r r s c h i c h t - K a p a z i t ä t; diese Eigenschaft spielt in vielen Halbleiterbauelementen eine wichtige Rolle (s. Kap. 11). –

Spannung in Durchlaßrichtung. Der Gleichgewichtszustand des pn-Übergangs soll jetzt dadurch geändert werden, daß der p-Halbleiter mit dem positiven Pol, der n-Halbleiter mit dem negativen Pol der Spannungsquelle verbunden wird, d.h. $U>0$ (Bild **10.**40a). Dadurch verringert sich die Potentialstufe über dem pn-Übergang von U_D auf U_D-U (Bild **10.**40b) und entsprechend auch die interne elektrische Feldstärke. Das Gleichgewicht zwischen Diffusions- und Feldstrom in der Raumladungszone ist also jetzt zugunsten des ersteren gestört. Entsprechend der Polarität der angelegten Spannung U werden Majoritätsträger aus den Bahngebieten in Richtung auf die Raumladungszone getrieben und verringern dadurch die Dicke d der Sperrschicht gegenüber dem Gleichgewichtswert d_0. Damit nimmt auch der Widerstand dieser Zone ab, so daß der Strom I mit wachsender Spannung U stärker als proportional und unbegrenzt zunimmt. Man nennt daher diese Betriebsart die D u r c h l a ß r i c h t u n g des pn-Übergangs.

Die in die Raumladungszone eingedrungenen Majoritätsträger können durch Diffusion auf die andere Halbleiterseite gelangen, wo sie Minoritätsträger sind, und erhöhen dort die Konzentration (n_p bzw. p_n) der schon vorhandenen Minoritätsträger – und zwar um je eine Dekade gegenüber n_p bzw. p_n, wenn die Spannung U um je ca. 60 mV erhöht wird. – Dieser Vorgang wird als I n j e k t i o n von M i n o r i t ä t s t r ä g e r n bezeichnet. Die Injektionswirkung ist umso größer, je höher die Dotierung des die Majoritätsträger liefernden Bereiches ist. Technisch genutzt wird die Injektion z.B. zur Erzielung der guten Durchlaßeigenschaften von Halbleiter-Starkstromgleichrichtern sowie zur Steuerung von pn-Übergängen in Bipolartransistoren (s. Abschn. 11.3).

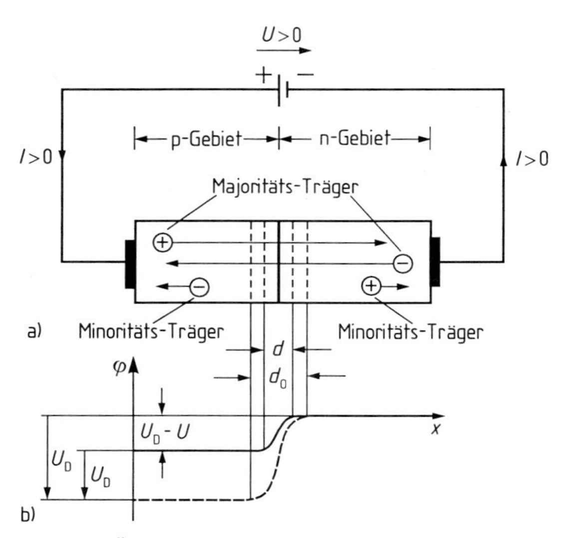

10.40 pn-Übergang, in Durchlaßrichtung betrieben
a) Verkleinerung der Sperrschicht von d_0 auf d,
b) Potentialverteilung $\varphi = \varphi(x)$
... ohne angelegte Spannung
– in Durchlaßrichtung angelegte Spannung ($U > 0$)

Die Injektion hat einen Diffusionsstrom von Minoritätsträgern in die Bahngebiete hinein zur Folge, der durch Rekombination mit den Majoritätsträgern räumlich exponentiell auf den Wert Null abnimmt. – Der statistische Mittelwert der Wegstrecke bis zur Rekombination, die sog. Diffusionslänge, liegt je nach Material, Dotierung und Kristallperfektion im Bereich von einigen μm bis zu einigen 100 μm. – Schließlich wird der Strom als Majoritätsträger-Feldstrom zu den Kontakten weitergeführt.

Die mathematische Formulierung der vorstehenden Überlegungen hat W. Shockley auf die folgende Strom-Spannungs-Charakteristik geführt

$$I = I_S \left(e^{\frac{U}{U_T}} - 1 \right). \tag{10.60}$$

Hierin ist $U_T = kT/e$ die sog. Temperaturspannung; sie ist offenbar die physikalisch nahegelegte Maßeinheit für die Spannung U in der Halbleitertechnik; $k = 1{,}38 \cdot 10^{-23}$ Ws/K ist die Boltzmann-Konstante. Für 27 °C (300 K) folgt somit $U_T = 25{,}9$ mV.

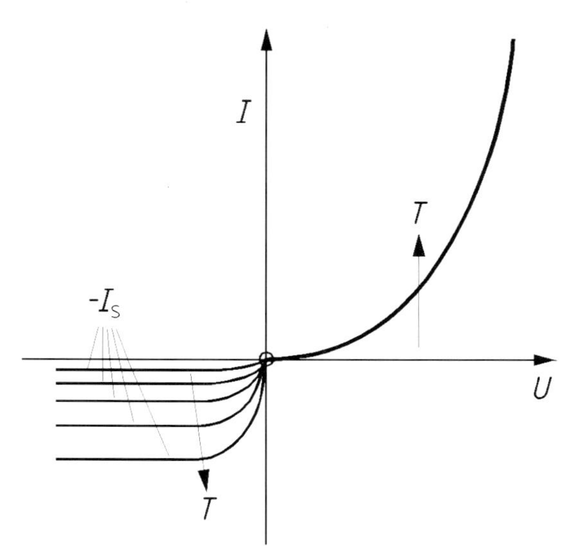

10.41 Idealisierte Strom-Spannungs-Kennlinie eines pn-Übergangs (mit verschiedenen Strom-Maßstäben in Sperr- und Durchlaßrichtung)

Die Gl. (10.60) läßt die praktisch unipolare Leitfähigkeit des pn-Übergangs erkennen: Für negative Spannungen $U<0$ nähert sich der Wert des Stromes I bereits für wenige Vielfache der Temperaturspannung dem konstanten kleinen Wert $-I_S$, für positive Spannungen dagegen nimmt I exponentiell und unbegrenzt zu. Das Bild **10.**41 zeigt die Kennlinie eines pn-Übergangs gemäß Gl. (10.60).

Da sich die Ströme in Sperr- und Durchlaßrichtung um mehrere Größenordnungen unterscheiden, ist es bei der Darstellung üblich, verschiedene Strommaßstäbe vorzusehen. Dadurch entsteht im Nullpunkt ein Knick, der bei gleichen Maßstäben natürlich nicht vorhanden ist.

An dem Ergebnis (10.60) sind für große Durchlaß- und Sperrspannungen Korrekturen anzubringen. Diese sowie die daraus folgenden technischen Anwendungen werden in Abschn. 11.1.1 beschrieben.

Der pn-Übergang wirkt im Durchlaßbetrieb als Ladungsspeicher, denn die in das Gebiet entgegengesetzter Dotierung injizierten Ladungsträger (Defektelektronen im n-Gebiet bzw. Elektronen im p-Gebiet) sind dort bis zu ihrer Rekombination mit Majoritätsträgern (Elektronen bzw. Defektelektronen) gespeichert. Ihre Lebensdauer τ beträgt im statistischen Mittel je nach Material, Dotierung und Kristallperfektion 10^{-3} s bis 10^{-6} s (und darunter). Wegen dieses Speichereffekts wirkt der pn-Übergang im Flußgebiet wie eine Kapazität, die sogenannte Diffusionskapazität; sie addiert sich zu der bereits erläuterten Sperrschichtkapazität.

10.4.5 Elektrische Leitung in Isolatoren

Einkristalline Isolatoren. Sie unterscheiden sich von den Halbleitern nur dadurch, daß ein sehr viel größerer Energieaufwand W_G erforderlich ist, um Elektronen aus dem Valenzband in das Leitungsband zu heben. Das Bändermodell eines Isolators stimmt daher mit dem in Bild **10.**32b angegebenen Bändermodell eines Halbleiters qualitativ überein; es ist lediglich die Breite des verbotenen Bandes angewachsen auf $W_G > 3\,\text{eV}$ (bei Diamant ist $W_G \approx 5{,}4\,\text{eV}$, bei Saphir $W_G = 8{,}7\,\text{eV}$). Diese Energiebarriere ist so groß, daß sie selbst bei Raumtemperatur nur von einer sehr viel kleineren Anzahl von Elektronen überwunden werden kann als bei Halbleitern. Das Leitungsband eines Isolators ist daher auch bei Raumtemperatur noch nahezu leer und die Leitfähigkeit entsprechend gering: Eine willkürliche Grenze für die Kennzeichnung als (praktischer) Isolator ist $10^{-10}\,\text{S/cm}$. Eine nennenswerte elektronische Leitfähigkeit würde sich theoretisch erst bei Temperaturen von 2500–5000 K ergeben, also im Bereich der Schmelztemperatur, wodurch das Kristallgefüge aber zerstört würde.

Bei manchen Isolatoren kann durch Dotierung eine nennenswerte Erhöhung der Leitfähigkeit erzielt werden; sie werden dann den Halbleitern zugerechnet (z.B. Bor-dotierter Diamant).

Für eine detaillierte Diskussion des Leitfähigkeits- (und Durchschlags-)Verhaltens realer Isolatoren wird auf weiterführende Literatur verwiesen (z.B. [37]). Einkristalline Isolatoren werden, ähnlich wie Metall-Einkristalle, nur in Ausnahmefällen in der Elektrotechnik verwendet, z.B. der Saphir (einkristallines Al_2O_3) als Substrat für Streifenleitungsschaltungen in der Höchstfrequenztechnik.

Nicht einkristalline Isolatoren. Sie bilden die Mehrzahl der technisch verwendeten Isolierstoffe. Dazu gehören amorphe Substanzen (z.B. Glas, Bernstein), polykristalline Materialien (z.B. Keramiken, Porzellan) sowie organische Werkstoffe (z.B. Plastomere, Duromere, Elastomere, Papier) [28, 40, 53].

11 Halbleiterbauelemente

Nachdem in Abschn. 10.4 der elektrische Leitungsmechanismus in Halbleitern und Metallen beschrieben worden ist, wird in diesem Kapitel eine Übersicht darüber gegeben, in welch vielfältiger Weise die elektrischen Eigenschaften von Grenzflächen zwischen Halbleitern entgegengesetzten Leitungstyps bzw. zwischen einem Halbleiter und einem Metall für Bauelemente der elektrischen Nachrichten- und Energietechnik genutzt werden können. Dabei wird hauptsächlich auf Einzelbauelemente eingegangen (Abschn. 11.1–11.4); diese bilden auch die Grundelemente der sog. integrierten Schaltungen (Abschn. 11.5). – Wegen ausführlicherer Darstellungen über Einzelbauelemente bzw. integrierte Schaltungen wird auf weiterführende Literatur verwiesen [2], [5], [33], [36], [38], [41], [42], [49]. –

Aus der Vielzahl der Halbleiterbauelemente ist im folgenden unter dem Gesichtspunkt der praktischen Bedeutung eine Auswahl getroffen worden, welche die Breite der Anwendungsmöglichkeiten belegt. Neben der Beschreibung des Aufbaus dieser Bauelemente und der qualitativen Erläuterung ihrer Wirkungsweise werden auch Hinweise auf Anwendungen gegeben.

11.1 Dioden

Hierunter versteht man Halbleiterbauelemente mit 2 metallischen Anschlüssen, zwischen denen Halbleiterzonen verschiedenen Dotierungscharakters liegen; das einfachste Beispiel ist bereits in Abschn. 10.4.4.4 beschrieben worden. Diese Bauelemente ermöglichen je nach dem Arbeitspunkt sowie nach dem Dotierungsgrad und -profil in den einzelnen Zonen eine Vielzahl von Anwendungen. Eine Auswahl typischer Beispiele ist im folgenden zusammengestellt, wobei verschiedenartige physikalische Effekte genutzt werden. – Vorab werden einige Abweichungen der Strom-Spannungs-Charakteristik eines realen pn-Übergangs gegenüber dem idealisierten Typ nach Abschn. 10.4.4.4 erläutert. –

11.1.1 Die Strom-Spannungs-Charakteristik eines realen pn-Übergangs

Die Gl. (10.60) für die I-U-Charakteristik eines pn-Übergangs gilt unter idealisierten Annahmen. Für die Beschreibung realer pn-Übergänge sind an dieser Gleichung sowohl für die Durchlaßrichtung als auch für die Sperrichtung Korrekturen anzubringen, welche wiederum zusätzliche Anwendungsmöglichkeiten zur Folge haben.

Durchlaßrichtung. Bei der Herleitung der Gl. (10.60) ist unterstellt worden, daß die zwischen den äußeren Anschlüssen angelegte Spannung U vollständig über der Sperrschicht zwischen p- und n-Gebiet abfällt. Tatsächlich verursacht der fließende Strom I aber auch je einen Spannungsabfall zwischen ohmschem Kontakt und Grenze der Raumladungszone (Bild **11.**1), da diese sog. Bahngebiete w_p, w_n einen ohmschen Widerstand haben (A = Querschnitt; γ_n bzw. γ_p ist die Leitfähigkeit des n- bzw. p-Bahngebietes, die von einer Dotierung gemäß Gl. (10.53b) bzw. (10.56b) abhängt). Demnach verbleibt für die Spannung über dem pn-Übergang der Anteil $U - R_n I$ (mit dem Bahnwiderstand $R_B = R_p + R_n$), und die Gl. (10.60) ist zu korrigieren in

$$I = I_S \left(e^{\frac{U - R_B I}{U_T}} - 1 \right). \tag{11.1}$$

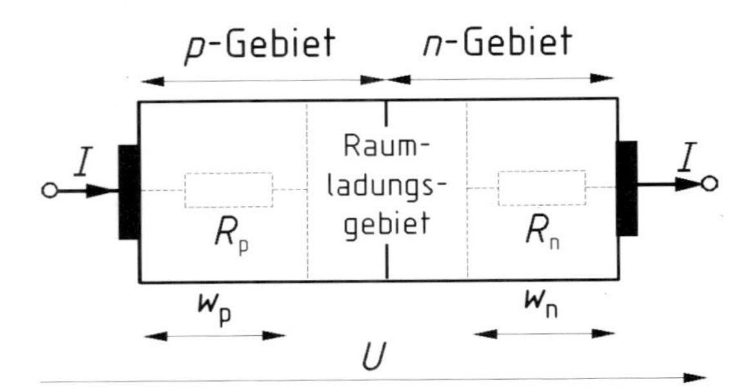

11.1 Reale pn-Dode, schematisch (▬ ohmsche Kontakte)

Dieser Effekt macht sich praktisch nur in Durchlaßrichtung bemerkbar und führt dort zu einer deutlichen Scherung (Linerarisierung) gegenüber der idealisierten Kennlinie (Bild **11.**2a). Mitunter wird die gescherte Kennlinie vereinfachend durch eine geknickte Gerade ersetzt (Bild **11.**2b); ihr Fußpunkt (=Schleusenspannung U_s) ist etwa gleich der Diffusionsspannung U_D.

Sperrichtung. Der Sperrstrom einer realen Halbleiterdiode steigt jenseits einer von ihrem Aufbau und ihrer Dotierung abhängigen Spannung $-U_{zo}$ (Zenerspannung) steil an (Z-Diode, Bild **11.**3). Für diesen sog. Durchbruch gibt es im wesentlichen 2 Ursachen:

1) Mit wachsender Sperrspannung $-U$ nimmt die Feldstärke E in der Raumladungszone betragsmäßig so stark zu, daß ab etwa 10^6 V/cm Valenzelektronen aus ihren Bindungen herausgerissen werden und zum Strom beitragen. Dieser Zener-Durchbruch überwiegt in hochdotierten und daher schmalen pn-Übergängen.

2) Elektronen und Defektelektronen werden in der Raumladungszone zwischen zwei aufeinanderfolgenden Zusammenstößen mit Gitterbausteinen so stark beschleunigt und dadurch energiereicher, daß sie durch Stoß andere Bindungen aufbrechen (Stoßionisation), dadurch neue Elektron-Loch-Paare bil-

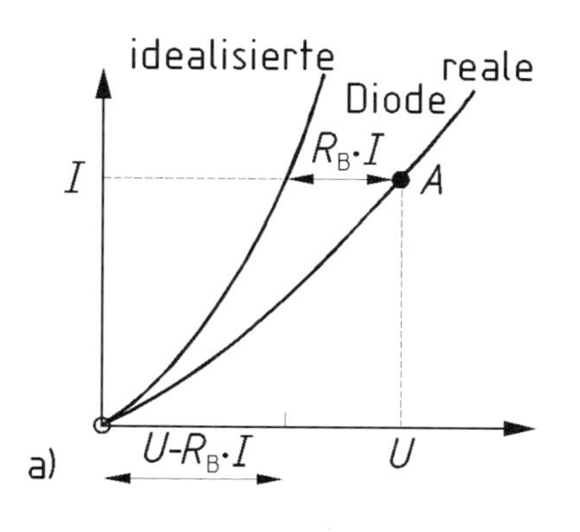

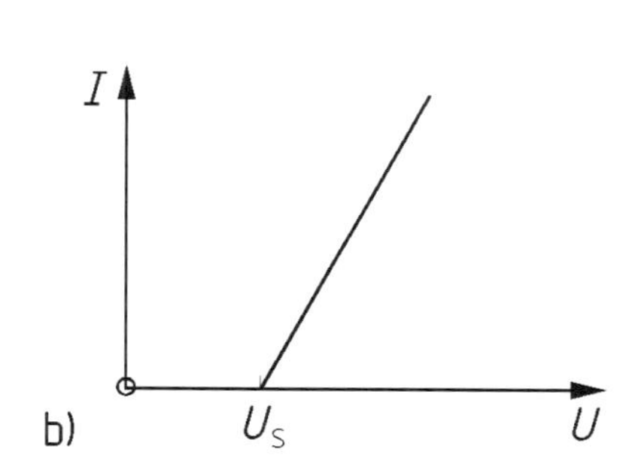

11.2 Idealisierte bzw. durch den Bahnwiderstand $R_B = R_p + R_n$ gescherte reale Strom-Spannungs-Charakteristik einer pn-Diode, schematisch (a) und Annäherung durch eine geknickte Gerade (b)

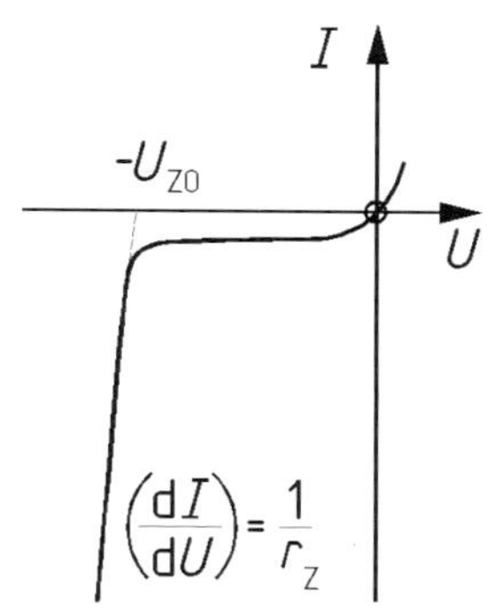

11.3 Strom-Spannungs-Kennlinie einer Z-Diode, schematisch

den, welche ihrerseits wieder Stoßionisation bewirken. Dieser Lawinendurchbruch, welcher der Townsend-Entladung in Gasen ähnlich ist (s. Abschn. 10.2.3.1), überwiegt in schwach dotierten und daher breiten pn-Übergängen.

Die I-U-Charakteristik kann im Bereich des Durchbruchs mit sehr guter Näherung durch eine Gerade beschrieben werden; deren Steigung $1/r_Z$ definiert den dynamischen Widerstand r_Z.

Zwischen den beiden metallischen Zuleitungen an die Diode und den äußeren Endflächen des jeweiligen p- bzw. n-Gebiets entstehen sog. Metall-Halbleiter-Übergänge. Damit diese die Richtwirkung der Diode nicht beeinflussen, d.h. den Strom in beiden Richtungen in gleichem Maße durchlassen (ohmsche Kontakte), ist bei einem p- (n-)Halbleiter ein Metall erforderlich, dessen Austrittsarbeit größer (kleiner) als die des Halbleiters ist, so daß im Halbleiter eine Anreicherung von Majoritätsträgern zum Metall hin entsteht. – Im entgegengesetzten Fall entsteht ein gleichrichtender Schottky-Kontakt (s. Abschn. 11.1.2).

11.1.2 Gleichrichter- und Misch-Dioden

Unter *Gleichrichtung* versteht man die Erzeugung einer Spannung einheitlichen Vorzeichens aus einer Spannung wechselnden Vorzeichens. Hierzu ist eine Halbleiterdiode wegen der ausgeprägten Richtungsabhängigkeit ihrer I-U-Charakteri-

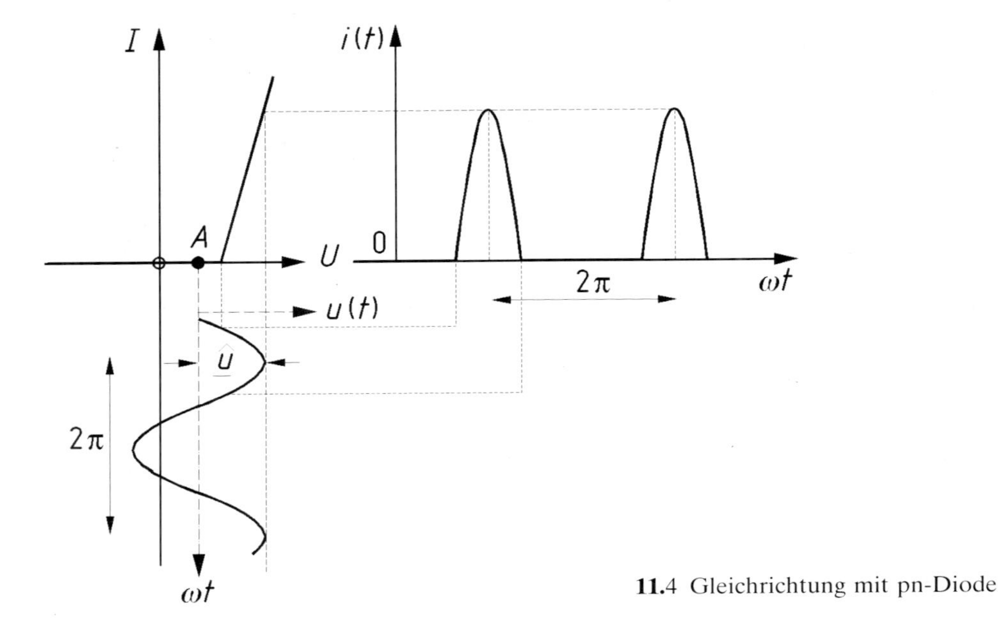

11.4 Gleichrichtung mit pn-Diode

stik geeignet. Wenn sie z. B. gemäß Bild **11.4** in der Umgebung des Arbeitspunktes A mit einer Sinusspannung $u(t) = \hat{u}\sin(\omega t + \varphi)$ ausgesteuert wird, so erzeugt der (impulsförmige) Strom $i(t)$ an einem ohmschen Widerstand eine Spannung einheitlichen Vorzeichens; daraus kann auf die Größe der Wechselspannungsamplitude $\hat{u}$ geschlossen werden. In realen Gleichrichter-Schaltungen wird die impulsförmige Spannung durch Verwendung mehrerer Dioden und/oder zusätzlicher Kondensatoren geglättet (s. Abschn. 9.2.2).

Das Wort ‚Gleichrichtung' wird mitunter auch dann benutzt, wenn es sich eigentlich um eine Amplituden-Demodulation handelt, d. h. um die Wiedergewinnung eines NF-Signals aus einer damit amplitudenmodulierten Trägerschwingung (z. B. AM-Hörrundfunk, Fernsehbildsignal).

Unter *Mischung* versteht man die Erzeugung von Sinusströmen mit sog. Kombinationsfrequenzen $\mathrm{m}f_1 + \mathrm{n}f_2$ (m, n ganzzahlig) bei Durchsteuerung einer nichtlinearen I-U-Charakteristik mit 2 Sinusspannungen der Frequenzen f_1 und f_2. Wenn z. B. die Diode in Bild **11.2**a in der Umgebung des Arbeitspunktes A durch eine quadratische Parabel angenähert wird

$$I = I_A + a(U - U_A) + b(U - U_A)^2$$

und die Spannung

$$U \to u(t) = U_A + \hat{u}_1 \cdot \cos(\omega_1 t + \varphi_1) + \hat{u}_2 \cdot \cos(\omega_2 t + \varphi_2)$$

anliegt, so erzeugt der zu b proportionale Term u.a. die Anteile

$$\frac{b}{2}\,\hat{u}_1\,\hat{u}_2\cdot\cos\left[(\omega_1\pm\omega_2)\,t+\varphi_1\pm\varphi_2\right],$$

d.h. Ströme der beiden Kombinationsfrequenzen mit $m=1, n=\pm 1$. Hiervon wird z.B. beim Überlagerungsempfang in der HF-Technik Gebrauch gemacht. – Bei Zugrundelegung einer exponentiellen I-U-Charakteristik entstehen Stromanteile bei sämtlichen Kombinationsfrequenzen. –

Zu den Gleichrichter- und Mischdioden gehören auch die Rückwärtsdiode – die im Zusammenhang mit der Tunneldiode in Abschn. 11.1.7.3 behandelt wird – und die Schottky-Diode. Letztere ist ein Metall-Halbleiterübergang, bei dem die Elektronen-Austrittsarbeit im Metall größer (kleiner) als im n- (p-)Halbleiter ist, so daß im Halbleiter eine Verarmung an Majoritätsträgern zum Metall hin entsteht. Die Strom-Spannungs-Charakteristik einer Schottky-Diode stimmt formal mit Gl. (11.1) für einen realen pn-Übergang überein, allerdings mit dem wesentlichen Unterschied, daß es sich hier um einen Majoriätsträgerstrom handelt; das spielt für den Einsatz von Schottky-Dioden als elektronische Schalter eine wichtige Rolle (s. Abschn. 11.1.4). Außerdem ist der Bahnwiderstand geringer, da das Metall hierzu nur einen unbedeutenden Anteil beiträgt. Das ist besonders für den Einsatz als Mischdiode bei extrem kleinen Nutzsignalen von Bedeutung, wie sie z.B. bei radioastronomischen Empfängern vorliegen.

11.1.3 Z-Dioden

Unter einer Z-Diode versteht man einen kontaktierten und mit Zuleitungsdrähten versehenen pn-Übergang, der im Sperrgebiet im Bereich des Zener- bzw. Lawinendurchbruchs betrieben wird. Sofern einer der beiden Durchbruchsmechanismen dominiert, spricht man speziell von einer Zener- bzw. Lawinen-Diode; i.allg. sind beide Effekte zu berücksichtigen. Die Zener-Spannung U_{zo}, bei welcher der Steilanstieg des Stromes einsetzt, liegt je nach Bauart und Dotierung der Diode zwischen einigen Volt und einigen Hundert Volt. Wenn die Zener-Spannung insbesondere den Wert 5,6 V hat, kompensieren sich die gegenläufigen Temperaturabhängigkeiten des Zener- und Lawinendurchbruchs, so daß der resultierende Temperaturkoeffizient von U_{zo} Null ist; derartige Dioden werden bevorzugt zur Spannungs-Stabilisierung und Begrenzung eingesetzt. Außerdem finden Z-Dioden weit verbreitete Anwendung in der Meßtechnik (zur Nullpunktunterdrückung, Meßbereichsbegrenzung und -Dehnung), als Begrenzer und Klipper, in der Leistungselektronik als Schutzdiode, in Verbindung mit Transistoren, Thyristoren zur Triggerung sowie zur Potentialverschiebung in integrierten Schaltungen. – In der optischen Nachrichtentechnik wird der Lawineneffekt in den sog. Lawinen-Photodioden zur Steigerung der Empfindlichkeit von Empfängern genutzt (s. Abschn. 11.6.1). –

Der vom Zener- bzw. Lawinen-Effekt verursachte plötzlich einsetzende elektrische Durchbruch der Sperrschicht ist reversibel, d.h. beim Verkleinern der Sperrspannung unter die Zener-Spannung U_{zo} verarmt die Übergangszone wieder an Ladungsträgern, die Sperrwirkung ist wiederhergestellt, und es fließt wieder der Sättigungssperrstrom der idealisierten Diode. Dies ist jedoch nur dann der Fall, wenn die beim plötzlichen Anwachsen des Stromes entstehende Wärmemenge so rasch abgeführt wird, daß die Sperrschicht nicht auf thermischem Wege strukturell zerstört wird. – Der Wärmedurchbruch ist in der Regel irreversibel. – Der durch die Z-Diode fließende Strom $I = -I_z$ darf also den durch die zulässige Verlustleistung P_v bestimmten Höchstwert $I_{zmax} = P_v / U_{zo}$ nicht überschreiten; dies wird i.allg. durch Vorschalten eines Vorwiderstandes R_v sichergestellt.

Bild **11.**5 zeigt als Anwendungsbeispiel eine Schaltung mit Z-Diode zur Spannungsstabilisierung. Schaltet man nach Bild **11.**5a die Z-Diode in Reihe mit dem Strombegrenzungs-Widerstand R_v und liegt die zu stabilisierende Spannung U_e in einem solchen Wertebereich, daß die Z-Diode jenseits des Knicks der Kennlinie betrieben wird, dann ist die Ausgangs-Spannung U_a am Lastwiderstand R_a der Schaltung von Änderungen der Spannung U_e praktisch unabhängig; geändert werden im wesentlichen der Strom I_z und die Teilspannung am Vorwiderstand R_v.

Bild **11.**5b zeigt die Lage der Arbeitspunkte A_1, A_2, A_3 auf der Kennlinie $I_z = I_z(U)$ der Z-Diode für die unterschiedlichen Eingangsspannungen $U_e = U_1$, U_2, U_3. Jeder Arbeitspunkt ergibt sich als Schnittpunkt der Diodenkennlinie mit der jeweiligen Arbeitsgeraden; deren Lage ist bestimmt durch ihre Steigung und durch den Abschnitt auf der Spannungsachse ($I = 0$). Für $I_z = 0$ verteilt sich die Spannung U_e gemäß Bild **11.**5a auf die Serienschaltung aus R_v und R_a; auf die Diode entfällt also der Anteil (=Achsenabschnitt) $U_e \cdot R_a / R_a + R_v$. Die Steigung der Arbeitsgeraden ist gemäß Bild **11.**5a durch die Parallelschaltung aus R_v und R_a gegeben; sie ist also für die 3 Arbeitsgeraden in Bild **11.**5b dieselbe. Die (geringen) Änderungen der Ausgangsspannung ΔU_a ergeben sich aus der Stromänderung und dem durch die Neigung der Zener-Kennlinie festgelegten dynamischen (=differentiellen) Widerstand r_z (vgl. Bild **11.**3); für $r_z \to 0$ gilt auch $\Delta U_a \to 0$.

Die Ausgangsspannung U_a der in Bild **11.**5a angegebenen Schaltung läßt sich nicht nur bei Schwankungen der Eingangsspannung U_e stabilisieren, sondern in entsprechender Weise auch bei Änderungen des Lastwiderstandes R_a, wie Bild **11.**5b für das Beispiel $U_e = U_2$ und $R_a' < R_a < R_a''$ zeigt, wobei sich der Arbeitspunkt lediglich in dem kleinen Spannungsbereich gemäß $A_2' \dots A_2''$ bewegt.

Es ergibt sich mit der Z-Diode somit die Möglichkeit, eine genaue Bezugs- oder Referenzspannung festzulegen; man bezeichnet dann die Z-Diode als Referenz-Diode oder Spannungs-Referenzelement. Es können mit ihr Referenz-Spannungsquellen aufgebaut werden.

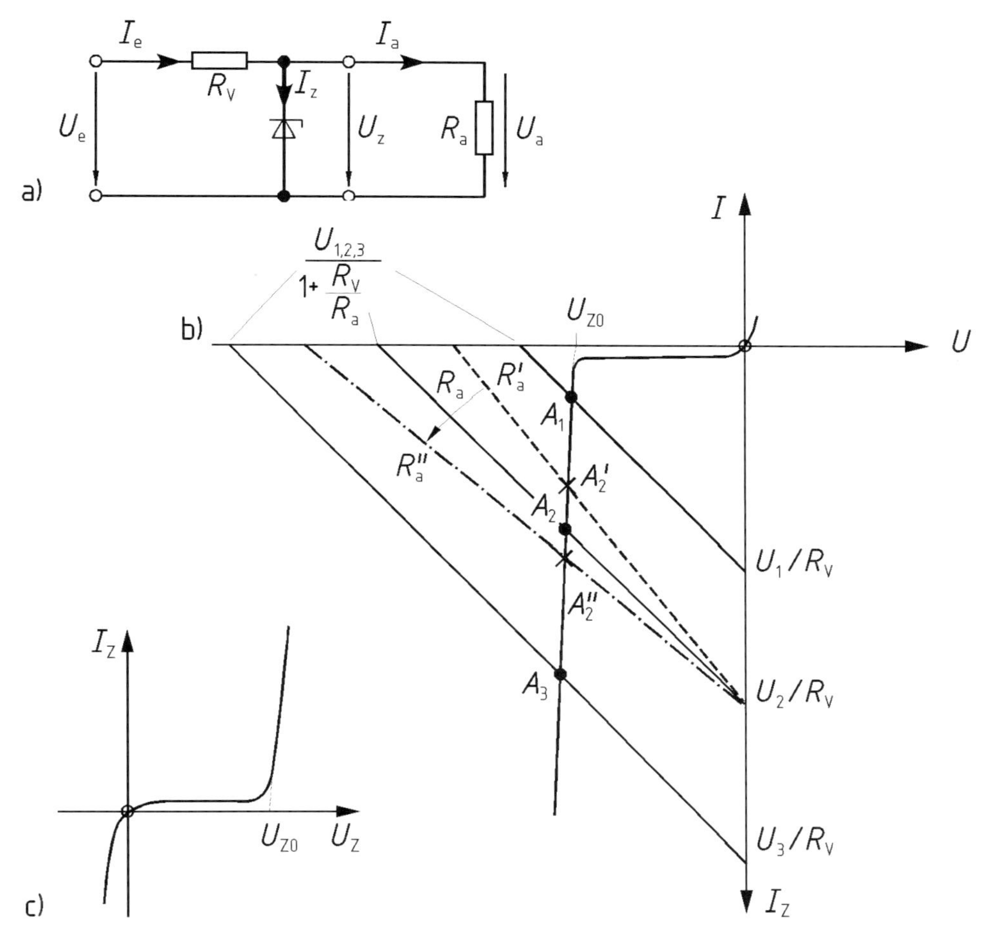

11.5 Spannungsstabilisierung mit Z-Diode
a) Schaltung,
b) Graphische Darstellung der Stabilisierung,
c) Kennlinie $I_Z = I_Z(U_Z)$ einer Z-Diode

Vielfach wird das Verhalten der Z-Dioden auch gemäß Bild **11.**5c beschrieben: Das Geschehen ist gegenüber Bild **11.**3 formal aus dem 3. Quadranten in den 1. verlagert worden, indem $-U$ durch U_z und $-I$ durch I_z ersetzt ist; dadurch erspart man sich bei der Beschreibung und Berechnung von Schaltungen mit Z-Dioden viele Minuszeichen.

□ **Beispiel 11.1**

Eine Z-Diode mit der Zenerspannung $U_{zo}=5{,}6\,\text{V}$ und dem dynamischen Widerstand $r_z=10\,\Omega$ soll nach der in Bild **11.**5a angegebenen Schaltung bei der Eingangsspannung $U_e=30\,\text{V}$ auf den Lastwiderstand $R_a=2200\,\Omega$ arbeiten.

a) Wie groß muß der Vorwiderstand R_v sein, um den Zenerstrom auf $I_z=3{,}5\,\text{mA}$ zu begrenzen?

An dem vom Strom I_z+I_a durchflossenen Vorwiderstand R_v liegt die Teilspannung U_e-U_z, mit $U_z\approx U_{zo}$ gilt daher

$$R_v=\frac{U_e-U_z}{I_z+I_a}\approx\frac{U_e-U_{zo}}{I_z+I_a}.$$

Mit dem Strom $I_a\approx U_{zo}/R_a=5{,}6\,\text{V}/(2200\,\Omega)=2{,}55\,\text{mA}$ wird der Vorwiderstand

$$R_v\approx\frac{(30-5{,}6)\,\text{V}}{(3{,}5+2{,}55)\,\text{mA}}=4{,}03\,\text{k}\Omega.$$

b) Wie groß ist die relative Änderung $\Delta U_a/U_a$ der Ausgangsspanung bei relativer Zunahme der Eingangsspannung U_e bzw. des Lastwiderstandes R_a um 10%?

Der Zusammenhang zwischen $\Delta U_a=\Delta U_z$ und ΔU_e ergibt sich aus der Verschiebung des Schnittpunktes der Arbeitsgeraden

$$U_e=R_vI_e+U_z \quad\text{mit}\quad I_e=I_z+U_z/R_a$$

mit der Diodenkennlinie

$$U_z=r_zI_z+U_{zo}.$$

Durch Elimination von I_z aus diesen beiden Gleichungen erhält man

$$U_z=\frac{\dfrac{U_e}{R_v}+\dfrac{U_{zo}}{r_z}}{\dfrac{1}{R_v}+\dfrac{1}{r_z}+\dfrac{1}{R_a}} \tag{11.2}$$

und hieraus für $R_a=\text{const}$ bei Änderungen von U_e

$$\Delta U_z=\frac{\Delta U_e}{1+R_v\left(\dfrac{1}{r_z}+\dfrac{1}{R_a}\right)}. \tag{11.3a}$$

Aus den Gln. (11.2) und (11.3a) folgt

$$\frac{\Delta U_z}{U_z}=\frac{1}{1+\dfrac{R_v}{r_z}\cdot\dfrac{U_{zo}}{U_e}}\cdot\frac{\Delta U_e}{U_e}. \tag{11.3b}$$

Mit den vorgegebenen Zahlenwerten erhält man

$$\frac{\Delta U_z}{U_z}=0{,}131\%$$

Die relative Schwankung der Eingangsspannung ist also annähernd um das 76fache herabgesetzt. Durch Hintereinanderschalten zweier Z-Dioden (Kaskadenschaltung) läßt sich die Spannungskonstanz weiter annähern.

Entsprechend zu den Gln. (11.3) erhält man aus Gl. (11.2) bei $U_e = \text{const}$ und Änderungen von R_a nach Zwischenrechnung

$$\frac{\Delta U_z}{U_z} = \frac{\dfrac{\Delta R_a}{R_a}}{1 + R_a\left(\dfrac{1}{R_v} + \dfrac{1}{r_z}\right) \cdot \left(1 + \dfrac{\Delta R_a}{R_a}\right)} \tag{11.4a}$$

Da $r_z \ll R_a$, R_v ist, gilt in guter Näherung

$$\frac{\Delta U_z}{U_z} = \frac{r_z}{R_a} \cdot \frac{\dfrac{\Delta R_a}{R_a}}{1 + \dfrac{\Delta R_a}{R_a}}. \tag{11.4b}$$

Mit den angegebenen Zahlenwerten gilt

$$\frac{\Delta U_z}{U_z} = \begin{cases} 0{,}0411\% \text{ nach Gl. (11.4a)} \\ 0{,}0413\% \text{ nach Gl. (11.4b)} \end{cases},$$

d.h. eine Verringerung der Schwankung um etwa den Faktor 240. □

11.1.4 Schaltdioden

Im Gegensatz zur zeitlich harmonischen Aussteuerung von Gleichrichter- und Mischdioden handelt es sich hier um die Reaktion von Dioden auf steilflankige Änderungen von Strom bzw. Spannung. Derartige impulsförmige Zeitverläufe sind z.B. für logische Schaltungen und für die Leistungselektronik charakteristisch.

Aufgabe einer Schaltdiode ist es, möglichst sprungartig aus dem leitenden in den sperrenden Zustand zu schalten. Dies wird dadurch ermöglicht, daß zwischen p- und n-Gebiet eine schwach leitende Zone eingefügt wird (p^+nn^+- oder pin-Struktur mit kurzem Mittelgebiet, Bild **11.**6)).

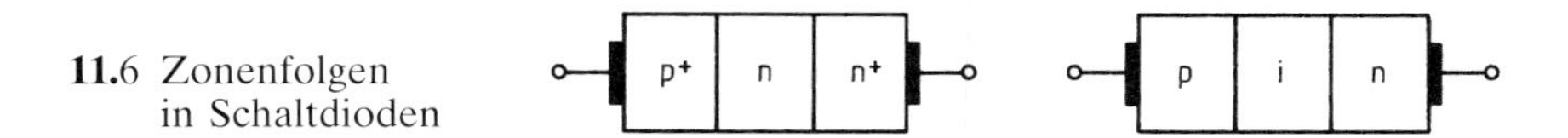

11.6 Zonenfolgen in Schaltdioden

Beim Anlegen einer Spannung in Durchlaßrichtung wird die schwach leitende Mittel-Zone von Löchern und Elektronen überschwemmt. Da durch den großen Dotierungsunterschied zu den benachbarten Schichten ein rekombinationsarmes Gebiet vorliegt, haben die injizierten Löcher als Minoritätsträger eine Lebensdauer bis zu einigen 100 ms und führen somit zu einer Ladungsspeicherung.

Beim Anlegen einer Spannung in Sperrichtung werden die in der Mittel-Schicht gespeicherten Ladungsträger zunächst mit konstantem Strom entgegengesetzter Richtung so lange abgebaut, bis beim Erreichen der Gleichgewichtskonzentration an den Rändern der Raumladungszone der Strom innerhalb der sog. Übergangs- bzw. Abfallzeit um einige Größenordnungen auf seinen stationären Wert hin abnimmt.

Das Ausräumen der injizierten Ladung aus den Bahngebieten kann auch dadurch beschleunigt werden, daß die dortige Dotierung zum pn-Übergang hin abnimmt; durch einen derartigen Gradienten in der Konzentration der ionisierten Dotierungsatome wird ein elektrisches Feld in die Bahngebiete eingebaut; es hält den gesamten injizierten Minoritätsträgerüberschuß in der Nähe des pn-Übergangs, so daß die Abfallzeit in der Größenordnung ns liegt. Solche Dioden werden Speicher-Varaktoren, Speicherschalt- oder Ladungsspeicher-Dioden genannt (im Englischen step recovery bzw. snap-off-diodes).

Auch Schottky-Dioden sind für die Realisierung schneller Schaltvorgänge sehr gut geeignet. Da der Stromtransport durch dieses Bauelement ein Majoritätsträgereffekt ist (s. Abschn. 11.1.2), gibt es hier keine gespeicherte Minoritätsladung, die nach dem Umschalten von Fluß- in Sperrichtung abgebaut werden muß. Daher stellt sich die Sperrwirkung nach dem Umschalten extrem schnell (typisch 1 ns) ein.

11.1.5 Varaktordioden

Diese nutzen die Spannungsabhängigkeit der Kapazitäten einer Halbleiterdiode (s. Abschn. 10.4.4.4).

Sperrschicht-Varaktoren werden in Sperrichtung betrieben und nutzen die veränderliche Sperrschichtkapazität; sie werden eingesetzt zur Abstimmung von Schwingkreisen, zur Frequenz-Modulation und -Vervielfachung sowie zur Mischung. Diese Funktionen erfüllen außer pn-Dioden auch Schottky-Dioden.

Speicher-Varaktoren (mit einer pin-ähnlichen Struktur) werden in Sperr- und Durchlaßrichtung ausgesteuert und vorzugsweise als Frequenz-Vervielfacher für hohe Leistungen und große Vervielfacherzahlen eingesetzt.

□ **Beispiel 11.2**

Zur Durchstimmung eines LC-Schwingkreises über den Frequenzbereich $f_{\mathrm{res},1} = 180\,\mathrm{MHz} \ldots f_{\mathrm{res},2} = 220\,\mathrm{MHz}$ wird zu der Festkapazität C und der Induktivität L eine Varaktordiode parallelgeschaltet, deren Kapazitätswert durch Änderung der Vorspannung zwischen $C_1 = 35\,\mathrm{pF}$ und $C_2 = 15\,\mathrm{pF}$ variiert.

Man berechne die erforderlichen Größen von C und L.

Aus den Beziehungen

$$f_{\mathrm{res},1} = \frac{1}{2\pi\sqrt{(C+C_1)L}}, \quad f_{\mathrm{res},2} = \frac{1}{2\pi\sqrt{(C+C_2)L}}$$

folgt durch Division und Auflösen nach C

$$C = \frac{f_{\text{res},1}^2 \cdot C_1 - f_{\text{res},2}^2 \cdot C_2}{f_{\text{res},2}^2 - f_{\text{res},1}^2} = \frac{(180\,\text{MHz})^2 \cdot 35\,\text{pF} - (220\,\text{MHz})^2 \cdot 15\,\text{pF}}{(220\,\text{MHz})^2 - (180\,\text{MHz})^2} = 25{,}5\,\text{pF}$$

und damit aus jeder der beiden Beziehungen

$$L = \frac{1}{2\pi} \cdot \frac{f_{\text{res},1}^{-2} - f_{\text{res},2}^{-2}}{C_1 - C_2} = 12{,}9\,\text{nH}\,.$$

□

11.1.6 pin-Dioden

Bei diesen Dioden befindet sich zwischen p- und n-Schicht eine schwach dotierte, also hochohmige eigenleitende i-Schicht (intrinsic), (s. Bild **11.**6).

Bei Polung in Durchlaßrichtung wird die i-Schicht durch den Durchlaßstrom mit Ladungsträgern überschwemmt und damit niederohmig, also leitend. Es baut sich in der i-Schicht eine Ladung auf, die dadurch zu einem Gleichgewichtszustand gelangt, daß Löcher und Elektronen nach der von Dotierung und Aufbau abhängigen Lebensdauer τ (typisch 30 ns bis 3 µs) rekombinieren. Die innerhalb dieser Zeit gespeicherte Ladung ist ein Maß für die über den Durchlaßstrom steuerbare Leitfähigkeit der i-Schicht. Der Verlauf der Durchlaßkennlinie entspricht dem der pn-Diode.

Bei Polung in Sperrichtung verarmt die i-Schicht an Ladungsträgern und wird sehr hochohmig; sie stellt dann annähernd eine spannungsunabhängige Kapazität dar.

Der Anwendungsbereich von pin-Dioden erstreckt sich, je nach Ausführungsform, von

tiefen Frequenzen: Leistungsgleichrichter mit zulässigen Sperrspannungen bis in den kV-Bereich

über die

Hochfrequenztechnik: Speicher-Varaktoren, Frequenzvervielfacher, steuerbare ohmsche Widerstände (z. B. für elektronische Dämpfungsglieder), Amplitudenmodulatoren, spannungsabhängige impulsgesteuerte Schaltdioden (z. B. in Radaranlagen zum Umschalten der Antenne zwischen Senden und Empfangen), Realisierung digitaler Phasenschieber zur elektronischen Strahlschwenkung von Antennen

bis zur

optischen Nachrichtentechnik: Photodiode (s. Abschn. 11.6.1).

11.1.7 Aktive Mikrowellendioden

In diesem Abschnitt werden Dioden vorgestellt, welche – vorzugsweise im Mikrowellengebiet – zur Schwingungserzeugung (Oszillatoren) und/oder Verstärkung verwendet werden. In beiden Fällen wird von den Dioden HF-Leistung an eine angeschlossene Schaltung abgegeben, sie wirken also für diese wie ein negativer dynamischer Widerstand. Das ist nur möglich, wenn die Phasendifferenz zwischen Wechsel-Spannung und -Strom der betreffenden Frequenz bei Zugrundelegung des Verbraucher-Zählpfeilsystems zwischen 90° und 270° liegt – vorzugsweise bei 180° –; zur Erzeugung dieser Phasendifferenz gibt es verschiedene Möglichkeiten und dementsprechende Bauelemente; deren Wirkungsweise und Eigenschaften werden im folgenden beschrieben.

11.1.7.1 Lawinen-Laufzeitdiode. Hier wird der negative dynamische Widerstand durch eine Kombination von Lawinen-Durchbruch und anschließender Driftbewegung der erzeugten Ladungsträger in einem Laufraum erreicht; das kommt auch in dem Kunstwort

Impatt (≙ Impact ionization avalanche and transit time)-Diode

für dieses Bauelement zum Ausdruck. Es werden also ähnliche Effekte genutzt wie in den seit 80 Jahren bekannten Laufzeit-Elektronenröhren.

In Bild **11.**7a ist die Zonenfolge einer Impattdiode und in Bild **11.**7b ihr Dotierungsprofil qualitativ dargestellt. An dem p^+n-Übergang zwischen den Zonen 1 und 2 liegt eine solche Sperrspannung U_{Br}, daß in der Raumladungszone die für den Lawinendurchbruch erforderliche Feldstärke E_{Br} (in Si typisch 300 kV/cm) erreicht wird (Bild **11.**7c). Wenn dann der Gleichspannung U_{Br} eine sinusförmige Wechselspannung $\Delta u(t)$ der Frequenz $f=\omega/2\pi$ überlagert wird, so entsteht in der Halbschwingung $\Delta u(t)>0$ wegen des Überschreitens der Durchbruchfeldstärke eine Ladungsträgerlawine $i_a(t)$ (Bild **11.**7d). Diese ist am stärksten am Ende der Halbschwingung ausgebildet, wenn $\Delta u(t)=0$ ist; die Lawinenbildung hinkt also der verursachenden Spannung $\Delta u(t)$ um 90° nach. Während der anschließenden Halbschwingung mit $\Delta u(t)<0$ wird die Durchbruchsfeldstärke unterschritten, so daß keine Lawinenbildung stattfindet. Die erzeugten Elektronen werden also impulsförmig in die Zone 3 injiziert; dort gibt es wegen der fehlenden Dotierung keine Raumladung, so daß das elektrische Feld E_i konstant ist, und zwar so groß, daß sich die Elektronen mit ihrer Sättigungsgeschwindigkeit $v_s \approx 10^7$ cm/s bewegen (in Si ist typisch $E_i = 10$ kV/cm). Sie erzeugen während dieser Driftbewegung durch den Laufraum 3 der Länge w_i in der an die Diode angeschlossenen Schaltung einen Influenzstrom $i_{infl.}(t)$, welcher gegenüber dem injizierten Lawinenstrom $i_a(t)$ in der Phase abermals nachhinkt, und zwar um $\Delta\varphi_i = 1/2(\omega w_i/v_s)$; abkürzend setzt man $\omega w_i/v_s = \Theta_i$ (Bild **11.**7e). Für $\Theta_i = 180°$ hat der Influenzstrom gegenüber der erzeugenden Wechselspannung $\Delta u(t)$ die für eine Leistungsabgabe optimale Phasenverschiebung von 180°.

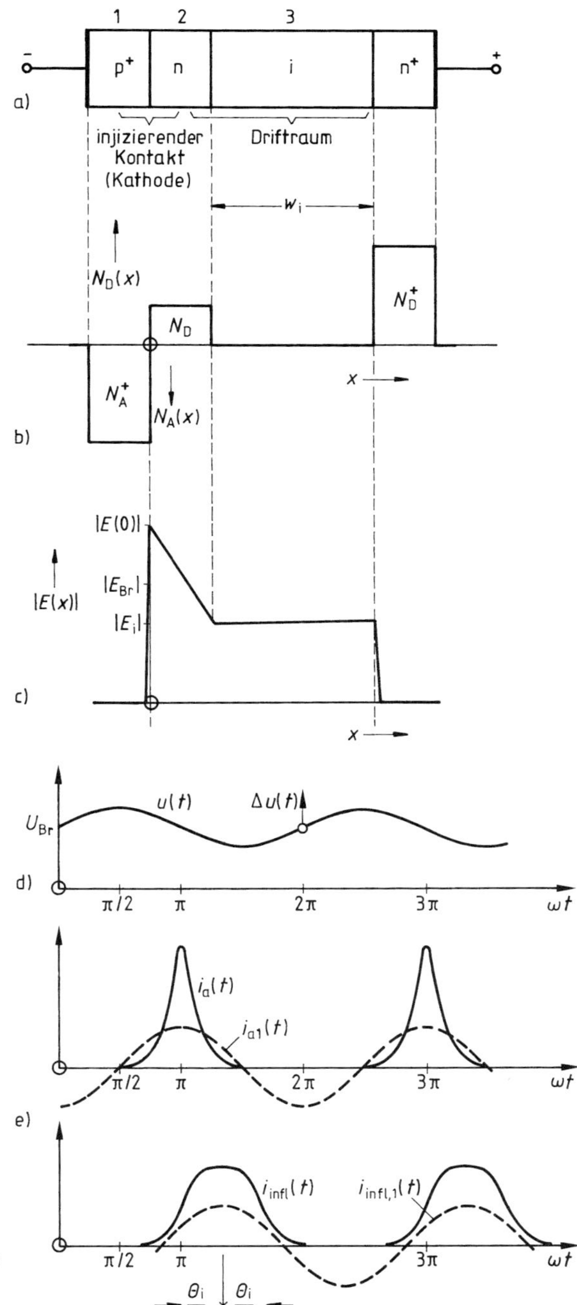

11.7 Zur Wirkungsweise der Impattdiode
a) Zonenfolge
b) Dotierungsprofil
c) Feldstärkeprofil
d) Spannung $u(t)$ an der Lawinenzone und Konvektionsstrom $i_a(t)$ in der Lawinenzone und zugehöriger Grundschwingungsanteil $i_{a,1}(t)$
e) Influenzstrom $i_{infl}(t)$ allgemein und zugehöriger Grundschwingungsanteil $i_{infl,1}(t)$

Impatt-Dioden werden aus Si bzw. GaAs hergestellt und hauptsächlich als Oszillatoren (bis zu einigen wenigen 100 GHz) eingesetzt, z. B. in Überlagerungsempfängern, Radaranlagen und für phasengesteuerte Antennen, aber auch als Reflexions-Leistungsverstärker. – Für HF-Vorverstärker sind sie dagegen ungeeignet, da der Lawineneffekt neben dem Nutzsignal einen höheren Störpegel verursacht als z. B. der GaAs-Feldeffekttransistor (s. Abschn. 11.2). –

11.1.7.2 Gunn-Element. Manche Halbleitermaterialien, z. B. n-GaAs, besitzen aufgrund ihres Kristallaufbaus ein zweigeteiltes Leitungsband. In den beiden Teilbändern unterliegen die Elektronen unterschiedlichen Wechselwirkungskräften mit den Gitterbausteinen, so daß sie sich unter der Einwirkung eines äußeren elektrischen Feldes mit verschiedenen Geschwindigkeiten bewegen, und zwar im energetisch tiefer gelegenen Teilband mit wesentlich höherer Geschwindigkeit. Da sich die Besetzung der beiden Teilbänder mit Ladungsträgern mit zunehmender Feldstärke (bzw. Spannung an der Halbleiterprobe) zugunsten des oberen Bandes ändert, nimmt die über die Elektronengesamtheit gemittelte Geschwindigkeit und damit der Strom mit wachsender Probenspannung zunächst rasch zu, bei großen Spannungen dagegen wesentlich langsamer, so daß sich ein Übergangsgebiet mit fallender Strom-Spannungs-Charakteristik ergeben kann (Bild **11.**8a); dies ist ein Hinweis auf einen negativen dynamischen Leitwert der Halbleiterprobe. Aber auch dann, wenn keine *stationäre* fallende Charakteristik entsteht (Bild **11.**8b), kann sich im dynamischen Verhalten einer solchen Probe eine Strominstabilität ausbilden, welche zu einem negativen Realteil des komplexen Wechselstromwiderstandes führt.

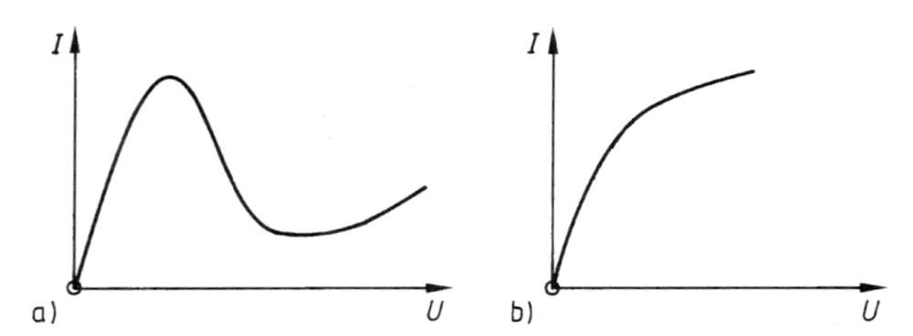

11.8 Stationäre Strom-Spannungs-Kennlinie eines Gunn-Elementes
a) mit fallendem Ast, b) ohne fallenden Ast

Der nach seinem Entdecker J. B. Gunn benannte Effekt äußert sich in einer Vielzahl von Schwingungsformen, wegen deren Diskussion auf weiterführende Literatur verwiesen wird [33]. Er ist ein Volumeneffekt in einer homogenen Halbleiterprobe; da keine pn-Übergänge im Spiel sind, spricht man i. allg. nicht von einer Diode, sondern von dem Gunn-*Element.* Es ist der Impattdiode bezüglich Leistung und Wirkungsgrad unterlegen, dagegen bezüglich Durchstimmbarkeit und Störpegel überlegen. Gunn-Elemente finden Anwendung in Meßgeräten und als Lokaloszillatoren in Mischern (bis in den Bereich von 100 GHz).

11.1.7.3 Tunneldiode. Wenn in einem Halbleitermaterial die Dotierung mit Donatoren bzw. Akzeptoren sehr hoch gewählt wird (typisch $10^{19} \dots 10^{20}$ cm^{-3}), dann taucht das Fermi-Niveau in das Leitungs- bzw. Valenzband ein (sog. Entartung). Falls in einem pn-Übergang beide Seiten bis zur Entartung dotiert sind, ist die Diffusionsspannung U_D größer als W_G/e (W_G = Bandabstand = Bindungsenergie eines Elektrons; vgl. Bild **10.**38g). Daher ist das Energiebänderschema des n-Gebietes gegenüber dem des p-Gebietes soweit abgesenkt, daß sich im stromlosen Fall mit Elektronen besetzte Energiezustände im p-Valenzband und n-Leitungsband gegenüberstehen (Bild **11.**9a, wegen $E_{V,p} > E_{C,n}$ spricht man von Bänderüberlappung). Da wegen der hohen Dotierung die Raumladungszone sehr dünn ist (einige 10^{-7} cm), ist die dortige Feldstärke größer als der für den Zener-Durchbruch erforderliche Wert. Daher können Elektronen ohne Energieänderung die (klassisch nicht überwindbare) Barriere zwischen p- und n-Gebiet durchdringen (wellenmechanischer Tunneleffekt, der dem Bauelement auch seinen Namen gegeben hat). Allerdings fließt noch kein resultierender Tunnelstrom, da sich im Überlappungsbereich nur besetzte Energieniveaus gegenüberstehen, so daß in beiden Richtungen gleich viel Elektronen durch die Barriere tunneln.

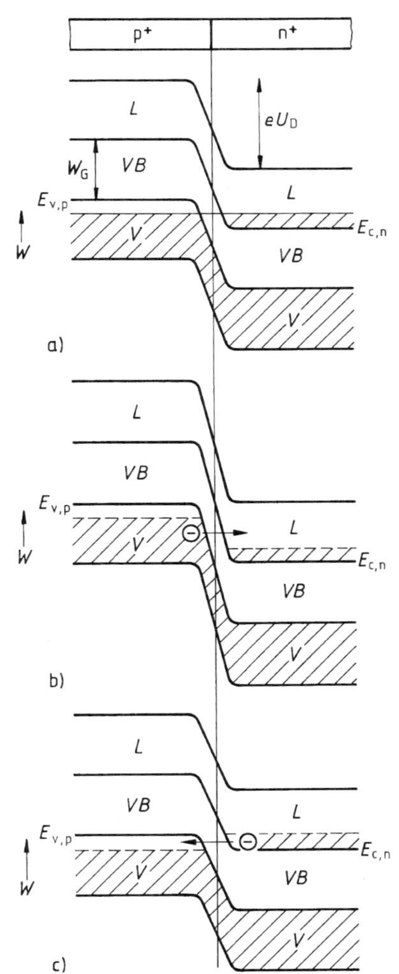

11.9 Hochdotierter pn-Übergang
a) Bändermodell ohne Anlegen einer äußeren Spannung
b) Bändermodell beim Anlegen einer äußeren Spannung in Sperrichtung
c) Bändermodell beim Anlegen einer kleinen äußeren Spannung in Durchlaßrichtung
L Leitungsband,
VB verbotenes Band,
V Valenzband

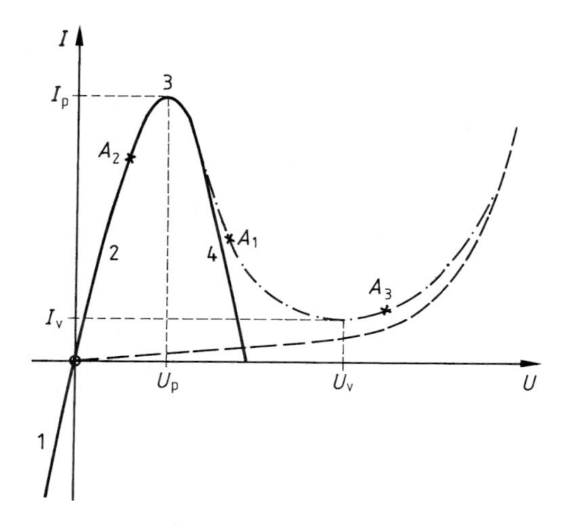

11.10 Strom-Spannungs-Kennlinie einer Tunneldiode
——Tunnelstrom,
--- Diffusionsstrom,
-.-.-. Gesamtstrom

Bei Anlegen einer Spannung $U<0$, d.h. in Sperrichtung, wird das Bänderschema des n-Gebietes weiter abgesenkt (Bild **11.**9b), so daß Elektronen aus Energieniveaus im p-Valenzband in unbesetzte, erlaubte Niveaus im n-Leitungsband tunneln können; es fließt also in Sperrichtung ein Strom, der mit wachsendem $|U|$ rasch zunimmt, d.h. es ist keine Sperrwirkung mehr vorhanden (Bild **11.**10, Bereich 1). Wenn eine Spannung $U>0$ angelegt wird, d.h. in Durchlaßrichtung, so wird das Bänderschema des n-Gebietes gegenüber dem stromlosen Fall angehoben (Bild **11.**9c). Jetzt können Elektronen aus dem n-Leitungsband in unbesetzte, erlaubte Niveaus im p-Valenzband tunneln; dieser Strom wächst mit der Spannung U zunächst an (Bereich 2 in Bild **11.**10), erreicht ein Maximum, wenn das Niveau $E_{c,n}$ das Ferminiveau $E_{F,p}$ erreicht hat (Punkt 3 in Bild **11.**10) und fällt dann wieder auf Null (Bereich 4 in Bild **11.**10), wenn $E_{c,n}$ die Höhe von $E_{v,p}$ erreicht hat, weil von da an den Elektronen im n-Leitungsband nur verbotene Energieniveaus im p-Gebiet gegenüberstehen. – Diese vereinfachte Darstellung gilt streng nur beim absoluten Nullpunkt der Temperatur $T=0$. – Der Tunnelstrom einschließlich weiterer, hier nicht erklärter Zusatzströme überlagert sich dem von der konventionell dotierten pn-Diode her bekannten Diffusionsstrom, so daß sich die in Bild **11.**10 dargestellte gesamte I-U-Charakteristik ergibt. Über die Materialabhängigkeit der Kenngrößen von Tunneldioden-Kennlinien gibt Tafel **11.**11 Auskunft.

Tafel **11.**11 Materialabhängigkeit von Tunneldioden-Kenngrößen (*p* peak, *v* valley)

Material	Ge	GaSb	Si	GaAs
W_G/eV	0,66	0,7	1,11	1,43
U_p/mV	50	120	100	150
U_v/mV	300	350	450	650
$I_p/I_v \lesssim$	10	15	5	60

Da der quantenmechanische Tunnelprozeß praktisch trägheitslos ist, können Tunneldioden im Prinzip bis zu sehr hohen Frequenzen als Verstärker (bis zu einigen 10 GHz, eindeutiger Arbeitspunkt A_1), Schalter (zwischen zwei stabilen Zuständen A_2, A_3) und Oszillatoren (bis zu 100 GHz, Arbeitspunkt A_1) eingesetzt werden. Wegen der geringen verarbeitbaren Signalleistung, der niedrigen dynamischen Diodenimpedanz sowie wegen technologischer Zuverlässigkeits- und schaltungstechnischer Stabilitäts-Probleme ist die Bedeutung der Tunneldiode in dem Maße stark zurückgegangen wie leistungsfähigere Halbleiterbauelemente für Verstärker (z. B. Feldeffekt-Transistoren), Oszillatoren (Impattdioden, Gunnelemente) und Schalter zur Verfügung stehen. Der Tunneleffekt selbst spielt jedoch bei zahlreichen neuen, im Forschungsstadium befindlichen Halbleiterbauelementen (quantum well-Strukturen) eine entscheidende Rolle.

Eine Stellung zwischen der konventionell dotierten pn-Diode und der Tunneldiode nimmt die Rückwärtsdiode (backward diode) ein. Hier ist die Dotierung so hoch gewählt, daß die Diffusionsspannung U_D genau dem Bandabstand W_G entspricht ($E_{c,n} = E_{v,p}$ in Bild **11.**9a). Bei Anlegen einer Spannung $U > 0$ erfolgt dann wie bei der Tunneldiode ein steiler Stromanstieg, während bei einer Polung gemäß $U > 0$ der Überlappungseffekt und damit die fallende Charakteristik fehlt und nun der (zunächst sehr kleine) Diffusionsstrom fließt (Bild **11.**12). Gegenüber der konventionell dotierten Diode sind offenbar Durchlaß- und Sperrichtung vertauscht (vgl. Bild **11.**3 bzw. Bild **11.**5c), woraus auch die Bezeichnung für dieses Bauelement resultiert. Da die Krümmung im Nullpunkt größer als bei konventionellen Dioden ist, eignen sich Rückwärtsdioden zur Gleichrichtung auch sehr kleiner HF-Spannungen. Da der Strom ein Majoritätsträgerstrom ist, entfallen Minoritätsträger-Speichereffekte; außerdem erfolgt das Tunneln extrem schnell. Daher können Rückwärtsdioden bis in das GHz-Gebiet als Gleichrichter, Detektoren und Mischer eingesetzt werden. Sie sind jedoch den Schottky-Dioden bei gleich guten HF-Eigenschaften bzgl. Sperrwirkung und Störpegel unterlegen.

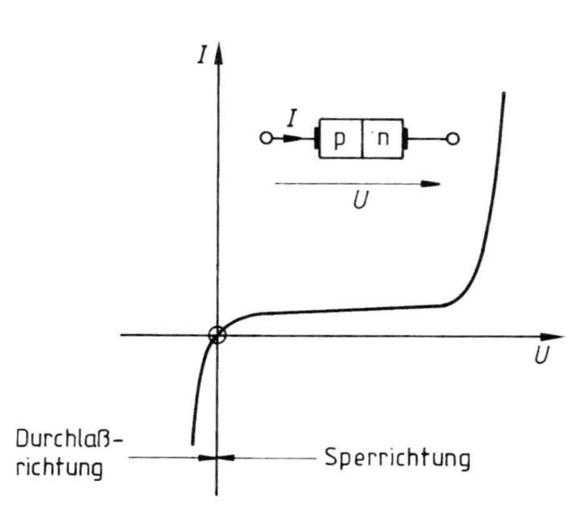

11.12 Strom-Spannungs-Charakteristik einer Rückwärtsdiode

11.2 Feldeffekttransistoren

In diesem und dem nächsten Abschnitt werden Aufbau, Wirkungsweise und Anwendungen von Transistoren beschrieben; das sind Halbleiterbauelemente mit mehr als zwei, i. allg. drei, Elektroden (Bild **11.**13). Dadurch ist es möglich, den Widerstand zwischen den beiden Enden *E* und *A* der Halbleiterstruktur durch das Potential der dritten Elektrode *St* zu steuern; von dieser Möglichkeit, die durch das Kunstwort transistor (≙ **trans**fer res**istor**) zum Ausdruck gebracht werden soll, kann vielfältig Gebrauch gemacht werden: Von besonderem Interesse ist die Fähigkeit des Transistors, als Reaktion auf eine am „Eingangs-Klemmenpaar" St-E angelegte Sinusspannung am „Ausgangs-Klemmenpaar" A-E eine Sinusspannung (gleicher Frequenz) mit vergrößerter Amplitude abzugeben: Transistoren sind also typische Verstärker-Bauelemente für Frequenzen vom Hz- bis in den GHz-Bereich. Außerdem lassen sich Transistoren durch Spannungs- bzw. Strom-Steuerimpulse zwischen einem hochohmigen und niederohmigen stabilen Zustand schalten; derartige Schalttransistoren spielen z. B. in der Impulstechnik und in der Leistungselektronik eine wichtige Rolle.

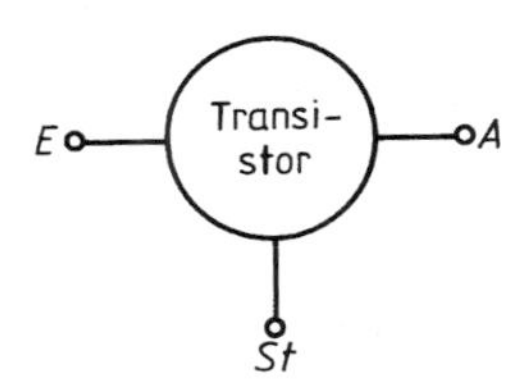

11.13 Transistor mit Eingangs- (Ausgangs-)Elektrode *E* (*A*) sowie Steuerelektrode *St*, schematisch

Gemäß den verschiedenen zugrundeliegenden physikalischen Prinzipien unterscheidet man Feldeffekt- und Bipolartransistoren. Entgegen der historischen Entwicklung wird hier aus didaktischen Gründen mit dem Feldeffekttransistor begonnen.

Das Funktionsprinzip eines Feldeffekt-Transistors (FET) ist folgendes:

In einem n- oder p-leitenden Stück einkristallinen Halbleitermaterial, das mit zwei sperrschichtfreien Anschlüssen unterschiedlichen Potentials versehen ist (*E* und *A* in Bild **11.**13) fließt ein Strom; dieser wird durch ein zur Stromrichtung senkrechtes elektrisches Feld gesteuert, welches den Querschnitt bzw. die Ladungsträgerkonzentration des Strompfades (Kanal) verändert. Die Steuerung erfolgt mittels der dritten Elektrode St in Bild **11.**13; über diese fließt im Idealfall kein Strom (leistungslose Steuerung, wie bei der gittergesteuerten Elektronenröhre gemäß Abschn. 10.1.3.2).

Da in einem FET der Stromfluß in einem Halbleitermaterial einheitlichen Leitungstyps erfolgt, d. h. ohne Überschreitung von pn-Übergängen, vollzieht er sich wie in einem ohmschen Widerstand; er wird praktisch ausschließlich von Majoritätsträgern getragen. Während also in der Halbleiterdiode und auch beim Bipolartransistor (s. Abschn. 11.3) Elektronen und Defektelektronen für den Betrieb des Bauelementes unverzichtbar sind, spielen beim FET nur die Majoritätsträger die entscheidende Rolle, d.h. eine Ladungsträgerart; man nennt ihn daher auch Unipolar-Transistor. – Die Minoritätsträger sind natürlich auch vorhanden, aber für den Wirkungsmechanismus des FET uninteressant. Damit hängt die viel geringere Temperaturempfindlichkeit seiner Strom-Spannungs-Charakteristik zusammen; ferner spielen Rekombinationsvorgänge eine untergeordnete Rolle. –

Die drei Anschlüsse eines FET werden mit den Buchstaben *S*, *D* und *G* bezeichnet entsprechend den englischen Wörtern

Source (Quelle)	≙ Eingang	des stromführenden
Drain (Abfluß, Senke)	≙ Ausgang	Kanals
Gate (Gatter, Tor)	≙ Elektrode *St* zur Steuerung des Stroms	

Es werden zwei Grundformen von FETs unterschieden, solche mit einem **N**icht-**I**solierenden **G**ate→**NIG**FET, realisiert als Sperrschicht-Feldeffekt-Transistor (s. Abschn. 11.2.1) und solche mit einem **I**solierenden **G**ate→**IG**FET, realisiert als MOS-Feldeffekttransistor (s. Abschn. 11.2.2).

11.2.1 Sperrschicht-Feldeffekttransistor

Bei dieser Ausführungsform wird zur Steuerung des Stromes in dem n- oder p-leitenden Halbleiter (Kanal) das elektrische Feld eines in Sperrrichtung vorgespannten pn-Übergangs genutzt, daher ist für diesen Transistor-Typ auch die Kurzbezeichnung **pn-FET** (bzw. Junction FET) üblich; Bild **11.**14 zeigt seinen prinzipiellen Aufbau. In dem hier n-leitenden Halbleiter sind am

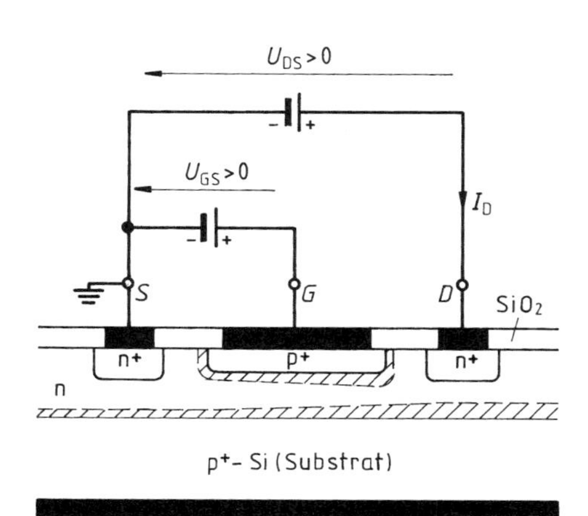

11.14 Beispiel eines n-Kanal Si-pn-FET in Planartechnik
/// Raumladungszonen,
▬ aufgedampftes Metall

Anfang und Ende über eindiffundierte stark n-dotierte Inseln und darüber gedampfte Metallschichten sperrschichtfreie Elektroden *S* und *D* realisiert. – Entsprechendes gilt für die über einer p^+-Insel angebrachte Steuerelektrode *G*. – Durch die Spannung U_{DS} wird die Elektrode *D* positiv gegenüber der Elektrode *S* vorgespannt, so daß ein von der Leitfähigkeit des Halbleiterwerkstoffs und der Kanalgeometrie abhängiger Strom I_D durch den Kanal fließt. Der Querschnitt des Kanals wird durch die Raumladungszonen unterhalb des p^+-Gate und oberhalb des p^+-Substrats begrenzt; in das Substrat ragt die Raumladungszone praktisch nicht hinein (s. Gl. (10.59)). Das Substrat ist elektrisch von außen über den Anschluß *B* (bulk) zugänglich; allerdings sind die Elektroden *B* und *S* meistens untereinander verbunden. Die Ausdehnung der schraffiert eingezeichneten Raumladungszonen wird durch die Spannung $U_{GS}<0$ beeinflußt; sie nimmt mit wachsendem $|U_{GS}|$ zu, wodurch der Widerstand des Kanals vergrößert wird und der Strom I_D abnimmt. Der über die sperrgepolten p^+n-Übergänge fließende Strom (typisch 1 nA), kann vernachlässigt werden; der pn-FET hat also einen sehr hohen Widerstand zwischen *S* und *G* (typisch $10^8-10^{11}\,\Omega$), und somit ist eine praktisch leistungslose Steuerung des Stromes I_D möglich.

Nach Bild **11.**14 ist der für den Stromfluß verfügbare Kanal-Querschnitt innerhalb der Halbleiterprobe nicht konstant, sondern verringert sich in Richtung auf die Elektrode *D*. Diese Veränderung wird hervorgerufen durch Überlagerung des durch den Strom I_D im Halbleiterstab selbst hervorgerufenen Spannungsabfalls mit dem vom pn-Übergang herrührenden Spannungsabfall und führt somit zu einer ortsabhängigen Potentialdifferenz (sie beträgt am Source-seitigen Ende des Kanals $-(U_{GS}+U_D)$ und am drainseitigen Ende $U_{DS}-(U_{GS}+U_D)$ $=U_{DS}+|U_{GS}+U_D|$. Für sehr kleine Spannungen U_{DS} kann dieser Unterschied vernachlässigt werden, so daß sich der Kanal wie ein konzentrierter ohmscher Widerstand verhält und der Strom I_D proportional der Spannung U_{DS} zunimmt. Der FET stellt in diesem sog. Anlaufgebiet einen (durch U_{GS}) elektronisch steuerbaren ohmschen Widerstand dar; davon wird in der Schaltungstechnik vielfach Gebrauch gemacht.

Die Spannung U_{DS} kann nun so weit vergrößert werden, daß sich die beiden in den Kanal hineinragenden Raumladungszonen am drainseitigen Ende berühren; man spricht dann von der Abschnür- oder pinch-off-Spannung $U_{DS,p}$. Die Spannung $U_{DS,p}+|U_{GS}+U_D|$ heißt Schwellspannung U_{th}. – Eine Vergrößerung der Spannung U_{DS} über den Wert $U_{DS,p}$ hinaus bringt praktisch keine Erhöhung des Stromes I_D mehr; es tritt also Sättigung ein. – Die Abschnürspannung wird um so eher erreicht, je größer U_{GS} ist.

Bild **11.**15 zeigt die an einem pn-FET gemessene Abhängigkeit des Stromes I_D von den Spannungen U_{GS} und U_{DS} in der Form $I_D=I_D(U_{GS})$ für $U_{DS}=\text{const}$ (Steuerkennlinienfeld, Bild **11.**15a) bzw. $I_D=I_D(U_{DS})$ für $U_{GS}=\text{const}$ (Ausgangskennlinienfeld, Bild **11.**15b); die Schwellspannung beträgt hier $U_{th}=-6\,\text{V}$. Der Strom I_D ist in der Umgebung des Nullpunktes proportional zu U_{DS} (ohmsches Verhalten) mit einem von U_{GS} abhängigen Proportionalitätsfak-

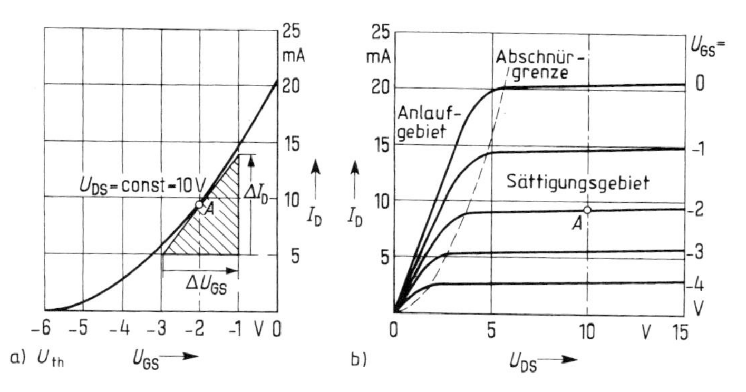

11.15 Kennlinienfelder eines n-Kanal-Sperrschicht-Feldeffektransistors
a) Steuerkennlinienfeld $I_D = I_D(U_{GS})$ mit U_{DS} als Parameter
b) Ausgangskennlinienfeld $I_D = I_D(U_{DS})$ mit U_{GS} als Parameter

tor und nach Überschreiten der Abschnürspannung (Ende des sog. Anlaufgebietes) praktisch von U_{DS} unabhängig und nur noch durch Änderung der negativen Spannung U_{GS} zu beeinflussen; dies ist der übliche Arbeitsbereich des Feldeffekttransistors (Abschnür-, pinch-off-, Sättigungsbereich). Die Spannung U_{DS} darf Werte zwischen 20 V bis 30 V nicht überschreiten, um einen Durchbruch zwischen Drain und Gate zu vermeiden.

Es bereitet natürlich Verständnisschwierigkeiten, daß bei drainseitig abgeschnürtem Kanal noch ein Strom fließt und sogar der maximal mögliche. Dieser Widerspruch hat seine Ursache in der hier benutzten zu einfachen Modellverstellung: In Wirklichkeit wird der Kanal zu Drain hin nur so weit eingeengt, daß die Elektronen den Strom mit der physikalisch bedingten Maximalgeschwindigkeit $v_s \approx 10^7$ cm/s durch die engste Stelle des Kanals transportieren können.

Die Steigung der Steuerkennlinie in einem Arbeitspunkt A, d.h.
$\left(\frac{\partial I_D}{\partial U_{GS}}\right)_{U_{DS}=\text{const}}$ nennt man Steilheit und bezeichnet sie mit dem Buchstaben S. Sie ist für den Betrieb des FET als (analoger) Verstärker maßgebend. Ihren Zahlenwert kann man näherungsweise aus der Steuerkennlinie als Verhältnis einer (kleinen) Drainstromänderung ΔI_D zur (kleinen) Änderung der Steuerspannung ΔU_{GS} entnehmen. In Bild **11.**15a ist der Arbeitspunkt A festgelegt durch U_{DS} = 10 V und U_{GS} = –2 V; aus dem Kennlinienfeld lassen sich die Werte ablesen I_D = 9,3 mA, ΔI_D = 8,6 mA, ΔU_{GS} = 2 V, so daß im Arbeitspunkt A die Steilheit näherungsweise $\Delta I_D/\Delta U_{GS}$ = 8,6 mA/(2 V) = 4,3 mA/V beträgt.

□ **Beispiel 11.3**

Wenn der Gleichspannung $U_{GS} = -2$V eine Wechselspannung mit der Amplitude $\hat{u}_{GS} = \frac{1}{2}\Delta U_{GS}$ überlagert wird, bewirkt diese nach Bild **11.**15a eine harmonische Stromänderung mit der Amplitude

$$\hat{i}_D = \tfrac{1}{2}\Delta I_D = S\cdot\tfrac{1}{2}\Delta U_{GS} = S\hat{u}_{GS} = 4{,}3\,\text{mA}.$$

Dieser Wechselstrom verursacht an einem zwischen Drain und Source geschalteten Lastwiderstand R_L eine Wechselspannung mit der Amplitude

$$\hat{u}_{DS} = R_L \cdot \hat{i}_D = R_L S \cdot \hat{u}_{GS}.$$

Der Transistor bewirkt also die Spannungsverstärkung $R_L S$, das ist 43 für $R_L = 10\,k\Omega$. Dabei besteht zwischen den beiden Zeitfunkionen $u_{DS}(t)$ und $u_{GS}(t)$ eine Phasenverschiebung von 180°. □

Ist die Halbleiterprobe p-leitend und Gate sowie Substrat vom n-Typ (sog. p-Kanal pn-FET), so ändern die in Bild **11.**14 angegebenen Ströme und Spannungen ihr Vorzeichen.

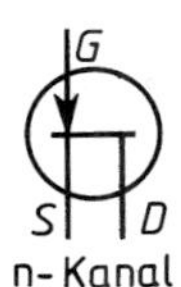

11.16 Schaltzeichen des Sperrschicht-FET

Bild **11.**16 zeigt die Schaltzeichen für n- und p-Kanal Sperrschicht-FET, sie unterscheiden sich durch die Richtung des am Gate-Anschluß angebrachten Pfeils. Im Gegensatz zu Bild **11.**13 ist hier die Umrahmung nicht erforderlich; sie fortzulassen ist nach DIN 40700 zulässig und bei integrierten Schaltungen (s. Abschn. 11.5) generell üblich. Ansonsten wird die Einrahmung in der Praxis dort angegeben, wo sie die Übersichtlichkeit des Schaltplans erhöht. Grundsätzlich ist es auch nicht erforderlich (wie hier zum besseren Verständnis noch geschehen), die Anschlußelektroden durch die Buchstaben *D, G, S* zu kennzeichnen. Der im Schaltzeichen enthaltene Strich stellt immer die Halbleiterzone dar und die dazu senkrechten Linien geben die Anschlüsse an. Der Source-Anschluß *S* ist durch die unmittelbare Verlängerung des Gate-Anschlusses *G* gegeben; der einseitige Anschluß ist somit der Drain-Anschluß *D*.

In einigen Ausführungsformen von NIGFETs werden Schottky-Kontakte als Gate-Elektroden (und semiisolierende Substrate) verwendet; diese auf GaAs-Basis aufgebauten MES (= Metall-Semiconductor) FETs haben Bedeutung besonders für die Mikrowellentechnik, aber auch für extrem schnelle Logikschaltungen und Leistungsverstärker. Für extrem hohe Frequenzen von einigen 10 GHz bis etwa 100 GHz werden Hetero-FETs eingesetzt; diese enthalten einen aus mehreren Halbleitermaterialien mit unterschiedlichen Bandabständen geschichteten Kanal; auf ihre guten Höchstfrequenzeigenschaften weist auch die Bezeichnung HEMT (≙ High Electron Mobility Transistor) hin.

11.2.2 Isolierschicht-Feldeffekttransistor

Das zur Stromsteuerung im n- bzw. p-Kanal erforderliche elektrische Feld bildet sich bei diesem FET-Typ über einer Schichtstruktur Metall-Gatekontakt/Isolator (z.B. Oxyd)Semiconductor aus, woraus sich auch die Kurzbezeichnung MISFET bzw. MOSFET herleitet. Von den vielen Realisierungen hat der in einkristallinem Silizium hergestellte Typ mit einer Isolierschicht aus SiO_2 die größte praktische Bedeutung erlangt; er wird als diskretes Bauelement z.B. als Leistungs-Schalttransistor eingesetzt, überragende Bedeutung aber hat er als Komponente integrierter Analog- und Digitalschaltungen (s. Abschn. 11.5).

Bild **11**.17 zeigt den Aufbau eines MOSFET mit n-leitendem Kanal. In das einkristalline p-leitende Substrat sind stark n-leitende Source- und Drainzonen eindiffundiert, die über sperrschichtfreie Kontakte zu den Anschlußklemmen S und D geführt sind. Außerhalb dieser Kontakte ist die Halbleiteroberfläche mit einer isolierenden SiO_2-Schicht abgedeckt, welche die Transistorstruktur vor Umwelteinflüssen schützt. Zwischen S und D ist die metallische Steuerelektrode G auf die Oxidschicht aufgedampft. Auf der Unterseite ist das Substrat über einen sperrschichtfreien Kontakt mit dem Bulkanschluß B versehen, der in den meisten Fällen mit S verbunden ist. Bei dem in Bild **11**.17 dargestellten n-Kanal-Transistor hat die Gateelektrode gegenüber der Source-Elektrode eine so große positive Spannung, daß (unterhalb des Oxids) durch Influenzwirkung so viele Elektronen aus dem Substrat angezogen worden sind, daß in einer dünnen Schicht dieses Halbleiters der p-Typ in n-Typ umgeschlagen ist. Durch diese sog. Inversionsschicht ist ein n-leitender Kanal K zwischen den n-Typ Inseln S und D entstanden; durch diesen kann bei Anlegen der Spannung $U_{DS}>0$ der Drainstrom I_D fließen. Es hängt nun von der Beschaffenheit des Oxids und der Grenzfläche zwischen Oxid und Halbleiter ab, ob auch schon ohne angelegte Spannung U_{GS} ein Inversionskanal vorhanden ist oder nicht. Im ersten Fall spricht man von einem selbstleitenden (oder normally on) MOSFET; der Strom nimmt dann für $U_{GS}>0$ zu, für $U_{GS}<0$ ab (daher rührt auch die Bezeichnung Verarmungstyp), bis schließlich für eine bestimmte Spannung $U_{GS}=U_{th}<0$ die Inversionsschicht verschwunden und der Strom I_D auf Null abgefallen ist. U_{th} wird wie beim pn-FET als Schwellspannung bezeichnet. Im zweiten Fall spricht man von einem selbstsperrenden (oder normally off) MOSFET; jetzt wird erst ab einer Spannung $U_{GS}=U_{th}>0$ ein Inversionskanal gebildet (daher rührt auch die Bezeichnung Anreicherungstyp).

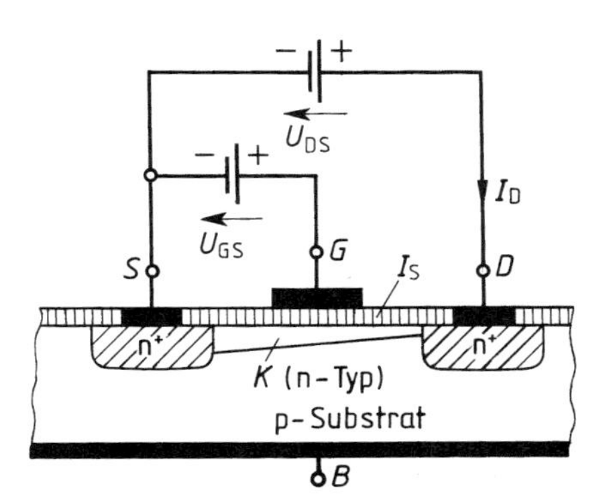

11.17 Selbstsperrender MOS-FET mit n-leitendem Kanal K (Inversionsschicht), I_S = Isolierschicht (i. allg. SiO_2), ▬ aufgedampftes Metall

Beim pn-FET gibt es offenbar nur den Verarmungstyp; abgesehen davon stimmen die Kennlinienfelder beider FET-Typen weitgehend überein: Der Strom I_D wächst von $U_{DS}=0$ aus zunächst proportional zu U_{DS}, da die Inversionsschicht eine nahezu konstante Dicke hat und der Kanal wie ein konstanter ohmscher Widerstand wirkt. – Der Proportionalitätsfaktor hängt von U_{GS} ab. Mit wachsendem U_{DS} macht sich die Verschmälerung der Inversionsschicht nach dem Drain zu bemerkbar, da dort die influenzierende Spannung $U_{GS}-U_D-U_{DS}$ kleiner als am sourceseitigen Ende ist $(U_{GS}-U_D)$. Dadurch wächst der Widerstand der Inversionsschicht, wodurch der Strom I_D immer langsamer zunimmt. Schließlich tritt eine Sättigung des Stromes ein, wenn nämlich die Inversionsschicht am drainseitigen Ende abgeschnürt ist.

Da die Stromsteuerung beim MOSFET über eine Oxidschicht erfolgt, ist der Widerstand zwischen G und S noch höher als beim pn-FET (bis $10^{14}\,\Omega$), die Steuerung ist ebenfalls praktisch leistungslos; lediglich zur Aufladung der Gatekapazität von 0,2 ... 0,5 pF ist ein Treiberstrom erforderlich. Für p-Kanal-Typen ändern sich gegenüber dem n-Typ wie beim pn-FET die Vorzeichen von Strom und Spannung. Bild **11.**18 zeigt die Schaltzeichen beider MOSFET-Typen (vgl. die entsprechenden Bilder **11.**16 für pn-FETs). Der zu steuernde Kanal zwischen Source und Drain ist (im gedachten Abstand der Isolatorschichtdicke) vom Gate-Anschluß getrennt gezeichnet und wird beim selbstleitenden (-sperrenden) Typ durchgehend (unterbrochen) gezeichnet. Die Unterscheidung zwischen n- und p-Kanal-Typen erfolgt wie beim pn-FET durch einen Pfeil; dieser deutet den möglichen Bulkanschluß an und zeigt beim n-Typ auf den Kanal hin, beim p-Typ von ihm weg. – Bei den meisten MOSFETs liegt zwischen B und S ein Kurzschluß. –

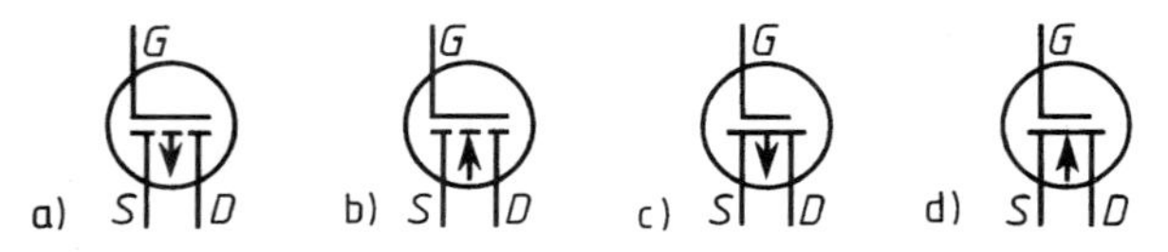

11.18 Schaltzeichen des MOS-FET
a) selbstsperrender MOS-FET mit p-Kanal,
b) selbstsperrender MOS-FET mit n-Kanal,
c) selbstleitender MOS-FET mit p-Kanal,
d) selbstleitender MOS-FET mit n-Kanal

Für die Anwendung im Hochfrequenzbereich, beispielsweise zur multiplikativen Mischung von zwei Hochfrequenzspannungen, werden häufig MOS-Feldeffektransistoren eingesetzt, bei denen im Bereich des FET-Kanals zwei Gates angebracht sind. Der Drainstrom kann dann bei diesem Doppel-Gate-(dual gate)MOSFET von zwei unabhängigen Spannungen gesteuert werden.

11.2.3 Source-, Gate- und Drainschaltung

Entsprechend den 3 Elektroden *S, G, D* kann der FET in 3 verschiedenen Grundschaltungen betrieben werden, je nachdem welche Elektrode gemäß Bild **11.**13 als gemeinsamer Bezugspunkt (Masse) für Eingangs- und Ausgangsspannung verwendet wird.

In der Source-Schaltung ist die Elektrode *S* der gemeinsame Bezugspunkt (Bild **11.**19a). In dieser Schaltung ist eine große Wechselspannungsverstärkung $|\underline{V}| = |\underline{U}_{DS}/\underline{U}_{GS}| \gg 1$ möglich, wobei zwischen den Zeitfunktionen $u_{DS}(t)$ und $u_{GS}(t)$ eine Phasenverschiebung von 180° besteht (bei Vernachlässigung parasitärer Kapazitäten; vgl. Beispiel 11.2). Diese Schaltung weist auch die größte Leistungsverstärkung auf und wird im NF- und HF-Bereich am häufigsten verwendet.

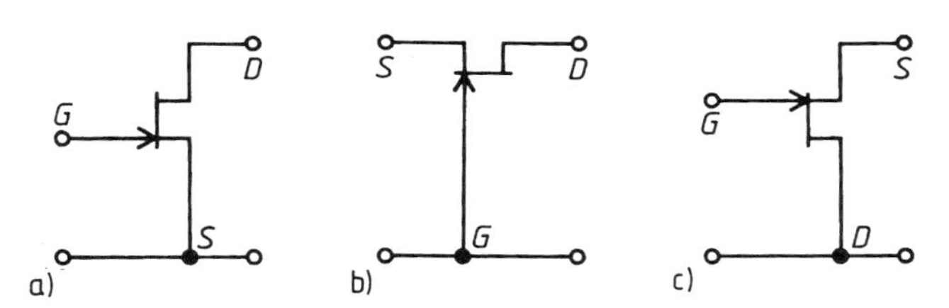

11.19 Grundschaltungen eines n-Kanal Feldeffektransistors
a) Source-Schaltung,
b) Gate-Schaltung,
c) Drain-Schaltung

In der Gate-Schaltung werden Eingangs- und Ausgangsspannung auf die Elektrode *G* bezogen (Bild **11.**19b). Die Spannungsverstärkung $|\underline{U}_{DG}/\underline{U}_{SG}|$ ist nahezu so groß wie in der Source-Schaltung, es gibt hier aber keine Phasenverschiebung. Da das Gate auf Masse liegt, sind Anfang *S* und Ende *D* des Kanals gut entkoppelt; wegen dieser geringen Rückwirkung wird die Gateschaltung vorzugsweise im Mikrowellengebiet eingesetzt.

In der Drain-Schaltung (Bild **11.**19c) sind Ausgangs- und Eingangswechselspannung ebenfalls in Phase, es ist aber $|\underline{V}| = |\underline{U}_{SD}/\underline{U}_{GD}| \leq 1$, also keine Verstärkung möglich. Diese Schaltung wird vorzugsweise als Impedanzwandler eingesetzt, da hier der Eingangswiderstand (typisch einige MΩ) und der Ausgangswiderstand (typisch einige 100 Ω) am weitesten auseinanderliegen.

11.3 Bipolartransistoren

Bei diesen Halbleiterbauelementen wird – wie bei den Feldeffekttransistoren – der Stromfluß zwischen zwei Anschlüssen unterschiedlichen Potentials (*A* und *E*) durch eine Steuerelektrode *St* beeinflußt (Bild **11.**13). Die Bipolartransistoren sind also wie die meisten Feldeffektransistoren Dreipole und entsprechend einsetzbar, d.h. vorzugsweise als Klein- und Großsignalverstärker sowie als Schalter. Die gelegentlich auch benutzte Bezeichnung Injektionstransistor weist darauf hin, daß der Stromfluß hier, wie bei der pn-Diode, von Ladungen getragen wird, die aus einem p(n)- in ein n(p)-Gebiet injiziert werden, wobei sie ihren Charakter von Majoritäts- zu Minoritätsträgern ändern. Der Zusatz „Bipolar" kennzeichnet die Tatsache, daß für die Wirkungsweise dieser Bauelemente beide Arten von Ladungsträgern (Elektronen und Defektelektronen) von Bedeutung sind, also die Majoritäts- und Minoritätsträger. Die letzteren sind trotz ihrer geringen Anzahl für das Betriebsverhalten sogar quantitativ entscheidend; das hat wie bei der pn-Diode u.a. eine wesentlich stärkere Temperaturabhängigkeit der Strom-Spannungs-Charakteristiken als beim FET zur Folge.

11.3.1 npn- und pnp-Typ

Ein Bipolartransistor besteht aus einer Folge von drei Halbleiterzonen aus (in der Regel) gleichem Grundmaterial, aber von abwechselndem Leitungstyp, also npn oder pnp, die jeweils mit einem ohmschen Kontakt und einer Zuleitung versehen sind (Bild **11.**20). Der eine pn-Übergang (z.B. in Bild **11.**20 der linke) ist in Flußrichtung gepolt, der andere in Sperrichtung. Da die p(n)Typ Mittelzone – bei Verwendung einheitlichen Grundmaterials – viel schwächer dotiert wird als die linke n(p)Typ-Zone, werden über den in Flußrichtung gepolten np(pn)-Übergang überwiegend Elektronen (Defektelektronen) in die Mittelzone der

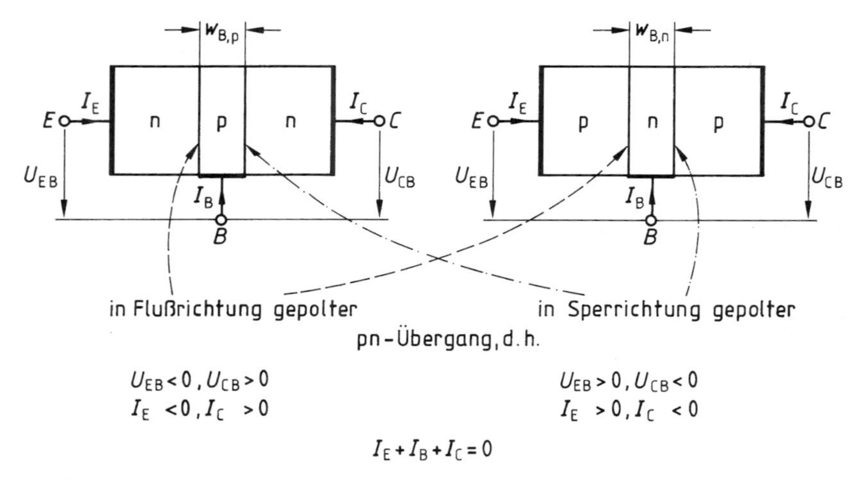

11.20 Prinzipskizze eines Bipolartransistors (schematisch) mit den Gleichspannungen für den aktiv-normalen (Verstärker-)Betrieb;
▬ ohmsche Kontakte

Weite w_B injiziert. Bei Niederfrequenz-Transistoren beträgt w_B typisch etwa 10 µm, bei Transistoren für das Mikrowellengebiet einige 0,1 µm und darunter. Auf dieser kurzen Strecke gehen von den injizierten Ladungsträgern nur wenige durch Rekombination mit Majoritätsträgern verloren, so daß nahezu alle von dem sperrgepolten pn(np)-Übergang aufgesammelt werden.

Dieser Wirkungsweise entsprechend heißt die linke Zone Emitter, die rechte Kollektor; die Mittelzone wird Basis genannt. Die zugehörigen 3 Elektroden werden mit den Buchstaben *E*, *B*, *C* bezeichnet, sie entsprechen den Elektroden Source, Gate und Drain beim FET (s. z.B. Bild **11**.14).

11.21 Schaltzeichen für Bipolartransistoren

Die Schaltzeichen für Bipolartransistoren sind in Bild **11**.21 dargestellt. Der Pfeil am Emitter gibt jeweils die Richtung des (positiven) elektrischen Stromes an, der über den in Flußrichtung gepolten pn-Übergang als Folge der injizierten Ladungsträger fließt. Die Pfeilrichtung ist gleich (entgegengesetzt) der Bewegungsrichtung der injizierten Defektelektronen (Elektronen). Die angegebene Umrahmung wird in einem Schaltplan nur dann eingezeichnet, wenn die Übersichtlichkeit erhöht wird; bei integrierten Schaltungen wird sie prinzipiell weggelassen, um anzudeuten, daß es sich dort nicht um ein diskretes Halbleiterbauelement handelt. Auch die Elektrodenkennzeichnung E, B, C kann weggelassen werden, da die Charakterisierung durch den Pfeil ausreicht. Der Bipolartransistor kann – entsprechend wie der FET – in drei verschiedenen Grundschaltungen betrieben werden, je nachdem welcher seiner drei Anschlüsse dem Eingangs- und Ausgangs-Klemmenpaar gemeinsam ist (vgl. Abschn. 11.2.3).

11.3.2 Basis-, Emitter- und Kollektorschaltung

Basisschaltung. Hierbei wird das Klemmenpaar E-B als Eingang und das Klemmenpaar C-B als Ausgang angesehen (Bild **11**.22, das den pnp-Typ darstellt). Es ist physikalisch naheliegend, mit der Erklärung dieser Schaltung zu beginnen, da man hierbei sozusagen den Ladungsträgern auf ihrem „physikalischen" Weg von der Quelle (Emitter) bis zur Senke (Kollektor) folgt. – Die Basisschaltung entspricht offenbar der Gateschaltung beim FET; wie diese wird sie vorzugsweise für Verstärker im Mikrowellen-Gebiet eingesetzt. –

Da der Emitter viel stärker dotiert ist als die Basis, besteht der über den linken pn-Übergang injizierte Strom überwiegend aus Defektelektronen; ihr Anteil

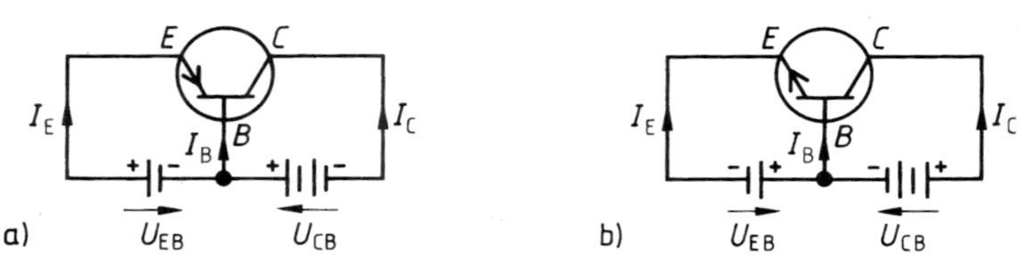

11.22 Basisschaltung mit pnp-Transistor (a) bzw. npn-Transistor (b)

heißt Emitterwirkungsgrad $\gamma_E < 1$. Da hiervon nur ein Anteil $T < 1$ (T=Transportfaktor) den rechten np-Übergang erreicht (der Rest geht durch Rekombination verloren und führt zu einem Strom über den Basisanschluß B), hat der vom Kollektor aufgenommene Strom die Größe $\gamma_E \cdot T \cdot I_E = A \cdot I_E$. Die Größe A heißt Gleich-Stromverstärkung, obwohl sie höchstens den Wert Eins erreichen kann; in der Praxis liegt sie typisch zwischen 0,95 und 0,99. Da auch schon bei fehlender Injektion ($I_E = 0$) über den sperrgepolten np-Übergang Basis-Kollektor ein Sperrstrom I_{CBO} fließt, gilt insgesamt für den Kollektorstrom

$$I_C = -A\,I_E + I_{CBO} \tag{11.5}$$

Obwohl in Basisschaltung keine eigentliche Gleichstrom„verstärkung“ möglich ist, läßt sich im dynamischen Betrieb sowohl eine Wechselspannungsverstärkung als auch eine Leistungsverstärkung erzielen; die letztere setzt voraus, daß der Lastwiderstand im Kollektorkreis größer ist als der Generatorwiderstand auf der Emitterseite. Der Eingangswiderstand zwischen Emitter und Basis liegt typisch im Bereich von einigen 10 Ω bis 1 kΩ.

Emitterschaltung. Da der Basisstrom I_B nur einen kleinen Bruchteil des Emitterstromes ausmacht, kann der Stromübergang zwischen Emitter und Kollektor wirkungsvoll über I_B gesteuert werden. Man erhält dann die in Bild **11.**23 dargestellte Emitterschaltung (es ist hier willkürlich der pnp-Typ gewählt worden), in welcher der Emitter die gemeinsame Bezugs-Elektrode für Eingang und Ausgang ist; sie entspricht der Source-Schaltung beim FET.

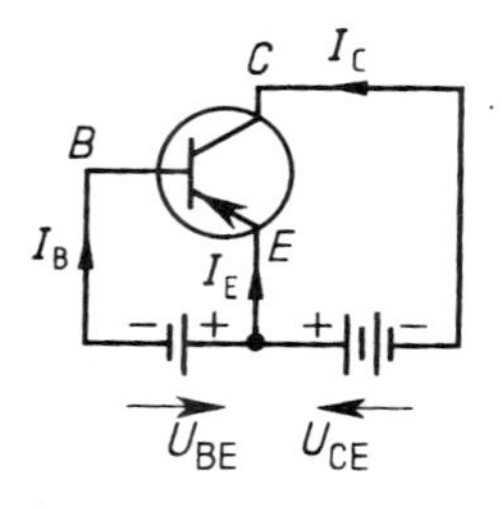

11.23 Emitterschaltung mit pnp-Transistor

In der Emitterschaltung ist eine wirkliche Gleichstromverstärkung B möglich, denn es gilt

$$B = \frac{I_C}{I_B} = \frac{I_C}{-(I_E + I_C)} = \frac{-\frac{I_C}{I_E}}{1 - \left(-\frac{I_C}{I_E}\right)} = \frac{A}{1-A}; \qquad (11.6)$$

es lassen sich Werte für die Gleichstromverstärkung B bis zu einigen wenigen Hundert erreichen.

Für den Kollektorstrom gilt entsprechend zu Gl. (11.5)

$$I_C = B \cdot I_B + I_{CEO} \qquad (11.7)$$

mit dem Kollektor-Reststrom I_{CEO} bei offener Basis.

Die Ströme im Bipolartransistor sind wegen der großen Sperrspannung U_{CB} am Übergang Basis-Kollektor praktisch nur von der Basis-Emitter-Spannung U_{BE} abhängig. Das kommt auch in den Kennlinienfeldern zum Ausdruck. Daher ist z.B. anstelle des Steuerkennlinienfeldes $I_C = I_C(U_{BE})_{U_{CE}=\text{const}}$ lediglich *eine* typische Kennlinie (wegen des exponentiellen Zusammenhangs in halblogarithmischen Maßstab) dargestellt (Bild **11.**24a). Daraus kann – entsprechend wie beim FET (s. Bild **11.**15a) – ein Näherungswert für die Steilheit

$$S = \left(\frac{\partial I_C}{\partial U_{BE}}\right)_{U_{CE}=\text{const}}$$

entnommen werden, im vorliegenden Fall z.B.

$$S = \frac{(20-0{,}8)\,\text{mA}}{(0{,}7-0{,}6)\,\text{V}} = 0{,}192\ \text{S im Arbeitspunkt } A\,.$$

Da I_C exponentiell von U_{BE} abhängt – der Bipolartransistor ist schließlich ein System aus zwei gekoppelten pn-Übergängen – gilt

$$I_C = I_S \cdot e^{\frac{U_{BE}}{U_T}} + \text{const}$$

und nach Differentiation sowie mit $U_T = 25{,}9\,\text{mV}$ für Raumtemperatur (s. Abschn. 10.4.4.4)

$$S = \frac{I_S}{U_T}\, e^{\frac{U_{BE}}{U_T}} \approx \frac{I_C}{U_T} = 38{,}6\,\frac{I_C}{\text{mA}}\,\text{mS};$$

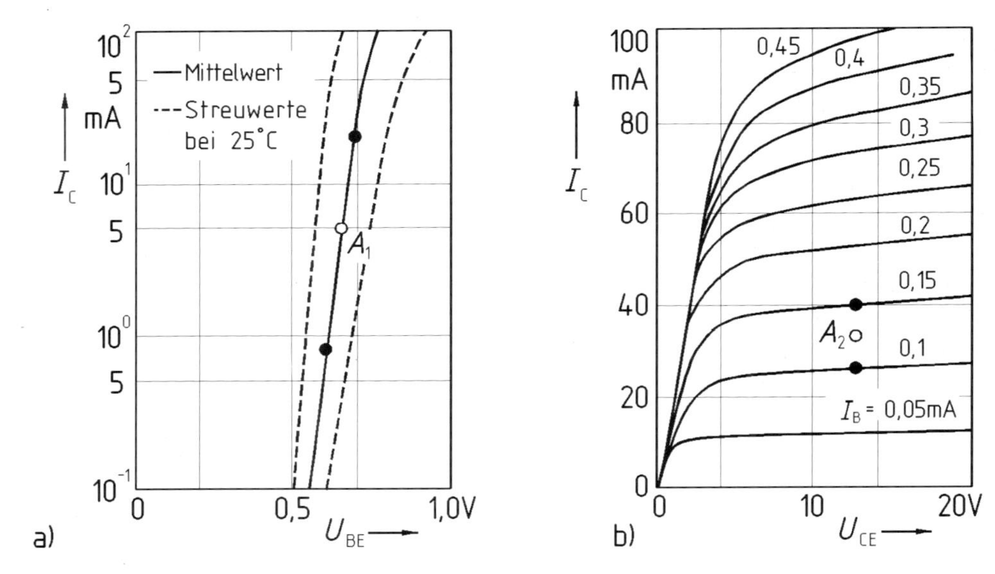

11.24 Steuerkennlinie $I_C = I_C(U_{BE})_{U_{CE} = \text{const}}$ (a) und Ausgangs-Kennlinienfeld $I_C = I_C(U_{CE})_{I_B = \text{const}}$ (b) eines typischen Si-Niederfrequenz-Transistors

das ist eine für die Schaltungsdimensionierung nützliche Näherungsformel. Das Ausgangs-Kennlinienfeld $I_C = I_C(U_{CE})_{I_B = \text{const}}$ ist in Bild **11.**24b dargestellt. Daraus entnimmt man in Verbindung mit Gl. (11.7) z.B. im Arbeitspunkt A den Wert

$$B = \frac{\Delta I_C}{\Delta I_B} = \frac{(40-26)\,\text{mA}}{(0{,}15-0{,}1)\,\text{mA}} = 280$$

für den Stromverstärkungsfaktor.

Die Kennlinien der Bipolartransistoren sind stark temperaturabhängig, da ihre Funktionsweise entscheidend von den Minoritätsträgern abhängt, deren Konzentration sich mit der Temperatur stark verändert.

Im dynamischen Betrieb der Emitterschaltung ist außer einer Wechselspannungsverstärkung – von praktisch gleicher Größe wie in der Basisschaltung, aber mit einem Phasenwinkel von 180° – auch eine Wechselstromverstärkung möglich, so daß die Leistungsverstärkung wesentlich größer als in der Basisschaltung ist. Daher ist die Emitterschaltung die typische HF-Verstärkerschaltung, entsprechend der Sourceschaltung beim FET. Der Eingang ist hier allerdings viel niederohmiger, der Eingangswiderstand liegt typisch im Bereich 1 kΩ bis 10 kΩ.

Kollektorschaltung. Bei dieser in Bild **11.**25 dargestellten Schaltung ist der Kollektor C die gemeinsame, auf gleichem Potential liegende Elektrode. Der Ausgangsstrom ist hier der Emitterstrom I_E, er wird über den Basisstrom I_B gesteuert. Die Wechselspannungsverstärkung enthält keine Phasenverschiebung und hat annähernd den Wert Eins, d.h. der Emitter hat in jedem Zeitpunkt annähernd das Potential der Basis; man bezeichnet daher diese Schaltung auch als Emitterfolger. Da in dieser Schaltung der Eingangswiderstand am größten und der Ausgangswiderstand am kleinsten ist, wird sie als Impedanzwandler zwischen einem hochohmigen Generator und einer niederohmigen Last verwendet.

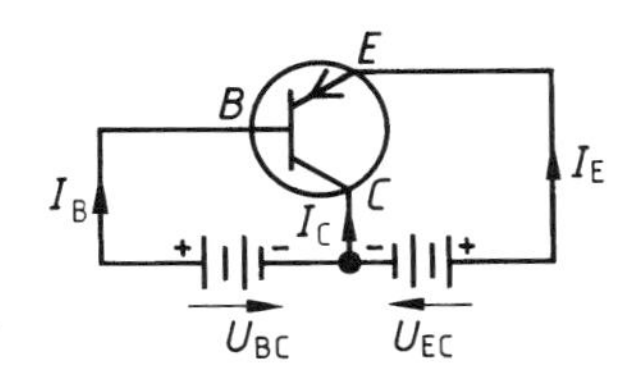

11.25 Kollektorschaltung mit pnp-Transistor

Für den Einsatz von Bipolartransistoren zur Verarbeitung schnell veränderlicher Ströme und Spannungen gibt es eine obere Frequenzgrenze f_g. Ihre physikalische Ursache ist die Trägheit der Bewegung der Ladungsträger. Sie macht sich dann bemerkbar, wenn die Laufzeit τ der Ladungsträger durch die Basis vergleichbar wird mit der Periodendauer $T=1/f_g$ bei der Grenzfrequenz. Zur Erhöhung von f_g, d.h. zur Verringerung von τ muß die Basisweite verkleinert (typisch einige Zehntel µm für das Mikrowellengebiet) und die Geschwindigkeit erhöht werden. Letzteres wird dadurch erreicht, daß die Basisdotierung vom Emitter zum Kollektor hin abnimmt. Dadurch entsteht in der Basis ein zusätzliches elektrisches (Drift-) Feld, das die Ladungsträger in Richtung zum Kollektor beschleunigt; man spricht dann vom Drifttransistor. – Ein Driftfeld entsteht automatisch bei der Planartechnik, die heutzutage überwiegend zur Transistor-Herstellung eingesetzt wird. –

11.3.3 Betriebsbereiche für Verstärker- und Schalterbetrieb

Mit dem stetig steuerbaren Transistor werden vor allem Verstärker aufgebaut. Weit verbreitete Anwendung (z.B. in der Digital-, Steuer- und Regelungstechnik sowie in der Leistungselektronik) findet der Transistor aber auch als elektronischer Schalter. Man spricht dann vom Schalttransistor; dieser wird nur in den beiden Schaltzuständen Sperren (Schalter Aus) und Durchlaß (Schalter Ein) betrieben. In Bild **11.**26 ist ein Paar solcher Schaltzustände im Ausgangs-Kennlinienfeld durch die Punkte AUS (Sperren) und EIN (Durchlaß) gekennzeichnet: Während im Punkt AUS bei voller Betriebsspannung U (z.B. 5,5 V) nur ein sehr kleiner Reststrom $I_{C,AUS}$ (z.B. 5 µA) fließt, liegt im Punkt EIN bei vollem Durchlaßstrom $I_{C,EIN}$ (z.B. 5 mA) die kleine Restspannung U_{CES} (z.B. 50 mV)

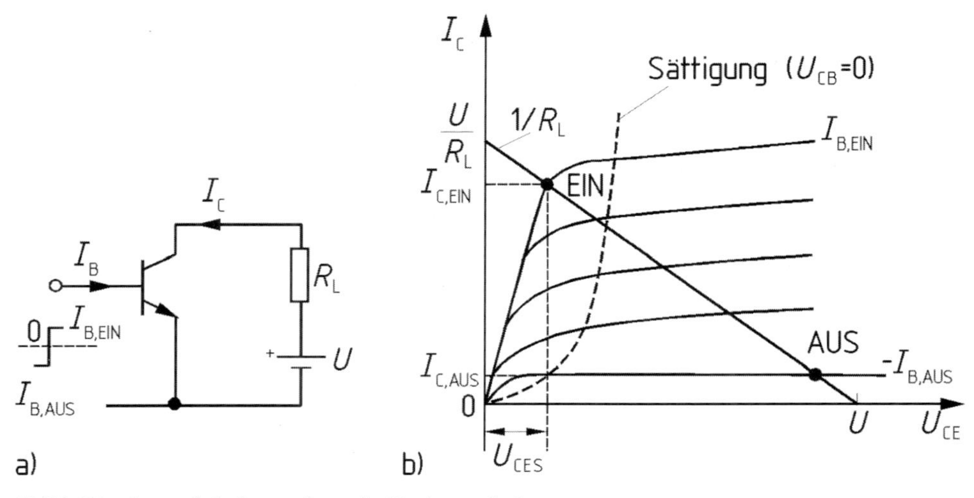

11.26 Bipolarer Schalttransistor in Emitterschaltung
a) Grundstromkreis,
b) Ausgangskennlinienfeld mit Lastgerade und Schaltzuständen (U_{CES} = Sättigungsspannung)

am Transistor. Die im Transistor entstehende Verlustleistung überschreitet daher weder im Sperrzustand (Sperrwiderstand bis zu einigen MΩ) noch im Durchlaßzustand (Durchlaßwiderstand einige Ω) den zulässigen Höchstwert (z. B. 100 mW), so daß man den Transistor mit größeren Strömen und Leistungen schalten kann als im Verstärkerbetrieb üblich ist. Da während des Übergangs zwischen beiden Schaltzuständen die Verlustleistung wesentlich größere Werte annehmen kann, muß bei Schalttransistoren die Übergangszeit (Schaltzeit) möglichst kurz sein bzw. bestimmt der Übergang zusammen mit der Schaltfrequenz die zulässige Belastung.

Die graphische Darstellung des sicheren Betriebsbereiches eines Bipolartransistors ist das sog. SOAR (Safe Operating Area)-Diagramm (Bild **11.**27). Die dauernde Überschreitung einer der 4 Linien *A–D* kann zur Zerstörung des Transistors führen; die Begrenzung ist gegeben durch

A Maximaler Kollektorstrom
B Maximal zulässige Verlustleistung $P_{v,max} = I_C \cdot U_{CE}$
C Thermisch bedingter (sog. zweiter) Durchbruch
D Lawinendurchbruch der Kollektor-Basis-Diode
E Emitter-Basis-Diode im Sperrgebiet
F Kollektor-Basis-Diode im Durchlaßgebiet

(1): Aktiver Bereich des Transistors; für analoge Verstärkeranwendungen
(2): Sättigungsgebiet
(3): Sperrgebiet
(2) und (3): stabile Zustände für Schalterbetrieb (s. Bild **11.**26)

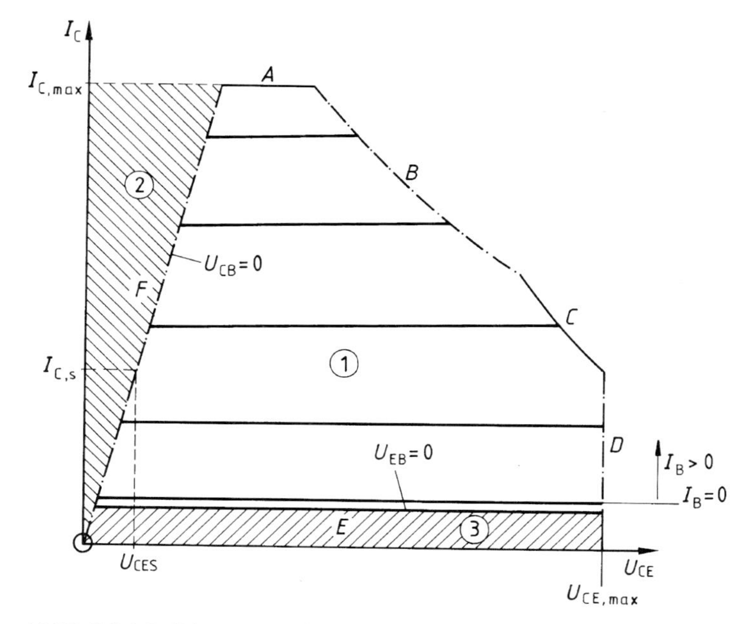

11.27 SOAR-Diagramm eines Bipolartransistors (schematisch)

11.3.4 Sonderbauformen

Beim Hetero-Bipolartransistor (HBT) hat der Emitter-Halbleiter einen größeren Bandabstand als der Basis-Halbleiter. Damit kann der Emitterwirkungsgrad γ_E bzw. A auch dann nahe an den Idealwert Eins gebracht und folglich ein großer Stromverstärkungsfaktor B erreicht werden (s. Gl. (11.6)), wenn die Basis stärker dotiert ist als der Emitter (womit der Basis-Bahnwiderstand R_B gesenkt und die Grenzfrequenz f_g erhöht werden kann). Dieser Transistortyp ist von zunehmender Bedeutung sowohl für schnelle Digitalschaltungen als auch für analoge Leistungsverstärker und spektralreine Oszillatoren im Mikrowellengebiet.

Der Bipolartransistor mit isoliertem Gate (IGBT) ist eine technologisch integrierte Kombination aus einem MOSFET und einem Bipolartransistor, welche die Vorteile beider Komponenten kombiniert: Schaltgeschwindigkeit, Aussteuerleistung und Robustheit entsprechen denen des Leistungs-MOSFETs; dagegen ist der Einschaltwiderstand deutlich geringer, vergleichbar dem eines bipolaren (Darlington-)Transistors. In der Praxis ist der IGBT im Spannungsbereich 600–1000 V und für Taktfrequenzen bis etwa 20 kHz eine Alternative zum MOSFET.

11.4 Thyristoren

Nach DIN 41786 ist ein Thyristor ein „Bistabiles Halbleiter-Bauelement mit mindestens 3 Zonenübergängen (von denen einer auch durch einen geeigneten Metall-Halbleiterkontakt ersetzt sein kann), das von einem Sperrzustand zu einem Durchlaß-Zustand (oder umgekehrt) umgeschaltet werden kann." Je nachdem ob zwei, drei oder alle 4 Halbleiterzonen mit Anschlüssen versehen sind, unterscheidet man Vierschicht-Dioden, -Trioden oder -Tetroden.

11.4.1 Thyristor-Dioden

Der Aufbau einer (rückwärtssperrenden) Thyristor-Diode und ihr Schaltzeichen sind in Bild **11.**28a dargestellt. Ihre Strom-Spannungs-Charakteristik zeigt Bild **11.**28b; sie kommt folgendermaßen zustande: Im negativen Sperrbereich ($U_A < 0$) sind die beiden äußeren pn-Übergänge in Sperrichtung gepolt, der mittlere in Flußrichtung; daher verhält sich die Diode wie eine konventionelle Gleichrichterdiode im Sperrbereich (vgl. Bild **11.**3). Im positiven Sperrbereich $0 < U_A < U_{(BO)}$ sind die beiden äußeren pn-Übergänge in Flußrichtung gepolt, der mittlere in Sperrichtung; die Diode verhält sich also wieder wie eine sperrgepolte konventionelle Gleichrichterdiode. Mit zunehmender Spannung $U_A > 0$ setzt in dem zunehmend in Sperrichtung gepolten Übergang 2–3 Ladungsträger-Multiplikation ein (Zener-Strom, s. Abschn. 11.1.1), die einen Stromanstieg und damit wiederum eine Zunahme der Stromverstärkungsfaktoren der „Transistoren" 1–2–3 bzw. 2–3–4 zur Folge hat. Dadurch kann der Strom auch ohne Multiplikationseffekt aufrecht erhalten werden, d.h. bei Spannungen $U_A \ll U_{(BO)}$. Die beiden äußeren pn-Übergänge treten dabei als Emitter in Tätigkeit, die mittlere Sperrschicht wird mit Ladungsträgern überschwemmt, und die Spannung an der Diode bricht auf einen sehr kleinen Wert zusammen (ca. 1 V). Der bei $U_{(BO)}$ einsetzende Übergang vom Bereich 2 in den Bereich 3 (fallende Charakteristik) wird als Zündung bezeichnet (in Anlehnung an Gasentladungsröhren, (s. Abschn. 10.2.3), mitunter auch als Durchschalten; $U_{(BO)}$ (einige 10 V bis einige wenige 100 V) heißt Nullkippspannung. – Daher wird auch die Bezeichnung Kippdiode benutzt. –

Im anschließenden Durchlaßbereich ist der Übergang (2)→(3) infolge der Ladungsträgerüberschwemmung ebenfalls in Durchlaßrichtung gepolt, und die Vierschichtdiode verhält sich wie eine konventionelle Gleichrichterdiode in Durchlaßrichtung.

Das Zurückschalten in den sperrenden Zustand (Löschen) geschieht durch Absenken des Stromes unterhalb des sog. Haltestromes I_H (1 ... 100 mA).

Die Kippdiode kann z.B. zur Stellung eines Phasenwinkels in einer sog. Phasenanschnitt-Schaltung eingesetzt werden. Durch Antiparallelschaltung

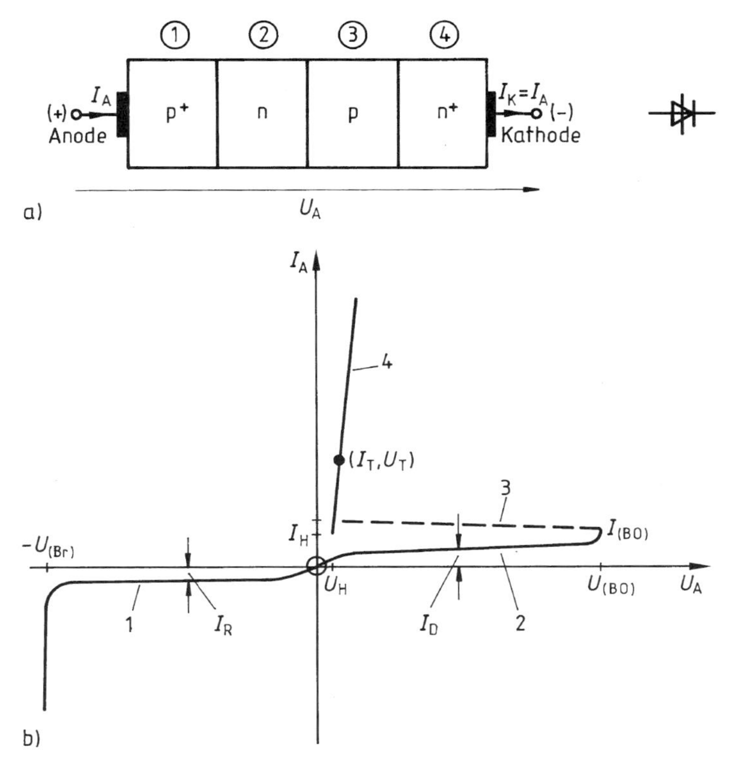

11.28 Rückwärtssperrende Thyristor-Diode
a) Aufbau (schematisch) und Schaltzeichen
b) Strom-Spannungs-Kennlinie, schematisch:
1 Sperrkennlinie in Rückwärtsrichtung
2 Sperrkennlinie in Vorwärtsrichtung
3 Fallende Charakteristik (vereinfacht)
4 Durchlaßkennlinie in Vorwärtsrichtung
Beispielhafte numerische Werte:
$U_{(BO)} = 200\,V$, $U_{BR} \approx U_{(BO)}$, I_D = einige µA, $U_H < 1\,V$, I_H = einige mA

zweier Kippdioden kann für beide Stromrichtungen eine Schaltcharakteristik erreicht werden (DIAC ≙ diode for alternating current); sie wird vor allem zur Zündung von Triacs verwendet (s. Abschn. 11.4.3).

11.4.2 Die rückwärtssperrende Thyristor-Triode (Thyristor)

Wenn man von „dem Thyristor" spricht, meint man speziell die rückwärtssperrende Thyristor-Triode. Mit ihr ist den steuerbaren Halbleiter-Bauelementen der Einstieg in die Leistungselektronik gelungen. „Der Thyristor" hat heute in der Leistungselektronik eine ebenso große Bedeutung wie „der Transi-

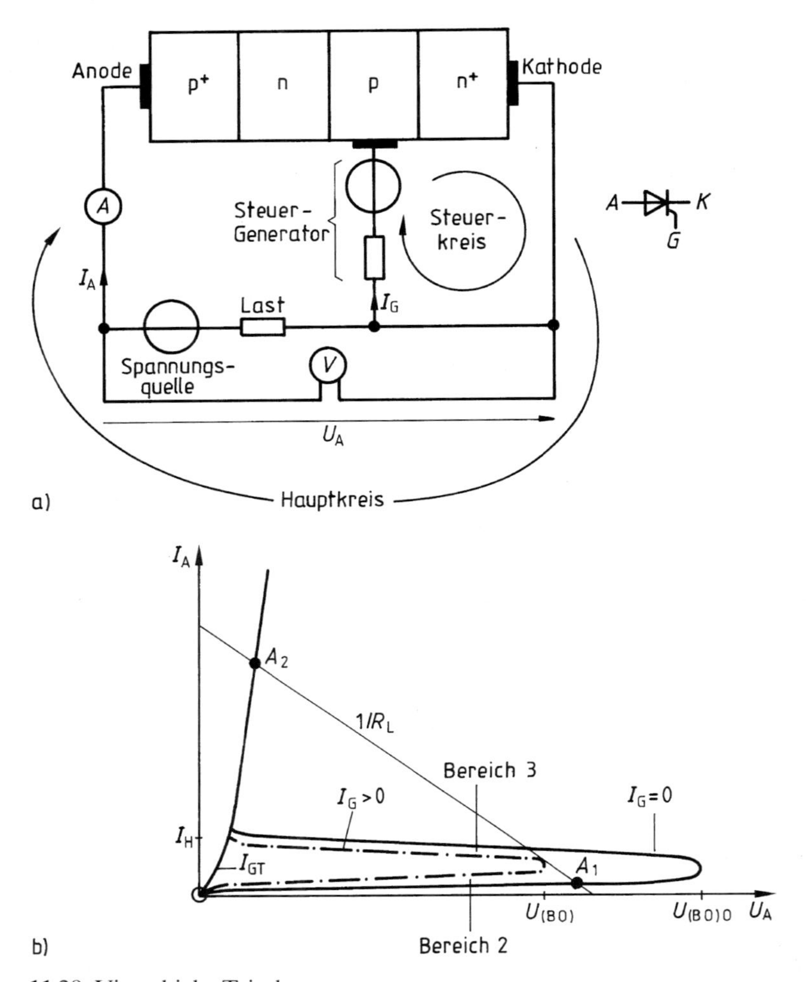

11.29 Vierschicht-Triode
a) Aufbau (schematisch), Grundstromkreis und Schaltzeichen
b) Strom-Spannungs-Kennlinie und Schaltverhalten

stor“ in der Nachrichtentechnik; seine Anwendungsgebiete sind das Schalten, Steuern und Umformen großer elektrischer Leistungen.

Bild **11.**29a zeigt schematisch den Aufbau und die Grundschaltung eines Thyristors mit kathodenseitiger Steuerelektrode *G* sowie sein Schaltungssymbol. Die Strom-Spannungs-Charakteristik zeigt Bild **11.**29b. Ohne Steuerstrom ($I_G=0$) zündet die Triode – wie eine Diode – bei $U_{(BO)O}$. Durch einen Strom I_G kann die Kippspannung auf Werte $U_{(BO)}<U_{(BO)O}$ reduziert werden, da dieser einen Teil des zur Zündung erforderlichen „Zenerstromes“ ersetzt. Bei hinreichendem Gatestrom ($I_G \geq I_{GT}$) ist die Sperrwirkung ganz verschwunden.

Zur Auslösung des Zündvorganges wird dem Thyristor kurzzeitig ein Steuerstrom zugeführt, so daß die Kennlinie im Übergangsgebiet zwischen den Bereichen 2 und 3 links von der Arbeitsgeraden zu liegen kommt (strichpunktierte Kurve in Bild **11.**29b), dann springt der Arbeitspunkt von A_1 nach A_2. Die zum Löschen erforderliche Unterschreitung des Haltestromes I_H kann entweder durch einen Hilfsstrom im Anodenkreis oder (bei Wechselspannungsbetrieb) automatisch durch den Nulldurchgang des Anodenstroms bewirkt werden (s. hierzu auch Abschn. 11.4.3.).

Die Sperrfähigkeit des Thyristors setzt allerdings erst später wieder ein, wenn die in den Halbleiterzonen gespeicherten Ladungsträgerkonzentrationen weitgehend abgebaut sind. Die Zeit vom Nulldurchgang des Anodenstromes von der Vorwärts- zur Rückwärtsrichtung bis zur frühestmöglichen Wiederkehr von positiver (Sperr-)Spannung heißt Freiwerdezeit t_q. Sie bestimmt die obere Frequenzgrenze bei Thyristoranwendungen; bei Leistungsthyristoren für $<20\,A$ (bzw. $>20\,A$) liegt t_q in der Größenordnung von einigen 10 bis 100 μs (bzw. einigen μs).

Thyristoren können wegen ihrer kurzen Freiwerdezeit auch in Gleichstrom-Verbraucherkreisen durch kurze, dem Arbeitsstrom entgegengesetzt gerichtete Stromimpulse gelöscht werden, die durch Entladung eines Kondensators erzeugt werden. Die Stromanstiegszeit beträgt im Mittel etwa 300 ns. Thyristoren sind in bezug auf Spannungsfestigkeit, Durchlaßstrom und Schaltverhalten dem Transistor überlegen.

11.4.3 Vom Thyristor abgeleitete Bauelemente

Gate-Turn-Off-Thyristor (GTO). Hierunter versteht man Thyristoren, die über die Steuerleitung nicht nur zugeschaltet, sondern mit einem Steuerimpuls entgegengesetzter Polarität auch abgeschaltet werden können. Obwohl diese Löschmethode im Prinzip für jeden Thyristor gilt, ist sie aus technologischen Gründen lange Zeit auf Typen mit Abschaltströmen $<1\,A$ beschränkt geblieben; die bei großflächigen Typen auftretenden Schwierigkeiten sind erst durch neuere technologische Fortschritte behoben worden. Inzwischen gibt es Typen für Abschaltströme bis über 2000 A, und es werden Sperrspannungen von einigen kV erreicht; die Abschaltzeiten liegen bei einigen 10 μs.

Hauptanwendungsbereiche für GTO-Thyristoren sind Frequenzumrichter für Wechsel- und Drehstrommotoren (z.B. für Stell- und Regelantriebe) sowie unterbrechungsfreie Stromversorgungen und Resonanzschaltnetzteile.

Bidirektionale Triode (TRIAC ≙ Triode for alternating current). Von besonderer praktischer Bedeutung für das Schalten und Steuern von Wechselstrom sind diese bidirektionalen Thyristoren, die auch bei Umkehren der Stromrichtung von einer einzigen Steuerelektrode aus geschaltet werden können. Sie bestehen im Prinzip nach Bild **11.**30 aus zwei zwischen den Anschlußklemmen A_1 und A_2

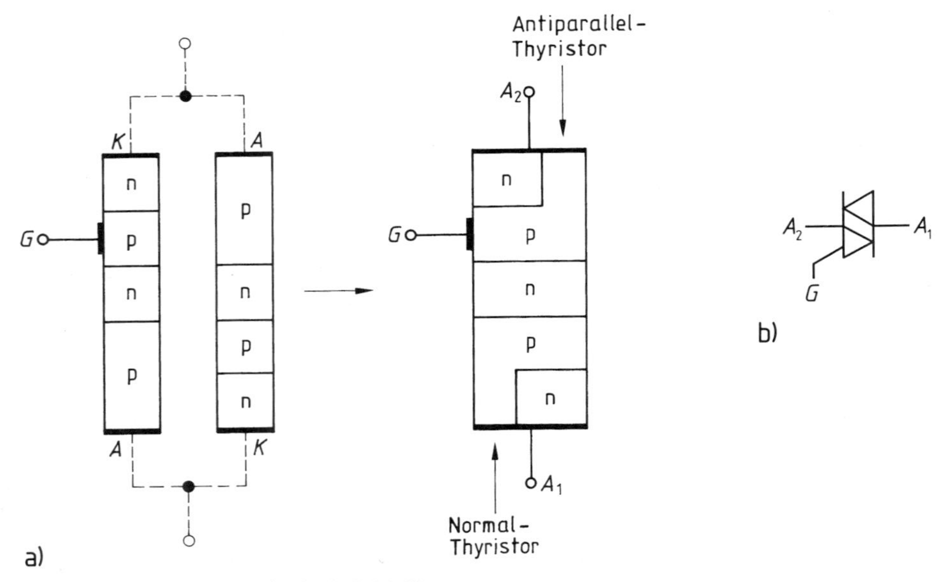

11.30 Bidirektionale Triode (TRIAC)
Aufbau (a) eines TRIAC aus zwei antiparallelen pnpn-Strukturen mit gemeinsamem Gate (schematisch) und Schaltzeichen b)

(sog. Hauptanschlüsse) einander entgegengesetzt parallelgeschalteten pnpn-Thyristoren mit einer gemeinsamen Steuerelektrode G. Bild **11.**30b zeigt das Schaltzeichen des Triac, Bild **11.**31 das Strom-Spannungs-Kennlinienfeld $I = I(U)$ mit dem Gatestrom I_G als Parameter. In Erweiterung von Bild **11.29**b ist jetzt im ersten und dritten Quadranten Schaltverhalten möglich.

Als niedrigster Durchlaßstromwert, bei dem der niederohmige Zustand noch aufrechterhalten bleibt, ist wieder der Haltestrom I_H definiert. Solange er nicht unterschritten wird, bleibt der bidirektionale Thyristor in der Richtung durchlässig, in der er, ausgehend von einem Arbeitspunkt auf den Sperrkennlinien im negativen oder im positiven Spannungsbereich, durch einen Steuerstrom I_G beliebiger Richtung (Zündimpuls) geschaltet worden ist. Es können Spannungen bis zu 1000 V und Ströme bis 100 A geschaltet werden.

Der Triac findet Anwendung in Phasenanschnitt-Schaltungen für Wechselströme zur Regelung der Wirkleistungabgabe an Wechselstromverbraucher. Die Schaltungen sind einfacher als die mit zwei antiparallel geschalteten Einzelthyristoren, besonders dann, wenn zur Zündung DIACs eingesetzt werden (s. Abschn. 11.4.1).

Thyristor-Tetroden. Hier sind alle 4 Halbleiterzonen mit Anschlüssen versehen (Bild **11.**32). Die Zündung kann daher wahlweise durch einen positiven Steuerstrom (über G_K) oder einen negativen (über G_A) erfolgen; das Kennlinienfeld

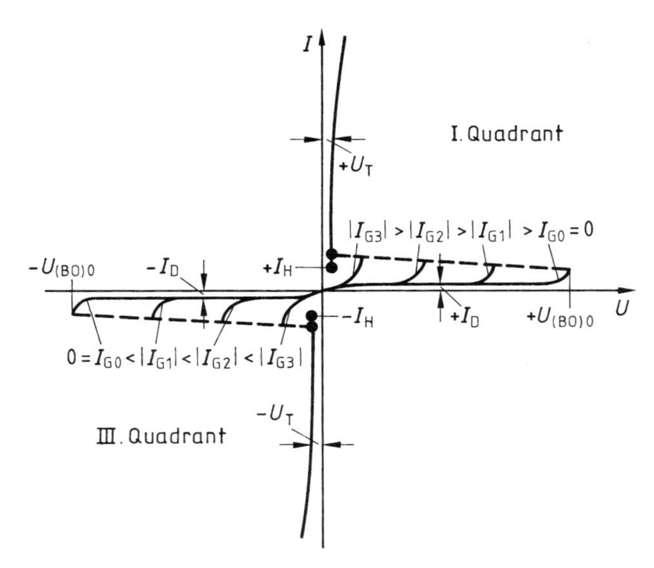

11.31 Strom-Spannungs-Kennlinienfeld $I = I(U)$ des TRIAC mit dem Gatestrom I_G als Parameter ($U_{(BO)0}$ Nullkippspannung bei $I_G = I_{GO} = 0$, U_T = Durchlaßspannung, I_D = Sperrstrom)

gleicht dem eines Thyristors. Da Thyristor-Tetroden nur für kleine Leistungen gebaut werden, können sie über die beiden Gates auch wieder gelöscht werden, ohne daß die zulässige Gate-Verlustleistung überschritten wird. Der Leistungspegel der Thyristor-Tetroden ist andererseits so groß, daß diese Bauelemente in der Digitaltechnik z.B. als Impulsgenerator, in Speicher-, Zähler- und Triggerschaltungen verwendet werden, wenn die dort auftretenden Leistungen nicht mehr von Schaltkreisen verarbeitet werden können.

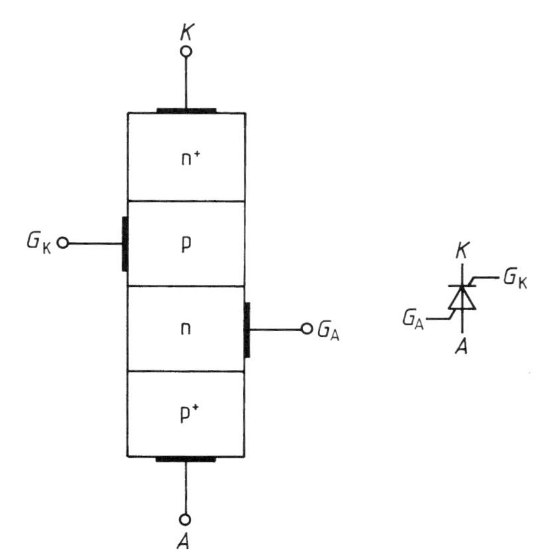

11.32 Thyristor-Tetrode (schematisch) und Schaltzeichen

11.5 Integrierte Schaltungen

11.5.1 Allgemeine Gesichtspunkte

Unter integrierten Schaltungen bzw. Schaltkreisen ICs (≙ Integrated Circuits) versteht man Halbleiterschaltungen, deren passive und/oder aktive Komponenten (Widerstände, Kondensatoren, Dioden, Transistoren) und gegenseitige elektrische Verbindungen in einem geschlossenen Fertigungsprozeß auf einem einzigen Halbleiterplättchen, einem sog. chip, realisiert werden. Die größte wirtschaftliche Bedeutung haben Halbleiteranordnungen aus Silicium, da dieses Material nicht nur eine relativ große Elektronenbeweglichkeit, eine gute Wärmeleitfähigkeit und eine gute Temperaturstabilität hat, sondern weil die bei der Bauelemente-Herstellung entstehende Oberflächenschicht aus Siliciumdioxid SiO_2 auch hervorragende Isolationseigenschaften besitzt. Die ausgereifteste Fertigungstechnik ist die monolithische Planartechnik, bei der die ursprüngliche Si-Oberfläche im wesentlichen erhalten bleibt und sich darunter, geschützt durch die SiO_2-Schicht, die für die Funktion der Schaltung wesentlichen Teile befinden.

Die Ziele der Integration sind die Erhöhung der Zuverlässigkeit durch

- gleichzeitige Herstellung einer großen Zahl identischer Schaltungen (einige 100 ... 1000 chips pro Halbleiterscheibe (wafer) unter gleichen technologischen Bedingungen,
- Reduzierung der Anzahl der Verbindungen zwischen den einzelnen Bauelementen,

und die

Miniaturisierung der Schaltungen durch Verkleinern der Abmessungen und des Gewichtes; dadurch wird u.a. die Arbeitsgeschwindigkeit erhöht.

Die Entwicklung der minimalen lateralen Abmessungen δ und der chip-Fläche A_c geht aus Tafel **11.**33 hervor.

Tafel **11.**33 Zeitliche Entwicklung der minimalen lateralen Abmessungen δ und der Chip-Fläche A_C bei integrierten Schaltungen (aus [36])

	$\delta/\mu m$	A_C/mm^2
1965	10	4
1975	5	25
1985	1	100
1995	0,4	400

Sind mehr als 1000 Bauelemente auf einem chip angeordnet, spricht man von Großintegration LSI (≙ Large Scale Integration), insbesondere von VLSI (Very Large Scale Integration) bei Schaltungen mit 10^4 ... 10^6 Bauelementen und ULSI

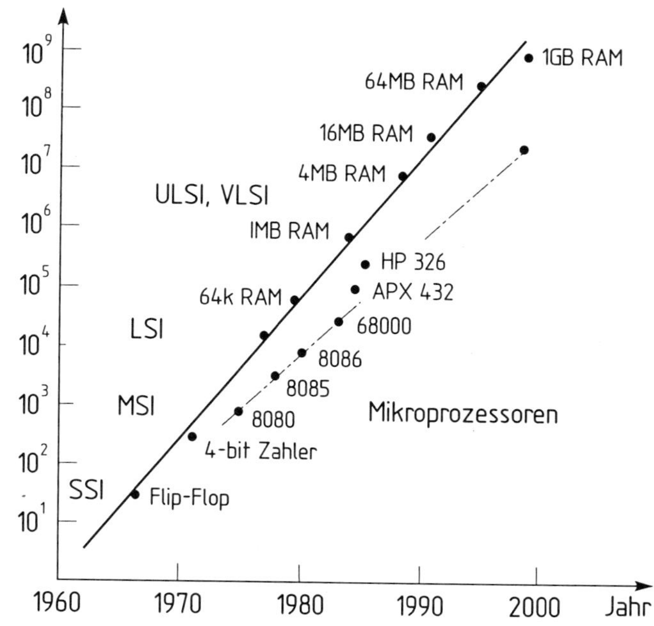

11.34 Zeitliche Entwicklung der Anzahl der Funktionselemente pro integrierter Schaltung (Mooresches Gesetz, aus [41] und ORTC Roadmap 2000)

(≙Ultra Large Scale Integration) mit $10^6 \dots 10^8$ Bauelementen. Das Bild **11**.34 gibt einen Überblick über die zeitliche Entwicklung des Integationsgrades und der damit realisierten (MOS-)Schaltungen. Gewisse neuere Systemkonzepte, z. B. bei der digitalen Signalverarbeitung in Echtzeitbetrieb, sind überhaupt erst bei sehr hohem Integrationsgrad zu verwirklichen. Es werden nicht nur aus einzelnen Bauelementen aufgebaute Gatter oder Register, also zusammengeschaltete Gatter, als IC ausgeführt, sondern auch sog. Mikroprozessoren, bei denen eine Reihe von Subsystemen über ein Programm gesteuert wird, Halbleiterspeicher (z. B. RAMs (≙Random Access Memory)), etc. ...

Demgegenüber werden bei III-V-Verbindungen, z.B. GaAs, wegen der komplexeren Technologie nur die Bereiche S (≙Small) SI mit weniger als 100 Bauelementen, z.B. für optoelektronische ICs, M (≙Medium) SI mit 100 ... 1000 Bauelementen und darüber Integrationsgrade bis etwa 10^5 realisiert.

11.5.2 Schaltungstechniken

Die gewünschten betrieblichen Eigenschaften integrierter Schaltungen erfordern unterschiedliche Herstellungsverfahren. Praktische Bedeutung haben bipolare Techniken und die (C)MOS-Technik.

11.5.2.1 Bipolare Techniken. Hier werden Bipolartransistoren als aktive Bauelemente eingesetzt. Beispiele für analoge Schaltungen sind Operations-, NF- und HF-Verstärker, komplette Rundfunkempfangs-Schaltungen (Einchip-Empfänger), Schaltungen für die Signalverarbeitung in Fernsehgeräten, AD-Wandler, Phasenregelkreise (PLL ≙ Phase Locked Loop) und Meßschaltungen.

Auch für digitale integrierte Schaltungen werden Bipolartransistoren in größerem Umfang eingesetzt; man unterscheidet dabei folgende Schaltungskonzepte (sog. Schaltkreisfamilien) [5, 36, 41, 42]:

TTL (≙ Transistor Transistor Logic)-Schaltungen. Hier wird der Transistor bis in den Sättigungsbereich ausgesteuert (s. hierzu Bild **11.**26); man spricht daher auch von Sättigungslogik bzw. von Übersteuerungstechnik. Der Basisstrom ist dabei die unabhängige Variable. Vorteilhaft sind die geringen Signallaufzeiten um 10 ns; diese lassen sich durch eine zusätzliche Schottky-Diode parallel zum Kollektor-Basis-Übergang (sog. Schottky-TTL) auf 3 ... 4 ns reduzieren, weil der überschüssige Basisstrom bei der Übersteuerung abgeleitet und so eine zusätzliche Ladungsträgerspeicherung im Transistor vermieden wird. Nachteilig ist die geringe Störsicherheit und der relativ große Stromverbrauch (typisch 10 mW). TTL ist die wichtigste Bipolar-Logik für das SSI- und LSI-Niveau.

ECL (≙ Emitter Coupled Logic)-Schaltungen). Hier liegt der Arbeitspunkt im annähernd linearen Bereich; die Aussteuerung in den Sättigungsbereich wird durch Stromgegenkopplung mittels Emitterwiderstand vermieden. Es tritt daher nicht mehr die durch den Abbau der Ladungsträger im Sättigungsbereich bedingte Verzögerungszeit auf, so daß die digitalen Schaltvorgänge in sehr kurzer Zeit (typisch 1 ns) ablaufen können, mitbedingt durch den geringen Hub von etwa 0,8 V. Durch Verwenden eines Differenzverstärkers kommt es zur Gleichtaktunterdrückung und damit zum optimalen Störverhalten. ECL ist die schnellste Bipolar-Logik. Nachteilig ist neben dem gegenüber TTL noch höheren Leistungsverbrauch (typisch 60 mW) der komplexe Aufbau der Schaltung.

I²L (≙ Integrierte Injektions-Logik)-Schaltungen). Sie gehören zu den superintegrierten Schaltungen. Die hohe Integrationsdichte (typisch 400 Gatter/mm^2) wird dadurch erreicht, daß flächenaufwendige Widerstände durch Transistoren ersetzt sind und einzelne Halbleiterzonen – z.T. in unterschiedlicher Funktion – mehreren Bauelementen angehören. Die Verlustleistung liegt im Bereich 0,01 ... 30 mW, die Signallaufzeiten im Bereich 100 ... 1000 ns. Die Störfestigkeit ist gering.

11.5.2.2 (C)MOS-Technik. Hier werden MOS-Transistoren zur Realisierung von Schaltungskonzepten eingesetzt. Speziell in der Digitaltechnik haben MOS-

Schaltungen die Bedeutung der bipolaren ICs übertroffen, und zwar wegen folgender Vorteile:

- Einfachere und kostengünstigere Fertigungstechnik.
  Es entfällt z. B. der Arbeitsschritt zur gegenseitigen Isolierung der Bauelemente, da die Source-, Gate- und Drain-Bereiche durch Raumladungszonen vom Substrat getrennt sind. Hierdurch wird auch eine große Packungsdichte erreicht, welche LSI- und VLSI-Schaltungen ermöglicht.
- Geringerer Platzbedarf pro Transistor bzw. Widerstand, der durch einen MOS-Transistor realisiert wird (s. Abschn. 11.2.2)
- Größere Flexibilität der Schaltungstechnik durch Einsatz von n- bzw. p-Kanal Verarmungs- und Anreicherungstypen.

Der Leistungsbedarf beträgt einige mW, die Signallaufzeiten betragen typisch 15 (100) ns beim n(p)-Typ MOS.

Den geringsten Leistungsbedarf (typisch 10^{-5} mW) haben integrierte Schaltungen in der CMOS-Technik (Complementary MOS), bei der p- und n-Kanal-MOS-Feldeffekttransistoren in einem einzigen Substrat nebeneinander angeordnet sind. Die Reihenschaltung eines leitenden und eines gesperrten MOSFET ergibt einen minimalen Ruhestrom. CMOS-Schaltungen sind außerdem störsicher.

Als Nachteil der CMOS-Technik ist der größere Flächenbedarf und die längere Signallaufzeit (einige 10 ... 100 ns) zu nennen.

Bei MOS-Transistoren ist die isolierende Oxidschicht zwischen Gate und Substrat zwar extrem hochohmig, aber auch sehr dünn (typisch 0,1 μm). Daher führt bereits eine Gate-Substrat-Spannung von 50 V zu einer Feldstärke von 500 V/μm und damit zum Durchbruch, der den Transistor zerstört. Spannungen dieser Größe können leicht infolge statischer Aufladung entstehen. Als Gegenmaßnahme werden zwischen die von außen zugänglichen Anschlußpunkte Schutzdioden eingesetzt, welche bei Überspannung durchbrechen.

11.6 Optoelektronische Bauelemente

Im folgenden werden Halbleiterbauelemente beschrieben, die ihr elektrisches Verhalten bei Lichteinstrahlung ändern. Ursache hierfür sind Generations- bzw. Rekombinationsprozesse von Ladungsträgern im Halbleiterinnern infolge der Wechselwirkung zwischen elektromagnetischer Strahlung und Kristall-Elektronen bzw. -Defektelektronen: Bei Einfall von Licht geeigneter Wellenlänge in einen Halbleiter können Elektronen aus ihren Bindungen befreit werden und sich als (quasi)freie Ladungsträger durch den Kristall bewegen und dessen elektrisches Verhalten verändern. Da die Ladungsträger den Halbleiter nicht verlassen, spricht man hier vom inneren Photoeffekt; die ihn nutzenden Bauelemente heißen Lichtdetektoren (Abschn. 11.6.1). Umgekehrt kann beim Übergang eines (quasi)freien Ladungsträgers in einen gebundenen Zustand elektromagnetische Strahlung abgegeben werden; dieser sog. inverse innere Photoeffekt wird in Photoemittern (=Photosendern) genutzt (Abschn. 11.6.2). Die Kombination beider Bauelementtypen führt zu elektrooptischen Kopplern (Abschn. 11.6.3).

11.6.1 Lichtdetektoren

Photoleiter. Dem inneren Photoeffekt liegt die Vorstellung zugrunde, daß elektromagnetische Strahlung der Frequenz $f=c/\lambda$ (c=Lichtgeschwindigkeit, λ=Wellenlänge) aus Lichtquanten (Photonen) der Energie hf besteht (h=Plancksches Wirkungsquantum$=6{,}62\cdot 10^{-34}\,\mathrm{Ws}^2$). Damit ein Elektron durch Absorption eines Photons aus seinem Bindungszustand gelöst werden kann, muß in einem Eigenhalbleiter die Photonenenergie hf mindestens so groß wie der Bandabstand W_G sein, d.h. $hf=h\dfrac{c}{\lambda}\geq W_G$ bzw. $\lambda\leq\lambda_G=hc/W_G$; λ_G heißt Grenzwellenlänge. – Es entstehen dabei offenbar immer Elektron-Loch-Paare. – Diese durch Lichteinfall bewirkte Leitfähigkeitsänderung in einem undotierten Halbleiter wird technisch genutzt im sog. Photowiderstand (Photoleiter). Das ist ein polykristalliner Halbleiterfilm auf einem isolierten Träger mit zwei ohmschen Kontakten. Für den sichtbaren Spektralbereich 0,4 ... 0,8 µm eignet sich z.B. CdS ($W_G=1{,}9\,\mathrm{eV}$, $\lambda_G=0{,}65\,\mu\mathrm{m}$), während für Infrarotdetektion z.B. PbS ($W_G=0{,}37\,\mathrm{eV}$, $\lambda_G=3{,}35\,\mu\mathrm{m}$) verwendet wird. Der Widerstand R eines Photoleiters nimmt mit wachsender Lichtleistung P ab gemäß $R\sim P^{-\gamma}$ mit $\gamma=0{,}5\ ...\ 1{,}2$.

Bei einem dotierten Halbleiter beträgt die Grenzwellenlänge hc/W_i, wobei W_i der energische Abstand des Donators bzw. Akzeptors von der benachbarten Bandkante ist. Sie werden im Infraroten betrieben und müssen zur Vermeidung thermischer Ionisation gekühlt werden.

Photoleiter werden im sichtbaren Spektralbereich in vielen Signal-, Kontroll- und Steuerschaltungen eingesetzt, z.B. zur Helligkeitssteuerung von Lampen (Dämmerungsschalter) und in Belichtungsmessern. Im infraroten Spektralbereich spielen sie eine wichtige Rolle z.B. in der Nachtfotographie, im wissenschaftlichen Gerätebau (IR-Spektroskopie, Wetterbeobachtung mit Satelliten, optische Pyrometer).

Photodiode und Photoelement. Wenn die Lichtabsorption und die dadurch bewirkte Freisetzung von Ladungsträgern in der Raumladungszone eines pn-Übergangs erfolgt, spricht man vom Sperrschicht-Photoeffekt. Die (quasi)freien Elektronen (Defektelektronen) werden durch das in der Raumladungszone herr-

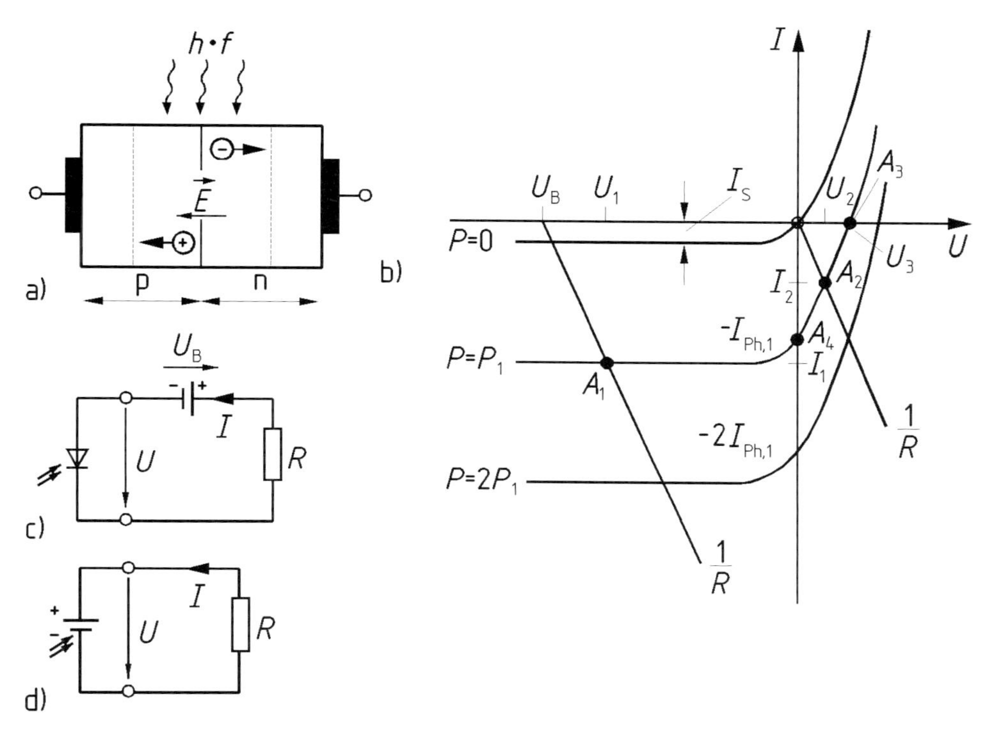

11.35 Zum Sperrschicht-Photoeffekt
a) Trennung der durch Lichteinfall erzeugten Elektron-Loch-Paare
b) Strom-Spannungs-Kennlinienfeld $I=I(U)$ einer beleuchteten pn-Diode mit Lichtleistung P als Parameter,
c) Betrieb als Photodiode
d) Betrieb als Photoelement

schende elektrische Feld in das Innere des n-(p-)Gebietes getrieben (Bild **11.**35a, vgl. Bild **10.**38d) und erzeugen einen zusätzlichen Strom I_{Ph} in Sperrichtung, der zur Lichtleistung P proportional ist. Die Strom-Spannungs-Charakteristik lautet also – bei Vernachlässigung der Bahnwiderstände – (vgl. Gl. (10.60))

$$I=I_{\mathrm{S}}\left(\mathrm{e}^{\frac{U}{U_{\mathrm{T}}}}-1\right)-I_{\mathrm{Ph}}\,. \tag{11.8}$$

Das Kennlinienfeld $I=I(U)$ mit dem Photostrom I_{Ph} als Parameter ist in Bild **11.**35b dargestellt.

In der Schaltung nach Bild **11.**35c wird bei der Lichtleistung P_1 durch die Batteriespannung $U_{\mathrm{B}}<0$ und den Lastwiderstand R der Arbeitspunkt A_1 festgelegt; die Diode stellt in diesem Arbeitspunkt einen Gleichstromwiderstand der Größe

$$\frac{U_1}{I_1} = \frac{U_1}{-(I_S + I_{Ph,1})} \approx \frac{U_1}{-I_{Ph,1}} > 0$$

dar. Bei dieser Betriebsart spricht man von einer Photodiode. Die Stromausbeute einer Photodiode läßt sich wesentlich dadurch steigern, daß anstelle eines einfachen pn-Übergangs eine Struktur $n^+p\pi p^+$ verwendet wird, wobei der n^+p-Übergang im Bereich des Lawinendurchbruchs betrieben wird (π = schwach p-dotiertes Gebiet). Derartige Avalanche-Photodioden (APD) werden in der optischen Nachrichtentechnik zur Optimierung der Systemempfindlichkeit eingesetzt.

Wenn die Schaltung ohne Batterie betrieben wird (Bild **11.**35d), stellt sich (bei derselben Lichtleistung) der Arbeitspunkt A_2 ein. Da in diesem Punkt Strom und Spannung an der Diode entgegengesetztes Vorzeichen haben, ist das Produkt $U_2 \cdot I_2 < 0$, d.h. die mit Licht bestrahlte Diode gibt an den Lastwiderstand R elektrische Leistung ab: Die Diode arbeitet als Photoelement. Für sehr große Werte des Lastwiderstandes $R \to \infty$ steht an der Diode die Leerlaufspannung U_3 (Arbeitspunkt A_3), d.h. nach Gl. (11.8) $U_3 = U_T \cdot \ln(1 + I_{Ph,1}/I_s) \approx U_T \cdot \ln I_{Ph,1}/I_s$ (z.B. 0,5 V), für Werte $R \to 0$ (Arbeitspunkt A_4) fließt durch die Diode der Kurzschlußstrom $I_k = -I_{Ph,1}$ (z.B. 5 mA). Da in diesen beiden Grenzfällen keine Wirkleistung an den Lastwiderstand abgegeben wird, gibt es dazwischen einen optimalen Widerstand R_{opt}, für den die abgegebene Leistung maximal ist; in diesem Zustand unterscheiden sich die Steigungen der Arbeitsgeraden und der Tangente im Arbeitspunkt lediglich im Vorzeichen.

Speziell für das Sonnenlicht ausgelegte Photoelemente werden als Solarzellen bezeichnet. Als Halbleiter wird aus technologischen Gründen und hinsichtlich der spektralen Empfindlichkeit bevorzugt Silizium verwendet, womit sich ein Wirkungsgrad der Energieumwandlung von typisch 15% erreichen läßt. Sie liefern Leerlaufspannungen von 0,5 ... 0,6 V sowie Kurzschlußströme von 150 mA. Gruppenweise zusammengefaßte Solarzellen werden als Stromquellen eingesetzt, und zwar sowohl in terrestrischen Projekten als auch in Nachrichtensatelliten; so liefern z.B. 40000 Zellen auf 20 m^2 bei dem 1987 gestarteten TV-Sat 1 die Leistung 4 kW. Solarzellen aus dem (viel billigeren) amorphen Si haben starken Eingang gefunden in Produkte der Konsumelektronik wie Uhren, Taschenrechner etc.

Größere Photoströme als die Photodioden liefern Photo-Transistoren. Beim Photo-Bipolartransistor wird der Basis-Kollektor-Übergang als Photodiode ausgeführt; er liefert den „Basisstrom", der den um den Faktor B größeren Kollektorstrom steuert. Die Grenzfrequenz liegt im Bereich 10 bis einige 100 kHz. Beim Photo-pn-FET wird die Strecke Gate-Kanal als Photodiode ausgelegt; beim Photo-MOSFET beeinflußt der innere Photoeffekt sowohl die Kanalleitfähigkeit als auch die Sperrschichtweite unter dem Kanal und damit die Schwellspannung.

Photo-Thyristoren sind rückwärtssperrende Thyristortrioden (oder Tetroden). Durch die bei Lichteinfall erhöhte Trägerdichte in den beiden Mittelgebieten (s. Bild **11.**29 a) wird die Zündung eingeleitet; das Löschen erfolgt durch Abschalten der Anodenspannung.

11.6.2 Lichtemitter

Hierunter versteht man pn-Dioden, welche elektrischen Strom in Licht verwandeln. Dies geschieht dadurch, daß die Diode in Flußrichtung oberhalb der Diffusionsspannung (s. Bilder **10.**38 e, g) betrieben wird. Dann findet eine kräftige Injektion von Minoritätsträgern statt, wodurch die Zahl der Rekombinationsprozesse und damit die Erzeugung elektromagnetischer Strahlung stark erhöht wird; da diese Prozesse spontan stattfinden, hat die erzeugte (Lumineszenz-)Strahlung statistischen Charakter (Rauschen!), sie ist inkohärent. Die ein solches Licht emittierende Diode (LED) wird Lumineszenzdiode genannt (abgekürzt LED bzw. IRED, sofern das Licht im Sichtbaren bzw. im Infraroten liegt). Die räumliche Verteilung der emittierten Strahlung einer LED mit ebener Lichtaustrittsfläche gehorcht dem Lambert'schen Cosinusgesetz. Durch geeignete Formgebung des die Diode einbettenden Kunststoffes oder durch zusätzliche Linsen läßt sich eine Vielzahl von Strahlungs-Charakteristiken erzeugen.

LEDs finden weitverbreitete Anwendungen in Ziffern- und Buchstabendisplays (für Meßgeräte, Taschenrechner etc.), in Form linearer LED-arrays als Skala zur Analoganzeige von Betriebswerten etc.

Bei Herstellung aus Gallium-Arsenid-Phosphid GaAsP ergibt sich je nach dem Phosphorgehalt rotes, bernsteinfarbenes oder grünes Licht (mit den Wellenlängen 690, 610, 550 nm). Eine LED mit n-GaP-Mittelschicht zwischen zwei angrenzenden p-GaP Zonen liefert bei getrennter Ansteuerung über einen gemeinsamen Kontakt auf der Mittelschicht grünes (rotes) Licht bei Ansteuerung der mit Stickstoff (ZnO) dotierten p-Zone. Bei gleichzeitiger Ansteuerung beider pn-Übergänge wird gelbes Licht emittiert.

Für den speziellen Einsatz als Sendeelemente in der optischen Nachrichtentechnik sind die Wellenlängenbereiche um 0,85 μm (erstes relatives Dämpfungsminimum der als Übertragungsmedium benutzten Glasfaser), 1,3 μm (drittes relatives Dämpfungsminimum bei gleichzeitig verschwindender Dispersion) und 1,55 μm (absolutes Dämpfungsminimum) von Interesse. Als Halbleitermaterial wird im ersten Bereich GaAs und AlGaAs verwendet, im zweiten und dritten Bereich InGaAsP mit unterschiedlicher Zusammensetzung. Sofern dabei die aktive Schicht zwischen Halbleiterschichten mit unterschiedlichen Bandabständen eingebettet ist, spricht man von Heterostrukturen; sie bewirken eine bessere räumliche Konzentration der emittierten Strahlung, was besonders wichtig ist für deren Einkopplung in eine Glasfaser. LEDs können bis zu Frequenzen von typisch einigen 100 MHz (über den Strom) moduliert werden.

Im Gegensatz zur Strahlung von Lumineszenzdioden emittieren die sog. LASER-Dioden kohärentes Licht, welches wesentlich spektralreiner ist (vergleichbar der Schwingung eines elektrischen Oszillators mit extrem hoher Güte). Das Kunstwort

Light Amplification by Stimulated Emission of Radiation

weist darauf hin, daß die Wirkungsweise des Lasers auf der induzierten (=stimulierten) Emission beruht, die 1917 von Einstein theoretisch begründet worden ist: Dabei regt ein Photon aus einer in den Halbleiter emittierenden Welle der Frequenz $f = W_G/h$ ein Elektron im Leitungsband zum Übergang in das Valenzband an; das dabei emittierte Photon besitzt also die gleiche Frequenz wie das primäre und – bei Betrachtung im Wellenbild – dieselbe Phase, es ist also kohärent. Sofern die induzierten Emissionsprozesse häufiger stattfinden als die außerdem ablaufenden Absorptionsprozesse, kommt es zu einer Netto-Photonenvermehrung; hierzu ist es erforderlich, daß wenigstens eine der beiden Halbleiterzonen so hoch dotiert ist, daß dort Entartung vorliegt. Die Netto-Photonenvermehrung kann in Verbindung mit einer optischen Rückkopplung (Spiegelsystem) bis zur Selbsterregung führen. – Man denke an die Analogie eines durch Mitkopplung zum Oszillator gewordenen elektrischen Verstärkers. –

Als Lasermaterialien für die optische Nachrichtentechnik (bei 1,3 µm und 1,5 µm) werden ternäre und quaternäre Verbindungshalbleiter benutzt und die Dioden zur besseren Fokussierung der Strahlung als Heterostrukturen ausgeführt. Laserdioden können bis zu Frequenzen von typisch einigen GHz (über den Strom) moduliert werden.

Die Eigenschaften der Laserstrahlung haben ihr zahlreiche weitere Anwendungsbereiche eröffnet: Hochauflösende Spektroskopie, Entfernungs- und Geschwindigkeits-Messung, Abtasten von Oberflächen zum Einschreiben von Information (Plattenspeicher, Bild- und Schallplatten). Die Dauerstrichleistung eines Dioden-Lasers läßt sich durch Vergrößerung der Spiegelfläche wesentlich über die in der optischen Nachrichtentechnik üblichen Werte steigern; z. B. erreichen Laserarrays Dauerstrichleistungen von 250 mW bei Strömen um 280 mA. Im Impulsbetrieb sind 10 W auf einer Spiegelfläche von $10\,\mu m^2$ erreichbar, d. h. $10^{12}\,W/m^2$ (Sonnenlicht $100\,W/m^2$); derartige Leistungsdichten finden Anwendung bei der Materialbearbeitung (Schweißen, Bohren, Laserabgleich von Widerständen) und in der Medizin (z. B. Photostrahlungstherapie zur Krebsbekämpfung, „Laserskalpell“).

11.6.3 Optoelektronische Koppler

Ein optoelektronischer Koppler besteht aus je einem Strahlungssender (LED, IRED) und einem der ausgesandten Strahlung angepaßten Empfänger (Photo-Diode, -Transistor, -Thyristor), welche durch Glas, einen Lichtleiter oder Luft

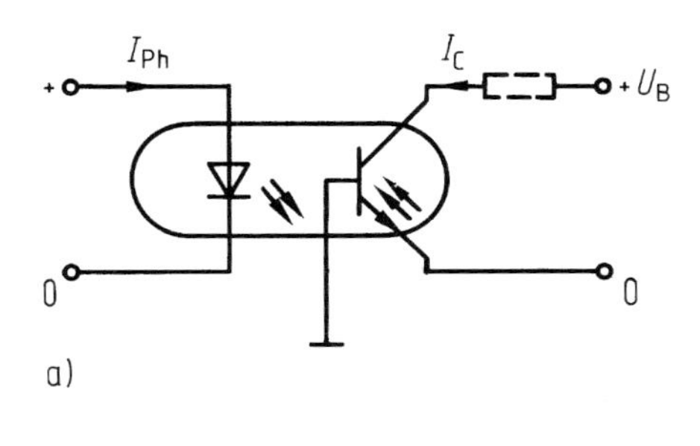

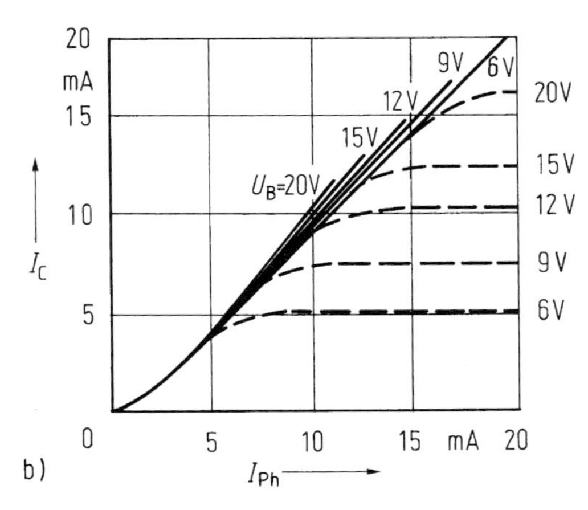

11.36 Optoelektronischer Koppler
a) Kombination LED/Phototransistor
b) Übertragungskennlinie $I_{Aus} = I_C = I_C(I_{Ph})$
(Gestrichelte Kurven beim Einschalten eines Widerstands in die Kollektorleitung)
I_C Kollektorstrom des Phototransistors, I_{Ph} Photostrom der LED
U_B Betriebsspannung

optisch verbunden und folglich galvanisch getrennt sind. Das in Prozent angegebene Verhältnis von Ausgangsstrom I_C des Strahlungsempfängers zu Eingangsstrom I_{Ph} des Strahlungssenders wird Übertragungsverhältnis genannt, der Zusammenhang $I_C = I_C(I_{Ph})$ heißt Übertragungskennlinie. Bild **11.**36a zeigt als Beispiel eines Optokopplers die schematisch angegebene Kombination LED/Photo-Bipolartransistor und Bild **11.**36b den typischen Verlauf der Übertragungskennlinie für einige Betriebsspannungen U_B als Parameter. Wie durch den gestrichelt gezeichneten Kurvenverlauf angedeutet, geht der Kollektorstrom I_C schon frühzeitig in die Sättigung über, wenn ein Widerstand (beispielsweise 1 kΩ) in die Kollektorleitung des Photowiderstands geschaltet wird.

Optoelektronische Koppler ermöglichen eine Fülle von Anwendungen in der Analog- und Digital-Technik; diese beruhen auf folgenden Eigenschaften:

- Die elektrische Isolation zwischen Eingangs- und Ausgangskreis (bis in den Hochspannungsbereich) erlaubt eine Signalübertragung zwischen zwei Kreisen auf unterschiedlichem Potential.
- Elektromagnetische Störfelder haben auf den Fluß der (ungeladenen) Photonen keine Wirkung.
- Das Signal wird nur in einer Richtung übertragen; Änderungen im Ausgangskreis wirken nicht auf den Eingangskreis zurück.

11.7 Galvanomagnetische Bauelemente

Diese Bauelemente ändern ihre Eigenschaften unter dem Einfluß eines magnetischen Feldes. Sie werden eingesetzt zur Messung, Steuerung und Regelung magnetischer Felder, z. B. als Sensor zur Positionserfassung von magnetischen Materialien und als kontaktlose Potentiometer. Praktische Bedeutung haben der Hall-Generator und die Feldplatte erlangt.

Bild **11.**37 zeigt ein Halbleiter-Plättchen, das in Längsrichtung von einem Steuerstrom I_{st} durchflossen wird und sich in einem zum Plättchen senkrechten Magnetfeld mit der Flußdichte $\vec{B}$ befindet. Dann entsteht zwischen den beiden gegenüberliegenden Begrenzungsebenen des Plättchens senkrecht zu I_{st} und $\vec{B}$ eine Spannung Hall-Spannung)

$$U_{H} = R_{H} I_{st} B/d \tag{11.9}$$

als Folge der auf die (quasi)freien Ladungsträger wirkenden Lorentzkraft (s. Gl. (10.17a)). Dieser Effekt wird in den sog. Hall-Generatoren genutzt. Die Hallkonstante R_{H} ist für die hier gewählte Zählpfeilrichtung bei n-(p-)Typ-Halbleitern negativ (positiv) und liegt bei den vorzugsweise benutzten Materialien n-InA, n-InSb, n-GaAs im Bereich von einigen 100 cm^{3}/As, so daß man Hall-Spannungen von etwa 1 V/AT erreicht. Hall-Generatoren können gemäß Gl. (11.9) auch zum Aufbau von Multiplikatoren verwendet werden, indem die zu multiplizierenden Größen in I_{St} und B abgebildet werden.

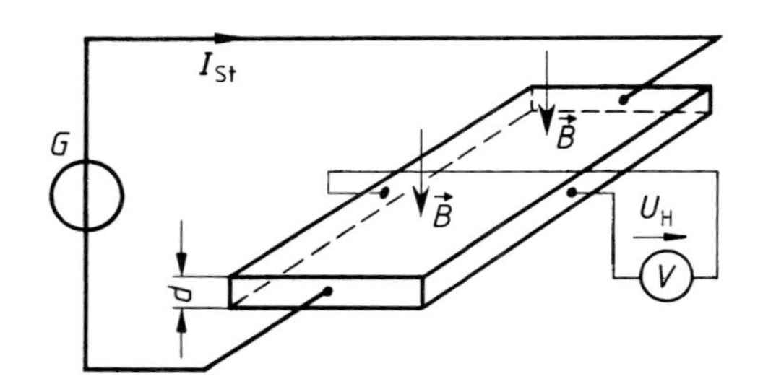

11.37 Hall-Generator
B magnetische Flußdichte,
d Dicke des Hallplättchens (typisch 0,1 mm),
I_{St} Steuerstrom,
U_{H} Hall-Spannung

Das in Bild **11.**37 dargestellte dünne Hall-Plättchen zeigt unter dem Einfluß des Magnetfeldes mit der magnetischen Flußdichte B neben dem Auftreten der Hall-Spannung U_{H} eine Erhöhung des Widerstandes R im Steuerkreis, stellt also einen magnetfeldabhängigen Widerstand dar. Da sich, wie Bild **11.**38 zeigt, die wirksame Länge des Widerstandes um den Wert $1/\cos \Theta_{H}$ (Hallwinkel) vergrößert und der wirksame Querschnitt um den Faktor $\cos \Theta_{H}$ kleiner wird, gilt

$$R(B) = R_{0}/\cos^{2} \Theta_{H} = R_{0}(1 + \tan^{2} \Theta_{H}) \text{ mit } R_{0} = R(B = 0).$$

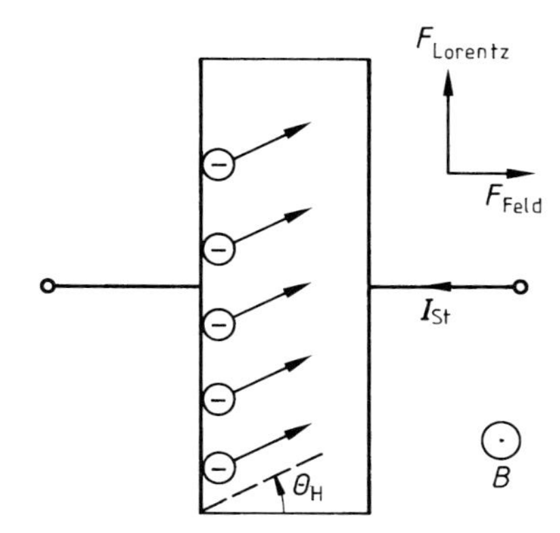

11.38 Zur Widerstandsänderung durch Ablenkung von Ladungsträgern im Magnetfeld (n-Halbleiter) (aus [38])

Der Ablenkwinkel Θ_H ergibt sich nach Bild **11.**38 mit Gl. (10.43) aus

$$\tan \Theta_H = \frac{F_{Lorentz}}{F_{Feld}} = \frac{e v B}{e E} = \frac{e b E \cdot B}{e E} = b B,$$

d.h.

$$R(B) = R_0 (1 + b^2 B^2). \tag{11.10}$$

Die Widerstandsänderung ist also unabhängig von der Richtung des Magnetfeldes. Von der Beziehung (11.10) wird bei den Feldplatten Gebrauch gemacht.

Anhang

1 Literaturverzeichnis

[1] Azizi, S. A.: Entwurf und Realisierung digitaler Filter. 5. Aufl. München: Oldenbourg 1990

[2] Beneking, H.: Halbleitertechnologie. Stuttgart: Teubner 1991

[3] Bergmann, K.: Elektrische Meßtechnik. 6. Aufl. Wiesbaden: Vieweg 1996

[4] Böhmer, E.: Elemente der angewandten Elektronik. 12. Aufl. Wiesbaden: Vieweg 2000

[5] Borucki, L.: Digitaltechnik. 5. Aufl. (Leitfaden der Elektrotechnik) Stuttgart: Teubner, 2000

[6] Brauch, W.; Dreyer, H.-J.; Haacke, W.: Mathematik für Ingenieure. 9. Aufl. Stuttgart: 1995

[7] Zeidler, E.: Teubner-Taschenbuch der Mathematik. 1. Aufl. Stuttgart, Leipzig: Teubner 1996 (vorm. Bronstein, Taschenbuch d. Math.)

[8] Brühl, G.; Jansen, W.; Vogt, H.-J.: Nachrichtenübertragungstechnik 1. Stuttgart 1979

[9] Czech, J.: Elektronenstrahlröhren für Oszilloskope. In: Rint, C.: Handbuch für Hochfrequenz- und Elektrotechniker, Bd. 4, 10. Aufl. Heidelberg: Dr. Alfred Hüthig 1980

[10] Dobrinski, P.; Krakau, G.; Vogel, A.: Physik für Ingenieure. 9. Aufl. Stuttgart: Teubner 1996

[11] Duyan, H.; Hahnloser, G.; Traeger, D.: PSpice – Eine Einführung. 2. Aufl. Stuttgart: Teubner 1992

[12] –: PSpice für Windows. 2. Aufl. Stuttgart: Teubner 1996

[13] Eichmeier, J.: Moderne Vakuumelektronik. Berlin: Springer 1981

[14] –; Heynisch, H.: Handbuch der Vakuumelektronik. München Wien: Oldenbourg 1989

[15] Engeln-Müllges, G.: Numerik-Algorithmen. 8. Aufl. Berlin: Springer 1996

[16] Fetzer, A.; Fränkel, H.: Mathematik. Bd. 1 und 2. 5./6. Aufl. Berlin: Springer 1999/2000

[17] Fetzer, V.: Ortskurven und Kreisdiagramme. Heidelberg 1973

[18] Flosdorff, R.; Hilgarth, G.: Elektrische Energieverteilung. 7. Aufl. Stuttgart: Teubner 2001

[19] Fricke, H.; Lamberts, K.; Patzelt, E.: Grundlagen der elektrischen Nachrichtenübertragung. Stuttgart: Teubner 1979

[20] Fricke, H.; Vaske, P.: Elektrische Netzwerke. Stuttgart: Teubner 1982

[21] Frohne, H.: Einführung in die Elektrotechnik. Bd. 1 bis 3. 5. Aufl. (Teubner Studienskripten) Stuttgart: Teubner 1987–1993

[22] –: Elektrische und magnetische Felder. (Leitfaden der Elektrotechnik) Stuttgart: Teubner 1994

[23] Frohne, H.; Ueckert, E.: Grundlagen der elektrischen Meßtechnik. (Leitfaden der Elektrotechnik) Stuttgart: Teubner 1984

[24] Gad, H.; Fricke, H.: Grundlagen der Verstärker. (Leitfaden der Elektrotechnik) Stuttgart: Teubner 1983

[25] Gobrecht, H. (a) und Gobrecht, J. H. (b): In: Bergmann-Schaefer, Lehrbuch der Experimentalphysik. Bd. II, 7. Aufl. Berlin: de Gruyter 1987

[26] Greuel, O.: Mathematische Ergänzungen und Aufgaben für Elektrotechniker. 12. Aufl. München: Hanser 1990

[27] Heumann, K.: Grundlagen der Leistungselektronik. 6. Aufl. (Teubner Studienbücher) Stuttgart: Teubner 1996
[28] Hilgarth, G.: Hochspannungstechnik. 2. Aufl. (Leitfaden der Elektrotechnik) Stuttgart: Teubner 1992
[29] Jaksch, H.-D.: Batterie-Lexikon. München: Pflaum 1993
[30] Kleinöder, R.: Einführung in die Netzwerkanalyse mit SPICE. Stuttgart: Teubner 1993
[31] Lautz, G.: Elektromagnetische Felder. 3. Aufl. (Teubner Studienbücher) Stuttgart: Teubner 1985
[32] Lindner, H.; Brauer, H.; Lehmann, C.: Taschenbuch der Elektrotechnik und Elektronik. 7. Aufl. Leipzig: Fachbuchverlag 1999
[33] Löcherer, K.-H.: Halbleiterbauelemente. (Leitfaden der Elektrotechnik) Stuttgart: Teubner 1992
[34] Meinke, H.; Gundlach, F. W.: Taschenbuch der Hochfrequenztechnik. 5. Aufl. Berlin: Springer 1992
[35] Moeller, F.; Vaske, P.: Elektrische Maschinen und Umformer. 12. Aufl. (Leitfaden der Elektrotechnik) Stuttgart: Teubner 1976
[36] Möschwitzer, A.: Grundlagen der Halbleiter- und Mikroelektronik. Band 1: Elektronische Halbleiterbauelemente. Band 2: Integrierte Schaltkreise. München–Wien: Hanser 1992
[37] Münch, W. v.: Elektrische und magnetische Eigenschaften der Materie. (Leitfaden der Elektrotechnik) Stuttgart: Teubner 1987
[38] –: Einführüng in die Halbeitertechnologie. Stuttgart: Teubner 1993
[39] Phillipow, E.: Grundlagen der Elektrotechnik, 9. Aufl. Berlin: Verlag Technik 1992
[40] Schaumburg, H.: Werkstoffe. (Werkstoffe und Bauelemente der Elektrotechnik Bd. 1) Stuttgart: Teubner 1990
[41] –: Halbleiter. (Werkstoffe und Bauelemente der Elektrotechnik, Bd. 2) Stuttgart: Teubner 1991
[42] Schlachetzky, A.; Münch, W. v.: Integrierte Schaltungen. (Teubner Studienskripten) Stuttgart: Teubner 1978
[43] Seidel, H. U.; Wagner, E.: Allgemeine Elektrotechnik. Band 2. 2. Aufl. München: Hanser 2000
[44] Simonyi, K.: Grundgesetze des elektromagnetischen Feldes. Berlin: VEB Deutscher Verlag der Wissenschaften 1963
[45] –: Physikalische Elektronik, Stuttgart: Teubner 1972
[46] Spenke, E.: Elektronische Halbleiter. 2. Aufl. Berlin: Springer 1965
[47] Stöckl, M.; Winterling, K. H.: Elektrische Meßtechnik. 8. Aufl. Stuttgart: Teubner 1987
[48] Thiel, R.: Elektrisches Messen nichtelektrischer Größen. 3. Aufl. Stuttgart: Teubner 1990
[49] Tietze, U.; Schenk, Ch.: Halbleiter-Schaltungstechnik. 11. Aufl. Berlin: Springer 1999
[50] Vaske, P.: Berechnung von Wechselstromschaltungen. 4. Aufl. (Teubner Studienskripten) Stuttgart: Teubner 1990
[51] –: Übertragungsverhalten elektrischer Netzwerke. 4. Aufl. (Teubner Studienskripten) Stuttgart: Teubner 1990
[52] Weber, H.: Laplace-Transformation. 6. Aufl. Stuttgart: Teubner 1990
[53] Wolfram, G.: Elektrische Isolierstoffe und Dielektrika. In: Rint, C.: Handbuch für Hochfrequenz- und Elektrotechniker. Bd. 1, 13. Aufl. Heidelberg: Dr. Alfred Hüthig 1981
[54] Zinke, O.; Brunswig, H.: Hochfrequenztechnik. Bd. 2, 4. Aufl. Berlin: Springer 1993

2 Griechisches Alphabet

Α	α	Alpha	Ι	ι	Jota	Ρ	ϱ	Rho
Β	β	Beta	Κ	κ	Kappa	Σ	σ	Sigma
Γ	γ	Gamma	Λ	λ	Lambda	Τ	τ	Tau
Δ	δ	Delta	Μ	μ	My	Υ	υ	Ypsilon
Ε	ε	Epsilon	Ν	ν	Ny	Φ	φ	Phi
Ζ	ζ	Zeta	Ξ	ξ	Xi	Χ	χ	Chi
Η	η	Eta	Ο	ο	Omikron	Ψ	ψ	Psi
Θ	ϑ	Theta	Π	π	Pi	Ω	ω	Omega

3 Einheiten

Tafel **3**.1 SI-Einheiten nach DIN 1301; die Basiseinheiten sind gesperrt gedruckt. (SI ist die Abkürzung für „Système Intenational d'Unités".)

Größe	Formelzeichen	SI-Einheit	Zeichen	Definitionsgleichung
Mechanik				
Länge	l	Meter	m	
Zeit	t	Sekunde	s	
Frequenz	f	Hertz	Hz	1 Hz = 1/s
Kreisfrequenz	ω	reziproke Sekunde	$1/s = s^{-1}$	
Drehzahl	n	reziproke Sekunde	1/s, (1/min)	
Geschwindigkeit	v	Meter durch Sekunde	m/s	
Beschleunigung	a	Meter durch Sekunde hoch zwei	m/s^2	
Masse	m	Kilogramm	kg	
Kraft	F	Newton	N	$1\ N = 1\ kg\ m/s^2$
Gewichtskraft	G	Newton	N	$1\ N = 1\ kg\ m/s^2$
Energie, Leistung				
Energie, Arbeit	W	Joule	J	$1\ J = 1\ Nm = 1\ Ws = 1\ kg\ m^2/s^2$
Energiedichte	w	Joule durch Kubikmeter	J/m^3	
Leistung (Energiestrom)	P	Watt	W	1 W = 1 J/s = 1 VA = 1 Nm/s
Temperatur, Wärme				
Temperatur	T	Kelvin	K	
Celsius-Temperatur	ϑ	Grad Celsius	°C	
Wärmemenge	Q	Joule	J	$1\ J = 1\ Nm = 1\ Ws = 1\ kg\ m^2/s^2$

Tafel 3.1 (Fortsetzung) SI-Einheiten nach DIN 1301; die Basiseinheiten sind gesperrt gedruckt. (SI ist die Abkürzung für „Système Intenational d´Unités“.)

Größe	Formelzeichen	SI-Einheit	Zeichen	Definitionsgleichung
elektrische Größen				
el. Stromstärke	I	Ampere	A	
el. Stromdichte	S	Ampere durch Quadratmeter	A/m²	
el. Ladung	Q	Coulomb	C	1 C = 1 As
el. Flußdichte	D	Coulomb durch Quadratmeter	C/m²	
el. Spannung	U	Volt	V	1 V = 1 W/A
el. Feldstärke	E	Volt durch Meter	V/m	
Scheinleistung	S	Voltampere	VA	
Blindleistung	Q	Var	var	
el. Widerstand	R	Ohm	Ω	1 Ω = 1 V/A
el. Leitwert	G	Siemens	S	1 S = 1 A/V
spez. Widerstand	ϱ	Ohmmeter	Ωm	
Leitfähigkeit	γ	Siemens durch Meter	S/m	
Kapazität	C	Farad	F	1 F = 1 As/V = 1 s/Ω
Permittivität	ε	Farad durch Meter	F/m	1 F/m = 1 As/Vm
magnetische Größen				
magn. Fluß	Φ	Weber, Voltsekunde	Wb, Vs	1 Wb = 1 Vs
mag. Flußdichte	B	Tesla	T	1 T = 1 Vs/m²
magn. Spannung	V	Ampere	A	
magn. Feldstärke	H	Ampere durch Meter	A/m	
magn. Leitwert	Λ	Henry	H	1 H = 1 Vs/A = 1 Ωs
Induktivität	L	Henry	H	1 H = 1 Vs/A = 1 Ωs
Permeabilität	μ	Henry durch Meter	H/m	1 H/m = 1 Vs/Am

Tafel 3.2 Vorsätze zur Bezeichnung von dezimalen Vielfachen und Teilen von Einheiten (DIN 1301)

Exa-	(E)	f.d. 10^{18}-fache	Hekto-	(h)	f.d. 10^{2} -fache	Nano-	(n)	f.d. 10^{-9} -fache
Peta-	(P)	f.d. 10^{15}-fache	Deka-	(da)	f.d. 10 -fache	Pico-	(p)	f.d. 10^{-12}-fache
Tera-	(T)	f.d. 10^{12}-fache	Dezi-	(d)	f.d. 10^{-1}-fache	Femto-	(f)	f.d. 10^{-15}-fache
Giga-	(G)	f.d. 10^{9} -fache	Zenti-	(c)	f.d. 10^{-2}-fache	Atto-	(a)	f.d. 10^{-18}-fache
Mega-	(M)	f.d. 10^{6} -fache	Milli-	(m)	f.d. 10^{-3}-fache			
Kilo-	(k)	f.d. 10^{3} -fache	Mikro-	(μ)	f.d. 10^{-6}-fache			

4 Leitungseigenschaften einiger Werkstoffe

Tafel **4.1** Elektrische Leitfähigkeit γ_{20}, Temperaturbeiwerte α_{20} und β_{20} bei 20°C

Werkstoff	$\frac{\gamma_{20}}{\mathrm{Sm/mm^2}}$	$\frac{\alpha_{20}}{10^{-3}\ \mathrm{K^{-1}}}$	$\frac{\beta_{20}}{10^{-6}\ \mathrm{K^{-2}}}$
Aluminium, weich	36	4,2 ... 5,0	1,3
hart	33 ... 34		
Bronze, Draht	18 ... 48	0,5	
Chromnickel WM 100	0,9 ... 1,4	0,2	
Eisen, Flußstahl	7	4,5 ... 6	6
Gold	45	4,0	0,5
Konstantan WM 50	2	0,01	
Kupfer, weich	57	3,9 ... 4,3	0,6
hart	55 ... 56		
Manganin WM 43	2,32	0,01	
Messing	12 ... 15,9	1,5 ... 4	1,6
Nickel	10 ... 15	3,7 ... 6	9
Platin	10,2	2 ... 3	0,6
Quecksilber	1,063	0,92	1,2
Silber	60 ... 62	3,8	0,7
Wolfram	18,2	4,1	1

Tafel **4.2** Mittelwerte spezifischer Widerstände ϱ in Ωcm bei 20°C von Isolierstoffen

Aminoplast-Preßmasse	10^{11}	Phenolharz	10^{11}
Bitumen-Vergußmasse	10^{15}	Plexiglas	10^{15}
Epoxydharze	10^{16}	Polystyrol	10^{17}
Glas	10^{14}	Polyvinylchlorid, hart	10^{15}
Hartgummi	10^{16}	weich	10^{13}
Hartpapier	10^{10}	Quarz	10^{16}
Hartporzellan	10^{14}	Silikonöl	10^{14}
Papier, getränkt	10^{15}	Wasser, destilliert	10^{10}

5 Schaltzeichen

Die aufgeführten Schaltzeichen befinden sich in weitgehender Übereinstimmung mit DIN 40900.

	Leitung, allgemein
	Kreuzung von Leitungen ohne Verbindung
	feste leitende Verbindung
	Anschluß (z. B. Klemme)
	Einschalter, Schließer
	Ausschalter, Öffner
	Umschalter, Wechsler
	mechanische Wirkverbindung
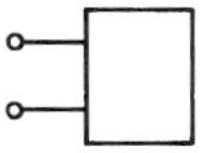	allgemeiner Zweipol
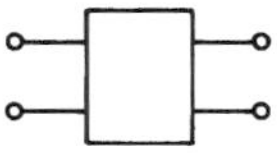	allgemeines Zweitor
	Widerstand, allgemein
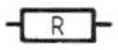	Wirkwiderstand
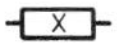	Blindwiderstand
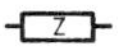	komplexer Widerstand
	Induktivität
	Induktivität mit Magnetkern
	Kapazität
	Diode
	Lampe, allgemein
	Veränderbarkeit, nicht inhärent
	Veränderbarkeit, nicht inhärent, nichtlinear
	Veränderbarkeit, inhärent
	Veränderbarkeit, inhärent, nichtlinear
	veränderbarer Widerstand
	spannungsabhängiger Widerstand
	Widerstand mit Schleifkontakt, Potentiometer
	Transformator mit zwei getrennten Wicklungen
	magnetisch gekoppelte Spulen mit gleichem Wicklungssinn
	magnetisch gekoppelte Spulen mit entgegengesetztem Wicklungssinn
	ideale Spannungsquelle
	ideale Stromquelle
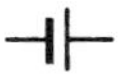	Primärzelle, Primärelement, Akkumulator, Batterie

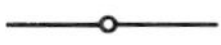

G (Quadrat)	Generator, allgemein
G (Kreis)	rotierender Generator
$\underline{G}$ (Kreis)	Gleichspannungsgenerator
$\underline{M}$ (Kreis)	Gleichstrommotor
V (Kreis)	Spannungsmesser, Voltmeter
A (Kreis)	Strommesser, Amperemeter
W (Kreis)	Leistungsmesser, Wattmeter
↑ (Kreis)	Galvanometer

6 Symbole und Schreibweisen

Zusätzliche Auszeichnung eines Größensymbols

- $\{x\}$ Zahlenwert einer Größe $x=\{x\}[x]$
- $[x]$ Einheit einer Größe $x=\{x\}[x]$
- $\overline{x}$ Linearer Mittelwert
- $\overline{|x|}$ Linearer Mittelwert der Absolutwerte (Gleichrichtwert)
- X Effektivwert, wenn für die Größe der Groß- (X) und Kleinbuchstabe (x) als Formelzeichen festgelegt sind (s. Formelzeichenliste)
- $x_{\max}$ Maximalwerte, allgemein
- $\hat{x}$ Maximalwert einer Wechselgröße
- x_{12} Zählpfeilgröße, d.h. skalare Größe, die eine vom ersten zum zweiten Index orientierte Wirkung beschreibt (z.B. bei der von φ_1 nach φ_2 orientierten Spannung $u_{12}=\varphi_1-\varphi_2$) oder die aus der Orientierung eines Integrals folgt (z.B. Spannung $u_{12}=\int_{P_1}^{P_2}\vec{E}\cdot d\vec{l}$)
- $\underline{X}$ Komplexe Größe
- $\underline{X}^*$ konjugiert komplexe Größe
- $\vec{x}$ Vektor
- $y(x)$ Abhängigkeit der Größe y von der Größe x, wenn diese eine Abhängigkeit offensichtlich betont werden soll

Die Zeitabhängigkeit einer Größe wird speziell herausgestellt durch:

- x Kleinbuchstabe, wenn für die Größe der Klein- (x) und der Großbuchstabe (X) festgelegt sind (s. Formelzeichenliste)
- $x(t)$ t in Klammern, wenn für die Größe nur der Groß- (X) oder nur der Kleinbuchstabe (x) als Formelzeichen festgelegt ist
- $\dot{x}$ zeitliche Ableitung einer Größe ($\dot{x}=dx/dt$)

7 Indizes

Al	Aluminium
B	Blindleitwert
b	Blindkomponente
C	Kapazität
Cu	Kupfer
d	dielektrischer Wert
dr	Drossel
E	Ersatzgrößen
e	Elektron
e	elektrischer Wert
eff	effektiver Wert
f	Oberflächenwert
fe	ferromagnetisch
G	Generator
G	Wirkleitwert
g	Gesamtwert
h	homogen
i	innerer Wert
i	Strom
k	Kurzschlußwert
L	Induktivität
M	Meßgerät
m	magnetischer Wert
max	Maximalwert
mech	mechanischer Wert
mi	Mittelwert
min	Kleinstwert
N	Nennwert
n	Normalkomponente
p	Parallelschaltung
p	partikulär
p	Proton
q	Quelleigenschaft
R	Wirkwiderstand
r	Reihenschaltung
Str	Strangwert
t	Tangentialkomponente
u	Spannung
ü	Überschwingwert
v	Verbraucher
v	Verschiebung
W	Energie
w	Wirkkomponente
X	Blindwiderstand
Y, y	komplexer Leitwert
Z	komplexer Widerstand
zul	zulässiger Wert
0	Anfangswert
0	Leerlaufwert
0	leerer Raum
1	primär, Eingang
2	sekundär, Ausgang
∞	Endwert
ϱ	Resonanzwert
σ	Streuungswert
ν, μ	Zahlenfolge 1, 2, ...
ν	Harmonische
–	Gleichstrom
~	Wechselstrom
△	Dreieckschaltung
⅄	Sternschaltung
⎍	Sprungerregung

8 Formelzeichen

A	Fläche, Querschnitt
A	Stromverstärkung der Basisschaltung
A_r	relative Atommasse
a	Beschleunigung
a	Abstand
a	Realteil einer komplexen Zahl
a_ν	Fourierkoeffizient
a_0	Gleichglied
B	magnetische Flußdichte
B	Stromverstärkung der Emitterschaltung
B	Blindleitwert
B_r	Remanenzinduktion
b	Beweglichkeit
b	Imagniärteil einer komplexen Zahl
b_ν	Fourierkoeffizient
b	Bandbreite

C	Kapazität
c	Wärmekapazität
c	elektrochemisches Äquivalent
$\underline{c}_{\nu}$	Koeffizient der komplexen Fourier-Reihe
c_0	Lichtgeschwindigkeit im leeren Raum
D	Determinante
D	elektrische Flußdichte
d	Durchmesser
d	Dämpfung
E	elektrische Feldstärke
e	Elementarladung (Betrag)
e	Basis des natürlichen Logarithmus (=2,718)
F	Fehler
F	Formfaktor
F	Kraft
f	Frequenz
f	Besetzungswahrscheinlichkeit, Fermi-Verteilungsfunktion
G	Leitwert, Wirkleitwert
g	Grundschwingungsgehalt
H	magnetische Feldstärke
H_c	Koerzitivfeldstärke
h	Höhe
I, i	Strom
I_G	Steuerstrom
I_Z	Zenerstrom
J	magnetische Polarisation
j	$\sqrt{-1}$
k	Anzahl der Knoten
k	Boltzmannsche Konstante
k	Kopplungsgrad
k	Klirrfaktor
L	Induktivität
l	Länge, Strecke
M_d	Drehmoment
M	Gegeninduktivität
M_r	relative Molekülmasse, Molekulargewicht
m	Masse
m	Anzahl der Maschengleichungen
m	Phasenzahl
m_0	Ruhemasse
N	Windungszahl
n	Anzahl
n	Drehzahl
P, p	Leistung
P	Wirkleistung
p	Pulszahl
p	Parameter
Q	elektrische Ladung
Q	Blindleistung
Q	Güte, Gütefaktor
R	elektrischer Widerstand, Wirkwiderstand
R_H	Hallkonstante
R_m	magnetischer Widerstand
r	Radius
S	Stromdichte
S	Scheinleistung
s	Schwingungsgehalt
T	Thermodynamische Temperatur (Kelvin)
T	Periodendauer
t	Zeit
U, u	elektrische Spannung
$\mathring{U}$ $\mathring{u}$	elektrische Umlaufspannung
$ü$	Übersetzungsverhältnis
V	Volumen, Rauminhalt
V	magnetische Spannung
$\mathring{V}$	magnetische Umlaufspannung
v	Geschwindigkeit
v	Verstimmung
W	Energie, Arbeit
W_A	Akzeptorenniveau
W_D	Donatorenniveau
W_e	elektrische Energie
W_F	Fermi-Niveau
w	Energiedichte
w	Welligkeit
w	Weite
X	Blindwiderstand
x	Koordinate
Y	Scheinleitwert
y	Koordinate
Z	Scheinwiderstand
z	Anzahl der Zweige
z	Koordinate
α	Winkel
α_{20}	Temperaturkoeffizient
β	Winkel
β	Blindfaktor
β_{20}	Temperaturkoeffizient
γ	elektrische Leitfähigkeit
γ	Winkel
$\triangle$	Differenz
δ	Verlustwinkel
δ	Abklingkonstante
δ	Luftspaltlänge
ε	Permittivität
ε	Sprungfunktion, Einheitssprung
ε_r	Permittivitätszahl
ε_0	elektrische Feldkonstante
η	Driftladungsdichte

η Wirkungsgrad
Θ Durchflutung
Θ Laufwinkel
ϑ Temperatur
ϑ Dämpfungsgrad
Λ magnetischer Leitwert
Λ mittlere freie Weglänge
λ Linienladungsdichte
λ Wellenlänge
λ Leistungsfaktor
μ Permeabilität
μ_a Anfangspermeabilität
μ_d differentielle Permeabilität
μ_r Permeabilitätszahl
μ_{rev} reversible Permeabilität
$\mu_{r\,max}$ maximale Permeabilitätszahl
μ_0 magnetische Feldkonstante
ν Teilschwingungszahl
ξ Scheitelfaktor
ϱ Dichte
ϱ Raumladungsdichte
ϱ spezifischer Widerstand
σ Flächenladungsdichte
σ Streuung
σ_{mech} mechanische Spannung
τ Zeitkonstante
τ Lebensdauer
τ Elektronenlaufzeit
Φ magnetischer Fluß
φ Potential
φ Phasenwinkel, Winkel des komplexen Widerstandes.
φ_i Nullphasenwinkel des Stromes
φ_u Nullphasenwinkel der Spannung
φ_y Winkel des komplexen Leitwertes
χ_m Suszeptibilität
Ψ elektrischer Fluß
Ψ magnetischer Spulenfluß
$\mathring{\Psi}$ Hüllenfluß
Ω relative Frequenz
ω Winkelgeschwindigkeit
ω Kreisfrequenz
ω_d Eigenkreisfrequenz
ω_0 Kennkreisfrequenz

Sachverzeichnis